98,-

W. Herbst, K. Hunger

Industrielle Organische Pigmente

©VCH Verlagsgesellschaft mbH, D-69451 Weinheim (Bundesrepublik Deutschland), 1995

Vertrieb:

VCH, Postfach 10 1161, D-69451 Weinheim (Bundesrepublik Deutschland)

Schweiz: VCH, Postfach, CH-4020 Basel (Schweiz)

United Kingdom und Irland: VCH (UK) Ltd., 8 Wellington Court, Cambridge CB1 1HZ (England)

USA und Canada: VCH, 220 East 23rd Street, New York, NY 10010–4606 (USA)

Japan: VCH, Eikow Building, 10-9 Hongo 1-chome, Bunkyo-ku, Tokyo 113 (Japan)

ISBN 3-527-28744-2

Willy Herbst, Klaus Hunger

Industrielle Organische Pigmente

Herstellung, Eigenschaften, Anwendung

Zweite, vollständig überarbeitete Auflage

Weinheim · New York
Basel · Cambridge · Tokyo

Dr. Willy Herbst	Dr. Klaus Hunger
Frankfurter Straße 10	Johann-Strauß-Straße 35
D-65719 Hofheim	D-65779 Kelkheim

> Das vorliegende Werk wurde sorgfältig erarbeitet. Dennoch übernehmen Autoren und Verlag für die Richtigkeit von Angaben, Hinweisen und Ratschlägen sowie für eventuelle Druckfehler keine Haftung.

1. Auflage 1987
2. vollständig überarbeitete Auflage 1995

Lektorat: Karin Sora
Herstellerische Betreuung: Claudia Grössl

Die Deutsche Bibliothek – CIP-Einheitsaufnahme
Herbst, Willy:
Industrielle organische Pigmente : Herstellung, Eigenschaften, Anwendung / Willy Herbst ; Klaus Hunger. –
2., vollst. überarb. Aufl. –
Weinheim ; New York ; Basel ; Cambridge ; Tokyo : VCH, 1995
ISBN 3-527-28744-2
NE: Hunger, Klaus:

© VCH Verlagsgesellschaft mbH, D-69451 Weinheim (Bundesrepublik Deutschland), 1995

Gedruckt auf säurefreiem und chlorfrei gebleichtem Papier

Alle Rechte, insbesondere die der Übersetzung in andere Sprachen, vorbehalten. Kein Teil dieses Buches darf ohne schriftliche Genehmigung des Verlages in irgendeiner Form – durch Photokopie, Mikroverfilmung oder irgendein anderes Verfahren – reproduziert oder in eine von Maschinen, insbesondere von Datenverarbeitungsmaschinen, verwendbare Sprache übertragen oder übersetzt werden. Die Wiedergabe von Warenbezeichnungen, Handelsnamen oder sonstigen Kennzeichen in diesem Buch berechtigt nicht zu der Annahme, daß diese von jedermann frei benutzt werden dürfen. Vielmehr kann es sich auch dann um eingetragene Warenzeichen oder sonstige gesetzlich geschützte Kennzeichen handeln, wenn sie nicht eigens als solche markiert sind.
All rights reserved (including those of translation into other languages). No part of this book may be reproduced in any form – by photoprinting, microfilm, or any other means – nor transmitted or translated into a machine language without written permission from the publishers. Registered names, trademarks, etc. used in this book, even when not specifically marked as such, are not to be considered unprotected by law.
Satz und Druck: Zechnersche Buchdruckerei, D-67346 Speyer
Bindung: Großbuchbinderei J. Schäffer, D-67269 Grünstadt
Printed in the Federal Republic of Germany

Vorwort zur zweiten Auflage

Herstellung und Verbrauch organischer Pigmente sind in einem stetigen Aufwärtstrend begriffen. Der gegenwärtige Verbrauch wird weltweit auf ca. 160000 t mit einem Wert von etwa 3 Milliarden Dollar geschätzt.

Aufgrund der freundlichen Aufnahme der ersten Auflage dieses Buches haben wir Gliederung und Anlage weitgehend beibehalten. Dabei haben wir uns bemüht, auch in der Neuauflage die auf dem Markt befindlichen organischen Pigmente möglichst vollständig zu erfassen.

Das Buch wurde für die zweite Auflage gründlich überarbeitet und bezüglich Herstellung, Eigenschaften, Prüfmethoden, Formeln und der Tabelle der beschriebenen Pigmente auf den neusten Stand gebracht. So sind die uns zugänglichen Informationen zu neu auf dem Markt erschienenen, ebenso wie die Ergänzungen zu bereits beschriebenen organischen Pigmenten berücksichtigt worden. Die genannte Tabelle konnte besonders um zahlreiche, inzwischen veröffentlichte, C.I.Formel-Nummern und CAS-Nummern erweitert werden.

In den letzten Jahren wurden Sortimente gestrafft und dadurch oder aus anderen Gründen eine Anzahl von Pigmenten vom Markt genommen. Da solche Marken trotzdem oft noch mehrere Jahre, z.B. für Autoreparaturlacke, eingesetzt werden, haben wir ihre anwendungstechnischen Eigenschaften auch in der neuen Auflage weiter beschrieben. Die Gründe für die Produktionseinstellung wurden, soweit bekannt, genannt.

Die Markteinführung von insbesondere hochechten Pigmenten kann eine erhebliche Zeitdauer beanspruchen. Die notwendigen umfangreichen Prüfungen können beispielsweise bei sehr licht- und wetterbeständigen Pigmenten für Autolacke oder bestimmte Kunststoffanwendungen wegen der Freibewitterungen zwei Jahre oder länger dauern. Da aber z.B. Licht- und Wetterechtheit vom gesamten Anwendungsmedium abhängen, müssen entsprechende umfangreiche Eignungsprüfungen auch beim Pigmentanwender, also der Lackfabrik oder dem Kunststoffverarbeiter, durchgeführt werden. Aus diesen Gründen kann sich die Markteinführung hochechter Pigmente oft über mehrere Jahre erstrecken.

Bei der Beschreibung der anwendungstechnischen Eigenschaften wurden in der ersten Auflage auch die Prüfmethoden beschrieben, und sofern diese Methoden Gegenstand einer DIN-Norm waren, wurden sie angegeben. Inzwischen sind viele dieser Normen international überprüft worden und stehen nun als ISO-Normen

(International Standard Organization) zur Verfügung. Sie sind neben den DIN-Normen in der Literatur zu den einzelnen Kapiteln genannt.

Für einige der angeführten Prüfmethoden liegen auch Europäische Normen (EN) vor. Sie bilden oft die Grundlage für Gesetze der Europäischen Union.

Wir möchten wiederum der Leitung des Geschäftsbereichs Feinchemikalien und Farben der Hoechst AG für die fachliche und technische Unterstützung danken. Fachkollegen aus dem eigenen Haus, aber auch aus anderen Firmen, schulden wir für wertvolle Hinweise und Anregungen Dank und verbinden den mit der Bitte uns auch weiterhin mit Ratschlägen zu unterstützen.

Die VCH-Verlagsgesellschaft hat uns durch gute Zusammenarbeit bei der neuen Auflage motiviert, wofür wir ebenfalls danken.

Frankfurt-Höchst,   W. Herbst
im Mai 1995   K. Hunger

Vorwort zur ersten Auflage

Organische Pigmente – die weltweit zunehmend wichtigste Gruppe organischer Farbmittel – sind bisher nicht umfassend nach den Gesichtspunkten ihrer industriellen Bedeutung beschrieben und anwendungstechnisch bewertet worden. Mit dem vorliegenden Buch wird der Versuch unternommen, Chemie, Eigenschaften und Anwendungen aller industriell hergestellten organischen Pigmente zu beschreiben.

Das Buch ist für alle an organischen Pigmenten Interessierte gedacht, vorrangig für auf diesem Gebiet tätige Chemiker, Ingenieure, Anwendungstechniker, Coloristen und Laboranten in der pigmentverarbeitenden Industrie und in Hoch- und Fachhochschulen. Auf die Erörterung ausführlicher wissenschaftlicher und theoretischer Erkenntnisse wurde verzichtet, entsprechende Literaturhinweise sind aber angegeben.

Einem allgemeinen Teil, der sich vor allem mit der Charakterisierung aus chemischer und physikalischer Sicht und der Klärung wichtiger anwendungstechnischer Begriffe befaßt, schließen sich, aufgeteilt in drei Kapitel, die Beschreibung der Chemie und Herstellung, der Eigenschaften und Anwendung der einzelnen Pigmente an. Die Kapitel sind dabei nach den chemischen Strukturen gegliedert. Die Pigmente werden mit den Colour-Index-Namen bezeichnet, von Handelsnamen wurde Abstand genommen. Der von der Society of Dyers and Colourists herausgegebene Coulor Index enthält alle von den Farbmittelherstellern bekanntgemachten Pigmente und Farbstoffe, gelistet nach dem Colour Index (C.I.) Generic Name, gefolgt – bei Bekanntgabe der chemischen Struktur – von der Constitution Number, z.B. C.I. Pigment Yellow 1, 11 680. Das letzte Kapitel befaßt sich mit Fragen der Ökologie und Toxikologie. Literaturangaben, die sich jedem zweistelligen Teil-Kapitel anschließen, sind bewußt auf eine möglichst charakteristische Auswahl beschränkt worden. Im Anhang befindet sich zu den einzelnen Pigmentgruppen ein jeweils zusammengefaßtes Formelschema der Synthesen und eine Liste aller im Buch aufgeführten Pigmente, die auch die CAS (Chemical Abstracts Service)-Registry-Nummern enthält.

Bei der Bewertung von Eigenschaften und Echtheiten der verschiedenen Pigmente wurde von einheitlichen, meist genormten Prüfmethoden ausgegangen. Im Falle der Lichtechtheit mußte die Bewertung – trotz erheblicher Bedenken, die im Text ausführlich erklärt sind – gegen den Blaumaßstab erfolgen. Nur so war es möglich, vergleichbare Meßwerte für alle im Buch beschriebenen Pigmente angeben zu können.

Von der Erwähnung von Wirtschaftsdaten haben wir nach gründlicher Prüfung schweren Herzens Abstand genommen. Nur für wenige Länder sind zuverlässige Statistiken über organische Pigmente veröffentlicht, viele andere Daten erwiesen sich zudem als widersprüchlich oder so unvollständig, daß verläßliche Informationen nicht möglich gewesen wären.

Unser Dank gilt der Leitung des Bereichs Feinchemikalien und Farben der Hoechst AG für die Förderung und die Möglichkeit, fachliche und technische Hilfen des Unternehmens in Anspruch nehmen zu können, aber auch den zahlreichen Fachkollegen, sowohl aus anderen Firmen – insbesondere der BASF AG und der Ciba-Geigy AG – als auch aus dem eigenen Haus, die uns durch Anregungen, Kritiken und Ratschläge eine entscheidende Hilfe waren. Besonders erwähnt sei hier Dr. F. Gläser, dem wir das Kapitel 1.6.1 verdanken.

Bei unseren Familien und Freunden möchten wir uns für Rücksichtnahme und Geduld bedanken, ohne die das Entstehen dieses in unserer Freizeit geschriebenen Buches nicht möglich gewesen wäre.

Der VCH-Verlagsgesellschaft sind wir für Anregungen und die Erfüllung vieler unserer Wünsche zu Dank verpflichtet.

Frankfurt-Höchst,   W. Herbst
im September 1986   K. Hunger

Inhalt

1	**Allgemeiner Teil**	1
1.1	Definition: Pigmente – Farbstoffe	1
1.1.1	Organische – anorganische Pigmente	2
1.2	Historisches	3
1.3	Einteilung der organischen Pigmente	4
1.3.1	Azopigmente	5
1.3.1.1	Monoazogelb- und -orangepigmente	5
1.3.1.2	Disazopigmente	5
1.3.1.3	β-Naphthol-Pigmente	5
1.3.1.4	Naphthol AS-Pigmente	6
1.3.1.5	Verlackte Azopigmente	6
1.3.1.6	Benzimidazolon-Pigmente	6
1.3.1.7	Disazokondensations-Pigmente	7
1.3.1.8	Metallkomplex-Pigmente	7
1.3.1.9	Isoindolinon- und Isoindolin-Pigmente	7
1.3.2	Polycyclische Pigmente	8
1.3.2.1	Phthalocyanin-Pigmente	8
1.3.2.2	Chinacridon-Pigmente	8
1.3.2.3	Perylen- und Perinon-Pigmente	9
1.3.2.4	Thioindigo-Pigmente	9
1.3.2.5	Anthrapyrimidin-Pigmente	9
1.3.2.6	Flavanthron-Pigmente	9
1.3.2.7	Pyranthron-Pigmente	10
1.3.2.8	Anthanthron-Pigmente	10
1.3.2.9	Dioxazin-Pigmente	10
1.3.2.10	Triarylcarbonium-Pigmente	10
1.3.2.11	Chinophthalon-Pigmente	11
1.3.2.12	Diketo-pyrrolo-pyrrol-Pigmente	11
1.4	Chemische Charakterisierung der Pigmente	11
1.4.1	Farbton	12
1.4.1.1	Modifikation und Kristallstruktur	16

1.4.2	Farbstärke	18
1.4.3	Licht- und Wetterechtheit	20
1.4.4	Lösemittel- und Migrationsechtheiten	21
1.5	Physikalische Charakterisierung der Pigmente	24
1.5.1	Spezifische Oberfläche	27
1.5.2	Teilchengrößenverteilung	32
1.5.2.1	Bestimmung durch Ultrasedimentation	32
1.5.2.2	Bestimmung durch Elektronenmikroskopie	34
1.5.2.3	Darstellungsformen	40
1.5.3	Polymorphie	43
1.5.4	Kristallinität	46
1.6	Wichtige anwendungstechnische Eigenschaften und Begriffe	49
1.6.1	Coloristische Eigenschaften (von F. Gläser)	49
1.6.1.1	Farbe	50
1.6.1.2	Farbtiefe	52
1.6.1.3	Farbdifferenzen	53
1.6.1.4	Optisches Verhalten pigmentierter Schichten	53
1.6.1.5	Farbstärke	56
1.6.1.6	Deckvermögen	57
1.6.1.7	Transparenz	58
1.6.2	Lösemittel- und spezielle Gebrauchsechtheiten	58
1.6.2.1	Organische Lösemittel	58
1.6.2.2	Wasser, Seife, Alkali und Säuren	59
1.6.2.3	Spezielle Gebrauchsechtheiten	62
1.6.2.4	Textile Echtheiten	63
1.6.3	Migration	64
1.6.3.1	Ausblühen	66
1.6.3.2	Ausbluten/Überlackierechtheit	70
1.6.4	Störungen bei der Verarbeitung pigmentierter Systeme	73
1.6.4.1	Plate-out	74
1.6.4.2	Überpigmentierung/Kreiden	74
1.6.4.3	Verzugserscheinungen (Nukleierung) bei Kunststoffen	75
1.6.5	Dispergierverhalten	76
1.6.5.1	Allgemeine Betrachtung	76
1.6.5.2	Zerteilen von Pigmentagglomeraten	78
1.6.5.3	Benetzung von Pigmentoberflächen	78
1.6.5.4	Verteilen von dispergiertem Pigment im Medium	83
1.6.5.5	Stabilisieren	84
1.6.5.6	Dispergierung und kritische Pigmentvolumenkonzentration	84
1.6.5.7	Prüfmethoden	86
1.6.5.8	Flushpasten	91
1.6.5.9	Pigmentpräparationen	92
1.6.6	Licht- und Wetterechtheit	92
1.6.6.1	Definition und allgemeine Angaben	92

1.6.6.2	Prüfmethoden und -geräte	93
1.6.6.3	Einflüsse auf die Lichtechtheit	96
1.6.7	Hitzebeständigkeit	103
1.6.8	Fließverhalten pigmentierter Medien	109
1.6.8.1	Rheologische Eigenschaften	109
1.6.8.2	Viskoelastische Eigenschaften	113
1.6.8.3	Einflüsse auf das Fließverhalten	113
1.6.8.4	Zusammenhang zwischen Fließverhalten und rheologischen Größen	114
1.6.8.5	Meßverfahren	115
1.7	Korngrößenverteilung und anwendungstechnische Eigenschaften im pigmentierten Medium	124
1.7.1	Farbstärke	124
1.7.2	Farbton	128
1.7.3	Deckvermögen, Transparenz	131
1.7.4	Licht- und Wetterechtheit	136
1.7.5	Dispergierbarkeit	139
1.7.6	Glanz	141
1.7.7	Lösemittel- und Migrationsechtheit	143
1.7.8	Fließverhalten	147
1.8	Anwendungsgebiete organischer Pigmente	149
1.8.1	Druckfarbengebiet	150
1.8.1.1	Offsetdruck/Buchdruck	150
1.8.1.2	Tiefdruck	155
1.8.1.3	Flexodruck, Siebdruck und andere Druckverfahren	159
1.8.2	Lackgebiet	159
1.8.2.1	Oxidativ trocknende Lacke und Farben	160
1.8.2.2	Ofentrocknende Systeme	160
1.8.2.3	Dispersionsfarben	165
1.8.3	Kunststoffgebiet	166
1.8.3.1	Polyvinylchlorid	172
1.8.3.2	Polyolefine	178
1.8.3.3	Polystyrol, Styrol-Copolymerisate, Polymethylmethacrylat	181
1.8.3.4	Polyurethan	183
1.8.3.5	Polyamid, Polycarbonat, Polyester, Polyoximethylen, Cellulosederivate	184
1.8.3.6	Elastomere	184
1.8.3.7	Duroplaste	185
1.8.3.8	Spinnfärbung	187
1.8.4	Andere Anwendungsgebiete	190

XII *Inhalt*

2	**Azopigmente**	193
2.1	Ausgangsprodukte, Herstellung	195
2.1.1	Diazokomponenten	195
2.1.2	Kupplungskomponenten	198
2.1.3	Wichtige Vorprodukte	202
2.2	Herstellung von Azopigmenten	203
2.2.1	Diazotierung	204
2.2.1.1	Mechanismus der Diazotierung	205
2.2.1.2	Diazotierverfahren	205
2.2.2	Kupplung	207
2.2.2.1	Kupplungsverfahren	208
2.2.3	Nachbehandlung	210
2.2.4	Filtration, Trocknung und Mahlung	212
2.2.5	Kontinuierliche Synthese von Azopigmenten	213
2.2.6	Technische Apparatur zur diskontinuierlichen Herstellung von Azopigmenten	217
2.3	Monoazogelb- und -orangepigmente	219
2.3.1	Chemie, Herstellung	221
2.3.1.1	Unverlackte Monoazogelb- und orangepigmente	221
2.3.1.2	Verlackte Monoazogelbpigmente	223
2.3.2	Eigenschaften	224
2.3.2.1	Unverlackte Monoazogelb- und -orangepigmente	224
2.3.2.2	Verlackte Monoazogelbpigmente	225
2.3.3	Anwendung	225
2.3.4	Im Handel befindliche Monoazogelb- und -orangepigmente	227
2.4	Disazopigmente	244
2.4.1	Diarylgelbpigmente	245
2.4.1.1	Chemie, Herstellung	245
2.4.1.2	Eigenschaften	247
2.4.1.3	Anwendung	249
2.4.1.4	Im Handel befindliche Diarylgelb- und -orangepigmente	251
2.4.2	Bisacetessigsäurearylid-Pigmente	269
2.4.2.1	Im Handel befindliche Bisacetessigsäurearylid-Pigmente und ihre Eigenschaften	271
2.4.3	Disazopyrazolon-Pigmente	273
2.4.3.1	Chemie, Herstellung	273
2.4.3.2	Eigenschaften	274
2.4.3.3	Anwendung	274
2.4.3.4	Im Handel befindliche Pigmente	274

2.5	β-Naphthol-Pigmente	280
2.5.1	Chemie, Herstellung	281
2.5.2	Eigenschaften	283
2.5.3	Anwendung	283
2.5.4	Im Handel befindliche β-Naphthol-Pigmente	284
2.6	Naphthol AS-Pigmente	290
2.6.1	Chemie, Herstellung	291
2.6.2	Eigenschaften	293
2.6.3	Anwendung	295
2.6.4	Im Handel befindliche Naphthol AS-Pigmente	296
2.7	Verlackte rote Azopigmente	324
2.7.1	Verlackte β-Naphthol-Pigmente	325
2.7.1.1	Chemie, Herstellung	325
2.7.1.2	Eigenschaften	326
2.7.1.3	Anwendung	326
2.7.1.4	Im Handel befindliche Pigmente	326
2.7.2	Verlackte BONS-Pigmente	334
2.7.2.1	Chemie, Herstellung	335
2.7.2.2	Eigenschaften	335
2.7.2.3	Anwendung	336
2.7.2.4	Im Handel befindliche BONS-Pigmente	336
2.7.3	Verlackte Naphthol AS-Pigmente	347
2.7.3.1	Chemie, Herstellung und Eigenschaften	347
2.7.3.2	Im Handel befindliche verlackte Naphthol AS-Pigmente	348
2.7.4	Verlackte Naphthalinsulfonsäure-Pigmente	351
2.7.4.1	Chemie, Herstellung und Eigenschaften	351
2.7.4.2	Im Handel befindliche Pigmente	352
2.8	Benzimidazolon-Pigmente	355
2.8.1	Chemie, Herstellung	356
2.8.1.1	Gelbe und orange Benzimidazolon-Pigmente – Kupplungskomponente	357
2.8.1.2	Rote Benzimidazolon-Pigmente – Kupplungskomponente	357
2.8.1.3	Pigmentsynthese und Nachbehandlung	358
2.8.1.4	Ergebnisse von Kristallstrukturanalysen	358
2.8.2	Eigenschaften	360
2.8.3	Anwendung	361
2.8.4	Im Handel befindliche Benzimidazolon-Pigmente	363
2.9	Disazokondensations-Pigmente	380
2.9.1	Chemie, Herstellung	381
2.9.2	Eigenschaften	384
2.9.3	Anwendung	384
2.9.4	Im Handel befindliche Pigmente	386

2.10	Metallkomplex-Pigmente	399
2.10.1	Chemie, Herstellung	400
2.10.1.1	Azo-Metallkomplexe	401
2.10.1.2	Azomethin-Metallkomplexe	402
2.10.2	Eigenschaften	403
2.10.3	Anwendung	404
2.10.4	Im Handel befindliche Pigmente	404
2.11	Isoindolinon- und Isoindolin-Pigmente	413
2.11.1	Chemie, Synthese, Ausgangsprodukte	415
2.11.1.1	Azomethin-Typ: Tetrachlorisoindolinon-Pigmente	415
2.11.1.2	Methin-Typ: Isoindolin-Pigmente	418
2.11.2	Eigenschaften	420
2.11.3	Anwendung	421
2.11.4	Im Handel befindliche Isoindolinon- und Isoindolin-Pigmente	421
3	**Polycyclische Pigmente**	**431**
3.1	Phthalocyanin-Pigmente	432
3.1.1	Ausgangsprodukte	433
3.1.2	Herstellung	434
3.1.2.1	Phthalodinitril-Prozeß	435
3.1.2.2	Phthalsäureanhydrid-Harnstoff-Prozeß	437
3.1.2.3	Herstellung der Modifikationen	441
3.1.2.4	Phasen- und flockungsstabile Kupferphthalocyaninblau-Pigmente	443
3.1.2.5	Herstellung der Grüntypen	444
3.1.2.6	Metallfreies Phthalocyaninblau	446
3.1.3	Eigenschaften	446
3.1.4	Anwendung	448
3.1.5	Im Handel befindliche Pigmente	449
3.2	Chinacridon-Pigmente	462
3.2.1	Herstellung, Ausgangsprodukte	463
3.2.1.1	Thermischer Ringschluß	463
3.2.1.2	Saurer Ringschluß	464
3.2.1.3	Dihalogenterephthalsäure-Verfahren	465
3.2.1.4	Hydrochinon-Verfahren	466
3.2.1.5	Substituierte Chinacridone	467
3.2.1.6	Chinacridonchinon	467
3.2.1.7	Polymorphie	468
3.2.2	Eigenschaften	470
3.2.3	Anwendung	471
3.2.4	Im Handel befindliche Chinacridon-Pigmente	471
3.3	Küpenfarbstoffe als Pigmente	481

3.4	Perylen- und Perinon-Pigmente	482
3.4.1	Perylen-Pigmente	483
3.4.1.1	Herstellung der Ausgangsprodukte	483
3.4.1.2	Chemie, Herstellung der Pigmente	484
3.4.1.3	Eigenschaften	485
3.4.1.4	Anwendung	485
3.4.1.5	Im Handel befindliche Perylen-Pigmente	486
3.4.2	Perinon-Pigmente	492
3.4.2.1	Herstellung der Ausgangsprodukte	492
3.4.2.2	Chemie, Herstellung der Pigmente	493
3.4.2.3	Eigenschaften	493
3.4.2.4	Im Handel befindliche Perinon-Pigmente und ihre Anwendung	494
3.5	Thioindigo-Pigmente	497
3.5.1	Chemie, Herstellung	497
3.5.2	Eigenschaften	499
3.5.3	Im Handel befindliche Typen und ihre Anwendung	500
3.6	Verschiedene polycyclische Pigmente	503
3.6.1	Aminoanthrachinon-Pigmente	503
3.6.1.1	Anthrachinon-Azopigmente	504
3.6.1.2	Andere Aminoanthrachinon-Pigmente	506
3.6.1.3	Eigenschaften und Anwendung	509
3.6.2	Hydroxyanthrachinon-Pigmente	511
3.6.3	Heterocyclische Anthrachinon-Pigmente	513
3.6.3.1	Anthrapyrimidin-Pigmente	513
3.6.3.2	Indanthron- und Flavanthron-Pigmente	515
3.6.4	Polycarbocyclische Antrachinon-Pigmente	521
3.6.4.1	Pyranthron-Pigmente	522
3.6.4.2	Anthanthron-Pigmente	526
3.6.4.3	Isoviolanthron-Pigmente	528
3.7	Dioxazin-Pigmente	531
3.7.1	Herstellung der Ausgangsprodukte	532
3.7.2	Chemie, Herstellung der Pigmente	532
3.7.3	Eigenschaften	534
3.7.4	Im Handel befindliche Dioxazin-Pigmente und ihre Anwendung	535
3.8	Triarylcarbonium-Pigmente	539
3.8.1	Innere Salze von Sulfonsäuren (Alkaliblau-Typen)	540
3.8.1.1	Chemie, Herstellung	541
3.8.1.2	Eigenschaften	544
3.8.1.3	Im Handel befindliche Marken und ihre Anwendung	545
3.8.2	Farbstoff-Salze mit komplexen Anionen	548
3.8.2.1	Chemie, Herstellung	548
3.8.2.2	Eigenschaften	555
3.8.2.3	Anwendung	556
3.8.2.4	Wichtige Vertreter	556

4	**Verschiedene Pigmente**	567
4.1	Chinophthalon-Pigmente	567
4.1.1	Chemie und Herstellung	567
4.1.2	Eigenschaften, Anwendung	569
4.2	Diketo-pyrrolo-pyrrol-(DPP)-Pigmente	570
4.2.1	Chemie und Herstellung	570
4.2.2	Eigenschaften, Anwendung	572
4.3	Aluminiumverlackte Pigmente	574
4.4	Pigmente mit bekannter chemischer Struktur, nicht einzuordnen in andere Kapitel	576
4.5	Pigmente mit bisher nicht bekannter Struktur	584

5	**Ökologie, Toxikologie, Gesetzgebung**	587
5.1	Allgemeines	587
5.2	Ökologie	588
5.3	Toxikologie	589
5.3.1	Akute orale Toxizität	589
5.3.2	Haut- und Schleimhautreizung	590
5.3.3	Subakute/-chronische Toxizität	590
5.3.4	Mutagenität	591
5.3.5	Chronische Toxizität – Cancerogenität	592
5.3.6	Verunreinigungen in Pigmenten	593
5.4	Gesetzgebung	594

Anhang

Formelübersichten	599
Tabelle der beschriebenen Pigmente	633
Sachregister	641

1 Allgemeiner Teil

1.1 Definition: Pigmente – Farbstoffe

Pigmente sind definitionsgemäß im Anwendungsmedium praktisch unlösliche, anorganische oder organische, bunte oder unbunte Farbmittel. Im Gegensatz hierzu sind Farbstoffe im Applikationsmedium lösliche organische Farbmittel.

Gelegentlich findet man im deutschen Sprachraum noch Ausdrücke wie „Pigmentfarbstoffe", „Körperfarben", „Lackfarbstoffe" und dergleichen für unlösliche Farbmittel, die aber verwirrend sind. Es sollte daher auch im Deutschen entsprechend der genauen Trennung im Angelsächsischen und gemäß der deutschen Norm [1] nur noch der Begriff „Pigment" für im Anwendungsmedium praktisch unlösliche Farbmittel verwendet werden.

Die chemische Grundstruktur ist in vielen Fällen für Farbstoffe und Pigmente gleich. Die für Pigmente benötigte Unlöslichkeit läßt sich durch den Ausschluß löslichmachender Gruppen, durch die Bildung unlöslicher Salze („Verlackung") von Carbon- und insbesondere Sulfonsäuren, durch Metallkomplexbildung bei Verbindungen ohne löslichmachende Gruppen und besonders häufig durch die Einführung von die Löslichkeit herabsetzenden Gruppierungen (z. B. Carbonamidgruppen) erreichen.

Pigmente vieler Klassen können in einem Medium praktisch unlöslich sein, während sie sich in einem anderen Medium mehr oder weniger gut lösen. Die Zusammensetzung des einzufärbenden Systems und die Verarbeitungsbedingungen, vor allem die Verarbeitungstemperatur, sind hierauf von Einfluß. Wichtige anwendungstechnische Eigenschaften der Pigmente bzw. der pigmentierten Systeme, wie Farbstärke, Migration, Rekristallisation, Thermostabilität, Licht- und Wetterechtheit, werden durch in Lösung gehende Pigmentanteile häufig entscheidend beeinflußt.

Als Beispiel hierfür seien Monoazogelbpigmente des Typs Hansa-Gelb (z. B. P.Y.1, P.Y.3; s. 2.3.4) genannt. Sie sind in lufttrocknenden Alkydharzlacken in nur geringem, für die Anwendung unwesentlichem Maße löslich, also praktisch unlöslich, und werden dort auch in breitem Umfange verwendet. In ofentrocknenden Lacksystemen der verschiedensten Art oder in vielen Kunststoffen dagegen zeigen sie aufgrund ihrer Löslichkeit bei höheren Temperaturen vor allem starke Migration, das ist Ausbluten und Ausblühen (s. 1.6.3). Die Migration bedingt, daß diese Pigmente in solchen Systemen nicht verwendet werden können. Vielfach entscheiden bereits geringe Temperaturdifferenzen bei der Verarbeitung darüber, ob ein

Pigment eingesetzt werden kann oder nicht. Manchmal werden die mit einer gewissen Löslichkeit der Pigmente im Anwendungsmedium verbundenen Probleme, z. B. die Rekristallisationsneigung, in Kauf genommen, um dadurch wirtschaftlichere Möglichkeiten für das Anfärben des Mediums auszunutzen.

In bestimmten Fällen aber wird eine deutliche Löslichkeit des Pigmentes im Bindemittel sogar gewünscht, um die Verbesserung gewisser anwendungstechnischer Eigenschaften – wie Farbstärke und rheologisches Verhalten – zu erreichen. Ein Beispiel dafür sind aminpräparierte Diarylgelbpigmente in Illustrationstiefdruckfarben auf Toluol-Basis (s. 1.8.1.2), in denen bis zu 5% einer in Toluol gelösten bzw. molekulardispersen Form vorliegen kann. Dadurch werden die Farbstärke erhöht und die Viskosität erniedrigt und damit das Fließverhalten verbessert. Die Betrachtung der Pigmenteigenschaften eines Farbmittels muß sich deshalb stets auf das jeweilige Anwendungsmedium unter den entsprechenden Verarbeitungsbedingungen beziehen.

1.1.1 Organische – anorganische Pigmente

In vielen Anwendungsgebieten werden auch anorganische Pigmente eingesetzt, oft in Kombination mit organischen Pigmenten. Ein Vergleich der anwendungstechnischen und coloristischen Eigenschaften soll deshalb einige praktisch wichtige Unterschiede anorganischer und organischer Pigmente aufzeigen.

Die meisten anorganischen Pigmente zeigen hervorragende Wetterechtheit (s. 1.6.6), viele hohes Deckvermögen (s. 1.6.1.3). Auch das rheologische Verhalten (s. 1.6.8) ist im allgemeinen sehr gut und besser als das organischer Pigmente unter vergleichbaren Bedingungen. Viele anorganische zeigen jedoch im Vergleich mit organischen Pigmenten in Aufhellungen wesentlich geringere Farbstärke, sowie, abgesehen von Molybdatrot-, Chromgelb- und Cadmium-Pigmenten, einen trüberen Farbton. Aufgrund der geringen Anzahl sind die allein mit Mischungen anorganischer Pigmente erreichbaren Farbtonbereiche eng begrenzt. Viele Farbtöne lassen sich auf diese Weise nicht erreichen.

Oft weisen anorganische Pigmente neben coloristischen Nachteilen auch anwendungstechnische Mängel auf. So ist Ultramarinblau nicht säurebeständig, Berlinerblau nicht alkalibeständig, ein Mangel, der bei letzterem einen Einsatz vor allem in Anstrichfarben auf basischem Untergrund, z. B. auf Hausverputz, ausschließt. Im Rotbereich geben die Eisenoxidrot-Pigmente vergleichsweise trübe Farbtöne und sind sehr farbschwach. Die in vielen Bereichen eingesetzten Molybdatrot- und Chromgelb-Pigmente zeigen vor allem mangelnde Säurebeständigkeit und geringe Lichtechtheit. Stabilisierte Typen dieser Pigmente weisen zwar verbesserte Lichtechtheit, bessere Säurebeständigkeit und verbesserte Beständigkeit gegen Schwefelwasserstoff auf, der wegen Sulfidbildung zum Abtrüben des Farbtones der Lackierungen führt, doch wird die Oberfläche solcher stabilisierten Marken beim Dispergierprozeß beschädigt, treten die genannten Mängel dann an der beschädigten Oberfläche erneut auf.

Anorganische Pigmente finden wegen ihrer geringen Farbstärke und teilweise geringen Brillanz im Druckfarbenbereich nur geringere Anwendung. In anderen Anwendungsbereichen aber, vor allem wenn sehr hohe Temperaturbeständigkeit verlangt wird, wie in der Keramikindustrie, sind anorganische Pigmente durch organische kaum oder überhaupt nicht zu ersetzen. Meistens stellen beide Pigmentklassen sinnvolle gegenseitige Ergänzungen dar – sie stehen nur selten in Konkurrenz zueinander.

Literatur zu 1.1

[1] DIN 55943-11-1993: Farbmittel, Begriffe. ISO 4618-1-1984 (TC 35): Paints and varnishes – Vocabulary. Part 1: General terms.

1.2 Historisches

Ocker, Hämatit, Brauneisenstein und einige andere mineralische Pigmente werden bereits in prähistorischen über 30 000 Jahre alten Höhlenmalereien angetroffen. Zinnober, Azurit, Malachit und Lapislazuli waren schon im 3. Jahrtausend vor Christi in China bzw. in Ägypten als Pigmente bekannt. 1704 wurde mit Berlinerblau das erste synthetische anorganische Pigment hergestellt. Ihm folgte etwa 100 Jahre später Kobaltblau durch Thénard. Später kamen Chromgelb, Cadmiumgelb, synthetische Eisenoxide im gelben, roten und schwarzen Farbtonbereich, Chromoxidgrün, sowie Ultramarin als weitere künstlich hergestellte anorganische Pigmente hinzu. Mit Molybdatorange (1936) und Titangelb (1960) sind zwei wichtige Entwicklungen unseres Jahrhunderts zu nennen. Als Neuentwicklungen sind auf den Markt gekommen oder werden dort gerade eingeführt:

- Wismut-Molybdän-Vanadiumoxid-Pigmente für bleichromatfreie Formulierungen und
- Cersulfid-Pigmente, die als möglicher Ersatz von Cadmiumsulfid-Pigmenten in Betracht kommen.

Demgegenüber erweist es sich als schwierig nachzuweisen, wann organische Pigmente erstmals verwendet wurden. Es gilt heute als sicher, daß Künstler schon vor Jahrtausenden pflanzliche und tierische „Pigmente" herangezogen haben, um ihre auf anorganischen Pigmenten basierende Farbtonpalette mit brillanten Tönen zu ergänzen und auszuweiten. Die meisten dieser organischen Farbmittel sind wegen ihrer Löseeigenschaften gemäß der Definition heute aber nicht mehr als Pigmente, sondern als Farbstoffe zu bezeichnen. Sie wurden außer auf Textilien schon im Altertum auch auf mineralische Substrate – vor allem auf Kreide und China Clay – durch Adsorption aufgebracht und in dieser schwer abzulösenden Form für dekorative Zwecke verwendet. Später bezeichnete man diese Art Farbmittel als Lacke. Jahrtausendelang stammten die wesentlichen natürlichen Farbstoffe für solche Lacke aus der Flavon- und Anthrachinon-Reihe.

1.3 Einteilung der organischen Pigmente

Bereits zu Beginn des Chemiezeitalters wurden Farbstoffe für textile Zwecke in großer Zahl synthetisiert, von denen einige ebenfalls adsorptiv auf anorganische Substrate aufgebracht und in dieser Form angewendet wurden. Bald überführte man säuregruppenhaltige Farbstoffe, damals vielfach als leichtlösliche Natriumsalze im Handel, mit wasserlöslichen Salzen von Calcium, Barium oder Blei, des weiteren basische Farbstoffe (vielfach als Chloride oder als andere wasserlösliche Salze im Handel) mit Tannin oder Brechweinstein in schwerlösliche Verbindungen, d.h. in Pigmente. Mit Lackrot C (1902/Pigment Red 53:1) und Lithol-Rubin (1903/Pigment Red 57:1) spielen einige der verlackten Pigmente aus der Anfangszeit der eigentlichen Pigmentchemie auch noch heute eine wichtige Rolle (s. 2.7).

Die ersten wasserunlöslichen Pigmente, die weder Säure- noch basische Gruppen enthielten, waren rote β-Naphthol-Pigmente, erstmals hergestellt im letzten Viertel des 19. Jahrhunderts (Pararot, P.R.1, 1885). Toluidinrot (P.R.3, 1905) und Dinitranilinorange (P.O.5, 1907) sind zwei Vertreter dieser Pigmentklasse mit noch immer großer wirtschaftlicher Bedeutung in der Gegenwart. 1909 kam mit Hansa-Gelb G (P.Y.1) das erste Monoazogelbpigment auf den Markt, 1912 die ersten roten Naphthol AS-Pigmente, 1935 die ersten der bereits 1911 patentierten Diarylgelbpigmente, im gleichen Jahr Phthalocyaninblau- und wenige Jahre später Phthalocyaningrün-Pigmente [1]. An wichtigen Pigmentklassen folgten 1954 die Disazokondensations-Pigmente, 1955 die Chinacridone, 1960 die Azopigmente der Benzimidazolon-Reihe, 1964 die Isoindolinone [2] und 1986 die Diketopyrrolo-pyrrol-Pigmente.

Literatur zu 1.2

[1] G. Geissler, DEFAZET Dtsch. Farben Z. 31 (1977) 152–156.
[2] H. Mac Donald Smith, Am. Ink Maker 55 (1977) 6.

1.3 Einteilung der organischen Pigmente

Im Laufe der Zeit hat man in der Literatur verschiedene Gesichtspunkte für eine Klassifizierung der organischen Pigmente herangezogen. Grundsätzlich liegt die Einteilung entweder nach chemischen oder nach coloristischen Merkmalen nahe. Eine strenge Gliederung nach einem der beiden Zuordnungsprinzipien ist wegen gegenseitiger Überschneidungen nicht sinnvoll. Am zweckmäßigsten erscheint uns eine Einteilung nach der chemischen Konstitution. Ihr soll deshalb die Erörterung der einzelnen Pigmente in diesem Buch folgen.

Eine erste grobe Gliederung wird erreicht durch die Einteilung in Azopigmente und Nichtazo- oder polycyclische Pigmente. Die große und wirtschaftlich bedeutende Gruppe der Azopigmente wird ihrerseits anhand weiterer chemischer Gemeinsamkeiten, wie durch die Zahl der Azogruppierungen oder den Typ der Diazo- oder Kupplungskomponente, unterteilt. Bei polycyclischen Pigmenten sind

z. B. Anzahl und Art der aromatischen Ringe des Grundkörpers weitere Unterteilungsmerkmale.

1.3.1 Azopigmente

Allen Azopigmenten ist die Azogruppe —N=N— gemeinsam. Für Pigmente haben Mono- und Disazoverbindungen technische Bedeutung. Die Herstellung der Azopigmente ist wirtschaftlich günstig, da mit einer Vielzahl von Komponenten bei generell gleichen Reaktionen (Diazotierung und Kupplung) eine große Variationsmöglichkeit gegeben ist.

1.3.1.1 Monoazogelb- und -orangepigmente

Monoazogelbpigmente mit Acetessigsäureyliden als Kupplungskomponenten überdecken den Farbtonbereich vom grünstichigen bis zum mittleren Gelb. Rotstichig gelbe bis orange Pigmente dieser Gruppe enthalten 1-Arylpyrazolone-5 als Kupplungskomponenten.

Charakteristische Gruppeneigenschaften dieser Pigmente sind gute Lichtechtheit sowie schlechte Lösemittel- und Migrationsechtheiten, die ihren Einsatz in der Praxis dementsprechend bestimmen bzw. einschränken. Haupteinsatzgebiete sind lufttrocknende Alkydharzlacke, Dispersionsanstrichfarben, bestimmte Druckfarbensysteme, wie Flexo- und Siebdruckfarben, z. T. auch Buchdruck- und Offsetfarben sowie der Büroartikelsektor.

1.3.1.2 Disazopigmente

Man unterscheidet hier Disazopigmente mit di- und tetrasubstituiertem Diaminodiphenyl als Diazokomponente und Acetessigsäureyliden (Diarylgelbpigmente) oder Pyrazolonen (Disazopyrazolon-Pigmente) als Kupplungskomponenten, sowie solche mit aromatischen Aminen als Diazokomponenten und Bisacetessigsäureyliden als Kupplungskomponenten (Bisacetessigsäureyliden-Pigmente).

Die Pigmentklasse überdeckt den Farbtonbereich vom sehr grünstichigen Gelb über rotstichiges Gelb bis zum Orange und Rot. Die meisten Vertreter dieser Klasse zeigen geringere Licht- und Wetterechtheit, jedoch bessere Lösemittel- und Migrationsechtheiten als die Monoazogelb- und -orangepigmente. Disazopigmente werden vorzugsweise im Druckfarben- und Kunststoffbereich eingesetzt, in geringerem Maße im Lackbereich.

1.3.1.3 β-Naphthol-Pigmente

Gemeinsam ist diesen Pigmenten β-Naphthol als Kupplungskomponente. Ihr Farbtonbereich liegt zwischen Orange und mittlerem Rot. Zu dieser Gruppe gehören so bekannte Pigmente wie Toluidinrot und Dinitranilinorange. Sie sind bezüglich Licht-, Lösemittel- und Migrationsechtheiten den Monoazogelbpigmenten vergleichbar und werden hauptsächlich im Lackbereich verwendet.

1.3.1.4 Naphthol AS-Pigmente

Diese Klasse umfaßt Pigmente mit 2-Hydroxy-3-naphthoesäurearyliden als Kupplungskomponente (2-Hydroxy-3-naphthoesäureanilid = Naphthol AS). Die Pigmente überdecken einen breiten Farbtonbereich, der vom gelbstichigen und mittleren Rot bis zu Bordo, Carmin, Braun und Violett reicht. Sie zeigen im allgemeinen mäßige Lösemittel- und Migrationsechtheiten. Eingesetzt werden sie hauptsächlich in Druckfarben und Lacken.

1.3.1.5 Verlackte Azopigmente

Hierbei handelt es sich um Metallsalze von sulfon- und/oder carbonsäurehaltigen Monoazopigmenten. Verlackte β-Naphthol-Pigmente enthalten 2-Naphthol, verlackte BONS-Pigmente 2-Hydroxy-3-naphthoesäure (**B**eta-**O**xy**n**aphthoe**s**äure) und verlackte Naphthol AS-Pigmente 2-Hydroxy-3-naphthoesäurearylide als Kupplungskomponente. Daneben gibt es auch verlackte Naphthalinsulfonsäure-Pigmente.

Wichtige verlackte β-Naphthol-Pigmente sind z. B. die Lackrot C-Typen; sie haben eine deutlich geringere Lichtechtheit als β-Naphthol-Pigmente. Wegen ihrer ebenso mäßigen Migrationsechtheiten ist ihr Haupteinsatzgebiet der Druckfarbensektor.

Nahezu alle Vertreter der verlackten BONS-Pigmente haben neben anderen Substituenten zusätzlich noch eine Sulfonsäuregruppe in der Diazokomponente, enthalten also zwei zu verlackende Säuregruppen. Die im Handel befindlichen Marken sind Metallsalze dieser Säuren, und zwar solche mit Calcium, Strontium, Barium, Magnesium oder Mangan im mittleren und blaustichigen Rotbereich. Sie werden hauptsächlich in Druckfarben eingesetzt, in geringerem Umfange auch in Kunststoffen und Lacken.

Verlackte Naphthol AS-Pigmente tragen die zu verlackende Säuregruppe in der Diazokomponente, einige eine weitere in der Kupplungskomponente. Sie werden bevorzugt für die Kunststoffeinfärbung verwendet.

Verlackte Naphthalinsulfonsäure-Pigmente enthalten Naphthalinsulfonsäure als Kupplungskomponente, können aber in der Diazokomponente noch eine weitere SO$_3$H-Gruppe enthalten.

1.3.1.6 Benzimidazolon-Pigmente

Den Pigmenten dieser Klasse gemeinsam ist die Benzimidazolon-Gruppierung in der Kupplungskomponente. Pigmente mit 5-Acetoacetylaminobenzimidazolon als

Kupplungskomponente liegen im Farbtonbereich vom grünstichigen Gelb bis zum Orange, solche mit 5-(2'-Hydroxy-3'-naphthoylamino)-benzimidazolon im Bereich vom mittleren Rot bis zu Carmin, Marron und Bordo, aber auch braune Pigmente werden hiermit erhalten. Die Echtheitseigenschaften, auch die Licht- und Wetterechtheit, dieser Pigmente sind überwiegend sehr gut. Einige von ihnen genügen selbst den hohen Anforderungen, die an Pigmente für Autolacke gestellt werden. Sie werden dort in breitem Maße eingesetzt. Viele Benzimidazolon-Pigmente werden vor allem zum Anfärben von Kunststoffen und in hochwertigen Druckfarben verwendet.

1.3.1.7 Disazokondensations-Pigmente

Es handelt sich dabei um Pigmente mit großen Molekülen, bei denen formal je zwei carboxylgruppenhaltige Monoazoverbindungen mit einem aromatischen Diamin kondensiert sind. Entsprechend ihrer Molekülgrößen zeigen die im Handel befindlichen Pigmente gute Lösemittel- und Migrationsechtheiten sowie meist gute Temperaturbeständigkeit und gute Lichtechtheit. Ihre Haupteinsatzgebiete sind die Kunststoffeinfärbung sowie die Spinnfärbung. Der Farbtonbereich dieser Pigmente reicht vom grünstichigen Gelb über Orange bis zum blaustichigen Rot und Braun.

1.3.1.8 Metallkomplex-Pigmente

Aus der Reihe der Azometallkomplexe sind nur wenige chemische Individuen als Pigmente im Handel. Diese zeigen meist gute Licht- und Wetterechtheit. Sie enthalten als komplexgebundenes Metall Nickel, seltener Kobalt oder Eisen(II).
Bei den Azomethinmetallkomplex-Pigmenten ist die Azogruppe —N=N— durch die Gruppierung —CH=N— ersetzt. Komplexgebundenes Metall ist bei Azomethinen meist Kupfer. Auch diese Klasse umfaßt nur wenige Handelsmarken, meist im gelben Farbtonbereich. Bei guter Licht- und Wetterechtheit finden sie Einsatz in Industrielacken, z.T. im Autolackbereich.

1.3.1.9 Isoindolinon- und Isoindolin-Pigmente

Diese Pigmentklasse kann man chemisch den heterocyclischen Azomethinverbindungen zuordnen. Bei vergleichsweise guter Licht- und Wetterechtheit, Lösemittel- und Migrationsechtheit sind Isoindolinon- und Isoindolin-Pigmente mit nur wenigen Individuen auf dem Markt vertreten. Es handelt sich um grün- bis rotstichige Gelbpigmente. Isoindolinon-Pigmente werden vor allem für die Pigmentierung von Kunststoffen und hochwertigen Lacken verwendet.

1.3.2 Polycyclische Pigmente

Unter den polycyclischen Pigmenten sind alle Verbindungen mit kondensierten aromatischen oder heterocyclischen Ringsystemen zusammengefaßt, die Pigmentcharakter aufweisen. Hierzu zählen mehrere Pigmentklassen, von denen jeweils nur wenige Vertreter eine praktische Bedeutung haben. Viele von ihnen zeichnen sich vor allem durch gute Licht- und Wetterechtheit sowie gute Lösemittel- und Migrationsechtheiten aus, weisen aber auch mit Ausnahme der Phthalocyanin-Pigmente allgemein ein höheres Preisniveau als die Azopigmente auf.

1.3.2.1 Phthalocyanin-Pigmente

Die Vertreter dieser Klasse leiten sich von dem Grundkörper Phthalocyanin, einem Tetraazatetrabenzoporphin ab. Er bildet mit vielen Metallen des periodischen Systems Komplexe. Als Pigmente haben aber heute nur die Kupfer(II)-phthalocyanine praktische Bedeutung. Aufgrund ihrer in nahezu allen Anwendungsgebieten vorzüglichen Echtheiten, verbunden mit guter Wirtschaftlichkeit, stellen sie mengenmäßig die größte Gruppe organischer Pigmente dar. Von Kupferphthalocyaninblau sind verschiedene Kristallmodifikationen bekannt. Auf dem Markt befinden sich die rotstichig-blaue α-Modifikation in stabilisierter und nichtstabilisierter Form, die grünstichig-blaue β-Modifikation sowie in bisher geringem Maße die stark rotstichig-blaue ε-Modifikation. Die Einführung von Chlor- und/oder Bromatomen in dieses Molekül führt zu blau- bis gelbstichigen Grünpigmenten.

1.3.2.2 Chinacridon-Pigmente

Chinacridone bestehen aus einem System von fünf linear anellierten Ringen. Sie sind in ihren anwendungstechnischen Eigenschaften in verschiedener Hinsicht mit den Phthalocyanin-Pigmenten vergleichbar. Vor allem ihre meist hohe Licht- und Wetterechtheit, sowie ihre sehr guten Lösemittel- und vorzüglichen Migrationsechtheiten sind die Gründe für ihren trotz hohen Preises weitverbreiteten Einsatz zum Pigmentieren von hochwertigen Industrielacken, wie Autolacken, Kunststoffen und Spezialdruckfarben. Von dem unsubstituierten linearen trans-Chinacridon sind die rotviolette β- und die rote γ-Modifikation im Handel. Von den substituierten Chinacridonen ist wegen seines reinen, blaustichig-roten Farbtons und seiner sehr guten Echtheitseigenschaften das 2,9-Dimethylchinacridon wichtig. Auch Mischphasenpigmente von unsubstituierten und unterschiedlich substituierten Chinacridonen sowie die rot- bis gelbstichig-orangen Mischphasenpigmente mit Chinaridonchinon, haben Marktbedeutung. Von bisher geringerer Praxisbedeutung ist 3,10-Dichlorchinacridon.

1.3.2.3 Perylen- und Perinon-Pigmente

Bei dieser Gruppe handelt es sich chemisch um Perylentetracarbonsäuredianhydrid, Perylentetracarbonsäurediimid und dessen Derivate, sowie um Perinon-Pigmente, die Naphthalintetracarbonsäure als Basisverbindung enthalten.

Die im Handel befindlichen Vertreter dieser Klasse zählen zu den Pigmenten mit guter bis sehr guter Licht- und Wetterechtheit, wobei allerdings einige beim Bewettern dunkeln. Verschiedene dieser Pigmente sind sehr temperaturbeständig, eine Voraussetzung für ihre Verwendung bei der Schmelzspinnfärbung und zum Färben von Polyolefinen, die bei hoher Temperatur verarbeitet werden. Wesentliche Einsatzgebiete sind auch hochwertige Industrielacke, wie Automobillacke, sowie in geringem Maße Spezialdruckfarben, wie Blech- und Plakatdruckfarben.

1.3.2.4 Thioindigo-Pigmente

Die Pigmente dieser Klasse leiten sich chemisch vom Grundgerüst des Indigo-Moleküls ab. Heute hat noch 4,4',7,7'-Tetrachlorthioindigo größere wirtschaftliche Bedeutung. Bei guter Licht- und Wetterechtheit in tiefen Farbtönen wird es in Industrielacken, vor allem für Marrontöne bei Autoreparaturlacken, sowie in Kunststoffen verwendet.

Anthrachinon-Pigmente

Die folgenden vier Gruppen von polycyclischen Pigmenten können neben einer Reihe von Einzelpigmenten, wie Indanthronblau (Pigment Blue 60), aufgrund ihrer Struktur oder Herstellung von Anthrachinon als Basismolekül abgeleitet werden.

1.3.2.5 Anthrapyrimidin-Pigmente

Wesentlichster Vertreter dieser Gruppe ist das sogenannte Anthrapyrimidingelb. Sein Farbton kann in starken Aufhellungen als grünstichiges bis mittleres Gelb bezeichnet werden. Das Pigment wird aufgrund seiner sehr guten Wetterechtheit in Industrielacken, in erster Linie für Metalliclackierungen und zum Nuancieren im Autolackbereich eingesetzt.

1.3.2.6 Flavanthron-Pigmente

Einziger Vertreter dieser Klasse mit wirtschaftlicher Bedeutung ist das Flavanthrongelb. Es hat einen rotstichig-gelben Farbton mit geringer Brillanz und wird wegen seiner sehr guten Licht- und Wetterechtheit bei gleichzeitig guten Lösemittel- und Migrationsechtheiten vorzugsweise, ähnlich wie Anthrapyrimidingelb, im Autolackbereich verwendet.

1.3.2.7 Pyranthron-Pigmente

Bei den auf dem Markt befindlichen Typen dieser Gruppe handelt es sich um unterschiedlich stark halogenierte Pyranthrone. Die meisten sind orange, andere zeigen ein trübes mittleres bis blaustichiges Rot. Ihr Einsatzgebiet ist entsprechend ihrer guten Wetterechtheit hauptsächlich das der hochwertigen Industrielacke.

1.3.2.8 Anthanthron-Pigmente

Aus dieser Klasse ist vor allem ein Pigment, das Dibromanthanthron, mit ausgezeichneter Licht- und Wetterechtheit von Bedeutung. Wegen seines hohen Preises findet es vorzugsweise in hochwertigen Industrielacken, in erster Linie in Autolacken, Verwendung. Aufgrund seiner guten Transparenz lassen sich damit auch Metallictöne im Scharlachbereich einstellen.

1.3.2.9 Dioxazin-Pigmente

Dioxazin-Pigmente enthalten Triphendioxazin, ein System von fünf linear anellierten Ringen, als chemisches Grundgerüst. Auch von dieser Pigmentklasse ist nur noch ein Pigment von größerer wirtschaftlicher Bedeutung, nämlich Pigment Violet 23. Bei hoher Licht- und Wetterechtheit sowie guten bis sehr guten Lösemittel- und Migrationsechtheiten findet es vielfältigen Einsatz auf dem Lack-, Kunststoff-, Druckfarben- und Spinnfärbegebiet. Dabei wird es nicht nur für violette Farbtöne, sondern auch zum Nuancieren von Phthalocyaninblau-Färbungen bzw. -Lackierungen, wegen des schwachen Gelbstiches vieler Titandioxidmarken zum Schönen von Weiß und wegen des Braunstiches vieler Rußsorten zum Schönen von Schwarz verwendet.

1.3.2.10 Triarylcarbonium-Pigmente

Die Vertreter dieser Pigmentklasse sind in zwei Gruppen zu unterteilen, und zwar in innere Salze von Triphenylmethansulfonsäuren und in entsprechende Komplexsalze mit Heteropolysäuren, die Phosphor, Wolfram, Molybdän, Silicium und Eisen enthalten.

Die erste Gruppe weist nur geringe Lichtechtheit und schlechte Lösemittelechtheiten auf. Von erheblicher wirtschaftlicher Bedeutung ist hier allein das sogenannte Alkaliblau, das im wesentlichen zum Schönen schwarzer Druckfarben dient. In Kombination mit Ruß wird seine an sich schlechte Lichtechtheit infolge der hohen Absorption von Ruß wesentlich verbessert.

Bei der zweiten Gruppe handelt es sich um Komplexsalze von in der Farbstoffchemie so bekannten basischen Farbstoffen wie Malachitgrün, Methylviolett, Kristallviolett oder Victoriablau mit gewissen Heteropolysäuren. Viele dieser Pigmente weisen bei vergleichsweise geringen Lösemittelechtheiten und geringer Lichtechtheit eine ungewöhnliche Brillanz und Reinheit des Farbtones auf, die sich mit anderen Pigmenten organischer oder anorganischer Art nicht erzielen läßt. Sofern die Lichtechtheit ausreicht, werden die Pigmente deshalb im Druckfarbenbereich, vor allem für den Verpackungssektor, eingesetzt.

1.3.2.11 Chinophthalon-Pigmente

Chinopthhalon-Pigmente haben als Grundgerüst einen Polycyclus, der aus Chinaldin und Phthalsäureanhydrid hergestellt wird.

Auch diese Pigmentklasse zählt nur wenige Vertreter mit Praxisanwendung. Sie sind gelb, meist grünstichig-gelb, und sehr gut temperaturbeständig. Hauptsächlich werden sie zum Einfärben von Kunststoffen und für Lacke verwendet.

1.3.2.12 Diketo-pyrrolo-pyrrol-Pigmente

Das Grundgerüst dieser neuen Pigmentklasse besteht aus zwei anellierten Fünfringen, die jeweils eine Carbonamidgruppe enthalten.

Diese erst vor einigen Jahren auf den Markt gekommene Pigmentklasse zählte bisher nur einen Vertreter mit Praxisanwendung; sie wird z. Zt. durch weitere Pigmente ergänzt. Pigmente dieser Klasse ergeben Rottöne mit sehr guter Licht- und Wetterechtheit, sowie guter Hitzebeständigkeit. Sie werden besonders im hochwertigen Industrielackbereich, in Autolacken und in Kunststoffen eingesetzt.

1.4 Chemische Charakterisierung der Pigmente

Die wichtigsten Zusammenhänge zwischen chemischer Konstitution und anwendungstechnischen Eigenschaften von Pigmenten werden anhand empirischer Regeln gezeigt. Die Zusammenhänge gelten im wesentlichen unabhängig vom Anwendungsmedium für alle Einsatzgebiete der Pigmente.

Während bei den (löslichen) Farbstoffen praktisch ausschließlich die chemische Konstitution für die Eigenschaften verantwortlich ist, sind die Eigenschaften von Pigmenten, die ja im Anwendungsmedium unlöslich sind (s. 1.1), außerdem noch wesentlich von ihrer kristallinen Beschaffenheit, d.h. ihrem physikalischen Zustand, abhängig. Dieser Zusammenhang wird im folgenden Kapitel erörtert.

In erster Linie ist die chemische Konstitution für die grundlegenden Pigmenteigenschaften verantwortlich. Immer bestehen aber hier noch zusätzliche Wechselwirkungen mit den kristallphysikalischen Eigenschaften. So bestimmt die chemische Konstitution auch den Kristallbau mit. Allerdings kann ein und dieselbe chemische Konstitution auch zu unterschiedlichen Kristallstrukturen (Modifikationen, s. 1.5.3) führen. Neben der chemischen Zusammensetzung erlaubt daher erst eine möglichst umfangreiche Kenntnis festkörperphysikalischer Daten eine gewisse Voraussage für anwendungstechnische Eigenschaften.

Im folgenden soll der Einfluß der chemischen Konstitution auf Farbton, Farbstärke, Licht- und Wetterechtheit, Lösemittel- und Migrationsechtheit der Pigmente erörtert werden. Da der entscheidende Einfluß der Anordnung der Pigmentmoleküle und deren einzelner Bestandteile im Kristallgitter auf die Pigmenteigenschaften bisher nur in wenigen Fällen untersucht wurde und die Ergebnisse daraus nicht verallgemeinert werden können, ist eine gezielte Entwicklung von Pigmenten mit gewünschten Eigenschaften bisher kaum möglich.

1.4.1 Farbton

Die Farbe eines Moleküls kommt durch Elektronenanregung zustande, wobei durch Absorption elektromagnetischer Schwingungen im ultravioletten und sichtbaren Bereich des Spektrums angeregte Zustände entstehen [1, 2, 3, 4, 5]. Durch Übergang der Elektronen aus dem Grundzustand in den angeregten Zustand wird Energie im Bereich des sichtbaren Lichtes absorbiert, die resultierende Komplementärfarbe erscheint als Farbe des Moleküls. Da jede Elektronenanregung von einer ganzen Reihe verschiedener Rotations- und Schwingungsübergänge begleitet ist, treten mehr oder weniger breite Absorptionsbanden auf. Beim Vergleich von Spektren bezeichnet man dabei Verschiebungen einer Absorptionsbande nach dem länger- bzw. kürzerwelligen Bereich als bathochrom bzw. hypsochrom.

Der Farbton wird in erster Linie vom chromophoren System bestimmt. Unter dem chromophoren System versteht man ein System konjugierter Doppelbindungen (π-Elektronensystem), in dem die Absorption erfolgt. So lassen sich beispielsweise Azoverbindungen – auch Azopigmente – als Systeme betrachten, in denen Elektronendonoren und -acceptoren über den Chromophor, d.h. die Azogruppe $-N=N-$, in einem konjugierten System miteinander verbunden sind.

Elektronendonoren als Substituenten, wie Alkoxy-, Hydroxy- oder Alkyl- bzw. Arylaminogruppen enthalten einsame Elektronenpaare. Zu den schwachen Donoren kann man auch die CH_3-Gruppe rechnen. Elektronenacceptoren, wie NO_2-, COOH-, COOR-, SO_2- und SO_2Ar-Gruppen, enthalten π-Elektronensysteme.

In Azopigmenten sind Elektronendonoren und -acceptoren insbesondere in der Diazokomponente, d.h. im konjugierten Teil des Systems, von Einfluß. Sowohl Donoren als auch Acceptoren verschieben die längstwellige Bande des konjugierten Systems in der Regel bathochrom. Für ein bestimmtes konjugiertes System lassen sich empirisch zunehmende bathochrome Wirkungen in Abhängigkeit vom Substituenten einordnen. So ergeben z. B. Donor-Substituenten in Azobenzol-Systemen stärkere bathochrome Verschiebungen als Acceptor-Substituenten. Allerdings hängt das vom Verhältnis der Elektronenverteilung zwischen Donor, Accep-

1.4.1 Farbton 13

tor und Azogruppe ab, so daß – insbesondere bei Elektronenacceptoren – in manchen Fällen auch eine (meist geringere) hypsochrome Verschiebung erfolgen kann. Zusätzlich spielt für die Größe der Verschiebung die Elektronenverteilung an der Stelle des π-Elektronensystems eine Rolle, an der der Substituent eingeführt wird. Verantwortlich für die längstwellige intensive Absorption ist ein π→π*-Übergang, d. h. der Übergang eines bindenden π-Elektrons in einen angeregten nichtbindenden Zustand.

Die Intensität von n→π*-Übergängen (Übergang eines p-Elektrons eines einsamen Elektronenpaares von einem nichtbindenden (n) in ein antibindendes π*-Orbital) ist etwa zwei Größenordnungen kleiner als die der intensiven π→π*-Übergänge und spielt für Farbmittel keine Rolle.

Die von Witt insbesondere an Azosystemen aus empirischen Daten aufgestellten Substituentenregeln (sog. Wittsche Farbregeln) lassen sich heute mit quantenmechanischen Näherungen theoretisch erfassen. Für Azopigmente gelten grundsätzlich die für Azofarbstoffe gefundenen Regeln, wenn hierbei auch zusätzliche Überlagerungen durch Wechselwirkungen im Kristall zu berücksichtigen sind.

Bei Azopigmenten wird der Grundfarbton vorrangig von der Struktur der Kupplungskomponente bestimmt, da als Diazokomponenten für technisch wichtige Azopigmente fast ausschließlich substituierte Aniline verwendet werden. So ergeben Acetessigsäurearylide CH$_3$COCH$_2$CONH-Aryl und heterocyclische Kupplungskomponenten mit dem gemeinsamen Strukturelement

in einer ringförmigen Anordnung, wie vor allem bei Barbitursäure (**1**) oder 2,4-Dihydroxychinolin (**2**) gelbe Farbtöne. Diese Verbindungen absorbieren also den kurzwelligen (blauen) Teil des sichtbare Lichtes. Eine Ausnahme von dieser Regel

machen Monoazopigmente mit 1-Arylpyrazolon-5-Derivaten (**3**) als Kupplungskomponenten, mit denen rotstichig-gelbe bis orange Farbtöne erhalten werden. Eine weitere bathochrome Verschiebung nach Rot erfolgt bei Monoazopigmenten mit dem vergrößerten konjugierten System des 2-Hydroxynaphthalins (β-Naphthol) und besonders seiner 3-Carbonsäure- und 3-Carbonsäurearylid-Abkömmlinge.

Diazokomponenten tragen dann zu einer wesentlichen bathochromen Verschiebung des Farbtons bei, wenn das konjugierte System des Amins wesentlich vergrößert wird, z. B. durch Verdopplung des Moleküls. Das sei an den folgenden Beispielen illustriert:

1.4 Chemische Charakterisierung der Pigmente

Diazokomponente		Kupplungskomponente	Nuance
Anilin-Derivate	→	Pyrazolon-5-Derivate	gelb bis orange
3,3'-Dichlorbenzidin	→	Pyrazolon-5-Derivate	gelbstichig-rot
Anilin-Derivate	→	Naphthol AS-Derivat	rot
3,3'-Dichlorbenzidin	→	Naphthol AS-Derivat	violett bis blau

Azopigmente kommen in allen Nuancen vom grünstichigen Gelb über Orange und Rot bis zum Blau, Violett und Braun vor. Der Einfluß der chemischen Konstitution, insbesondere der Substitution, wird bei den Farbtönen innerhalb eines durch die Kupplungskomponente bestimmten Grundfarbtons stark von dem physikalischen Zustand des Pigmentes, wie Kristallinität, Teilchengröße, Teilchengrößenverteilung oder Kristallmodifikation überlagert [6].

So sind Art und Position der Substituenten, insbesondere im aromatischen Amin der Diazokomponente von Bedeutung, aber eine empirisch gewonnene eindeutige Aussage über den Substituenteneinfluß auf den Farbton ist deshalb nicht möglich, weil der durch den Raumbedarf des Pigmentmoleküls beeinflußte Kristallbau und die damit zusammenhängenden Wechselwirkungen in die Betrachtungen mit eingehen müssen.

Unterschiedliche Substituenten im Arylidrest von Kupplungskomponenten (Acetessigsäurearyliden und 2-Hydroxy-3-naphthoesäurearyliden) haben keinen eindeutigen Einfluß auf die Nuance eines Pigmentes. Da die Konjugation der π-Elektronen bei Azopigmenten sicher nicht wesentlich über die Carbonamidbrücke hinausgeht, sind intra- und intermolekulare Wechselwirkungen im Kristallgitter hier von größerem Einfluß.

Für Nichtazopigmente gelten generell dieselben Aussagen wie für Azopigmente. Zwar sind Ansätze zur theoretischen Deutung von Absorptionsspektren polycyclischer Verbindungen auf quantenchemischer Basis, z. B. des Indigo-Systems [1], ausgehend vom System der Polymethinfarbstoffe erfolgt, doch gilt auch hier die Tatsache, daß Festkörper-Spektren schon aufgrund der komplizierten Wechselwirkungen im Kristall bisher kaum untersucht wurden.

Substituenten in polycyclischen Pigmentsystemen dürften einen ähnlichen Einfluß auf den Farbton wie in Diazokomponenten von Azopigmenten haben. Allerdings gibt es hier z. B. durch weitgehende Chlorsubstitution sogar Änderungen des Grundfarbtons, z. B. bei polychlorierten Kupferphthalocyanin-Pigmenten, die grüne anstelle der blauen Farbtöne des Kupferphthalocyanins aufweisen (s. 3.1), oder bei Tetrachlorisoindolinon-Pigmenten, bei denen durch die Chlorsubstitution eine Verschiebung der Absorptionsbanden aus dem gelben in den Orange- und Rotbereich erfolgt (s. 2.11).

In sulfonsäuregruppenhaltigen verlackten roten Azopigmenten haben die Metalle bei ein und demselben chemischen Individium einen deutlichen Einfluß auf den Farbton. Eine Farbvertiefung vom gelbstichigen zum blaustichigen Rot verläuft im allgemeinen in der Reihenfolge Na → Ba → Sr → Ca → Mn.

1.4.1 Farbton

Die bereits wegen der relativ komplizierten Pigmentmoleküle quantentheoretisch schwierigen Probleme der Zusammenhänge zwischen Konstitution und Farbton werden durch bisher wenig untersuchte Parameter wie Wechselwirkungen im Kristallgitter und Einflüsse inter- und intramolekularer Wasserstoffbrücken noch erschwert.

Genauen Einblick in solche Wechselwirkungen könnte eine umfassende Kenntnis der räumlichen Anordnung der Atome eines Pigmentmoleküls in der Elementarzelle und die Lage der einzelnen Pigmentmoleküle im Kristallgitter-Verband erbringen. Solche Untersuchungen lassen sich mit Hilfe der dreidimensionalen Röntgen-Strukturanalyse an Pigmenteinkristallen durchführen [7].

Grundsätzlich weisen Pigmentlösungen andere Absorptionsbanden als die entsprechenden Festkörper auf. Nur grob kann man bei polycyclischen aromatischen Systemen mit entsprechenden chromophoren Gruppen von einer Farbvertiefung mit steigender Zahl konjugierter π-Elektronen ausgehen.

Der Einbau von Heteroatomen in ein polycyclisches System führt zumeist zu einer hypsochromen Verschiebung infolge eines vergrößerten Abstandes zwischen dem höchsten besetzten (HOMO) und dem niedrigsten unbesetzten (LUMO) Molekülorbital. Beispiel:

Pyranthron   Flavanthron

orange   gelb

Manche heterocyclischen aromatischen Systeme, wie das gekreuzt konjugierte Indigo-System oder Chinacridon-Pigmente, nehmen gesonderte Stellungen ein. Chinacridon weist, in konzentrierter Schwefelsäure oder in DMF gelöst, nur eine schwach gelbe Färbung auf, erst im festen Zustand ergibt sich eine intensiv rote Farbe. Hier liegt ein besonders deutliches Beispiel für den Einfluß der Wechselwirkungen im Kristallgitter auf den Farbton vor [8].

Diese vereinfachten Betrachtungsweisen sind aber nur grobe Anhaltspunkte, denn auch bei polycyclischen Pigmenten wird die Nuance letztlich durch die Kristalleigenschaften, wie Teilchengröße, Teilchengrößenverteilung oder Modifikation, festgelegt.

Wasserstoffbrücken bilden für organische Pigmente ein wichtiges Strukturmerkmal. So sind diese Bindungen intramolekular wesentlich für die Planarität der Moleküle verantwortlich und können intermolekular sogar für den Grundfarbton, z.B. bei Chinacridon-Pigmenten über den Einfluß auf den sich ausbildenden Kristallaufbau, mitverantwortlich sein.

1.4.1.1 Modifikation und Kristallstruktur

Chemisch einheitliche Pigmente können in unterschiedlichen Kristallmodifikationen vorliegen, d. h. die „Pigment"-Moleküle sind bei den verschiedenen Modifikationen in der Elementarzelle und damit im Kristallgitter-Verband unterschiedlich angeordnet.

Kenntnisse über das Vorliegen von verschiedenen Modifikationen werden durch Debye-Scherrer-Aufnahmen, d. h. durch Messungen der Winkelabhängigkeit der Streuung von Röntgenstrahlen an Pigmentpulvern erhalten. Unterschiedliche Kristallphasen zeigen voneinander abweichende Spektren ihrer Röntgenstreuung. Eine gezielte Herstellung unterschiedlicher Modifikationen bei einem neuen Pigment ist nicht möglich. Es werden vielmehr durch abgewandelte Pigmentsynthese oder Nachbehandlung manchmal zwei oder mehr Kristallphasen gefunden, die sich nicht nur in ihrem Kristallbau, sondern auch in Farbton und vielen anwendungstechnischen Eigenschaften unterscheiden.

Der Kristallbau und die räumliche Lage der Pigmentmoleküle können durch dreidimensionale Röntgen-Strukturanalyse an Pigmenteinkristallen ermittelt werden. Bisher liegen hierzu aus der Azoreihe Untersuchungen an einigen gelben Monoazopigmenten, einigen Pigmenten vom β-Naphthol- und Naphthol AS-Typ sowie von zwei Benzimidazolon-Pigmenten vor. Aus der polycyclischen Reihe sind insbesondere Arbeiten über Kupferphthalocyanin-Pigmente bekannt [9]. Einzelheiten darüber sind bei den einzelnen Pigmentklassen beschrieben.

Mit Hilfe einer genügend großen Anzahl von Ergebnissen dreidimensionaler Kristallstrukturuntersuchungen bei einer bestimmten Pigmentklasse ließen sich wahrscheinlich empirische Regeln über den Zusammenhang zwischen räumlichem Bau und Farbton aufstellen. Die Gründe für die bis heute relativ geringe Zahl von Strukturaufklärungen an organischen Pigmenten trotz verbesserter Meßgeräte und moderner Rechenprogramme liegen vor allem an den Schwierigkeiten bei der Züchtung von Pigmenteinkristallen. Das gilt besonders für hochwertige, d. h. hier lösemittelechte Pigmente, die in allen zur Kristallzüchtung geeigneten Lösemitteln praktisch unlöslich sind.

An einem roten und einem braunen Azopigment der Naphthol AS-Reihe, die sich nur durch eine Methoxygruppe im Anilidrest der Kupplungskomponente unterscheiden (**4**), wurden vergleichende Kristallstrukturuntersuchungen vorgenommen.

R = H: rot
R = OCH$_3$: braun

4

1.4.1 Farbton

Die dreidimensionale Röntgenstrukturanalyse ergab für das rote Pigment einen nahezu völlig planaren Bau, der durch die zusätzliche Methoxygruppe beim braunen Pigment gestört ist. Daher bilden die einzelnen Molekülteile des Braunpigmentes größere Winkel mit der gemeinsamen Molekülebene: Das bedeutet Störung der gesamten Konjugation, aber auch Änderung des Kristallgitter-Aufbaus. Abb. 1 zeigt die durch dreidimensionale Röntgenstrukturanalyse erhaltene Struk-

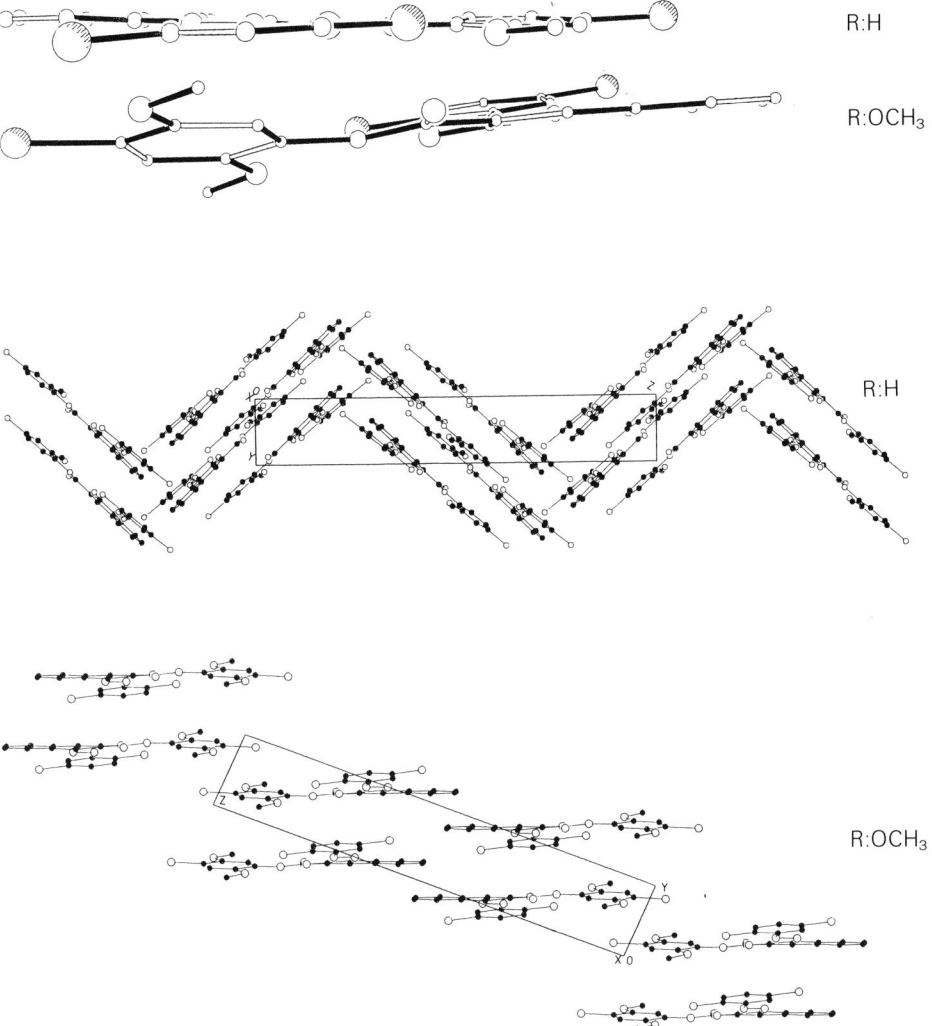

Abb. 1: Durch dreidimensionale Röntgenstrukturanalyse erhaltene vollständige Kristallstrukturen von Pigment **4** mit R:H bzw. R:OCH$_3$, jeweils als Einzelmoleküle (oben) und im Kristallgitter (unten), senkrecht zur Molekülebene betrachtet.

tur der beiden Pigmente **4** (R:H bzw. OCH$_3$), jeweils als Einzelmoleküle und im Kristallgitterverband, senkrecht zur Molekülebene betrachtet. An beiden Pigmenten sind alle Wasserstoffbrücken intramolekular beteiligt, die Moleküle sind nur durch schwächere zwischenmolekulare Kräfte gebunden [10].

Beide Moleküle liegen eher in der o-Chinon-Hydrazonform als in der o-Hydroxy-Azoform vor. Entsprechende Ergebnisse wurden von anderen Autoren an einigen Monoazogelbpigmenten und mehreren β-Naphthol- und Naphthol AS-Pigmenten ermittelt. Die Resultate sind in den betreffenden Kapiteln beschrieben.

1.4.2 Farbstärke

Als grobes Maß der Farbstärke und für entsprechende Vergleiche kann man den maximalen molaren Extinktionskoeffizienten ε_{max} ansehen (s. aber die kristallphysikalische Wirkung auf die Farbstärke bei Pigmenten, s. 1.5). Besser noch berücksichtigt man die gesamte Fläche f des einem einzelnen – vor allem dem langwelligsten – Elektronenübergang zugehörigen Absorptionsgebietes zwischen der kurzwelligen Bandengrenze ν_1 und der langwelligen Bandengrenze ν_2 ($f = \int_{\nu_1}^{\nu_2} \varepsilon_\nu \, d_\nu$).

Die Fläche f stellt die sog. Oszillatorenstärke dar. Praktisch dient als rohes Maß $\varepsilon_{max} \cdot \Delta\nu_{1/2}$, wobei $\Delta\nu_{1/2}$ die Halbwertsbreite darstellt.

Die Oszillatorenstärke gilt exakt nur für das freie Molekül bzw. näherungsweise für das Molekül in Lösemitteln, die das chromophore System nicht wesentlich beeinflussen. Für die praktische Anwendung jedoch empfiehlt es sich, die Extinktion massenbezogen zu betrachten.

Als wichtigste chemische Regel ist die Abhängigkeit der Farbstärke von der Größe des mesomeriefähigen Systems zu betrachten. Eine Vergrößerung des mesomeriefähigen Systems bewirkt neben einer bathochromen Verschiebung eine Erhöhung der Farbstärke, d.h. der Absorptionsintensität. Möglichkeiten für die Ausdehnung des mesomeriefähigen Systems sind:

– Vergrößerung des aromatischen Systems bei polycyclischen Pigmenten, Übergang von Mono- zu Disazopigmenten bei Azoverbindungen („Verdopplung").
– Weitgehend planarer Bau des Moleküls.
– Einführung insbesondere π-elektronenenthaltender Substituenten in den konjugierten Teil des Pigmentmoleküls, z.B. Nitrogruppen in Aromaten als Substituenten, deren π-Orbitale senkrecht zur Ebene des Pigmentmoleküls stehen, d.h. die π-Orbitale von Chromophor und Substituent müssen parallel sein.

Monoazogelbpigmente ergeben bei „Molekülverdopplung", d.h. dem Übergang vom Hansa-Gelb-Typ zum Disazogelbpigment, eine erhebliche Steigerung der Farbstärke. Ähnliches läßt sich am Vergleich Naphthol AS-Pigment – Disazokondensations-Pigment beobachten:

1.4.2 Farbstärke

Monoazogelbpigment

Disazogelbpigment

Naphthol AS-Pigment

Disazokondensations-Pigment

In einer Untersuchung von G. Eulitz [11] wurde durch molekulardisperse Verteilung, d. h. Lösung von Pigmenten, der Einfluß kristallphysikalischer Größen, wie Teilchengrößenverteilung und Dispergierungsgrad, auf die Farbstärke ausgeschlossen, so daß unmittelbar der Einfluß der chemischen Konstitution auf die Farbstärke ermittelt werden konnte:

Die Aufnahme von Transmissionsspektren jeweils konstitutionell ähnlicher Pigmentpaare, z. B. von Pigment Yellow 1 – Pigment Yellow 3 oder Pigment Yellow 12 – Pigment Yellow 13, und Auswertung nach Lambert-Beer ergab innerhalb der

Pigment Yellow 1   Pigment Yellow 3

R: H   Pigment Yellow 12
R: CH_3 Pigment Yellow 13

Meßgenauigkeit gleiche molare Extinktion. Beim Vergleich Monoazopigment – Disazopigment ist die maximale molare Extinktion bei letzterem nicht nur doppelt so groß, sondern noch deutlich größer. Hier erfolgt eine Kopplung der beiden Azobrücken über das Diphenyl-System. Eine Vergrößerung der Konjugation ist allerdings weniger damit verbunden, denn eine wesentliche Verschiebung der Wellenlänge erfolgt nicht. Dies illustriert folgende Zusammenstellung:

1.4 Chemische Charakterisierung der Pigmente

Pigmentlösung	Maximaler molarer Extinktionskoeffizient (in 10^4 l/mol·cm)
Pigment Yellow 1	1,97
Pigment Yellow 3	2,08
Pigment Yellow 12	6,57
Pigment Yellow 13	6,70

Obwohl diese Untersuchungen zunächst theoretische Bedeutung haben, da Pigmente im Anwendungsmedium ja stets in kristalliner Form vorliegen, wurde an Pigment Red 112 gezeigt, daß die maximale spezifische Extinktion dieses Pigmentes in Lösung und in der kristallinen Phase sehr gut übereinstimmt. Dazu war neben dem Transmissionsspektrum des gelösten Pigmentes für die feste Phase ein Transmissionsspektrum der Pigmentkristalle in einer transparenten Folie aufgenommen worden.

Auch an anderen Pigmenten innerhalb einer Klasse kann man bei Vergleichen feststellen, daß eine Korrelation zwischen der maximalen Extinktion in Lösung und im festen Zustand besteht.

Durch dreidimensionale Röntgen-Strukturanalyse hat man bei allen bisher untersuchten Pigmenten ausnahmslos eine weitgehend planare Anordnung der Moleküle vorgefunden – eine wichtige Voraussetzung für eine optimale Mesomeriemöglichkeit (Überlappung der π-Elektronen). Die Planarität wird wahrscheinlich durch intramolekulare Wasserstoffbrücken-Bindungen wesentlich gestützt.

Substituenten mit freien Elektronenpaaren, die leicht zu dem benachbarten π-Elektronensystem in Wechselwirkung treten können, oder Substituenten mit eigenen Doppelbindungen mit π-Elektronen in Konjugation zum aromatischen Ring vergrößern die Mesomeriemöglichkeit und damit die Absorptionsintensität, d. h. die Farbstärke.

Auf der anderen Seite können schwere Molekülteile, die nicht zur Mesomerie beitragen, eine Verringerung der Farbstärke ergeben.

1.4.3 Licht- und Wetterechtheit

Für den Zusammenhang zwischen chemischer Konstitution und Licht- und Wetterechtheit können bisher wenig allgemein gültige Regeln aufgestellt werden. Primär sind natürlich diese Echtheiten durch die chemische Konstitution bestimmt. Das erkennt man z. B. am analogen Verlauf der Abnahme der Lichtechtheit verschiedener Pigmente im kristallinen und gelösten Zustand mit der Belichtungszeit. Aber auch das umgebende Medium – in der Praxis also das Anwendungsmedium – spielt eine wesentliche Rolle für die Beständigkeit eines Pigmentes im Licht. Die Ursache dafür ist, daß optisch angeregte Pigmentmoleküle mit unterschiedlicher Wahrscheinlichkeit mit den Molekülen verschiedener Medien reagieren.

Vergleiche zwischen gelöstem und ungelöstem Pigment sind für hochwertige Pigmente, die in allen Lösemitteln nahezu unlöslich sind, nicht durchführbar.

Über den Einfluß von Substituenten lassen sich bei Azopigmenten, aber auch bei einigen polycyclischen Systemen gewisse einfache Regeln aufstellen.

So verbessern Elektronenacceptoren in der Diazokomponente von Azopigmenten (z. B. Halogenatome, Nitro-, Carboalkoxygruppen), möglichst in Verbindung mit Elektronendonoren (Methoxy-, Methylgruppen) im Phenylrest der Kupplungskomponente, die Licht- und Wetterechtheit entsprechend unsubstituierter oder anders substituierter Pigmente. Dabei ist auch die Stellung der Substituenten im aromatischen Ring vor allem der Diazokomponente wichtig. Im allgemeinen steigt der günstige Einfluß in der Reihenfolge meta- → para- → ortho-Substitution. Das hängt u.a. vermutlich auch mit der Möglichkeit der Bildung intramolekularer oder intermolekularer Wasserstoffbrücken zusammen.

Bei Chinacridon-Pigmenten (s. 3.2) fällt die Licht- und Wetterechtheit mit Substituenten in den Positionen 2,9 → 3,10 → 4,11 ab. Vermutlich ist bei räumlicher Annäherung von Substituenten an die NH-Gruppierung keine ungestörte Ausbildung von Wasserstoffbrücken mehr möglich [12]. Bestätigt wird das durch die 5,12-N,N'-Dimethyl-Substitution mit noch mäßigerer Licht- und Wetterechtheit.

Bei Azopigmenten ergibt die Einführung von zusätzlichen Carbonamidgruppen in das Molekül oft verbesserte Lichtechtheit, jedoch steht das nicht im Zusammenhang mit der durch Carbonamidgruppen generell verbesserten Migrationsechtheit (s. 1.6.3). So sind beispielsweise die weniger migrationsechten Monoazogelbpigmente lichtechter als die schwerlöslichen Diarylgelbpigmente, andererseits sind die migrationsechten Disazokondensations-Pigmente häufig deutlich lichtechter als die weniger migrationsechten Monoazopigmente.

Eine deutliche Verbesserung von Licht- und Wetterechtheit wird bei o,o'-Dihydroxyazo-Verbindungen oder o,o'-Dihydroxyazomethinen durch Metallkomplexbildung erzielt, freilich in der Regel durch Inkaufnahme einer wesentlichen Trübung des Farbtons.

Auch bei verlackten Azopigmenten läßt sich eine gewisse Abhängigkeit der Lichtechtheit von der Art des Metalls erkennen: die besten Echtheiten weisen hier Mangansalze auf.

1.4.4 Lösemittel- und Migrationsechtheiten

Bei Lösemittel- und Migrationsechtheiten sind gewisse Zusammenhänge mit der chemischen Konstitution zu erkennen. Es gibt verschiedene Möglichkeiten, diese Echtheiten bei Pigmenten zu verbessern:

a) Vergrößerung des Molekulargewichtes.

Ein charakteristisches Beispiel für die Verbesserung von Lösemittel- und Migrationsechtheit durch höheres Molekulargewicht liefert der Vergleich Monoazogelbpigment – Diarylgelbpigment. So ist Pigment Yellow 12 deutlich

1.4 Chemische Charakterisierung der Pigmente

migrationsechter als ein vergleichbares Monoazogelbpigment, etwa Pigment Yellow 1. Diese Einflüsse der Molekül-„Verdopplung" sind ebenfalls am Beispiel Naphthol AS-Pigment — Disazokondensations-Pigment zu erkennen, letztere sind deutlich migrationsechter.

b) Vermeidung von löslichmachenden Substituenten,

z. B. längerkettigen Alkyl-, Alkoxy- oder Alkylaminogruppen oder von Sulfonsäuregruppen und dafür Einführung von Carbonamid-, manchmal auch Nitrogruppen oder Chloratomen bei Azopigmenten, von Heteroatomen, vor allem Stickstoff, aber auch von Chlor- oder Bromatomen bei polycyclischen Pigmenten. Allgemein kann man sagen, daß die Löslichkeit in den gebräuchlichen, wenig polaren Lösemitteln umso niedriger ist, je polarer der Substituent ist. Naphthol AS-Pigmente sind deutlich lösemittel- und migrationsechter als β-Naphthol-Pigmente (Beispiel Pigment Red 3 – Pigment Red 13). Die Einführung einer zweiten Carbonamidgruppe bringt weitere Verbesserung, z. B. bei Pigment Red 170. Durch Weiterverfolgung dieses Prinzips kann man zu praktisch migrationsechten Pigmenten gelangen (Pigment Red 187).

So ergibt sich folgende Rangfolge der Lösemittel- und Migrationsechtheiten:

Pigment Red 3 < Pigment Red 13 <

Zahl der
CONH–Gruppen   0   1

Pigment Red 170 < Pigment Red 187

Zahl der
CONH–Gruppen: 2   3

Als konsequente Weiterentwicklung ist der Einbau von Carbonamidgruppen in heterocyclische Fünf- und Sechsringe zu betrachten, wobei diese Heterocyclen an einen Benzolkern anelliert sind (s. Formeln **5** bis **9**). Von zahlreichen synthetisierten Systemen hat sich die Benzimidazolon-Gruppierung (**5**, X:NH), besonders als Bestandteil der Kupplungskomponente von Azopig-

1.4.4 Lösemittel- und Migrationsechtheiten

menten, als am günstigsten erwiesen, daraus hat sich das Handelssortiment der Benzimidazolon-Pigmente (s. 2.8) entwickelt.

5 Benzazolon (X : NH, O, S)

6 Phthalimid

7 Tetrahydrophthalazindion

8 Tetrahydrochinoxalindion

9 Tetrahydrochinazolindion

Welchen günstigen Einfluß Wasserstoffbrücken auf die Löslichkeit haben, erkennt man besonders an den Benzimidazolon-Pigmenten: Allein die kleine Benzimidazolon-Gruppierung ist aufgrund der Ausbildung von intermolekularen Wasserstoffbrücken entscheidend für die hohe Lösemittel- und Migrationsechtheit dieser Pigmente im Vergleich mit Monoazogelb- bzw. Naphthol AS-Pigmenten ([13, 14] s.a. 2.9).

c) Herstellung polarer Verbindungen durch „Verlacken".

Sulfon- und/oder carbonsäuregruppenhaltige Azofarbstoffe werden beim Umsatz mit Metallsalzen („Verlacken") zu unlöslichen Salzen. Als Metalle werden vor allem Erdalkalimetalle wie Calcium, Barium, Strontium, aber auch Mangan verwendet. Der polare (Salz-)Charakter der verlackten Pigmente ist Ursache der guten Lösemittel- und Migrationsechtheit. Auch hier lassen sich mit der Zahl der verlackten Sulfonsäuregruppen diese Echtheiten steigern, z. B. von Pigment Red 53:1 zu Pigment Red 48:4 :

Pigment Red 53 : 1   <   Pigment Red 48 : 4

d) Metallkomplexbildung.

Werden o,o'-Dihydroxyazo- oder -azomethin-Verbindungen komplexiert, so erhält man äußerst lösemittel- und migrationsechte Pigmente (s. 2.10).

An einer Reihe von Naphthol AS-Pigmenten wurde der Einfluß der Konstitution (durch unterschiedliche Art und Stellung der Substituenten in der Diazokomponente) auf die Löslichkeit untersucht [15]. Hierbei wurde eine charakteristische Abhängigkeit der Löslichkeit bzw. Enthalpiedifferenz zwischen kristallisiertem und gelöstem Pigment von der Stellung des Substituenten in der Diazokomponente gefunden, jeweils mit den größten Werten für die meta- und den kleinsten Werten für die para-Substitution bei gleichen Substituenten.

Literatur zu 1.4

[1] M. Klessinger, Chem. unserer Zeit 12 (1978) 1–11; weitere Literatur s. dort.
   S. Dähne, Z. Chem. 10 (1970) 133, 168; s. a. Science 199 (1978) Nr. 4334, 1163–1167.
[2] P. Rys und H. Zollinger, Farbstoffchemie, 3. Aufl., Verlag Chemie, Weinheim, 1982.
[3] J. Fabian und H. Hartmann, Light Absorption of Organic Colorants, Springer-Verlag, 1980.
[4] J. Griffiths, Rev. Prog. Color. Vol. 11 (1981) 37–57.
[5] J. Griffiths, Colour and Constitution of Organic Molecules, Academic Press, London, 1976.
[6] A. Pugin, Chimia, Suppl. (1968) 54–68.
[7] E. F. Paulus in: Ullmanns Enzykl. Techn. Chem., 4. Aufl., Bd. 5, Verlag Chemie, Weinheim, 1980, 235–268.
[8] G. Lincke, Farbe + Lack 86 (1980) 966–972.
[9] J. R. Fryer et al., J. Chem. Technol. Biotechnol. 31 (1981) 371–387
   D. Horn und B. Honigmann, Congr. FATIPEC XII, Garmisch, 1974, 181–189.
[10] D. Kobelt, E. F. Paulus und W. Kunstmann, Z. f. Kristallogr. 139 (1974) 15–32.
[11] G. Eulitz, Hoechst AG, private Mitteilung.
[12] G. Lincke, Farbe + Lack 76 (1970) 764–774.
[13] E. F. Paulus und K. Hunger, Farbe + Lack 86 (1980) 116–120.
[14] K. Hunger, E. F. Paulus und D. Weber, Farbe + Lack 88 (1982) 453–458.
[15] F. Gläser, XIII. Congr. FATIPEC, Juan les Pins, 1976, Kongreßbuch 239–243.

1.5 Physikalische Charakterisierung der Pigmente

Die anwendungstechnischen Eigenschaften der Pigmente werden nicht nur durch die chemische Konstitution (s. 1.4), sondern in starkem Maße auch durch physikalische Parameter bestimmt. Zu diesen zählen neben der Struktur der Elementarzelle, der sterischen Anordnung der Moleküle im Pigmentkristall (Modifikation) und der Kristallform die spezifische Oberfläche, Kristallinität, Korngrößenverteilung und Oberflächenbeschaffenheit. Durch gezielte Veränderung physikalischer Größen, vor allem der Korngrößenverteilung, lassen sich anwendungstechnische Eigenschaften von Pigmenten für bestimmte Anwendungen optimieren bzw. in die gewünschte Richtung verschieben. Dadurch wird mitunter der Einsatz eines

1.5 Physikalische Charakterisierung der Pigmente

Pigmentes auf Gebieten ermöglicht, auf denen das chemisch identische Pigment in anderer physikalischer Form Störungen bei der Verarbeitung oder ungenügende anwendungstechnische Resultate im eingefärbten Medium ergibt.

Sollen Pigmente unterschiedlicher chemischer Zusammensetzung bei grundlegenden Untersuchungen in ihren anwendungstechnischen Eigenschaften verglichen werden, so ist das oft nur dann sinnvoll, wenn sie in ihrer physikalischen Beschaffenheit ähnlich sind, wenn sie vor allem vergleichbare Teilchengrößen haben.

Pigmenthersteller geben daher in zunehmendem Maße physikalische Meßdaten der Pigmente an, um solche Vergleiche zu erleichtern und um dem Verarbeiter die Möglichkeit zu bieten, das anwendungstechnische Verhalten abzuschätzen. Es ist daher zweckmäßig, einige wesentliche physikalische Kenngrößen der Pigmente und die zu ihrer Bestimmung üblichen Methoden vorzustellen. Dabei sollen vor allem die Grenzen dieser Methoden bei organischen Pigmenten und die Aussagekraft der damit erhaltenen Meßwerte aus der Sicht des Pigmentchemikers erörtert werden. Bezüglich der Grundlagen der Meßmethoden und ihrer Anwendung wird auf Fachliteratur und Lehrbücher verwiesen [1].

Alle Pigmente liegen in mehr oder weniger breiter Teilchengrößenverteilung vor. Bei handelsüblichen organischen Pigmenten sind dabei die größten Teilchen – von Ausnahmen abgesehen – kleiner als 1 µm, häufig sogar kleiner als 0,3 bis 0,5 µm (bei anisometrischen Teilchen handelt es sich dabei um Längenwerte). Die kleinsten Teilchen sind je nach Anwendungsgebiet des Pigmentes, für das es entwickelt wurde, noch um eine bis mehr als zwei Zehnerpotenzen kleiner.

Aus energetischen Gründen lagern sich solche kleinen Teilchen zu größeren Kristallverbänden zusammen, und zwar umso mehr, je kleiner die Teilchen sind. Dies erfolgt vor allem während der letzten Verfahrensschritte ihrer Herstellung, nämlich der Trocknung und Mahlung.

Organische Pigmente liegen daher als Pulver stets in Form eines solchen Kristallhaufwerks vor. Beim Einarbeiten in das Anwendungsmedium, also z. B. in den Kunststoff, die Druckfarbe oder den Lack, wird versucht, diese Zusammenlagerungen möglichst weitgehend wieder in die Einzelbestandteile zu zerlegen, d. h. zu dispergieren. Von dem Grad, mit dem das gelingt, werden die meisten anwendungstechnischen, besonders die coloristischen und rheologischen Eigenschaften des pigmentierten Systems beeinflußt (s. 1.6.5).

Die Teilchengrößenverteilung eines organischen Pigmentes im Anwendungsmedium stimmt normalerweise nicht mit der im Pigmentpulver überein. Beide Verteilungen sind aber von praktischem Interesse, weshalb zu ihrer Bestimmung Methoden entwickelt wurden.

Eine Reihe der zur morphologischen Charakterisierung von Pigmenten verwendeten Begriffe ist in Normen definiert [2]. Danach unterscheidet man zwischen Einzel- oder Primärteilchen, Aggregaten und Agglomeraten.

Als **Primärteilchen** werden die bei der Pigmentherstellung im allgemeinen zunächst entstehenden feinteiligen Kristalle bezeichnet. Es handelt sich dabei um reale Einkristalle mit den üblichen Kristallgitterstörungen. Sie können auch aus mehreren, kohärent streuenden Gitterbereichen bestehen.

1.5 Physikalische Charakterisierung der Pigmente

Primärteilchen können sehr unterschiedlich geformt sein, Quader-, Plättchen-, Nadel- und Stäbchenform sind ebenso zu finden wie unregelmäßige Formen. Abb. 2 zeigt Beispiele. Die Abgrenzungen zwischen den einzelnen Formen lassen sich in der Praxis nicht immer eindeutig vornehmen; oft bestehen fließende Übergänge.

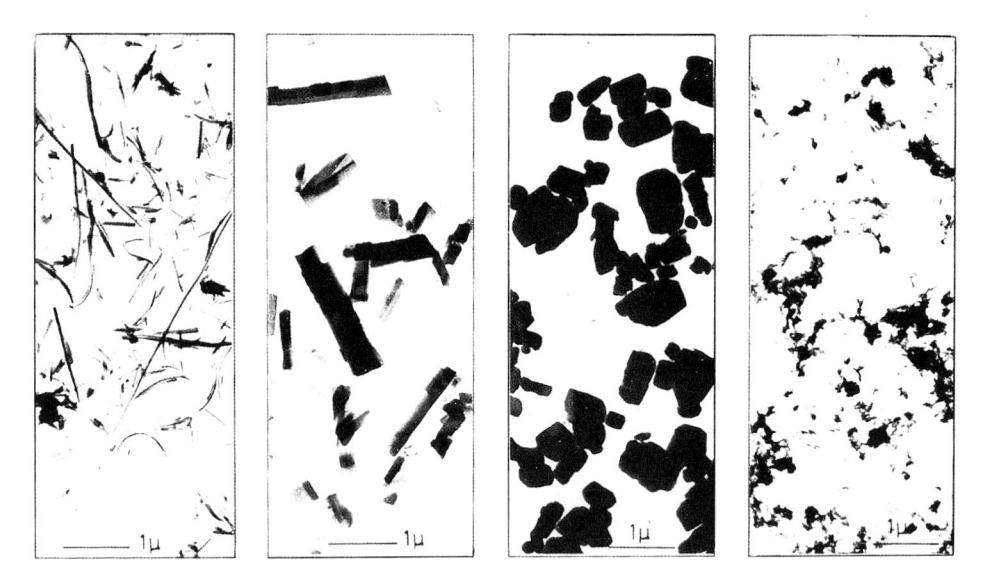

Abb. 2: Beispiele für Kristallformen von Teilchen organischer Pigmente.

Unter **Aggregaten** werden flächig-verwachsene Primärteilchen verstanden. Ihre Oberfläche ist kleiner als die Summe der Oberflächen der Einzelteilchen. Beim Dispergieren des Pigmentes werden sie nicht getrennt.

Agglomerate sind Zusammenlagerungen von Einzelteilchen und/oder Aggregaten, die an Ecken und Kanten miteinander verbunden, aber nicht verwachsen sind (Abb. 3). Sie sind während des Dispergierprozesses voneinander zu trennen. Die Oberfläche der einzelnen Kristalle steht einer Adsorption von Substanzen weitgehend zur Verfügung. Die Gesamtoberfläche sollte definitionsgemäß nicht wesentlich von der Summe der Einzeloberflächen abweichen. Teilchenform und Packungsdichte haben Einfluß auf die Art und Festigkeit der Agglomerate und damit auf die Dispergierbarkeit des Pigmentes. So bilden nadel- bzw. stäbchenförmige Teilchen normalerweise voluminöse Agglomerate als isometrische und sind meist besser dispergierbar.

Aus unterschiedlichen Gründen können sich Pigmentteilchen auch aus dem dispergierten Zustand erneut zusammenlagern. Die Erscheinungsformen solcher Zusammenlagerungen sind verschieden. Am wichtigsten sind **Flokkulate** (Abb. 4), die sich durch Zusammenlagerung bindemittelbenetzter Kristallite und/oder Ag-

Abb. 3: Einzelteilchen, Aggregate und Agglomerate nach DIN 53 206, Teil 1 [2].

gregate bzw. kleinerer Agglomerate in einem – meist niedrigviskosen – Medium bilden. Die Hohlräume in ihrem Innern sind daher mit den Bestandteilen des umgebenden Mediums ausgefüllt. Die Flockulate sind deshalb mechanisch labiler als Agglomerate und lassen sich häufig bereits durch geringe Scherkräfte, beispielsweise durch Aufrühren, wieder trennen.

1.5.1 Spezifische Oberfläche

Die auf 1 g Pigment bezogene Oberfläche in m^2 wird als spezifische Oberfläche bezeichnet. Sie liegt für organische Pigmente bei Werten zwischen etwa 10 und 130 m^2/g.

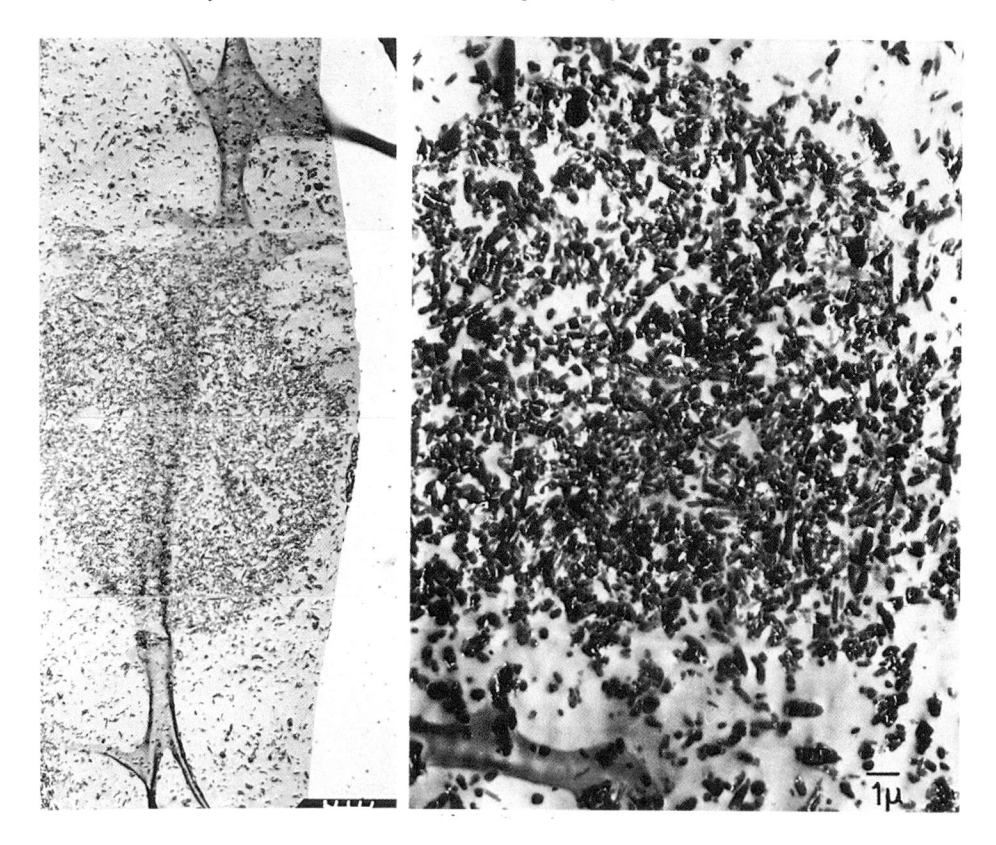

Abb. 4: Pigment Red 3 in einer lufttrocknenden Alkydharzschicht.
Elektronenmikroskopische Aufnahme des Ultramikrotomdünnschnittes eines Pigmentflokkulates. Rechts: Detailaufnahme.

Die gemessenen Werte für die Oberfläche eines Pigmentes sind keine eindeutige Größe, sondern hängen maßgeblich von der Bestimmungsmethode und den Versuchsparametern ab. Je nach Bestimmungsmethode erhält man Meßwerte, die im wesentlichen den geometrischen, äußeren Abmessungen der Pigmentteilchen entsprechen oder die zusätzlich die nicht exakt zu definierende innere Oberfläche mit erfassen. Die erfaßbare Gesamtoberfläche ist entsprechend der Molekülgröße des Adsorbats und der Geometrie des Pigmentes, besonders der Dimensionen der Poren, mehr oder weniger vollständig zugängig.

Bei der Bestimmung mittels Sorptionsverfahren geht man davon aus, daß die an der Oberfläche adsorbierte Menge eines Gases, einer Flüssigkeit oder eines gelösten Stoffes proportional dieser Oberfläche ist. Sind der Platzbedarf eines adsorbierten Moleküls und die für die vollständige Monoschichtbelegung notwendige Adsorbatmenge bekannt, so läßt sich die Oberfläche des Pigmentes berechnen.

1.5.1 Spezifische Oberfläche

Die Adsorbatmenge kann

- direkt an der Pigmentprobe gemessen,
- aus der Druckänderung des als Adsorbat dienenden Gases bzw.
- aus der Konzentration des Adsorbenden in einem Trägergas oder einer als Lösemittel dienenden Flüssigkeit bestimmt, und
- aus der beim Sorptionsvorgang umgesetzten Wärmeenergie berechnet werden.

Zur Oberflächenmessung wird häufiger der (durch Temperaturerniedrigung oder Druck- bzw. Konzentrationserhöhung bewirkte) Adsoptionsvorgang als der (durch Temperaturerhöhung oder Druck- bzw. Konzentrationserniedrigung erreichte) Desorptionsvorgang herangezogen.

Das bei organischen Pigmenten am häufigsten angewandte Verfahren zur Bestimmung der spezifischen Oberfläche ist die Gasadsorption von Stickstoff, Argon oder Krypton mit Auswertung der Isothermen nach der Gleichung von Brunauer, Emmett und Teller (BET) [3]. Seine theoretischen Grundlagen sind in Fachbüchern ausführlich beschrieben [4, 5, 6, 7]. In der täglichen Praxis der Oberflächenmessung von Pigmenten werden meist kommerzielle Geräte eingesetzt. Man bestimmt hiermit vielfach nicht die gesamte Adsorptionsisotherme, sondern begnügt sich mit einem Meßpunkt, der meist in der Nähe der oberen Grenze des Gültigkeitsbereiches der BET-Gleichung liegt.

Die Methode zur Bestimmung der spezifischen Oberfläche durch Adsorption von Stickstoff nach dem Einpunkt-Differenz-Verfahren (nach Haul und Dümbgen) ist Gegenstand einer Norm [8].

Durch parallele Bestimmungen der Oberfläche mittels gasförmiger, flüssiger oder gelöster Substanzen unterschiedlicher Molekülgrößen bzw. unterschiedlichen Flächenbedarfs, ist es auch möglich, Porenanalysen des Pigmentpulvers durchzuführen. Dabei werden anstelle volumetrischer auch gravimetrische Methoden zur Bestimmung der Adsorbatmenge angewandt [9].

Für Oberflächenbestimmungen an organischen Pigmenten sind als Adsorbentien mitunter bestimmte Phenole aufgrund ihrer molekularen Struktur von Interesse [10]. Untersuchungen mit solchen Substanzen führten vor allem an Phthalocyanin-Pigmenten zu aufschlußreichen Ergebnissen [11].

Die Bestimmung der spezifischen Oberfläche mittels Gasadsorption setzt voraus, daß die Gasmoleküle unter den Meßbedingungen Zutritt zur gesamten Pigmentoberfläche haben, also auch zu den im Innern der Agglomerate befindlichen Flächen. Dies ist aber bei organischen Pigmenten durchaus nicht immer gegeben. Die gemessenen Werte sind vielfach wesentlich kleiner als die der tatsächlichen Oberflächen. Das wird am Beispiel zweier Varianten von Pigment Red 168 deutlich [12]. Beide Pigmentproben sind nicht oberflächenbehandelt. Bei Probe 1 wird eine spezifische Oberfläche von 20,8 m^2/g gemessen, die auch nach mehrmaligem gründlichen Waschen mit organischen Lösemitteln nahezu konstant bleibt. Probe 2, ein Pigment mit höherem Deckvermögen, weist auch nach intensivem Waschen mit organischen Lösemitteln eine spezifische Oberfläche von 36 m^2/g auf. Abb. 5 zeigt elektronenmikroskopische Aufnahmen der beiden Pigmentproben. Probe 1

1.5 Physikalische Charakterisierung der Pigmente

Probe 1: 20,8 m²/g   Probe 2: 35,9 m²/g

Abb. 5: Elektronenmikroskopische Aufnahmen von Pigment Red 168. Das Pigment wurde mit Ultraschall in Ethanol dispergiert und auf den Probenträger aufgenebelt.

besteht danach aus kleineren Teilchen, Probe 2 aus deutlich gröberen. Die nach BET erhaltenen Meßwerte der spezifischen Oberflächen stehen also im Gegensatz hierzu.

In Anwendungsmedien ohne netzende Eigenschaften, z. B. in Polyolefinen, wird bei der stark agglomerierten Probe 1 selbst bei Anwendung hoher Scherkräfte keine genügende Verteilung des Pigmentes im Medium erreicht. Probe 2 dagegen zeigt unter diesen Bedingungen gutes Dispergierverhalten, die Farbstärke ist wesentlich höher. Das stimmt mit den gemessenen spezifischen Oberflächen beider Proben überein. Dispergiert man beide Pigmente dagegen vor dem Einarbeiten in Polyolefin in einer Schmelze von niedermolekularem Polyethylenwachs unter gleichzeitiger Einwirkung von Scherkräften vor, so werden offensichtlich auch die Agglomerate der Probe 1 zerlegt, das Pigment wird gut verteilt; Farbstärke und Transparenz sind nun höher als die der Probe 2. Ähnliche Ergebnisse werden beim Ansumpfen der beiden Pigmentproben in Dioctylphthalat und anschließendem Einarbeiten in Weich-PVC erhalten.

Diese Ergebnisse zeigen deutlich, daß die spezifische Oberfläche bei stark agglomerierten, feinteiligen organischen Pigmenten allein wenig aussagekräftig ist. Da zusätzliche Angaben über den Agglomerationszustand den Musterkarten der Pigmenthersteller und der Fachliteratur nicht zu entnehmen sind, kann es durch die alleinige Bezugnahme auf spezifische Oberflächenwerte bei der Auswertung anwendungstechnischer Ergebnisse zu Fehlbeurteilungen kommen.

Die gleichen Ursachen hat in bestimmten Fällen das sogenannte „Totmahlen" organischer Pigmente. Hierunter versteht man die Abnahme der spezifischen Oberfläche und der Farbstärke mit zunehmend intensiverer oder längerer Mah-

1.5.1 Spezifische Oberfläche

lung des Pulverpigmentes. Mit der dadurch erreichten Teilchenzerkleinerung ist eine zunehmend stärkere Agglomeratbildung verbunden.

Neben starker Agglomeration können weitere Faktoren zu einer Verfälschung der Meßwerte der spezifischen Oberfläche führen, im besonderen an der Pigmentoberfläche adsorbierte Substanzen unterschiedlicher Art. So benötigen Azopigmente zu ihrer Herstellung meist Hilfsmittel, wie Emulgatoren, Kupplungsbeschleuniger usw. (s. 2.2), die teilweise an der Oberfläche des frisch formierten Pigmentkristalls adsorbiert werden. Das kann bei der Messung zu scheinbar kleineren spezifischen Oberflächen führen.

Bei der Herstellung von Azopigmenten hoher Transparenz, beispielsweise für den Mehrfarbendruck, werden üblicherweise geeignete Substanzen, wie Kolophonium, z.T. in größeren Mengen, zugesetzt. Diese Stoffe bewirken eine Verminderung der Kristallwachstumsgeschwindigkeit und führen damit zu kleineren Pigmentteilchen [13]. Die Substanzen werden großenteils an der Oberfläche adsorbiert oder liegen auch separat vor und beeinflussen die Meßwerte der Pigmentoberfläche in mehr oder weniger starkem Maße.

Als Beispiel für solcherart verursachte Verfälschungen seien Oberflächenbestimmungen an mit Fettaminen präparierten Disazogelbpigmenten erwähnt (s. 1.8.1.2; 2.4.1.1), die unter den Meßbedingungen flüchtige niedere Amine und Ammoniak abspalten und dadurch sogar eine scheinbar negative spezifische Oberfläche ergeben können.

Inwieweit an der Oberfläche adsorbiertes und selbst bei intensivem Trocknen nicht ganz zu entfernendes Wasser einen Einfluß auf die gemessene spezifische Oberfläche hat, ist nicht eindeutig geklärt.

Zur Bestimmung der Oberfläche oder einer mittleren Teilchengröße von Pigmenten werden auch spezielle Durchströmungsmethoden vorgeschlagen. Bei ihnen wird ein Gas, meist Luft, oder eine benetzende Flüssigkeit durch einen definierten Preßling des zu prüfenden pulverförmigen Pigments hindurchgesaugt oder -gedrückt und die durchgeleitete Gas- bzw. Flüssigkeitsmenge bestimmt. Grundlage dieser Meßverfahren ist die Abhängigkeit der Durchströmungsgeschwindigkeit von den Porenabmessungen im Preßling, die wiederum von der Teilchengröße des Pigmentes bestimmt wird. Bei größeren Teilchen ist der Anteil großer Poren höher als bei kleineren Teilchen. Die spezifische Oberfläche wird aus den Meßwerten nach der Karman-Kozeny-Gleichung [14] berechnet. Permeabilitätsmethoden sind i.a. anwendbar, soweit die Werte der volumenbezogenen Oberfläche unter 1,2 m^2/cm^3 liegen. Für das Verfahren und Meßgerät nach Blaine liegt eine verbindliche Norm vor [15]. Bei organischen Pigmenten, die zum Teil erheblich höhere spezifische Oberflächen als anorganische Pigmente und Füllstoffe haben, führen Durchströmungsmethoden häufig zu unbefriedigenden Resultaten. Die Ursachen hierfür sind oft in Präparationsmitteln und anderen an der Oberfläche adsorbierten Substanzen sowie in besonders breiten Korngrößenverteilungen zu suchen.

Insgesamt resultiert, daß der gemessenen spezifischen Oberfläche ein nur qualitativer Aussagewert zur physikalischen Charakterisierung organischer Pigmente zukommt. In Verbindung mit anderen physikalischen oder physikalisch-chemischen Kenngrößen vermag die spezifische Oberfläche aber wertvolle Informationen zu vermitteln. Das gleiche trifft zu, wenn die erhaltenen Werte in Verbindung mit bestimmten anwendungstechnischen Größen betrachtet werden, z. B. der Ölzahl [16] oder dem Benetzungsvolumen (s. 1.6.5) des Pigmentes.

1.5.2 Teilchengrößenverteilung

Technische Pigmente fallen bei ihrer Herstellung nicht in einheitlicher Teilchengröße, sondern in mehr oder weniger breiter Korngrößenverteilung an. Zudem werden die meist diskontinuierlich hergestellten Pigmentchargen durch geeignetes Mischen auf einen vorgegebenen Standard ihrer anwendungstechnischen Eigenschaften eingestellt. Die einzelnen Mischungen eines Handelspigmentes differieren daher in gewissem Umfang in ihrer Teilchengrößenverteilung.

Für die Bestimmung der Teilchengrößenverteilung organischer Pigmente stehen verschiedene Methoden zur Verfügung. In der Praxis werden am häufigsten Sedimentationsverfahren in Ultrazentrifugen und speziellen Scheibenzentrifugen sowie elektronenmikroskopische Verfahren angewendet. Von entscheidendem Einfluß auf die Meßergebnisse ist bei allen diesen Verfahren die Art der Probenvorbereitung für die Messung, und zwar besonders die Dispergierung des Pigmentes.

Organische Pigmente liegen als Pulver in agglomerierter Form vor (s. 1.5). Die Agglomerate werden beim Einarbeiten in das Anwendungsmedium mehr oder weniger vollständig in ihre Einzelbestandteile (Primärteilchen, Aggregate und kleinere Agglomerate) zerlegt. Der Dispergierprozeß dafür ist sehr komplex, und sein Ergebnis hängt von einer Vielzahl von Faktoren ab (s. 1.6.5). Infolge dieser Einflußgrößen variiert der unter den jeweiligen Gegebenheiten erreichte Dispergierungsgrad eines Pigmentes oft in starkem Maße. Die wichtige Korrelation von Teilchengrößenverteilung und anwendungstechnischen Eigenschaften eines pigmentierten Systems ist aber nur dann sinnvoll herzustellen, wenn die am Pigmentpulver ermittelte Teilchengrößenverteilung angenähert der im Anwendungsmedium entspricht. Diese Übereinstimmung ist jedoch schwer realisierbar.

Zur Bestimmung der Korngrößenverteilung wird das Pigmentpulver im allgemeinen in einem organischen Lösemittel oder in Wasser unter Zusatz geeigneter oberflächenaktiver Substanzen als Dispergierhilfsmittel dispergiert. Wäßrige Pigmentdispersionen werden dabei hauptsächlich für die Trennung in Ultrazentrifugen, Pigmentdispersionen im organischen Lösemittel für elektronenmikroskopische Untersuchungen eingesetzt.

1.5.2.1 Bestimmung durch Ultrasedimentation

Bei der Ultrasedimentation werden die Pigmentteilchen entsprechend ihrer Größe im Kraftfeld schnellaufender Ultrazentrifugen – meist in einzelne Fraktionen –

1.5.2 Teilchengrößenverteilung

getrennt. Bezüglich Grundlagen der Verfahren und Meßmethodik wird auf die umfangreiche Literatur verwiesen [17, 18, 19]. Abgesehen von methodebedingten Schwierigkeiten, die bei der Trennung auftreten können, wie im Falle von überschichteten Dispersionen (Marshal-Methode) z.B. der Streaming-Effekt*, ist besonders die Herstellung einer möglichst vollständig dispergierten Pigmentsuspension problematisch.

Wäßrige Pigmentsuspensionen für die Sedimentationsanalyse werden häufig in Perlmühlen unterschiedlicher Art hergestellt. Dabei muß grundsätzlich mit Abrieb von Kugel- und Behältermaterial gerechnet werden. Auch Ultraschalldispergierung wird angewandt, womit aber die Zerlegung der bei organischen Pigmenten häufig aus sehr feinen Teilchen bestehenden Agglomerate in vielen Fällen nur unvollständig und undefiniert gelingt. Bei der Dispergierung mit Ultraschall wird daher oft ein zu geringer Feinkornanteil und ein zu großer Grobkornanteil erhalten. Der erreichte Dispergierungsgrad der Pigmente stimmt dann nicht mit demjenigen im Anwendungsmedium überein. Gute Übereinstimmung ist aber bei vergleichsweise grobteiligen, in wäßrigem Medium leicht dispergierbaren Pigmenten zu erwarten. Keine derartigen Probleme bestehen bei speziellen Pigmentpräparationen, die sich ohne Aufbietung wesentlicher Scherkräfte im Anwendungsmedium, z.B. in Dispersionsanstrichfarben, verteilen und verdünnen lassen und bei denen auch nachträgliche Flockungsvorgänge zu vernachlässigen sind [21]. Der Dispersionsgrad des Pigmentes in der zur Bestimmung der Korngrößenverteilung verwendeten Pigmentsuspension entspricht hierbei dem der Präparation und damit dem im Anwendungsmedium.

Bei der Herstellung von Pigmentsuspensionen in organischen Lösemitteln zur Bestimmung der Korngrößenverteilung können bei Pigmenten mit geringeren Echtheiten Löse- und Rekristallisationseffekte auftreten.

Für die Erfassung des Ablaufs der Sedimentation kommen verschiedene Methoden in Betracht. Seit etwa 1970 werden meist optische Methoden angewendet. Diese Technik war zunächst auf die transparenten Trennscheiben der Scheibenzentrifugen von Joyce Loebl beschränkt [22]. Heute wird Photosedimentometrie auch für die Untersuchung organischer Pigmente mit konventionellen Ultrazentrifugen angewandt. Die Bestimmung der gesamten Korngrößenverteilung erfolgt also während der Sedimentation, während bei älteren Sedimentationsverfahren mit gravimetrischer Erfassung des Sediments für jeden Punkt der Verteilungskurve ein Sedimentationslauf nötig ist.

Bei der Photosedimentometrie wird während des Laufens der Zentrifuge ein Lichtstrahl durch die Suspension gesandt, die das zu untersuchende Pigment in geringer Konzentration enthält, und fortlaufend die Transmission gemessen und

---

* Diese Störung wird während der Zentrifugation durch Flockungsvorgänge beim Übergang des Pigmentes durch die Phasengrenze von der überschichteten Pigmentdispersion in die Trennflüssigkeit verursacht. Sie kann durch aufwendigere Techniken, wie die „Dreischicht"-Technik [20] oder die Gradiententechnik vermindert oder vermieden werden.

aus den Meßwerten die Korngrößenverteilung berechnet. Dabei ist die Abhängigkeit der spezifischen Extinktion von der Teilchengröße quantitativ zu berücksichtigen. Meistens wird weißes Licht verwendet, es sind jedoch auch Verfahren bekannt, bei denen monochromatisches Licht, teilweise auch Laser-Licht bei der Ultrasedimentation organischer Pigmente verwendet wird [23]. Die Reagglomeration spielt bei den photometrischen Methoden praktisch keine Rolle mehr, weil mit Pigmentkonzentrationen von nur ca. 10^{-5} Gewichtsprozenten gemessen wird.

Bei Weiterentwicklungen der Verfahren zur Pigmentanalyse mittels Ultrasedimentation wird die Bestimmung nicht mehr mit überschichteten Pigmentdispersionen vorgenommen, sondern erfolgt direkt an der eigentlichen – wäßrigen – Dispersion. Probleme, wie der genannte Streaming-Effekt, sind hierbei ausgeschlossen. Apparative Technik und mathematische Auswertung stellen hohe Anforderungen.

1.5.2.2 Bestimmung durch Elektronenmikroskopie

Die bei der Ultrasedimentation (s. 1.5.2.1) bezüglich der Dispergierung des Pigmentes dargelegten Probleme bei der Probenvorbereitung sind hier von gleicher Bedeutung.

Darüber hinaus kann auch das Aufbringen der Pigmentsuspension auf die Objektträgernetze problematisch sein. Es erfolgt meist durch Vernebeln mittels Ultraschall. Dabei können Pigmentteilchen, die in der Suspension und auch im aufgenebelten Tropfen in dispergierter Form vorliegen, beim Verdunsten der Trägerflüssigkeit (organisches Lösemittel bzw. Wasser) durch die damit verbundene Volumenkontraktion reagglomerieren. Bestimmte organische Lösemittel, die sich hier zwar günstiger als z. B. Wasser oder Alkohol verhalten, lösen aber das auf den Objektträgernetzen befindliche Filmmaterial, z. B. Kollodium, oder sie beeinflussen die Teilchengrößenverteilung organischer Pigmente durch Rekristallisation während des Dispergier- und Applikationsprozesses. Solche Lösemittel sind daher als Präparationsmedien für elektronenmikroskopische Untersuchungen von organischen Pigmenten ungeeignet.

Methodenbedingte Probleme bei der quantitativen Auswertung der elektronenmikroskopischen Aufnahmen erscheinen wesentlicher. Wenn elektronenmikroskopische Abbildungen organischer Pigmente meist mehr oder weniger stark agglomerierte Pigmentteilchen zeigen, die häufig nicht isometrisch, sondern oft sogar nadelförmig sind, können automatische Teilchenzählgeräte nicht zur Auswertung verwendet werden.

Bei halbautomatischen Zählgeräten ist es andererseits zwar möglich, übereinanderliegende Teilchen einzeln zu registrieren, in Agglomeraten lassen sich die einzelnen Teilchen aber nur teilweise erkennen. Die Auswertung solcher elektronenmikroskopischer Aufnahmen ist daher mit Ungenauigkeiten verbunden.

Eine Auswertung bei nadel-, stäbchen- oder plättchenförmigen Pigmentteilchen ist infolge der unterschiedlichen Abmessungen für Länge, Breite und Höhe naturgemäß schwierig. Die in der Aufnahme registrierte Teilchenform hängt von der

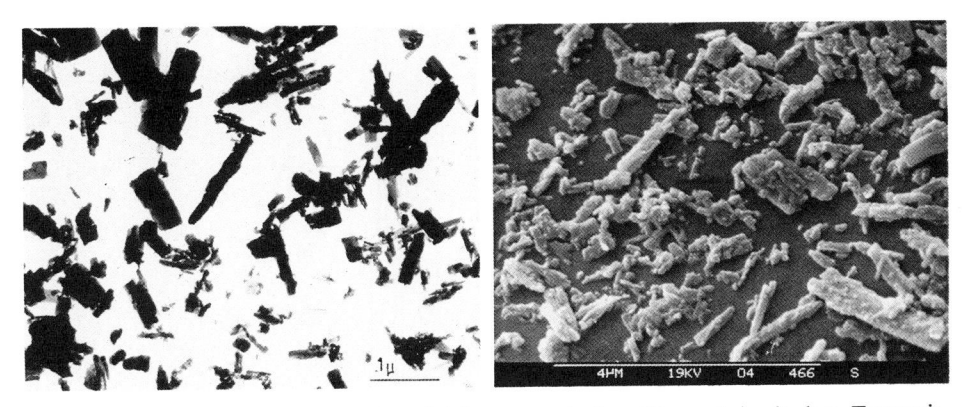

Abb. 6: Aufnahmen von Proben des gleichen organischen Pigmentes mit dem Transmissionselektronenmikroskop (links) und dem Rasterelektronenmikroskop (rechts) bei gleicher Vergrößerung.

Orientierung des Teilchens gegen den Elektronenstrahl ab. Mit dem graphischen Tablett [24] wird bei der Auswertung elektronenmikroskopischer Aufnahmen die abgebildete Länge und Breite der Teilchen erfaßt. Eine Aussage über die dritte Dimension, die für die Teilchengröße und vor allem für die Teilchenform von Bedeutung ist, kann aber auch hier nicht gemacht werden. Hinzu kommen die mit der Anwendung von Formfaktoren bei der Auswertung verbundenen Probleme. Vor kurzem wurde ein Verfahren vorgestellt, das für die vollständige Beschreibung der Verteilung zwei- und dreidimensional anisometrischer Teilchen Streuungsellipsen bzw. -ellipsoide verwendet [25].

Für die Ermittlung der Teilchengrößenverteilung von organischen Pigmenten sind in vielen Fällen rasterelektronenmikroskopische Aufnahmen vorteilhaft. Sie gestatten häufig eine gute Unterscheidung übereinanderliegender und agglomerierter Teilchen. Aus TEM- bzw. REM-Aufnahmen (Abb. 6) derselben Pigmentprobe durch Auswertung mit dem graphischen Tablett erhaltene Teilchengrößenverteilungen zeigen daher Unterschiede (Abb. 7).

Auf den ersten Blick erscheint für viele Zwecke die quantitative Auswertung der elektronenmikroskopischen Aufnahmen von Ultradünnschnitten pigmentierter Systeme aussichtsreich. Solche Auswertungen sollten Aufschluß über die Verteilung des Pigmentes im Anwendungsmedium geben. Aber das trifft nicht zu, da sowohl isometrische als vor allem nadel- oder plättchenförmige Kristallite bei der Anfertigung der Ultradünnschnitte an undefinierten Stellen durchschnitten und in undefinierten Richtungen abgebildet werden. Ein Schema (Abb. 8) verdeutlicht das. Darüber hinaus sind vor allem nadelförmige Pigmentteilchen im Anwendungsmedium je nach Applikationsverfahren vielfach richtungsorientiert. Elektronenmikroskopische Aufnahmen von Ultradünnschnitten parallel bzw. senkrecht zur Orientierungsrichtung solcher nadelförmiger Teilchen des pigmentierten Systems, ergeben in solchen Fällen daher völlig unterschiedliche Resultate (Abb. 9 bis 11).

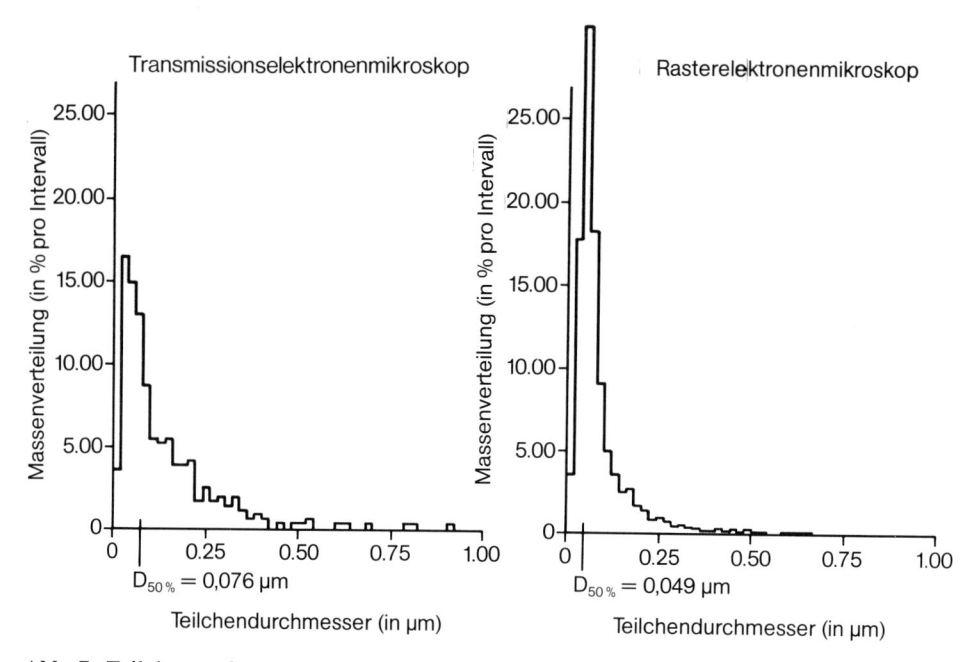

Abb. 7: Teilchengrößenverteilungen der gleichen Pigmentprobe ermittelt anhand von Aufnahmen mit dem Transmissionselektronenmikroskop (links) und dem Rasterelektronenmikroskop (rechts).

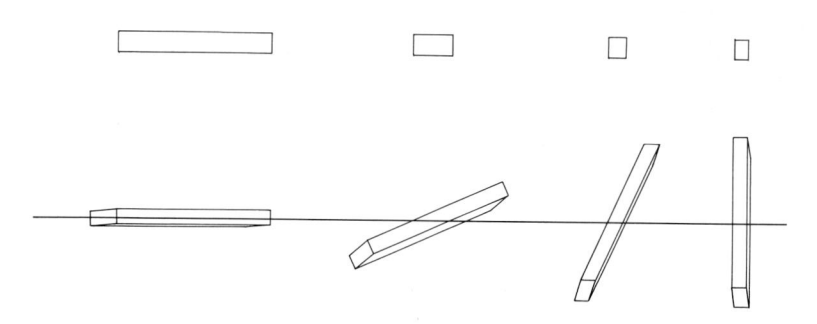

Abb. 8: Schnitte durch stangenförmige Pigmentteilchen in Abhängigkeit vom Schnittwinkel.

Unter bestimmten Anwendungsbedingungen kann vor allem in Lackfilmen durch Vorgänge, die sich in Rub-out-Effekten äußern (s. 1.6.5), eine mitunter teilchengrößenabhängige Konzentration der Pigmentteilchen in der Nähe des Substrates oder an der Oberfläche der Lackierung auftreten, d. h. eine gewisse Entmischung des Lackes. In diesen Fällen ist die gesamte Dicke des Lackfilms in die Auswertung einzubeziehen.

1.5.2 Teilchengrößenverteilung

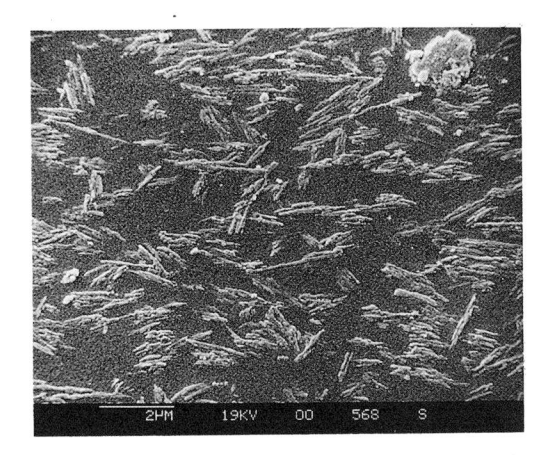

Abb. 9: Elektronenmikroskopische Aufnahme des Ultramikrotomdünnschnittes einer Lackschicht parallel zur Orientierungsrichtung nadelförmiger Pigmentteilchen und senkrecht zur Oberfläche der Schicht.

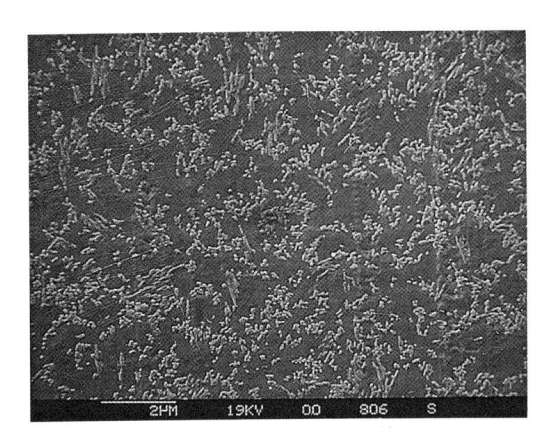

Abb. 10: EM-Aufnahme des Ultramikrotomdünnschnittes einer Lackschicht senkrecht zur Orientierungsrichtung nadelförmiger Teilchen und zur Oberfläche der Lackschicht.

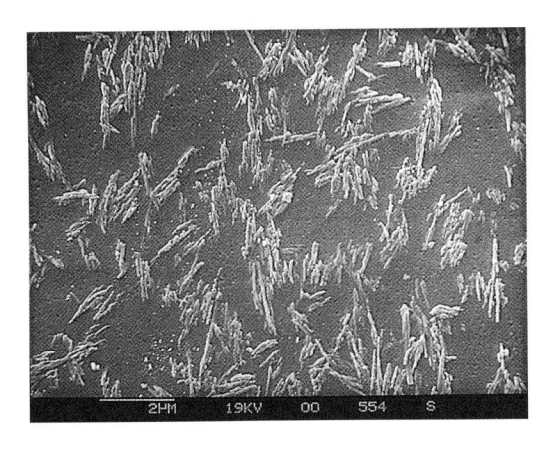

Abb. 11: EM-Aufnahme des Ultramikrotomdünnschnittes einer Lackschicht parallel zur Orientierungsrichtung nadelförmiger Pigmentteilchen und zur Oberfläche der Lackschicht.

1.5 Physikalische Charakterisierung der Pigmente

Für verschiedene Problemstellungen erscheint ein Aufschluß über die Teilchengrößenverteilung im Anwendungsmedium im weitgehend unverdünnten Zustand, also z. B. im flüssigen Lack, interessant. Eine Methode hierfür wurde bereits 1968 von Geymeyer und Grasenick (TH Graz) vorgeschlagen. Hierbei wird das flüssige pigmentierte System in einer speziellen Vorrichtung rasch stark abgekühlt, zuletzt in flüssigem Stickstoff, in dem dann auch Ultradünnschnitte hergestellt werden. Nach dem Gefriertrocknen der Schnitte, bei dem die im System enthaltenen Lösemittel entfernt werden und eventuellem Anätzen mit atomarem Sauerstoff, werden die Schichten mit Graphit und Gold bedampft und anschließend mit dem Rasterelektronenmikroskop untersucht. Wie sich aber gezeigt hat, findet bei dieser Methode während des beginnenden Abkühlprozesses fast stets eine Zusammenlagerung der Pigmentteilchen unter Einbeziehung des Bindemittels statt. Je nach Bindemittelkomponenten und Pigment bilden sich dabei unterschiedliche Strukturen aus (Abb. 12 bis 14). Eindeutige Aussagen über die Verteilung des Pigmentes im Bindemittel lassen sich somit bisher nicht machen.

Wie die Bestimmung der spezifischen Oberfläche (s. 1.5.1), so ist auch die Bestimmung der Korngrößenverteilung von präparierten organischen Pigmenten besonders problematisch. Dabei ist es letztlich unwesentlich, ob solche Pigmente Amine, Hartharze oder andere Substanzen als Präparationsmittel enthalten, wich-

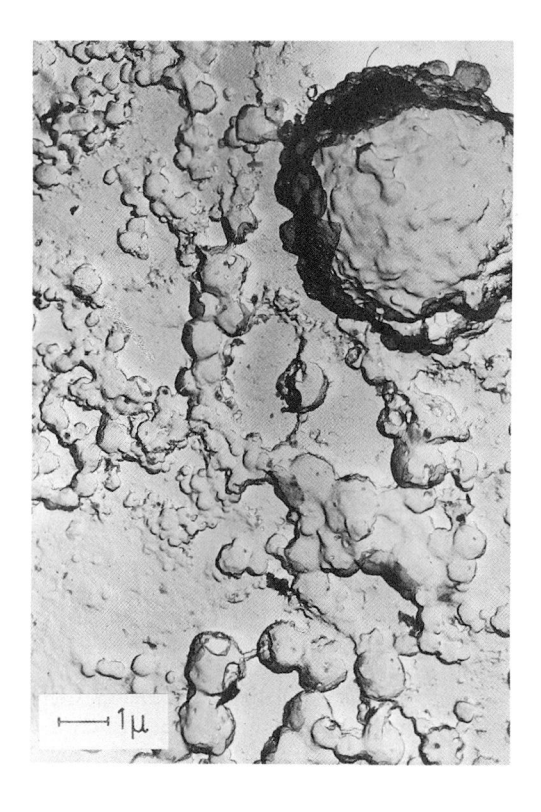

Abb. 12: Pigment Yellow 3 in einem lufttrocknenden Alkydharzlack.

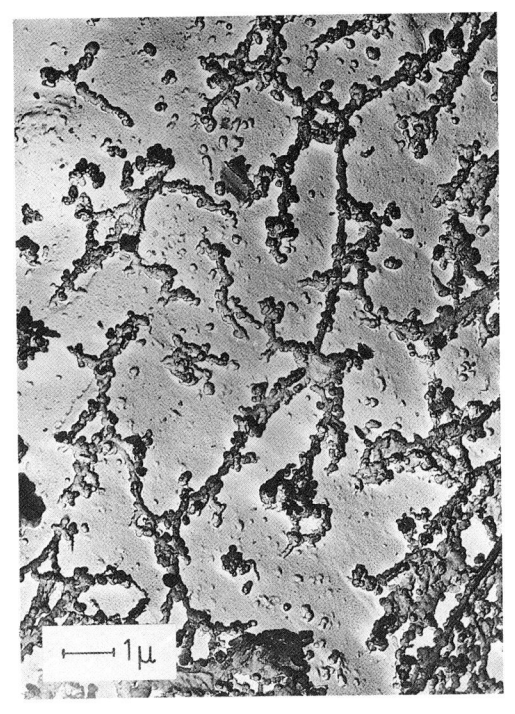

Abb. 13: Pigment Red 53:1 in einem Illustrationstiefdruckfirnis auf Calciumresinatbasis.

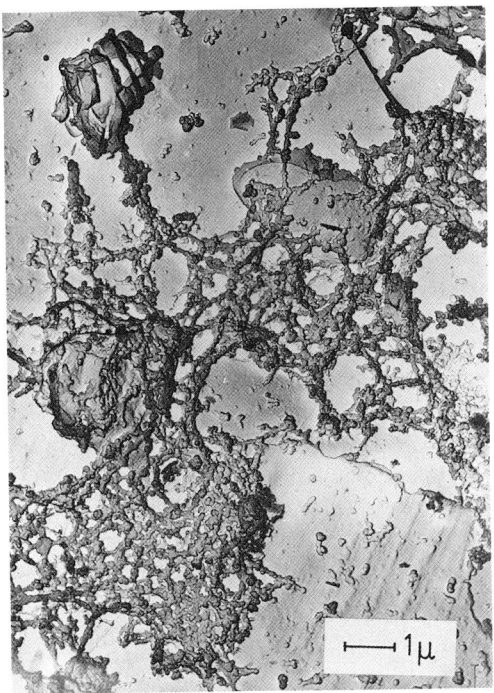

Abb. 14: Pigment Yellow 12 in einem Illustrationstiefdruckfirnis auf Metallresinatbasis.

tig ist dagegen deren Konzentration. Angaben darüber, von welcher Konzentration an das Präparationsmittel die Messung merklich beeinträchtigt, sind jedoch nicht bekannt. Die Präparationsmittelkonzentration sollte stark von der spezifischen Oberfläche bzw. der durchschnittlichen Teilchengröße des Pigmentes abhängen. Die Auswertung elektronenmikroskopischer Aufnahmen von oberflächenbehandelten Pigmenten ist in diesen Fällen mit geringeren Fehlern behaftet als die Bestimmung der Teilchengrößenverteilung mit Hilfe der Ultrasedimentation. Da die üblichen Präparationsmittel die einzelnen Pigmentteilchen wie ein Kitt verbinden und sie erst infolge von Lösevorgängen während des Dispergierprozesses im Bindemittel wieder mehr oder weniger freigeben, ist eine Trennung solcher Zusammenlagerungen aus wäßriger Suspension selbst unter Zusatz wirksamer Dispergierhilfsmittel für die Bestimmung durch Ultrazentrifugation bisher nicht möglich. Dagegen können zur Dispergierung für die elektronenmikroskopischen Aufnahmen Lösemittel, die das Harz lösen, eingesetzt werden. Allerdings können dann beim Verdunsten Artefakte entstehen.

Andere Methoden der Bestimmung der Korngrößenverteilung, beispielsweise mit dem Coulter Counter, sind bei organischen Pigmenten aus unterschiedlichen Gründen ebenfalls problematisch und wenig genau. Hier müssen auch Methoden genannt werden, bei denen z. B. anhand der Intensitätsschwankungen eines Laserstrahles in einer Pigmentsuspension die Frequenz der Partikelbewegung, d. h. der Brownschen Molekularbewegung gemessen und daraus die Teilchengröße berechnet wird. Diese Methode erfaßt Teilchen im Korngrößenbereich von 40 bis 3000 nm.

1.5.2.3 Darstellungsformen

Für die Teilchengrößenverteilungen sind unterschiedliche Darstellungsformen gebräuchlich, wie tabellarische Zusammenstellungen, graphische Darstellungen in Form von Histogrammen (Blockdiagrammen) oder in Form geschlossener Kurvenzüge [26] (Abb.15). Um übersichtlichere Darstellungen und günstigere Möglichkeiten zur Inter- oder Extrapolation zu erhalten, werden häufig verschiedene nicht linear geteilte Netze zur Darstellung der Korngrößenverteilungen verwendet.

In einer Reihe von Normen sind dabei die wichtigsten der in der Teilchengrößenanalyse verwendeten Netze festgelegt. Es sind dies neben dem linearen und dem logarithmischen Netz für Verteilungssummen [27] das Potenznetz [28], das logarithmische Normalverteilungsnetz [29] und das sog. RRSB-Netz (nach den Autoren Rosin, Rammler, Sperling und Bennett benannt) [30].

Grundsätzlich zu unterscheiden sind ferner:

- die **Dichteverteilung:** Sie gibt die relative Häufigkeit in Abhängigkeit von einem Teilchengrößenparameter, vielfach dem Äquivalentdurchmesser (D) wieder, das ist der Durchmesser eines als Kugel angenommenen Teilchens. Im

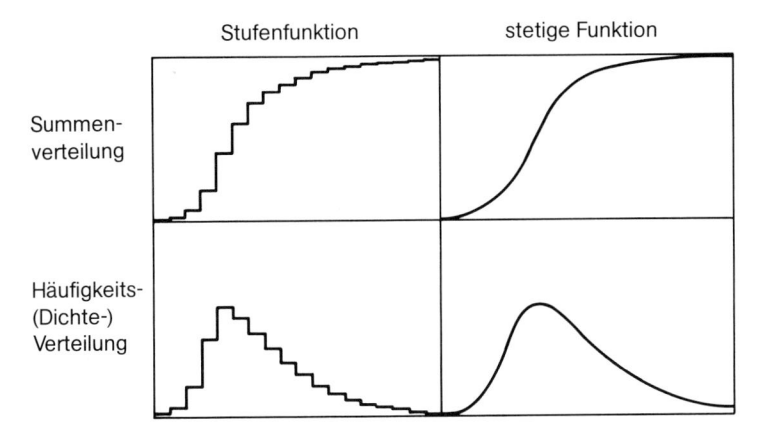

Abb. 15: Darstellungsformen für Teilchengrößenverteilungen.

Falle der Sedimentometrie sind das vor allem der Sedimentations-Äquivalent- oder auch Stokes-Durchmesser (D_{ae} bzw. D_{ST}), d.h. der Durchmesser einer Kugel, die sich mit gleicher Sedimentationsgeschwindigkeit durch das Medium bewegt, bzw. der Lichtstreuungs-Äquivalent-Durchmesser D_L, d.h. der Durchmesser der Kugel, die ein dem Teilchen äquivalentes Lichtstreuvermögen aufweist.

In der Praxis wird der Idealfall des kugelförmigen Teilchens allerdings nicht angetroffen, deshalb sind Äquivalentdurchmesser mit den nötigen Vorbehalten zu betrachten. Kürzlich wurde allerdings experimentell festgestellt [31], daß die Lage stäbchenförmiger Teilchen im Medium, aufgrund laminarer Strömungsverhältnisse bei der Sedimentation, keinen wesentlichen Einfluß auf die Sedimentationsgeschwindigkeit haben.

– die **Summenverteilung**. Sie gibt die Summenhäufigkeit in Abhängigkeit vom Äquivalentdurchmesser wieder, bis zu dem summiert wird. Dabei wird jeweils das Verhältnis aller Teilchen, die kleiner sind als D, zur Gesamtmenge dargestellt.

Häufigkeits- und Summenverteilung können wiedergegeben werden (Abb. 16) als

– **Anzahlverteilung** n(D), d.h. als relativer Anteil der Teilchenanzahl in Abhängigkeit vom Äquivalentdurchmesser.
– **Oberflächenverteilung** s(D), d.h. als relativer Anteil der Teilchenoberflächen in Abhängigkeit vom Äquivalentdurchmesser.
– **Volumen- oder Massenverteilung** v(D), d.h. als relativer Anteil der Teilchenvolumima bzw. der Teilchenmassen in Abhängigkeit vom Äquivalentdurchmesser.

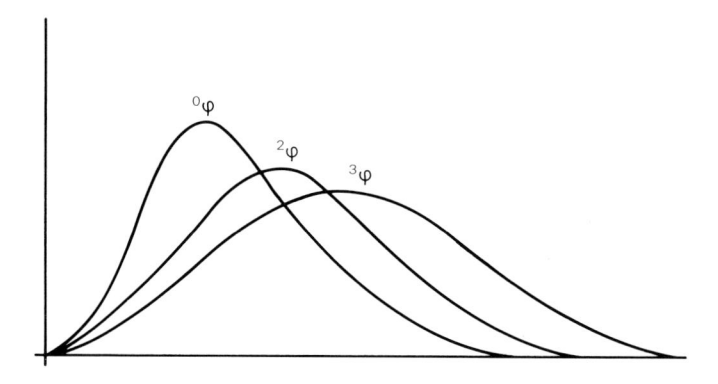

1.5 Physikalische Charakterisierung der Pigmente

Abb. 16: Anzahl-, Oberflächen- und Masseverteilung.

Je nach dem Zweck, für den die Teilchengrößenverteilung bestimmt wird, z. T. auch abhängig von der angewandten Bestimmungsmethode, wird die eine oder andere Darstellungsform vorgezogen.

Die Anzahlverteilung ist in der Praxis der organischen Pigmente von Bedeutung, vor allem bei der Ermittlung einer Verteilung durch Auszählen der Teilchen einer elektronenmikroskopischen Aufnahme (s. 1.5.2.2).

Die Oberflächenverteilung bringt im Zusammenhang mit Fragen des Dispergierverhaltens oder der Lösemittelechtheiten Vorteile, da z. B. Oberflächenenergie und Lösegeschwindigkeit proportional der Oberfläche sind.

Für Lichtechtheits- und coloristische Vergleiche, z. B. von Farbstärke, Deckvermögen bzw. Transparenz, ist dagegen die Massen- bzw. Volumenverteilung vorzuziehen, da z. B. die Extinktion der besonders feinen organischen Pigmentteilchen im wesentlichen proportional der Masse ist. Die verschiedenen Darstellungen von Teilchengrößenverteilungen können ineinander umgerechnet werden.

Definitionen von Mittelwerten, wie sie zur Charakterisierung der verschiedenen Teilchengrößenverteilungen verwendet werden, sind in einer Begriffsnorm [2] gegeben. Hierzu zählen (Abb. 17):

- der arithmetische Mittelwert (D_a), d. h. der mittlere Durchmesser der Anzahl- (D_{an}), Volumen- (D_{av}) bzw. Oberflächenverteilung (D_{as})
- der häufigste Durchmesser D_h, das ist der dem Maximum der Häufigkeitsverteilung zugeordnete Durchmesser und
- der Median- oder Zentralwert $D_z = D_{50\%}$, das ist der Durchmesser, oberhalb und unterhalb dessen jeweils die Hälfte aller Teilchengrößen liegt. Er entspricht dem Durchmesser, bei dem die Summenverteilung den Wert 0,5 = 50% erreicht.

Alle diese Mittelwerte werden zwar in der Literatur häufig angegeben; physikalisch sinnvoll erscheint bei den meist nicht symmetrischen Korngrößenverteilungen der organischen Pigmente jedoch nur der Medianwert.

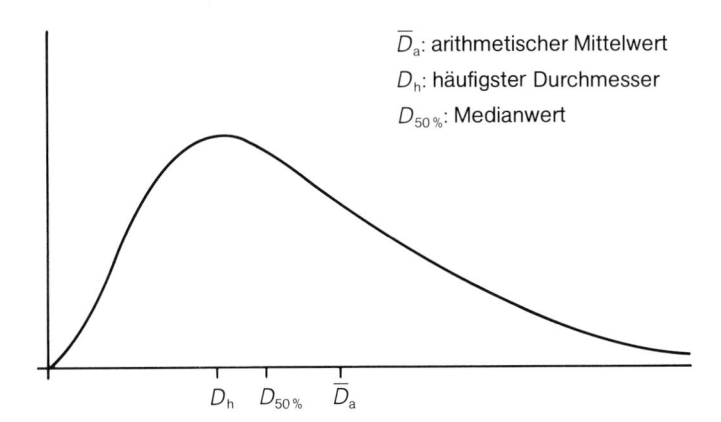

$\overline{D}_a$: arithmetischer Mittelwert
D_h: häufigster Durchmesser
$D_{50\%}$: Medianwert

Abb. 17: Verschiedene Mittelwerte für Teilchendurchmesser D.

Statistische Auswertungsverfahren u.a. für Häufigkeitsverteilung, Mittelwert und Streuung, Vertrauensgrenzen, Regression und Korrelation sind ebenfalls Gegenstand einer Normreihe [26].

1.5.3 Polymorphie

Viele chemische Verbindungen zeigen die Fähigkeit bei der Ausbildung des Festzustandes ihre Ionen oder Moleküle in unterschiedlicher Weise aneinanderzulagern. Es bilden sich dadurch unterschiedliche Kristallmodifikationen, auch Kristallphasen genannt, aus. Die Erscheinung bezeichnet man als Polymorphie. Eine ganze Reihe organischer Pigmente der verschiedensten chemischen Konstitutionen sind polymorph. Trotz chemisch gleicher Zusammensetzung treten solche Pigmente in zwei oder mehr Kristallmodifikationen auf. Unter den organischen Pigmenten weist wohl das Kupferphthalocyaninblau mit 5 Kristallphasen (α, β, γ, δ, ε) die größte Zahl verschiedener Modifikationen auf. Bei Chinacridon-Pigmenten und einigen Azopigmenten lassen sich mindestens drei verschiedene Modifikationen nachweisen.

Thermodynamisch unterscheiden sich verschiedene Kristallphasen ein und desselben chemischen Individuums durch unterschiedliche Stabilität. Für den Übergang von einer instabilen in eine stabile Modifikation ist oft ein bestimmter Energiebetrag zur Aktivierung erforderlich, wobei aber im Endeffekt insgesamt immer ein Energiegewinn resultiert. Die Energie kann von Pigment zu Pigment und von Modifikation zu Modifikation erheblich schwanken.

Unterschiedliche Kristallphasen eines chemisch gleichen Pigments können in ihren physikalischen Eigenschaften völlig voneinander abweichen. Das gilt beispielsweise für Teilchengröße, Teilchenform, Lichtabsorption, spezifisches Gewicht und Schmelzpunkt. Damit verbunden können sich auch die anwendungs-

1.5 Physikalische Charakterisierung der Pigmente

technischen Eigenschaften, wie Farbton, Farbstärke, Reinheit, rheologisches Verhalten, Deckvermögen/Transparenz, Hitzebeständigkeit, Lösemittel-, Licht- und Wetterechtheit erheblich unterscheiden.

Verschiedene Kristallmodifikationen eines Pigments besitzen unterschiedliche Molekül- und Kristallgittergeometrie. Wichtige Einzelheiten darüber sind bei den entsprechenden Pigmentgruppen geschildert.

Da organische Pigmente als kristalline Substanzen vorliegen, ist die wichtigste Methode zur Charakterisierung verschiedener Kristallphasen die Aufnahme eines Röntgenbeugungsspektrums am Pigmentpulver. Die theoretisch möglichen Winkellagen der einzelnen Reflexe sind eine Funktion der Abmessungen der Elementarzelle der Kristalle und erlauben daher in günstigen Fällen Aussagen über die Symmetrie und Abmessungen des Kristallgitters. Die Intensität der Reflexe dagegen ist vor allem eine Funktion des Elementarzelleninhaltes, d. h. über den Zusammenhang mit Strukturamplituden und Strukturparametern bzw. Elektronendichteverteilung öffnet sie den eigentlichen Zugang zur Strukturbestimmung [32].

Dieses Spektrum stellt praktisch einen Fingerprint der zu charakterisierenden Kristallphase dar. Mit der Röntgenbeugungsspektroskopie kann außerdem bei chemisch unterschiedlichen Pigmenten Isomorphie festgestellt werden, wenn annähernd gleiche Lage der Beugungswinkel und eventuell auch der Röntgenintensität gemessen wird. Isomorphe Pigmente, die sich chemisch z. B. nur in Substituenten unterscheiden, die eine ähnliche Raumbeanspruchung haben, sind oft in ihren physikalischen und anwendungstechnischen Eigenschaften ähnlicher als polymorphe Pigmente.

Für eine dreidimensionale Röntgenstrukturanalyse, die die Molekül- und Kristallstruktur eines Pigmentes vollständig wiedergibt (durch Ermittlung von Atom- und Molekülabständen, Bindungswinkeln und relativer Lage der Moleküle im Kristallraum) werden Pigmenteinkristalle benötigt. Einkristalle lassen sich, insbesondere bei sehr schwer löslichen Pigmenten, nur äußerst schwierig gewinnen. Unterschiedliche Kristallmodifikationen ein und desselben chemischen Individuums können nur dann röntgenografisch vollständig aufgeklärt werden, wenn vorher die Kristallzüchtung, z. B. in Abhängigkeit vom Lösemittel, zu den thermodynamisch unterschiedlich stabilen Einkristallen der verschiedenen Phasen führt. Bisher ist das mit der Aufklärung der dreidimensionalen Kristallstruktur dreier Modifikationen von Pigment Red 1 gelungen [33].

Neben röntgenbeugungsspektroskopischen Untersuchungen zum Bau verschiedener Modifikationen sind auch IR- und UV-Untersuchungen, sowie die Aufnahmen und Auswertungen von Kernresonanz- und Massenspektren herangezogen worden [34].

Aber auch aus dem Vergleich anwendungstechnischer Daten bei unterschiedlicher Synthese ein und desselben Pigmentes kann auf Modifikationswechsel geschlossen werden.

Nach der Herstellung liegt ein Azopigment in einer bestimmten physikalischen Form vor, die durch thermische Nachbehandlung normalerweise zu größeren Teilchen, weniger Farbstärke und eventuell besserem Deckvermögen führt. Tritt

1.5.3 Polymorphie

bei dieser Konditionierung jedoch eine Umkehrung ein, d. h. Abnahme der Teilchengröße und Erhöhung der Farbstärke und eventuelle Abnahme des Deckvermögens, so liegen deutliche Hinweise für einen Modifikationswechsel vor. Gelegentlich ist auch ein deutlicher Farbtonwechsel während der Synthese sicheres Anzeichen für einen Wechsel der Kristallphase. Solche Vorgänge lassen sich auch bei der Nachbehandlung polycyclischer Pigmente beobachten.

Es gibt ganz unterschiedliche Möglichkeiten zur gezielten Herstellung einer bestimmten Kristallmodifikation. Die wichtigsten Parameter dafür seien hier genannt:

- Art von Diazotierung und Kupplung – direkt oder indirekt (bei Azopigmenten)
- Temperaturführung bei Synthese und Nachbehandlung
- pH-Führung bei Synthese und Nachbehandlung
- Zusatz eines oberflächenaktiven Mittels oder Harzes
- Art und Zeitpunkt der Zugabe des Tensids
- Gegenwart von Lösemitteln während der Synthese oder Nachbehandlung
- Art des Lösemittels
- Methode der Aus- oder Umfällung
- Verfahren der Mahlung
- Trocknungsmethode und -temperatur
- Mischkupplung (bei Azopigmenten)
- Chemische Modifizierung

Welche der genannten Einflüsse für die Bildung einer bestimmten (gewünschten) Modifikation ausschlaggebend sind, muß in jedem Einzelfall ermittelt werden.

In einem Pigment können auch gleichzeitig zwei verschiedene Kristallmodifikationen vorliegen, wenn ihre Energieinhalte nicht zu stark voneinander abweichen.

In der Tabelle 1 sind einige Beispiele für deutliche Unterschiede von Eigenschaften polymorpher Pigmente aufgeführt:

Tab. 1: Unterschiedliche Eigenschaften polymorpher Pigmente

	Farbton	Stabilität gegen Lösemittel	Migrationsechtheit	Licht- und Wetterechtheit	Hitzestabilität	Deckvermögen	Farbstärke
P.R.12	x			x			
P.R.170	x			x		x	
P.R.187	x	x	x	x	x		x
P.V.19	x	x	x	x			
P.B.15	x	x					x

1.5.4 Kristallinität

Über die Kristallinität organischer Pigmente und deren Bestimmung ist bisher wenig bekannt. Organische Pigmente, beispielsweise solche der Azoreihe, fallen nach der Synthese in wenig gut kristallisierter Form und meist sehr feinteilig an. Wird der rohe Pigmentpreßkuchen ohne weitere Nachbehandlung getrocknet, so führt das in den meisten Fällen zu einer starken Agglomeration der feinen Teilchen, die selbst durch intensive Dispergiervorgänge oft nicht mehr rückgängig gemacht werden kann.

Hier soll nur die Kristallgüte von organischen Pigmenten interessieren. Die entstehenden Pigmentkristalle stellen keine Idealkristalle dar. Wie bei anderen Substanzen auch weisen die in Erscheinung tretenden Oberflächen Fehlstellen auf, an die sich z.B. durch Adsorption Moleküle aus der Umgebung anlagern können. Hinzu kommen Baufehler und Fehlstellen im Innern. In einem Kristallgefüge können aber auch Verspannungen auftreten, z.B. durch den bei der Mahlung auftretenden Druck, was zur Änderung der Zellkonstanten (Atomabstände, Winkel der Kristalle) führen kann, oder aber die dreidimensionale kristalline Ordnung ist nur teilweise oder auch nur in ein oder zwei Dimensionen erfüllt (Versetzungen, Einschlüsse).

Unbehandelte Pigmentproben sind oft dem amorphen Zustand näher als dem idealkristallinen. Bei der üblichen Nachbehandlung der Pigmente nach der Synthese, d.h. bei Azopigmenten meist durch thermische Prozesse, bei Nicht-Azopigmenten auch durch Umfällung und Mahlprozesse, erfolgt eine „Ausheilung" von Fehlstellen und Baufehlern und damit eine Verbesserung der Kristallinität. Ganz allgemein läßt sich sagen, daß ein aus gut ausgebildeten Kristallen bestehendes Pigment aus energetischen Gründen (geringere Gitterenergie, daher stabiler) wesentlich günstigere anwendungstechnische Eigenschaften zeigt als ein Pigment mit gestörtem Kristallgefüge. Aufgrund geringerer Agglomeration zeigt es beispielsweise ein günstigeres Dispergierverhalten.

Auch zur Untersuchung der Kristallinität bietet sich das Röntgenbeugungsspektrum von Pigmentpulvern an. Es erlaubt somit nicht nur eine eindeutige Zuordnung zu einer kristallinen Verbindung, sondern gibt aufgrund der Reflexe Auskunft über die Kristallinität (d.h. die Kristallgüte: Kristallitgröße, Kristallbaufehler) (Abb. 18).

Auch die Kristallitgröße hat Einfluß auf die Verbreiterung der Reflexe eines Röntgenbeugungsspektrums, sie wirkt sich allgemein aber erst aus, wenn die Kristallite kleiner als etwa 500 nm werden. Bei Streubereichen > 500 nm erhält man äußerst scharfe Reflexe, deren Halbwertsbreite (in Einheiten des Glanzwinkels) nur noch von der Wellenlänge der Röntgenstrahlung und der benutzten Apparatur abhängt. Sogenannte röntgenamorphe Substanzen mit Streubereichen < 8 nm ergeben nur noch verwaschene, wenig aussagekräftige Spektren.

Da die Eigenschaften organischer Pigmente sehr eng mit der Kristallgüte zusammenhängen, sind Röntgenbeugungsspektren wichtige Hilfsmittel zur Kontrolle der Eigenschaften bei der Pigmentsynthese und insbesondere bei der Nachbehandlung.

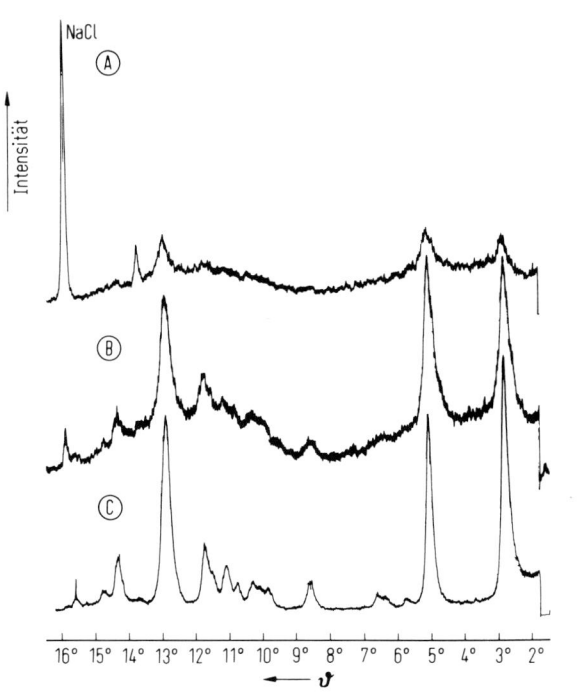

Abb. 18: Unterschiedliche Kristallgüte organischer Pigmente der gleichen Verbindung, aufgenommen mit Cu-K$_\alpha$-Strahlung. Röntgenbeugungsdiagramme von A) „totgemahlenem", B) mäßig gut, C) gut gefinishtem, d. h. wiederkristallisiertem Pigment. (Aus Ullmanns Enzyklopädie der techn. Chemie, 4. Aufl. Bd. 5, 256 (1980)).

Wichtig ist das Röntgenbeugungsspektrum auch für die Ermittlung von Mischkristallbildung, z. B. im Falle einer Mischkupplung von Azopigmenten oder bei Chinacridon-Mischphasen: Eine neue Kristallphase wird sich durch unterschiedliche Glanzwinkel der Reflexe zeigen. Nimmt ein Bestandteil jedoch das Gitter des anderen an, so sind nur noch die Reflexe des Wirtsgitters zu erkennen, die aber charakteristische Glanzwinkelverschiebungen (Gitteraufweitung: Verschiebung zu kleineren Glanzwinkeln) und auch Intensitätsänderungen bis zum völligen Verschwinden oder auch neue Reflexe beinhalten können. Es gibt hier gleitende Übergänge zu neuen Kristallmodifikationen.

Literatur zu 1.5

[1] z. B. T. Allen, Particle Size Measurement, Chapman and Hall, London, 1968.
[2] DIN 53 206 Teil 1: Teilchengrößenanalyse, Grundbegriffe.
[3] S. Brunauer, P. H. Emmet und E. Teller, J. Am. Chem. Soc. 60 (1938); S. Brunauer, The Adsorption of Gases and Vapours, Oxford Univ. Press, London, 1943.
[4] J. H. de Boer, Structure and Properties of Porous Materials, Butterworth, London (Herausgeber Everett and Stone) (1958).

[5] D. H. Everett und R. H. Ottewill (Hrsg.), Surface Area Determination, London: Butterworth 1970.
[6] C. Wedler, Adsorption, Verlag Chemie, Weinheim, 1970.
[7] DIN 66 131-7-1993: Bestimmung der spezifischen Oberfläche von Feststoffen durch Gasadsorption nach Brunauer, Emmet und Teller (BET). Siehe auch ISO 9277-1992.
[8] DIN 66 132: Bestimmung der spezifischen Oberfläche von Feststoffen durch Stickstoffadsorption.
[9] E. Robens, Lab. Pract., 18 (1969) 292; S. J. Gregg und K. S. W. Sing, Academic Press, New York, 1967, 330.
[10] C. H. Giles und S. N. Nakhwa, J. Appl. Chem. 12 (1962) 266.
[11] M. Herrmann und B. Honigmann, Farbe + Lack 75 (1969) 337–342.
[12] K. Merkle und W. Herbst, Farbe + Lack 82 (1976) 7–14.
[13] K. H. List und J. Weissert, Chem. Ing. Tech. 36 (1964) 1051–1053.
[14] P. C. Carman, J. Soc. Chem. Ind. (London) 57 (1938) 225 und 58 (1939) 1. S. a. DIN 66 126 Blatt 1.
[15] DIN 66 127: Bestimmung der spezifischen Oberfläche pulverförmiger Stoffe mit Durchströmungsverfahren; Verfahren und Gerät nach Blaine. S. auch DIN 66 126-2-1989.
[16] DIN 53 199: Bestimmung der Ölzahl (Spatelverfahren). ISO 787 P1: General methods of testing for pigments and extenders. Part 5: Determination of oil absorption value.
[17] J. K. Beddow, Particulate Science and Technology, Chemical Publishing Co. Inc., New York, N. Y. 1980.
[18] R. R. Irani und F. C. Callis, Particle Size: Measurement, Interpretation and Application, Wiley, New York, 1963.
[19] R. D. Cadle, Particle Size, Reinhold, New York, 1965.
[20] B. Scarlett, M. Ripon und P. J. Lloyd, S. A. C. Particle Size Analysis Conference, Paper 19, Loughborough, Sept. 1966.
[21] M. A. Maikowski, Prog. Colloid Polym. Sci. 59 (1976) 70–81.
[22] J. Beresford, J. Oil Colour Chem. Assoc. 50 (1967) 594–614.
[23] P. Hauser und B. Honigmann, Farbe + Lack 83 (1977) 886–890.
[24] Graphisches Tablett, MOP, halbautomatisches Bildanalyse-System. Hersteller: Fa. Kontron, Eching/München.
[25] H. Völz und G. Weber, XVII. Congr. FATIPEC, Lugano 1984, Kongreßbuch, Band IV, 77–90 und Farbe + Lack 90 (1984) 642–646.
[26] DIN 55 302: Häufigkeitsverteilung, Mittelwert und Streuung.
[27] DIN 66 141-2-1974: Darstellung von Korn-(Teilchen-)größenverteilungen; Grundlagen. ISO 9276-1-1990: Representation of particle size analysis. Part 1: Graphical representation.
[28] DIN 66 143: Potenznetz.
[29] DIN 66 144: Logarithmisches Normalverteilungsnetz.
[30] DIN 66 145: RRSB-Netz.
[31] G. Eulitz, Hoechst Aktiengesellschaft, persönliche Mitteilung.
[32] E. F. Paulus in: Ullmanns Enzyklopädie der technischen Chemie, 4. Aufl., Bd. 5, Verlag Chemie, Weinheim, 1980, 235–268.
[33] C. T. Grainger und J. F. McConnell, Acta Crystallogr. Sect. B 25 (1969) 1962–1970. A. Whitaker, Z. f. Kristallogr. 152 (1980) 227–238; ibid. 156 (1981) 125–136.
[34] K. Kobayashi und K. Hirose, Bull. Chem. Soc. Japan 45 (1972) 1700–1704. A. Kettrup, M. Grote und J. Hartmann, Monatsh. Chem. 107 (1976) 1391–1411. R. A. Parnet, J. Soc. Dyers Col. 92 (1976) 368–370; ibid. 371–377. R. Haessner, H. Mustroph und R. Borsdorf, Dyes and Pigments 6 (1985) 277–291.

1.6 Wichtige anwendungstechnische Eigenschaften und Begriffe

Als wichtige anwendungstechnische Eigenschaften werden im Zusammenhang mit dem Einsatz von organischen Pigmenten alle Eigenschaften des pigmentierten Systems verstanden, die durch organische Pigmente bestimmt oder zumindest merklich beeinflußt werden. Es sind das in erster Linie die sogenannten Echtheiten, d. h. die Beständigkeiten gegen Einflüsse der verschiedensten Art, beispielsweise gegen Licht-, Wetter- oder Hitzeeinwirkung oder gegen organische Lösemittel. Auch pigmentbedingte Störungen bei der Verarbeitung oder der Anwendung des pigmentierten Mediums, wie Plate-out, Kreidung, Flockung usw., zählen zu diesen Eigenschaften. Von besonderer Bedeutung sind die Dispergierbarkeit des Pigmentes und die rheologischen Eigenschaften des pigmentierten Mediums. Es werden aber auch coloristische Eigenschaften und Begriffe, wie Farbtiefe, Farbstärke, Farbton und Deckvermögen bzw. Transparenz erläutert, die vielfach neben den anwendungstechnischen Eigenschaften separat betrachtet werden.

1.6.1 Coloristische Eigenschaften (von F. Gläser)

Unter der Coloristik eines Pigmentes versteht man zusammenfassend die Beschreibung seiner farbgebenden Wirkung, d. h. die Charakterisierung der durch seinen Einsatz erzeugten Farbnuance, seiner Ergiebigkeit, seines Deckvermögens bzw. seiner Transparenz. Offensichtlich handelt es sich dabei um grundlegende Eigenschaften, die die technische Anwendung eines Pigmentes und seinen wirtschaftlichen Wert bestimmen.

Die Bewertung der coloristischen Eigenschaften eines Pigmentes, auch die seiner Farbe, erfolgt nie im Anlieferungszustand, sondern stets nach Verarbeitung in einer der Anwendung entsprechenden Weise. Die so für einen bestimmten Anwendungsfall gewonnenen Aussagen können jedoch nicht ohne weiteres auf andere Anwendungsverfahren übertragen werden.

Da es sich bei coloristischen Bewertungen wesentlich um Beurteilungen von Farbwirkungen handelt, war man bei der Erfassung der Coloristik lange allein auf das geschulte Auge des Coloristen angewiesen. Heute bedient man sich jedoch auch der Verfahren einer inzwischen ausgereiften Farbmessung und macht sich die Theorien des optischen Verhaltens pigmentierter Schichten zunutze.

Im folgenden werden einige wichtige Begriffe aus der Coloristik und dem optischen Verhalten pigmentierter Systeme diskutiert. In dem zur Verfügung stehenden Rahmen können nur die wichtigsten Fragen aufgegriffen werden. Wegen weiterer Einzelheiten und spezieller Problemstellungen muß auf die Literatur verwiesen werden [1].

1.6.1.1 Farbe

Die Farbe eines Objektes ist ein individuell empfundener Sinneseindruck, der durch einen Farbreiz ausgelöst wird. Der Farbreiz ist das von dem Gegenstand in das Auge fallende Licht, das ist elektromagnetische Strahlung im Wellenlängenbereich zwischen etwa 400 nm und etwa 700 nm. Bezüglich des Farbreizes hängt der Farbeindruck von der Verteilung der Strahlungsenergie auf die einzelnen Wellenlängen des sichtbaren Bereiches ab. Bei vorgegebenem Farbreiz hängt die wahrgenommene Farbe aber auch ab von den individuellen Fähigkeiten des Beobachters zur Farbwahrnehmung, der momentanen Anpassung des Beobachters an die jeweilige Beleuchtung und den sonstigen Farben, die neben dem Objekt zusätzlich im Blickfeld wahrgenommen werden.

Bei nicht selbstleuchtenden Objekten wird der Farbreiz einerseits durch die Beleuchtung, andererseits durch die optischen Eigenschaften des betrachteten Gegenstandes bestimmt. Der Einfluß der Beleuchtung beruht auf Unterschieden in der Verteilung der Energie des Lichtes innerhalb des sichtbaren Wellenlängenbereiches. Bei dem Gegenstand ist wesentlich, welcher Anteil des auf ihn einfallenden Lichtes in das Auge des Beobachters fällt. Dieser Anteil ist meist wellenlängenabhängig, und die Art der Wellenlängenabhängigkeit bestimmt die Farben. Durch die Art des Pigmentes und die Höhe der Pigmentierung kann der Anteil in Größe und Wellenlängenabhängigkeit beeinflußt werden.

Zur eindeutigen Beschreibung eines Farbeindruckes müssen drei unabhängige Farbeigenschaften festgelegt werden. In der Coloristik sind dies bei visueller Bewertung meist der Farbton, der beschreibt, ob die Probe z. B. rot, blau, gelb oder grün ist, die Farbtiefe, die darüber Aussagen macht, wie kräftig eine Färbung ist, und die Reinheit, die in etwa die Brillanz einer Farbe charakterisiert. Es können aber auch andere Beschreibungsgrößen, wie Helligkeit oder Buntheit, verwendet werden. Die Helligkeit einer Farbe wird durch das ihr gleichwertige Grau gegeben, die Buntheit beschreibt die Abweichung einer Farbe von den unbunten Farben (Weiß, Grau, Schwarz). Da die verbale Beschreibung von Farbempfindungen wenig präzise ist, spielen körperliche Farbmuster in Form von Farbvorlagen sowie die vergleichende Beschreibung von Farben in bezug auf solche Farbmuster eine wichtige Rolle.

Im Bereich der Farbmetrik ist das wichtigste Verfahren zur Kennzeichnung einer Farbe die Angabe der Normfarbwerte X, Y, Z, die sich nach folgenden Formeln berechnen lassen:

$$X = \sum_{n=1}^{L} J_n R_n \bar{x}_n \Delta\lambda$$

$$Y = \sum_{n=1}^{L} J_n R_n \bar{y}_n \Delta\lambda$$

$$Z = \sum_{n=1}^{L} J_n R_n \bar{z}_n \Delta\lambda$$

1.6.1 Coloristische Eigenschaften (von F. Gläser)

Bei der Anwendung dieser Formeln wird der sichtbare Bereich in L Intervalle geteilt (L mindestens gleich 16). Der Index n kennzeichnet die einzelnen Wellenlängenintervalle. J_n charakterisiert die Beleuchtungsstärke in dem jeweiligen Intervall, R_n ist der zu dem Intervall n gehörende mittlere Reflektionsfaktor. x_n, y_n und z_n bringen die Eigenschaften des Sehapparates in die Formel ein. J_n und x_n, y_n, z_n sind für typische Beleuchtungsbedingungen und für den normalsichtigen Beobachter in Normen tabellarisch festgelegt. Färbungen gleicher Farbe besitzen paarweise gleiche X-, Y- und Z-Werte. Die Farbübereinstimmung zweier Objekte unter einer bestimmten Beleuchtung hat nicht notwendig die Übereinstimmung bei allen anderen Beleuchtungen zur Folge. Diese ist lediglich dann gesichert, wenn die R_n-Werte der beiden Objekte alle paarweise übereinstimmen. Objektpaare, deren Farbe lediglich unter bestimmten Beleuchtungen übereinstimmen, heißen metamer.

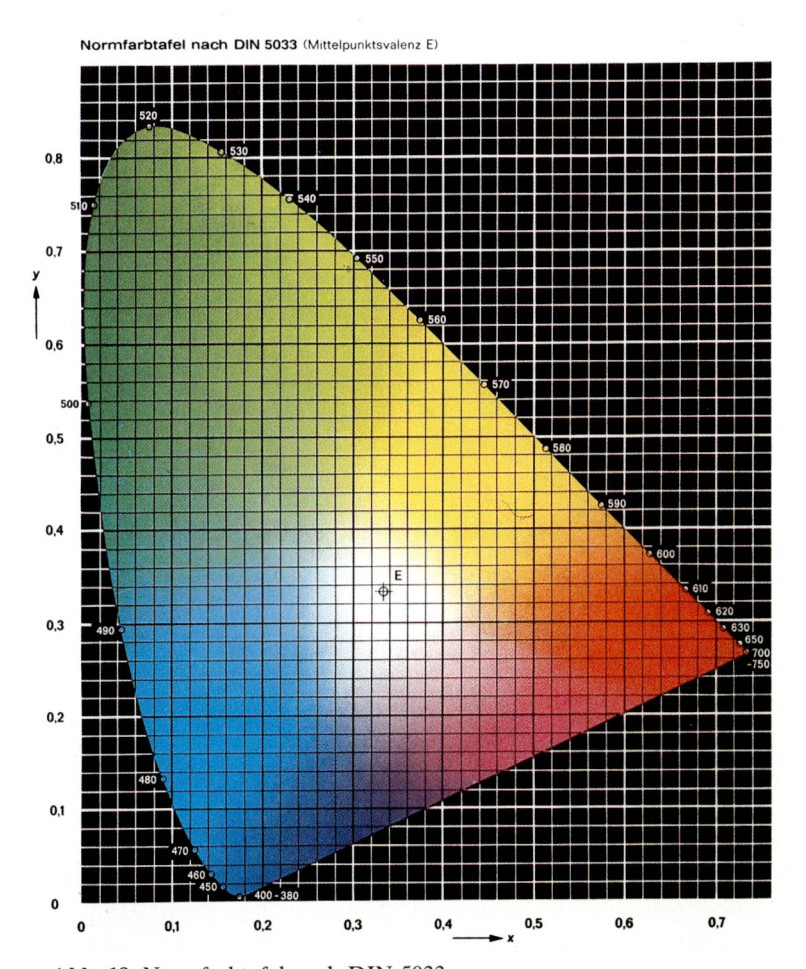

Abb. 19: Normfarbtafel nach DIN 5033.

1.6 Wichtige anwendungstechnische Eigenschaften und Begriffe

Eine Farbkennzeichnung nach den Normfarbwerten X, Y und Z ist relativ unanschaulich. Aus diesen und anderen Gründen wurden andere Farbsysteme entwickelt. Die Farbkoordinaten in diesen Systemen können ausgehend von den X-, Y- und Z-Werten berechnet werden, die wegen ihres engen Zusammenhangs mit den meßbaren Größen zentrale Bedeutung für die Farbmessung besitzen.

So werden häufig die Werte

$$x = \frac{X}{X+Y+Z}, \quad y = \frac{Y}{X+Y+Z}, \quad Y$$

benutzt. Sie gestatten es, Relationen zwischen verschiedenen Farben zu veranschaulichen, sofern Einflüsse der Helligkeit vernachlässigt werden können. Abbildung 19 stellt in Form der Normfarbtafel nach DIN 5033 die Lage der jeweils hellsten Farbe zu einem gegebenen Wertepaar (x, y) näherungsweise dar.

Das CIELAB-System [2] mit den Koordinaten L*, a*, b* besitzt, besonders in der Darstellung mit den Polarkoordinaten L*, c*, h, eine gute Korrelation zu den Größen Helligkeit, Buntheit und Farbton (Abb. 20) [3].

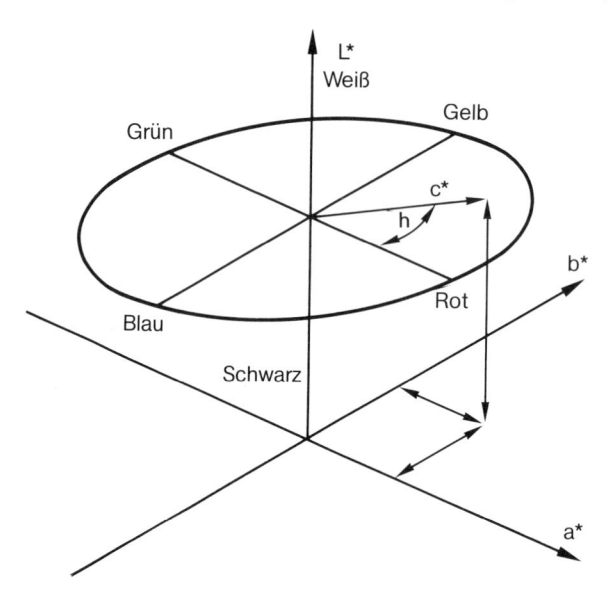

Abb. 20: Charakterisierung von Farben im CIELAB-System.

1.6.1.2 Farbtiefe

Während sich Begriffe wie Farbton und Reinheit noch relativ einfach verbal beschreiben lassen, stößt die Erläuterung des Begriffes Farbtiefe auf größere Schwierigkeiten und läßt sich, wie alle Farbaspekte, eigentlich nur durch Vorlage von Mustern mit bestimmten Eigenschaften veranschaulichen und definieren. Deshalb wurde auch um 1935 eine Sammlung von Mustern gleicher Farbtiefe entwickelt, um eine sinnvolle Prüfung von Echtheiten verschiedener Farbstoffe zu ermöglichen. Untersuchungen von Raabe und Koch [4] sowie von Schmelzer [5] legen nahe, daß gleicher Abstand von Weiß ein wesentliches Kriterium bei der Festlegung von Mustern gleicher Farbtiefe ist. Einige Farbtiefenniveaus werden als Standardfarbtiefen (ST) besonders hervorgehoben [5]. Sie werden insbesondere bei der Herstellung von Proben für Echtheitsprüfungen zur einheitlichen Veranschaulichung von Farbmitteln, sowie zur Beschreibung deren Ergiebigkeit in Abhängigkeit von den Einsatzbedingungen herangezogen.

Farbmetrisch kann die Farbtiefe nach den Verfahren nach Gall und Riedel erfaßt werden [6]. Sie wird hier durch die Größe der Abweichung von einem der verschiedenen Niveaus konstanter Standardfarbtiefe gekennzeichnet. Nach einer von H. Schmelzer [5] vorgeschlagenen Modifikation dieses Systems kann die Farbtiefe in einer kontinuierlichen Skala zwischen 0 und 10 angegeben werden. Dadurch, daß farbmetrisch einfach einer Probe eine Farbtiefe zugeordnet werden kann, haben sich die Anwendungen dieses Begriffes stark vermehrt.

1.6.1.3 Farbdifferenzen

Die Beschreibung von Farbdifferenzen [9, 10] besitzt mindestens die gleiche Bedeutung wie die Beschreibung einzelner Farben. Es handelt sich dabei fast ausschließlich um Differenzen naheliegender Farben. Wenn Muster aneinanderstoßend betrachtet werden, können visuell auch sehr kleine Farbdifferenzen erkannt werden. Bei genügender Erfahrung und bei Abstimmung der Bezeichnungsweisen werden durch verschiedene Beobachter meist übereinstimmende Beurteilungen abgegeben.

Farbmetrisch werden Farbdifferenzen meist durch den Abstand der beiden Farben in einem der Systeme zur Farbkennzeichnung charakterisiert. Überwiegend wird dazu das CIELAB-System verwendet. Der so bestimmte Abstand stellt die Gesamtfarbdifferenz dar. Wie eine Farbe durch drei Größen charakterisiert wird, kann auch eine Farbdifferenz durch drei Teildifferenzen in den Farbbeschreibungsgrößen charakterisiert und dadurch detaillierter beschrieben werden. Visuell gleiche Farbdifferenzen zwischen fast gleichen Farben können bei farbmetrischer Bewertung als verschieden bewertet werden, wenn sich die Farben des einen Paares von denen des anderen Paares stark unterscheiden. Um diesen Mangel zu beseitigen, werden die Farbdifferenzformeln noch weiterentwickelt.

1.6.1.4 Optisches Verhalten pigmentierter Schichten

Die Farbgebung durch das Pigment erfolgt, physikalisch gesehen, durch dessen Einfluß auf die Lichtausbreitung im pigmentierten System. Der Einfluß des Pigmentes beruht einerseits auf der Schwächung des Lichtes durch Absorption, d. h. der Umwandlung von Lichtenergie in Wärme, andererseits auf der Änderung der Ausbreitungsrichtung des Lichtes durch Streuung und/oder Spiegelung.

Die Art der Änderung der Ausbreitungsrichtung hängt im wesentlichen von der Größe der Pigmente im Vergleich zur Wellenlänge und dem Unterschied im

1.6 Wichtige anwendungstechnische Eigenschaften und Begriffe

Brechungsindex zwischen Pigment und Bindemittel ab. Sind die Pigmentabmessungen groß gegen die Wellenlänge, tritt Spiegelung und Brechung nach den Gesetzen der geometrischen Optik auf. Sind sie vergleichbar mit der Wellenlänge, tritt Streuung des Lichtes in verschiedene Richtungen auf, mit einer komplizierten Abhängigkeit der Streuung von den Abmessungen und dem relativen Brechungsindex. Sind die Pigmentabmessungen sehr klein gegen die Wellenlänge, tritt keine Lichtablenkung auf, und das Pigment wirkt lediglich durch Absorption.

Betrachtet man als Modell eines pigmentierten Systems eine pigmentierte Schicht auf ebenem Untergrund, die von der pigmentierten Schicht her beleuchtet und beobachtet wird, so können eine Vielzahl von Einzeleffekten auftreten, die in Abb. 21 dargestellt sind (mit Ausnahme der Brechung an der Oberfläche der Schicht).

Je nach Art von Bindemittel, Pigment und Untergrund, sowie der Pigmentkonzentration, können die einzelnen Prozesse stärker oder schwächer zum Gesamtverhalten des Systems beitragen. Hinzu kommt, daß die meist starke Wellenlängenabhängigkeit der Einzelprozesse, gerade bei organischen Pigmenten zu stark unter-

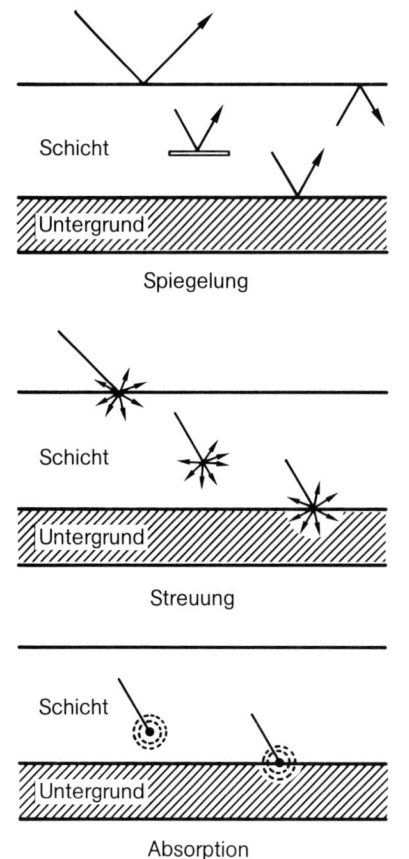

Abb. 21: Schematische Darstellung der Spiegelung, Streuung und Absorption von Licht in pigmentierten Schichten.

1.6.1 Coloristische Eigenschaften (von F. Gläser)

schiedlichen Verhältnissen bei verschiedenen Wellenlängen führen kann. Eine allgemeine quantitative Beschreibung eines solchen komplexen Systems ist in praktisch anwendbarer Form nicht vorhanden.

Erfüllt das betrachtete System jedoch spezielle Bedingungen, so wird eine quantitative Beschreibung möglich. Derartige Bedingungen sind: diffuse, monochromatische Beleuchtung, homogene Pigmentierung, isotrope Streuung in der Schicht, kein Brechungsunterschied zwischen Bindemitteln und Luft sowie eine so dicke Schicht, daß der Untergrund die austretende Strahlung nicht beeinflußt (Spezialfall der Kubelka-Munk-Theorie).

In diesem Modell wird der Zusammenhang zwischen dem Bruchteil R des einfallenden Lichtes, das die Schicht verläßt, und den die Absorption bzw. Streuung charakterisierenden Konstanten K und S durch die Formel

$$\frac{(1-R^2)}{2R} = \frac{K}{S}$$

gegeben.

Kennt man K und S, läßt sich R berechnen. Setzt sich die Pigmentierung aus mehreren Pigmenten zusammen, so lassen sich die Konstanten K und S durch die Formeln [7]

$$K = \sum_{1}^{N} c_n k_n + K_B \quad \text{und} \quad S = \sum_{1}^{N} c_n s_n + S_B$$

berechnen.

Es bedeuten:

k_n, s_n die auf die Konzentrationseinheit bezogenen Absorptions- bzw. Streukonstanten des Pigmentes mit der laufenden Nummer n
c_n die dazu gehörige Pigmentkonzentration
K_B und S_B die Absorptions- bzw. Streukonstante des Bindemittels
N Anzahl der Pigmente

In einem bestimmten Bindemittel lassen sich k_n, s_n sowie K_B und S_B aus Eichfärbungen ermitteln. Daher lassen sich K und S und weiter R berechnen. Führt man dies für alle Wellenlängen, die zur Berechnung der X-, Y-, Z-Werte erforderlich sind, durch, so lassen sich X, Y, Z, und damit die für eine derartige Pigmentierung zu erwartende Farbe, berechnen.

Sind die angegebenen Voraussetzungen nicht ausreichend erfüllt, lassen sich manche der angegebenen Einschränkungen unter Inkaufnahme komplizierterer Formeln aufheben. Für andere Systeme können Näherungen unter anderen Voraussetzungen brauchbarer sein, als das für näherungsweise deckende Systeme geltende oben beschriebene Modell. Eine solche Näherung wurde von Hoffmann [8] angegeben und von Schmelzer vereinfacht. Sie wird für hochtransparente Schichten benutzt, bei denen der Untergrund eine wesentliche Rolle spielt und die das Verhalten von Druckfarben darstellen.

Diese Berechnungen sind nicht allein wichtig zum Verständnis des Verhaltens von Pigmenten. Sie dienen auch als Basis zur Berechnung von Rezepten zur Nachstellung vorgegebener Farbmuster, zur Berechnung des Ausfalls der Färbung eines einzelnen Pigmentes bei einer gewünschten Konzentration, wenn eine Färbung anderer Konzentration in dem System vorliegt und für viele andere Aufgaben.

1.6.1.5 Farbstärke

Der Begriff „Farbstärke" beschreibt in der Coloristik die Ausgiebigkeit eines Farbmittels. Sie ist nicht allein von technischer Bedeutung, sondern auch für Wirtschaftlichkeitsbetrachtungen wichtig. Wie andere coloristische Eigenschaften eines Pigments ist auch die Farbstärke lediglich unter Festlegung der Anwendungsbedingungen sinnvoll zu bestimmen. Sie kann absolut bestimmt oder als relative Farbstärke auf ein anderes Pigment bezogen werden. Bei visueller Bewertung kann die absolute Farbstärke bestenfalls halbquantitativ festgelegt werden.

Farbmetrisch wird die absolute Farbstärke zweckmäßig über die Farbtiefe charakterisiert, sei es durch die Menge, die zum Erreichen einer bestimmten Farbtiefe erforderlich ist, sei es durch die Farbtiefe, die bei einer vorgegebenen Menge erreicht werden kann. Die für diese Rechnungen erforderlichen Eichwerte werden an einer Färbung bekannter Konzentration bestimmt.

Das Verfahren mit vorgegebener Einsatzmenge wird besonders zur Beschreibung der Ergiebigkeit in Abhängigkeit von Verarbeitungsbedingungen verwendet, wozu sich die durchlaufenden Farbtiefewerte nach H. Schmelzer besonders eignen [5].

Daneben werden auch noch andere Verfahren zur Bewertung der absoluten Farbstärke benutzt. Sie basieren auf der Annahme, daß die Stärke der Absorption ein Maß für die absolute Farbstärke ist. Zu ihrer Festlegung werden der Absorptionskoeffizient bei der Wellenlänge des Maximums der Absorption oder die Summe der Absorptionskoeffizienten über den gesamten sichtbaren Spektralbereich herangezogen. Bei letzterem Verfahren werden in manchen Fällen die Absorptionskoeffizienten wellenlängenabhängig mit Gewichtsfaktoren versehen. Die Verfahren, die die Absorption benutzen, führen bei Vergleichen manchmal zu Schwierigkeiten, besonders wenn Pigmente stärker abweichender Nuancen verglichen werden. Je nach Verfahren werden dabei entweder große Teile des Spektrums überhaupt nicht berücksichtigt (Absorption im Maximum) oder nur schematisch erfaßt (Summe der Absorptionskoeffizienten). Diese Teile tragen natürlich ebenfalls zum Farbeindruck bei. Auch bei der Gewichtung, die diesem Effekt entgegenarbeiten soll, kann die Wahl der Gewichte nicht immer optimal vorgenommen werden.

Die relative Farbstärke ist definitionsgemäß keine Eigenschaft eines Pigments allein, sondern auch von der Wahl des Bezugspigments abhängig. Sie kann auch visuell quantitativ festgelegt werden. Dazu werden Konzentrationsreihen von beiden Pigmenten unter sonst gleichen Bedingungen ausgefärbt. Die Konzentrationen, die zu visuell gleichen Färbungen aus den beiden Reihen gehören, ergeben ein Maß für die Farbstärke. Meist wird daraus ermittelt, wie viele Teile des zu bewertenden Pigments 100 Teilen des Bezugspigments äquivalent sind. Kann wegen kleiner Farbton- und/oder Reinheitsabweichungen kein genau gleiches Färbungspaar gefunden werden, wird aufgrund coloristischer Erfahrung durch visuelle Interpolation abgeschätzt, welche Konzentrationen zu farbstärkegleichen Färbungen gehören und daraus die Stärkebewertung abgeleitet. Eine zwischen den Paaren noch bestehende Restfarbdifferenz wird verbal charakterisiert.

Bei der farbmetrischen Bestimmung der relativen Farbstärke wird häufig das Verhältnis der absoluten Farbstärken gebildet, oder es wird berechnet, welche Menge des zu bewertenden Pigments zu dem gleichen Farbausfall führt, wie sie die Standardmenge des Bezugspigments bewirkt. Die Bewertung des „Farbausfalls" erfolgt häufig durch die Farbtiefe. Es wird aber auch oft die Absorption im Maximum oder die Summe der Absorption über den sichtbaren Bereich als Bewertungskriterium herangezogen. Die bei Gleichheit der Bewertungskriterien verbleibende Restfarbdifferenz dient zur Beschreibung der Unterschiede der beiden Pigmente, die sich durch Variation der Mengenverhältnisse allein nicht ausgleichen lassen. Hierzu kann die Farbdifferenzbewertung nach DIN 6174 herangezogen werden.

Da die zahlenmäßigen Ergebnisse einer Farbstärkenbewertung von den Anwendungsbedingungen des Pigments, sowie den Meß- und Bewertungsverfahren abhängen können, müssen diese beim Vergleich von Bewertungen aus verschiedenen Quellen berücksichtigt werden.

1.6.1.6 Deckvermögen

Das Deckvermögen, das ebenfalls systemabhängig ist, beschreibt die Fähigkeit einer pigmentierten Schicht Farbunterschiede des Untergrundes der Schicht zu verdecken. Um dies zu bewirken, muß die aufgebrachte Schicht ausreichendes Streuvermögen besitzen und zwar umso mehr, je geringer die Absorption der Schicht und/oder die Schichtdicke ist. Wegen der Wellenlängenabhängigkeit von Absorption und Streuung ist auch das Deckvermögen wellenlängenabhängig.

Charakterisiert wird das Deckvermögen durch die minimale Dicke einer pigmentierten Schicht, die gerade Deckung bewirkt oder durch die Größe der Fläche, die mit einer vorgegebenen Menge des Systems gerade deckend belegt werden kann.

Visuell kann das Deckvermögen anhand einer keilförmigen Schicht bestimmt werden, die auf einem schwarz-weißen Untergrund aufgebracht wird. Es wird die Schichtdicke bestimmt, bei der die Unterschiede im Untergrund gerade nicht mehr erkennbar sind.

Farbmetrisch wird bei bunten Schichten die Schichtdicke bestimmt, bei der die Farbdifferenz der Schichtstellen über verschiedenem Untergrund [11] einen definierten kleinen Wert (meist $\Delta E = 1$ nach DIN 6174) annimmt.

Nach ASTM D 2805-70 wird das Kontrastverhältnis $Y_{schwarz}/Y_{weiß}$ zur Bestimmung des Deckvermögens herangezogen. Dabei ist Y der Normfarbwert, jeweils über schwarzem bzw. weißem Untergrund gemessen. Für diejenige Schichtdicke, für die dieses Verhältnis größer oder gleich 0,98 ist, liegt Deckung definitionsgemäß vor. Bei Anwendung auf bunten Schichten treten Schwierigkeiten bei dem ursprünglich für weiße Schichten entwickelten Verfahren auf.

58 *1.6 Wichtige anwendungstechnische Eigenschaften und Begriffe*

1.6.1.7 Transparenz

Die Transparenz ist ebenfalls eine systemabhängige Eigenschaft. Sie beschreibt die in hochtransparenten Schichten störende Streuung innerhalb der Schicht und ist besonders im Mehrfarbendruck von Bedeutung. Je größer die Streuung ist, um so geringer ist die Transparenz. Die Transparenz wird meist nach dem Applizieren einer pigmentierten Schicht auf einen schwarzen Untergrund bewertet. Je höher die Transparenz ist, um so geringer ist die Aufhellung des Untergrundes durch die aufgebrachte Schicht. Die Bewertung erfolgt visuell meist relativ gegen ein als Standard benutztes Pigment, farbmetrisch durch Bestimmung der Farbdifferenz zwischen dem pigmentierten Bindemittel und dem mit einem pigmentfreien Bindemittel beschichteten schwarzen Untergrund. Die Pigmentmenge, die zu einer Farbdifferenz von $\Delta E = 1$ führt, ist ein Maß für die Transparenz des Pigmentes. Bei Druckfarben ist zu berücksichtigen, daß an Rauhigkeiten der Oberfläche ebenfalls Streuung auftreten kann. Um den Oberflächeneinfluß zu vermindern, können die Proben mit farblosem Lack überlackiert werden.

1.6.2 Lösemittel- und spezielle Gebrauchsechtheiten

1.6.2.1 Organische Lösemittel

Pigmente sind definitionsgemäß im Anwendungsmedium praktisch unlöslich. Je nach Anwendungsmedium und Verarbeitungsbedingungen zeigen viele organische Pigmente aber doch eine mehr oder weniger merkliche Löslichkeit, die auch die Ursache für eine ganze Reihe von Störungen bei der Anwendung, wie Rekristallisation, Ausbluten und Ausblühen, sein kann. Die Löslichkeit eines Pigmentes ist natürlich in verschiedenen Lösemitteln unterschiedlich; sie wird neben der chemischen Struktur u.a. von der Teilchengröße (s. 1.7.7) und der Temperatur beeinflußt. Abb. 22 veranschaulicht die Abhängigkeit der Löslichkeit organischer

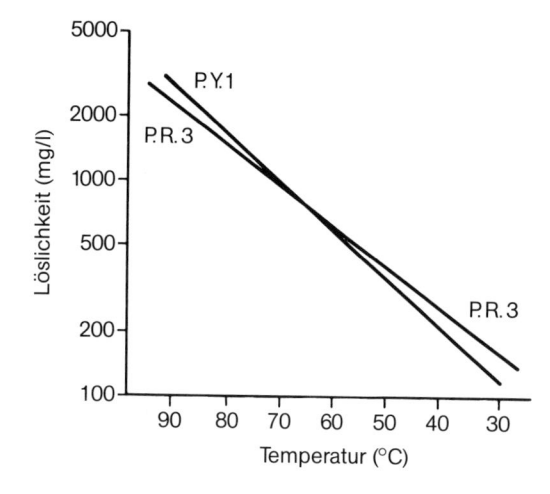

Abb. 22: Abhängigkeit der Löslichkeit von Pigment Yellow 1 und Pigment Red 3 in Dibutylphthalat von der Temperatur.

1.6.2 Lösemittel- und spezielle Gebrauchsechtheiten

Pigmente von der Temperatur am Beispiel von P.Y.1 und P.R.3 in Dibutylphthalat für den Temperaturbereich von 25 bis 90 °C [12].

Die Beständigkeit organischer Pigmente gegen organische Lösemittel wird üblicherweise bestimmt, indem man eine bestimmte, in einem Faltenfilter verschlossene Menge Pulverpigment in einem Reagenzglas 24 Stunden bei Zimmertemperatur in das Lösemittel taucht und danach die Anfärbung des Lösemittels beurteilt. Wenn auch die Verhältnisse bei dieser Prüfung keineswegs mit den Gegebenheiten der Praxisanwendung übereinstimmen, so gestatten die erhaltenen Resultate doch allgemeine Rückschlüsse und geben damit gute Hinweise auf die Pigmentauswahl für bestimmte Anwendungszwecke. So laufen zunehmende Anfärbung bei der Beständigkeitsprüfung und Verschlechterung der Überlackierechtheit in bestimmten Medien meistens parallel. Auch ist bei Pigmenten mit ungenügender Beständigkeit gegen ein Lösemittel damit zu rechnen, daß bei Verarbeitung in einem Anwendungsmedium, das dieses Lösemittel enthält, Rekristallisation und die hiermit zusammenhängenden Veränderungen der coloristischen, rheologischen und Echtheitseigenschaften auftreten können.

Mitunter sind auch Lösemittelechtheiten pigmentierter Systeme von praktischer Bedeutung. Als Beispiel sei die Lösemittelechtheit von Drucken angeführt. Zu ihrer Bestimmung werden Druckproben bestimmter Abmessungen 5 Minuten bei 20 °C in einem Reagenzglas in das Lösemittel getaucht. Die Anfärbung des Lösemittels wird beurteilt und die getrocknete mit einer unbehandelten Druckprobe verglichen. Als Lösemittel werden nach der Standardmethode [13] Ethanol sowie ein Gemisch von

        30 Vol. % Ethylacetat
        10 Vol. % Ethylglycol
        10 Vol. % Aceton
        30 Vol. % Ethylalkohol
        20 Vol. % Toluol

verwendet. Aus den Prüfergebnissen an solchen Druckproben kann allerdings nicht auf ihre Überlackierechtheit geschlossen werden, da Überdrucklacke auch noch andere Lösemittel enthalten können. Außerdem treten beim Lackieren weitere Einflüsse auf, z. B. durch Einwirkung von Weichmachern, Verlauffehlern etc., weshalb die Überlackierechtheit selbst nur durch einen praktischen Lackierversuch festgestellt werden kann.

Hier muß auch die Silberlackbeständigkeit erwähnt werden, d. h. die Beständigkeit gegen transparente Einbrennlacke, mit denen fertige Blechdrucke als Schutz gegen Verkratzen und Scheuern überzogen werden.

1.6.2.2 Wasser, Seife, Alkali und Säuren

Die hier zu besprechenden Prüfungen haben unterschiedliche Zielsetzung und gehorchen unterschiedlichen Praxisanforderungen. So werden zum einen die wäßrigen Auszüge der Pulverpigmente bezüglich ihres Gehaltes an bestimmten Bestandteilen, zum anderen die pigmentierten Systeme bezüglich ihrer Beständigkeit gegen Wasser, Säuren oder Laugen untersucht. Verschiedene Bestimmungsmethoden wurden in Normen verbindlich festgelegt.

Für die Bestimmung des Gehaltes von wasserlöslichen Anteilen in Pigmenten werden in der Praxis unterschiedliche Methoden angewendet.

Beim Kaltextraktionsverfahren [14] werden festgelegte Mengen (zwischen 2 und 20 g) Pulverpigment zunächst mit geringen Mengen Wasser, Alkohol oder einem geeigneten Netzmittel benetzt, dann mit 200 cm^3 frisch destilliertem oder voll entsalztem Wasser bei Raumtemperatur versetzt. Nach einer Stunde und gründlichem Schütteln wird filtriert.

Beim Heißextraktionsverfahren wird die in gleicher Weise erhaltene wäßrige Pigmentaufschlämmung für eine vereinbarte Zeit, meist 5 Minuten, zum Sieden erhitzt, und nach raschem Abkühlen filtriert. Die wasserlöslichen Anteile werden durch Eindampfen einer bestimmten Menge des Extraktes und Wägung des Rückstandes oder durch Rückwägung des extrahierten Pigmentes bestimmt.

Die Aciditätszahl oder Alkalitätszahl des Pigmentes wird durch Titration des wäßrigen Auszugs von 100 g Pigment mit 0,1N Lauge (Säure) erhalten [15].

Für viele organische Pigmente weichen die Meßwerte der nach den beiden Extraktionsverfahren erhaltenen Auszüge zum Teil erheblich voneinander ab. Bei der Pigmentsynthese und der nachfolgenden Agglomeratbildung können nämlich je nach Herstellbedingungen (z. B. dem pH-Wert der Kuppelbrühe bei der Azopigmentsynthese) Anteile der Einsatzstoffe in den Agglomeraten okkludiert oder adsorbiert werden. Diese Spuren sind beim Filtrieren des Pigments und sogar beim intensiven Waschen nicht vollständig zu entfernen und auch durch Heißextraktion nur langsam und unvollständig herauszulösen. Lösliche Anteile können sogar noch nach stundenlangem Kochen unter mehrmaligem Filtrieren und unter Verwendung von jeweils frisch destilliertem Wasser in nennenswerten Mengen im Pigment verbleiben. Das ist anhand von pH- oder Leitfähigkeitsmessungen der Extrakte in einfacher Weise festzustellen.

Der pH-Wert kann ebenfalls anhand der im Kalt- oder Heißextraktionsverfahren erhaltenen wäßrigen Pigmentauszüge bestimmt werden. Eine häufig angewandte Variante dieser Bestimmungsmethode ist die pH-Messung der Pigmentsuspension nach dem Kochen [16] mit der Glaselektrode, also ohne vorheriges Filtrieren des Pigmentes. Diese Bestimmungsmethode ist besonders bei geharzten oder in anderer Weise oberflächenbehandelten, beispielsweise mit Aminen präparierten Pigmenten, problematisch. Von Harzen und anderen Präparationsmitteln wird außerdem umgebendes Medium in stärkerem Maße okkludiert als von nicht präparierten Pigmentoberflächen.

An den erhaltenen wäßrigen Pigmentextrakten kann nach festgelegten Bedingungen auch die Leitfähigkeit bzw. der spezifische Widerstand bestimmt werden [17]. Die elektrische Leitfähigkeit γ wird dabei aus dem elektrischen Leitwert, ihr Kehrwert, der spezifische Widerstand $\xi = \dfrac{1}{\gamma}$ aus dem elektrischen Widerstand ermittelt. Nach weiteren genormten Methoden kann aus diesen Extrakten auch der Gehalt an wasserlöslichen Sulfaten, Chloriden und Nitraten ermittelt werden [18].

1.6.2 Lösemittel- und spezielle Gebrauchsechtheiten

Die Beständigkeit der pigmentierten Systeme gegen Einwirkung von Wasser, Alkali und Säuren ist gegenüber der Untersuchung von Pigmentextrakten für die Praxis oft von größerer Bedeutung.

Für das graphische Gebiet wird die Beständigkeit von Pigmenten gegen Wasser oder Alkali für alle Druckverfahren anhand der in festgelegter Weise hergestellten Drucke bestimmt. Die Drucke werden zwischen bzw. auf Filtrierpapier gelegt, das mit Wasser bzw. Natronlauge getränkt ist. Bei Andrucken nach dem Buchdruck-, Offset- oder Siebdruckverfahren ist 2,5%ige, bei Flexo- und Tiefdrucken 1%ige wäßrige Natronlauge vorgeschrieben [19]. Der so in getränktes Filtrierpapier eingebettete Druck wird zwischen zwei Glasplatten gelegt und mit einem Gewicht von 1 kg belastet. Die Prüfdauer beträgt bei der Bestimmung der Wasserechtheit 24 Stunden, bei Alkaliechtheit 10 Minuten.

Als wasser- bzw. alkaliecht gelten Drucke bzw. Druckfarben, bei denen weder ein Ausbluten in das Filtrierpapier noch eine Veränderung der coloristischen Eigenschaften der Drucke feststellbar ist.

Auf dem Lackgebiet stehen noch keine genormten Prüfvorschriften zur Verfügung. Für den Autolackbereich sind jedoch einige Methoden weit verbreitet. Danach wird zur Prüfung auf Beständigkeit gegen Alkali in definierter Weise 5%ige Natronlauge auf die Lackierungen aufgebracht und unter Abdecken der Versuchsanordnung 1 Stunde bei 70°C im Umluftschrank belassen. Mit dieser Prüfung wird versucht, unter wesentlich verschärften Bedingungen Hinweise auf das Verhalten und die Beständigkeit der Lackierungen in Autowaschanlagen zu erhalten. Die Säurebeständigkeit solcher Lackierungen wird mit 1N Schwefelsäure, der eine bestimmte Menge Eisen(II)-Sulfat zugesetzt ist, geprüft. Auch hier ist die Einwirkungsdauer 1 Stunde bei 70 ± 1°C. Die Farbabweichung soll nach der Behandlung weniger als 2 CIELAB-Einheiten betragen, der Glanzabfall geringer als 10% sein.

In ihrer überwiegenden Anzahl sind organische Pigmente unter den üblichen Verarbeitungsbedingungen gegen Alkali und Säuren beständig. Bei verlackten Pigmenten oder solchen mit freier Säure- bzw. Aminogruppe können manchmal unter der Einwirkung von Säuren bzw. Laugen durch Übergang in die betreffenden Salze Farbänderungen auftreten.

Verschiedene Anforderungen an Pigmente für Anstrichfarben sind vom Anwendungsgebiet abhängig. Für Fassadenfarben beispielsweise sind neben guter Wetterbeständigkeit Kalk- und Zementechtheit von Bedeutung. Bei der Prüfung der Pigmente auf Kalkechtheit wird in der Praxis häufig frisch gelöschter Kalk mit der pigmentierten Dispersion oder auch der hierin verwendeten Pigmentpräparation eingefärbt, auf Asbestzementplatten aufgestrichen und nach 24stündigem Lagern coloristisch gegen eine entsprechende frisch hergestellte Platte verglichen. Während nur wenige organische Pigmente die Anforderungen für das direkte Anfärben von Zement erfüllen, kommen für Anstriche auf Zementuntergrund mehrere Pigmente in Betracht. Ungenügende Beständigkeit eines Pigmentes gegen den Untergrund äußert sich beim Bewettern in rasch fortschreitendem Verblassen oder Ändern des Farbtones.

Auch auf dem Kunststoffgebiet werden nur auf den jeweiligen Kunststoff abgestimmte Prüfmethoden angewendet. Eine von ihnen ist der „Tropentest" bei Polyurethanbeschichtungen. Dabei wird zur Prüfung der Hydrolysebeständigkeit solcher Beschichtungen eine Probe des eingefärbten Materials 7 Tage bei 70 °C und 100% relativer Luftfeuchtigkeit gelagert und anschließend mit Ethylacetat extrahiert oder die Reibechtheit der hydrolysierten Proben bestimmt. Manche Pigmente, oder bei Pigmentpräparationen auch das Trägermaterial, können die Hydrolysebeständigkeit dieser Beschichtungen beeinträchtigen.

1.6.2.3 Spezielle Gebrauchsechtheiten

Der häufig verwendete Begriff Gebrauchsechtheiten ist nicht genau definiert. Im allgemeinen werden darunter die Echtheiten verstanden, die bei bestimmungsgemäßer Anwendung an den Endartikel, beispielsweise den Druck, den lackierten Gegenstand oder den Kunststoffartikel, gestellt werden. Sie umfassen so unterschiedliche Echtheiten wie Licht- und Wetterechtheit, Migrationsechtheit oder Beständigkeit gegen bestimmte Lösemittel. Im vorliegenden Zusammenhang werden als spezielle Gebrauchsechtheiten eine Reihe von Echtheiten zusammengefaßt, die besonders bei Verpackungsmaterialien gegenüber dem verpackten Gut von Bedeutung sind.

Für verschiedene Praxisanforderungen stehen genormte Prüfmethoden, wie die Methoden zur Bestimmung der Seifen- und der Waschmittelechtheit von Drucken [19] zur Verfügung. Unter Seifenechtheit der Drucke wird dabei ihre Widerstandsfähigkeit gegen die frisch zubereitete 1%ige wäßrige Lösung einer speziellen Prüfseife verstanden. Der Andruck wird auf einige Lagen des mit dieser Seifenlösung getränkten Filtrierpapiers gelegt, zwischen Glasplatten fixiert, mit 1 kg belastet und 3 Stunden in wasserdampfgesättigter Atmosphäre bei 20 °C gelagert. Es werden der mit destilliertem Wasser gespülte Druck nach dem Trocknen gegen eine unbehandelte Druckprobe sowie die Anfärbung des Filterpapiers beurteilt.

Bei der Waschmittelechtheit, die in analoger Weise bestimmt wird, ist es häufig zweckmäßiger, die Widerstandsfähigkeit gegenüber dem als Füllgut vorgesehenen Waschmittel direkt zu prüfen und nicht, wie das oft geschieht, unnötigerweise auch Alkali- oder Seifenechtheit zu fordern. Dies ist für die Pigmentauswahl von wesentlicher Bedeutung, da bei Forderung von Seifenechtheit unter praxisgerechten Prüfbedingungen eine ganze Anzahl von Farbtönen praktisch nicht eingestellt werden kann.

Die Anforderungen für Drucke auf dem Verpackungssektor richten sich stets nach dem Füllgut und variieren daher bei der Vielzahl der verpackten Güter in weitem Maße. So werden beispielsweise Käseechtheit, Speisefettechtheit, Ölechtheit, Paraffin- und Wachsechtheit oder Gewürzechtheiten [19] gefordert. Die Prüfungen werden in der Weise vorgenommen, daß die Druckprobe mit ihrer bedruckten Seite unter Belastung auf das betreffende Medium gelegt wird. Die Echtheit kann dabei stets nur direkt an den in Betracht kommenden Materialien geprüft werden. Bei Gewürzen kann die Einwirkung des gleichen Gewürzes auf

Druckproben – je nach Alter, Lagerungstemperatur und Mahlzustand – sehr verschieden sein.

Prüfungen der Farbe bzw. der Drucke beispielsweise auf Wurst-, Schinken-, Speck- oder Fischechtheit, auf Reinigungs-, Desinfektionsmittel-, Badzusätze-, ätherische Öle- oder Düngemittelechtheit, werden sinngemäß in gleicher Weise vorgenommen.

In ähnlicher Weise wird die Farblässigkeit eingefärbter Bedarfsgegenstände aus Kunststoffen und anderen Polymeren geprüft [20]. Als lebensmittelsimulierende Testflüssigkeiten werden besonders Kokosfett bzw. -öl oder Erdnußöl („Kokosfett-Test") verwendet. Beurteilt wird, ob hiermit getränkte Filtrierpapierstreifen nach 5stündigem Kontakt mit dem zu prüfenden Gegenstand bei 50 °C angefärbt sind.

Im Verpackungsdruck sind Sterilisierechtheit, Heißsiegelfähigkeit und Heißsiegelbeständigkeit wichtige Echtheiten. Bei der Sterilisierechtheit ist zwischen Heißluft-, Wasserdampf- und Naßsterilisation zu unterscheiden. Naßsterilisation erfolgt sowohl unter normalem Atmosphärendruck als auch unter erhöhtem Druck im Autoklaven. Beurteilt werden Farbänderungen des Druckes und bei der Naßsterilisation auch das Anfärben des Wassers. Heißsiegelfähig ist eine Farbe, wenn sie auf einem Bedruckstoff unter vereinbarten Prüfbedingungen (Siegeltemperatur, -zeit und -backendruck) einen guten Verbund ergibt, d. h. den Verbund nicht beeinträchtigt und unter Temperatureinwirkung keine Farbänderungen auftreten. Dabei kann sowohl Farbe mit Farbe als auch Farbe mit Bedruckstoff, der zudem häufig lackiert oder beschichtet ist, versiegelt werden. Die Heißsiegelbeständigkeit von Druckschichten wird bei der betreffenden Temperatur mit geriffelten Siegelbacken bei festgelegter Zeit (wenige Sekunden) und Druck geprüft. Beurteilt werden Farbänderung und Beschädigung des Druckfilms sowie Siegelbackenhaftung.

Andere Anforderungen an Pigmente ergeben sich beim Kaschieren, vor allem bei Zwischenlagedruck. Bei diesem wird die Druckfarbe im Gegendruck auf eine Kunststoff-Folie aufgedruckt und mittels 1- oder 2-Komponentenkleber, Kaschierharzen oder Wachs auf ein anderes Material, beispielsweise Papier, Aluminium- oder Kunststoff-Folie, kaschiert. Voraussetzung für den Pigmenteinsatz ist Beständigkeit gegenüber diesen Kaschierklebern. Bei der Hochglanzkaschierung wird eine Kunststoff-Folie auf den im Frontaldruck bedruckten Druckstoff kaschiert.

1.6.2.4 Textile Echtheiten

Unter dem Begriff „Textile Echtheiten" werden im folgenden besonders die Farbechtheiten von Spinnfärbungen und von Drucken auf textilem Gewebe gegen verschiedenartige Einwirkungen, denen sie bei der Herstellung und im Gebrauch üblicherweise ausgesetzt sind, zusammengefaßt. Für die Prüfung und Bewertung vieler dieser Echtheiten stehen Normen zur Verfügung. Die meisten Normen wurden von der Deutschen Echtheitskommission (DEK) erarbeitet und stehen in Übereinstimmung mit den Normen der der Europäischen Echtheits-Convention (ECE) angeschlossenen Länder. Die Normen entsprechen sachlich den Empfehlungen der International Organization for Standardization (ISO) und werden vom Deutschen Normenausschuß (DNA) herausgegeben.

Zur Bestimmung der Farbechtheiten von Farbstoffen und Pigmenten ist es erforderlich, die Prüfungen bei bestimmter Farbtiefe (s. 1.6.1.1), meist bei 1/1 ST, vorzunehmen. Bei den Prüfungen wird jeweils eine Probe des gefärbten oder bedruckten textilen Materials der betreffenden Beanspruchung unterworfen. Dies kann für sich allein erfolgen, wenn nur die Änderung der Farbe geprüft werden soll, oder mit ungefärbten Begleitgeweben vernäht, wenn auch das Anbluten festgestellt werden soll. Der Grad der Änderung der Farbe sowie das Anbluten der Begleitgewebe wird beurteilt und anhand eines Graumaßstabes in Echtheitsnoten angegeben [10, 21].

Voraussetzung für die Verwendung von Pigmenten bei der Spinnfärbung oder im Textildruck ist die Beständigkeit gegen die Einwirkung von Wasser [22] oder Meerwasser [23] in allen Verarbeitungszuständen. Unterschiedliche Bedingungen sind für die Prüfung der Beanspruchung beim Waschen festgelegt. Sie beziehen sich auf Waschtemperaturen (40 bis 95 °C) und Zeiten (30 Minuten bis 4 Stunden), sowie auf die Zusammensetzung der Waschlauge [24]. Auch die Peroxid-Waschechtheit [25], unter anderen mit Natriumperborat, die Hypochlorit-Waschechtheit [26] und die Beständigkeit gegen gechlortes Wasser [27] sind hier zu nennen. Die Widerstandsfähigkeit gegen Schweiß wird mit alkalischen bzw. sauren, Histidin enthaltenden Prüflösungen ermittelt [28]. Andere Prüfungen betreffen Trocken- und Naßreibechtheit [29], die Bügelechtheit [30], die Trockenreinigungsechtheit [31], die Beständigkeit gegen Lösemittel [32], Säure [33] und Alkali [34], die Sodakochechtheit [35], sowie die Peroxid-, die Hypochlorit- und die Chlorit-Bleichechtheit [36], wobei unterschiedlicher Gehalt der Behandlungslösungen an wirksamer Substanz und Variation der Prüfbedingungen die Widerstandsfähigkeit bei bestimmten Verarbeitungsstufen der Textilien simulieren. Aus der großen Anzahl weiterer genormter Prüfungen soll nur noch die Bestimmung der Trockenhitze-Fixierechtheit, die bei 150, 180 und 210 °C 30 Sekunden lang unter Druck vorgenommen wird und besonders für synthetische Fasern von Bedeutung ist [37], genannt werden. Mitunter ist bei Spinnfärbungen, besonders von Viskose-Reyon und -Zellwolle, die Küpenbeständigkeit von Interesse. Sie wird im allgemeinen in ammoniakalisch-alkalischer Dithionit-Lösung bei etwa 60 °C/30 Minuten ermittelt. Bestimmt wird auch hier die Farbänderung und das Anbluten von mitbehandelten Materialien.

1.6.3 Migration

Migration umfaßt die Erscheinungsformen des Ausblutens und Ausblühens. Sie beschreibt die Wanderung in Lösung gegangener Pigmentanteile vom Anwendungsmedium in ein gleichartiges oder ähnliches Material bzw. an seine Oberfläche. In ihrer Wirkung ähnlich erscheinende Störungen bei der Verarbeitung oder

Anwendung pigmentierter Systeme, wie Plate-out und Kreiden, beruhen auf anderen Ursachen und fallen damit nicht unter den Oberbegriff Migration (s. 1.6.4.1 bzw. 1.6.4.2).

Die Vorgänge, die zur Migration führen, wurden anwendungstechnisch und theoretisch unter den verschiedensten Gesichtspunkten, vor allem an Weich-PVC untersucht [38, 39]. Die erhaltenen Resultate und darauf basierenden Vorstellungen sind weitgehend auf andere Bindemittel und Materialien übertragbar. Dabei ergibt sich folgendes Bild: Voraussetzung für das Auftreten von Ausbluten und/ oder Ausblühen ist eine übersättigte Lösung des Pigmentes im Anwendungsmedium. Für das Ausblühen und z.T. auch für das Ausbluten müssen dabei insgesamt folgende Merkmale gegeben sein:

- Verarbeitung des pigmentierten Systems bei höheren Temperaturen, so daß ein großer Unterschied zwischen Verarbeitungs- und Gebrauchstemperatur vorliegt.
- Teilweise oder vollständige Lösung des Pigmentes bei diesen Verarbeitungstemperaturen im Anwendungsmedium, z.B. im Polymer, Weichmacher oder deren Gemisch.
- Geringere Löslichkeit des Pigmentes bei der Lager- bzw. Gebrauchstemperatur als der gelösten Pigmentmenge entspricht. Diese Voraussetzung ist fast immer gegeben.
- Vorliegen einer Übersättigung nach dem Abkühlen, wie eingangs bereits erwähnt.
- Fähigkeit der gelösten Pigmentanteile sich bei Gebrauchstemperatur im Anwendungsmedium zu bewegen. Dies ist für viele Pigmente z.B. in Kunststoffsystemen der Fall, wenn deren Glastemperatur (Glasübergangsbereich) unter der Gebrauchstemperatur, im Normalfall also unter der Raumtemperatur, liegt. Das trifft für Weich-PVC oder Polyolefine zu. Demgegenüber ist Migration bei Zimmertemperatur beispielsweise in Polystyrol und Polymethacrylat mit Glasübergangstemperaturen oberhalb 100 °C nicht möglich. In speziellen Fällen, und zwar bei hohen Konzentrationen und unter den praxisüblichen Prüfbedingungen (s. z.B. [40]), d.h. vor allem bei höheren Lagertemperaturen (120 bzw. 80 °C) kann aber Migration auftreten. Bei den üblichen Gebrauchstemperaturen sind die Polymerketten noch eingefroren, gelöste Pigmentanteile werden wegen der Unbeweglichkeit der Polymerketten an der Wanderung gehindert. Deshalb werden diese Kunststoffe häufig selbst mit gelösten Farbstoffen eingefärbt, ohne daß Migration auftritt. In einigen Polymeren, z.B. in Polyester, können „gelöste Pigmente" eine plastifizierende Wirkung haben und die Kristallinität und die Glastemperatur senken.
- Genügende Kristallkeimbildung, also eine ausreichende Wahrscheinlichkeit für das Entstehen neuer Pigmentkristalle; d.h. die gelösten Anteile dürfen nicht bevorzugt oder ausschließlich an ungelöst gebliebenes Pigment ankristallisieren.

Die in der Literatur des öfteren aufgestellte Behauptung einer Migration bzw. Diffusion fester Pigmentpartikel in weichmacherhaltigem PVC ist unsicher. Aufgrund einer von Kumis und Roteman [41] aufgestellten Beziehung zwischen dem freien Volumen im Innern einer Polymermatrix und dem Durchmesser diffundierender Stoffe, erscheint eine Migration fester Pigmentteilchen nicht möglich. Es liegt deshalb die Vermutung nahe [39], daß der Transport solcher festen Teilchen an die Oberfläche des pigmentierten Stoffes nichts mit Migration aufgrund von Diffusionsvorgängen zu tun hat, sondern möglicherweise in einer Weichmacherströmung an die Oberfläche erfolgt. In diesem Falle wäre von Plate-out zu sprechen.

Neben der chemischen Konstitution der Pigmente (s. 1.4.4) ist für die Migration auch die Korngrößenverteilung von Einfluß (s. 1.7.7).

1.6.3.1 Ausblühen

Unter Ausblühen von organischen Pigmenten wird die Wanderung gelöster Anteile vom Innern des angefärbten Mediums an seine Oberfläche verstanden. Der dort mehr oder weniger lang nach dem Einfärben entstehende Pigmentbelag läßt sich abreiben, bildet sich jedoch immer wieder erneut. Der Ausblühvorgang kommt erst nach Jahren zu einem Abschluß, wenn überwiegende Teile des organischen Pigmentes an der Oberfläche – oder gleichzeitig auch im Innern – des pigmentierten Materials auskristallisiert sind. Ausblühvorgänge können in einer Vielzahl unterschiedlicher Anwendungsmedien, die bei der Applikation oder Verarbeitung erhöhten Temperaturen unterworfen werden, auftreten. Beispiele sind auf dem Lackgebiet ofentrocknende Lacke, auf dem Druckfarbengebiet Blechdrucke oder bei Kunststoffen Weich-PVC und Polyethylen oder Gummimischungen, die als Weichmacher hochsiedende naphthenische Öle enthalten.

Für das Ausblühen organischer Pigmente in einem bestimmten Medium und bei einer bestimmten Temperatur bestehen vielfach Grenzkonzentrationen, oberhalb bzw. unterhalb deren dieser Effekt nicht auftritt. Der Konzentrationsbereich, in dem Ausblühen auftritt, nimmt mit steigender Verarbeitungstemperatur entsprechend einer höheren Löslichkeit des Pigmentes zu. Für Pigment Red 170, einem Naphthol AS-Pigment, ist in PVC mit einem Weichmachergehalt von 30%

Tab. 2: Ausblühen (+) von Pigment Red 170 in Weich-PVC in Abhängigkeit von Pigmentkonzentration und Verarbeitungstemperatur (nach F. Gläser)

Verarbei- tungstem- peratur (in °C)	Pigmentkonzentration (in Gew. %)					
	0,005	0,01	0,025	0,05	0,1	0,5
140	+	+	–	–	–	–
160	+	+	+	–	–	–
180	+	+	+	+	–	–
200	+	+	+	+	–	–

Tab. 3: Löslichkeit von Pigment Red 170 in Weich-PVC (nach F. Gläser)

Temperatur (in °C)	Löslichkeit (in Gew. %)
20	$8 \cdot 10^{-7}$
50	$1,2 \cdot 10^{-5}$
100	$4,0 \cdot 10^{-4}$
120	$1,3 \cdot 10^{-3}$
140	$3,7 \cdot 10^{-3}$
160	$9,7 \cdot 10^{-3}$
180	$2,3 \cdot 10^{-2}$
200	$5,1 \cdot 10^{-2}$

Dioctylphthalat (DOP) der Zusammenhang von Konzentration und Verarbeitungstemperatur mit dem Ausblühen in Tab. 2, die Löslichkeit in Abhängigkeit von der Temperatur in Tab. 3 wiedergegeben.

Im Gegensatz zu Pigmenten verhalten sich Farbstoffe, z. B. fluoreszierende, anders. Sie sind in manchen Kunststoffen, besonders in Weich-PVC und Polyolefinen, nur unterhalb gewisser Grenzkonzentrationen einsetzbar. Der Grund liegt darin, daß Farbstoffe auch bei Raumtemperatur eine bestimmte Löslichkeit in diesen Kunststoffen haben und infolgedessen nicht auskristallisieren und daher auch nicht ausblühen. Erst bei höheren Farbstoffkonzentrationen wird die Löslichkeitsgrenze bei Raumtemperatur überschritten und die Farbstoffe blühen aus.

Von wesentlichem Einfluß auf das Ausblühen ist auch die Zusammensetzung des eingefärbten Mediums. Im Falle von Weich-PVC sind neben dem Kunststoff, der Art seiner Herstellung, d.h. seinem eventuellen Gehalt an Emulgatoren und seinem K-Wert, auch Art und Konzentration der Weichmacher und Stabilisatoren von Wichtigkeit. Durch Verwendung von speziellen Weichmachern, z. B. von Polymerweichmachern, oder auch durch Einbau von Sperrschichten kann Migration vermindert oder verhindert werden.

Einen Einblick in den Ablauf der Löse- und Kristallisationsvorgänge beim Verarbeiten bzw. beim Lagern vermitteln die Abbildungen 23 und 24, wiederum am Beispiel von Pigment Red 170 in Weich-PVC [38]. Aus den unmittelbar nach dem Abkühlen der pigmentierten Proben gemessenen Transmissionsspektren geht aus der für diese Pigmentkristalle charakteristischen Bande bei 570 nm hervor, daß das Pigment bei 180 °C bei kleinen Konzentrationen (0,005 bzw. 0,01%) vollständig gelöst ist. Bei 140 °C liegen bei diesen Konzentrationen noch Pigmentkristalle vor. Wie Abb. 25 am gleichen pigmentierten System veranschaulicht, ist die Kristallisation selbst nach jahrelanger Lagerung noch nicht abgeschlossen [38]. Dabei findet der Hauptteil der Kristallisationsvorgänge im Probeninnern und nicht an der Oberfläche statt.

Der zeitliche Verlauf der Pigmentbildung beim Ausblühen, z. B. auf einer Weich-PVC-Oberfläche, kann rasterelektronenmikroskopisch anschaulich ver-

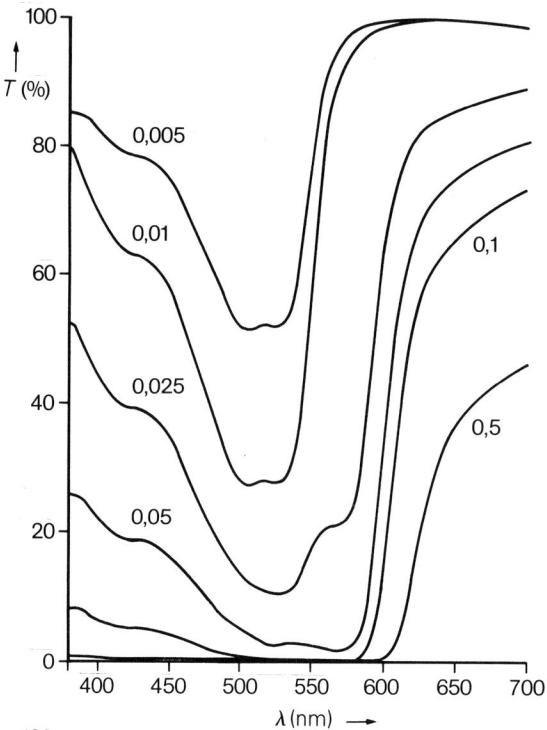

Abb. 23: Transmissionsspektrum von P.R.170 in Weich-PVC; Verarbeitungstemperatur: 180°C.

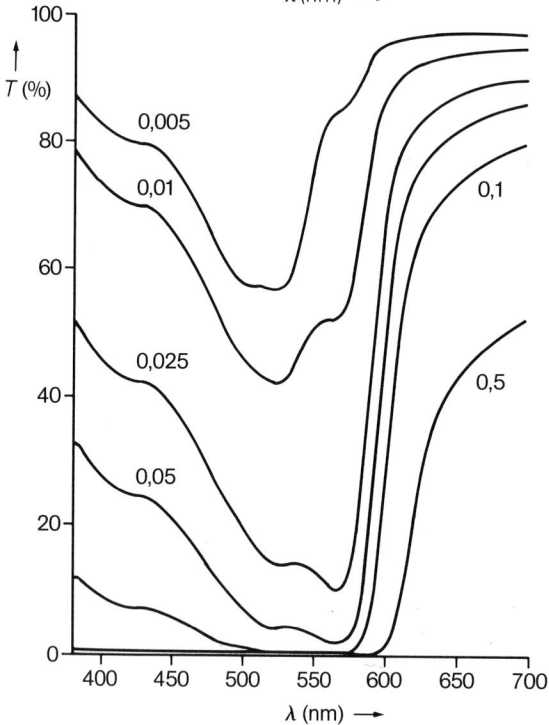

Abb. 24: Transmissionsspektrum von P.R.170 in Weich-PVC; Verarbeitungstemperatur 140°C.

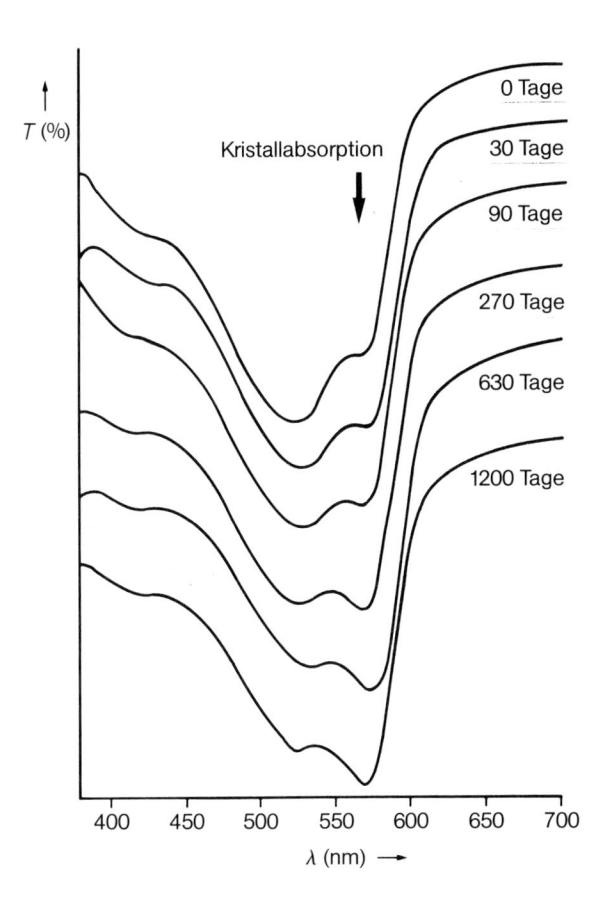

Abb. 25: Transmissionsspektren von Pigment Red 170 in Weich-PVC in Abhängigkeit von der Lagerzeit (Pigmentkonzentration: 0,01%, 140 °C Verarbeitungstemperatur). Die Kurven sind gegeneinander in Transmissionsrichtung verschoben.

folgt werden [42]. Im Falle von Pigment Yellow 1 ist eine Kristallbildung auf der Oberfläche bereits nach wenigen Stunden gut erkennbar, nach nur einem Tag ist die Oberfläche mit Kristallen deutlich bedeckt (Abb. 26a und b). Ein Pigment kann dabei auf kleinster Fläche scheinbar völlig unterschiedliche Kristallformen bilden (Abb. 27), aber Röntgenbeugungsspektren zeigen, daß es sich um die gleiche Kristallmodifikation handelt. Ausblühen schränkt die Pigmentauswahl für derartige Systeme natürlich erheblich ein.

Allgemein entscheidend für Ausblühen und Ausbluten ist letztlich die chemische Konstitution der Pigmente. So führen beispielsweise verhältnismäßig niedermolekulare Monoazopigmente, wie P.Y.1, zu sehr rascher Migration. Es kann dabei aber nicht, vor allem bezüglich der Grenzkonzentrationen, vom Verhalten eines Pigmentes auf das eines anderen, auch chemisch ähnlichen, geschlossen werden.

Pigmente, die ausblühen, bluten in jedem Fall auch deutlich aus. Umgekehrt gibt es jedoch viele Pigmente, die zwar mehr oder weniger ausbluten, aber nicht ausblühen.

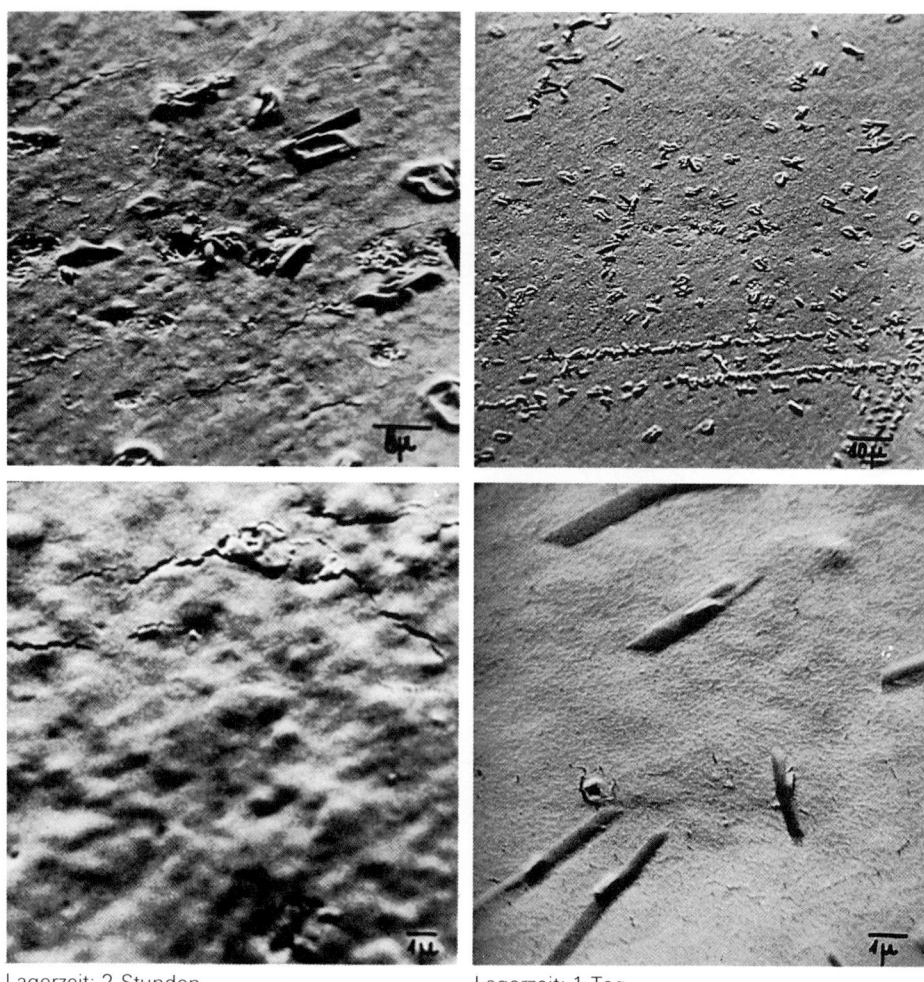

70   *1.6 Wichtige anwendungstechnische Eigenschaften und Begriffe*

Lagerzeit: 2 Stunden   Lagerzeit: 1 Tag

Abb. 26a: Rasterelektronenmikroskopische Aufnahmen einer Weich-PVC-Oberfläche mit ausgeblühtem Pigment Yellow 1 nach unterschiedlicher Lagerzeit. Pigmentkonzentration: 0,2%. Unten: Detailaufnahmen.

1.6.3.2   Ausbluten / Überlackierechtheit

Unter Ausbluten versteht man das Übergehen eines im Anwendungsmedium in Lösung gegangenen Pigmentes in ein damit in Kontakt befindliches gleichartiges oder ähnliches ungefärbtes oder anders gefärbtes Medium. Ausbluten ist besonders im Kunststoff- und Lackbereich von Bedeutung.

Eine ganze Anzahl von Normen befassen sich mit den unterschiedlichen Aspekten dieses Verhaltens. Sie reichen von Begriffsbestimmungen [43, 44] über

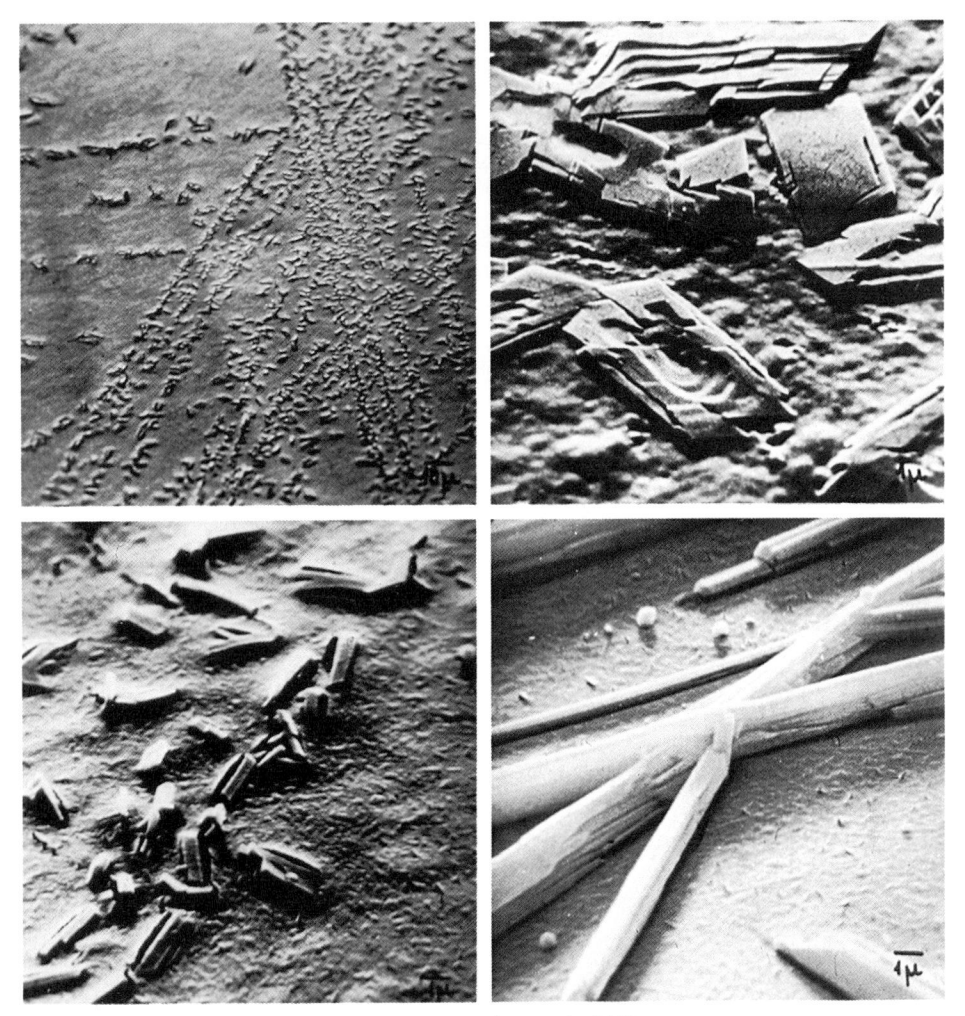

Lagerzeit: 2 Tage   Lagerzeit: 84 Tage

Abb. 26b: Rasterelektronenmikroskopische Aufnahmen einer Weich-PVC-Oberfläche mit ausgeblühtem Pigment Yellow 1 nach unterschiedlicher Lagerzeit. Pigmentkonzentration: 0,2%. Unten: Detailaufnahmen.

die Bestimmung der Wanderungstendenz und der Wanderung von Weichmachern [45] bis zur Prüfung des Ausblutens bei gefärbten Papieren, Kartons und Pappen [46] sowie bei Kunststoffen generell [47] oder Weich-PVC im speziellen [40]. Auch die Herstellung der zur Prüfung verwendeten Probekörper muß für jeden Kunststoff genau definiert sein. Das ist deshalb zwingend erforderlich, weil die gesamte thermische Behandlung und die Oberflächenbeschaffenheit des Kunststoffes einen Einfluß auf die Wanderung des gelösten Pigmentes ausüben kann.

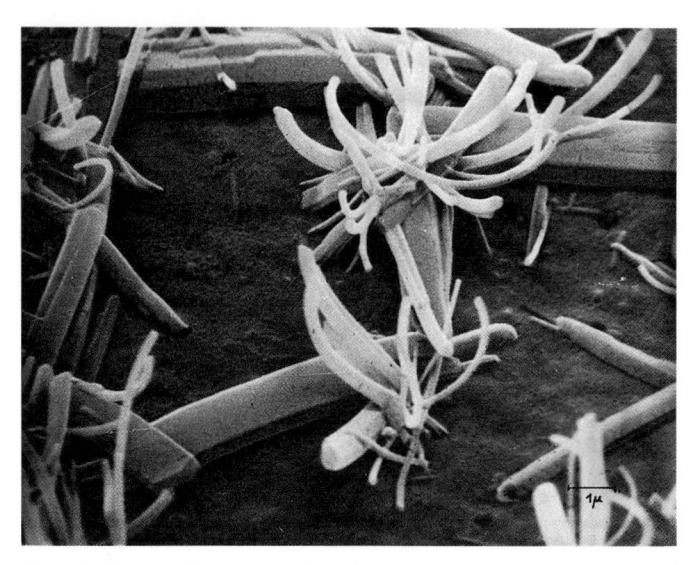

72 1.6 Wichtige anwendungstechnische Eigenschaften und Begriffe

Abb. 27: Rasterelektronenmikroskopische Aufnahme einer Weich-PVC-Oberfläche mit ausgeblühtem Pigment Red 3 nach 84 Tagen. Pigmentgehalt: 0,5%. Verarbeitungstemperatur: 180°C.

Zur Prüfung des Ausblutens bei Kunststoffen wird die sogenannte Sandwich-Methode angewendet. Hierbei wird der Probekörper zwischen eine weiße, glatte und ebene Kontaktfolie aus Weich-PVC auf der Oberseite und Filtrierpapier festgelegter Art auf der Unterseite gelegt, diese Schichtung zwischen Schaumstoffplatten und diese wiederum zwischen Glasplatten gebracht. Die gesamte Prüfanordnung wird im Wärmeschrank 72 Stunden bei 50°C gelagert [47].

Bei der Prüfung des Ausblutens in Weich-PVC wird die pigmentierte Kunststoffolie, der Probekörper, zwischen zwei weißen Kontaktfolien aus Weich-PVC eingebettet und zwischen Glas- oder Aluminiumplatten unter bestimmter Belastung 24 Stunden bei 80°C (bzw. 15 Stunden bei 100°C) gehalten [40]. Die Dicke des Probekörpers ist für die Prüfung und für das Auftreten von Ausbluten unwesentlich.

Der Grad der Anfärbung der Kontaktfolien und/oder des Filtrierpapiers wird in jedem Falle farbmetrisch [48] oder visuell mit Hilfe des Graumaßstabes [21] beurteilt. Die Bewertung muß sofort nach beendeter Prüfung erfolgen, weil sich die Färbung der Kontaktfolie bei längerer Lagerung durch weitere Diffusion in das Folieninnere verändern kann.

Für die Bestimmung der Ausblutechtheit bei Lacksystemen – oft auch als Überlackierechtheit bezeichnet – steht keine allgemein verbindliche Prüfmethode zur Verfügung. Vielfach erfolgt die Prüfung in der Weise, daß auf eine Volltonlackierung des betreffenden Pigmentes ein häufig auf gleicher Bindemittelbasis aufgebauter Weißlack in definierter Schichtdicke appliziert und unter definierten Bedingungen gehärtet, bei ofentrocknenden Lacken beispielsweise 30 Minuten bei

140°C im Trockenschrank eingebrannt, wird. Die Anfärbung der weißen Lackierung wird dann visuell bzw. farbmetrisch beurteilt.

Das Ausbluten von Pigmenten schränkt ihren Einsatz ein. Die Verarbeitungstemperatur im betreffenden Medium ist oft ein entscheidendes Kriterium. So tritt beispielsweise in bestimmten ofentrocknenden Lacken bei einer Einbrenntemperatur von 120°C keinerlei Ausbluten in einen auf diesen Lackfilm applizierten weißen Lack auf, während dieser bei 140°C oder 160°C mehr oder weniger stark angefärbt wird.

Ähnlich wie bei Kunststoffen ist auch für das Ausbluten auf dem Lack- und Druckfarbengebiet der Aufbau des gesamten Systems entscheidend, z.B. die Zusammensetzung der Bindemittel und die enthaltenen Lösemittel. Die Geschwindigkeit der Lösemittelabgabe und der Bindemittelvernetzung, sowie Höhe und Dauer der Temperatureinwirkung u.v.a. sind ebenfalls von Bedeutung. Für alle in solchen Systemen in Betracht kommenden Pigmente ist eine Prüfung in den betreffenden Bindemitteln und unter den jeweiligen Verarbeitungsbedingungen anzuraten.

Entsprechend der beschriebenen Zusammenhänge nimmt die Neigung zum Ausbluten, beispielsweise in Kunststoff, mit steigender Pigmentkonzentration zu. Daher wird im geeigneten Konzentrationsbereich auch der Einsatz solcher Pigmente (z.B. in Weich-PVC) ermöglicht, die bei höheren Konzentrationen ausbluten. Steigender Weichmachergehalt in Weich-PVC verstärkt die Neigung zum Ausbluten. Außerdem wird das Ausbluten von der Art des Weichmachers beeinflußt. So lösen bestimmte Phosphorsäuretriester Pigmente stärker an als beispielsweise das häufig verwendete Dioctylphthalat, und dieses wiederum stärker als Polymerweichmacher, durch die Ausbluten mit sonst migrierenden Pigmenten vermindert oder manchmal vermieden wird. In den Fällen, in denen Ausbluten nicht stattfinden kann oder ohne praktische Bedeutung ist, werden mitunter aus wirtschaftlichen Erwägungen auch Pigmente verwendet, die keine ausreichende Ausblutechtheit besitzen. Dies ist beispielsweise der Fall, wenn der eingefärbte nicht mit einem anderen hierfür geeigneten Kunststoff in Berührung steht oder wenn eine pigmentierte Lackschicht nicht mit einem anderen (pigmentierten) Lack überzogen wird.

1.6.4 Störungen bei der Verarbeitung pigmentierter Systeme

Organische Pigmente zeigen vielfältigen Einfluß auf die Verarbeitung des eingefärbten Anwendungsmediums. Dieser Einfluß kann in bestimmten Medien bei der Verarbeitung oder auch am pigmentierten Endprodukt, beispielsweise einem Kunststoffartikel, zu erheblichen Störungen führen. Pigmentkonzentration und Verarbeitungsbedingungen, besonders die Verarbeitungstemperatur, beeinflussen diese Effekte wesentlich. Die wichtigsten Störungen werden im folgenden erörtert.

1.6.4.1 Plate-out

Unter „Plate-out" organischer Pigmente werden die Vorgänge verstanden, die bei der Verarbeitung eines pigmentierten Systems zu Pigmentablagerungen an den Verarbeitungsmaschinen oder an der Oberfläche des Systems führen. Die hierbei gebildeten Pigmentbeläge können durch Reiben von der Oberfläche entfernt werden und bilden sich im Gegensatz zu den durch Ausblühen entstandenen Ablagerungen nicht wieder nach.

Häufig tritt diese Störung bei der Verarbeitung von pigmentiertem PVC, speziell beim Kalandrieren und Verwalzen, auf. Es handelt sich dabei um ein Ausschwitzen von Gleitmitteln, Stabilisatoren, insbesondere von Barium-Cadmium-Stabilisatoren, Weichmachern oder sonstigen Komponenten, bei dem Pigmentteilchen mit an die Oberfläche gebracht werden. Plate-out wird also durch Zusätze verursacht, die in der PVC-Mischung unverträglich sind. Im allgemeinen nimmt es mit steigender Verarbeitungstemperatur zu. Die ausgeschwitzten Substanzen werden an der Oberfläche der Verarbeitungsmaschine, z. B. auf den Kalanderwalzen, abgesetzt und bauen allmählich einen – farbigen – Belag auf. Steigende Pigmentkonzentration fördert ebenso die Neigung zum Plate-out.

Von besonderem Einfluß auf die Größe dieses Effektes scheint die Benetzbarkeit der Pigmente durch die Kunststoffkomponenten zu sein. Marken mit höherer spezifischer Oberfläche führen bei einem gegebenen Pigment zu stärkerem Plate-out [49, 50].

Auch bei Pulverlacken kann ungenügende Benetzung von Pigment und anderen festen Bestandteilen Plate-out bewirken. Der nach dem Härten des pigmentierten Lackfilmes auf dessen Oberfläche gebildete Belag besteht im wesentlichen aus Pigment und zumindest in manchen Fällen auch aus Kristallen des Härters. Die schlechte Benetzung der Pigment- und anderer Feststoffoberflächen durch die Bindemittelkomponenten resultiert hier durch ein ungünstiges rheologisches Verhalten des Lackes beim Härten. Dabei geht der Sinter- und Schmelzprozeß bei den Verarbeitungstemperaturen binnen weniger Sekunden in den mit einem raschen Viskositätsanstieg verbundenen Vernetzungs- bzw. Härtungsprozeß über. Die für die Benetzung zur Verfügung stehende Zeit ist unter solchen Bedingungen nicht ausreichend. In vielen Fällen läßt sich die Neigung zum Plate-out deshalb mit Hilfe spezieller, erst bei höheren Temperaturen reagierender Härter erheblich verringern. Das System durchläuft dann eine längere Phase niedriger Viskosität, in der offensichtlich eine hinreichende Benetzung der Pigmente stattfindet.

1.6.4.2 Überpigmentierung / Kreiden

Unter dem Begriff Kreiden werden im engeren Sinne die bei der künstlichen oder natürlichen Bewitterung titandioxidhaltiger Anstrichfilme auftretenden Abbauerscheinungen verstanden. Die dabei ablaufenden chemischen Reaktionen und mikromorphologischen Vorgänge sind weitgehend bekannt [51, 52]. Danach führt die Photoaktivität des TiO_2-Pigmentes bei Vorhandensein genügender Feuchte zu

1.6.4 Störungen bei der Verarbeitung pigmentierter Systeme

einem zusätzlichen Bindemittelabbau, der dem üblichen Abbau des Bindemittels, vor allem durch UV-Anteile des Tageslichtes, überlagert ist und in der Phasengrenze Pigment/Bindemittel wirkt. Mit zunehmender Bewitterung wird das Pigment, besonders wenn es nicht entsprechend nachbehandelt ist, vom umgebenden Medium isoliert und ragt je nach Wetterbeständigkeit des Bindemittels mehr oder weniger rasch aus der Oberfläche hervor. Mit dem Verfahren nach Kämpf [53] oder der Klebebandmethode [54] läßt sich der Kreidungsgrad der bewetterten Oberfläche bestimmen.

Ein ähnliches Erscheinungsbild ist mitunter auch beim Bewettern von Lackierungen, die bestimmte organische Pigmente enthalten, zu beobachten. Die beim Bewettern ablaufenden chemischen und mikromorphologischen Prozesse sind bisher noch unbekannt. In einzelnen Fällen wurde an Lackierungen kreidender Pigmente eine wesentlich stärkere Erwärmung der pigmentierten Lackschichten beim Belichten bzw. Bewettern gemessen als an Lackschichten nichtkreidender organischer Pigmente.

Die Auswirkungen dieser thermischen Belastung auf den Bindemittelabbau wurden aber nicht näher geklärt. Der Kreidungsgrad bunter Anstriche kann analog wie bei Titandioxid enthaltenden Anstrichen [53, 54] ermittelt werden.

Von Kreiden im übertragenen Sinne wird vielfach auch bei der Kunststoffeinfärbung gesprochen. Es liegt dann Überpigmentierung des Mediums vor, besonders bei Verwendung von organischen Pigmenten mit hoher spezifischer Oberfläche. Das meist langkettige Kunststoffmaterial und beispielsweise bei Weich-PVC der Weichmacher, sind dann nicht mehr in der Lage, die Pigmentteilchen ausreichend zu umhüllen und zu fixieren. Dieser Effekt wird noch durch die Gegenwart zusätzlicher Feststoffe und Pigmente, wie TiO_2 oder Füllstoffe, verstärkt. Die an der Kunststoffoberfläche befindlichen Teilchen sind mehr oder weniger leicht abzureiben. Besonders augenfällig wird dieses Verhalten bereits nach kurzem Bewettern. Eine klare Abgrenzung dieser Erscheinungsform des Kreidens vom Plate-out ist nach Ansicht der Autoren nicht gegeben. Im Gegensatz zum Ausblühen erfolgt nach dem Entfernen der ausgekreideten Komponenten wie beim Plate-out kein weiterer Farbmitteltransport an die Oberfläche und damit kein weiteres Kreiden.

1.6.4.3 Verzugserscheinungen (Nukleierung) bei Kunststoffen

Viele organische Pigmente vermögen, ähnlich wie eine Reihe anderer Substanzen, bei teilkristallinen Polymeren, wie bestimmten Polyolefinen, als Nukleierungsmittel, d. h. als Keimbildner für die Kristallisation des Kunststoffs, zu wirken. Durch diesen Prozeß werden verschiedene mechanische Eigenschaften solcher Kunststoffe z. T. erheblich verändert; in bestimmten Fällen kann dadurch sogar das Kunststoffteil unbrauchbar werden. So kann Nukleierung beispielsweise bei dickwandigen, meist großflächigen, nicht rotationssymmetrischen Spritzgußteilen, wie Flaschenkästen, zu starken Verzugserscheinungen führen; derartige Flaschenkästen sind nicht stapelbar und daher unbrauchbar. Bei rotationssymmetrischen

Spritzgußteilen resultieren u.U. nur höhere Spannungen. Schwindungsanomalien können durch Spannungen zu Spannungsrißkorrosion oder zu Spätschäden bei Bewitterung führen. Zugfestigkeit, Reißdehnung und Schlagzähigkeit werden mehr oder weniger stark beeinträchtigt [55, 56]. Temperatur und Verlauf der Hitzeeinwirkung sind dabei neben dem Kunststoff selbst ebenso von Bedeutung wie die Pigmentkonzentration. Einfluß hat auch die Form der Pigmentteilchen, wobei sich beispielsweise nadelförmige Teilchen bevorzugt in der Fließrichtung der pigmentierten Kunststoffschmelze ausrichten und bei der Nukleierung besondere Effekte geben. Die Kristallisation des Kunststoffs geht dabei von den Kristallflächen des Pigmentes aus und führt zu Sphärolithen (Abb. 28).

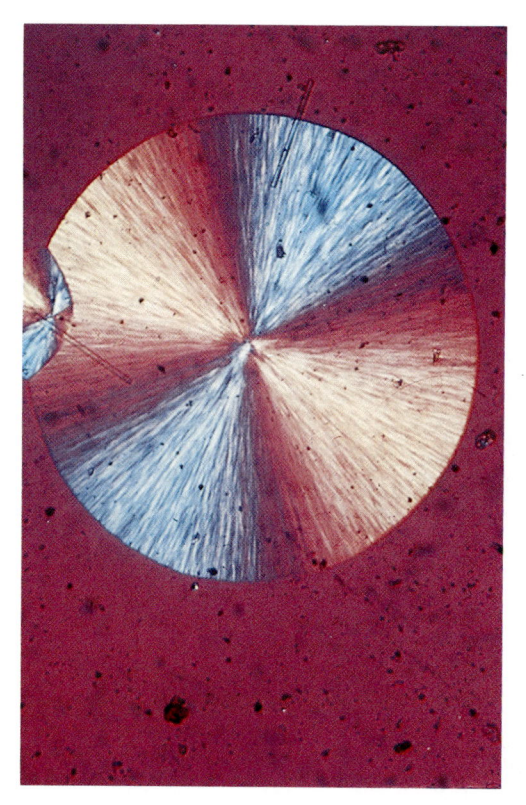

Abb. 28: Lichtmikroskopische Aufnahme eines durch ein Pigmentteilchen ausgelösten Kristallisationszentrums in Polyethylen im polarisierten Licht.

1.6.5 Dispergierverhalten

1.6.5.1 Allgemeine Betrachtung

Organische Pigmente liegen als Pulver in agglomerierter Form vor (s. 1.5). Beim Einarbeiten in ein zu färbendes Medium wird versucht, die Agglomerate möglichst weitgehend in ihre Einzelbestandteile, das bedeutet in Einzelteilchen und

1.6.5 Dispergierverhalten

Aggregate oder wenigstens in kleinere Agglomerate zu zerlegen, d. h. zu dispergieren. Je nach dem Energieaufwand, der für dieses Zerteilen erforderlich ist, kann man von leicht bis schwer dispergierbaren Pigmenten sprechen. Nahezu alle wichtigen anwendungstechnischen Eigenschaften des Pigmentes oder des pigmentierten Systems hängen davon ab, wieweit dieses Zerteilen gelingt. Ein zunehmend besserer Dispergierungsgrad wirkt dabei in vieler Hinsicht ähnlich wie eine Verkleinerung der durchschnittlichen Teilchengröße des Pigmentes. Er bewirkt bei dem pigmentierten System z. B. eine

- Zunahme der Farbstärke, die vor allem in Weißverschnitten festzustellen ist,
- Änderung des Farbtones,
- Zunahme der Transparenz bzw. Abnahme des Deckvermögens,
- Verbesserung des Glanzes,
- Erhöhung der Viskosität,
- Erniedrigung der kritischen Pigmentvolumenkonzentration, z. B. in Mahlansätzen.

Bei der Dispergierung müssen die Haft- und Bindungskräfte, mit denen die Pigmentteilchen in den Agglomeraten zusammenhalten, überwunden werden. Der dafür erforderliche Dispergieraufwand hängt von vielen Faktoren ab. Sie lassen sich in folgende Gruppen einordnen:

- chemische Konstitution, Modifikation, Korngrößenverteilung, Teilchenform, Oberflächenbeschaffenheit und Präparierung, sowie Vorbehandlung, besonders Trocknung und Mahlung des Pigmentes
- chemische Zusammensetzung und physikalischer Aufbau des Bindemittels und seiner Komponenten, beispielsweise Polarität, Molekulargewicht bzw. Molgewichtsverteilung, Viskosität des Mediums, Löslichkeit der einzelnen Komponenten, beispielsweise von Harzen in den anwesenden Lösemitteln und ihre Verträglichkeiten untereinander
- chemische und physikalische Beschaffenheit von festen oder flüssigen Zusatzstoffen, wie Füllstoffen, Weißpigmenten, Dispergierhilfsmitteln, Weichmachern, Verschnittmitteln
- Wechselwirkungen an der Phasengrenze Pigment/ Bindemittel
- Art und Wirkungsweise des Dispergiergerätes sowie die gewählten Dispergierbedingungen
- Einbringen des Pigmentes in das Dispergiermedium in Abhängigkeit von Zeit, Temperatur, Vorbenetzung etc. vor dem eigentlichen Dispergierprozeß
- Mahlgutformulierung, einschließlich der Pigmentvolumenkonzentration (PVK).

Beim Dispergieren von Pigmenten in einem Medium laufen gleichzeitig folgende Teilprozesse nebeneinander ab:

1. Das **Zerteilen** der Agglomerate infolge Einwirkung mechanischer Kräfte.
2. Das **Benetzen** der Pigmentoberfläche durch die Bindemittelbestandteile und andere Komponenten des Mediums.

3. Ein statistisch gleichmäßiges **Verteilen** der in den bisher genannten beiden Teilvorgängen erhaltenen, vom Bindemittel umhüllten Teilchen auf alle Volumenelemente des Mediums.
4. Das **Stabilisieren** der dispergierten Pigmentteilchen im Anwendungsmedium zur Verhinderung von erneuter Zusammenlagerung durch beispielsweise Reagglomeration und/oder Flockung.

Diese Teilprozesse werden im folgenden näher betrachtet.

1.6.5.2 Zerteilen von Pigmentagglomeraten

Von den nach Rumpf [57] unterschiedenen vier Beanspruchungsarten der Agglomerate bei der Zerkleinerung

- zwischen zwei Festkörperoberflächen (Trockenmahlung in Mühlen)
- Prall- und Stoßvorgänge an einer Festkörperoberfläche (Trockenmahlung in Strahlmühlen)
- mechanische Energieeinleitung durch das umgebende Medium (Naßmahlung)
- thermische Beanspruchung

ist für die Dispergierung von Pigmenten in einem Medium nur die mechanische Energieeinleitung, d.h. die Zerteilung der Agglomerate durch die in Scherströmungen auftretenden Schubspannungen wesentlich. Das Zerteilen erfolgt dabei nur durch das umgebende Medium und nicht durch Berührung der Teilchen. Gelegentlich kommt es besonders bei grobteiligen oder nadelförmigen Pigmenten und beim Verarbeiten mit intensiv wirkenden Dispergiergeräten auch zu einem Aufteilen von Aggregaten und einem Zerbrechen von Primärteilchen [58].

1.6.5.3 Benetzung von Pigmentoberflächen

Der Begriff Benetzen umfaßt zwei Einzelvorgänge, nämlich

- das Ausbreiten einer Flüssigkeit bzw. von Bindemittelkomponenten auf der Pigmentoberfläche und
- die Durchfeuchtung des Pigmentpulvers bzw. der Agglomerate durch die flüssigen Komponenten.

Benetzen hängt u.a. von

- energetischen Gegebenheiten der Wechselwirkung zwischen Pigmentoberfläche und Medium,
- kinetischen Größen (z.B. Diffusions- und Durchfeuchtegeschwindigkeit),
- sterischen bzw. geometrischen Größen (z.B. Porenstruktur von Agglomeraten, Molekülgröße der netzenden Komponenten),
- rheologischen Größen des benetzenden Mediums,

ab [59].

1.6.5 Dispergierverhalten

Die verschiedenen Größen sind für die Entwicklung und Herstellung leicht dispergierbarer Pigmente von wesentlicher Bedeutung.

Der energetische Teilaspekt der Benetzung ist Gegenstand zahlreicher Publikationen, z. B. [60, 61, 62]. Zu seiner Untersuchung bedient man sich der Methoden der speziellen Thermodynamik der Grenzflächen [63, 64, 65]. Man erhält dabei Aufschluß, ob eine Benetzung freiwillig verläuft, nur unter Arbeitsaufwand möglich ist, oder ob völlige Unbenetzbarkeit vorliegt. In solche Untersuchungen wurden bereits eine Anzahl organischer Pigmente einbezogen [60, 61]. Dabei wird u.a. über vergleichende Randwinkelmessungen auf die Oberflächenspannung der Pigmente γ_1 geschlossen und nach Bestimmung der Oberflächenspannung der Flüssigkeit γ_2 die Grenzflächenspannung γ_{12} und gleichfalls die Benetzungsspannung β_{12} berechnet. Die hierfür zugrundeliegenden Beziehungen sind:

$$\text{Randwinkel: } \cos \alpha = \frac{\gamma_1 - \gamma_{12}}{\gamma_2}$$

$$\text{Benetzungsspannung: } \beta_{12} = \gamma_{12} - \gamma_1 = -\gamma_2 \cdot \cos \alpha$$

Für den kinetischen Aspekt, d.h. die Frage, wie schnell die Benetzung abläuft – sofern die thermodynamische Voraussetzung für eine Benetzung überhaupt gegeben ist [64] – kann die aus der Hagen-Poiseuille-Gleichung für kreisförmige Kapillarquerschnitte und den Fall unvollständiger Benetzung abgeleitete Washburn-Gleichung [66, 67] in modifizierter Form herangezogen werden:

$$t = \frac{V \cdot l \cdot 2\eta}{r^3 \pi \gamma_2 \cdot \cos \alpha}$$

Darin sind:
t: Eindringzeit
α: Randwinkel
γ_2: Oberflächenspannung der Flüssigkeit
$\gamma_2 \cdot \cos \alpha$: Benetzungsspannung
l: Länge der Kapillare
η: Viskosität
r: Radius der in den Agglomeraten vorhandenen Poren
V: transportiertes Flüssigkeitsvolumen

Danach nimmt die Zeit t, die für die Benetzung eines Pulvers benötigt wird, linear mit der Viskosität des umgebenden Mediums, der Eindringtiefe und dem transportierten Volumen zu. Umgekehrt wird die Eindringzeit kleiner, wenn die Benetzungsspannung als Triebkraft des Benetzungsvorganges und der Radius der in den Agglomeraten vorhandenen Poren in der 3. Potenz zunehmen.

Auf die Benetzungsgeschwindigkeit kann beim Verarbeiten von Pigmenten somit nur über die Viskosität des Bindemittels Einfluß genommen werden, da die Größen r und l durch den Aufbau des Pigmentpulvers gegeben sind und auch die Benetzungsspannung als Triebkraft für den Benetzungsvorgang praktisch nicht

1.6 Wichtige anwendungstechnische Eigenschaften und Begriffe

beeinflußt werden kann. Die Beeinflussung der Viskosität kann durch geeignete Zusammensetzung des Mahlansatzes oder durch höhere Dispergiertemperaturen erfolgen.

Für den eigentlichen Dispergierprozeß sind die beiden Teilprozesse, Zerteilen der Agglomerate und Benetzen der Pigmentoberfläche, maßgebend. Je nach Medium und verwendetem Dispergiergerät läuft häufig der eine oder andere Vorgang bevorzugt ab. So ist bei der Kunststoffeinfärbung, z. B. von PVC oder Polyolefinen, die Einwirkung mechanischer Kräfte wesentlich für den erreichten Dispergierungsgrad.

Das wird am Beispiel der Gamma-Modifikation von Pigment Violet 19 (s. 3.2.4) beim Dispergieren in PVC mit unterschiedlichem Weichmachergehalt auf einem Mischwalzwerk in Abhängigkeit von der Verarbeitungstemperatur verdeutlicht (Abb. 29) [68]. Danach führt zunehmender Weichmachergehalt im Kunststoff zu geringerer Farbtiefe, d.h. in diesem Fall zu schlechterem Dispergierungsgrad. Auch der Einfluß der Verarbeitungstemperatur wird geringer. Das zeigt anschaulich das untere Diagramm, bei dem die Farbstärke, bezogen auf die jeweilige Fär-

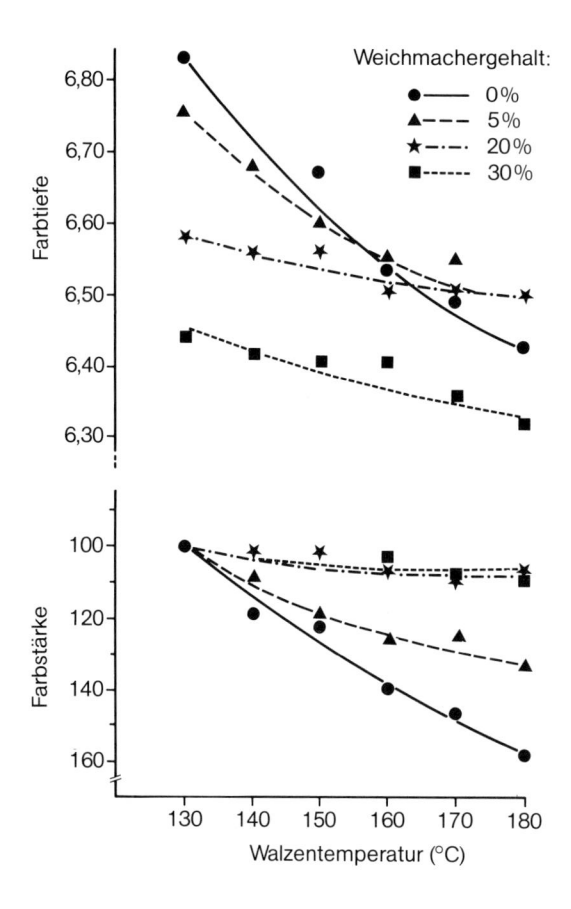

Abb. 29: Dispergierung von Pigment Violet 19, γ-Modifikation, in PVC auf einem Mischwalzwerk in Abhängigkeit vom Weichmachergehalt (DOP) und von der Dispergiertemperatur. PVC: K-Wert 70.

bung mit dem betreffenden Weichmachergehalt bei der niedrigsten Verarbeitungstemperatur, nämlich 130 °C (= 100), angegeben ist. Das untersuchte Chinacridon-Pigment zeigt in diesem Medium keine gute Dispergierbarkeit. Da organische Pigmente durch den hier verwendeten Weichmacher gut benetzbar sind, sollte zunehmender Dioctylphthalatgehalt im Gegensatz zu diesen Ergebnissen eigentlich die Dispergierung verbessern und nicht verschlechtern. Es liegt deshalb nahe, daß die für die Pigmentdispergierung wirksamen Scherkräfte der entscheidende Faktor für das unerwartete Verhalten sind. Durch größeren Weichmachergehalt verändert sich das rheologische Verhalten, entsprechend einer stärkeren Plastifizierung des Kunststoffes und damit einer Verkleinerung der Scherkräfte. Rheologische Messungen der PVC-Weichmachergemische, bei denen zusätzliche Scherkraftänderungen durch Temperaturvariation erzeugt wurden, bestätigen das (Abb. 30).

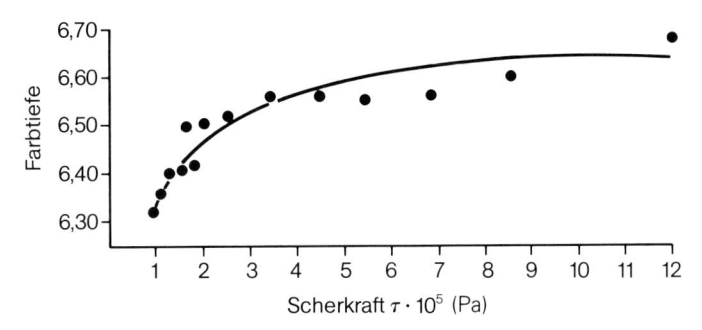

Abb. 30: Dispergierung von Pigment Violet 19, γ-Modifikation, in PVC mit unterschiedlichem Weichmachergehalt. Zusammenhang der während der Pigmentdispergierung im plastifizierten PVC wirkenden Scherkraft mit dem Dispergierungsgrad des Pigmentes (Farbtiefe) nach 8 Minuten Dispergierzeit.

Durch tagelanges Ansumpfen, d.h. durch bloßes Lagern der durch Einrühren des Pigmentes von Hand erhaltenen PVC-Streichpaste (DOP-Gehalt: 39%), läßt sich anschließend ein in vielen Fällen nahezu optimaler Dispergierungsgrad mit sehr geringen Scherkräften erreichen (s. Abb. 90, S. 174). Hier ist die Benetzung der Pigmentoberfläche durch die Weichmachermoleküle der für die Dispergierung entscheidende Teilvorgang.

Aber auch bei Anwesenheit gut netzender Bestandteile im Medium sind unter praxisgerechten Verarbeitungsbedingungen zur Erzielung eines guten Dispergierungsgrades stets Scherkräfte erforderlich. Der unterschiedliche Wirkungsgrad der nach verschiedenen Prinzipien arbeitenden Dispergiergeräte wird letztlich auch hierdurch erklärt. Die Wirkungsweise der meisten Dispergiergeräte, sowie der Einfluß der verschiedenen Geräte- und Verarbeitungsparameter auf die Dispergierung ist an vielen Pigment-Bindemittel-Systemen untersucht worden. Es wird auf die entsprechende Fachliteratur verwiesen, z. B. [69, 70, 71].

1.6 Wichtige anwendungstechnische Eigenschaften und Begriffe

Vielfach begünstigen erhöhte Verarbeitungstemperaturen die Benetzung, niedrigere die mechanische Zerlegung von Pigmentagglomeraten. Hier ist auch die Wirkung von Benetzungs- und Dispergierhilfsmitteln beim Dispergierprozeß anzuführen [72].

Das wird am folgenden Beispiel verdeutlicht: Beim Dispergieren einer Handelsmarke von Pigment Violet 19, β-Modifikation, in einem Bogenoffsetfirnis mit Hilfe von Dreiwalzenstühlen wurde unter isothermen Bedingungen der Anpreßdruck im Walzenspalt bzw. bei konstantem Anpreßdruck die Dispergiertemperatur variiert. Die erhaltenen Druckfarben waren mehr oder weniger thixotrop; ihre Viskosität wurde nach Abbau der Thixotropie jeweils bei 23°C bestimmt [69]. In den Abbildungen 31 und 32 sind die aus den Fließkurven entnommenen Werte der scheinbaren Viskosität für eine Schergeschwindigkeit $D = 220\ \mathrm{s}^{-1}$ eingetra-

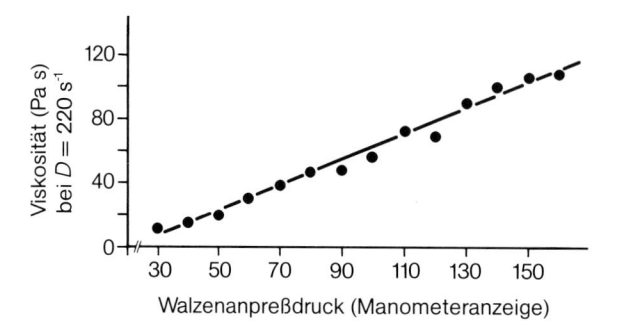

Abb. 31: Einfluß des Walzenanpreßdruckes beim isothermen (23°C) Dispergieren von 20% Pigment Violet 19, β-Modifikation, in einem Bogenoffsetfirnis (6 Passagen) auf die Viskosität der Druckfarbe.

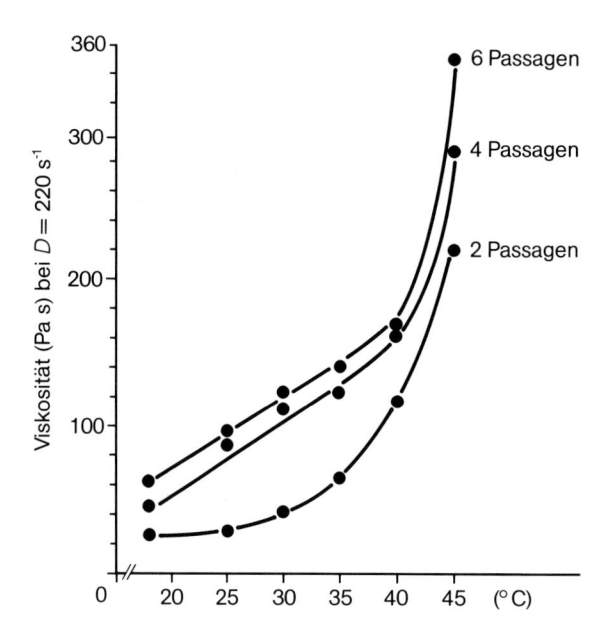

Abb. 32: Einfluß der Walzentemperatur und Passagenzahl beim Dispergieren von 20% P.V.19, β-Modifikation, in einem Bogenoffsetfirnis bei konstantem Walzenanpreßdruck auf die Viskosität der Druckfarben.

gen. Temperaturerhöhung bei der Dispergierung bringt einen wesentlich stärkeren Viskositätsanstieg und damit besseren Dispergierungsgrad (Abb. 32) als höherer Walzenanpreßdruck bzw. höhere Scherkräfte (Abb. 31). So wird bei nur wenig erhöhter Temperatur bereits ein Dispergierungsgrad erreicht wie selbst in vielen Reibgängen mit maximalem Anpreßdruck der Walzen auf einer Dreiwalze nicht. Aus dem Kurvenverlauf ist zu schließen, daß der Dispergierungsgrad aber offenbar auch jetzt noch nicht optimal ist. So nimmt die Farbtiefe der unter vergleichbaren Bedingungen aus diesen Druckfarben hergestellten Andrucke ebenfalls noch stark zu.

Optimale Dispergierung von organischen Pigmenten in einem netzenden Medium, z.B. einem Offsetfirnis, wird auf intensiv wirkenden Dispergiergeräten, wie Dreiwalzenstühlen, oft bei mittleren Verarbeitungstemperaturen (40 bis 70 °C) erreicht. Mitunter ist dabei ein ausgeprägtes Maximum der Dispergierung bei einer bestimmten Temperatur zu beobachten (Abb. 33).

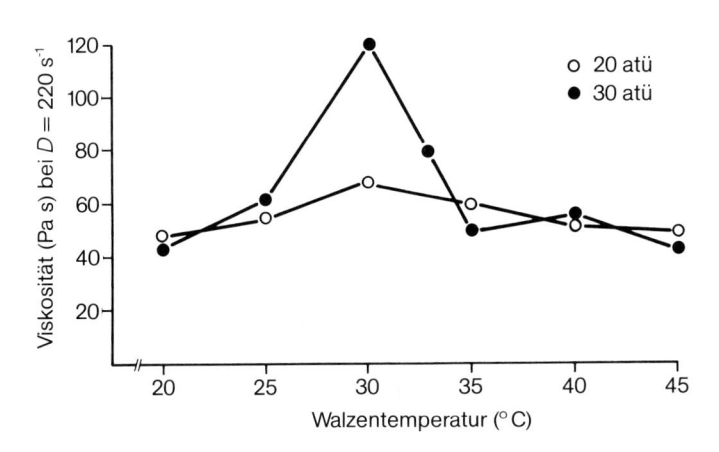

Abb. 33: Einfluß von Dispergiertemperatur (Walzentemperatur) und Anpreßdruck bei Anreibungen von Pigment Red 53:1 in einem Bogenoffsetfirnis (Pigmentkonzentration: 20%) auf einem Dreiwalzenstuhl auf den Dispergierungsgrad des Pigmentes, veranschaulicht anhand der Viskosität der Druckfarben bei einem Geschwindigkeitsgefälle von $D = 220\ \text{s}^{-1}$.

1.6.5.4 Verteilen von dispergiertem Pigment im Medium

Für das statistisch gleichmäßige Verteilen der Pigmentteilchen auf alle Volumenteile des Mediums sind besonders die apparativen Gegebenheiten beim Dispergierprozeß und die hierfür gewählten Bedingungen wesentlich.

1.6.5.5 Stabilisieren

Das Stabilisieren der dispergierten und im Anwendungsmedium verteilten Pigmentteilchen gegen Reagglomeration und/oder Flockung (s. 1.7.5) ist komplexer Art [73]. Dabei spielt neben einer großen Anzahl von Parametern, zu denen die Zusammensetzung des Mediums, besonders die Art und Menge der anwesenden Lösemittel, die chemische und physikalische Beschaffenheit der verschiedenen Komponenten und die Viskosität zählen, die Wirkung von Adsorptionsschichten an der Pigmentoberfläche eine wesentliche Rolle. Für Einzelheiten der für die Anziehung und Abstoßung diskutierten Mechanismen, im besonderen

- die auf den Arbeiten von Deryaguin und Landau [74] sowie Verwey und Overbeck [75] basierende „DLVO-Theorie", wonach die Adsorptionsschicht Träger von Ladungen, z. B. durch Adsorption von Ionen, ist und durch Coulombsche Abstoßung zwischen den gleichsinnig geladenen Teilchen wirkt (sie ist bei nichtwäßrigen Systemen von untergeordneter Bedeutung),
- den zuerst von Crowl [76] diskutierten Mechanismus, wonach im Prinzip eine sterische Hinderung durch adsorbierte Moleküle vorliegt [77] und
- die „entropic repulsion" nach Clayfield und Lumb [78], bei der die die Stabilisierung bewirkende Abstoßung infolge gegenseitiger Behinderung der freien Beweglichkeit der Makromoleküle der Adsorptionshüllen bei Annäherung erfolgt [79],

wird auf die angegebene Literatur verwiesen.

1.6.5.6 Dispergierung und kritische Pigmentvolumenkonzentration

Unter Pigmentvolumenkonzentration (PVK) wird der Volumenprozentsatz des Pigmentes im nichtflüchtigen Anteil der Formulierung verstanden; unter kritischer Pigmentvolumenkonzentration (KPVK) [80, 81] die Pigmentvolumenkonzentration, bei der die Pigmentteilchen vom Bindemittel gerade noch benetzt sind, ohne daß darüber hinaus überschüssiges Bindemittel vorhanden ist. Die KPVK ist u.a. für eine optimale bzw. wirtschaftlich zweckmäßige Mahlgutformulierung von Bedeutung und häufig untersucht [82]. Mit zunehmendem Dispergierungsgrad und damit Zunahme der für eine Benetzung durch das Bindemittel zur Verfügung stehenden Oberfläche, wird die KPVK kleiner.

Am Beispiel eines Pigmentes vom Typ Pigment Yellow 13 in einem Bogenoffsetfirnis soll der Einfluß der Dispergierbedingungen auf die KPVK verdeutlicht werden (Abb. 34) [83]. Die Fließkurven der mit unterschiedlicher Pigmentkonzentration auf einem Dreiwalzenstuhl in vier Reibgängen bei Anreibetemperaturen von 15, 30 und 45 °C hergestellten Druckfarben wurden nach 24 Stunden bei 23 °C gemessen, die Viskosität für $D = 220\ s^{-1}$ aus den Fließkurven interpoliert. Die KPVK ist durch den von der Kurve asymptotisch angestrebten Viskositätswert gekennzeichnet. Entsprechend der Definition für die KPVK ist kein überschüssiges Bindemittel mehr für den Fließvorgang der bindemittel-benetzten Pigmentteil-

1.6.5 *Dispergierverhalten* 85

chen vorhanden; das pigmentierte System ist immobil. Das Erreichen der KPVK ist begleitet von einer sprunghaften Änderung anderer anwendungstechnischer Eigenschaften. Durch geeignete Auswahl der Bindemittel, Zusätze bestimmter Hilfsmittel oder durch Präparierung der Pigmente lassen sich die Verhältnisse wesentlich beeinflussen. Abb. 35 zeigt diesen Einfluß anhand von Anreibungen des gleichen Pigmentes in drei verschiedenen Bogenoffsetfirnissen [84].

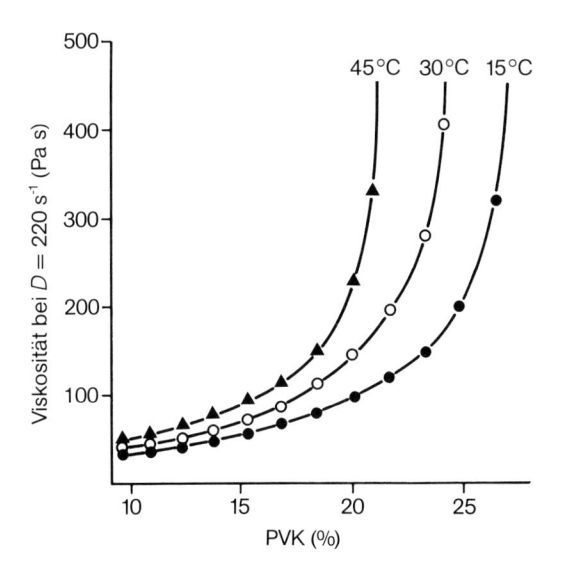

Abb. 34: Einfluß der Dispergiertemperatur bzw. des Dispergierungsgrades von P.Y.13 auf Viskosität und KPVK von Bogenoffsetdruckfarben. Viskositätsmessung bei 23 °C. Meßgerät: Fallstabviskosimeter.

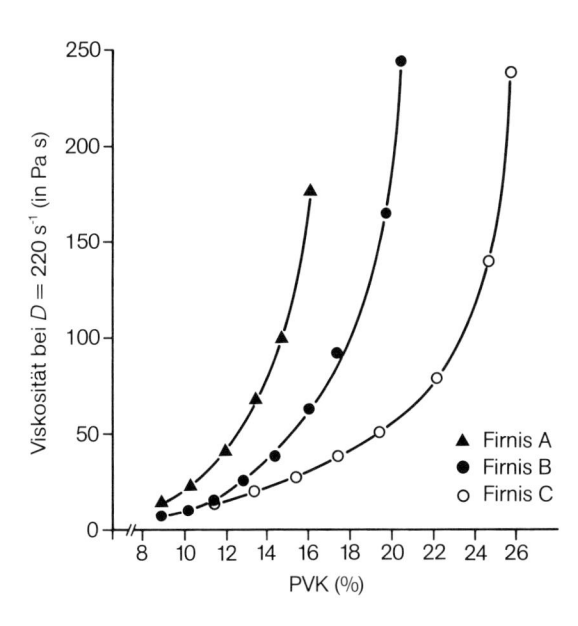

Abb. 35: Einfluß des Bindemittels auf die KPVK bzw. des Bindemittels und der KPVK auf die Viskosität von P.Y.13 in Bogenoffsetfirnissen unterschiedlicher Zusammensetzung bei konstanten Dispergierbedingungen auf einem Dreiwalzenstuhl. Meßgerät: Fallstabviskosimeter.

Von der Möglichkeit der Präparierung von Pigmenten machen Pigmenthersteller zur Erzielung günstigerer anwendungstechnischer Eigenschaften, besonders eines besseren Fließverhaltens bei Erhalt hoher Farbstärke, Gebrauch. Auch für die Optimierung von Mahlgutformulierungen macht man sich die dargelegten Zusammenhänge zunutze.

1.6.5.7 Prüfmethoden

Bei der Herstellung der organischen Pigmente wird beispielsweise durch Zusatz von Präparationsmitteln versucht, Einfluß auf die verschiedenen Faktoren, wie Benetzungsgeschwindigkeit und -volumen, zu nehmen und dadurch eine bessere Dispergierbarkeit zu erreichen. Die Wirkung solcher Maßnahmen wird im wesentlichen in empirischer Weise geprüft, d. h. anhand der Änderung anwendungstechnischer Eigenschaften. Das Dispergierverhalten eines Pigmentes ist stets vom Medium abhängig. Um für ein bestimmtes Einsatzgebiet verläßliche Aussagen über das Dispergierverhalten eines Pigmentes zu erhalten, ist daher oft die Prüfung in verschiedenen Bindemitteln erforderlich.

Zur Bestimmung der Dispergierbarkeit in Abhängigkeit von verschiedenen Einflußgrößen sind eine Reihe unterschiedlicher Methoden geeignet, die den Dispergierungsgrad und die Teilchengröße indirekt erfassen. Bei praktisch allen wird der nach verschiedenen Dispergierstufen, d. h. Zeiten, Reibgängen oder Umdrehungszahlen, erreichte Dispersionszustand im Medium ermittelt. Auch unterschiedliche Verarbeitungstemperaturen werden, besonders im Kunststoffbereich, zur Prüfung der Dispergierbarkeit verwendet. Farbstärke, Glanz, Transparenz, Viskosität und andere anwendungstechnische Eigenschaften des pigmentierten Systems werden dabei als Kriterien herangezogen.

Diese Verfahren werden durch Methoden ergänzt, die die Teilchen direkt erfassen, zum Beispiel durch Beurteilung des erreichten Dispersionszustandes unter dem Lichtmikroskop. Da die Einzelteilchen und kleineren Agglomerate bei organischen Pigmenten zum Teil erheblich kleiner als 1 µm sind, erhält man von einem bestimmten Dispergierungsgrad an aber nur Aufschluß über noch vorhandene grobe Pigmentagglomerate etc., die bei der Prüfung der anwendungstechnischen Eigenschaften unter gewissen Bedingungen nicht erfaßt werden. In ähnlicher Weise kann die Körnigkeit der Farbe oder des Lackes mit dem Grindometer [85] zusätzliche Informationen liefern [86]. Auch Grindometer geben brauchbare Hinweise allerdings nur auf Teilchen, die größer als 1 bis 2 µm sind. Für eine Aussage über den Dispersionszustand von Pigmenten im Bereich unter 1 µm, der für Farbstärke, Glanz und andere anwendungstechnische Eigenschaften besonders wichtig ist, sind sie ungeeignet. Grindometer gestatten daher nur Hinweise auf mögliche pigmentbedingte Störungen bei der Weiterverarbeitung, beispielsweise in Offsetdruckschichten, deren Dicke nur ca. 1 µm beträgt (s. 1.8.1.1).

Am häufigsten wird das Dispergierverhalten organischer Pigmente mit Hilfe von Farbstärkeentwicklungskurven bestimmt. In Normen [87] sind für eine Reihe

1.6.5 Dispergierverhalten

von Dispergierverfahren und -geräten die für die Prüfung wesentlichen Einflußgrößen und Gesichtspunkte aufgeführt und die Durchführung und Auswertung erläutert. Auch Prüfmedien für einige Anwendungsbereiche sind beschrieben, beispielsweise niedrigviskose oxidativ trocknende Alkydharz- und ofentrocknende Alkyd-Melaminharz-Systeme, sowie hochviskose, oxidativ trocknende Bindemittel [88]. Die dem Mahlansatz beim Dispergieren nach vereinbarten Anreibestufen, z. B. bestimmten Dispergierzeiten oder Passagenzahlen, entnommenen Proben werden mit einem geeigneten Weißlack bzw. einer Weißpaste vermischt, die applizierten Weißausmischungen photometrisch gemessen. Dabei muß allerdings gewährleistet sein, daß die gemessenen Farbstärken dem tatsächlichen Dispersionsgrad entsprechen und nicht durch sekundäre Einflüsse, beispielsweise Flockungs- und Entmischungserscheinungen bei der Herstellung der Weißaufhellungen, verfälscht werden. Dieses kann mit Hilfe des Rub-out-Testes vermieden werden. Ist der Farbstärkeunterschied zwischen geriebener und nicht geriebener Fläche größer als 10%, so wird die Messung an der geriebenen Stelle durchgeführt.

Die Farbstärke eines Pigmentes nimmt während des Dispergierprozesses normalerweise nicht proportional mit der Dispergierzeit zu, sondern meistens nach einer hyperbolischen Funktion [89]. Da ein Pigment im allgemeinen einen mehr oder weniger hohen Anteil an Agglomeraten mit geringer Haftfestigkeit hat, geht die Dispergierung zunächst rasch vor sich. Mit fortschreitender Dispergierung verarmt aber das System an solch leicht dispergierbaren Teilchen, der Dispergiervorgang verläuft langsamer, die Entwicklungskurve läuft asymptotisch einen Grenzwert an (Abb. 36).

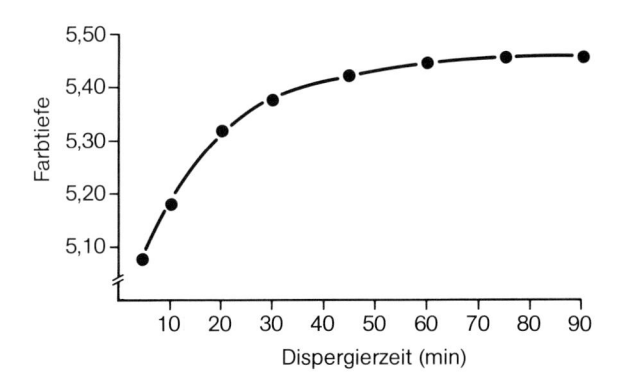

Abb. 36: Dispergierung von Pigment Violet 19, β-Modifikation, in einem Alkyd-Melaminharz-Einbrennlack mit einer Schüttelmaschine. Aufhellung mit TiO_2: 1:2. Farbstärkeentwicklungskurve

Diese „Endfarbstärke" gibt den unter den gewählten Bedingungen und im betreffenden Bindemittelsystem maximal erreichbaren Dispersionsgrad wieder. Sie liegt im Normalfall mehr oder weniger weit unter dem idealen Endzustand der Dispergierung, an dem Agglomerate nahezu vollständig in ihre Einzelbestandteile zerlegt sind. Bei der Verarbeitung von Pigmenten in der Praxis wird aber selbst die erzielbare Endfarbstärke meistens nicht erreicht, sondern der Dispergierprozeß, letztlich aus wirtschaftlichen Erwägungen, bereits vorher abgebrochen.

1.6 Wichtige anwendungstechnische Eigenschaften und Begriffe

Farbstärkeentwicklungskurven sind zwar anschaulich, für quantitative Aussagen jedoch weniger geeignet. Zum einen läßt sich aus ihnen die Endfarbstärke nicht genau genug erfassen und zum anderen kann aus dem Kurvenverlauf nicht auf den Aufwand, der zur Entwicklung der Farbstärke beim Dispergieren erforderlich ist, geschlossen werden. Hinzu kommt, daß dem eigentlichen Dispergiervorgang oft andere Vorgänge überlagert sind, die mit steigender Dispergierdauer den Verlauf der Entwicklungskurven zunehmend beeinflussen.

Es empfiehlt sich daher, die Farbstärkeentwicklungskurve zu linearisieren. Dies wird auf naheliegende Weise erreicht [90, 91, 92], wenn man den Kehrwert der Farbstärke gegen den Kehrwert der Anreibestufe, also beispielsweise der Dispergierzeit, aufträgt. In einer solchen doppelt reziproken Darstellung liefert der extrapolierte Schnittpunkt der Geraden mit der Ordinate, bei der also die Dispergierzeit unendlich und ihr Kehrwert somit gleich 0 ist, die reziproke Endfarbstärke und damit auch die Endfarbstärke selbst. Leichte Dispergierbarkeit äußert sich in dieser Darstellung durch einen flachen Anstieg, schwere Dispergierbarkeit durch einen steilen Anstieg.

Aus dem Farbstärkezuwachs zwischen zwei Anreibestufen, also z. B. zwischen zwei Dispergierzeiten, läßt sich eine Kennzahl für den Aufwand, der zum Dispergieren eines Pigmentes erforderlich ist, erhalten. Diese charakteristische Größe wird als Dispergierhärte (DH) bezeichnet [93]:

$$DH = 100 \frac{F_2}{F_1} - 1.$$

F_1 bedeutet den K/S-Wert für die Anreibestufe 1; diese ist so zu wählen, daß gerade eine einwandfreie Homogenisierung des Pigmentes im Dispergiermedium gegeben ist.

F_2 bedeutet den K/S-Wert für die Anreibestufe 2, die so zu wählen ist, daß die Endfarbstärke F_∞ nahezu, d.h. zumindestens zu 90%, erreicht wird.

Die Farbstärke der Weißaufhellungen wird durch den Quotienten aus dem Lichtabsorptionskoeffizienten K und dem Lichtstreukoeffizienten S der Pigmentteilchen ausgedrückt. Die Grundlage des Messverfahrens basiert auf der Kubelka-Munk-Funktion:

$$\frac{K}{S} = \frac{(1-\beta_\infty)^2}{2\beta_\infty},$$

wobei β_∞ den Remissionsgrad einer undurchsichtigen Schicht bedeutet. K/S-Werte und Farbstärke sind einander proportional.

Das Dispergierverhalten kann auch anhand der Viskosität des pigmentierten Mediums oder des Glanzes in appliziertem Zustand beurteilt werden. Viskosität und Glanz stellen häufig ein noch empfindlicheres Maß für den Dispersionszustand des Pigmentes als die Farbstärke dar. So kann der Glanz einer Probe noch gesteigert werden, wenn die Farbstärke unter den gewählten Bedingungen ihr Optimum längst erreicht hat.

Ein Verfahren zur Bestimmung der Glanzentwicklung von pigmentierten Medien ist Gegenstand einer Norm [94]. Die an Lackierungen bzw. Drucken gemessenen Reflektometerwerte [95] werden in einem Koordinatensystem als Funktion des Dispergieraufwandes, also beispielsweise der Dispergierzeit, aufgetragen.

Durch die Meßpunkte wird ein ausgleichender Kurvenzug gelegt. Zur besseren Auswertung der Entwicklungskurve empfiehlt sich, ähnlich wie bei Farbstärkeentwicklungskurven, eine doppelt reziproke Auftragsweise zu wählen. Im allgemeinen werden dann nahezu lineare Kurven erhalten. Durch graphische Interpolation wird entweder der zum Erreichen eines bestimmten Reflektometerwertes erforderliche Dispergieraufwand oder umgekehrt der bei gegebenem Dispergieraufwand erzielte Reflektometerwert ermittelt und verglichen.

Den verschiedenen Teilprozessen der Dispergierung sind häufig weitere Vorgänge überlagert, vor allem die Rekristallisation des Pigmentes. Als Rekristallisation werden in diesem Zusammenhang die Vorgänge bezeichnet, die im Auflösen feiner und Wachsen grober Pigmentteilchen bestehen. Rekristallisation ist meist mit coloristischen Veränderungen, besonders der Zunahme des Deckvermögens bzw. der Abnahme der Transparenz, verbunden. Der Einfluß der Rekristallisation auf die Farbstärkeentwicklungskurve geht aus Abb. 37 hervor. Dabei wurde Pigment Orange 43, ein Naphthalintetracarbonsäure-Pigment (s. 3.4.2.4), in zunehmenden Zeiten mit einer Schüttelmaschine bei 20, 40 und 60 °C in einem Tiefdruckfirnis auf Toluolbasis dispergiert. Die mit diesen Druckfarben hergestellten Tiefdrucke (Rastertiefe 18 μm) wurden farbmetrisch ausgewertet. Beim längeren Dispergieren bewirkt die Rekristallisation eine Teilchenvergrößerung und damit eine Abnahme der Farbtiefe und eine Farbtonverschiebung zu gelberen Nuancen.

Bei polymorphen Pigmenten kann zusätzlich Modifikationswechsel auftreten. Dies wird am Beispiel einer in der ε-Modifikation vorliegenden Form des Kupferphthalocyaninblaus beim Dispergieren in einem ofentrocknenden Lack verdeutlicht. Das Mahlgut enthält neben Pigment und Alkydharz Xylol (56%) und aliphatische Kohlenwasserstoffe (10%). Als Dispergiergerät wurde bei diesen Prüfungen eine Schüttelmaschine verwendet. Die Mahlgefäße waren während des Dispergierprozesses thermostatisiert; die Temperaturdifferenz zwischen Mahlgut und Thermostatflüssigkeit betrug unmittelbar nach Beendigung des Dispergierprozesses maximal 2 °C. Die Farbstärkeentwicklungskurven der aufgelackten und mit TiO_2 im Verhältnis 1:50 aufgehellten Lacke wurden nach dem Applizieren und Einbrennen farbmetrisch ermittelt (Abb. 38).

Die Veränderung des Farbtones geht aus Abb. 39 hervor.
Danach laufen beim Dispergieren der ε-Modifikation des Kupferphthalocyaninblaus im angegebenen Medium folgende Teilprozesse ab:
– das eigentliche Dispergieren des Pigmentes, d. h. das Zerlegen der Pigmentagglomerate in deren Bestandteile und das Benetzen der Pigmentoberfläche durch die Bindemittelbestandteile – Vorgänge, die im vorliegenden Fall rasch vor sich gehen und mit einem Anstieg der Farbstärkeentwicklungskurve verbunden sind. Sie werden in zunehmendem Maße überlagert durch
– den Modifikationswechsel der stark rotstichigen ε-Modifikation zur grünstichigen β-Modifikation; er ist mit der entsprechenden Farbtonänderung und möglicherweise einer Farbstärkeänderung verknüpft.
– die Rekristallisation des Pigmentes; sie ist mit einer Abnahme der Farbstärke und einer Farbtonverschiebung vom sehr grünstichigen Blau nach der röteren Seite verbunden.

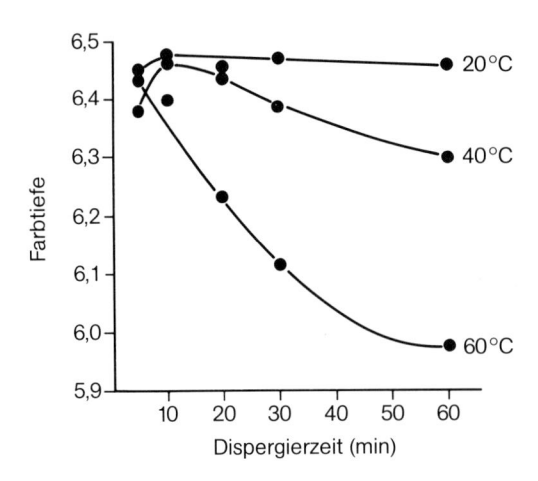

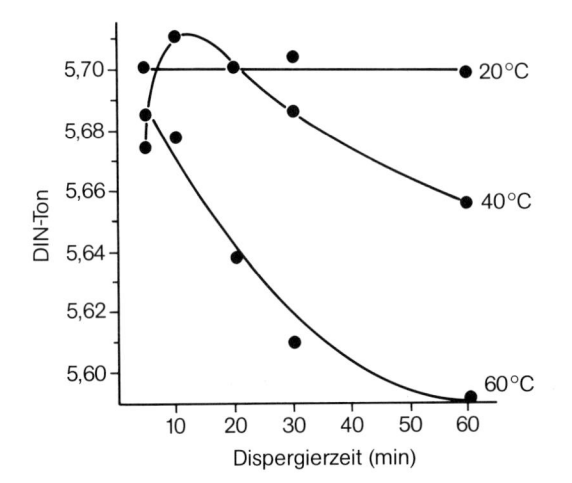

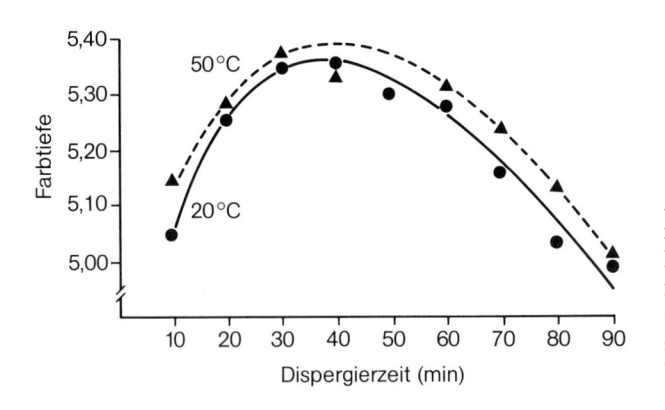

Abb. 37: Dispergierung von 5% Pigment Orange 43 in einem Tiefdruckfirnis auf Toluolbasis mit einer Schüttelmaschine. Einfluß der Dispergierzeit und -temperatur auf die Farbtiefe (oben) und den Farbton der Andrucke (unten).

Abb. 38: Dispergierung von Pigment Blue 15:6 in einem Alkyd-Melaminharz-Einbrennlack. Einfluß der Dispergierzeit und -temperatur auf die coloristischen Eigenschaften (Farbtiefe). Weißaufhellung 1:50 TiO_2.

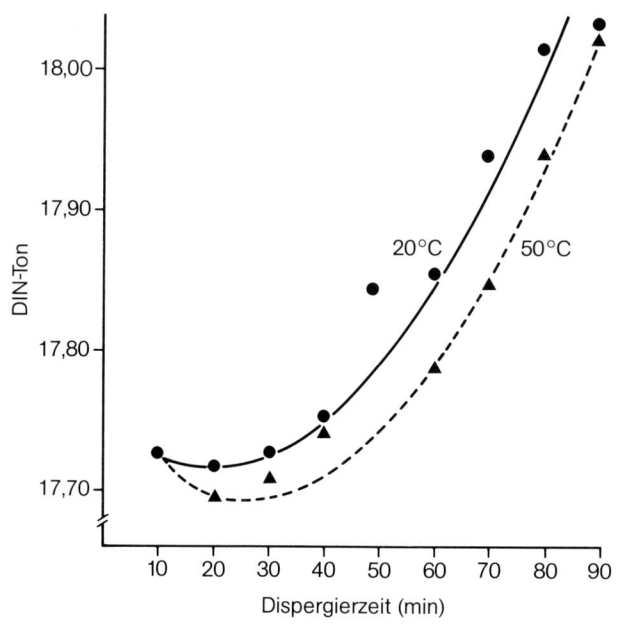

Abb. 39: Dispergierung von Pigment Blue 15:6 in einem Alkyd-Melaminharz-Einbrennlack. Einfluß der Dispergierzeit und -temperatur auf die coloristischen Eigenschaften (Farbton). Weißaufhellung 1:50 TiO$_2$.

1.6.5.8 Flushpasten

Das Dispergieren von organischen Pigmenten wird in bestimmten Fällen durch den Einsatz von Pigmentflushpasten umgangen. Bei dieser Technologie wird der bei der Pigmentherstellung normalerweise zunächst anfallende wäßrige Pigmentpreßkuchen nicht getrocknet und gemahlen, sondern in einem „Flush"-Prozeß mit öligen Bindemitteln, wie Alkydharzen, Mineralölen, Celluloseacetobutyrat oder anderen geeigneten Substanzen behandelt. Dabei wird das Wasser an der Pigmentoberfläche durch die organischen Substanzen verdrängt. Die Vorgänge beim Flushen sind in der Literatur ausführlich beschrieben [96]. Durch das Flushen werden somit die vor allem zur Agglomeratbildung führenden Verfahrensschritte der Pigmentherstellung, das Trocknen und das Mahlen, vermieden.

Alkaliblau-Pigmente (s. 3.8.1.3), die stark polaren Charakter aufweisen, agglomerieren in unpräparierter Form besonders intensiv und sind in der Praxis nur schlecht und ungenügend zu dispergieren. Sie sind daher in überwiegendem Maße als Flushpasten auf dem Markt mit einem Pigmentgehalt von ca. 40%. Flushpasten anderer organischer Pigmente, beispielsweise von Diarylgelbpigmenten, haben in den USA und in geringerem Maße in Japan und Europa für Buch- und Offsetdruckfarben Bedeutung. Als es noch nicht gelang, pulverförmige organische Pigmente mit hoher Transparenz und hohem Glanz für diese Druckfarben herzustellen, war das Flushen entsprechender organischer Pigmente in diesem Bereich allgemein üblich.

Der Pigmentgehalt der für den Flushprozeß verwendeten Preßkuchen beträgt bei organischen Pigmenten im allgemeinen ca. 15 bis 20%. Seit einigen Jahren werden auch hochkonzentrierte Preßkuchen mit einem Pigmentgehalt von ca. 50% und mehr angeboten, haben aber bisher keine Bedeutung erlangt. Sie werden für wäßrige Anwendungsmedien auf dem Druckfarben- und Lackgebiet [97] empfohlen. Gewisse Probleme bestehen bei Preßkuchen oft bezüglich der coloristischen Standardisierung des Pigmentes sowie der Konservierung gegen Bakterien- und Pilzbefall.

1.6.5.9 Pigmentpräparationen

Dem Pigmentverarbeiter stehen für die verschiedenen Einsatzgebiete eine Vielzahl von Pigmentpräparationen, in denen das Pigment bereits in dispergierter Form vorliegt, zur Verfügung. Sie vereinfachen die Färbung in bedeutendem Maße. Einzelheiten über den Aufbau, die Herstellung und Anwendung solcher Präparationen werden bei der Beschreibung der Anwendungsgebiete mitgeteilt (s. 1.8.1; 1.8.2; 1.8.3).

1.6.6 Licht- und Wetterechtheit

1.6.6.1 Definition und allgemeine Angaben

Unter Lichtechtheit pigmentierter Systeme versteht man die Beständigkeit ihrer Farbe gegen Tageslicht. Lichtechtheit bezieht sich somit nicht isoliert auf Pigmente in Substanz, sondern stets auf das Gesamtsystem.

Nur wenige anorganische Pigmente sind gegen Lichteinwirkung praktisch unbegrenzt beständig. Alle organischen und viele anorganische Pigmente verändern sich demgegenüber unter dem Einfluß von Licht mehr oder weniger stark und schnell. Diese Veränderung wird u.a. durch die chemische Konstitution (s. 1.4.3), die Konzentration, die physikalischen Zustandsformen des Pigmentes (Korngrößenverteilung s. 1.7.4 und Kristallmodifikation s. 1.5.3) und nicht zuletzt durch die umhüllenden Bindemittel beeinflußt.

Die Veränderung bzw. Zerstörung von Pigmenten in Bindemittelsystemen erfolgt in der Regel nicht allein durch Licht. Im Zusammenwirken mit den mindestens in Spuren vorhandenen Atmosphärilien finden Wechselwirkungen statt, die i.a. zu einer schnelleren Zerstörung der Pigmentkristalle führen, als dies durch Licht allein erfolgt. Deshalb ist es in vielen Fällen empfehlenswert und auch üblich, anstelle der Lichtechtheit die Wetterechtheit zu betrachten. Unter Wetterechtheit wird die gleichzeitige oder abwechselnde Einwirkung von Strahlung und Atmosphärilien verstanden.

1.6.6 Licht- und Wetterechtheit 93

Beim Bewettern wirken auf pigmentierte Systeme eine ganze Reihe von Einflüssen ein, wie Sonnenstrahlung, Temperatur, Luftfeuchtigkeit oder Niederschläge und Luftsauerstoff oder der allgemeine Gasgehalt der Luft. Größe und Zusammensetzung der verschiedenen Einflüsse variieren u.a. in Abhängigkeit von der Tages- und Jahreszeit sowie den geographischen Gegebenheiten, d.h. der geographischen Lage, Höhe, Industrienähe etc. Ein Vergleich von Bewitterungsergebnissen, die aus verschiedenen Versuchsserien stammen, also nicht zur gleichen Zeit und am gleichen Standort erhalten wurden, ist daher stets problematisch. Belichtungs- und Bewitterungsergebnisse sind somit als Relativbewertungen zu betrachten, ihre Bestimmung ist nur sinnvoll gegen einen Vergleich durchzuführen.

1.6.6.2 Prüfmethoden und -geräte

Für die Durchführung von Belichtungen und Bewetterungen und deren Auswertung sind eine Reihe von Methoden in Normen festgelegt.

In Anlehnung an das Textilgebiet [98] wird als Vergleichsmaßstab bei Belichtungen von pigmentierten Medien, besonders auf dem Druckfarbengebiet [99], oft die sogenannte Blauskala verwendet. Diese Skala besteht aus acht in ihrer Lichtechtheit abgestuften Färbungen auf Wolle. Die Lichtechtheit wird durch Zahlen ausgedrückt, wobei Note 1 eine sehr geringe, Note 8 eine sehr hohe Lichtechtheit bedeutet. Die für diese Färbungen verwendeten Farbstoffe sind festgelegt; ihre chemische Konstitution ist im Colour Index angegeben. Die zu prüfende Probe wird zusammen mit diesem Lichtechtheitsmaßstab so lange belichtet, bis eine deutliche Veränderung der Färbung der Probe, d.h. des Farbtones, der Helligkeit und/oder der Farbintensität eingetreten ist. Eine deutliche Veränderung entspricht der Stufe 3 des Graumaßstabes [10]. Um mehrere Proben gleichzeitig zu prüfen, belichtet man, bis sich die Stufe 3 des Lichtechtheitsmaßstabes deutlich verändert hat. Dann deckt man etwa 1/4 des belichteten Teiles der Proben und des Lichtechtheitsmaßstabes ab und belichtet weiter, bis die Stufe 5 der Blauskala sich ebenfalls deutlich verändert hat. Man deckt wiederum 1/4 des belichteten Teils ab und belichtet so lange, bis eine deutliche Veränderung der Stufe 6 der Blauskala festzustellen ist.

Die Verwendung der Blauskala auf dem Pigmentgebiet ist mit vielen Problemen behaftet. So ist die spektrale Empfindlichkeit der einzelnen Blaufarbstoffe sehr unterschiedlich [100]. Mit Hilfe von Kantenfiltern, die den UV-Anteil des Lichtes bis hin zum sichtbaren Bereich abschneiden, konnte gezeigt werden, daß beispielsweise die Farbstoffe der Stufen 3 bis 5 im Gegensatz zu den Farbstoffen der Stufen 1 und 2 bei ähnlicher Absorption im sichtbaren Bereich sehr stark auf den UV-Anteil unter 335 und 360 nm reagieren. Jede Alterung von Lichtquelle oder Filter in Schnellbelichtungsgeräten (s.u.) oder geographische und zeitliche Veränderungen haben daher starken Einfluß. Hinzu kommt die unterschiedliche spektrale Empfindlichkeit der Pigmente selbst im UV-Bereich. Bei sehr echten Färbungen, d.h. im Bereich von Stufe 7 und 8 der Blauskala, treten außerdem mangelnde Differenzierung und Reproduzierbarkeit, sowie ungenügende Beständigkeit des

1.6 Wichtige anwendungstechnische Eigenschaften und Begriffe

textilen Trägers stark in Erscheinung. Es bestehen daher seit langem Bestrebungen, die Blauskala bei bekannter spektraler Verteilung durch eine physikalische Messung der Bestrahlung zu ersetzen. Die Bestrahlung (in $W\,m^{-2}s$) ist das Produkt aus der Bestrahlungsstärke (in $W\,m^{-2}$) und der Dauer des Bestrahlungsvorganges (in s). Geeignete Meßgeräte hierfür sind auf dem Markt. Sinnvoll wäre besonders die Messung im UV-Bereich, evtl. spektralbezogen. Ein entsprechendes Meßgerät ist seit kurzem im Handel.

Besonders licht- und wetterbeständige Systeme erfordern sehr lange Prüfzeiten im Freien. Für die Prüfung pigmentierter Systeme werden daher im großen Umfang Kurzbelichtungs- und -bewetterungsgeräte eingesetzt. Sie bringen folgende Vorteile:

– schnellere Bewertungen
– gut reproduzierbare Ergebnisse, unabhängig von Ort, Klima, Jahres- und Tageszeit.

Jahrelange Belichtungen im Freien oder die beispielsweise bei Autolacksystemen meist obligatorische Bewetterungszeit von 2 Jahren in Florida oder ähnlichen Gebieten läßt sich so auf weniger als 1/2 Jahr verkürzen, eine Zeit, die auch im Rahmen von Entwicklungsarbeiten auf dem Pigmentgebiet noch vertretbar ist.

Als Strahlenquelle enthalten diese Geräte heute in überwiegendem Maße Xenonbogenlampen, deren Strahlung man durch die Verwendung und Kombination von Filtern verschiedener Art dem Tageslicht möglichst anzugleichen oder für die Untersuchung bestimmter Abbauvorgänge, z. B. der Kreidung, zu optimieren versucht. Die spektrale Energieverteilung einer gefilterten Xenonbogenstrahlung und der der Globalstrahlung geht aus Abb. 40 hervor. Die gefilterte Xenonbogen-

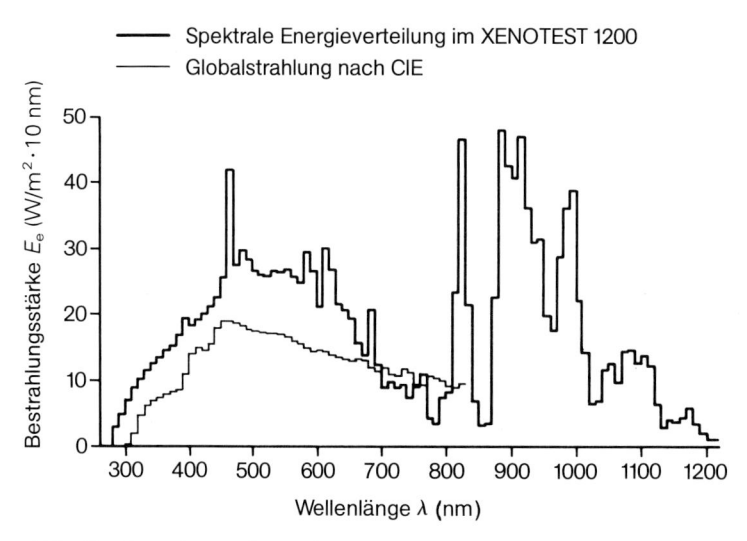

Abb. 40: Energieverteilung der Globalstrahlung (nach CIE, No. 20) und gefilterte Xenonbogenstrahlung (im Xenotest 1200) [101].

1.6.6 Licht- und Wetterechtheit

strahlung stellt eine gute Annäherung an die Globalstrahlung bei hoher Intensität dar. Durch Filterkombinationen kann der UV-Anteil in den verschiedenen Bereichen reduziert und dem Tageslicht weiter angeglichen werden.

Für die Prüfung der Lichtechtheit von Kunststoffen in Schnellbelichtungsgeräten liegt bereits eine entsprechende genormte Methode vor [102]. Dabei ist der Einsatz von solchen optischen Filtern zwischen Strahlungsquelle und den Probekörpern vorgeschrieben, so daß die Strahlungsfunktion der durch Fensterglas [103] gefilterten Globalstrahlung entspricht. Die Proben rotieren mit ihren Halterungen während der Prüfung mit 1 bis 5 Umläufen pro Minute um das Strahler-Filter-System, um eine gleichmäßige Bestrahlung der Probekörper zu erreichen. Für die Bestrahlung ist eine mittlere Schwarztafeltemperatur von 45°C einzuhalten. Sie wird durch entsprechende Belüftung erreicht. Die Temperatur wird in der Ebene der Probekörper mit einem Schwarztafelthermometer bestimmt. Dieses besteht aus einer definierten Stahlplatte, die auf beiden Seiten mit einem glänzenden Schwarzlack lackiert ist und deren Temperatur durch ein Bimetallthermometer gemessen wird. Auch die Einhaltung einer bestimmten relativen Luftfeuchte in der Prüfkammer ist vorgeschrieben.

Zur farbmetrischen Bestimmung der Lichtechtheit wird der Farbunterschied zwischen der im ganzen oder durch Abdecken nur eine kürzere Zeit bestrahlten Fläche und einer im Dunkeln gelagerten Vergleichsfärbung gemessen [104]. Für die Berechnung des Farbabstandes [2] ist die CIELAB-Formel vorgeschrieben [3]. Die Bewertung erfolgt somit nicht mehr nach dem Blaumaßstab, sondern durch die zum Erreichen einer bestimmten Farbdifferenz erforderlichen Lichtmenge. Da den Autoren von einer großen Anzahl organischer Pigmente in verschiedenen Medien bisher nur Bewertungen gegen die Blauskala zur Verfügung stehen, werden der Einheitlichkeit wegen im speziellen Teil generell nur solche Bewertungen mitgeteilt.

Auch für die Kurzprüfung der Wetterechtheit von Kunststoffen in einem Schnellbewetterungsgerät mit gefilterter Xenonbogenstrahlung und unter Beregnung steht eine verbindliche Methode zur Verfügung [105]. Wesentlich ist dabei die Probekörperbefeuchtung, die in ihrer Wirkung mit der Beregnung und der Betauung im Freien vergleichbar sein soll. Im Rahmen dieser Norm ist ein Zyklus von 3 Minuten Beregnung und 17 Minuten Trockenperiode vorgesehen. Schwarztafeltemperatur und andere Parameter sowie Angaben über die Auswertung entsprechen im wesentlichen den bei der Bestimmung der Lichtechtheit angegebenen Daten.

Bei der Bewetterung von Lackierungen hat sich gezeigt, daß bei Beregnungs-Trocken-Zyklen mit längerer Trockenphase, beispielsweise 18 Minuten Beregnung und 102 Minuten Trockenperiode, Resultate erhalten werden, die mit den in Florida vorgenommenen Freibewetterungen besser korrelieren. Unter solchen Bedingungen erfolgt offensichtlich eine bei der Beregnung oder Betauung dem Klima von Gebieten wie Florida entsprechende Wechselwirkung der in die pigmentierte Schicht eingedrungenen Feuchtigkeit mit den verschiedenen Komponenten der Lackschicht, wobei die mechanischen Lackeigenschaften gleichzeitig erheblich mitbeeinflußt werden. Bei Verwendung von vollentsalztem Wasser oder

Rücklaufwasser in Schnellbewetterungsgeräten kann es zu einer Belagbildung auf der Oberfläche der Probekörper durch Schwebstoffe kommen, die zu einer Verfälschung der Prüfergebnisse führen.

Über den Zusammenhang zwischen Freibewetterungen bzw. -belichtungen der unterschiedlichsten pigmentierten Systeme in Abhängigkeit von Ort, Höhe, Industrienähe, Meeresklima usw. und Kurzbewetterungen bzw. -belichtungen liegt eine umfangreiche Fachliteratur vor.

Trotz Filterangleich der Xenonbogenstrahlung kann es bei Belichtung von coloristisch gleichen oder ähnlichen, chemisch aber unterschiedlichen Pigmenten unabhängig vom Bindemittelsystem je nach Belichtungsquelle, d. h. Tageslicht oder Xenonbogenstrahlung, zu unterschiedlichen Bewertungen kommen. So ist in Buchdruck-Andrucken und in einem langöligen Alkydharzlack bei Tagesbelichtung Pigment Yellow 17 echter als Pigment Yellow 13, bei Belichtung in einem Gerät mit Xenonbogenstrahlung und Filterangleich dagegen Pigment Yellow 13. Analoge Verhältnisse liegen bei dem Paar Pigment Red 57:1/Pigment Red 184 vor. Die Gründe hierfür sind unterschiedliche spektrale Empfindlichkeit der Pigmente besonders im UV-Bereich, sowie die unterschiedliche Charakteristik von Tageslicht und gefilterter Xenonbogenstrahlung (s. Abb. 40).

Vergleichende Prüfungen der Licht- und Wetterechtheit erscheinen nur dann sinnvoll, wenn sie an Färbungen gleicher Farbtiefe erfolgen. Bis vor einigen Jahren wurden solche Prüfungen in überwiegendem Maße noch bei gleicher Pigmentkonzentration vorgenommen.

1.6.6.3 Einflüsse auf die Lichtechtheit

Bei der Belichtung pigmentierter Systeme sind verschiedene Einflußmöglichkeiten zu berücksichtigen.

Das sind vor allem der Einfluß

1. des Bindemittels
2. des Substrats
3. der Pigmentvolumenkonzentration
4. der Schichtdicke
5. von Zusätzen

zu 1.: Einfluß des Bindemittels

Als eklatantes Beispiel für den Einfluß des Bindemittels auf die Lichtechtheit können bestimmte Fettfarbstoffe angesehen werden, die beim Belichten in Polystyrol und ähnlichen Kunststoffen in transparenten Ausfärbungen die Note 8 der achtstufigen Blauskala aufweisen, während dieselben Farbstoffe in anderen Medien z. B. nur die Note 1 oder 2 haben.

Der Einfluß des Bindemittels auf die Lichtechtheit ist auch an Offsetfarben, pigmentiert mit 15% Pigment Yellow 13, erkennbar (Abb. 41).

1.6.6 Licht- und Wetterechtheit

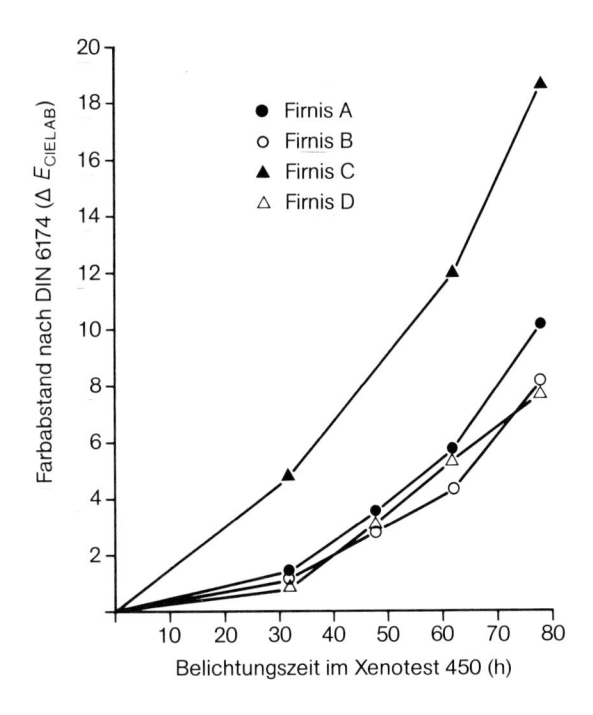

Abb. 41: Einfluß des Bindemittels auf die Lichtechtheit. Pigmentgehalt der Druckfarben: 15% Pigment Yellow 13.

zu 2.: **Einfluß des Substrats**

Der Einfluß des Substrats auf die Lichtechtheit wird am Beispiel von Buchdruck-Andrucken der gleichen Farbe auf unterschiedlichem Papier verdeutlicht (Abb. 42). Die verwendete Druckfarbe enthält 20% Pigment Red 53:1. Papier 1 ist ein gestrichenes Kunstdruckpapier gemäß DIN 16 519 ohne optische Aufheller, Papier 2 ein satiniertes Tiefdruckpapier mit geringem Weißgrad und Papier 3 ein gewöhnliches Holzschliff-Zeitungspapier mit ebenfalls geringem Weißgrad.

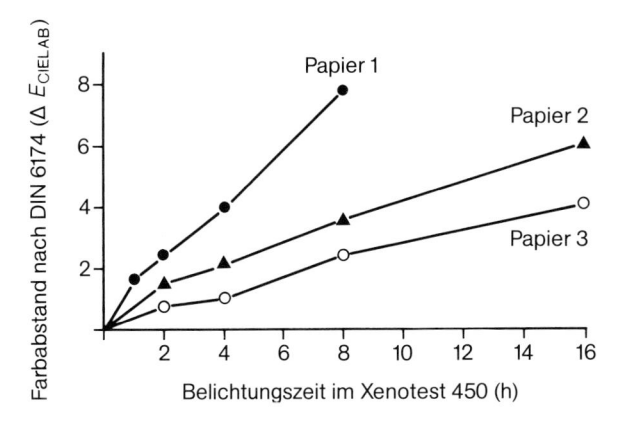

Abb. 42: Einfluß des Untergrundes (Papier) auf die Lichtechtheit von Buchdruck-Andrucken. Pigmentierung der Druckfarben: 20% Pigment Red 53:1.

98   *1.6 Wichtige anwendungstechnische Eigenschaften und Begriffe*

zu 3.: Einfluß der Pigmentvolumenkonzentration

Die Licht- und Wetterechtheit eines pigmentierten Systems steigt mit zunehmender Farbtiefe, d. h. mit zunehmender Pigmentvolumenkonzentration an, sofern man nicht in den Bereich der kritischen Pigmentvolumenkonzentration gelangt. Der Grund dafür ist, daß die Zerstörung der Kristalle in der pigmentierten Schicht im wesentlichen von oben nach unten vor sich geht, die Schicht mit zunehmender Pigmentvolumenkonzentration also langsamer abgebaut wird. Das wird an Buchdruck-Andrucken in 1/3- und 1/25-Standardfarbtiefe, pigmentiert mit Pigment Red 53:1, demonstriert (Abb. 43). Die durch die Bestrahlung hervorgerufenen Farbänderungen sind als Farbabstand nach DIN 6174 in CIELAB-Einheiten angegeben. Die Drucke mit 1/25 Standardfarbtiefe bleichen entsprechend der geringeren Pigmentflächenkonzentration, d. h. der in einem cm² der Druckschicht enthaltenen Pigmentmenge, sehr viel schneller aus als Drucke mit 1/3 Standardfarbtiefe und entsprechend höherer Pigmentflächenkonzentration.

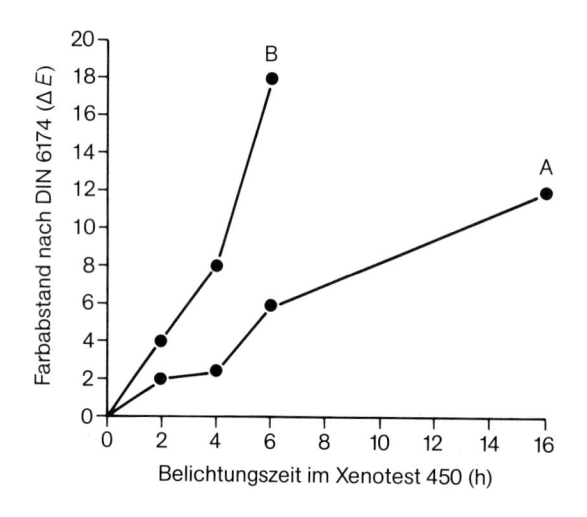

Abb. 43: Abhängigkeit der Lichtechtheit von Buchdruck-Andrucken von der Standardfarbtiefe.
Pigment: Pigment Red 53:1.
Kurve A: Druck in 1/3 ST.
Kurve B: Druck in 1/25 ST.

zu 4.: Einfluß der Schichtdicke

Ein Einfluß auf die Lichtechtheit wird auch hervorgerufen, wenn bei gleicher Zusammensetzung des pigmentierten Mediums, beispielsweise einer Druckfarbe und bei gleicher Pigmentflächenkonzentration unterschiedliche Schichtdicken vorliegen. Dieses Verhalten wird durch folgenden Versuch demonstriert: Eine mit 15% Pigment Yellow 12 pigmentierte Offsetfarbe wird mit definierter Schichtdicke angedruckt, die Druckfarbe dann mit weiterem Firnis auf 12, 9, 6 und 3% Pigmentgehalt verdünnt. Die Schichtdicke der damit in gleicher Weise hergestellten Andrucke wird so gewählt, daß jeweils die gleiche Pigmentflächenkonzentration wie mit der 15%igen Druckfarbe resultiert. Trotz gleicher Pigmentflächenkonzentration sind erhebliche Unterschiede in der Lichtechtheit zu beobachten (Abb. 44). Die Gründe für den Einfluß der unterschiedlichen Schichtdicke auf die Lichtechtheit sind nicht genau bekannt. Es wird angenommen, daß die Absorption des Bindemittels im langwelligen UV- und kurzwelligen sichtbaren Bereich mit zunehmender Schichtdicke eine schützende Wirkung auf die Pigmentteilchen ausübt, die umso größer ist, je geringer die Pigmentvolumenkonzentration in der Schicht gewählt wird, da dann bei homogener Pigmentverteilung in der Schicht im Mittel eine dickere Bindemittelschicht über dem Pigment liegt.

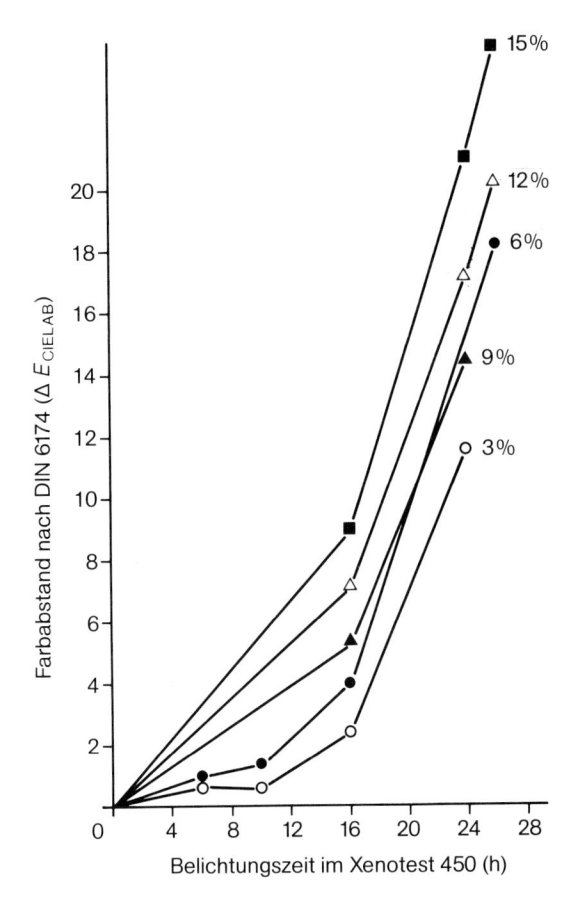

Abb. 44: Einfluß unterschiedlicher Pigmentvolumenkonzentration der Druckfarben bei gleicher Pigmentflächenkonzentration der Buchdrucke (unterschiedliche Schichtdicke) auf die Lichtechtheit. Pigmentgehalt der Druckfarben: 3, 6, 9, 12, 15% Pigment Yellow 12.

zu 5.: Einfluß von Zusätzen

Die Licht- und Wetterechtheit pigmentierter Systeme kann durch Zusatz weiterer Komponenten in mehr oder minder starkem Maße beeinflußt werden. Aus diesem Grund ist es prinzipiell unerläßlich, diese Echtheiten bei jeder Veränderung des

100 *1.6 Wichtige anwendungstechnische Eigenschaften und Begriffe*

Gesamtsystems erneut zu überprüfen. Am bekanntesten ist in diesem Zusammenhang die Wirkung von Peroxidzusätzen in bestimmten Anwendungsmedien; sie können zu einer sehr raschen Zerstörung von organischen Pigmenten führen. Hier ist auch die Verwendung von UV-Absorbern anzuführen, die die Lichtechtheit des Systems verbessern können.

Über die beim Abbau bzw. bei der Zerstörung von organischen Pigmenten durch Bestrahlung und Atmosphärilien ablaufenden chemischen Reaktionen ist bisher wenig bekannt. Angesichts der Vielzahl chemischer Individuen im Pigmentbereich ist auch mit einer Vielzahl von unterschiedlichen chemischen Abbaureaktionen zu rechnen. Sicherlich ist Bildung von Peroxid durch Strahlung und Atmosphärilien in vielen Fällen als einleitende Phase der Zerstörung anzusehen. Photochemische Abbaumechanismen sind bei organischen Pigmenten unseres Wissens im einzelnen bisher nicht untersucht. Von erheblichem Einfluß ist auch, welche weiteren Komponenten das pigmentierte System zusätzlich enthält. Für Medien mit Titandioxid hat man eine gute Kenntnis der chemischen und mikromorphologischen Abbauvorgänge [106]. Verschiedene dieser Erkenntnisse, besonders die über den mikromorphologischen Schichtabbau, sind in wesentlichen Punkten auch auf organisch pigmentierte Systeme übertragbar.

Der Veranschaulichung einiger Formen des Abbaus pigmentierter Medien beim Belichten bzw. Bewettern dienen die in den Abb. 45 bis 47 wiedergegebenen elektronenmikroskopischen Aufnahmen. Sie illustrieren die Grenzfälle, bei denen das Pigment beim Belichten wesentlich rascher als das umgebende Medium oder das Bindemittel rascher als das darin dispergierte Pigment abgebaut wird.

Abbildung 45 und 46 zeigen mit Pigment Yellow 12 pigmentierte Tiefdruckschichten auf Basis von kolophoniummodifiziertem Phenolharz vor und nach der Belichtung. Die Zerstörung der Pigmentkristalle in der belichteten Schicht ist be-

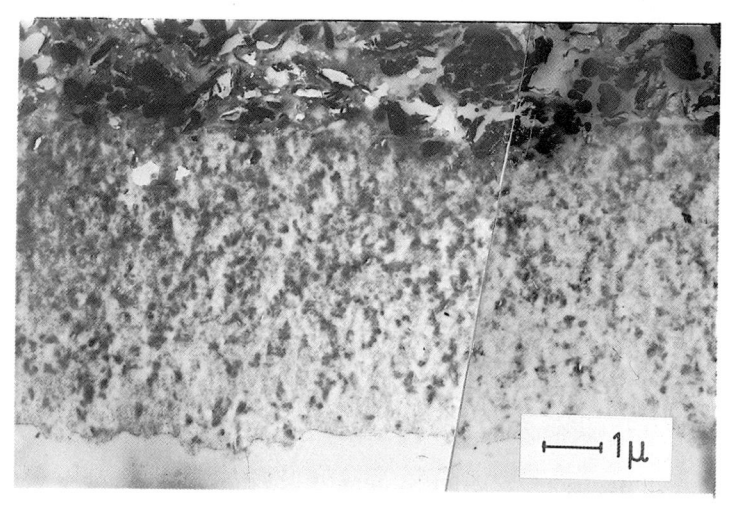

Abb. 45: Elektronenmikroskopische Aufnahme des Ultramikrotomdünnschnittes einer unbelichteten Tiefdruckschicht. Pigmentgehalt der Druckfarbe: 4% Pigment Yellow 12.

1.6.6 Licht- und Wetterechtheit 101

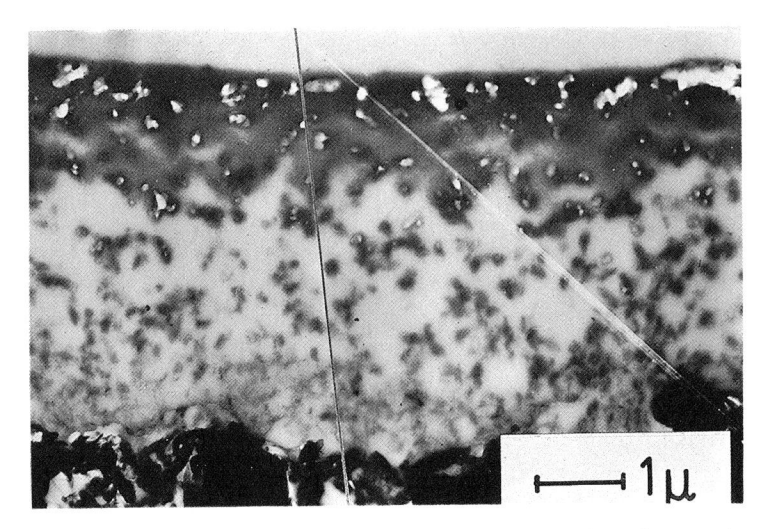

Abb. 46: Elektronenmikroskopische Aufnahme des Ultramikrotomdünnschnittes einer belichteten Tiefdruckschicht. Pigmentgehalt der Druckfarbe: 4% Pigment Yellow 12.

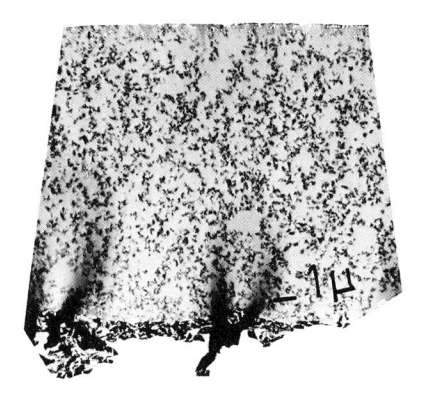

Abb. 47: Pigment Red 48:4 in Alkyd-Melaminharz-Einbrennlack. Elektronenmikroskopische Aufnahmen von Ultramikrotomdünnschnitten einer belichteten Lackschicht (oben: Detail).

102 *1.6 Wichtige anwendungstechnische Eigenschaften und Begriffe*

reits weit fortgeschritten. Es haben sich eine große Anzahl von Hohlräumen ausgebildet, an deren Stelle sich vorher offensichtlich Pigmentkristalle befunden hatten. Bei der Zerstörung der Pigmentkristalle werden Spaltprodukte gebildet, die im Bindemittel von den Stellen, an denen das Pigment zerstört wurde, in das Bindemittel migrieren. Sie sind aufgrund ihres Chlorgehaltes in der elektronenmikroskopischen Aufnahme als eine von den Pigmentteilchen konzentrisch ausgehende Schwärzung erkennbar. Im Detail ist zu erkennen, daß diese Schwärzung und damit der Pigmentabbau auf der dem Licht zugekehrten Seite stärker ist als auf der „Unterseite" der Pigmentteilchen. Der fortgeschrittene Abbau der Pigmente in den oberflächennahen Schichten hat bereits zu einer nahezu vollkommenen Schwärzung dieser Bereiche geführt. Zugleich ist auch ein – allerdings noch geringer – Abbau des Bindemittels zu erkennen. Als entsprechendes Beispiel aus dem Lackgebiet werden in Abb. 47 oberflächennahe Bereiche einer P.R.48:4 (s. 2.7.2.4) enthaltenden Alkyd-Melaminharz-Lackschicht wiedergegeben. Die Beanspruchungsdauer in einem Schnellbewetterungsgerät betrug 5000 Stunden.

In anderen Fällen ist umgekehrt die Licht- und Wetterechtheit der verwendeten Bindemittel geringer als die der Pigmente. Dann wird die Licht- und Wetterechtheit des pigmentierten Mediums mehr durch das Bindemittel bestimmt. Abb. 48

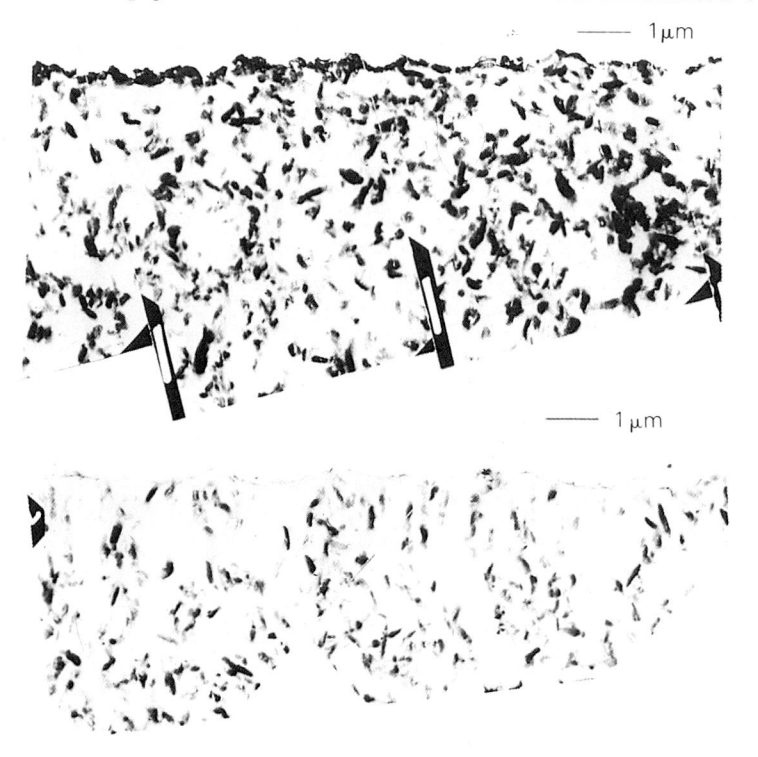

Abb. 48: Elektronenmikroskopische Aufnahmen von Ultramikrotomdünnschnitten einer unbelichteten und einer belichteten Lackschicht (Alkyd-Melaminharz-Einbrennlack) mit Pigment Violet 19, γ-Modifikation. Oben: belichtet, unten: unbelichtet.

zeigt Ultramikrotomdünnschnitte von Lackierungen auf Basis von Alkyd/Melaminharzen vor und nach der Bewetterung. An der Oberfläche der bewetterten Lackierung befinden sich die durch den Bindemittelabbau freigelegten Pigmentkristalle, in diesem Fall unsubstituiertes γ-Chinacridon. Es läßt sich durch Reiben bzw. „Polieren" von der Oberfläche entfernen.

1.6.7 Hitzebeständigkeit

Mangelnde Hitzebeständigkeit schränkt den Einsatz organischer Pigmente in Systemen, die bei hohen Temperaturen bzw. unter starker Hitzebelastung verarbeitet werden, mehr oder weniger stark ein. Hohe Anforderungen an die Hitzebeständigkeit von Pigmenten bestehen beispielsweise bei der Schmelzspinnfärbung von Polypropylen, Polyester oder Polyamiden (s. 1.8.3.8), sowie bei der Masseeinfärbung von Niederdruck-Polyethylen und Polypropylen (s. 1.8.3.2). Die in der Praxis maximal geforderten Verarbeitungstemperaturen für organische Pigmente liegen bei 260 bis 320 °C, in Einzelfällen auch noch darüber. Die Hitzebelastung dauert in solchen Temperaturbereichen im allgemeinen nur wenige Sekunden bis einige Minuten. Solche Anforderungen werden nur von wenigen organischen Pigmenten erfüllt. Dabei gibt es einige Farbtonbereiche, die mit organischen Pigmenten bei extremer thermischer Beanspruchung nicht einzustellen sind.

Mangelnde Hitzebeständigkeit organischer Pigmente findet ihren Niederschlag in einer Veränderung der anwendungstechnischen Eigenschaften, besonders der coloristischen und Echtheitseigenschaften.

Die Hitzebeständigkeit organischer Pigmente ist stets systembezogen, d.h. vom gesamten Anwendungsmedium mit allen seinen Bestandteilen abhängig. Auch die Verarbeitungsbedingungen, der Dispergierungsgrad und die Pigmentkonzentration zeigen einen starken Einfluß. Unter Praxisbedingungen, d.h. bei kurzer Hitzeeinwirkung, sind beispielsweise mit zunehmender Konzentration durch mangelnde Hitzebeständigkeit des Pigmentes bedingte Farbänderungen häufig kaum feststellbar und damit tolerierbar.

Für die Farbänderung kommen folgende Ursachen in Betracht [107]:

1. **Thermische Zersetzung des Pigmentes.** Sie liegt vor, wenn die Zersetzungstemperatur des Pigmentes unterhalb der Verarbeitungstemperatur des pigmentierten Systems liegt. Tritt die Zersetzung des Pigmentes im festen oder geschmolzenen Zustand infolge einer bei einer bestimmten Temperatur einsetzenden Reaktion spontan ein, so kann die Zersetzungstemperatur bzw. der Temperaturbereich der Zersetzung mit Hilfe der Differentialthermoanalyse bestimmt werden (Abb. 49). Häufig, besonders bei polycyclischen Pigmenten, erfolgt jedoch ein stetiger, langsamer exothermer Prozeß über einen weiten Temperaturbereich (Abb. 50). Anhand der Thermogramme ist dabei nicht zu klären, ob es sich um eine Zersetzung oder um langsam vor sich gehende physikalische Veränderungen an den Pigmentteilchen, also um Phasenumwandlungen oder Teilchengrößenveränderungen, handelt.

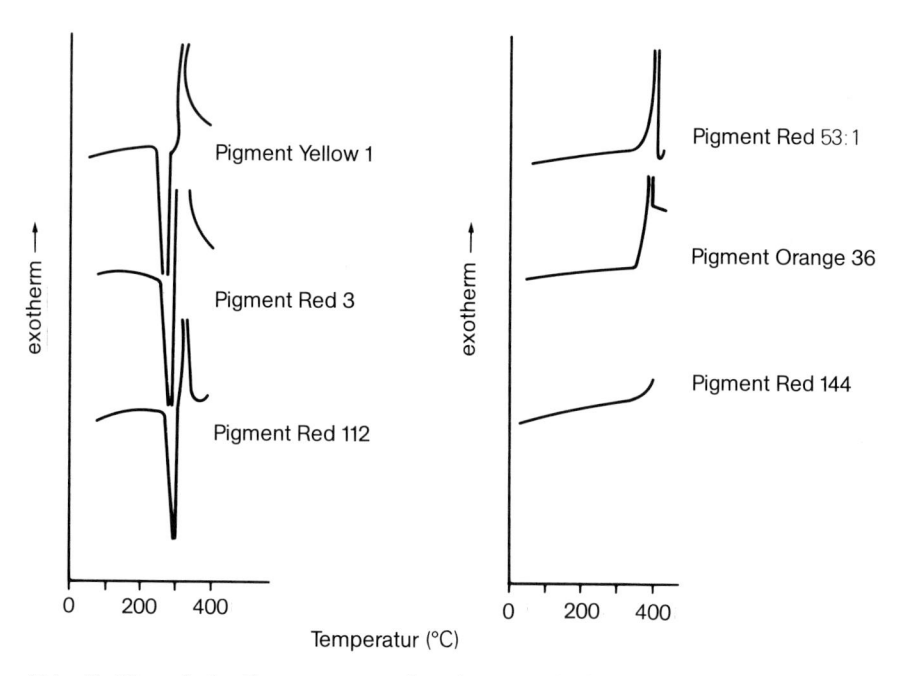

Abb. 49: Thermische Zersetzung von Azopigmenten in festem Zustand. Befund der an Pigmentpulvern unter Stickstoffatmosphäre durchgeführten Differentialthermoanalyse.

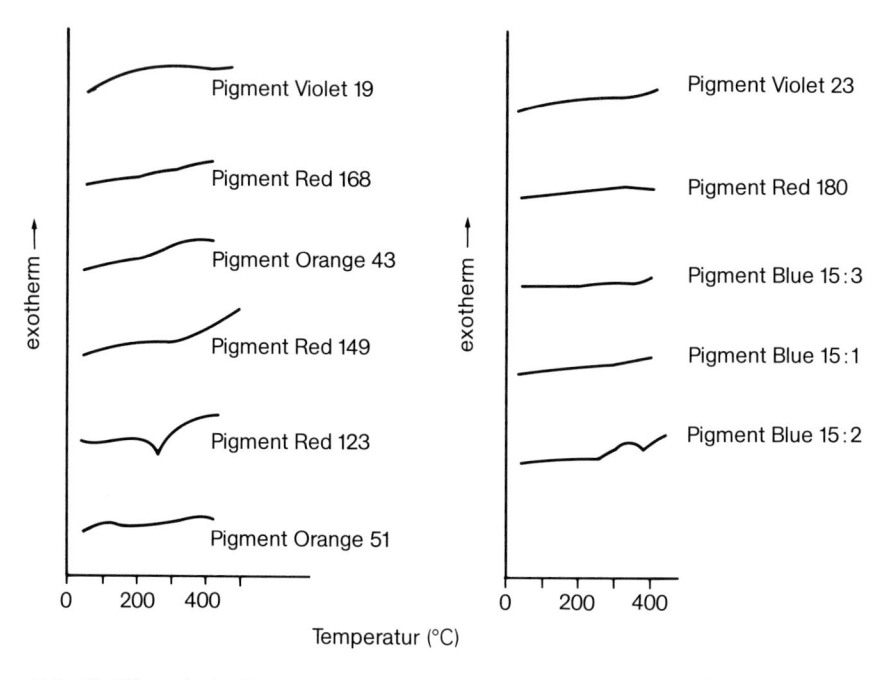

Abb. 50: Thermische Zersetzung von polycyclischen Pigmenten in festem Zustand. Befund der an Pigmentpulvern unter Stickstoffatmosphäre durchgeführten Differentialthermoanalyse.

2. **Chemische Reaktion mit dem Anwendungsmedium.** Sie kommt vergleichsweise selten als Ursache für die mangelnde Hitzebeständigkeit in Betracht. Zwei Beispiele veranschaulichen solche Reaktionen. Bei der Härtung von Pulverlacken können organische Pigmente mit bestimmten Komponenten des Systems chemisch reagieren [108]. So reagiert Pigment Red 168, Dibromanthanthron (s. 3.6.4.2), in Epoxidharz-Pulverlack mit basischen Härtern, zum Beispiel Dicyandiamid. Abb. 51 zeigt die coloristischen Veränderungen anhand der Remissionskurven. Mit sauren Härtern, wie Trimellithsäure, treten im gleichen Pulverlacksystem keine Veränderungen auf. Die Farbänderungen sind mit einer wesentlichen Verminderung der Lichtechtheit verbunden. Die bei höheren Härtungstemperaturen zunehmend auftretende Trübung des Farbtones verschwindet beim Belichten ziemlich rasch. Danach entspricht die Lichtechtheit der des eingesetzten Pigmentes. Bereits unter milden Bedingungen läßt sich im Anthanthronmolekül ein Austausch der Bromatome durch Amin- oder Cyangruppen erreichen, wobei graue bis graublaue Pigmente mit schlechter Lichtechtheit gebildet werden. Aus den Belichtungen und anderen Hinweisen ist zu schließen, daß unter den Einbrennbedingungen in diesen Pulverlacken

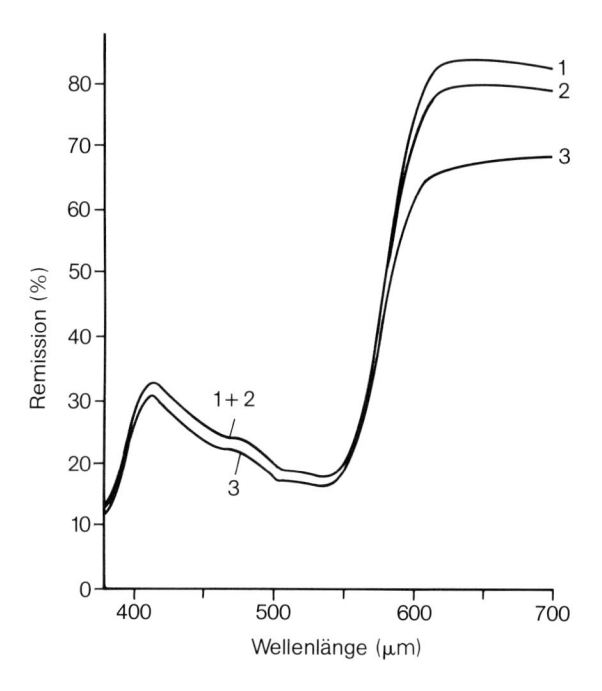

Abb. 51: Einfluß des Härtersystems bei einem Epoxidharz-Pulverlack auf die coloristischen Eigenschaften der Lackierungen. Pigment: Dibromanthanthron (Pigment Red 168). Vernetzungsbedingungen: jeweils 15 Minuten bei 180°C.
Kurve 1: Trimellithsäureanhydrid, Kurve 2: Imidazolinhärter, Kurve 3: beschleunigte Dicyandiamidhärter.

106 *1.6 Wichtige anwendungstechnische Eigenschaften und Begriffe*

eine Substitution der Bromatome durch Cyangruppen des Härters bei den an der Pigmentoberfläche gelegenen Molekülen stattfindet. Es bilden sich trübe, schlecht lichtechte Komponenten, die die beobachteten coloristischen und Echtheitsänderungen bewirken.

Bei erhöhter Verarbeitungstemperatur kann das in Azomethinmetallkomplex-Pigmenten (s. 2.10) enthaltene Metall durch andere im Anwendungsmedium anwesende Metalle ausgetauscht werden. Ein solches Verhalten zeigt das gelbe Kupferkomplex-Pigment der chemischen Konstitution **10** in PVC. Während bei Verwendung von Barium-/Cadmium- oder Blei-Stabilisatoren entsprechende gelbe Färbungen erhalten werden, führt Stabilisierung mit Dibutylzinnthioglycolat und anderen Zinnverbindungen zu einem brillanten mittleren Rot. Die Farbänderung beginnt sich bei niedrigen Verarbeitungstemperaturen bereits abzuzeichnen, bei 160 °C erfolgt sie rasch [107].

3. **Lösen im Anwendungsmedium.** Lösevorgänge von Pigmenten im Anwendungsmedium bei erhöhter Temperatur sind häufig die Ursache für mangelnde Hitzebeständigkeit, verursachen aber auch Störungen bei der Verarbeitung des pigmentierten Systems, wie Ausbluten (s.1.6.3.2) und Ausblühen (s.1.6.3.1). Das Lösen von Pigmentanteilen ist meist mit Farbänderungen verbunden. Transmissionsmessungen von Pigment Red 170 (s.2.6.4), gelöst in Dimethylformamid bzw. in Wasser suspendiert, veranschaulichen das (Abb. 52) [38]. Anhand des unterschiedlichen coloristischen Verhaltens sind Löseeffekte daher meßtechnisch gut zu verfolgen. Hitzebeständigkeit und Migrationsechtheiten laufen häufig parallel zueinander, wie Tabelle 4 [107] verdeutlicht. Für einige bei 120 und 200 °C eingebrannte Lackierungen von Azopigmenten (Alkyd-Melaminharzlack, Aufhellung 1:20 mit TiO_2) wurden die dabei erhaltenen Farbdifferenzen den Überlackierechtheiten und den in Weich-PVC erhaltenen Ausblutechtheiten (bestimmt nach DIN 53775) gegenübergestellt. Die Farbdifferenzen sind in CIELAB-Einheiten angegeben. Die Reihenfolge der Hitzebeständigkeit steht bei den bisher untersuchten Pigmenten in Übereinstimmung mit ihrer Löslichkeit.

4. **Veränderung der physikalischen Beschaffenheit und Teilchengröße des Pigmentes.** Unter Hitzeeinwirkung ändert sich das Kristallgefüge des Pigmentes. Charakteristische Banden in den Röntgenbeugungsspektren sind bei den erhitzten Proben höher und schmäler, d.h. ihre Halbwertsbreite wird durch Erhitzen kleiner. Dies entspricht einer Erhöhung der kristallinen Ordnung und einer

1.6.7 Hitzebeständigkeit 107

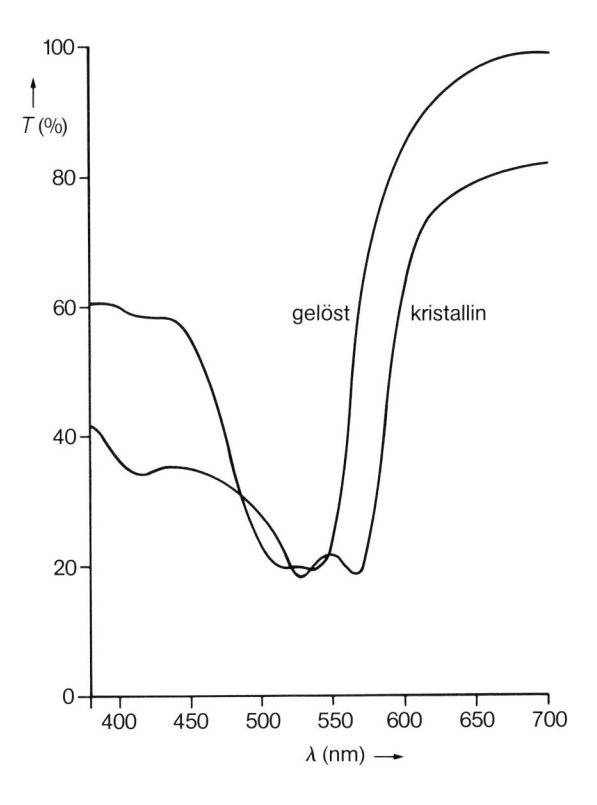

Abb. 52: Transmissionsspektrum von Pigment Red 170 in Dimethylformamid, gelöst bzw. in Wasser suspendiert.

Tab. 4: Beziehung zwischen der Thermostabilität von Azopigmenten in einem Alkyd-Melaminharz-Einbrennlack, der Überlackierechtheit in diesem Lacksystem und der Ausblutechtheit in Weich-PVC

Colour-Index-Bezeichnung	Temperatureffekt in CIELAB-Einheiten*	Überlackierechtheit im Echtheitsmaßstab 1 bis 5	Ausblutechtheit im Echtheitsmaßstab 1 bis 5
P.R.112	28,1	1	1
P.R.3	12,7	2	1
P.Y.1	10,9	2	1
P.Y.74	4,5	3	1
P.Y.12	4,4	4–5	1–2
P.R.170	3,1	4	2–3
P.Y.83	1,9	5	4–5
P.O.36	1,3	5	5
P.R.175	0,5	5	5
P.R.144	0,2	5	5

* Farbdifferenz zwischen einer bei 200 °C und einer bei 120 °C eingebrannten Lackierung (Aufhellung 1:20 mit TiO_2)

1.6 Wichtige anwendungstechnische Eigenschaften und Begriffe

Vergrößerung der Kristalle, d.h. einer Ausdehnung der für die Röntgenstrahlung kohärenten Streubereiche (s.1.5.4). Dieser Prozeß ist sowohl beim Tempern von Pulverpigmenten als auch unter Hitzebelastung im Anwendungsmedium feststellbar. Aus den Röntgenbeugungsspektren errechnete Kristallitgrößen von polycyclischen Pigmenten, die unter verschiedenen thermischen Bedingungen im Anwendungsmedium behandelt worden waren, zeigen diese Veränderungen [107] (Tab. 5). Zunehmende Kristallinität ist mit verbesserter Hitzebeständigkeit verbunden.

Tab. 5: Veränderung der Kristallitgröße einiger polycyclischer Pigmente in Lackierungen bzw. Kunststoffeinfärbungen durch Hitzeeinwirkung (berechnet aus den Röntgenbeugungsspektren)

Pigment	Temperaturbelastung	Kristallitgröße
P.R.123	Eingebrannt 5%ig im Purton in Alkyd-Melaminharzlack:	
	30 min, 120 °C	$225 \cdot 10^{-10}$ m
	30 min, 240 °C	$340 \cdot 10^{-10}$ m
P.R.122	Eingebrannt 5%ig im Purton in polyestermod. Siliconharz:	
	60 min, 200 °C	$245 \cdot 10^{-10}$ m
	60 min, 300 °C	$295 \cdot 10^{-10}$ m
P.R.149	Eingefärbt in 1/3 Standardfarbtiefe in Niederdruck-Polyethylen	
	5 min, 200 °C	$270 \cdot 10^{-10}$ m
	5 min, 300 °C	$380 \cdot 10^{-10}$ m

Bei polymorphen Pigmenten kann bei Hitzebelastung Phasenumwandlung auftreten (s.1.5.3). Demnach weisen Kristallmodifikationen unterschiedliche Hitzebeständigkeit auf.

Für die Bestimmung der Hitzebeständigkeit von Pigmenten werden eine Reihe von Methoden angewendet, von denen einige in Normen verankert sind, z.B. für die Prüfung von Pigmenten in thermoplastischen Kunststoffen beim Spritzgießen [109]. Dabei wird das zu prüfende Farbmittel, gegebenenfalls gemeinsam mit Titandioxid, über einen Mischer und Extruder mit Granuliervorrichtung in den ungefärbten thermoplastischen Kunststoff eingearbeitet (s. 1.8.3). Das eingefärbte Prüfgranulat wird dann auf einer Schneckenspritzgießmaschine mit Schneckenkolben in ein Werkzeug bestimmter Abmessungen [110] gespritzt. Die Prüftemperatur wird dabei von der tiefstmöglichen Temperatur an in Intervallen von 10 bzw. 20°C gesteigert. Die erhaltenen plattenförmigen Probekörper werden farbmetrisch auf einen Farbunterschied gegenüber den bei der tiefsten Prüftemperatur hergestellten Probekörper ausgewertet. Die interpolierte Temperatur, bei der ein Farbunterschied von $\Delta E^*_{ab} = 3$ zwischen den Probekörpern auftritt, ist die Hitzebeständigkeit des Farbmittels im Prüfmedium. Die Bestimmung wird bei unterschiedlichen Standardfarbtiefen (beispielsweise 1/3 und 1/25) vorgenommen. Andere Methoden werden für die Ermittlung der Hitzebeständigkeit von Pigmenten in Hart- bzw. Weich-PVC angewendet [111, 112]. Beim Dauerwalztest wird der pigmentierte Kunststoff auf einem Labor-Mischwalzwerk bestimmter Abmessungen bei Temperaturen zwischen 190 und 195°C bzw. 180 bis 185°C gewalzt. Danach wird verpreßt. Bewertet wird der Farbabstand zwischen den 10 und 20 bzw. 30 Minuten gewalzten Proben.

1.6.8 Fließverhalten pigmentierter Medien

1.6.8.1 Rheologische Eigenschaften

Unpigmentierte Bindemittelsysteme im Lack- und Druckfarbenbereich zeigen meistens **Newtonsches Fließverhalten**, d.h. die Schubspannung τ ist proportional dem Geschwindigkeitsgefälle D und die Proportionalitätskonstante η ist eine nur von der Temperatur und vom Druck abhängige Stoffkonstante. Ausnahmen hiervon bilden spezielle Systeme zur Erzielung bestimmter rheologischer Eigenschaften, wie Gelfirnisse und Thixolacke.

Diese idealviskosen Systeme nehmen beim Pigmentieren **strukturviskoses** (pseudoplastisches) Verhalten an (Abb. 53), d.h. die Viskosität nimmt mit steigendem Geschwindigkeitsgefälle bzw. steigender Schubspannung ab. Diese Abnahme der Viskosität wird dadurch erklärt, daß unter dem Einfluß der Scherung die Pigment-Bindemittel-Zusammenlagerungen orientiert oder verformt, die zunächst ungeordneten Bindemittelmoleküle entknäuelt werden, wobei ihr wirksamer Querschnitt und somit auch ihr Fließwiderstand abnehmen. Dieser reversible Vorgang ist nicht zeitabhängig, d.h. für eine bestimmte Schubspannung existiert nur eine Viskosität, unabhängig davon, wie lange die Krafteinwirkung dauert. Für derartige Systeme wurden eine Reihe meist empirischer Näherungsformeln aufgestellt, mit denen Teilstücke der Fließkurven genau wiedergegeben werden können. Strukturviskose Pigment-Bindemittel-Systeme werden in praxisnahen Bereichen oft mit genügender Genauigkeit durch die Beziehung von Casson charakterisiert:

$$(\sqrt{\tau} - \sqrt{\tau_o})^2 = \eta_\infty \cdot D$$

In dieser Gleichung ist die plastische Viskosität oder „Endviskosität" η_∞ (in Pa·s) die auf unendlich hohes Geschwindigkeitsgefälle extrapolierte Viskosität. Die

1.6 Wichtige anwendungstechnische Eigenschaften und Begriffe

Newtonsche Flüssigkeit

strukturviskos pseudoplastisch

strukturviskos plastisch

dilatant

thixotrop

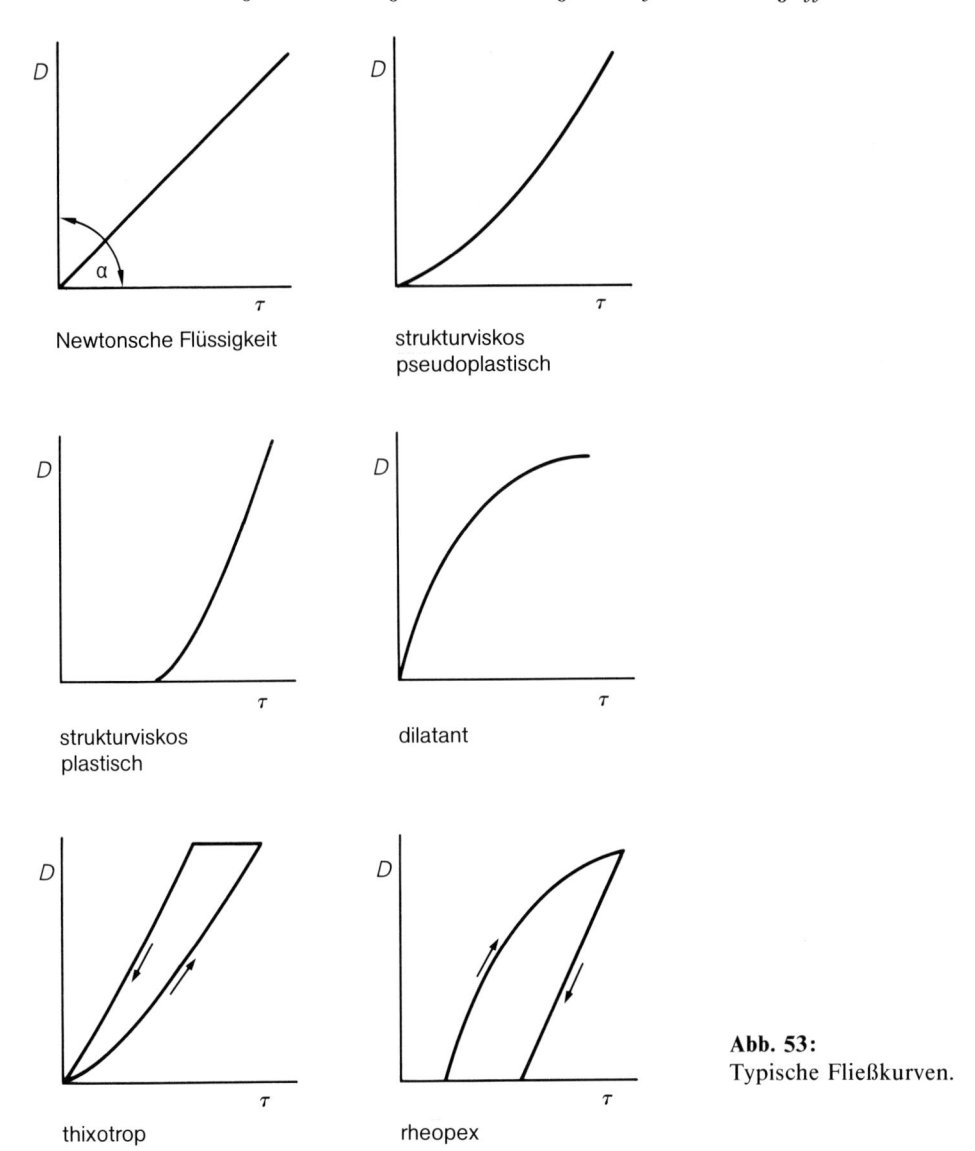

rheopex

Abb. 53: Typische Fließkurven.

scheinbare Fließgrenze τ_o (in N/cm²) ist diejenige Schubspannung, die sich durch Extrapolation auf die Schergeschwindigkeit $D = 0$ ergibt. Umgekehrt sind solche pigmentierten Systeme durch diese beiden rheologischen Größen meist hinreichend charakterisiert. Nach den bereits von Casson vorgenommenen Modellbetrachtungen steht η_∞ mit der Asymmetrie der fließenden Teilchen und τ_o mit den anziehenden Kräften zwischen den Teilchen in Zusammenhang.

1.6.8 Fließverhalten pigmentierter Medien

Die Endviskosität η_∞ ist bei pigmentierten Medien praktisch unabhängig von der Teilchengröße und nimmt mit der Pigmentvolumenkonzentration und der Bindemittelviskosität stark zu [113].

Die scheinbare Fließgrenze τ_o nimmt mit der dritten Potenz der Teilchengröße ab und steigt mit der Pigmentvolumenkonzentration stark an (Abb. 54). Sie nimmt daher auch mit steigendem Dispergierungsgrad des Pigmentes zu und hängt wesentlich von der Wechselwirkung Pigment/Bindemittel ab [113]. Diese Wechselwirkung Pigment/Bindemittel ist Gegenstand zahlreicher, unter verschiedensten Gesichtspunkten vorgenommener Untersuchungen; es wird auf die Originalliteratur und die zahlreichen zusammenfassenden Betrachtungen verwiesen [z. B. 114, 115, 116].

Thixotropie tritt mit zunehmendem Pigmentgehalt mehr oder weniger ausgeprägt auf (Abb. 53 und 54). Thixotrope Systeme zeigen im Ruhezustand Gelstruktur; es bestehen stabile Pigment-Bindemittel-Strukturen, die unter der Einwirkung von Scherkräften abgebaut werden, wobei die Endviskosität nach einiger Zeit erreicht wird (Sol). Im Ruhezustand baut sich die ursprüngliche Gelstruktur während einer bestimmten Zeit wieder auf. Der Thixotropieabbau hängt auch von der Schergeschwindigkeit ab. Bei jedem D (in s^{-1}) stellt sich ein Gleichgewicht ein, das in der Regel nicht dem Sol-Wert entspricht. Thixotropie ist also eine zeitabhängige und reversible Änderung der Konsistenz, die unter der Einwirkung von

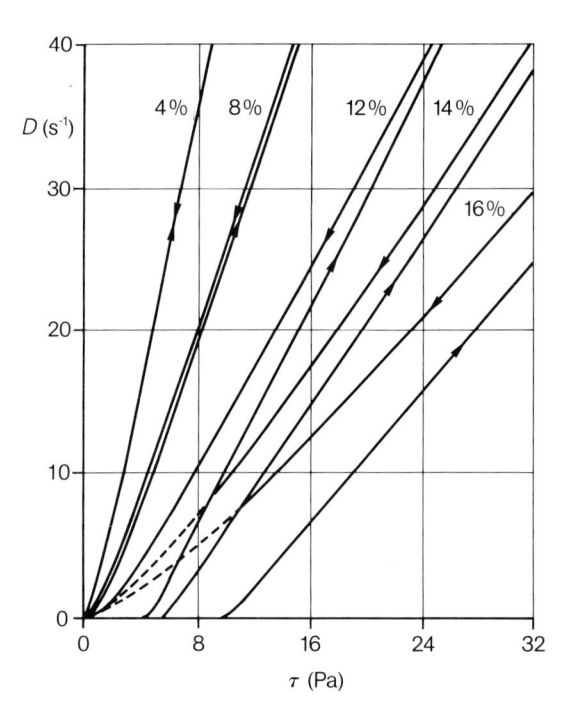

Abb. 54: Einfluß der Pigmentkonzentration auf das rheologische Verhalten. P.Y.73 in lufttrocknendem Alkydharzlack.

112   1.6 Wichtige anwendungstechnische Eigenschaften und Begriffe

Scherkräften und nach deren Beendigung auftritt. Die Geschwindigkeit, mit der sich die Strukturen im System aufbauen bzw. mit der sie durch Scherung zerstört werden, sind für viele Praxisvorgänge von wesentlicher Bedeutung. Beispiele hierfür sind das Ausgießen von Mahlansätzen aus Kugelmühlen und anderen Dispergiergeräten, mehr oder weniger lange Zeit nach Beendigung des Dispergierens, die Trennung der Mahlansätze von den Mahlkörpern oder die Farbspaltung und andere Vorgänge bei Druckprozessen, sowie Thixo-Lacke. Der zeitliche Ablauf, mit dem sich in pigmentierten Systemen Strukturen aufbauen, wird am Beispiel von zwei Flushpasten (s. 1.6.5.8) veranschaulicht (Abb. 55).

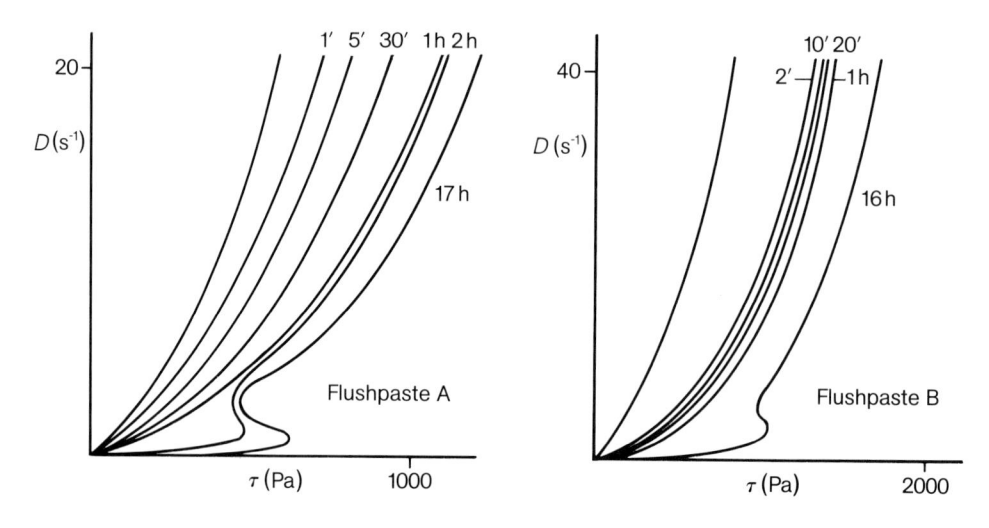

Abb. 55: Aufbaugeschwindigkeit der Thixotropie. Paste A zeigt einen gleichmäßigen Aufbau mit der Zeit. Bei Paste B scheint der Strukturaufbau bereits nach wenigen Minuten abgeschlossen zu sein; dennoch ist nach 16 Stunden noch eine deutliche Veränderung feststellbar.

Dilatanz ist bei pigmentierten Systemen recht selten anzutreffen. Hier nimmt die Viskosität η mit steigender Schergeschwindigkeit D oder steigender Schubspannung τ zu. Beim Fließen tritt also eine Verfestigung ein (s. Abb. 53). Dilatanz kann mitunter bei Flushpasten oder Farbkonzentraten beobachtet werden, und zwar vor allem dann, wenn die kritische Pigmentvolumenkonzentration des Systems nahezu erreicht oder aber überschritten ist. Es befinden sich wäßrige Pigmentpräparationen im Handel, die bei automatischer Dosierung hohen Scherkräften unterworfen sind. In diesen Fällen erweist es sich als notwendig, die Pasten hinsichtlich Dilatanz bei hoher Schergeschwindigkeit zu prüfen.

Rheopexie tritt bei pigmentierten Systemen kaum auf. Es handelt sich wie bei der Thixotropie um ein zeitabhängiges Fließverhalten (reversible Sol-Gel-Umwandlung), bei dem aber, ausgehend vom Ruhezustand, die Viskosität η bei konstantem Geschwindigkeitsgefälle oder konstanter Schubspannung zeitabhängig größer wird und einem Grenzwert zustrebt (s. Abb. 53).

1.6.8.2 Viskoelastische Eigenschaften

Pigmentierte Systeme besitzen im allgemeinen viskoelastische Eigenschaften. Bei langsamen Verformungsvorgängen, das heißt bei niedrigem Geschwindigkeitsgefälle, verhalten sich solche Systeme überwiegend viskos. Bei schnellen Verformungen, entsprechend hohem Geschwindigkeitsgefälle, vermögen die viskosen Bewegungsvorgänge jedoch nicht zu folgen. Solche Systeme verhalten sich mehr elastisch. Viskoelastisches Verhalten ist beispielsweise bei Dispergierprozessen oder bei Transport- und Übertragungsvorgängen in schnellaufenden Druckmaschinen (s.u.) von Bedeutung. Wenn bei periodischer Verformung die Periodendauer der Dehnungs- und Spannungsprozesse in die Größe der Relaxationszeiten kommt, spielen elastische Eigenschaften eine Rolle. Bei den sehr kurzen und schnellen Spannungs- und Dehnungsprozessen hat die Farbe gewissermaßen keine Zeit mehr zum Fließen, die elastischen Eigenschaften sind maßgeblich.

Die viskoelastischen Eigenschaften – beispielsweise von Druckfarben – sind stark von den polaren Eigenschaften der Pigmente und Firnisse abhängig [117]. Die exakte mathematische Behandlung viskoelastischen Verhaltens ist schwierig, da die Systeme meistens schon Fließanomalien haben, wie Strukturviskosität, Thixotropie, Dilatanz usw., denen sich das elastische Verhalten überlagert.

1.6.8.3 Einflüsse auf das Fließverhalten

Die an organische Pigmente für eine störungsfreie Verarbeitung und optimale Anwendung der pigmentierten Systeme gestellten Anforderungen an das rheologische Verhalten sind so vielseitig und komplex, daß in diesem Zusammenhang nur einige Aspekte betrachtet werden können. Die Fließeigenschaften werden von vielen Parametern bestimmt. Wichtig sind zum einen Konzentration (s. Abb. 54), spezifische Oberfläche (s. 1.7.8), Teilchenform und Oberflächenbeschaffenheit des Pigmentes und zum anderen Art und Zusammensetzung des gesamten Anwendungssystems, die Wechselbeziehungen der verschiedenen Komponenten untereinander und mit der Pigmentoberfläche, die Verarbeitungsbedingungen bei der Dispergierung und die Beanspruchungen während der verschiedenen Stadien der Anwendung. Einfluß auf das Fließverhalten haben besonders die für die Dispergierung des Pigmentes gewählten Bedingungen (s. 1.6.5 und 1.7.5). Durch unterschiedliche Funktions- und Wirkungsweise der Dispergiergeräte [71] und Variation verschiedener Geräteparameter werden die Teilprozesse der Dispergierung, vor allem die Zerlegung der Pigmentagglomerate und die Benetzung durch das Dispergiermedium, stark beeinflußt. Aufgrund der unterschiedlichen Dispergierungsgrade, d. h. der unterschiedlich großen Pigmentoberflächen, die von den verschiedenen Komponenten des Systems benetzt werden können, sowie evtl. unter-

1.6 Wichtige anwendungstechnische Eigenschaften und Begriffe

schiedlicher Verhältnisse in der Phasengrenze Pigment/Bindemittel bzw. Lösemittel werden zwangsläufig auch die rheologischen Eigenschaften innerhalb weiter Grenzen verändert.

1.6.8.4 Zusammenhang zwischen Fließverhalten und rheologischen Größen

In vielen Fällen ist der Zusammenhang zwischen wichtigen anwendungstechnischen Fließeigenschaften und den rheologischen Größen noch nicht genau genug bekannt, um die für die Entwicklung oder Prüfung von pigmentierten Systemen notwendigen Informationen aus den rheologischen Messungen zu erhalten. Man verwendet deshalb mitunter spezielle Meßgeräte, die bestimmte Verarbeitungsschritte simulieren, beispielsweise die in der Druckfarbenindustrie verwendeten Tack-Meßgeräte [118]. Die Zügigkeit [119] bzw. die hierzu reziproke „Kürze" sind für die Verdruckbarkeit von Offsetfarben wichtige anwendungstechnische Eigenschaften. Die bereits 1957 aufgestellte Beziehung [120]

$$\text{Kürze} = \frac{\tau_o}{\eta_\infty}$$

stimmt innerhalb einer Untersuchungsreihe mit schrittweiser Änderung nur einer Variablen, beispielsweise der Pigmentkonzentration oder einer bestimmten Firniskomponente, sehr gut mit den Befunden der Druckprüfung überein (Tab. 6) [121]. Die Gleichung ist aber beim Übergang zu einem anderen Bindemittelsystem nicht mehr aussagekräftig. Tack-Meter, bei denen die Auslenkung einer auf einer eingefärbten Walze laufenden Meßwalze in Abhängigkeit von der Geschwindigkeit gemessen wird, simulieren die Verhältnisse im Druckwerk der Maschine und vermitteln meist gut korrelierende Werte mit den Praxisgegebenheiten in der Offsetmaschine.

Tab. 6: Zusammenhang zwischen rheologischen Größen und drucktechnischen Eigenschaften bei Offsetdruckfarben

Farbe Nr.	$\tau_o \cdot 10^5$ (Pa)	η_∞ (Pa·s)	Kürze (nach Zettlemoyer)	Druckprüfung
1	9,2	13,5	680	zu zügig
2	7,2	10,0	720	sehr zügig
3	6,2	7,4	835	zügig
4	4,8	5,3	905	zügig
5	4,5	3,3	1360	kurz
6	4,0	2,8	1430	zu kurz

1.6.8 Fließverhalten pigmentierter Medien

Die rheologisch häufig komplizierten Verhältnisse, denen pigmentierte Systeme bei der Verarbeitung unterworfen sind, werden auch am Beispiel von Untersuchungen verdeutlicht, die über die Fließvorgänge von Illustrationstiefdruckfarben in schnellaufenden Druckmaschinen, vor allem im Spalt zwischen Rakel und Tiefdruckzylinder, Aufschluß geben [122]. Sie zeigen mit Hilfe eines modernen Hochdruckkapillarviskosimeters [123] bei einem Geschwindigkeitsgefälle D von 10^6 s^{-1} und Versuchszeiten t bis 10^{-4} s, d.h. nahezu unter Praxisverhältnissen ($D = 10^7$ s^{-1} bzw. t = ca. 10^{-6} s), daß der Verlauf der Fließkurven bei hohen Schergeschwindigkeiten unvorhersehbare Krümmungen aufweisen kann. So ist beim Vergleich zweier Tiefdruckfarben bei einem Schergeschwindigkeitsgefälle von 10 s^{-1} die eine, bei 10^4 s^{-1} die andere Farbe höherviskos und bei 10^5 s^{-1} kehren sich die Verhältnisse wieder um. Im mittleren Bereich des Geschwindigkeitsgefälles zeigen beide Farben gleiche Viskosität. Das bedeutet, daß die Fließkurven solcher Druckfarben Punkt für Punkt gemessen werden müssen und eine Extrapolation der mit herkömmlichen Viskosimetern erhaltenen Werte auf die praxisüblichen hohen Schergeschwindigkeiten nicht möglich ist. Die üblicherweise verwendeten Viskosimeter oder Auslaufbecher liefern in diesem Fall nicht einmal qualitative Hinweise. Die Untersuchungen ergeben ferner, daß Tiefdruckfarben elastisch sind; und zwar werden für ein Geschwindigkeitsgefälle von 10^5 s^{-1} Werte des Schermoduls G von 10^3 Pa ermittelt. Hieraus kann abgeleitet werden, daß Tiefdruckfarben im hohen Scherbereich von 10^5 bis 10^6 s^{-1} Querkräfte liefern und einen hydrodynamischen Schmiereffekt ergeben – Schlüsse, die zum Verständnis der mechanischen Vorgänge zwischen Rakel und Zylinder wesentlich erscheinen. Die stark thixotropen Tiefdruckfarben weisen bei einem Geschwindigkeitsgefälle von $D = 10$ s^{-1} und einer Versuchszeit $t = \infty$ eine scheinbare Viskosität η von 0,1 Pa·s, bei $D = 10^5$ s^{-1} und $t = 10^{-3}$ s einen Wert für η = 0,05 bis 0,06 Pa·s auf.

1.6.8.5 Meßverfahren

Zur Messung der rheologischen Eigenschaften stehen eine ganze Anzahl unterschiedlich arbeitender Viskosimeter und spezieller Meßtechniken zur Verfügung [124, 125, 126].

Für die Messungen wurden für einige Typen von Meßgeräten verbindliche Arbeitsweisen aufgestellt, beispielsweise für das Messen von Fließkurven und Viskositäten im Schergeschwindigkeitsbereich zwischen ca. 5 s^{-1} und 1000 s^{-1} mit Rotationsviskosimetern mit koaxialen Zylindern [127]. Systematische Fehler und Korrekturen bei der Messung – von Newtonschen Flüssigkeiten – mit solchen Rotationsviskosimetern werden an anderer Stelle [128] betrachtet. Für die Messung von Anstrichstoffen bei Geschwindigkeitsgefällen von 5000 bis 20000 s^{-1}, also unter Bedingungen, wie sie etwa beim Streichen von Farben bestehen, liegt eine weitere Norm für Zylinder-Rotations- oder Platte-Kegel-Viskosimeter vor [129]. Für Buch- und Offsetdruckfarben bzw. ähnliche Systeme wurde eine Meßmethode mit dem Fallstabviskosimeter entwickelt [130], die allerdings bei thixotro-

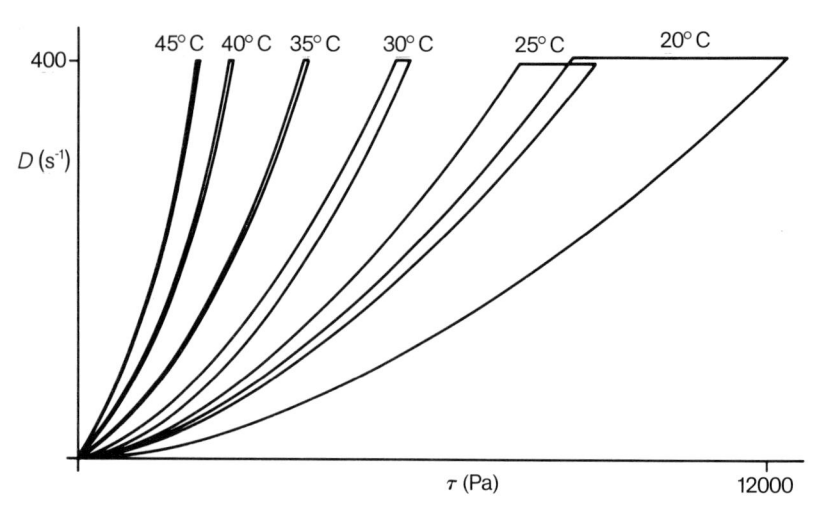

Abb. 56: Abhängigkeit der Thixotropie von der Temperatur. Beispiel für eine Druckfarbe, bei der sich die Thixotropie sehr rasch mit der Temperatur abbaut.

pen Systemen keine definierten Fließkurven liefert, sondern einen zwischen Gel- und Solkurve liegenden Verlauf. In der Literatur liegen weitere zahlreiche Vorschläge für rheologische Messungen spezieller pigmentierter Systeme vor.

Bezüglich der Bestimmung des Fließverhaltens bei der Pigmentierung und Verarbeitung von thermoplastischen Kunststoffen wird auf die einschlägige Literatur verwiesen [131, 132].

Voraussetzung für reproduzierbare Meßergebnisse ist in jedem Falle eine genügende Temperaturkonstanz. Sie ergibt sich aus der starken Temperaturabhängigkeit der rheologischen Eigenschaften vieler pigmentierter Systeme. So bewirkt bei Buch- bzw. Offsetdruckfarben eine Temperaturerniedrigung um 1 °C eine Erhöhung der scheinbaren Viskosität um ca. 15%. Die Abhängigkeit der Thixotropie von der Temperatur wird am Beispiel von Offsetdruckfarben demonstriert [133]. Bei der einen Farbe (Abb. 56) baut sich die Thixotropie mit der Temperatur sehr rasch, bei der anderen (Abb. 57) nur langsam ab.

Die temperierten Druckfarben wurden hierbei mit einem Platte-Kegel-Viskosimeter zunächst mit dem maximal benutzten Geschwindigkeitsgefälle geschert, um die Thixotropie abzubauen. Nach 5 Minuten Wartezeit wurde das Geschwindigkeitsgefälle binnen 5 s von 0 auf den Maximalwert (300 s^{-1}) erhöht, die Farbe bei diesem Wert 30 s geschert, die Schergeschwindigkeit dann in ebenfalls 5 s auf 0 zurückgefahren. Als Maß für die Thixotropie kann, bei festgehaltenen Meßbedingungen, die jeweils vom Rheogramm umschlossene Fläche angesehen werden.

Vor allem bei höher pigmentierten Systemen ist eine signifikante Änderung des Fließverhaltens in den ersten Stunden nach der Anreibung zu berücksichtigen. In Abb. 58 wird das für Illustrationstiefdruckfarben auf Toluolbasis mit einem Pigmentgehalt von 15% Pigment Yellow 12 graphisch veranschaulicht. Der anfängli-

1.6.8 Fließverhalten pigmentierter Medien 117

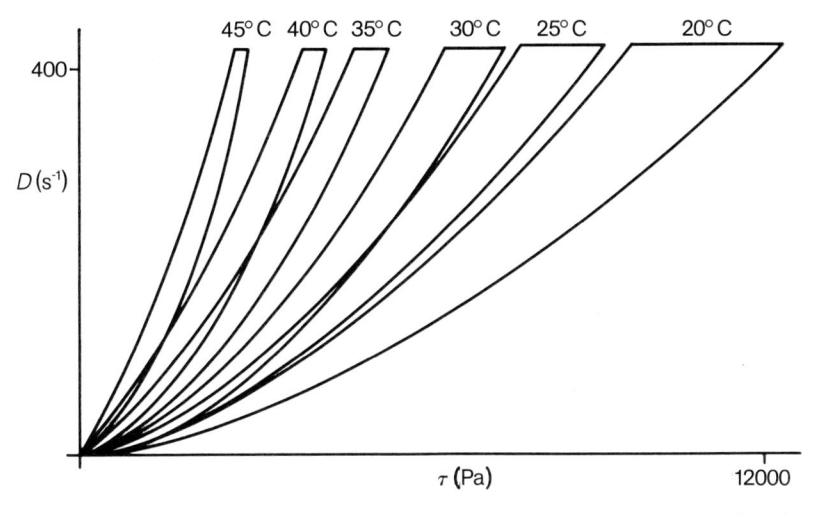

Abb. 57: Abhängigkeit der Thixotropie von der Temperatur. Beispiel für eine Druckfarbe, bei der die Thixotropie nur langsam mit der Temperatur zurückgeht.

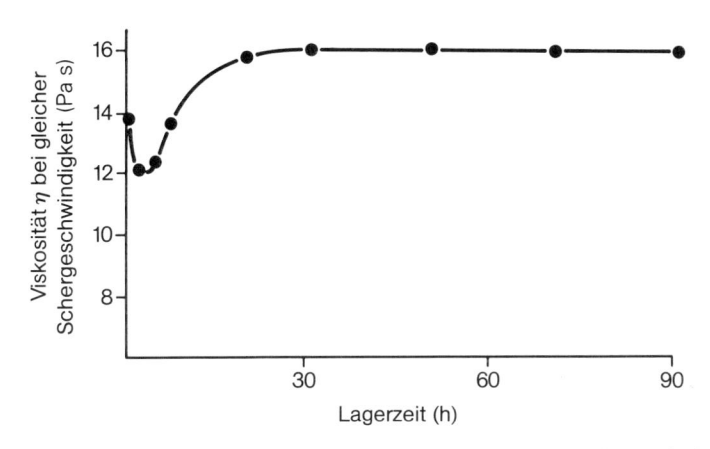

Abb. 58: Abhängigkeit der Viskosität von Illustrationstiefdruckfarben mit 15% Pigment Yellow 12 von der Lagerzeit nach dem Dispergieren

che Abfall und der anschließende Anstieg der Viskosität ist durch Überlagerung von Reagglomerationseffekten (s. 1.7.5), d.h. einer Verkleinerung benetzter Pigmentoberfläche und Nachbenetzungseffekten, die zu höherer Viskosität führen, zu deuten. Bei Verwendung leicht dispergierbarer und gut zu benetzender Pigmente ist keine zeitliche Veränderung der rheologischen Werte erkennbar.

Wenn die Herstellung der Druckfarben bei erhöhten Dispergiertemperaturen erfolgt, ist ebenfalls keine zeitliche Veränderung der rheologischen Werte zu be-

118   *1.6 Wichtige anwendungstechnische Eigenschaften und Begriffe*

obachten. Dies bestätigen Messungen an mit Pigment Yellow 13 pigmentierten Offsetdruckfarben, die bei einer Dispergiertemperatur von 15 bzw. 50°C hergestellt waren, 4 bzw. 24 Stunden nach ihrer Herstellung (Abb. 59). Nachbenetzungseffekte sind hier aufgrund der besseren Benetzung der Oberfläche bei erhöhter Anreibetemperatur von nur untergeordneter Bedeutung.

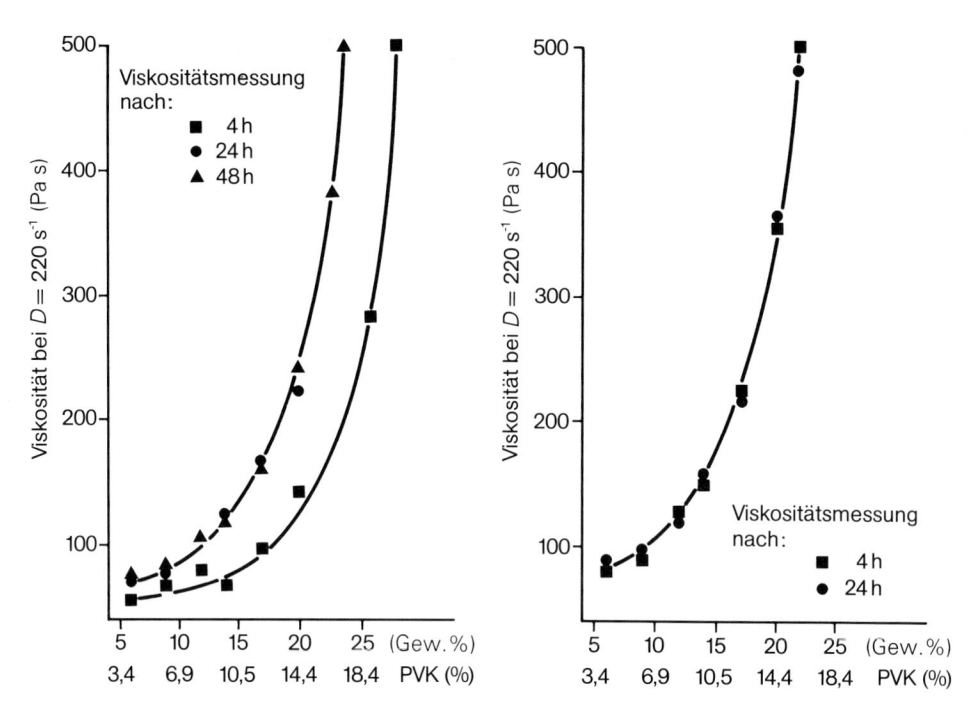

Abb. 59: Einfluß der Dispergiertemperatur (links: 15°C, rechts: 50°C) und der Lagerzeit auf die Viskosität von Bogenoffsetdruckfarben mit Pigment Yellow 13. Meßtemperatur 23°C.

Literatur zu 1.6

[1] B. D. Judd und G. Wyczecki, Color in Business, Science and Industry. J. Wiley & Sons, New York, 1975; M. Richter, Einführung in die Farbmetrik, Walter de Gruyter, Berlin 1976; R. S. Hunter, The Measurement of Appearance, J. Wiley & Sons, New York, 1975; H. G. Völz, Industrielle Farbprüfung. Grundlagen und Methoden, VCH Verlagsgesellschaft mbH, Weinheim, 1990; H. G. Völz, Industrial Color Testing. Fundamentals and Techniques. VCH Verlagsgesellschaft mbH, Weinheim, 1994.
[2] DIN 5033-3-1979 Teil 1: Grundbegriffe der Farbmetrik. ISO 7724-1-1984: CIE Standards colorimetric observers; Paints and varnishes – Colorimetry. Part 1: Principles; ISO 7724-2-1984 Part 2: Colour measurement.

[3] DIN 6174-1-1979: Farbmetrische Bestimmung von Farbabständen bei Körperfarben nach der CIELAB-Formel. ISO 7724-3-1984: Paints and varnishes – Colorimetry, Part 3: Calculation of colour differences. Ed. 1.
[4] P. Raabe und O. Koch, Melliand Textilber. 38 (1957) 173.
[5] G. Geißler, H. Schmelzer und W. Müller-Kaul, Farbe + Lack 84 (1978) 139.
[6] DIN 53235-3-1977: Prüfungen an standardisierten Proben.
[7] D. R. Duncan, Proc. Phys. Soc. London 52 (1940) 380.
[8] K. Hoffmann, Farbe + Lack 76 (1970) 665.
[9] DIN 6164: DIN-Farbenkarte.
[10] DIN 54001-8-1982: Herstellung und Handhabung des Graumaßstabes zur Bewertung der Änderung der Farbe. ISO 105-A02-1993. prEN 20105-A02-1991.
[11] DIN 55987-2-1981: Bestimmung eines Deckvermögenswertes pigmentierter Medien; Farbmetrisches Verfahren. ISO 6504-5-1987 (TC35): Determination of hiding power. Part 5: Colour difference method for dark coloured paints.
[12] F. Gläser, XIII. Congres FATIPEC, Juan les Pins, Kongreßbuch 239–243.
[13] DIN 16524 T1: Widerstandsfähigkeit gegen verschiedene physikalische und chemische Einflüsse.
[14] DIN 53197: Bestimmung des Gehaltes an wasserlöslichen Anteilen. ISO 787-8-1983: General methods of test for pigments and extenders. Part 8: Determination of matter soluble in water – cold extraction method.
[15] DIN 53202: Bestimmung der Acidikätszahl oder Alkalitätszahl. ISO 787-4-1981: General methods of test for pigments and extenders. Part 4: Determination of acidity or alkalinity of the aqueous extract.
[16] DIN 53200: Bestimmung des pH-Wertes von wäßrigen Pigment-Suspensionen. ISO 787-9-1985: General methods of test for pigments and extenders. Part 9: Determination of pH value of aqueous pigment suspensions.
[17] DIN 53208: Bestimmung der elektrischen Leitfähigkeit und des spezifischen Widerstandes von wäßrigen Pigment-Extrakten. ISO 787-14-1985: General methods of test for pigments. Part 14: Determination of resistivity of aqueous extract.
[18] DIN 53207 T1, T2: Bestimmung des Gehaltes an wasserlöslichen Sulfaten, Chloriden und Nitraten. ISO 787-13-1984: General methods of testing for pigments. Part 13: Determination of water-soluble sulphates, chlorides and nitrates.
[19] DIN 16524: Prüfung von Drucken und Druckfarben des graphischen Gewerbes.
[20] Empfehlung des Bundesgesundheitsamtes (BGA) IX B II vom 1. 7. 72.
[21] DIN 54002: Herstellung und Handhabung des Graumaßstabes zur Bewertung des Anblutens. ISO 105-A03-1993: Textiles – Tests for colour fastness. Part A03: Grey scale for assessing staining.
[22] DIN 54005, DIN 54006: Bestimmung der Wasserechtheit von Färbungen und Drucken (leichte bzw. schwere Beanspruchung). ISO 105-E01-1989: Textiles – Tests for colour fastness. Part E01: Colour fastness to water. prEN 20105-E01-1992.
[23] DIN 54007: Bestimmung der Meerwasserechtheit von Färbungen und Drucken. ISO 105-E02-1989: Textiles for colour fasteness. Part E02: Colour fastness to sea water. prEN 20 105-E02-1992.
[24] DIN 54010-54014: Bestimmung der Waschechtheit von Färbungen und Drucken. ISO 105-C03-1989: Textiles for colour fastness. Part C03: Colour fastness to washing: Test 3. ISO 105-C04-1989 Part C04: Colour fastness to washing: Test 4. DIN EN 20105-C04-1993.
ISO 105-C05-1989 Part C05: Colour fastness to washing: Test 5. DIN EN 20105-C05-1993.

Literatur zu 1.6

ISO 105-C02-1989 Part C02: Colour fastness to washing: Test 2. DIN EN 20105-C02-1993.

ISO 105-C01-1989 Part C01: Colour fastness to washing: Test 1. DIN EN 20105-C01-1993.

[25] DIN 54015: Bestimmung der Peroxid-Waschechtheit von Färbungen und Drucken.
[26] DIN 54016: Bestimmung der Hypochlorit-Waschechtheit von Färbungen und Drucken.
[27] DIN 54019: Bestimmung der Farbechtheit von Färbungen und Drucken gegenüber gechlortem Wasser. ISO 105-E03-1987: Textiles for colour fastness. Part E03: Colour fastness to chlorinated water (swimming bath water).
[28] DIN 54020-1983: Bestimmung der Schweißechtheit von Färbungen und Drucken. ISO 105-E04-1989: Textiles for colour fastness. Part E04: Colour fastness to perspiration. prEN 20105-E04-1992.
[29] DIN 54021-1984: Bestimmung der Reibechtheit von Färbungen und Drucken. ISO 105-X12-1987: Textiles – Tests for colour fastness. Part X12: Colour fastness to rubbing. prEN 20105-X12-1992.
[30] DIN 54022-1984: Bestimmung der Bügelechtheit von Färbungen und Drucken. ISO 105-X11-1987: Textiles – Tests for colour fastness. Part X11: Colour fastness to hot pressing. prEN 20105-X11-1992.
[31] DIN 54024-1984: Bestimmung der Tockenreinigungsechtheit von Färbungen und Drucken. ISO 105-D01-1987: Textiles – Tests for colour fastness. Part D01: Colour fastness to dry cleaning. prEN 20105-D01-1992.
[32] DIN 54023-1984: Bestimmung der Lösungsmittelechtheit von Färbungen und Drucken. ISO 105-X05-1987: Textiles – Tests for colour fastness. Part X05: Colour fastness to organic solvents.
[33] DIN 54028-1984: Bestimmung der Säureechtheit von Färbungen und Drucken. ISO 105-E05-1989: Textiles – Tests for colour fastness. Part E05: Colour fastness to spotting: Acid.
[34] DIN 54030-1984: Bestimmung der Alkaliechtheit von Färbungen und Drucken. ISO 105-E06-1989: Textiles – Tests for colour fastness. Part E06: Colour fastness to spotting: Alkali.
[35] DIN 54031-1984: Bestimmung der Sodakochechtheit von Färbungen und Drucken. ISO 105-X06-1987: Textiles – Tests for colour fastness. Part X06: Colour fastness to soda boiling.
[36] DIN 54033 bis 54037-1984: Bestimmung der Peroxid-, Hypochlorit-, Chlorit-Bleichechtheit (leichte bzw. schwere Beanspruchung). ISO 105-N02-1993: Textiles – Tests for colour fastness. Part N02: Colour fastness to bleaching agencies.
[37] DIN 54060-1985: Bestimmung der Trockenhitzeplissier- und Trockenhitzefixierechtheit von Färbungen und Drucken. ISO 105-P01-1993: Textiles – Tests for colour fastness. Part P01: Colour fastness to heat treatments. prEN 20105-P01-1992.
[38] F. Gläser, XII. Congres FATIPEC, Garmisch, 1974, Kongreßbuch 363–370.
[39] W. McDowell, J. Soc. Dyers Colour. 88 (1972) 212–216.
[40] DIN 53775: Prüfung von Pigmenten in PVC weich.
[41] Kumis und Roteman, J. Polym. Sci. 55 (1961) 699.
[42] W. Herbst und K. Merkle, Farbe + Lack 75 (1969) 1137–1157.
[43] DIN 55943: Farbmittel; Begriffe. ISO 4618-1-1984 and ISO 4618-2-1984: Paints and varnishes – Vocabulary. Part 1: General terms; Part 2: Terminology relating to initial defects and to undesirable changes in films during ageing.
[44] DIN 55945-1988: Anstrichstoffe und ähnliche Beschichtungsstoffe; Begriffe. ISO 4618-4-1988: Paints and varnishes – Vocabulary. Part 4: Further general terms and terminology relating to changes in films and raw material.

[45] DIN 53405-1981: Bestimmung der Wanderung von Weichmachern. ISO 177-1988: Plastics – Determination of migration of plasticisers.
[46] DIN 53991: Bestimmung des Ausblutens.
[47] DIN 53415-1989: Bestimmung des Ausblutens von Farbmitteln. ISO 183-1976: Plastics – Qualitative evaluation of the bleeding of colorants.
[48] DIN 53236, in Verbindung mit DIN 6174.
[49] J. Richter, Plastverarbeiter 18 (1968) 933–935.
[50] F. Memmel, Plastverarbeiter 21 (1971) 325–328.
[51] H. G. Völz, G. Kämpf und H. G. Fitzky, X. Congr. FATIPEC, Montreux, 1970, Kongreßbuch 107–112.
[52] G. Kämpf, W. Papenroth und R. Holm, XI. Congr. FATIPEC, Florenz, 1972, Kongreßbuch 569–574.
[53] DIN 53159: Bestimmung des Kreidungsgrades von Anstrichen und ähnlichen Beschichtungen nach Kämpf.
[54] DIN 53223-1973: Bestimmung des Kreidungsgrades nach der Klebebandmethode. ISO 4628-6-1990: Paints and varnishes – Evaluation of degradation of paint coatings – Designation of intensity, quantity and size of common types of defects. Part 6: Designation of degree of chalking.
[55] U. Johnsen und K.-H. Moos, Angew. Markomol. Chem. 74 (1978) 1–15.
[56] W. Woebcken und E. Seus, Kunststoffe 57 (1967) 637–644, 719–723.
[57] H. Rumpf, Chem.-Ing. Techn. 37 (1965) 187.
[58] H. Pahlke, Farbe + Lack 72 (1966) 623–630, 747–758.
[59] L. Gall und U. Kaluza, DEFAZET Dtsch. Farben Z. 29 (1975) 102–115.
[60] A. W. Neumann und P. J. Sell, Z. Phys. Chem. 187 (1969) 227.
[61] G. Hellwig und A. W. Neumann, Farbe + Lack 73 (1967) 823.
[62] J. Schröder und B. Honigmann, Farbe + Lack 87 (1981) 176–180.
J. Schröder, Farbe + Lack 91 (1985) 11–17.
[63] P. J. Sell und D. Renzow, Progr. Org. Coat 3 (1975) 323–348; Farbe + Lack 83 (1977) 265–269.
[64] K. L. Wolf, Physik u. Chemie der Grenzflächen, Bd. I, Springer Verlag, Berlin, 1957.
[65] T. C. Patton, Paint Flow and Pigment Dispersion, Interscience Publishers, New York, 1964.
[66] E. W. Washburn, Phys. Rev., 17 (1921) 273.
[67] G. D. Parfitt, J. Oil Colour Chem. Assoc. 50 (1967) 826.
[68] W. Herbst, DEFAZET Dtsch. Farben Z. 26 (1972) 519–532, 571–576.
[69] W. Herbst, Farbe + Lack 76 (1970) 1190–1208.
[70] W. Herbst, Farbe + Lack 77 (1971) 1072–1080, 1197–1203.
[71] W. Herbst, Progr. Org. Coat. I (1972/73) 267–331.
[72] P. Quednau, Polym. Paint Colour 18 (1982) 515–520.
[73] U. Kaluza, DEFAZET Dtsch. Farben Z. 33 (1979) 355–359, 399–411.
[74] B. V. Deryaguin and L. D. Landau, Acta Physicochim. URSS 14 (1941) 633.
[75] E. J. W. Verwey und J. Th. G. Overbeck, Theory of the Stability of Lyophobic Colloids, Elsevier, Amsterdam, 1948.
[76] V. T. Crowl, J. Oil Colour Chem. Assoc. 50 (1967) 1023.
[77] D. H. Napper, J. Colloid Interface Sci. 58 (1977) 390.
[78] E. J. Clayfield und E. C. Lumb, J. Colloid and Interface Sci. 22 (1966) 269.
[79] A. Topham, Progr. Org. Coat. 5 (1977) 237.
[80] W. K. Asbeck und M. van Loo, Ind. Eng. Chem. 41 (1949) 1470.
[81] W. K. Asbeck, G. A. Scherer und M. van Loo, Ind. Eng. Chem. 47 (1955) 1472–1476.

[82] s. Literaturzusammenstellung bei O. Kolár, B. Svoboda, F. Hájek und J. Korinský, Farbe + Lack 75 (1969) 1039.

[83] K. Merkle und W. Herbst, Farbe + Lack 77 (1971) 214–223.

[84] W. Herbst und K. Merkle, Farbe + Lack 78 (1978) 25–34.

[85] DIN ISO 1524-6-1987 und EN 21524: Lacke und Anstrichstoffe – Bestimmung der Mahlfeinheit (Körnigkeit). Determination of fineness of grind – Détermination de la finesse de broyage.

[86] DIN ISO 8781-2-1992: Pigmente und Füllstoffe; Verfahren zur Beurteilung des Dispergierverhaltens. Bestimmung der Mahlfeinheit (Körnigkeit). Part 2: Assessment from the change in fineness of grind.

[87] DIN ISO 8780 Dispergierverfahren zur Beurteilung des Dispergierverhaltens; Methods of dispersion of assessment of dispersion characteristics.
DIN ISO 8780-1-1990: Dispersion characteristics of pigments and extenders. Methods of dispersion.
DIN ISO 8780-2-1990: Dispergieren mit einer Schüttelmaschine. Dispersion using an oscillatory shaking machine.
DIN ISO 8780-3-1990: Dispergieren mit einem Hochgeschwindigkeitsrührer.
DIN ISO 8780-4-1990: Dispergieren mit einer Perlmühle.
DIN ISO 8780-5-1990: Dispergieren mit einer Teller-Farbenausreibmaschine. Dispersion using an automatic miller.
DIN ISO 8780-6-1990: Dispergieren mit einem Dreiwalzwerk. Dispersion using a triple roll mill.

[88] DIN 53238 T30: Prüfmedium Alkydharz-System, niedrig viskos, oxidativ-trocknend.
DIN 53238 T31: Prüfmedium Alkyd/Melaminharz-System, niedrig-viskos, ofentrocknend.
DIN 53238 T32: Prüfmedium Alkyd/Melaminharz-System 2, niedrig-viskos, ofentrocknend.
DIN 53238 T33: Prüfmedium hochviskos, oxidativ trocknend.

[89] A. Klaeren und H. G. Völz, Farbe + Lack 81 (1975) 709.

[90] D. v. Pigenot, VII. Congr. FATIPEC, Vichy, 1964, Kongreßbuch 249.

[91] U. Zorll, Farbe + Lack 80 (1974) 17.

[92] O. J. Schmitz, R. Kroker und P. Pluhar, Farbe + Lack 79 (1973) 733.

[93] DIN ISO 8781-1-1992: Verfahren zur Beurteilung des Dispergierverhaltens; Bestimmung der Farbstärkeentwicklung von Buntpigmenten. Assessment from the change in tinting strength of coloured pigments.

[94] DIN ISO 8781-3-1992: Verfahren zur Beurteilung des Dispergierverhaltens; Bestimmung der Glanzentwicklung. Assessment from the change in gloss.

[95] DIN 67530-1982: Reflektometer als Hilfsmittel zur Glanzbeurteilung an ebenen Aufstrich- und Kunststoff-Oberflächen. ISO 2813-1989.

[96] A. S. Gomm, G. Hull und J. L. Moilliet, J. Oil Colour Chem. Assoc. 51 (1968) 143–160.

[97] J. W. White, Am. Paint Coat. J. 61 (1976) 52–56.

[98] DIN 54003-1983: Bestimmung der Lichtechtheit von Drucken und Färbungen mit Tageslicht. ISO 105-B01-1993: Textiles; Tests for colour fastness; Colour fastness to light: Daylight.

[99] DIN 16525: Prüfen von Drucken und Druckfarben des graphischen Gewerbes; Lichtechtheit.

[100] H. Schmelzer, XVII. Congr. FATIPEC, Lugano, 1984, Kongreßbuch Bd. 1, 499–509.

[101] J. Boxhammer, Original Hanau Quarzlampen GmbH, Hanau, VDI-Seminar „Alterung von Kunststoffen", 1977.
[102] DIN 53387-1989: Kurzprüfung der Lichtechtheit. ISO 4892-1989: Plastics – Methods to exposure to laboratory light sources.
[103] DIN 1249 Fensterglas.
[104] DIN 53236-1983: Meß- und Auswertbedingungen zur Bestimmung von Farbunterschieden bei Anstrichen, ähnlichen Beschichtungen und Kunststoffen. ISO 7724-2-1984: Paints and varnishes – Colorimetry. Part 2: Colour measurement.
[105] DIN 53387-1989: Kurzprüfung der Wetterbeständigkeit (Simulation der Freibewitterung durch gefilterte Xenonbogen-Strahlung und Beregnung). ISO 4892-1-1994, ISO 4892-2-1994: Methods to exposure to laboratory light sources.
[106] G. Kämpf, W. Papenroth und R. Holm, Farbe + Lack 79 (1973) 9–21.
[107] E. Baier, Farbe + Lack 83 (1977) 599–610.
[108] W. Herbst und O. Hafner, Farbe + Lack 82 (1976) 394–411.
[109] DIN 53772: Bestimmung der Hitzebeständigkeit durch Spritzgießen.
[110] DIN 24450: Maschinen zum Verarbeiten von Kunststoffen.
[111] DIN 53774: Prüfung von Farbmitteln in PVC hart.
[112] DIN 53775: Prüfung von Pigmenten in PVC weich.
[113] P. Hauser, M. Hermann und B. Honigmann, Farbe + Lack 76 (1970) 545–50 und 77 (1971) 1097–1106.
[114] O. Fuchs, DEFAZET Dtsch. Farben Z. 22 (1968) 548 und 23 (1969) 17, 57, 111.
[115] U. Zorll, Farbe + Lack 86 (1980) 301–307.
[116] U. Kaluza, Physikalisch-chemische Grundlagen der Pigmentverarbeitung für Lacke und Druckfarben, BASF Aktiengesellschaft 1979.
[117] H. Pahlke, X. Congr. FATIPEC, Montreux, 1970, Kongreßbuch 549–554.
[118] G. R. South, Am. Ink. Maker 32 (1968) 35–37.
[119] DIN 16515/1: Farbbegriffe im Graphischen Gewerbe.
[120] A. C. Zettlemoyer, R. F. Scarr und W. D. Schaeffer, Proc. TAGA, 9A (1957) 75, Int. Bull. Print Allied Trades 80 (1958) 88–96.
[121] W. Herbst, Farbe + Lack 75 (1969) 431–436.
[122] J. Schurz und T. Kashmoula, Farbe + Lack 82 (1976) 895–901.
[123] Hersteller: Anton Paar KG, Graz.
[124] DIN 53019 T1: Messung von Viskositäten und Fließkurven mit Rotationsviskosimetern mit Standardgeometrie. ISO 8961-1987: Plastics – Polymer dispersions; Definition and determination of properties.
[125] T. C. Patton, J. Paint Technol. 38 (1966) 656–666.
[126] Snell-Hilton, Encyclopedia of Industrial Chemical Analysis, Vol. 3, John Wiley and Sons, 1966, 408–463.
[127] DIN 53018/1: Messung der dynamischen Viskosität newtonscher Flüssigkeit mit Rotationsviskosimetern: Grundlagen.
[128] DIN 53018/2: Fehlerquellen und Korrekturen bei Zylinder-Rotationsviskosimetern.
[129] DIN 53229-1989: Bestimmung der Viskosität bei hoher Schergeschwindigkeit. ISO 2884-1974: Paints and varnishes; Determination of viscosity at a high rate of shear.
[130] DIN 53222: Bestimmung der Viskosität mit dem Fallstabviskosimeter.
[131] J. Schutz, Viskositätsmessungen an Hochpolymeren, Verlag Berliner Union, Kohlhammer, Stuttgart 1972.
[132] O. Plajer, Plastverarbeiter 29 (1978) 169–175, 249–252, 311–314, 376–378.
[133] H. Schmelzer, Farbe + Lack 79 (1973) 1066–1071.

1.7 Korngrößenverteilung und anwendungstechnische Eigenschaften im pigmentierten Medium

Viele anwendungstechnische Eigenschaften pigmentierter Systeme werden von der Korngrößenverteilung des Pigmentes maßgeblich beeinflußt. Die Korngrößenverteilung im Anwendungsmedium entspricht im allgemeinen nicht der im Pulverpigment (s. 1.5.2). Die am Pulver ermittelte Verteilung erlaubt daher häufig nur qualitative Aussagen über eine Korrelation mit anwendungstechnischen Eigenschaften. Exaktere Zusammenhänge lassen sich allerdings erhalten, wenn die Korngrößenverteilung des dispergierten Pigmentes direkt im Anwendungsmedium bestimmt wird.

1.7.1 Farbstärke

Der Zusammenhang der Teilchengröße mit dem Absorptionsvermögen für sichtbare elektromagnetische Strahlung und damit der Farbstärke organischer Pigmente im Anwendungsmedium (s. 1.6.1.1) ist in Abb. 60 schematisch dargestellt. Danach steigt die Absorption (Farbstärke) eines Pigmentes mit abnehmendem Teilchendurchmesser und entsprechend zunehmender Oberfläche an. Die Farbstärke nimmt jedoch nur solange zu, bis die Teilchen voll durchstrahlbar sind. Eine weitere Verkleinerung bringt keinen Farbstärkezuwachs mehr [1]. Die Farbstärke nimmt in dem genannten Korngrößenbereich zu, aber nur dann, wenn die Eigenstreuung des Pigmentes, wie in Aufhellungen mit Titandioxid, vernachlässigt werden kann. In transparenten Systemen, beispielsweise in Druckschichten, können infolge anderer optischer Gegebenheiten hiervon abweichende Beziehungen zwischen Farbstärke und Korngrößenverteilung bestehen.

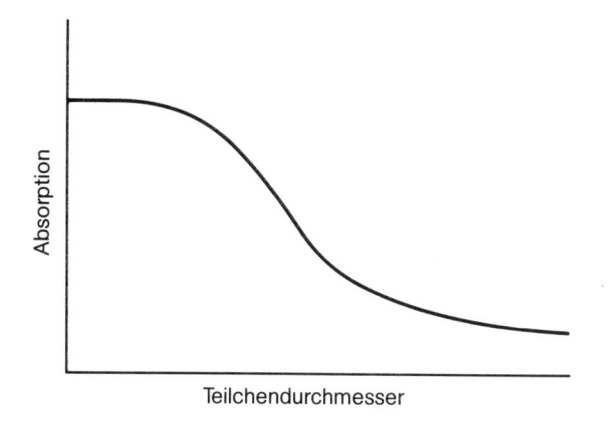

Abb. 60: Zusammenhang zwischen Teilchengröße und Absorption (Farbstärke) eines Pigmentes (schematisch).

1.7.1 Farbstärke 125

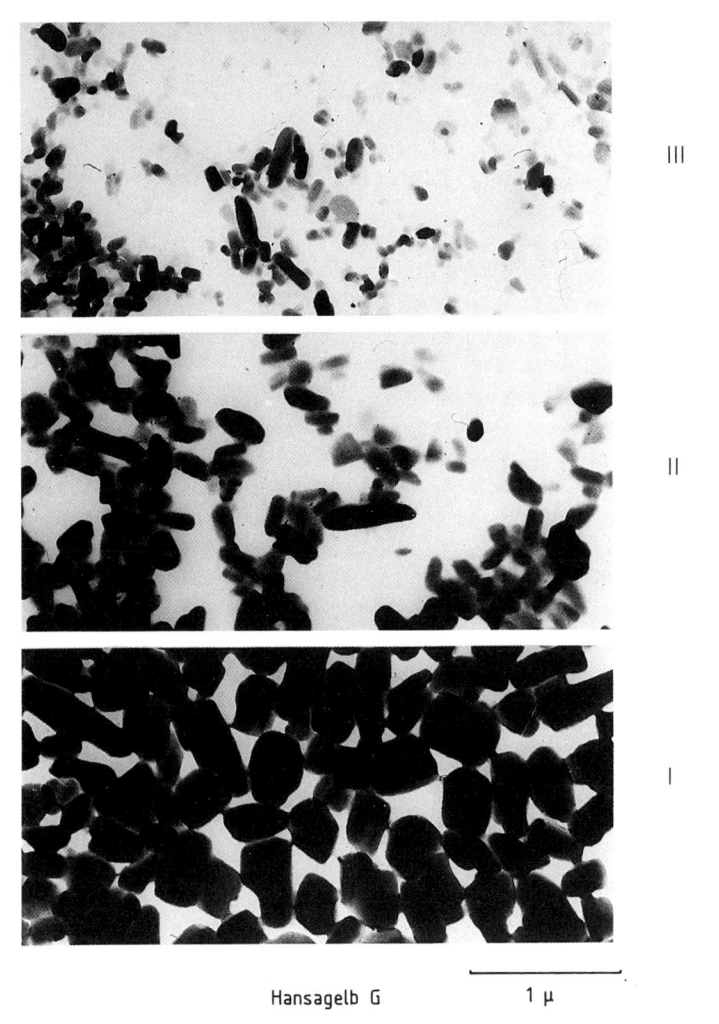

III

II

I

Hansagelb G   1 μ

Abb. 61: Elektronenmikroskopische Aufnahmen der Pigment-Yellow-1-Fraktionen I-III.

Der Einfluß der Teilchengröße bzw. Teilchengrößenverteilung auf die Farbstärke in Weißaufhellungen wird anschaulich am Beispiel wäßriger Teige von Pigment Yellow 1 in Dispersionsanstrichfarben [2, 3]. Die Pigmentteige waren durch Ultrazentrifugieren in drei Fraktionen unterschiedlicher Teilchengrößenbereiche getrennt worden. Abb. 61 zeigt elektronenmikroskopische Aufnahmen der einzelnen Fraktionen, Abb. 62 die durch Ultrasedimentation ermittelten Teilchengrößenverteilungen. Der Median-Wert (s. 1.5.2) der Kurven ist jeweils durch einen Pfeil markiert. Die Fraktionen wurden dann mit einer geeigneten TiO_2-Dispersion verschnitten. Bei gleichem Aufhellverhältnis entsprechen 1%ige Ausfärbungen der mittleren Teilchengrößenfraktion (Teig 2) in ihrer Farbstärke 0,7%igen Ausfär-

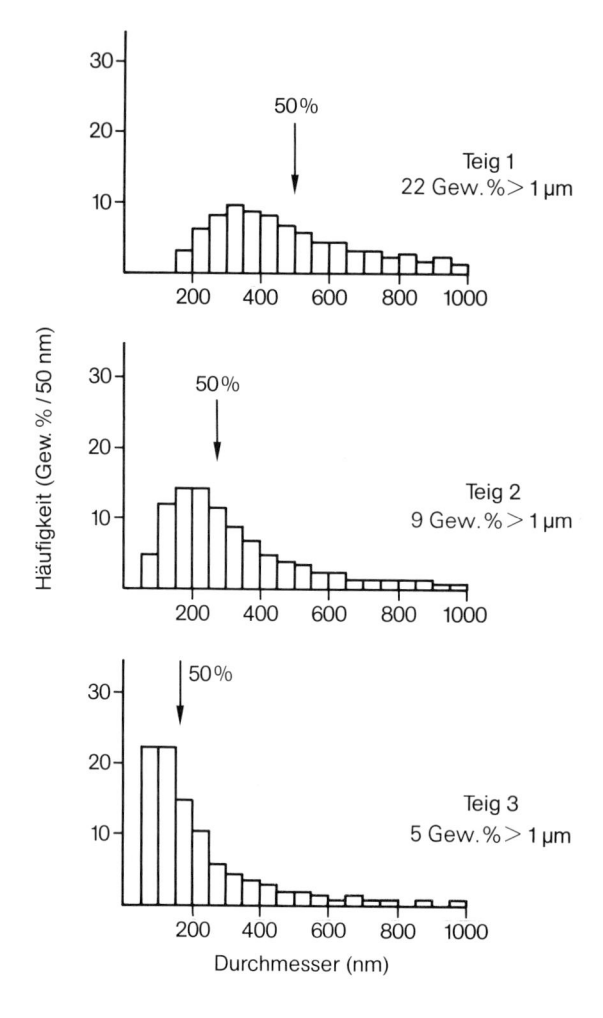

126 *1.7 Korngrößenverteilung und anwendungstechnische Eigenschaften*

Abb. 62: Teilchengrößenverteilung der wäßrigen Pigment-Yellow-1-Teige 1–3.

bungen der feinteiligen Fraktion (Teig 3) und 2,1%igen Ausfärbungen der grobteiligen Fraktion (Teig 1). Die drei Fraktionen verhalten sich also mit zunehmender Teilchengröße bezüglich ihrer Farbstärke wie 100:145:300 Teilen.

In anderen Fällen und unabhängig vom Anwendungsgebiet kann die Farbstärke durch unterschiedliche Korngrößenverteilung noch stärker beeinflußt werden.

Der Einfluß unterschiedlicher Korngrößenverteilung auf die Farbstärke von Buchdruck-Andrucken wird am Beispiel von drei Pigmentproben des Typs Pigment Yellow 13 veranschaulicht. Abb. 63 (S. 127) zeigt elektronenmikroskopische Aufnahmen der drei Pigmente, Abb. 64 (S. 128) die Teilchengrößenverteilungen. Die Pigmente wurden unter gleichen Bedingungen auf einem Dreiwalzenstuhl in einem Bogenoffsetfirnis dispergiert und auf einem Probedruckgerät mit 1 µm

1.7.1 Farbstärke 127

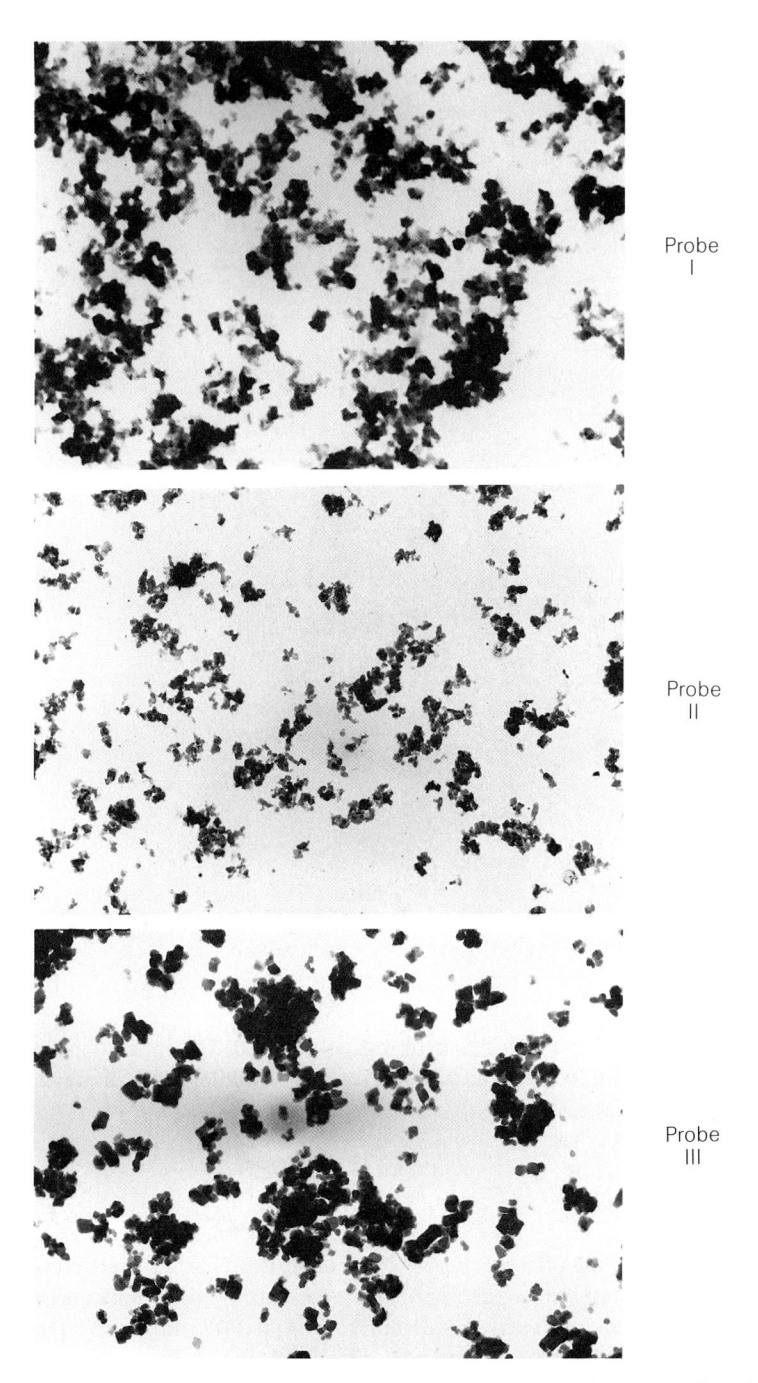

Probe
I

Probe
II

Probe
III

Abb. 63: Elektronenmikroskopische Aufnahmen von Pigment-Yellow-13-Proben unterschiedlicher Teilchengrößen

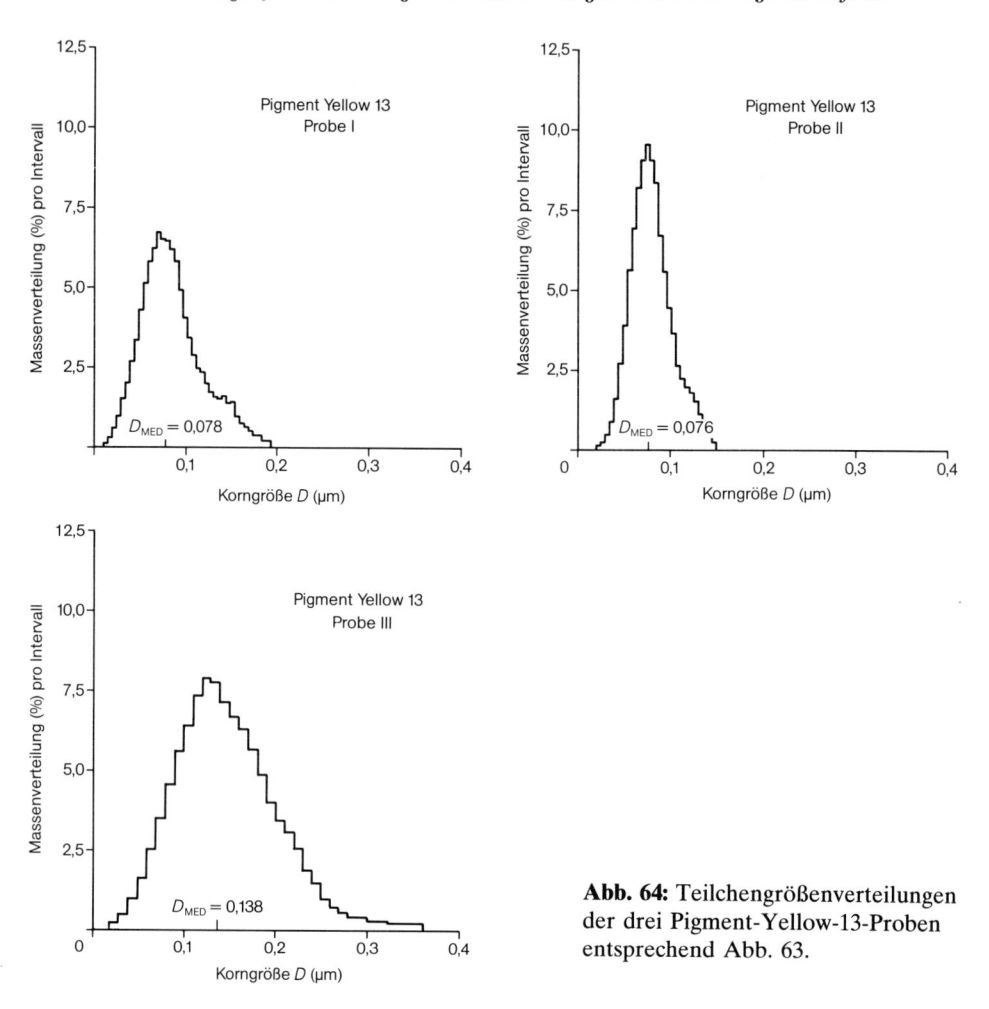

Abb. 64: Teilchengrößenverteilungen der drei Pigment-Yellow-13-Proben entsprechend Abb. 63.

Schichtdicke gedruckt. Bezogen auf den das grobteilige Pigment III enthaltenden Druck wurde für Probe II farbmetrisch eine Mehrfarbstärke von 25%, für die feinteilige Pigmentprobe I von 36% festgestellt.

1.7.2 Farbton

Die Teilchengröße eines Pigmentes hat auch auf den Farbton (s. 1.6.1.2) beträchtlichen Einfluß. Das wird anhand der Remissionskurven von Weißaufhellungen eines Pigmentpaares von Pigment Yellow 83 in einem Alkyd-Melaminharz-Lack verdeutlicht. Abb. 65 zeigt die elektronenmikroskopischen Aufnahmen, Abb. 66 die Korngrößenverteilungen der beiden Pigmente. In Abb. 67 mit den Remissionskurven der beiden Lackierungen entspricht Kurve 1 dem feinteiligen, Kurve

1.7.2 Farbton 129

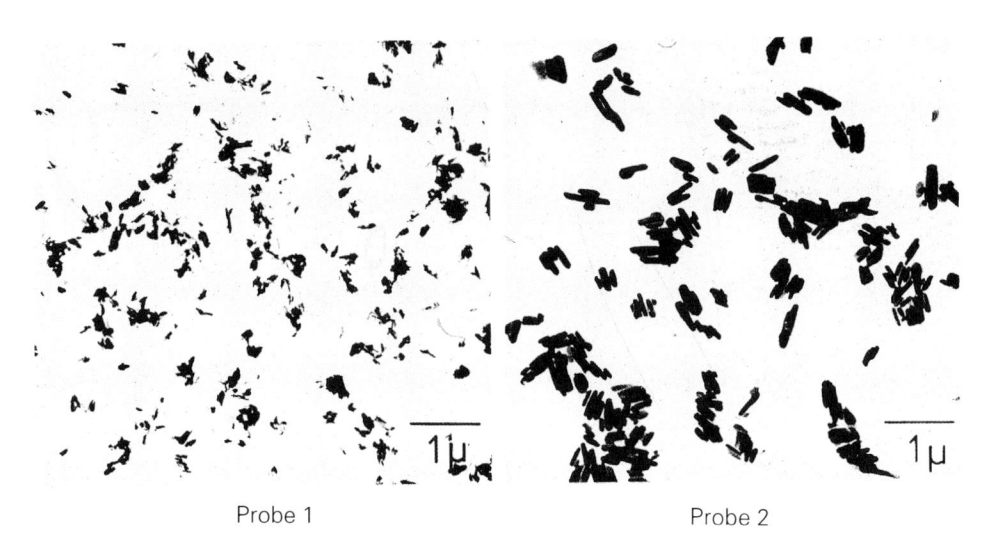

Probe 1   Probe 2

Abb. 65: EM-Aufnahmen von zwei Pigment-Yellow-83-Proben unterschiedlicher Teilchengrößen.

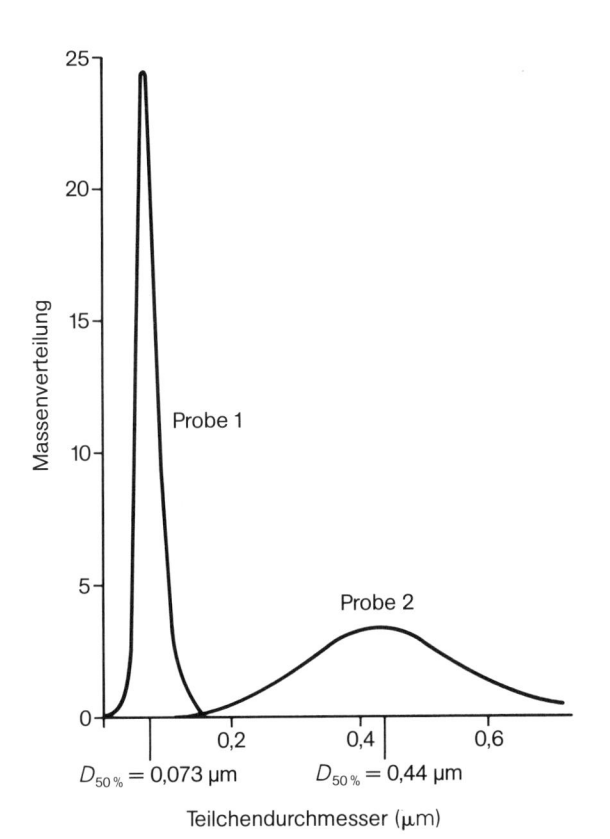

$D_{50\%} = 0{,}073$ μm $D_{50\%} = 0{,}44$ μm

Teilchendurchmesser (μm)

Abb. 66: Korngrößenverteilung der zwei P.Y.-83-Proben entsprechend Abb. 65.

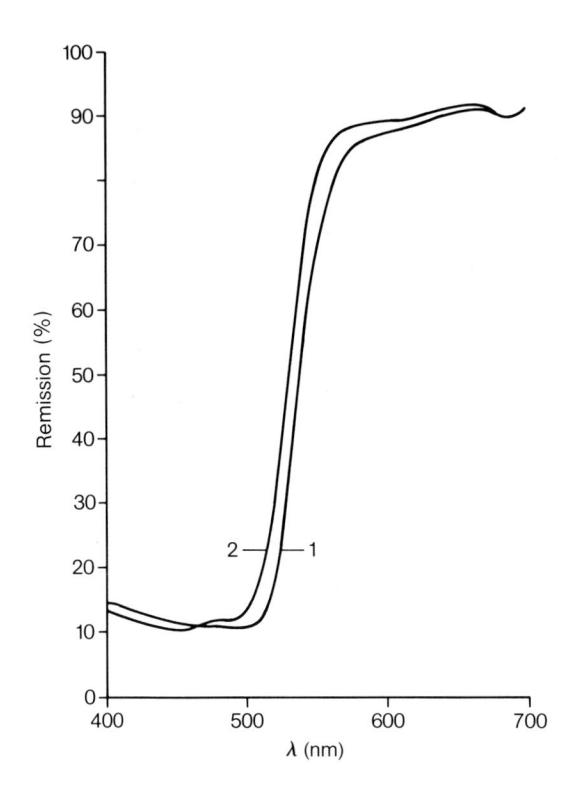

Abb. 67: Einfluß der Teilchengröße von P.Y.83 auf den Farbton von Alkyd-Melaminharz-Einbrennlackierungen (Weißaufhellungen) anhand von Remissionskurven.

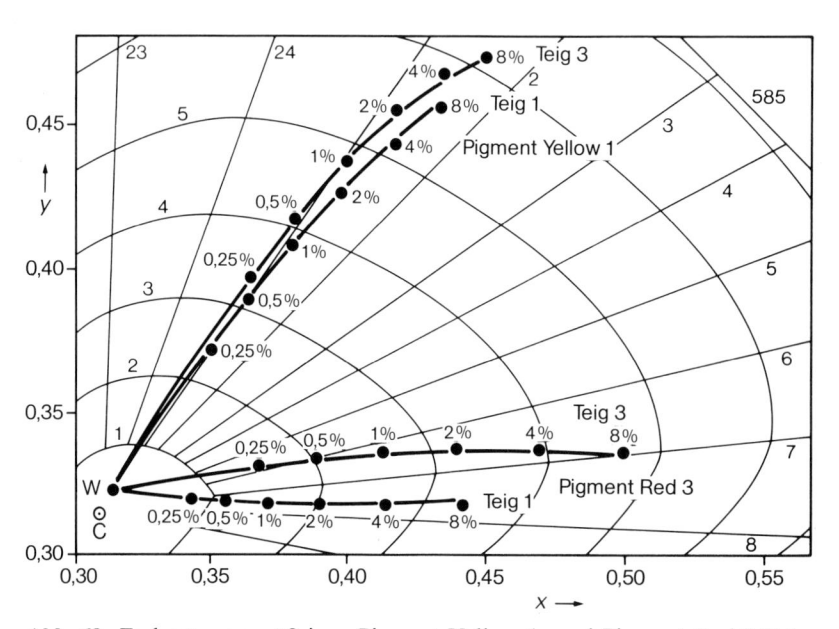

Abb. 68: Farborte von wäßrigen Pigment-Yellow-1- und Pigment-Red-3-Präparationen unterschiedlicher Teilchengrößen. Ausschnitt aus der Normfarbtafel für Mittelpunktsvalenz E (DIN 6164).

2 dem grobteiligen Pigment, bei gleicher Pigmentkonzentration im Lack. Die seitliche Verschiebung der Kurven im Wellenlängenbereich von etwa 520 bis 560 nm entspricht einer mit zunehmender Teilchengröße deutlichen Änderung des Farbtones zu rotstichigerem Gelb.

Ganz allgemein trifft folgende Regel zu: Im gelben Farbtonbereich bewirkt zunehmende Teilchengröße eine Verschiebung zu röterem Farbton, Orangepigmente werden mit zunehmender Teilchengröße röter; gelbstichige Rotpigmente blauer, blaustichige Rotpigmente gelbstichiger; braune Pigmente röter; violette, wie Dioxazinviolett, blauer, und Blaupigmente, z. B. Phthalocyaninblau-Pigmente, rotstichiger. Einflüsse der Teilchengröße auf den Farbton sind besonders an Weißaufhellungen gut erkennbar.

Für Anstriche, die aus Pigmentteigen unterschiedlicher Korngrößenverteilung von Pigment Yellow 1 hergestellt wurden (s. 1.7.1), sind in Abb. 68 die Farbtonverschiebungen anhand der Farborte verdeutlicht. Die Farborte sind durch ihre Normfarbwerte x und y in dem entsprechenden Ausschnitt der DIN-Farbenkarte [4] bestimmt. Der Weißdispersion (Farbort W) wurden hier steigende Mengen der Pigmentteige zugegeben. In den gleichen Ausschnitt sind auch die Farborte von Pigment-Red-3-(Toluidinrot) - Fraktionen unterschiedlicher Teilchengröße eingezeichnet, die in entsprechender Weise erhalten wurden [2]. Die zum Punkt C verlaufenden Geraden entsprechen den Linien gleichen Farbtones, die konzentrischen Kurvenzüge Linien gleicher Sättigung. Danach ist der Farbton bei gleicher Pigmentkonzentration im Falle von Pigment Yellow 1 bei der grobteiligen Probe röter, bei Toluidinrot deutlich blauer als bei der entsprechenden feinteiligen Probe. Gleichzeitig ist in diesem Ausschnitt auch eine Farbtonverschiebung mit steigendem Buntpigmentgehalt erkennbar, die besonders bei den feinteiligen Pigmenten ausgeprägt ist.

Außer der Teilchengröße kann auch die Teilchenform organischer Pigmente Einfluß auf die coloristischen Eigenschaften haben. Ursache ist die Anisotropie der optischen Eigenschaften in den unterschiedlichen kristallografischen Richtungen der Pigmentkristalle. Für Kupferphthalocyaninblau wurde dies 1974 gezeigt [5, 6]. So geben bei der β-Modifikation dieses Pigmentes bei etwa gleicher Teilchengröße annähernd würfelförmige, d.h. isometrische Teilchen grünstichigblaue, stangenförmige Teilchen rotstichig-blaue Färbungen. Über das optische Verhalten im Medium gerichtet angeordneter Pigmentteilchen wird auf die Literatur verwiesen [7, 8].

1.7.3 Deckvermögen, Transparenz

Für das Deckvermögen (s. 1.6.1.3) eines pigmentierten Systems ist neben dem Absorptionskoeffizienten des Pigmentes, den Brechungsindices von Pigment und Bindemittel, dem Dispersionsgrad des Pigmentes, der Schichtdicke usw., vor allem der Streukoeffizient des Pigmentes maßgebend. Er ist – ähnlich wie der Absorptionskoeffizient – teilchengrößenabhängig. Das Streuvermögen hat bei einer bestimmten Teilchengröße ein Maximum (s. Abb. 69). Das sich von diesem Maxi-

1.7 Korngrößenverteilung und anwendungstechnische Eigenschaften

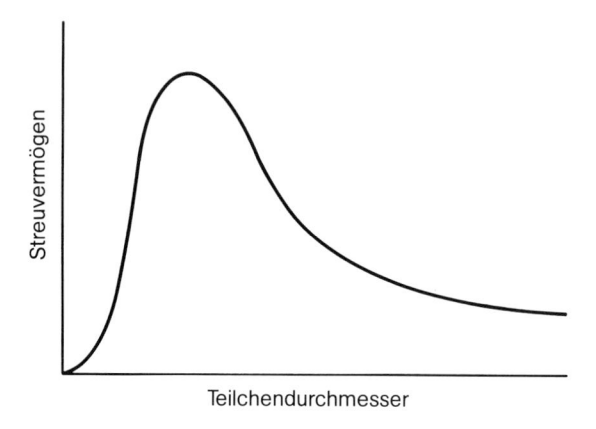

Abb. 69: Zusammenhang zwischen Teilchengröße und Streuvermögen eines Pigmentes (schematisch).

mum zu gröberen Teilchen hin erstreckende Gebiet zunehmender Transparenz wird auch als Ultralasur oder Ultratransparenz bezeichnet [9]. Das Maximum selbst liegt in der Regel bei Teilchengrößen, bei denen die Absorption bzw. die Farbstärke bei weitem nicht mehr optimal ist.

Hohes Deckvermögen kann trotz geringen Streuvermögens aber auch durch hohes Absorptionsvermögen bewirkt werden. Organische Buntpigmente mit sehr hohen Absorptionskoeffizienten und niedrigen Streukoeffizienten erscheinen in einem Bindemittel bei entsprechender Pigmentflächenkonzentration deckend, aber sehr dunkel. So ist beispielsweise das hohe Deckvermögen von Kupferphthalocyaninblau auf den hohen Absorptionskoeffizienten, d. h. die hohe Farbstärke des Pigmentes zurückzuführen [10].

Eine Berechnung der für das Deckvermögen von Buntpigmenten optimalen Teilchengröße ist bisher nicht möglich. Trotz einer ganzen Anzahl grundlegender theoretischer Arbeiten wird daher in der Praxis bei der Anwendung und Entwicklung organischer Pigmente maximales Deckvermögen nach wie vor anhand anwendungstechnischer Prüfungen ermittelt. Eine grobe Abschätzung der für die Streuung maximalen Teilchengröße ermöglicht eine von H. H. Weber gefundene Regel:

$$D_{max} = \frac{\lambda}{2,1 \, (n_P - n_B)},$$

in der λ die Wellenlänge des gestreuten Lichtes, n_P und n_B die Brechungsindices des Pigmentes bzw. Bindemittels bedeuten. Letztere liegen für organische Pigmente etwa zwischen 1,3 und 2,5, abhängig von Pigment und Wellenlänge, für viele Bindemittel bei etwa 1,5. Für $n_P = 2$ ergeben sich daraus für Wellenlängen von 400 bis 700 nm für die Streuung somit optimale Teilchengrößen zwischen etwa 0,4 und 0,7 µm.

Für die Bestimmung des Deckvermögens von pigmentierten Medien werden in der Praxis unterschiedliche Methoden angewandt. Bei bunten Systemen wird oft das Kontrastverhältnis über schwarz-weißem Untergrund als Maß für das Deck-

1.7.3 Deckvermögen, Transparenz

vermögen gewählt oder durch Variation der Pigmentkonzentration und/oder der Schichtdicke (Pigmentflächenkonzentration) auf einen Farbabstand $\Delta E^*_{ab} = 1$ zwischen weißem und schwarzem Untergrund eingestellt ([11], s. auch 1.6.1.3). Mit Hilfe dieser Methode wird der Einfluß der Teilchengröße auf das Deckvermögen am Beispiel von Pigment Orange 34 in einem langöligen Alkydharzlack verdeutlicht. Abb. 70 zeigt die elektronenmikroskopischen Aufnahmen einer feinteiligen, transparenten und einer sehr grobteiligen, stark deckenden Version. Abb. 71 gibt die Korngrößenverteilungen dieser Pigmente wieder. Abb. 72 zeigt in Lackierungen von P.O. 34 über schwarz-weißem Untergrund bei gleicher Pigmentkonzentration und gleicher Schichtdicke die erheblichen Unterschiede im Deckvermögen.

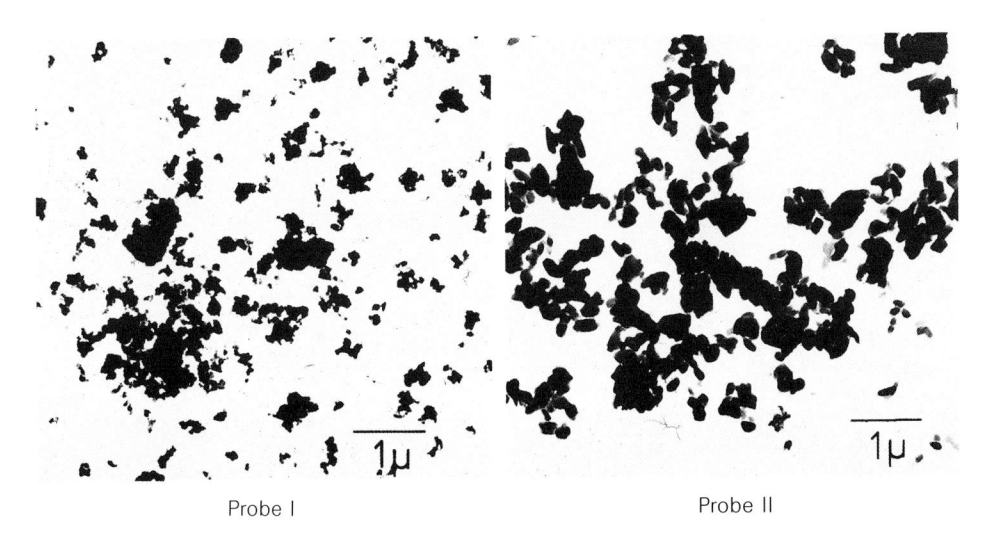

Probe I   Probe II

Abb. 70: EM-Aufnahmen von Pigment-Orange-34-Proben unterschiedlicher Teilchengröße.

Entsprechend dem Deckvermögen ist natürlich auch die Transparenz bzw. Lasur pigmentierter Systeme teilchengrößenabhängig. Die Kriterien für gute Transparenz pigmentierter Medien wechseln von einem Anwendungsgebiet zum anderen. Im Druck beispielsweise wird gefordert, daß ein schwarzer Untergrund durch eine darübergedruckte Schicht möglichst wenig aufgehellt wird, die Streuung der Schicht gering ist. Die Prüfung erfolgt hier häufig in der Weise, daß Druckfarben bestimmter Konzentration und Schichtdicke (1 bis 2 µm), d.h. bestimmter Pigmentflächenkonzentration, auf schwarzes Papier bestimmter Art gedruckt und visuell oder farbmetrisch bewertet werden.

Eine farbmetrische Bestimmung der Lichtstreuung der pigmentierten Schicht über schwarzem Untergrund und damit der Transparenz (s. 1.6.1.3) kann anhand des Normfarbwertes Y (Hellbezugswert) oder des Farbabstandes ΔE^*_{ab} nach DIN 6174 (gegebenenfalls mit steigender Schichtdicke) erfolgen. Als Maß für die Transparenz kann die sogenannte Transparenzzahl T dienen. Sie ist als der Kehr-

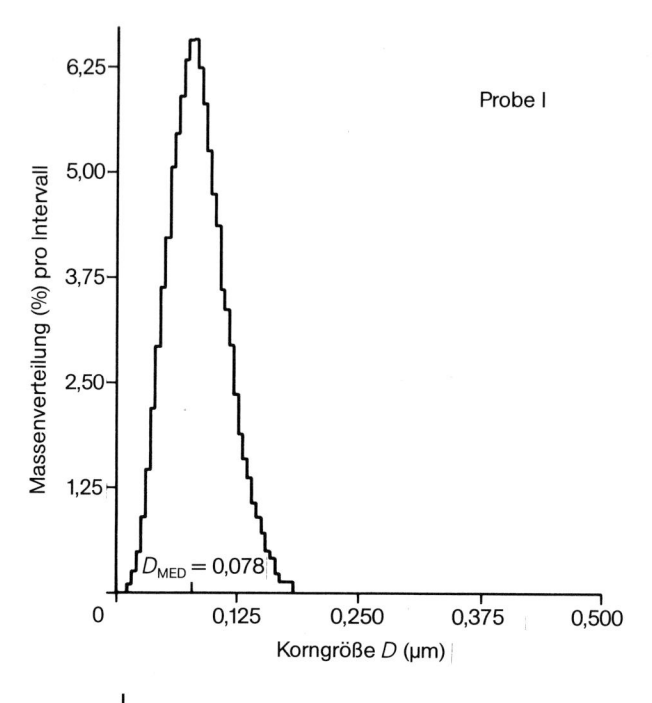

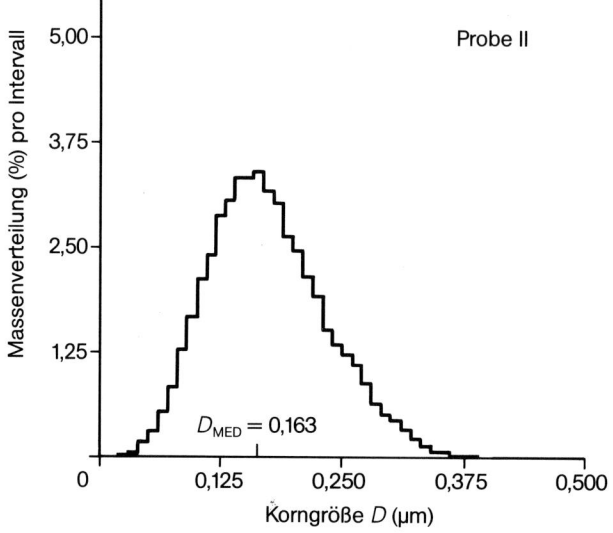

1.7 Korngrößenverteilung und anwendungstechnische Eigenschaften

Abb. 71: Korngrößenverteilung der Pigment-Orange-34-Proben I und II.

Abb. 72: Pigment-Orange-34-Proben unterschiedlicher Teilchengröße (oben: klein, unten: groß) in einem langöligen Alkydharzlack. Pigmentkonzentration im Lack: 6%; Naßfilmdicke: 75 μm.

wert des Farbabstandes ΔE^*_{ab} auf schwarzem Untergrund gegen Ideal-Schwarz für die Schichtdicke h des pigmentierten Mediums definiert [12].

$$T = \frac{h}{\Delta E^*_{ab}}$$

Oft ist die Transparenzzahl eines pigmentierten Systems aber keine Konstante, sondern von der Schichtdicke abhängig. In diesen Fällen kann die Transparenzzahl für eine zwischen zwei Proben unterschiedlicher Pigmentflächenkonzentration, beispielsweise unterschiedlicher Schichtdicke h_1 und h_2, liegende Schichtdicke h wie folgt berechnet werden:

$$T = \frac{h}{\frac{h-h_1}{h_2-h_1}(\Delta E_2 - \Delta E_1) + \Delta E_1}$$

Die Transparenz der beiden Pigment-Orange-34-Proben unterschiedlicher Teilchengröße in Buchdruck-Andrucken von je 1,5 μm Schichtdicke und bei einer

1.7 Korngrößenverteilung und anwendungstechnische Eigenschaften

Pigmentkonzentration von jeweils 15% wird in den folgenden Transparenzzahlen wiedergegeben:

	Transparenzzahl T
Pigmentprobe 1	0,135
Pigmentprobe 2	0,045

1.7.4 Licht- und Wetterechtheit

Organische Pigmente zeigen eine ausgeprägte Abhängigkeit der Licht- und Wetterechtheit von ihrer Teilchengröße. Die Lichtechtheit eines Pigmentes ist durch seine Wechselwirkung mit den absorbierten Anteilen des Lichtes gegeben. Über

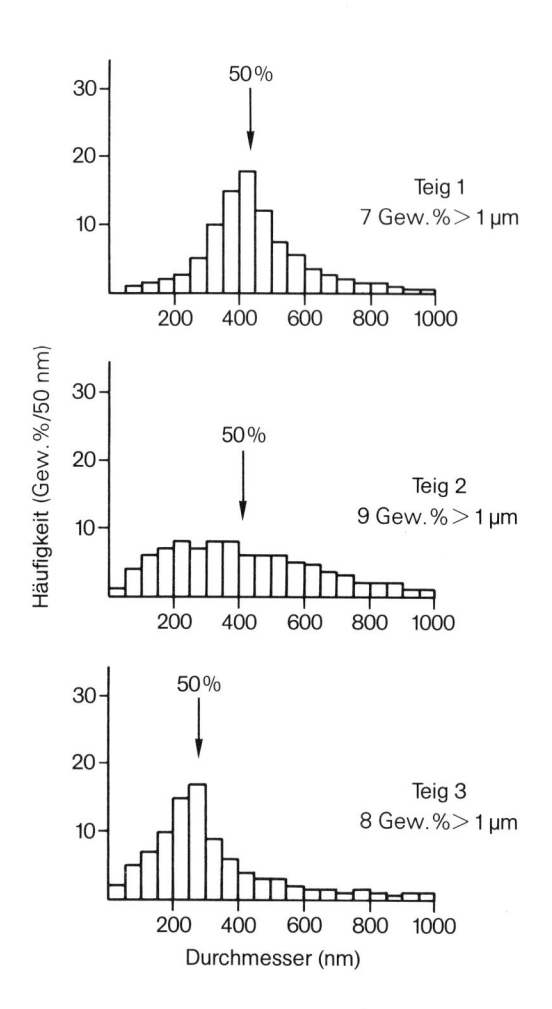

Abb. 73: Korngrößenverteilung von drei Pigment-Orange-5-Präparationen.

1.7.4 Licht- und Wetterechtheit

die chemischen Vorgänge, die dabei zur Zerstörung des Pigmentkristalls führen, ist bei organischen Pigmenten nur sehr wenig bekannt. Die zur Zerstörung führenden Anteile des Lichtes dringen im Durchschnitt nur 0,03 bis 0,07 µm in die Pigmentkristalle ein, bei größeren Pigmentteilchen findet der Abbau daher nur in den jeweils oberflächennahen Bereichen statt, geht also schichtweise vor sich. Die im Inneren grober Pigmentteilchen befindlichen Kristallteile werden somit erst nach Zerstörung der äußeren Schichten optisch wirksam und angegriffen; kleinere Pigmentteilchen sind längst vom Licht abgebaut, wenn die gröberen nur geringen Angriff erkennen lassen.

Die folgenden Beispiele sollen den teilchengrößenbedingten Einfluß eines Pigmentes auf den Abbau, d.h. die Lichtechtheit verdeutlichen:

In Abb. 73 sind die Korngrößenverteilungen von drei wäßrigen Pigment-Orange-5-Teigen wiedergegeben [13], die durch Ultrasedimentation nach Marshal erhalten wurden. Teig 1 und 2 haben ähnliche Medianwerte, aber verschieden breite Teilchengrößenverteilungen; Teig 1 und Teig 3 ähnlich enge Verteilungen, aber unterschiedliche Medianwerte. Die Teige wurden mit weißen Dispersionsanstrichfarben auf gleiche Farbtiefe eingestellt, die Aufzüge belichtet. Nach einer Expositionszeit von 1500 Stunden war die Farbstärke des Aufzugs mit Teig 1 auf 72%, mit Teig 2 bzw. 3 aber auf 46% bzw. 39% des ursprünglichen Wertes zurückgegangen (Abb. 74).

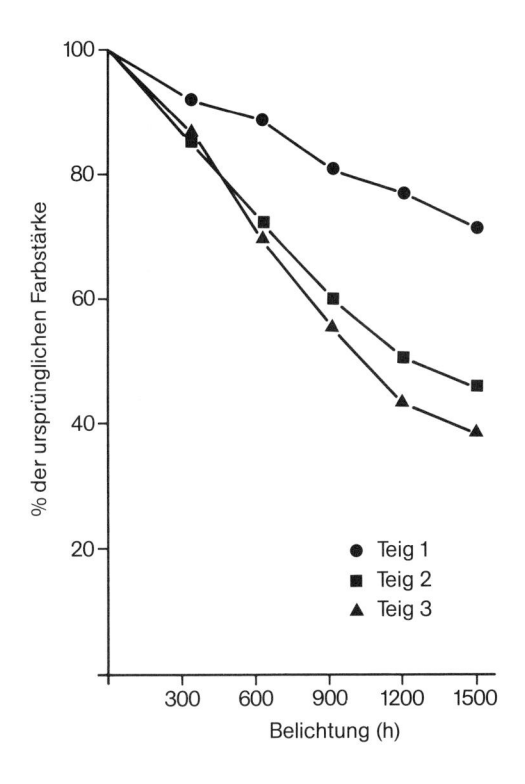

Abb. 74: Relative Farbstärke belichteter Dispersionsaufzüge mit Pigment Orange 5 unterschiedlicher Teilchengröße (Weißaufhellungen).

1.7 Korngrößenverteilung und anwendungstechnische Eigenschaften

Als instruktives Beispiel für den Einfluß der Korngröße auf die Wetterechtheit werden zwei unterschiedliche Pigment Yellow 151-Marken in einem ofentrocknenden Alkyd-Melaminharzlack miteinander verglichen. Elektronenmikroskopische Aufnahmen der Pigmentpulver und ihre Korngrößenverteilungen zeigt Abb.

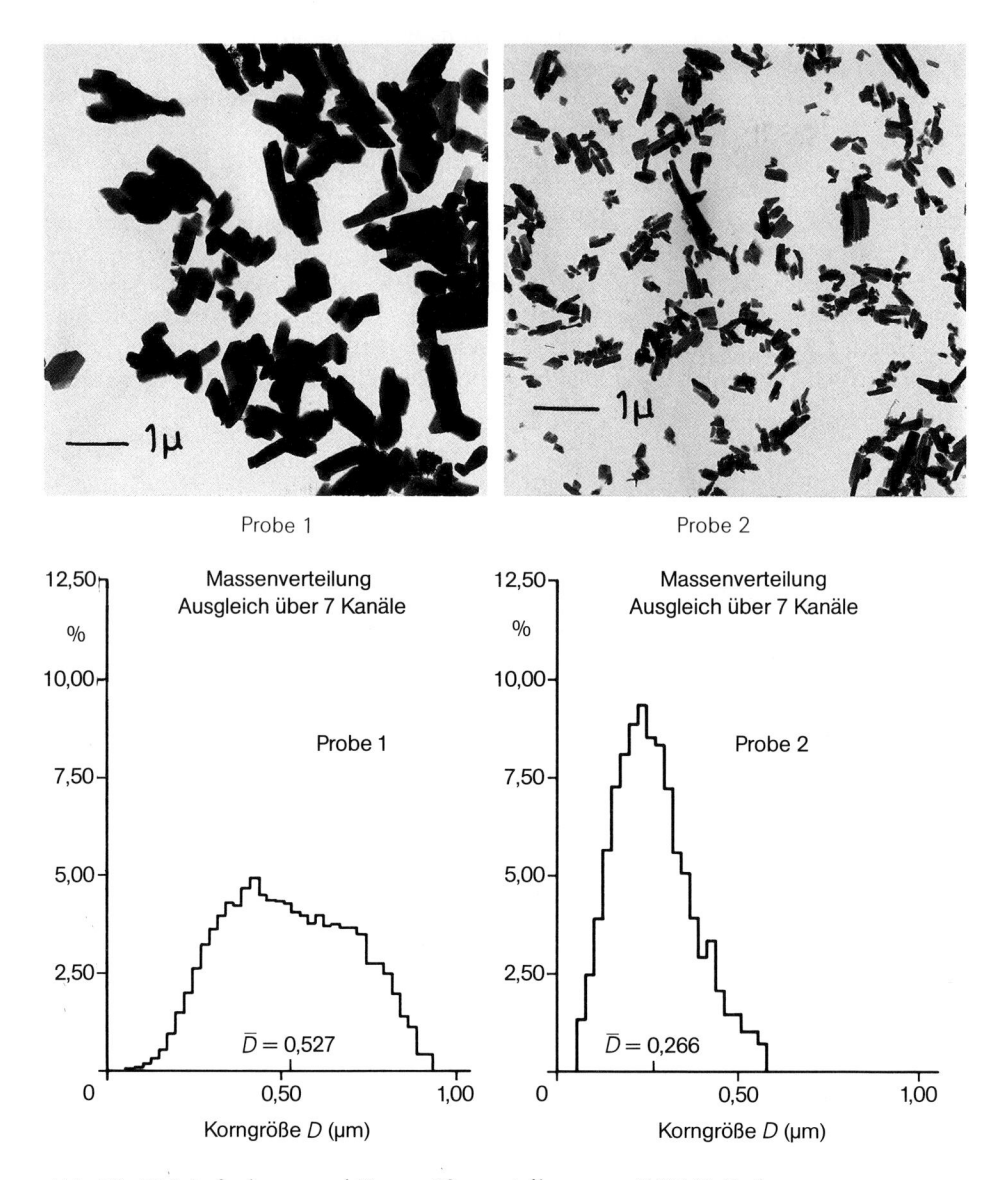

Abb. 75: EM-Aufnahmen und Korngrößenverteilung von P.Y.151-Proben.

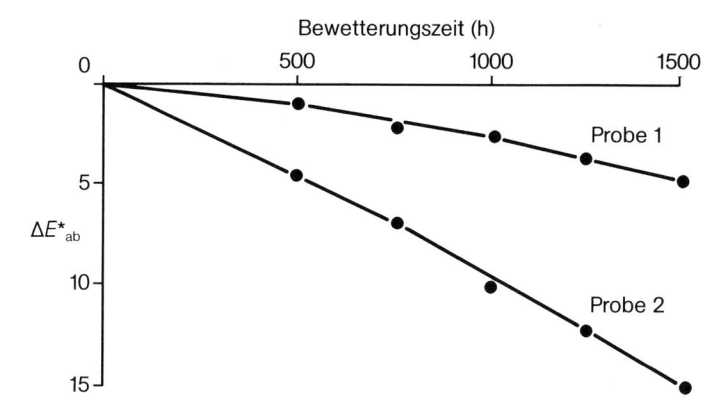

Abb. 76: Einfluß der Korngröße von P.Y.151 in Alkyd-Melaminharz-Lackierungen auf die Wetterechtheit. Org. Pigment: $TiO_2 = 1:3$.

75. Die Lackierungen wurden in einem Schnellbewetterungsgerät vom Typ Xenotest 1200 [14] in einem 17/3 Minuten-Zyklus (s. 1.6.6.2) bewettert (Abb. 76, S. 139).

1.7.5 Dispergierbarkeit

Das Dispergierverhalten organischer Pigmente in einem Bindemittel wird bei gegebenen Dispergierbedingungen im allgemeinen von der Teilchengrößenverteilung stark beeinflußt. Exakte Untersuchungen der Zusammenhänge sind aus verschiedenen Gründen jedoch problematisch. Die in der Literatur über solche Untersuchungen gemachten Angaben enthalten häufig entweder keine näheren Hinweise auf Agglomeration, Oberflächenbeschaffenheit und Präparierung der Pigmente, oder die verglichenen Pigmente wurden mit Hilfe besonderer Finish-Maßnahmen behandelt, so daß sie leichte Dispergierbarkeit und gleiche oder ähnliche Oberflächeneigenschaften besitzen [15, 16].

Die Abhängigkeit der Dispergierbarkeit von der Teilchengröße ist u.a. durch die Zahl der Haftstellen, über die die einzelnen Teilchen in den Agglomeraten miteinander verbunden sind, bedingt; sie wird mit zunehmender Teilchengröße natürlich geringer [17]. Bei einem breiten Teilchengrößenverteilungsspektrum erhöht sich die Zahl der Haftstellen erheblich, wobei die kleinen Teilchen gewissermaßen als „Kitt" für die großen wirken [18]. Gleichzeitig werden dadurch Hohlräume und Poren aufgefüllt bzw. kleiner, so daß die Zugänglichkeit des Agglomeratinneren erschwert und die Durchfeuchtungs- und Benetzungsgeschwindigkeit herabgesetzt wird (s. 1.6.5). In jedem Teilchengrößenbereich weisen daher Pigmente mit einer engen Korngrößenverteilung eine bessere Dispergierbarkeit auf als entsprechende Pigmente mit breiter Verteilung.

1.7 Korngrößenverteilung und anwendungstechnische Eigenschaften

Die Teilchengröße ist aber nicht nur für die zur Zerlegung der Pigmentagglomerate führenden Teilschritte der Dispergierung von Bedeutung, sondern ebenso für rückläufige Vorgänge, wie Reagglomeration oder Flockungs- bzw. Rub-out-Effekte [19]. Um Reagglomeration (s. 1.5) handelt es sich, wenn die sich zusammenlagernden Pigmentteilchen nicht vom Bindemittel umhüllt sind. Bei der Flockung (s. 1.5) sind die zusammengelagerten Teilchen dagegen von den Komponenten des Mediums benetzt, das Innere der Flockulate demgemäß hiermit gefüllt. Flokkulate sind somit lockere Zusammenlagerungen von Teilchen, die durch geringe Scherkräfte, wie sie z.B. bei mehr oder weniger intensivem Aufrühren gegeben sind, wieder getrennt werden können. Die Flockung eines Pigmentes im Anwendungsmedium ist mit coloristischen Änderungen, wie Farbstärke- und Glanzverlusten, verbunden. Die Neigung zur Flockung ist eine Eigenschaft des gesamten pigmentierten Mediums, die u.a. auf den Wechselwirkungen der Pigmentoberfläche und den Komponenten des Mediums beruht; sie ist daher teilchengrößenabhängig. Durch geringe Mengen an Zusatzstoffen zum Anwendungsmedium können Flockungsvorgänge ebenso beeinflußt bzw. vermieden werden [20], wie andere teilchengrößenabhängige Störungen bei der Verarbeitung niedrigviskoser Systeme (z.B. Ausschwimmen) [21]. Auch besonders bei Lacken beobachtete Stippenbildung, Seeding und ähnliche Effekte, in die Pigmente mit einbezogen sind, werden von der Teilchengröße beeinflußt.

Einen Eindruck von der Größe des Einflusses der Teilchengröße auf die Dispergierbarkeit von unpräparierten Pigmenten mit vergleichsweise schmaler Korngrößenverteilung vermittelt Abb. 77 am Beispiel des in den Abbildungen 70 und 71 charakterisierten Pigmentpaares von Pigment Orange 34.

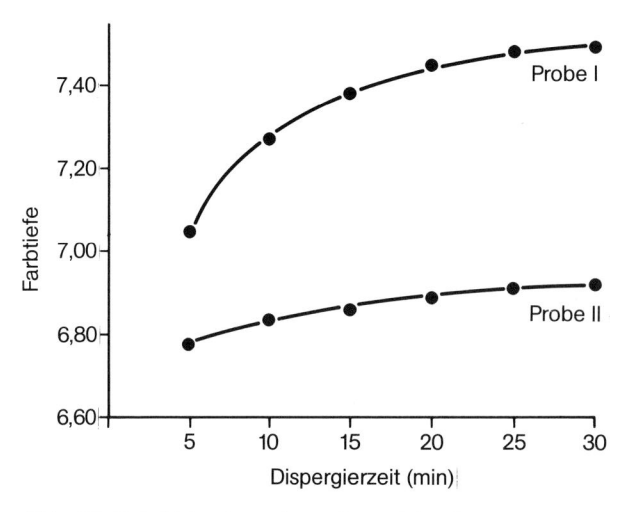

Abb. 77: P.O.34 in einem langöligen Alkydharzlack. Einfluß der Teilchengröße auf die Dispergierbarkeit. Dispergiergerät: Schüttelmaschine, Org. Pigment: $TiO_2 = 1:5$. Probe I: feinteiliges, Probe II: grobteiliges Pigment.

1.7.6 Glanz

Der Glanz eines pigmentierten Systems wird außer vom Dispergierungsgrad in vielen Fällen auch von der Teilchengrößenverteilung des Pigmentes beeinflußt (s. 1.6.5). Dieser Einfluß ist bei sehr dünnen Applikationen, beispielsweise bei Offsetdrucken mit weniger als ca. 1µm Schichtdicke, besonders ausgeprägt.

Als Beispiel für den Einfluß der Teilchengröße auf den Glanz von Lackierungen wird der „Glanzschleier" von lufttrocknenden Alkydharzsystemen betrachtet. Der Glanzschleier stellt eine Oberflächenstörung dar, die sich mit zunehmender Durchtrocknungszeit infolge Volumenkontraktion des Bindemittels ausbildet. Er ist besonders auffällig bei Pigmenten des Typs Pigment Red 3 und dort als Toluidinrot-Schleier bekannt. Blaustichige Toluidinrot-Pigmente, die im Mittel gröbere Teilchen enthalten, neigen stärker zur Schleierbildung als gelbstichige, feinteilige Marken [22]. Abb. 78 bis 82 veranschaulichen diesen Effekt.

Zwei Toluidinrot-Pigmente unterschiedlicher Teilchengröße (Abb. 78 und 79) wurden dabei mit Hilfe einer Schüttelmaschine [23] in einem langöligen Alkydharzlack dispergiert. Die Ausbildung des Glanzschleiers wurde nach dem Applizieren des Lackes auf plan geschliffenen Glasplatten anhand der Glanzwerte verfolgt. Nach 16tägiger Durchtrocknungszeit ist der Oberflächenglanz im Falle der grobteiligen, schleiernden Marke mehr als doppelt so stark abgesunken wie bei der feinteiligen, praktisch nicht schleiernden Probe (Abb. 80). Rasterelektronenmikroskopische Aufnahmen der beiden Lackierungen nach 1 Tag (Abb. 81) bzw. 8 Tagen (Abb. 82) zeigen die Unterschiede der Oberfläche.

Die Kristalle der grobteiligen Pigmente können bei intensiver Dispergierung zerkleinert werden. Diese Teilchenzerkleinerung wird mit zunehmender Dispergierzeit von einer Verringerung der Schleierbildung begleitet. Das bedeutet zu-

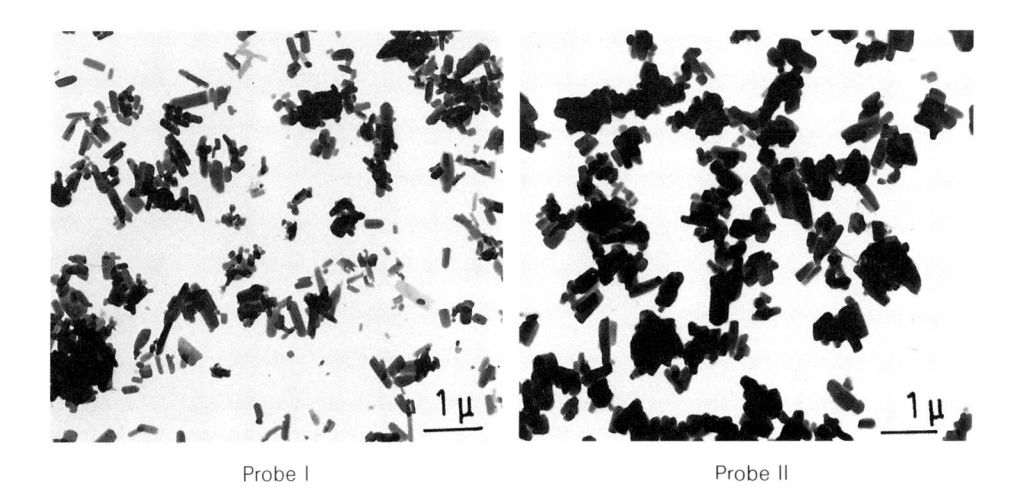

Probe I   Probe II

Abb. 78: EM-Aufnahmen von Pigment-Red-3-Proben unterschiedlicher Teilchengröße.

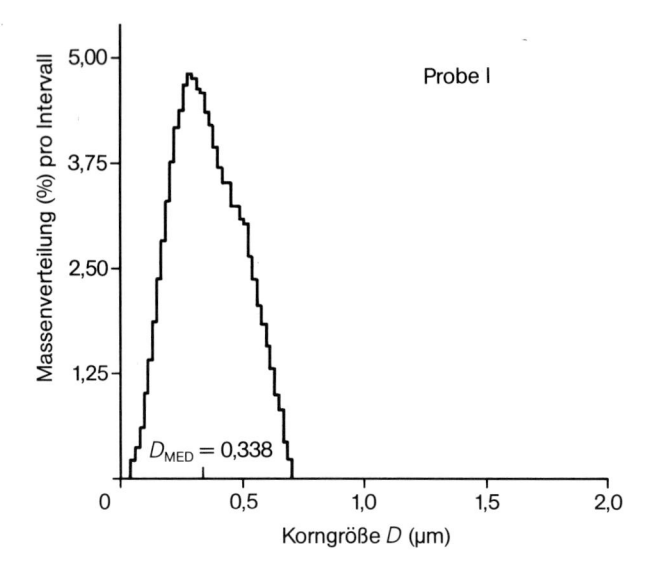

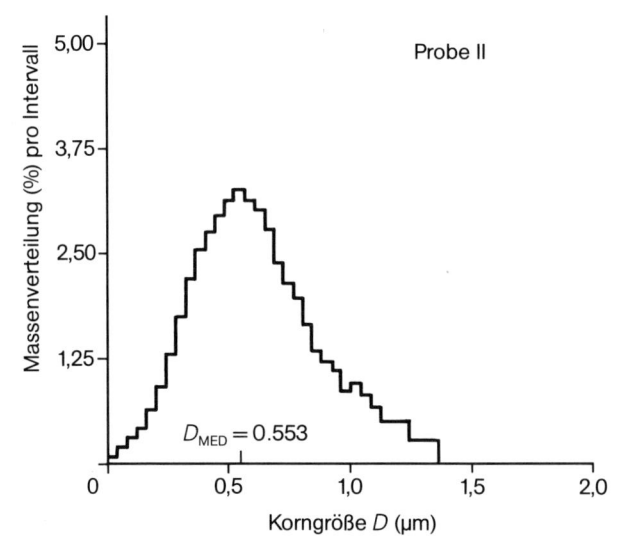

Abb. 79: Korngrößenverteilungen der P.R.3-Proben I und II.

gleich Zunahme des Glanzes, Verschiebung des Farbtones zu gelberen Nuancen, Zunahme der Farbstärke in Weißaufhellungen und Viskositätsanstieg der Farbe [22].

Ähnliche Resultate werden auch mit anderen grobteiligen Pigmenten, beispielsweise mit Pigment-Yellow-1-Marken, erhalten.

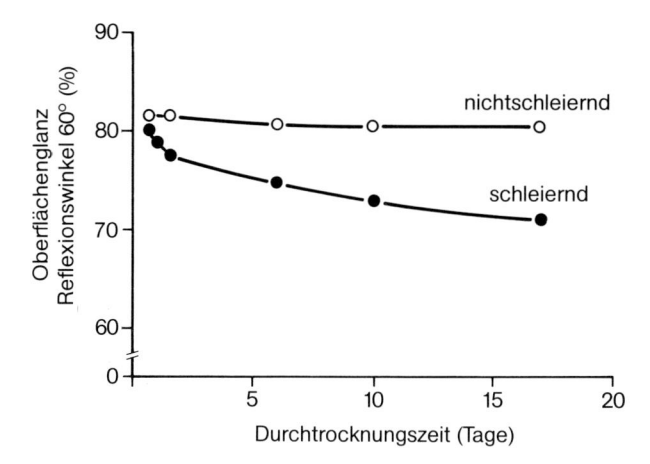

Abb. 80: Glanz lufttrocknender Alkydharzlackierungen von Pigment Red 3 unterschiedlicher Teilchengröße in Abhängigkeit von der Durchtrocknungszeit. Pigmentgehalt der Lacke: 8%.

1.7.7 Lösemittel- und Migrationsechtheit

Die Löslichkeit kristalliner Substanzen nimmt mit zunehmender Teilchengröße ab. Nach Ostwald [24] ist

$$\ln \frac{c}{c_\infty} = \frac{2\sigma V}{r \cdot RT},$$

wobei c die Löslichkeit von Kristallen mit dem Radius r, c_∞ die Löslichkeit sehr großer Kristalle, σ die Oberflächenspannung, V das Molvolumen im Kristall, R die Gaskonstante und T die absolute Temperatur bedeuten. Die experimentelle Bestimmung der Löslichkeit von organischen Pigmenten in Abhängigkeit von der Teilchengröße ist aus verschiedenen Gründen sehr schwierig. Nach einer Abschätzung von F. Gläser [25] entspricht die Löslichkeit von Pigmentkristallen bis zu einem Teilchenradius von 0,3 µm herab der sehr großer Teilchen (c_∞), während bei kleineren Teilchen die Löslichkeit sehr stark ansteigt (Tab. 7).

Tab. 7: Löslichkeit als Funktion der Teilchengröße

r (µm)	10	3	1	0,3	0,1	0,03	0,01	0,003
$\alpha(r)$*	1,004	1,013	1,03	1,14	1,5	3,78	54,6	83 300

* $\alpha(r)$ bedeutet den Faktor, um den die Löslichkeit des Teilchens mit dem Radius r gegenüber der Löslichkeit eines sehr großen Kristalls ansteigt.

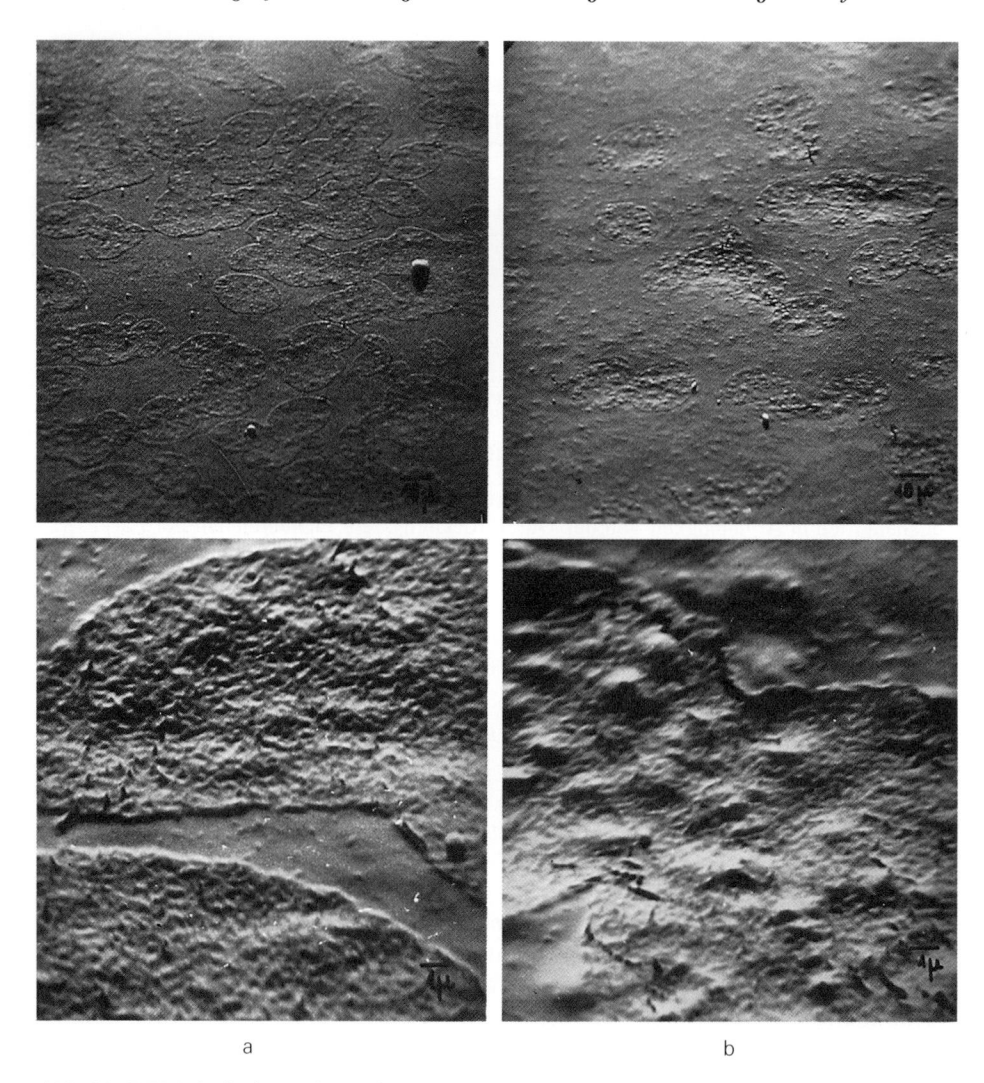

144 1.7 Korngrößenverteilung und anwendungstechnische Eigenschaften

a   b

Abb. 81: REM-Aufnahmen langöliger Alkydharzlackierungen von P.R.3 a) nicht schleiernd, b) schleiernd. Durchtrocknungszeit: 1 Tag.

Für die Kinetik des Lösevorganges gilt die Gleichung von Noyes und Whitney [26] in der von Nernst und Brunner verfeinerten Form

$$\frac{dC}{dt} = \frac{D}{\delta} \cdot O(C_\infty - C),$$

wobei C_∞ die Sättigungskonzentration der gleichmäßig bewegten Lösung, C die

1.7.7 Lösemittel- und Migrationsechtheit   145

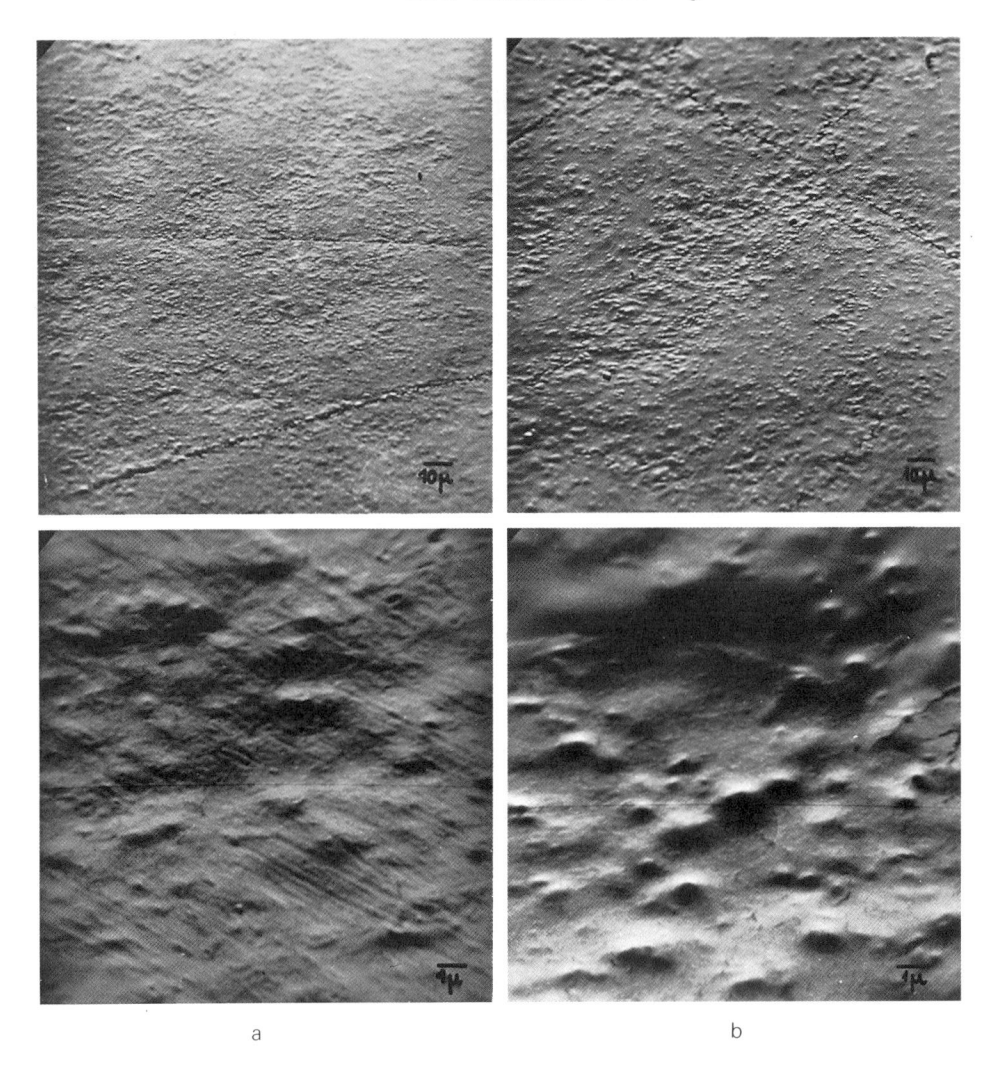

a   b

Abb. 82: REM-Aufnahmen langöliger Alkydharzlackierungen von P.R.3 a) nicht schleiernd, b) schleiernd. Durchtrocknungszeit: 8 Tage.

jeweilige Konzentration t Minuten nach Beginn des Lösevorganges, O die Oberfläche, D die Diffusionskonstante und δ die Dicke der Grenzschicht bedeuten. Danach ist die Lösegeschwindigkeit proportional der Oberfläche O und der Löslichkeit. Die Lösegeschwindigkeit nimmt umso mehr ab, je stärker sich die Konzentration der Lösung der Sättigungskonzentration, d. h. der Löslichkeitsgrenze nähert.

Tab. 8: Lösemittelechtheit als Funktion der Teilchengröße

	Spez. Oberfl. (m²/g)	Ethanol	Toluol	Butylacetat	Aceton	Dibutylphthalat
P.Y. 1						
Probe 1	43	3	1	1	1	1
Probe 2	16	3–4	3	3	3	3
P.Y. 12						
Probe 1	86	5	2	3–4	3	4
Probe 2	34	5	3	4	4	4–5
P.R. 53:1						
Probe 1	43	3	4	4	3–4	4–5
Probe 2	16	3	4–5	4–5	4	5

Die in den Tabellen der Pigmenthersteller angegebenen Lösemittelechtheiten werden nach der in Abschnitt 1.6.2.1 dargestellten Weise ermittelt. Unter den dabei angewandten Bedingungen sind Lösevorgänge von Pigmenten noch wenig fortgeschritten. Trotzdem sind bei vielen Pigmentproben unterschiedlicher Teilchengröße bereits deutliche Effekte zu erkennen.

In Tabelle 8 sind die Lösemittelechtheiten von 3 Pigmentpaaren unterschiedlicher chemischer Konstitution, bei denen Probe 1 jeweils kornfeiner ist, für verschiedene Lösemittel zusammengestellt. Note 1 bedeutet eine sehr starke, Note 5 keinerlei Anfärbung des Lösemittels. Die Anfärbung wird mit Hilfe des sogenannten Graumaßstabes zur Bewertung des Ausblutens beurteilt [27].

Auch die auf einer mehr oder weniger großen Löslichkeit, entsprechend einer ungenügenden Lösemittelechtheit beruhende Rekristallisation der Pigmente (s. 1.6.5) ist ebenfalls teilchengrößenabhängig. Das wird am Beispiel von drei Proben veranschaulicht, die sich in ihrer Korngrößenverteilung unterscheiden (s. 1.7.3). Die Proben wurden in einem Offsetdruckfirnis dispergiert, Anteile der Druckfarben jeweils 8 Stunden lang bei unterschiedlichen Temperaturen gelagert und anschließend unter Standardbedingungen auf schwarz beschichtetes Papier gedruckt. Abb. 83 zeigt den Einfluß der Teilchengrößenverteilung auf die Rekristallisation der Pigmente beim Lagern anhand der Transparenz (s. 1.6.5).

Von geringerem Ausmaß ist der korngrößenbedingte Einfluß auf das Migrationsverhalten (s. 1.6.3.1 und 1.6.3.2).

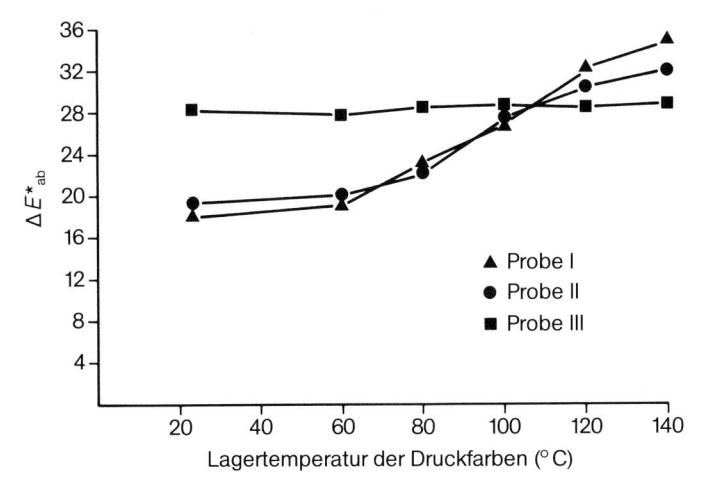

Abb. 83: Einfluß der Teilchengröße von Pigment Yellow 13 auf die Rekristallisation in einer Bogenoffsetdruckfarbe bei achtstündigem Lagern bei unterschiedlichen Temperaturen, bestimmt an Andrucken dieser Farben in gleicher Schichtdicke über schwarzem Untergrund gegen Ideal-Schwarz. Ansteigende Teilchengröße von Probe 1 → Probe 3.

1.7.8 Fließverhalten

Bei praktisch allen Fließvorgängen und rheologischen Beanspruchungen pigmentierter Medien übt die Teilchengröße bzw. Teilchengrößenverteilung, in der das Pigment im Anwendungsmedium dispergiert vorliegt, einen ganz entscheidenden Einfluß aus.

In einer Arbeit [15] wird die Abhängigkeit rheologischer Daten vom häufigsten Teilchendurchmesser D_H am Beispiel der γ-Modifikation von Pigment Violet 19 und verschiedenen Kupferphthalocyaninblau-Marken in einem Buchdruckfirnis auf Leinölbasis untersucht. Während die Endviskosität η_∞ (s. 1.6.8.1) in allen Fällen unabhängig von der Teilchengröße ist, nimmt die scheinbare Fließgrenze τ_o mit der 3. Potenz der Teilchengröße zu.

Den starken Einfluß der Teilchengrößen auf das Fließverhalten bzw. die rheologischen Eigenschaften macht man sich zunutze, um möglichst hohes Deckvermögen der Lackierungen zu erreichen. Pigmente mit optimalem Deckvermögen bestehen aus durchschnittlich groben Teilchen, d. h. einer relativ kleinen zu benetzenden Oberfläche und ergeben daher gutes Fließverhalten, d. h. im allgemeinen niedrige Viskosität. Mit solchen Pigmenten ist es möglich, die Konzentration im Anwendungsmedium zu erhöhen, ohne daß dadurch rheologische Probleme oder auch Glanzbeeinträchtigung auftreten. Mit Pigment-Yellow-74-Marken unterschiedlicher Teilchengrößenverteilung und damit unterschiedlichen Deckvermögens sind zur Einstellung praktisch gleicher Fließkurven in einem langöligen Alkydharzlack folgende Pigmentkonzentrationen erforderlich:

1.7 Korngrößenverteilung und anwendungstechnische Eigenschaften

8,8 Gew.% Pigmentprobe 1 (hochdeckend, grobteilig)
5,6 Gew.% Pigmentprobe 2 (Vergleich)
4,0 Gew.% Pigmentprobe 3 (transparent, farbstark)

Das relative Deckvermögen, bezogen auf das Vergleichspigment 2 (= 100) beträgt für das grobteilige Pigment 275, für das feinteilige, transparente 30.

Literatur zu 1.7

[1] L. Gall, Farbmetrik auf dem Pigmentgebiet, BASF AG, Ludwigshafen 1970.
[2] M. A. Maikowski, Melliand Textilber. (1970) 574–578.
[3] M. A. Maikowski, Ber. Bunsenges. Phys. Chem. 71 (1967) 313–326.
[4] DIN 6164: DIN-Farbenkarte.
[5] P. Hauser, D. Horn und R. Sappok, XIII. Congr. FATIPEC, Juan les Pins, 1974, Kongreßbuch 191.
[6] R. Sappok, J. Oil Colour Assoc. 61 (1978) 299.
[7] F. Gläser, DEFAZET Dtsch. Farben Z. 32 (1978) 338–342.
[8] U. Zorll, Farbe + Lack 72 (1966) 733–742.
[9] W. Herbst, J. Paint Technol. 45 (1973) 39–50.
[10] L. Gall, Farbe + Lack 72 (1966) 955–965.
[11] DIN 55987-2-1981: Bestimmung eines Deckvermögenswertes pigmentierter Medien; Farbmetrisches Verfahren. ISO 6504-5-1987 (TC35): Determination of hiding power. Part 5: Colour difference method for dark coloured paints.
[12] H. G. Völz, DEFAZET Dtsch. Farben Z. 30 (1976) 392–454.
DIN 55988: Bestimmung der Transparenz (Lasur) von pigmentierten und unpigmentierten Systemen; Farbmetrisches Verfahren.
[13] M. Maikowski, Farbe + Lack 77 (1971) 640–647.
[14] Hersteller: Original Hanau Quarzlampen GmbH, Hanau.
[15] P. Hauser, H. H. Herrmann und B. Honigmann, Farbe + Lack 76 (1970) 545–550; 77 (1971) 1097–1106.
[16] W. Herbst und K. Merkle, Farbe + Lack 74 (1968) 1072–1089, 1174–1179.
[17] W. C. Carr, J. Oil Colour Chem. Assoc. 50 (1967) 1115–1155.
[18] L. Gall und U. Kaluza: DEFAZET Dtsch. Farben Z. 29 (1975) 102–115.
[19] U. Kaluza, DEFAZET Dtsch. Farben Z. 33 (1979) 355–359, 399–411.
[20] V. T. Crowl, J. Oil Colour Chem. Assoc. 55 (1972) 388.
[21] F. Haselmeyer, Farbe + Lack 74 (1968).
[22] W. Herbst und K. Merkle, Farbe + Lack 75 (1969) 1137–1157.
[23] DIN ISO 8780-2-1990: Dispergieren mit einer Schüttelmaschine. Dispersion using an oscillatory shaking machine.
[24] W. Ostwald, Z. Phys. Chem. 34 (1900) 295.
[25] F. Gläser, XIII. Congr. FATIPEC, Juan les Pins, 1976, Kongreßbuch 239–243.
[26] A. Noyes und W. Whitney, Z. Phys. Chem. 23 (1897) 289.
[27] DIN 54002: Herstellung und Handhabung des Graumaßstabes zur Bewertung des Ausblutens. ISO 105-A03-1993: Textiles – Tests for colour fastness. Part A03: Grey scale for assessing staining.

1.8 Anwendungsgebiete organischer Pigmente

Für das starke Anwachsen des Buntpigmentverbrauchs in den letzten drei Jahrzehnten sind viele Gründe verantwortlich, von denen wesentliche im psychologischen Bereich liegen. So sind Werbewirksamkeit und Verkaufsförderung zwei immer mehr Gewicht erhaltende Aufgaben, die zu vermehrter Verwendung von Farbe führen. Auch für die Kennzeichnung und Unterscheidung von Produkten im technischen und privaten Bereich bedient man sich mehr und mehr der Möglichkeiten der Farbgebung.

Organische Pigmente werden zum Anfärben vieler Medien verwendet. Ihre Anwendung erstreckt sich auf drei Hauptgebiete, nämlich den gesamten Lack- und Anstrichfarbenbereich, das Druckfarbengebiet und den Kunststoff- und Faserbereich. Daneben werden organische Pigmente für eine Anzahl spezieller Einsatzgebiete, z.B. den Büroartikelsektor oder die Papierfärbung, verwendet.

Im Rahmen einer Betrachtung technisch wichtiger organischer Pigmente und ihrer anwendungstechnischen Eigenschaften ist es zweckmäßig, die Praxisanforderungen in den einzelnen Anwendungsgebieten näher zu betrachten. Die Anforderungen, die im Einzelfall an ein Pigment gestellt werden, sind sehr unterschiedlich und werden von vielen Parametern bestimmt. So sind neben den chemischen und physikalischen Eigenschaften des einzufärbenden Mediums vor allem die Verarbeitungsmethoden und -bedingungen maßgebend. Die schließlich für ein Rezept ausgewählten Pigmente und Bindemittel stellen fast immer einen Kompromiß zwischen der technisch optimalen und der wirtschaftlich tragbaren Problemlösung dar.

Bei der Diskussion der Anforderungen sollten nur Eigenschaften des gesamten pigmentierten Systems betrachtet werden und nicht die von Einzelbestandteilen, z.B. von Pigmenten. Andernfalls wären Fehlbewertungen oft die Folge.

So kann beispielsweise die Lichtechtheit ein und desselben Pigmentes in einem Medium Note 8 nach der 8stufigen Blauskala betragen, also ganz hervorragend sein, wogegen sie in einem anderen Anwendungsbereich nur Stufe 2 der gleichen Skala aufweist. Ähnlich liegen die Verhältnisse bei anderen Echtheitseigenschaften, wie der Wetterechtheit, dem Migrationsverhalten und den Lösemittelechtheiten, sowie bis zu einem gewissen Grade auch bei den coloristischen Eigenschaften, wie Farbstärke, Farbton, Glanz und Glanzhaltung, Transparenz bzw. Deckvermögen.

Die Anforderungen an Pigmente ändern sich ständig, z.B. durch neue Verarbeitungsmethoden, durch Entwicklung und Einführung neuer Bindemittelsysteme oder die Notwendigkeit der Substitution altbekannter Pigmente. Dadurch werden zwangsläufig auch Impulse für die weitere Pigmententwicklung gegeben.

Modifizierte Praxisanforderungen für eine bestimmte Anwendung können oft durch physikalische Optimierung bereits im Handel befindlicher Pigmente erfüllt werden. Das ist letztlich der Grund dafür, daß sich chemisch identische Pigmente häufig in variierenden physikalischen Formen und damit unterschiedlichen coloristischen und anwendungstechnischen Eigenschaften auf dem Markt befinden.

In anderen Fällen müssen zur Erfüllung von Praxisanforderungen neue chemische Individuen entwickelt werden. In der einschlägigen Patentliteratur des letzten Jahrzehnts sind eine große Anzahl solcher chemisch neuer Pigmente, z.T. auch neue Pigmentklassen, beschrieben, doch nur wenige davon sind in den Handel gelangt, noch weniger konnten sich bisher im Markt behaupten. So beschäftigt sich die Forschung und Entwicklung auf dem Pigmentgebiet heute stärker mit der Optimierung bekannter Pigmente für spezielle Anwendungen und mit wirtschaftlicheren und ökologisch günstigeren Herstellungsverfahren.

Nachfolgend werden kurz die wichtigsten Einsatzgebiete organischer Pigmente und die wesentlichen Anforderungen aufgezeigt. Gelegentlich sind dabei auch Hinweise angebracht, ob und gegebenenfalls in welcher Weise spezielle Anforderungen von organischen Pigmenten erfüllt werden können.

1.8.1 Druckfarbengebiet

Die grafische Industrie mit ihren verschiedenen Druckverfahren ist der mengenmäßig wichtigste Verbraucher organischer Pigmente. So wird für 1992 der Weltmarktbedarf allein an Diarylgelbpigmenten für Druckfarben auf 22 bis 25.000 t geschätzt. Die Anforderungen an Pigmente für die einzelnen Druckverfahren sind sehr verschieden. Die Bedeutung der Druckverfahren selbst ist unterschiedlich. Tendenzen zur Bevorzugung des einen oder des anderen Verfahrens wechselten in den vergangenen Jahren, z.T. unter ökologischen oder wirtschaftlichen Aspekten, mehrfach. Auch regional sind unterschiedliche Schwerpunkte und Tendenzen für die einzelnen Verfahren festzustellen. Zur Zeit dominieren und konkurrieren in erster Linie Rollenoffsetdruck und Illustrationstiefdruck miteinander.

Seit mehreren Jahren findet bei allen Druckverfahren eine stürmische maschinentechnische Entwicklung statt, die besonders zu immer höheren Lauf- bzw. Druckgeschwindigkeiten geführt hat. Entsprechend dieser Weiterentwicklung müssen auch die dafür vorgesehenen Druckfarben und die darin enthaltenen Pigmente den veränderten Gegebenheiten der einzelnen Druckverfahren ständig neu angepaßt werden. Voraussetzung für hohe Druckgeschwindigkeiten sind vor allem gute rheologische Eigenschaften der vergleichsweise hochpigmentierten Druckfarben, z. B. für den Rollenoffsetdruck, sowie hohe Farbstärke. Häufig werden auch hohe Transparenz und guter Glanz gefordert.

In einigen Einsatzgebieten haben die Pigmente spezielle Echtheiten aufzuweisen, z.B. bei koch- bzw. sterilisierechten Druckfarben für Konservendosen oder bei Druckfarben für Banknoten und Scheckformulare.

1.8.1.1 Offsetdruck/Buchdruck

Bei diesen Druckverfahren kommt dem Dispergierungsgrad der Pigmente in den Druckfarben eine besondere Bedeutung zu. Die Druckfarben werden dabei im

1.8.1 Druckfarbengebiet

Walzensystem der Druckmaschinen gewissermaßen nachdispergiert [1]. Ungenügend zerlegte Pigmentagglomerate führen in Schichten von 0,8 bis 1,1 µm Dicke, wie sie im Offsetdruck üblich sind, nicht nur zu einer Minderfarbstärke, sondern auch zu einer Beeinträchtigung des Glanzes durch Lichtstreuung an den aus der Schicht herausragenden Agglomeraten. Dies veranschaulichen die Abbildungen 84 und 85 anhand von elektronenmikroskopischen Aufnahmen von Druckschichten. Die Dispergierung des Pigmentes erfolgte in einem Offsetfirnis mit Hilfe eines Dreiwalzenstuhls bei unterschiedlichen Dispergiertemperaturen (s. 1.6.5.3). Abb. 84 zeigt transmissionselektronenmikroskopische Aufnahmen von Ultramikrotomdünnschnitten von auf gestrichenes Papier gedruckten Schichten, Abb. 85 rasterelektronenmikroskopische Aufnahmen der Druckoberflächen. Erhöhte Dispergiertemperatur bewirkt hier gute Pigmentverteilung, glatte Druckoberfläche und somit guten Glanz.

Ein ungenügender Dispergierungsgrad der Pigmente beeinflußt auch die Transparenz der Druckschicht, was für den Mehrfarbendruck von Bedeutung ist. Hieraus ergibt sich, daß der Erzielung einer guten Dispergierung der Pigmente gerade für Offsetdruckverfahren eine zentrale Stellung zukommt. Dem wird sowohl von der maschinentechnischen Seite als auch von der Pigment- und Harzherstellung Rechnung getragen. So wurden die zur Herstellung solcher Druckfarben eingesetzten Dispergiergeräte, wie Dreiwalzenstühle, ständig weiterentwickelt und neue Maschinentypen, wie spezielle Rührwerkskugelmühlen mit Reibspalt, entwickelt. Hierbei ermöglicht oft Automation bei hohem Durchsatz eine wirtschaftlichere Druckfarbenherstellung. Mit diesen Maschinenentwicklungen sind Dispergiertechnologien verknüpft, die besondere Anforderungen an die organischen Pigmente stellen. So erfordern moderne Rührwerkskugelmühlen sehr gute Dispergierbarkeit und möglichst gute Rekristallisationsstabilität, da die Temperaturen der Druckfarben trotz intensiver Kühlung der Maschinen während des Dispergierprozesses auf 70 bis 90 °C und darüber ansteigen können.

Besonders im Offsetbereich gebräuchliche Gelbpigmente, vor allem Diarylgelbpigmente vom Typ Pigment Yellow 12 und 13, zeigen unter diesen Bedingungen wegen ihrer relativ guten Mineralöllöslichkeit mehr oder weniger starke Rekristallisation. Die Einwirkung derartig hoher Temperaturen auf das Pigment kann in der Praxis bis zu mehreren Stunden dauern, da meistens auch das Einbringen des Pigmentes in den Firnis mit Schnellrührern mit starker Erwärmung verbunden ist und im fabrikatorischen Ablauf zwischen den beiden und auch folgenden Verfahrensschritten oft eine größere Zeitspanne liegt. Die Rekristallisation ist um so ausgeprägter, je höher die Temperatur ist und je länger die Temperatureinwirkung dauert. Die Rekristallisation äußert sich in einem oft erheblichen Verlust an Farbstärke und Transparenz und vielfach auch in einem Glanzabfall. Der Farbton wird bei Gelbpigmenten außerdem röter und trüber. Eine Druckfarbe, in der das Pigment einer starken Rekristallisation unterworfen ist, verhält sich in vielen anwendungstechnischen Eigenschaften somit ähnlich einer Farbe, in der das Pigment nur ungenügend dispergiert ist. Pigmente, die speziell für die Verarbeitung in solchen Dispergiermaschinen entwickelt wurden, befinden sich im Handel.

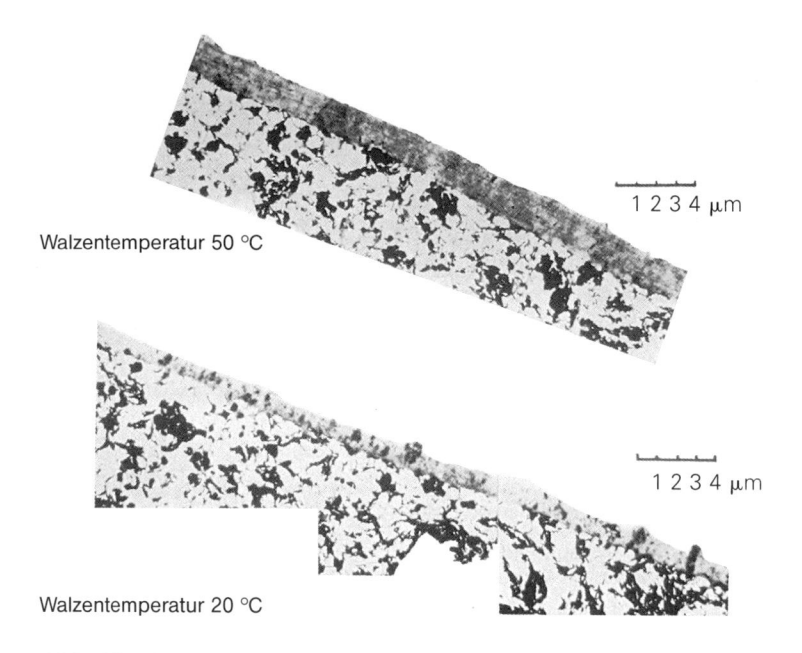

152 1.8 *Anwendungsgebiete organischer Pigmente*

Walzentemperatur 50 °C

1 2 3 4 µm

Walzentemperatur 20 °C

1 2 3 4 µm

Abb. 84: Einfluß unterschiedlicher Dispergierbedingungen auf den Dispergierungsgrad von Pigment Yellow 17 in einem Offsetfirnis und auf den Glanz damit hergestellter Drucke. Transmissionselektronenmikroskopische Aufnahmen von Ultramikrotomdünnschnitten der Druckschichten.

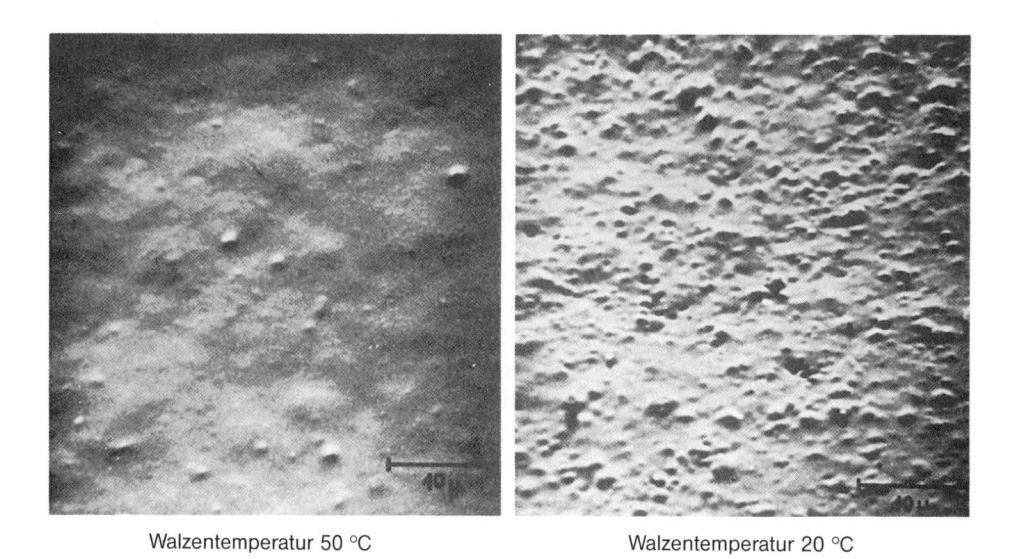

Walzentemperatur 50 °C   Walzentemperatur 20 °C

Abb. 85: Rasterelektronenmikroskopische Aufnahmen der Druckoberflächen.

Die Anforderungen an die Dispergierbarkeit der organischen Pigmente in den Druckfarben für Buch- und Offsetdruck werden nicht nur vom Dispergiergerät bestimmt, sondern in steigendem Maße auch durch den Bindemittelaufbau der Farben. Die laufende Verbesserung der Drucktechniken führt häufig zu zusätzlichen Anforderungen an das Dispergierverhalten der Pigmente. So wurde bei Rollenoffsetfarben vor allem zur Erzielung eines günstigeren Trocknungsverhaltens der Druckschichten, d.h. kürzerer Trocknungszeiten und niedrigerer Temperaturen, der Anteil an gut benetzenden Alkydharzen und pflanzlichen Ölen zugunsten von Hartharzen und Mineralöl zunehmend weiter reduziert. Auch Gelfirnisse, die der Druckfarbe zur Erzielung bestimmter drucktechnischer Eigenschaften zugegeben werden, sind nur sehr schlecht pigmentbenetzend und erfordern Anpassung der Pigmente. Gelfirnisse werden durch Umsetzung von Firnissen mit hohem Hartharzgehalt und geringem Anteil an pflanzlichen Ölen mit einem Metallchelat erhalten.

Die geforderte Dispergierbarkeit der Pigmente wird durch spezielle Präparierung, vor allem mit Harzen der verschiedensten Art, zu erreichen versucht. Bestimmte Harze können dabei aber – vor allem wenn sie im Pigment in größeren Konzentrationen enthalten sind – die Lösemittelabgabe der gedruckten Schicht, d.h. ihr Trocknungsverhalten, erheblich beeinträchtigen. Die Verwendung oberflächenaktiver Substanzen zur Pigmentpräparierung, die ebenfalls eine leichte Dispergierung in Offsetfirnissen bewirkt, scheidet im allgemeinen wegen der Störung des Wasser-Farbe-Gleichgewichtes auf der Offsetdruckplatte aus.

Im Hinblick auf die Wirkungsweise und Bedeutung des Wassers beim Offsetdruck ist es eigentlich selbstverständlich, daß die in solchen Druckfarben enthaltenen Pigmente einwandfrei wasserecht sein sollten. Das ist besonders bei einer Reihe von verlackten Pigmenten, z.B. bei Lackrot C-Typen (Pigment Red 53:1), nicht immer der Fall. Ungenügende Wasserechtheit führt zu Störungen im Druck infolge „Tonens". Hierzu kommt es, wenn die nichtdruckenden, d.h. wasserführenden Partien der Offsetdruckplatte infolge des angefärbten Wassers im Druckbild erscheinen.

Mehrfarbendruck

Pigmente für den Mehrfarbendruck haben besondere coloristische Bedingungen genau einzuhalten, die für den Buchdruck und den Offsetdruck in sog. Farbskalen festgelegt sind. Die früher weitverbreiteten und auch heute noch anzutreffenden Firmenskalen der Hersteller von Filmmaterial, von denen die Kodak-Skala am bekanntesten ist, haben den Zweck, die mit ihrem photografischen Material hergestellten Farbbilder auch im Druck mit natürlichen Farben wiederzugeben. Sie machen aber lediglich Angaben über die Filter für den Farbauszug und geben Empfehlungen für die chemigrafischen Betriebe, wie sie die Kodak Color Control Patches darstellen. Die sich hieraus für organische Pigmente ergebenden coloristischen Forderungen können z.B. für den gelben Farbton durch eine größere Anzahl organischer Pigmente unterschiedlicher chemischer Konstitution und jeweils in weitem Konzentrationsbereich erfüllt werden; die Farbtonbereiche sind vergleichsweise breit. Die Kodak-Skala ergibt im Zusammendruck meist einen warmen Farbcharakter, der vor allem bei der Herstellung von Kunstdrucken geschätzt wird. Sie hat deshalb bis heute eine gewisse Bedeutung behalten.

Im Gegensatz hierzu stehen die zunächst auf nationaler und seit einigen Jahren auch auf europäischer Ebene genormten Farbskalen. Die Anforderungen werden anhand von Farbmeßzahlen festgelegt. Die in den verschiedenen Normen für den Buch- und Offsetdruck aufgestellten Farbskalen für den Drei- und Vierfarbendruck sollen u. a. ermöglichen, daß die chemigrafischen bzw. photolithografischen Anstalten und die Druckereien Druckfarben beziehen können, die, unter Normbedingungen auf normgerechtes Kunstdruckpapier gedruckt, die durch die Norm festgelegten Resultate ergeben. Bei den europäischen Farbskalen sind dabei Bezugsschichtdicken für die frisch aufgetragene Druckfarbe einzuhalten, und zwar 0,8 bis 1,1 µm. Gegenüber der sog. DIN-Skala [2] ermöglicht die europäische Farbskala eine kräftigere Wiedergabe im Gebiet der roten Mischfarben (Gelb und Magenta). So ist hier Magenta beispielsweise weniger blau. Farbmetrische Toleranzen sind angegeben. Im Gegensatz zur DIN-Skala steht die Druckreihenfolge der einzelnen Farben im Offsetdruck nach der Europa-Norm frei [3]. Bei der europäischen Farbskala für den Buchdruck ist die Reihenfolge dagegen festgelegt, und zwar (Schwarz)-Gelb-Magenta-Cyan [4].

Der Normfarbton Gelb gemäß Europa-Skala läßt sich mit verschiedenen Azopigmenten erreichen, z. B. Pigment Yellow 13, 126 oder 127. Eine ganze Anzahl von Gelbpigmenten, die außerhalb der Toleranzen liegende Farbtöne aufweisen, läßt sich durch Nuancieren ebenfalls verwenden. Dabei wird der Farbton eines Pigmentes in einem z. T. erheblichen Ausmaß von Pigmentkonzentration und Dispergierungsgrad in der Farbe beeinflußt. Der Normfarbton Magenta kann eingestellt werden mit Azopigmenten vom Typ Pigment Red 57:1, P.R.184 oder 185, der Normfarbton Cyan mit Phthalocyaninblau-Pigmenten der β-Modifikation (Pigment Blue 15:3 und 15:4). Spezielle Anforderungen, beispielsweise an Überlackierechtheit, Kalandrierechtheit, Lichtechtheit, Temperaturbeständigkeit, Migrationsechtheit, Transparenz bzw. Deckvermögen, Rheologie, aber auch wirtschaftliche Gesichtspunkte engen die Zahl der in der Praxis geeigneten Pigmente, vor allem im Gelbbereich, mehr oder weniger stark ein.

Blechdruck

Der Blechdruck kann als Spezialgebiet des Offsetdrucks angesehen werden. Bei konventionellen Druckfarben ist wegen der hohen Einbrenntemperaturen von 140 °C und mehr eine entsprechende Hitzebeständigkeit Voraussetzung für die Brauchbarkeit von Pigmenten. Die Verwendung der bedruckten Bleche in der Konservenindustrie verlangt sterilisierechte Pigmente. Die Sterilisierechtheit wird üblicherweise in Wasser bei 120 °C und 2 bar geprüft. Meist bestehen auch Anforderungen an die Überlackierechtheit (Silberlackbeständigkeit) (s. 1.6.2.1). In den letzten Jahren wurden jedoch auch Blechdruckfarben entwickelt, die geringere

Anforderungen an die Hitzestabilität der Pigmente stellen. Ähnlich wie im Offsetdruck beträgt auch im Blechdruck die Schichtdicke der Drucke nur ca. 1 µm, was die Verwendung farbstarker Pigmente bei gleichzeitig hoher Pigmentkonzentration in der Druckfarbe bedingt. Damit sind wiederum bestimmte Anforderungen an die Rheologie bzw. das Fließverhalten der Pigmente in den hier verwendeten öligen Bindemitteln zu erfüllen.

UV-trocknende Druckfarben

UV-trocknende Druckfarben spielen im Blechdruck eine gewisse Rolle. Ihre Bedeutung ist regional sehr unterschiedlich. Der Einfluß organischer Pigmente auf die Trocknung bzw. Härtung der in erster Linie unter ökologischen Gesichtspunkten propagierten, durch UV-Bestrahlung trocknenden Druckfarben hat sich bei praxisüblichen Pigmentflächenkonzentrationen als gering erwiesen. Da UV-Licht durch Pigmente gestreut und absorbiert wird, ist zwar eine gewisse Beeinträchtigung gegeben, besondere Anforderungen an organische Pigmente bestehen aber für diesen Einsatz nicht.

1.8.1.2 Tiefdruck

Der Tiefdruck wird in Illustrations- und Spezial- oder Verpackungstiefdruck unterteilt. Illustrationstiefdruck wird vorzugsweise für Magazine, Illustrierte, Warenhauskataloge etc. angewendet, Spezialtiefdruck zum Bedrucken von verschiedenen Verpackungsmaterialien, z. B. aus Papier oder Kunststoff-Folien. Die beiden Druckverfahren stellen u.a. wegen des sehr unterschiedlichen Aufbaus der Druckfarben auch unterschiedliche Anforderungen an die Pigmente.

Illustrationstiefdruck

Hierfür sind besonders gute rheologische Eigenschaften der Druckfarben und damit der verwendeten Pigmente gefordert. Entsprechend den hohen Druckgeschwindigkeiten, die bis nahezu 45000 Zylinderumdrehungen pro Stunde betragen können – das sind Papiergeschwindigkeiten bis zu 14 m/s – muß die Druckfarbe so beschaffen sein, daß sie in den hierfür zur Verfügung stehenden Sekundenbruchteilen selbst Rasternäpfchen von 40 µm Tiefe nahezu vollständig füllt und anschließend sofort weitgehend auf das Papier übertragen wird. Die Eigenschaften des Pigmentes, besonders seine physikalische Beschaffenheit, sind auf das Fließverhalten der Druckfarbe von entscheidendem Einfluß. Das Fließverhalten beruht auf sehr komplexen Zusammenhängen (s. 1.6.8.4), die im einzelnen noch nicht völlig geklärt sind. So sind z. B. die für dieses Druckverfahren wichtigen Thixotropie-Effekte im Mikrobereich noch ungeklärt. Während nämlich beim

1.8 Anwendungsgebiete organischer Pigmente

Füllen und Entleeren der Näpfchen Strukturviskosität bzw. Thixotropie in der Druckfarbe ungünstige Folgen haben muß, sind diese Eigenschaften andererseits nach dem Aufbringen der Druckfarbe auf Papier vorteilhaft. Sie verhindern ein stärkeres Eindringen der Farbe in das Papier und sollen unmittelbar nach der Farbübertragung wirksam werden, um die hohe Punktschärfe des Druckes, durch den sich dieses Verfahren auszeichnet, zu erreichen. Auch die Lösemittelabgabe der Druckschicht durch Wegschlagen in das Papier und durch Verdampfen, also das Trocknungsverhalten, steht damit in engem Zusammenhang. Für diesen Einsatz wird von Pigmenten auch ein günstiges Abrasionsverhalten gefordert. Hierunter wird das mechanische Verhalten der Druckfarbe bzw. deren Komponenten gegen den Tiefdruckzylinder verstanden, das in ungünstigen Fällen zu einer frühen Beschädigung der die Druckelemente, die Rasternäpfchen enthaltenden Ballardhaut und damit zu einer Beeinträchtigung des Druckbildes führt. Die Kristallhärte einiger Pigmente begünstigt die Abrasion. Entsprechend vorgeprüfte Marken sind von einigen hierzu tendierenden Pigmenttypen im Handel.

Die Illustrationstiefdruckfarben sind meistens auf Toluolbasis aufgebaut, in einigen Ländern auch auf Gemischen von Toluol und Benzin. Der Lösemittelgehalt in den fertigen Druckfarben liegt bei über 60%, der Pigmentgehalt zwischen 4 und 10%. Wegen des Gehaltes an Lösemitteln können hier nur Pigmente mit ausreichenden Lösemittelechtheiten verwendet werden, d.h. Pigmente, die unter den Dispergier- und Verarbeitungsbedingungen eine genügende Rekristallisationsbeständigkeit zeigen. Zusätzlich ist eine hohe Farbstärke der Pigmente Vorbedingung, da bei gegebenem Näpfchenvolumen zur Erzielung des gewünschten Farbeindrucks bei farbschwachen Pigmenten die Pigmentkonzentration in der Farbe erhöht werden muß, eine Maßnahme, die mit einer höheren Viskosität der Druckfarbe verknüpft ist. Daher werden im Gelbbereich heute praktisch keine Monoazogelbpigmente in diesem Druckverfahren mehr eingesetzt.

Trotz geringerer Rekristallisationsneigung von Pigment-Yellow-12-Marken in Toluol und Benzin macht sich dieser Effekt doch noch nachteilig bemerkbar. Infolge ihrer (vergleichsweise) hohen spezifischen Oberfläche ergeben diese Pigmente zudem in den erforderlichen Pigmentkonzentrationen hohe Viskositäten der Druckfarben. Die Diarylgelbpigmente werden deshalb hier nahezu ausschließlich in aminpräparierter Form verwendet, die diese Nachteile in wesentlich geringerem Maße aufweisen (s. 2.4.1.4). Dadurch wird nicht nur eine extrem niedrige Viskosität der Druckfarbe erreicht, sondern auch sehr gute Dispergierbarkeit und hohe Farbstärke. Ein Vergleich der Viskosität präparierter und konventioneller Pigment-Yellow-12-Marken bei gleichen Konzentrationen in Illustrationstiefdruckfarben auf Toluolbasis wird in Abb. 86 anhand der Rheogramme gegeben. Erst diese ungewöhnlich gut fließfähigen und farbstarken aminpräparierten Pigmente im Gelbbereich ermöglichten bestimmte technologische Weiterentwicklungen der Druckverfahren, nicht zuletzt die heute üblichen hohen Druckgeschwindigkeiten.

Die Präparierung mit Aminen bringt aber gleichzeitig auch neue Probleme und Anforderungen mit sich. Die bei der Präparierung entstehenden und in Toluol gut löslichen dunkelroten Verbindungen (s. 2.4.1.4) tragen erheblich zur hohen Farbstärke des Pigmentes in diesen Druckfarben bei. Die geringere Löslichkeit der in Lösung farbstarken Schiffschen Basen in Benzin erklärt z.T. die niedrigere Farbstärke derselben Pigmente in Druckfarben auf Benzinbasis bzw. in einer Kombination von Benzin und Toluol. Der gelöste Farbstoff dringt zusammen mit dem Lösemittel beim Druckvorgang in das Tiefdruckpapier ein. Er verliert damit einen Teil seiner optischen Wirksamkeit durch darüberliegende Papierbestandteile und kann auf der Rückseite des Papiers zu einer Beeinträchtigung des Druckbildes führen. Dieser Effekt des „Durchschlagens" gewinnt dadurch an Gewicht, daß man steigende Versandkosten in vielen Ländern möglichst durch billigere, gewichtsärmere und damit dünnere Papiere zu vermindern versucht. Den Forderungen nach weniger durchschlagenden Diarylgelb-Marken wird durch Modifizierung der Aminpräparierung begegnet. Entsprechende Marken dominieren heute in Europa.

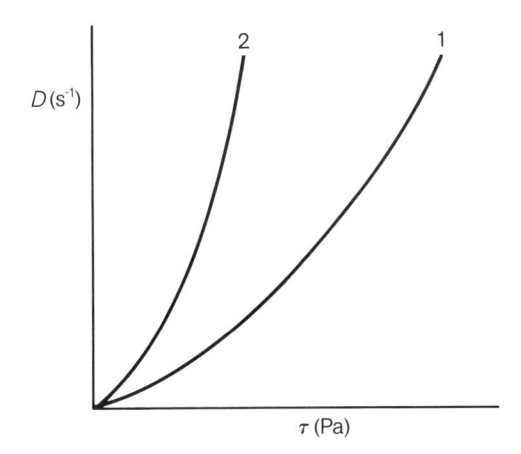

Abb. 86: Rheogramme 15%ig pigmentierter Illustrationstiefdruckfarben.
Kurve 1: Pigment Yellow 12
Kurve 2: Pigment Yellow 12, aminpräpariert.

Die Aminpräparierung der im Drei- und Vierfarbendruck verwendeten Rubin- und Blaupigmente, d.h. von Pigmenten des Typs Pigment Red 57:1 bzw. Pigment Blue 15:3, bringt keine den Gelbpigmenten entsprechenden Effekte. Aminpräparierte Rot- und Blau-Marken spielen daher in der Praxis keine Rolle. Auch sind die Probleme bei diesen Pigmenten nicht so groß wie bei aminfreien Diarylgelbpigmenten.

Verpackungstiefdruck

Der Aufbau der Druckfarben ist sehr unterschiedlich und richtet sich in erster Linie nach dem zu bedruckenden Stoff. Die üblicherweise verwendeten Lösemittel reichen von Alkoholen und Glykolethern über Acetate und andere Ester bis zu Ketonen, wie Methylethylketon und Methylisobutylketon. Auch aromatische Kohlenwasserstoffe, vor allem Toluol, sind in diesen Druckfarben oft enthalten. Im allgemeinen werden Kombinationen von mindestens zwei dieser Lösemittel in den Druckfarben eingesetzt. Wichtige Voraussetzung für die Verwendung von Pigmenten ist gute Beständigkeit gegen diese in der Druckfarbe enthaltenen Lösemittel. Auch gegen die im Bedruckstoff (Weich-PVC) oder in Druckfarben (z. B. Nitrocellulosefarben) enthaltenen Weichmacher, wie Dibutylphthalat, Dioctylphthalat oder Epoxid-Weichmacher, muß ausreichende Beständigkeit des Pigmentes gegeben sein. Sind diese Voraussetzungen erfüllt, so ist beispielsweise mit Migrationsproblemen oder unerwünschten Rekristallisationsvorgängen während Herstellung, Lagerung und Transport der Druckfarben nur in untergeordnetem Maße zu rechnen. Rekristallisation des Pigmentes in der Druckfarbe muß vor allem vermieden werden, wenn Transparenz im Druck gewünscht wird, wie oft für Drucke auf Alu-Folien. Meistens wird einwandfreie Überlackierechtheit verlangt, um Störungen beim Übereinanderdruck, z. B. mit Weiß, zu vermeiden. Schwierigkeiten können auch im Zwischenlagedruck von Verbundfolien auftreten, wenn die Pigmente gegenüber den jeweils verwendeten Kaschierklebern ungenügend beständig sind (s. 1.6.2.3).

Bestimmte Anforderungen sind beim Bedrucken von Folien für den Verpackungssektor bezüglich der Widerstandsfähigkeit gegen verschiedene chemische oder physikalische Einflüsse zu erfüllen. Die Prüfung dieser Einflüsse ist vielfach in Normen festgelegt, beispielsweise die von Drucken gegen Säure, Natronlauge, Seifen (s. 1.6.2.2), Waschmittel, Käse, Speisefett, Paraffin, Wachs oder gegen Gewürze, wobei jeweils gegen das ganz spezielle Produkt zu prüfen ist (s. 1.6.2.3).

Auch bei Verpackungsdruckfarben ist wie bei Illustrationstiefdruckfarben gutes Fließverhalten Vorbedingung für einen problemlosen Druckprozeß. Das Fließverhalten wird zu einem erheblichen Teil vom verwendeten Pigment bestimmt. Dabei ist neben der Teilchengröße auch die Präparierung der Pigmentoberfläche mit geeigneten Substanzen von wesentlichem Einfluß. Mit der Optimierung der Teilchengröße bezüglich des rheologischen Verhaltens ist gleichzeitig auch eine Veränderung coloristischer und anwendungstechnischer Eigenschaften verbunden, die oftmals unerwünscht ist. Solche Veränderungen lassen sich mitunter durch Präparierung oder Vordispergierung der Pigmente beispielsweise in Nitrocellulosepräparationen (NC-Chips) vermeiden. Aber auch hier muß das Pigment immer nur in Kombination mit Bindemittel und Lösemittel betrachtet werden. So läßt sich die Viskosität durch die Mitverwendung geeigneter Lösemittel oder durch Kombination mit Harzen bestimmter Zusammensetzung in beträchtlichem Ausmaß regulieren. Bei allen diesen Einflußnahmen auf das Fließverhalten ist die Lösemittelabgabe des fertigen Druckes zu berücksichtigen. Eine Verzögerung der Abgabe und damit der Trocknung der Druckschicht wird in der Praxis nicht akzeptiert.

Dekordruck

An Pigmente für sog. Dekordruckfarben werden besonders hohe Anforderungen gestellt. Dekorpapiere, bedruckt im Tief- oder auch Flexodruck, werden zur Herstellung von Schichtpreßstoff-Platten verwendet. Für die Pigmentauswahl sind die

Art der Schichtpreßstoff-Platten (Melamin oder Polyester), aber auch das Verarbeitungsverfahren entscheidend.

Bei Polyesterplatten werden Echtheiten gegen bestimmte Lösemittel gefordert. Wird in Styrol gelöster Polyester verwendet, so wird von den Pigmenten sehr gute Echtheit gegen Polyester und Monostyrol verlangt. Beim Diallylphthalat-Verfahren wird der Polyester in Aceton gelöst; hier eignen sich nur Pigmente mit einwandfreier Beständigkeit gegen Aceton.

Bei Melaminharzplatten steht für die Pigmenteignung vor allem das Verarbeitungsverfahren im Vordergrund. So kann nach dem Hochdruckverfahren mit oder ohne Overlay-Papier, mittels Spanplatten-Beschichtung und nach dem Kurztakt-Verfahren gearbeitet werden oder es werden sog. Kunststoff-Folien hergestellt. Wird beispielsweise ohne Overlay-Papier gearbeitet, also ohne daß ein harzgetränktes, transparentes Papier auf das – bedruckte – Dekorpapier aufgelegt wird, so ist für die Pigmenteignung auch das sog. Abklatschverhalten von Bedeutung. Hierunter wird ein dem Plate-out ähnlicher Vorgang (s. 1.6.4.1) verstanden, der zu einer Ablagerung des Pigmentes am Preßblech führt, wodurch die Oberflächenbeschaffenheit der folgenden Preßplatten beeinträchtigt wird. Die komplexen Vorgänge, die zum Abklatsch führen, bedingen, daß die Pigmenteignung hierfür bisher nur empirisch ermittelt werden kann. Bindemittelfragen und Beständigkeit gegen die in den Druckfarben enthaltenen Lösemittel, mit denen die Dekorpapiere bedruckt werden, sind für die Pigmentauswahl von geringerer Bedeutung, weil die ansonsten geeigneten Pigmente den durch die Druckfarbe zusätzlich gestellten Echtheitsforderungen ohnehin entsprechen. In jedem Fall aber ist in Anbetracht des Endartikels eine sehr gute Lichtechtheit der Pigmente erforderlich.

1.8.1.3 Flexodruck, Siebdruck und andere Druckverfahren

Die Anforderungen an Pigmente für diese Druckverfahren richten sich nach den gewünschten Echtheiten, wie vor allem Lichtechtheit, Lösemittelechtheiten, Überlackierechtheit und nach verarbeitungstechnologischen Gesichtspunkten, die Dispergierverfahren etc. Zusätzliche Anforderungen zu den beim Offsetdruck/Buchdruck (1.8.1.1) und Tiefdruck (1.8.1.2) genannten bestehen hier nicht.

1.8.2 Lackgebiet

Die technischen Anforderungen an Pigmente für das Lackgebiet werden vorrangig vom lackierten Endartikel, sowie von der Lack- bzw. Farbenzusammensetzung und deren Herstellungs- und Verarbeitungsbedingungen bestimmt. Die für die folgende Betrachtung gewählte Unterteilung orientiert sich zum einen an pigmentspezifischen Gesichtspunkten, zum anderen an der Art der Trocknung. Dabei bleiben Lacksysteme ohne besondere Anforderungen an Pigmente hier unbetrachtet. Das betrifft auch einen Großteil der physikalisch trocknenden Anstrichmittel mit Nitro- und Nitrokombinationslacken.

160   *1.8 Anwendungsgebiete organischer Pigmente*

1.8.2.1   Oxidativ trocknende Lacke und Farben

Von den hierzu zählenden Bindemittelsystemen sind vor allem die lufttrocknenden mittel- und langöligen Alkydharzlacke von großer praktischer Bedeutung. Sie zeigen ein breites Anwendungsspektrum, das von Malerlacken bis zum Industrielacksektor, z. B. zu speziellen Autoreparaturlacken, reicht. Die in diesen Systemen enthaltenen Lösemittel, wie aliphatische (Lackbenzin) und aromatische Kohlenwasserstoffe, Terpentinöl und höhere Alkohole zeigen für die meisten organischen Pigmente unter praxisüblichen Verarbeitungsbedingungen nur ein geringes Lösevermögen. Die Pigmentauswahl ist daher in dieser Hinsicht keinen Einschränkungen unterworfen. Außer coloristischen Gesichtspunkten sind Licht- und Wetterechtheit die wesentlichen Kriterien für den Einsatz der Pigmente.

1.8.2.2   Ofentrocknende Systeme

Die hier einzuordnenden Lacke erfordern zur Applikation und zum Härten z. T. aufwendige apparative und maschinelle Voraussetzungen. Sie werden in überwiegendem Maße in Industriebetrieben verarbeitet und umfassen den z. Zt. größten Teil der unter dem Begriff Industrielacke zusammengefaßten Systeme.

Die meisten Industrielacke enthalten außer den auch in lufttrocknenden Systemen anzutreffenden noch Lösemittel, die für viele organische Pigmente als mehr oder weniger aggressiv zu bezeichnen sind, wie Glykole bzw. Glykolether, beispielsweise Ethyl- und Butylglykol, Ester, wie Ethyl- und Butylacetat, Ketone, beispielsweise Aceton, Methylethylketon oder Methylisobutylketon, chlorierte Kohlenwasserstoffe oder Nitroparaffine.

Auch der Bindemittelaufbau der ofentrocknenden oder Einbrennlacke kann sehr unterschiedlich sein. Hier sind Lacksysteme mit Melaminformaldehyd- oder Harnstoffharzen zu nennen, die beim Erhitzen unter Polykondensation mit anderen Harzen, z. B. Epoxidharzen, kurzöligen Alkydharzen oder Acrylharzen, härten. Der Einbrennprozeß erfolgt bei Temperaturen zwischen 100 und nahezu 200°C, er kann einige Minuten bis zu mehr als einer Stunde dauern. Seit Jahren besteht aus Gründen der Energieersparnis ein starker Trend zu Bindemitteln mit niedrigeren Einbrenntemperaturen.

Bei Zweikomponentenlacken beginnt die Reaktion, d. h. der Härtungsprozeß, sofort nach dem Mischen der Komponenten, weshalb die betreffende Topfzeit beachtet werden muß. Die Reaktion kann bei Raumtemperatur ablaufen, wird aber in der industriellen Praxis vielfach bei Temperaturen bis 120°C beschleunigt. Das gilt u.a. für isocyanatvernetzende hydroxylgruppenhaltige Polyester oder Acrylharze, die z. B. als Autoreparaturlacke eingesetzt werden, oder in der Holz- bzw. Möbelindustrie z. T. in unpigmentierter Form verwendete, ungesättigte Polyester – oder säurehärtende Alkyd-Melamin- bzw. Harnstofflacke.

Ganz allgemein werden seit Jahren erhebliche Anstrengungen unternommen, Lösemittelemissionen beim Einbrennen der Lacke zu vermindern oder zu vermeiden. Damit ist die intensive Entwicklung lösemittelarmer bzw. -freier Lacksysteme

1.8.2 Lackgebiet

verbunden. Hierzu werden sehr unterschiedliche Wege beschritten. Die hauptsächlich in der Praxis befindlichen Systeme haben z. T. besondere pigmentbezogene Anforderungen:

- sog. High solids- bzw. Medium solids-Systeme enthalten im Vergleich mit konventionellen Einbrennlacken bei der Applikation einen höheren Festkörpergehalt, entsprechend einem niedrigeren Lösemittelgehalt [5]. Die dabei verwendeten niedermolekulareren Bindemittel zeigen zwar verändertes Pigmentbenetzungsverhalten, für die Pigmentdispergierung und -anwendung bestehen aber keine grundsätzlich veränderten Probleme.

- Non-Aequeous-Dispersions-(NAD)-Systeme bestehen aus einem Gemisch von gelösten und dispergierten Bindemittelanteilen. Der höhere Festkörperanteil dieser Lacke – und somit die Erniedrigung des Lösemittelanteils – wird also dadurch erreicht, daß das Bindemittel zum Teil in dispergierter Form vorliegt. Das ist u. a. für die Pigmentdispergierung von Bedeutung, die meist in der Harzlösung erfolgt. Wenn der Harzgehalt der Lösung nicht ausreicht die Pigmentoberfläche zu benetzen und diesen Zustand zu stabilisieren, kann es zu Flockungserscheinungen kommen, die in erster Linie bei Pigmenten mit hoher spezifischer Oberfläche und bei hohem Pigmentgehalt eintreten können. Zur Vermeidung oder Verminderung dieser Effekte kann u.a. der Anteil der Harzlösung im NAD-System vergrößert werden.

- Wasserverdünnbare Systeme enthalten neben organischen Lösemitteln in überwiegendem Maße Wasser. Das kann wegen seiner hohen Oberflächenspannung für die Pigmentbenetzung von Bedeutung sein. Stark polare Pigmente werden im wäßrigen Medium meist gut benetzt und dispergiert. Sehr unpolare Pigmente dagegen können beim Dispergieren Schwierigkeiten bringen. Durch chemische Modifizierung solcher Pigmente, wie den Einbau polarer Gruppen in das Molekül oder auch den Zusatz von speziellen Pigmentadditiven, wird eine merkliche Verbesserung erzielt. Die meisten der im Handel befindlichen organischen Pigmente liegen zwischen den beiden Grenzfällen. Mögliche Probleme bei der Dispergierung, die sich beispielsweise in ungenügendem Glanz äußern können, lassen sich durch geeignete Mahlgutformulierung und Anpassung der Verarbeitungsbedingungen beheben [6]. Über den Aufbau der wasserverdünnbaren Systeme gibt es eine umfangreiche Fachliteratur, im besonderen Patentliteratur [7 bis 10]. Derzeit werden ca. 40% der Autoserienlacke auf wäßriger Basis in der Praxis eingesetzt.

- UV- bzw. elektronenstrahltrocknende Systeme [11, 12] werden im wesentlichen unpigmentiert oder mit nur geringem Pigmentgehalt für die Holzbeschichtung und weniger für die Papierlackierung und andere Anwendungen eingesetzt. Bei den auf dem Lackgebiet üblichen vergleichsweise hohen Schichtdicken führen Pigmente im Gegensatz zum Druckfarbenbereich wegen ihrer Absorption im UV-Bereich zu mangelhaftem Trocknungsverhalten. Neuere Ergebnisse [13] an Lacken zeigen, daß transparente Typen sich hinsichtlich der Trocknung günstiger verhalten als deckende Versionen.

1.8 Anwendungsgebiete organischer Pigmente

- Bei Pulverlacken [14, 15] ist die Pigmentierung aus verschiedenen Gründen besonders problematisch. So ändert sich beim Härten in vielen Fällen der Farbton der Lackierung in z. T. beträchtlichem Umfang in Abhängigkeit von Temperatur und Zeit [6]. Durch geeignete Abstimmung von Härter und Pigment sind die Schwierigkeiten zu beheben oder zu vermindern. In manchen Fällen konnte eine chemische Reaktion zwischen Pigment und Härter als Ursache für die Farbtonänderung nachgewiesen werden (s. 1.6.7). Plate-out ist ein anderes hier häufig auftretendes Problem (s. 1.6.4.1). Es ist im wesentlichen auf ungenügende Benetzung der im Lack vorhandenen Feststoffoberflächen zurückzuführen. Durch Auswahl geeigneter Pigmente bzw. Verwendung bestimmter Härter, die erst bei erhöhter Verarbeitungstemperatur voll wirksam werden, läßt sich Plate-out vermindern oder auch beheben.

Die an Pigmente für Lacke gestellten Anforderungen erstrecken sich zum einen auf den applizierten Lackfilm und betreffen Eigenschaften und Gebrauchsechtheiten, z. B. Licht- und Wetterechtheit oder Beständigkeit gegen bestimmte Chemikalien, beziehen sich zum anderen aber auch auf die Herstellung und Verarbeitung des Lackes. Die wichtigsten Anforderungen sind gute rheologische Eigenschaften für die Dispergierphase und die Applikation, vor allem aber die Echtheiten gegenüber den anwesenden Lösemitteln und die damit verknüpften Eigenschaften, wie Überlackierechtheit, Ausblühen und Rekristallisationsbeständigkeit. Die auf der Löslichkeit der Pigmente beruhenden Echtheiten werden außer von der Korngrößenverteilung und der Pigmentkonzentration vor allem von der Verarbeitungstemperatur maßgeblich beeinflußt (s. 1.6.3.2). Auch die Zusammensetzung des Lackes, die in ihm enthaltenen Lösemittel und die Dauer der Hitzeeinwirkung sind von Bedeutung. Für die Pigmentauswahl resultieren aus diesen Anforderungen erhebliche Einschränkungen. Für prinzipiell in Betracht kommende Pigmente ist wegen der Komplexizität der Einflußgrößen eine Prüfung unter den jeweiligen Verarbeitungsbedingungen anzuraten.

Besondere Anforderungen ergeben sich an organische Pigmente vor allem bei Autolacken, aus dem weltweiten Trend, bleichromatfreie Pigmentierung anzuwenden. Neben anderen Gründen sind hierfür als Ursachen zu nennen:

- die entsprechend einer EG-Richtlinie seit Mitte 1994 bestehende Kennzeichnungspflicht für bleichromatenthaltende Lacke mit dem Symbol „Totenkopf" und dem Gefahrenhinweis „fruchtschädigend"
- die ungenügende Beständigkeit dieser Pigmente gegen erhöhte Schwefeldioxid-Konzentrationen
- die Einwirkung schwefelsäurehaltiger Ablagerungen, wie z.B. Rußflocken oder feuchtem Laub auf Autolackierungen.

Abbildung 87 zeigt eine Lackierung mit Chromgelb, die nach der in Abschn. 1.6.2.2 angegebenen Prüfmethode 1 Stunde bei 70 °C mit 1 N Schwefelsäure behandelt worden war. Die deutliche Farbänderung auf der kreisrunden Prüffläche ist mit starkem Glanzabfall verbunden. Bei bleichromatfreier Pigmentierung sind keine farblichen, sondern nur bindemittelbedingte Veränderungen des Glanzes erkennbar.

Abb. 87: Prüfung der Säurebeständigkeit mit 1 N Schwefelsäure. Lackierungen mit organischen Pigmenten (links) und Chromgelb (rechts).

Für den Ersatz der Chromgelb- und Molybdatrot-Pigmente sind im Farbtonbereich vom grünstichigen Gelb bis zum blaustichigen Rot Pigmente erforderlich, die in den für Autolackierungen praxisüblichen Schichtdicken von ca. 40 µm eine optische Abdeckung des Untergrundes bewirken. Hohes Deckvermögen ist somit die wesentliche Voraussetzung für die Verwendung organischer Pigmente für diesen Zweck. Durch Optimierung der Teilchengrößen (s. 1.7.3) unter gleichzeitiger Erhöhung der Pigmentkonzentration im Lack kann diese Voraussetzung bei einer Reihe organischer Pigmente erfüllt werden. Infolge der wesentlich kleineren spezifischen Oberfläche solcher Pigmente gegenüber konventionellen Marken ist es möglich, die Pigmentkonzentration z.T. erheblich zu erhöhen, ohne das für die Verarbeitung benötigte gute Fließverhalten zu beeinträchtigen (s. 1.7.8). Insgesamt betrachtet erreichen allerdings teilchengrößenoptimierte, d.h. hochdeckende organische Pigmente auch bei erhöhter Konzentration im Lack nur in Ausnahmefällen das Deckvermögen entsprechender Chromgelb- und Molybdatrot-Volltonlacke [16]. Das ist vor allem auf den höheren Brechungsindex (s. 1.7.3) der anorganischen Pigmente zurückzuführen.

Vielfach werden auch Kombinationen von organischen Pigmenten mit geeigneten anorganischen Pigmenten, beispielsweise Nickeltitangelb, Chromtitangelb, Wismut-Molybdän-Vanadiumoxid oder Eisenoxid, eingesetzt.

Bleichromatfreie Formulierungen sind nicht nur im Autolackbereich von zunehmender Bedeutung, sondern in gleicher Weise im Bautenlack- und Anstrichsektor sowie in anderen Teilbereichen des Lackgebietes.

Für Metallic-Lackierungen sind demgegenüber die Forderungen an das Deckvermögen bzw. die Lasur (s. 1.7.3) organischer Pigmente grundverschieden. Voraussetzung für die Verwendung von Pigmenten in solchen Lackierungen ist nämlich hohe Transparenz. Bei den in Europa üblichen Zweischicht-Metallic-Lackierungen werden als Bindemittel für den Basislack im allgemeinen Kombinationen aus ölfreiem Polyester, Celluloseacetobutyrat und Melaminharz verwendet, als

Klarlack eine Kombination von Acrylharz und Melaminharz, der zur Verbesserung der Licht- und Wetterechtheit des gesamten Systems UV-Absorber enthält.

Je nach Zusammensetzung des Mahlgutes und der Dispergier- und Auflackbedingungen führt die Dispergierung organischer Pigmente für den Basislack oft zu coloristisch stark unterschiedlichen Lackierungen. Zur Erzielung der erforderlichen hohen Lasur wird ein guter Dispergierungsgrad angestrebt, der bei den hier eingesetzten feinteiligen Pigmenten oft nur bei intensivem Dispergieren erreichbar ist. Dagegen sind beim Dispergieren der Aluminiumpasten (für Metallic-Lackierungen) in der Bindemittellösung hohe Scherkräfte nachteilig; sie bewirken Veränderungen der Struktur der blättchenförmigen Aluminiumteilchen. Bereits bei der Herstellung der Aluminiumpasten wird eine möglichst enge Korngrößenverteilung angestrebt, der Feinstkornanteil, der einen grauen, stumpfen Effekt bedingt, wird abgetrennt. Intensive Scherbedingungen beim Einarbeiten der Pasten in den Basislack machen den durch die Abtrennung erzielten coloristischen Vorteil zunichte. Entsprechendes gilt für die Verwendung von Perlglanzpigmenten.

Der Dispergierprozeß ist für die Pigmentanwendung in Industrielacken aber von ganz allgemeiner Bedeutung. Mahlgutformulierung, Zusätze der verschiedensten Art, Dispergiergerät und Dispergierbedingungen, Art und Durchführung eines evtl. Auflackprozesses, sowie eine Reihe weiterer Einflußgrößen (s. 1.6.5) sind für den im gebrauchsfertigen Lack vorliegenden Dispersionsgrad der Pigmente wichtig. Werden die verschiedenen Zusammenhänge und gegenseitigen Beeinflussungen nicht genügend beachtet, kann es zu Störungen bei der weiteren Verarbeitung kommen, die sich im Labor mit verschiedenen Prüfmethoden erkennen lassen. Rub-out-Effekte (s. 1.7.5) sind z. B. als Ergebnis solcher Störungen anzusehen.

Beim Spritz-Gieß-Test werden durch Aufspritzen bzw. Aufgießen applizierte Filme der gleichen Lackprobe der Glanz im Vollton bzw. die Farbstärke in der Weißaufhellung miteinander verglichen. Solche Störungen sind durch Mahlgutformulierung und Dispergierbedingungen erheblich zu beeinflussen. Gelingt die Behebung der Störung damit nicht, so stehen hierfür spezielle Lackhilfsmittel auf dem Markt zur Verfügung. Mit ihnen lassen sich beispielsweise bei der Verminderung oder Behebung des Ausschwimmens bei Pigmentkombinationen gute Ergebnisse erreichen. Über die theoretischen Vorstellungen des Ausschwimmens und andere Gründe für Rub-out-Effekte sei auf die Literatur verwiesen [17, 18, 19].

Für die Herstellung von Einbrennlacken werden in der Lackindustrie eine ganze Reihe unterschiedlich wirkender Dispergiergeräte eingesetzt. Alle haben aus der Sicht der Pigmentanwendungstechnik Vor- und Nachteile, die im Einzelfall gegeneinander abzuwägen sind. Für die Eignung eines bestimmten Gerätes sind der Einfluß auf das Rekristallisationsverhalten und der bei optimierter Mahlgutformulierung erreichte Dispergierungsgrad des Pigmentes genauso von Bedeutung wie seine Energieaufnahme oder sein Durchsatz, d. h. die pro Zeiteinheit hergestellte Lackmenge. Weitere Gesichtspunkte sind kontinuierliche oder diskontinuierliche Arbeitsweise sowie Reinigung bei Farbwechsel. Dabei ist zu berücksichtigen, daß bei schwerer dispergierbaren Pigmenten ein zufriedenstellender Dispergierungsgrad nicht mit allen Dispergiergeräten erreicht werden kann.

Für eine Vielzahl von Spezalgebieten bestehen zusätzliche Anforderungen an Pigmente. Beispiel dafür ist die Dauerhitzebeständigkeit in speziellen Lacksystemen für Heizkörperlackierungen. Dabei zeigen eine ganze Anzahl von Azo- und polycyclischen Pigmenten in diesen Lacken beim Belichten im Anschluß an eine 1000stündige Lagerung der lackierten Bleche bei 180 °C eine durchschnittlich um eine Stufe der Blauskala niedrigere Lichtechtheit als die nicht wärmebehandelten Vergleichsproben.

Ein anderes Spezialgebiet ist das Coil Coating (Coils sind aufgewickelte Spulen). Hierbei handelt es sich um die kontinuierliche Beschichtung von Metallbändern, die mit Hilfe von Walzensystemen mit Geschwindigkeiten bis zu 200 m/min erfolgt. In erster Linie werden Bänder aus kaltgewalztem und oberflächenveredeltem Stahl, sowie Aluminium, z. T. in Legierungen mit Mangan oder Magnesium, beschichtet, wobei vor allem Beschichtungssysteme auf Basis von Alkyd- oder Acrylharzen, ölfreiem Polyester, siliconmodifiziertem Polyester bzw. Acrylharz, Polyvinyliden- und Polyvinylfluorid verwendet werden. Neuerdings werden für Aluminium – wie für Stahlbänder – auch wasserverdünnbare Systeme, vor allem auf Acrylharzbasis, eingesetzt [20, 21, 22, 23]. Die Trocknung erfolgt kontinuierlich in gas- oder ölbeheizten, in mehrere Kammern unterteilten Öfen.

Dabei werden die Schichten einige Sekunden bis maximal wenige Minuten auf Temperaturen bis 280 °C und darüber erhitzt. Die beschichteten Metallbänder werden z. B. durch Verformung, Profilierung oder Prägung weiterverarbeitet. Die praktische Verwendung der nach diesem Verfahren beschichteten Metallbänder reicht vom Verpackungssektor über den Fahrzeugbau und Haushaltsgeräte bis zum Bauwesen.

Die Anforderungen an die zum Einfärben verwendeten Pigmente sind je nach Einsatzzweck und Beschichtungssystem sehr unterschiedlich. Bei ausreichender Hitzebeständigkeit richten sich die Anforderungen an Lösemittelechtheiten bzw. Rekristallisationsbeständigkeit nach dem betreffenden Beschichtungssystem, seiner Zusammensetzung und Verarbeitung. Forderungen nach extremer Wetterechtheit mit mehrjähriger Garantie, die sich aus einer Anwendung des Materials z. B. für Fassadenverkleidungen herleiten, lassen sich mit organischen Pigmenten kaum erfüllen. Für etwas geringere Ansprüche stehen – abgesehen von wenigen hochechten Azopigmenten – hauptsächlich polycyclische Pigmente zur Verfügung. Eine Beeinträchtigung der mechanischen Eigenschaften der Beschichtung, wie der Härte und Kratzfestigkeit oder extremer Elastizität, wird nicht akzeptiert.

1.8.2.3 Dispersionsfarben

Hierunter versteht man Anstrichstoffe auf der Grundlage wäßriger Kunstharzdispersionen, die einen lackähnlichen Anstrichfilm ergeben. Die im Anstrichsektor verwendeten Kunstharzdispersionen enthalten als äußere Phase Wasser. Im Markt sind eine Fülle solcher Dispersionen unterschiedlicher Harzbasis anzutreffen, z. B. auf Basis von Polyvinylacetat, z. T. als Copolymerisate mit Vinylchlorid, Maleinsäuredibutylester, Ethylen, Acrylsäureestern, Polyacrylharz, ebenfalls zum

Teil als Copolymerisate mit unterschiedlichen Monomeren, sowie Styrol-Butadien oder Polyvinylpropionat. Diese Dispersionen stellen wohlausgewogene Systeme dar. Zu ihrer Herstellung sind Emulgatoren in der inneren oder äußeren Dispersionsphase nötig. Zur Stabilisierung enthalten sie Substanzen, wie Cellulosederivate, Polyvinylalkohol, Stärke oder Gelatine, die mit Wasser mehr oder weniger quellbar sind und als Schutzkolloide wirken. Die Verwendung von Pulverpigmenten ist sehr problematisch, da durch das Einbringen von zusätzlicher Feststoffoberfläche in die Dispersion das Gleichgewicht zwischen den beiden Phasen fast immer empfindlich gestört wird. Aus diesem Grund werden zum Anfärben solcher Kunstharzdispersionen nahezu ausschließlich Pigmentpräparationen verwendet, die so beschaffen sind, daß durch die damit eingebrachten oberflächenaktiven Substanzen das Dispersionsgleichgewicht nicht merklich beeinträchtigt wird und daß kein fortschreitender Viskositätsanstieg erfolgt, der bis zur Koagulation der gesamten Farbe führen kann. Derartige Pigmentpräparationen werden beim Lagern mitunter farbschwächer. Die Ursachen hierfür können neben Benetzungs-, Verteilungs- und Stabilitätsproblemen bei weniger lösemittelechten Pigmenten auf Rekristallisationsvorgängen beruhen, die in vielen Fällen durch oberflächenaktive Substanzen begünstigt werden. Auch der manchmal auftretende Farbstärkerückgang in den pigmentierten Anstrichfarben kann verschiedene Gründe haben. So kann ihn bei instabiler Benetzung der Pigmentoberflächen in der Kunstharzdispersion enthaltenes nicht wassermischbares Lösemittel, die Gegenwart größerer Mengen von Antischaummitteln oder ein nachträglicher Zusatz von Weichmachern auslösen [24].

Eine Reihe zusätzlicher Anforderungen an Pigmente für solche Anstrichfarben richten sich nach dem Anwendungsgebiet. Für Fassadenfarben beispielsweise sind neben guter Wetterbeständigkeit die Kalk- und Zementechtheit von Bedeutung (s. 1.6.2.2).

Neben den speziell für wäßrige Dispersionsanstrichfarben entwickelten Pigmentpräparationen sind sog. Mehrzweckabtönpasten auf dem Markt, die eine außergewöhnliche Verträglichkeit haben. Sie sind sowohl mit Dispersionsanstrichfarben als auch mit lösemittelhaltigen Bautenlacken verträglich.

Mehrzweckabtönpasten enthalten im allgemeinen neben dem Pigment wasserverträgliche Lösemittel, ggf. etwas Wasser und geeignete Netzmittel, die entscheidend sind für das Gleichgewicht zwischen hydrophilem und oleophilem Charakter. Die Anforderungen an Pigmente hierfür richten sich nach der Zusammensetzung und Herstellung der Pasten und nach der Anwendung des Lackes bzw. des Anstriches.

1.8.3 Kunststoffgebiet

Durch die große Anzahl verschiedenartiger Kunststoffe auf dem Markt werden für die Einfärbung stark differierende Anforderungen an organische Pigmente gestellt. Hier sollen die Verhältnisse nur für die wichtigsten Kunststofftypen betrachtet werden. Für die Pigmentauswahl sind neben dem einzufärbenden Kunst-

1.8.3 Kunststoffgebiet

stoff und den Anforderungen an den eingefärbten Endartikel vor allem die Verarbeitungsbedingungen wesentlich.

Nahezu alle Kunststoffe werden vor ihrer Verarbeitung mit Zusätzen versehen, wie Stabilisatoren der verschiedensten Art, z. B. Hitze- oder Lichtstabilisatoren, sowie Weichmacher, Gleitmittel, Netzmittel, Flammschutzmittel, Füllstoffe, Verdünnungsmittel, Treibmittel, Antistatika, Fungizide, sowie Substanzen zur Verbesserung der Schlagfestigkeit, optische Aufheller, UV-Absorber und natürlich Farbmittel. Alle diese Additive können die Coloristik des eingefärbten Kunststoffes in weiten Grenzen beeinflussen. So mindert beispielsweise der Zusatz selbst großer Mengen von Bariumsulfat zu PVC die Transparenz nur geringfügig, der Zusatz bereits geringer Mengen Antimontrioxid, das durch Bildung von Antimontrichlorid flammhemmend wirkt, hingegen stark. Als weiteres Beispiel sind die festen Blei-Stabilisatoren anzuführen, die in PVC einen stark aufhellenden Effekt geben, während alle anderen in der Praxis üblichen, wie Zinn-Schwefel- oder Barium-Cadmium-Stabilisatoren, dies nicht tun.

Bei manchen Kunststoffen, z. B. bei Polyethylen, werden die Kunststoffmischungen vom Hersteller oft bereits mit den Zusatzstoffen in verarbeitungsfertiger Form geliefert. Bei anderen Kunststoffen, z. B. bei PVC, werden die Zusatzstoffe dagegen erst vom Verarbeiter zugegeben. Für das Vormischen von Kunststoff und Additiven bzw. Pigment wird in der Praxis eine größere Anzahl von Geräten verwendet, die infolge unterschiedlicher Arbeits- und Wirkungsweise zu verschiedenen färberischen Resultaten führen können, die auch während der folgenden Verarbeitung des Kunststoffes nicht mehr auszugleichen sind. Die Palette dieser Geräte reicht von einfachen Schwerkraftmischern, wie Rollfaß, Taumelmischer und Kugelmühlen, über Rührwerksmischer bis zu Schnellmischern, d. h. Fluidmischern, Mischwalzwerken und Knetern, z. B. für Gummi- und Synthesekautschuk. Sofern die erhaltenen Mischungen nicht flüssig oder pulverförmig sind, schließt sich dem Mischprozeß noch eine Zerkleinerung an, die bei thermoplastischen Kunststoffen durch Granulierung oder nach dem Abkühlen unter Erstarren der Schmelze in unterschiedlicher Weise erfolgen kann.

Bei der Verarbeitung der Kunststoffe werden eine große Anzahl unterschiedlicher Verfahren angewandt und die Verarbeitungsbedingungen in weiten Bereichen variiert. Wichtige Verfahren sind vor allem Spritzgießen, Extrudieren für Profile, Hohlkörper und Blasfolien, Kalandrieren, Beschichten, Sintern, Tauchen, Verschäumen und auch Lackieren.

Bei nahezu allen Verarbeitungstechnologien für Kunststoffe werden an die Dispergierbarkeit der verwendeten Pigmente hohe Anforderungen gestellt, die häufig nicht erfüllt werden können. Pigmente werden in Kunststoffen im wesentlichen durch Einwirkung von Scherkräften dispergiert (s. 1.6.5). Die Benetzung der Pigmentoberfläche durch die Polymermoleküle ist von nur untergeordneter Bedeutung. Bei thermoplastischen Kunststoffen, wie PVC oder Polyolefine, werden die für eine hinreichende Zerlegung der Pigmentagglomerate erforderlichen hohen Scherkräfte nur bei sehr geringer Plastifizierung des betreffenden Kunststoffes erhalten, wie sie in der üblichen Verarbeitung kaum auftreten.

1.8 Anwendungsgebiete organischer Pigmente

Die für eine gute Pigmentverteilung bei der Kunststoffverarbeitung wichtigen Parameter haben sich hauptsächlich aus wirtschaftlichen Gründen in zunehmendem Maße ungünstig entwickelt. So wurden beispielsweise in den vergangenen Jahren bei der Verarbeitung von Hart-PVC auf modernen Kalandern Temperatur und Abzugsgeschwindigkeit von den Walzen so stark erhöht, daß die unter diesen Bedingungen in dem stark plastifizierten Kunststoff auftretenden Scherkräfte nicht mehr für eine genügende Zerlegung der Agglomerate konventioneller organischer Pigmente ausreichen. Besonders ausgeprägte Probleme erhält man dadurch bei Dünnfolien, wo ungenügende Dispergierung zur Lochbildung, und bei der Schmelzspinnfärbung, wo Dispergiermängel zum Fadenriß führen. Pulverpigmente werden bei Kunststoffen daher nur für dickwandige Artikel, wie Hohlkörper, Spritzgußteile oder bei der Profilplattenextrusion verwendet. Sie haben dort den Vorteil, in nahezu allen Kunststoffen des Marktes, d. h. fast universell einsetzbar zu sein. Abgesehen von einem minderen Dispergierungsgrad, der sich auch in Stippen- oder Schlierenbildung äußern kann, ist der Einsatz aber häufig mit einem hohen Aufwand für die Reinigung der verschiedenen Verarbeitungsgeräte (z. B. Mischer, Dosiergeräte, pneumatische Fördergeräte) und anderen Nachteilen verbunden. Werden dennoch konventionelle Pulverpigmente verwendet, so schaltet man der eigentlichen Kunststoffeinfärbung vielfach einen separaten Arbeitsgang vor, um eine ausreichende Pigmentverteilung zu erreichen.

Zur Vermeidung solcher Schwierigkeiten werden bei der Kunststoffeinfärbung in zunehmendem Maße Pigmentpräparationen oder Pigmente mit vergleichsweise enger Korngrößenverteilung eingesetzt.

Bei Pigmentpräparationen wird die Dispergierung der Pigmente vom Pigmenthersteller oder von speziellen Firmen vorgenommen. Sie erfolgt in einem mit dem einzufärbenden Kunststoff gleichartigen oder mit ihm verträglichen Trägermaterial. Solche Präparationen werden mittels Kneter, Dreiwalzenstühlen, Extrudern oder anderen sehr intensiv wirkenden Dispergiergeräten hergestellt.

Die Pigmentkonzentration einer Präparation hängt vom Farbton und vom gewünschten Dosierverhältnis Pigmentpräparation zum einzufärbenden Kunststoff ab. Die maximale Pigmentkonzentration wird durch das Aufnahmevermögen des Trägermaterials bestimmt.

In der Pigmentpräparation liegt das Pigment bereits in dispergierter Form vor. Das ermöglicht eine gleichmäßige und reproduzierbare Färbung unter den normalen Verarbeitungsbedingungen des jeweiligen Kunststoffes. Die gute Verteilung von Pigmentpräparationen im einzufärbenden Kunststoff erfolgt somit ohne zusätzlichen Aufwand an Zeit, Energie und Maschinen und ist von der Verarbeitungstemperatur praktisch unabhängig.

Pigmentpräparationen sind in fester Form als Granulate und Pulver oder als Pasten auf dem Markt. Sie enthalten üblicherweise zwischen 10 und 80% Pigment und sind je nach Art des Trägermaterials jeweils nur für wenige Kunststoffe geeignet. Universell verträgliche Präparationen spielen in der Praxis keine Rolle. Sie bedingen überdies auch universell verwendbare Pigmente, die meist sehr teuer sind.

Um eine gute Verteilung der Pigmentpräparation im Kunststoff zu gewährleisten, ist es häufig erforderlich, daß das Trägermaterial leichter fließend und bes-

1.8.3 Kunststoffgebiet

ser verteilbar ist als das einzufärbende Polymer. Das wird auf unterschiedliche Weise erreicht, z. B. durch Verwendung eines Trägermaterials mit einem niedrigen durchschnittlichen Molekulargewicht, einem geeigneten Mischpolymerisat oder hohem Weichmachergehalt.

In den vergangenen Jahren hat sich ein immer stärkerer Trend zum Farbkonzentrat gebildet. Hierunter werden Pigmentpräparationen verstanden, die zwei oder mehrere Pigmente enthalten und die beim Mischen mit einer bestimmten Menge des ungefärbten Kunststoffes einen definierten Farbton ergeben. Für den gleichen Zweck werden auch in geeignetem Verhältnis vorgemischte Pulverpigmente eingesetzt. Solche Pulvermischungen wurden früher nahezu ausschließlich auf Kollergängen hergestellt. Heute verwendet man dafür meist hochtourige Mischer und spezielle Pigmentmühlen. Vielfach werden dabei kleine Mengen an oberflächenaktiven Substanzen zugesetzt.

Organische Pigmente sind häufig unterschiedlich gut in einem Kunststoff dispergierbar. Deshalb können Mischungen solcher Pigmente bereits bei geringen Schwankungen der Verarbeitungstemperatur infolge der damit verbundenen unterschiedlich starken Plastifizierung des Kunststoffes und der veränderten Scherkräfte bei der Pigmentdispergierung zu erheblichen Schwierigkeiten bei der Farbtoneinstellung führen.

Pigmentmischungen und Farbkonzentrate werden auch als programmierte Farbmittel bezeichnet.

Kunststoffe werden im allgemeinen in Pulver- oder Granulatform auf den Markt gebracht und verarbeitet. Für die Einfärbung mit Pigmenten bzw. Pigmentpräparationen haben sich bestimmte Verfahrensweisen als günstig erwiesen [25]. So werden pulverförmige Kunststoffe mit Pulverpigmenten vielfach in Fluidmischern vorgemischt. Die Dispergierung der Pigmente erfolgt dann anschließend bei der eigentlichen Kunststoffverarbeitung, also z. B. bei PVC in Knetern oder Mischwalzwerken, oder bei Polyolefinen in Extrudern und Schneckenspritzgußmaschinen. In letzteren geschieht die Dispergierung nahezu ausschließlich durch die zwischen Schnecke und Zylinderwand auftretenden Scherkräfte [26]. Der hierbei erzielte Dispergierungsgrad genügt für dickwandige Artikel, aber nicht höheren Anforderungen, wie sie z. B. an Dünnfolien gestellt werden.

Für das Einfärben von Kunststoffgranulaten eignen sich vor allem granulatförmige Pigmentpräparationen, aber auch pastenförmige Präparationen, beispielsweise Pigment-Weichmacher-Pasten. Sie bringen Vorteile bei automatischer Dosierung. Auch in diesen Fällen ist ein Vormischen von Kunststoff und Pigmentpräparation erforderlich. Das wird meist in langsam laufenden Mischern vorgenommen. Pulverpigmente werden beim Mischvorgang infolge elektrostatischer Aufladung an der Granulatoberfläche festgehalten. Häufig wird die Haftung des Pigmentes noch durch Zusatz geringer Mengen eines Haftvermittlers, d. h. Netzmittels, zu dem Granulat verbessert. Das Aufbringen des Haftvermittlers, der das Granulat als feiner Mikrofilm überzieht, muß dabei vor der Pigmentzugabe erfolgen.

Für das Einfärben pulverförmiger Kunststoffe sind granulatförmige Pigmentpräparationen nur bedingt geeignet. Hiermit wird oft keine ausreichende Vertei-

1.8 Anwendungsgebiete organischer Pigmente

lung erreicht, und besonders bei pneumatischer Förderung besteht Entmischungsgefahr [27].

Weitere Angaben über die Dispergierung organischer Pigmente in Kunststoffen und die dabei ablaufenden Vorgänge finden sich unter 1.6.5.

Von grundlegender Bedeutung für die Auswahl geeigneter Pigmente sind oft deren Lösemittelechtheiten und ihre Unlöslichkeit im Kunststoff und allen seinen Bestandteilen besonders unter den Verarbeitungsbedingungen. So beruhen die unter dem Begriff Migration zusammengefaßten Störungen des Ausblühens und Ausblutens auf dem vollständigen oder teilweisen „In-Lösung-gehen" des Pigmentes im Kunststoff bei dessen Verarbeitungstemperatur (s. 1.6.3).

Auch Rekristallisation ist auf eine gewisse Löslichkeit des Pigmentes im Kunststoff zurückzuführen. Sie äußert sich wie in anderen Medien vor allem in Änderung der Transparenz bzw. des Deckvermögens in transparenten Färbungen und in der Farbtiefe in Weißaufhellungen. Mangelnde Rekristallisationsbeständigkeit macht sich beispielsweise bei der Herstellung und Verarbeitung von Pigment-Weichmacher-Pasten, sowie in verschiedenen Polymeren bei höheren Verarbeitungstemperaturen bemerkbar.

Bei einer Reihe von Kunststoffen wird der Pigmenteinsatz durch hohe Verarbeitungstemperaturen begrenzt (s. 1.6.7). Von Wichtigkeit ist dabei die Verweilzeit, d. h. die Dauer der Hitzeeinwirkung. Aus diesem Grund muß beispielsweise bei Mitverwendung von farbigem Regenerat dessen vorhergehende Temperaturbelastung mit berücksichtigt werden. Weiterhin ist die Abhängigkeit der Hitzebeständigkeit von der Pigmentkonzentration und dem Verhältnis Buntpigment zu Weißpigment zu beachten. Die geforderte Hitzebeständigkeit ist von Kunststoff zu Kunststoff verschieden.

Verzugserscheinungen können durch manche organische Pigmente bei bestimmten dickwandigen, großflächigen, nicht rotationssymmetrischen Spritzgußteilen, wie Flaschenkästen, verursacht werden. Sie wirken dort als Nukleierungsmittel für teilkristalline Polymere (s. 1.6.4.3).

Die Anforderungen an die Lichtechtheit von Kunststoffeinfärbungen werden von einer Vielzahl organischer Pigmente erfüllt. Dabei wird die Lichtechtheit des eingefärbten Systems im Normalfall durch die des Kunststoffs begrenzt.

Die Lichtechtheit eines Pigmentes ist vielfach von einem Polymer zum anderen sehr verschieden; das Pigment kann beim Belichten in einem Kunststoff bereits längst ausgeblichen sein, während es in einem anderen noch keinen Angriff durch das Licht erkennen läßt. So kann auch bei Kunststoffen die Lichtechtheit stets nur für das gesamte pigmentierte Medium angegeben werden. Blei-Stabilisatoren oder als Flammschutzmittel zugesetztes Antimontrioxid können in PVC infolge ihrer starken Eigenstreuung die Lichtechtheit des Kunststoffsystems ähnlich stark beeinflussen wie Titandioxid in Weißaufhellungen. Die im speziellen Teil des Buches angegebenen Vergleichswerte beziehen sich stets auf Färbungen gleicher Standardfarbtiefe. Diese werden nach DIN 53 235/2 eingestellt.

Für die Bestimmung der Lichtechtheit von gefärbten pigmentierten Kunststoffen im Tageslicht und im Xenonbogenlicht, d. h. in Schnellbelichtungsgeräten, sowie für die Bestimmung der Wetterechtheit bestehen Normen (s. 1.6.6).

1.8.3 Kunststoffgebiet

Bei verschiedenen Kunststoffen ist die Verträglichkeit der Pigmente mit dem einzufärbenden Polymersystem zu beachten. In anderen Fällen muß eine Beeinflussung der physikalischen und mechanischen Eigenschaften der Kunststoffe durch die eingesetzten Pigmente ausgeschlossen werden. Diese Forderungen werden bei den betreffenden Kunststoffen jeweils näher betrachtet.

Pigmente für Kunststoffartikel, z. B. -Folien, die für die Verpackung von Lebensmitteln oder Kosmetika verwendet werden, müssen nicht nur migrationsecht und extraktionsbeständig, sondern auch physiologisch unbedenklich sein. Darüber hinaus bestehen in einer Reihe von Ländern unterschiedliche Vorschriften, die bestimmte Reinheitsforderungen enthalten.

Es gibt nur wenige Pigmente, die alle hier aufgeführten und im Einzelfall noch zusätzliche Forderungen erfüllen und zudem besonders wirtschaftlich sind. Im allgemeinen können höhere Echtheitsanforderungen nur mit teureren Pigmenten erfüllt werden. Ähnlich wie auf anderen Gebieten auch, wird bei der Auswahl von Pigmenten für ein bestimmtes Färbeproblem bei Kunststoffen daher meist ein Kompromiß zwischen den Echtheitsanforderungen und dem Preis geschlossen. Dabei werden auf dem Kunststoffgebiet anorganische Pigmente stark in diese Betrachtungen miteinbezogen. Ob im Einzelfall besser anorganische oder organische Pigmente verwendet werden, hängt von technischen und wirtschaftlichen Gesichtspunkten ab.

Organische Pigmente müssen eingesetzt werden, wenn transparente Färbungen gewünscht werden und hohe Farbkraft, besonders bei dünnwandigen Artikeln, wie Folien oder Spinnfasern, gebraucht wird. Auch für den Mehrfarbendruck auf Folien sind meist organische Pigmente erforderlich. Wird dagegen bei hohem Deckvermögen beispielsweise ein sehr heller Farbton verlangt, der zudem noch eine hohe Licht- und Wetterechtheit aufweisen soll, so werden anorganische Pigmente vorgezogen.

Vielfach kombiniert man auch mit Vorteil anorganische und hochwertige organische Pigmente, wobei meist das farbschwächere anorganische Pigment im Überschuß vorliegt, um etwa das gewünschte Deckvermögen zu erreichen, während das in geringeren Mengen verwendete organische Pigment hauptsächlich die Farbkraft der Pigmentmischung und die Brillanz des Farbtones bewirkt.

Für die Einfärbung von Kunststoffen ist oftmals auch deren eigenes optisches Verhalten bedeutsam. So bedingt die Eigenabsorption der Kunststoffe oft eine mehr oder weniger ausgeprägte Vergilbung (Gilbe). Kristalline Kunststoffe bewirken Lichtstreuung ebenso wie sogenannte „blends", und zwar Mischungen verschiedener Kunststoffkomponenten mit unterschiedlicher optischer Brechung. Bei solchen Kunststoffmischungen sind oft auch Orientierungseffekte zu beobachten. Füllstoffe zeigen neben Lichtabsorption und Streuung oftmals ähnliches optisches Verhalten. Bei der Einfärbung von verschäumten Kunststoffen ist die stark aufhellende Wirkung der Blasen zu berücksichtigen.

Im folgenden werden die wesentlichen Kunststofftypen und die für die Einfärbung mit Pigmenten wichtigen Eigenschaften und Verarbeitungsbedingungen beschrieben. Die Anforderungen an Pigmente für diesen Einsatz werden dargelegt und Prüfmethoden angegeben.

1.8.3.1 Polyvinylchlorid

Vinylchlorid ist seit über hundert Jahren bekannt, seine Polymerisation zu Polyvinylchlorid (PVC) gelang 1912. 1927 begann die großtechnische Produktion dieses Kunststoffes. PVC stellt noch immer den am vielseitigsten anwendbaren Kunststoff dar. Dies wird u. a. mit den vielfältigen Variationsmöglichkeiten begründet, die sich durch die Art der Herstellung des Polymers, durch Copolymerisation mit anderen Monomeren und deren Verarbeitung ergeben. So läßt sich PVC auf allen üblichen Verarbeitungsmaschinen in der Wärme formen, wenn hierbei die leichte thermische Schädigung berücksichtigt wird. Die spanende Formung ist leicht, man kann es kleben, biegen, schweißen, bedrucken und tiefziehen.

Aufgrund unterschiedlicher Polymerisationsverfahren wird zwischen Masse- oder Block-, Suspensions-, Lösungs- und Emulsions-PVC unterschieden. Die Art der Polymerisation des einzufärbenden Kunststoffs ist bei vielen organischen Pigmenten von deutlichem Einfluß auf das erzielte färberische Ergebnis.

Im Gegensatz zu den in der Masse und in Suspension polymerisierten Typen sind zur Polymerisation in der Emulsion Emulgatoren notwendig. Sie verbleiben in mehr oder weniger großer Konzentration im Kunststoff. Während das in Emulsions-PVC (E-PVC) ebenfalls meist enthaltene Natriumcarbonat den Kunststoffartikeln einen milchigen Charakter vermittelt, bewirken die Emulgatoren, wie Alkylarylsulfonate, beim Pigmentieren eine im Vergleich mit Masse- oder Suspensions-PVC meist erhebliche Minderfarbstärke.

Bei gleicher Pigmentkonzentration und analogen Verarbeitungsbedingungen kann diese Minderfarbstärke in E-PVC, vor allem bei schwieriger zu dispergierenden polycyclischen Pigmenten, bis zu 50% betragen. Der K-Wert, d. h. das mittlere Molekulargewicht der verglichenen PVC-Typen, erweist sich dabei ohne Einfluß auf diese Ergebnisse.

Die Farbstärkeunterschiede sind geringer, wenn bei der Dispergierung praxisunübliche hohe Scherkräfte angewandt werden. Das wird beispielsweise erreicht, wenn man die Verarbeitung auf einem Walzenmischwerk bei niedrigeren Temperaturen vornimmt. Die Farbstärkedifferenz wird dementsprechend zwischen E-PVC und den anderen PVC-Arten mit abnehmendem Weichmachergehalt geringer, aber ist selbst in Hart-PVC bei niedrigen Verarbeitungstemperaturen und langen Dispergierzeiten, d. h. trotz Einwirkung sehr hoher Scherkräfte, noch deutlich. Setzt man Masse- oder Suspensions-PVC die in E-PVC gebräuchlichen Emulgatoren bei der Dispergierung zu, so wird ein gleich starker Farbstärkeabfall wie in E-PVC beobachtet. Mengen von nur 0,005% solcher Substanzen in PVC zeigen bereits deutliche Wirkung, die noch ausgeprägter ist, wenn die Pigmente mit solchen Emulgatoren präpariert sind. Selbst mit Pigmentpräparationen, beispielsweise Pigment-Weichmacher-Pasten, tritt dann Minderfarbstärke auf, obwohl hier das Pigment bereits in dispergierter Form vorliegt.

Da E-PVC vielfach weichmacherfrei verarbeitet wird, wobei Farbstärkeunterschiede mit den Färbungen der anderen PVC-Arten geringer sind, und häufig sehr dunkel – oft mit anorganischen Pigmenten – eingefärbt wird, wobei Farbstärkedif-

1.8.3 Kunststoffgebiet

ferenzen schwieriger erkennbar sind, werden diese Effekte nicht immer nachteilig wahrgenommen.

Es ist an dieser Stelle darauf hinzuweisen, daß exakte und reproduzierbare Einfärbungen von PVC im Labor und Betrieb problematisch sind und nur unter genauer Einhaltung festgelegter Arbeitsbedingungen und spezieller apparativer Voraussetzungen zu erhalten sind.

Die Dispergierbarkeit des Pigmentes in PVC ist wie in anderen Kunststoffen eine für seinen Einsatz maßgebende Eigenschaft. Auch hier genügen die sich aus wirtschaftlichen Gesichtspunkten ändernden Verarbeitungsparameter, vor allem steigende Temperatur, immer weniger zur Erzielung eines guten Dispergierungsgrades. So werden z. B. bei der Verarbeitung auf Kalandern vielfach Temperaturen bis zu 200 °C und mehr angewandt, wobei zusätzlich die Abzugsgeschwindigkeit der Folien erhöht und die Verwalzzeiten vermindert werden.

Für die Prüfung der Dispergierbarkeit (Dispergierhärte) von Pigmenten in Weich-PVC wurde 1975 die Methode des Kaltwalzens auf einem Laborwalzwerk bestimmter Ausführung genormt [28], hat sich aber aus einer Vielzahl von Gründen in der Praxis als nicht geeignet erwiesen. In vergleichenden Versuchen bei Pigmentherstellern und -verarbeitern wurden neue Versuchsbedingungen und Prüfmaterialien erarbeitet, deren Ergebnisse in eine verbesserte Norm einfließen werden. Danach werden die Einfärbungen in einer festgelegten PVC-Mischung einerseits bei 160°C (geringe Scherkräfte) und andererseits bei 130°C (höhere Scherkräfte) unter definierten Bedingungen durchgeführt.

Am Beispiel von Pigment Violet 19, γ-Modifikation, wird der Einfluß steigender Verarbeitungstemperatur auf einem Walzenmischwerk für den Bereich von 130°C bis 180°C in PVC mit einem Weichmachergehalt (Dioctylphthalat) von 33% veranschaulicht. Die Farbstärkedifferenz zwischen den beiden Grenztemperaturen beträgt nahezu 60% (Abb. 88), die Verwalzzeit jeweils 8 Minuten.

Der Einfluß der Verwalzzeit wird am analogen System mit Pigment Violet 19, β-Modifikation, demonstriert (Abb. 89). Es ist deutlich erkennbar, daß das Pigment selbst nach einer Dispergierdauer von 15 Minuten noch nicht vollständig dispergiert ist.

Eine Verminderung des Weichmachergehaltes führt bei gegebener Temperatur infolge Viskositätserhöhung des plastifizierten Kunststoffes zu besserem Dispergierungsgrad, aber selbst in weichmacherfreiem PVC wird auf dem Walzenmischwerk unter den gewählten Dispergierbedingungen keine vollständige Dispergierung des Pigmentes erreicht (s. auch 1.6.5).

Eine Pigmentpräparation des gleichen Pigmentes mit einem Mischpolymerisat von Vinylchlorid/Vinylacetat als Trägermaterial zeigt demgegenüber nur einen geringen Temperatureinfluß auf die Farbstärke (Kurve B, Abb. 88). Das Pigment liegt in der Präparation bereits in dispergierter Form vor und wird bei der thermischen Einarbeitung nach Plastifizierung des Trägermaterials im ebenfalls plastifizierten Kunststoff einheitlich verteilt. Aber auch hier sind farbmetrisch Farbstärkedifferenzen zu erkennen, die allerdings nahe den Toleranzgrenzen der angewandten Methoden liegen. Solche Präparationen sind gleichermaßen für Weich- und Hart-PVC geeignet.

1.8 Anwendungsgebiete organischer Pigmente

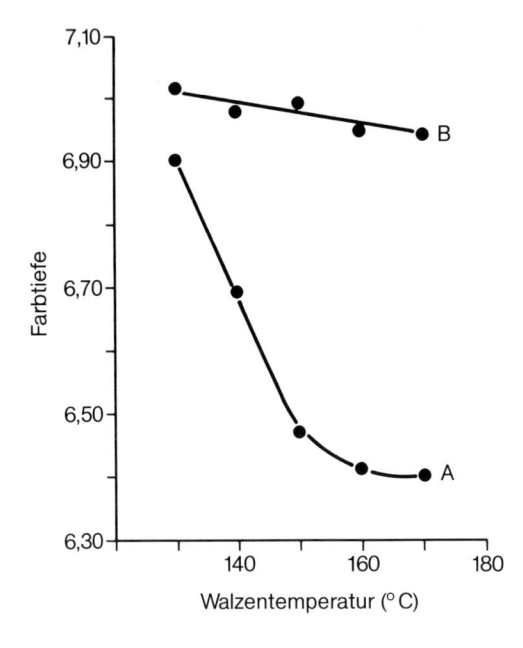

Abb. 88: Pigment Violet 19, γ-Modifikation, in Weich-PVC. Einfluß der Verarbeitungstemperatur auf die Farbtiefe.
Pigmentgehalt: 0,1%; TiO_2 : 0,5%
Kurve A: Pulverpigment
Kurve B: Pigmentpräparation.

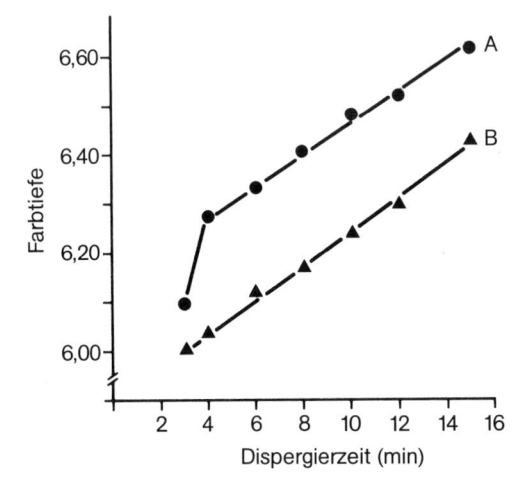

Abb. 89: Einfluß der Dispergierzeit und der -temperatur mit einem Walzenmischwerk auf die Farbtiefe von P.V.19, β-Modifikation, in Weich-PVC.
Org. Pigment: 0,1%; TiO_2 : 0,5%
Kurve A: 130°C
Kurve B: 160°C.

Andere organische Pigmente zeigen zwar graduell besseres Dispergierverhalten, aber nahezu immer sind die entsprechenden Pigmentpräparationen – bezogen auf gleichen Pigmentgehalt – im Kunststoff farbstärker, d.h. besser dispergiert.

In vielen Fällen werden zur Einfärbung von PVC auch Pigment-Weichmacher-Pasten eingesetzt. Wegen der Mischungs- oder Sprödlücke im System PVC – Weichmacher, die z.B. für Dioctylphthalat von 5 bis 18% reicht, sind solche Pasten allerdings nicht oder nur bedingt für Hart-PVC-Mischungen geeignet. In diesem Konzentrationsbereich, der für jeden Weichmacher spezifisch ist, wird kein weichmachender Effekt erzielt, sondern der Zusatz führt zur Versprödung des PVC.

Organische Pigmente lassen sich in Weichmachern leicht, beispielsweise mit Hilfe von Dreiwalzenstühlen dispergieren. Allerdings ist hier der Durchsatz wegen der geringen Zügigkeit solcher Pasten im Vergleich mit anderen Systemen, wie Buchdruck- oder Offsetfarben, gering, weshalb Rührwerkskugelmühlen günstiger sind.

Der Pigmentgehalt der Weichmacherpasten liegt in der Regel zwischen ca. 20 und 35%. Bei einer Reihe von Pigmenten hat die Mitverwendung von speziellen Dispergierhilfsmitteln beim Herstellen solcher Pasten Vorteile gebracht. Die Hilfsmittel bewirken eine beschleunigte Benetzung des Pigmentes, ermöglichen es, den Pigmentgehalt der Pasten zu erhöhen und den Dispergierprozess zu verkürzen, also z. B. die Anzahl der Reibgänge auf einem Dreiwalzenstuhl zu verringern. Da sich Pigmente in ihrem Dispergierverhalten z. T. erheblich voneinander unterscheiden, ist auch bei Verwendung von Pigment-Weichmacher-Pasten dringend anzuraten zur Farbtoneinstellung erforderliche Mischungen von Pigmenten nicht gemeinsam zu dispergieren, sondern nur durch homogenes Mischen der jeweils ein Pigment enthaltenden Pasten einzustellen. Bei bestimmten Pigmenten kann es bei der Herstellung, Lagerung und Verarbeitung der Weichmacherpasten zu Rekristallisation kommen. Mit Pigment-Weichmacher-Pasten sind PVC-Streichpasten (PVC-Plastisole) am elegantesten einzufärben, gerade hierin lassen sich allerdings auch Pulverpigmente allgemein gut verarbeiten. Das ist auf das erwähnte gute Benetzungsverhalten des Weichmachers zurückzuführen (s. 1.6.5), wie am Beispiel (Abb. 90) eines als schlecht dispergierbar geltenden Pigment Violet 19 in einem Plastisol mit einem Dioctylphthalatgehalt von 39% verdeutlicht

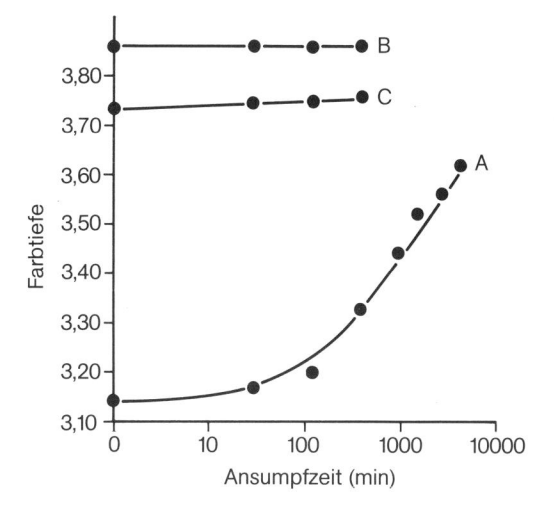

Abb. 90: Einfluß der Dispergierbedingungen (Rühren, Ansumpfen, Temperatur) auf den Dispergierungsgrad (Farbtiefe) von P.Y.19, γ-Modifikation, in einer PVC-Streichpaste.
Org. Pigment: TiO_2 = 1:50
A: Pulverpigment; Ansumpfen bei 20°C
B: Pigmentpräparation; Ansumpfen bei 20°C
C: Pigment-Weichmacher-Paste (Herstellung: 1 Passage Dreiwalzenstuhl, 15°C), Ansumpfen bei 20°C.

wird [29]. Das Pigment wurde dabei unter langsamem Rühren in das Plastisol eingetragen, das pigmentierte System anschließend bei Raumtemperatur gelagert. Nach einigen Tagen wird nahezu die gleiche Farbtiefe erreicht, wie mit einer auf dem Dreiwalzenstuhl hergestellten Pigment-Weichmacher-Paste oder einer Pigmentpräparation auf Basis eines Mischpolymerisats von Vinylchlorid/Vinylacetat. Die Dispergierung des Pigmentes erfolgt bei diesem als Ansumpfen bezeichneten Lagern der Paste praktisch ausschließlich aufgrund von Benetzungsvorgängen der Pigmentoberfläche durch den Weichmacher.

Unter Ausnutzung dieses guten Benetzungsverhaltens von DOP hat man versucht, durch Präparierung der Pigmente mit ca. 20% DOP deren Dispergierbarkeit in PVC zu verbessern. Diese oberflächenbehandelten Pigmente haben sich aber nicht bewährt.

Den PVC-Pasten wird zur Viskositätserniedrigung häufig Verdünnungsmittel zugefügt, vorwiegend flüchtige aliphatische oder aromatische Kohlenwasserstoffe, wie Benzin, Dodecylbenzol oder auch Glykole usw., die nicht gelierend wirken und zur Vermeidung von feinen Rissen und Blasen in der Schicht vor Beginn der Gelierung abgedampft werden. Von Pigmenten für dieses Einsatzgebiet wird genügende Beständigkeit gegen die verwendeten Lösemittel unter den Verarbeitungstemperaturen gefordert.

PVC-Streichpasten werden in der Praxis üblicherweise in schnellaufenden, evakuierbaren Planetenrührwerken hergestellt. Dabei sollte zweckmäßigerweise der Weichmacher vorgelegt, die Pigmente oder Pigmentpasten eingerührt und erst dann die anderen festen Komponenten portionsweise zugegeben werden. Bei der Pigmentierung von Weich-PVC-Mischungen ist es demgegenüber notwendig, die Pigmente dem PVC vor dem Weichmacher zuzumischen. Pigment-Weichmacher-Pasten können dem PVC aber gleichzeitig mit dem Weichmacher zugesetzt werden.

PVC wird nach allen für thermoplastische Kunststoffe geeigneten Verfahren verarbeitet. Das bedingt stark unterschiedliche Anforderungen an die organischen Pigmente bezüglich Hitzebeständigkeit und Migrationsechtheit.

Für deren Bestimmung stehen eine Reihe von Normen zur Verfügung. Sie beziehen sich sowohl auf die Zusammensetzung und das Herstellen der Grundmischungen von Hart- und Weich-PVC [30], sowie von PVC-Plastisolen [31] und das Herstellen der jeweiligen Probekörper [32], als auch auf die Durchführung und Auswertung der Prüfungen.

Die Bestimmung der Hitzebeständigkeit der Pigmente in Hart- und Weich-PVC erfolgt im Dauerwalztest, wobei auf Labor-Mischwalzwerken unter definierten Bedingungen bei 190 bis 195°C 10, 20 und 30 Minuten behandelte Walzfelle nach dem Verpressen farbmetrisch oder visuell gegen ein unbeanspruchtes Walzfell verglichen werden. Die Hitzebeständigkeit von Pigmenten in PVC-Pasten (Plastisolen) wird im Wärmeschrank bestimmt. Definierte Probekörper werden dabei 30 Minuten bei 180°C bzw. 8 Minuten bei 200°C gelagert und gegen eine bei Raumtemperatur belassene Probe wiederum farbmetrisch oder visuell verglichen [33]. Auch die Bestimmung der Hitzebeständigkeit durch Spritzgießen ist in einer Norm festgelegt [34].

1.8.3 Kunststoffgebiet

Als Richtwert für den praktischen Einsatz in PVC wird für organische Pigmente vielfach eine Hitzebeständigkeit von 200°C während 5 Minuten genannt, wobei eine gute Stabilisierung des PVC vorausgesetzt wird. In starker Weißaufhellung treten unter diesen Bedingungen in bestimmten Fällen allerdings bereits gewisse Farbtonänderungen auf, die durch mangelhafte Hitzestabilität bedingt sind.

Bei bestimmten Verarbeitungsvarianten werden erheblich höhere Anforderungen an die Hitzebeständigkeit gestellt. Ein solcher Fall liegt bei Schaumfußbodenbelägen und Wandverkleidungen auf PVC-Basis bestimmter Herstellung vor. Dabei wird die auf ein Trägermaterial, beispielsweise Jute, Filz oder Papier aufgebrachte PVC-Streichpaste zunächst im Tiefdruck bedruckt und dann mit einer transparenten PVC-Schicht überzogen. Der PVC-Strich enthält Treibmittel, im allgemeinen Azodicarbonamid, das sich in Gegenwart von Zinkoxid beim Gelieren zersetzt und die PVC-Schicht aufschäumt. Für das Vorgelieren werden Temperaturen von ca. 150 bis 210°C, für das eigentliche Gelieren solche von 220°C und darüber während ca. 5 Minuten angewandt. Durch Inhibitoren, z. B. bestimmte Säuren oder Benzotriazol, die ggf. aus der Druckschicht in den PVC-Strich migrieren, läßt sich die Schaumbildung steuern und eine Strukturierung der Oberfläche erreichen. Pigmente für diesen Einsatz müssen die notwendigen Hitzebeständigkeiten natürlich erfüllen. Diarylpigmente, beispielsweise Pigment Yellow 83, zersetzen sich bei Verarbeitungstemperaturen oberhalb 200°C in Monoazofarbstoffe und andere Spaltprodukte und sind für solche Anwendungen ungeeignet.

Auch zur Bestimmung der Ausblutechtheit sind in verschiedenen Ländern Methoden im Detail festgelegt [35] (Einzelheiten s. 1.6.3 und 1.7.7). Bei der Einfärbung und Verarbeitung von PVC speziell auf Kalandern und Walzwerken tritt häufig Plate-out auf (s. 1.6.4.1).

Ein in seiner Erscheinung dem Plate-out ähnlicher Effekt ist besonders bei PVC das Kreiden (s. 1.6.4.2).

Pigmente für Artikel, die sich ständig im Freien befinden, wie Gartenmöbel, Fassadenverkleidungen oder Rolladenprofile, müssen hohe Wetterechtheit aufweisen. Für eine Langzeitbewetterung sind nur wenige organische Pigmente genügend wetterecht. Die Art der Stabilisierung des PVC spielt dabei eine wichtige Rolle.

Bei der Pigmentierung der verschiedensten Arten von PVC wird vorausgesetzt, daß die Pigmente mit dem Polymer und allen seinen Zusätzen verträglich sind und nicht chemisch reagieren, was bei organischen Pigmenten im allgemeinen gegeben ist. Eine Ausnahme bilden verlackte Pigmente (s. 2.7.1), die im emulgatorhaltigen Emulsions-PVC durch Hydrolyse teilweise die metallfreien Farbkörper bilden. Mit einem solchen Prozeß ist in den meisten Fällen eine Änderung von Farbton und Echtheitseigenschaften verbunden. Azomethinmetallkomplex-Pigmente tauschen mit Zinnstabilisatoren unter Farbtonänderung das Metall aus (s. 1.6.7 und 2.10.4). Im Falle von manganverlackten Pigmenten ist auch mit Störungen bei Gegenwart von Epoxid-Verbindungen zu rechnen. Pigmentpräparationen auf Epoxid-Sojaöl-Basis werden im Automobilbereich z.B. zum Einfärben von Kunststoffdächern etc. aus PVC meist anstelle von Dioctylphthalat-Pigmentpasten verwendet.

178   *1.8 Anwendungsgebiete organischer Pigmente*

In gleicher Weise ist oft Vorbedingung, daß die verwendeten Pigmente die physikalischen und mechanischen Eigenschaften des Kunststoffes nicht oder nur geringfügig beeinflussen. Ein Beispiel hierfür ist die Veränderung der rheologischen Eigenschaften von PVC-Plastisolen oder von PVC-Schmelzen bei der Verarbeitung.

Ein anderes Beispiel ist die Beeinflussung des elektrischen Widerstandes bei PVC-Kabelisolierungen. Diese wird nicht durch das organische Pigment selbst bewirkt, sondern durch oxethylierte Tenside, die bei der Herstellung, speziell der Azopigmente, als Hilfsmittel zugesetzt werden. Ein möglicher Elektrolytgehalt, wie ihn beispielsweise verlackte Azopigmente aufweisen können, hat entgegen einer immer wieder geäußerten Ansicht, keinen Einfluß auf die dielektrischen Eigenschaften von PVC.*

Einige Pigmenthersteller bieten für diesen Einsatzzweck Spezialsortimente an, bei denen die dielektrischen Eigenschaften überprüft sind.

Häufig werden Pigmentpräparationen auch in der PVC-Kabelindustrie zum Einfärben verwendet.

Der Pigmentgehalt ist vielfach so gewählt, daß ein Gewichtsteil der Präparation zur Einfärbung von 100 Gewichtsteilen Kunststoffmischung dient. Die Farbtöne und Farbkurzzeichen für Kabel und isolierte Leitungen sind in verschiedenen europäischen Ländern in Normen festgelegt [37].

1.8.3.2   Polyolefine

Polyolefine haben mengenmäßig alle anderen Kunststoffe überflügelt. Je nach den Ausgangsmaterialien (Monomeren) und dem Herstellungsverfahren lassen sich Polyolefine in drei Hauptgruppen einteilen, die sich in wichtigen Merkmalen, wie Dichte und Verarbeitungstemperatur, voneinander unterscheiden:

- Low-Density Polyethylene (LDPE), früher auch Hochdruckpolyethylen genannt,
- High-Density Polyethylene (HDPE), früher auch Niederdruckpolyethylen genannt, und
- Polypropylene (PP).

---

* Weich-PVC selbst kann für Gleichspannungen bis etwa 20 kV und für Wechselspannung bei niedrigen Frequenzen verwendet werden. Zum Isolieren von Fernmelde- oder Hochfrequenzkabeln ist es ungeeignet. Maßgebend dafür ist die elektrische Verlustzahl $\varepsilon \cdot \tan \delta$, bei der ε die Dielektrizitätskonstante und $\tan \delta$ den dielektrischen Verlustfaktor bedeutet [36] und die ein Maß für die Verluste ist, die infolge Anregung von Dipolschwingungen im isolierenden Kunststoff durch die Umwandlung von elektrischer Energie in Wärme auftreten. Für Weich-PVC beträgt $\tan \delta$ ca. 0,1, für Polyethylen dagegen nur 0,001. PVC hat aber gegenüber PE den Vorzug der geringeren Brandgefahr und ist bis zu einem gewissen Grade selbstlöschend.

Ihre Verarbeitungstemperaturen, die für die Pigmentauswahl von Bedeutung sind, liegen in folgenden Bereichen:

LDPE 160 bis 260 °C
HDPE 180 bis 300 °C
PP 220 bis 300 °C

Die Fließfähigkeit wird bei gegebener Temperatur von Dichte und Molekulargewicht bestimmt; sie wird durch den Schmelzindex charakterisiert. Polyolefine zeigen wegen ihrer Teilkristallinität eine geringe Lichtstreuung und somit einen bei der Färbung coloristisch zu beachtenden Aufhelleffekt, der etwas von den Verarbeitungstemperaturen abhängig ist. Eine andere Art der Aufhellung ist bei gereckten und geschäumten Polyolefinen zu berücksichtigen.

Die Verarbeitung der Polyolefine geschieht vorwiegend durch Spritzguß- und Extrusionsverfahren.

Von den Copolymeren sind solche aus Ethylen-Propylen besonders hervorzuheben. Sie weisen elastomere Eigenschaften auf. Kunststoffe ab etwa 20% Propylenanteil entsprechen in ihren Eigenschaften dem Naturkautschuk und können durch Peroxidvernetzung vulkanisiert werden. Sie zeigen höhere Chemikalien- und Alterungsbeständigkeit als andere Kautschuksorten.

Polyolefine fallen entsprechend ihrer Herstellungsverfahren in unterschiedlicher Form an: HDPE und PP in Pulverform, LDPE in aus der Schmelze hergestelltem, meist linsenförmigem Granulat. Handelsform ist für alle Arten in überwiegendem Maße aber Granulat. Bei der thermoplastischen Überführung der Polymerpulver in die Granulatform werden im allgemeinen Additive bereits zugefügt. Auch für Pigmente trifft das teilweise zu.

Manche Pigmente neigen entsprechend der niedrigen Glasübergangstemperatur der Polyolefine (s. 1.6.3) aufgrund ihrer Löslichkeit in diesen Materialien zur Migration. Wie in anderen Medien ist dieser Vorgang konzentrations- und temperaturabhängig. Hier zeigt aber auch die Art des Polyolefins, vor allem Dichte und Molekulargewicht, einen deutlicheren Einfluß auf das Migrationsverhalten von Pigmenten als bei anderen Kunststoffen. Migration ist in LDPE stärker ausgeprägt als in HDPE und PP. So können HDPE und PP mit organischen Pigmenten gefärbt werden, die in LDPE zur Migration führen. In LDPE nimmt die Neigung vieler Pigmente zur Migration, und zwar zum Ausbluten als auch zum Ausblühen, mit steigendem Schmelzindex bzw. abnehmendem Molekulargewicht zu. Auch Additive, wie Gleitmittel und Antistatika, können dabei Einfluß haben.

Viele organische Pigmente bewirken in bestimmten Polyolefin-Typen, besonders in HDPE, Verzugserscheinungen. Die Pigmente wirken bei solchen teilkristallinen Kunststoffen nukleierend, d. h. kristallisationsfördernd, und führen dadurch zu Spannungsvorgängen im Kunststoff (s. 1.6.4.3). Die Schwindung der Polyolefine wird vor allem in Fließrichtung verstärkt.

Ähnlich wie bei modifiziertem Polystyrol können bei Polyolefinen bestimmte verlackte Pigmente einen deutlichen Einfluß auf die Wärmealterung haben. Schwermetall-Ionen, besonders die von Kupfer, Mangan und Eisen, beeinträchtigen auch die Wärmestabilität von Polyolefinen, sulfidische anorganische Pigmente verbessern sie dagegen wesentlich. Die Wirkung solcher Zusätze bzw. Verunreinigungen wird anhand des Zähigkeitsverlustes nach Wärmealterung des Kunststoffs geprüft. Polyolefine werden hierzu bei Temperaturen nahe dem Kristallitschmelzbereich gelagert, die Versprödung pigmentierter und unpigmentierter Probekörper verglichen.

Wie in anderen Kunststoffen, Lacken oder Druckfarben, kann auch bei Polyolefinen die Lichtechtheit stets nur für das gesamte pigmentierte System, also das Polymer mit allen Zusätzen, betrachtet werden. Das ist hier von besonderer Bedeutung, weil sich vor allem bei PP und HDPE im letzten Jahrzehnt sterisch gehinderte Amine, sogenannte HALS-Stabilisatoren (**h**indered **a**mine **l**ight **s**tabilisators), als Licht- und besonders Witterungsschutzmittel mit hoher Wirksamkeit eingeführt haben. Eine Reihe von Pigmenten beeinträchtigen die Wirksamkeit der Stabilisatoren und können daher nicht in Kombination damit verwendet werden.

Die Anforderungen an die Hitzebeständigkeit organischer Pigmente ergeben sich aus den für die verschiedenen Polyolefine angegebenen Temperaturbereichen bei der Verarbeitung. Für die Bestimmung der Hitzebeständigkeit von Pigmenten in Polyolefinen wurden genormte Prüfmethoden ausgearbeitet [34] (s. auch 1.6.7).

Die Dispergierbarkeit organischer Pigmente ist in Polyolefinen von besonderer Bedeutung. Das gilt in erster Linie für die Färbung der mittels Extrusion hergestellten Folien und der aus gereckter Blas- oder Breitschlitz-Extrusionsfolie aus HDPE oder PP hergestellten Bändchen, sowie für die Beschichtung oder Schmelzspinnfärbung.

Infolge der hohen Verarbeitungstemperaturen der Polyolefine und der damit verbundenen starken Plastifizierung stehen für die Pigmentdispergierung nur geringe Scherkräfte zur Verfügung, die zu einer genügenden Zerlegung der Pigmentagglomerate nicht annähernd ausreichen. Daher ist bei Polyolefinen der Einsatz von Pigmentpräparationen, meist mit Polyolefinen als Trägermaterial, weit verbreitet. Man erhält dadurch nicht nur Farbstärkegewinn, sondern auch Betriebssicherheit. Durch schlechte Dispergierung bedingte Stippen, Löcher in Folien und andere Störungen werden vermieden. Es hat sich auf diesem Sektor ein starker Trend zu Farbkonzentraten gebildet, die bei richtiger Dosierung und Verarbeitung exakt den richtigen Farbon im einzufärbenden Kunststoff erbringen (s. 1.8.3).

Pulverpigmente finden noch Einsatz in Dickwandartikeln, wie durch Extrusion hergestellten Profilen, Platten oder Hohlkörpern und bei der Verarbeitung durch Spritzgießen; aber auch dort dominiert bereits der Einsatz von Farbkonzentraten.

Für die Einfärbung von granulat- und pulverförmigen Polyolefinen mit Pigmenten oder Pigmentpräparationen haben sich bestimmte Misch- und Verfahrensweisen als zweckmäßig herausgestellt. Danach werden Pulver vorzugsweise mit Schnellmischern, Granulate mit Langsammischern verarbeitet.

Auch pastenförmige Pigment-Polyolefin-Präparationen mit einem Pigmentgehalt zwischen 20 und 70% werden eingesetzt. Ihre Herstellung erfolgt mittels Dreiwalzenstühlen, Rührwerkskugelmühlen oder Dissolvern u.a. Sie werden vorzugsweise für Flaschen, Spritzgußartikel oder extrudierte Profilplatten verwendet. Die

Präparationen sind volumetrisch dosierbar und lassen sich durch Vormischen in langsam laufenden Mischern oder Schwerkraftmischern einheitlich auf Kunststoffgranulat auftrommeln.

Bezüglich weiterer Einzelheiten wird auf die einschlägige Literatur [27, 38] verwiesen.

1.8.3.3 Polystyrol, Styrol-Copolymerisate, Polymethylmethacrylat

Polystyrol (PS), ein Thermoplast mit hoher Steifigkeit und Oberflächenhärte, ist glasklar und nahezu farblos. Seine meist schwache Gelbfärbung läßt sich coloristisch in einfacher Weise durch Zugabe transparenter blauer Farbmittel kompensieren. Polystyrol hat einen Erweichungspunkt zwischen 80 und 100°C. Es wird ohne Verfärbung zwischen ca. 170 und 280 bis 300°C nach den für Thermoplaste gebräuchlichen Verfahren verarbeitet. Nach dem Extrusionsverfahren werden insbesondere Platten, Profile und Folien, oft auch in geschäumter Form hergestellt.

Die mechanischen Eigenschaften des PS können durch Copolymerisation mit verschiedenen kautschukartigen Stoffen (Pfropfpolymerisate) erheblich verbessert werden. Schlagfestes (schlagzähes) PS enthält 5 bis 25% Kautschukanteile. Da diese Zusätze im PS nicht gelöst, sondern dispergiert sind und einen unterschiedlichen Brechungsindex haben, bewirken sie Lichtstreuung und daher eine von der Zusatzmenge des Kautschuks abhängige Opazität. Die Verarbeitungstemperatur dieser schlagfesten PS-Typen liegt im Bereich von 170 bis 260°C. Copolymerisate mit Acrylnitril und Butadien zeigen hohe Schlagzähigkeit und sehr gute Alterungsbeständigkeit. Diese ABS-Polymerisate haben im Vergleich mit Polystyrol eine etwas intensivere gelbe Eigenfärbung. Durch ihre hohe Lichtstreuung sind sie sehr opak. Seit einiger Zeit sind auch transparente ABS-Marken im Handel, ihre Verarbeitungstemperaturen liegen zwischen etwa 210 und 250°C.

Polymethylmethacrylat (PMMA) ist ein amorpher Kunststoff und zeichnet sich durch hohe Alterungs- und Witterungsbeständigkeit aus; er ist hart und glasklar.

Die unterschiedliche Transparenz der verschiedenen Kunststoffe, die von höchsten Werten bei Polystyrol und Styrol-Acrylnitril-Copolymer (SAN) über schlagzähes PS bis zum stark streuenden bzw. deckenden ABS reicht, ist natürlich für die Einfärbung von Bedeutung. Die einzelnen Farbmittel zeigen je nach Kunststoff unterschiedliche coloristische Eigenschaften. Kunststoffe dieser Klassen stellen bezüglich der Einfärbung einen Sonderfall dar, da sie sich bei Raumtemperatur weit unterhalb der Glastemperatur befinden (s. 1.6.3). Die Migration von gelösten Molekülen ist nur in Ausnahmefällen möglich, weshalb zum Anfärben dieser Kunststoffe neben Pigmenten auch lösliche Farbstoffe in Betracht kommen. Manche weisen in diesen Polymeren sogar eine vorzügliche Lichtechtheit auf und erbringen besonders in Kombination mit deckenden anorganischen oder organischen Pigmenten brillante Farbtöne.

Entsprechend der hohen Verarbeitungstemperaturen werden an Pigmente für diese Kunststoffe erhebliche Anforderungen bezüglich der Hitzebeständigkeit gestellt. Für die höchsten praxisüblichen Verarbeitungstemperaturen von 280 bis

300°C kommen nur wenige organische Pigmente in Betracht. Für den mittleren Temperaturbereich von 220 bis 260°C stehen dagegen eine ganze Anzahl geeigneter organischer Pigmente zur Verfügung.

Viele organische Pigmente sind in diesen Kunststoffen in Abhängigkeit von der Temperatur teilweise oder vollständig löslich. Mit dem Lösen ist fast stets ein Farbumschlag, d. h. eine Farbtonänderung verbunden. Auch Echtheitseigenschaften, besonders die Lichtechtheit, ändern sich oftmals gleichzeitig mit der Farbtonänderung.

Die vollständig gelösten Pigmente sind hier eigentlich als Farbstoffe zu bezeichnen und auch als solche z. B. bezüglich ihres Extraktionsverhaltens am Fertigartikel zu prüfen. Sie ergeben in PS, SAN und anderen transparenten Kunststoffen mit hoher Glastemperatur glasklare, transparente Färbungen.

In geringeren Konzentrationen bei den jeweiligen Verarbeitungstemperaturen mehr oder weniger gelöste Pigmente sind vielfach in höherer Konzentration, wenn der gelöste Anteil gegenüber dem ungelösten keinen allzu großen coloristischen Einfluß ausübt, zur Färbung gut geeignet und ergeben teilweise sogar vorteilhafte coloristische Effekte, besonders hohe Brillanz. Die Lösegeschwindigkeit der organischen Pigmente – und Farbstoffe – hängt nach den Gesetzen der physikalischen Chemie stark von deren Korngrößen aber auch von der Verweilzeit ab. PS und seine Copolymere werden normalerweise als Granulat verarbeitet. Zur Einfärbung können pulver- und granulatförmige wie auch pastenförmige Farbmittel verwendet werden. Auch bei PS zeigt der Einsatz von Pigmentpräparationen steigende Tendenz.

Die Einarbeitung von – pulverförmigen – Einzelpigmenten und Pigmentmischungen geschieht mittels langsam laufender Mischer. Organische Pigmente werden von den Schmelzen von PS und seiner Copolymerisate häufig schlecht benetzt und sind schwierig dispergierbar. Eine gewisse Verbesserung läßt sich durch vorheriges Aufbringen eines Haftvermittlers, d. h. Netzmittels, in Konzentrationen bis 0,3%, bezogen auf das Kunststoffgranulat, erreichen. Da es sich bei PS um ein sprödes und hartes Material handelt, kann es bei langem Mischen zu Metallabrieb und dadurch zu einem Abtrüben reiner, brillanter Farbtöne, im Falle von Fluoreszenzfarbstoffen sogar zur Fluoreszenzlöschung kommen.

Bei der Verwendung von pastenförmigen Pigmentpräparationen, die den Vorteil der einfacheren Einstellung von Farbtönen durch Mischen entsprechender Farbpasten aufweisen, können höhere Zusätze der flüssigen Komponente die mechanischen Eigenschaften des Kunststoffes beeinträchtigen und zu Spannungsrißkorrosion führen. Auch physiologische Gesichtspunkte beschränken die Einsatzmenge der Pasten. Als Trägermaterial enthalten sie beispielsweise Paraffinöl.

PS vergilbt in Gegenwart von Luft durch UV-Strahlung, weshalb es auch mit UV-Absorbern versetzt angeboten wird. Hierdurch läßt sich die drei- bis fünffache Lebensdauer des PS erreichen. Die UV-absorberhaltigen Marken zeigen eine schwache Gelbfärbung, die sich durch Zusatz transparenter, blauer Farbmittel, wie löslicher Farbstoffe oder auch von Ultramarin, beheben läßt [38].

1.8.3.4 Polyurethan

Polyurethan (PUR) stellt einen der am vielseitigsten einsetzbaren Kunststoffe dar, was durch weite Variation der Ausgangsstoffe und durch die Anwendung nahezu aller im Kunststoffbereich bekannten Verarbeitungsverfahren ermöglicht wird. Auf die Einfärbung des PUR können im wesentlichen die bei den bisher betrachteten Kunststoffen gemachten Angaben übertragen werden.

So werden zum Einfärben von thermoplastischem PUR nahezu die gleichen organischen Pigmente empfohlen wie für Weich-PVC. Dabei spielen Migrationsvorgänge der Pigmente die gleiche Rolle wie dort.

Das ist von besonderer Bedeutung bei der Einfärbung von PUR-Kunstleder, die meistens mit hoher Pigmentkonzentration vorgenommen wird.

PUR läßt sich ähnlich wie PVC zusammen mit Weichmachern verarbeiten. Umgekehrt sind auch thermoplastische PUR-Typen zum Weichmachen von PVC auf dem Markt, die in Kombination mit Weichmachern oder für sich allein eingesetzt werden. Ihr Vorteil ist verbesserte Öl- und Abriebbeständigkeit sowie Verhinderung des Ausschwitzens von Weichmachern.

Auch zum Anfärben von thermoplastischem PUR werden Pigmentpräparationen angeboten. Ihr Trägermaterial reicht von Copolymerisaten aus Vinylchlorid/Vinylacetat, wie sie für PVC verwendet werden, über niedermolekulares Polyethylen bis zu PUR selbst.

Für die Herstellung von Kunstleder hat die Beschichtung von Textilien mit Zwei- und Einkomponenten-PUR große Bedeutung erlangt. Bei letzterem unterscheidet man je nach Lösemittel zwischen aromatischen (Lösemittel: Dimethylformamid oder Tetrahydrofuran mit Zusatz von Methylethylketon, Toluol etc.) und aliphatischen Typen (Lösemittel: häufig Isopropanol-Toluol-Gemische). Das bedingt, daß die zur Einfärbung verwendeten organischen Pigmente in den betreffenden Lösemitteln weitgehend unlöslich sein müssen. Gute Lösemittelechtheit ist besonders gegen Dimethylformamid bei organischen Pigmenten nicht häufig zu finden. In reinem Dimethylformamid zeigen selbst Chinacridone eine starke Löslichkeit.

Verlackte Azopigmente sind für diesen Einsatz überhaupt ungeeignet, da sie außerdem bei Nässe zum Ausbluten führen können.

Die Pulverpigmente werden in einem Teil der einzufärbenden PUR-Lösung auf Kugelmühlen, Sandmühlen und anderen geschlossenen Dispergiergeräten bei einem Pigmentgehalt zwischen etwa 20 und 40% dispergiert. Die Pigmentpasten werden dann mit der PUR-Lösung homogen vermischt; dabei sind Flockungsvorgänge zu vermeiden. Auch Pigmentpräparationen werden verwendet, wobei darauf zu achten ist, daß deren Trägermaterial in dem jeweiligen Lösemittelsystem löslich ist und die Gebrauchsechtheiten sowie den sog. Griff des Kunstleders nicht merklich beeinträchtigt.

Auch Schaumstoffe aus PUR, in zunehmendem Maße besonders Integralschaumteile für Kraftfahrzeuge und die Möbelindustrie, sind für die Einfärbung mit organischen Pigmenten von Bedeutung. Die Anforderungen an die Hitzebeständigkeit der Pigmente sind hierbei z.T. beträchtlich. Für die PUR-Verschäumung nach dem Hochdruckverfahren, bei dem Isocyanat und Polyol unter hohem Druck durch enge Düsen versprüht werden, ist zur Vermeidung von Produktionsstörungen durch verstopfte Düsen einwandfreie Dispergierung der verwendeten Pigmente notwendig. Meist werden auch hier Pigmentpräparationen verwendet. Ihr Trägermaterial wird in den meisten Fällen entweder in die Reaktion des Isocyanats bei der PUR-Bildung mit einbezogen oder es wirkt mit bei der Schaumbildung. Nähere Einzelheiten über das Trägermaterial dieser Präparationen, z. B. seine OH-Zahl, werden vom Hersteller daher mitgeteilt.

1.8.3.5 Polyamid, Polycarbonat, Polyester, Polyoxymethylen, Cellulosederivate

Aus der großen Zahl weiterer auf dem Markt befindlicher Kunststoffe sollen nur Polyamid (PA), Polycarbonat (PC), Polyethylenterephthalat (PETP), Polyoxymethylen (POM) und Cellulosederivate genannt werden. Für ihre Pigmentierung gilt im wesentlichen das bereits für die bisher betrachteten Kunststoffe dargelegte. Im Falle von Polyamid für den Spritzguß und die Extrusion ist die Auswahl hochtemperaturbeständiger Pigmente durch den schwach alkalischen und reduzierenden Charakter der Kunststoffschmelze zusätzlich eingeengt. Für die Einfärbung der verschiedenen Kunststoffe steht je nach Forderung eine mehr oder weniger große Anzahl organischer Pigmente zur Verfügung. Im Hinblick auf wirtschaftliche Erwägungen werden immer häufiger Abstriche an den Forderungen gemacht und preiswertere Pigmente eingesetzt.

1.8.3.6 Elastomere

Elastomere haben als charakteristische Eigenschaft kautschuk-elastisches Verhalten. Ihre Erweichungstemperatur liegt unterhalb der Raumtemperatur. Im unvulkanisierten Zustand, also ohne Vernetzung der Molekülketten, sind Elastomere plastisch und verformbar, im vulkanisierten Zustand – innerhalb eines bestimmten Temperaturbereiches – elastisch verformbar. Aus Naturkautschuk wird durch Vulkanisation Gummi erhalten. Synthetische Kautschukarten und Elastomere sind in großer Anzahl bekannt und auf dem Markt. Sie weisen gegenüber Gummi eine Vielzahl speziell verbesserter Eigenschaften auf, wie z.T. erheblich verbesserte Elastizität, Hitze-, Kälte-, Witterungs- und Oxidationsbeständigkeit, Verschleißfestigkeit, Beständigkeit gegen unterschiedliche Chemikalien, Öle usw.

Pigmente zum Anfärben von Kautschukmischungen haben unter einer Reihe von Anforderungen besonders der sog. Gummigiftfreiheit zu genügen. Bereits geringe Mengen von Kupfer und Mangan beeinträchtigen nämlich nicht nur die Vulkanisation des Kautschuks in erheblichem Maße, sondern bewirken auch eine beschleunigte Alterung des Gummis. Von Pigmenten für die Kautschukeinfärbung wird daher ein Gehalt dieser beiden Schwermetalle von zusammen weniger als 0,01% gefordert. Im Falle der Kupferphthalocyaninblau-Pigmente werden etwas höhere Werte an nicht komplex gebundenem Metall akzeptiert, doch keinesfalls über 0,015%. Pigmente für diesen Einsatz werden oft bezüglich dieses Metallgehaltes geprüft.

Erforderlich ist auch eine gewisse Hitzebeständigkeit der Pigmente. Sie wird an fünf Färbungen mit unterschiedlicher Pigmentkonzentration im Bereich von 0,01 bis 1% zusammen mit der 10fachen Menge Kreide geprüft. Die nebeneinanderliegenden Färbungen werden 15 Minuten bei 140°C heiß vulkanisiert und gegen die jeweils nicht hitzebehandelte Vergleichsfärbung coloristisch bewertet.

In den meisten Fällen wird auch Migrationsechtheit der verwendeten Pigmente verlangt. Die Eignungsprüfung wird ebenfalls bei 5 verschiedenen Pigmentkonzentrationen durchgeführt. Zur Prüfung auf Ausblutechtheit werden die nicht vulkanisierten Färbungen in definierten Kontakt mit einem weißen Fell bestimmter Zusammensetzung gebracht und 20 Minuten im Freidampf bei 140°C naß vulkanisiert. Dabei wird die Färbung häufig zur Hälfte mit einem nassen Baumwolltuch abgedeckt, um festzustellen, ob der „Wickel", der Kautschuk oder beide durch Ausbluten angefärbt werden.

Die Prüfung auf Ausblühbeständigkeit wird durch Reiben mit einem weißen Tuch auf den verschieden konzentrierten Färbungen vorgenommen, und zwar unmittelbar nach ihrer Herstellung, nach 6 monatiger Lagerung bei Raumtemperatur und ggf. auch in einem Schnelltest nach 24stündiger Lagerung bei 70°C.

Die Wetterechtheit von Pigmenten für Naturkautschuk ist praktisch ohne Bedeutung, da dieser selbst wenig wetterecht ist. Einige hochwertige synthetische Elastomere mit hoher Wetterechtheit erfordern dagegen eine entsprechende Pigmentauswahl. Beständigkeit gegen bestimmte Chemikalien ist von Fall zu Fall notwendig.

Kautschukmischungen werden mit Pulverpigmenten und in zunehmendem Maße mit granulierten Pigmentpräparationen, die speziell in der Gummiindustrie früher als „Masterbatches" bezeichnet wurden, eingefärbt. Zum Einfärben von Latex, das ist die wäßrige Dispersion von Synthesekautschuk, und an deren Polymerisaten, werden wäßrige Pigmentpräparationen bevorzugt.

1.8.3.7 Duroplaste

Duroplaste, auch Duromere genannt, entstehen durch Vernetzung (Härtung) reaktionsfähiger, linearer und verzweigter Makromoleküle und lassen sich mittels Polykondensation, Polymerisation und Polyaddition herstellen. Duroplaste sind also nur einmal unter Anwendung von Wärme und Druck zu Halbzeug oder Fertigartikeln zu verarbeiten und nicht regenerierbar, ihre Formung ist irreversibel. Zu den bekanntesten Duroplasten zählen die Verbindungen des Formaldehyds mit Phenol, Resorcin u.a. (Phenoplaste), Harnstoff, Anilin, Melamin u.ä. Verbindungen (Aminoplaste).

Wegen der dunklen Eigenfarbe ist die Einfärbbarkeit von Phenoplasten, die in überwiegendem Maße mit hohem Füllstoffgehalt (bis zu 80%) verarbeitet werden, begrenzt.

Die Verarbeitung von Duroplasten erfolgt je nach Aufbau und Struktur im Preß-, Spritzpreß- und Spritzgießverfahren oder durch Extrusion. Die Preßtemperaturen liegen bei etwa 150 bis 190 °C. Entsprechend sind die Anforderungen an die Pigmente. Zur Einfärbung von Duroplasten werden oft auch Farbstoffe verwendet.

Um eine homogene Färbung zu erreichen, werden die Farbmittel in die noch unvernetzten Harze eingearbeitet. Dies kann im geschmolzenen Harz, beispielsweise in einem Kneter bei ca. 90 °C, oder in gelösten oder flüssigen Harzen nach dem sog. Flüssigharzverfahren geschehen. Für die Einfärbung vorbenetzter, pulverförmiger, aber noch härtbarer Preßmassen werden meist Kugelmühlen verwendet.

Auch die Gießharze auf Basis von Epoxidharzen, Methacrylat oder ungesättigtem Polyester sind Duroplaste. Bei den Epoxidharzen erfolgt die Aushärtung mit Aminen oder Phthalsäureanhydrid. Durch organische Pigmente wird die Aushärtung nicht beeinflußt. Feuchtigkeit dagegen verzögert die Härtung. Die eingesetzten Pigmente müssen daher weitgehend trocken sein; dies ist im allgemeinen der Fall.

Ungesättigte Polyester- und Methacrylat-Gießharze werden meist mit organischen Peroxiden gehärtet. Die Polyester-Gießharze sind dabei in Monostyrol gelöst, bei ihrer Polymerisation werden Temperaturen bis 200 °C erreicht. Besonders bei dickwandigen Artikeln bleibt die Hitzebelastung oft über eine längere Zeitdauer erhalten. Danach richten sich die Anforderungen an die Hitzebeständigkeit der eingesetzten organischen Pigmente.

Methacrylatharze werden aus monomerem Methacrylsäuremethylester hergestellt, bei dessen Polymerisation sich eine deutlich niedrigere Temperatur einstellt. Die Hitzebeständigkeit der Pigmente ist in diesem Medium daher nur von geringer Bedeutung.

Häufig wird eine hohe Licht- und Wetterechtheit verlangt, z. B. im Karosseriebau. Diese Echtheiten können durch Art und Menge der Peroxid-Katalysatoren stark beeinträchtigt werden, weshalb natürlich peroxidbeständige Pigmente eingesetzt werden müssen. Gleichzeitig sollen sie den Härtungsprozeß nicht beeinflussen, d. h. weder beschleunigen noch verzögern. Es ist aber bekannt [39], daß sich organische Pigmente, je nach Art der Härtung und Art und Menge des verwendeten Peroxids völlig verschieden verhalten können. So zeigen unter bestimmten Bedingungen Disazogelbpigmente, wie Pigment Yellow 17 und 83, keinerlei Einfluß, während beispielsweise Kupferphthalocyaningrün die Härtung stark verzögert und Kupferphthalocyaninblau sie überhaupt verhindert. Bei Verwendung eines anderen organischen Peroxids wird demgegenüber die Härtung beispielsweise durch Kupferphthalocyaningrün sogar etwas beschleunigt.

Das Einfärben von ungesättigten Polyester- und Methacrylatharzen erfolgt vielfach mit Pigment-Weichmacher-(DOP)-Pasten. Sie beeinträchtigen die wichtigen mechanischen Eigenschaften des fertigen Artikels nicht meßbar. In geringem Maße werden Pigmente auch direkt in einem Teil des Monomers dispergiert.

1.8.3.8 Spinnfärbung

Die Spinnfärbung von Chemiefasern kann als Zwischengebiet zwischen Textilbereich und Kunststoffgebiet betrachtet werden. Im Gegensatz zu den textilen Färbemethoden wird bei der Spinnfärbung das noch zu verspinnende Material vor der Faserherstellung gefärbt. Die Anforderungen an Pigmente gleichen daher meistens denen für die Kunststoffeinfärbung, so ist beispielsweise auch hier Hitzebeständigkeit ein entscheidendes Kriterium für den Pigmenteinsatz. Von wesentlicher Bedeutung ist ferner die Beständigkeit gegenüber den jeweils benutzten Lösemitteln.

Besonders hoch sind die Ansprüche an die Dispergierbarkeit. Als Anhaltswert für einen problemlosen Einsatz gilt hier, daß die Größe der noch vorhandenen Pigmentagglomerate 2 bis 3 µm nicht überschreiten darf [40, 41]. Gröbere Agglomerate verschlechtern die Zugfestigkeit des Fadens und führen, vor allem beim Recken, häufig zu Fadenriß. Da unter Praxisbedingungen das Erreichen eines solch hohen Dispergierungsgrades bei Verwendung von Pulverpigmenten nur in Sonderfällen möglich ist und auch dann nicht gewährleistet werden kann, ist bei der Spinnfärbung mit Pigmenten die Verwendung von Präparationen praktisch unumgänglich. Das in diesen enthaltene Trägermaterial darf natürlich keine Störungen bei der Verarbeitung verursachen.

Für das Verspinnen stehen drei Grundverfahren zur Verfügung [42], nämlich

- das **Schmelzspinnen.** Es wird bei thermoplastischem Material, wie Polyester, Polyamid oder Polypropylen, angewandt. Die Polymerschmelze wird dabei unter hohem Druck durch Spinndüsen gepreßt und fällt durch einen Spinnschacht senkrecht nach unten, wobei sie durch Abkühlung erstarrt. Von Pigmenten wird hierfür hohe Hitzebeständigkeit verlangt. Die Spinntemperatur variiert entsprechend der Schmelztemperatur des Polymers bei diesem Verfahren in einem für organische Pigmente breiten Bereich (Tab. 9).

Tab. 9: Schmelzpunkte und Spinntemperatur verschiedener Polymere

	Schmelzpunkt (°C)	Spinntemperatur (°C)
Polyester	255	285
PA 6 (Perlon)	220	250–280
PA 66 (Nylon)	245	275
Polypropylen	175	240-300

Bei den hier verwendeten Pigmentpräparationen ist das Trägermaterial im allgemeinen identisch oder sehr ähnlich mit dem zu verspinnenden Polymer.

- das **Naßspinnen.** Die filtrierte, viskose Masse des in einem geeigneten Lösemittel gelösten Polymers wird beim Verspinnen durch ein Fäll- oder Koagulationsbad geleitet. Polyacrylnitril, Polyvinylacetat und Regeneratfasern aus

1.8 Anwendungsgebiete organischer Pigmente

Cellulose werden u.a. nach diesem Verfahren verarbeitet. Die thermische Beanspruchung der Pigmente ist hier wesentlich geringer als beim Schmelzspinnverfahren, verlangt wird dafür jedoch Beständigkeit gegen die verwendeten Lösemittel und Chemikalien.

- das **Trockenspinnen.** Das in einem geeigneten Lösemittel gelöste und filtrierte Polymer wird durch Spinndüsen gepreßt und unter Sauerstoffausschluß in einem beheizten Schacht nach unten abgezogen, wobei sich das Polymer unter Verdampfen des Lösemittels verfestigt. Die Anforderungen an die Hitzebeständigkeit der Pigmente sind auch hier wesentlich geringer als beim Schmelzspinnverfahren, aber ähnlich wie beim Naßspinnverfahren müssen die Pigmente gegen die verwendeten Lösemittel beständig sein. Polyacrylnitril, Triacetat oder Polycarbonat werden nach diesem Verfahren verarbeitet.

Seit einigen Jahren werden bei einer Reihe von Thermoplasten wie Polyester, Färbetechnologien eingesetzt [43, 44, 45], die anstelle von Pigmenten mit schmelzlöslichen Farbstoffen arbeiten, die genügend temperaturbeständig und sublimierecht sind. Die Vorteile gegenüber der Verwendung von organischen Pigmenten sind in diesem speziellen Fall die Vermeidung von Fadenbrüchen beim Recken, von Verstopfungen der Filter und von anderen Störungen.

Polyacrylnitril (PAC)

Da sich Polyacrylnitril bereits ab 220 °C, d. h. unterhalb des Schmelzpunktes (ca. 290 °C) zersetzt, kann es nicht nach dem Schmelzspinnverfahren verarbeitet werden. Es werden daher Trocken- und Naßspinnverfahren angewandt, wobei als Lösemittel Dimethylacetamid, Dimethylformamid, Dimethylsulfoxid, sowie wäßrige Lösungen anorganischer Salze in Betracht kommen. Für die Spinnfärbung sind vor allem die auf den Lösungen der zuerst genannten Lösemittel basierenden Verfahren von Bedeutung [41]. Neben den entsprechenden Lösemittelechtheiten wird von den eingesetzten Pigmenten für manche Anwendungsgebiete, beispielsweise für Markisen, Planen und Zelte, hohe Licht- und Wetterechtheit gefordert. Für Bekleidungen, Dekorations- und Heimtextilien, d.h. Möbelbezüge, Gardinen und Teppiche, wird etwas geringere Lichtechtheit akzeptiert. Für solchen Einsatz ist die Polyacrylnitrilfaser prädestiniert; sie ist gegen Witterungseinflüsse von allen synthetischen und natürlichen Fasern die bei weitem beständigste. Für die Einfärbung von PAC stehen auch Pigmentpräparationen zur Verfügung. In neuer Zeit werden hierfür zunehmend auch spezielle kationische Farbstoffe eingesetzt.

Polyolefine (PO)

Bei Polyolefinfasern ist die Massefärbung in der Praxis bisher unumgänglich; die konventionellen Färbeverfahren der Textilindustrie ergeben nur unbefriedigende

Färbungen. Entsprechend den Verarbeitungsbedingungen sind die Anforderungen an die Hitzestabilität sehr hoch. Sie betragen 240 bis 300°C. In jüngerer Zeit finden auch Kunststofftypen mit niedrigerem Schmelzpunkt Verwendung. Es wird mit Pigmentpräparationen eingefärbt, deren Trägermaterial neben PE auch PP sein kann und für problemlose Homogenisierung dem einzufärbenden PP-Spinnpolymer angepaßt wird [46, 47].

Polyester (PETP)

Die Hitzebelastung von Pigmenten für die Schmelzspinnfärbung dieses Polymers ist besonders hoch. Dabei spielen für den praktischen Einsatz der organischen Pigmente allerdings die graduellen Unterschiede eine erhebliche Rolle, die sich durch die Einfärbung des Polymers an unterschiedlichen Stellen des Verfahrensablaufs ergeben. So sind Pigmente, die beim sog. Kondensationsverfahren in einer Glykol-Dispersion vor der Umesterung oder Kondensation im Autoklaven zugesetzt werden, einer Hitzebelastung zwischen 240°C und 290°C während 5 bis 6 Stunden ausgesetzt [45]. Die Anforderungen werden nur von wenigen polycyclischen Pigmenten, im wesentlichen Vertretern der Chinacridon-, Kupferphthalocyanin-, Naphthalintetracarbonsäure- und Perylentetracarbonsäure-Reihe, erfüllt.

Erfolgt die Pigmentzugabe erst nach der Herstellung des Polyesters, so sind die technischen Anforderungen deutlich geringer. Die Einwirkung der allerdings gleich hohen Temperaturen reduziert sich dann auf etwa 20 bis 30 Minuten. Das ist möglich, wenn das Polyestergranulat mit einem Pigmentkonzentrat oder einer Pigmentpräparation gemischt oder das Pigmentkonzentrat in geschmolzener Form, z. B. über Seitenschneckenextruder, in die Schmelzzone des Spinnextruders zugegeben wird. Natürlich bestehen auch für das Trägermaterial der hier verwendeten Pigmentpräparationen besondere Anforderungen. Im Falle von Polyester sind die neuen Färbetechnologien mit schmelzlöslichen, genügend temperaturbeständigen und beim Spinnprozeß sublimierechten Farbstoffen besonders vorteilhaft.

Polyamid (PA)

Pigmente für die Polyamid-Spinnfärbung müssen neben hoher Hitzebeständigkeit auch eine chemische Stabilität gegen das stark reduktive Medium der PA-Schmelze aufweisen. Die Spinntemperaturen liegen dabei je nach Type zwischen 250 und 290°C. Ähnlich wie bei der Polyester-Spinnfärbung kommen auch hier zum Einfärben nur einige polycyclische Pigmente in Betracht. Organische Gelbpigmente, die diesen Anforderungen genügen, sind nicht bekannt, verwendet werden deshalb im gelben Farbtonbereich anorganische Cadmiumgelb-Pigmente. Auch Pigmentpräparationen stehen zum Einfärben zur Verfügung.

Viskose

Viskose, die alkalische Lösung des Natriumcellulosexanthogenats, erhält man durch Behandlung von Cellulose mit Natronlauge und Schwefelkohlenstoff. Die Einfärbung erfolgt während die Cellulose als Xanthogenat vorliegt, also vor dem Verspinnen, wofür teigförmige, wäßrige Präparationen verwendet werden. Neben den üblichen Echtheitsanforderungen wird Beständigkeit gegen starke Säuren, Alkalien und Reduktionsmittel verlangt. Ebenso darf weder eine Beeinflussung des sog. Reifeprozesses der Viskose oder Koagulation noch ein Ausbluten im Fällbad oder in den Nachbehandlungsbädern stattfinden. Eine ganze Anzahl von Pigmenten erfüllen diese Anforderungen [48].

1.8.4 Andere Anwendungsgebiete

Organische Pigmente werden darüberhinaus zum Anfärben einer Vielzahl von Materialien verwendet, die sich nicht in die bisher betrachteten Gebiete Druckfarben (s. 1.8.3.1), Lacke (s. 1.8.3.2), Kunststoffe und Spinnfärbung (s. 1.8.3.3) einordnen lassen. Die Anforderungen ergeben sich im allgemeinen aus den durch Herstellungs- und Verarbeitungsbedingungen gegebenen Aspekten der Lösemittelechtheiten und den vom Endartikel geforderten Echtheiten, vor allem der Lichtechtheit.

Als Anwendungsgebiete sind hier zu nennen: Das Färben von Holz [49], die Papierfärbung [50] sowie die Papieroberflächenfärbung in der Leimpresse [51], der Büroartikel- und Künstlerfarbensektor, wie der Einsatz von Pigmenten in Buntstiften, Wachsmalkreiden und Schreib- bzw. Pastellkreiden oder in Zeichentuschen, sowie das Einfärben von Kosmetika, vorwiegend von Seifen [52].

Der Druck auf Textilien ist ein weiteres wichtiges Anwendungsgebiet organischer Pigmente und wird üblicherweise getrennt vom graphischen Druck betrachtet. Die Anforderungen an Pigmente für diesen Einsatz richten sich besonders nach den vom Endartikel, dem bedruckten Textil, gewünschten Echtheiten (s. 1.6.2.4).

Literatur zu 1.8

[1] A. Rosenberg und O.-J. Schmitz, Farbe + Lack 90 (1984) 362–370.
[2] DIN 16508: Farbskala für den Buchdruck außerhalb der europäischen Farbskala; Normdruckfarben und Druckreihenfolge.
DIN 16509: Farbskala für den Offsetdruck; Normfarben.
[3] DIN 16539 (CIE 12-66): Europäische Farbskala für den Offsetdruck.
[4] DIN 16538: Europäische Farbskala für den Buchdruck.
[5] A. Goldschmidt, Farbe + Lack 84 (1978) 675–680.
[6] W. Herbst und O. Hafner, Farbe + Lack 82 (1976) 393–411.
[7] H. L. Beeferman und J. Water-Bone, Coatings 1 (1978) 4.
[8] E. Levine und J. Kuzma, J. Coat. Technol. 51 (1979) 35–48.

- [9] K. Dören, W. Freitag und D. Stoye, Wasserlacke: Umweltschonende Alternative für Beschichtungen. Grundlagen, Rohstoffe, Entwicklungen, Technologien, 2. Aufl., Verlag TÜV Rheinland, Köln, 1993.
- [10] W. Burckhardt und H. J. Luthardt, J. Oil Colour Chem. Assoc. 62 (1979) 375–385.
- [11] C. B. Rybny et al., J. Paint Technol., 46 No. 596 (1974) 60–69.
- [12] T. A. Du Plessis und De Hollain, J. Oil Colour Chem. Assoc. 62 (1979) 239–245. P. S. Pappas, 6th Int. Conf. Org. Coat. Sci. Technol. Proc., Athens, 1980, 587–597.
- [13] H. Schäfer und G. Wilker, Hoechst AG, persönliche Mitteilung.
- [14] W. Schlusen, Farbe + Lack 99 (1993) 778–781.
- [15] B. D. Meyer, 5th Int. Conf. Org. Coat. Sci. Technol. Proc., Athen, 1979, 177–206.
- [16] H. Schäfer und G. Wallisch, J. Oil Colour Chem. Assoc. 64 (1981) 405–414.
- [17] U. Kaluza, DEFAZET Dtsch. Farben Z. 33 (1979) 399–411.
- [18] F. Haselmeyer, Farbe + Lack 74 (1968) 662–668.
- [19] P. Kresse, DEFAZET Dtsch. Farben Z. 24 (1970) 521–526.
- [20] E. J. Percy und F. Nouwens, J. Oil. Colour Chem. Assoc. 62 (1979) 392–400.
- [21] W. Brushwell, Farbe + Lack 80 (1974) 639–642 und 85 (1979) 1035–1038.
- [22] D. D. Newton, J. Oil Colour Chem. Assoc. 56 (1973) 566–575.
- [23] E. V. Schmid, Farbe + Lack 85 (1979) 744–748.
- [24] R. Gutbrod, Farbe + Lack 69 (1963) 889–892.
- [25] J. Richter, Das Einfärben von Kunststoffen und Kunstfasern in der Masse, Hoechst, SD 119.
- [26] H.-J. Lenz, Ber. Techn. Akad. Wuppertal, Heft 8, 1972.
- [27] N. Nix, Farbmittel von Hoechst für die Kunststoffindustrie, SD 435[1].
- [28] DIN 53775 T 7: Bestimmung der Dispergierhärte durch Kaltwalzen.
- [29] W. Herbst, DEFAZET Dtsch. Farben Z. 26 (1972) 519–532, 571–576.
- [30] DIN 53774 T1 bzw. DIN 53775 T 1: Prüfung von Pigmenten in PVC hart bzw. PVC weich; Zusammensetzung und Herstellen der Grundmischungen.
- [31] DIN 53773: Prüfung von Farbmitteln in Polyvinylchlorid-Pasten (Plastisolen).
- [32] DIN 53774 T2 bzw. DIN 53775 T 2: Herstellen der Probekörper.
- [33] DIN 53775 T 6: Bestimmung der Hitzebeständigkeit im Wärmeschrank.
- [34] DIN 53772: Bestimmung der Hitzebeständigkeit durch Spritzgießen.
- [35] DIN 53775, T 3 Bestimmung des Ausblutens.
- [36] DIN 53483: Bestimmung der dielektrischen Eigenschaften.
- [37] DIN 47003 / BS 6746: Farben und Farbkurzzeichen für Kabel und isolierte Leitungen.
- [38] H.-J. Lenz, Kunststoffe 66 (1976) 683–687.
- [39] F. Kuckelsberg, Kunstst. Rundsch. (1972) 654–660.
- [40] W. K. J. Teige, 33rd Annu. Tech. Conf. Soc. Plast. Eng., Atlanta, 1975, 57–59.
- [41] W. K. J. Teige, Chemiefasern/Textilind. 33/85 (1983) 636–642.
- [42] E. Welfers, Chemiefasern/Textilind. 26/78 (1976) 1079–1086; 27/79 (1977) 42–59.
- [43] Hoechst AG, DE-AS 2608481 (1976).
- [44] F. Steinlin und M. J. Wampetich, Melliand Textilber. 61 (6/1980) 509–513.
- [45] W. J. K. Teige, Chemiefasern/Textilind. 33/85 (1983) 127–131.
- [46] H.-J. Sohn, Chemiefasern/Textilind. 32/84 (1982) 712–717.
- [47] H.-J. Sohn, Chemiefasern/Textilind. 34/86 (1984) 827–829.
- [48] W. K. J. Teige, Chemiefasern/Textilind. 31/83 (1981) 632–636.
- [49] J. Steier, Das Färben von Holz, Hoechst AG, 6.76, SD 441.
- [50] Farbstoffe und Pigmentpräparationen für die Papierindustrie, Hoe 3023.
- [51] Papieroberflächenfärbung in der Leimpresse, Techn. Rat aus Hoechst/Pigment, 30 (1975).
- [52] Das Färben von Seifen, Techn. Rat aus Hoechst 21 (1969).

2 Azopigmente

Azopigmente sind Verbindungen, die die Azogruppe —N=N—, gebunden an sp^2-hybridisierte C-Atome enthalten, wobei man die allgemeine Formel

$$Ar-N=N-R$$

aufstellen kann, in der Ar ein aromatischer oder heteroaromatischer Rest ist und R entweder die Bedeutung von Ar hat oder dem Rest

$$\longrightarrow C\begin{matrix} C(R^1)=O \\ C(R^2)-OH \end{matrix}$$

entspricht. Hierbei ist R^1 ein Alkyl- oder Arylrest, bei technisch wichtigen Pigmenten vorwiegend CH$_3$, und R^2 hauptsächlich -HN-Ar mit der genannten allgemeinen Bedeutung für Ar.

Gemäß der Forderung nach möglichst vollständiger Unlöslichkeit gegen Wasser und die in Anwendungsmedien üblicherweise verwendeten organischen Lösemittel dürfen die vorgenannten Alkyl-, Aryl- und Heteroarylreste keine wasserlöslichmachenden Substituenten wie Sulfogruppen SO$_3$H-, aber auch keine langkettigen Alkylgruppen enthalten.

Nach der Anzahl der Azogruppen im Pigmentmolekül unterscheidet man Mono- und Disazopigmente. Azoverbindungen mit drei oder mehr Azogruppen (Tris-, Tetra-.......Polyazo-) haben als Pigmente keine technische Bedeutung.

Die Geschichte der Azopigmente reicht bis 1858 zurück. In diesem Jahr entdeckte P. Gries die Diazotierungsreaktion. Der erste Azofarbstoff (Chrysoidin)

Chrysoidin

wurde 1875 von Caro und Witt durch die heute noch allgemein übliche zweistufige Synthese von Azoverbindungen, nämlich durch Diazotierung und Kupplung (s. 2.2), hergestellt.

Nomenklatur

Die Konstitution von Azoverbindungen, und hier speziell von Azopigmenten, wird wegen der oft schwer überschaubaren Bezeichnungen nur selten durch den systematischen Namen gemäß IUPAC- oder Chemical Abstracts-Regeln wiedergegeben. Wichtig ist neben der eigentlichen Konstitutionsformel eine praktische Nomenklatur, die sich eines genetischen Schemas entsprechend der technisch angewendeten Azokupplung (s. 2.2.2) bedient. Dabei wird das Azopigment durch die Ausgangsverbindungen, d.h. die Diazokomponente D, die Kupplungskomponente K und die Kupplungsrichtung (→) gekennzeichnet, z.B. bei Monoazopigmenten allgemein durch

$$D \longrightarrow K$$

bei Disazopigmenten durch

$$K \longleftarrow D \longrightarrow K \quad \text{oder} \quad D \longrightarrow K \longleftarrow D$$

Diese Nomenklatur ist in Technik und Fachliteratur allgemein gebräuchlich.

Obwohl sich Azopigmente prinzipiell in allen Farbtönen herstellen lassen, sind solche mit blauer und grüner Nuance in der Praxis ohne Bedeutung. Dieser Farbtonbereich wird heute fast ausschließlich durch Phthalocyanin-, Triarylcarbonium- und Indanthron-Pigmente (s. 3.1, 3.8 bzw. 3.6.3.2) abgedeckt. Von Wichtigkeit sind Gelb-, Orange-, Rot-, Bordo-, Carmin- und Brauntöne. In vielen dieser Farbtonbereiche sind durch die große Zahl von Kombinationsmöglichkeiten nahezu alle Nuancen – oft auch mit den gewünschten Eigenschaften – herstellbar. Für die technische Produktion von Azopigmenten hat in überwiegendem Maße die Diazotierung mit anschließender Kupplung Bedeutung. Andere Synthesen der Azogruppierung, die manchmal für Azofarbstoffe angewendet werden, spielen bei Azopigmenten kaum eine Rolle. Aufgrund der technisch meist verhältnismäßig leicht zugänglichen Ausgangsverbindungen (s. 2.1) und der im industriellen Maßstab einfach und hauptsächlich in Wasser durchzuführenden Kupplungsreaktion, d.h. der Bildung der Azoverbindung, stellen Azopigmente bei weitem die größte Gruppe organischer Pigmente dar.

In den letzten Jahrzehnten hat die Bedeutung der Azopigmente noch dadurch zugenommen, daß es gelang, die Eigenschaften, beispielsweise Beständigkeit gegen Licht und Wetter, Lösemittel- und Migrationsechtheiten oder Hitzestabilität, durch verbesserte Produkte erheblich zu steigern, so daß heute Azopigmente mit sehr hohem Echtheitsniveau keine Seltenheit mehr sind.

2.1 Ausgangsprodukte, Herstellung

Für die Herstellung von Azopigmenten werden als Diazokomponenten vorwiegend primäre aromatische Amine und als Kupplungskomponenten vor allem nukleophile aromatische oder methylenaktive aliphatische Komponenten benötigt [1, 2, 3].

2.1.1 Diazokomponenten

Die größte Bedeutung für Azopigmente haben aromatische Amine als Diazokomponenten, insbesondere Aniline mit ein bis drei Substituenten. Anilin oder substituierte Aniline spielen auch für die Herstellung von wichtigen Kupplungskomponenten eine Rolle. Einige wichtige Beispiele sollen mit den folgenden Formeln aufgezeigt werden:

Substituierte Anilinderivate

Aminobenzamide und -anilide, Aminobenzolsulfonamide

2.1 Ausgangsprodukte, Herstellung

Aber auch aromatische Diamine, vor allem 3,3'-Dichlorbenzidin, weniger 3,3'-Dimethoxybenzidin (o-Dianisidin), 3,3'-Dimethylbenzidin (o-Tolidin) und 3,3',5,5'-Tetrachlorbenzidin, haben Bedeutung als Diazokomponenten für Pigmente. Die Verbindungen werden durch folgende Formeln illustriert:

Aromatische Diamine

3,3'-Dichlorbenzidin
o-Tolidin
o-Dianisidin
2,2',5,5'-Tetrachlorbenzidin

Polycyclische Amine, wie α-Aminoanthrachinon, und heterocyclische Amine, wie Aminophthalsäureimid, Aminobenzazole oder Aminochinazoline, werden dagegen nur in wenigen Fällen als Diazokomponenten für technisch wichtige Azopigmente eingesetzt.

Aromatische Aminosulfonsäuren, die für verlackte Pigmente eine große Rolle spielen, werden durch Sulfonierung der Nitroverbindungen mit anschließender Reduktion zur Aminosulfonsäure oder durch die sogenannte Backschmelze gewonnen. Hierbei wird das Amin-Dihydrosulfat in geeigneten Öfen auf 200 bis 300 °C trocken erhitzt, wobei Umlagerung zur p-Aminosulfonsäure – und wenn diese Stellung besetzt ist, zur o-Aminosulfonsäure – erfolgt. Im Gegensatz zur Sulfonierung mit Schwefelsäure fällt hierbei keine Schwefelsäure als Abwasserballast an.

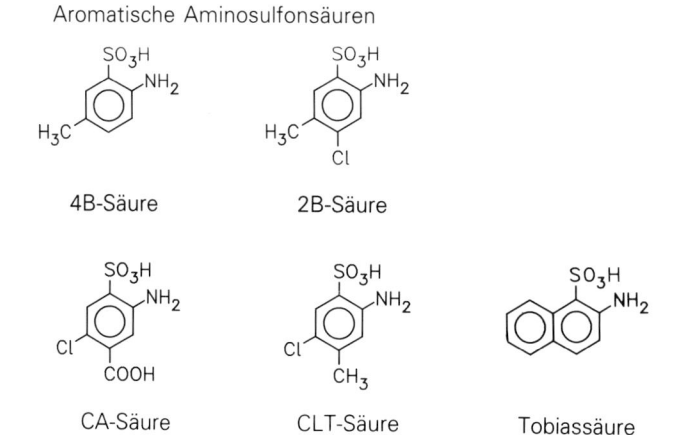

Aromatische Aminosulfonsäuren

4B-Säure
2B-Säure
CA-Säure
CLT-Säure
Tobiassäure

Die allgemeine Herstellung aromatischer Amine erfolgt aus aromatischen Nitroverbindungen. Nitrierung und anschließende Reduktion stellen somit wichtige Prozesse der Azopigment-Vorproduktenchemie dar.

Die Nitroaromaten werden generell durch Nitrierung entsprechend substituierter Benzolderivate mit Salpetersäure hergestellt. Die Konzentration der Salpetersäure kann dabei sehr unterschiedlich sein, in vielen Fällen erfolgt aber der Einsatz von sogenannter Mischsäure; das ist ein Gemisch mit konzentrierter Schwefelsäure. Diese bindet Wasser, ist zugleich „Verdünnungsmittel", d.h. ein Mittel zur Stabilisierung des Temperaturverlaufs, und dient oft als Lösemittel für die Nitroverbindung. Durch einen großen Überschuß an Schwefelsäure kann die Nitrierung freie Aminogruppen enthaltender Aromaten erfolgen (Ausbildung der Aminsulfate).

Weitere Substituenten führt man durch Halogenierung, Oxidation oder nukleophile Austauschreaktionen in den aromatischen Kern ein. Elektronegative Substituenten (Elektronenacceptoren), wie NO_2-, COOH- oder COOAlkyl-Gruppen in ortho- und/oder para-Stellung zu Chloratomen, „aktivieren" diese, d.h. Chlor wird zur Abgangsgruppe, die durch geeignete nukleophile Reste, wie CH_3O-, C_2H_5O-, NH_2-, ersetzt werden kann.

Reduktionsverfahren

Es gibt einige unterschiedliche Reduktionsverfahren zur Überführung der Nitro- in die Aminogruppe, die technisch bedeutsam sind:

a) Katalytische Hydrierung
Der mit Abstand wichtigste Prozeß ist die katalytische Hydrierung mit molekularem Wasserstoff. Sie wird in 2 bis 10 m^3 großen druckstoßfesten Gefäßen bei Temperaturen zwischen ca. 20 und 120°C und Drücken von 10 bis 100 bar in Gegenwart von Nickel enthaltenden Katalysatoren, aber auch mit Edelmetall-, insbesondere Palladium- und Platin-Katalysatoren, durchgeführt.

b) Eisenreduktion
Die früher fast ausschließlich gebräuchliche Methode der Reduktion von Nitroverbindungen mit Eisenpulver in Gegenwart von wenig Säure (Methode nach Béchamps-Brimmeyr) wird heute vor allem noch bei solchen Nitroverbindungen angewendet, die gegen katalytische Reduktion mit Wasserstoff empfindlich sind. Das sind z.B. aromatische Nitroverbindungen mit Halogenatomen, besonders in o- oder/und p-Stellung zur NO_2-Gruppe. Die Lösung bleibt mit wenig Säure (z.B. Essigsäure) annähernd neutral, Eisen fällt als Fe_3O_4 aus.

c) Alkalische Zinkstaub-Reduktion
Ein weiteres Reduktionsverfahren wird bei der Herstellung von 4,4′-Diaminodiphenyl-Derivaten durchgeführt. Das entsprechend substituierte Nitrobenzol kann nach einem älteren Verfahren mit Zinkstaub/Natronlauge zum Hydrazobenzol re-

198   2.1 Ausgangsprodukte, Herstellung

duziert werden, dessen Umlagerung mit Salzsäure schließlich die gewünschten Diamine (als Hydrochloride) liefert. Nach neueren Herstellverfahren erfolgt die Reduktion des substituierten Nitrobenzols mit Wasserstoff an speziellen desaktivierten Edelmetallkatalysatoren.

$$2 \; X\text{-}C_6H_3(Y)\text{-}NO_2 \longrightarrow X\text{-}C_6H_3(Y)\text{-}NH\text{-}HN\text{-}C_6H_3(Y)\text{-}X \xrightarrow{HCl}$$

$$H_2N\text{-}C_6H_2(Y)(X)\text{-}C_6H_2(X)(Y)\text{-}NH_2 \cdot 2HCl$$

X: Cl, CH_3, OCH_3, OC_2H_5
Y: H, Cl

d) Reduktion mit Natriumhydrogensulfid oder Natriumsulfid
In Fällen, bei denen selektive Reduktion (z. B. einer von zwei Nitrogruppen) erfolgen muß, wird mit Natriumhydrogensulfid NaHS („Natriumsulfhydrat") oder Natriumsulfid Na_2S in wäßriger oder alkoholischer Lösung reduziert. Azogruppen werden bei diesem Verfahren nicht angegriffen. Das Natriumhydrogensulfid oder Natriumsulfid wird hauptsächlich in Natriumthiosulfat verwandelt.

Beispiel:

$$O_2N\text{-}C_6H_2(Cl)(NH_2)\text{-}NO_2 \xrightarrow{NaHS} O_2N\text{-}C_6H_2(Cl)(NH_2)\text{-}NH_2$$

e) Transfer-Hydrierung mit Hydrazin
Das Verfahren wird für empfindliche Nitroaromaten angewendet, z. B. für o/p-substituierte Nitrobenzole. Es wird mit Hydrazin/Edelmetall (Platin) reduziert.

2.1.2   Kupplungskomponenten

Wichtige Kupplungskomponenten kann man grob in die folgenden Gruppen einteilen:

a) Methylenaktive Verbindungen des Typs

$$-\overset{O}{\underset{\|}{C}}-CH=\overset{OH}{\underset{|}{C}}- \;\rightleftharpoons\; -\overset{O}{\underset{\|}{C}}-CH_2-\overset{O}{\underset{\|}{C}}- \;,$$

insbesondere Acetessigsäurearylide

$$CH_3COCH_2CONH\text{-}C_6H_4\text{-}R_K^n$$

2.1.2 Kupplungskomponenten

b) 2-Hydroxynaphthalin und dessen 3-Carbonsäurederivate:

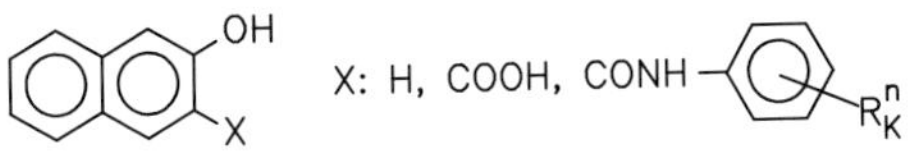

X: H, COOH, CONH–⟨phenyl⟩–R_K^n

R_K: CH_3, OCH_3, OC_2H_5, NO_2, Cl
oder am Phenylring ankondensierter 5–oder 6–Ring–Heterocyclus
n = 0–3

c) Pyrazolon-Derivate

Zu a): Die Verbindungen der allgemeinen Formel

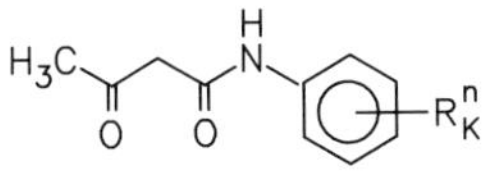

werden durch Reaktion von Acetessigsäureester oder Diketen mit den aromatischen oder heterocyclischen Aminen H_2N–⟨phenyl⟩–R_K^n in Wasser, Essigsäure und anderen gegen Diketen inerten organischen Lösemitteln oder Gemischen solcher Lösemittel hergestellt. Zu dieser Gruppe sind auch bifunktionelle Kupplungskomponenten vom Typ des bisacetoacetylierten Diaminobiphenyls zu rechnen:

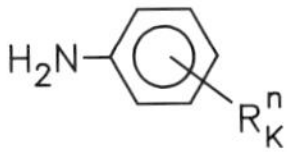

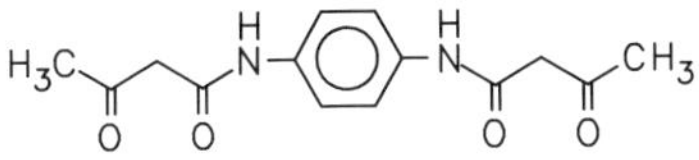

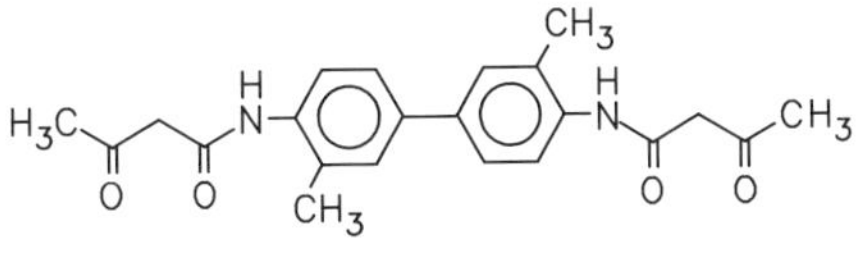

Naphtol AS–G*

Zu b): 2-Hydroxynaphthalin (β-Naphthol) erhält man durch Sulfonierung von Naphthalin bei 150–160°C und anschließender Alkalischmelze des erhaltenen

---

* Auch einige „Gelbnaphtole", das sind Kupplungskomponenten der Acetessigsäurearylid-Reihe, tragen die Bezeichnung „Naphtol AS" (s. Fußnote S. 201) neben Naphtol AS-G z.B. „Naphtol AS-IRG", das Acetessigsäure-2,5-methoxy-4-chloranilid (s. auch Tab. 10).

2.1 Ausgangsprodukte, Herstellung

Naphthalin-2-sulfonsäure-Na-Salzes mit Natronlauge bei 300 bis 320°C und 6- bis 8stündiger Reaktionszeit. Nach Abkühlen wird in Wasser gelöst, vom Natriumsulfit abfiltriert und das Alkali mit Schwefelsäure neutralisiert, wobei sich das flüssige Rohnaphthol etwa ab pH 8 abscheidet. Es wird von der wäßrigen Lösung getrennt und im Vakuum rein destilliert:

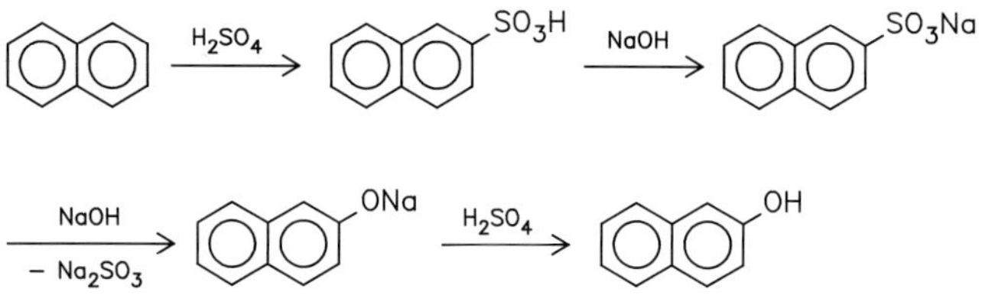

2-Hydroxy-3-naphthoesäure („BONS") wird aus dem 2-Hydroxynaphthalin-Natrium-Salz mit Kohlendioxid im Druckgefäß unter Rühren bei 240 bis 250°C und 15 bar (Kolbe-Synthese) gewonnen. Das bei der Reaktion nicht umgesetzte 2-Naphthol muß abgetrennt und zurückgewonnen werden:

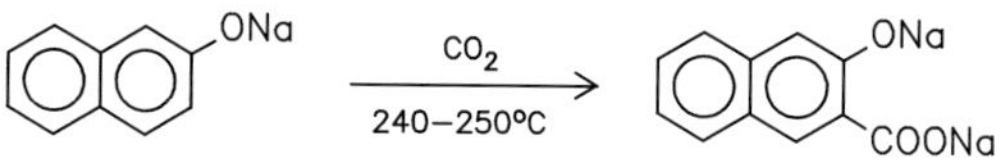

Die wichtigen 2'-Hydroxy-3'-naphthoylaniline (Naphthol AS-Derivate) werden vorzugsweise durch Kondensation von 2-Hydroxy-3-naphthoesäure mit den entsprechenden aromatischen Aminen in einem organischen Lösemittel wie Toluol oder Xylol unter Zusatz von Phosphortrichlorid bei 70 bis 80°C hergestellt. Man benötigt hierbei pro Mol 2-Hydroxy-3-naphthoesäure 0,4 bis 0,5 Mol Phosphortrichlorid. Nach Abkühlung der Reaktionslösung wird mit Sodalösung neutralisiert und das Naphthol AS-Derivat abfiltriert. Die Reaktion verläuft wahrscheinlich über die Phosphoazoverbindung (**11**):

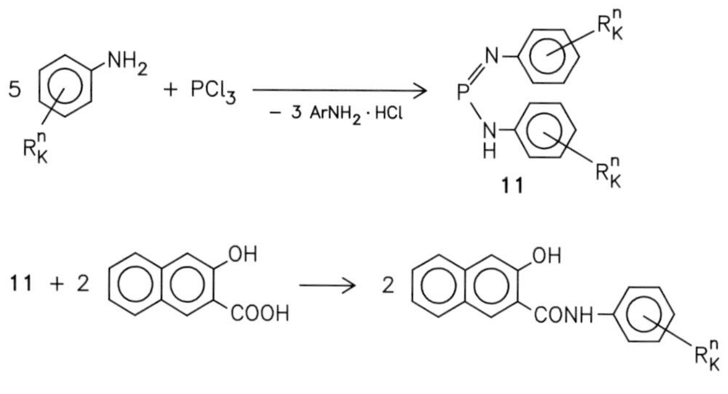

In manchen Fällen wird zunächst aus der 2-Hydroxy-3-naphthoesäure mit Thionylchlorid das Säurechlorid hergestellt und dann mit dem aromatischen Amin un-

2.1.2 Kupplungskomponenten   201

ter Zusatz einer meist tertiären organischen Base umgesetzt. Die folgende Tabelle 10 führt die für Pigmente wichtigsten Naphtol AS-Derivate auf.

Tab. 10: Wichtige Naphtol AS-Derivate* als Kupplungskomponenten für Azopigmente

Naphtol AS-Derivate	C.I. Azoic Coupl. Comp.Nr., Formel-Nr.	R^2	R^3	R^4	R^5
Naphtol AS	2, 37505	H	H	H	H
Naphtol AS-D	18, 37520	CH_3	H	H	H
Naphtol AS-OL	20, 37530	OCH_3	H	H	H
Naphtol AS-PH	14, 37558	OC_2H_5	H	H	H
Naphtol AS-BS	17, 37515	H	NO_2	Cl	H
Naphtol AS-E	10, 37510	H	H	Cl	H
Naphtol AS-RL	11, 37535	H	H	OCH_3	H
Naphtol AS-VL	30, 37559	H	H	OC_2H_5	H
Naphtol AS-MX	29, 37527	CH_3	H	CH_3	H
Naphtol AS-KB	21, 37526	CH_3	H	H	Cl
Naphtol AS-CA	34, 37531	OCH_3	H	H	Cl
Naphtol AS-BG	19, 37545	OCH_3	H	H	OCH_3
Naphtol AS-ITR	12, 37550	OCH_3	H	OCH_3	Cl
Naphtol AS-LC	23, 37555	OCH_3	H	Cl	OCH_3

* Naphtol AS ist ein Handelsname der Hoechst AG, andere Sortimente tragen die Bezeichnung Naphthol AS.

Heterocyclische Kupplungskomponenten werden entsprechend aus Acetessigsäureester oder Diketen bzw. 2-Hydroxy-3-naphthoesäure durch Reaktion mit dem heterocyclischen Amin hergestellt, z. B.:

Zu c): Pyrazolon-Derivate

Eine wichtige Gruppe heterocyclischer Kupplungskomponenten stellen Pyrazolon-(5)-Abkömmlinge der allgemeinen Formel

R: CH_3, $COOCH_3$, $COOC_2H_5$
R': H, CH_3

dar. Das Pyrazolon-Ringsystem wird durch cyclisierende Kondensation von 1,3-Diketoverbindungen mit Hydrazinderivaten hergestellt.

Im einzelnen werden Pyrazolone vorwiegend durch Reaktion von Acetessigsäureester mit Phenyl- oder p-Tolylhydrazin unter Ringschluß und Wasser- und Ethanolabspaltung gewonnen, z. B.:

R' : H, CH_3

2.1.3 Wichtige Vorprodukte

Wichtige Diazokomponenten sind neben Anilin einige Anilinderivate, ferner einige Diaminodiphenylabkömmlinge und aromatische Aminosulfonsäuren. Bedeutende Kupplungskomponenten sind Acetessigsäurearylide, Pyrazolone, β-Naphthol, 2-Hydroxy-3-naphthoesäure und deren Anilinderivate.

Die folgende Zusammenstellung umfaßt Ausgangsprodukte, die in großem Maße produziert und für Azopigmente weiterverarbeitet werden.

Wichtige Vorprodukte für Azopigmente:

Anilin	4-Aminotoluol-3-sulfonsäure
p-Toluidin	2-Chlor-5-aminotoluol-4-sulfonsäure
m-Xylidin	Acetessigsäureanilid
2,5-Dichloranilin	Acetessigsäure-o-chloranilid
4-Chlor-2-nitranilin	Acetessigsäure-m-xylidid
4-Methyl-2-nitranilin	Acetessigsäure-4-chlor-
4-Chlor-2,5-dimethoxyanilin	2,5-dimethoxyanilid
3,3'-Dichlorbenzidin	β-Naphthol

Andere viel benötigte Vorprodukte für Azopigmente sind 2,4-Dinitroanilin, Acetessigsäure-o-anisidid, Acetessigsäure-o-toluidid, Phenyl- und p-Tolyl-methylpyrazolon, 2-Hydroxy-3-naphthoesäure, Naphtol AS und seine Derivate, 2-Chlor-4-aminotoluol-5-sulfonsäure.

Literatur zu 2.1

[1] N.N. Woroshzow, Grundlage der Synthese von Zwischenprodukten und Farbstoffen, 4. Aufl., Akademie-Verlag, Berlin, 1966.
[2] H.R. Schweizer, Künstliche organische Farbstoffe und ihre Zwischenprodukte, Springer-Verlag, Berlin, 1964.
[3] Winnacker, Küchler, Chemische Technologie, Bd. 6, 4. Aufl., Carl Hanser Verlag, Stuttgart, 1982, 143–310.

2.2 Herstellung von Azopigmenten

Azopigmente, d.h. vor allem speziell die dafür notwendige Azobrücke, werden in der Technik fast ausschließlich durch die sogenannte Azokupplungsreaktion hergestellt [1, 2]. Dabei diazotiert man ein aromatisches Amin zur Diazoniumverbindung (Diazoverbindung), die anschließend mit einer Kupplungskomponente reagiert („kuppelt").

Bei der Azokupplung wird summarisch ein aromatisches Amin in Gegenwart einer nitrosylgruppenabspaltenden Verbindung XNO mit einem nukleophilen Partner RH (Kupplungskomponente) zu einer Azoverbindung verknüpft.

Die allgemeine Formel lautet:

$$Ar-NH_2 + XNO + RH \xrightarrow{-H_2O} Ar-N=N-R + HX$$

Ar: aromatischer oder heteroaromatischer Rest
R: Rest der Kupplungskomponente
X: Cl, Br, NO_2, HSO_4

Bei der Azogruppe tritt wegen der Stabilisierung der koplanaren Lage cis-trans-Isomerie auf. Azoverbindungen sind hier durchweg in der stabilen trans-Konfiguration formuliert. Nach übereinstimmenden Ergebnissen von Untersuchungen an Azopigmenten durch Röntgenstrukturanalyse liegen allerdings alle bisher analysierten Typen ausnahmslos in der Hydrazonform vor (s. S. 220, 279).

Die Bruttoreaktionsgleichung gliedert sich tatsächlich in zwei Hauptschritte: Die Herstellung der Diazoniumverbindung durch die sogenannte Diazotierungsreaktion und die Synthese der Azoverbindung, die eigentliche Azokupplung.

2.2.1 Diazotierung

Als Diazotierung bezeichnet man die Reaktion primärer aromatischer Amine bevorzugt mit Natriumnitrit, aber auch mit Nitrosylschwefelsäure $NOSO_4H$, nitrosen Gasen oder mit organischen Nitriten in wäßriger, stets mineralsaurer Lösung bei Temperaturen von 0 bis 5 °C. Dabei wird das Amin in das entsprechende Diazoniumsalz überführt:

$$ArNH_2 + 2\,HY + NaNO_2 \longrightarrow ArN{\equiv}N^{\oplus}\ Y^{\ominus} + 2\,H_2O + NaY$$

Die Diazotierung wurde 1858 durch Peter Griess entdeckt. Einer Anregung Kolbes folgend hatte er Pikraminsäure (2-Amino-4,6-dinitrophenol) in alkoholischer Lösung mit nitrosen Gasen behandelt, um die Aminogruppe durch OH auszutauschen. Kolbe hatte diesen Austausch bei p-Aminobenzoesäure entdeckt. Die Bildung der Diazoniumverbindung als Zwischenstufe war ihm dabei entgangen, da er die Reaktion bei erhöhter Temperatur durchführte. Griess arbeitete bei tiefen Temperaturen, zudem ist Diazopikraminsäure relativ stabil.

Griess nannte die neuen Stoffe „Diazo"-Verbindungen in der (irrigen) Annahme, zwei Wasserstoffatome des Benzolrings seien durch Stickstoff ersetzt.

Bei der technischen Diazotierung wird ein Äquivalent eines aromatischen Amins in 2,5 bis 3 Äquivalenten Salz- oder Schwefelsäure gelöst und dann bei 0 bis 5 °C mit einem Äquivalent einer wäßrigen Natriumnitritlösung umgesetzt. Da die Reaktion exotherm ist, Diazoniumsalze aber oft temperaturempfindlich sind, muß gut gekühlt werden, was meist durch direkte Zugabe von Eis erfolgt. Schwach basische Amine erfordern eine höhere Säurekonzentration, da sich sonst die nicht mehr kupplungsfähigen Diazoamino-Verbindungen bilden können:

$$ArN{\equiv}N^{\oplus}\ Y^{\ominus} + H_2N\text{-}Ar' \longrightarrow Ar\text{-}N{=}N\text{-}NH\text{-}Ar' + HY$$

Von den Diazoamino-Verbindungen ist nur die trans-Konfiguration bekannt. Die Bildung dieser Verbindungen kann auch durch einen kleinen Überschuß an Nitrit während und nach der Diazotierung verhindert werden. Sehr schwach basische Amine, d.h. solche mit mehreren elektronegativen Substituenten (z.B. Di- und Trinitroaniline, Halogennitroaniline, Tetrahalogenaniline) lassen sich oft nur noch durch Lösen in konzentrierter Schwefelsäure und anschließender Reaktion mit Nitrosylschwefelsäure diazotieren. Zur Lösung des Amins kann in diesen Fällen auch ein Gemisch aus Eisessig und konzentrierter Salzsäure dienen.

Aromatische Diamine können auf diese Weise zweifach diazotiert werden (Bisdiazotierung).

2.2.1.1 Mechanismus der Diazotierung

Im Gegensatz zu Angaben in der älteren Literatur ist das Arylammonium-Ion nicht zur Diazotierung befähigt. Der entscheidende Schritt der Diazotierung ist vielmehr die elektrophile Nitrosierung der Aminogruppe des primären aromatischen Amins **12**, das als freie Base vorliegen muß:

$$ArNH_2 + XNO \xrightarrow{-HX} Ar\overset{H}{N}-N=O \longrightarrow Ar-N=N-OH$$

12 **13**

X: Cl, Br, NO$_2$, HSO$_4$

Die Bildung des Diazonium-Ions **14** erfolgt über die Stufe des Diazohydroxids **13**:

$$Ar-N=N-OH \underset{OH^\ominus}{\overset{H^\oplus}{\rightleftharpoons}} Ar-N\equiv N^\oplus + H_2O$$

13 **14**

Für die Diazotierung wird ein Überschuß an Säure für die der Nitrosierung vorgelagerten Gleichgewichte benötigt, die zur Bildung des aktiven Agens X-NO führen:

$$NaNO_2 \xrightarrow{H^\oplus} HNO_2 \xrightleftharpoons{H^\oplus} H_2NO_2^\oplus$$

$$H_2NO_2^\oplus + X^\ominus \longrightarrow XNO + H_2O$$

2.2.1.2 Diazotierverfahren

Unter Berücksichtigung von Basizität und Löslichkeit wird in der Technik bei der Herstellung von Azopigmenten nach folgenden Verfahren diazotiert:

Direkte Diazotierung

Man löst oder suspendiert das primäre aromatische Amin in wäßriger Salz- oder Schwefelsäure und gibt dazu eine wäßrige Natriumnitritlösung. Durch Eiszugabe hält man die Temperatur bei 0 bis 5 °C.

Indirekte Diazotierung

Aromatische Aminocarbon- oder -sulfonsäuren sind in verdünnten Säuren oft schwer löslich. In solchen Fällen wird das Amin in Wasser oder schwachen Alkalien gelöst, mit der berechneten Menge Natriumnitritlösung versetzt und diese Mischung in die vorgelegte eisgekühlte Säurelösung eingerührt. Es kann auch so verfahren werden, daß die Säure zur vorgelegten Amin-Nitritmischung gegeben wird.

Diazotierung schwach basischer Amine

Schwach basische Amine werden in konzentrierter Schwefelsäure gelöst und mit gebräuchlicher, oder aus festem Natriumnitrit und konzentrierter Schwefelsäure leicht herstellbarer Nitrosylschwefelsäure diazotiert.

In manchen Fällen kann das Amin auch in Eisessig gelöst werden. Dann wird mit halbkonzentrierter Salzsäure versetzt und mit wäßriger Natriumnitritlösung diazotiert. Auch Eisessig/Nitrosylschwefelsäure werden gelegentlich verwendet, so z. B. bei der Bisdiazotierung von 1,2-, 1,3- oder 1,4-Diaminobenzolen (Phenylendiaminen).

Diazotierung in organischen Lösemitteln

Das in Wasser schwer lösliche oder unlösliche Amin wird in Eisessig oder anderen, evtl. mit Wasser verdünnten organischen Lösemitteln (z. B. Alkoholen, aprotischen Lösemitteln) gelöst und nach Säurezusatz in der üblichen Weise mit wäßriger Natriumnitritlösung diazotiert. Als NO-abspaltendes Mittel können aber auch Nitrosylschwefelsäure, Nitrosylchlorid, Alkylnitrite oder nitrose Gase verwendet werden.

Temperatur, pH-Wert und Konzentration der Diazotierungslösung sind oft von großem Einfluß auf den Verlauf der Diazotierung, bei schwer löslichen Aminen auch die physikalische Beschaffenheit (Verteilung, Korngröße) und die eventuelle Zugabe von Emulgatoren und Dispergierhilfsmitteln.

Über eine neue Art der Diazotierung wird in Verbindung mit den verschiedenen Methoden der Kupplung berichtet (s. 2.2.2.1).

Diazoniumverbindungen sind in wäßriger Lösung meist nur in der Kälte beständig. Bei Erwärmung zersetzen sie sich häufig unter Stickstoffabspaltung und Bildung des entsprechenden Phenols. Die Beständigkeit hängt von der Art der Substituenten am aromatischen Kern ab; elektronegative (elektronenziehende) Substituenten (Elektronenacceptoren), wie Halogene oder Nitrogruppen, führen zu leichter zersetzlichen Diazoniumverbindungen als Amine, die durch Elektronendonoren, wie CH_3, OCH_3, OC_2H_5, substituiert sind. Einige Amine lassen sich auch bei Temperaturen bis 50 °C diazotieren. Licht und Schwermetall-Ionen beschleunigen den Zerfall von Diazoniumverbindungen ebenfalls.

Die Diazotierung wird im technischen Maßstab hauptsächlich in säurefest ausgemauerten oder gummierten eisernen Rührgefäßen, aber auch noch in Holzbütten, ausgeführt.

Eine Isolierung der Diazoniumverbindungen, die im festen Zustand nur begrenzt haltbar und empfindlich gegen Hitze, Schlag und Stoß sind, ist für die Herstellung von Azopigmenten nicht nötig. Die Weiterreaktion mit der Kupplungskomponente verläuft in der Lösung oder Suspension unmittelbar nach der Bildung.

2.2.2 Kupplung

Die Azokupplungsreaktion besteht aus der elektrophilen Substitutionsreaktion der Diazoniumverbindung mit einem nukleophilen Partner (Kupplungskomponente RH):

$$Ar-N{\equiv}N^{\oplus}\ Y^{\ominus} + RH \longrightarrow Ar-N{=}N-R + HY$$

$$Y: Cl, HSO_4$$

Kupplungskomponenten für Azopigmente sind aromatische Systeme mit nukleophilen Zentren am aromatischen Kern, besonders Naphthole oder enolisierbare Verbindungen mit reaktionsfähigen Methylengruppen. Die Naphthole reagieren dabei als Naphtholate, methylenaktive Verbindungen als Enolate.

Da gemäß obiger Gleichung bei der Kupplungsreaktion freie Säure entsteht, muß man durch Zugabe von Alkalien oder Puffersystemen den pH-Wert konstant halten, um einen möglichst optimalen Reaktionsverlauf zu erzielen. Kupplung im stark alkalischen Bereich ist nicht mehr möglich, da die Diazoniumverbindung unter diesen Bedingungen zum nicht mehr kupplungsfähigen trans("anti")-Diazotat rückreagiert:

$$Ar-N{\equiv}N^{\oplus} \xrightleftharpoons{OH^{\ominus}} Ar-N{=}N-OH \xrightleftharpoons{OH^{\ominus}} Ar-N{=}N-O^{\ominus} + H_2O$$

Aus diesem Grund werden Phenole, Naphthole und Enole meist im schwach sauren bis schwach alkalischen Bereich gekuppelt. Als Puffersubstanzen kommen vor allem Natriumacetat, Natriumphosphate, Magnesiumoxid, Calciumcarbonat, Natrium- oder Kaliumhydrogencarbonat, Natrium- oder Kaliumcarbonat in Frage, wenn man nicht durch laufende Korrektur mit verdünnter (3 bis 6%iger) Natronlauge („Pendellauge") den pH-Wert konstant halten will.

Allgemein erhöhen Substituenten mit $-I/-M$-Effekten (Elektronenacceptoren) im aromatischen Kern der Diazokomponente die Reaktionsfähigkeit. Umgekehrt setzen solche Substituenten im aromatischen (Anilid-)Rest der Kupplungskomponenten die Reaktionsfähigkeit herab. Substituenten mit $+I/+M$-Effekten (Elektronendonoren) erhöhen sie hier.

So fällt die Kupplungsenergie bei substituierten Anilinen als Diazokomponenten in folgender Reihenfolge ab:

Polynitroaniline > Nitrochloraniline > Nitroaniline > Chloraniline > Anilinsulfonsäuren > Anilin > Anisidine > Aminophenole.

Die bevorzugte Kupplungsstelle an einer Kupplungskomponente ist generell das C-Atom mit der größten Elektronendichte. Deshalb findet durch den dirigierenden Einfluß von Hydroxygruppen (oder Aminogruppen, die aber in der Pigmentchemie kaum eine Rolle spielen) an aromatischen Systemen Kupplung in o- oder p-Stellung statt. Wenn diese beiden Positionen besetzt sind, unterbleibt die Kupplung oder einer der Substituenten wird ausgetauscht. In m-Stellung zum dirigierenden Substituenten findet niemals Kupplung statt. Komponenten der Naphthalin-Reihe kuppeln allgemein leichter als Benzolderivate. Letztere spielen bei Pigmenten nur eine geringe Rolle.

Neben dem entscheidenden Einfluß des pH-Wertes haben bei der Azokupplung noch einige andere Reaktionsbedingungen Bedeutung. Temperaturerhöhung begünstigt im allgemeinen die Zersetzung des Diazoniumsalzes

$$Ar-N{\equiv}N^{\oplus} \; Cl^{\ominus} + H_2O \longrightarrow ArOH + N_2 + HCl$$

stärker als die Erhöhung der Kupplungsgeschwindigkeit und ist deshalb nur selten von Vorteil. Die Kupplung kann nicht nur durch Erhöhung des pH-Wertes, sondern auch durch höhere Konzentrationen der Reaktionspartner beschleunigt werden.

Einige Basen, vor allem Pyridin, wirken als Protonenacceptor bei der elektrophilen Kupplungsreaktion und sind besonders dann vorteilhaft, wenn voluminöse Substituenten in o- oder peri-Stellung zur Kupplungsstelle des Zwischenproduktes vorhanden sind oder eine geringe Elektrophilie des Diazonium-Ions (z. B. bei Diazophenolen) vorliegt. Die für Azopigmente geeigneten Kupplungskomponenten sind in Wasser meist fast unlöslich. Sie lösen sich zwar in Alkalilaugen zu den entsprechenden Enolaten oder Naphtholaten, z. B.

für die Kupplung darin ist aber der pH-Wert zu hoch. Man umgeht dieses Problem, indem man die alkalisch gelöste Kupplungskomponente durch Säurezusatz, gegebenenfalls unter Zusatz von Dispergierhilfsmitteln sorgfältig ausfällt. Dabei erhält man eine feine Suspension in Wasser, die meist mit Diazoniumverbindungen glatt kuppelt.

2.2.2.1 Kupplungsverfahren

Folgende Kupplungsmöglichkeiten werden technisch bei der Synthese von Azopigmenten durchgeführt:

Direkte Kupplung

Hierbei wird die Kupplungskomponente zunächst alkalisch gelöst und geklärt. Dazu wird die Lösung mit einem Klärhilfsmittel und eventuell mit Aktivkohle versetzt und über ein Einschichtenfilter oder eine Filterpresse filtriert.

Die Lösung wird im Kupplungsgefäß vorgelegt und, gegebenenfalls in Gegenwart eines Tensides, mit Essigsäure, Salzsäure oder Phosphorsäure unter Rühren ausgefällt. Die Ausfällung der Kupplungskomponente kann auch „indirekt" erfolgen, d.h. man legt die entsprechende Säure-Emulgatormischung vor und läßt dann die alkalische Lösung der Kupplungskomponente zufließen. Auf oder in diese Suspension der Kupplungskomponente läßt man die geklärte Diazoniumverbindung fließen.

Hat man die Kupplungskomponente mit Essigsäure oder Phosphorsäure ausgefällt, so liegt häufig bereits die für die Einhaltung eines bestimmten pH-Wertes bei der Kupplung notwendige Puffermenge vor. Anderenfalls müssen zusätzlich z.B. Natriumacetat oder -phosphat oder Calciumcarbonat („Kreidekupplung") zugegeben werden.

Indirekte Kupplung

Zunächst wird hier die geklärte saure Diazoniumsalzlösung im Rührgefäß vorgelegt. Die ebenfalls geklärte alkalische Lösung der Kupplungskomponente läßt man dann unter Rühren auf oder unter die Oberfläche der vorgelegten Diazolösung fließen.

„Pendel"-Kupplung

In manchen Fällen werden Kupplungen durchgeführt, die keine Pufferlösung enthalten. Dann muß man wegen der Säurebildung während der Kupplungsreaktion durch gleichzeitige Zugabe von verdünnter Natronlauge (Pendellauge) den pH-Wert konstant halten („pendeln").

Kupplung unter Zuhilfenahme organischer Lösemittel

Besonders bei schwerlöslichen Ausgangskomponenten können Kupplungen in Gegenwart organischer Lösemittel oder nur in organischen Lösemitteln durchgeführt werden. Die Diazotierung erfolgt in diesen Fällen, wie üblich, mit wäßrigem Natriumnitrit oder aber mit Nitrosylschwefelsäure oder organischen Nitriten. Als Lösemittel werden alle gegen die Reaktanden inerten Stoffe verwendet, wie aromatische Kohlenwasserstoffe, Chlorkohlenwasserstoffe, Glykolether, Nitrile, Ester und dipolar aprotische Lösemittel, wie Dimethylformamid, Dimethylsulfon, Tetramethylensulfon, Tetramethylharnstoff und N-Methylpyrrolidon.

Im aprotischen polaren Milieu (Lösemittel mit Dielektrizitätskonstanten < 15) verläuft eine besondere Art der Azobrückenbildung, die sogenannte aprotische Diazotierung-Kupplung [2]. Hierbei wird in einem Einstufenprozeß Diazotierung und Kupplung im aprotisch apolaren Milieu durch Einleiten eines flüchtigen Alkylnitrits in einer schwach sauren Suspension oder Lösung von Diazo- und Kupplungskomponente durchgeführt. Kupplungen in organischen Lösemitteln können vorteilhaft verlaufen, da die Lösemittel oft nahezu vollständig wiedergewonnen werden können und kaum abwasserbelastende Rückstände anfallen.

Kupplung mit „verkappter" Diazoniumverbindung

In manchen Fällen wird die Kupplung zu Azopigmenten in organischen Lösemitteln mit einer verkappten Diazoniumverbindung durchgeführt [3]. Das sind z. B. Diazoaminoverbindungen **(15)** oder Benztriazinone **(16)**:

R: Alkyl, Aryl

Nach Zugabe der Kupplungskomponente werden zur Freisetzung der Diazoniumverbindung starke organische Säuren, vor allem Halogenessigsäuren, zugesetzt.

Azopigmente fallen während der Synthese bereits als nahezu unlösliche Stoffe aus und lassen sich kaum nachträglich reinigen. Daher muß bei der Azopigment-Synthese bereits besondere Sorgfalt auf die Qualität der Ausgangsprodukte gelegt werden. Das Ergebnis wird aber auch durch die folgenden weiteren Parameter stärker als das einer Farbstoffsynthese beeinflußt:

- Art der Kupplung, d.h. Reihenfolge und Geschwindigkeit, in welcher die Komponenten zusammengegeben werden
- Konzentration der Reaktionspartner
- Temperatur der Reaktionsmischung
- Wahl des gegebenenfalls zugesetzten organischen Lösemittels
- technische Ausführung: Form und Größe der Reaktionsgefäße, Rührerform und Rührgeschwindigkeit.

2.2.3 Nachbehandlung

Während ein Azofarbstoff nach der Synthese aus der (wäßrigen) Lösung ausgesalzen wird und nach Waschen, Trocknen und Einstellen des Gehalts in der Regel verkaufsfertig ist, fallen Azopigmente aus der Reaktionslösung in äußerst kleinen unlöslichen Teilchen (Primärkristalliten) aus, die noch einer Nachbehandlung bedürfen. Dabei müssen physikalische Eigenschaften, wie Kristallform, Kristallgröße und -güte, sowie Teilchengrößenverteilung in Richtung auf ein gewünschtes Optimum verändert werden. Die Eigenschaften der Primärkristallite hängen natürlich von der Art des Pigmentes ab und lassen sich bereits durch die Kupplungsbedingungen (z. B. durch Temperatur und pH-Wert) beeinflussen.

Eine, wenn auch in manchen Fällen nur milde, Nachbehandlung (Finish) ist generell nötig, um aus dem Rohpigment ein anwendungstechnisch geeignetes Produkt zu gewinnen. Trocknet man nämlich einen Rohpigment-Preßkuchen direkt nach der Synthese und dem Waschen, so lagern sich die Primärteilchen oft in erheblichem Maße zu Agglomeraten und Aggregaten zusammen. Das führt zu kornharten, farbschwachen und schlecht dispergierbaren Pigmenten, die sich oft auch durch Mahlung nicht mehr in eine anwendungstechnisch brauchbare Form bringen lassen.

Eine günstige Kombination der genannten kristallphysikalischen Eigenschaften ist also Grundvoraussetzung für den optimalen Einsatz der Pigmente. Der wichtigste Weg zur Erreichung dieses Zieles ist die thermische Nachbehandlung.

Durch Erhitzen der Pigment-Rohsuspension oder des salzfrei gewaschenen, isolierten und wieder angeteigten Pigmentpreßkuchens in Wasser und/oder organischen Lösemitteln wird eine bessere Ausbildung von Kristallen erreicht. Dabei wird der Feinstkornanteil, der besonders für die Agglomerationsneigung der Pigmente verantwortlich ist, verringert und folglich eine engere Korngrößenverteilung erzielt. In organischen Lösemitteln werden besonders schwerlösliche Pigmente bei Temperaturen von 80 bis 150 °C nachbehandelt. Es werden dafür z. B. Alkohole, Eisessig, Chlorbenzol, o-Dichlorbenzol, Pyridin und Dimethylformamid verwendet.

Bei genügend intensiver thermischer Behandlung tritt eine deutliche Teilchenvergrößerung ein.

Das Kornverteilungsspektrum verschiebt sich nach größeren Teilchen, was beispielsweise neben der Verbesserung der rheologischen Eigenschaften zugleich eine (gewünschte) Erhöhung des Deckvermögens bedeuten kann.

Ein anderer Weg zur Erzielung einer anwendungstechnisch optimalen Pigmentform besteht in dem Zusatz von Stoffen unterschiedlichen chemischen Aufbaus, der sogenannten Präparierung, einer Oberflächenbehandlung. Werden beispielsweise während oder nach der Kupplung Kolophonium oder andere Harze zugesetzt, wird das Kristallwachstum verkleinert. Man erhält feinteilige Pigmente hoher Transparenz, die für verschiedene Anwendungen von Bedeutung sind.

Die Präparierung mit aliphatischen Aminen führt dagegen durch teilweise chemische Reaktion zu partiell in Toluol löslichen Verbindungen. Toluol ist das wichtigste Lösemittel von Illustrationstiefdruckfarben. Das bedeutet eine erhebliche Erniedrigung der Viskosität. Der lösliche Anteil wird durch die partielle Umsetzung zwischen dem Acetessigsäurearylid-Pigment und den aliphatischen Aminen gebildet, es handelt sich um Azomethine der folgenden Struktur

R': langkettiger aliphatischer Rest

Dispergierung ist eine wichtige Voraussetzung für die technische Anwendung eines Pigmentes. Sie erfolgt üblicherweise über die Schritte: Synthese des Azopigments – Trocknung (Aggregation und Agglomeration) – Mahlung – Einarbeitung in das Anwendungsmedium (Dispergierung).

Dieser oft unwirtschaftliche Weg läßt sich manchmal dadurch abkürzen, daß man bereits im Verlauf der Synthese, während der das Pigment noch nicht agglomeriert ist, Substanzen zugibt, die mit dem Anwendungsmedium chemisch identisch oder verträglich sind. So können z. B. entsprechende Kunststoffdispersionen bereits während oder nach der Kupplung zugesetzt werden. Solche Pigmentpräparationen lassen sich oft ohne aufwendige Dispergiervorgänge im Anwendungsmedium (z. B. Kunststoff) verteilen.

Durch geeignete Nachbehandlung werden nicht nur anwendungstechnische Eigenschaften, wie Farbton, Farbstärke, Glanz, Transparenz bzw. Deckvermögen, Dispergierbarkeit und Fließfähigkeit optimiert oder in die gewünschte Richtung gebracht, sondern oft auch Licht- und Wetterechtheit, Lösemittel- und Migrationsechtheit der Pigmente wesentlich verbessert.

2.2.4 Filtration, Trocknung und Mahlung

Die Pigmente werden nach der Synthese und einer eventuellen Nachbehandlung aus der Suspension isoliert und getrocknet. Beide Schritte können je nach Größe der Produkte auf diskontinuierlichem oder kontinuierlichem Wege erfolgen.

Das am häufigsten angewendete Gerät für diskontinuierliche Filtration ist eine Kammerfilterpresse, deren Kammern heute meist aus Kunststoff (früher aus Holz), hauptsächlich aus Polypropylen, bestehen. Mengenmäßig große Produkte werden kontinuierlich über Band- oder Drehfilter filtriert. In der Regel schließt sich der Filtration eine Wäsche mit Wasser zur Entfernung anorganischer Salze an.

Der nachfolgenden Trocknung kann eine Naßmischung der Pigmentpreßkuchen in einem Pastenmischer vorangehen. Da die herkömmliche Trocknung erhebliche Zeit (ca. 10 Stunden bis 2 Tage) in Anspruch nimmt, versucht man, die Oberfläche des Pigmentpreßkuchens möglichst zu vergrößern, um damit die Trokkenleistung zu erhöhen. Das geschieht z. B. durch „Umstechen" auf den Trockenblechen, vor allem aber durch Granulierung in einem Granulator.

Die diskontinuierliche Trocknung erfolgt vorwiegend in Trockenschränken, die mit Dampf beheizt und in Umluftausführung betrieben werden. Bei temperaturempfindlichen Pigmenten erfolgt die Trocknung in Vakuumtrockenschränken. Kontinuierliche Trocknung verläuft meist nach dem Prinzip der Bandtrocknung oder der Zerstäubungstrocknung. Das Trockengut wird beispielsweise auf ein in einem Tunnel laufendes Metallband abgeworfen, heiße Luft strömt im Gegenstrom darüber. Temperatur und Heizzeit lassen sich steuern.

Bei der Zerstäubungstrocknung (Sprühtrocknung) wird die wäßrige Pigmentpaste, z. B. über einen rotierenden Teller oder Düsen, einer kegelförmigen Sprühkammer zugeführt, die mit heißer Luft beschickt wird. Das getrocknete Pigment rieselt nach unten ab.

Die Mahlung geschieht in unterschiedlich arbeitenden Mühlen. Es muß in Vorversuchen für jedes Pigment der optimale Mühlentyp ermittelt werden, da beispielsweise zu intensives Mahlen („Totmahlen") Reagglomeration des Pigmentpulvers bewirken kann, was zu unerwünschten Eigenschaften führen würde. Jeder Mahlung im technischen Maßstab muß eine Prüfung des Mahlguts auf Staubexplosionsempfindlichkeit vorausgehen. Für jede Gefahrenklasse sind genaue Mahlvorschriften einzuhalten.

2.2.5 Kontinuierliche Synthese von Azopigmenten

Zahlreiche Arbeiten haben sich mit der kontinuierlichen Herstellung von Azofarbmitteln und auch besonders mit Azopigmenten befaßt (Auswahl s. [4]).

Ursachen für die vielen Untersuchungen solcher kontinuierlichen Verfahren liegen in den zu erwartenden Vorteilen:

- Gleichmäßige Produktqualität durch einheitliche Reaktionsbedingungen
- Höhere Raum-Zeit-Ausbeuten im Vergleich mit dem diskontinuierlichen Verfahren
- Bessere Möglichkeiten der Steuerung der Produktqualität

Im Gegensatz zur kontinuierlichen Synthese von Azofarbstoffen, bei denen die chemische Natur ausschließlich für den Farbeindruck maßgebend ist, müssen bei Azopigmenten auch die physikalischen Eigenschaften der Pigmentkristalle berücksichtigt werden und dem Qualitätsstandard entsprechen, d. h. unmittelbar bei der kontinuierlichen Azokupplung muß das Azopigment typgemäß anfallen. Ein zufriedenstellender Ablauf der kontinuierlichen Azopigment-Synthese wird noch durch die Tatsache kompliziert, daß bei der herkömmlichen diskontinuierlichen Synthese Diazokomponenten in Form der Diazoniumsalze in Wasser manchmal, Kupplungskomponenten unter Reaktionsbedingungen generell, in Form von Suspensionen die Azokupplungsreaktion eingehen. Kontinuierliche Prozesse sind daher, allein wegen der problematischen Regelung und Steuerung solcher heterogener Systeme, oft nur schwierig durchführbar.

Für eine kontinuierliche Herstellung von Azopigmenten sind die folgenden Faktoren maßgebend:

- Kupplungsgeschwindigkeit
- pH-Wert
- Temperatur
- Konzentration der Diazoniumverbindung
- Verunreinigungen
- Form der ausgefällten Kupplungskomponente
- Oberflächenaktive Substanzen
- Keimbildungsgeschwindigkeit
- Kristallwachstumsgeschwindigkeit

Die ersten fünf Punkte sind dabei für alle kontinuierlichen Azokupplungen gültig, die letzten vier betreffen ausschließlich Azopigmente.

Die Gesamtreaktion wird, in die beiden Teilschritte Diazotierung und Kupplung zerlegt, beschrieben. Im folgenden werden einige Beispiele kontinuierlicher Azopigment-Synthesen aus der umfangreichen Patentliteratur genannt.

Kontinuierliche Diazotierung

Wichtigste Nebenreaktion, die bei der Diazotierung eintreten kann, ist die Bildung von Diazoamino-Verbindung aus Diazoniumverbindung und noch nicht umgesetztem Amin (s. 2.2.1). Diese Reaktion kann insbesondere dann erfolgen, wenn z. B. durch Konzentrationsschwankungen Nitritunterschuß entsteht und freies Amin daher nicht sofort zum Diazoniumsalz reagieren kann. Mit der Beherrschung dieser Nebenreaktion läßt sich die Qualität einer Diazotierung günstig beeinflussen. Sorgt man für ständigen Nitritüberschuß während der Diazotierung, so wird die Bildung der Diazoniumverbindung der Nebenreaktion den Rang ablaufen. Damit hat man eine wichtige Regelmöglichkeit zur Verfügung. Natürlich ist das Eintreten dieser Nebenreaktion vorrangig von der Reaktivität des eingesetzten Diazoniumsalzes abhängig. Bei schwach basischen Aminen ist die Bildung von Diazoamino-Verbindungen wahrscheinlicher als bei reaktiveren Aminen (mit Elektronendonoren als Substituenten).

Im folgenden ist ein Beispiel für eine kontinuierliche Diazotierung beschrieben [6].

Eine wäßrige Amin- oder mineralsaure Aminsalz-Suspension läuft gleichzeitig mit Nitritlösung und Mineralsäure in einen Diazotierbehälter. Zur Steuerung zweigt man auf dem Weg von der Vorlage zum Diazotiergefäß einen Teilstrom ab, der über einen Analysator, in dem die Verweilzeit nur 1/3 bis 1/4, verglichen mit der im Diazotierbehälter, beträgt, in das Diazotiergefäß geleitet wird. Durch Einstellen eines Nitritüberschusses bereits in der Vorlage und dessen Messung und Steuerung durch Änderung des Redox-Potentials oder der Polarisationsspannung (Polarographie) im Analysator ist eine Azokupplung unter konstanten Konzentra-

2.2.5 Kontinuierliche Synthese von Azopigmenten

tionsbedingungen gewährleistet. Das folgende Schema (Abb. 91) illustriert dieses Beispiel einer (indirekten) kontinuierlichen Diazotierung.

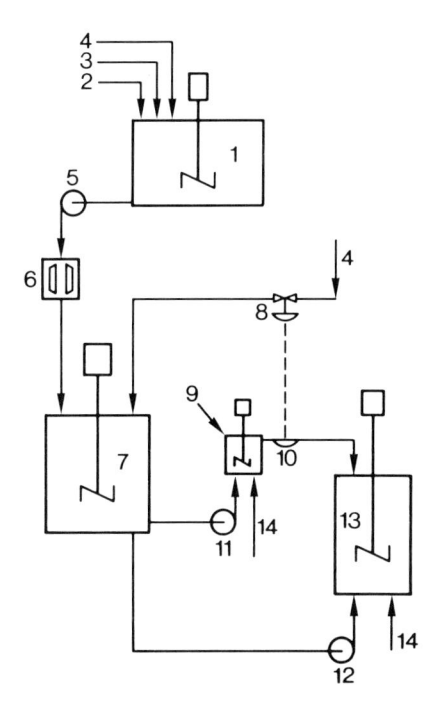

Abb. 91: Schema einer kontinuierlichen Diazotierung.

In einer Vorlage (1) wird das zu diazotierende Amin (2) mit Wasser (3) und Nitrit (4) vermischt. Die Nitritmenge in (1) soll etwa 90% der theoretisch erforderlichen Nitritmenge betragen. Die angemaischte Aminsuspension wird von einer Pumpe (5), gegebenenfalls durch eine Zerkleinerungsmaschine (6), in die Vorlage (7) gefördert. Eine Zerkleinerungsmaschine (6) ist besonders bei grobkristallinen Aminen erforderlich; geeignet sind Zahnkolloidmühlen, Korundscheibenmühlen oder Perlmühlen. In die Vorlage (7) wird weiteres Nitrit (4) über ein Ventil (8) zugegeben. Nitrit soll in der Vorlage (7) im Überschuß vorhanden sein (2%). Die Zugabe von Nitrit wird von einem Analysator (9) aus gesteuert. Der Analysator (9) mißt mit elektrochemischen Meßmethoden (10) (Redoxpotentiometrie, Voltametrie oder Polarographie) die Nitritkonzentration der aus der Vorlage (7) ablaufenden Aminsuspension oder -lösung. Er ist so eingestellt, daß bei Nitritunterschuß über das Ventil (8) der Vorlage (7) Nitrit zugeführt wird, und bei Erreichen des gewünschten Überschusses im Meßsystem (10) die Nitritzugabe über das Ventil (8) gestoppt wird. Durch den Analysator wird üblicherweise nur ein relativ kleiner Mengenstrom (11) gepumpt. Die Hauptmenge der Aminsuspension aus der Vorlage (7) wird über die Pumpe (12) in den Diazotierbehälter (13) gefördert. Durch Zugabe von Mineralsäure (14) in den Analysator (9) und in den Diazotierbehälter (13) wird die Aminsuspension quantitativ diazotiert.

Kontinuierliche Kupplung

Für die Durchführung der kontinuierlichen Azokupplung [6] stehen grundsätzlich zwei Möglichkeiten zur Verfügung:

- Kupplung im homogenen System, d. h. mit gelöster Kupplungskomponente
- Reaktion im heterogenen System, wobei durch vorherige Ausfällung eine Suspension der Kupplungskomponente vorliegt.

Auch für die Kupplung sind reaktionskinetische Kenntnisse notwendig. So muß man mit einer Reihe von Parallelreaktionen rechnen, die miteinander konkurrieren und alle sehr schnell ablaufen können. Geht man beispielsweise von einer separat bereiteten Diazoniumsalzlösung aus und sorgt für eine anfänglich gelöste Kupplungskomponente, so laufen folgende Prozesse nebeneinander ab:

- die eigentliche Kupplungsreaktion
- die Zersetzung der Diazoniumsalzlösung
- das Ausfallen der gelösten Kupplungskomponente unter Reaktionsbedingungen.

Reaktionstechnisch muß also hier dafür Sorge getragen werden, daß die eigentliche Kupplungsreaktion möglichst schnell, d. h. bevorzugt abläuft. Das kann durch momentane (turbulente) Vermischung der Reaktionskomponenten durch Zusammenführung am Reaktionsort, z. B. in einer Mischdüse, erreicht werden. Bei Berücksichtigung dieses Gesichtspunktes bei der Konzipierung eines kontinuierlichen Verfahrens können Nebenreaktionen weitgehend ausgeschaltet werden.

Die Korngröße des entstehenden Pigmentes wird im wesentlichen durch das Verhältnis von Keimbildungsgeschwindigkeit zu Kristallwachstumsgeschwindigkeit bestimmt und kann durch reaktionstechnische Parameter nur in begrenztem Umfang beeinflußt werden.

Ein anderes kontinuierliches Kupplungsverfahren verläuft in einem vertikalen Reaktionsrohr, durch das von unten nach oben in laminarer Strömung die Suspension der Kupplungskomponente strömt. Seitlich wird an mehreren Stellen übereinander, von unten nach oben in abnehmender Konzentration, die Diazokomponente in Form ihrer sauren wäßrigen Lösung zudosiert. Der Zustrom wird dabei so geregelt, daß an der obersten Zugabestelle der stöchiometrische Endpunkt der Kupplung eingestellt wird.

Meßverfahren

Entscheidende Kriterien für die brauchbare Durchführung einer kontinuierlichen Azopigment-Synthese sind zuverlässige Meßverfahren [7] und die dazugehörigen Regelmechanismen, die die Konstanz der Reaktionsbedingungen (Strömungsgeschwindigkeiten, pH-Wert, Temperatur, Konzentration der Reaktionskomponenten vor und hinter der Reaktionsstelle gewährleisten müssen.

Für die Steuerung beider Teilprozesse werden vor allem potentiometrische Messungen (z. B. mit Pt/Hg_2Cl_2- oder Au/Hg_2Cl_2-Elektroden), für die Diazotierung auch polarographische Messungen (Änderung einer angelegten Polarisationsspannung) des Nitritgehaltes oder Messungen der nitrosen Gase in der abgesaugten Luft über der verrührten und ständig erneuerten Flüssigkeitsoberfläche [8] herangezogen.

Wirtschaftlichkeitsbetrachtungen, die z. B. Produktgrößen im Vergleich zum großtechnischen diskontinuierlichen Verfahren betrachten, aber auch technische Gesichtspunkte hinsichtlich Typkonstanz der Ausgangsprodukte, Kupplungsgeschwindigkeit oder Steuerungsproblemen (z. B. Standfestigkeit der Elektrodensysteme bei potentiometrischen Messungen) haben die Durchführung kontinuierlicher Verfahren für Azopigmente bis heute in der Praxis stark begrenzt.

Obwohl in der Patentliteratur zahlreiche Beispiele für kontinuierliche Azopigment-Synthese (oder zumindest von Teilschritten wie Diazotierung und Kupplung) beschrieben sind, wird die großtechnische Fabrikation selbst bis heute im wesentlichen diskontinuierlich betrieben.

2.2.6 Technische Apparatur zur diskontinuierlichen Herstellung von Azopigmenten

Die Apparatur besteht aus dem Diazotiergefäß („Diazotierer"), d. h. einem gegen Säuren beständigen Rührgefäß, dem Lösegefäß zur Lösung der Kupplungskomponente und dem zentralen Kupplungs-Rührgefäß. Entsprechend den in der Technik vorherrschenden Größen von ca. 20 bis 80 m^3 können Kupplungen von ca. 0,5 bis 2,5 t pro Ansatz durchgeführt werden.

Zwischen Diazotiergefäß bzw. Lösegefäß und Kupplungsgefäß sind Klärfilter oder Klärpressen geschaltet. Hinter dem Kupplungsgefäß befindet sich eine Filterpresse, die zum Abfiltrieren der Rohpigmentsuspension dient. Ein druckfestes Rührgefäß zur thermischen Nachbehandlung mit angeschlossener Filterpresse vervollständigt die eigentliche Synthese-Apparatur. Die Filterinhalte in Form der feuchten Preßkuchen werden, eventuell über eine Granulierung, einer kontinuierlichen (Band-) oder diskontinuierlichen (Schrank-) Trocknung zugeführt und anschließend gemahlen.

Abbildung 92 veranschaulicht das Fließschema und die wichtigsten Apparateteile für eine übliche technische Azopigment-Synthese:

Die meist alkalisch gelöste Kupplungskomponente wird nach mechanischer und adsorptiver Klärung über Klärfilter oder Klärpressen im „Kuppelkessel" vorgelegt und mit Säure – eventuell unter Zusatz von Tensiden – ausgefällt. Die Diazokomponente wird im Lösekessel mit Säure und Wasser gelöst, mit wäßriger Natriumnitritlösung diazotiert und die Diazoniumsalzlösung ebenfalls nach Klärung langsam auf oder unter die Oberfläche der Suspension der Kupplungskomponente gegeben. Man kann die Komponenten auch in umgekehrter Reihenfolge zusammengeben, oder gleichzeitig zu einer vorgelegten Pufferlösung im Kupplungsgefäß laufen lassen. Der Kupplungsreaktion können sich im Kuppelgefäß weitere Umsetzungen, wie Verlackung (Salzbildung) oder Metallkomplexierungs-Prozesse oder auch eine thermische Nachbehandlung anschließen.

2.2 Herstellung von Azopigmenten

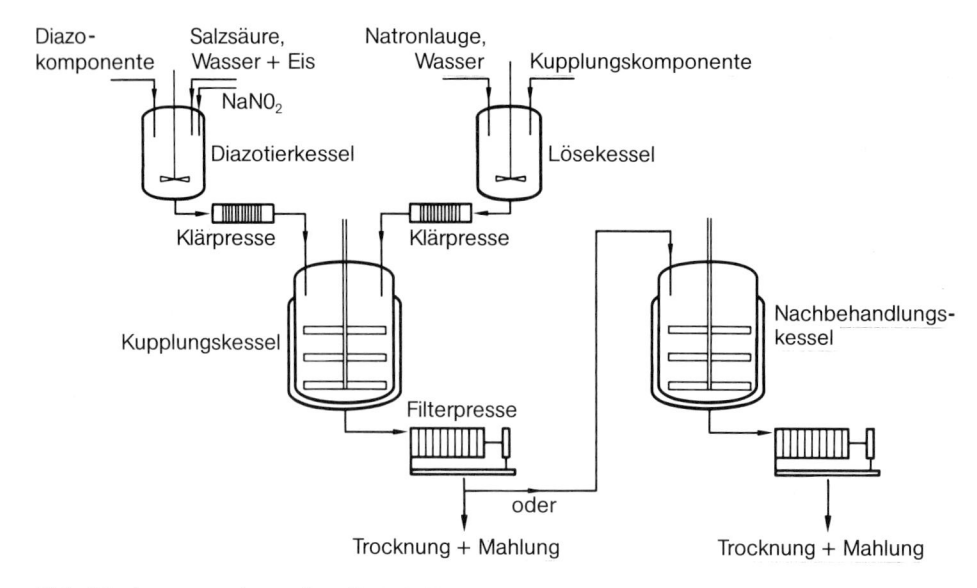

Abb. 92: Apparateschema für die Fabrikation eines Azopigmentes.

Die Azopigmente werden dann durch Filtration isoliert. Es folgt entweder unmittelbare Trocknung oder vorher noch ein Wiederanteigen des Rohpigment-Preßkuchens in einem weiteren Rührgefäß zum Zwecke der thermischen Nachbehandlung, und dann schließt sich die Mahlung an.

Als Werkstoffe für großtechnische Apparaturen zur Pigmentherstellung verwendet man entsprechend den Anforderungen an die Korrosionsbeständigkeit und die Druck- und Temperaturbelastbarkeit Eisen, VA-Stahl, Stahl gummiert oder säurefest ausgemauert, Stahl emailliert, glasfaserverstärkte Kunstharze und Holz.

Im allgemeinen bestehen heute Diazotier-, Löse- und Kupplungskessel aus gummiertem Stahl.

Die Hartgummiauskleidung kann dabei ohne Schaden einige Zeit (etwa 1 h) Temperaturen bis zu 100 °C ausgesetzt werden; Kontakt mit organischen Lösemitteln ist zu vermeiden. Neuerdings arbeitet man auch mit Kupplungskesseln aus glasfaserverstärkten Kunstharzen (geringes Gewicht, niedrige Kosten, leicht durchzuführende Reparaturen), die gegen salzsaure Lösungen resistent und mit Temperaturen bis zu 100 °C belastbar sind. Daneben spielen bei der technischen Herstellung von Azopigmenten noch immer Holzbottiche eine Rolle, in erster Linie wegen der Korrosionsbeständigkeit im wäßrigen System bei geringen Investitions- und Reparaturkosten. Für Reaktionen im alkalischen Medium und in organischen Lösemitteln sowie Druckreaktionen werden VA-Stahl-Kessel verwendet. VA-Stahl-Gefäße und andere Apparateteile aus diesem Material sind gegen mineralsaure Lösungen nicht korrosionsbeständig. VA-Stahl muß auch bei Druckreaktionen schwach saurer oder salzhaltiger Lösungen vermieden werden, besonders wegen der korrosiven Wirkung von Chlorid-Ionen. Emaillierte Apparaturen werden für Druckreaktionen in sauren Medien benutzt; sie sind dagegen nicht gegen Alkali beständig. Ihr Vorzug ist die leichte Reinigung. Für Druckreaktionen im sauren Medium bewähren sich auch gummierte und ausgemauerte Stahlkessel mit Rührern, Heizschlangen und Thermometerrohren aus Hastelloy (Nickellegierungen mit wechselndem Gehalt an Mo, Cr, Mn, Cu, Si, Fe, C). Ausgemauerte Gefäße werden vor allem in größer dimensionierten Anlagen verwendet, wenn man auf emaillierte Gefäße wegen hoher Investitions- und Reparaturkosten verzichtet.

Bei der technischen Herstellung von Azopigmenten in Apparaturen, die keinem Überdruck ausgesetzt werden können (Holzbottiche, Gefäße aus Kunstharzen), ist man bei der Beförderung der Kesselinhalte von Gefäß zu Gefäß bzw. über Klärpressen und Filterpressen auf Pumpen angewiesen. Beim Arbeiten in Stahlkesseln werden die Lösungen und Suspensionen oft durch Luft- oder Stickstoffdruck weitergeleitet.

Literatur zu 2.2

[1] H. Zollinger, Chemie der Azofarbstoffe, Birkhäuser, Basel, 1958.
[2] H. Zollinger, Diazo Chemistry, VCH-Verlagsgesellschaft, Weinheim 1994.
[3] A. C. Rochat und E. Stocker, XII. Congr. Fatipec, Garmisch 1974, Kongreßbuch, S. 371.
[4] s. z. B. DE-OS 1 644 119 (Ciba-Geigy) 1966; DE-OS 1 644 127 (Ciba-Geigy) 1966.
[5] H. Nakaten, Chimia 15 (1961) 156–163; D. Patterson, Ber. Bunsenges. Phys. Chem. 71 (1967) 270–276.
[6] EP-PS 1236 (Bayer) 1977; EP-PS 3656 (IC) 1978.
[7] EP-PS 10219 (Hoechst AG) 1978.
[8] DE-OS 2 635 536 (Ciba-Geigy) 1975; DE-OS 2 635 778 (Ciba-Geigy) 1975.
[9] EP-PS 58 296 (Hoechst AG) 1981.

2.3 Monoazogelb- und -orangepigmente

Pigmente, die durch Kupplung diazotierter substituierter Aniline auf Kupplungskomponenten mit einer methylenaktiven Gruppierung in linearer Anordnung hergestellt werden, bezeichnet man als Monoazogelbpigmente.

Der Typ der gelben Monoazopigmente wurde bei Meister Lucius & Brüning (heute Hoechst AG) 1909 entdeckt und erschien 1910 unter der Bezeichnung „Hansagelb" auf dem Markt.

Um 1900 waren die ersten Azopigmente als Abkömmlinge des β-Naphthols als Kupplungskomponente gefunden worden. Aber die Farbskala ließ sich nicht über den Ton des Dinitranilinorange (2,4-Dinitroanilin → β-Naphthol) hinaus nach der gelberen Seite ausdehnen. So war die Entdeckung der Acetessigsäurearylide

2.3 Monoazogelb- und -orangepigmente

(N-Acetoacetylaniline $CH_3COCH_2CONH-\underset{}{\bigcirc}{-}R_K$) als Kupplungskomponenten eine grundlegende Erweiterung der Möglichkeiten organische Pigmente herzustellen [1]. Vorausgegangen war die Kenntnis, daß 1,3-Diketo-Verbindungen mit Diazoniumsalzen zu gelben Farbstoffen kuppeln. Dies hatte bereits 1897 zum ersten entsprechenden Patent geführt. Unter den 1,3-Diketo-Verbindungen wird neben den Acetessigsäurearyliden auch das Pyrazolon(5)-Ringsystem als Kupplungskomponente für Azopigmente eingesetzt. Hier liegt das Acetoacetylanilin formal als Heterocyclus vor:

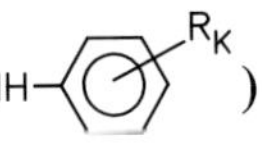

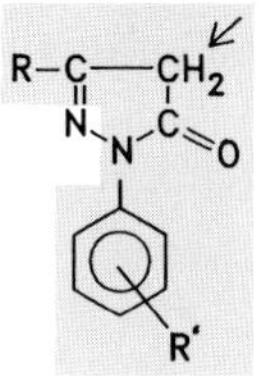

R: CH_3, $COOCH_3$, $COOC_2H_5$
R': H, CH_3, OCH_3

Die Entdeckung von Pyrazolonen als Kupplungskomponenten machte 1884 H.J. Ziegler: Beim Versuch aus Phenylhydrazin-4-sulfonsäure und Dioxoweinsäure ein gefärbtes Osazon als neuen Farbstoff zu erhalten, erhielt er durch dreifache Wasserabspaltung das gelbe Tartrazin:

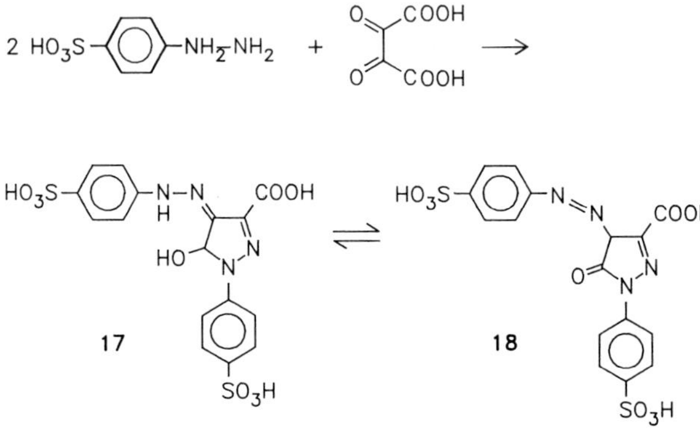

Ziegler stellte die Struktur fest und erkannte auch die Tautomerie zwischen Hydrazon- (**17**) und Azoform (**18**). Er stellte daraufhin Tartrazin auch durch Kupplung diazotierter p-Sulfanilsäure auf 1-Sulfophenyl-3-carboxypyrazolon-(5) her. Diese Entdeckung des Pyrazolon-Ringsystems als Kupplungskomponente führte zur Synthese vieler Mono- und Disazopigmente auf dieser Basis. Monoazopyrazolon-Pigmente (Monoazoorangepigmente) haben heute im Gegensatz zu den entsprechenden Disazopigmenten nur noch geringe technische Bedeutung.

Für industrielle Azopigmente spielen andere heterocyclische Verbindungen, die mit Diazoniumsalzen kuppeln, mit Ausnahme von 2,4-Dihydroxychinolin, das für die Synthese eines Cu-Komplexes verwendet wird (s. 2.10.1.1), keine Rolle.

2,4-Dihydroxychinolin

2.3.1 Chemie, Herstellung

2.3.1.1 Unverlackte Monoazogelb- und -orangepigmente

Unverlackte Monoazogelb- und -orangepigmente entsprechen hauptsächlich der folgenden allgemeinen Formel:

R_D: Substituenten der Diazokomponente
R_K: Substituenten der Kupplungskomponente
m, n = 1 bis 3

R_D bzw. R_K haben bei wichtigen Azopigmenten dieselbe Bedeutung und stehen hauptsächlich für CH_3, OCH_3, OC_2H_5, Cl, Br, NO_2, CF_3. In einigen Fällen ist die Kupplungskomponente ein Pyrazolon-Derivat:

R: CH_3, $COOCH_3$, $COOC_2H_5$
R': H, CH_3

2.3 Monoazogelb- und -orangepigmente

Die Pigmente werden durch Diazotierung vor allem substituierter Aniline in der Kälte (0 bis 5 °C), vorwiegend mit wäßriger Natriumnitritlösung und Kuppeln auf Acetessigsäurearylide im schwach sauren Milieu (pH 4 bis 5) erhalten. Die erhaltene Pigmentsuspension wird nach dem Auskuppeln meist kurze Zeit auf 70 bis 80 °C erwärmt und filtriert. Mit Wasser wird dann salz-(elektrolyt-)frei gewaschen und bei 60 bis 80 °C getrocknet. Während man zur Herstellung feinteiliger Marken vor oder beim Kupplungsprozeß geeignete Hilfsmittel (Dispergiermittel, Emulgatoren) zusetzt, erfolgt die Synthese grobteiliger Monoazogelb- und -orangepigmente vorwiegend durch thermische Nachbehandlung. Diese kann in Erhitzung der Rohpigmentsuspension oder des isolierten und salzfrei gewaschenen Pigmentpreßkuchens auf Temperaturen über 80 °C, gegebenenfalls unter Druck, bestehen.

Bei Pigmenten dieses Typs ist in der Diazokomponente die ortho-Stellung zur Aminogruppe meist substituiert, häufig durch die NO_2-Gruppe, seltener durch OCH_3, Cl oder CH_3.

In neuerer Zeit wurden zahlreiche Versuche unternommen, durch chemische Modifikation die ungenügenden Lösemittel- und Migrationsechtheiten der Monoazogelb- und -orangepigmente zu verbessern. Das geschah insbesondere durch Einbau von Carbon- bzw. Sulfonamidgruppen in die Diazo- bzw. Kupplungskomponente.

Dabei wurden z. B. Pigmente der folgenden Struktur erhalten:

R: CH_3, C_2H_5, C_6H_5

R': CH_3, C_6H_5

Nur einige Pigmente aus dieser Entwicklung haben bisher industrielle Bedeutung erlangt.

Ein anderer und schon länger bekannter Weg ist die Herstellung von mit Sulfonsäuregruppen substituierten gelben Monoazoverbindungen. Deren „Verlakkung", insbesondere unter Bildung des Calciumsalzes, führt ebenfalls zu lösemittel- und migrationsechteren Monoazogelbpigmenten.

Die Formel der unverlackten Monoazogelbpigmente, die meist in der 2-Oxoazo-Form beschrieben wird, entspricht nach neueren Kenntnissen wahrscheinlich generell nicht der wahren Struktur der Pigmente im Kristall [2]. Durch dreidimensionale Röntgeneinkristall-Strukturanalyse wurde nämlich gefunden, daß Monoazogelbpigmente vielmehr in der 2-Oxo-hydrazon-Form vorliegen. Das sei am Beispiel Pigment Yellow 6, 11670 illustriert:

Alte Annahme:

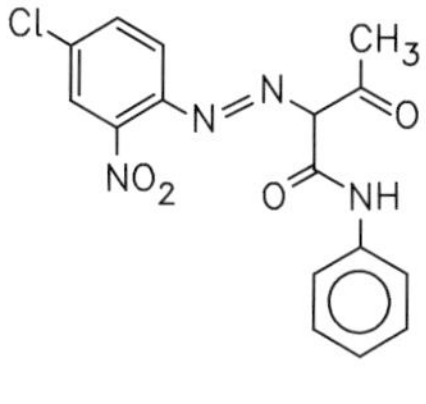

Tatsächliche Struktur:

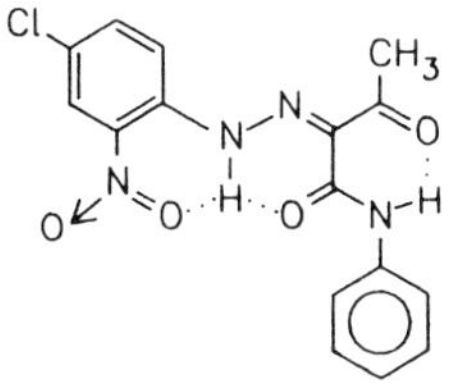

Das ganze Molekül, mit Ausnahme des Anilidringes, ist weitgehend planar. Das wird durch die maximal mögliche Zahl an intramolekularen Wasserstoffbrücken erreicht, wobei das Wasserstoffatom der Hydrazongruppe mit zwei Sauerstoffatomen eine gegabelte Wasserstoffbrücken-Bindung eingeht. Die erhaltene Konformation ist von allen vorkommenden die energetisch günstigste.

In einer weiteren Arbeit [3] wurde gezeigt, daß zwar auch für andere Monoazogelbpigmente die 2-Oxohydrazon-Form vorliegt, jedoch große Unterschiede in der Planarität auftreten. So ist die Verbindung **19** mit

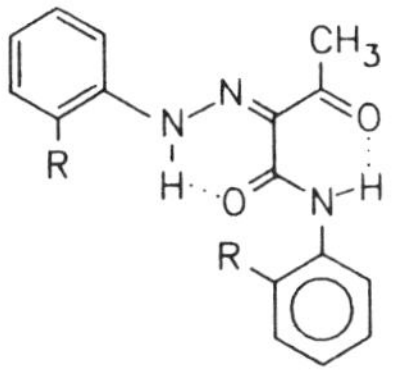

19

R : CH₃ völlig planar, dagegen ist bei **19** mit R : OCH₃ der Winkel zwischen den beiden terminalen Phenylgruppen größer als 37°.

Die vergleichende Röntgenstrukturanalyse von Pigment Yellow 1, 11710 mit P.Y.6 ergab ebenfalls ein fast planares Molekül der 2-Oxohydrazon-Form [4].

2.3.1.2 Verlackte Monoazogelbpigmente

Verlackte Monoazogelbpigmente lassen sich grundsätzlich durch Einführung von sauren Gruppen in die Diazo- oder Kupplungskomponente unter anschließender

224   *2.3 Monoazogelb- und -orangepigmente*

Salzbildung herstellen. In der Praxis trifft man aber nur solche Pigmente an, die eine Sulfonsäuregruppe, und zwar in der Diazokomponente, enthalten.

Die allgemeine Formel lautet:

R_D: NO_2, Cl, CH_3
R_K^2, R_K^4, R_K^5: H, CH_3, Cl, OCH_3
M: Na, $\frac{Ca}{2}$, $\frac{Ba}{2}$

Auch gelbe verlackte Monoazopigmente sind auf dem Markt, die als Kupplungskomponente ein Pyrazolonsulfonsäure-Derivat enthalten. Hier ist der Aluminiumlack des Tartrazins zu erwähnen, der im Colour Index unter Pigment Yellow 100, 19140:1, geführt wird.

Neuerdings werden in der Patentliteratur auch gelbe verlackte Monoazopyrazolon-Pigmente der allgemeinen Struktur

M: $Na^\oplus$, $K^\oplus$, $\frac{Ca^{\oplus\oplus}}{2}$

beschrieben [5, 6, 7].

2.3.2 Eigenschaften

2.3.2.1 Unverlackte Monoazogelb- und -orangepigmente

Der Farbtonbereich der Monoazogelb- und -orangepigmente reicht vom sehr grünstichigen bis zum stark rotstichigen Gelb bzw. gelbstichigen Orange. Rotstichig-gelb sind auch Monoazopigmente mit Pyrazolon als Kupplungskomponente; deren technische Bedeutung ist aber stark zurückgegangen. Die meisten technisch hergestellten Vertreter dieser Pigmentklasse zeigen eine Farbstärke, die etwa halb so groß ist wie die der im gleichen Farbtonbereich liegenden Diarylgelbpigmente (s. 2.4.1.2). Nur eines weist ein höheres Farbstärkeniveau auf und kommt der Farbstärke vergleichbarer Diarylgelbpigmente nahe.

Die Beständigkeit der Monoazogelb- und -orangepigmente gegen organische Lösemittel ist unbefriedigend. Auch die hierauf basierenden weiteren anwendungstechnischen Eigenschaften, wie Migrationsechtheiten, d. h. Ausblühen und Ausbluten, sowie die Rekristallisationsbeständigkeit, sind daher für viele Einsatzzwecke und Anwendungsmedien ungenügend. Durch die Einführung von Carbonamid- oder Sulfonamidgruppen werden diese Echtheitseigenschaften zum Teil erheblich verbessert. Die Einsatzmöglichkeiten solcher Pigmente lassen sich aber dadurch nicht grundlegend erweitern.

Die Licht- und Wetterechtheit der meisten Pigmente dieser Klasse ist besonders in Volltönen und im volltonnahen Bereich sehr gut. Physikalische Modifizierung, beispielsweise durch Variierung der Korngrößen oder der Kristallinität, ermöglicht eine Optimierung dieser Pigmente für den jeweiligen Anwendungszweck, eröffnet jedoch keine prinzipiell neuen Verwendungsmöglichkeiten.

Trotz guter Wirtschaftlichkeit ist die Anwendung der Monoazogelbpigmente wegen der durch die chemische Konstitution bedingten Eigenschaften insgesamt begrenzt.

2.3.2.2 Verlackte Monoazogelbpigmente

Durch die Einführung von Säuregruppen in das Molekül für „übliche" Monoazogelbpigmente und deren Verlackung werden eine Reihe anwendungstechnischer Eigenschaften verbessert. Hierbei sind besonders die Migrationsechtheit und die Hitzestabilität zu erwähnen, die einen Einsatz in Kunststoffen ermöglichen.

2.3.3 Anwendung

Für die meisten technisch verwendeten Pigmente dieser Klasse ist der Einsatz in lufttrocknenden Lacken und Dispersionsanstrichfarben wirtschaftlich am bedeutendsten. Rekristallisationsvorgänge der dafür empfohlenen meist grobteiligen Marken sind bei den hier verwendeten Lösemitteln weniger ausgeprägt und werden im allgemeinen toleriert. Einige dieser Pigmente, besonders Pigment Yellow 1 und Pigment Yellow 3, stellen die Standardmarken für Gelbfarbtöne in lufttrocknenden Lacken dar. Ihre in Volltönen gute Licht- und Wetterechtheit ist häufig die Voraussetzung für diese Verwendung. Durch zunehmenden TiO_2-Gehalt der Lacke werden diese Echtheiten allerdings stark beeinträchtigt. So fällt die Lichtechtheit beispielsweise bei einer Version von P.Y.1 von Stufe 7-8 (Blauskala) für Volltonlackierungen über Stufe 5-6 für ein Aufhellungsverhältnis von 1:5 TiO_2 auf einen Wert von 4-5 bei 1:60 TiO_2 ab. Aufgrund des hohen Deckvermögens und des reinen, leuchtenden Farbtons eignen sich einige Vertreter dieser Pigmentklasse besonders für chromgelbfreie Pigmentierungen in vollen bis mittleren Tönen. Die guten rheologischen Eigenschaften erlauben es, höhere Pigmentkonzentrationen einzusetzen, ohne den Verlauf zu beeinträchtigen. Dadurch läßt sich das für organische Pigmente bereits gute Deckvermögen weiter erhöhen.

Die Dispergierung der Monoazogelb- und -orangepigmente ist im allgemeinen wenig problematisch; unter praxisüblichen Bedingungen sind die Pigmente in vielen Medien leicht dispergierbar. Einige Handelsmarken lassen sich sogar mit Dissolvern in langöligen Alkydharzlacken einwandfrei verarbeiten, d. h. dispergieren.

Monoazogelbpigmente entsprechen wegen ihrer geringen Lösemittelechtheiten und hohen Ausblühgefahr nicht mehr dem Stand der Technik für Industrielacke und kommen für diesen Einsatz nur in Sonderfällen in Betracht. Dabei sind die Konzentrationsgrenzen des Ausblühbereiches im jeweiligen System wichtig (s. 1.6.3.1). Solche ausblühbeständigen Lackierungen sind aber nicht überlackierecht, d. h. sie bluten aus.

Aufgrund ihrer besseren Echtheiten gegen organische Lösemittel werden sulfonamidgruppenhaltige Monoazogelbpigmente (Pigment Yellow 97) auch für ofentrocknende Lacke empfohlen und verwendet. Sie sind unter den gebräuchlichen Verarbeitungstemperaturen ausblühbeständig und bei nicht zu hohen Einbrenntemperaturen sogar überlackierecht.

Monoazogelb- und -orangepigmente sind vor allem wegen der ungenügenden Migrationsbeständigkeit für das Anfärben von Kunststoffen praktisch ausgeschlossen. Sie blühen und bluten in den meisten Kunststoffsystemen in starkem Maße aus. Eine gewisse Ausnahme bildet auch hier Pigment Yellow 97, das unter bestimmten Bedingungen in PVC-Streichpasten verwendet wird. Einzelne Marken können in beschränktem Umfang zum Anfärben von Harnstoff-Formaldehydharzen, also von Duroplasten, dienen.

Einige Vertreter sind verbreitet im Druckfarbenbereich anzutreffen. Dies ist besonders der Fall, wenn die Lichtechtheit der hier sonst meist verwendeten Diarylgelbpigmente den Anforderungen nicht ganz genügt, beispielsweise für Plakate, Verpackungen, zum Teil auch für Tapeten. So sind heute Verpackungsdruckfarben aller Art bevorzugte Einsatzmedien auf dem Druckfarbengebiet. Je nach den Verarbeitungs-, im besonderen den Dispergierbedingungen, sind wegen der in Spezialtiefdruckfarben üblicherweise enthaltenen Lösemittel (s. 1.8.1.2) Rekristallisationsvorgänge zu beachten. Besonders bemerkbar sind diese bei transparenten, farbstarken Versionen, die deckender und farbschwächer werden. Bei Farben auf wäßriger bzw. wäßrig-alkoholischer Basis tritt Rekristallisation praktisch nicht auf. In Blechdruckfarben verbietet die mangelnde Thermostabilität und Migrationsechtheit ihre Verwendung. Wie in anderen Medien sind die Monoazogelb- und -orangepigmente in Druckfarben im Vergleich mit den hier hauptsächlich verwendeten Diarylgelbpigmenten wesentlich farbschwächer und schlechter lösemittelbeständig, dafür aber lichtechter.

Die Einsatzmöglichkeiten in den nicht unter Lacke, Druckfarben und Kunststoffe einzuordnenden Medien sind vielfältig. Sie reichen für einige Vertreter dieser Pigmentklasse vom Büroartikelsektor, wo sie – zum Teil auch in Form von

Pigmentpräparationen – zum Einfärben von Faserschreibertinten, Zeichentuschen, Buntstiften, Wachsmalkreiden, Schreib- und Tafelkreiden, Aquarellfarben usw., verwendet werden, über Holzbeizen und die Furnierholzfärbung, das Einfärben von Schuhcreme, Bohnerwachs, Düngemitteln und Streichholzzündmassen bis hin zum Kosmetiksektor, wo sie zum Einfärben von Seifen eingesetzt werden. Wichtig ist für Pigmente dieser Klasse auch die Verwendung im Textildruck und bei der Papiermasse- und -oberflächenfärbung sowie der Papierstreichmassenfärbung.

2.3.4 Im Handel befindliche Monoazogelb- und -orangepigmente

Allgemein

Der erste und älteste Vertreter der Monoazogelb- und -orangepigmente mit noch immer großer technischer Bedeutung ist Pigment Yellow 1. Seiner Herstellung und Markteinführung 1910 folgten zahlreiche weitere Pigmente dieses Typs, von denen allerdings viele inzwischen wieder vom Markt verschwunden sind. Einige von diesen werden aber vom einen oder anderen Pigmenthersteller noch produziert und haben eine gewisse regionale Bedeutung behalten. Bei Monoazopigmenten mit Phenylpyrazolon als Kupplungskomponente trifft das beispielsweise für P.Y.10 zu.

In Tabelle 11 und 12 sind die gegenwärtig auf dem Markt befindlichen unverlackten Monoazogelb- und -orangepigmente aufgeführt. Die meisten von ihnen enthalten in der Diazokomponente eine Nitrogruppe, meist in o-Stellung zur Azobrücke. Nur bei dem migrationsechteren Pigment Yellow 97 ist keine Nitrogruppe im Molekül. Allein fünf Monoazogelbpigmente enthalten 2-Nitro-4-chloranilin als Diazokomponente.

Als Kupplungskomponente trifft man mehrmals auf Acetessigsäure-o-anisidid, eine der wichtigsten Komponenten für Mono- und Disazogelbpigmente überhaupt.

2.3 Monoazogelb- und -orangepigmente

Tab. 11: Unverlackte Monoazogelb- und -orangepigmente

C.I. Name	Formel Nr.	R_D^2	R_D^4	R_D^5	R_K^2	R_K^4	R_K^5	Nuance
P.Y.1	11680	NO_2	CH_3	H	H	H	H	gelb
P.Y.2	11730	NO_2	Cl	H	CH_3	CH_3	H	rotstichig-gelb
P.Y.3	11710	NO_2	Cl	H	Cl	H	H	stark grünstichig-gelb
P.Y.5	11660	NO_2	H	H	H	H	H	stark grünstichig-gelb
P.Y.6	11670	NO_2	Cl	H	H	H	H	gelb
P.Y.49	11765	CH_3	Cl	H	OCH_3	Cl	OCH_3	grünstichig-gelb
P.Y.65	11740	NO_2	OCH_3	H	OCH_3	H	H	rotstichig-gelb
P.Y.73	11738	NO_2	Cl	H	OCH_3	H	H	gelb
P.Y.74	11741	OCH_3	NO_2	H	OCH_3	H	H	grünstichig-gelb
P.Y.75	11770	NO_2	Cl	H	H	OC_2H_5	H	rotstichig-gelb
P.Y.97	11767	OCH_3	$SO_2NH\text{-}C_6H_5$	OCH_3	OCH_3	Cl	OCH_3	gelb
P.Y.98	11727	NO_2	Cl	H	CH_3	Cl	H	grünstichig-gelb
P.Y.111	11745	OCH_3	NO_2	H	OCH_3	H	Cl	grünstichig-gelb
P.Y.116	11790	Cl	$CONH_2$	H	H	$NHCOCH_3$	H	gelb [8]
P.Y.130	–	–	–	–	–	–	–	gelb
P.O.1	11725	NO_2	OCH_3	H	CH_3	H	H	stark rotstichig-gelb

2.3.4 Im Handel befindliche Monoazogelb- und -orangepigmente

Tab. 12: Unverlackte Monoazogelb- und -orangepigmente. Diazo- oder Kupplungskomponente abweichend von allgemeiner Formel gemäß Tab. 11 oder unbekannt.

DK = Diazokomponente, KK = Kupplungskomponente, PMP : (3-methyl-1-phenyl-pyrazol-5-on)

C.I. Name	Formel-Nr.	DK	KK	Nuance
P.Y.10	12710	2,4-Dichloranilin	PMP	rotstichig-gelb
P.Y.60	12705	2-Chloranilin	PMP	rotstichig-gelb
P.Y.165	–	–	–	rotstichig-gelb
P.Y.167	11737	5-Amino-phthalimid	Acetessigsäure-2,4-xylidid	grünstichig-gelb
P.O.6	12730	2-Nitro-4-methylanilin	PMP	orange

Tab. 13: Verlackte Monoazogelbpigmente

C.I. Name	Formel-Nr.	R_K^2	R_K^4	M	Nuance
P.Y.61	13880	H	H	Ca	grünstichig-gelb
P.Y.62:1	13940:1	CH_3	H	Ca	gelb
P.Y.133	–	–	–	Sr	gelb
P.Y.168	13960	Cl	H	Ca	grünstichig-gelb
P.Y.169	13955	H	OCH_3	Ca	rotstichig-gelb

Struktur von obiger Formel abweichend:

P.Y.100	19140:1		grünstichig-gelb
P.Y.183	18792		rotstichig-gelb
P.Y.190	–		gelb
P.Y.191	18795		rotstichig-gelb

Die auf dem Markt befindlichen verlackten Monoazogelbpigmente enthalten substituierte (NO_2, Cl) Anilinsulfosäuren als Diazokomponenten und liegen vorwiegend in Form der Calciumlacke vor (Tabelle 13).

2.3.4 Im Handel befindliche Monoazogelb- und -orangepigmente

Einzelne Pigmente

Unverlackte Pigmente

Pigment Yellow 1

Das Pigment hat als „Hansa-Gelb G" Pigmentgeschichte gemacht. Die im Handel befindlichen Marken haben im allgemeinen eine für organische Pigmente niedrige spezifische Oberfläche zwischen ca. 8 und 30 m^2/g und bestehen somit aus durchschnittlich groben Teilchen. Sie ergeben Lackierungen und Anstriche mit gutem Deckvermögen – häufig ein Vorteil für ihre Verwendung in den Haupteinsatzgebieten der lufttrocknenden Lackierungen und Anstrichfarben sowie im Verpackungs- und Textildruck.

Feinteiligere, transparentere Marken sind grünstichiger und reiner im Farbton, zum Teil auch erheblich farbstärker, gleichzeitig aber deutlich schlechter lichtecht und noch unbeständiger gegen organische Lösemittel. So zeigen sie bei ihrer Verarbeitung in vielen Anwendungsmedien eine stärker ausgeprägte Tendenz zur Rekristallisation (s. 1.7.7). Gegenüber den bei gleichem Farbton nahezu doppelt so farbstarken und lösemittelechteren Diarylgelbpigmenten verlieren die feinteiligeren Pigment Yellow 1-Marken bis zu einem gewissen Grade den Vorteil der besseren Lichtechtheit und werden neben diesen nur in untergeordnetem Maße eingesetzt.

Die geringe Beständigkeit von P.Y.1 gegen organische Lösemittel und die damit verbundene ungenügende Migrationsechtheit verschließt den Einsatz in wichtigen Gebieten, beispielsweise in ofentrocknenden Lacksystemen. Trotzdem wird das Pigment unter Beachtung der Konzentrationsgrenzen für das Ausblühen in speziellen Fällen auch in solchen Medien verwendet. Es ist bis 140°C thermostabil.

Auf dem Druckfarbengebiet stellte P.Y.1 jahrzehntelang das Standardgelb für alle Druckverfahren dar, ist aber heute durch die farbstärkeren Diarylgelbpigmente abgelöst.

Als Maß für einen Farbstärkevergleich kann der Prozentgehalt Pigment in der Druckfarbe dienen, der zur Herstellung von Buchdruck-Andrucken in 1/3 ST bei standardisierter Schichtdicke erforderlich ist. Von P.Y.1 sind das je nach Handelsmarke zwischen ca. 8 und 11%, bei dem farbtonähnlichen Diarylgelbpigment P.Y.14 zwischen etwa 4 und 6%. Die Lichtechtheit solcher P.Y.1-Andrucke ist etwa mit Stufe 5, die der P.Y.14-Andrucke mit Stufe 3 der Blauskala zu bewerten. Die entsprechenden Werte für Drucke in 1/1 ST sind 6-7 bzw. 3. Die Beständigkeit der Drucke gegen wichtige organische Lösemittel wie Ester, Ketone oder aromatische Kohlenwasserstoffe ist unbefriedigend, gegen Alkohole und aliphatische Kohlenwasserstoffe dagegen einwandfrei. Die Drucke sind seifen-, alkali- und säureecht.

P.Y.1 wird im Druckfarbenbereich besonders dann eingesetzt, wenn die Lichtechtheit der Diarylgelbpigmente den gestellten Anforderungen nicht genügt. Das trifft im wesentlichen für den Verpackungsdruck zu, hier ist oftmals auch das Deckvermögen der meisten P.Y.1-Handelsmarken von Vorteil. Wegen der mangelhaften Beständigkeit gegen organische Lösemittel werden diese Marken dabei hauptsächlich in alkoholischen NC-Druckfarben und in Druckfarben auf wäßriger Basis verwendet. Aufgrund seiner ungenügenden Migrationsechtheit und Hitzebeständigkeit kommt das Pigment für die Kunststoffeinfärbung praktisch nicht in Betracht.

P.Y.1 findet insgesamt gesehen eine breitgefächerte Verwendung, die alle bei der allgemeinen Erörterung der Monoazogelbgruppe genannten Anwendungsmöglichkeiten einschließt. Auch Textildruckfarben zählen hierzu, in denen das Pigment gute Lichtechtheit, aber beispielsweise schlechte Trockenreinigungs- und Trockenhitzefixierechtheit aufweist. Aufgrund seiner meist guten Dispergierbarkeit bereitet die Verarbeitung in den meisten Medien keine Probleme, d. h. selbst wenig wirksame Dispergiergeräte können oft dafür eingesetzt werden.

Pigment Yellow 2

Das Pigment ist heute von geringer Bedeutung und nur noch vereinzelt am Markt anzutreffen. Es wird im Druckfarbenbereich und in Büroartikeln, beispielsweise in Buntstiften, verwendet. Sein Farbton ist merklich röter als der von P.Y.1, es ist farbstärker. Die im Handel verbliebenen Marken haben eine geringe spezifische Oberfläche und ergeben somit recht gut deckende Drucke. Die Beständigkeit gegen organische Lösemittel, aber auch andere Echtheiten entsprechen denen von P.Y.1. Die Lichtechtheit ist allerdings etwas schlechter als die von P.Y.1.

Pigment Yellow 3

Pigmente dieses Typs ergeben ein reines, wesentlich grünstichigeres Gelb als die des Typs Pigment Yellow 1. Sie sind besonders geeignet für Grüntöne durch Mischen mit Blaupigmenten bzw. Nuancieren von Grünpigmenten, beispielsweise von Kupferphthalocyaningrün. Auch die Handelsmarken dieses Pigmentes haben überwiegend kleine spezifische Oberflächen und ergeben somit relativ gut deckende Anstriche, Lackierungen und Drucke. Gegen die meisten organischen Lösemittel ist P.Y.3 noch unbeständiger als P.Y.1. Auch P.Y.3 migriert in ofentrocknenden Lacken und wird hierin nur in Ausnahmefällen und unter Beachtung der Konzentrationsgrenzen für das Ausblühen, verwendet (s. 1.6.3.1). Die Konzentrationsgrenzen von P.Y.3 liegen z.B. für einen bestimmten Lack auf Harnstoffharz-Alkydharz-Basis und einer Einbrenntemperatur von 120°C (30 Minuten) bei einem Pigmentgehalt von 1%, für 140°C bei 2,5%. Bei höheren Einbrenntemperaturen erfolgt Ausblühen in allen Konzentrationen. Eine Vorprüfung im betreffenden ofentrocknenden Lack ist in jedem Fall erforderlich. Marken mit wesentlich verbesserter Rekristallisationsbeständigkeit in Alkydharzlacken sind im Handel.

P.Y.3 ist einwandfrei wasser-, säure- und alkaliecht. Vor allem die Alkaliechtheit ist eine Voraussetzung für verschiedene Anwendungen, besonders in Medien auf wäßriger Basis. Licht- und Wetterechtheit sind sehr gut und besonders in Aufhellungen mit Titandioxid noch merklich besser als die von P.Y.1. Gegenüber dem wesentlich farbstärkeren farbtonähnlichen P.Y.98 sind die (preiswerteren) P.Y.3-Marken schlechter lösemittel- und migrationsecht, im Vergleich mit P.Y.98 sind sie z. B. in lufttrocknendem Lack in mittleren Aufhellungsbereichen etwas schlechter lichtecht, dagegen besser wetterecht.

Die wesentlichen Einsatzgebiete von P.Y.3 entsprechen denen von P.Y.1. Es sind auf dem Lackgebiet lufttrocknende, NC-, PUR-, säurehärtende und ähnliche Lacke, sowie Dispersionsanstrichfarben, in denen es von hohen bis zu mittleren Farbtiefen auch für Außenanstriche eingesetzt werden kann; auf dem Druckfarbengebiet Verpackungsdruckfarben verschiedener Art, sowie Textildruckfarben, zum Büroartikel- und Künstlerfarbensektor zählende, sowie eine Vielzahl weiterer spezieller Medien. Auf dem Kunststoffgebiet findet P.Y.3 keine Verwendung, nur die Färbung ungesättigter Polyestergießharze, in denen es die Härtung mittels Peroxid nicht beeinflußt (s. 1.8.3.7) und gute Lichtechtheit hat, stellt eine gewisse Ausnahme dar.

Pigment Yellow 5

Die Marktbedeutung des Pigmentes hat in den vergangenen Jahrzehnten sehr stark abgenommen. Von Pigment Yellow 5 sind zwei Kristallmodifikationen im Handel [9], die sich coloristisch praktisch nicht unterscheiden. Es handelt sich um ein grünstichiges Gelbpigment, das besonders im Druckfarbenbereich, vereinzelt auch in lufttrocknenden Lacken, anzutreffen ist. Sein Farbton ist deutlich röter als der von P.Y.98 und P.Y.3, entspricht aber in den anwendungstechnischen Eigenschaften weitgehend P.Y.3. Seine Lichtechtheit ist etwas schlechter und dem noch röteren P.Y.1 ähnlich. Gegenüber P.Y.98 ist die Farbstärke – in manchen Medien erheblich – geringer.

Pigment Yellow 6

Das Pigment ist nur noch von geringer regionaler Bedeutung. Sein Farbton ist im mittleren Gelbbereich einzuordnen, wo es mit einer Reihe anderer Vertreter dieser Klasse konkurriert. Diesen Pigmenten entsprechen auch die Echtheiten.

Pigment Yellow 10

P.Y.10 ergibt reine rotstichige Gelbtöne. Es ist sehr lichtecht und entspricht hierin nahezu P.Y.97. Seine Lösemittelechtheiten sind unbefriedigend und schlechter als die der meisten anderen Monoazogelbpigmente; es ähnelt darin P.O.1. Auch das Migrationsverhalten ist schlecht und dem des wenig grünstichigeren P.Y.65 deutlich unterlegen. In den letzten Jahren ist P.Y.10 in Europa nahezu vollständig vom Markt verschwunden, da es nicht mehr den gestiegenen Anforderungen entspricht. Haupteinsatzgebiete waren hier Spezialdruckfarben und lufttrocknende Lacke. In den USA wird es besonders in Straßenmarkierungsfarben eingesetzt.

Pigment Yellow 49

Es handelt sich um ein grünstichiges reines Gelbpigment mit sehr guter Lichtechtheit. P.Y.49 wird derzeit nur noch für die Viskose-Spinnfärbung und die Färbung von Viskosefolien, -schwämmen u.ä. in der Masse verwendet, für die es in Form wäßriger Pigmentpräparationen, in denen das Pigment bereits in vordispergierter Form vorliegt, angeboten wird. Die Lichtechtheit entspricht hier in 1/1 bis 1/3 ST Stufe 8, in 1/12 ST Stufe 7-8 der Blauskala. Auch die textilen Echtheiten sind sehr gut, Trocken- und Naßreibechtheit sind allerdings nicht ganz einwandfrei.

Pigment Yellow 60

Das Pigment wird in den USA hergestellt; auch dort ist seine Bedeutung gering. Es ergibt rotstichige Gelbnuancen. Die Beständigkeit gegen organische Lösemittel ist schlecht, Überlackierechtheit ist nicht gegeben. Die Lichtechtheit fällt in Weißaufhellungen mit steigendem Aufhellungsgrad rasch ab. P.Y.60 wird in Malerlakken und Dispersionsanstrichfarben verwendet. Daten zur Kristallstruktur wurden von A. Whitaker veröffentlicht [10].

Pigment Yellow 65

Das Pigment ergibt sehr rotstichige Gelbtöne. Seine Bedeutung ist in Europa und Asien in den letzten Jahren zurückgegangen, von etwas größerer Bedeutung ist sie aber in den USA. Dort wurden laut US International Trade Commission 1988 50 t hergestellt. Die noch angebotenen Marken haben eine sehr niedrige spezifische Oberfläche zwischen ca. 6 und 20 m^2/g und sind somit sehr grobteilig. Dementsprechend zeigen sie gutes Deckvermögen. Solche Pigment Yellow 65-Marken gleichen bis zu einem gewissen Grad in ihren Eigenschaften den deckenden Pigment Yellow 74-Marken. Zu diesen Eigenschaften zählen Lösemittelechtheiten, Rekristallisationsbeständigkeit in lösemittelhaltigen Medien und gute Licht- und Wetterechtheit. Die Farbstärke von P.Y.65 ist allerdings deutlich geringer und steht daher einem Einsatz im Druckfarbenbereich entgegen. So erreicht sie weniger als ein Drittel der Farbstärke deckender Versionen des etwas grünstichigeren Diarylgelbpigmentes P.Y.83 bei ähnlicher Lichtechtheit. Verwendet werden P.Y.65-Marken in lufttrocknenden Lacken und Dispersionsanstrichfarben. Im Handel befinden sich auch Gemische der Stellungsisomeren P.Y.65 und P.Y.74. Kristallstrukturdaten zu P.Y.65 wurden von A. Whitaker beschrieben [11].

Pigment Yellow 73

Das Pigment entspricht im Farbton und in der Farbstärke je nach Teilchengrößenverteilung und Medium mehr oder weniger P.Y.1. Bei etwa gleicher Farbstärke ist es besser licht- und wetterecht. Gegen verschiedene organische Lösemittel, wie aliphatische und aromatische Kohlenwasserstoffe, ist es deutlich beständiger als P.Y.1 und dementsprechend auch rekristallisationsbeständiger. Dies bringt

Vorteile bei der Verarbeitung in lösemittelhaltigen Medien, wie in lufttrocknenden Lacken und Dispersionsanstrichfarben, oder auf dem Druckfarbengebiet in Nitrocellulosefarben u.ä.. Im Vergleich mit P.Y.1 sind Pigment Yellow 73-Marken im Druck im allgemeinen transparenter und gegenüber den feinteiligen Pigment Yellow 74-Marken bei etwa halber Farbstärke etwas röter. Von farbtonähnlichen und ebenfalls gut lösemittelechten Disazogelbpigmenten unterscheidet sich P.Y.73 durch bessere Licht- und Wetterechtheit.

Pigment Yellow 74

Das Pigment ergibt grünstichige Gelbnuancen und ist von großer praktischer Bedeutung, vor allem auf dem Druckfarben- und Lackgebiet. Sein Farbton liegt zwischen denen von P.Y.3 bzw. 98 und P.Y.1. Von allen Monoazogelbpigmenten hebt es sich durch wesentlich höhere Farbstärke ab. Im Handel befinden sich Marken mit stark unterschiedlichen Teilchengrößen. Pigmente mit spezifischen Oberflächen zwischen ca. 30 und ca. 70 m^2/g, also feinteilige Marken, sind besonders für Druckfarben interessant. Sie liefern brillante Drucke mit besserem Glanz und besserer Transparenz als andere Monoazogelbpigmente. Ihre Farbstärke erreicht die von Disazogelbpigmenten mit ähnlichem Farbton, wie dem etwas rotstichigeren P.Y.12. So sind zur Herstellung von Buchdruck-Andrucken in 1/3 ST bei standardisierter Schichtdicke bei P.Y.74 Druckfarben mit einer Pigmentkonzentration von 4,2%, bei P.Y.12 mit einer von 4,5% erforderlich. Der Farbton entspricht dem Gelb der für den Buchdruck in DIN 16 508 bzw. für den Offsetdruck in DIN 16509 festgelegten Farbskala für den Vierfarbendruck (s. 1.8.1.1.), der sogenannten DIN-Skala, aber auch dem Gelb der Kodak-Skala. Als Gelbpigment gemäß der Europaskala (s. 1.8.1.1) ist P.Y.74 etwas zu grünstichig und muß daher mit geeigneten rotstichigen Gelbpigmenten nuanciert werden.

Die Lichtechtheit der feinteiligen Marken ist um ca. 2 bis 3 Echtheitsstufen der Blauskala besser als die der coloristisch naheliegenden Disazogelbpigmente (P.Y.12), weshalb erstere vorzugsweise dann verwendet werden, wenn hohe Lichtechtheit gefordert wird, wie vielfach im Verpackungsdruck. Die Lösemittelechtheiten sind, ähnlich wie bei den anderen Vertretern dieser Pigmentklasse, oft weniger befriedigend. Die Drucke sind schlecht kalandrierecht und nicht sterilisierecht. Dagegen sind sie wie die anderer Monoazogelbpigmente alkali-, säure- und seifenecht. Andere Echtheiten der Drucke, wie Butterechtheit und Beständigkeit gegen das Lösemittelgemisch nach DIN 16 524 (s. 1.6.2.1), sind nicht einwandfrei. Die vergleichsweise feinteiligen Marken werden aber ähnlich anderen Pigmenten dieser Klasse auch auf dem Lackgebiet für lufttrocknende Lacke und Dispersionsfarben eingesetzt, wo besonders ihre hohe Farbstärke in Pastelltönen, d.h. in Weißaufhellungen, wirtschaftlich vorteilhaft gegen das etwas rötere P.Y.1 ins Gewicht fällt. Wegen hoher Ausblühgefahr sind sie für Einbrennlacke ungeeignet.

Seit einigen Jahren werden daneben zunehmend Marken von P.Y.74 mit sehr niedrigen spezifischen Oberflächen zwischen ca. 12 und 20 m^2/g und dementsprechend durchschnittlich sehr groben Teilchen besonders auf dem Lackgebiet eingesetzt. Sie ergeben Lackierungen mit hohem Deckvermögen und sind dann von Interesse, wenn, beispielsweise in lufttrocknenden Systemen, auf den Einsatz von Chromgelb-Pigmenten verzichtet werden soll. Aufgrund ihrer guten Fließfähigkeit läßt sich ihre Konzentration im Lack noch merklich erhöhen und dadurch das Deckvermögen weiter steigern, ohne daß die rheologischen Eigenschaften bzw. der Verlauf und die Verarbeitbarkeit der Lacke oder der Glanz der Lackierungen beeinträchtigt werden (s. 1.7.8). Gegenüber den feinteiligen, transparenten Marken sind die deckenden Typen farbschwächer, rotstichiger und besser licht- und wetterecht. Auch sind sie etwas beständiger gegen verschiedene organische Lösemittel, doch weisen sie ähnliches Migrationsverhalten auf. Auch von P.Y.74 liegen Kristalldaten vor [12].

Pigment Yellow 75

Das Pigment wird in den USA angeboten, konnte aber keine große Bedeutung erlangen. Sein Farbton ist rotstichig-gelb, und zwar wesentlich rotstichiger als der von P.Y.74 und deutlich grünstichiger als der von P.Y.65; er ist im Vollton und in Weißaufhellungen naheliegend dem von Mischkupplungen oder Mischungen der beiden genannten – stellungsisomeren – Vergleichspigmente, die sich in den USA ebenfalls auf dem Markt befinden. Die Lichtechtheit von P.Y.75 ist etwas besser als die des angegebenen Mischkupplungspigmentes. Sie entspricht im Vollton (5%) in einem lufttrocknenden Alkydharzlack Stufe 7-8, in Weißaufhellungen (1:5 TiO_2) Stufe 7 der Blauskala. Das Pigment ist farbschwach. Wichtiges Einsatzgebiet sind Straßenmarkierungsfarben.

Pigment Yellow 97

Es handelt sich um ein Pigment im mittleren Gelbbereich, das hinsichtlich seiner Eigenschaften innerhalb der hier betrachteten Monoazogelbgruppe eine gewisse Sonderstellung einnimmt. Bei ähnlichem Farbton wie P.Y.1 ist es gegenüber diesem und den anderen Pigmenten dieser Gruppe wesentlich beständiger gegen viele organische Lösemittel. Dementsprechend sind auch die hierauf basierenden weiteren Echtheitseigenschaften erheblich besser. So ist P.Y.97 in Einbrennlacken bis ca. 180 °C ausblühbeständig. Seine Überlackierechtheit in solchen Lacken ist aber nicht ganz einwandfrei; während bei 120 °C (30 Minuten) noch kein Ausbluten z. B. in einen weißen Einbrennlack auf der Basis von Alkyd-Melaminharz festzustellen ist, tritt dies jedoch bei 160 °C schon geringfügig auf. Die für verschiedene Einsatzzwecke auf dem Druckfarbengebiet wichtige Beständigkeit gegen Silberlack und die Sterilisierechtheit (s. 1.6.2.3) sind ebenfalls im Gegensatz zu den anderen Monoazogelbpigmenten einwandfrei.

Auch die Hitzebeständigkeit von P.Y.97 ist wesentlich besser. Während bei den übrigen Pigmenten des Hansa-Gelb-Typs beispielsweise bei 5%iger Pigmentierung im Blechdruck auf einem weißgrundierten Blech nach 30 Minuten deutliche Farbtonänderungen bei maximal 140 °C auftreten (s. 1.6.7), ist Pigment Yellow 97 hier bis 180 °C (30 Minuten) bzw. 200 °C (10 Minuten) farbton-, d. h. thermostabil.

P.Y.97 ist sehr gut licht- und wetterecht. Es übertrifft auch hier P.Y.1 deutlich, besonders in Aufhellungen. In Lacken unterschiedlicher Art (luft- und ofentrocknend) weist P.Y.97 noch bei einem Aufhellungsverhältnis von 1:140 eine der Stufe 6-7 der Blauskala entsprechende Lichtechtheit auf. Es hat mittlere, den anderen Monoazogelbpigmenten außer P.Y.74 vergleichbare Farbstärke. Seine Dispergierung verursacht in allen Anwendungsmedien keine Probleme.

P.Y.97 findet vielfältigen Einsatz. Auf dem Lackgebiet ist es für allgemeine Industrielacke auch in Pastelltönen, für Autoreparaturlacke in vollen Tönen geeignet. Für Dispersionsanstrichfarben kommt es in mittleren und vollen Tönen auch im Außeneinsatz in Frage. Im Druckfarbenbereich wird es für hochwertige Druckerzeugnisse verwendet, und zwar dann, wenn hohe Echtheiten erforderlich sind, wie bei Dauerplakaten etc. Dabei ist das Pigment in allen Druckverfahren problemlos einzusetzen. Seine nicht ganz einwandfreie Beständigkeit gegen Monostyrol und Aceton verhindert aber seine Verwendung in Dekordruckfarben, d.h. für Schichtpreßstoffplatten; es führt dort zum Ausbluten.

Auch für Kunststoffe kann P.Y.97 verwendet werden. So ist es in Hart-PVC sowohl in transparenten wie in deckenden Färbungen mit TiO_2 sehr gut lichtecht, und zwar je nach Pigmentkonzentration zwischen Stufe 6-7 und 8 der Blauskala. 0,5%ig pigmentierte Hart-PVC-Folien färben bei der Prüfung auf Farblässigkeit (s. 1.6.2.3) beispielsweise Kokosfett (Kokostest) nicht an. In Weich-PVC führt es in niedrigen Konzentrationen zu Migration. Seine Hitzebeständigkeit in Polyolefinen ist gut; für NDPE-Folien in 1/3 und 1/25 ST beträgt sie 240°C (Verweilzeit 5 Minuten). In HDPE ist im Spritzguß keine Beeinflussung des Schwindungsverhaltens festzustellen. Ähnlich wie in PE ist seine Hitzebeständigkeit in Polystyrol. Hier liegt das Pigment in den üblichen Färbekonzentrationen ab 200°C weitgehend in gelöster Form vor. In transparenten Polystyrolfärbungen ist es hervorragend (Stufe 7-8 der Blauskala), in deckenden Färbungen (0,1% Pigment/0,5% TiO_2) gut lichtecht (Stufe 5). In ABS ist die Lichtechtheit auch in solchen TiO_2-Aufhellungen noch sehr gut (Stufe 7 der Blauskala). In Polymethacrylat tritt bei 280°C erst nach 5 Minuten eine Farbänderung von $\Delta E = 1$ CIELAB-Einheit in transparenten und deckenden Färbungen auf; die Lichtechtheit in transparenten Färbungen ist dort mit Stufe 8 anzugeben.

Auch zum Pigmentieren von Epoxid-Gießharzen oder Harzen aus ungesättigtem Polyester kommt es in Betracht. In letzteren wird dabei eine deutliche Beschleunigung der Härtung beobachtet (s. 1.8.3.7).

Grundsätzlich kann P.Y.97 auch in anderen Einsatzgebieten verwendet werden, beispielsweise für pigmentierte Tuschen. Hierfür stehen häufig preiswertere organische Pigmente im gleichen Farbtonbereich, z.B. P.Y.1, zur Verfügung.

Pigment Yellow 98

Das Pigment ist vor einigen Jahren weltweit vom Markt zurückgezogen worden, weil eines seiner Vorprodukte nicht mehr zur Verfügung stand. Daher ist das Pigment kaum noch anzutreffen.

2.3 Monoazogelb- und -orangepigmente

P.Y.98 entspricht im Farbton annähernd P.Y.3, d. h. es ergibt reine grünstichige Gelbnuancen und eignet sich wie P.Y.3 besonders gut für reine Grünmischungen. Ein völlig zufriedenstellender Ersatz für P.Y.98 ist auf dem Markt nicht vorhanden. Im Handel ist eine Mischung von P.Y.3 und P.Y.111 für Druckfarben anzutreffen, die in den coloristischen und anwendungstechnischen Eigenschaften P.Y.98 ähnlich ist. Die Lichtechtheit dieser Mischung erreicht allerdings nicht ganz die Werte von P.Y.98. Auf dem Lackgebiet kommt für viele Anwendungen P.Y.3 als Ersatz für P.Y.98 in Betracht. Im Vergleich mit P.Y.98 ist aber die Beständigkeit von P.Y.3 gegen organische Lösemittel erheblich geringer, der Ausblühbereich in ofentrocknenden Systemen daher auch erheblich größer, weshalb P.Y.3 für derartige Anwendungen nicht geeignet ist.

Pigment Yellow 111

Das Pigment ist seit den 70er Jahren auf dem Markt. Es ist merklich rotstichiger und etwas trüber als P.Y.98, aber wesentlich grünstichiger als P.Y.74 und wird in graphischen Druckfarben eingesetzt. Hier ist es farbstärker als das grünere P.Y.98 und bei gleicher Pigmentierungshöhe der Druckfarbe um ca. 1 Stufe der Blauskala weniger lichtecht. Drucke mit gleicher Farbtiefe zeigen noch größere Unterschiede in der Lichtechtheit. In Spezialtief- und Flexodruckfarben, beispielsweise auf Basis alkohollöslicher Nitrocellulose, ist der Farbstärkevorteil erheblich geringer als in Buch- und Offsetdruckfarben. Die im Handel befindliche Version von P.Y.111 ist deutlich deckender als P.Y.98- und feinteilige P.Y.74-Marken.

Pigment Yellow 116

Das Pigment ist von etwas geringerer Marktbedeutung. Sein Farbton ist ein mittleres bis etwas rotstichiges Gelb. Die Handelsmarken zeigen entsprechend ihrer niedrigen spezifischen Oberflächen (ca. 15 bis 18 m^2/g) gutes Deckvermögen bzw. geringe Transparenz.

Einsatzmedien sind Lacke, Druckfarben und Kunststoffe. P.Y.116 zeigt für ein Pigment dieser Klasse ungewöhnlich gute Beständigkeit gegen wichtige organische Lösemittel. Die Überlackierechtheit in ofentrocknenden Lacksystemen ist bei üblichen Einbrenntemperaturen, beispielsweise 150°C, aber nicht einwandfrei. Das Pigment ist säure- und alkaliecht und bis 180°C thermostabil. Es zeigt sehr gute Lichtechtheit; sie entspricht in einem mittelöligen Alkydharzlack im Vollton (5% Pigment) Stufe 7-8, in 1/3 ST Stufe 7 der Blauskala. Auch die Wetterechtheit ist gut. Verwendet wird P.Y.116 besonders in Kombination mit anorganischen Gelbpigmenten, es wird aber auch für ofentrocknende Lacke mit hohen Einbrenntemperaturen, z. B. 200°C (30 Minuten), sowie für Autoreparaturlacke empfohlen. Bekannt ist daneben sein Einsatz in Dispersionsanstrichfarben, wo es bei nicht allzu hohen Anforderungen auch für den Außeneinsatz in Betracht kommt.

P.Y.116 zeigt auch im Druckfarbenbereich gute Allgemeinechtheiten. So sind Buchdrucke beständig gegen eine Reihe organischer Lösemittel, z. B. gegen das Lösemittelgemisch nach DIN 16 524/1 (s. 1.6.2.1), gegen Paraffin, Butter, Seife, Alkali und Säuren und bis 180°C thermostabil. Das Pigment wird auch für den Blechdruck propagiert.

Buchdrucke in 1/1 bis 1/3 ST zeigen eine Lichtechtheit von Stufe 6 der Blauskala. Aufgrund seiner guten Lösemittelbeständigkeiten kommt P.Y.116 auch für den Verpackungstiefdruck, beispielsweise auf Vinylchlorid-Vinylacetat-Mischpolymerisatbasis für PVC-Folien, in Betracht.

Auch auf dem Kunststoffgebiet wird P.Y.116 eingesetzt. In Weich-PVC ist es gut ausblutbeständig und auch hier bis 180°C thermostabil. Seine Lichtechtheit entspricht in PVC in transparenten Färbungen (0,1% Pigment) Stufe 7-8, in 1/3 ST (mit 5% TiO_2) Stufe 6 der Blauskala. Aufgrund nicht ausreichender Hitzebeständigkeit ist P.Y.116 für Polyolefine, Polystyrol und andere bei hohen Temperaturen verarbeitete Kunststoffe nur begrenzt geeignet.

Pigment Yellow 130

Das Pigment ist nur außerhalb Europas anzutreffen. Seine Marktbedeutung ist gering. Es zählt zu den weniger echten Pigmenten dieser Klasse. Das betrifft besonders Lichtechtheit und Beständigkeit gegen organische Lösemittel.

Pigment Yellow 165

Die genaue chemische Konstitution ist bisher nicht veröffentlicht. Das Pigment ist von geringer Bedeutung und im wesentlichen nur auf dem japanischen Markt anzutreffen. Sein Farbton ist rotstichig-gelb, die Lichtechtheit erreicht nahezu die des wesentlich grünstichigeren und farbstärkeren P.Y.97. Das Pigment wird für das Lackgebiet empfohlen.

Pigment Yellow 167

Das Monoazogelbpigment unterscheidet sich von den anderen Typen dieser Klasse in seiner chemischen Konstitution, da es Aminophthalsäureimid als Diazokomponente enthält.

Das Pigment ist nur von regionaler Bedeutung und wird für das Lackgebiet empfohlen. Die derzeit im Handel befindliche Qualität weist mittleres Deckvermögen auf. Der Farbton von P.Y.167 ist im Vollton und volltonnahen Bereich als mittleres, in Aufhellungen als grünstichiges Gelb zu bezeichnen. In Aufhellungen ist er sehr rein. Die Echtheiten entsprechen weitgehend denen anderer Typen dieser Pigmentklasse; es ist nicht alkaliecht.

Pigment Orange 1

Das Pigment, das einen sehr rotstichigen Gelbton aufweist, der gemäß seiner Einordnung im Colour Index auch als gelbstichiges Orange bezeichnet werden kann, ist nur noch von geringer praktischer Bedeutung. Es ist gegen organische Lösemittel sehr wenig beständig; seine Löslichkeit ist größer als die der anderen Pigmente dieser Klasse, auch seine Lichtechtheit ist schlechter.

P.O.1 ist nicht ganz säureecht; bei Säureeinwirkung wird es röter. Früher war es im Druckfarben- und Lackgebiet verbreitet, entspricht aber heute nicht mehr den Anforderungen. Es wird noch in beschränktem Umfang in lufttrocknenden Lakken eingesetzt. Entsprechende Farbtöne lassen sich vorteilhaft durch Nuancieren von anderen Monoazogelbpigmenten mit P.O.5 u.ä. einstellen.

Pigment Orange 6

Das Pigment spielte in der Vergangenheit auf dem europäischen Markt eine gewisse Rolle, ist aber nun kaum noch anzutreffen. Es ergibt sehr rotstichige Gelbnuancen. Seine Lichtechtheit ist gut; sie erreicht nahezu die von P.Y.1.

Verlackte Monoazogelbpigmente

Pigment Yellow 61

Das calciumverlackte Pigment ist von geringer Marktbedeutung und wird bei der Kunststoffeinfärbung sowie bei der Polypropylen-Spinnfärbung verwendet. Es handelt sich um ein grünstichiges Gelbpigment, das in PO in 1/3 ST bis 250°C thermostabil ist. Es ist allerdings sehr farbschwach. So sind zur Einfärbung von HDPE in 1/3 ST (1% TiO_2) 0,7% Pigment erforderlich. Von dem farbtonähnlichen und teureren Azokondensations-Pigment P.Y.94 werden zum Vergleich 0,44% und von dem etwas röteren Diarylgelbpigment P.Y.17 nur 0,13% benötigt. In teilkristallinen Kunststoffen beeinflußt P.Y.61 das Schwindungsverhalten des Polymers im Spritzguß in starkem Maße. Die Lichtechtheit ist gut. Sie ist in HDPE in transparenter und deckender Färbung in 1/3 ST mit Stufe 5-6 der Blauskala anzugeben. In Hart- und Weich-PVC ist die Lichtechtheit noch etwas besser. Aber auch hier ist das Pigment sehr farbschwach. Für Färbungen in 1/3 ST sind 3,6% Pigment nötig. Das Pigment zeigt in Weich-PVC gute Migrationsbeständigkeit.

P.Y.61 wird auch für Industrie- und Malerlacke empfohlen, wo es im volltonnahen Bereich, oft in Kombination mit anorganischen Gelbpigmenten (besonders Nickeltitangelb), gute bis sehr gute Licht- und Wetterechtheit zeigt. Für einen Außeneinsatz ist es jedoch kaum geeignet. Die Überlackierechtheit ist gut. Insgesamt gesehen ist das Lackgebiet für P.Y.61 aber von untergeordneter Bedeutung.

Pigment Yellow 62:1

Auch dieses calciumverlackte Pigment ist nur von geringerer Marktbedeutung. Verwendet wird es im Kunststoffbereich. Sein Farbton ist als mittleres bis etwas rotstichiges Gelb einzustufen. Es zeigt zwar mittelmäßige Beständigkeit gegen Lösemittel, ist aber gegen Weichmacher, wie Dioctylphthalat und Dioctyladibat, besser beständig und daher in Weich-PVC gut ausblutecht. Auch die Thermostabilität ist als gut zu bezeichnen. In transparenten Färbungen und in Weißaufhellungen in 1/3 ST entspricht die Lichtechtheit Stufe 7 der Blauskala; in 1/25 ST geht sie bis auf Stufe 5-6 zurück.

Auch P.Y.62:1 ist vergleichsweise farbschwach. Zur Einstellung von 1/3 ST (1% TiO_2) in HDPE sind 0,5% Pigment nötig, verglichen mit 0,17% für das etwas rötere Diarylgelbpigment P.Y.13. Das Pigment ist bis 250°C thermostabil. Es beeinflußt das Schwindungsverhalten von HDPE und anderen teilkristallinen Polymeren in sehr starkem Maße. Für Polystyrol ist es ebenso gut geeignet wie für die Einfärbung von Polyurethan. Auch für die Polypropylen-Spinnfärbung kommt es bei geringeren Anforderungen in Betracht.

Pigment Yellow 100

Das Pigment wird im technischen Bereich kaum noch verwendet. Eine Ausnahme bildet in den USA der Einsatz in Flexodruckfarben auf NC-Basis. P.Y.100 ergibt grünstichige Gelbnuancen. Alkali- und Seifenbeständigkeit sind schlecht. Auch die Beständigkeit gegen organische Lösemittel und die Überlackierechtheit sind mäßig. Selbst die Wasserechtheit ist nicht gut. Für ein organisches Pigment besitzt es nur eine geringe Farbstärke. Auch die Lichtechtheit ist als schlecht zu bezeichnen.

Bei Erfüllung bestimmter Reinheitsgebote ist das Pigment in Europa als E 102 und in den USA als FD&C Yellow 5 für Lebensmittel und Kosmetika zugelassen.

Pigment Yellow 133

Das Pigment ist regional in Ostasien anzutreffen. Es handelt sich um ein mit Strontium verlacktes Monoazopigment, dessen genaue chemische Konstitution nicht veröffentlicht ist. P.Y.133 ergibt grünstichige bis mittlere Gelbnuancen. Als Anwendungsgebiete kommen die Kunststoffeinfärbung und die Spinnfärbung von Polyolefinen in Betracht. Es ist recht farbschwach. So sind für HDPE-Färbungen in 1/3 ST (1% TiO_2) 0,85% Pigment erforderlich. In diesem Medium ist es bis 260°C thermostabil.

Pigment Yellow 168

Das calciumverlackte und chemisch den beiden verlackten Typen P.Y.61 und 62:1 verwandte Pigment hat bisher nur regionale Bedeutung erlangen können. Sein Farbton ist ein reines, etwas grünstichiges Gelb. Er liegt zwischen den Farbtönen von P.Y.1 und P.Y.3. P.Y.168 wird in Lacken und Kunststoffen eingesetzt.

Das Pigment zeigt gute Beständigkeit gegen aliphatische und aromatische Kohlenwasserstoffe; gegen Alkohole, Ester und Ketone dagegen nur mäßige. Säure- und Alkaliechtheit sind weitgehend gegeben. Das Pigment ist nicht überlackierecht. Es dient für preiswerte Industrielacke, wenn keine besonderen Anforderungen, speziell an Licht- und Wetterechtheit, gestellt werden.

P.Y.168 ist in Weich-PVC gut migrationsbeständig, aber recht farbschwach. Seine Lichtechtheit entspricht in transparenter Färbung (0,1% Pigment) Stufe 6, in 1/3 ST Stufe 5 der Blauskala. In HDPE beeinflußt das Pigment – ähnlich wie die anderen verlackten Typen dieser Klasse – das Schwindungsverhalten im Spritzguß. Empfohlen wird es speziell für LDPE.

Pigment Yellow 169

Der Farbton dieses calciumverlackten Monoazogelbpigmentes ist rotstichig-gelb. In seinen Eigenschaften und seiner Verwendung entspricht P.Y.169 weitgehend dem wesentlich grünstichigeren P.Y.168.

Pigment Yellow 183

Das vor einigen Jahren auf den Markt gekommene Pigment ist als Spezialität für die Kunststoffeinfärbung anzusehen.

Das calciumverlackte Monoazopigment ergibt rotstichige, etwas trübe Gelbtöne und zeigt nur mäßige Farbstärke, für HDPE-Färbungen in 1/3 ST (1% TiO_2) sind 0,32% Pigment erforderlich. Das Pigment ist hier bis 300°C thermostabil. Es bewirkt praktisch keine Beeinflussung der Schwindung des Kunststoffes. Die Lichtechtheit ist sehr gut; sie ist für Färbungen in 1/3 ST mit Stufe 7-8 der Blauskala anzugeben. P.Y.183 empfiehlt sich auch für andere bei hohen Temperaturen verarbeitete Kunststoffe. So ist es beispielsweise in ABS bis 300°C hitzebeständig.

Das Pigment ist in Weich-PVC ausblutbeständig. Hier ist seine geringe Farbstärke von Nachteil. Für Färbungen in 1/3 ST (5% TiO_2) ist 1,64% Pigment nötig. Die Lichtechtheit dieser Färbungen entspricht Stufe 6, für transparente Färbungen in 1/3 ST Stufe 6-7 der Blauskala.

Pigment Yellow 190

Auch dieses calciumverlackte Pigment ist als Spezialität für die Kunststoffeinfärbung zu betrachten.

Die im Handel angetroffene Marke ist sehr farbschwach. Für HDPE-Färbungen in 1/3 ST (1% TiO_2) sind 0,66% Pigment erforderlich. P.Y.190 ergibt mittlere Gelbnuancen. Es ist in diesem Medium bis 300 °C hitzestabil. In Polyamid reicht die Hitzebeständigkeit bis 270 °C. Hierin ist es bei etwas röterem Farbton deutlich farbstärker als in HDPE. Für Färbungen in 1/3 ST sind hier 0,3% der Handelsmarke erforderlich. Die Handelsmarke ist etwas wasserlöslich, was beim Extrudieren zu Problemen führen kann.

Pigment Yellow 191

Das calciumverlackte Monoazopigment ergibt rotstichige Gelbnuancen, die im Farbtonbereich des Diarylgelbpigmentes P.Y.83 liegen; gegenüber diesem ist es aber deutlich farbschwächer. Für HDPE-Färbungen in 1/3 ST (1% TiO_2) sind 0,32% Pigment nötig. Diese Färbungen sind bis 300 °C hitzestabil, während transparente Färbungen in 1/3 ST bis 290 °C stabil sind. Dabei ist keine Beeinflussung der Schwindung des Kunststoffes zu beobachten. Die Lichtechtheit ist gut; sie entspricht bei Färbungen in 1/3 ST mit 1% TiO_2 Stufe 6–7, bei Färbungen in 1/3 ST ohne TiO_2 Stufe 8 der Blauskala. Ähnliche Werte für Farbstärke, Hitzestabilität und Lichtechtheit werden in PS und ABS erhalten. In Polycarbonat reicht die Thermostabilität bei Färbungen in 1/3 ST (mit 1% TiO_2) bis 330 °C; die Lichtechtheit dieser Färbungen ist mit Stufe 4–5 der Blauskala anzugeben.

In Weich-PVC ist P.Y.191 migrationsstabil; es ist bis zu einer Grenzkonzentration von 0,005% bei 180 °C und in Hart-PVC von 0,005% bei 200 °C einsetzbar. Die Lösemittelechtheiten von P.Y.191 in aliphatischen und aromatischen Kohlenwasserstoffen sowie in den üblichen Weichmachern sind einwandfrei, während es in Ketonen und Methylglykol merklich ausblutet. Gleiches gilt für Wasser.

Literatur zu 2.3

[1] Meister Lucius & Brüning, DRP 257 488 (1909).
[2] K. Hunger, E. F. Paulus und D. Weber, Farbe + Lack 88 (1982) 453–58.
[3] E. F. Paulus, W. Rieper und D. Wagner, Z. Kristallogr. 165 (1983) 137–149.
[4] A. Whitaker, Z. Kristallogr. 166 (1984) 177–188.
[5] BASF, DE-OS 2 616 981 (1976).
[6] BASF, EP 37 972 (1981).
[7] Hoechst, DE-OS 3 833 226 (1988).
[8] NPIRI Raw Materials Data Handbook, Vol. 4, Pigments, 1983, 4–234.
[9] A. Whitaker, J. Soc. Dyers Col. 101 (1985) 21–24.
[10] A. Whitaker, J. Soc. Dyers Col. 104 (1988) 225–226.
[11] A. Whitaker, J. Soc. Dyers Col. 102 (1986) 136–137.
[12] A. Whitaker, J. Soc. Dyers Col. 102 (1986) 109–110.

2.4 Disazopigmente

Unter der Bezeichnung Disazopigmente werden in der industriellen Praxis nur solche Pigmente verstanden, die außer zwei Azogruppen als zentrales Strukturelement hauptsächlich Diaminodiphenyl-Abkömmlinge der allgemeinen Formel

mit X : Cl, OCH_3, CH_3 und Y : H, Cl und seltener auch das Strukturelement des Diaminophenylens

mit U, V : H, CH_3, OCH_3, Cl enthalten. Die Bezeichnung ist also nicht konsequent auf alle Disazopigmente, z. B. nicht auf Disazokondensations-Pigmente (s. 2.9) angewendet. Wir schließen uns bei dieser Definition dem gebräuchlichen Einteilungsprinzip an.

Grundsätzlich muß man bei den Disazopigmenten zwei verschiedene Strukturtypen unterscheiden, je nachdem ob man von einer bifunktionellen Diazokomponente oder von einer bifunktionellen Kupplungskomponente ausgeht. Disazopigmente mit einer bifunktionellen Diazokomponente entsprechen der allgemeinen Formel

(KK) : Rest einer Kupplungskomponente

Als Kupplungskomponenten werden vor allem Acetessigsäurearylide oder 1-Arylpyrazolone-5 eingesetzt. Im ersteren Fall erhält man die Diarylgelbpigmente (s. 2.4.1), im letzten Fall Disazopyrazolon-Pigmente (s. 2.4.3).

Disazopigmente mit bifunktionellen Kupplungskomponenten entsprechen der allgemeinen Formel

Hierbei bedeuten n = 1 oder 2, und die Substituenten am aromatischen Ring sind für n=1 U und V und für n=2 X und Y. R_D^2, R_D^4 und R_D^5 können sein H, Cl. CH_3, OCH_3, OC_2H_5, $COOCH_3$. Disazopigmente dieser allgemeinen Struktur werden Bisacetessigsäurearylid-Pigmente (s. 2.4.2) genannt.

Die größte Bedeutung unter den Disazopigmenten nehmen die Diarylgelbpigmente ein, gefolgt von den technisch nur mit wenigen Produkten vertretenen Disazopyrazolon-Pigmenten und den Bisacetessigsäurearylid-Pigmenten. Die Farbtöne der Disazopigmente reichen vom grünstichigen Gelb bis zum rotstichigen Orange. Disazopigmente sind aufgrund ihres gegenüber Monoazogelbpigmenten nahezu verdoppelten Molekulargewichts deutlich besser lösemittel- und migrationsecht.

2.4.1 Diarylgelbpigmente

Bereits 1911 erhielt die Firma Griesheim-Elektron ein Patent über die Herstellung von Diarylgelbpigmenten. Zu dieser Zeit waren die Monoazogelbpigmente unter dem Namen Hansa-Gelb gerade auf dem Markt eingeführt und wegen ihrer besseren Lichtechtheit den Diarylgelbpigmenten deutlich überlegen. Die neue Erfindung wurde deshalb vorerst nicht genutzt. Erst fast 25 Jahre später griff man beim Einfärben von Kautschuk in Deutschland wieder auf Diarylgelbpigmente zurück. Monoazogelbpigmente erwiesen sich nämlich hierfür als zu wenig ausblutecht.

Das heute bedeutendste Anwendungsgebiet für Diarylgelbpigmente, nämlich die Verwendung für alle Arten von Druckfarben, wurde zuerst – etwa 1938 – in den USA aufgefunden.

Das einfachste Diarylgelbpigment aus bisdiazotiertem 3,3'-Dichlorbenzidin und Acetessigsäureanilid ergab vor allem hohe Farbstärke, eine Eigenschaft, die das Pigment – und später andere Diarylgelbpigmente – für den farbigen Druck besonders geeignet machten.

Europa folgte dieser Entwicklung erst nach dem zweiten Weltkrieg. Anfang der fünfziger Jahre vollzog sich hier der Übergang von Monoazogelbpigmenten zu den Diarylgelbpigmenten auf dem Druckfarbengebiet. Im Laufe dieser Entwicklung wurden dann in Deutschland auch noch besser licht- und migrationsechte Diarylgelbpigmente (Pigment Yellow 83, P.Y.81 und P.Y.113) gefunden. Heute sind Diarylgelbpigmente mit Abstand die bedeutendste Gruppe organischer Gelbpigmente.

2.4.1.1 Chemie, Herstellung

Technisch wichtige Diarylgelbpigmente entsprechen der Formel

Hierbei bedeuten Y : H oder Cl und R_K^2, R_K^4 und R_K^5: H, Cl, CH$_3$, OCH$_3$, OC$_2$H$_5$.

3,3'-Dichlorbenzidin (Y : H) ist hierfür die wichtigste Bisdiazokomponente. Seine Synthese erfolgt durch alkalische Zinkstaubreduktion (s. 2.1.1) oder katalytische Reduktion von o-Nitrochlorbenzol und anschließende Umlagerung des erhaltenen 2,2'-Dichlorhydrazobenzols mit verdünnter Salzsäure.

Die Herstellung der Diarylgelbpigmente geschieht durch Bisdiazotierung des hauptsächlich in Salz- oder Schwefelsäure gelösten Diamins mit wäßriger Natriumnitritlösung und anschließende Kupplung auf zwei Äquivalente Acetessigsäurearylid, das vorher alkalisch gelöst und mit einer Säure, z. B. Essigsäure oder Salzsäure, wieder ausgefällt wird. Durch diese Vorbehandlung erhält man die Kupplungskomponente in sehr feinteiliger Form, was die Kupplungsreaktion entscheidend beschleunigt. Es gelingt nicht, Dichlorbenzidin stufenweise zu diazotieren. Mit einem Unterschuß an Natriumnitrit entsteht nicht ein gewisser Teil Monodiazoniumverbindung, sondern überschüssiges 3,3'-Dichlordiaminodiphenyl bleibt zurück.

Neben der Verwendung von Tensiden als Dispergier- und Kupplungshilfsmittel können der fertigen Kupplungssuspension je nach Einsatzgebiet noch Harze, aliphatische Amine oder andere Hilfsstoffe beigefügt werden. Während Tenside vor allem als Dispergiermittel fungieren, sorgen Harze bei der Kupplung dafür, daß ein sehr feinteiliges Pigment anfällt (s. 2.2.3). Für Diarylgelbpigmente des Typs Pigment Yellow 12 wurde gefunden [1], daß ein Überschuß an Harz (Kolophonium) bei der Pigmentherstellung zu einer zusätzlichen, mittels Röntgenbeugung nachweisbaren Kristallphase führt.

Neben der physikalischen Wirkung der genannten Mittel erfolgt durch den Zusatz längerkettiger aliphatischer oder cycloaliphatischer Amine RNH$_2$, bei einigen Diarylgelbpigmenten teilweise chemische Bindung mit dem Molekül. Die Carbonylgruppe des Acetylrestes reagiert dabei nämlich unter Bildung von Ketiminen (Azomethinen) oder im Falle des Vorliegens der Enol-Form unter Bildung von Alkylammoniumenolat [2].

Solche aminpräparierten Pigmente werden in Illustrationstiefdruckfarben verwendet (s. P.Y.12, S. 254).

Der Kupplung kann sich eine mehr oder weniger intensive thermische Nachbehandlung der wäßrigen Rohpigment-Suspension anschließen. In manchen Fällen findet dieser Finish auch in Gegenwart organischer Lösemittel statt, vor allem zur

Herstellung deckender Pigmente. Lösemittelbehandlung ist insbesondere dann wirtschaftlich, wenn das eingesetzte Lösemittel durch Destillation aus wäßriger Lösung leicht zurückgewonnen werden kann. So erhält man beispielsweise durch Wasserdampfdestillation einer isobutanolisch-wäßrigen Suspension eine lösemittelfreie wäßrige Pigmentsuspension, die über Filterpressen zu isolieren ist.

Technisch werden auch Mischkupplungen durchgeführt, bei denen Gemische von zwei oder drei Acetessigsäurearyliden als Kupplungskomponenten für die Pigmentsynthese eingesetzt werden. Bevorzugt verwendet werden hierbei Acetessigsäureanilid, -2-methylanilid, -2-methoxyanilid, -2-chloranilid, -4-methoxyanilid, -2,4-dimethylanilid, -2,5-dimethoxy-4-chloranilid. Auch Mischkupplungen mit zwei Bisdiazokomponenten, z. B. mit 3.3'-Dichlorbenzidin und 3.3'-Dimethoxybenzidin sind bekannt. Man kann so zahlreiche Farbtöne und Kombinationen unterschiedlicher Eigenschaften erzielen [3].

Die Eigenschaften der Mischkupplungspigmente sind häufig verschieden von der Mischung der Einzelpigmente. In manchen Fällen kann durch die Mischkupplung auch eine neue Kristallmodifikation erhalten werden, was zu einem Pigment mit noch stärker veränderten Eigenschaften führen kann. In anderen Fällen kann die zweite Kupplungskomponente eines Pigmentes mit sehr guten Eigenschaften durch ihren Zusatz zu einer Mischkupplung in geringen Mengen ihre Kristallmodifikation dem Mischkupplungsprodukt aufprägen und dadurch die Eigenschaften des manchmal preiswerteren Hauptpigmentes wesentlich verbessern, was wirtschaftliche Vorteile bietet [4].

2.4.1.2 Eigenschaften

Der Farbtonbereich der Diarylgelbpigmente reicht vom stark grünstichigen bis zum sehr rotstichigen Gelb. Die sehr grünstichigen Marken enthalten anstelle des sonst als Bisdiazokomponente nahezu ausschließlich verwendeten 3,3'-Dichlorbenzidins das 3,3',5,5'-Tetrachlorbenzidin.

Die gesamte Pigmentklasse zeichnet sich durch hohe Farbstärke aus. Sie ist im Vergleich mit den im gleichen Farbtonbereich liegenden Monoazogelbpigmenten (s. 2.3) oft etwa doppelt so groß. So sind handelsübliche Pigment Yellow 12-Marken im Buchdruck mehr als doppelt so farbstark wie transparente P.Y.1-Marken, das besonders farbstarke rotstichige P.Y.83 ist beispielsweise in lufttrocknenden Alkydharzlacken in Weißaufhellungen ca. dreimal so farbstark wie das farbtonähnliche Monoazogelbpigment P.Y.65. Diese hohe Mehrfarbstärke ist im wesentlichen auf die größeren konjugierten Systeme der Diarylgelbpigmente, d.h. also ihren chemischen Aufbau, zurückzuführen. Daneben trägt die physikalische Beschaffenheit, vor allem die Korngrößenverteilung, zusätzlich zu dieser hohen Farbstärke bei.

Auf dem Markt sind in überwiegendem Maße sehr feinteilige Diarylgelbpigmente mit spezifischen Oberflächen zwischen 50 und 90 m^2/g anzutreffen. Die für den Druckfarbenbereich optimierten Diarylgelbmarken sind oft mit Harzen oder anderen Substanzen präpariert.

Bei den angegebenen Werten der spezifischen Oberflächen handelt es sich wegen der Präparierung oft nur um Minimalwerte; die effektiven spezifischen Oberflächen sind zum Teil noch wesentlich größer. So führt beispielsweise mehrmaliges Waschen einer geharzten P.Y.83-Marke mit Petrolether zu einem schrittweisen Anstieg der gemessenen spezifischen Oberfläche von 70 m^2/g auf mehr als 100 m^2/g (s. 1.5.1). Dabei enthalten die bereits mehrfach gewaschenen Pigmentproben aber immer noch erhebliche Harzmengen.

Monoazogelbpigmente sind dagegen grobteiliger, ihre spezifischen Oberflächen meist wesentlich geringer. Marken mit ähnlich hoher spezifischer Oberfläche wie bei Diarylgelbpigmenten sind nur von P.Y.74 im Handel (s. 2.3.4, S. 233).

Bei den technischen Diarylgelbpigmenten liegen in überwiegendem Maße mehr transparente Marken vor. Für viele Zwecke auf dem Druckfarbengebiet, beispielsweise im Drei- und Vierfarbendruck, wenn Gelb als letzte Farbe gedruckt wird (s.1.8.1.1), ist das von großem Vorteil. Hochtransparente Marken sind nahezu ausschließlich geharzt. Solche geharzten Pigmente sind oft leicht dispergierbar.

Allgemein werden bei Diarylgelbpigmenten Hartharze, und zwar im wesentlichen Kolophonium und dessen Derivate, verwendet. Sie sind mit den üblichen, im Druckfarbenbereich verwendeten Firnissen gut verträglich und lösen sich beim Dispergieren mehr oder weniger vollständig darin auf. Auch in anderen Anwendungsmedien zeigen solche Harze als Präparationsmittel von Pigmenten in nicht zu hohen Konzentrationen neben den anwendungstechnischen Vorteilen keine erkennbaren Nachteile. Lediglich in Kunststoffen kann es bei hohen Verarbeitungstemperaturen, beispielsweise in Polyolefinen, zu einem Zersetzen des Harzes, Absetzen der verkokten Anteile an den Verarbeitungswerkzeugen und somit zu Oberflächenstörungen und Schwierigkeiten bei der Verarbeitung kommen.

Von einigen Diarylgelbpigmenten werden auch sehr deckende Versionen mit niedriger spezifischer Oberfläche angeboten. Sie spielen bei der Formulierung von chromgelbfreien Lacken sowie im Verpackungsdruck und anderen Medien eine zunehmend bedeutendere Rolle. Solche Typen zeigen eine gegenüber den entsprechenden transparenten Marken zum Teil beträchtlich verbesserte Licht- und Wetterechtheit, sowie ein wesentlich besseres Fließverhalten. Die deckenden Marken sind nicht geharzt.

Diarylgelbpigmente werden zur Erzielung unterschiedlicher Effekte, vor allem für Druckfarben, oberflächenbehandelt. Mit Aminen oder aminogruppenhaltigen Verbindungen präparierte Marken weisen oftmals eine sehr gute Dispergierbarkeit auf. Ihre Verwendung bringt in verschiedenen Bereichen aber Schwierigkeiten. So führen solche Pigmente im Offsetdruck infolge Beeinträchtigung des Farbe-Wasser-Gleichgewichtes im Normalfall zu Druckschwierigkeiten. Auch von der Verwendung in Nitrocellulose-Chips, d.h. Präparationen auf Nitrocellulose-Basis, ist bei derartig behandelten Pigmenten abzuraten, da Amine die Selbstentzündungstemperatur von Nitrocellulose herabsetzen und bei der Chips-Herstellung Verpuffungen bewirken können. Im Illustrationstiefdruck dagegen werden im Gelbbereich heute nahezu ausschließlich mit Aminen präparierte Diarylgelbpigmente verwendet.

Von großer Bedeutung für den praktischen Einsatz ist auch die gute Beständigkeit der Diarylgelbpigmente gegen viele organische Lösemittel. Sie übertrifft die von Monoazogelbpigmenten beträchtlich. Im Zusammenhang damit sind auch Eigenschaften, wie Migrationsverhalten oder Rekristallisationsbeständigkeit, wesentlich besser. So zeigen einige dieser Pigmente, wie P.Y.81 oder P.Y.83, beispielsweise einwandfreie Überlackierechtheit (s. 1.6.3.2). Ähnlich verbessert ist die Migrationsbeständigkeit in Kunststoffen, besonders in Weich-PVC. Auch die Säure- und Alkalibeständigkeit der Diarylgelbpigmente ist einwandfrei.

Viele Diarylgelbpigmente sind gut licht- und wetterecht – sie erreichen dabei allerdings nicht das Niveau der Monoazogelb- und -orangepigmente.

2.4.1.3 Anwendung

Das Haupteinsatzgebiet für Diarylgelbpigmente sind die Druckfarben. Hohe Farbstärke und für den gewünschten Einsatz optimierbare Transparenz machen diese Pigmente hierfür besonders geeignet. Gute oder zumindest ausreichende Beständigkeit gegen die in gebräuchlichen Druckfarben enthaltenen Lösemittel ist dabei eine weitere wichtige Voraussetzung. Durch Einhaltung geeigneter Verarbeitungsbedingungen und besonders niedriger Dispergiertemperaturen gelingt es, Rekristallisationsvorgänge so stark zu minimieren, daß sehr feinteilige Marken auch tatsächlich hohe Transparenz im Druck aufweisen. Von besonderer Bedeutung ist das bei der Verarbeitung mit modernen wirtschaftlichen Technologien, beispielsweise von Rollenoffsetdruckfarben in Rührwerkskugelmühlen. Dabei können auch bei wirksamer Kühlung im mineralölhaltigen Medium Temperaturen von 70 bis 90°C und darüber mehrere Stunden lang auftreten (s. 1.8.1.1).

Eine Alternative zu den Diarylgelbpigmenten gibt es für solchen Einsatz nicht. Inwieweit die bei hochtransparenten Marken üblichen Präparationsmittel, wie Hartharze, die Rekristallisationsbeständigkeit in solchen Druckfarben günstig beeinflussen, ist bisher weitgehend ungeklärt. Der Harzgehalt hochtransparenter Diarylgelbpigmente, besonders jener des Typs P.Y.12 und P.Y.13, sowie der auf diesen basierenden Abwandlungen, wie P.Y.127, kann in einem weiten Bereich variieren; die Druckfarbenformulierung wird üblicherweise hierauf abgestimmt.

Die durch Harzung bewirkte gute Dispergierbarkeit ist besonders beim Einarbeiten der Diarylgelbpigmente in Offsetdruckfirnisse mit den wenig intensiv wirkenden Rührwerkskugelmühlen wichtig. Während des Dispergierens wird dabei das verwendete Harz im Firnis mehr oder weniger vollständig gelöst und die durch Harz verbundenen Pigmentteilchen werden freigelegt, d.h. dispergiert. Nur unvollständig gelöstes oder gequollenes Harz kann bei verschiedenen Prüfungen, beispielsweise der lichtmikroskopischen Betrachtung der Druckfarbe, ungenügend dispergiertes Pigment vortäuschen. Im Druck selbst äußert sich dies meistens nicht; eine Beeinträchtigung von Farbstärke oder Glanz ist in diesem Fall nicht erkennbar.

Von grundlegender Bedeutung ist die gute Rekristallisationsbeständigkeit der Diarylgelbpigmente auch für ihren Einsatz in lösemittelhaltigen Verpackungstiefdruckfarben. Eine den hochtransparenten Offsetdruckfarben entsprechende Transparenz wird hier von vielen Diarylgelbpigmenten nicht allgemein gefordert. Manchmal wird hohe Transparenz über die Zwischenstufe von Nitrocellulose-Chips erreicht, wo Rekristallisation bei der Verarbeitung vermieden und auch gleichzeitig guter Glanz erzielt wird. Für P.Y.83 ist allerdings hohe Transparenz auch im Verpackungstiefdruck meist obligatorisch. Sie führt beispielsweise auf Aluminiumfolien zu brillanten Goldtönen. Bei dieser Anwendung haben auch andere Diarylgelbpigmente, beispielsweise P.Y.17, wie überhaupt viele organische Pigmente in sehr transparenter, d. h. feinteiliger Form Vorteile gegenüber deckenderen Typen.

Diarylgelbpigmente zeigen in Druckfarben gute Hitzebeständigkeit. Sie liegt bei 180 bis 200 °C und damit höher als bei Monoazogelbpigmenten. Diarylgelbpigmente finden daher breiten Einsatz in Blechdruckfarben. Sie sind allgemein gut silberlack- und sterilisierecht; Alkali-, Säure- und Wasserbeständigkeit sind einwandfrei, ebenso viele spezielle Gebrauchsechtheiten (s. 1.6.2).

Die Lichtechtheit verschiedener Vertreter dieser Pigmentklasse genügt auch den Anforderungen für den Tapetendruck. Für PVC-Tapeten beispielsweise kommen die besser lichtechten Monoazogelbpigmente wegen ihrer ungenügenden Migrationsechtheit nicht in Frage.

Im Lacksektor sind Diarylgelbpigmente, gemessen am Druckfarbengebiet, insgesamt gesehen von geringerer Bedeutung. Oft genügen sie hier vor allem nicht den an Außenlackierungen gestellten Anforderungen an Licht- und Wetterechtheit. Sie sind hierin den Monoazogelbpigmenten, die besonders in lufttrocknenden Lacken vorgezogen werden, sowie den Benzimidazolon-, Isoindolinon-, Flavanthron- oder Anthrapyrimidingelb-Pigmenten, die in ofentrocknenden Lacken verbreiteten Einsatz finden, unterlegen. Eine gewisse Sonderstellung nimmt nur P.Y.83 aufgrund seiner guten Echtheiten ein.

Auch für Dispersionsanstrichfarben haben Diarylgelbpigmente, mit Ausnahme von P.Y.83, wegen ihrer im Vergleich mit Monoazogelbpigmenten unterlegenen Lichtechtheit eine geringe Bedeutung.

Dagegen ist der Einsatz von Diarylgelbpigmenten auf dem Kunststoffgebiet breit gefächert. Das gilt besonders für P.Y.13, 17, 81, 83 und 113. Die Hitzebeständigkeit (s. 1.6.7; 1.8.3) dieser Pigmente, z.B. in Polyolefinen, wurde vor einigen Jahren je nach Farbtiefe für Verweilzeiten von 5 Minuten mit 200 bis 270 °C angegeben. Inzwischen bekanntgewordene Ergebnisse [5] erfordern eine Korrektur dieser Angaben.

Nach den neuen Untersuchungsergebnissen kann bei der Verarbeitung dieser Pigmente, sowie der Pyrazolonpigmente Pigment Orange 13, Pigment Orange 34 und Pigment Red 38 in Gegenwart von Polymeren oberhalb von 200 °C eine thermische Zersetzung stattfinden. Dabei werden spurenweise Monoazofarbstoffe und aromatische Amine gebildet. Die Bildung dieser Farbstoffe war vorher nicht festgestellt worden, da ihr Farbtonbereich annähernd dem der entsprechenden Disazopigmente entspricht. Der analytische Nachweis der Monoazofarbstoffe und der anderen Spaltprodukte setzt wirkungsvolle (analytische) Anreicherungsmethoden voraus, wie sie mit der HPLC-Technik heute zur Verfügung stehen. Der analytischen Bestimmung geht eine 20stündige Extraktion des pigmentierten Mediums mit Toluol im Soxhlet voraus.

Bei Verarbeitungstemperaturen von über 240 °C läßt sich besonders bei längerer thermischer Beanspruchung des pigmentierten Polymermaterials auch die spurenweise Bildung von Dichlorbenzidin (DCB) nachweisen.

Aufgrund dieser Ergebnisse können Diarylpigmente für Verarbeitungstemperaturen in Polymeren über 200 °C nicht mehr empfohlen werden. Das gilt nicht nur für ihre Verwendung in Kunststoffen, wie in Polypropylen und Polystyrol, sondern beispielsweise auch in Blechdrucken, die oberhalb 200 °C eingebrannt werden, oder in Pulverlacken, die über 200 °C verarbeitet werden.

Es wird angenommen, daß der thermische Abbau beginnt, wenn die Diarylpigmente anfangen, sich im Polymeren zu lösen, d.h. der Zersetzungsprozeß verläuft über die gelöste Phase. Das würde auch erklären, warum die betreffenden Pulverpigmente selbst bis 340 °C thermostabil sind, wie die Differentialthermoanalyse (DTA) ausweist.

Diarylgelbpigmente blühen im Normalfall nicht aus. Bei einigen von ihnen kann es jedoch, je nach Verarbeitungstemperatur und Art und Menge des enthaltenen Weichmachers, bei Pigmentkonzentrationen unterhalb von 0,05% in WeichPVC zu Ausblüherscheinungen kommen. Die entsprechenden Grenzkonzentrationen dieser Pigmente sind bei einem solchen Einsatz daher zu beachten. Eine Reihe von Diarylgelbpigmenten ist außerhalb dieser Bereiche auch gut ausblutbeständig. Sie werden daher in großem Umfang zum Färben von PVC jeglicher Art eingesetzt. Ihre Lichtechtheit reicht für viele Einsatzzwecke auf dem Kunststoffgebiet aus. Diarylgelbpigmente sind auch in Kunststoffen sehr farbstark. Wegen ihrer guten Wirtschaftlichkeit und insgesamt guten Echtheiten reicht ihr Einsatzspektrum auf dem Kunststoffgebiet daher von Hart- und Weich-PVC über Polyolefine bis zu Polyurethan-Schaumstoffen, Gummi und anderen Elastomeren oder Gießharzen der verschiedensten Art. Auch bei der Spinnfärbung verschiedener Materialien werden Diarylgelbpigmente verwendet.

Die hohe Farbstärke und guten Echtheiten sind auch der Grund für den Einsatz in Gebieten, die nicht zum Druckfarben-, Lack- und Kunststoffbereich zählen. Aus der Vielzahl der Verwendungsmöglichkeiten seien Putzmittel der verschiedensten Art, Lösemittelbeizen und der Büroartikelsektor genannt, wo Diarylgelbpigmente beispielsweise in Buntstiften, Tuschen, Kreiden oder Künstlerfarben eingesetzt werden, sofern die Lichtechtheit den Anforderungen genügt. Auch zum Bedrucken von Textilien werden die Pigmente in großem Umfange verwendet.

2.4.1.4 Im Handel befindliche Diarylgelb- und -orangepigmente

Allgemein

Als erstes Diarylgelbpigment wurde P.Y.13 von der IG Farben entwickelt und 1935 zum Pigmentieren von Kautschuk unter der Bezeichnung Vulcan-Echtgelb GR auf den Markt gebracht. Wenige Jahre später wurde in den USA P.Y.12 angebo-

2.4 Disazopigmente

Tab. 14: Im Handel befindliche Diarylgelbpigmente

C.I. Name	Formel-Nr.	X	Y	R_K^2	R_K^4	R_K^5	Nuance
P.Y.12	21090	Cl	H	H	H	H	gelb
P.Y.13	21100	Cl	H	CH$_3$	CH$_3$	H	gelb
P.Y.14	21095	Cl	H	CH$_3$	H	H	gelb
P.Y.17	21105	Cl	H	OCH$_3$	H	H	grünstichig-gelb
P.Y.55	21096	Cl	H	H	CH$_3$	H	rotstichig-gelb
P.Y.63	21091	Cl	H	Cl	H	H	gelb
P.Y.81	21127	Cl	Cl	CH$_3$	CH$_3$	H	sehr grünstichig-gelb
P.Y.83	21108	Cl	H	OCH$_3$	Cl	OCH$_3$	rotstichig-gelb
P.Y.87	21107:1	Cl	H	OCH$_3$	H	OCH$_3$	rotstichig-gelb
P.Y.90	–	–	–	H	H	H	rotstichig-gelb
P.Y.106	–	Cl	H	CH$_3$ / OCH$_3$	CH$_3$ / H	H / H	grünstichig-gelb
P.Y.113	21126	Cl	Cl	CH$_3$	Cl	H	sehr grünstichig-gelb
P.Y.114	21092	Cl	H	H / H	H / CH$_3$	H / H	rotstichig-gelb
P.Y.121	–	Cl	H	–	–	–	gelb
P.Y.124	21107	Cl	H	OCH$_3$	OCH$_3$	H	gelb
P.Y.126	21101	Cl	H	H / H	H / OCH$_3$	H / H	gelb
P.Y.127	21102	Cl	H	CH$_3$ / OCH$_3$	CH$_3$ / H	H / H	gelb
P.Y.136	–	Cl	H	–	–	–	gelb
P.Y.152	21111	Cl	H	H	OC$_2$H$_5$	H	rotstichig-gelb
P.Y.170	21104	Cl	H	H	OCH$_3$	H	gelbstichig-orange
P.Y.171	21106	Cl	H	CH$_3$	Cl	H	gelb
P.Y.172	21109	Cl	H	OCH$_3$	H	Cl	gelb
P.Y.174	21098	Cl	H	CH$_3$ / CH$_3$	CH$_3$ / H	H / H	gelb
P.Y.176	21103	Cl	H	CH$_3$ / OCH$_3$	CH$_3$ / Cl	H / OCH$_3$	gelb
P.Y.188	21094	Cl	H	CH$_3$ / H	CH$_3$ / H	H / H	gelb
P.O.15	21130	CH$_3$	H	H	H	H	gelbstichig-orange
P.O.16	21160	OCH$_3$	H	H	H	H	gelbstichig-orange
P.O.44	–	OCH$_3$	H	H	Cl	H	rotstichig-orange

Die im Colour Index genannten Formel-Nummern 21107 (P.Y.124) und 21107:1 (P.Y.87) sind irreführend, da beide Pigmente unterschiedliche Strukturen aufweisen.

ten. Es verdrängte in vielen Ländern die vorher eingesetzten Monoazogelbpigmente vom Typ P.Y.1. Eine große Anzahl weiterer Pigmente folgte, die häufig im Laufe der Jahre wieder vom Markt verschwanden oder heute nur noch sehr geringe, meist regionale Bedeutung haben. Hierzu zählen beispielsweise Diarylgelbpigmente, die anstelle von 3,3'-Dichlorbenzidin als Bisdiazokomponente 3,3'-Dimethoxy-, 3,3'-Dimethyl- oder 2,2'-Dimethoxy-5,5'-dichlorbenzidin enthalten. Drei dieser Pigmente, nämlich Pigment Orange 15, P.O.16 und P.O.44, spielen besonders in den USA und Japan noch eine gewisse Rolle.

In Tabelle 14 sind die technisch wichtigen Vertreter dieser Pigmentklasse aufgeführt. Auffällig ist auch hier wieder, daß die Acetessigsäurearylide im aromatischen Kern besonders Methoxy- oder Methylgruppen als Substituenten enthalten.

Einzelne Pigmente

Pigment Yellow 12

Das Pigment ist von großer technischer Bedeutung und gehört weltweit zu den mengenmäßig größten Pigmenten. Es stellt mit dem im aromatischen Kern unsubstituierten Acetessigsäureanilid als Kupplungskomponente das chemisch einfachste Diarylgelbpigment dar. Seine Echtheitseigenschaften sind im Vergleich mit den substituierten Vertretern dieser Klasse graduell schlechter. Das trifft besonders für die Lichtechtheit zu. Sie entspricht für Buchdruck-Andrucke in 1/1 bis 1/3 ST Werten der Blauskala von etwa 3, in 1/25 ST etwa 2. Die Lichtechtheit ist damit bei gleicher Farbtiefe, mit Ausnahme des etwa gleich lichtechten P.Y.14, um 1 bis 2 Stufen schlechter als die der anderen Diarylgelbpigmente des mittleren und rotstichigen Gelbbereiches, z. B. P.Y.13, 83, 127 oder 176.

Bei gleicher Pigmentkonzentration ist die Lichtechtheit von P.Y.12 daher sogar um 2 bis 3 Stufen schlechter als die der genannten Pigmente. Die als Vergleich genannten Diarylgelbpigmente benötigen dabei zur Einstellung auf gleiche Farbtiefe aufgrund höherer Farbstärke zum Teil erheblich geringere Mengen. Da die Lichtechtheit konzentrationsabhängig ist, werden die Unterschiede in der Lichtechtheit der Pigmente zu P.Y. 12 größer. So ist unter vergleichbaren Bedingungen bezüglich der Schichtdicke (1 µm) und bei etwa gleicher Korngröße der Pigmente zur Herstellung von Buchdruck-Andrucken in 1/1 ST bei P.Y.12 in der Druckfarbe eine Pigmentkonzentration von ca. 10%, bei P.Y.13 aber nur eine solche von ca. 7% erforderlich.

P.Y.12 ist ein mittleres Gelb, das in Buch- und Offsetdruckfarben in großem Umfang als Gelbkomponente im Drei- bzw. Vierfarbendruck verwendet wird. Zur Einstellung des gelben Farbtones gemäß der Europa-Norm (s. 1.8.1.1) ist gegebenenfalls eine Nuancierung mit geringen Anteilen einer röteren Komponente, beispielsweise einem Orangepigment wie P.O.13 oder P.O.34, vorzunehmen. Als Gelb für die sogenannte Kodak-Skala kann es ohne Nuancierung verwendet werden.

P.Y.12-Marken sind bezüglich der Transparenz für die unterschiedlichsten Forderungen der Praxis optimiert; sie reichen von ziemlich deckenden Versionen, die besonders für den Verpackungs- und Zeitungsdruck interessant sind, über semitransparente bis zu hochtransparenten Marken, die üblicherweise geharzt sind. Der Farbton verschiebt sich mit zunehmender Transparenz, entsprechend steigender Kornfeinheit, zu reineren, grünstichigeren Nuancen. Gleichzeitig wird die Lichtechtheit schlechter. P.Y.12-Marken genügen in dieser Hinsicht nur geringeren Anforderungen. Wegen der im Buch- und Offsetdruck bei ca. 1 µm liegenden Schichtdicke (s. 1.8.1.1) und der in diesen Druckverfahren üblichen Verfahrensweise, im Drei- bzw. Vierfarbendruck Gelb häufig als letzte Farbe zu drucken, bringen Marken mit hohem Glanz Vorteile. Voraussetzung dafür ist sehr gute Dispergierbarkeit der Pigmente sowie Optimierung der Druckfarbenrezepte.

Während in Europa P.Y.13 und davon chemisch modifizierte Typen im Offsetdruck häufig P.Y.12 vorgezogen werden, setzt man in den USA hierfür nahezu ausschließlich P.Y.12 ein. Man geht dort dabei meist von Pigmentpreßkuchen aus und führt das feinteilige Pigment unter Vermeidung von Agglomeration und ohne merkliche Rekristallisationsvorgänge in einem Flushprozeß (s. 1.6.5.8) in die Flushpaste und dann in die Druckfarbe über. In Europa wird diese Technologie in Anbetracht der guten Dispergierbarkeit der Pulverpigmente für Skalenfarben, d.h. Druckfarben für den Drei- bzw. Vierfarbenbuch- und -offsetdruck, praktisch nicht mehr angewandt.

Im Vergleich mit anderen Diarylgelbpigmenten ist auch die Beständigkeit von P.Y.12 gegen organische Lösemittel graduell schlechter. Das äußert sich u.a. in stärkerer Tendenz zur Rekristallisation und ist von besonderer Bedeutung beim Dispergieren des Pigmentes in Offsetdruckfirnissen mit modernen Rührwerkskugelmühlen. Hochtransparente P.Y.12-Marken sind bei dieser Verarbeitung entsprechenden P.Y.13-Marken unterlegen. Es gibt seit kurzem aber auch rotstichige P.Y.12-Marken mit deutlich verbesserter Rekristallisationsbeständigkeit.

Drucke mit P.Y.12 sind ebenso wie mit anderen Diarylgelbpigmenten silberlackbeständig, d.h. beständig gegen transparente Einbrennlacke, mit denen fertige Blechdrucke als Schutz gegen Verkratzen und Scheuern überzogen werden. Auch sind sie sterilisierecht (s. 1.6.2.3) – eine wesentliche Voraussetzung für die Verwendung im Blechdruck für die Konservenindustrie.

Die hohe Pigmentkonzentration in Offset- und Buchdruckfarben, die im allgemeinen bei mehr als 15% liegt, stellt besonders bei sehr feinteiligen hochtransparenten Marken hohe Anforderungen an die rheologischen Eigenschaften und damit an das Fließverhalten in schnellaufenden Druckmaschinen.

Im Illustrationstiefdruck wird als Gelbkomponente praktisch ausschließlich P.Y.12 verwendet, das bei der Herstellung mit bestimmten aliphatischen Aminen präpariert wird. Unter den Herstellbedingungen dieser Spezialmarken reagiert ein Teil des Pigmentes unter Bildung von Ketiminen (s.2.4.1.1). Diese Reaktionsprodukte sind in den Lösemitteln der Tiefdruckfarben – in Toluol besser als in Benzin – mit dunkelroter Farbe löslich. Sie vermitteln den Eindruck höherer Farbtiefe im Druck. Außerdem sind die Druckfarben mit solchen Pigmenten wesentlich fließfähiger als jene mit konventionellen Marken gleicher Konzentration.

In jüngerer Zeit kamen Weiterentwicklungen auf den Markt, die ein wesentlich verbessertes Durchschlageverhalten auf billigen Tiefdruck-Papieren aufweisen (s. 1.8.1.2). Unter bestimmten Bedingungen, beispielsweise beim Transport der Farben im Sommer, d.h. bei erhöhten Temperaturen und starker Bewegung der Druckfarbe, spielt die Lagerstabilität der Illustrationstiefdruckfarben eine wichtige Rolle. Bei Verwendung üblicher Druckfarbenharze ist diese Stabilität oft nicht gegeben. Es erfolgt dabei Rückreaktion der Ketiminbildung; dabei bildet sich aus der gelösten Komponente wieder kristallines Pigment. Dieser Vorgang ist mit zunehmendem Vergrünen des Farbtons, Abnahme der Farbstärke und Anstieg der Viskosität der Druckfarben infolge der Entstehung neuer Pigmentoberflächen verbunden [3]. Die Lagerstabilität läßt sich durch Auswahl geeigneter Harze für den Illustrationstiefdruckfirnis wesentlich verbessern. Die häufig verwendeten Zinkresinate bewirken hier im Gegensatz zu beispielsweise Calciumresinaten schlechte Lagerstabilität. Die dabei ablaufenden Prozesse sind noch nicht völlig geklärt.

P.Y.12-Marken werden in Spezialtief- und Flexodruckfarben wegen ihrer Preiswürdigkeit eingesetzt, kommen aber auch für wäßrige Druckfarben in Frage, sofern die Lichtechtheit genügt. Für Laminatpapiere sind sie nicht geeignet.

Auf dem Lackgebiet wird P.Y.12 kaum eingesetzt. In Einbrennlacken ist es nicht genügend überlackierecht; seine Lichtechtheit in lufttrocknendem Lack entspricht in Aufhellungen mit TiO_2 (1:5) nur Stufe 2 der Blauskala.

Auch zum Einfärben von Kunststoffen ist P.Y.12 von geringer Bedeutung. Während es zum Färben von Weich-PVC aufgrund seines Migrationsverhaltens nicht geeignet ist, findet es eine gewisse Verwendung in Hart-PVC, wo seine Lichtechtheit in transparenten Färbungen Stufe 6, in deckenden Einstellungen je nach Pigmentgehalt und Aufhellungsgrad mit TiO_2, d.h. je nach Farbtiefe, Stufe 2 bis Stufe 5 beträgt. Auch zum Einfärben von Polyurethan-Schaumstoffen kommt es aufgrund der guten Hitzebeständigkeit und wegen der geringen Lichtechtheit der aromatischen Polyurethane selbst in Betracht.

Wenn die Lichtechtheit den Anforderungen genügt, wird P.Y.12 – ähnlich wie modifiziertes P.Y.12, beispielsweise P.Y.126 – zum Pigmentieren einer Vielzahl spezieller Medien, z.B. im Putzmittel- oder Büroartikelsektor verwendet. Ist hierfür eine höhere Lichtechtheit erforderlich, so kommen die farbschwächeren, weniger lösemittelechten Monoazogelbpigmente, besonders farbtonähnliche P.Y.1-Marken, in Betracht.

Pigment Yellow 13

Auch der Schwerpunkt des Einsatzes von P.Y.13 ist das Druckfarbengebiet, und zwar vor allem der Offsetdruck. Es entspricht dabei dem Normfarbton Gelb der Europa-Skala für den Drei- und Vierfarbendruck und auch dem Gelb der Kodak-Skala (s. 1.8.1.1). Gelb als letzte Farbe in der Druckreihenfolge setzt hohe Transparenz der Druckfarbe voraus. Die dafür verwendeten P.Y.13-Marken, sowie chemisch modifizierte Versionen davon, wie P.Y.127 oder P.Y.176, sind zur Erfüllung dieser Forderungen mit Hartharzen präpariert. Bei vergleichbarer spezifischer Oberfläche und Korngrößenverteilung und somit ähnlicher Transparenz sind Drucke mit P.Y.13 oder den genannten Modifikationen bis zu 25% farbstärker als solche mit gleichen Konzentrationen von P.Y.12 oder P.Y.126.

P.Y.13-Marken, besonders die geharzten hochtransparenten Versionen, sind im allgemeinen leicht dispergierbar. Trotzdem kann es in den wenig intensiv wirkenden Rührwerkskugelmühlen zu gewissen Dispergierschwierigkeiten kommen. Mangelhafte Dispergierbarkeit vermag dabei Rekristallisation des Pigmentes während des Dispergierprozesses vorzutäuschen, ein Vorgang, der sich ebenfalls in verringerter Transparenz und Farbstärkeminderung äußert.

Entsprechend den besseren Lösemittelechtheiten ist auch die Rekristallisationsbeständigkeit von P.Y.13 besser als die von P.Y.12. Das bringt beispielsweise deutliche Vorteile bei der Verarbeitung dieser Pigmente in stark mineralölhaltigen Offsetdruckfirnissen mit den genannten Rührwerkskugelmühlen (s. 1.8.1.1). P.Y.127 und P.Y.176 verhalten sich hier noch günstiger.

P.Y.13 ist im Druck bei Marken ähnlicher Transparenz und gleicher Farbtiefe um ein bis zwei Stufen der Blauskala besser lichtecht als P.Y.12.

Das Spektrum der P.Y.13-Marken reicht im Handel von hochtransparenten über semitransparente bzw. semiopake Versionen bis zu stark deckenden Typen.

P.Y.13 und chemisch modifizierte Typen davon finden wegen ihrer Lösemittelbeständigkeit im Vergleich mit P.Y.12 bevorzugten Einsatz in Spezialtiefdruckfarben verschiedener Art. Silberlackbeständigkeit, Sterilisier- und Kalandrierechtheit sind einwandfrei.

Im Illustrationstiefdruck auf Basis von Toluol und Toluol-Benzin-Gemischen wird P.Y.13 nicht verwendet. Aminpräparierte Marken hierfür sind derzeit nicht im Handel.

P.Y.13 spielt ähnlich wie P.Y.12 auf dem Lackgebiet keine nennenswerte Rolle. Bei etwas röterem Farbton ist die Lichtechtheit zwar um einige Stufen der Blauskala besser, doch erreicht sie nicht diejenige von Monoazopigmenten des Hansa-Gelb-Typs. P.Y.13 ist nicht überlackierecht.

Verbreiteter ist der Einsatz auf dem Kunststoffgebiet, wo das Pigment mittlere Ansprüche erfüllt. In Weich-PVC kann es vor allem je nach Art und Menge des Weichmachers und der Verarbeitungstemperatur bei geringer Pigmentkonzentration von weniger als 0,05% zum Ausblühen kommen (s. 1.6.3.1). Die Ausblutechtheit in Weich-PVC ist wesentlich besser als die von P.Y.12 und der des grünstichigeren P.Y.17 vergleichbar. Bei 1/3 ST, die sich mit ca. 0,3% Pigment und 5% TiO_2 einstellen läßt, zeigt P.Y.13 in Weich-PVC eine Lichtechtheit (Tageslicht) von etwa Stufe 6-7 der Blauskala; ähnlich liegen die Lichtechtheitswerte in Hart-PVC, in dem es nicht migriert. Das Pigment wird z.B. in Kabelummantelungen aus Weich-PVC zur Einstellung von RAL 1021 und RAL 2003 (s. 1.6.1.3) nach DIN 47002 oder in Fußbodenbelägen auf PVC-Basis eingesetzt.

Die gute Hitzebeständigkeit in HDPE, die in der ersten Auflage dieses Buches für eine Verweilzeit von 5 Minuten je nach Farbtiefe und Handelsmarke mit 200 bis 260°C angegeben worden war, muß wegen der inzwischen gefundenen thermischen Zersetzung der Diarylpigmente (s. 2.4.1.3) auf 200°C begrenzt werden. Die

Marken sind sehr farbstark. Zur Einstellung von 1/3 ST in HDPE (TiO_2-Gehalt: 1%) sind ca. 0,12% Pigment erforderlich. Das Pigment beeinflußt dabei die Schwindung des Kunststoffs im Spritzguß nur bei niedrigen Verarbeitungstemperaturen. Seine Lichtechtheit ist hier ähnlich gut wie in PVC. Sehr verbreitet ist seine Verwendung – vorzugsweise in Form von Präparationen – in Gummi und anderen Elastomeren sowie in Schaumstoffen aus aromatischem Polyurethan. Auch bei der Spinnfärbung, beispielsweise von Viskose-Reyon und -Zellwolle, wird es eingesetzt.

Pigment Yellow 14

Das Pigment ist im Vergleich mit P.Y.12 und P.Y.13 zwar von geringerer Bedeutung, wird aber in großen Mengen, vor allem im Verpackungs- und Textildruck eingesetzt. Es ist etwas grünstichiger als P.Y.12 und merklich grünstichiger als P.Y.13. Für den Normfarbton Gelb gemäß der Europaskala sind manche Handelsmarken zu grün. Gegenüber P.Y.13-Marken ähnlicher physikalischer Beschaffenheit, d.h. ähnlicher spezifischer Oberfläche, ist P.Y.14 nicht nur farbschwächer, sondern auch um 1 bis 2 Stufen der Blauskala schlechter lichtecht; die Lösemittelechtheiten sind zum Teil ebenfalls schlechter. Für den Drei- und Vierfarbendruck im Offset- und Buchdruck wird es daher – auch in Nuancierungen mit rotstichigen Pigmenten – nur in speziellen Fällen eingesetzt. Den hochtransparenten Versionen von P.Y.12 und P.Y.13 entsprechende P.Y.14-Marken sind in Europa nicht auf dem Markt.

Die Lösemittelechtheiten von P.Y.14 sind allerdings besser als die von P.Y.12. So ist es im Gegensatz zu diesem paraffinecht, eine im Verpackungsdruck oft gestellte Forderung. Das ist einer der Gründe, weshalb P.Y.14 in den USA eine wesentlich stärkere Bedeutung hat als außerhalb und dort in erheblich größerer Menge produziert wird als P.Y.13 (lt. US International Trade Commission wurden 1988 in den USA hergestellt: 2335 t P.Y.14, aber nur 358 t P.Y.13-Marken; zum Vergleich: 7506 t P.Y.12). Genügen dort die Echtheiten von P.Y.12 nicht den Anforderungen, so wird vorzugsweise auf P.Y.14, in den meisten anderen Ländern dagegen auf P.Y.13 übergegangen.

Durch geeignete Präparierung von P.Y.14 mit Aminen werden Spezialmarken für den Illustrationstiefdruck erhalten, die sich im Vergleich mit entsprechenden P.Y.12-Marken durch einen reinen, besonders grünstichigen Farbton auszeichnen. Gleichzeitig sind sie farbschwächer. Sie spielen aber derzeit keine Rolle, da seit einigen Jahren in der graphischen Industrie rotstichigere Nuancen im Illustrationstiefdruck bevorzugt werden. P.Y.14 wird regional allerdings auch in nicht präparierter Form in Illustrationstiefdruckfarben eingesetzt. Schwachpunkt dieser Druckfarben ist das schlechte rheologische Verhalten.

Auf dem Lackgebiet ist P.Y.14 ohne Bedeutung. Auf dem Kunststoffgebiet ist sein Einsatz regional sehr unterschiedlich. In den USA wird es in stärkerem Maße für Polyolefine verwendet. Dabei ist das Pigment bis etwa 200 °C thermostabil. Verbreitet ist auch sein Einsatz in Elastomeren, speziell in Gummi. Bei der Verwendung in Weich-PVC sind die Konzentrationsgrenzen für das Ausblühen zu beachten. Das Pigment kommt daneben für die Spinnfärbung von Viskosekunstseide und -zellwolle, sowie besonders für die Färbung von Viskoseschwämmen in der Masse in Betracht. Die Lichtechtheit genügt hier keinen höheren Anforderungen; sie entspricht in 1/1 bis 1/9 ST Werten der Blauskala zwischen Stufe 4 und Stufe 5-6. Die wichtigen textilen Echtheiten sind einwandfrei.

Pigment Yellow 17

Dieses Pigment ist merklich grünstichiger als P.Y.14 und deutlich grünstichiger als P.Y.12. Auch hier ist das Druckfarbengebiet als Haupteinsatzgebiet anzusehen. P.Y.17 ist bei gleicher Farbtiefe um 1 bis 2 Stufen der Blauskala lichtechter als P.Y.14. Dabei ist es allerdings farbschwächer, so daß zum Beispiel für Buchdruck-Andrucke gleicher Farbtiefe (1/3 ST) und standardisierter Schichtdicke (1 µm) Druckfarben mit einer Pigmentkonzentration von ca. 7,5%, bei P.Y.14 aber nur von 3,7% erforderlich sind. Bei Lichtechtheitsvergleichen von Drucken mit P.Y.17 und P.Y.13 ist zu beachten, daß bei Schnellbelichtungen mit Xenonhochdrucklampen P.Y.17 deutlich rascher zerstört wird, wohingegen es bei der Praxisanwendung im Tageslicht lichtechter ist als P.Y.13. P.Y.17 ist gegen die meisten organischen Lösemittel beständiger als P.Y.14.

Von P.Y.17 sind meist hochtransparente Versionen, zum Teil in geharzter Form, auf dem Markt. Sie bringen oft besondere Vorteile im Verpackungsdruck. Durch Kombination mit hochtransparentem, stark rotstichigem P.Y.83 lassen sich damit Farbtöne im dazwischenliegenden Bereich mit ebenfalls hoher Transparenz und guter Lichtechtheit einstellen.

P.Y.17 wird in allen Druckverfahren verwendet. Für den Normfarbton Gelb gemäß der Europa-Norm für den Offset- und Buchdruck ist es zu grünstichig; bei entsprechenden Anforderungen kann es mit geringem Zusatz an P.Y.83 für diesen Einsatz nuanciert werden. Auch im Verpackungsdruck, hier besonders im Tiefdruck, ist P.Y.17 für alle Arten von Druckfarben geeignet. Sie reichen von Nitrocellulose- und Polyamidfarben bis zu Vinylchlorid/Vinylacetat-Mischpolymerisat-Farben auf Keton-Esterbasis für PVC oder Aluminiumfolien. In NC-Farben auf Esterbasis, aber auch in anderen Systemen, neigt das Pigment, besonders in feinteiliger, hochtransparenter Form, zu schlechter Fließfähigkeit, zu hoher Viskosität und in selteneren Fällen zum Eindicken. Das Pigment findet keinen Einsatz im Illustrationstiefdruck; dort werden Spezialmarken von P.Y.12 bzw. P.Y.14 bevorzugt. Im Blechdruck wird P.Y.17 aufgrund seiner guten Hitzestabilität bis 200°C verwendet.

P.Y.17 wird auf dem Lackgebiet nur in speziellen Fällen, beispielsweise aufgrund seiner hohen Transparenz für Doseninnenlackierungen u.ä., eingesetzt. In lufttrocknenden Lacken zeigt es in deckender Einstellung (organisches Pigment : TiO_2 = 1:5) eine Lichtechtheit von Stufe 5 der Blauskala, im Vollton von Stufe 7. In Einbrennlacken ist es nicht einwandfrei überlackierecht.

Die Verwendung im Kunststoffbereich ist breitgefächert. In Weich-PVC ist zu berücksichtigen, daß auch P.Y.17 bei geringen Konzentrationen ausblüht. Die Lichtechtheit entspricht bei gleicher Farbtiefe etwa der des röteren P.Y.13 (Stufe 6-7 bei 1/3 ST). Auch in Kunststoffen ist es gegenüber diesem Pigment deutlich farbschwächer. In Hart-PVC wird bei gleicher Farbtiefe ähnliche Lichtechtheit festgestellt. P.Y.17 wird sowohl zur Massefärbung als auch zum Bedrucken von PVC-Folien verwendet. Das Pigment ist daher oft in den Sortimenten von Pigmentpräparationen, zum Beispiel solchen auf Basis von VC/VAc-Mischpolymerisaten zu finden. Aufgrund ihrer guten Verteilbarkeit im Kunststoff sind diese Präparationen selbst für Dünnfolien geeignet. Die dielektrischen Eigenschaften von P.Y.17 ermöglichen seine Verwendung in PVC-Kabelisolationen.

Auch in Polyolefinen wird P.Y.17, zum Teil ebenfalls in Form von Präparationen, eingesetzt; seine Hitzebeständigkeit hierin wurde bisher mit ca. 220 bis 240 °C angegeben, ist aber aufgrund der bei Diarylpigmenten gefundenen thermischen Zersetzung (s. 2.4.1.3) auf 200 °C zu begrenzen. Wegen dieser Zersetzung ist P.Y.17 auch für Polystyrol, in dem es unter den Verarbeitungsbedingungen weitgehend gelöst wird, nicht mehr zu empfehlen. Gleiches gilt für ABS.

Auch für Schaumstoffe auf der Basis von aromatischem Polyurethan wird P.Y.17 empfohlen. In Gießharzen verschiedener Art zeigt es ausgezeichnete Lichtechtheit. Sie liegt für Methylmethacrylatharze mit einem Pigmentgehalt von 0,025% und einer Schichtdicke von 3 mm bei Stufe 7-8 der Blauskala. Gleiche Werte gelten für ungesättigte Polyesterharze, wobei keine Beeinflussung der Harzhärtung durch das Pigment festzustellen ist (s. 1.8.3.5). Die in Duroplasten zum Beispiel auf Basis von Melamin- und Harnstoff-Formaldehydharzen bestimmten Lichtechtheitswerte liegen sowohl für transparente als auch für deckende Färbungen um 1 bis 2 Stufen der Blauskala niedriger. Auch in der Gummifärbung wird P.Y.17 eingesetzt.

P.Y.17 findet ebenfalls im textilen Bereich Verwendung. So ist es im Textildruck weit verbreitet und in entsprechenden Sortimenten von Pigmentpräparationen enthalten. Sofern es die Verarbeitungsbedingungen zulassen und seine Echtheiten den Anforderungen genügen, wird es auch zur Spinnfärbung eingesetzt. Hier wird es für Polyacrylnitril- und Acetatfasern empfohlen, wobei die Lichtechtheit in 1/3 ST Stufe 5 der Blauskala entspricht.

Pigment Yellow 55

Das Pigment ist im Vergleich mit verschiedenen anderen Diarylgelbpigmenten, besonders denen des Typs P.Y.12, 13 und 83, von geringerer Bedeutung. Es handelt sich um ein sehr rotstichiges Gelb, das aber nicht ganz die Röte von P.Y.83 und P.Y.114 erreicht.

Das Pigment findet hauptsächlich im Druckfarbenbereich Verwendung, und zwar speziell in Sonderfarben, beispielsweise für den Verpackungssektor. Im Handel sind Marken mit stark verschiedener spezifischer Oberfläche und somit auch unterschiedlicher Transparenz bzw. unterschiedlichem Deckvermögen anzutreffen. Die Marken unterscheiden sich auch wesentlich in ihrem Fließverhalten, besonders in öligen und wäßrigen Bindemittelsystemen, den wichtigsten Medien für das Pigment. Typen mit geringerer spezifischer Oberfläche sind dabei erwartungsgemäß rotstichiger, deckender, etwas farbschwächer und besser fließfähig. Einige Marken sind zur Erzielung höherer Transparenz stark geharzt. Die meisten P.Y.55-Marken sind im Vergleich mit anderen Diarylgelbpigmenten des rotstichigen und mittleren Gelbbereiches deutlich farbschwächer. Die Lichtechtheit von P.Y.55 entspricht in Buchdruck-Andrucken in 1/3 ST Stufe 4 der Blauskala und damit etwa der des chemisch und im Farbton ähnlichen Diarylgelbpigmentes P.Y.114.

Für das Lackgebiet ist P.Y.55 von geringer Bedeutung. Gewissen Einsatz findet es im Industrielackbereich, wenn keine größeren Anforderungen bestehen. Seine Lichtechtheit entspricht in mittleren Farbtiefen (1/3 ST) der von P.Y.13, im Volltonbereich ist sie etwas besser, in stärkeren Aufhellungen deutlich schlechter.

Im Kunststoff kommt das Pigment für einen Einsatz in PVC und in Gummi in Betracht. In Weich-PVC ist die Ausblutechtheit nicht ganz einwandfrei. Es zeigt hier gute bis mittlere Farbstärke. Zur Einfärbung von Weich-PVC in 1/3 ST (5% TiO_2) sind 0,7% Pigment erforderlich. Zum Vergleich kann diese Farbtiefe mit 0,28% Pigment Yellow 83 eingestellt werden. Die Lichtechtheit dieser Färbungen ist mit Stufe 7 der Blauskala anzugeben. P.Y.55 wird auch im Textildruck verwendet.

Pigment Yellow 63

Das Pigment wird noch in Japan hergestellt und ist von geringer lokaler Bedeutung. Sein Farbton ist ein grünstichiges bis mittleres Gelb. Die Lichtechtheit von P.Y.63 ist als sehr mäßig zu bezeichnen. Sie erreicht die anderer Diarylgelbpigmente nicht. So sind Buchdruck-Andrucke in 1/1 ST unter standardisierten Bedingungen nur mit Stufe 2 der Blauskala zu bewerten. Das Pigment ist gegen verschiedene organische Lösemittel, die im Druckfarbengebiet verwendet werden, gut beständig und rekristallisationsstabil. Die Präparierung mit Aminen verschiebt den Farbton in Illustrationstiefdruckfarben, ähnlich wie bei P.Y.14, stark zu grüneren Nuancen.

Pigment Yellow 81

Das Pigment ergibt ein sehr grünstichiges Gelb. Sein Farbton entspricht etwa dem des Monoazogelbpigmentes P.Y.3, ist aber in Aufhellungen erheblich farbstärker; seine Lösemittel- und Migrationsechtheiten sind wesentlich besser. Die gute Lichtechtheit von P.Y.3 erreicht P.Y.81 allerdings nicht ganz. P.Y.81 ist im Farbton und in seinen Echtheiten P.Y.113 sehr ähnlich, das aber etwas lösemitelechter und vor allem migrationsbeständig ist.

P.Y.81 wird zum Pigmentieren vieler Medien verwendet. So ist es für alle Druckverfahren, auch für den textilen Druck, gleichermaßen geeignet. Seine gute Beständigkeit gegen viele organische Lösemittel ermöglicht den Einsatz in lösemittelhaltigen Druckfarben aller Art, beispielsweise in Mischpolymerisatfarben auf Keton-Esterbasis für PVC, seine Hitzebeständigkeit den Einsatz im Blechdruck. Die Drucke sind silberlackbeständig, sterilisier- und kalandrierecht. Die Lichtechtheit beträgt bei 1/3 ST Stufe 5-6 der Blauskala (Vergleich P.Y.3: Stufe 6-7; P.Y.113: ebenfalls Stufe 5-6).

Im Lackbereich wird P.Y.81 aufgrund seiner einwandfreien Überlackierechtheit und sehr guten Lösemittelechtheiten in Industrielacken eingesetzt. Die meisten Handelsmarken zeigen dabei gutes Deckvermögen. Die Lichtechtheit ist in einem Alkyd-Melaminharzlack mit Stufe 7-8 für den Vollton und Stufe 6-7 für Aufhellungen (1:4 TiO_2) anzugeben. P.Y.81 besitzt bei ähnlichem Farbton in Lacken eine wesentlich höhere Farbstärke als P.Y.3, erreicht aber nicht ganz dessen Licht- und Wetterechtheit.

In Weich-PVC kann das Pigment je nach Verarbeitungsbedingungen und Formulierung des Kunststoffes bei niedrigen Pigmentkonzentrationen ausblühen. In Hart-PVC verhält sich P.Y.81 dagegen auch in niedrigen Konzentrationen einwandfrei. Seine Lichtechtheit im Tageslicht beträgt ebenso wie die des hier deutlich farbstärkeren P.Y.113 bei 1/3 ST Stufe 7 der Blauskala. Bei vergleichender Belichtung mit einer Xenonlampe ist – besonders in transparenten Färbungen – P.Y.113 merklich lichtechter, zum Teil mehr als eine Stufe der Blauskala. P.Y.81 ist bei Berücksichtigung der Konzentrationsgrenzen sehr gut ausblutecht. Aufgrund seiner guten Hitzebeständigkeit wird es auch für Polyolefine verwendet. Je nach Farbtiefe wurde die Thermostabilität für eine Verweilzeit von 5 Minuten bisher mit 260 °C angegeben; sie war damit besser als die anderer Diarylgelbpigmente. Aufgrund der neuen Erkenntnisse über die thermische Zersetzung der Diarylpigmente (s. 2.4.1.3) ist die Thermostabilität auf 200 °C zu begrenzen. Das Pigment beeinflußt das Schwindungsverhalten von HDPE und anderer teilkristalliner Kunststoffe im Spritzguß praktisch nicht. Auch in anderen Kunststoffen, sowie in der Spinnfärbung, beispielsweise von 2 1/2-Acetat, wird es verwendet.

Pigment Yellow 83

Das Pigment ist aufgrund seiner sehr guten Echtheiten nahezu universell einsetzbar. Sein Farbton ist rotstichig-gelb; er ist wesentlich röter als der von P.Y.13. Dabei ist es sehr farbstark.

P.Y.83 wird in allen Druckverfahren problemlos eingesetzt. Für den Druck werden hochtransparente Marken oft vorgezogen. Sie sind zum Teil mit Harzen präpariert. Auf Aluminiumfolien oder im Blechdruck erreicht man mit solchen Versionen brillante Goldtöne. Durch Kombination mit transparenten Marken des grünstichigen P.Y.17 lassen sich transparente Drucke mit guter Lichtechtheit im dazwischenliegenden Farbtonbereich erhalten. So weisen Drucke in 1/3 ST für beide Pigmente in transparenter, d. h. feinteiliger Form, eine Lichtechtheit von Stufe 5 auf (P.Y.12: Stufe 2; P.Y.13: Stufe 3-4). Für Pigmentkombinationen mit

P.Y.83 wird auch das sehr grünstichige P.Y.113 eingesetzt. Es ist deutlich lichtechter als P.Y.17 und P.Y.83, erreicht aber nicht ganz deren hohe Transparenz.

P.Y.83 ist als Standardpigment im rotstichigen Gelbbereich anzusehen. Das im Farbton ähnliche Monoazogelbpigment P.Y.10 (s. S. 227, 231), etwa halb so farbstark wie P.Y.83, ist zwar noch lichtechter (ca. 1,5 Stufen der Blauskala), doch gleichzeitig wesentlich weniger transparent und wesentlich weniger lösemittelecht, so daß es bei der Verarbeitung im Anwendungsmedium unter entsprechenden Bedingungen stark rekristallisiert.

P.Y.83 ist gegen die meisten in Anwendungsmedien enthaltenen Lösemittel gut bis sehr gut beständig. Rekristallisationsvorgänge sind daher unter den üblichen Verarbeitungsbedingungen selbst bei den hochtransparenten Marken von geringer Bedeutung. Auch die Silberlack-, Kalandrier- und Sterilisierechtheiten sind dementsprechend einwandfrei.

P.Y.83 hat auch im Kunststoffbereich große Verbreitung gefunden. Entsprechend seinen guten Lösemittelechtheiten ist es in Weich-PVC auch in geringen Konzentrationen migrationsstabil, d. h. es blüht und blutet nicht aus. Seine Lichtechtheit wird im Tageslicht bei 1/3 ST in Weich-PVC mit Stufe 8, bei 1/25 ST noch mit Stufe 7 der Blauskala bewertet; ähnliche Ergebnisse liegen für Hart-PVC vor. Auch in Kunststoffen ist es sehr farbstark. So sind beispielsweise zur Einfärbung von HDPE in 1/3 ST (1% TiO_2-Gehalt) nur 0,08% Pigment erforderlich. Es ist in vielen Sortimenten von Pigmentpräparationen für die verschiedensten Kunststoffe enthalten. Zu den Präparationen zählen solche auf VC/VAc-Mischpolymerisatbasis und Pigment-Weichmacherpasten für die PVC-Massefärbung, z. B. für Dünnfolien oder Kabelummantelungen sowie für den Druck auf PVC-Folien. Auch Präparationen für Polyolefine und andere Kunststoffe sind hier zu nennen. Für das Pigment war bisher aufgrund von anwendungstechnischen Prüfergebnissen in Polyolefinen eine Thermostabilität bis 250°C genannt worden. Wegen der neueren Erkenntnisse hinsichtlich der thermischen Zersetzung der Diarylpigmente (s. 2.4.1.3) ist die Hitzestabilität auf 200°C zu begrenzen.

P.Y.83 weist hervorragende Lichtechtheit auch in Methylmethacrylat- und ungesättigten Polyestergießharzen auf. In letzterem wird die Härtung durch das Pigment nicht beeinflußt.

Bedeutend ist die Verwendung von P.Y.83 im Textildruck. Es zeigt hier ein gutes Echtheitsniveau. So sind Trockenreinigungsechtheit mit Benzin und Perchlorethylen, sowie Naßreinigungsechtheit nahezu oder völlig einwandfrei. Das Pigment wird für die Spinnfärbung von Viskose, 2 1/2-Acetat und Polyacrylnitril (s. 1.8.3.8) verwendet. Für diese Verwendung wird es auch in Form von Pigmentpräparationen angeboten.

Auf dem Lackgebiet ist P.Y.83 in feinteiliger Form besonders für Transparent- und Metalleffektlacke, aber auch ganz allgemein für Industrielacke und Dispersionsanstriche geeignet, sofern keine allzu hohen Anforderungen an die Lichtechtheit gestellt werden. Seine Lichtechtheit liegt hier im Vollton bei Stufe 6-7 der Blauskala, wobei es beim Belichten etwas dunkelt, in deckenden Lackierungen mit TiO_2 (1:10) bei Stufe 6 bzw. (1:125) bei 4-5. In Einbrennlacken ist es dabei einwandfrei überlackierecht.

P.Y.83 ist auch in einer optimal deckenden Form auf dem Markt. Sie liefert gut fließfähige Lacke und gestattet die Pigmentkonzentration im Lack zu erhöhen und damit das Deckvermögen zusätzlich zu verbessern. Die hochdeckende Marke ist wesentlich wetterechter und kommt in tiefen Tönen, d. h. im volltonnahen Bereich selbst für Automobilserienlackierungen in Betracht. Andere Einsatzgebiete sind Autoreparatur- und Landmaschinenlacke sowie andere hochwertige Industrielacke.

P.Y.83 findet entsprechend seiner guten allgemeinen Echtheiten und seiner hohen Farbstärke vielfältigen weiteren Einsatz, wie in Büroartikeln und Künstlerfarben oder auch in lösemittelhaltigen Holzbeizen, wo es z. T. in Kombination mit Rotpigmenten und Ruß zur Einstellung von Brauntönen verwendet wird.

Pigment Yellow 87

Das Pigment wurde in den vergangenen Jahren von verschiedenen Herstellern in den USA und Japan auf dem Markt angeboten. Auf dem europäischen Markt wird es kaum angetroffen. Sein Farbton ist ein rötliches Gelb und entspricht annähernd dem von P.Y.83; diesem Pigment steht es auch chemisch nahe. Bei ähnlicher Farbstärke ist aber seine Ausblutechtheit in ofentrocknenden Lacken sowie auch in Weich-PVC im Gegensatz zu P.Y.83 sehr mäßig. Auch die Lichtechtheit ist schlechter. So sind Buchdruck-Andrucke in 1/1 ST unter standardisierten Bedingungen mit Stufe 4, entsprechende Drucke mit P.Y.83 mit Stufe 5 der Blauskala zu bewerten. Eine gewisse Verwendung findet das Pigment im Textildruck.

Pigment Yellow 90

Das Pigment ist von geringer Bedeutung, seine Verbreitung regional begrenzt. Es ergibt sehr rotstichige Gelbnuancen, die denen von P.Y.114 entsprechen. Gegenüber P.Y.114 ist aber die Lichtechtheit von P.Y.90 merklich schlechter. So zeigen Buchdruck-Andrucke in 1/1 und 1/3 ST nur eine Stufe 3 der Blauskala entsprechende Lichtechtheit (P.Y.114: Stufe 4–5 bzw. 4).

Pigment Yellow 106

Es handelt sich um ein grünstichiges Pigment, das etwas röter ist als P.Y.17. Gegenüber diesem ist besonders die höhere Farbstärke zu erwähnen. So sind beispielsweise zur Einstellung von Buchdruck-Andrucken mit P.Y.106 in 1/1 ST bei standardisierter Schichtdicke Druckfarben mit einem Pigmentgehalt von nur 12%, mit P.Y.17 dagegen von mehr als 25% erforderlich. Die entsprechenden Werte für Drucke in 1/3 ST sind 6% bzw. 7,5% Pigment. Die Lichtechtheit von P.Y.106 ist bei gleicher ST ca. 1/2 Stufe der Blauskala schlechter als die von P.Y.17. Die Einsatzgebiete von P.Y.106 sind weitgehend die gleichen wie von P.Y.17; sie liegen hauptsächlich im Druckfarbenbereich. Bis 200°C (10 Minuten) ist das Pigment thermostabil; die Drucke sind silberlackbeständig und sterilisierecht. Das Pigment kommt daher auch für den Blechdruck in Betracht.

Pigment Yellow 113

Das Pigment wurde vor wenigen Jahren weltweit vom Markt zurückgezogen, weil ein Vorprodukt zu seiner Herstellung international nicht mehr zur Verfügung stand. Daher ist das Pigment kaum noch anzutreffen. P.Y.113 stellt ein Gelbpigment mit sehr grünstichiger Nuance dar. Coloristisch und anwendungstechnisch entspricht es in vieler Hinsicht P.Y.81, durch das es weitgehend ersetzt werden mußte, ist aber im Gegensatz zu diesem in Weich-PVC einwandfrei migrationsecht. P.Y.113 blüht hierin selbst bei sehr niedrigen Pigmentkonzentrationen nicht aus und ist daher diesbezüglich keinen Einschränkungen unterworfen. Die Lichtechtheit beider Pigmente ist etwa gleich gut.

Pigment Yellow 114

Das Pigment ergibt sehr rotstichige Gelbtöne, die denen von P.Y.83 naheliegen, doch im Vergleich mit diesem Pigment ist das Echtheitsniveau niedriger; es liegt etwa zwischen den Echtheiten von P.Y.12 und P.Y.13. So ist die Lichtechtheit im Druck je nach Farbtiefe um 1/2 bis 2 Stufen der Blauskala geringer als bei P.Y.83, dessen Farbstärke auch nicht ganz erreicht wird.

Bevorzugtes Einsatzgebiet für P.Y.114 ist der graphische Druck, besonders der Verpackungsdruck. Hier wird das Pigment für preiswerte Drucke verwendet, wenn auf die sehr guten Echtheiten von P.Y.83 verzichtet werden kann. So sind Drucke von P.Y.114 gegen eine Reihe organischer Lösemittel, beispielsweise das Lösemittelgemisch nach DIN 16524, nicht einwandfrei beständig und auch nicht paraffin- und butterecht. Seifen-, Alkali- und Säureechtheit sind jedoch gegeben. Da das Pigment nicht bis 140°C stabil ist, die Drucke außerdem nicht sterilisierecht sind, kann es nicht für den Blechdruck empfohlen werden.

Pigment Yellow 121

Die chemische Konstitution dieser Mischkupplung ist nicht veröffentlicht. Das Pigment ist regional von gewisser Bedeutung und wird in Druckfarben verschiedener Art eingesetzt. Sein Farbton ist als mittleres Gelb zu bezeichnen, das für den Normfarbton Gelb der Europa-Skala CIE 12-66 für den Drei- bzw. Vierfarbendruck (s. 1.8.1.1) ggf. etwas nach der grüneren Seite zu nuancieren ist. Die Handelsmarken zeigen mittlere Transparenz. Die Farbstärke des Pigmentes ist im Vergleich mit farbtonähnlichen Diarylgelbpigmenten, beispielsweise P.Y.126 oder P.Y.176, geringer. P.Y.121 ist gegen eine Reihe organischer Lösemittel, die im

Druckfarbengebiet verwendet werden, gut beständig. Es zeigt darin auch gute Rekristallisationsstabilität. Zu diesen Lösemitteln zählen aromatische Kohlenwasserstoffe, speziell Toluol, weshalb das Pigment, z.T. in aminpräparierter Form, auch in Illustrationstiefdruckfarben eingesetzt wird. Die Präparierung mit Aminen verschiebt dabei den Farbton, ähnlich wie bei P.Y.14, stark zu grüneren Nuancen.

Pigment Yellow 124

Das Pigment wird zur Zeit nur in den USA angeboten, es ist von geringerer Bedeutung. Sein Farbton ist ein mittleres Gelb.

Pigment Yellow 126

Das Echtheitsniveau des Pigmentes entspricht in vieler Hinsicht dem des chemisch nahestehenden P.Y.12. Bei Marken mit ähnlicher spezifischer Oberfläche ist allerdings der Farbton etwas röter. Bei Druckfarben mit P.Y.126 ist im Gegensatz zu P.Y.12 zur Einstellung des Normfarbtones Gelb der Europa-Norm (s. 1.8.1.1) im 3- bzw. 4-Farbendruck eine Nuancierung mit einer röteren Komponente oft nicht erforderlich. P.Y.126 wird deshalb vor allem in Skalenfarben für den Offsetdruck eingesetzt. Hierfür stehen hochtransparente Typen zur Verfügung. Sie sind im 3-Farbendruck die Voraussetzung für die Verwendung in der zuletzt gedruckten Farbe, wie das bei diesem Druckverfahren häufig geschieht.

P.Y.126 ist farbstärker als P.Y.12; so sind für hochtransparente Drucke in 1/1 ST bei standardisierter Schichtdicke Druckfarben mit 9% P.Y.126, aber mit ca. 10% P.Y.12 nötig. Die Lichtechtheit der Drucke von P.Y.126 ist eine Stufe der Blauskala besser und entspricht im Bereich von 1/1 bis 1/25 ST Stufe 4 bzw. 3. Hitzebeständigkeit bis 200°C (10 Minuten), einwandfreie Silberlackbeständigkeit und Sterilisierechtheit ermöglichen den Einsatz im Blechdruck. P.Y.126 ist auch in wäßrigen bzw. wäßrig-alkoholischen Druckfarben farbstärker und besser lichtecht als P.Y.12. Die Behandlung von P.Y.126 mit aliphatischen Aminen führt wie bei P.Y.12 zu Ketiminbildung (s. 2.4.1.1). Entsprechende Handelsmarken ergeben einen vergleichsweise rotstichigen Farbton und hohe Farbstärke im Druck. Hinsichtlich Lagerstabilität und Durchschlageverhalten ähneln die Druckfarben mit P.Y.126 denen mit P.Y.12.

Ein weiterer Einsatz von P.Y.126 kommt grundsätzlich überall dort in Betracht, wo P.Y.12-Marken verwendet werden. Das ist beispielsweise auf dem Büroartikel- und Putzmittelgebiet der Fall.

Pigment Yellow 127

Das Pigment ist anwendungstechnisch mit P.Y.13 zu vergleichen, dem es auch chemisch ähnlich ist. Es befindet sich in hochtransparenter Form auf dem Markt;

die Handelsmarken sind geharzt. Haupteinsatzgebiet ist der Offsetdruck, wo es derzeit in Europa zu den Standardmarken im Gelbbereich zählt. Das Pigment entspricht dem Normfarbton Gelb des 3- bzw. 4-Farbendrucks gemäß CIE 12-66 (s. 1.8.1.1). Es ist sehr farbstark. So sind für Drucke in 1/1 ST mit standardisierter Schichtdicke Druckfarben mit 6,5% Pigment, in 1/3 ST solche mit 3,3% Pigment erforderlich. Vergleichswerte sind bei einer Anzahl anderer Pigmente dieses Farbtonbereiches angegeben. Hervorzuheben ist auch die gute Rekristallisationsbeständigkeit des Pigments, die besonders für die Verarbeitung in modernen Rührwerkskugelmühlen vorteilhaft ist. P.Y.127 ist gut dispergierbar, in der Hitzebeständigkeit entspricht es P.Y.13. Silberlackbeständigkeit und Sterilisierechtheit sind einwandfrei. Das Pigment kommt daher auch für den Blechdruck in Frage.

Daneben wird P.Y.127 häufig im Spezialtiefdruck verwendet, wo es besonders in Nitrocellulosefarben bei hoher Transparenz guten Glanz bringt. Die Gebrauchsechtheiten der Drucke mit P.Y.127 sind sehr gut; sie entsprechen weitgehend denen von P.Y.13.

Pigment Yellow 136

Bei dem seit einigen Jahren auf dem Markt angebotenen Pigment handelt es sich um chemisch modifiziertes P.Y.13 bzw. P.Y.14. Mit Mischungen dieser Pigmente ist es auch in den coloristischen und anwendungstechnischen Eigenschaften vergleichbar. Es wird im Druckfarbenbereich eingesetzt, besonders in öligen, d.h. in Offsetdruckfarben. Sein Farbton liegt zwischen denen von P.Y.13 und P.Y.14. Auch seine Farbstärke ist hier einzuordnen.

Pigment Yellow 152

Das Pigment ist in Europa von geringer, in den USA von größerer Bedeutung. Sein Farbton ist ein sehr rotstichiges, etwas trübes Gelb. Auf dem Markt sind im wesentlichen Pigmente mit gutem Deckvermögen, die besonders auf dem Lackgebiet für chromgelbfreie Formulierungen interessant sind. Im Vergleich mit deckenden Versionen des grünstichigeren P.Y.83 sind sie schlechter fließfähig. Auch die Überlackierechtheit ist nicht gut; das Pigment blutet beispielsweise stark in einem Alkyd-Melaminharzlack bei Einbrenntemperaturen von 120°C aus. Es zeigt mittlere Lichtechtheit. Sie entspricht in Weißaufhellungen von 1:5 TiO_2 Stufe 5 der Blauskala; die entsprechende Lackierung mit P.Y.83 ist mit Stufe 7-8 zu bewerten. Im Vollton und volltonnahen Bereich dunkelt es ähnlich wie P.Y.83; die Lichtechtheit entspricht in diesem Bereich Stufe 7. Gegenüber dem etwas grünstichigeren Monoazogelbpigment P.Y.65 ist P.Y.152 in Weißaufhellungen lufttrocknender Alkydharzlackierungen nahezu doppelt so farbstark und in Volltonlackierungen wesentlich deckender.

Pigment Yellow 170

P.Y.170 wird in Japan produziert und ist in Europa kaum auf dem Markt anzutreffen. Es ergibt Farbtöne im gelbstichigen Orange- bzw. sehr rotstichigen Gelbbereich. Die Handelsmarke ist grobteilig und weist gutes Deckvermögen auf, dementsprechend zeigt sie in Weißaufhellungen recht geringe Farbstärke. So ist sie wesentlich farbschwächer als das farbtonähnliche, gelbstichigere Benzimidazolon-Pigment P.O.62, das sie auch in Licht- und Wetterechtheit nicht annähernd erreicht. P.Y.170 ist in ofentrocknenden Lacken bei üblichen Einbrenntemperaturen überlackierecht. Es ist im Druck bis 200°C hitzestabil, silberlackbeständig und sterilisierecht.

Pigment Yellow 171

Das Pigment wird auf dem japanischen Markt angetroffen. Die Nuance ist im Druck deutlich röter als die von P.Y.13 und liegt außerhalb der in den europäischen Farbskalen für den Offset- und Buchdruck festgelegten Farbtoleranzen für den Normfarbton Gelb (s. 1.8.1.1). Sie ist außerdem recht trüb. Im Vergleich mit P.Y.13 ist P.Y.171 auch farbschwächer. P.Y.171 wird daneben für die Kunststoffeinfärbung, besonders von PVC und PE empfohlen.

Pigment Yellow 172

Das Pigment entspricht in seinen coloristischen und anwendungstechnischen Eigenschaften naheliegend P.Y.171 und wird wie dieses auf dem japanischen Markt angetroffen.

Pigment Yellow 174

Das Pigment ähnelt in seinen Eigenschaften P.Y.13. Die Handelsmarken zeichnen sich durch gute Farbstärke und entsprechend ihres Harzgehaltes durch hohe Transparenz aus und kommen besonders für den Offsetdruck in Frage.

Die Nuance entspricht dem Normfarbton Gelb des Drei- bzw. Vierfarbendruckkes gemäß CIE 12-66. Die hohe Farbstärke der Handelsmarken ist mit hoher Viskosität der Druckfarbe verbunden.

Pigment Yellow 176

Das chemisch und anwendungstechnisch P.Y.13 nahestehende P.Y.176 ist nur in hochtransparenten Versionen auf dem Markt. Es weist einen etwas röteren Farbton als P.Y.13 auf.

Haupteinsatzgebiet ist der Offsetdruck, wo es dem Normfarbton Gelb für den 3- bzw. 4-Farbendruck gemäß CIE 12-66 (s. 1.8.1.1) entspricht. P.Y.176 zeichnet sich durch besonders hohe Farbstärke aus. Für Drucke in 1/1 ST mit standardisierter Schichtdicke sind theoretisch Druckfarben mit nur 6% Pigment, in 1/3 ST mit 3% erforderlich. Die hohe Farbstärke bei gleicher Pigmentkonzentration ist allerdings in manchen Bindemitteln im Vergleich mit P.Y.13 oder P.Y.127 mit erhöhter Viskosität bzw. verminderter Fließfähigkeit verbunden. Die Echtheiten im Druck, beispielsweise Lichtechtheit, Thermostabilität, Silberlack- und Sterilisierechtheit, sowie die Beständigkeit gegen wichtige organische Lösemittel, wie auch das Lösemittelgemisch nach DIN 16 524, sind sehr gut oder gut. Sie entsprechen weitgehend denen von P.Y.13.

Pigment Yellow 188

Das vor einigen Jahren auf den Markt gekommene Pigment steht konstitutionell und anwendungstechnisch Pigment Yellow 13 nahe.

Haupteinsatzgebiet der im Handel angetroffenen, sehr transparenten Marke ist der Offsetdruck. Das Pigment entspricht dort dem Normfarbton Gelb für den 3- bzw. 4-Farbdruck gemäß CIE 12-66 (s. 1.8.1.1). Die Handelsmarke ist hochgeharzt und weist sehr gute Farbstärke auf; sie ist gut fließfähig.

Pigment Orange 15

Das Pigment ergibt gelbstichige Orangenuancen, die denen von P.O.13 naheliegen. P.O.15 hat gegenüber diesem Pigment stark an Bedeutung verloren. Es wird zur Zeit nur noch in den USA produziert. P.O.15 ist hinsichtlich Lichtechtheit und Beständigkeit gegen organische Lösemittel P.O.13 unterlegen. Es wird in Druckfarben und für die Gummieinfärbung verwendet.

Pigment Orange 16

Das Pigment ist auf Basis 3,3'-Dimethoxybenzidin als Bisdiazokomponente (o-Dianisidin) aufgebaut. Hiervon leitet sich der Trivialname Dianisidinorange ab. Das Pigment spielt derzeit nur in den USA (1988 wurden hier lt. US International Trade Commission 303 t P.O.16 produziert) und Japan eine gewisse Rolle, während es in Europa nur geringe Bedeutung aufweist. Es stellt ein gelbstichiges Orange dar, das deutlich röter als P.O.13 und P.O.34 ist und vor allem bezüglich Licht- und Wetterechtheit sowie Lösemittel- und Migrationsbeständigkeit den gestiegenen Anforderungen oftmals nicht mehr genügt.

Das Pigment wird überwiegend im Druckfarbenbereich eingesetzt. Hier dient es besonders zum Nuancieren von Diarylgelbmarken des Typs P.Y.12, denen es in seinen Echtheiten am nächsten kommt, und für billige Verpackungsdruck- und Sonderfarben. Geharzte Marken zeigen höhere Transparenz. Als nachteilig sind bei einer Reihe von Handelsmarken die schlechten rheologischen Eigenschaften anzusehen, die besonders bei höherer Pigmentierung Probleme bereiten.

Für Lacke und Anstrichfarben kommt P.O.16 wegen ungenügender Licht- und Wetterechtheit, die nicht einmal die von Pigment Yellow 12 erreicht, kaum in Betracht. Eingesetzt wird das Pigment wegen seiner Wirtschaftlichkeit dagegen zur Gummifärbung, sowie besonders im Textildruck.

Pigment Orange 44

Ähnlich wie bei anderen Pigmenten mit 3,3'-Dimethoxybenzidin als Diazokomponente ist die Bedeutung von P.O.44 stark gesunken und derzeit als gering zu bezeichnen. Es handelt sich um ein sehr rotstichiges Orange, das noch merklich röter als der Farbton des β-Naphthol-Pigmentes P.O.5 ist. Verglichen mit diesem Pigment sind zwar die Lösemittelechtheiten besser, die Lichtechtheit dagegen ist wesentlich schlechter. So entsprechen Buchdruck-Andrucke mit P.O.44 bei gleicher Farbtiefe Stufe 3, solche mit P.O.5 Stufe 6 der Blauskala.

Das Pigment wird besonders im Textildruck eingesetzt. Auch hier ist die Lichtechtheit geringer als die von P.O.5. Drucke in 1/1 ST sind mit Stufe 5-6 (7), solche in 1/3 ST mit Stufe 4-5 (7) und in 1/6 ST mit Stufe 3-4 (6-7) der Blauskala anzugeben. In Klammern stehen die Werte für P.O.5. Die Gebrauchsechtheiten sind dagegen wesentlich besser. So sind beispielsweise Trockenreinigungsbeständigkeit und Trockenhitzefixierechtheit bis 210 °C (30 Sekunden) einwandfrei, bei P.O.5 und auch bei dem etwas röteren Naphthol AS-Pigment P.R.10 hingegen sind diese mittelmäßig bis ungenügend. Auch bei der PVC-Beschichtung verhält sich P.O.44 einwandfrei.

2.4.2 Bisacetessigsäurearylid-Pigmente

Da aus dieser Pigmentgruppe tatsächlich nur wenige Vertreter technische Bedeutung haben, kann eine Charakterisierung ohne weitere Unterteilung erfolgen.

Bisacetessigsäurearylid-Pigmente sind Disazopigmente mit bifunktionellen Kupplungskomponenten. Letztere werden aus aromatischen Diaminen, insbesondere aus 4,4'-Diaminodiphenyl- oder 1,4-Diaminophenyl-Derivaten durch Bisacetoacetylierung mit 2 Mol Diketen oder Acetessigester hergestellt:

$$H_2N-(C_6H_4)_n-NH_2 + 2\ CH_2=C-O-CH_2-C=O$$

(oder 2 $CH_3COCH_2COOC_2H_5$)

$$H_3C-\underset{O}{\underset{\|}{C}}-CH_2-\underset{O}{\underset{\|}{C}}-NH-(C_6H_4)_n-NH-\underset{O}{\underset{\|}{C}}-CH_2-\underset{O}{\underset{\|}{C}}-CH_3 \quad (+\ 2\ C_2H_5OH)$$

n = 1,2

2.4 Disazopigmente

Als Diazokomponenten werden hier nur übliche aromatische Amine verstanden, nicht jedoch Aminobenzamide oder -anilide, die in Verbindung mit Bisacetoacetylaminophenylen als Kupplungskomponenten unter den Disazokondensations-Pigmenten (s. 2.9) beschrieben sind. Bisacetessigsäurearylid-Pigmente weisen daher folgende allgemeinen Formeln auf:

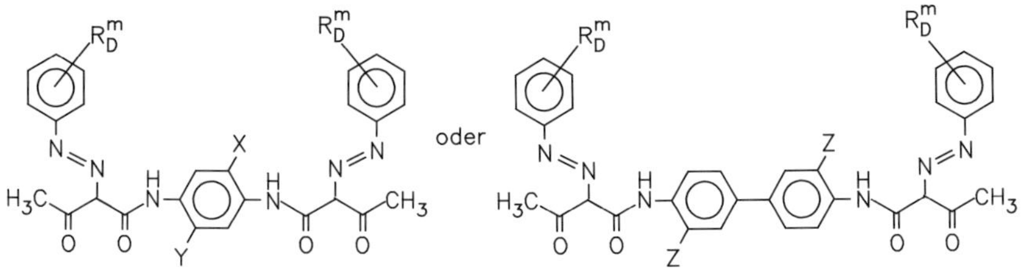

Hierbei bedeuten R_D : CH_3, OCH_3, OC_2H_5, Cl, Br, NO_2, $COOCH_3$; m : 0 bis 3; X, Y : H, CH_3, OCH_3, Cl und Z : CH_3, OCH_3, Cl.

Die Bisacetessigsäurearylid-Pigmente zeigen gute Lösemittelechtheit und Farbstärke, wobei letztere nicht ganz die der Diarylgelbpigmente erreicht.

Obwohl Bisacetessigsäurearylid-Pigmente mit 1,4-Bisacetoacetylaminobenzol und dessen Derivaten als bifunktionelle Kupplungskomponenten in mehreren Patenten [6] beschrieben sind, haben Handelsprodukte auf dieser Basis bisher nur begrenzte Bedeutung erlangen können.

Auf dem Markt wird beispielsweise Pigment Yellow 155, ein gelbes Pigment mit 1-Amino-2,5-dicarbomethoxybenzol als Diazokomponente und 1,4-Bisacetoacetylaminobenzol als bifunktioneller Kupplungskomponente angeboten [7]:

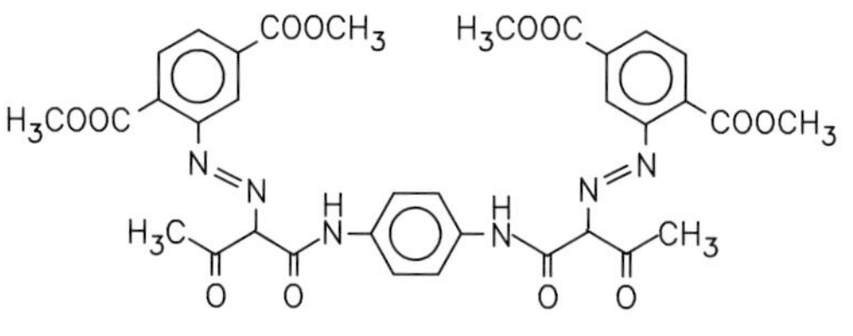

Ähnlich ist die Situation bei Bisacetessigsäurearylid-Pigmenten mit 4,4'-Bisacetoacetylaminodiphenyl-Derivaten als Kupplungskomponenten. Hier ist ein Pigment von größerer technischer Bedeutung, nämlich Pigment Yellow 16, 20040:

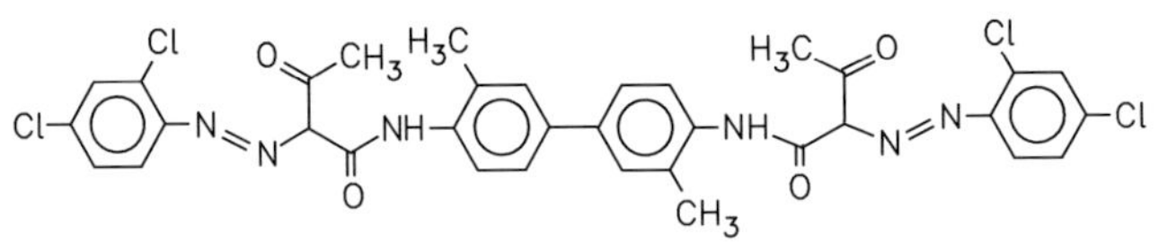

Seine Herstellung erfolgt durch Kupplung zweier Äquivalente diazotierten 2,4-Dichloranilins auf bisacetoacetyliertes 3,3-Dimethylbenzidin, das auch unter dem Namen Naphtol AS-G bekannt ist.

2.4.2.1 Im Handel befindliche Bisacetessigsäurearylid-Pigmente und ihre Eigenschaften

Pigment Yellow 16

Es handelt sich um ein Pigment im mittleren Gelbbereich mit vielseitiger Anwendung, dessen Bedeutung aber infolge steigender Anforderungen auf einigen Gebieten langsam zurückgeht.

Seine Beständigkeit gegen verschiedene organische Lösemittel, beispielsweise Alkohole und Ester, ist als gut bis sehr gut zu bezeichnen; gegen andere Lösemittel, besonders aromatische Kohlenwasserstoffe, wie Xylol, ist es aber unbeständig. Das kann bei der Verarbeitung in aromatenhaltigen Systemen, wie bestimmten ofentrocknenden Lacken oder Spezialtiefdruckfarben, infolge Rekristallisation zu deutlichen Farbtonverschiebungen nach röterer Nuance führen. Eine ähnliche Farbtonverschiebung kann bei P.Y.16 in Anwesenheit bestimmter Lösemittel im Anwendungsmedium auch durch einen Modifikationswechsel bedingt sein. Das wird durch Röntgenbeugungsuntersuchungen bestätigt [8].

Auf dem Lackgebiet wird das Pigment besonders in Industrielacken verwendet. Bei ähnlichem Farbton wie P.Y.1 ist es aber in ofentrocknendem Lack ausblühbeständig und überlackierecht. Seine Lichtechtheit beträgt im Vollton zwar 7-8, bereits in geringen Aufhellungen mit TiO_2 (1:5) aber nur noch Stufe 5 der Blauskala. Das Pigment zeigt nur in vollen Tönen gute Wetterechtheit.

Spezielle Versionen mit hohem Deckvermögen ermöglichen die Formulierung chromgelbfreier Volltonlackierungen. Wegen ihrer guten rheologischen Eigenschaften ist zur weiteren Verbesserung des Deckvermögens eine Erhöhung der Pigmentkonzentration im Lack möglich, ohne daß Verlauf, Glanz und andere Eigenschaften des Lackes beeinträchtigt werden. Obwohl die Wetterechtheit dieser grobteiligen, deckenden Typen noch etwas besser als die der konventionellen Marken ist, reicht sie oftmals für einen längeren Außeneinsatz nicht aus. Die deckenden Formen sind gegen Aromaten und einige andere Lösemittel besser beständig und weniger rekristallisationsempfindlich als die Standardmarken.

P.Y.16 kommt auch für Dispersionsanstrichfarben in Frage; für dieses Einsatzgebiet steht es in Form von Pigmentpräparationen zur Verfügung.

Im Druckfarbenbereich ist P.Y.16 für alle Druckverfahren geeignet, kann allerdings auch hier in manchen Systemen mangelnde Rekristallisationsbeständigkeit zeigen. Es ist farbstark und relativ gut lichtecht. Seine Lichtechtheit entspricht dabei etwa der gut lichtechter Diarylgelbpigmente und beträgt zum Beispiel für Drucke in 1/1 ST Stufe 5, in 1/3 ST Stufe 4-5 der Blauskala. Bei Marken mit höherem Deckvermögen ist die Lichtechtheit je nach Farbtiefe noch um 1/2 bis 1 Stufe der Blauskala besser. Die Drucke sind silberlackbeständig (s. 1.6.2.1), kalandrier- und sterilisierecht. Gute Hitzebeständigkeit, die für 30 Minuten Einwirkungszeit bei 200 °C liegt, macht es für den Blechdruck geeignet. Auch im Textildruck wird es verwendet.

Der Einsatz auf dem Kunststoffgebiet ist stark zurückgegangen. In PVC zeigt P.Y.16 schlechte Migrationsbeständigkeit; es blüht und blutet aus. Dazu ist in

2.4 Disazopigmente

Weich-PVC infolge von Rekristallisationsvorgängen auch seine Hitzebeständigkeit unbefriedigend. In Polyolefinen zeigt es gute Farbstärke. Hier wurde seine Hitzestabilität für eine Verweilzeit von 5 Minuten je nach Farbtiefe mit etwa 230 bis 240 °C angegeben. Diese Werte müssen wegen thermischer Zersetzungsvorgänge wie bei den Diarylpigmenten auf 200 °C reduziert werden (s. 2.4.1.3).

P.Y.16 kann außerdem in Gießharzen, zum Beispiel auf Methylmethacrylat-Basis, in Faserschreibertinten, Zeichentuschen und vielen ähnlichen Einsatzmedien, sowie in Lederdeckfarben eingesetzt werden. Auch die Papiermasse- und -oberflächenfärbung sowie die Papierstreichmassenfärbung sind als Einsatzgebiete zu erwähnen.

Pigment Yellow 155

Das Pigment ergibt reine, etwas grünstichige Gelbnuancen und zeichnet sich durch gute Farbstärke aus. Auch die Beständigkeit gegen organische Lösemittel ist gut; es ist alkali- und säureecht.

Das Pigment wird für das Lackgebiet, für die Kunststoffeinfärbung und für graphische Druckfarben empfohlen. In ofentrocknenden Lacken zeigt es gute Überlackierechtheit, die z. B. in Lacken auf Alkyd-Melaminharzbasis bei einer Einbrennzeit von 30 Minuten bis 140 °C einwandfrei ist. Die Lichtechtheit des Pigmentes ist gut. Sie entspricht im Vollton etwa der von P.Y.16. Seine Wetterechtheit ist im volltonnahen Bereich und in Weißaufhellungen besser als die von P.Y.16, erreicht aber nicht die des etwas grüneren Monoazogelbpigmentes P.Y.97.

Eine aus größeren Teilchen bestehende Type wird seit einiger Zeit auf dem Markt angeboten; sie weist bessere Wetterechtheit auf und wird aufgrund ihres höheren Deckvermögens als Ersatz für Chromgelb-Pigmente empfohlen.

P.Y.155 kommt besonders für Industrielacke in Frage, wo es in Nutzfahrzeug- und Landmaschinenlacken eingesetzt wird. Im Lack ist es bis 160 °C thermostabil.

In Weich-PVC ist P.Y.155 bei praxisüblichen Verarbeitungstemperaturen nicht ganz ausblutecht. Hitzebeständigkeit ist bis 180 °C gegeben. Das Pigment ist von guter bis mittlerer Farbstärke. Für Färbungen in 1/3 ST (5% TiO_2) werden 0,7% Pigment benötigt. Die Lichtechtheit in PVC entspricht in transparenten (0,1%) und in deckenden (0,1% + 0,5% TiO_2) Färbungen Stufe 7-8 der Blauskala; die Wetterechtheit fällt demgegenüber ab. In HDPE sind Färbungen in 1/3 ST (1% TiO_2) bei einer Verweilzeit von 5 Minuten bis zu Temperaturen von 260 °C hitzebeständig. Auch hier zeigt P.Y.155 mittlere Farbstärke. Das Pigment wird auch für Polypropylen und Styrol empfohlen, ist für Polyester dagegen nicht geeignet.

Im Druckfarbenbereich ist P.Y.155 für alle Druckverfahren verwendbar. Die Drucke zeigen gute Gebrauchsechtheiten; so sind sie seifen- und butterecht.

Pigment Yellow 198

Die chemische Konstitution dieses kürzlich auf den Markt gekommenen Disazopigmentes ist bisher nicht veröffentlicht worden. P.Y.198 eignet sich besonders für

Verpackungsdruckfarben, und zwar für Nitrocellulosefarben auf Alkohol- und Esterbasis, sowie für wäßrige Druckfarben. Die Lichtechtheit solcher Drucke in 1/1 ST mit 4,7% Pigment entspricht Stufe 5, die von Drucken in 1/3 ST mit 2,5% Pigment Stufe 4 der Blauskala. Während die Lösemittelechtheit in Lackbenzin und Dibutylphthalat einwandfrei ist, blutet das Pigment in Äthylalkohol und in Methoxypropanol geringfügig. Es blutet etwas in Toluol, Ethylacetat und Paraffin. Auch gegen das Lösemittelgemisch nach DIN 16524 ist es nicht beständig.

2.4.3 Disazopyrazolon-Pigmente

Ähnlich wie Monoazogelb- und Diarylgelbpigmente wurden die ersten Disazopyrazolon-Pigmente bereits ab 1910 entwickelt, aber erst mehr als 20 Jahre später auf den Markt gebracht. Anlaß dazu war die Suche nach ausblutechten, organischen, farbstarken orangefarbenen und gelbstichig-roten Pigmenten für die Einfärbung von Kautschuk. P.O.34 erlangte erst zu Beginn der fünfziger Jahre technische Bedeutung.

Voraussetzung für die Synthese dieser Pigmente war die von Ludwig Knorr 1883 entdeckte Herstellung von Phenylmethylpyrazolon. Erst in den dreißiger Jahren kam der erste Vertreter, ein Orangepigment (Pigment Orange 13), auf den Markt. Auch Pyrazolonrot-Pigmente wurden in dieser Zeit patentiert und kurz darauf in den Handel gebracht. Heute sind nur noch wenige Disazopyrazolon-Pigmente von technischer Bedeutung. Diese sind aber mit großen Anteilen am Umsatz organischer Pigmente beteiligt.

2.4.3.1 Chemie, Herstellung

Im industriellen Maßstab hergestellte Disazopyrazolon-Pigmente entsprechen der allgemeinen Formel

Dabei bedeuten $X : Cl, OCH_3$; $R^1 : CH_3, COOC_2H_5$ und $R^2 : H, CH_3$.

Aus einer großen Anzahl von Pyrazolon-Abkömmlingen sind nur ganz wenige übriggeblieben, die als Kupplungskomponente für die Herstellung von solchen Disazopigmenten verwendet werden und die den modernen Anforderungen an organische Pigmente genügen. Disazopyrazolon-Pigmente werden ähnlich wie Diarylgelbpigmente hergestellt: Durch Bisdiazotierung von 4,4'-Diaminodiphenyl-Derivaten, vor allem von 3,3'-Dichlorbenzidin oder 3,3'-Dimethoxybenzidin (o-Dianisidin) nach üblicher Hydrochloridbildung der Diamine und anschließende Kupplung auf 2 Äquivalente des entsprechenden Pyrazolon-Derivates erhält man die Rohpigmente. Mit 3,3'-Dichlorbenzidin als Diazokomponente entstehen dabei Orangepigmente, mit 3,3'-Dimethoxybenzidin wegen des verstärkten bathochromen Effektes Rottöne. Ebenso werden mit 1-Aryl-3-carbalkoxypyrazolon-5 als Kupplungskomponente Pigmente mit roten Farbtönen gebildet.

Durch Zusätze bei oder nach der Kupplung, aber schon durch die Art der Diazotierung und Kupplung oder durch verschiedene Nachbehandlungen erhält man die Pigmente in unterschiedlichen Anwendungsformen.

So können Disazopyrazolon-Pigmente für verschiedene Anwendungszwecke optimiert werden, z.B. hinsichtlich hoher Transparenz oder guten Deckvermögens, guter Dispergierbarkeit und hoher Farbstärke.

2.4.3.2 Eigenschaften

Disazopyrazolon-Pigmente lassen sich im Farbtonbereich vom rotstichigen Gelb über Orange und Rot bis zum Marron herstellen. Bei den heute technisch produzierten Marken dieser Klasse handelt es sich aber ausschließlich um Orange- und Rotpigmente. Die Pigmente weisen sehr unterschiedliche anwendungstechnische Eigenschaften und Echtheiten auf. So ist Pigment Orange 34 in seinen Echtheiten guten Diarylgelbpigmenten vergleichbar. P.O.13 hat ein etwas schlechteres Echtheitsniveau. Dies betrifft sowohl die Lichtechtheit als auch die Lösemittel- und Migrationsechtheiten. Pigmente mit 3,3'-Dimethoxybenzidin als Bisdiazokomponente anstelle von 3,3'-Dichlorbenzidin sind in Lösemittel- und Migrationsechtheiten sowie auch in ihrer Lichtechtheit noch wesentlich schlechter. Dementsprechend ist ihre Anwendung begrenzt.

2.4.3.3 Anwendung

Disazopyrazolon-Pigmente finden vielfältigen Einsatz, je nach den durch Veränderung der physikalischen Beschaffenheit in der einen oder anderen Richtung optimierten Eigenschaften, werden sie im Druckfarben-, Lack- oder Kunststoffbereich verwendet.

2.4.3.4 Im Handel befindliche Pigmente

Allgemein

Aus der Reihe der Disazopyrazolon-Pigmente mit 3,3'-Dichlorbenzidin als Bisdiazokomponente haben P.O.34 und P.O.13 größere wirtschaftliche Bedeutung. P.O.13 ist das mengenmäßig größte Pigment dieser Klasse und zählt zu den wichtigen organischen Pigmenten. P.R.38 und P.R.37 sind weniger bedeutend. Beide Pigmente kamen etwa zur selben Zeit wie P.O.13 in den Handel. P.R.37 und

2.4.3 Disazopyrazolon-Pigmente

P.R.41 enthalten 3,3'-Dimethoxybenzidin als Bisdiazokomponente. In Tabelle 15 sind die im Handel angetroffenen Vertreter der Disazopyrazolon-Pigmente aufgeführt.

Tab. 15: Im Handel angetroffene Disazopyrazolonpigmente

C.I. Name	Formel-Nr.	X	R^1	R^2	Nuance
P.O.13	21110	Cl	CH_3	H	gelbstichig-orange
P.O.34	21115	Cl	CH_3	CH_3	gelbstichig-orange
P.R.37	21205	OCH_3	CH_3	CH_3	gelbstichig-rot
P.R.38	21120	Cl	$COOC_2H_5$	H	rot
P.R.41	21200	OCH_3	H	H	rot
P.R.111	–	–	–	–	rot

Einzelne Vertreter

Pigment Orange 13

Das Pigment, in den USA als Pyrazolon-Orange bezeichnet, ist in semitransparenter Form mit spezifischen Oberflächen zwischen ca. 35 und 50 m²/g im Handel. In der Coloristik ist es P.O.34 sehr ähnlich, im allgemeinen jedoch etwas gelbstichiger. Bei z.T. etwas geringerer Farbstärke sind seine Echtheiten in vielen Medien etwas schlechter als die von P.O.34. So kann die Verwendung in Weich-PVC wegen seiner starken Migration nicht generell empfohlen werden. Es blüht in einem weiten Konzentrationsbereich und blutet stark aus. Bei Pigmentkonzentrationen von weniger als ca. 0,1% ist es – ebenso wie P.O.34-auch für Hart-PVC ungeeignet.

In Polyolefinen ist die Anwendung von P.O.13 ebenfalls begrenzt. Das Pigment wird für Temperaturen bis höchstens 200°C empfohlen (s. 2.4.1.3). Ähnliches gilt für Polystyrol und andere bei Temperaturen über 200°C verarbeitete Kunststoffe, wie Polymethacrylat, in denen P.O.13 verwendet wird. P.O.13 zählt zu den Pigmenten, die in HDPE das Schwindungsverhalten im Spritzguß praktisch nicht beeinflussen, wird hier aber nur in geringem Maße eingesetzt. In LDPE-Typen kann Ausblühen auftreten.

P.O.13 wird verbreitet in der Gummi-Industrie verwendet. In Naturkautschuk ist es einwandfrei vulkanisations- und ausblutbeständig. Aufgrund der ausgezeichneten Wasserechtheit kann es hier für Badeartikel, Schwämme oder Konservenringe problemlos eingesetzt werden. Gegen Reinigungsmittel ist es sehr beständig. Auch für die Viskose-Spinnfärbung und die Massefärbung, z. B. von Zelluloseschwämmen und -folien, wird es verwendet. Es zeigt in vollen Tönen (1/1 ST) gute Lichtechtheit (Stufe 6-7), die in hellen Tönen (1/12 ST) jedoch deutlich abfällt (Stufe 4 der Blauskala). Die wichtigen textilen Echtheiten sind nahezu bis völlig einwandfrei.

Auch auf dem Lackgebiet sind die Echtheiten von P.O.13 graduell schlechter als die von P.O.34-Typen ähnlicher Korngröße. Das betrifft beispielsweise die Überlackierechtheit im Einbrennlack ebenso wie die Lichtechtheit im lufttrocknenden Lack. Die Bedeutung von P.O.13 ist hier daher nur gering.

Das Pigment wird in der graphischen Industrie in beträchtlicher Menge für Verpackungsdruckfarben verwendet. Seine Lichtechtheit genügt dabei nur mittleren Ansprüchen und entspricht beispielsweise der von Diarylgelbpigment P.Y.12, zu dessen Nuancierung es auch oft verwendet wird. Die Beständigkeit pigmentierter Drucke gegen viele organische Lösemittel ist einwandfrei oder nahezu einwandfrei. Ebenso sind die Drucke paraffin-, butter- und seifenecht. Die Hitzebeständigkeit ist sehr gut und beträgt 200°C, so daß P.O.13 – sofern die Lichtechtheit genügt – für den Blechdruck geeignet ist. Auch die Silberlackbeständigkeit und Sterilisierechtheit sind einwandfrei.

Pigment Orange 34

Von diesem Pigment werden auf dem Markt Typen mit stark unterschiedlichen Teilchengrößen angeboten. Ihre spezifischen Oberflächen reichen von 15 m^2/g bei einer Marke mit sehr hohem Deckvermögen bis zu ca. 75 m^2/g bei transparenten Marken. Entsprechend diesen physikalischen Unterschieden variieren die coloristischen und Echtheitseigenschaften. Selbst die feinteiligen transparenten Marken sind bei P.O.34 im allgemeinen nicht geharzt.

Auf dem Druckfarbengebiet spielen besonders transparente Marken eine Rolle. Ihr Farbton ist ein reines gelbstichiges Orange. Sie sind sehr farbstark. Für Buchdruck-Andrucke in 1/1 ST werden unter Standardbedingungen Druckfarben mit einer Pigmentkonzentration von 7,6% benötigt. Die gleiche Pigmentkonzentration ist beispielsweise im Gelbbereich bei entsprechenden Drucken mit farbstarkem Diarylgelb vom Typ P.Y.13 erforderlich. P.O.34 ist gegenüber dem etwa gleich farbstarken P.O.13 oft etwas rotstichiger. Seine Lichtechtheit ist gegenüber P.O.13 bei gleicher Farbtiefe im Druck um etwa 1 Stufe der Blauskala besser und entspricht bei 1/1 sowie 1/3 ST Stufe 4 der Blauskala und erreicht in dieser Hinsicht nahezu P.Y.13.

P.O.34 ist gegen viele organische Lösemittel gut beständig. In Drucken ist es dabei beständiger als P.O.13, beispielsweise gegen das Lösemittelgemisch gemäß DIN 16 524 (s. 1.6.2.1). Trotz dieser vergleichsweise guten Echtheiten kann das Pigment – je nach den Verarbeitungsbedingungen – in Druckfarben verschiedener Art rekristallisieren. Drucke von P.O.34 sind paraffinecht und beständig gegen Dioctylphthalat; sie sind silberlackbeständig und sterilisierecht.

Transparentes P.O.34 ist in gewissem Umfang hitzempfindlich und im allgemeinen nur bis etwa 100 bis 140°C stabil. Bei darüberliegenden Temperaturen kann es im Blechdruck bzw. beim Sterilisieren zu einer Farbänderung zu röterem Orange kommen.

P.O.34 kann in allen Druckfarbenarten eingesetzt werden. Im Verpackungsdruck, besonders in Nitrocellulose-Farben, wird bei geringeren Anforderungen an die Beständigkeit gegen organische Lösemittel oft auf die orange Version des preiswerteren und lichtechteren P.O.5 zurückgegriffen, wobei gegebenenfalls nuanciert wird. Bei P.O.34 sind – ähnlich wie bei den Diarylgelbpigmenten – die für den Dekordruck geforderten Lösemittelechtheiten, besonders die gegen Monostyrol und Aceton (s. 1.8.1.2) ungenügend. Die Lichtechtheit ist zu gering. Außerdem blutet das Pigment beim Tränken mit Melaminharzlösung aus. Ein Einsatz auf diesem Gebiet kommt daher nicht in Betracht.

Das Pigment hat Bedeutung für den Textildruck. Hier weist es mittlere Lichtechtheit (1/3 ST Stufe 5-6 der Blauskala) auf; Trockenreinigungsechtheit ist nahezu, Trockenhitzefixierechtheit bis 210°C einwandfrei. Ähnliche Werte werden für die Polyacrylnitril-Spinnfärbung erhalten.

Auf dem Kunststoffgebiet wird P.O.34 beispielsweise für die Färbung von Weich-PVC verwendet. Wegen mangelnder Ausblühbeständigkeit ist es allerdings in Pigmentkonzentrationen unter ca. 0,1% nicht zu empfehlen. Bei höheren Konzentrationen ist es in Weich-PVC nicht ausblutecht, jedoch deutlich lichtechter als das hier farbschwächere P.O.13. So entspricht es bei 1/3 ST Stufe 6, P.O.13 bei gleicher Farbtiefe nur Stufe 4 der Blauskala. In transparenten Färbungen ist P.O.34 in Hart-PVC noch lichtechter. Auch hier ist von einer Verwendung bei Konzentrationen unter ca. 0,1% abzuraten. Das Pigment wird auch in Bodenbelägen auf Vinyl-Basis und für Kabelisolierungen verwendet.

In Polyolefinen ist P.O.34 von geringer Bedeutung; es ist bis 200°C hitzestabil und in deckenden Färbungen ungenügend lichtecht. Vor allem bei niedermolekularen Spritzgußtypen von LDPE ist mit Ausblühen zu rechnen. Das Pigment wird aber für eine Anzahl weiterer Medien empfohlen. Sie reichen von Schaumstoffen aus aromatischem Polyurethan bis zu Gießharzen aus ungesättigtem Polyester, bei denen durch das Pigment die Härtung etwas verzögert wird.

Auf dem Lackgebiet werden transparente Marken nur in geringem Maße eingesetzt. In lufttrocknenden Lacken entspricht die Lichtechtheit dabei im Vollton Stufe 6-7, in deckenden Lackierungen mit TiO_2 (1:5) nur Stufe 3 der Blauskala. Das Pigment ist in Einbrennlacken nicht überlackierecht.

Zunehmende Bedeutung gewinnt auf dem Lackgebiet dagegen grobteiliges, stark deckendes P.O.34 mit spezifischen Oberflächen zwischen ca. 15 und 25 m²/g. Seine vorzügliche Fließfähigkeit ermöglicht es, die Pigmentkonzentration und dadurch das Deckvermögen des Lackes weiter zu erhöhen. Es erreicht dabei für organische Pigmente ungewöhnlich gute Werte. Bereits bei gleicher Pigmentkonzentration ist das Deckvermögen höher als das handelsüblicher, im gleichen Farbtonbereich liegender Molybdatrot-Pigmente. Die stark deckende Form ist im volltonnahen Bereich außerdem gut licht- und wetterecht, sowie wesentlich besser lösemittel- und migrationsstabil. Sie wird dementsprechend in deckenden molybdat-

278   *2.4 Disazopigmente*

rotfreien oder -armen Einstellungen im Industrielacksektor, für Landmaschinenlacke, Bautenlacke u.ä. verwendet. Auch die Hitzebeständigkeit ist besser. Das trifft auch für die Anwendung im Druck zu, wo die Thermostabilität von weniger als ca. 120°C bei transparenten Typen bis auf 200°C bei diesen deckenden Versionen gesteigert werden kann. Das Pigment ist in der deckenden Form wesentlich röter, was sich in einer Änderung des DIN-Farbtones (s. 1.6.1.4) bei 1/3 ST von 4,06 auf 5,93 niederschlägt. In Abmischungen mit anderen Buntpigmenten, wie Eisenoxiden oder Titan-Mischoxiden, und in Aufhellungen mit TiO_2 fallen die Echtheiten stark ab.

Pigment Red 37

Es handelt sich um ein gelbstichiges Rotpigment mit vielfach ungenügendem Echtheitsniveau, das praktisch nur in der Gummi-Industrie und bei der Kunststoffärbung eine gewisse Rolle spielt.

In Gummi zeigt es neben guter Lichtechtheit, die hier nahezu allen Ansprüchen genügt, einwandfreie Vulkanisations- und Migrationsbeständigkeit. Die damit pigmentierten Artikel sind sehr gut beständig gegen Wasser und Waschmittellösungen.

In PVC ist es sehr farbstark, weist aber schlechte Lichtechtheit auf. Sie beträgt für Färbungen in 1/3 ST Stufe 2-3, in 1/25 ST nur Stufe 1 der Blauskala. P.R.37 ist damit um mehrere Stufen der Blauskala schlechter lichtecht als Diarylgelbpigmente, beispielsweise P.Y.13 oder 17. Seine Ausblutechtheit in Weich-PVC (bei 1/3 ST) entspricht aber in etwa diesen Gelbpigmenten. P.O.37 ist auch in Form von Pigmentpräparationen auf dem Markt. Aufgrund seiner guten dielektrischen Eigenschaften wird es für PVC-Kabelummantelungen verwendet. Für Polyolefine ist es dagegen nicht zu empfehlen.

Pigment Red 38

Das Pigment ergibt ein mittleres Rot. Sein Einsatzbereich ist in überwiegendem Maße das Gummi- und Kunststoffgebiet. P.R.38 ist gegen verschiedene organische Lösemittel wesentlich beständiger als P.R.37. In Gummi ist es sehr gut lichtecht und erfüllt nahezu alle Praxisanforderungen. P.R.38 zeigt einwandfreie Vulkanisations- und Ausblutechtheit in den Kautschuk und in den Wickel (s. 1.8.3.6). Die eingefärbten Artikel sind gegen Wasser, Seifen- und Waschmittellösungen, sowie auch gegen eine Reihe organischer Lösemittel, wie Benzin, gleichermaßen gut beständig. In PVC ist P.R.38 sehr farbstark, blüht aber in niedrigen Pigmentkonzentrationen aus. Im Gegensatz zu P.R.37 eignet es sich in geringer Pigmentkonzentration auch nicht für Hart-PVC. Seine Lichtechtheit ist wesentlich besser als die von P.R.37 - sie entspricht in PVC für 1/3 ST mit Stufe 6 etwa der von P.Y.13. In Kombination mit diesem Pigment werden oft dazwischenliegende Farbtöne eingestellt. Das Pigment ist in PVC bis 180°C beständig und wird aufgrund seiner einwandfreien dielektrischen Eigenschaften für PVC-Kabelisolationen verwendet.

In Polyethylen ist es bis etwa 200 °C hitzebeständig. Es wird hier zum Beispiel für Folien verwendet. In LDPE-Typen muß bei höheren Verarbeitungstemperaturen mit Ausblühen gerechnet werden. Die Lichtechtheit in HDPE liegt je nach Farbtiefe zwischen Stufe 3 und 6 der Blauskala. In diesem Kunststoff ist keine Beeinflussung des Schwindungsverhaltens durch das Pigment festzustellen. P.R.38 wird, besonders in den USA, auch für Papierbeschichtung, Papiermassefärbung, Künstlerfarben, Wachsfarbstifte und ähnliche spezielle Medien sowie für Spezialdruckfarben verwendet.

Pigment Red 41

Das Pigment ist auch unter dem Trivialnamen Pyrazolon-Rot bekannt. Seine Bedeutung ist in den vergangenen Jahrzehnten stark zurückgegangen. Sie beschränkt sich heute vor allem auf die USA. Wesentlichstes Einsatzgebiet von P.R.41 ist die Gummifärbung. In geringerem Maße wird es daneben in PVC verwendet, wo es wegen seiner guten dielektrischen Eigenschaften für Kabelummantelungen geeignet ist. Sein Farbton ist ein mittleres bis etwas blaustichiges Rot; er ist bei geringerer Brillanz wesentlich blaustichiger als der von P.R.38. Gegenüber diesem Pigment sind die Echtheiten, wie Beständigkeit gegen verschiedene organische Lösemittel, graduell schlechter. Wie P.R.38 ist es aber alkali- und säurebeständig. Seine Lichtechtheit in Gummi ist sehr gut; sie entspricht in 1%iger Färbung Stufe 6–7 der Blauskala und genügt hier praktisch allen Anforderungen. Seine Migrationsbeständigkeit, d.h. die Ausblutechtheit in den Kautschuk und in den Wickel (s. 1.8.3.6), sind ebenso einwandfrei wie die Vulkanisationsechtheit. Die eingefärbten Gummiartikel sind beständig gegen kochendes Wasser, sowie säure- und seifenecht.

Pigment Red 111

Das Pigment steht chemisch den Pyrazolon-Pigmenten P.O.34 und P.R.37 nahe. Sein Farbton ist blaustichiger als der der beiden genannten Pigmente und entspricht dem Signalrotton (RAL 3000). Die Lichtechtheit von P.R.111 liegt zwischen denen von P.O.34 und P.R.37. Andere Echtheiten verhalten sich ähnlich. P.R.111 wird besonders für die Gummi- und PVC-Einfärbung, aufgrund einwandfreier dielektrischer Eigenschaften auch für Kabelisolierungen verwendet. Für die Einfärbung von Polyolefinen, Styrol, ABS und ähnlichen Kunststoffen ist die Thermostabilität nicht ausreichend.

Literatur zu 2.4

[1] R. B. Kay, Farbe+Lack 96 (1990) 336–339.
[2] W. Herbst und K. Hunger, Progr. in Org. Coatings 6 (1978) 106–270.
[3] T. Kozo et al., Shikizai Kyokai-shi 36 (1963) 16–21.
[4] W. Herbst und K. Merkle, DEFAZET Dtsch. Farben Z. 30 (1976) 486–490.
[5] R. Az, B. Dewald und D. Schnaitmann, Dyes & Pigments 15 (1991) 1–15.
[6] Ciba-Geigy, DE-OS 2 243 955 (1972); DE-OS 2 410 240 (1973).
[7] B. Kaul, Applied marketing information Ltd, Basel, Feb. 1990.
[8] Hoechst, DE-OS 4 136 043 (1991).

2.5 β-Naphthol-Pigmente

Ersetzt man bei den gelben Monoazopigmenten die Acetessigsäurearylide durch 2-Hydroxynaphthalin (β-Naphthol) als Kupplungskomponente, so gelangt man zu den β-Naphthol-Pigmenten der allgemeinen Formel

R^2, R^4: H, Cl, NO_2, CH_3, OCH_3, OC_2H_5

Der Verbindungstyp gehört zu den ältesten bekannten synthetischen Farbstoffen. Aber auch β-Naphthol-Pigmente wurden 1889 bereits zum ersten Mal hergestellt, und zwar bei der sogenannten Eisfärberei als Entwicklungsfarbstoffe. Th. und R. Holliday (bei der englischen Firma Read Holliday) ließen sich das Prinzip 1880 patentieren: Danach wird Baumwolle mit einer alkalischen Lösung von β-Naphthol getränkt. Nach dem Trocknen wird die „grundierte" Ware durch Eintauchen in die acetatgepufferte Lösung eines diazotierten Amins „entwickelt", d. h. es findet Kupplung statt. Man erhält wegen der Wasserunlöslichkeit sehr waschechte Färbungen. Nach diesem Verfahren wurde von Gallois und Ullrich 1885 unter Verwendung von 4-Nitroanilin als Diazokomponente ein Rot, das sog. Pararot (Pigment Red 1), erhalten. Das so hergestellte „Pigment" hatte lange Zeit Bedeutung für Färberei und Textildruck. Man kann Pararot als das älteste bekannte synthetische organische Pigment überhaupt betrachten.

β-Naphthol war schon 1869 durch Schaeffer entdeckt worden, zunächst waren daraus Farbstoffe („Orange II", Echtrot AV) hergestellt worden.

1895 wurde das sogenannte o-Nitranilinorange (o-Nitroanilin → β-Naphthol) entdeckt, am Anfang des zwanzigsten Jahrhunderts weitere verbesserte und heute noch z. T. in außerordentlich großem Umfang eingesetzte Pigmente, wie Toluidinrot (P.R.3) 1905, chloriertes Pararot (P.R.4) 1906 und Dinitranilinorange (P.O.5) 1907 entwickelt.

Der Werdegang der β-Naphthol-Pigmente ist typisch für die historische Entwicklung der organischen Pigmente. Der ersten Verwendung als Entwicklungsfarbstoffe folgte die Herstellung in Gegenwart eines anorganischen Trägermaterials. Schließlich erkannte man, daß diese Träger ohne Einfluß auf die Echtheiten der Pigmente sind und verwendete diese von nun an als reine Verbindungen („Paratoner"). Diese Entwicklung läßt sich ebenso bei den verlackten β-Naphthol-Pigmenten verfolgen. Heute noch sind zwei β-Naphthol-Pigmente (Toluidinrot, Dinitranilinorange) und ein verlacktes β-Naphthol-Pigment (Lackrot C) weltweit unter den bedeutendsten organischen Pigmenten zu finden.

2.5.1 Chemie, Herstellung

Die allgemeine Formel für β-Naphthol-Pigmente lautet:

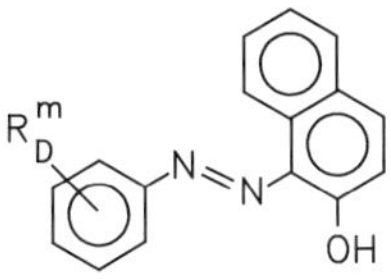

Hierbei kann R_D für Handelspigmente vor allem CH_3, Cl, NO_2 und m = 1 bis 2 bedeuten.

Zur Herstellung wird zunächst aus dem Amin mit Wasser/Salzsäure das Amin-Hydrochlorid hergestellt, das in der Kälte (0 bis 5 °C) mit wäßriger Natriumnitritlösung diazotiert wird (a). Die erhaltene Diazoniumsalz-Lösung wird auf in Natronlauge gelöstes und mit Natriumacetat gepuffertes Naphthol-Natrium gegeben, so daß bei der Kupplung ein schwach saurer bis neutraler pH-Wert gehalten werden kann (b). Am Ende der Kupplung darf kein Diazoniumsalz mehr nachweisbar sein. Im Falle der Herstellung von Pigment Orange 5 muß das 2,4-Dinitroanilin in konzentrierter Schwefelsäure gelöst und am besten mit Nitrosylschwefelsäure diazotiert werden. In verdünnten Säuren erfolgt nämlich Hydrolyse der Diazoniumsalze schwach basischer Amine. Die Kupplung erfolgt hier mit einer aus Naphthol-Natrium-Lösung durch Ansäuern erhaltenen β-Naphthol-Suspension.

a)

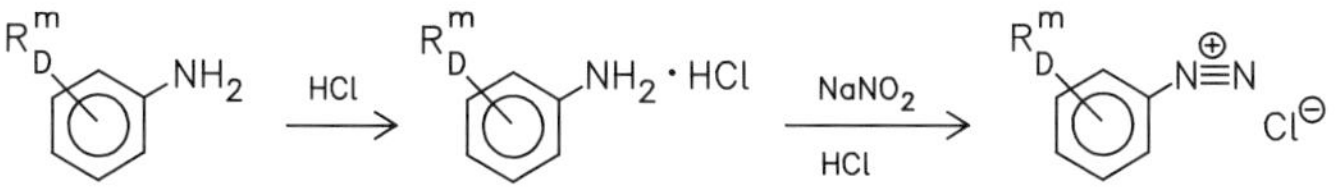

b)

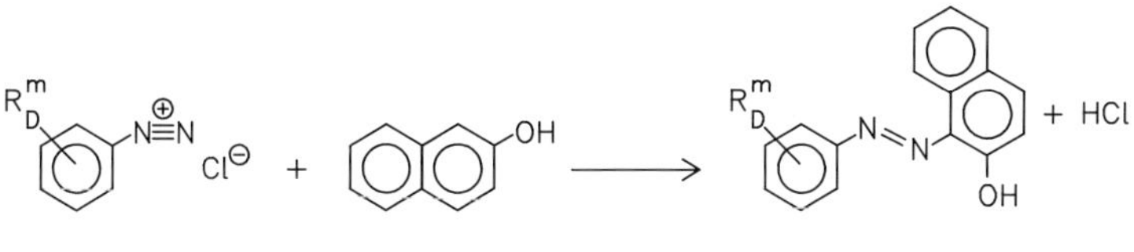

2.5 β-Naphthol-Pigmente

Aufgrund der vergleichsweise preiswerten Ausgangsmaterialien und der einfachen Synthese sind diese Pigmente zu wirtschaftlich günstigen Bedingungen herzustellen.

An einem β-Naphthol-Pigment, nämlich Pigment Red 1, wurde zum ersten Male bei einem roten Azopigment eine dreidimensionale Röntgen-Strukturanalyse durchgeführt [1]. Heute sind drei verschiedene Kristallmodifikationen des Pigmentes bekannt [2].

Später folgten weitere Arbeiten mit Strukturaufklärungen von Pigment Red 6 [3] und Pigment Red 3 [4].

	R^2	R^4
P.R.1	H	NO_2
P.R.3	NO_2	CH_3
P.R.6	NO_2	Cl

Allen Pigmenten dieses Strukturtyps sind die folgenden Merkmale gemeinsam:

- Für die Substitution an der Stickstoff-Stickstoff-Verknüpfung liegt die trans-Anordnung vor
- Vorliegen der o-Chinonhydrazon-Form **20** statt der Hydroxyazo-Form **21**

20   21

- Nahezu planarer Bau der Pigmentmoleküle, vor allem bedingt durch
- intramolekulare Wasserstoffbrücken-Bindungen, die zum Teil gegabelt sind, d. h. Beziehungen zu zwei 0- bzw. N-Atomen haben
- keine intermolekularen Wasserstoffbrücken, sondern nur van der Waals-Beziehungen (gemessen an den Atomabständen zwischen zwei Pigmentmolekülen im Kristall)

Aufgrund dieser Ergebnisse eines „direkten Einblicks" in die Kristallstruktur ist anzunehmen, daß zumindest alle anderen β-Naphthol-Pigmente, aber auch deren Abkömmlinge, wie z. B. Naphthol AS-Pigmente (s. 2.6) diese gemeinsamen Merkmale aufweisen und daher ebenfalls in der Chinonhydrazon-Form vorliegen. Damit dürfte zumindest für diese Gruppe der Name „Azopigmente" nicht das wirkliche Bild der Struktur wiedergeben. Wenn wir in diesem Buch trotzdem bei der „klassischen" Bezeichnung und der entsprechenden Formelschreibweise bleiben, so vor allem, um Verwirrungen zu vermeiden. Wir sind uns dabei der Inkorrektheit von Azoformeln bewußt. Mit einer gewissen Wahrscheinlichkeit deuten entsprechende Befunde bei Monoazogelbpigmenten in dieselbe Richtung (s. 2.3.1.1).

2.5.2   Eigenschaften

Der Farbtonbereich der zur β-Naphthol-Gruppe zählenden Handelsmarken reicht vom gelbstichigen Orange bis zum blaustichigen Rot. Sie gehören zu den farbschwachen Pigmenten und sind diesbezüglich in manchen Anwendungen selbst den Monoazogelbpigmenten noch deutlich unterlegen.

Die Beständigkeit gegen organische Lösemittel ist mangelhaft; sie entspricht etwa der der genannten Gelbpigmente (s. 2.3.3). Demgemäß ist auch das Migrationsverhalten, d. h. Ausblut- und Ausblühechtheit, unbefriedigend. Die Beständigkeit gegen Alkali und Säuren ist dagegen meistens einwandfrei.

Die Handelsmarken der meisten β-Naphthol-Pigmente haben eine geringe spezifische Oberfläche und zeigen deshalb gutes Deckvermögen bzw. geringe Transparenz. Aufgrund der großen Teilchen beeinträchtigen sie oftmals den Glanz in Lackierungen und Drucken. In Systemen, die unter Volumenkontraktion härten, besonders in lufttrocknenden Alkydharzlacken, kann es hierbei – ähnlich wie bei grobteiligen Monoazogelbpigmenten – zu Schleierbildung, einer speziellen Art von Oberflächenstörung, kommen (s. 1.7.6).

Feinteilige Spezialmarken für verschiedene Einsatzzwecke mit höherer spezifischer Oberfläche und somit verbesserter Transparenz besitzen zwar höhere Farbstärke, sind aber noch schlechter lösemittelbeständig und weniger lichtecht.

Die Lichtechtheit der Standardmarken ist in tiefen Tönen gut. Sie erreicht aber nicht die der meisten Monoazogelbpigmente. Mit zunehmendem Aufhellungsgrad bzw. mit abnehmender Pigmentflächenkonzentration fällt sie rasch ab. Die Handelsmarken gelten in den meisten Medien als leicht dispergierbar.

2.5.3   Anwendung

Besonders die durch ihre chemische Konstitution bedingte mangelnde Beständigkeit gegen organische Lösemittel und damit das ungenügende Migrationsverhalten engen die Einsatzmöglichkeiten der β-Naphthol-Pigmente stark ein.

Haupteinsatzgebiet für die wichtigen, technisch verwendeten Vertreter dieser Klasse ist das Lackgebiet. Hier haben diese Pigmente im Laufe der Zeit nicht an Bedeutung verloren.

Pigment Orange 5 und Pigment Red 3 sind im Orange- und Rotbereich als Standardpigmente für lufttrocknende Lacke anzusehen. Die im Lack eingesetzten Pigmente haben im allgemeinen sehr kleine spezifische Oberflächen zwischen ca. 7 und 20 m^2/g und sind somit sehr grobteilig. Rekristallisationsvorgänge bei ihrer Verarbeitung und Anwendung sind daher von geringerer Bedeutung. Die Pigmente werden hauptsächlich in Volltönen und im volltonnahen Bereich eingesetzt. Einige Vertreter dieser Pigmentklasse finden auch in Dispersionsanstrichfarben Verwendung. In Einbrennlacken besteht in weiten Konzentrationsbereichen starke Ausblühgefahr, weshalb ihr Einsatz dort nicht empfohlen wird. In speziellen Fällen und unter Beachtung der Konzentrationsgrenzen werden sie aber in sogenannten Niedrigtemperatursystemen verwendet. Die Echtheitseigenschaften lassen praktisch keinen Einsatz im Kunststoffbereich zu. Neben der Migrationsechtheit ist unter anderem auch die Hitzebeständigkeit ungenügend. Eine gewisse Ausnahme stellt der Einsatz einiger Marken in Hart-PVC dar.

Die Bedeutung verschiedener β-Naphthol-Pigmente im Druckfarbenbereich, beispielsweise von P.R.3, ist zurückgegangen. Trotzdem sind Druckfarben für diese Pigmentklasse immer noch von wirtschaftlicher Bedeutung. Bevorzugtes Einsatzgebiet ist der Verpackungssektor. β-Naphthol-Pigmente sind in Flexodruckfarben, aber auch im Offsetdruck problemlos zu verdrucken. Die Drucke sind – ebenso wie die Pigmentpulver selbst – beständig gegen Wasser, Säuren und Laugen, eine Reihe spezieller Gebrauchsechtheiten, wie Butter- und Paraffinechtheit (s. 1.6.2.2 und 1.6.2.3) sind dagegen mehr oder weniger unbefriedigend. Auch Silberlackbeständigkeit und Überlackierechtheit sind nicht gegeben; die Drucke sind nicht sterilisierecht. Die Hitzebeständigkeit ist ungenügend; sie liegt unter 140 °C. Die Pigmentklasse ähnelt in ihren Eigenschaften auch hier den Monoazogelbpigmenten. Pigmente dieser Klasse sind entsprechend ihrer Teilchengröße als leicht dispergierbar anzusehen. Aus dem gleichen Grund ist ihr rheologisches Verhalten problemlos. Feinteiligere Marken sind farbstärker und etwas transparenter; sie neigen weniger zum Bronzieren als die grobteiligen Versionen.

β-Naphthol-Pigmente werden in vielen speziellen Medien und Gebieten eingesetzt. Hierzu zählen Putz- und Reinigungsmittel, Büroartikel und Künstlerfarben unterschiedlicher Art ebenso wie Streichholzzündmassen oder Düngemittel.

2.5.4 Im Handel befindliche β-Naphthol-Pigmente

Allgemein

Nur wenige β-Naphthol-Pigmente spielen heute noch eine wichtige Rolle. Neben dem bedeutenden Toluidinrot (P.R.3) ist das vor allem Dinitranilinorange (P.O.5). Von nur noch lokaler Bedeutung sind dagegen P.R.6, Parachlorrot, das Stellungsisomer zu P.R.4, sowie P.O.2, Orthonitranilinorange, das Stellungsisomer des Paratoners P.R.1. In der folgenden Tabelle 16 sind die auf dem Markt anzutreffenden β-Naphthol-Pigmente aufgeführt. Neben der Bezeichnung nach dem Colour Index wird hier der Trivialname mitgenannt, da diese ältesten organischen Pigmente oft noch unter diesem Namen bekannt sind.

Die Nuance kann hier nicht eindeutig zugeordnet werden, denn diese Gruppe von Pigmenten kann in Abhängigkeit von Herstellung, Zusätzen und Teilchengröße in den unterschiedlichsten roten Farbtönen synthetisiert werden. Durch Variation von Art und Geschwindigkeit der Zugabe von Komponenten bei Diazotierung und Kupplung, des pH-Wertes und der Konzentration, sowie der Art und Menge von Zusätzen bei der Kupplung, erhält man unterschiedliche Nuancen.

2.5.4 Im Handel befindliche β-Naphthol-Pigmente

Tab. 16: β-Naphthol-Pigmente des Handels

C.I.-Name	Formel-Nr.	R^2	R^4	Trivialnamen
P.O.2	12060	NO_2	H	Orthonitranilinorange
P.O.5	12075	NO_2	NO_2	Dinitranilinorange
P.R.1	12070	H	NO_2	Pararot/Paratoner
P.R.3	12120	NO_2	CH_3	Toluidinrot
P.R.4	12085	Cl	NO_2	chloriertes Pararot
P.R.6	12090	NO_2	Cl	Parachlorrot

Auffällig ist, daß alle β-Naphthol-Pigmente des Handels mindestens eine Nitrogruppe, entweder in ortho- oder in para-Position zur Azobrücke aufweisen, wobei die beiden bedeutendsten Pigmente der Gruppe o-Nitroanilin-Derivate als Diazokomponente enthalten.

Einzelne Pigmente

Pigment Orange 2

Das Pigment ist nur außerhalb Europas, und zwar besonders in den USA, noch von einer gewissen Bedeutung. Im Vergleich mit dem stellungsisomeren P.R.1 ist die Beständigkeit gegen verschiedene Lösemittel, beispielsweise aliphatische Kohlenwasserstoffe, graduell besser. Die Handelsmarken von P.O.2 ergeben reine Orangenuancen mit gutem Deckvermögen. Geharzte und transparente Typen sind unbekannt. Das Pigment wird besonders in wäßrigen Flexodruckfarben, in der Papierfärbung, in lufttrocknenden Lacken, sowie in Künstlerfarben verwendet.

Pigment Orange 5

Das Pigment ist in die Rangliste der bedeutendsten organischen Pigmente einzureihen. P.O.5 ist in zwei unterschiedlichen Korngrößenbereichen auf dem Markt, die sich wesentlich in ihren coloristischen Eigenschaften unterscheiden. Die grobteiligeren Marken mit spezifischen Oberflächen von ca. 10 bis 12 m²/g sind wesentlich röter und trüber als die etwas feinteiligeren mit spezifischen Oberflächen zwischen 15 und 25 m²/g.

Hauptanwendungsgebiet für P.O.5 sind lufttrocknende Lacke. Das Pigment weist in der grobteiligen Form gutes Deckvermögen auf. Im Vollton dunkelt es beim Belichten. Seine Lichtechtheit beträgt Stufe 6 der Blauskala. Auch seine Wetterechtheit ist hier recht gut. Mit zunehmendem Aufhellungsgrad sinkt die Lichtechtheit rasch ab, allerdings weniger stark als bei anderen Pigmenten dieser Klasse. Bei einem Aufhellungsverhältnis 1:5 TiO_2 ist die Lichtechtheit mit Stufe 5, bei 1:40 TiO_2 mit Stufe 4 anzugeben. P.O.5 wird daher hauptsächlich im Vollton bzw. im volltonnahen Bereich, zum Teil in Kombination mit anorganischen Pigmenten wie Molybdatorange, eingesetzt.

Die Lichtechtheit der feinteiligen, gelberen und reineren Typen ist nur geringfügig schlechter. P.O.5 wird entsprechend seiner guten Licht- und Wetterechtheit verbreitet auch in Dispersionsanstrichfarben verwendet. Es kommt dabei für Außenanstriche auf Kunstharzdispersionsbasis nur in kräftigen Farbtönen in Betracht. Das Pigment ist nicht ganz alkali- und kalkecht. In Einbrennlacken besteht hohe Ausblühgefahr. Die Konzentrationsgrenzen (s. 1.6.3.1) liegen für 120 °C bei 0,5%, für 140 °C bei 1%. Bei höheren Einbrenntemperaturen blüht P.O.5 in allen Konzentrationen aus. Für Epoxidharzlacke ist es ungeeignet; es ergibt Braunverfärbung.

Im Druckfarbenbereich findet es verbreitet in Offsetdruckfarben sowie in Flexo- und Tiefdruckfarben für den Verpackungssektor Verwendung. Hier werden besonders die transparenten feinteiligen Marken eingesetzt. Sie sind erheblich, zum Teil bis über 30% farbstärker und ergeben wesentlich gelbere, reinere Drucke mit höherem Glanz. Bei ähnlichem Farbton sind sie etwa halb so farbstark wie P.O.34, gegenüber diesem aber wesentlich lichtechter.

Die Lichtechtheit liegt bei üblichen Pigmentflächenkonzentrationen, d.h. im Bereich von 1/1 bis 1/25 ST etwa bei Stufe 6 der Blauskala. Die Drucke sind ähnlich wie die anderer Pigmente dieser Klasse gegen organische Lösemittel mehr oder weniger unbeständig, ebenso gegen das Lösemittelgemisch nach DIN 16 524 (s. 1.6.2.1). Während Paraffin- und Butterechtheit nicht gegeben sind, ist die Seifenechtheit einwandfrei. Eine Verwendung im Blechdruck kommt nicht in Betracht, auch für den Dekordruck ist es ungeeignet.

P.O. 5 wird daneben in stärkerem Maße im textilen Druck eingesetzt. Verglichen mit dem etwas gelbstichigeren und wesentlich teuereren Perinon-Pigment P.O.43 sind die meisten bei dieser Anwendung wichtigen Echtheiten deutlich schlechter. Die Lichtechtheit ist gegenüber dem noch etwas gelbstichigeren P.O.34 deutlich besser – in 1/3 ST beispielsweise Stufe 7 der Blauskala gegenüber 5-6, in 1/6 ST Stufe 6-7, gegenüber 4-5 bei P.O.34. Die übrigen Echtheiten, wie Beständigkeit gegen Trockenreinigung mit Perchlorethylen oder Benzin, gegen Peroxidwäsche oder Alkali, sind dagegen schlechter.

Im Kunststoffbereich ist eine Verwendung von P.O.5 nur in Hart-PVC möglich. In transparenten Färbungen (0,1% Pigment) erreicht seine Lichtechtheit dabei Stufe 8 der Blauskala, wobei es etwas dunkelt, in deckenden Färbungen in 1/1 bis 1/25 ST Stufe 6 dieser Skala. Der sogenannte Kokosfettest bei 0,5%ig pigmentierten Folien (s. 1.6.2.3) verläuft einwandfrei. Auch in vielen weiteren Medien findet es Verwendung. Hierzu zählen Büroartikel und Künstlerfarben, wo es bei Forderung höherer Lichtechtheit, z.B. in pigmentierten Zeichentuschen, in Buntstiften, Schreib- und Malkreiden, sowie in Aquarellfarben, verwendet wird. Als Einsatzgebiete sind auch die Papierstreichmassen-, die Papiermasse- und -oberflächenfärbung zu nennen.

Pigment Red 1

„Pararot" oder „Paratoner" mit Trivialnamen, entspricht P.R.1 vielfach nicht mehr den Anforderungen und hat daher ständig an Bedeutung verloren. Es handelt sich um ein sehr trübes, etwas bräunliches Rot. Seine Beständigkeit gegen organische Lösemittel ist noch geringer als die der anderen Vertreter dieser Pigmentklasse. Auch seine Lichtechtheit ist geringer. In lufttrocknenden Lacken erreicht P.R.1 im Vollton Stufe 5 der Blauskala, wobei es jedoch dunkelt. Bereits mit geringen Mengen TiO_2 fällt die Lichtechtheit aber sehr stark ab. Entsprechend seiner schlechten Lösemittelechtheit blüht und blutet P.R.1 in Einbrennlacken aus.

Im Druckfarbenbereich kommt das Pigment für billige Artikel in Frage. Früher fand es verbreitet in Zeitungsrotationsdruckfarben Verwendung. Die Drucke weisen meist unbefriedigende Beständigkeit gegen eine Vielzahl von Medien auf. Selbst gegen Wasser, aber auch gegen Säuren, Laugen und Seifen ist es im Gegensatz zu den anderen Pigmenten dieser Klasse unbeständig.

Pigment Red 3

Toluidinrot zählt ebenso wie P.O.5 weltweit zu den 20 mengenmäßig größten Pigmenten. Seine Lösemittelechtheiten sind ähnlich denen anderer Vertreter dieser Klasse vielfach ungenügend und zum Teil noch schlechter als die der Monoazogelbpigmente. So entspricht die Beständigkeit gegen Alkohole, aliphatische und aromatische Kohlenwasserstoffe oder Dibutylphthalat Stufe 3 der 5stufigen Bewertungsskala, gegen Ester und Ketone ist sie noch schlechter.

Das Haupteinsatzgebiet für P.R.3 sind lufttrocknende Lacke. Sein Farbton variiert je nach Teilchengröße stark, weshalb Pigmenthersteller meist mehrere unterschiedliche Marken im Sortiment führen. Die grobteiligen Versionen sind blaustichiger. Bei sehr blaustichigen Marken handelt es sich allerdings teilweise um chemisch modifiziertes P.R.3.

Grobteilige Marken führen mit zunehmender Durchtrocknungszeit infolge der Volumenkontraktion des Bindemittels zu Glanzschleier, dem sogenannten Toluidinrot-Schleier (s. 1.7.6). Dabei ragen von Bindemittel umhüllte grobe Pigmentteilchen immer stärker aus der Lackoberfläche hervor und bewirken eine Glanzminderung. Bei kornfeineren Marken, die aber gelber sind, ist Glanzschleier weniger ausgeprägt. Intensives Dispergieren führt auch bei blaustichigen Versionen zu glänzenderen Lackierungen. Da die resultierenden Lackierungen aber ebenfalls gelber sind, ist die Glanzverbesserung auf die Zerkleinerung der gröberen Teilchen zurückzuführen. Dies wird durch elektronenmikroskopische Aufnahmen von Ultramikrotomdünnschnitten solcher Lackierungen bestätigt.

Toluidinrot zeigt im Vollton hohe Licht- und Wetterechtheit, die aber mit steigendem Aufhellungsgrad sehr rasch abnimmt. Während die Lichtechtheit im Vollton Stufe 7 der Blauskala entspricht, fällt sie in Weißaufhellungen 1:4 TiO_2 bereits auf Stufe 4 ab. Das Pigment wird daher überwiegend im Vollton und im volltonnahen Bereich verwendet. In vollen Tönen wird es auch für Innenanstriche in Dispersionsfarben empfohlen und wird hier verbreitet für kurzlebige Reklame- und Signierfarben eingesetzt.

In Einbrennlacken besteht die starke Gefahr des Ausblühens. Bei 120°C liegt die Konzentrationsgrenze für Ausblühen bei 2,5%, ab ca. 140°C blüht P.R.3 in allen Konzentrationen aus. Es wird daher bei Einbrennlacken nur in Volltönen im Niedrigtemperaturbereich eingesetzt. In Kombinationen mit Molybdatrot findet es vielfach Verwendung.

Der Einsatz von P.R.3 im Druckfarbenbereich ist begrenzt. Anstelle von Toluidinrot werden hier meist die farbstärkeren Naphthol AS-Pigmente vorgezogen. P.R.3 wird vor allem im Flexodruck verwendet. Im Offsetdruck ergibt es häufig unbefriedigenden Glanz. Die Drucke sind sehr unbeständig gegen organische Lösemittel, auch gegen das Lösemittelgemisch nach DIN 16 524. Sie sind aber seifen-, alkali- und säureecht.

Im Kunststoffbereich kommt P.R.3 praktisch nur für Hart-PVC in Frage. Seine Lichtechtheit hierin ist im Vollton und in nicht zu starker Aufhellung gut. Daneben wird das Pigment in einer Reihe spezieller Medien, beispielsweise in Wachs- und Tafelkreiden oder billigen Aquarellfarben, verwendet.

Pigment Red 4

Das Pigment mit dem Trivialnamen „chloriertes Pararot" hat in den vergangenen Jahren viel an Bedeutung verloren. Sein Farbton ist ein gelbstichiges Rot, das zwischen dem noch gelberen P.O.5 und dem blaustichigen P.R.3 liegt. Von diesen drei Pigmenten ist es das farbschwächste. Zur Einstellung der gleichen Farbtiefe sind in einem lufttrocknenden Alkydharzlack unter gleichen Bedingungen bezogen auf ein Teil organisches Pigment bei P.R.4 drei, bei P.O.5 fünf und bei P.R.3 sechs Teile TiO_2 notwendig. Die Lichtechtheit im Vollton ist gut (Stufe 6), beim Belichten dunkelt es etwas. Bereits bei geringem Zusatz von TiO_2 fällt die Lichtechtheit stark ab. Auch die Wetterechtheit ist nur im Vollton und volltonnahen Bereich gut.

Das Pigment wird im Lackbereich fast ausschließlich in lufttrocknenden Systemen verwendet. In Einbrennlacken besteht hohe Ausblühgefahr. Da die Konzentrationsgrenze bereits bei 120°C 2,5% und bei 140°C 5% beträgt, kommt eine Verwendung hier nur in Niedrigtemperatur-Einbrennlacken nach entsprechender Vorprüfung in Betracht. In Epoxidharzlacken ergibt es wie P.O.5 Braunverfärbung und ist deshalb dafür ungeeignet.

Im Druckfarbenbereich wird P.R.4 als reines, gelbstichiges Rot verwendet, sofern keine Lösemittelechtheit verlangt wird. So ist die Beständigkeit der Drucke gegen die meisten organischen Lösemittel, auch gegen das Lösemittelgemisch nach DIN 16 524, unbefriedigend. Die Beständigkeit gegen einige Lösemittel ist sogar noch schlechter als die von Drucken mit P.O.5 oder P.R.3. Auch eine Reihe weiterer Gebrauchsechtheiten, wie Beständigkeit gegen Paraffin, Butter und Fette, sind unbefriedigend. Trotzdem wird P.R.4 regional noch in größerem Maße sowohl im Offsetdruck als auch im Verpackungstief- und Flexodruck verwendet. Im Druck weist es eine für Pigmente dieser Klasse und dieses Farbtonbereiches gute Farbstärke auf. So sind für Buchdruck-Andrucke in 1/1 ST unter standardisierten Bedingungen Druckfarben mit 13% P.R.4, im Falle von P.R.3 aber solche zwischen 16 und 20%, von P.O.5 der grobteiligen Versionen solche mit ca. 16% erforderlich. Die Lichtechtheit ist bei üblichen Pigmentflächenkonzentrationen, d. h. Standardfarbtiefen zwischen etwa 1/1 und 1/25, mit Stufe 4 bzw. 3 der Blauskala anzugeben. Wie bei den anderen Pigmenten dieser Klasse kommt eine Verwendung im Blechdruck nicht in Frage.

Der früher häufige Einsatz in Gummimischungen ist durch gestiegene Anforderungen rückläufig. P.R.4 blutet in starkem Maße beim Vulkanisieren im Freidampf in ein aufgelegtes weißes Gummifell aus, während es den Wickel kaum anfärbt (s. 1.8.3.6).

P.R.4 findet aber auch in speziellen Gebieten Verwendung. Hierzu zählen der Putz- und Reinigungsmittelsektor, wo es beispielsweise zum Einfärben von Schuhcremes oder Bohnerwachs dient, und das Büroartikel- und Künstlerfarbengebiet, wo es in Buntstiften, Schreib- und Tafelkreiden oder in Aquarellfarben billigerer Qualität verwendet wird. Das Pigment kommt außerdem für dekorative Kosmetika in Betracht. Marken, die den gesetzlichen Bestimmungen hierfür entsprechen, stehen zur Verfügung.

Pigment Red 6

Die Marktbedeutung dieses in den USA als Parachlor Red bezeichneten Pigmentes, hat ständig abgenommen und ist heute nur noch gering. Sein Farbton ist gelbstichig-rot; verglichen mit Pigment Red 3 ist er noch merklich gelber, verglichen mit P.R.4 etwas blauer. P.R.6 zeigt vergleichbare Echtheiten und Eigenschaften. Eine gewisse Ausnahme stellt die Lichtechtheit dar, die in lufttrocknenden Alkydharzlacken zwar im Vollton und volltonnahen Bereich der von Toluidinrot entspricht, in Aufhellungen mit TiO_2 aber wesentlich besser ist. Sie ist in 1/3 ST mit Stufe 6-7 (4) und noch in 1/25 ST mit Stufe 5-6 (1) der Blauskala anzugeben. Die in Klammern gesetzten Vergleichswerte beziehen sich auf P.R.3.

Literatur zu 2.5

[1] C.T. Grainger und J.F. McConnell, Acta Crystallogr. Sect. B (1969) 1962–1970.
[2] A. Whitaker, Z. Kristallogr. 152 (1980) 227–238 und 156 (1981) 125–136.
[3] A. Whitaker, Z. Kristallogr. 145 (1977) 271–288.
[4] A. Whitaker, Z. Kristallogr. 147 (1978) 99–112.

2.6 Naphthol AS-Pigmente

Naphthol AS-Pigmente sind Monoazopigmente mit 2-Hydroxy-3-naphthoesäurearyliden als Kupplungskomponenten. Das namensgebende Naphtol AS* ist das 2-Hydroxy-3-naphthoesäureanilid (AS = **A**mid einer **S**äure):

Durch Substitution im Anilidring erhält man eine ganze Palette von Naphthol AS-Derivaten, wovon aber nur eine begrenzte Anzahl in technisch genutzten Pigmenten Verwendung findet.

1892 entdeckte der Chemiker Schöpf, beim Versuch 2-Phenylamino-3-naphthoesäure herzustellen, das 2-Hydroxy-3-naphthoesäureanilid. Er entwickelte dafür auch schon die wesentlichen Grundzüge der bis heute nur wenig abgewandelten Synthese: Zugabe von Phosphortrichlorid zu einer Schmelze von Anilin und 2-Hydroxy-3-naphthoesäure („Beta-Oxynaphthoesäure", „BONS") ergab in guter Ausbeute Naphthol AS. Das moderne technische Verfahren unterscheidet sich von der ersten Darstellungsweise lediglich in der Reaktionsführung. Heute verläuft die Synthese nämlich in Gegenwart organischer Lösemittel, z. B. in aromatischen Kohlenwasserstoffen.

Erst 1909 findet Naphthol AS wieder eine Verwendung. Durch die BASF wird nämlich ein Diazotierfarbstoff patentiert, für den das sog. Primulin** auf der Faser diazotiert und dann mit Naphthol AS in alkalischer Lösung gekuppelt wurde.

A. Winter, L. Laska und A. Zitscher bei Griesheim-Elektron, heute Werk Offenbach der Hoechst AG, machten 1911 eine wesentliche Entdeckung auf dem Naphthol AS-Gebiet. Sie synthetisierten Azofarbstoffe aus diazotierten Anilinen oder Toluidinen (mit Chlor oder NO_2-Gruppen als Substituenten) und Naphthol AS als Kupplungskomponente und beschrieben ihren Einsatz als Pigmente. Die Ausbietung dieser gegenüber β-Naphthol-Pigmenten in Licht- und Lösemittelechtheiten verbesserten Pigmente („Grela-Rots") war aber wegen der größeren Wirtschaftlichkeit der gerade in Blüte stehenden β-Naphthol-Pigmente („Toluidinrots") zunächst keine Erfolg.

---

* Naptol AS ist ein Handelsname der Hoechst AG, andere Sortimente tragen die Bezeichnung Naphthol AS.
** Primulin wird durch Schmelzen von p-Toluidin mit Schwefel und anschließender Sulfonierung erhalten. Es hat folgende Formel:

1912 wurde ebenfalls von Griesheim-Elektron die Verwendung von Naphthol AS anstelle von β-Naphthol in der Eisfärberei entdeckt. Naphthol AS hat eine wesentlich höhere Substantivität und ist daher gleichmäßiger zu fixieren als β-Naphthol. Daher muß es vor der Kupplung auf der Faser nicht erst zwischengetrocknet werden. Alkalische Naphthol AS-Lösungen sind außerdem an der Luft wesentlich beständiger. Basierend auf dieser Entdeckung entwickelte sich daraus in wenigen Jahren das wichtige Gebiet der Naphthol AS-Färberei und zog die Entwicklung der Naphthol AS-Pigmente nach sich. Hierbei wurden zahlreiche substituierte Anilide der 2-Hydroxy-3-naphthoesäure neu synthetisiert.

Die wichtigsten, noch heute für Pigmente eingesetzten Naphthol AS-Derivate mit Namen und Konstitution, sowie ihre Bezifferung im Colour Index sind in Tabelle 10 angegeben (s. 2.1.2, S. 199).

Die Entwicklung auf dem Naphthol AS-Gebiet in den zwanziger und dreißiger Jahren in Deutschland wurde zunächst entscheidend von IG Farben vorangetrieben. Ausgangserfahrungen für die Herausgabe neuer Naphthol AS-Pigmente waren Kombinationen, die bei der Naphthol AS-Färberei eingesetzt worden waren. In USA nimmt die Bearbeitung der „Naphthol Red Pigments" erst in den vierziger Jahren ihren Anfang. Die Weiterentwicklung der Naphthol AS-Pigmente ist besonders durch die Abwandlung der Substituenten der Diazokomponente gekennzeichnet, vor allem mit dem Ziel einer Verbesserung der Lösemittel- und Migrationsechtheiten. Das geschah vorwiegend durch die Einführung von Sulfonamid-, und noch vorteilhafter, von Carbonamidgruppen.

Die Gruppe der technisch wichtigen Naphthol AS-Pigmente wird daher im folgenden in zwei Gruppen eingeteilt, nämlich in solche mit

I) einfachen Substituenten (Cl, NO_2, CH_3, OCH_3)
II) Sulfonamidgruppen und Carbonamidgruppen

in der Diazokomponente. Bei der letzteren Gruppe können auch weitere Carbonamidgruppen in der Kupplungskomponente vorhanden sein (s. 2.6.2).

Naphthol AS-Pigmente spielen auch heute, ca. 70 Jahre nach ihrer Entdeckung, noch eine wichtige Rolle in der Skala organischer Pigmente. Dabei sind allerdings in dem vergleichsweise umfangreichen Sortiment nur wenige Vertreter unter den mengenmäßig großen Pigmenten zu finden.

2.6.1 Chemie, Herstellung

Die allgemeine Formel für Naphthol AS-Pigmente läßt sich so beschreiben:

Für Handelsprodukte wichtige Substituenten sind hierbei:
R_D : R_K, COOCH$_3$, CONHC$_6$H$_5$, SO$_2$N(C$_2$H$_5$)$_2$,
R_K : CH$_3$, OCH$_3$, OC$_2$H$_5$, Cl, NO$_2$, NHCOCH$_3$;
m und n sind Zahlen zwischen 0 und 3.

Die Herstellung dieser Pigmente geschieht durch übliche Diazotierung des aromatischen Amins mit Natriumnitrit/Salzsäure nach vorhergehender Überführung des Amins in das Amin-Hydrochlorid und anschließende Kupplung auf das Naphthol AS-Derivat.

Löslichkeitsprobleme traten zunächst bei der Kupplungskomponente auf. Die entsprechenden Natrium-Naphtholate sind am besten in Alkohol/Wasser-Mischungen löslich. Organische Lösemittel würden aber die Herstellung der Pigmente verteuern und eine ungünstige ökologische Situation schaffen. Die Kupplungskomponente wird daher unter Erhitzen auf 60 bis 90 °C mit ca. 7 bis 10%iger Natron- oder Kalilauge in das lösliche Dialkalisalz unter Einbeziehung der Enolform des Amids entsprechend der Formel

überführt und dann mit Essigsäure oder Salzsäure, gegebenenfalls unter Zusatz eines Tensids, wieder ausgefällt. Durch diese Methode wird erreicht, daß das Naphthol AS-Derivat in einer sehr feinen und damit kupplungsfähigen Form ausfällt. Optimale (schwach saure) pH-Bedingungen können mit einem Natriumacetatpuffer eingestellt und eingehalten werden.

Die Kupplungstemperatur liegt gewöhnlich bei 10 bis 25 °C, in manchen Fällen muß sie aber auf 40 bis 70 °C gesteigert werden – Voraussetzung dafür ist die thermische Stabilität des Diazoniumsalzes.

Eine Nachbehandlung entfällt bei den Naphthol AS-Pigmenten der Gruppe I. Gelegentlich wird die Pigmentsuspension vor der Filtration noch kurze Zeit auf 60 bis 80 °C erhitzt. Bei den Pigmenten der Gruppe II wird der Synthese meist noch eine intensivere thermische Nachbehandlung in Wasser oder Wasser/organischen Lösemitteln angeschlossen. Erst dadurch wird eine optimale Dispergierbarkeit der Pigmente erhalten.

Zur Aufklärung der dreidimensionalen Molekülstruktur der Naphthol AS-Pigmente durch Röntgenstrukturanalyse wurden erste Untersuchungen in der Hoechst AG [1] gemacht. Spätere Arbeiten liegen von Whitaker [2] vor. Auch bei dieser Pigmentgruppe ergaben die Reflexmessungen eingestrahlten Röntgenlichtes an Pigmenteinkristallen grundsätzlich die gleichen Ergebnisse wie bei den β-Naphthol-Pigmenten (2.5.1):

– Planarer Bau des Moleküls in der Elementarzelle
– Chinonhydrazon- anstelle der Hydroxyazo-Form
– Betätigung aller möglichen intramolekularen, aber keiner intermolekularen Wasserstoffbrücken-Bindungen.

Auch hier zeigt sich wieder, daß diese Pigmente keine „Azo"-, sondern „Hydrazonpigmente" sind (s. S. 279).

Bei den Chlorderivaten von Pigment Red 9 (R : H) und Pigment Brown 1 (R : OCH₃)

R: H: Chlorderivat von Pigment Red 9
R: OCH₃: Chlorderivat von Pigment Brown 1

wurde der Einfluß der räumlichen Struktur auf den Farbton untersucht (s. 1.4.1).

2.6.2 Eigenschaften

Die im Handel befindlichen Naphthol AS-Pigmente überdecken den Farbtonbereich vom gelbstichigen bis zum sehr blaustichigen Rot mit all seinen Schattierungen Bordo, Marron, Violett usw. und Braun. Für Pigmente in diesen Farbtonbereichen weisen sie zum Teil hohe Farbstärke auf.

In der Gruppe mit einfachen Substituenten (Cl, CH₃, NO₂, OCH₃) in der Diazokomponente – Gruppe I – weisen Chloraniline orangefarbene bis scharlachrote, Chlortoluidine vorwiegend blaustichig-rote, Nitrotoluidine und Nitroanisidine häufig bordofarbene Töne auf. Besonders die in USA entwickelten „Naphthol Reds" enthalten oft Nitrogruppen in der Diazokomponente.

Bei einer ganzen Anzahl von Naphthol AS-Pigmenten ist Polymorphie zu beobachten, d. h. sie kommen in wenigstens zwei Kristallmodifikationen vor. Beispiele hierfür sind P.R.9, P.R.12 und P.R.187. Je nach Substituenten von Diazo- und Kupplungskomponente variieren die Eigenschaften der Naphthol AS-Pigmente in einem weiten Bereich. Dies ist besonders für die Lösemittelechtheiten der Fall. Die Mehrzahl der Naphthol AS-Pigmente ist zu den wenig lösemittelechten Pigmenten zu zählen (Gruppe I). Besonders die sulfonamid- oder carbonamidgruppenhaltigen Marken (Gruppe II) stellen die lösemittelbeständigeren Typen dar. Die Beständigkeit der Pigmentpulver verschiedener Vertreter dieser Klasse beispielsweise gegen Ethylacetat entspricht Stufe 1 oder 2, die anderer Pigmente, wie P.R.146, aber Stufe 4 bis 5 der 5stufigen Bewertungsskala (s. 1.6.2.1). Auch gegen die besonders im Kunststoffbereich wichtigen Weichmacher, wie Dioctylphthalat oder Dibutylphthalat, sind die einzelnen Marken sehr unterschiedlich beständig.

Entsprechend den Lösemittelechtheiten variieren auch die hierauf basierenden weiteren Echtheitseigenschaften, wie die Beständigkeit gegen Migration, von Pig-

294   2.6 Naphthol AS-Pigmente

ment zu Pigment in starkem Maße. Die Spanne reicht dabei in bestimmten Medien von stark migrierenden, d. h. ausblühenden und ausblutenden Marken bis zu ausblühbeständigen und mehr oder weniger ausblutechten Typen.

Tabelle 17 illustriert anhand der Formeln von Handelsprodukten die unterschiedlichen Bauprinzipien von Naphthol AS-Pigmenten, wobei Lösemittelechtheiten und Migrationsverhalten in der angegebenen Reihenfolge, d. h. mit zuneh-

Tab. 17: Bauprinzipien von Naphthol AS-Pigmenten

C.I. Name	Formel-Nr.	Formel	Zahl der CONH-Gruppen
P.R.3	12120		0
P.R.2	12310		1
P.R.170	12475		2
P.O.38	12367		3
P.R.187	12486		3

mender Zahl der CONH-Gruppen im Molekül, verbessert werden. Das erste Glied der Reihe ist ein β-Naphthol-Pigment. Es stellt das Grundgerüst dieser Betrachtungsweise dar.

Eine weitere Verbesserung des Migrationsverhaltens wird mit manchen heterocyclisch substituierten Kupplungskomponenten (s. 2.8) erzielt.

Die Lichtechtheit der Naphthol AS-Pigmente ist als gut zu bezeichnen. Wenn auch einzelne Vertreter im Vollton die Lichtechtheit von β-Naphthol-Pigmenten, wie P.O.5 oder P.R.3, nicht ganz erreichen, so sind sie doch letzteren in den Aufhellungen deutlich überlegen. Beispielsweise zeigen lufttrocknende Lackierungen von P.R.9 im Vollton eine Lichtechtheit von Stufe 7, bei einem Aufhellungsverhältnis von 1:6 TiO_2 von Stufe 6, und noch bei 1:500 TiO_2 Stufe 4-5 der Blauskala.

Die Hitzebeständigkeit der Naphthol AS-Pigmente variiert – zum Beispiel im Druck – je nach chemischem Aufbau zwischen Temperaturen von unter 120 bis zu 200°C.

2.6.3 Anwendung

In den beiden letzten Jahrzehnten haben mehrere Pigmente dieser Klasse infolge steigender Marktanforderungen an Bedeutung verloren; einige davon spielen allerdings lokal oder regional noch eine gewisse Rolle. Andere, wie P.R.22 und P.R.23, werden seit langem nur in bestimmten Regionen in großen Mengen verwendet, wohingegen sie in anderen Ländern nahezu bedeutungslos sind. Wegen unterschiedlicher Anforderungen ist verschiedenen Marken regional daher sehr unterschiedliche Bedeutung beizumessen. Einige besonders hochwertige Vertreter dieser Klasse haben dagegen in den vergangenen Jahren an Bedeutung noch deutlich zugenommen.

Die Haupteinsatzbereiche für Naphthol AS-Pigmente sind das Lack- und das Druckfarbengebiet. Der Einsatz im Lackgebiet wird besonders bestimmt bzw. beschränkt durch die Beständigkeit gegen organische Lösemittel. Gut beständige Pigmente sind außer für lufttrocknende, Nitrokombi- und andere bei Raumtemperatur verarbeitete Lacke und Anstrichfarben auch für ofentrocknende Lacke geeignet. Einige finden dabei sogar in hochwertigen Lacken, zum Beispiel für Kraftfahrzeug-Lackierungen bis hin zu Erstlackierungen von Personenkraftwagen, Verwendung. Chemisch einfache Individuen blühen in Einbrennlacken aus, die hochwertigen sind dagegen hierin in allen Konzentrationsbereichen beständig. Andere können in ofentrocknenden Lacken nur unter Beachtung der Konzentrationsgrenzen, innerhalb deren kein Ausblühen erfolgt (s. 1.6.3.1), d.h. bei genügend hoher Pigmentkonzentration und bei möglichst niedrigen Einbrenntemperaturen, eingesetzt werden. Sie bluten dabei aber je nach chemischer Konstitution mehr oder weniger stark aus, sind also nicht überlackierecht.

Die Bedeutung vieler Naphthol AS-Pigmente liegt besonders auf dem Druckfarbengebiet. Sie ergeben hier bei hoher Farbstärke zum Teil sehr brillante Farbtöne. Entsprechend den Lösemittelechtheiten müssen aber bei der Anwendung, besonders im Verpackungsdruck, oftmals Abstriche bei bestimmten Gebrauchsechtheiten gemacht werden. Seifen- und Paraffinechtheit sind bei den meisten technisch wichtigen Marken ganz oder nahezu einwandfrei, auch Wasser-, Säure- und Alkalibeständigkeit sind praktisch immer gegeben. Silberlack- und Sterilisierechtheit sind meist nicht einwandfrei, bei einigen Marken sogar sehr schlecht. Naphthol AS-Pigmente werden deshalb im Druck dann eingesetzt, wenn keine Überlackierechtheit verlangt wird. Die wesentlichen Verfahren, in denen sie verdruckt werden, sind der Offsetdruck sowie der Verpackungstief- und Flexodruck.

Im Blechdruck finden Naphthol AS-Pigmente, von Ausnahmen abgesehen, keine Verwendung. Eine Reihe von Pigmenten dieser Klasse werden in großem Maße im Textildruck eingesetzt. Für die Kunststoffeinfärbung kommen Naphthol AS-Pigmente im allgemeinen aufgrund mangelnder Migrationsechtheit und ungenügender Hitzebeständigkeit nicht in Betracht.

Naphthol AS-Pigmente werden vielfältig in speziellen Medien anderer Bereiche verwendet, beispielsweise in Büroartikeln und Künstlerfarben, Putz- und Reinigungsmitteln einschließlich Seifen, in der Papierindustrie, besonders der Papiermasse- und -oberflächenfärbung, sowie der Färbung von Papierstreichmassen.

2.6.4 Im Handel befindliche Naphthol AS-Pigmente

Allgemein

Die Palette der industriell genutzten Naphthol AS-Pigmente ist vergleichsweise groß. In Tabelle 18 sind sie zusammengestellt. Die Einteilung der Tabelle erfolgt in die zwei unter 2.6.2 genannten Gruppen.

Erwähnt werden soll hier auch das eine „Zwitter"-Stellung einnehmende Disazo-Naphthol AS-Pigment Pigment Blue 25, das Kupplungsprodukt von bisdiazotiertem 3,3'-Dimethoxy-4,4'-diaminodiphenyl und Naphthol AS:

2.6.4 Im Handel befindliche Naphthol AS-Pigmente

Tab. 18: Im Handel befindliche Naphthol AS-Pigmente

C.I. Name	Formel- Nr.	R_D^2	R_D^4	R_D^5	R_K^2	R_K^4	R_K^5	Farbton
Gruppe I								
P.R.2	12310	Cl	H	Cl	H	H	H	rot
P.R.7	12420	CH_3	Cl	H	CH_3	Cl	H	blaustichig-rot
P.R.8	12335	CH_3	H	NO_2	H	Cl	H	blaustichig-rot
P.R.9	12460	Cl	H	Cl	OCH_3	H	H	gelbstichig-rot
P.R.10	12440	Cl	H	Cl	H	CH_3	H	gelbstichig-rot
P.R.11	12430	CH_3	H	Cl	CH_3	H	Cl	rubin
P.R.12	12385	CH_3	NO_2	H	CH_3	H	H	bordo
P.R.13	12395	NO_2	CH_3	H	CH_3	H	H	blaustichig-rot
P.R.14	12380	NO_2	Cl	H	CH_3	H	H	bordo
P.R.15	12465	NO_2	Cl	H	OCH_3	H	H	marron
P.R.16	12500	OCH_3	NO_2	H	*	–	–	bordo
P.R.17	12390	CH_3	H	NO_2	CH_3	H	H	rot
P.R.18	12350	NO_2	CH_3	H	H	H	NO_2	marron
P.R.21	12300	Cl	H	H	H	H	H	gelbstichig-rot
P.R.22	12315	CH_3	H	NO_2	H	H	H	blaustichig-rot
P.R.23	12355	OCH_3	H	NO_2	H	H	NO_2	blaustichig-rot
P.R.95	15897	OCH_3	H	$SO_2OC_6H_4NO_2(p)$	CH_3	H	H	carmin
P.R.112	12370	Cl	Cl	Cl	CH_3	H	H	rot
P.R.114	12351	CH_3	H	NO_2	H	H	NO_2	carmin
P.R.119	12469	CH_3	H	$SO_2OC_6H_4CO_2CH_3$	OCH_3	H	H	gelbstichig-rot
P.R.136	–	–	–	–	–	–	–	bordo
P.R.148	12369	Cl	Cl	H	CH_3	H	H	orange
P.R.223	–	Cl	H	$CONHC_6H_5$-Cl_3(2,4,5)	1-naphthyl			blaustichig-rot
P.O.22	12470	Cl	H	Cl	OC_2H_5	H	H	orange
P.O.24	12305	H	H	Cl	H	H	H	orange
P.Br.1	12480	Cl	H	Cl	OCH_3	H	OCH_3	braun
P.V.13	–	OCH_3	$NHCOC_6H_5$	CH_3	1-naphthyl			violett
Gruppe II								
P.R.5	12490	OCH_3	H	$SO_2N(C_2H_5)_2$	OCH_3	OCH_3	Cl	carmin
P.R.31	12360	OCH_3	H	$CONHC_6H_5$	H	H	NO_2	blaustichig-rot
P.R.32	12320	OCH_3	H	$CONHC_6H_5$	H	H	H	rot
P.R.146	12485	OCH_3	H	$CONHC_6H_5$	OCH_3	Cl	OCH_3	carmin
P.R.147	12433	OCH_3	H	$CONHC_6H_5$	CH_3	H	Cl	rosa
P.R.150	12290	OCH_3	H	$CONHC_6H_5$	**			carmin
P.R.164	–	***			H	OC_2H_5	H	gelbstichig-rot
P.R.170	12475	H	$CONH_2$	H	OC_2H_5	H	Cl	rot
P.R.184	12487	OCH_3	H	$CONHC_6H_5$	$\begin{cases}CH_3\\OCH_3\end{cases}$	$\begin{matrix}H\\Cl\end{matrix}$	$\begin{matrix}Cl\\OCH_3\end{matrix}$	rubin
P.R.187	12486	OCH_3	H	$CONHC_6H_4$-(p)$CONH_2$	OCH_3	OCH_3	Cl	blaustichig-rot
P.R.188	12467	$COOCH_3$	H	$CONHC_6H_3$-Cl_2(2,5)	OCH_3	H	H	gelbstichig-rot
P.R.210	12474	****			$\begin{cases}OCH_3\\OC_2H_5\end{cases}$	$\begin{matrix}H\\H\end{matrix}$	$\begin{matrix}H\\H\end{matrix}$	rot
	12475	H	$CONH_2$	H				
P.R.212	–	–	–	–	–	–	–	sehr blaustichig-rot
P.R.213	–	–	–	–	–	–	–	blaustichig-rot
P.R.222	–	OCH_3	H	$CONHC_6H_4$(m)CF_3	H	$NHCOC_6H_5$	H	blaustichig-rot

2.6 Naphthol AS-Pigmente

Tab. 18: (Fortsetzung)

C.I. Name	Formel-Nr.	R_D^2	R_D^4	R_D^5	R_K^2	R_K^4	R_K^5	Farbton
P.R.238	–	–	–	–	–	–	–	blaustichig-rot
P.R.245	12317	OCH$_3$	H	CONH$_2$	H	H	H	blaustichig-rot
P.R.253	12375	Cl	SO$_2$NHCH$_3$	Cl	CH$_3$	H	H	rot
P.R.256	–	–	–	–	–	–	–	gelbstichig-rot
P.R.258	12318	OCH$_3$	H	SO$_2$CH$_2$C$_6$H$_5$	H	H	H	
P.R.261	12468	OCH$_3$	H	CONHC$_6$H$_5$	OCH$_3$	H	H	rot
P.O.38	12367	Cl	H	CONH$_2$	H	NHCOCH$_3$	H	rotstichig-orange
P.V.25	12321	OCH$_3$	NHCOC$_6$H$_5$	OCH$_3$	H	H	H	violett
P.V.44	–	–	–	–	–	–	–	violett
P.V.50	12322	OCH$_3$	NHCOC$_6$H$_5$	CH$_3$	H	H	H	violett
P.Bl.25	21180			Formel s. S. 296			–	rotstichig-blau

* P.R.16 enthält als Kupplungskomponente 2-Hydroxy-3-naphthoesäure-1-naphthylamid.
** P.R.150 enthält als Kupplungskomponente 2-Hydroxy-3-naphthoesäureamid.
*** P.R.164 wird mit folgender Diazokomponente synthetisiert:

**** P.R.210 hat als Mischkupplung Formel-Nr. 12477.

Bei den Naphthol AS-Pigmenten der Gruppe I ragen unter den technisch genutzten Produkten vor allem 2-Methyl-5-nitroanilin und 2,5-Dichloranilin als Diazokomponenten heraus. Wichtige Kupplungskomponenten sind neben dem 2-Hydroxy-3-naphthoesäureanilid vor allem die in ortho-Stellung methoxy- oder methylsubstituierten Derivate. Alle Pigmente der Gruppe II mit bekannter Struktur tragen in der 5-Stellung des aromatischen Ringes der Diazokomponente eine SO$_2$N‹- oder in 4- oder 5-Stellung eine CONH-Gruppe.

Einzelne Pigmente

Vertreter der Gruppe I (s. 2.6.2)

Pigment Red 2

Das Pigment weist einen mittleren Rotton auf; es ist etwas gelber als das Naphthol AS-Pigment P.R.112. Hauptanwendungsgebiet ist der Druckfarbenbereich. Das Pigment ist in manchen Systemen sogar noch etwas farbstärker als P.R.112, erreicht aber nicht ganz dessen Lichtechtheit. P.R.2 hat in Buchdruck-Andrucken in 1/1 ST Stufe 5, in 1/25 ST Stufe 4 der Blauskala. Die entsprechenden Vergleichswerte für P.R.112 liegen um eine halbe bis eine Stufe besser. Die im Handel befindlichen Marken weisen größtenteils spezifische Oberflächen zwischen ca. 20 und 30 m²/g auf. Die resultierenden Drucke zeigen dementsprechend nur geringe Transparenz, dafür ergeben die vergleichsweise grobteiligen Pigmente in den häufig hochpigmentierten Druckfarben gutes Fließverhalten und genügen damit entsprechenden Praxisanforderungen. Die Drucke zeigen guten Glanz.

Ähnlich wie bei vielen anderen Vertretern dieser Klasse sind die meisten Gebrauchsechtheiten der Drucke nicht einwandfrei; im Vergleich mit P.R.112 ist P.R.2 auch hier etwas schlechter. Das kann speziell im Grenzbereich der Verwendbarkeit von Bedeutung sein. So sind Buchdrucke von P.R.112 beispielsweise gegen Lackbenzin beständig und auch seifenecht, die Beständigkeit der Drucke von P.R.2 ist dagegen nur mit Stufe 4 der 5stufigen Skala zu bewerten. Beständigkeit gegen Silberlack oder Sterilisieren ist nicht gegeben.

P.R.2 wird hauptsächlich in Offset-, Verpackungstief- und Flexodruckfarben eingesetzt. Auch der textile Druck ist als Einsatzgebiet zu nennen. Daneben findet das Pigment bei der Spinnfärbung von Viskose-Reyon und -Zellwolle, sowie der Färbung von Viskoseschwämmen und -folien in der Masse Verwendung. Als weitere Einsatzmedien sind Lederdeckfarben zu nennen.

Die Bedeutung von P.R.2 im Lackgebiet ist gering. Begrenzte Verwendung findet es im Bautenlacksektor, besonders in lufttrocknenden Lacken.

Pigment Red 7

Pigment Red 7 zählt zu den blaustichigen Rotmarken und wurde für viele Medien auf dem Druckfarben-, Lack- und Kunststoffgebiet verwendet. Es galt vor ein bis zwei Jahrzehnten als das wichtigste Naphthol AS-Pigment. Das Pigment mußte vor wenigen Jahren vom Markt zurückgezogen werden, weil eines der Vorprodukte zu seiner Herstellung nicht mehr zur Verfügung stand; es ist wohl kaum noch anzutreffen. Als Ersatz für Pigment Red 7 kommen andere Naphthol AS-Pigmente dieses Farbtonbereiches, beispielsweise P.R.170, in Betracht.

Pigment Red 8

Pigment Red 8 ergibt reine, blaustichige Rotnuancen. Es wird vorwiegend im Druckfarbenbereich eingesetzt. Das farbstarke Pigment liefert brillante Drucke. Die spezifischen Oberflächen der Handelsmarken sind für Pigmente dieser Klasse sehr groß; sie liegen zwischen ca. 50 und 60 m²/g. Dementsprechend sind die Drucke vergleichsweise transparent. P.R.8 wird verwendet, wenn für die Drucke keine besondere Lösemittelbeständigkeit gefordert wird. Die Lösemittelbeständigkeit ist allerdings deutlich besser als die des gelbstichigeren P.R.7 und ähnlich der des gelberen, jedoch besser lichtechten P.R.5. Die Drucke sind seifenecht; Butter- und Paraffinechtheit sind nicht ganz einwandfrei, Silberlack- und Sterilisierechtheit ungenügend. Hitzebeständigkeit ist bis 140°C (30 Minuten Einwirkung) gegeben.

Die Lichtechtheit – beispielsweise von Buchdruck-Andrucken – fällt mit sinkender Pigmentflächenkonzentration rasch ab. Drucke in 1/1 ST entsprechen Stufe 5, solche in 1/25 ST nur noch Stufe 3 der Blauskala. P.R.8 wird in Buch- und Offsetdruckfarben, in Verpackungstief- und Flexodruckfarben verschiedener Art verwendet. Bei der Dispergierung der feinteiligen Handelsmarken in Firnissen für die verschiedenen Druckverfahren kann es zu Rekristallisation kommen, die in einer starken Abnahme der Farbstärke und Transparenz resultieren. Auch im Textildruck wird P.R.8 verwendet. Seine Lichtechtheit genügt auch dort keinen hohen Anforderungen.

Ähnlich wie andere Vertreter dieser Pigmentklasse, wird P.R.8 in vielen speziellen Medien, die nicht dem Lack-, Druckfarben- oder Kunststoffbereich zuzuordnen sind, eingesetzt. Genannt werden soll hier nur die Papierindustrie, wo es für die Massefärbung und für das Anfärben von Streichmassen für gestrichene Papiere eingesetzt wird. Ferner kann die Verwendung für Künstlerfarben und Büroartikel aufgeführt werden.

Pigment Red 9

Das Pigment ergibt reine, gelbstichige Rottöne mit sehr guter Lichtechtheit. Im Handel ist es in Form einer instabilen Kristallmodifikation. Sie ist sehr unbeständig gegen aromatische Kohlenwasserstoffe und einige andere organische Lösemittel. Aus diesem Grund kommt es nur für aromatenfreie Medien in Betracht. Im Druckfarbenbereich sind das Buch- und Offset-, sowie wäßrige Flexodruckfarben. Die Drucke sind gegen viele Lösemittel wenig beständig, sie sind aber seifen- und butterecht, gegen Paraffin, Dibutylphthalat und Lackbenzin sind sie fast beständig. Gegenüber dem farbtonähnlichen, in 1/3 ST geringfügig gelberen P.R.10 ist P.R.9 bei geringen Pigmentflächenkonzentrationen lichtechter, gegenüber dem in 1/3 ST geringfügig blaueren P.R.53:1 einige Stufen der Blauskala lichtechter und außerdem alkali- und säureecht. Entsprechend den geringen spezifischen Oberflächen der Handelsmarken, die bei ca. 20 m^2/g liegen, sind die Drucke wenig transparent.

Auch auf dem Lackgebiet kommt dieses Rotpigment nur für Lacke mit aliphatischen Kohlenwasserstoffen in Betracht. Sein Einsatz in anderen Systemen, die beispielsweise aromatische Kohlenwasserstoffe, Ketone, Ester oder Glykolether enthalten, führt infolge von Modifikationswechsel und Rekristallisation zu einer erheblichen Farbtonverschiebung und einem deutlichen Farbstärkerückgang. In geeigneten Lacken weist P.R.9 dagegen auch in Aufhellungen eine sehr gute Lichtechtheit auf. Daneben wird es in Dispersionsanstrichfarben verwendet. Es zeigt hier ebenfalls sehr gute Licht- und gute Wetterechtheit. Sie reicht allerdings selbst in vollen Tönen für einen Außeneinsatz oft nicht aus.

Bei den nicht zu den Lack-, Kunststoff- und Druckfarbengebieten zählenden Medien kommt P.R.9 z. B. für Minen von Buntstiften in Frage.

Pigment Red 10

Es ist ein reines, gelbstichiges Rotpigment, das im Farbton P.R.9 naheliegt. Da es in einer stabilen Kristallmodifikation im Handel ist, zeigt die Anwesenheit aggressiver Lösemittel im Medium keine ähnliche Wirkung wie bei P.R.9. So wird es im Gegensatz zu diesem auch in Verpackungstief- und Flexodruckfarben auf Lösemittelbasis verwendet. Seine Lichtechtheit ist gut. In Buchdruck-Andrucken ist sie bei geringen Pigmentflächenkonzentrationen, beispielsweise in 1/3 oder 1/25 ST, allerdings um eine halbe bis eine Stufe der Blauskala schlechter als die von P.R.9. Die Drucke sind nicht silberlack- und sterilisierecht, die Hitzebeständigkeit ist gering.

Im Textildruck ist ähnlich den meisten anderen Pigmenten dieser Klasse die Trockenreinigungsechtheit, beispielsweise mit Perchlorethylen, schlecht. Für PVC-Beschichtungen ist es ungeeignet. Auch die Trockenhitzefixierechtheit ist nicht einwandfrei. Die Lichtechtheit der Drucke liegt je nach Farbtiefe bei Stufe 6 bis 7 der Blauskala.

Eine gewisse Verwendung findet P.R.10 auch im Büroartikel-, Künstlerfarben- und Putzmittelsektor.

Pigment Red 11

Das Pigment ist nur noch von geringer Marktbedeutung. Sein Farbton ist ein blaustichiges Rot und als Rubin zu bezeichnen; er ist blaustichiger als der des stellungsisomeren Pigment Red 7. Diesem entspricht es in vielen seiner Echtheiten. Hierzu zählen die Beständigkeit gegen die meisten im Lack- und Druckfarbenbereich anzutreffenden Lösemittel, Überlackierechtheit, Hitzebeständigkeit usw. Die Lichtechtheit ist allerdings deutlich schlechter als die von P.R.7. In mittleren Aufhellungen, beispielsweise in 1/3 ST, liegt sie in mittelöligen Alkydharzlacken um 2 Stufen der Blauskala niedriger (Stufe 4).

Pigment Red 12

Es stellt ein wichtiges bordofarbenes Pigment dar. Von P.R.12 sind zwei Kristallmodifikationen bekannt, verwendet wird nur die thermodynamisch instabile, bordofarbene Form. Zu ihrer Umwandlung in die stabile rote Modifikation ist nur eine geringe Aktivierungsenergie erforderlich. Die Umwandlung erfolgt beispielsweise in öligen Bindemitteln in Gegenwart von Zinkweiß bereits auf einer Tellerreibmaschine oder beim trockenen Verkollern des Pigmentes mit Schwerspat. Auch in Gegenwart von Chlorkohlenwasserstoffen oder Ketonen im Dispergiermedium findet der Modifikationswechsel innerhalb kurzer Zeit statt. Da sich hierbei ungewöhnlich große Pigmentteilchen bilden, ist der Wechsel mit einer wesentlichen Erniedrigung der Viskosität des Anreibemediums verbunden. Die rote stabile Modifikation ist ohne praktisches Interesse, ihre Lichtechtheit ungenügend.

Im graphischen Bereich kommt P.R.12 für Offsetdruckfarben, für Verpackungstief- und Flexodruckfarben in Frage. Seine Lichtechtheit ist gut; sie liegt für Buchdruck-Andrucke in 1/1 bis 1/25 ST zwischen Stufe 5-6 und 4 der Blauskala. Das Pigment ist sehr farbstark. Die Lösemittelechtheiten und andere Gebrauchsechtheiten der Drucke sind meist mittelmäßig. Die Paraffinechtheit ist nicht ganz einwandfrei. Die Beständigkeit gegen Butter und andere Fette ist schlecht. Auch die Alkalibeständigkeit ist nicht einwandfrei.

Im Textildruck ist P.R.12 sehr lichtecht; in Drucken in 1/1 bzw. 1/6 ST wird die Lichtechtheit mit Stufe 7 bzw. 6-7 angegeben. Die Trockenreinigungsbeständigkeit ist sehr schlecht. Für PVC-Beschichtung ist das Pigment wegen starker Migrationstendenz ungeeignet. Die Trockenhitzefixierechtheit ist bei 150°C einwandfrei, bei 180°C fast einwandfrei.

Im Lackgebiet wird P.R.12 hauptsächlich für lufttrocknende Lacke eingesetzt. In ofentrocknenden Lacken blüht es im Bereich zwischen 140 und 180°C bei Konzentrationen unter 1%, bei 200°C unter 2,5% aus. Aus diesem Grund kommt es hier nur für den Einsatz in höheren Konzentrationen, vorwiegend im Vollton in Frage. Wie im Druckfarbenbereich ist in Gegenwart von Ketonen und anderen aggressiven Lösemitteln ein mit starker coloristischer Veränderung verbundener Modifikationswechsel möglich. Die Lichtechtheit ist gut. Im Vollton liegt sie in lufttrocknenden Lacken bei Stufe 6, in Einbrennlacken bei Stufe 6-7 der Blauskala, wobei Dunkeln erfolgt, in Aufhellungen 1:10 bei Stufe 4-5 bzw. 5-6. In Einbrennlacken blutet das Pigment in allen Temperaturbereichen stark aus. In begrenztem Umfang und soweit die Echtheiten ausreichen, kommt es auch für Dispersionsanstrichfarben in Betracht.

P.R.12 wird darüberhinaus zum Färben einer Reihe von speziellen Medien, wie Autopflegemittel, Bohnerwachs, Schuhcremes usw. verwendet. Auch verschiedene Büroartikel sowie Lederdeckfarben sind als Einsatzmedien zu nennen.

Pigment Red 13

Das Pigment wird in den USA hergestellt und ist von geringer Marktbedeutung. Es ergibt blaustichige Rottöne.

Pigment Red 14

Bei P.R.14 handelt es sich um ein kräftiges Bordo mit guter Lichtechtheit. Gegenüber P.R.12 ist es wesentlich gelbstichiger. Ähnlich wie bei P.R.12 sind auch von P.R.14 zwei Kristallmodifikationen bekannt. Auch hier ist die im Handel befindliche Form thermodynamisch instabil. Der Übergang zur stabilen, wegen zu geringer Lichtechtheit technisch weitgehend uninteressanten, Modifikation erfolgt wesentlich schwieriger als bei P.R.12. Er wird beispielsweise durch aromatische Kohlenwasserstoffe und Ketone begünstigt.

P.R.14 wird im wesentlichen in Lacken, in geringerem Maße auch in Druckfarben sowie in einigen weiteren Medien eingesetzt.

Außer in lufttrocknenden Lacken findet es in ofentrocknenden Lacken Verwendung. Dabei sind die Ausblühbereiche zu beachten. In einem Alkyd-Melaminharzlack beispielsweise erfolgt bei allen Pigmentkonzentrationen bis 160°C kein Ausblühen, bei 180°C ist als Grenzkonzentration 0,2%, bei 200°C 1% anzugeben. Es blutet dabei sehr stark aus. Seine Lichtechtheit ist sehr gut, sie entspricht im Vollton in lufttrocknenden Lacken Stufe 6-7, in Einbrennlacken 7-8, bei einem Aufhellungsverhältnis mit TiO_2 von 1:7 Stufe 5-6 bzw. 6-7 der Blauskala. In Kombination mit Molybdatrot lassen sich sehr lichtechte Rottöne einstellen. Durch Mischungen mit dem ähnliche Eigenschaften aufweisenden, zu derselben Pigmentklasse zählenden, P.R.112 werden beispielsweise die Farbtöne von Toluidinrot (P.R.3) mit wesentlich besserer Licht- und Wetterechtheit erhalten.

Sofern die Lösemittelechtheit ausreicht, wird P.R.14 außer in Offsetdruckfarben auch in Verpackungstief- und Flexodruckfarben verwendet. Die Drucke sind seifen-, alkali- und säurebeständig. Die Beständigkeit gegen Paraffin ist nicht ganz einwandfrei, gegen Butter und eine Reihe anderer Fette mäßig. Silberlack- und Sterilisierechtheit sind ungenügend, ebenso die Hitzebeständigkeit, die Temperaturen von 140°C nicht erreicht. Die Lichtechtheit von Buchdrucken ist in 1/1 ST mit Stufe 6, in 1/3 ST mit 5-6 und in 1/25 ST mit Stufe 4 der Blauskala anzugeben.

Pigment Red 15

Das Pigment wird noch auf dem japanischen Markt angeboten, ist aber auch dort nur von geringer Bedeutung. Sein Farbton ist ein mittleres Marron.

Pigment Red 16

Das polymorphe Pigment war mit einer blaustichig-bordofarbenen Modifikation auf dem Markt, wird aber seit kurzem nicht mehr angeboten. Es wurde im Druckfarbenbereich verwendet, wenn keine besonderen Anforderungen an die Lösemittelbeständigkeit gestellt wurden. Das Pigment ist gut lichtecht. Es genügt nicht mehr den technischen Anforderungen. Der Farbton läßt sich beispielsweise durch Nuancieren des zur gleichen Pigmentklasse zählenden P.R.12 nachstellen.

Pigment Red 17

Der Farbton des Pigmentes liegt im mittleren Rotbereich. P.R.17 ist ohne größere Bedeutung und wird gegenwärtig nur in geringem Maße angeboten. Seine Echtheiten entsprechen vielfach nicht den Anforderungen. Es ist aber gegen Säure, Alkali und Seifen beständig. Im Offset-, Tief- und Flexodruck wird es deshalb dann bevorzugt, wenn Alkali- und Seifenechtheit gefordert werden. Auch bei der Papiermassefärbung und in Papierbeschichtungen findet es Verwendung.

Pigment Red 18

Das mit P.R.114 stellungsisomere Farbmittel wird derzeit auf dem europäischen Markt nicht angeboten. Aber auch die außerhalb Europas, und zwar in Japan und Mittelamerika hiervon produzierten Mengen, sind gering. P.R.18 liefert Farbtöne im Marron-Bereich. Seine Eigenschaften entsprechen denen anderer Vertreter dieser Klasse mit geringeren Echtheiten. In den USA ist das Pigment als D&C Red No. 38 registriert.

Pigment Red 21

Das Pigment wird in den USA und Japan angeboten. Es liefert gelbstichige Rotnuancen. Seine Bedeutung ist gering. Es entspricht nicht den gestiegenen technischen Anforderungen.

Pigment Red 22

Das Pigment ergibt gelbstichige Rottöne. Es hat regional sehr unterschiedliche Bedeutung. Während es in Europa weniger angetroffen wird, zählt es in den USA und besonders in Japan zu den bedeutenderen Pigmenten dieser Klasse. Es wird im Textildruck, aber auch in graphischen Druckfarben, wie Offset- und Tiefdruckfarben, besonders aber Farben auf NC-Basis verwendet. Das Pigment wird vor allem dann eingesetzt, wenn Seifen- und Alkalibeständigkeit gefordert werden. P.R.22 ist farbstark. Gegenüber P.R.9 ist es in hohen Pigmentflächenkonzentrationen heller, bei geringeren Pigmentflächenkonzentrationen gelber; gegenüber P.R.2 deutlich gelber und weniger lichtecht; gegenüber P.R.112 ist es noch gelber und noch schlechter lichtecht. Im Vergleich mit Lackrot C-Pigmenten (P.R.53:1) ist es je nach Art der Druckfarbe blauer bis gelber, seine Lichtechtheit hingegen ca. 1 Stufe besser.

Auf dem Lackgebiet wird P.R.22 in lufttrocknenden Lacken, in Dispersionsanstrichfarben und unter Beachtung der Ausblühbereiche in Industrielacken verwendet. Verglichen mit P.R.112 ist es auch hier wesentlich weniger lichtecht. Daneben wird es für die Papiermassefärbung sowie für Papierbeschichtungen, in Farbstiften und Künstlerfarben sowie in anderen Medien eingesetzt.

Pigment Red 23

Das Pigment ergibt ein blaustichiges, trübes Rot. Ähnlich wie P.R.22 ist seine Bedeutung regional sehr unterschiedlich. Der Farbton ist im Vergleich mit P.R.146 gelbstichiger und wesentlich trüber. Die Lösemittelechtheiten und verschiedene Gebrauchsechtheiten sind deutlich schlechter, ebenfalls die Lichtechtheit. Sie beträgt bei Buchdruck-Andrucken in 1/1 ST Stufe 3 der Blauskala, verglichen mit Stufe 5 bei P.R.146. Die Handelsmarken von P.R.23 sind meist feinteiliger als die von P.R.146; sie sind etwas farbstärker und transparenter, gleichzeitig in Druckfarben aber viskoser. Aufgrund ungenügender Lösemittelbeständigkeit und darauf beruhender Rekristallisation des Pigmentes kann es in Verpackungstiefdruckfarben im Vergleich mit P.R.146 zu deckenderen Drucken und zu deutlichem Farbstärkeabfall kommen. Das Pigment wird besonders in wäßrigen Druckfarben und in solchen auf NC-Basis eingesetzt. Auch im Textildruck findet es Verwendung.
    Im Lackgebiet wird P.R.23 für allgemeine Industrielacke empfohlen. Auch hier konkurriert das Pigment vor allem mit P.R.146. Bei höherer Farbstärke und etwas gelberem Farbton ist die Überlackierechtheit schlechter als die von P.R.146; ebenso ist seine Lichtechtheit auch hier deutlich geringer.

Pigment Red 95

Der Farbton von P.R.95 ist ein blaustichiges Rot, ein Carmin.
    Das Pigment wird im Druckfarben- und Lackbereich eingesetzt, es genügt dabei mittleren Anforderungen. Die Lichtechtheit in Buchdruck-Andrucken in 1/1 ST beträgt Stufe 4-5 der Blauskala. Die Drucke sind unbeständig gegen Butter und Fette verschiedener Art. Sie sind säure- und alkali-, aber nicht ganz seifenecht. Auch sind sie gegen das Lösemittelgemisch nach DIN 16 524/1 nicht ganz beständig. Das Pigment ist bis 180°C (10 Minuten) hitzestabil. Kalandrier- und Sterilisierechtheit sind wie bei den meisten Vertretern dieser Klasse nicht einwandfrei. P.R.95 kommt für verschiedene Druckverfahren in Frage. Aufgrund seiner nicht einwandfreien Migrationsechtheit bzw. Beständigkeit gegen Weichmacher ist es aber für den Spezialtiefdruck auf Weich-PVC nicht zu empfehlen.
    Auf dem Lackgebiet wird P.R.95 besonders für Industrielacke verschiedener Art sowie für Anstrichfarben angeboten. Es zeigt dabei in vollen Tönen gute Lichtechtheit, die mit zunehmendem Aufhellungsgrad rasch abfällt. So entsprechen 5%ige Volltonlackierungen (mittelöliger Alkydharzlack) Stufe 6-7, Lackierungen in 1/3 ST Stufe 4-5, in 1/25 ST Stufe 3 der Blauskala. Auch in Kombination mit Molybdatrot-Pigmenten wird das Pigment verwendet. Die im Handel befindliche Qualität zeigt gute Transparenz und ist daher für Metalleffekt- und Hammerschlaglacke geeignet. Auch hier genügt die Lichtechtheit keinen gehobenen Ansprüchen. Überlackierechtheit ist nicht gegeben. Bei höheren Temperaturen und niedrigen Konzentrationen neigt das Pigment zum Ausblühen. So kann in einem Alkyd-Melaminharz-Einbrennlack bei einer Pigmentkonzentration von we-

niger als 0,1% ab 140 °C Ausblühen auftreten. Bis 140 °C (30 Minuten) ist das Pigment thermostabil.

Pigment Red 112

Das Pigment ergibt mittlere Rotnuancen mit hoher Brillanz. Bereits 1939 patentiert, ist es aber erst seit wenigen Jahrzehnten auf dem Markt und hat aufgrund seiner Eigenschaften bald breiten Einsatz in Druckfarben, Lacken und Anstrichfarben und in vielen weiteren Bereichen gefunden.

Im Druckfarbenbereich wird P.R.112 in Buch- und Offsetdruckfarben, in Verpackungstief- und Flexodruckfarben verschiedener Art verwendet. Es ist dabei sehr farbstark. Zur Einstellung von Buchdruck-Andrucken in 1/1 ST ist unter Standardbedingungen bezüglich der Schichtdicke eine Pigmentkonzentration der Druckfarbe von ca. 17% erforderlich. In Praxisfarben liegt die Pigmentkonzentration zum Teil erheblich höher. Die Lichtechtheit ist sehr gut. So entsprechen Buchdruck-Andrucke in 1/1 bis 1/25 ST, also in einem weiten Bereich der Pigmentflächenkonzentration, je nach Handelsmarke Stufe 5-6 oder 5 der Blauskala. Mit zunehmender Pigmentkonzentration steigt die Lichtechtheit noch deutlich an, und zwar bis zu Stufe 6-7 der Blauskala bei 25%igen Druckfarben. Die Drucke sind seifenecht. Die Paraffinechtheit ist nicht ganz einwandfrei, Butter- und andere Fettechtheiten erreichen nur mittelmäßige Werte (Stufe 3). Silberlack- und Sterilisierechtheit sind nicht gegeben. Die Hitzestabilität ist ungenügend; sie erreicht nicht 140 °C.

Im Textildruck weist P.R.112 hohe Lichtechtheit auf; sie wird in tiefen Tönen (1/1 und 1/3 ST) mit Stufe 7 angegeben. Die Trockenhitzebeständigkeit bei 150 und 180 °C ist einwandfrei. Die Trockenreinigungsechtheit, beispielsweise mit Perchlorethylen, ist wie bei anderen Vertretern dieser Klasse ungenügend. Für PVC-Beschichtung ist das Pigment wegen Ausblutens nicht geeignet.

In Lacken entspricht der Farbton von P.R.112 dem Signalrotton. Außer in lufttrocknenden Systemen wird es unter Beachtung des Ausblühbereiches auch in ofentrocknenden Lacken verwendet. Bei Einbrenntemperaturen zwischen 140 und 160 °C liegt die Konzentrationsgrenze für Ausblühen bei 0,1%, bei Temperaturen zwischen 180 und 200 °C bei 2,5%. Die Überlackierechtheit ist dabei ungenügend. Licht- und Wetterechtheit von P.R.112 sind hier auch in Aufhellungen sehr gut. So entsprechen Volltöne von lufttrocknenden Lacken Stufe 7-8, von Einbrennlacken Stufe 8 der Blauskala, Aufhellungen im Verhältnis 1:10 TiO_2 Stufe 6-7 bzw. 7-8.

Der Farbton von P.R.112 liegt nahe dem von Toluidinrot (P.R.3), es ist daher als Austauschpigment hierfür geeignet, wenn dessen Echtheiten nicht genügen. P.R.112 wird auch in Kombinationen mit dem bordofarbenen P.R.12, das ähnliche Eigenschaften aufweist, verwendet, wobei sich Farbtöne in einem breiten Bereich einstellen lassen. Gegenüber P.R.9 ist es etwas blauer und deutlich licht- und wetterechter. Marken mit optimierten rheologischen Eigenschaften sind besonders für deckende Volltonlackierungen interessant. Aufgrund dieser guten Echtheiten kann P.R.112 in hochwertigen Lacken, beispielsweise Autoreparaturlacken, sowie ganz allgemein in Industrielacken verwendet werden. Auch bei der Elektrotauchlackierung wird es eingesetzt. Verwendung findet P.R.112 außerdem in Dispersionsanstrichfarben. Es kann dabei allerdings nur bei nicht zu hohen Anforderungen für den Außeneinsatz empfohlen werden.

Im Kunststoffbereich wird P.R.112 gelegentlich in Hart-PVC eingesetzt, wo es in transparenten Färbungen (0,1%) eine der Stufe 8 entsprechende Lichtechtheit, in Aufhellungen eine solche zwischen 5 und 6 zeigt. Im Bereich der Spinnfärbung wird es für Viskose-Reyon und -Zellwolle verwendet. Es weist hier sehr gute Lichtechtheit und einwandfreie oder nahezu einwandfreie Gebrauchsechtheiten auf.

P.R.112 findet darüber hinaus vielfältigen Einsatz in speziellen Medien und Anwendungsgebieten. So wird es in wäßrigen Holzbeizen verwendet, wo es auch in Kombination mit Gelbpigmenten, wie P.Y.83, zum Teil auch mit Violettpigmenten, wie P.V.23, und Ruß zur Einstellung von Brauntönen dient. Seine Lichtechtheit entspricht hier etwa Stufe 5 der Blauskala. Die Färbungen sind nicht beständig gegen Überlackieren mit einem Nitrokombiweißlack, aber gegen Nitro-, säurehärtenden und Polyesterlack. Zu den speziellen Anwendungsmedien zählen auch Büroartikel und Künstlerfarben, wie pigmentierte Faserschreibertinten, Zeichentuschen und Buntstifte, Aquarell- und Plakatfarben, sowie Putz- und Reinigungsmittel. Bei der Papiermassefärbung wird gute Lichtechtheit nur in vollen Tönen erreicht.

Pigment Red 114

Das Pigment, isomer mit P.R.18, wird auf dem japanischen Markt angeboten, ist aber auch dort nur von geringer Bedeutung. Sein Farbton ist blaustichig-rot, carmin. Seine anwendungstechnischen Eigenschaften, besonders seine Echtheiten, entsprechen etwa denen von P.R.22.

Pigment Red 119

P.R.119 ergibt einen brillanten gelbstichigen Rotton und wird im Lack- und Druckfarbenbereich verwendet. Sein Echtheitsniveau entspricht dem verschiedener anderer Vertreter der Gruppe I dieser Pigmentklasse. In Lacken, beispielsweise in mittelöligen Alkydharzlacken oder Alkyd-Melaminharz-Einbrennlacken, ist die Lichtechtheit im Vollton (5%ig) sehr gut und beträgt Stufe 7-8 der Blauskala, wobei der Farbton etwas dunkelt. Auch in stärkeren Aufhellungen (1/25 ST) ist die Lichtechtheit gut (Stufe 5). Während sie somit dem etwas blaustichigeren P.R.112 ähnelt, fällt die Wetterechtheit gegenüber diesem Pigment stark ab.

P.R.119 ist nicht überlackierecht. Ausblühen wurde bei geringen Pigmentkonzentrationen unter üblichen Einbrennbedingungen im Gegensatz zu P.R.112 nicht beobachtet. Auch in Dispersionsanstrichfarben wird das Pigment eingesetzt; es ist dabei aber nicht für den Außeneinsatz zu empfehlen.

Im Druckfarbenbereich konkurriert P.R.119 ebenfalls mit anderen Vertretern der Naphthol AS-Reihe. Sein Farbton ist beispielsweise dem von P.R.10 sehr ähnlich, im Vergleich mit diesem ist es aber farbschwächer. Die Lichtechtheit ist je nach Farbtiefe der Drucke um 1/2 bis 1 Stufe schlechter als die von P.R.112. Es wird bevorzugt in Flexo- und Tapetendruckfarben eingesetzt. In Tiefdrucken auf Weich-PVC migriert P.R.119 ähnlich wie andere Naphthol AS-Pigmente. Es ist silberlackbeständig, sterilisierecht und für den Blechdruck geeignet. Bis 180°C (10 Minuten) ist es thermostabil. Das Pigment wird auch für Malkreiden und Künstlerfarben verwendet.

Pigment Red 136

Die genaue chemische Konstitution des Naphthol AS-Pigmentes wurde bisher nicht bekannt gegeben. Das Pigment ist in zwei Versionen auf dem Markt. Die eine mit einer spezifischen Oberfläche von nahezu 70 m^2/g weist gute Transparenz auf, sie zeigt starke Strukturviskosität. Ihr Farbton ist kirschrot. Die andere – bordofarbene – Marke mit einer spezifischen Oberfläche von etwa 25 m^2/g ist wesentlich deckender und rheologisch günstiger. Sie findet besonders in deckenden volltonnahen Lackierungen Verwendung. Mit geringen TiO$_2$-Zusätzen läßt sich die Nuance von RAL 3004 einstellen.

Beide Marken sind von geringerer Marktbedeutung. Sie werden im Lackbereich verwendet und sind dort bis 160°C thermostabil. Die Beständigkeit gegen Lösemittel entspricht der vieler anderer Vertreter dieser Klasse. Dementsprechend ist auch die Überlackierechtheit nicht einwandfrei. In geringen Pigmentkonzentrationen kann es bei höheren Einbrenntemperaturen, beispielsweise bei 160°C in einem Alkyd-Melaminharz-Einbrennlack bei Konzentrationen unter 0,05%, zum Ausblühen kommen. Beide Handelstypen von P.R.136 sind gut licht- und wetterecht, wobei sie im Vollton etwas dunkeln. Die deckende Type ist besser licht- und wetterecht und wird auch für Autoreparaturlacke empfohlen.

Pigment Red 148

Das Pigment wurde vor kurzem vom Markt zurückgezogen. Es wurde in Druckfarben, Lacken, Buntstiften und in der Spinnfärbung von Viskose-Reyon und -Zellwolle eingesetzt. P.R.148 weist gute Lichtechtheit auf, doch entsprechen die Lösemittelbeständigkeiten und die darauf basierenden Echtheiten, wie Migrationsbeständigkeit, meist nicht mehr den Anforderungen. Das Pigment ist sehr hitzestabil, wegen seiner starken Neigung zum Ausblühen aber selbst für Hart-PVC ungeeignet. Sein Farbton ist ein sehr gelbstichiges Rot bzw. rotstichiges Orange. Er läßt sich auch durch Kombination anderer Vertreter dieser Klasse einstellen.

Pigment Red 223

Das Pigment hatte eine gewisse Marktbedeutung erlangen können, wurde aber in jüngster Zeit vom Markt zurückgezogen. Sein Farbton ist ein blaustichiges Rot, noch etwas blauer als P.R.170. Wesentlichstes Einsatzgebiet waren hochwertige Industrielacke. Es zeichnet sich im volltonnahen Bereich durch gute Licht- und Wetterechtheit aus und entspricht verschiedenen Spezifikationen für öffentliche Verkehrsmittel. Das Pigment ist nicht überlackierecht.

Pigment Orange 22

Das rotstichige Orangepigment findet für die Spinnfärbung von Viskose-Reyon und -Zellwolle Verwendung, wofür es in Form einer Pigmentpräparation angeboten wird. Lichtechtheit und für die textile Anwendung wichtige Gebrauchsechtheiten, wie Naß- und Trockenreibechtheit, Trockenreinigungs- und Peroxid-Bleichechtheit, sind sehr gut.

Pigment Orange 24

Das Pigment wird in Japan hergestellt und ist von geringer Bedeutung. Die Beständigkeit gegen organische Lösemittel erreicht die anderer Naphthol AS-Pigmente nicht. Auch die Lichtechtheit ist unbefriedigend.

Pigment Brown 1

Das Pigment stellt ein neutrales Braun mit hoher Lichtechtheit dar. Seine Bedeutung ist in den vergangenen Jahren ständig gesunken. Die Beständigkeit gegen organische Lösemittel ist schlecht. Es wird in Druckfarben verwendet, sofern keine besonderen Anforderungen bezüglich Lösemittelechtheiten bestehen. Die Drucke sind nicht seifen- und butterecht, nicht silberlackbeständig, kalandrier- und sterilisierecht. Die Lichtechtheit von Buchdruck-Andrucken in 1/1 bis 1/25 ST ist mit Stufe 6-7 anzugeben. In hochwertigen Drucken wird P.Br.1 immer mehr durch neuere Pigmente, wie P.Br.23 und P.Br.25, die einwandfreie Gebrauchsechtheiten, wie Kalandrier- und Sterilisierechtheit haben, verdrängt. Auch besser geeignete Kombinationen von Orange- bzw. Rot- und Gelbpigmenten mit Ruß haben die Bedeutung von P.Br.1 stark herabgesetzt.

Das Pigment findet keine Verwendung im Lackgebiet. Im Kunststoffbereich kommt es nur für Hart-PVC, beispielsweise zum Einfärben von Flaschen, in Frage, wo es in transparenten Färbungen (0,1%) Stufe 7, in deckenden Färbungen Stufe 6 bis Stufe 7 der Blauskala entspricht.

Auch in Polystyrol wird es verwendet; der Farbton des hierin gelösten Pigmentes ist orange. Zeitweise spielte P.Br.1 auch eine Rolle bei der Spinnfärbung von

Viskose-Reyon und -Zellwolle. Es wird besonders im Textildruck eingesetzt. Hier ist es sehr licht- und wetterecht. Seine Lichtechtheit beträgt in tiefen Tönen (1/1 ST) Stufe 8, in hellen Tönen (1/6 ST) Stufe 7 der Blauskala. Abgesehen von der Trockenreinigungsbeständigkeit mit Tetrachlorethylen, die ungenügend ist, sind andere für diese Anwendung wichtige Echtheiten ganz oder nahezu einwandfrei. Daneben wird das Pigment in Buntstiften verwendet.

Pigment Violet 13

P.R.13 ergibt reine Violettnuancen. Es ist von geringerer Marktbedeutung und wird in Druckfarben, u.a. zum Nuancieren, eingesetzt. Seine allgemeinen Echtheiten sind im Vergleich mit anderen Vertretern der Gruppe I dieser Klasse schlechter. So zeigt es in Buchdruck-Andrucken in 1/1 ST nur eine der Stufe 3, in 1/3 ST Stufe 2 der Blauskala entsprechende Lichtechtheit. Säureechtheit ist gegeben, nicht dagegen Alkali- und Seifenechtheit. Die Drucke sind nicht überlackier- und sterilisierecht. Für den Blechdruck oder beispielsweise für den Druck auf PVC- oder Polyolefinfolien ist das Pigment ungeeignet. Andere größere Einsatzgebiete außerhalb des Druckfarbenbereiches sind nicht bekannt.

Vertreter der Gruppe II (s. 2.6.2)

Pigment Red 5

Der Farbton von P.R.5 ist ein blaustichiges Rot, der Nuance von P.R.8 ähnlich, gegenüber dem es jedoch wesentlich besser lichtecht ist. Die Bedeutung des Pigmentes und die Schwerpunkte seiner Verwendung sind regional unterschiedlich. Während in Europa der Druckfarbensektor ein nennenswertes Einsatzgebiet darstellt, wird P.R.5 in den USA und Japan besonders im Lackgebiet verwendet.

Die Lösemittelechtheit des Pigmentes ist im Vergleich mit anderen Vertretern dieser Klasse als gut zu bezeichnen.

Im Druckfarbenbereich konkurriert P.R.5 mit dem wesentlich blaustichigeren P.R.146, das brillantere Drucke liefert und merklich lösemittelechter ist, allerdings geringere Lichtechtheit aufweist. Buchdruck-Andrucke von P.R.5 zeigen je nach ST (1/1 bis 1/25) eine Lichtechtheit zwischen Stufe 6-7 und 5 der Blauskala, die entsprechenden Werte von P.R.146 sind 5 und 4. Während die Drucke seifenecht und silberlackbeständig sind, sind Butter- und Paraffinechtheit nicht ganz einwandfrei.

Kalandrierechtheit ist nicht gegeben. Das Pigment findet bevorzugt Verwendung in Offsetdruckfarben sowie in Verpackungstief- und Flexodruckfarben.

Im Lackgebiet ist P.R.5 unter normalen Verarbeitungsbedingungen ausblühbeständig, blutet jedoch in Einbrennlackierungen aus. Es weist in Vollton und Aufhellungen gute Lichtechtheit auf. Sie ist im Vollton mit Stufe 7 anzugeben, wobei oft ein Dunkeln erfolgt. Für ein Aufhellungsverhältnis mit TiO_2 von 1:6 beträgt die Lichtechtheit Stufe 6 in lufttrocknenden Lacken, Stufe 7 in Einbrennlacken, für das Aufhellungsverhältnis von 1:60 Stufe 4-5 bzw. 5 der Blauskala. P.R.5 findet Einsatz in allgemeinen Industrie- und Bautenlacken. Dabei ist es in Kombination mit Molybdatorange für deckende Rottöne gut geeignet.

Marken mit erheblich geringerer spezifischer Oberfläche und somit durchschnittlich gröberen Teilchen zeigen einen trüberen Farbton; sie sind vor allem in Japan von Bedeutung. Solche Marken spielen bei der Formulierung dunkler Rottöne im Autolackbereich eine gewisse Rolle. Sie konkurrieren dabei besonders mit deckenden Typen von P.R.170, die bei reinerem Farbton lösemittelbeständiger und besser überlackierecht sind.

Während eine Verwendung von P.R.5 in Weich-PVC an der ungenügenden Migrationsechtheit scheitert, wird es für Hart-PVC eingesetzt. Es ist dort sehr lichtecht, in transparenten bzw. in deckenden Färbungen (bis 0,01% Pigment + 0,5% TiO_2) entspricht die Lichtechtheit Stufe 7 bzw. 6-7 der Blauskala. Auch bei der Massefärbung von Viskosefolien, sowie der Spinnfärbung von Viskose-Reyon und -Zellwolle wird das Pigment verwendet, das hierfür auch in dispergierter Form als Präparation vorliegt.

Die textilen Echtheiten sind einwandfrei, die Lichtechtheit ist gut. Sie ist je nach ST mit Stufe 5 bis 7 (1/12 bzw. 1/1) der Blauskala zu bewerten.

P.R.5 wird außerdem in vielen speziellen Medien eingesetzt. Hier soll nur die Verwendung in dekorativen Kosmetika, wie Lippenstiften, Lidschattenfarben, Puder, Nagellacken etc. erwähnt werden. Für diese Anwendungen sind spezielle Reinheitsbedingungen gefordert; entsprechend geprüfte Handelsmarken stehen zur Verfügung. Das Pigment ist in der europäischen Kosmetikliste aufgeführt.

Pigment Red 31

Das Pigment ist von regionaler Bedeutung in Nordamerika und in Japan. In Europa ist es vom Markt verschwunden. Es ergibt blaustichige Rotnuancen, Bordotöne. Bevorzugtes Einsatzgebiet ist die Gummieinfärbung. Hier zeigt es gute Lichtechtheit. Die Ausblutechtheit in Kautschuk und den Wickel (s. 1.8.3.6) ist einwandfrei. Die Färbungen sind gegen kaltes und kochendes Wasser, gegen Seife- und Waschmittellösungen, auch gegen 5%ige Essigsäure oder 50%iges Ethanol beständig.

In Polystyrol, Polymethacrylat, ungesättigten Polyesterharzen und ähnlichen Medien erhält man hochtransparente Färbungen in mittleren Rottönen, wie sie beispielsweise für die Rückleuchten von Kraftfahrzeugen und für andere Signalanlagen benötigt werden. Die Hitzebeständigkeit reicht in PS und PMA bei der Spritzgußverarbeitung (5 Minuten) bis ca. 280°C. Gegen die üblichen Peroxid-Katalysatoren ist P.R. 31 beständig. Die Lichtechtheit ist gut (0,025%ige Färbungen in PMA / 1,5 mm Schichtdicke: Stufe 7 der Blauskala). Auch der Textildruck ist als Einsatzgebiet zu nennen.

Pigment Red 32

Das Pigment wird in Japan hergestellt und ist von geringer lokaler Bedeutung. Seine Echtheiten und anwendungstechnischen Eigenschaften entsprechen weitgehend denen des chemisch sehr ähnlichen Naphthol AS-Pigmentes P.R.31.

Pigment Red 146

P.R.146 ist ein blaustichiges Rotpigment mit einer auch für Vertreter dieser Gruppe der Naphthol AS-Pigmente sehr guten Beständigkeit gegen Lösemittel. Haupteinsatzgebiete sind Druckfarben, Lacke und Anstrichfarben.

Im Druckfarbenbereich findet P.R.146 in Buch- und Offset-, sowie in Verpakkungstief- und Flexodruckfarben verschiedener Art Verwendung. Es wird dabei für viele Spezialzwecke, beispielsweise für Wertpapiere, eingesetzt. Wegen schlechter Migrationsbeständigkeit ist es für den Druck auf Weich-PVC-Folien allerdings nicht zu empfehlen.

Im Vergleich mit P.R.57:1 ist es etwas gelbstichiger und entspricht daher auch nicht dem Magenta des Drei- bzw. Vierfarbendruckes. Die Drucke weisen entsprechend den guten Lösemittelechtheiten des Pigmentes gute Gebrauchsechtheiten auf.

So sind sie gegen Lackbenzin, Dibutylphthalat, Butter, Seifen, Alkali und Säuren beständig. Auch sind sie einwandfrei silberlackbeständig. Die Sterilisierechtheit dagegen ist zwar besser als die von P.R.57:1, aber nicht einwandfrei. Wird diese Echtheit gefordert, so ist P.R.185, ein Benzimidazolon-Pigment, das coloristisch nächstliegende Pigment.

Die Hitzebeständigkeit von P.R.146 beträgt bei 10 Minuten Einwirkung 200°C, bei 30 Minuten 180°C und ist damit um jeweils 20°C höher als bei P.R.57:1. Die Lichtechtheit von Buchdruck-Andrucken in 1/1 und 1/3 ST entspricht Stufe 5, die in 1/25 ST Stufe 4 der Blauskala; sie ist damit eine halbe bis eine Stufe besser als die von P.R.57:1. Die Drucke der im Handel befindlichen Marken sind semitransparent.

Auch im Textildruck zeigt P.R.146 gute Lichtechtheit. Sie liegt für 1/1 ST bei Stufe 7, für 1/3ST bei 6-7 und ist damit ein wenig schlechter als die des etwas gelberen P.R.7, jedoch besser als die des ebenfalls etwas gelberen P.R.170. Die Wetterechtheit der Drucke ist gegenüber diesen Pigmenten aber merklich schlechter. Trockenreinigungsechtheit und Trockenhitzebeständigkeit sind nicht ganz einwandfrei und entsprechen Stufe 4 der 5stufigen Bewertungskala.

Im Lackbereich wird P.R.146 in Dispersions- und Bautenanstrichfarben sowie allgemein in Industrielacken eingesetzt. Voraussetzung dafür ist allerdings, daß keine hohen Ansprüche an die Wetterechtheit bestehen. Die Lichtechtheit liegt im Vollton für lufttrocknende Lacke bei 5-6, für Einbrennlacke bei Stufe 6 der Blauskala, wobei ein Dunkeln des Farbtones erfolgt, in Aufhellungen 1:7 TiO_2 bei Stufe 4-5 bzw. 5, bei einem Verhältnis von 1:70 TiO_2 nur noch bei 3-4. Die Lichtechtheit genügt damit auch den meisten Forderungen an Dispersionsfarben für

Innenanstriche. Die Wetterechtheit von Lackierungen erreicht auch für Volltöne nur Stufe 2 bis 3 (s. 1.6.6). Das Pigment ist sehr farbstark und in Einbrennlacken ausblühbeständig. Die Überlackierechtheit ist gegenüber den Pigmenten der Gruppe I dieser Klasse wesentlich verbessert, sie ist aber nicht einwandfrei. P.R.146 eignet sich in Kombination mit Molybdatorange-Pigmenten sehr gut zur Einstellung deckender, leuchtender Rottöne.

Im Kunststoffbereich kommt P.R.146 nur zum Färben von Hart-PVC in Betracht. Hier erreicht es in transparenten Färbungen (0,1%) eine Lichtechtheit von Stufe 8, in deckenden Färbungen je nach Standardfarbtiefe und TiO_2-Gehalt zwischen Stufe 6-7 und 6 der Blauskala. In Polyolefinen verhindert die mangelnde Hitzebeständigkeit von weniger als 200°C eine Anwendung.

P.R.146 wird noch für viele spezielle Einsatzzwecke verwendet. Hierzu zählen Holzbeizen, wo es in Kombination mit gelben Pigmenten, besonders P.Y.83, und Schwarz zum Einstellen von Brauntönen dient. Die Färbungen sind überlackierecht, beständig gegen Nitro-, säurehärtenden und Polyesterlack und zeigen in intensiven Färbungen eine Lichtechtheit von Stufe 5 der Blauskala. Andere Einsatzmedien sind Büroartikel und Künstlerfarben, Reinigungsmittel, die Papiermassefärbung, Wäschezeichenpapiere usw. Im Kosmetikbereich wird es für die Seifeneinfärbung verwendet.

Pigment Red 147

Das Pigment ergibt ein sehr blaustichiges, reines Rot, ein Rosa. Es findet im wesentlichen im Druckfarbenbereich Verwendung. Mit einer Pigmentkonzentration von ca. 15% in der Druckfarbe läßt sich unter Standardbedingungen im Buch- und Offsetdruck der Normfarbton Magenta des Drei- bzw. Vierfarbendrucks gemäß der europäischen Farbskala CIE 12-66 einstellen. Die Lösemittelechtheiten des Pigmentes sind ähnlich denen des gelberen P.R.184 oder des noch gelberen P.R.146. Dementsprechend sind die Drucke auch beständig gegen Seifen, Paraffin, Dibutylphthalat, Lackbenzin oder Toluol, nicht ganz jedoch gegen Butter und andere Fette. Die Drucke sind silberlackbeständig, aber nicht einwandfrei sterilisierecht. Die Hitzebeständigkeit liegt nach 10 Minuten Einwirkung bei 200°C, nach 30 Minuten bei 190°C, sie ist somit vorzüglich.

Die Lichtechtheit ist gegenüber P.R.146 bei geringeren Pigmentflächenkonzentrationen schlechter. Bei Buchdrucken in 1/1 ST liegt sie bei Stufe 5, in 1/3 ST bei Stufe 4, in 1/25 ST bei Stufe 3 der Blauskala. P.R.147 wird in Offsetdruckfarben, in Verpackungstief- und Flexodruckfarben unterschiedlicher Art verwendet. Ähnlich wie andere Pigmente dieser Klasse wird P.R.147 auch zum Anfärben vieler spezieller Medien verwendet.

Pigment Red 150

Das Pigment ist nur noch von geringer regionaler Bedeutung. Es ergibt je nach Anwendung und Aufhellungsgrad Nuancen im blaustichigen Violett- bis Carmin-

Bereich. P.R.150 wird im Textildruck eingesetzt. Für die PVC-Einfärbung, früher das Haupteinsatzgebiet, wird es kaum noch verwendet.

Pigment Red 164

Der Farbton des Disazopigmentes auf Naphthol AS-Basis ist ein etwas trübes, gelbstichiges Rot; seine Farbstärke mäßig. Das Pigment wird zur Zeit vom Markt genommen. Es wird in der Druckfarben-, Lack- und Kunststoffindustrie eingesetzt, besitzt aber keine größere Marktbedeutung. Das Pigment ist wegen ungenügender Wetterechtheit im Lackbereich im allgemeinen nicht für einen Außeneinsatz zu empfehlen. Seine Lichtechtheit im Vollton (5%) beträgt in einem lufttrocknenden Alkydharzlack Stufe 6-7, in Weißaufhellungen (1:5 TiO_2) Stufe 5-6 der Blauskala.

P.R.164 ist bis 200 °C thermostabil und kommt daher bei Forderung nach hoher Hitzebeständigkeit für einen Einsatz in Frage. Bei Einbrenntemperaturen ab etwa 140 bis 160 °C ist die Überlackierechtheit nicht einwandfrei.

P.R.164 erreicht im Buchdruck bei einer Konzentration von 30% in der Druckfarbe eine Lichtechtheit entsprechend Stufe 5-6 der Blauskala. Die Drucke sind paraffinecht und beständig gegen Butter und eine Reihe anderer Fette, nicht aber säure- und alkalibeständig; auch sind sie nicht ganz seifenecht. Das Pigment ist sterilisierecht.

P.R.164 ist wegen seiner guten Thermostabilität auch für die Verarbeitung in einer Reihe von Kunststoffen interessant. Bei der Anwendung in Polystyrol wird der Farbton im Vollton erst ab 270 °C, in Aufhellungen ab 250 °C nach der gelberen Seite verschoben. Die Färbungen zeigen mittlere Lichtechtheit. Auch für Hart-PVC wird das Pigment verwendet. In PE reicht seine Hitzestabilität nur bis 200 bis 220 °C. Da es zum Ausblühen neigt, sind beim Einsatz die Konzentrationsgrenzen hierfür zu beachten. Das Pigment ist auch für Gießharze auf Basis von Methacrylsäureester und ungesättigtem Polyester geeignet, wobei es die Härtung, beispielsweise mittels Peroxiden, nicht beeinflußt. Wichtiges Einsatzgebiet ist besonders die Einfärbung von Polyurethan verschiedener Art. Hierfür steht es auch in Form einer Präparation zur Verfügung.

Pigment Red 170

Das Pigment ergibt mittlere, in Aufhellungen etwas blaustichige Rottöne. Es wurde erst in den 60er Jahren entwickelt und erreichte aufgrund seiner guten Eigenschaften bald große Bedeutung.

P.R.170 zeigt ähnlich wie eine Reihe anderer Vertreter dieser Klasse Polymorphie, wobei die Nuancen der bekannten Modifikationen im gleichen Farbtonbereich liegen.

Die Handelsmarken, denen zwei Kristallmodifikationen zugrunde liegen, unterscheiden sich vor allem hinsichtlich ihres Deckvermögens stark voneinander. Da-

2.6.4 Im Handel befindliche Naphthol AS-Pigmente

bei ist die transparentere Version gleichzeitig blaustichiger. Die sehr deckende Modifikation weist gegenüber der transparenten Qualität bei verschiedenen Echtheitseigenschaften erhebliche Verbesserungen auf. So ist sie noch etwas beständiger gegen organische Lösemittel. Aber auch die transparenten Typen sind für Pigmente dieser Klasse sehr lösemittelbeständig. Sie sind gegen Lackbenzin einwandfrei, gegen Alkohole, Ester, Xylol und andere fast beständig. Gegen Ethylglykol und Methylethylketon entspricht die Beständigkeit der transparenten Version Stufe 3, die der deckenderen Stufe 4 der 5stufigen Bewertungsskala.

Das Pigment wird entsprechend seinen guten allgemeinen Echtheiten besonders in hochwertigen Industrielacken eingesetzt. Dabei sind Werkzeug- und Gerätelacke, Landmaschinen- und Nutzfahrzeuglacke, besonders für die deckende Version auch Autolacke, und zwar Autoreparaturlacke, von großer Bedeutung. Für die Verwendung in Autobandlacken, wofür es im volltonnahen Bereich in Betracht kommt, ist eine gründliche Vorprüfung angeraten.

Das Pigment ist in ofentrocknenden Lacken ausblühbeständig, blutet jedoch aus, wobei die Überlackierechtheit der deckenden Version besser ist als die der transparenten. Gut deckende, sehr reine Rottöne werden oft auch durch Kombinationen mit Molybdatorange eingestellt. Kombinationen beispielsweise mit Chinacridonen dienen der Erzielung blaustichigerer Rotnuancen. Voraussetzung für die Verwendung von P.R.170 in hochwertigen Systemen ist seine sehr gute Licht- und Wetterechtheit. So wird die Lichtechtheit für die transparente Standardmarke im Vollton mit Stufe 6, für die deckende mit Stufe 7-8 der Blauskala angegeben. Dabei ist beim Belichten und Bewettern im Vollton ein gewisses Dunkeln des Farbtones erkennbar.

Seit wenigen Jahren werden deckende Handelsmarken angeboten, die sich durch deutlich verbesserte Wetterechtheit gegenüber den vorherigen Marken auszeichnen. P.R.170 ist im Vergleich mit farbtonähnlichen Perylentetracarbonsäure-Pigmenten, die einwandfrei überlackierecht und noch wetterechter sind, sehr preiswert. Die deckenden Versionen zeigen gute rheologische Eigenschaften, die zur Erhöhung des Deckvermögens auch den Einsatz höherer Pigmentkonzentrationen ohne Glanzverlust ermöglichen.

Im Druckfarbenbereich findet in erster Linie die transparentere Version Interesse. Sie ist sehr farbstark und für hochwertige Druckfarben aller Art geeignet. Zur Einstellung von Buchdruck-Andrucken in 1/1 ST unter Standardbedingungen sind Druckfarben mit einer Pigmentkonzentration von nur 15% erforderlich. Ihre Lichtechtheit ist gut; sie entspricht bei Buchdrucken in 1/1 bis 1/3 ST Stufe 5-6 der Blauskala. Die Lichtechtheit der deckenden, merklich gelbstichigeren und etwas farbschwächeren Version ist hier eine halbe Stufe besser.

Der Farbton der blaustichigen Modifikation liegt in 1/1 ST-Drucken dem von P.R.5 sehr nahe. Dieses Naphthol AS-Pigment ist je nach Farbtiefe zwar um eine halbe bis eine Stufe der Blauskala besser lichtecht, gleichzeitig weist es aber wesentlich schlechtere Gebrauchsechtheiten und eine erheblich geringere Farbstärke auf. Gegenüber dem geringfügig blaustichigeren P.R.8 ist P.R.170 viel lichtechter und lösemittelbeständiger. Die Drucke sind außerdem butter-, seifen-, alkali- und säureecht. Silberlackbeständigkeit und Sterilisierechtheit sind fast einwandfrei

(Stufe 4-5). Die Hitzebeständigkeit ist sehr gut; bei 10 Minuten Einwirkung liegt sie bei etwa 200°C, bei 30 Minuten Einwirkung bei 180°C. Das Pigment wird daher auch im Blechdruck eingesetzt.

P.R.170 kommt auch für Dekordruckfarben für Polyesterplatten in Betracht. Seine Monostyrolechtheit ist mit Note 4-5 der 5stufigen Bewertungsskala fast einwandfrei. Die Lichtechtheit 8%iger Tiefdrucke entspricht nahezu Stufe 7 der Blauskala, sie ist damit auch hier sehr gut. Das Pigment zeigt bei der Schichtpreßstoffplatten-Herstellung häufig kein Plate-out (s. 1.6.4.1). Daneben wird es im Textildruck eingesetzt, wo es sehr gute Echtheiten aufweist. So sind die Trockenreinigungsbeständigkeit mit Tetrachlorethylen oder Benzin, die Beständigkeit gegen Peroxidwäsche bei 95°C oder die Alkaliechtheit nahezu einwandfrei.

Im Kunststoffbereich wird das Pigment besonders zum Färben von Hart-PVC verwendet. In transparenten Färbungen (0,1%) entspricht seine Lichtechtheit Stufe 8, in deckenden je nach Farbtiefe (1/1 bis 1/25 ST) und TiO_2-Gehalt Stufe 8 bis 6-7. Auch in Weich-PVC ist es sehr lichtecht. Die Färbungen sind nicht ausblutbeständig. In geringen Konzentrationen, und zwar bei einem Gehalt von weniger als 0,01%, ist es für Weich-PVC nicht geeignet. P.R.170 wird auch zum Bedrucken von Weich-PVC-Folien, sowie für PVC- oder PUR-Kunstleder, beispielsweise für den Automobilsektor, verwendet.

Für die Einfärbung von Polyolefinen ist die Thermostabilität nicht immer ausreichend. Sie liegt für HDPE in 1/3 ST bei einer Verweilzeit von einer Minute bei 220 bis 240°C. P.R.170 ist dabei sehr farbstark. Mancherorts wird es auch bei der Polypropylen-Spinnfärbung verwendet. Bei der Polyacrylnitril-Spinnfärbung erfüllt es die Anforderungen für den Bekleidungs- und Heimtextilien-Sektor. Das Pigment findet daneben bei der Färbung von Viskose-Reyon und -Zellwolle, beispielsweise bei der Massefärbung von Regeneratcellulose, Einsatz. Auch für die Massefärbung von Fäden, Fasern und Folien aus 2 1/2-Acetat ist es gut geeignet.

P.R.170 findet zusätzlich weitgestreute Anwendung. So wird es in Holzbeizen, beispielsweise solchen auf Lösemittelbasis, verwendet. In Kombination mit Ruß und Gelbpigmenten lassen sich damit viele interessante Brauntöne einstellen. Die Färbungen sind überlackierecht und zum Beispiel gegen Nitro-, säurehärtenden und Polyesterlack beständig. Die Lichtechtheit entspricht Stufe 7 der Blauskala.

Pigment Red 184

Das Pigment ergibt ein blaustichigeres Rot als P.R.146 und wird besonders im Druckfarbenbereich verwendet. Es ist als chemisch modifiziertes P.R.146 anzusehen und entspricht auch in seinen Eigenschaften in vieler Hinsicht diesem Pigment. So sind Drucke gegen Seife, Butter, Paraffin, Dibutylphthalat, Lackbenzin oder auch Toluol beständig. Der Farbton entspricht dem Normfarbton Magenta des Drei- bzw. Vierfarbendruckes gemäß der europäischen Farbskala CIE 12-66. Er wird unter standardisierten Bedingungen bezüglich der Schichtdicke mit einer Pigmentkonzentration der Druckfarbe von 15% erreicht. P.R.184 wird besonders dann verwendet, wenn die Forderung nach Alkali-, Säure- oder Seifenechtheit den Einsatz von P.R.57:1 nicht zuläßt oder die Lichtechtheit dieses verlackten Pigmentes den Anforderungen nicht genügt. Die Lichtechtheit von P.R.184 liegt bei verschiedenen Standardfarbtiefen um jeweils ca. eine Stufe der Blauskala über der von P.R.57:1. Aufgrund seiner guten Lösemittelechtheiten kann P.R.184 sowohl in Buch- und Offsetdruckfarben als auch in Verpackungstief- und Flexodruckfarben jeder Art verwendet werden. Blechdrucke sind silberlackbeständig, jedoch nicht ganz sterilisierecht. Die Hitzebeständigkeit liegt bei 10 Minuten Einwirkung bei 170°C, bei 30 Minuten bei 160°C. Das Pigment wird auch zur Gummieinfärbung verwendet.

Pigment Red 187

Von diesem Pigment sind zwei Kristallmodifikationen bekannt, die sich im Farbton und in den Echtheiten deutlich unterscheiden. Im Handel ist nur noch die etwas blaustichige rote Form. Sie hat eine hohe spezifische Oberfläche (ca. 75 m^2/g) und ist dementsprechend transparent. Hauptanwendungsgebiet dieses Pigmentes ist die Kunststoffeinfärbung. In Weich-PVC ist es migrationsecht. Seine Lichtechtheit ist sehr gut, sie entspricht je nach Farbtiefe und TiO$_2$-Gehalt Stufe 6 bis Stufe 8 der Blauskala. Für Weißaufhellungen in PVC wird aber oft das farbtonreinere und etwas gelbere Benzimidazolon-Pigment P.R.208 vorgezogen. In Polyolefinen zeigt P.R.187 hohe Hitzebeständigkeit. So ist es in HDPE in 1/3 ST mit 1% TiO$_2$ und einer Hitzeeinwirkung von 5 Minuten bis 250°C, in LDPE bis 270°C und bei 1/25 ST jeweils 10°C höher thermostabil. Die Beeinflussung des Schwindungsverhaltens des Kunststoffes durch das Pigment ist dabei nur sehr gering. P.R.187 ist daher auch gut für nicht rotationssymmetrische Polyolefin-Spritzgußartikel, beispielsweise Flaschenkästen, geeignet. In Polyolefinen ist auch seine Lichtechtheit gut. In transparenten und deckenden Färbungen in 1/3 ST liegt sie bei Stufe 7 der Blauskala.

Das Pigment findet aufgrund seiner sehr guten Hitzebeständigkeit auch für Polystyrol Verwendung. Von großem Interesse ist P.R.187 für die Polypropylen-Spinnfärbung, wofür es als Pigmentpräparation zur Verfügung steht. In 1/3 ST ist es bei einer Hitzeeinwirkung von 5 Minuten bis 290°C stabil. In der Polyacrylnitril-Spinnfärbung zeigt es gute Lichtechtheit, nämlich in 1/3 ST Stufe 6-7, sowie einwandfreie Naß- und Trockenreibechtheit. Hier kommt es besonders für Heimtextilien, wie Möbelbezüge und Teppiche, in Betracht.

Im Druckfarbenbereich ist P.R.187 für alle Druckverfahren geeignet. Bei etwas blauerem Farbton entspricht seine Lichtechtheit hier P.R.208. Es ist jedoch farbschwächer und wesentlich transparenter als dieses. Seine Hitzebeständigkeit liegt noch um 20°C höher, d.h. bei 220°C (10 Minuten) bzw. 200°C (30 Minuten Einwirkung). Auch P.R.187 ist sehr gut chemikalien- und silberlackbeständig und sterilisierecht. Es ist daher vorzüglich für den Blechdruck geeignet, wobei seine hohe Transparenz vielfach von Vorteil ist. In gleicher Weise wie P.R.208 ist es für Laminatpapiere, d.h. für den Dekordruck, sehr gut geeignet. Es weist auch vergleichbare Werte für Licht- und andere Echtheiten in Melaminharz-Preßstoffplatten auf. Für Polyesterplatten kommt es gleichermaßen in Frage.

Im Lackbereich ist P.R.187 selbst bei hohen Einbrenntemperaturen überlackierecht. Auch hier kann seine hohe Hitzebeständigkeit, beispielsweise im Coil Coating, von Vorteil sein (s. 1.8.2.2). Das Pigment wird allgemein in Industrielacken verwendet. Seine hohe Lasur ermöglicht besonders den Einsatz in Transparentlacken, wie Folien- oder Fahrradlacken, sowie in Metalleffektlacken. Die Lichtechtheit ist sehr gut; sie ist in einem Alkyd-Melaminharzlack im Vollton mit Stufe 7-8, bei einem Aufhellungsverhältnis mit TiO_2 von 1:600 noch mit Stufe 6-7 der Blauskala anzugeben. Auch die Wetterechtheit ist sehr gut; P.R.187 wird daher auch in Autoreparaturlacken eingesetzt. Daneben findet es aufgrund seiner guten chemischen Beständigkeit in Pulverlacksystemen unterschiedlicher Art, beispielsweise in amin-beschleunigten Epoxidharz-Pulverlacken, Verwendung. Ein weiteres Einsatzgebiet für P.R.187 sind Künstlerfarben, besonders Wachsmalkreiden.

Pigment Red 188

Es handelt sich um ein leuchtendes, gelbstichiges Rotpigment mit sehr guten Echtheitseigenschaften.

Wesentliche Einsatzgebiete sind der Druckfarben- und der Lacksektor. P.R.188 eignet sich für alle Druckverfahren. In Buchdruck-Andrucken entspricht seine Lichtechtheit im Farbtiefebereich von 1/1 bis 1/25 ST Stufe 5-6 bis 5 der Blauskala. Die Farbstärke ist vergleichsweise gering. Die Drucke weisen sehr gute Beständigkeit gegen organische Lösemittel, Fette, Paraffin, Seife, Alkalien und Säuren auf. Sie sind außerdem silberlackbeständig und sterilisierecht. Die Beständigkeit gegen das Lösemittelgemisch nach DIN 16 524/1 ist allerdings nicht ganz einwandfrei. Die Drucke sind bei 10 Minuten Hitzeeinwirkung bis 220°C, bei 30 Minuten bis 180°C stabil. Farbtonähnliche, dabei allerdings etwas trübere Toluidinrot-Pigmente sind etwa eine Stufe weniger lichtecht, ihre Lösemittel- und speziellen Gebrauchsechtheiten sowie ihre Hitzebeständigkeit sind wesentlich schlechter.

Im Lackbereich findet P.R.188 aufgrund seiner allgemein sehr guten Echtheiten in hochwertigen Industrielacken Verwendung. Im Vollton dunkelt es etwas beim Belichten. Die Lichtechtheit entspricht dabei Stufe 7 der Blauskala; gleiche Werte werden von Aufhellungen mit TiO_2 bis zu einem Verhältnis von 1:5 erhalten. In Volltönen und im volltonnahen Bereich ist auch die Wetterechtheit sehr gut. Die Überlackierechtheit ist bis zu Einbrenntemperaturen von 160°C einwandfrei, im Lack ist es bis 200°C thermostabil. P.R.188 wird auch in Bautenlacken verwendet und stellt besonders in den USA ein wichtiges Pigment für diesen Einsatz dar.

Daneben befindet sich auch eine sehr deckende Version von P.R.188 auf dem Markt. Sie ergibt leuchtende, noch deutlich gelbstichigere Rotnuancen als die vorher bekannten Typen. Auch weist sie gegen diese Marken verbesserte Licht- und

Wetterechtheit, sowie sehr gute rheologische Eigenschaften und guten Glanz auf. Sie wird vorzugsweise für bleifreie, reine Rottöne im Automobil- und Industrielackbereich verwendet.

In Weich-PVC blüht P.R.188 in geringen Konzentrationen aus; auch in Hart-PVC ist es in niedrigen Konzentrationen ungeeignet. In Polyolefinen reicht die Thermostabilität nur bis ca. 220°C. Daher ist es im Kunststoffbereich praktisch ohne Interesse. Es wird allerdings in gewissem Umfang in PVC- und PUR-Plastisolen verwendet.

P.R.188 kommt auch für die Papiermassefärbung, für die Färbung von Papieroberflächen, -streichmassen und -beschichtungen sowie Tapetenfondfarben in Betracht, aber auch für Wachsmalkreiden.

Pigment Red 210

Bei P.R.210 handelt es sich um chemisch modifiziertes P.R.170. Es wird hauptsächlich im Druckfarbenbereich eingesetzt. Der Farbton ist verglichen mit P.R.170 deutlich blaustichiger.

Verschiedene Echtheiten sind etwas schlechter als bei P.R.170, so ist beispielsweise die Lichtechtheit von Buchdruck-Andrucken in 1/3 ST und 1/25 ST um etwa eine halbe Stufe der Blauskala niedriger. Während Silberlack- und Sterilisierechtheit bei P.R.170 nahezu einwandfrei sind, fallen sie bei P.R.210 merklich ab. Die Drucke sind aber ebenso wie bei P.R.170 gegen eine ganze Anzahl organischer Lösemittel sowie gegen Paraffin, Seife, Alkali und Säure beständig. Thermostabilität ist bis 200°C gegeben.

Das Pigment wird außer im Druckfarbenbereich auch für Aquarellfarben verwendet.

Pigment Red 212

Das Pigment, dessen chemische Konstitution bisher nicht veröffentlicht ist, wird kaum außerhalb Japans auf dem Markt angetroffen. Es ergibt Farbtöne im stark blaustichigen Rotbereich, die als Rosa bezeichnet werden können. Gegenüber dem farbtonähnlichen Chinacridon-Pigment P.R.122 ist es trüber, farbschwächer und allgemein weniger echt. So weist es in Buchdruck-Andrucken in 1/3 ST eine Lichtechtheit entsprechend Stufe 2-3 (Drucke mit P.R.122: Stufe 6-7) der Blauskala auf. Auch gegenüber dem etwas blaueren und trüberen Benzimidazolon-Pigment P.V.32, einem farbtonähnlichen Marron, ist es deutlich schlechter lichtecht (2 bis 3 Stufen der Blauskala). Das Pigment kommt für graphische und Textildruckfarben, sowie spezielle Einsatzmedien, wie Buntstifte, in Betracht.

Pigment Red 213

P.R.213 ist erst vor einigen Jahren auf den Markt gekommen und außerhalb Japans bisher kaum anzutreffen. Seine genaue chemische Konstitution ist noch nicht bekannt.

Es ergibt sehr blaustichige Rotnuancen, die für den Normfarbton Magenta im Drei- bzw. Vierfarbendruck aber zu blau sind. Die im Handel befindliche Marke ist recht deckend. Ihre Lichtechtheit ist im Vergleich mit anderen Vertretern dieser Klasse gering. So erreichen Buchdruck-Andrucke in 1/3 ST nur Stufe 3-4, in 1/25 ST nur Stufe 3 der Blauskala.

Pigment Red 222

P.R.222 wird vom Hersteller seit kurzem nicht mehr angeboten, ist aber in der Praxis noch anzutreffen. Sein Farbton ist ein blaustichiges Rot, das als Magenta und Rubin zu bezeichnen ist.

Das Pigment findet besonders im Druckfarbenbereich Einsatz, wo es für den Drei- bzw. Vierfarbendruck in Frage kommt. Es ist bis 180°C thermostabil – eine Voraussetzung für seine bevorzugte Verwendung im Blechdruck – und gut beständig gegen organische Lösemittel. Die Drucke sind überlackierecht, jedoch nicht ganz sterilisierecht. Im Tiefdruck auf Weich-PVC-Folien ist die Migrationsbeständigkeit nicht ganz einwandfrei. Die im Handel befindliche Marke zeigt gute Transparenz.

Im Kunststoffbereich ist P.R.222 besonders für Polyurethan von Interesse. Es zeigt mittlere Farbstärke. So sind beispielsweise in HDPE für 1/3 ST (1% TiO_2) 0,23% Pigment erforderlich. Bis 240°C ist das Pigment thermostabil; darüber wird der Farbton stark zu blaueren Nuancen verschoben. In Weich-PVC ist das Pigment nicht ausblutecht.

Pigment Red 238

Das seit einigen Jahren auf dem Markt angebotene Pigment ist bisher nur von geringer regionaler Bedeutung; seine genaue chemische Konstitution ist nicht veröffentlicht. Es wird für Druckfarben und Industrielacke propagiert. Der Farbton im Druck ist wesentlich blauer als das Magenta für den 3- bzw. 4-Farbendruck der Europäischen Farbskala gemäß CIE 12-66 (s. 1.8.1.1). Das Pigment ist farbschwach. Es ist weder silberlackbeständig noch sterilisierecht. Im Lackbereich ist es bei mäßiger Farbstärke nicht überlackierecht. Ein weiteres Einsatzgebiet sind Textildruckfarben.

Pigment Red 245

Das Pigment ist von geringerer Bedeutung und in Europa kaum anzutreffen. Es ergibt blaustichig-rote Farbtöne, Rubin- und Carminnuancen. P.R.245 wird in Druckfarben, besonders in Verpackungsdruckfarben auf Nitrocellulose-, Polyamid- oder VC-VAc-Mischpolymerisatbasis verwendet, wo es gute Farbstärke, aber mäßige bis mittlere Lichtechtheit zeigt.

Pigment Red 253

Das Pigment ergibt Farbtöne im mittleren Rotbereich; sie sind wesentlich gelber als die von P.R.170. Die Handelsmarke von P.R.253 weist gute Transparenz auf. Sie wird besonders für das Lackgebiet empfohlen.

Die Beständigkeit gegenüber organischen Lösemitteln und Chemikalien entspricht der anderer Vertreter der Gruppe II der Naphthol AS-Pigmente (s. 2.6.2), dementsprechend ist P.R.253 nahezu überlackierecht.

Das Pigment ist im Vollton und in volltonnahen Lackierungen gut licht- und wetterecht, wobei es etwas dunkelt. Weißaufhellungen mit TiO_2 sind allerdings deutlich weniger wetterecht.

Im Druckfarbenbereich kommt es für den Verpackungsdruck in Betracht. Es weist eine für Pigmente dieser Klasse mittlere Farbstärke auf. Die Beständigkeit der Drucke gegen organische Lösemittel ist gut, sie ist aber gegen das Lösemittelgemisch nach DIN 16524 (s. 1.6.2.1) nicht einwandfrei (Stufe 4-5). Die Lichtechtheit von Buchdruck-Andrucken in 1/1 ST entspricht Stufe 5 der Blauskala.

Pigment Red 256

Die genaue chemische Konstitution des vor einigen Jahren in den Handel gekommenen Naphthol AS-Pigmentes ist nicht veröffentlicht. Das Pigment wird besonders für Industrie- und Bautenlacke angeboten, sofern keine Überlackierechtheit gefordert wird. Sein Farbton ist gelbstichig-rot, ein Scharlach. Im Vergleich mit anderen Pigmenten dieses Farbton- und Echtheitsbereiches weist es eine mittlere Farbstärke auf. Die Lichtechtheit ist gut; sie entspricht im volltonnahen Bereich Stufe 7 der Blauskala. Ähnliche Werte werden bei Aufhellungen mit TiO_2 bis zu einem Verhältnis von etwa 1:4 erhalten.

Pigment Red 258

Das seit einiger Zeit bekanntgewordene Pigment ist bisher auf dem Markt nicht angetroffen worden. Die anwendungstechnischen Eigenschaften liegen daher nicht vor.

Pigment Red 261

Das Pigment wurde vor einigen Jahren dem Colour Index von einem amerikanischen Hersteller gemeldet und die chemische Konstitution publiziert. Im Handel wurde es bisher nicht angetroffen.

Pigment Orange 38

Wesentliche Einsatzgebiete dieses reinen gelbstichigen Rotpigmentes sind das Druckfarbengebiet und die Kunststoffeinfärbung.

P.O.38 weist in Druckfarben gute Echtheiten auf. So entspricht seine Lichtechtheit in Buchdruck-Andrucken im Farbtiefebereich von 1/1 bis 1/25 Stufe 6 bzw. 5 der Blauskala. Die Drucke sind beständig gegen das Lösemittelgemisch nach DIN 16 524, gegen Paraffin, Fette, Öle, Seife, Alkalien und Säuren, sowie silberlackbeständig und sterilisierecht. Bei 10 Minuten Hitzeeinwirkung sind Drucke mit P.O.38 bis 220°C, bei 30 Minuten bis 200°C thermostabil. Das Pigment findet daher in Offsetdruckfarben ebenso Verwendung wie im Blechdruck, in Spezialtiefdruckfarben, beispielsweise für Weich-PVC, und Flexodruckfarben verschiedener Art.

P.O.38 ist auch für den Dekordruck für Schichtpreßstoffplatten gut geeignet. Mit 8%ig pigmentierten Farben hergestellte Drucke zeigen im 20 µm-Raster in Melaminharzplatten eine Lichtechtheit von Stufe 6-7, bei 40 µm von Stufe 7 der Blauskala. Plate-out ist an den Preßblechen nicht zu beobachten. Das Pigment ist beständig gegen Monostyrol, jedoch nicht ganz gegen Aceton, so daß es bei der Verarbeitung nach dem Diallylphthalat-Verfahren (s. 1.8.1.2) zu geringfügigem Ausbluten kommen kann. Dies ist auch der Fall beim Tränken mit Melaminharzlösung.

Auf dem Kunststoffgebiet ist P.O.38 zum Einfärben von PVC, Polyolefinen und Polystyrol geeignet. In Weich-PVC ist es bis zu Konzentrationen von ca. 0,3% ausblutecht. Seine Lichtechtheit ist gut. In Hart-PVC beträgt sie in transparenten Färbungen (0,1%) Stufe 7-8, in deckender Färbung (0,01% Pigment + 0,5% TiO_2) Stufe 7 der Blauskala.

P.O.38 wird häufig in Kombination mit P.Y.83 verwendet, wobei brillante Orangenuancen mit guter Lichtechtheit erhalten werden. In PVC- und PUR-Kunstleder wird P.O.38 besonders für Brauntöne herangezogen. In HDPE ist bei Färbungen in 1/3 ST und mit 1% TiO_2 Hitzestabilität bis 240°C (5 Minuten Verweilzeit) gegeben. Die Beeinflussung des Schwindungsverhaltens des Kunststoffes durch das Pigment ist bei dieser Temperatur sehr gering. Die Lichtechtheit ist hier in transparenten Färbungen mit Stufe 6, in deckenden mit Stufe 5-6 der Blauskala anzugeben. P.O.38 kann auch im Bereich der Spinnfärbung verwendet werden, beispielsweise für Fäden, Fasern oder Folien aus 2 1/2-Acetat. Es zeigt hier ausgezeichnete Gebrauchsechtheiten.

In ungesättigten Polyesterharzen bringt P.O.38 besondes hohe Lichtechtheit, nämlich in transparenten Färbungen Stufe 8, in deckenden (0,1% Pigment + 0,5% TiO_2) Stufe 7, wobei die Härtung des Harzes allerdings deutlich verzögert wird.

Auf dem Lackgebiet kommt P.O.38 aufgrund seiner guten Lösemittelechtheiten für allgemeine Industrielacke in Frage, wenn keine allzu hohen Anforderungen an Licht- und Wetterechtheit gestellt werden. So beträgt die Lichtechtheit in einem Alkyd-Melaminharz-Einbrennlack in tiefen Tönen (1:1 TiO_2) Stufe 6-7, in stärkeren Aufhellungen Stufe 5-6. Es ist ausblühbeständig, jedoch ist bei höheren Einbrenntemperaturen die Überlackierechtheit nicht mehr ganz einwandfrei. Bis 180°C ist es thermostabil.

Die Einsatzbreite reicht außerdem bis zu vielen speziellen Medien, wie Wachsmalkreiden oder Künstlerfarben, aber auch Holzbeizen, beispielsweise auf Lösemittelbasis, gehören hierzu. Sie sind sehr lichtecht (Stufe 7 der Blauskala) und überlackierecht. In Kombination mit Gelbpigmenten, wie P.Y.83 oder P.Y.120, und Ruß werden interessante Brauntöne erhalten.

Pigment Violet 25

Das Pigment wird nur noch in Japan hergestellt und ist von geringer regionaler Bedeutung. Es wird in Druckfarben eingesetzt.

Pigment Violet 44

Das im Colour Index als P.V.44 registrierte Pigment wird wie P.V.50 in Japan produziert. Diesem gleicht P.V.44 auch in seinen coloristischen und anwendungstechnischen Eigenschaften im Detail. Beide Pigmente sind wahrscheinlich chemisch identisch und im C.I. daher doppelt registriert, weisen aber unterschiedliche CAS-Nummern auf.

Pigment Violet 50

Das Pigment wird in Japan angeboten und ist von geringer regionaler Bedeutung. Es entspricht nicht den gestiegenen Anforderungen an organische Pigmente für die verschiedenen Anwendungsgebiete. So zeigt es besonders schlechte Lichtechtheit. Sie liegt für Buchdrucke in 1/3 und 1/1 ST bei Stufe 2 der Blauskala. Der Farbton von P.V. 50 ist im Vergleich mit P.V.23, Dioxazinviolett, in hohen Farbtiefen röter, in geringen blauer, vor allem aber wesentlich trüber. Das Pigment ist auch wesentlich farbschwächer als P.V.23, in manchen Medien sogar nur etwa halb so farbstark.

P.V.50 wird für Druckfarben und Büroartikel empfohlen. Für die Kunststoffeinfärbung kommt es wegen ungenügender Hitzebeständigkeit bzw. starker Migration kaum in Betracht. Dem Einsatz in Lacken steht die mangelhafte Lichtechtheit entgegen (s.a. P.V.44).

Pigment Blue 25

Das Pigment wird in Europa, Japan und den USA nur in geringem Umfang produziert. Einsatzgebiete sind die Spinnfärbung von 2 1/2-Acetat, die Gummifärbung und der Verpackungsdruck.

Der Farbton von P.Bl.25 kann als etwas rotstichiges Marineblau bezeichnet werden, kann aber durch chemische Modifizierung des Pigmentes innerhalb eines weiten Bereiches variieren.

P.Bl.25 weist gute Gebrauchsechtheiten, wie Beständigkeit gegen Fette, Öle, Seife und Paraffin auf, eine Voraussetzung für seine Verwendung im Verpakkungsdruck. Die Lichtechtheit genügt aber keinen höheren Ansprüchen. In Kautschuk zeigt das Pigment gute Vulkanisationsbeständigkeit, es blutet weder in Gummi noch in den Wickel (s.1.8.3.6). Im Gummi ist es gut beständig gegen kaltes und heißes Wasser, gegen Seifen-, Soda- und Alkalilösungen, sowie gegen Essigsäure.

In der Spinnfärbung von 2 1/2-Acetat-Fäden, -Fasern und -Folien weist das Pigment sehr gute textile Echtheiten auf; nicht zufriedenstellend ist allerdings die Natriumchlorit-Bleichechtheit (s. 1.6.2.4). Die Lichtechtheit erreicht in 0,1%igen Spinnfärbungen Stufe 3-4, in 1%igen Färbungen Stufe 5 der Blauskala.

Literatur zu 2.6

[1] D. Kobelt, E.F. Paulus und W. Kunstmann, Acta Crystallogr. Sect. B 28 (1972) 1319–1324 und Z. Kristallogr. 139 (1974) 15–32.
[2] A. Whitaker, Z. Kristallogr. 146 (1977) 173–184.

2.7 Verlackte rote Azopigmente

Unter dieser Bezeichnung* werden hier Azofarbmittel mit Sulfonsäure- und/oder Carbonsäuregruppen im Molekül zusammengefaßt, die nach der Bildung unlöslicher Erdalkali- oder Mangansalze als Pigmente verwendet werden.

Dabei sind vier technisch wichtige Gruppen zu unterscheiden, nämlich Pigmente mit

- β-Naphthol
- 2-Hydroxy-3-naphthoesäure (BONS)
- Naphthol AS-Derivaten
- Naphthalinsulfonsäure-Derivaten

als Kupplungskomponente.

---

* Pigment Yellow 104 wird wegen seiner Konstitution hier mit aufgeführt.

Pigmente mit β-Naphthol als Kupplungskomponente müssen folglich in der Diazokomponente Sulfon- oder Carbonsäuregruppen tragen. Bei technisch wichtigen Pigmenten enthalten die Diazokomponenten häufig eine Sulfonsäuregruppe.

Im Gegensatz zu den verlackten roten Azopigmenten spielen entsprechende gelbe Pigmente technisch nur eine unbedeutende Rolle (s. 2.3.1.2; 2.3.4.1, Tab. 13).

2.7.1 Verlackte β-Naphthol-Pigmente

Die Entwicklung der verlackten Azopigmente begann mit der Erfindung des „Litholrot" durch Julius (BASF) im Jahre 1899. Dieses Pigment (Diazokomponente: 2-Naphthylamin-1-sulfonsäure) wurde zunächst in Form seiner Calcium- und Bariumsalze, die auf anorganische Trägermaterialien gefällt worden waren, verwendet. Nachdem man erkannt hatte, daß die Träger auf die Eigenschaften des Pigments kaum einen Einfluß haben, wurde das Pigment in reiner Form eingesetzt. Litholrot ist eines der ältesten Farbmittel, das speziell für die Anwendung als Pigment entwickelt wurde.

Es folgten die sogenannten Lackrot C-Pigmente, die bei Meister Lucius & Brüning, dem Vorläufer der Hoechst AG, 1902 erfunden wurden.

Nur wenige Pigmente aus der Reihe der verlackten β-Naphthol-Pigmente sind heute noch technisch wichtig, einige davon haben große Bedeutung.

2.7.1.1 Chemie, Herstellung

Verlackte β-Naphthol-Pigmente lassen sich durch folgende allgemeine Formel charakterisieren:

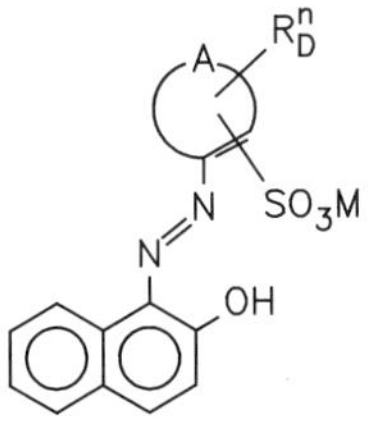

Hierbei bedeutet für technisch wichtige Pigmente A der Rest eines Benzol- oder Naphthalinringes, R_D : Cl, CH_3, C_2H_5, COOM, n = 0 bis 2 und M vorwiegend ein Erdalkali-, manchmal auch ein Mangan-, Aluminium- oder Natriumatom.

Die Herstellung der Pigmente geschieht zunächst in üblicher Weise durch Diazotierung eines aromatischen Amins und Kupplung auf eine Suspension von β-Naphthol, die durch Ausfällen des Natriumsalzes mit verdünnten Säuren, z. B. mit Essigsäure, erhalten wird. Hierbei entstehen zunächst die meist wasserlöslichen Natriumsalze der entsprechenden Azofarbstoffe. Durch Zugabe des gewünschten

Erdalkalisalzes, also z. B. Calcium-, Barium- oder Strontiumchlorid oder Mangan-II-sulfat, erfolgt „Umverlackung", d. h. Ausfällen des unlöslichen Erdalkali- oder Mangansalzes als Pigment. Die Bedingungen für die Verlackung müssen genau ausgearbeitet werden, damit das Pigment in der gewünschten Kristallform und Verteilung anfällt. Als Zusatz spielt hierbei besonders Kolophonium eine Rolle.

Früher wurden Pigmentverarbeiter, insbesondere die Druckfarbenhersteller in Mitteleuropa, oft mit den Natriumsalzen der sulfonierten β-Naphthol-Verbindungen beliefert. Die Umverlackung wurde dann von diesen Druckfarbenfabriken selbst vorgenommen.

2.7.1.2 Eigenschaften

Die Farbtöne variieren in dieser Reihe vom gelbstichigen bis zum blaustichigen Rot, sind aber bei gleicher Diazokomponente immer gelbstichiger als entsprechende verlackte BONS-Pigmente (s. 2.7.2, S. 332). Dabei weisen die Pigmente vorwiegend reine Nuancen auf. Die meisten verlackten β-Naphthol-Pigmente kommen je nach Art der Herstellung, aber auch in Abhängigkeit vom Metall, in verschiedenen Farbtonbereichen vor. Das Auftreten verschiedener Modifikationen, z. B. beim Calciumsalz von Pigment Red 49, ist für die Vielfalt der Rotnuancen ebenfalls mitverantwortlich.

Im Vergleich mit β-Naphthol-Pigmenten sind die verlackten β-Naphthol-Pigmente aufgrund ihres Salzcharakters zwar lösemittel- und migrationsechter, aber meist weniger lichtecht. Ihre Alkalistabilität ist nur mäßig. Der polare Charakter ist für die recht gute thermische Beständigkeit dieser Pigmente verantwortlich.

2.7.1.3 Anwendung

Die Pigmente dieser Klasse werden aufgrund ihrer allgemeinen Echtheiten im wesentlichen im Druckfarben- und Kunststoffbereich eingesetzt. Die Schwerpunkte ihrer Verwendung sind dabei unterschiedlich. Für die Einfärbung von Lacken und Anstrichfarben sind die verlackten β-Naphthol-Pigmente nur von untergeordneter Bedeutung.

2.7.1.4 Im Handel befindliche Pigmente

Allgemein

Seit einiger Zeit wird die Reihe der verlackten β-Naphthol-Pigmente in Europa und Japan mengenmäßig im wesentlichen von Pigment Red 53 beherrscht. Pigment Red 49, vor allem als Barium-, weniger als Calciumsalz, ist besonders in den USA von größerer technischer Bedeutung. Daneben spielen andere Pigmente dieses Typs technisch nur eine untergeordnete Rolle.

2.7.1 Verlackte β-Naphthol-Pigmente

Tab. 19: Verlackte β-Naphthol-Pigmente des Handels

Allgemeine Formel:

(DK) = Rest der Diazokomponente

C.I. Name	Formel-Nr.	DK	$\frac{M}{2}$	Nuance
P.R.49	15630	SO₃M (naphthyl)	2 Na	gelbstichig-rot
P.R.49:1	15630:1		Ba	gelbstichig-rot
P.R.49:2	15630:2		Ca	blaustichig-rot oder marron
P.R.49:3	15630:3		Sr	rot
P.R.50:1	15500:1	Formel s. S. 328	Ba	scharlachrot
P.R.51	15580	H₃C–C₆H₃(SO₃M)	Ba	scharlachrot
P.R.53	15585	SO₃M, Cl, CH₃ phenyl	2 Na	scharlachrot
P.R.53:1	15585:1		Ba	scharlachrot
P.R.53:–	15585:–		Sr	gelbstichig-rot
P.R.68	15525	SO₃M, Cl, COOM phenyl	2 Ca	gelbstichig-rot
P.O.17	15510:1	SO₃M phenyl	Ba	orange
P.O.17:1	15510:2		$\frac{2}{3}$ Al	rotstichig-orange
P.O.46	15602	SO₃M, Cl, C₂H₅ phenyl	Ba	gelbstichig-rot

328   *2.7 Verlackte rote Azopigmente*

Eine gewisse Bedeutung weist Pigment Red 68 auf, das zwei verlackbare saure Gruppen im Molekül enthält.

Mit Ausnahme von P.O.17, 17:1 und P.R.51:1 ist allen technisch genutzten Pigmenten dieser Reihe eine o-Sulfonsäuregruppierung zur NH_2-Gruppe im aromatischen Ring der Diazokomponente gemeinsam.

Pigment Red 50:1, 15500 trägt anstelle einer Sulfogruppe eine durch Barium verlackte Carboxylgruppe in der Diazokomponente:

$$\left[\begin{array}{c}\text{Struktur: 2-Carboxyphenyl-azo-2-naphthol mit } COO^{\ominus}, N=N, OH\end{array}\right] Ba^{\oplus\oplus}/2$$

Einzelne Pigmente

Pigment Red 49-Typen

Die Pigmente haben regional eine sehr unterschiedliche Bedeutung. Während sie in Europa und Japan vergleichsweise gering ist, spielen P.R.49-Pigmente in den USA eine wichtige Rolle. Es befinden sich dabei Natrium-(P.R.49) und Calciumsalze (P.R.49:2), vor allem aber das Bariumsalz (P.R.49:1) im Handel. Seit einigen Jahren wird auch eine strontiumverlackte Marke (P.R.49:3) angeboten. Der Farbton der bariumverlackten Marken ist gelber als der von P.R.57:1 und blauer als der von P.R.53:1. Das calciumverlackte Pigment ist gegenüber P.R.49:1 blauer, das Natriumsalz gelber.

Vor allem in den USA werden die Pigment Red 49-Typen als Lithol Reds bezeichnet. Sie finden besonders in Druckfarben aller Art, in den USA in erster Linie in Illustrationstiefdruckfarben als Rot im 3- bzw. 4-Farben-Druck Verwendung. Für den Mehrfarbendruck gemäß der Europäischen Farbskala für den Offsetdruck nach CIE 12-66 ist P.R.49:1 zu gelbstichig.

Pigment Red 49

Das natriumverlackte Pigment ist von geringerer Bedeutung. Es ist farbstark und wird besonders in billigen Flexodruckfarben auf Lösemittelbasis verwendet. Die Beständigkeit des Pigmentes und der Drucke gegen verschiedene Lösemittel ist merklich schlechter als die der anderen Metallsalze. Das trifft auch auf die Wasserechtheit zu, was den Einsatz in wäßrigen Druckfarben verhindert. Auch die Lichtechtheit erreicht die der anderen Typen nicht.

Pigment Red 49:1 und 49:2

Die Beständigkeit des Bariumlackes P.R.49:1 und des Calciumlackes P.R.49:2 gegen organische Lösemittel, gegen Alkalien und Säuren, sowie viele Gebrauchsechtheiten entsprechen denen der Lackrot C-Pigmente (P.R.53:1). Die Hitzebeständigkeit der P.R.49-Marken ist allerdings merklich schlechter, so daß diese Pigmente für Kunststoffe nur bedingt in Frage kommen. Sie werden aber, besonders in den USA, in Elastomeren, seltener für preisgünstige Industrielacke, lufttrocknende und Nitrolacke eingesetzt. Haupteinsatzgebiet aber ist der Druckfarbenbereich.

Von den laut Produktionsstatistik der US International Trade Commission 1988 in den USA produzierten 2106 t P.R.49:1-Marken beispielsweise, wurden ca. 2/3 im Illustrationstiefdruck, der größte Teil des Restes im Verpackungstief- und Zeitungsdruck verbraucht. Im Handel befinden sich auch geharzte Marken. Sie sind meist transparenter, brillanter und tendieren im Druck zu geringerem Bronzieren. Spezielle Marken sind wegen ihrer guten rheologischen Eigenschaften für Druckfarben auf wäßriger Basis bekannt.

Pigment Red 50:1

Das bereits 1905 von Meister Lucius & Brüning patentierte Pigment ist nur noch von regionaler Bedeutung und wird in Europa nicht mehr angeboten. Während es früher als Natriumlack (P.R.50) auf den Markt kam und vom Anwender selbst in den Bariumlack überführt wurde, handelt es sich bei den derzeitigen Handelsmarken ausschließlich um bariumverlacktes Pigment (P.R.50:1). Der Bariumlack ergibt reine Scharlachnuancen.

Das Pigment wird hauptsächlich in Verpackungsdruckfarben verwendet, die meist bronzierende Drucke mit guter Beständigkeit gegen organische Lösemittel ergeben. Schwache Alkalien verschieben den Farbton nach der blauen, Säuren nach der gelben Seite. In Gegenwart von Trockenstoffen auf Basis von Kobaltsalzen schlägt der Farbton aufgrund von Umverlackungsreaktionen nach Braun um. Dieses Verhalten ist als Hauptgrund für seinen Rückgang in Offsetfarben, dem früheren Haupteinsatzgebiet, anzusehen. Das Pigment entspricht nicht mehr den gestiegenen Anforderungen.

Pigment Red 51

Das bariumverlackte Pigment ergibt Scharlachnuancen, die denen von Pigment Red 53:1 ähnlich sind. P.R.51 ist hinsichtlich seiner Echtheiten P.R.49 vergleichbar, zeigt aber besonders schlechte Beständigkeit gegen Alkalien. Das früher weit verbreitete, besonders in Druckfarben und Gummi eingesetzte Pigment ist inzwischen nahezu völlig vom Markt verschwunden und wird wegen seines Farbtones noch in Farbbändern verwendet.

2.7 Verlackte rote Azopigmente

Pigment Red 53-Typen

Im Handel befinden sich barium- und natriumverlackte Marken (P.R.53:1 bzw. P.R.53). Calciumsalze (P.R.53:2) waren nur zeitweise in größerem Maße auf dem Markt anzutreffen; sie sind heute ohne Bedeutung. Dagegen sind strontiumverlackte Typen seit kurzem wieder auf dem Markt.

Pigment Red 53

Das Natriumsalz, früher durch den Pigmentverarbeiter oft in das Bariumsalz überführt, wird heute trotz der schlechteren Lösemittel- und Gebrauchsechtheiten, aber wegen seines deutlich gelberen Farbtones, gelegentlich noch direkt eingesetzt.

Pigment Red 53:1

Die bariumverlackte Version ist eines der am meisten verwendeten Rotpigmente für Druckfarben. Der Farbton, ein Scharlach, ist im Vergleich mit P.R.57:1, dem Magenta für den 3- bzw. 4-Farben-Druck nach DIN 16 539, wesentlich gelber; für diesen Verwendungszweck ist das Pigment daher nicht geeignet. P.R.53:1 findet als sogenanntes warmes Rot verbreiteten Einsatz. Dabei hat es im Laufe der Zeit und regional in unterschiedlichem Umfange auf Kosten von P.R.49 noch zusätzlich an Bedeutung gewonnen. Es wird besonders für kurzlebige Drucksachen, beispielsweise im Bogen- und Rollenoffset-, Tief- und Flexodruck, eingesetzt. Seine Lichtechtheit beträgt im Buchdruck in 1/1 ST Stufe 3, in 1/25 ST sogar nur Stufe 1 der Blauskala. Die farbtonnächsten Naphthol AS-Pigmente, die bei gleicher Farbtiefe etwas gelberen P.R.9 und P.R.10, sind um einige Stufen der Blauskala besser lichtecht (z. B. 1/25 ST Stufe 5 bzw. 4) als die preisgünstigeren Lackrot C-Pigmente.

P.R.53:1 weist eine für Pigmente dieses Farbtonbereiches gute Farbstärke und Brillanz auf. Zur Einstellung von Buchdrucken in 1/1 ST bzw. 1/3 ST unter Standardbedingungen bezüglich Schichtdicke sind Druckfarben mit einem Pigmentgehalt von ca. 19 bzw. 11% erforderlich. Vergleichswerte sind bei einer Reihe anderer Pigmente zu finden; beispielsweise für die oben angeführten P.R.9 und P.R.10 betragen sie ca. 20,5 bzw. 13,5%. Gelbstichige Handelsmarken von P.R.53:1 sind normalerweise farbschwächer als blaustichige.

Die Drucke zeigen gute Beständigkeit gegen eine Reihe organischer Lösemittel; gegen das Lösemittelgemisch nach DIN 16 524 sind sie fast beständig. Die Beständigkeit gegen Silberlack ist einwandfrei, aufgrund der chemischen Konstitution des Pigmentes sind die Drucke jedoch weder alkali- noch säureecht. Auch eine Reihe von speziellen Gebrauchsechtheiten der Drucke, wie Seifen- oder But-

2.7.1 Verlackte β-Naphthol-Pigmente

terechtheit, sind nicht einwandfrei. Die Hitzestabilität ist sehr gut. Das Pigment ist bei 10 Minuten Hitzeeinwirkung bis über 200°C thermostabil. Im Gegensatz zum farbtonähnlichen, zur gleichen Pigmentklasse zählenden P.R.68 ist P.R.53:1 nicht sterilisierecht.

Die im Handel befindlichen Marken von Pigment Red 53:1 weisen zum Teil erhebliche Unterschiede in der Transparenz auf. Ihre spezifischen Oberflächen liegen im Bereich zwischen ca. 16 und 50 m^2/g. Geharzte Marken sind heute von etwas geringerer Bedeutung.

Bei dem weit verbreiteten Einsatz von P.R.53:1 in wäßrigen Flexodruckfarben kann es zu Problemen bezüglich der Lagerstabilität kommen. In solchen basischen Druckfarben erfolgt oft ein mehr oder weniger ausgeprägter Viskositätsanstieg. Er ist fast stets mit einer Farbtonverschiebung nach Gelb verbunden, die allerdings in tiefen Tönen wenig auffällt. Die mangelnde Lagerstabilität wird auf die Wechselwirkung des Pigmentes bzw. des Erdalkalimetalls mit dem Alkali oder der Base der Druckfarbe zurückgeführt, wodurch schließlich Umverlackung erfolgt.

Der Einsatz des Pigmentes in Kunststoffen wird durch seine hohe Hitzebeständigkeit ermöglicht. In 1/3 ST ist P.R.53:1 bei 5minütiger Belastung in HDPE bis ca. 260°C thermostabil.

Es zeigt hierbei mittlere Farbstärke. Das zur gleichen Pigmentgruppe zählende P.R.68 ist gegenüber P.R.53:1 etwas gelbstichiger und zeigt noch bessere Hitzebeständigkeit, die Disazopyrazolon-Pigmente P.R.37 und P.R.38 sind etwas bzw. deutlich blaustichiger, jedoch in PE wesentlich weniger hitzestabil. P.R.53:1 zeigt unter den üblichen Verarbeitungsbedingungen bei Temperaturen bis 260°C praktisch keinen Einfluß auf das Schwindungsverhalten von Polyolefinen im Spritzguß. Die Lichtechtheit in PE liegt je nach Farbtiefe und Pigmentkonzentration etwa zwischen Stufe 3 und 1 der Blauskala.

Auch in PVC zeigt P.R.53:1 gute Farbstärke. Die Lichtechtheit ist nicht gut, aber für viele kurzlebige Artikel ausreichend. Es blutet allerdings aus. P.R.53:1 findet aufgrund seiner Wirtschaftlichkeit auch in Polystyrol Verwendung. Bei einer Hitzebeständigkeit bis zu 280°C ist auch hier die Lichtechtheit nur mäßig (Stufe 1-2 der Blauskala).

Sofern keine besonderen Echtheitsanforderungen, beispielsweise bezüglich Wasser-, Seifen- und Lösemittelbeständigkeit gestellt werden, kommt P.R.53:1 auch für PUR-Schaumstoffe in Betracht.

Die Verwendung des Pigmentes in Elastomeren, wie Naturkautschukmischungen, ist ebenfalls von technischer Bedeutung. Die Migrationsbeständigkeit genügt dabei meist den Anforderungen. Auch die Ausblutechtheit in Kautschuk ist einwandfrei, während ein nasses Baumwolltuch, der Wickel, etwas angefärbt wird (s. 1.8.3.6). Die Lichtechtheit genügt meist den Anforderungen. Die Färbungen sind gegen heißes Wasser und auch gegen Alkohole nicht ganz beständig.

P.R.53:1 kann, sofern die Echtheiten, speziell die Lichtechtheit, ausreichen, auch im Lackbereich eingesetzt werden. Daneben findet es bei geringeren Anforderungen in Medien Verwendung, die nicht zu den großen Einsatzgebieten zählen, wie in der Putzmittel- und Büroartikelindustrie, beispielsweise für preiswerte

Buntstifte oder Aquarellfarben. Beim Einsatz in verschiedenen Anwendungsbereichen sind die jeweiligen gesetzlich festgelegten Höchstwerte für den löslichen Bariumgehalt zu beachten (s. 5.3.5).

Seit einiger Zeit befindet sich eine neue Modifikation dieses Pigmentes auf dem Markt [1]. Bei etwas geringerer Farbstärke ist sie wesentlich gelbstichiger als die konventionellen, barium- oder strontiumverlackten Marken. Die anwendungstechnischen Eigenschaften, wie auch das Spektrum des Einsatzes der beiden Modifikationen, entsprechen einander weitgehend. Durch Mischungen lassen sich Farbtöne im dazwischenliegenden, vergleichsweise weiten Farbtonbereich, einstellen.

Pigment Red 53, strontiumverlackt

Das mit Strontium verlackte Pigment entspricht in seinen anwendungstechnischen Eigenschaften weitgehend bariumverlackten P.R.53:1-Marken. So weist es praktisch gleiche Beständigkeit gegen organische Lösemittel, gegen Alkalien und Säuren, gleiche Hitzebeständigkeit und Lichtechtheit, beispielsweise im Druck, auf. Coloristisch ist es gelbstichiger, erreicht jedoch nicht den Farbton der oben erwähnten neu gefundenen Kristallmodifikation des Bariumsalzes. Die Anwendungsgebiete für dieses Pigment sind die gleichen wie für P.R.53:1.

Pigment Red 68

Dieses Pigment ist als Calciumsalz im Handel. Es ergibt ein gelbstichiges Rot, einen Scharlachton, und ist im Vergleich mit dem zur gleichen Pigmentklasse zählenden P.R.53:1 bei gleicher Farbtiefe etwas blauer. Seine technische Bedeutung reicht an die der weit verbreiteten Lackrot C-Pigmente bei weitem nicht heran.

Wesentliches Einsatzgebiet von P.R.68 ist die Kunststoffeinfärbung. In Weich-PVC ist es bei mittlerer Farbstärke ausblühbeständig, jedoch nicht ganz ausblutecht. Die Lichtechtheit kann besonders in Aufhellungen keine gehobenen Anforderungen erfüllen. Sie ist unter Tageslicht in 1/3 ST mit 5% TiO_2 mit Stufe 4, in 1/25 ST mit Stufe 3 der Blauskala anzugeben. Seine hohe Hitzebeständigkeit ermöglicht auch den Einsatz in Polyolefinen, sie erreicht beispielsweise in HDPE 300°C. Auch hier weist das Pigment mittlere Farbstärke auf. Es bewirkt keinerlei Beeinflussung des Schwindungsverhaltens des Kunststoffes im Spritzguß. Die Lichtechtheit beträgt hier bei Standardfarbtiefen zwischen 1/3 und 1/25 nur Werte zwischen Stufe 2-3 und 3 der Blauskala. Auch in Polystyrol wird das Pigment verwendet.

Der Einsatz von P.R.68 im Druckfarbenbereich ist im Laufe der Jahre stark zurückgegangen. Gegenüber Pigmenten vom Typ P.R.53:1 ist es etwas farbschwächer, jedoch besser lichtecht. Buchdruck-Andrucke in 1/3 ST zeigen eine Lichtechtheit von 4 (2), solche in 1/25 ST eine von Stufe 3 (1) der Blauskala. In Klammern sind die entsprechenden Werte für P.R.53:1 angegeben. Die Drucke weisen eine einwandfreie Beständigkeit gegen viele organische Lösemittel, auch gegen das Lösemittelgemisch nach DIN 16 524 auf, dagegen sind Seifen-, Alkali- und Säureechtheit ungenügend. Die Sterilisierechtheit von P.R.68 ist im Gegensatz zu der von P.R.53:1 einwandfrei. Da die Hitzebeständigkeit von P.R.68 ausgezeichnet ist (in 1/3 ST: 220°C bei 10 Minuten Hitzeeinwirkung), kommt es auch für den Einsatz im Blechdruck in Betracht, allerdings ist es gegen Silberlack nicht beständig. Beim Offsetdruck kann – ähnlich wie bei anderen Anwendungsmedien – die nicht einwandfreie Wasserechtheit Schwierigkeiten bringen.

Das Pigment kann sofern die Echtheiten, besonders die Lichtechtheit, ausreichen, auch im Lackgebiet verwendet werden. In einem lufttrocknenden Alkydharzlack zeigt es im Vollton eine der Stufe 5, in der Aufhellung mit TiO_2 von 1:5 nur noch eine der Stufe 2 der Blauskala entsprechende Lichtechtheit. Die Beständigkeit gegen viele organische Lösemittel ist ausgezeichnet, während Alkali- und Säureechtheit sowie auch die Beständigkeit gegen Wasser ungenügend sind.

Das Pigment kommt auch für dekorative Kosmetika, wie Nagellacke, Lippenstifte, Puder und Tönungscremes in Betracht. Für diesen Einsatz stehen Marken zur Verfügung, die hinsichtlich der gesetzlich vorgeschriebenen Reinheitskriterien geprüft sind und diese erfüllen.

Pigment Orange 17

Neben den reinen bariumverlackten Typen sind Ausfällungen des Pigmentes auf Aluminiumoxidhydrat im Handel. Diese werden besonders in den USA als Persian Orange bezeichnet. In Europa ist das Pigment nicht mehr auf dem Markt anzutreffen. In Japan dagegen konnte es eine gewisse Bedeutung behalten. P.O.17 ergibt brillante, rötlich-orange Farbtöne. Die Handelsmarken sind farbstark und zeichnen sich durch hohe Transparenz aus. Es wird in billigen Verpackungsdruckfarben, auch im Blechdruck, verwendet. Marken mit hohem Aluminiumoxidhydrat-Gehalt verschlechtern oftmals das Trocknungsverhalten in öligen Farben, z.B. in Offsetdruckfarben. In stark sauren Bindemitteln kann es wegen einer Entmetallisierung des Pigmentes zu beträchtlichen Farbtonverschiebungen kommen. Früher lag ein weiterer Schwerpunkt des Einsatzes bei der Kautschukeinfärbung.

Pigment Orange 17:1

Aluminiumverlackte Typen werden in den USA angeboten. Die coloristischen und anwendungstechnischen Eigenschaften entsprechen in etwa denen der Bariumlacke. Auch sie zeichnen sich durch hohe Farbstärke und brillanten Farbton aus und werden im Verpackungsdruck, besonders für paraffinierte Broteinwickelpapiere eingesetzt.

Pigment Orange 46

Dieses in Europa erst seit kurzem verstärkt angebotene Pigment spielt in den USA eine gewisse Rolle. Laut US International Trade Commission wurden 1988 in den USA 386 t dieses Pigmentes produziert. Seine anwendungstechnischen Eigenschaften entsprechen weitgehend denen der Lackrot C-Marken, P.R.53:1. Der Farbton von P.O.46 ist allerdings deutlich gelber als der der konventionellen P.R.53:1-Marken, er ist naheliegend der kürzlich auf den Markt gekommenen, neuen Modifikation des bariumverlackten Lackrot C.

Die im Handel befindlichen Marken zeigen meist gute Transparenz. Sie werden hauptsächlich in Verpackungsdruckfarben, auch in Offset- und Blechdruckfarben, eingesetzt. Illustrationstiefdruckfarben, Kunststoffe, besonders PVC, LDPE und Elastomere, sowie allgemeine Industrielacke sind weitere Einsatzmedien. Die Beständigkeit von P.O.46 gegen Lösemittel erreicht nicht die von P.R.53:1; Alkali- und Säureechtheit sind dagegen oft besser. Die Lichtechtheit von P.O.46 ist gering; sie entspricht bei Drucken in 1/3 und 1/25 ST Stufe 1 der Blauskala.

2.7.2 Verlackte BONS-Pigmente

Namengebend für diese Gruppe von Pigmenten ist die allen gemeinsame Kupplungskomponente 2-Hydroxy-3-naphthoesäure, oft auch noch „Beta-Oxynaphthoesäure" (BONS) genannt.

Die Geschichte der Entdeckung verlackter BONS-Pigmente verlief ähnlich der der verlackten β-Naphthol-Pigmente. Sie begann mit der Auffindung der Synthese von 2-Hydroxy-3-naphthoesäure durch Schmitt und Burkard im Jahre 1887. Nachdem Kostanecki diese Verbindung schon 1893 als Kupplungskomponente beschrieben hatte, erfolgte aber erst 1902 die erste Farbstoffsynthese damit durch die AGFA (Anilin → BONS).

1903 bereits wurde durch R. Gley und O. Siebert bei AGFA mit Pigment Red 57 eines der bedeutendsten organischen Pigmente entdeckt. Zunächst wurde das gelbstichig-rote Natriumsalz hergestellt, und der Verbraucher überführte es in das Calcium- oder Bariumsalz. Die ersten dieser „Lacke" waren noch auf anorganischen Trägermaterialien aufgezogen. Interessant ist, daß diese Gruppe von Farbmitteln zuerst als Pigmente für Lacke eingesetzt wurde. Erst später kamen auch textile Anwendungen hinzu. Heute werden vor allem Calcium- und Bariumsalze, aber auch Mangan- und gelegentlich Strontiumsalze verwendet.

Diazokomponenten bei technisch wichtigen Pigmenten der Reihe sind ebenso wie bei verlackten β-Naphthol-Pigmenten sulfonsäuregruppenhaltige aromatische Amine. Damit weisen diese Pigmente immer zwei „verlackbare" saure Gruppen auf.

2.7.2.1 Chemie, Herstellung

Verlackte BONS-Pigmente sind Monoazopigmente, die hauptsächlich durch folgende allgemeine Formel zu charakterisieren sind:

Hierbei sind für technisch wichtige Pigmente R_D vorwiegend Wasserstoff, Chlor oder eine Methylgruppe; M bedeutet meist ein zweiwertiges Metallatom aus der Reihe der Erdalkalimetalle Calcium, Barium, Strontium oder Mangan.

In einzelnen Fällen ist anstelle der Anilinsulfonsäure 2-Aminonaphthalin-1-sulfonsäure oder Anilin als Diazokomponente enthalten.

Die Herstellung der aromatischen Aminosulfonsäuren geschieht durch eine Folge wichtiger großtechnischer Prozesse, z. B. der Sulfonierung von Benzol, wo nötig, mit anschließender Chlorierung, Nitrierung und Reduktion oder durch Sulfonierung von Anilin, ggf. mit anschließendem „Verbacken" [2, 3].

Die verlackten BONS-Pigmente werden grundsätzlich ähnlich wie die verlackten β-Naphthol-Pigmente synthetisiert.

Durch Diazotierung der Aminosulfonsäuren und anschließende Kupplung auf das Natriumsalz der 2-Hydroxy-3-naphthoesäure erhält man zunächst die Monoazoverbindung als lösliches Natriumsalz. Bei der anschließenden Reaktion mit den Chloriden oder Sulfaten von Erdalkalimetallen oder einem Mangansalz, oft in Gegenwart eines Emulgators oder von Kolophonium (Harzseifen) oder dessen Derivaten, bei erhöhter Temperatur erfolgt die Überführung in das unlösliche verlackte BONS-Pigment.

2.7.2.2 Eigenschaften

Verlackte BONS-Pigmente sind am ehesten mit den verlackten β-Naphthol-Pigmenten vergleichbar. Im Vergleich mit diesen weisen sie blaustichigere Rottöne („Rubin", „Marron") und überlegene Lichtechtheit, besonders als Manganlacke, auf. Sie sind aber in den anderen Eigenschaften, z. B. Alkali-, Seifen- und Säureechtheit, Lösemittel- und Migrationsechtheit, auch in der Hitzebeständigkeit, sehr ähnlich. Verlackte BONS-Pigmente zeichnen sich durch gute Farbstärke aus.

2.7.2.3 Anwendung

Die Mehrzahl der Pigmente dieser Gruppe wird bevorzugt im Druckfarbenbereich verwendet. Einige von ihnen haben allerdings den Schwerpunkt ihres Einsatzes im Lackgebiet. Auch bei der Kunststoffeinfärbung sowie in vielen weiteren Medien spielen Pigmente dieser Gruppe eine Rolle.

2.7.2.4 Im Handel befindliche BONS-Pigmente

Allgemein

Ähnlich wie bei den verlackten β-Naphthol-Pigmenten ist die Zahl der technisch in größerem Maße genutzten verlackten BONS-Pigmente begrenzt. Allerdings sind zwei dieser Pigmente von großer industrieller Bedeutung. In der folgenden Tabelle 20 sind die im Handel angetroffenen verlackten BONS-Pigmente aufgeführt.

Tab. 20: Verlackte BONS-Pigmente des Handels

C.I. Name	Formel-Nr.	R_D^2	R_D^4	R_D^5	M	Nuance
P.R.48:1	15865:1	$SO_3^\ominus$	CH_3	Cl	Ba	rot
P.R.48:2	15865:2	$SO_3^\ominus$	CH_3	Cl	Ca	blaustichig-rot
P.R.48:3	15865:3	$SO_3^\ominus$	CH_3	Cl	Sr	rot
P.R.48:4	15865:4	$SO_3^\ominus$	CH_3	Cl	Mn	blaustichig-rot
P.R.48:5	15865:5	$SO_3^\ominus$	CH_3	Cl	Mg	rot
P.R.52:1	15860:1	$SO_3^\ominus$	Cl	CH_3	Ca	rubinrot
P.R.52:2	15860:2	$SO_3^\ominus$	Cl	CH_3	Mn	marron
P.R.57:1	15850:1	$SO_3^\ominus$	CH_3	H	Ca	blaustichig-rot (magenta, rubinrot)
P.R.58:2	15825:2	H	Cl	$SO_3^\ominus$	Ca	blaustichig-rot
P.R.58:4	15825:4	H	Cl	$SO_3^\ominus$	Mn	mittleres Rot
P.R.63:1	15880:1	2-Aminonaphthalin-1-sulfon-			Ca	bordo
P.R.63:2	15880:2	säure als Diazokomponente			Mn	bordo
P.R.64	15800	H	H	H	$\frac{Ba}{2}$	rot
P.R.64:1	15800:1	H	H	H	$\frac{Ca}{2}$	gelbstichig-rot
P.R.200	15867	$SO_3^\ominus$	Cl	C_2H_5	Ca	blaustichig-rot
P.Br.5	15800:2	H	H	H	$\frac{Cu}{2}$	braun

Alle Pigmente dieser Reihe außer P.R.64 und P.Br.5 enthalten zwei saure Gruppen, nämlich je eine Sulfon- und Carbonsäuregruppe, die hauptsächlich mit Calcium oder Mangan, seltener mit Barium, Strontium oder Magnesium, verlackt sind. Die Sulfonsäuregruppe befindet sich dabei fast immer in o-Stellung zur Azogruppierung. Bei den technisch wichtigsten Pigmenten, das sind Pigment Red 48 und 57, befindet sich außerdem eine Methylgruppe in p-Stellung zur Azobrücke. Immer sind die Manganlacke blaustichiger als die Strontium- und Bariumlacke, oft auch blaustichiger als die Calciumlacke.

Einzelne Pigmente

Pigment Red 48-Typen

Im Handel befinden sich die „Lacke" verschiedener Metalle, nämlich die von Barium (P.R.48:1), Calcium (P.R.48:2), Strontium (P.R.48:3), Mangan (P.R.48:4) und Magnesium (P.R.48:5). Auch „mischverlackte" Typen, beispielsweise Barium-Calcium-Lacke, werden angeboten. Die Bedeutung der verschiedenen Typen ist je nach Einsatzgebiet unterschiedlich; insgesamt gesehen jedoch ist sie groß. Für Pigmente dieses Typs sind besonders im angelsächsischen Sprachgebrauch verschiedene Trivialnamen gebräuchlich: Die bekannteste Bezeichnung, nämlich „2B-Toner", leitet sich von der ersten Handelsmarke, Permanent-Rot 2B, einem Natriumsalz, her.

Pigment Red 48:1

Das bariumverlackte Pigment ergibt helle gelbstichige bis mittlere Rottöne, die in Abhängigkeit von der spezifischen Oberfläche einen größeren Farbtonbereich überdecken. Die Beständigkeit gegen eine Reihe wichtiger organischer Lösemittel, wie Ester, Ketone und aliphatische und aromatische Kohlenwasserstoffe ist als gut zu bezeichnen, die Beständigkeit gegen Seife, Alkali und Säuren ist jedoch unbefriedigend.

P.R.48:1 wird besonders im Druckfarben- und Kunststoffbereich eingesetzt. Zur Erzielung höherer Transparenz und zur Verminderung des starken Bronzierens der Drucke sind Druckfarben-Pigmente mitunter geharzt.

P.R.48:1-Marken zeigen gute Farbstärke, erreichen in dieser Hinsicht aber nicht P.R.53:1-Marken. Der Farbton ist wesentlich gelbstichiger als der von P.R.57:1 und blauer als der von P.R.53:1. Das Pigment ist für Druckfarben aller Art geeignet. Die Drucke vieler Handelsmarken sind allerdings nicht beständig gegen das Lösemittelgemisch nach DIN 16 524 und gegen Silberlack, und sind nicht sterilisierecht. Die Hitzebeständigkeit reicht bis 180°C (10 Minuten Einwirkungszeit) bzw. 160°C (30 Minuten). Die Lichtechtheit der bariumverlackten Typen erreicht nicht annähernd die der mit anderen Metallen verlackten Handelsmarken. In wäßrigen Medien wirft oftmals die Lagerstabilität Probleme auf. Die Druckfarben neigen zum Eindicken.

In Kunststoffen zeigt P.R.48:1 mittlere Farbstärke. Die Migrationsbeständigkeit in Weich-PVC ist gut. Es ist ausblüh- und nahezu ausblutbeständig. Seine Lichtechtheit erreicht im Vollton Stufe 3, in 1/3 ST nur etwa Stufe 1-2 der Blauskala. Die Hitzebeständigkeit in PE bei Färbungen in 1/3 ST beträgt je nach Handelsmarke 200 bis 240°C (5 Minuten Verweilzeit). Die Einwirkung höherer Temperaturen verschiebt die Nuance sehr rasch zu blaueren, trüberen Rottönen. In transparenten PE-Färbungen ist die Hitzebeständigkeit schlechter. Das Pigment wird besonders für die Einfärbung von LDPE angeboten. Auch in PE zeigt P.R.48:1 mittlere Farbstärke. Zur Einstellung von Färbungen in 1/3 ST (1% TiO_2) sind 0,34% Pigment notwendig. Vergleichswerte sind bei einer Reihe anderer Pigmente angegeben. Bei der Gummieinfärbung ist P.R.48:1 für Freidampfvulkanisation nur bedingt geeignet; es färbt den Wickel an (s. 1.8.3.6).

Auf dem Lackgebiet wird das Pigment oft für preiswerte Industrielacke empfohlen, in denen es gute Überlackierechtheit zeigt. Die Lichtechtheit erreicht im Vollton Stufe 5-6 der Blauskala; sie fällt mit steigendem TiO_2-Zusatz rasch ab. P.R.48:1 ist nicht für einen Außeneinsatz geeignet.

Pigment Red 48:2

Das calciumverlackte Pigment ergibt blaustichig-rote Farbtöne, die als Rubin zu bezeichnen sind. Sie sind sehr viel blauer als die von P.R.48:1, deutlich blauer als die von P.R.48:4, jedoch noch merklich gelber als die von P.R.57:1. Die Echtheiten, so die Beständigkeit gegen organische Lösemittel, entsprechen weitgehend denen der bariumverlackten Typen. Die Sterilisierechtheit von Drucken erreicht allerdings nicht die von P.R.48:1 und auch die Seifenechtheit ist viel schlechter. Die Lichtechtheit ist demgegenüber deutlich besser; so sind belichtete Buchdruck-Andrucke von P.R.48:2 in 1/1 ST mit Stufe 4-5, solche von P.R.48:1 mit Stufe 3-4 der Blauskala zu bewerten.

Die Anwendungsbereiche sind nahezu die gleichen. So wird auch P.R.48:2 in Druckfarben, besonders für Schmuckfarben und den Verpackungsdruck auf NC-Basis eingesetzt. Es findet, besonders in den USA, auch im Drei- bzw. Vierfarbendruck Verwendung, wenn die Lichtechtheit von P.R.49-Marken nicht ausreicht, beispielsweise bei Magazindeckblättern. 1986 wurde P.R.48:2 von der Gravure Technical Association in den USA als Normrot für den Verpackungstiefdruck festgelegt. In den USA wurden 1988 laut International Trade Commission 760 t Pigment Red 48:2-Marken hergestellt. Geharzte Marken zeigen verbesserte Transparenz und geringeres Bronzieren im Druck. In wäßrigen Druckfarben erfolgt häufig starker Viskositätsanstieg, der bis zum Eindicken führen kann.

Auch im Kunststoffbereich zeigt P.R.48:2 gute Farbstärke. So sind beispielsweise zur Einstellung von 1/3 ST in HDPE mit einem TiO_2-Gehalt von 1% 0,21% Pigment erforderlich. Die Hitzestabilität solcher Färbungen beträgt 230°C

(5 Minuten), wobei zunehmende Temperatur den Farbton zu blaueren, trüberen, in stärkeren Aufhellungen (1/9 ST) zu gelberen, reineren Nuancen verschiebt. Das Pigment wird besonders in LDPE eingesetzt. Die Lichtechtheit ist hier um etwa 2 1/2 Stufen besser als die von Färbungen mit P.R.48:1. In Weich-PVC ist das Pigment nicht ganz ausblutbeständig. Für die PP-Spinnfärbung kommt P.R.48:2 in Frage, wenn niedrigschmelzende Polymere verwendet werden. Um genügende Lichtechtheit zu erhalten, wird das Pigment meist in tiefen Tönen, d. h. in höherer Konzentration, eingesetzt.

Die Verwendung auf dem Lackgebiet ist von untergeordneter Bedeutung. Ähnlich wie in anderen Anwendungsgebieten entsprechen die Echtheiten hier, beispielsweise die Überlackierechtheit, der der bariumverlackten Version. Es wird auch für die gleichen Einsatzgebiete, nämlich für ofentrocknende Lacke, Nitrolacke und ähnliche Systeme angeboten. Daneben findet es in Dispersionsanstrichfarben Verwendung. Während die Lichtechtheit der barium- und calciumverlackten Typen im Vollton etwa gleich ist, fällt sie bei P.R.48:2 mit zunehmender Aufhellung (mit TiO_2) erheblich rascher ab als bei P.R.48:1.

Pigment Red 48:3

Das mit Strontium verlackte Pigment ist gegenüber P.R.48:1 deutlich blauer, gegenüber P.R.48:2 merklich und gegenüber P.R.48:4 etwas gelber. Das Pigment wird besonders für die Kunststoffeinfärbung verwendet. In Weich-PVC ist es im Vergleich mit den anderen Metallsalzen das ausblutbeständigste, jedoch ist auch seine Migrationsechtheit nicht ganz einwandfrei. Die Lichtechtheit von P.R.48:3 ist oft besser als die der anderen P.R.48-Typen. In transparenter Färbung beispielsweise (0,2% Pigment) entspricht sie Stufe 6 der Blauskala und ist somit um 3 Stufen besser als die von P.R.48:1 und um 1/2 bis 1 Stufe besser als die von P.R.48:2 und P.R.48:4 in diesem Medium. Färbungen in 1/3 ST (5% TiO_2) erreichen Stufe 4 der Blauskala. Nur die Aufhellungen von P.R.48:4 sind hier besser (eine Stufe).

Das Pigment zeigt mittlere Farbstärke. Für Einstellungen von 1/3 ST in HDPE mit 1% TiO_2 sind ca. 0,25% Pigment erforderlich. Die Hitzestabilität von P.R.48:3 reicht bis 240°C; bei höheren Temperaturen erfolgt rasch eine Abtrübung des Farbtones unter Verschiebung zu blaueren Nuancen. Verwendet wird es besonders in LDPE, aber auch bei der PP-Spinnfärbung, wenn niedrigschmelzende Polymere versponnen werden. P.R.48:3 wird auch in Polystyrol, in Polyurethan und in Elastomeren eingesetzt.

Weitere Einsatzgebiete sind der Druckfarbenbereich, besonders der Verpackungsdruck, sowie der Lackbereich, wo es für Bauten- und allgemeine Industrielacke empfohlen wird. Das allgemeine Echtheitsniveau des Pigmentes entspricht dabei dem von P.R.48:1 und 48:2.

Pigment Red 48:4

Das manganverlackte Pigment ergibt blaustichigere Rottöne als P.R.48:3 und gelbere als P.R.48:2. Es wird auf vielen Gebieten eingesetzt, vorrangig auf dem Lackgebiet. Hier wird es vielfach in Kombination mit Molybdatorange zur Einstellung deckender Rottöne verwendet. Licht- und Wetterechtheit von P.R.48:4 sind wesentlich besser als die der anderen Typen. Beide Echtheiten sind besonders in vollen Tönen sehr gut. So erreicht die Lichtechtheit in ofentrocknenden und lufttrocknenden Systemen Stufe 7 der Blauskala, die Wetterechtheit entspricht nach einer Exposition von einem Jahr Stufe 4-5 der Grauskala, wobei Dunkeln des Farbtons erfolgt. Das Pigment genügt in solchen tiefen Tönen selbst den hohen Ansprüchen für Autoreparaturlacke. Die Lösemittelechtheit von P.R.48:4 erreicht nicht die der anderen Typen. Säure- und Alkaliechtheit sind deutlich schlechter. Auch Kalkbeständigkeit ist nicht gegeben. Die Überlackierechtheit ist dagegen einwandfrei. In oxidativ trocknenden Lacksystemen kann das Pigment aufgrund seines Mangangehaltes auf die Trocknung beschleunigend wirken.

Im Kunststoffbereich wird P.R.48:4 besonders in PVC und Polyolefinen eingesetzt. In PE weist es eine gute Farbstärke auf; zur Einstellung von Färbungen in 1/3 ST mit 1% TiO_2 sind ca. 0,18% Pigment erforderlich. Die Hitzebeständigkeit erreicht hierbei je nach Handelsmarke 200 bis 290 °C (5 Minuten Verweilzeit), wobei höhere Temperaturen bei den weniger thermostabilen Marken eine z.T. reversible Farbtonverschiebung nach Gelb und Abtrübung des Farbtones bewirken. Diese coloristischen Veränderungen bei höheren Verarbeitungstemperaturen werden jedoch aus wirtschaftlichen Erwägungen auch bei diesen Marken oft in Kauf genommen. In PP kann das Pigment Alterung, d.h. Versprödung des Kunststoffes verursachen. Es ist deshalb nicht für diesen Kunststoff geeignet. Die Wirkung in PE ist geringer. Die Schwindung von PE wird bei höheren Verarbeitungstemperaturen im Spritzguß durch das Pigment praktisch nicht beeinflußt.

In Weich-PVC ist P.R.48:4 ausblühbeständig und nahezu ausblutecht. Auch hier ist seine Farbstärke gut. Aufgrund seiner guten dielektrischen Eigenschaften wird es für PVC-Kabelummantelungen verwendet. Daneben wird es für die Massefärbung von 2 1/2 Acetat-Fäden, -Fasern und -Folien eingesetzt, sofern die Lichtechtheit den Anforderungen genügt.

Im Druckfarbenbereich kann das Pigment infolge seines Mangangehaltes bei oxidativ trocknenden Farben, beispielsweise in Offsetdruckfarben, eine Beschleunigung der Trocknung hervorrufen; dies ist dann bei der Sikkativierung zu berücksichtigen. Die Drucke zeigen ungenügende Alkali-, Säure- und Seifenechtheit; Silberlackbeständigkeit und Sterilisierechtheit sind nicht gegeben. Auch hier wird gute Farbstärke erreicht. So sind zur Herstellung von Buchdrucken in 1/1 ST unter Standardbedingungen bezüglich Schichtdicke Druckfarben mit einem Pigmentgehalt von 18%, in 1/3 ST von ca. 9% erforderlich. Diese Drucke weisen eine Lichtechtheit von Stufe 4 der Blauskala auf. Der Farbton wird dabei je nach Farbtiefe und Bedruckstoff beim Belichten etwas nach der gelberen Seite verschoben. Diese coloristische Veränderung bleibt bei der Bewertung belichteter Drucke oftmals unberücksichtigt, weshalb in Musterkarten dann um einige Stufen der Blauskala bessere Lichtechtheitswerte anzutreffen sind.

P.R.48:4 wird auch im Spezialtiefdruck und im Flexodruck eingesetzt. Dabei ist zu beachten, daß das Pigment in Polyamidfarben aufgrund seines Mangangehaltes eine oxidative Zersetzung des Harzes bewirken kann, die sich rasch in einem Blocken der Drucke und einem unangenehmen Geruch äußert. Auch beim Bedrucken von PE-Folien mit anderen Bindemittelsystemen erweist sich P.R.48:4 als problematisch. Ähnlich wie bei der Massefärbung von PE kann es eine Versprödung, d. h. eine Alterung des Bedruckstoffes bewirken. Auch von P.R.48:4 sind geharzte Marken im Handel.

Pigment Red 48:5

Das seit kurzem auf dem Markt anzutreffende magnesiumverlackte Pigment ist wesentlich gelber, gleichzeitig brillanter als P.R.48:4 und in Weißaufhellungen viel farbschwächer. P.R.48:5 ist gegenüber der manganverlackten Version wesentlich weniger licht- und wetterecht, im Vollton dunkelt es dabei. Das wichtigste Einsatzgebiet ist die Polyolefin-Einfärbung, aber auch für PVC und Polystyrol kommt es in Frage. Die anwendungstechnischen Eigenschaften und Echtheiten im Druck und Lack entsprechen weitgehend denen von P.R.48:2.

Pigment Red 52-Typen

Von diesem Pigment sind calcium- und manganverlackte Marken im Handel; in den USA sind auch mit Strontium verlackte Typen sowie mit Barium und Calcium mischverlackte Marken bekannt. Insgesamt spielen Pigmente des Typs P.R.52 in Europa nur eine untergeordnete Rolle, hingegen haben sie in den USA größere wirtschaftliche Bedeutung; so wurden 1983 dort 300 t P.R.52:1- und 145 t P.R.52:2-Marken produziert. In den USA ist für diese Typen der Trivialname „IBB-Toner" gebräuchlich.

Pigment Red 52:1

Das calciumverlackte Pigment liegt im gleichen Farbtonbereich wie P.R.57:1; gegenüber P.R.48:2 ist es etwas blauer und trüber. Auch die Beständigkeit gegen organische Lösemittel weist nur geringe graduelle Unterschiede zu diesen Pigmenten auf. P.R.52:1 wird in Druckfarben, besonders in Spezialtief- und Flexodruckfarben auf Lösemittelbasis eingesetzt. Hier ist es farbstark. Die Drucke zeigen mäßige bis meist ungenügende Säure- und Alkalibeständigkeit sowie besonders schlechte Seifenechtheit und keine Sterilisierechtheit. Kürzlich in Europa auf den Markt gekommene Typen sind aber alkaliecht und nahezu säurebeständig. Geharzte Marken sind transparenter und infolge kleinerer Korngrößen im Farbton wesentlich blauer. In den USA werden sie anstelle von P.R.57:1 häufig in Skalenfarben für den Offsetdruck verwendet. Die Lichtechtheit des Pigmentes ist hier je nach Standardfarbtiefe um 1 bis 2 Stufen der Blauskala schlechter als die von P.R.48:2 und ca. 1 Stufe schlechter als die von P.R.57:1. In Flexodruckfarben auf wäßriger Basis haben verschiedene P.R.52:1-Marken gegenüber P.R.57:1 den Vorteil, nicht einzudicken.

Auch im Lack genügt die Lichtechtheit nur geringen Anforderungen. Sie liegt im Vollton – wie die von P.R.57:1 – bei Stufe 4-5 der Blauskala und fällt in Aufhellungen stark ab. Die Verwendung von P.R.52:1 für die Kunststoffeinfärbung ist von geringerer Bedeutung.

Pigment Red 52:2

Das manganverlackte Pigment ergibt Marrontöne. Es zeigt in ofentrocknenden Lacken, dem Haupteinsatzgebiet, im Vollton und volltonnahen Bereich gute Licht- und Wetterechtheit, die die von P.R.52:1 oder P.R.57:1 deutlich übertrifft, aber nicht ganz die des gelberen, ebenfalls manganverlackten P.R.48:4 erreicht. P.R.52:2 kann wie letzteres in oxidativ trocknenden Systemen eine Beschleunigung der Trocknung bewirken. Trotz der gegen wichtige Lösemittel mäßigen Beständigkeit ist die Überlackierechtheit in vielen Lacksystemen ganz oder nahezu einwandfrei, dagegen sind Säure- und Alkalibeständigkeit ungenügend. P.R.52:2 ist daher nicht für säure- bzw. aminhärtende Systeme geeignet. Das Pigment wird besonders für Kombinationen mit Molybdatrot-Pigmenten empfohlen.

Pigment Red 57:1

Für dieses Pigment sind verschiedene Trivialnamen gebräuchlich; der bekannteste hiervon ist „4B-Toner". Das calciumverlackte Pigment ist eines der mengenmäßig größten organischen Pigmente (lt. US International Trade Commission wurden 1989 allein in den USA 6689 t P.R.57:1-Marken hergestellt). Es wird bevorzugt im Druckfarbenbereich eingesetzt. Sein Farbton entspricht dem Magenta verschiedener Farbskalen für den 3- bzw. 4-Farben-Druck, so z.B. auch dem Farbton der Europäischen Farbskala gemäß CIE 12-66 (s. 1.8.1.1).

Die im Handel befindlichen Marken überdecken einen recht breiten Farbtonbereich. Die verschiedenen Farbtöne werden, abgesehen von Veränderungen der Korngrößenverteilung, besonders durch Zugabe von Mischkupplungskomponenten, z.B. zur Diazokomponente, erreicht. Solche Zusätze, wie beispielsweise Tobiassäure, werden aufgrund chemischer Ähnlichkeit mit ins Kristallgitter eingebaut, bewirken dabei aber wegen der vergleichsweise großen Substituenten eine Gitteraufweitung, die zu blauerem Farbton führt. Gleichzeitig wird die Kristallwachstumsgeschwindigkeit reduziert, sowie eine chemische Farbtonverschiebung erreicht. Auch diese beiden Einflüsse führen zu blaustichigeren Nuancen.

P.R.57:1 zählt zu den farbstarken Pigmenten. So sind zur Herstellung von Buch- und Offsetdrucken in 1/1 ST unter Standardbedingungen bezüglich Schichtdicke Druckfarben mit einem Pigmentgehalt von ca. 19%, für Drucke in 1/3 ST solche mit 7,8% und in 1/25 ST 2,1% erforderlich. Vergleichswerte sind bei einer Reihe anderer Pigmente zu finden. Der sogenannten Europa-Norm entsprechende Drucke werden unter Standardbedingungen mit Pigmentkonzentrationen von ca. 14% in der Druckfarbe erreicht.

Die Lichtechtheit von P.R.57:1 entspricht bei Buchdruck-Andrucken in 1/1 ST Stufe 4-5, in 1/3 und 1/25 ST Stufe 4 bzw. 3 der Blauskala. Die Drucke zeigen gute Beständigkeit gegen viele in der täglichen Praxis wichtige organische Lösemittel, z. B. auch gegen das Lösemittelgemisch nach DIN 16 524; mangelhaft sind dagegen Seifen-, Alkali- und Säureechtheit. Auch die Silberlackbeständigkeit ist unzureichend. Wird Beständigkeit der Drucke gegen solche Medien gefordert, so kommt das coloristisch naheliegende Naphthol AS-Pigment P.R.184 für einen Einsatz in Betracht; es weist auch bessere Lichtechtheit auf. Die Drucke dieses Pigmentes sind aber ebensowenig sterilisierecht wie die von P.R.57:1. Die Hitzebeständigkeit von P.R.57:1 beträgt 180 °C (10 Minuten) bzw. 160 °C (30 Minuten Einwirkung).

Eine Reihe von Handelsmarken dieses Pigmentes sind zur Erzielung höherer Transparenz und zur Optimierung weiterer anwendungstechnischer Eigenschaften geharzt. Das Harz liegt im Pigment aus verfahrenstechnischen Gründen zum Teil als Metall-(Calcium-)resinat vor. Früher enthielten Handelsmarken häufig noch Anteile von Bariumsulfat.

P.R.57:1 wird für Druckfarben aller Art verwendet. In wäßrigen Druckfarben allerdings kann es ähnlich wie bei anderen verlackten Pigmenten und unabhängig von einer eventuellen Harzung zu Problemen mit der Lagerstabilität kommen. Die alkalisch eingestellten Druckfarben zeigen dabei häufig einen mehr oder weniger starken Anstieg der Viskosität, d.h. ein Eindicken der Druckfarben, das auf Wechselwirkung des verlackten Pigmentes mit dem Kation der Base und eine teilweise „Umverlackung" zurückzuführen ist. Ausgangspunkt dieser Vorgänge ist eine geringe, auf der Salzstruktur der verlackten Pigmente beruhende Löslichkeit in Wasser. Die dissoziierten Metall-(hier Calcium-)Ionen, werden im wäßrig-alkoholischen Medium vom Bindemittel in ein ähnlich schwerlösliches Metall-Bindemittelsalz überführt unter Bildung des teillöslichen natriumverlackten Pigmentes. Weiteres Ca-verlacktes Pigment geht dann bis zum Erreichen des Löslichkeitsproduktes in Lösung. Auch beim Auftreten solcher Störungen kommt P.R.184 als Alternative in Frage.

Beim Dispergieren von P.R.57:1 in Offset-, speziell Rollenoffsetfarben mit Hilfe moderner Dispergiertechnologien, besonders in Rührwerkskugelmühlen, können Temperaturen bis zu 100 °C und darüber auftreten. Unter solchen Bedingungen kann der Farbton der Druckfarben und Drucke verschoben werden – ein Vorgang, der auf der Abgabe von Kristallwasser des Pigmentes beruht und reversibel ist.

Die rheologischen Eigenschaften der Handelsmarken variieren ebenso wie die coloristischen Eigenschaften in einem weiten Bereich. Die Marken sind oftmals für spezielle Druckverfahren, beispielsweise den Illustrationstiefdruck, optimiert. Für das angeführte Druckverfahren befinden sich im Gegensatz zu den entsprechenden Diarylgelb-Marken keine mit Aminen präparierten Typen im Handel.

Im Kunststoffbereich wird P.R.57:1 für Artikel mit geringeren Anforderungen, speziell an die Lichtechtheit, eingesetzt. In Weich-PVC erreicht beispielsweise die Lichtechtheit in transparenten Färbungen (0,1%ig) nur Stufe 2 der Blauskala, in Aufhellungen mit TiO_2 je nach Standardfarbtiefe und Pigmentgehalt, höchstens Stufe 3. Für den Einsatz in Pigmentkonzentrationen unter etwa 0,03% ist das Pigment nicht geeignet.

P.R.57:1 wird aufgrund seiner guten dielektrischen Eigenschaften auch für PVC-Kabelummantelungen verwendet. In Hart-PVC ist die Lichtechtheit merklich besser, hier werden in transparenten Färbungen (0,1% Pigment) Stufe 6, in Weißaufhellungen mit TiO_2, je nach Standardfarbtiefe und TiO_2-Gehalt, Werte zwischen Stufe 4 und 2 der Blauskala bestimmt.

Die Hitzebeständigkeit von P.R.57:1 bis ca. 250°C ermöglicht einen Einsatz in Polyethylen, besonders in LDPE-Typen. Das Pigment zeigt – in HDPE – nur einen geringfügigen Einfluß auf das Schwindungsverhalten des Kunststoffes bei Spritzgußartikeln (s. 1.6.4.3). Auch hier läßt aber die Lichtechtheit zu wünschen übrig und schränkt den Einsatz des Pigmentes ein. Das gleiche gilt für die Verwendung in der PP-Spinnfärbung. Das Pigment dient auch zur Färbung von Polystyrol.

P.R.57:1 wird weiter zur Pigmentierung von PUR-Schaumstoffen herangezogen. Bei der Gummieinfärbung färbt es den Wickel an (s. 1.8.3.6) und ist daher nur bedingt für Freidampfvulkanisation geeignet. Die eingefärbten Gummiartikel sind gegen eine Reihe organischer Lösemittel, gegen Seifen- und Natriumcarbonatlösungen sowie gegen Säuren und SO_2 unter den üblichen Prüfbedingungen (s.1.6.2.2) nicht ganz beständig.

P.R.57:1 ist besonders wegen seiner mäßigen Lichtechtheit im Lack- und Anstrichsektor nur von geringer Bedeutung. Es wird aber gelegentlich in Industrielacken eingesetzt.

Das Pigment wird daneben zum Einfärben einer ganzen Anzahl von speziellen Medien, beispielsweise von Buntstiften und Malkreiden verwendet. Für die Verwendung in Artikeln der dekorativen Kosmetika, wie Gesichtspuder und Lippenstifte, sind in verschiedenen Ländern Reinheitskriterien gesetzlich festgelegt. Dies trifft auch für die Einfärbung von Käseüberzügen zu [4]. Entsprechende Marken sind im Handel.

Pigment Red 58-Typen

Von diesem Pigment sind die Salze folgender Metalle bekannt: Natrium (P.R.58), Barium (P.R.58:1), Calcium (P.R.58:2), Strontium (P.R.58:3) und Mangan (P.R.58:4). Die Bedeutung der einzelnen Typen ist regional sehr unterschiedlich, hat aber generell zugunsten anderer verlackter Pigmente stark abgenommen. In Europa ist nur noch P.R.58:4 anzutreffen.

Pigment Red 58:2

Das calciumverlackte Pigment ist zur Zeit nur noch regional in Ostasien anzutreffen und liefert blaustichige Rottöne, die zwischen den Farbtönen von P.R.53:1 und P.R.57:1 liegen. Es wird besonders für Druckfarben verwendet. Hier entspricht seine Lichtechtheit der von P.R.57:1; auch die Farbstärke ist ähnlich.

Pigment Red 58:4

Das Pigment wird vorwiegend im allgemeinen Industrielackbereich und dort, wie andere mit Mangan verlackte Pigmente, besonders im Vollton oder volltonnahen Bereich eingesetzt. Es ergibt tiefe carminrote Farbtöne. In Weißaufhellungen werden sehr trübe, blaustichige Rottöne erhalten. P.R.58:4 zeigt gute Beständigkeit gegen organische Lösemittel und gute Überlackierechtheit, aber ungenügende Beständigkeit vor allem gegen Alkali, Seife und Kalk. Licht- und Wetterechtheit erreichen auch im Vollton nicht die von P.R.48:4 oder auch von P.R.52:2; in Weißaufhellungen sind die Unterschiede dieser beiden Echtheiten mit denen der genannten Pigmente noch größer. Die Hitzestabilität des Pigmentes ist beschränkt.

Wie bei anderen mit Mangan verlackten Pigmenten tritt bei Verwendung in oxidativ trocknenden Systemen eine Beschleunigung der Trocknung ein, die bald zum Eindicken des Lackes führt, so daß es hierfür wenig geeignet ist.

Pigment Red 63-Typen

Von diesem Pigment sind die Salze von Natrium, Calcium, Barium und Mangan sowie auch Mischlacke von Calcium und Mangan bekannt. Von europäischen Herstellern werden derzeit calcium- und manganverlackte Typen angeboten. In Japan wird noch eine bariumverlackte Marke hergestellt. Sie ist von geringer lokaler Bedeutung.

Pigment Red 63:1

Die Bedeutung der calciumverlackten Pigmente dieses Typs nimmt – auch in den USA, wo sie bis Mitte der 50er Jahre zu den umsatzstarken Pigmenten zählten – ab. Bei P.R.63:1 handelt es sich um ein Pigment mit einem tiefen, blaustichigen Bordoton. Es zeigt gute Beständigkeit gegen organische Lösemittel. Gegen aliphatische und chlorierte Kohlenwasserstoffe sowie gegen Weichmacher ist es beständig; Alkohole, Ketone und aromatische Kohlenwasserstoffe färbt es nur geringfügig an (s. 1.6.2.1). Es wird bevorzugt in preisgünstigen Industrie- und Konsumlacken verwendet. Auch Lederdeckfarben sind als Einsatzgebiet zu nennen. Säure-

und Alkalibeständigkeit ist nicht gegeben; auch ist es nicht kalkecht. Die Lichtechtheit entspricht bei Volltonlackierungen etwa Stufe 4, in Weißaufhellungen von 1/3 ST etwa Stufe 2 der Blauskala. Für den Außeneinsatz ist das Pigment daher nicht zu empfehlen.

Pigment Red 63:2

Der mit Mangan verlackte Typ P.R.63:2 besitzt einen dunklen Marronton. Das Pigment ist sehr farbstark. Die Beständigkeit gegen verschiedene organische Lösemittel ist wesentlich schlechter als die des Calciumsalzes P.R.63:1. So werden Alkohole, Ketone, aliphatische und chlorierte Kohlenwasserstoffe entsprechend Stufe 3 der fünfstufigen Bewertungsskala angefärbt (s. 1.6.2.1), gegen aromatische Kohlenwasserstoffe und Ester ist es noch weniger beständig. Dementsprechend ist auch Überlackierechtheit nicht gegeben. Die Säure- und Alkaliechtheit ist noch schlechter als die von P.R.63:1.

In oxidativ trocknenden Systemen kann der Typ ähnlich wie andere Mangansalze eine Beschleunigung der Harztrocknung bewirken. Die Lichtechtheit des Pigmentes ist im Vollton recht gut; sie entspricht Stufe 6-7, in Aufhellungen von 1/3 ST erreicht sie Stufe 4-5 der Blauskala. Sie ist damit wesentlich besser als die des calciumverlackten Typs. Auch die Wetterechtheit ist wesentlich besser als die von P.R.63:1. Das Pigment wird regional für preisgünstige Rottöne in Industrielacken verwendet, aber auch für den Druckfarbenbereich empfohlen.

Pigment Red 64-Typen

Von diesem chemisch einfachsten β-Oxynaphthoesäure-Pigment sind verschiedene Metallsalze bekannt, nämlich der Bariumlack (P.R.64), der Calciumlack (P.R.64:1) und der als Pigment Brown 5, 15800:2, registrierte Kupferlack. Auf dem europäischen Markt sind diese Pigmente kaum anzutreffen, aber auch in den USA und in Japan ist ihre Bedeutung gering geworden.

Pigment Red 64:1

Das preiswerte calciumverlackte Pigment ist gut lichtecht. Es ergibt brillante, gelbstichige Rotnuancen, Scharlachtöne. P.R.64:1 ist in den USA als D&C Red No. 31 registriert. Es wird in Kosmetika verwendet.

Pigment Red 200

Dieses in den USA auf den Markt gekommene und bisher nur als Calciumsalz bekannte Pigment ergibt einen reinen, blaustichigen Rotton, naheliegend dem von

P.R.57:1. Auch die Beständigkeit gegen organische Lösemittel ähnelt der von P.R.57:1. P.R.200 zeigt mittlere Überlackierechtheit. Es wird für luft- und ofentrocknende Lacksysteme empfohlen, ist dabei aber nur von mäßiger Lichtechtheit. Das Pigment wird auch in Druckfarben unterschiedlicher Art eingesetzt, besonders in Offset- und Tiefdruckfarben, sowie im Kunststoffbereich, wenn geringe Anforderungen an die Lichtechtheit bestehen. Säure-, Alkali- und Seifenechtheit sind unbefriedigend.

Pigment Brown 5

Das Pigment ist nur noch von geringer regionaler Bedeutung. Von den Pigmenten dieser Klasse weist es die vergleichsweise geringsten Echtheiten auf. Verwendet wird das Pigment in speziellen Medien, beispielsweise in Flexodruckfarben, im Textildruck, sowie in Holzbeizen.

2.7.3 Verlackte Naphthol AS-Pigmente

2.7.3.1 Chemie, Herstellung und Eigenschaften

Bei dieser kleinen Gruppe von Pigmenten handelt es sich um Naphthol AS-Pigmente mit einer oder zwei Sulfonsäuregruppen im Pigmentmolekül, und zwar entweder in der Diazokomponente oder im Arylidrest der Kupplungskomponente. Durch das Vorhandensein der Sulfogruppen, die zu unlöslichen Pigmenten verlackt werden, lassen sich die Lösemittel- und Migrationsechtheiten der üblichen Naphthol AS-Pigmente merklich verbessern.

Die Synthese dieser Pigmente verläuft auf dem für verlackte Azopigmente üblichen Weg: Diazotierung des Anilinderivates oder der Anilinsulfonsäure mit Natriumnitrit im (salz-)sauren Medium und Kupplung auf das zunächst alkalisch gelöste und dann mit Mineral- oder Essigsäure wieder ausgefällte Naphthol AS-Derivat. Liegt als Kupplungskomponente eine Naphthol AS-Sulfonsäure vor, so wird diese durch Neutralisation mit Alkalilauge gelöst und in dieser Form direkt zur Kupplung eingesetzt.

Die erhaltenen Alkali- (meist Natrium-)salze der Naphthol AS-Pigment-Sulfonsäuren werden dann entsprechend dem bei verlackten β-Naphthol-Pigmenten (s. 2.7.1.1) beschriebenen Verfahren mit Calcium- oder Bariumsalzen umgesetzt.

2.7.3.2 Im Handel befindliche verlackte Naphthol AS-Pigmente

Allgemein

Eine allgemeine Formel muß sich auf das Grundgerüst der Naphthol AS-Pigmente beschränken. Tabelle 21 zeigt die im Handel befindlichen verlackten Naphthol AS-Pigmente.

Tab. 21: Verlackte Naphthol AS-Pigmente des Handels

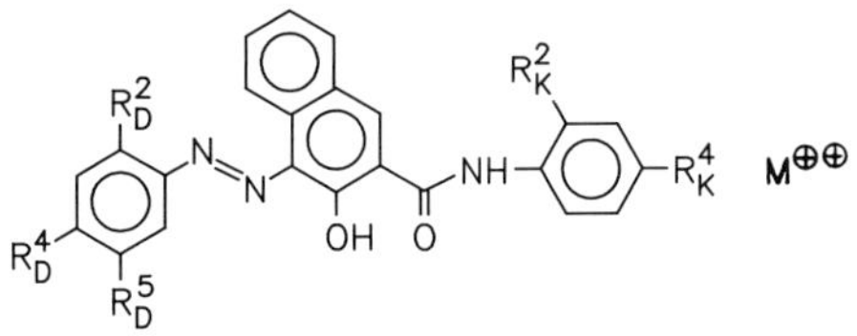

C.I. Name	Formel- Nr.	R_D^2	R_D^4	R_D^5	R_K^2	R_K^4	M	Farbton
P.R.151	15892	$SO_3^\ominus$	H	H	H	$SO_3^\ominus$	Ba	rot
P.R.237*	–	–	–	–	–	–	–	gelbstichig-rot
P.R.239	–	–	–	–	–	–	–	blaustichig-rot
P.R.240	–	–	–	–	–	–	–	marron
P.R.243	15910	$SO_3^\ominus$	CH_3	Cl	OCH_3	H	$\frac{Ba}{2}$	rot
P.R.247	15915	CH_3	H	$CONHC_6H_4SO_3^\ominus(p)$	H	OCH_3	Ca	blaustichig-rot
P.R.247:1	15915	CH_3	H	$CONHC_6H_4SO_3^\ominus(p)$	H	OCH_3	Ca	rot

* s. S. 349

Einzelne Pigmente

Pigment Red 151

Der Farbton des mit Barium verlackten Pigmentes ist ein blaustichiges Rot, das als Carmin bezeichnet werden kann. Das Pigment zeigt mittlere Farbstärke. Haupteinsatzgebiet ist die Kunststoffeinfärbung.

In Weich-PVC ist es ausgezeichnet migrationsbeständig. In transparenter Färbung (0,1% Pigment) ist hier die Lichtechtheit mit Stufe 6, in Weißaufhellung (0,01% Pigment + 0,5% TiO_2) mit Stufe 3-4 der Blauskala anzugeben. In Hart-PVC ist es deutlich lichtechter; die entsprechenden Werte sind 7 und 6. Das Pigment wird viel in PVC-Kunstleder eingesetzt. Säure- und Alkalibeständigkeit ist nicht gegeben. Aufgrund seiner guten dielektrischen Eigenschaften kommt es für PVC-Kabelummantelungen in Betracht.

In PE zeigt P.R.151 nur mittlere Farbstärke. So sind zur Einstellung von PE-Färbungen in 1/3 ST (1% TiO_2) 0,24% Pigment erforderlich. Es ist in HDPE bis 290°C thermostabil, beeinflußt aber in diesem Kunststoff das Schwindungsverhalten in starkem Maße, so daß seine Verwendung beim Spritzguß größerer bzw. nicht rotationssymmetrischer Artikel Einschränkungen unterworfen ist. Die Lichtechtheit in PE entspricht der in Hart-PVC.

P.R.151 findet häufigen Einsatz in Polystyrol, wo sich der Farbton allerdings bei Temperaturen oberhalb von 260°C infolge stärkeren Lösens merklich ändert. Auch in ABS wird es vielfach eingesetzt. Ferner wird es in Gießharzen auf Basis von Methacrylsäuremethylester und ungesättigtem Polyester verwendet, wo es gegen die zur Härtung verwendeten Peroxidkatalysatoren beständig ist und gute Lichtechtheit (Stufe 6-7 der Blauskala) zeigt.

Pigment Red 237

Das Pigment ist erst seit einigen Jahren auf dem Markt anzutreffen und nur von regionaler Bedeutung. Seine chemische Konstitution ist bisher nicht veröffentlicht, doch sprechen viele Untersuchungsbefunde dafür, daß P.R.237 chemisch mit P.R.243, Formel-Nr. 15910 identisch ist. Es ergibt ein gelbstichiges Rot, einen Scharlachton. P.R.237 wird besonders für die PVC-Einfärbung empfohlen, wo es gute Ausblutechtheit aufweist. Es entspricht hier in den coloristischen Eigenschaften dem verlackten β-Naphthol-Pigment P.R.68. P.R.237 entwickelt mäßige Farbstärke – für 1/3 ST (1% TiO_2) ist 0,36% Pigment erforderlich – und ist bis 260°C hitzestabil. Das Pigment kommt wegen seiner guten Überlackierechtheit auch für Industrielacke in Betracht.

Pigment Red 239

Das seit einigen Jahren auf dem Markt angebotene Pigment ist bisher von geringer regionaler Bedeutung und in Europa kaum anzutreffen. Seine genaue chemische Konstitution ist nicht veröffentlicht. Es ergibt trübe, blaustichige Rotnuancen. Haupteinsatzgebiet ist die Kunststoffeinfärbung. In Weich-PVC ist es ausblutbeständig. Sein Farbton entspricht hier dem zur gleichen Pigmentklasse zählenden P.R.247, das aber wesentlich farbtonreiner ist. P.R.239 ist bei mäßiger Farbstärke in HDPE bis 270°C thermostabil.

Pigment Red 240

Die genaue chemische Konstitution des in Japan auf den Markt gekommenen Pigmentes ist bisher nicht veröffentlicht; es ist von geringer regionaler Bedeutung. Es ergibt sehr trübe, blaustichige Rottöne, die als Marron zu bezeichnen sind. P.R.240 wird wegen seiner guten Licht- und Wetterechtheit sowie seiner guten Ausblutbeständigkeit für Industrielacke empfohlen. Die Handelsmarke ist recht transparent und farbschwach. Das Pigment ist auch bei der Kunststoffeinfärbung farbschwach. So sind in HDPE für Färbungen in 1/3 ST (1% TiO_2) 0,42% Pigment erforderlich. Es ist hier bis nahezu 300°C thermostabil.

Pigment Red 243

Das bariumverlackte Naphthol AS-Pigment ist erst seit kurzem auf dem Markt. Sein Farbton ist ein etwas trübes, gelbstichiges bis mittleres Rot. Die Lösemittelechtheiten sind nicht gut. P.R.243 wird für die Kunststoffeinfärbung angeboten. In Weich-PVC ist es nahezu ausblutbeständig. Seine Lichtechtheit genügt keinen gehobenen Anforderungen; sie erreicht in transparenter Färbung (0,1% Pigment) nur Stufe 4, in deckender Färbung (1/3 ST) nur Stufe 3 der Blauskala. In HDPE beeinflußt das Pigment das Schwindungsverhalten des Polymers. Es wird speziell für LDPE propagiert.

Pigment Red 247

Größtes Einsatzgebiet von P.R.247 ist die Kunststoffeinfärbung, wo es zur Einstellung mittlerer bis blaustichiger brillanter und deckender Rottöne dient. Die Farbstärke ist als mäßig zu bezeichnen. Zur Einstellung von HDPE-Färbungen in 1/3 ST (1% TiO_2) sind 0,28% Pigment erforderlich. Die Lichtechtheit dieser Färbungen entspricht Stufe 6-7 der Blauskala.

Die Thermostabilität ist hervorragend; sie reicht bis 300°C. Das Pigment zeigt dabei keine merkliche Beeinflussung des Schwindungsverhaltens teilkristalliner Kunststoffe. Seine Ausblutechtheit in Weich-PVC ist nicht ganz einwandfrei. Die Lichtechtheit ist gut; in transparenten (0,1% Pigment) und deckenden (0,01% Pigment + 0,5% TiO_2) Färbungen entspricht sie Stufe 6-7 der Blauskala. In Hart-PVC werden die gleichen Werte erhalten. P.R.247 wird auch zum Färben von PS, ABS und Polyacetal verwendet. In Polycarbonat werden zur Einstellung von 1/3 ST (1% TiO_2) 0,28% Pigment benötigt. Diese Färbungen sind bis 310°C hitzestabil und erreichen eine Lichtechtheit von Stufe 4-5 der Blauskala.

Aufgrund seiner sehr guten Thermostabilität kommt P.R.247 ebenso für die Schmelzspinnfärbung von Polypropylen und Polyester in Betracht. In der PP-Spinnfärbung erreichen Färbungen mit 0,3% Pigment Stufe 4-5, solche mit 2% Pigment Stufe 7 der Blauskala, in der PETP-Spinnfärbung bei einer Hitzestabilität bis 280°C haben Färbungen mit 0,2% Pigment eine Lichtechtheit von Stufe 7, Färbungen mit 0,2% Pigment und 0,5% TiO_2 eine Lichtechtheit von Stufe 4-5 der Blauskala.

Pigment Red 247:1

Das vor wenigen Jahren in den Handel gebrachte Pigment ist chemisch mit P.R. 247 identisch, liegt aber in einer hierzu unterschiedlichen Kristallmodifikation vor [5]. Wichtigstes Einsatzgebiet ist auch für diese Modifikation die Kunststoffeinfärbung. Der Farbton ist wesentlich gelber als der von P.R.247. Wie bei diesem ist die Farbstärke von P.R.247:1 mittelmäßig; zur Einstellung von HDPE-Färbungen in 1/3 ST (1% TiO_2) sind 0,32% Pigment erforderlich. Die Lichtechtheit dieser Färbungen entspricht Stufe 5-6 der Blauskala; sie ist in diesem Medium um nahezu eine Stufe geringer als die der röteren Modifikation. Die Hitzebeständigkeit von P.R.247:1 ist ebenfalls sehr gut und reicht in HDPE bis 300°C. Das Pigment bewirkt keine merklichen Verzugserscheinungen in solchen teilkristallinen Kunststoffen.

Die Ausblutechtheit von P.R.247:1 ist in Weich-PVC einwandfrei und damit besser als die von P.R.247. Es ist gut lichtecht, erreicht aber nicht ganz die Werte von P.R.247.

P.R.247:1 ist auch für das Einfärben von Hart-PVC, Polystyrol und ABS geeignet. In Polycarbonat sind für Färbungen in 1/3 ST mit 1% TiO_2 0,64% Pigment erforderlich. Diese Färbungen sind bis 310°C stabil und entsprechen einer Lichtechtheit von Stufe 5-6 der Blauskala.

In der PP-Spinnfärbung ist auch die gelbere Modifikation bis 300°C thermostabil. Die Lichtechtheit von Färbungen mit 0,3% Pigment erreicht Stufe 4-5, solche mit 2% Pigment Stufe 6 der Blauskala.

2.7.4 Verlackte Naphthalinsulfonsäure-Pigmente

2.7.4.1 Chemie, Herstellung und Eigenschaften

Diese Gruppe besteht aus verlackten Monoazopigmenten, wobei die Kupplungskomponente aus einem Naphthalinderivat besteht, das immer eine oder zwei Sulfonsäuregruppen enthält. Die Diazokomponente ist meist ein einfach substituiertes Anilin, wobei dieser Substituent eine weitere SO_3H-Gruppe, aber auch eine COOH-Gruppe, sein kann.

Als Metallkationen finden sich hier Ba, Na oder Al. Einige Marken stellen Ausfällungen auf Aluminiumoxidhydrat dar.

Die Herstellung erfolgt durch Diazotierung des Anilinderivates oder der Anilinsulfonsäure mit Natriumnitrit in Salzsäure und anschließende Kupplung auf das durch Zugabe von Natronlauge bis etwa zum Neutralpunkt gelöste Naphthalinsulfonsäure-Derivat. Man erhält zunächst die entsprechende Azofarbstofflösung.

Dann schließt sich – ausgenommen bei Aluminiumlacken – die bei den β-Naphthol-Pigmenten beschriebene Verlackung (s. 2.7.1.1) an. Für die Al-Lacke stellt man zunächst aus einem löslichen Al-Salz mit Alkalilauge Aluminiumoxidhydrat her, das salzfrei gewaschen wird und dann in feuchtem Zustand mit der Farbstofflösung versetzt wird, wobei gleichzeitig weiteres lösliches Aluminiumsalz zugegeben wird. Dann wird das unlösliche Pigment salzfrei gewaschen und getrocknet.

2.7.4.2 Im Handel befindliche Pigmente

Allgemein

Folgende allgemeine Formel kann für diese Gruppe von Pigmenten angegeben werden:

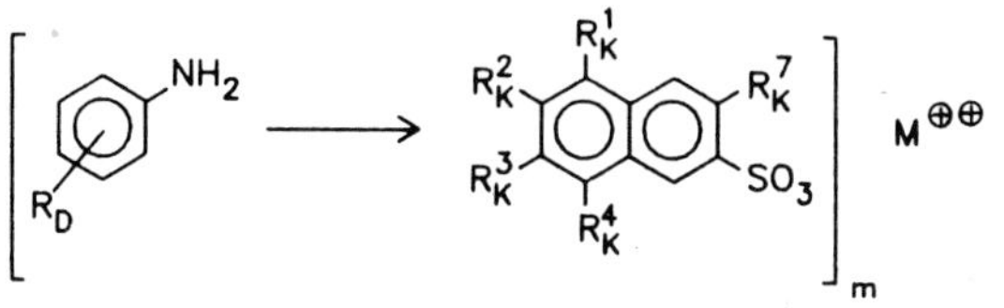

R_D: Cl, CH_3, CH_3O, $COO^\ominus$ oder $SO_3^\ominus$

M: Ba, Al, Na

m = 1 bis 3

R_K^1, R_K^4, R_K^7: H; R_K^2: OH und R_K^3: H oder $SO_3^\ominus$ bei Kupplung in 1-Position

R_K^1: NHCO—⟨S⟩ (S: weitere einfache Substituenten)

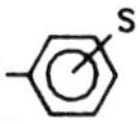

R_K^2, R_K^3, R_K^7: H; R_K^4: $SO_3^\ominus$ bei Kupplung in 7-Position

Die folgende Tabelle 22 zeigt die verlackten Monoazopigmente auf Basis Naphthalinsulfonsäure (KP = Kuppelposition):

Tab. 22: Verlackte Naphthalinsulfonsäure-Pigmente des Handels

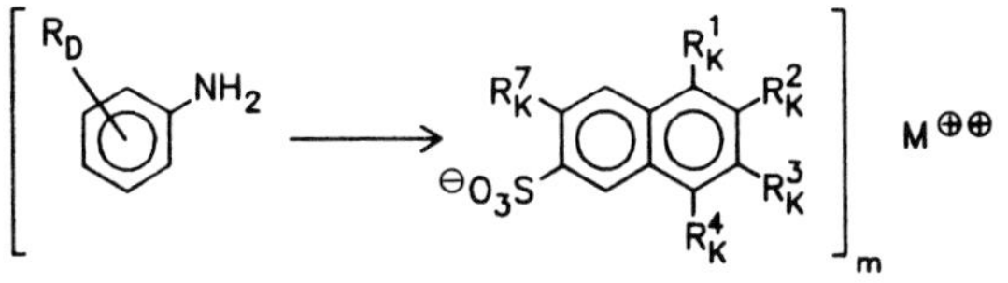

C.I. Name	Formel- Nr.	R_D	R_K^1	R_K^2	R_K^3	R_K^4	R_K^7	m	M	Farbton
P.Y.104	15985:1	4-$SO_3^\ominus$	KP	OH	H	H	H	3	2 Al	rotstichig-gelb
P.O.19	15990	2-Cl	KP	OH	H	H	H	1	$\frac{Ba}{2}$	orange
P.R.60:1	16105:1	2-$COO^\ominus$	KP	OH	$SO_3^\ominus$	H	H	2	3 Ba	blaustichig-rot
P.R.66	18000:1	3-CH_3	NHCO—⟨⟩ 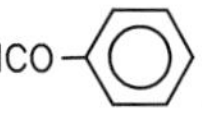	H	H	$SO_3^\ominus$	KP	2	Ba, 2 Na	rot
P.R.67	18025:1	2-OCH_3	NHCO—⟨Cl⟩ 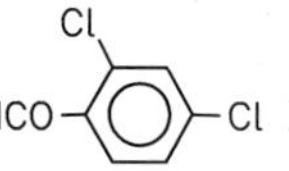	H	H	$SO_3^\ominus$	KP	2	Ba, 2 Na	blaustichig-rot

Einzelne Pigmente

Pigment Yellow 104

Das aluminiumverlackte Pigment ist bei Erfüllung bestimmter Reinheitsgebote in der EG als E 110 und in den USA als FD&C Yellow No. 6 zur Einfärbung von Lebensmitteln, Arzneien und Kosmetika zugelassen. Es ergibt rotstichige Gelbnuancen. Wie bei einer Anzahl anderer Aluminiumlacke einfacher Farbkörper sind auch hier die Beständigkeit gegen organische Lösemittel und die Ausblutechtheit schlecht. Auch Seifen und Alkaliechtheit sind nicht gegeben. Das Pigment ist in verschiedenen Medien sehr farbschwach und nicht lichtecht.

Pigment Orange 19

Das Pigment ist von geringer Marktbedeutung und in Europa nur selten anzutreffen. Sein Farbton ist in Weißaufhellungen naheliegend dem von P.O.34, jedoch deutlich trüber, im Vollton ist es merklich gelber. Seine Lichtechtheit erreicht in mittelöligen Alkydharzlackierungen sowohl im Vollton als auch in Aufhellungen nicht die der deckenden Typen von P.O.34. Die im Handel angetroffene Marke zeigt ungünstiges rheologisches Verhalten.

Pigment Red 60:1

Die Bedeutung des bereits 1902 durch Meister Lucius & Brüning patentierten Pigmentes ist in den letzten Jahren insgesamt stark gesunken, am größten ist sie noch in Japan und den USA; so wurden in den USA 1983 lt. US International Trade Commission noch 144 t Pigment dieses Typs produziert. P.R.60:1 ergibt blaustichig-rote, leuchtende Farbtöne, Scharlachnuancen. Seine Farbstärke ist im Vergleich mit anderen verlackten Pigmenten dieses Farbtonbereiches gering. Es ist wenig säure-, alkali- und seifenbeständig, seine Lichtechtheit ist gering. Verschiedene Handelsmarken, bei denen das bariumverlackte Pigment auf Aluminiumoxidhydrat gefällt ist, zeigen verbesserte coloristische Eigenschaften und Echtheiten. Zusätze von Zinkoxid bei der Verlackung beeinflussen nur die coloristischen Eigenschaften. Die chemische Zusammensetzung solcher Handelsmarken ist daher sehr komplex.

Das Pigment wird im Druckfarbenbereich verwendet, besonders in preiswerten Verpackungs- und Blechdruckfarben. Es zeigt kein Bronzieren. Seine Wasserempfindlichkeit führt zu Problemen im Offsetdruck. Es wird zunehmend in Kunststoffen eingesetzt, und zwar in PVC, Polyethylen, besonders in LDPE und Polystyrol. Es zeigt hier gute Hitzebeständigkeit.

Das Pigment wird auch in Dispersionsanstrichfarben und in der Papiermassefärbung verwendet.

Pigment Red 66

Das bariumverlackte Pigment wird nur in den USA auf dem Markt angeboten. Das Pigment wird auch auf Aluminumoxidhydrat ausgefällt. Sein Farbton ist als brillantes, mittleres Rot zu bezeichnen, aber gelber als der des chemisch ähnlichen P.R.67. Die Handelsmarken von P.R.66 sind sehr transparent. Die Säure-, Alkali- und Seifenechtheit ist schlecht. Die Beständigkeit gegen organische Lösemittel ist gering, Überlackierechtheit ist nicht gegeben. Auch die Lichtechtheit ist mäßig. Das Pigment wird bevorzugt in Blechdruckfarben verwendet.

Pigment Red 67

Auch von diesem bariumverlackten Pigment sind Ausfällungen auf Aluminiumoxidhydrat im Handel. Im Vergleich mit dem chemisch ähnlichen P.R.66 ist der Farbton blauer; er ist als leuchtendes blaustichiges Rot zu bezeichnen. Die Handelsmarken sind transparent und farbstark. P.R.68 wird besonders im Blechdruck verwendet. Die Drucke sind dabei nicht säure-, alkali- und seifenbeständig. Auch die Beständigkeit gegen organische Lösemittel und gegen Silberlacke ist mäßig. Sterilisierechtheit ist nicht gegeben, und die Lichtechtheit ist nicht gut. Das Pigment wird auch für die Gummifärbung verwendet. Es ist gut beständig gegen die üblichen Oxidationsmittel und gegen Migration.

Literatur zu 2.7

[1] Hoechst, DE-OS 3223888 (1982).
[2] Winnacker-Küchler, Chemische Technologie, 4. Aufl., Bd. 6, 143–310, Carl Hanser Verlag, München, 1982.
[3] N.N. Woroshzow, Grundlage der Synthese von Zwischenprodukten und Farbstoffen, 4. Aufl., Akademie-Verlag, Berlin, 1966.
[4] Lebensmittelzusatz-Zulassungsverordnung vom 30. Dezember 81, EG-Nr. E 180; DFG-Farbstoffkommission / Ringbuch – Farbstoffe für Lebensmittel (1988) LB-Rot 2; Kosmetikverordnung vom 21. Dezember 77 / Anl. 3, Teil A; DFG-Farbstoffkommission / Ringbuch – Kosmetische Färbemittel (1991) C-Rot 12.
[5] Hoechst, DE-OS 3742815 (1987).

2.8 Benzimidazolon-Pigmente

Diese Gruppe von Pigmenten [1, 2] hat ihren Namen von der allen Vertretern gemeinsamen 5-Aminocarbonylbenzimidazolon-Gruppierung (**22**):

Tatsächlich handelt es sich um Benzimidazolonazo-Pigmente, doch verwenden wir den allgemein gebräuchlichen Namen Benzimidazolon-Pigmente.

Grundsätzlich kann man zur Verbesserung von Lösemittel- und Migrationsechtheit organischer Pigmente zwei Wege beschreiten:

1. Vergrößerung des Pigmentmoleküls. Beispiele dafür sind die Disazokondensations-Pigmente (s. 2.9).
2. Einführung von unlöslichmachenden Substituenten in das Pigmentmolekül.

Von dem zweiten Weg wurde bei den Benzimidazolon-Pigmenten Gebrauch gemacht.

Zunächst waren Pigmente gefunden worden, die durch Ausbildung einer polaren Struktur im organischen Medium unlöslich gemacht wurden: Durch Erdalkali- oder Mangansalzbildung bei mit Sulfosäure- oder Carbonsäuregruppen versehenen Farbstoffen erhält man unlösliche Salze („Lacke", s. 2.7).

Der nächste Schritt bestand in der Einführung von Gruppen, die das Pigmentmolekül zwar hydrophiler machen, jedoch nicht so stark, daß Lösung in Wasser auftreten kann.

Beste Ergebnisse wurden hier mit der Carbonamidgruppe erzielt. Die zusätzliche Einführung mehrerer solcher Gruppen z. B. in Naphthol AS-Pigmente hat zu sehr lösemittel- und migrationsechten Pigmenten geführt (s. 2.6.2).

Später erfolgte die Einführung von 5- und 6-gliedrigen heterocyclischen Ringen in das Pigmentmolekül. Hier hat sich neben Tetrahydrochinazolin-2,4-dion (**23**) und Tetrahydrochinoxalin-dion (**24**)

vor allem die Benzimidazolon-Gruppierung als vorteilhaft herausgestellt. Dabei ist es günstiger, wenn der Heteroring in der Kupplungskomponente enthalten ist.

2.8 Benzimidazolon-Pigmente

Als wichtigste Kupplungskomponente erwies sich in der Gelbreihe 5-Acetoacetylamino-benzimidazolon (**25**) und in der Rotreihe 5-(2'-Hydroxy-3'-naphthoyl)-aminobenzimidazolon (**26**).

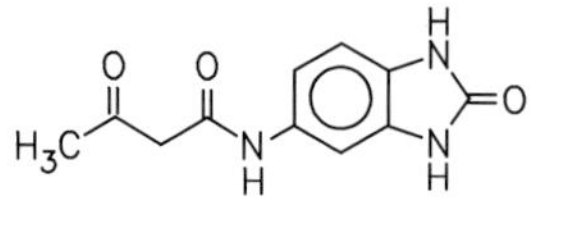

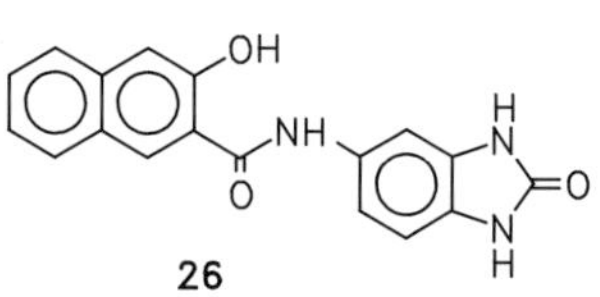

Die für gelbe und orangefarbene Pigmente geeignete Kupplungskomponente (**25**) ähnelt damit den Acetessigsäureariliden der Monoazogelbpigmente, die für rote und braune Pigmente eingesetzte Komponente (**26**) den entsprechenden Komponenten der Naphthol AS-Pigmente.

Die Einführung des Benzimidazolon-Restes in das Molekül der Monoazogelb- und Naphthol AS-Pigmente hat eine außergewöhnlich große Verbesserung der Pigmenteigenschaften, insbesondere der Lösemittel- und Migrationsechtheiten, aber auch der Licht- und Wetterechtheiten dieser „Ausgangs"-Pigmente zur Folge. Daher sind Benzimidazolon-Pigmente auch für Einsatzgebiete geeignet, an die höhere Echtheitsanforderungen gestellt werden. Sie zählen zur Gruppe von Azopigmenten mit teilweise höchsten Echtheiten.

2.8.1 Chemie, Herstellung

Für das den Pigmenten dieser Reihe zugrundeliegende Benzimidazolon sind verschiedene Synthesen beschrieben. Wichtig ist hier vor allem das 5-Amino-Derivat. Ein günstiger Syntheseweg geht von 4-Nitro-1,2-diaminobenzol aus, das durch Kondensation mit Phosgen oder Harnstoff in der Schmelze zu 5-Nitrobenzimidazolon umgesetzt wird. Es schließt sich die Reduktion zu 5-Aminobenzimidazolon an:

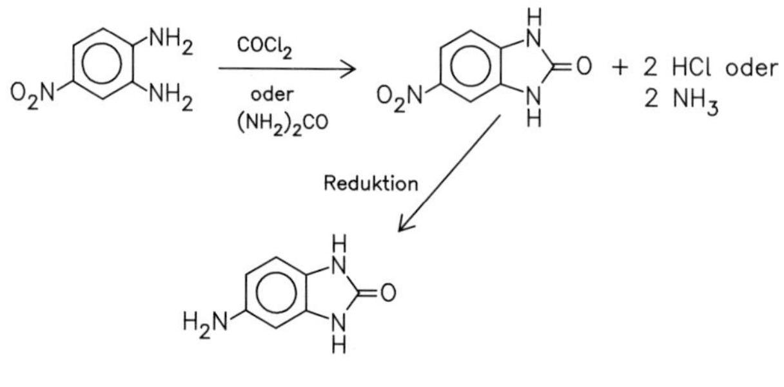

Chemie und Herstellung der Kupplungskomponenten für gelbe/orange und rote Benzimidazolon-Pigmente werden im folgenden getrennt behandelt.

2.8.1.1 Gelbe und orange Benzimidazolon-Pigmente – Kupplungskomponente

Die Pigmente weisen folgende allgemeine Strukturformel auf:

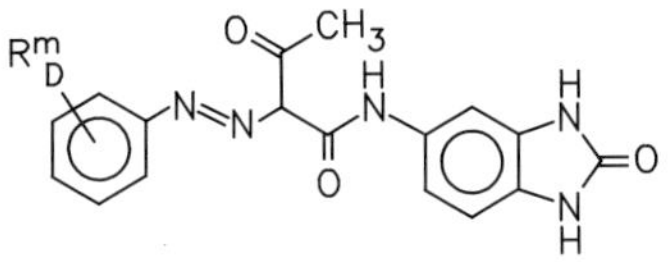

R_D : z.B. Cl, Br, F, CF_3, CH_3, NO_2, OCH_3, OC_2H_5, COOH, COOAlkyl, $CONH_2$, $CONHC_6H_5$, SO_2NHAlkyl, $SO_2NHC_6H_5$

m = 1 bis 3

Die Herstellung der Kupplungskomponente 5-Acetoacetylaminobenzimidazolon **25** geschieht entsprechend der Synthese der Acetessigsäurearylide (s. 2.1.2) aus 5-Aminobenzimidazolon durch Umsatz mit Diketen oder Acetessigester:

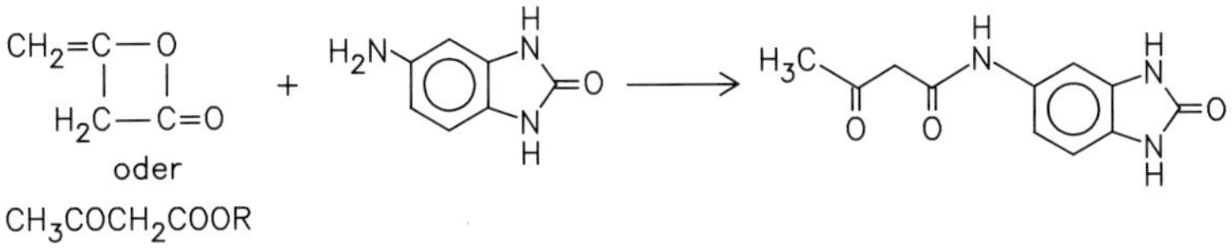

2.8.1.2 Rote Benzimidazolon-Pigmente – Kupplungskomponente

Die alle Rot- und Brauntöne umfassende Gruppe von Pigmenten hat die folgende allgemeine Struktur:

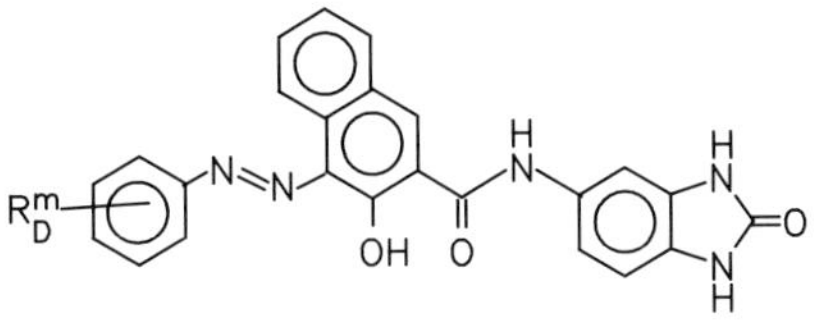

R_D und m haben grundsätzlich dieselbe Bedeutung wie bei den entsprechenden Gelbpigmenten (s. 2.8.1.1).

Die Herstellung der Kupplungskomponente **26** erfolgt in Analogie zur Synthese der Naphthol AS-Derivate. 5-Aminobenzimidazolon wird dazu mit 2-Hy-

358   2.8 Benzimidazolon-Pigmente

droxy-3-naphthoesäurechlorid oder mit 2-Hydroxy-3-naphthoesäure und Phosphortrichlorid in organischen Lösemitteln umgesetzt (s. 2.1.2).

$$\text{Naphthol-COX} + H_2N\text{-benzimidazolon} \xrightarrow[X = OH: + PCl_3 \text{ oder } X: Cl]{} 26$$

2.8.1.3   Pigmentsynthese und Nachbehandlung

Die Synthese der Benzimidazolon-Pigmente erfolgt durch Diazotierung der entsprechenden aromatischen Amine und Kupplung auf eine Suspension der Kupplungskomponente. 5-Acetoacetylaminobenzimidazolon bzw. 5-(2'-Hydroxy-3'-naphthoyl)-aminobenzimidazolon wird dazu in Alkalilauge gelöst und – da eine Kupplung im alkalischen Medium nicht eindeutig verläuft – mit Säure (meist Essig- oder Salzsäure) in Gegenwart oberflächenaktiver Mittel wieder ausgefällt. Die Suspension der Kupplungskomponente ist nun aufgrund ihrer geringen Teilchengröße gut zur Kupplung geeignet.

Die bei der Kupplung im wäßrigen Medium erhaltenen Benzimidazolon-Pigmente fallen meist in kornharter Form an. Um sie der Anwendung zugänglich zu machen, müssen sie einer thermischen Nachbehandlung unterworfen werden (s. 2.2.3).

Die sich daher anschließende Nachbehandlung besteht im allgemeinen im Erhitzen der wäßrigen Pigmentsuspension, oft auf Temperaturen von 100 bis 150°C, d.h. die Rohpigmentsuspension wird unter Druck erhitzt. Abwandlungen dieses Verfahrens bestehen in der Zugabe oder ausschließlichen Verwendung wasserlöslicher oder mit Wasser nicht mischbarer organischer Lösemittel oder auch im Zusatz oberflächenaktiver nichtionischer, anionischer oder kationischer Hilfsmittel.

2.8.1.4   Ergebnisse von Kristallstrukturanalysen

Die in den letzten Jahren an je einem gelben (**27**) und an einem roten (**28**) Benzimidazolon-Pigment

27   28

durchgeführten Röntgen-Einkristallstrukturanalysen [3, 4, 5] ergaben auf den ersten Blick vergleichbare Ergebnisse mit den bereits bekannten Kristallstrukturen von Monoazogelb- bzw. β-Naphthol- und Naphthol AS-Pigmenten:

- Vorliegen der Oxohydrazon-Form
- größtmögliche Zahl intramolekularer Wasserstoffbrücken
- Vorliegen gegabelter Wasserstoffbrücken
- nahezu planarer Bau der Moleküle

Während aber alle bisher mittels Röntgen-Strukturanalyse untersuchten gelben und roten Azopigmente ausschließlich **intra**molekulare Wasserstoffbrücken-Bindungen aufweisen und zwischen den Molekülen im Kristall aufgrund relativ gro-

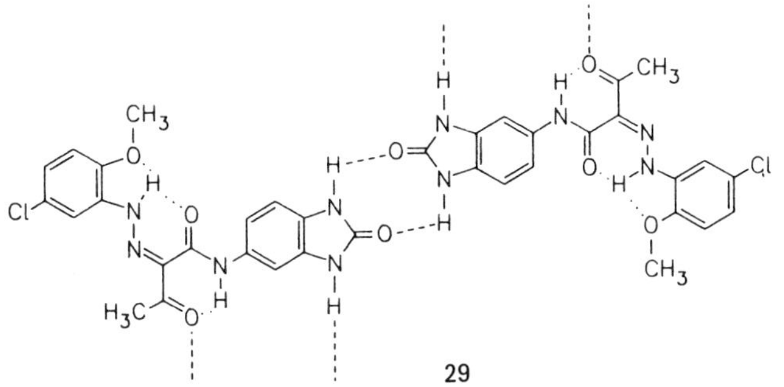

29

ßer Abstände nur van der Waals-Beziehungen bestehen können, wurden mit den beiden Benzimidazolon-Typen zum ersten Mal Azopigmente mit zusätzlich **inter**molekularen Wasserstoffbrücken gefunden. Beide Pigmente weisen diese Bindungen in einer Dimension auf, so daß die Moleküle bänderartig verbunden sind, und zwar sind beim gelben Benzimidazolon-Pigment zwei Moleküle paarweise über identische Wasserstoffbrücken-Bindungen verknüpft, so daß „Bänder" aus der Aneinanderreihung dieser Pigmentpaare bestehen (**29**); beim roten Pigment bestehen die „Bänder" aus jeweils miteinander verknüpften Einzelmolekülen (**30**).

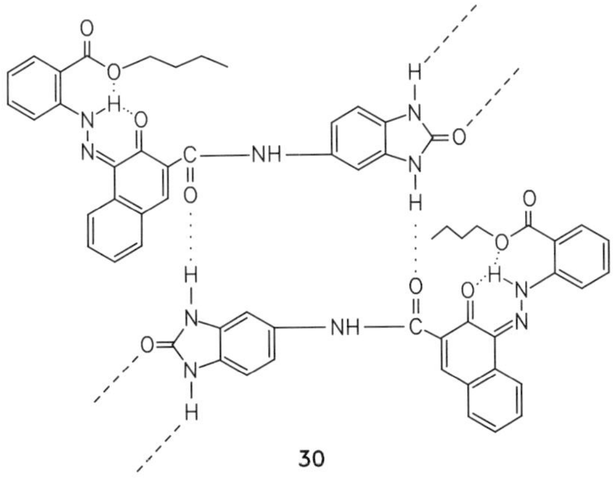

30

Die Struktur der Benzimidazolon-Pigmente stellt damit einen neuen Typ von Azopigmenten dar.

Die sehr guten Lösemittel- und Migrationsechtheiten aller Benzimidazolon-Pigmente haben wahrscheinlich ihre Ursache in diesem bisher bei keinem anderen Azopigment gefundenem Strukturprinzip.

2.8.2 Eigenschaften

Der Farbtonbereich der Pigmente mit 5-Acetoacetylamino-benzimidazolon als Kupplungskomponente reicht vom sehr grünstichigen Gelb bis zum Orange, jener mit 5-(2'-Hydroxy-3'-naphthoylamino)-benzimidazolon schließt sich unmittelbar im gelbstichigen Rotbereich an und erstreckt sich über alle wesentlichen Rottöne, einschließlich Bordo, Marron und Carmin. Auch braune Pigmente auf der Basis dieser Kupplungskomponente sind von Bedeutung.

Die Farbstärke der Benzimidazolon-Pigmente variiert in einem sehr weiten Bereich, wobei die unterschiedliche physikalische Beschaffenheit, besonders die Teilchengrößenverteilung, der Handelsmarken zu diesen Farbstärkedifferenzen in erheblichem Maße beiträgt. Eine Anzahl der Pigmente ist in den jeweiligen Farbtonbereichen mehr oder weniger farbstark, andere sind farbschwach. In Weich-PVC beispielsweise sind zur Einstellung von Färbungen in 1/3 ST mit 5% TiO_2 zwischen 3,6% bei dem farbschwächsten und 0,4% bei dem farbstärksten Pigment erforderlich. Das Farbstärkeniveau ist dabei bis zu einem gewissen Grad bei den Pigmenten der Gelb- und Orangereihe vergleichbar mit dem von Monoazogelbpigmenten, bei den Pigmenten der Rotreihe mit dem der Naphthol AS-Pigmente.

Die den Pigmenten als wesentliches Merkmal eigene Benzimidazolon-Gruppe bringt insgesamt hohe Beständigkeit gegen die in Anwendungsmedien üblichen Lösemittel. Diese Eigenschaften sind gegenüber entsprechenden Pigmenten der Monoazogelb- bzw. Naphthol AS-Reihe in entscheidendem Umfang verbessert. Die hohe Lösemittel- und Chemikalienbeständigkeit geht mit guter Migrationsbeständigkeit einher. Die Pigmente blühen nicht aus, die meisten zeigen gute, einige einwandfreie Ausblutechtheit bzw. Überlackierechtheit. Von einer Ausnahme (P.Y.151) abgesehen, sind die Benzimidazolon-Pigmente beständig gegen Alkalien und Säuren. Die meisten dieser Pigmente sind in wesentlichen Einsatzmedien gut dispergierbar.

Viele Pigmente dieser Klasse genügen den Hauptanforderungen der Praxis hinsichtlich Thermostabilität, einige zählen sogar zu den hitzebeständigsten organischen Pigmenten überhaupt. Hohe Lichtechtheit, besonders bei den Pigmenten der Gelb- und Orangereihe, und auch ausgezeichnete Wetterbeständigkeit, sind weitere hervorragende Gruppeneigenschaften.

Durch Optimierung physikalischer Parameter sind die verschiedenen Marken Anwendungsschwerpunkten angepaßt, beispielsweise bezüglich Transparenz bzw. Deckvermögen, Fließverhalten oder auch bestimmter Echtheitseigenschaften.

In der Gruppe der Benzimidazolon-Pigmente ist häufig Polymorphie zu beobachten. Von den verschiedenen Modifikationen eines Pigmentes ist aber jeweils nur eine im Handel.

2.8.3 Anwendung

Die Vertreter dieser Pigmentklasse finden vielfältigen Einsatz und sind auf nahezu jedem wichtigen Gebiet der Pigmentanwendung anzutreffen. Das wird vor allem durch ihr allgemein hohes Echtheitsniveau ermöglicht. Meistens sind es auch gehobene oder hohe Anforderungen, die sie bei ihrem Einsatz zu erfüllen haben, besonders hinsichtlich Licht- und Wetterechtheit, Hitze-, Chemikalien- und Migrationsbeständigkeit.

Benzimidazolon-Pigmente kommen auf dem Lackgebiet für Industrielacke jeglicher Art in Betracht.

Eine größere Anzahl erfüllt dabei die Anforderungen an Pigmente für Autoreparaturlacke. Einige von ihnen entsprechen sogar höchsten Ansprüchen an die Wetterechtheit und werden in Autobandlacken, zum Teil selbst als Nuancierpigmente, oder auch in Metalliclackierungen eingesetzt. Zu den Einsatzgebieten zählen auch Nutzfahrzeug- und Landmaschinenlacke sowie andere hochwertige Industrielacke.

Verschiedene Handelsmarken der Benzimidazolon-Pigmente eignen sich aufgrund hoher Lasur für Transparent- und Metalleffektlackierungen. Andere sind bezüglich hohen Deckvermögens optimiert und bieten beispielsweise eine technische Alternative zu anorganischen Chromgelb- und Molybdatrot-Pigmenten. Mit diesen deckenden Pigmenten ist aufgrund ausgezeichneter rheologischer Eigenschaften eine Erhöhung des Pigmentgehaltes im Lack ohne Glanzeinbuße möglich. Das Deckvermögen der Lackschicht läßt sich dadurch weiter verbessern. Diese sehr deckenden Pigmente werden vielfach auch in Kombination mit anorganischen Pigmenten, beispielsweise Chrom- und Nickeltitangelb oder Eisenoxid-Pigmenten, eingesetzt. Deckende Handelsmarken weisen in vielen Tönen sehr gute Licht- und Wetterechtheit auf, die bei einigen aber mit zunehmendem Aufhellungsgrad rasch absinkt. Oft wird in diesen Anwendungsgebieten Überlackierechtheit verlangt, die eine Reihe von Benzimidazolon-Pigmenten bei den üblichen Einbrenntemperaturen in vielen Systemen besitzt.

Mehrere Benzimidazolon-Pigmente sind für Pulverlacke auf Polyester-, Acryl- oder Polyurethanharzbasis geeignet. Sie genügen den hierbei auftretenden thermischen Belastungen. Dabei bewirken sie in diesen Medien kein Plate-out (s. 1.6.4.1). Im Coil Coating werden Pigmente thermisch besonders belastet; verschiedene Vertreter dieser Klasse entsprechen aber auch hier den Anforderungen. Weiter sind diese Pigmente ebenfalls für Bautenlacke und Dispersionsanstrichfarben geeignet.

Die Benzimidazolon-Pigmente, besonders der Rotreihe, wurden ursprünglich bevorzugt für die Kunststoffeinfärbung entwickelt. Keines von ihnen zeigt dabei eine nachteilige Beeinflussung der physikalischen Eigenschaften der Kunststoffe. Sie sind in Weich-PVC und anderen Kunststoffen ausblühbeständig. Ihre Ausblutechtheit ist unter praxisüblichen Bedingungen meist einwandfrei.

Die Pigmente sind großenteils im PVC bis 220°C thermostabil. Ihre Lichtechtheit ist sehr gut, bei einigen hervorragend. Einige Vertreter sind in schlagfesten PVC-Typen und in Hart-PVC sehr wetterbeständig und genügen dabei auch den Anforderungen einer Langzeitbewetterung. Verschiedene Pigmente dieser Klasse werden in PVC-Plastisolen für die Kunstledereinfärbung, beispielsweise für den Automobilsektor, verwendet.

Die Hitzestabilität der Benzimidazolon-Pigmente in Polyolefinen variiert in einem weiten Bereich; sie reicht von weniger als 200 bis zu 300°C. Für die Verarbeitung in den verschiedenen Polyolefintypen stehen je nach thermischen Anforderungen entsprechende Vertreter zur Verfügung. Die Pigmente kommen daher für HDPE, LDPE und PP in Betracht. Im Spritzguß zeigen viele von ihnen keinen Einfluß auf das Schwindungsverhalten der Polyolefine. Daher sind die Pigmente auch für dickwandige, großflächige und nicht rotationssymmetrische Spritzgußteile, wie Flaschenkästen, geeignet.

Benzimidazolon-Pigmente können ebenfalls für die Einfärbung von Polystyrol, ABS und anderen bei hoher Temperatur verarbeiteten Kunststoffen eingesetzt werden. Auch in ungesättigtem Polyester erfüllen – bei hoher Lichtechtheit – eine Anzahl dieser Pigmente die thermischen Anforderungen und beeinflussen dabei nicht die Härtung des Kunststoffes.

Verschiedene Pigmente dieser Klasse werden aufgrund ihrer hohen Hitzestabilität bei der Spinnfärbung von Polypropylen eingesetzt. Auch bei der Spinnfärbung anderer Fasern, wie Polyacrylnitril, Viskose-Reyon und -Zellwolle oder 2 1/2-Acetat wird das eine oder andere Pigment in größerem Umfang verwendet.

Im Druckfarbenbereich werden Benzimidazolon-Pigmente für hochwertige Druckerzeugnisse benutzt, dabei sind transparente Marken hier oft von besonderem Interesse. Die Drucke zeigen meistens gute Gebrauchsechtheiten, sie sind oft silberlackbeständig und sterilisierecht. Die thermostabileren Vertreter erreichen bei einer Einwirkzeit von 30 Minuten eine Hitzestabilität bis zu 220°C und erfüllen dabei auch die hohen Anforderungen im Blechdruck. Wie in anderen Anwendungsbereichen sind die meisten Marken auch hier sehr lichtecht und daher für langlebige Druckerzeugnisse, beispielsweise für Plakate oder andere Werbeartikel, geeignet. Aufgrund ihrer guten Lösemittelechtheiten, Beständigkeit gegen Weichmacher und Migrationsechtheit finden sie breite Anwendung in Druckfarben für PVC-Folien. Einige sind für Dekordruckfarben für Schichtpreßstoffplatten von besonderem Interesse.

Auch für Holzbeizen auf Lösemittelbasis und andere unter die genannten Gebiete nicht einzureihende Medien stehen Vertreter dieser Klasse zur Verfügung.

2.8.4 Im Handel befindliche Benzimidazolon-Pigmente

Allgemein

Tabelle 23 (siehe S. 364) zeigt Benzimidazolon-Pigmente des Handels. In der Rotreihe fällt auf, daß besonders die o-Methoxygruppe häufig in der Diazokomponente vertreten ist.

Einzelne Pigmente

Gelb- und Orangereihe

Pigment Yellow 120

Das Pigment weist einen mittleren Gelbton auf. Die Lösemittelechtheit des Pulverpigmentes ist gut, sie entspricht etwa der anderer Gelbmarken dieser Klasse.
Bevorzugtes Einsatzgebiet ist die Kunststoffeinfärbung, und zwar speziell die von PVC. Hierfür wird das Pigment auch in Form einer Pigmentpräparation angeboten. Die Ausblutechtheit in Weich-PVC ist sehr gut, die Lichtechtheit – ebenso wie in Hart-PVC – ausgezeichnet. Sie entspricht in 1/1 bis 1/25 ST (5% TiO_2) sowie in transparenten Färbungen für Tageslicht Stufe 8 der Blauskala. Die Wetterechtheit in blei-cadmiumstabilisiertem Hart-PVC ist aber deutlich schlechter als die anderer Pigmente dieser Klasse; sie reicht nicht für einen Außeneinsatz aus.
Die Hitzebeständigkeit von P.Y.120 in HDPE in 1/3 ST (1% TiO_2) beträgt 270 °C (5 Minuten Verweilzeit). Dabei zeigt es keinen Einfluß auf die Schwindung des Kunststoffes. Die Thermostabilität in LDPE erreicht etwa 220 °C, in Polystyrol 240 °C. Die Lichtechtheit in transparenten HDPE-Färbungen (0,1%) entspricht Stufe 8, in deckenden Färbungen (0,01% + 0,5% TiO_2) Stufe 6-7 der Blauskala.
Bei dem Einsatz in Druckfarben ist vorrangig der Dekordruck für Melamin- und Polyesterharz-Schichtpreßstoffplatten zu nennen. Die Lichtechtheit 8%iger Tiefdrucke im 20 und 40 μm-Raster entspricht in solchen Platten Stufe 8 der Blauskala, Plate-out an den Preßblechen ist dabei nicht festzustellen. Das Pigment ist monostyrol- und acetonbeständig (s. 1.8.1.2).
P.Y.120 ist für alle Druckverfahren geeignet. Seine Lichtechtheit im Buch- und Offsetdruck ist ebenfalls sehr gut. Sie liegt je nach Farbtiefe zwischen Stufe 7 und Stufe 6 der Blauskala, und ist damit gegenüber dem sehr farbtonähnlichen P.Y.97 um etwa 1 Stufe besser.
Das Pigment wird besonders für hochwertige Plakat-, Blech- und Verpackungstiefdruckfarben verwendet. Vor allem in Tiefdruckfarben für Weich-PVC ist sein Einsatz verbreitet. Die Drucke sind einwandfrei beständig gegen das Lösemittelgemisch nach DIN 16524, sowie gegen weitere organische Lösemittel und Medien, wie Toluol, Lackbenzin, Methylethylketon, Ethylacetat, Paraffin, Butter, Seife,

2.8 Benzimidazolon-Pigmente

Tab. 23: Benzimidazolon-Pigmente des Handels

Gelb- und Orangereihe

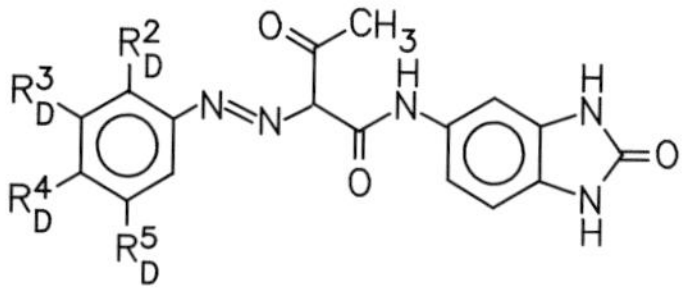

C.I. Name	Formel-Nr.	R_D^2	R_D^3	R_D^4	R_D^5	Nuance
P.Y.120	11783	H	COOCH$_3$	H	COOCH$_3$	gelb
P.Y.151	13980	COOH	H	H	H	grünstichig-gelb
P.Y.154	11781	CF$_3$	H	H	H	grünstichig-gelb
P.Y.175	11784	COOCH$_3$	H	H	COOCH$_3$	stark grünstichig-gelb
P.Y.180	21290	*	H	H	H	grünstichig-gelb
P.Y.181	11777	H	H	**	H	rotstichig-gelb
P.Y.194	11785	OCH$_3$	H	H	H	gelb
P.O.36	11780	NO$_2$	H	Cl	H	orange
P.O.60	11782	Cl	H	H	CF$_3$	rotstichig-gelb
P.O.62	11775	H	H	NO$_2$	H	gelbstichig-orange
P.O.72	–	–	–	–	–	orange

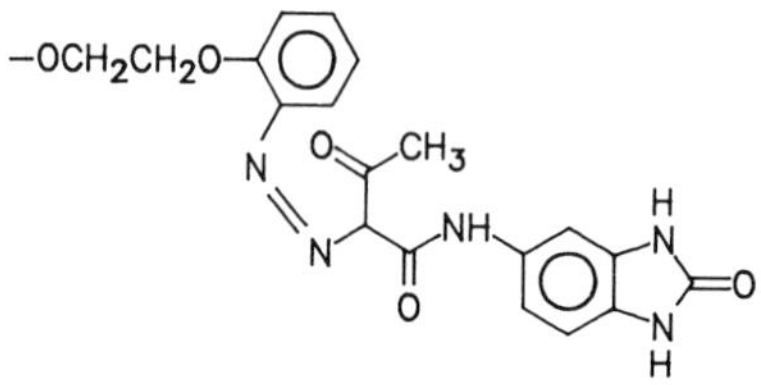

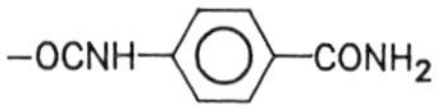

* $-OCH_2CH_2O-$ (phenyl) with diazo group ortho

** $-OCNH-$(phenyl)$-CONH_2$

Rot- und Braunreihe

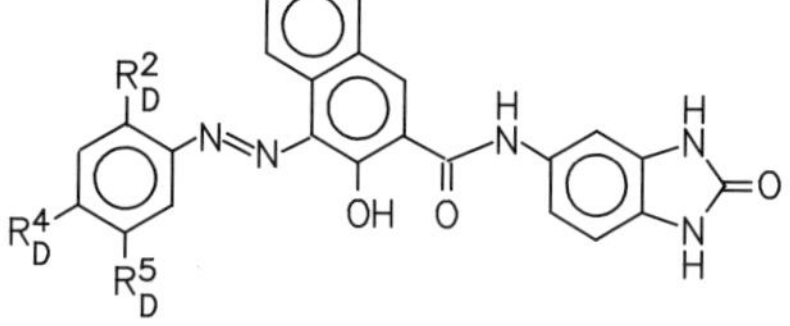

C.I. Name	Formel-Nr.	R_D^2	R_D^4	R_D^5	Nuance
P.R.171	12512	OCH$_3$	NO$_2$	H	marron
P.R.175	12513	COOCH$_3$	H	H	blaustichig-rot
P.R.176	12515	OCH$_3$	H	CONHC$_6$H$_5$	carmin
P.R.185	12516	OCH$_3$	SO$_2$NHCH$_3$	CH$_3$	carmin
P.R.208	12514	COOC$_4$H$_9$(n)	H	H	rot
P.V.32	12517	OCH$_3$	SO$_2$NHCH$_3$	OCH$_3$	bordo
P.Br.25	12510	Cl	H	Cl	braun

Alkali und Säuren. Die Drucke sind auch silberlackbeständig und sterilisierecht. Thermostabilität ist bis 200°C (30 Minuten) vorhanden.

Die Bedeutung des Pigmentes für das Lackgebiet ist geringer. Bei ähnlichem Farbton wie P.Y.97 ist es überlackierecht; seine Wetterechtheit ist deutlich besser und entspricht bei Weißaufhellungen zwischen 1:1 bis ca. 1:5 etwa der von P.Y.151. P.Y.120 wird für allgemeine Industrielacke, auch für Autoreparaturlacke, empfohlen; für Bautenlacke ist es gut geeignet. Seine Alkalibeständigkeit ist einwandfrei.

Pigment Yellow 151

Das seit 1971 auf dem Markt befindliche Pigment ergibt ein reines, grünstichiges Gelb. Sein Farbton ist etwas grüner als der von P.Y.154 und deutlich röter als der von P.Y.175. Die Handelsform mit einer spezifischen Oberfläche von weniger als 20 m^2/g zeigt hohes Deckvermögen.

P.Y.151 ist von großer Marktbedeutung. Haupteinsatzgebiet ist der Lacksektor, wo es besonders für hochwertige Industrielacke geeignet ist. Das Pigment kann aufgrund seiner guten rheologischen Eigenschaften in Lacken ohne Glanzverlust in Konzentrationen bis zu etwa 30% Pigment, bezogen auf festes Bindemittel (Volltonlacke anderer Pigmente meist mit 10 bis 15% Pigment), eingesetzt werden. Es wird häufig in Kombination mit TiO_2 und/oder anorganischen Gelbpigmenten verwendet. Auch sehr licht- und wetterechte Kombinationen mit Phthalocyaningrün, gegebenenfalls unter Zusatz der genannten anorganischen Pigmente, sind häufig anzutreffen. P.Y.151 wird im allgemeinen in kräftigen Nuancen eingesetzt, entsprechend findet es auch in Autoband- und -reparatur-, sowie Nutzfahrzeuglacken Verwendung.

Licht- und Wetterechtheit sind dabei sehr gut, beispielsweise sind 1 Jahr in Florida bewetterte Lackierungen auf Acryl-Melaminharzbasis bei Aufhellungsverhältnissen von 1:1 TiO_2 mit Stufe 5, 1:3 mit Stufe 4 und 1:35 mit Stufe 3-4 der Grauskala zu bewerten. Vergleichswerte für P.Y.154 und P.Y.175 sind bei diesen Pigmenten genannt. P.Y.151 ist bis 160°C überlackierecht.

Das Pigment ist bis 200°C thermostabil und auch säureecht, unter bestimmten Testbedingungen aber nicht alkalibeständig. P.Y.151 ist zwar gegen schwache Alkalien beständig, bei Einwirkung starker Alkalien tritt jedoch eine deutliche Farbtonänderung nach Rotstichig-gelb auf. Auch Kalkechtheit (s. 1.6.2.2) ist nicht gegeben. Das Pigment kommt daher für Dispersionsanstrichfarben praktisch nicht in Betracht.

Im Kunststoffbereich ist P.Y.151 für die Einfärbung von PVC, Polyolefinen und anderen Kunststoffen geeignet. Die Migrationsbeständigkeit in Weich-PVC ist sehr gut. Die Lichtechtheit entspricht hier für Färbungen bis 1/25 ST Stufe 8 der Blauskala. Die Wetterechtheit in Hart-PVC ist gut, aber deutlich schlechter als die von P.Y.154 oder auch die von P.Y.175 und somit für Langzeitbewetterungen meist nicht ausreichend. In HDPE ist das Pigment in 1/3 ST (mit 1% TiO_2) bis 260°C (5 Minuten Verweilzeit) hitzebeständig. Bei höheren Temperaturen wird der Farbton röter und trüber. Die Schwindung des Kunststoffes wird bei Verarbeitungstemperaturen zwischen 220 und 280 °C nur unwesentlich beeinflußt. Auch in Polystyrol ist das Pigment bis zu Verarbeitungstemperaturen von 260 bis 280 °C thermostabil; seine Lichtechtheit in diesem Kunststoff ist sehr gut (Stufe 8).

Für die Polypropylen-Spinnfärbung ist P.Y.151, ähnlich wie P.Y.154 und 175, geeignet; dies trifft besonders für die Kunststofftypen zu, die aufgrund günstigen Fließverhaltens ein Verspinnen bei Temperaturen von 210 bis 230 °C zulassen. Es ist dabei sehr gut lichtecht.

In Druckfarben wird das Pigment bei Forderung nach hoher Lichtechtheit eingesetzt. Buchdruck-Andrucke in 1/1 ST entsprechen Stufe 7, in 1/3 ST Stufe 6-7 der Blauskala. Die Drucke sind seifenecht, aber auch hier ungenügend alkalibeständig. Sie sind silberlackbeständig, aber nicht sterilisierecht. P.Y.151 wird besonders in Buch- und Offsetdruckfarben sowie im Verpackungstiefdruck auf PVC eingesetzt. In Dekordruckfarben für Schichtpreßstoffplatten auf Polyesterharzbasis ist es ebenfalls gut geeignet. Es zeigt einwandfreie Beständigkeit gegen Monostyrol und Aceton. Die Lichtechtheit 8%iger Tiefdrucke bei Rastertiefen von 20 und 40 µm beträgt Stufe 8 der Blauskala. Für Melaminharzplatten ist P.Y.151 nicht geeignet. Es ist gegen wäßrige Melaminharzlösung unbeständig und löst sich etwas darin.

Pigment Yellow 154

Das Mitte der 70er Jahre auf den Markt gekommene Pigment ergibt ein etwas grünstichiges Gelb mit sehr hoher Licht- und Wetterechtheit. Sein Farbton ist deutlich röter als der von P.Y.175 und merklich röter als der von P.Y.151 – beides Pigmente dieser Klasse. Die Beständigkeit gegen wichtige organische Lösemittel ist ganz oder nahezu einwandfrei; hierzu zählen Alkohole, Ester, wie Butylacetat, aliphatische und aromatische Kohlenwasserstoffe, wie Lackbenzin bzw. Xylol, oder Dibutylphthalat.

Haupteinsatzgebiet für P.Y.154 ist der Lacksektor; hier zählt es zu den wetterechtesten organischen Gelbpigmenten. So sind unter den bei P.Y.175 genannten Bedingungen im gleichen Lacksystem Aufhellungen bis 1:3 TiO_2 nach einjähriger Bewetterung in Florida mit Stufe 5, bei 1:30 TiO_2 mit Stufe 4-5 der Grauskala bewertet worden.

P.Y.154 wird daher auch zum Nuancieren anderer Farbtöne und für aufgehellte reine Gelb- und Grünnuancen verwendet.

Das Pigment ist für alle hochwertigen Industrielacke, auch für Autobandlacke in allen Konzentrationsbereichen geeignet. Dabei ist es in ofentrocknenden Systemen bis 130 °C überlackierecht. Darüber hinaus erfolgt mit steigender Einbrenntemperatur in zunehmendem Maße Ausbluten, bei 140 °C allerdings noch kaum erkennbar. Das Pigment ist bis 160 °C thermostabil. Wegen seiner sehr guten rheologischen Eigenschaften kann es in Lacken auch in höheren Konzentrationen

ohne Glanzverlust eingesetzt werden. Es ist als leicht dispergierbar zu bezeichnen.
P.Y.154 wird auch für andere Medien des Lack- und Anstrichfarbenbereiches, beispielsweise für Bautenlacke und Dispersionsanstrichfarben, empfohlen, sofern hohe Licht- und Wetterechtheit gefordert werden.
Im Kunststoffbereich ist das Pigment für PVC von Interesse. Es ist hinsichtlich Licht- und Wetterechtheit in Hart-PVC und schlagfesten PVC-Typen ein Spitzenprodukt und kommt daher auch für den Außeneinsatz in Betracht. Das Pigment zeigt ebenfalls sehr gute Licht- und Wetterechtheit in mittels Coil Coating auf Stahl aufgebrachten PVC-Plastisolen, wie sie beispielsweise für Fassadenverkleidungen verwendet werden. Es ist allerdings nicht farbstark. Zur Einstellung von 1/3 ST mit 5% TiO_2 in Weich-PVC sind 2,5% des Pigmentes erforderlich, von dem etwas röteren, zur gleichen Pigmentklasse zählenden P.Y. 120 sind es nur 1,4%. Die Ausblutechtheit von P.Y. 154 in Weich-PVC ist sehr gut. In HDPE ist es in 1/3 ST (mit 1% TiO_2) nur bis 210°C (5 Minuten Verweilzeit) hitzebeständig und daher für diesen Kunststoff praktisch nicht geeignet. Gleiches gilt für die Polypropylen-Spinnfärbung.
Für Druckfarben kommt P.Y.154 in Betracht, wenn sehr hohe Lichtechtheit gefordert wird. Drucke bis 1/25 ST entsprechen im Buchdruck Stufe 6-7 der Blauskala. Farbtonähnliche Diarylgelbpigmente oder Monoazogelbpigmente weisen eine um wenigstens 1 1/2 bis 2 Stufen geringere Lichtechtheit auf. Das Pigment ist allerdings auch hier farbschwach. Für Buchdrucke in 1/3 ST sind unter Standardbedingungen bezüglich Schichtdicke Druckfarben mit 25% Pigment erforderlich, Vergleichswerte sind für P.Y.13 3,5%, für P.Y.1 8,8%. Die Drucke sind nicht silberlack- und sterilisierecht.
P.Y.154 wird auch in anderen Medien eingesetzt, wenn hohe Lichtechtheit erforderlich ist, beispielsweise in Ölkünstlerfarben.

Pigment Yellow 175

Das farbtonreine, sehr grünstichige Gelbpigment ist erst vor wenigen Jahren auf den Markt gekommen. Es ist bisher von geringer Bedeutung. Der Farbton der im Handel befindlichen Modifikation ist grünstichiger als der anderer Benzimidazolon-Pigmente und grüner als entsprechende Pigmente anderer Klassen, beispielsweise P.Y.109, P.Y.128 oder P.Y.138.
Der Haupteinsatz von P.Y.175 erfolgt auf dem Lacksektor, wo es speziell für hochwertige Systeme, wie Autoband- und Autoreparaturlacke, geeignet ist. Es werden hiermit brillante Gelb- und Grünnuancen eingestellt, letztere beispielsweise in Kombination mit Phthalocyanin-Pigmenten. Trotz vergleichsweise niedriger spezifischer Oberfläche (ca. 20 m^2/g) weist die im Handel befindliche Marke gute Transparenz auf. Für Metalliclackierungen ist sie aber nicht genügend wetterecht. Dagegen sind Licht- und Wetterechtheit in Unitönen vorzüglich. Die Wetterechtheit genügt bei mittleren Aufhellungen mit TiO_2 höchsten Ansprüchen; in stärkeren Aufhellungen fällt sie ab. Das Pigment ist in dieser Hinsicht dem

etwas röteren P.Y.154 der gleichen Pigmentklasse unterlegen. So sind ein Jahr in Florida bewetterte Weißaufhellungen eines Acryl-Melaminharzlackes bei einem Verhältnis von 1:1 TiO_2 mit Stufe 5, bei 1:2,5 TiO_2 mit 4 und bei 1:30 TiO_2 mit 3-4 der Grauskala zu bewerten.

P.Y.175 ist ausblühbeständig. Die Überlackierechtheit ist bis 140°C einwandfrei, bei höheren Einbrenntemperaturen kann es in verschiedenen Lacksystemen zu geringem Ausbluten kommen. Bis 180°C ist das Pigment hitzebeständig. Die Handelsmarke weist in Lacken gute rheologische Eigenschaften auf und ist daher auch in höheren Pigmentkonzentrationen einsetzbar.

Für Kunststoffe kommt P.Y.175 in Frage, wenn hohe Licht- und Wetterechtheit gefordert werden. So ist es oft in Hart-PVC bei geringem Aufhellungsgrad und kleinem TiO_2-Gehalt für Langzeitbewetterung geeignet, liegt dabei aber unter den entsprechenden Werten von P.Y.154. In HDPE erreicht die Hitzebeständigkeit in 1/3 ST mit 1% TiO_2 270°C. Es beeinflußt die Schwindung dieses Kunststoffes bei Verarbeitungstemperaturen zwischen 220 und 280°C nicht (s. 1.6.4.3). Das Pigment ist allerdings recht farbschwach. So sind zur Einstellung von 1/3 ST (mit 1% TiO_2) 0,55% Pigment erforderlich; von dem weniger lichtechten, noch etwas grüneren Diarylgelbpigment P.Y.17 sind es 0,13%, von dem etwas röteren P.Y.16 0,27% Pigment, wobei deren Hitzestabilität und Lichtechtheit wesentlich geringer sind.

P.Y.175 kommt auch im Druckfarbenbereich nur für hochwertige Artikel in Frage. Bis 1/25 ST weist es eine Lichtechtheit von Stufe 6-7 der Blauskala auf. Auch hier ist seine geringe Farbstärke von Nachteil. Die Drucke sind beständig gegen Paraffin, Butter, Seife, Dibutylphthalat, Toluol, Lackbenzin und andere Medien; sie sind silberlackbeständig, jedoch nicht sterilisierecht. Die Hitzebeständigkeit beträgt bei 10minütiger Einwirkung 200°C, bei 30minütiger 180°C.

Pigment Yellow 180

Dieses grünstichige bis mittlere Gelbpigment ist erst vor einigen Jahren auf den Markt gekommen. Es handelt sich um ein Disazogelbpigment, das vor allem für die Kunststoffeinfärbung von Interesse ist.

P.Y.180 ist in HDPE bis 290°C thermostabil. Ähnlich wie P.Y.181 beeinflußt es nicht das Schwindungsverhalten des Kunststoffes, so daß in dieser Hinsicht keine Einschränkungen für seine Verwendung im Spritzguß bestehen. Im Vergleich mit dem rotstichigen P.Y.181 ist allerdings die Lichtechtheit geringer. Sie liegt bei Färbungen in 1/3 ST (1% TiO_2) bei Stufe 6 der Blauskala. Für 1/3 ST sind ca. 0,15% Pigment erforderlich, das Pigment weist somit eine gute Farbstärke auf. Auch für die PP-Spinnfärbung ist das Pigment wegen seiner ausgezeichneten Hitzestabilität und seines reinen Farbtones interessant und wird hierfür als Pigmentpräparation angeboten. Durch Kombination mit dem sehr rotstichigen P.Y.181 lassen sich dazwischenliegende Nuancen einstellen. Die Lichtechtheit ist in tiefen Tönen sehr gut (1/1 bis 1/3 ST Stufe 7 der Blauskala); sie fällt in Aufhellungen rasch ab (1/25 ST Stufe 5). Die textilen Echtheiten sind einwandfrei.

P.Y.180 ist auch für PVC von großem Interesse. In Weich-PVC ist es migrationsbeständig. Je nach Standardfarbtiefe und TiO$_2$-Gehalt entspricht die Lichtechtheit in Hart- und Weich-PVC Stufe 5 (0,01% Pigment + 0,5% TiO$_2$) bis Stufe 6-7 (0,1% Pigment + 0,5% TiO$_2$). Das Pigment wird auch in anderen Kunststoffen, die bei hohen Temperaturen verarbeitet werden, eingesetzt. Hier sind besonders technische Kunststoffe, wie Polycarbonat, PS, ABS und Polyester, anzuführen.

P.Y.180 wird auch auf dem Druckfarbengebiet verwendet, und zwar dort, wo Diarylgelbpigmente wegen der thermischen Zersetzung oberhalb 200°C (s. 2.4.1.3) nicht mehr einsetzbar sind, wie beispielsweise in bestimmten Blechdruckfarben. Eine Spezialmarke für Verpackungstief- und Flexodruckfarben auf Lösemittel- und wäßriger Basis sowie für Blechdruckfarben, ist auf dem Markt, die sich durch sehr gute Dispergierbarkeit und Flockungsstabilität auszeichnet.

Pigment Yellow 181

Das rotstichige Gelbpigment ist erst seit einigen Jahren auf dem Markt. Es wird hauptsächlich zur Kunststoffeinfärbung, speziell für Polyolefine verwendet. Hier ist es bis 300°C thermostabil. Die Färbungen sind sehr gut lichtecht. So erreichen HDPE-Färbungen in 1/3 ST (1% TiO$_2$) Stufe 8 der Blauskala. Das Pigment beeinflußt dabei das Schwindungsverhalten des teilkristallinen Polymers nicht. Es ist recht farbschwach.

P.Y.181 ist in Weich-PVC migrationsstabil. Es weist hierin ausgezeichnete Lichtechtheit auf; sie ist für transparente (0,1% Pigment) und aufgehellte (0,1% Pigment + 0,5% TiO$_2$) Färbungen mit Stufe 8 der Blauskala anzugeben. Bei starken Aufhellungen (0,01% Pigment + 0,5% TiO$_2$) erreicht sie in Weich- und Hart-PVC noch Stufe 7-8 der Blauskala.

Das Pigment kommt aufgrund seiner hohen Thermostabilität auch für die Einfärbung anderer, bei hohen und sehr hohen Temperaturen verarbeiteter Kunststoffe in Betracht. Zu nennen sind PS, ABS, Polyester, Polyacetal und verschiedene andere technische Kunststoffe. Für die PP-Spinnfärbung ist das Pigment ebenfalls sehr interessant. Die Lichtechtheit ist hier in 0,3 bzw. 3%iger Färbung mit Stufe 7 bzw. 7-8 der Blauskala zu bewerten. Für diesen Einsatz wird es in Form einer Pigmentpräparation angeboten. P.Y.181 ist auch für die Spinnfärbung von Viskose-Reyon und -Zellwolle von Bedeutung. Es erfüllt hier die besonders hohen Anforderungen an Licht- und Hitzebeständigkeit für Innenausstattungen von Automobilen. Nur wenige organische Gelbpigmente sind für diesen Einsatz geeignet.

P.Y.181 ist grundsätzlich auch für das Lackgebiet brauchbar, konkurriert jedoch hier mit einer ganzen Anzahl von farbtonähnlichen Pigmenten dieser und anderer Pigmentklassen, so daß es aufgrund seiner vergleichsweise geringen Farbstärke kaum eingesetzt wird.

Pigment Yellow 194

Das Pigment war bis vor kurzem nur in den USA anzutreffen, wird aber nun in zunehmendem Maße auch in Europa eingesetzt. Es ergibt mittlere Gelbtöne und steht hinsichtlich seines Farbtones und seiner Echtheiten in Konkurrenz mit einer ganzen Reihe anderer Pigmente, wie dem Monoazogelbpigment P.Y.97 und dem Bisacetessigsäurearylid-Pigment P.Y.16.

P.Y.194 erreicht zunehmende Bedeutung in allgemeinen flüssigen Industrielacken und in Pulverlacken. In Einbrennlacken ist es entsprechend seiner Lösemittelechtheit bei 120 °C überlackierecht; bei 140 °C (30 Minuten Einbrenndauer) blutet es etwas. Es ist bis 200 °C hitzestabil. Aufgrund seines hohen Deckvermögens, das in Übereinstimmung mit seiner spezifischen Oberfläche von ca. 20 m^2/g steht, kommt es dabei für preiswerte bleichromatfreie Lackformulierungen in Betracht.

Auch auf dem Kunststoffgebiet wird P.Y.194 eingesetzt. Die Spezialmarke für diese Verwendung weist gute Farbstärke auf und ist besonders gut zu dispergieren. In HDPE sind für Färbungen in 1/3 ST (1% TiO_2) 0,18% Pigment erforderlich. Die Färbungen sind bis 230 °C hitzestabil und entsprechen einer Lichtechtheit von Stufe 7 der Blauskala. Das Pigment wird bevorzugt in LDPE eingesetzt. In Weich-PVC blutet P.Y.194. Die Lichtechtheit erreicht hier Werte je nach Standardfarbtiefe zwischen 5 und 6 der Blauskala. Da das Pigment den spezifischen Durchgangswiderstand sowie den elektrischen Verlustwinkel von PVC-Kabelummantelungen nur unwesentlich beeinflußt, kommt es auch für dieses Einsatzgebiet in Betracht.

Pigment Orange 36

P.O.36 ist ein rötliches, etwas trübes Orangepigment mit sehr guter Licht- und Wetterechtheit. Es hat große Marktbedeutung erreicht. Die im Handel befindlichen Marken unterscheiden sich erheblich voneinander in ihrem Deckvermögen bzw. ihrer Transparenz. Auch der Farbton – er ist bei der deckenden Version röter und merklich reiner – und andere Eigenschaften sowie Echtheiten sind unterschiedlich.

P.O.36 wird vielfältig verwendet; Haupteinsatzgebiet ist der Lackbereich. Hier ist das Pigment im volltonnahen Bereich hervorragend licht- und wetterecht, wobei die Mitte der 70er Jahre in den Handel gebrachte deckende Version die Standardqualität noch deutlich übertrifft. In tiefen Tönen entspricht P.O.36 den für Autodecklacke gestellten Anforderungen. Die deckende Marke stellt derzeit das Standardpigment in diesem Farbtonbereich dar, wenn bleifreie Pigmentierung gefordert wird. Das Pigment wird dabei häufig in Kombination mit Chinacridonen eingesetzt. In solcher Weise lassen sich beispielsweise – z.T. mit kleinen Zusätzen von TiO_2 – licht- und wetterechte Lackierungen der RAL-Töne 3000 (Feuerrot), 3002 (Carminrot), 3003 (Rubinrot) und 3013 (Tomatenrot) erhalten. Wegen der sehr guten rheologischen Eigenschaften in Lacken ist die deckende Pigmenttype ohne Glanzverlust auch in höheren Pigmentkonzentrationen einsetzbar. Sie wird aber auch in Kombination mit Chromat-Pigmenten verwendet. Beim Belichten und Bewettern der Lackierungen von Volltönen oder im volltonnahen Bereich erfolgt dabei kein Dunkeln. Auch für Autoreparaturlacke, Lackierungen von Nutzfahrzeugen und Landmaschinen, sowie für andere hochwertige und allgemeine Industrielacke findet P.O.36 breiten Einsatz.

Die Überlackierechtheit von P.O.36 ist sehr gut; erst bei Einbrenntemperaturen von ca. 160°C ist ein Ausbluten in weißen Einbrennlack festzustellen. Es ist bis 160°C thermostabil. Bei der deckenden Marke kann sehr intensive Dispergierung, speziell in Rührwerkskugelmühlen, bei nicht genügender Temperaturkontrolle zu einem Abtrüben des Farbtones führen.

P.O.36 ist im Druckfarbenbereich für Buch- und Offsetdruckfarben, Spezialtief- und Flexodruckfarben aller Art, sowie für den Blechdruck geeignet. Seine Lichtechtheit ist auch hier sehr gut. Im Buchdruck liegt sie je nach Marke und Standardfarbtiefe im Bereich bis 1/25 ST zwischen Stufe 6-7 und Stufe 5 der Blauskala. Die Drucke sind sehr gut beständig gegen Chemikalien und Lösemittel, wie Toluol, Lackbenzin, Methylethylketon oder das Lösemittelgemisch nach DIN 16524. Sie sind silberlackbeständig und sterilisierecht. Hitzebeständigkeit ist bei 30 Minuten Einwirkungszeit bis 220°C gegeben. Der Farbton ist verglichen mit dem bei gleicher Standardfarbtiefe etwas röteren P.O.34 und anderen Pigmenten dieses Farbtonbereiches mit geringerem Echtheitsniveau trüber.

Bei der Kunststoffeinfärbung wird P.O.36 für PVC eingesetzt. In Weich-PVC weist es im Bereich von 1/3 bis 1/25 ST mit einem TiO_2-Gehalt von 5% eine Lichtechtheit entsprechend Stufe 8 bzw. 7 auf, in transparenten Färbungen (0,1%) entsprechend Stufe 8 der Blauskala. Das Pigment ist migrationsbeständig; es blüht und blutet praktisch nicht aus. In Kombination mit Ruß wird es – auch in PVC-Streichpasten – oft für Brauntöne bei Möbelfolien verwendet.

In Hart-PVC genügt bei geringen Pigmentkonzentrationen die Hitzebeständigkeit nicht den Anforderungen. Barium-cadmiumstabilisierte Hart-PVC-Färbungen in 1/3 ST zeigen gute Wetterechtheit, die allerdings oft nicht ganz den an Kunststoffartikel bezüglich Langzeitbewetterung gestellten Anforderungen entspricht. Die in HDPE in 1/3 ST geprüfte Hitzebeständigkeit liegt bei 220°C; das Pigment zeigt dabei keine Beeinflussung des Schwindungsverhaltens des Kunststoffes. Diese Hitzebeständigkeit genügt allerdings im allgemeinen nicht den Anforderungen bei der praktischen Verarbeitung in Polyolefinen.

P.O.36 dient auch zum Einfärben von ungesättigten Polyesterharzen, wo es in transparenten und deckenden Färbungen eine Lichtechtheit von Stufe 7 aufweist und die Härtung des Harzes nicht beeinflußt.

Pigment Orange 60

Das vor einigen Jahren auf den Markt gekommene gelbstichige Orangepigment weist hervorragende Licht- und Wetterechtheit auf.

Wesentliches Einsatzgebiet ist der Lacksektor, wo es vor allem für hochwertige Industrielacke, wie Autolacke, besonders Autobandlacke, in Betracht kommt. P.O.60 ist für aufgehellte Farbtöne sowie als Nuancierkomponente geeignet. Es ergibt bei Schnellbewetterungen mit Xenonstrahlern wesentlich schlechtere Bewertungen als bei Freibewetterungen, beispielsweise in Florida. Die im Handel befindliche Marke ist bei niedriger spezifischer Oberfläche (weniger als 20 m^2/g) transparent. Das Pigment dient daher auch zur Einstellung von Orangenuancen bei Metallic-Lackierungen, ist – u.a. bedingt durch seine niedrige spezifische Oberfläche – allerdings recht farbschwach.

P.O.60 zählt zu den echtesten organischen Orangepigmenten. Seine Wetterechtheit entspricht – auch in Metallic-Lackierungen – der von P.Y.154. So ist es nach einjähriger Bewetterung in Florida in einem Acryl-Melaminharzlack bei einem Aufhellungsverhältnis bis 1:25 TiO$_2$ mit Stufe 5 der Grauskala zu bewerten. Metallic-Lackierungen von 60% Pigment/40% Alupaste (65%ig) und 40:60 entsprechen Stufe 4-5 dieser Skala. Vergleichswerte hierzu sind bei einigen anderen Vertretern dieser Klasse angeführt. Das Pigment ist bis 160°C thermostabil. Bei höheren Einbrenntemperaturen, beispielsweise bei 160°C, ist die Überlackierechtheit in einigen Lacksystemen nicht mehr einwandfrei.

Grundsätzlich kommt ein Einsatz von P.O.60 bei entsprechenden Anforderungen an Licht- und Wetterechtheit auch auf dem Druckfarben- und Kunststoffgebiet in Betracht. Es ist mit geringem TiO$_2$-Gehalt für Langzeitbewetterungen geeignet. Nachteilig ist hierbei die geringe Farbstärke. Auch in anderen Anwendungsmedien kann P.O.60 bei entsprechenden Forderungen Einsatz finden, beispielsweise in Künstlerfarben, Plakatfarben usw.

Pigment Orange 62

Es handelt sich um ein farbtonreines sehr gelbstichiges Orangepigment. Die im Handel befindliche Form weist eine niedrige spezifische Oberfläche (ca. 12 m^2/g) auf und ist demgemäß sehr grobteilig – sie bringt hohes Deckvermögen.

P.O.62 wird bevorzugt auf dem Lackgebiet, besonders für sehr reine gelbstichige Rotnuancen bzw. rotstichige Gelbtöne im Vollton oder volltonnahen Bereich eingesetzt. Aufgrund seiner guten rheologischen Eigenschaften ist es dabei ohne Glanzverlust auch in höheren Konzentrationen, und zwar bis 30%, bezogen auf festes Bindemittel, einsetzbar. Licht- und Wetterechtheit sind in tiefen Tönen sehr gut. P.O.62 ist im volltonnahen Bereich auch für Autodecklacke geeignet. Anwendungsbereiche sind beispielsweise Autoreparatur-, Nutzfahrzeug-, Landmaschinen- und andere hochwertige und allgemeine Industrielacke, und zwar besonders dann, wenn molybdatrotfreie oder -arme kräftige Rottöne eingestellt werden. Seine Überlackierechtheit ist bei höheren Einbrenntemperaturen (160°C) nicht ganz einwandfrei. Das Pigment ist bis 180°C thermostabil.

Im Druckfarbenbereich ist P.O.62 für lichtechte Druckerzeugnisse im Offsetdruck sowie im wäßrigen Flexodruck von Interesse. Die Lichtechtheit ist je nach Standardfarbtiefe mit Stufe 5 bis Stufe 6 anzugeben. Die Drucke sind nicht ganz alkaliecht und weder silberlackbeständig noch sterilisierecht.

Bei der Kunststoffeinfärbung ist das Pigment in Hart-PVC sehr licht- und wetterecht; höhere Anforderungen bezüglich Langzeitbewetterung kann es aber nicht erfüllen.

P.O.62 ist auch für die Polypropylen-Spinnfärbung von Interesse, besonders wenn das Verspinnen bei Temperaturen bis etwa 230°C, also unter Verwendung gut fließfähiger PP-Typen erfolgt.

Pigment Orange 72

Die chemische Konstitution dieses kürzlich auf den Markt gebrachten orangen Benzimidazolon-Pigmentes ist bisher nicht veröffentlicht worden. Das Pigment ist besonders für die Kunststoffeinfärbung interessant.

Zur Einfärbung von HDPE in 1/3 ST (1% TiO_2) sind 0,29% Pigment nötig. Diese Färbungen sind bis 290°C hitzestabil und entsprechen in ihrer Lichtechtheit Stufe 8 der Blauskala. Das Pigment beeinflußt das Schwindungsverhalten dieses teilkristallinen Polymers nicht und ist somit keinen Einschränkungen für seine Verwendung im Spritzguß unterworfen.

P.O.72 ist auch für die Verwendung in Polystyrol und ABS geeignet. In PS, in dem für Färbungen in 1/3 ST mit 1% TiO_2 nur 0,15% Pigment benötigt werden, ist es bis 280°C, in ABS bis 290°C stabil, und es weist jeweils eine Lichtechtheit entsprechend Stufe 8 der Blauskala auf.

In Polyoxymethylen (POM, Polyacetale) kann bei Pigmentkonzentrationen von weniger als 0,1% Belagsbildung auf den Verarbeitungswerkzeugen, d.h. Plate-out (s. 1.6.4.1) auftreten.

P.O.72 kommt auch für die PP-Schmelzspinnfärbung in Betracht. Zur Einstellung von 1/3 ST (1% TiO_2) sind 0,2% Pigment erforderlich. Die Lichtechtheit von Färbungen mit 0,3% Pigment entsprechen Stufe 7, solche mit 2% Pigment Stufe 7-8 der Blauskala.

Wegen seiner guten Hitzebeständigkeit ist P.O.72 auch für Pulverlacke gut geeignet.

Rot- und Braunreihe

Pigment Red 171

Das Pigment ergibt ein trübes, sehr blaustichiges Rot, ein Marron. Es zeichnet sich durch gute allgemeine Echtheiten aus. Die im Handel befindlichen Marken weisen hohe Transparenz auf.

P.R.171 wird in Kunststoffen und in Lacken eingesetzt. Die Lichtechtheit in PVC entspricht je nach Prüfmischung, Pigmentkonzentration und TiO_2-Gehalt Stufe 7 bis Stufe 8. In Weich-PVC ist das Pigment migrationsbeständig und bis 180°C thermostabil. Es wird in Kombination mit organischen Gelbpigmenten, oft auch mit Eisenoxiden, für Brauntöne verwendet. In farbtiefen transparenten Färbungen werden Bordotöne erhalten.

P.R.171 ist sehr farbstark, für Färbungen in 1/3 ST mit 5% TiO_2 sind nur 0,46% Pigment notwendig. Das Pigment ist in PE in 1/3 ST (mit 1% TiO_2) bis ca. 240°C thermostabil und daher wegen der niedrigen Verarbeitungstemperaturen nur für LDPE zu empfehlen. Die Lichtechtheit liegt hier in transparenten Färbungen (0,1%) bei Stufe 6-7, in Aufhellungen (0,01% Pigment + 0,5% TiO_2) bei Stufe 6 der Blauskala. In der Polyacrylnitril-Spinnfärbung ergibt P.R.171 sehr lichtechte Färbungen; im Konzentrationsbereich von 0,1 bis 3% werden sie mit Stufe 7-8 der Blauskala bewertet. Die Trockenreibechtheit ist einwandfrei, die Naßreibechtheit nicht ganz. In ungesättigten Polyesterharzen beschleunigt P.R.171 die Härtung; auch in diesem Medium ist es sehr gut lichtecht.

Im Lackbereich zeichnet sich das Pigment durch einwandfreie Überlackierechtheit und sehr gute Licht- und Wetterechtheit aus. Es ist aufgrund seiner Echtheiten für hochwertige Industrielacke, auch für Autoreparaturlacke, geeignet. Für verschiedene Anwendungen, beispielsweise für transparente Folien- und Metalleffektlacke, ist seine hohe Transparenz auch auf dem Lackgebiet von Vorteil.

In Druckfarben wird P.R.171 für Marrontöne eingesetzt, wenn entsprechende Anforderungen an die Echtheiten bestehen.

Pigment Red 175

Dieses etwas trübe Rotpigment weist sehr gute Echtheiten auf und ist gegen die üblichen organischen Lösemittel ganz oder nahezu beständig. Die im Handel befindlichen Marken haben hohe spezifische Oberflächen und sind dementsprechend sehr transparent.

P.R.175 wird im Lacksektor allgemein in Industrielacken, ebenfalls in Autoreparaturlacken verwendet, aufgrund seiner hohen Lasur besonders in Transparent- und Metalleffektlacken. Dabei ist es auch für Zweischicht-Metallic-Autobandlacke geeignet, besonders wenn im transparenten Decklack UV-Absorbersysteme mitverwendet werden. Seine Licht- und Wetterechtheit ist sehr gut. Es ist ausblühbeständig, einwandfrei überlackierecht und bis 200°C thermostabil.

Auch in Kunststoffen ist das Pigment sehr licht- und wetterecht. So ist seine Lichtechtheit in Weich- und Hart-PVC je nach Zusammensetzung des Kunststoffes, Stabilisierung, Farbtiefe und gegebenenfalls TiO_2-Gehalt mit Stufe 7 bis Stufe 8 anzugeben. Es wird hier besonders in Kombination mit Ruß zur Einstellung von Brauntönen für Möbelfolien verwendet. In Weich-PVC ist es migrationsbeständig; es blüht und blutet praktisch nicht aus. P.R.175 wird auch in PVC- und PUR-Plastisolen für Kunstleder, z.B. für das Automobilgebiet, verwendet. Die Wetterbeständigkeit ist sehr gut. In Kombination mit Ruß und ohne Zusatz von TiO_2 kommt es für Fensterprofile aus schlagzähem PVC in Betracht.

In Weißaufhellungen genügt das Pigment nicht ganz den Anforderungen einer Langzeitbewetterung. Im Coil-Coating-Verfahren auf Stahlbleche aufgebrachte PVC-Plastisole ergeben ebenfalls gute Licht- und Wetterechtheiten. Die Hitzebeständigkeit bei 1/3 ST (mit 1% TiO_2) in HDPE beträgt 270°C (5 Minuten Verweilzeit). Es beeinflußt dabei die Schwindung des Kunststoffes nur in sehr geringem Maße. Die Lichtechtheit entspricht hier in transparenten (0,1%) und deckenden Färbungen (0,01% Pigment + 0,5% TiO_2) Stufe 6-7 der Blauskala.

P.R.175 wird auch in der Polypropylen-Spinnfärbung eingesetzt. Seine Lichtechtheit erfüllt hier die Anforderungen. Es ist auch interessant für Polystyrol und für Polyester (PETP), wo es sich beispielsweise für Flaschen eignet.

P.R.175 kommt für den Druckfarbenbereich in Betracht, wenn hohe Lichtechtheit, sehr gute Lösemittelbeständigkeit, Sterilisierechtheit und sehr hohe Hitzebeständigkeit (bis 220°C) gefordert werden.

Pigment Red 176

Der Farbton des Pigmentes ist blaustichig-rot, er ist etwas blaustichiger als der von P.R.187 und P.R.208 und etwas gelbstichiger als der von P.R.185.

P.R.176 findet vorzugsweise im Kunststoffbereich und für Laminatpapiere Verwendung. In Weich-PVC ist seine Migrationsbeständigkeit sehr gut, die Lichtechtheit in 1/3 ST mit 5% TiO_2 weist Stufe 6-7, in 1/25 ST Stufe 6 der Blauskala auf; in transparenten Färbungen (0,1%) entspricht sie Stufe 7, in Hart-PVC Stufe 7-8. Das Pigment ist bis 200°C thermostabil. Es wird beispielsweise für PVC-Kabelisolierungen und in Kunstleder verwendet. Auch in Polyolefinen und Polystyrol wird es eingesetzt. Seine Lichtechtheit ist auch hier gut. In transparenten Färbungen (0,1%) ist es in Polystyrol bis 280°C thermostabil, in starken Weißaufhellungen bis 220°C.

P.R.176 wird darüber hinaus in Dekorpapieren für Schichtpreßstoffplatten verwendet. Es ist wie P.R.187 und P.R.208 beständig gegen Monostyrol und Aceton, zeigt an den Preßblechen kein Plate-out und blutet auch beim Tränken mit Melaminharzlösung nicht aus. Das Pigment ist daher sowohl für Melamin- als auch für Polyesterharzplatten geeignet. Seine Lichtechtheit ist um eine Stufe der Blauskala geringer als die der angegebenen, im Farbton ähnlichen Pigmente. Die Nuance von P.R.176 ist dem Farbton Magenta für den Drei- bzw. Vierfarbendruck naheliegend.

In der Polyacrylnitril-Spinnfärbung ergibt P.R.176 gut lichtechte Färbungen; sie entsprechen Stufe 6-7 der Blauskala. Trocken- und Naßreibechtheit sind nicht ganz einwandfrei. Das Pigment wird auch bei der Spinnfärbung von Polypropylen, besonders für Grobtextilien, d.h. für Teppichfasern, Spleißfäden, Drähte, Borsten und Bändchen, eingesetzt, aber auch für feintitrige Garne. Eine Pigmentpräparation hierfür ist auf dem Markt. Die Hitzebeständigkeit reicht für Färbungen in 1/3 ST bis 300°C (1 Minute) bzw. 290°C (5 Minuten Einwirkung). Die Lichtechtheit beträgt für 0,1%ige Färbungen Stufe 5-6, für 2%ige Färbungen Stufe 7 der Blauskala.

Pigment Red 185

Die im Handel befindlichen Marken des polymorphen Pigmentes ergeben sehr reine, blaustichige Rottöne. Die Beständigkeit des Pigmentes gegen die üblichen Lösemittel ist ganz oder nahezu einwandfrei.

Wesentliche Einsatzgebiete sind der graphische Druck und die Kunststoffeinfärbung.

Im Druckfarbenbereich ist das Pigment für alle Druckverfahren geeignet. Die Drucke sind dabei sehr gut lösemittelbeständig, zum Beispiel gegen das Lösemittelgemisch nach DIN 16 524 und gegen Silberlack und sind sterilisierecht. Thermostabilität ist bis zu Temperaturen von 220°C (10 Minuten) bzw. 200°C (30 Minuten) gegeben. Das Pigment ist daher auch für den Blechdruck gut geeignet. Die Lichtechtheit liegt bei Drucken in 1/1 ST bei Stufe 6-7, in 1/3 bis 1/25 ST bei Stufe 5 der Blauskala. Das Pigment ist in seinem Farbton naheliegend dem Magenta des Drei- bzw. Vierfarbendrucks nach DIN 16 539 (s. 1.8.1.1). Es wird daher in Skalenfarben verwendet, wenn die Echtheitseigenschaften von P.R.57:1 oder von P.R.184 den Anforderungen nicht genügen, beispielsweise im Blechdruck.

P.R.185 findet auch bei Dekorpapieren für Polyester-Schichtpreßkörper Verwendung.

Im Kunststoffbereich wird das Pigment für PVC, Polyvinylidenchlorid und Polyolefine verwendet. In Weich-PVC ist es bis zu Konzentrationen von 0,005% migrationsecht. So beträgt die Anfärbung einer auf eine in 1/3 ST gefärbte Weich-PVC-Folie gelegten Walzfolie unter Standardbedingungen (s. 1.6.3.2) nur 0,2 CIELAB-Einheiten. Die Lichtechtheit liegt für Färbungen in 1/3 ST (5% TiO$_2$) bei Stufe 6-7, in 1/25 ST bei Stufe 6 der Blauskala. Entsprechende Werte liegen für Hart-PVC vor. In volleren Tönen wird P.R.185 auch in Kunstleder, u.a. solchen auf PVC- und PUR-Basis für Automobile, verwendet. Die Hitzebeständigkeit liegt für PE in 1/3 ST (1% TiO$_2$) unter 200°C, weshalb es nur für LDPE bei niedrigeren Verarbeitungstemperaturen zu empfehlen ist. Das Pigment ist auch für die Spinnfärbung von Polypropylen gut geeignet, sofern bei ausreichenden Temperaturen verarbeitbares Polymer verwendet wird. Auf dem Lackgebiet kommt es für allgemeine Industrielacke in Betracht.

Pigment Red 208

Der Farbton des Pigmentes im Anwendungsmedium liegt im mittleren Rotbereich. Es zeigt gute Chemikalien- und Lösemittelbeständigkeit. Wesentliche Einsatzgebiete sind die Kunststoffeinfärbung und Spezialdruckfarben.

Das Pigment wird in PVC für mittlere Rottöne, häufig auch in Kombination zum Beispiel mit P.Y.83 sowie mit Ruß für Brauntöne, eingesetzt. Interessant ist dabei auch seine Verwendung für Kunstleder auf PVC-Basis für den Automobilsektor. Das Pigment ist in Weich-PVC in Konzentrationen von mehr als 0,005% ausblühbeständig, seine Ausblutechtheit ist ausgezeichnet. Die Lichtechtheit entspricht im Bereich von 1/3 bis 1/25 ST (mit 5% TiO$_2$) Stufe 6-7 der Blauskala. Es ist bis ca. 200°C thermostabil und sehr farbstark. Für PVC-Färbungen in 1/3 ST (5% TiO$_2$) sind 0,6% Pigment erforderlich. Aufgrund seiner guten dielektrischen Eigenschaften kommt es auch für PVC-Kabelisolierungen in Betracht.

P.R.208 ist in Polyolefinen in Weißaufhellungen nur bis zu Temperaturen unterhalb 200°C stabil, in transparenten Färbungen (0,1%) jedoch bis ca. 240°C. Es ist daher – wirtschaftlich gesehen – auch bei der Polypropylen-Spinnfärbung einzusetzen, wenn Polypropylen-Typen bei solch niedrigen Temperaturen versponnen werden oder die hitzebedingten Änderungen zu gelberem Farbton akzeptiert werden. Die Lichtechtheit genügt dabei den üblichen Anforderungen (Indoors).

Das Pigment wird auch bei der Polyacrylnitril-Spinnfärbung verwendet. Es weist dort sehr gute textile Eigenschaften auf und ist gut lichtecht. In vollen Tönen (Pigmentgehalt 3%) wird Stufe 7, in sehr hellen (0,1%) Stufe 5 der Blauskala erreicht. Das Pigment wird ebenfalls für die Spinnfärbung von 2 1/2-Acetat eingesetzt, ferner bei der Einfärbung von Schaumstoffen aus Polyurethan und in Elastomeren, wobei Peroxidbeständigkeit gegeben ist.

P.R.208 ist für alle Druckverfahren geeignet. Es zeigt auch hier gute Lichtechtheit. Die Drucke sind sehr gut lösemittelbeständig, silberlack- und sterilisierecht. Bei 10 Minuten Einwirkungszeit sind sie bis 200°C, bei 30 Minuten bis 180°C thermostabil. Das etwas reinere, etwas gelbstichigere P.R.112 weist geringere Lichtechtheit und schlechtere Lösemittel- und Chemikalienbeständigkeit auf, auch ist seine Thermostabilität wesentlich geringer. P.R.208 ist in Kombination mit Gelbpigment und Ruß oft in Vinylchlorid/-acetatmischpolymerisat-Druckfarben für Brauntöne, besonders für Holzimitationen, anzutreffen.

P.R.208 eignet sich sehr gut für Dekordruckfarben. Die Lichtechtheit von 8%igen Tiefdrucken im 20 und 40 μm-Raster liegt in Melaminharz-Preßstoffplatten bei Stufe 8 der Blauskala. Anfärbung der Preßbleche, d.h. Plate-out, ist nicht zu beobachten. Beim Tränken mit Melaminharzlösung tritt kein Ausbluten auf. Die Beständigkeit gegen Monostyrol und Aceton ist einwandfrei, so daß es generell auch in Polyesterplatten verwendet werden kann.

Im Lackbereich wird P.R.208 für allgemeine Industrielacke empfohlen, aufgrund seiner hier für viele Zwecke nicht ausreichenden Licht- und Wetterechtheit aber nur in bescheidenem Maße verwendet.

Das Pigment ist außerdem in vielen speziellen Medien anzutreffen, die nicht unter den genannten drei Hauptgebieten einzuordnen sind, beispielsweise in Wachsmalkreiden oder Wäschezeichen-Tinten oder auch in Holzbeizen auf Lösemittelbasis. Die damit behandelten Oberflächen sind überlackierecht und beständig gegen Nitrolack, säurehärtenden und Polyesterlack. Die Lichtechtheit ist hier mit Stufe 7 der Blauskala ausgezeichnet.

Pigment Violet 32

P.V.32 ist ein etwas trübes, sehr blaustichiges Rotpigment, ein Bordo. Es zeigt gute Beständigkeit gegen viele organische Lösemittel und wird in Lacken, Kunststoffen und Druckfarben sowie in der Spinnfärbung eingesetzt.

P.V.32 ist in Lacken einwandfrei überlackierecht. Seine Lichtechtheit genügt hier nur mittleren Ansprüchen. Sie entspricht in einem Alkyd-Melaminharzlack im Vollton Stufe 5-6 (unter Dunkeln), in Aufhellung mit 1:10 TiO_2 Stufe 5-6, mit 1:100 TiO_2 Stufe 3-4 der Blauskala. Das Pigment wird in allgemeinen Industrielacken eingesetzt, wenn die Licht- und Wetterechtheit dafür ausreicht. Das farb-

378   2.8 Benzimidazolon-Pigmente

tonähnliche Naphthol AS-Pigment P.R.12 blüht und blutet dagegen in ofentrocknenden Lacken aus.

P.V.32 ist wegen seiner hohen Lasur für transparente Folienlacke und ähnliche Anwendungen von Interesse. Es zeigt ähnlich P.R.171 und P.R.175 ausgezeichnete Hitze-, auch Dauerhitzebeständigkeit. So erweist es sich in einem Siliconharzlack auch in stärkeren Aufhellungen (1:50 TiO_2) nach 120stündiger Lagerung bei 200°C und 1000 Stunden bei 180°C als farbtonstabil. Die Lichtechtheit sinkt dabei allerdings um ca. eine halbe Stufe der Blauskala ab.

In PVC weist P.V.32 in transparenten Färbungen eine Lichtechtheit von etwa Stufe 7-8, in deckenden Färbungen (1/3 ST; 5% TiO_2) 6-7 der Blauskala auf. Seine Ausblutechtheit in Weich-PVC ist einwandfrei. Das Pigment ist sehr farbstark; für PVC-Färbungen in 1/3 ST (5% TiO_2) sind nur 0,44% Pigment erforderlich, gegenüber dem farbtonähnlichen jedoch nicht ausblutbeständigen Tetrachlorthioindigo-Pigment P.R.88 (s. 3.5.3) ist es etwa doppelt so farbstark. P.V.32 wird oft in Kombination mit Molybdatrot eingesetzt. Die Hitzebeständigkeit in Polyolefinen reicht nicht ganz bis 200°C, obwohl die Farbänderung – wie in vielen anderen Fällen – einen Einsatz auch bei höheren Temperaturen zuläßt. Das Pigment wird daher allgemein nur für LDPE bei niedrigeren Verarbeitungstemperaturen empfohlen. Auch in der Spinnfärbung wird P.V.32 verwendet, beispielsweise für 2 1/2-Acetat oder Viskose-Reyon und -Zellwolle. Es zeigt auch hier gute Lichtechtheit (1/1 ST: Stufe 7, 1/12 ST Stufe 6 der Blauskala). Die textilen Echtheiten sind sehr gut, die Naßreibechtheit ist allerdings nicht ganz einwandfrei, die Küpenbeständigkeit mäßig.

In Druckfarben werden reine, blaustichige Bordotöne mit hoher Transparenz erhalten. Das Pigment wird für hochwertige Druckerzeugnisse eingesetzt, bei denen Kalandrierechtheit und andere Echtheiten gefordert werden. P.V.32 ist auch für Dekorpapiere für Schichtpreßstoffplatten geeignet. Die Lichtechtheit von Drucken 8%iger Tiefdruckfarben in 20 µm-Rasterung entspricht Stufe 7 der Blauskala. Das Pigment ist dabei sowohl für Platten auf Polyester- als auch auf Melaminharzbasis geeignet. Beim Tränken der Papiere mit Melaminharzlösung kann es allerdings im Spurenbereich zum Ausbluten kommen. Die Acetonechtheit ist nicht ganz einwandfrei (s. 1.8.1.2). Das Pigment ist häufig in Druckfarben auf Vinylchlorid-/Vinylacetatcopolymerbasis anzutreffen.

P.V.32 wird auch für Holzbeizen, beispielsweise auf Lösemittelbasis verwendet. Die Lichtechtheit der überlackierechten Färbungen ist mit Stufe 6 der Blauskala sehr gut. In Kombination mit Gelbpigmenten, wie P.Y.83, und Schwarz ergibt es interessante Braunfärbungen.

Pigment Brown 25

Das Pigment ergibt ein rötliches Braun. Die im Handel befindlichen Marken haben eine hohe spezifische Oberfläche von ca. 80 m^2/g und sind dementsprechend sehr transparent. Die Beständigkeit gegen einige Lösemittel ist etwas geringer als die anderer Pigmente dieser Klasse. Das Pigment wird in Lacken, Kunststoffen

2.8.4 Im Handel befindliche Benzimidazolon-Pigmente

und Druckfarben eingesetzt und konkurriert dabei mit dem coloristisch ähnlichen, etwas gelberen und deckenderen P.Br.23.

P.Br.25 wird im Lackbereich vor allem in hochwertigen Industrielacken, wie Autoserien- und -reparaturlacken, verwendet. Dabei kommt es aufgrund seiner hohen Lasur auch für transparente und Metalleffektlacke, besonders für Zweischicht-Metallic-Autolacke in Betracht. Es wird dabei oft in Kombination mit transparenten Eisenoxiden oder auch Ruß zur Einstellung von Braun- und Marrontönen herangezogen, die mit Eisenoxid-Pigmenten allein nicht einstellbar sind. Das Pigment ist einwandfrei überlackierecht und bis 200°C hitzestabil. Licht- und Wetterechtheit sind sehr gut, so entspricht die Lichtechtheit in einem Alkyd-Melaminharzlack noch in Weißaufhellung von 1:300 TiO_2 Stufe 7-8 der Blauskala. Aufhellungen von einem Jahr in Florida bewetterten Acryl-Melaminharzlackierungen mit 1:1 TiO_2 entsprechen Stufe 5, mit 1:6 Stufe 4-5 und mit 1:60 Stufe 4 der Grauskala.

Auch der Einsatz des Pigmentes im Kunststoffbereich ist wesentlich. Seine Migrationsechtheit in Weich-PVC ist sehr gut, jedoch nicht ganz einwandfrei. In Konzentrationen bis 0,005% ist es bis 200°C thermostabil. P.Br.25 ist farbstark, so sind für PVC-Färbungen in 1/3 ST (5% TiO_2) 0,77% Pigment erforderlich. In PVC entspricht seine Lichtechtheit Stufe 8, in starken Aufhellungen Stufe 7-8 der Blauskala. Die Wetterechtheit in Hart-PVC und schlagzähem PVC ist – auch in Aufhellungen mit TiO_2 – vorzüglich. Das Pigment genügt dabei den Anforderungen an Artikel für Langzeitbewetterung. So wird es in Fensterprofilen aus schlagzähem PVC verwendet. Im Coil-Coating-Verfahren auf Stahlbleche aufgebrachte PVC-Plastisole weisen sehr gute Licht- und Wetterechtheit auf. P.Br.25 wird auch in PVC- und PUR-Leder für den Autobereich verwendet.

An 1/3 standardfarbtiefen HDPE-Färbungen mit 1% TiO_2 wurde Hitzestabilität bis 290°C festgestellt. Nur bei relativ niedrigen Verarbeitungstemperaturen von 220°C erfolgt beim Spritzguß starke Beeinflussung des Schwindungsverhaltens in Fließrichtung, bei 260°C ist diese Beeinflussung aber bereits recht gering.

Auch in Polyolefinen ist die Lichtechtheit vorzüglich. In Polystyrol ist Hitzebeständigkeit in transparenten Färbungen bis 280°C, in starken Aufhellungen mit TiO_2 bis 240°C gegeben. Für Polyester ist das Pigment beispielsweise für die Flaschenherstellung interessant.

P.Br.25 wird entsprechend der ausgezeichneten Echtheiten auch in der Polypropylen-Spinnfärbung eingesetzt. In der Polyacrylnitril-Spinnfärbung wird ebenfalls hohe Lichtechtheit erreicht, und zwar in 1/3 ST Stufe 7 der Blauskala. Die Wetterechtheit ist hervorragend, so daß P.Br.25 auch für den Markisensektor in Betracht kommt. Die Trockenreibechtheit ist völlig, die Naßreibechtheit nahezu einwandfrei. P.Br.25 ist auch für die Einfärbung von Polyurethan-Schaumstoffen von Interesse.

Im Druckfarbenbereich kann P.Br.25 in allen Druckverfahren eingesetzt werden. Auch hier weist es ausgezeichnete Lichtechtheit auf, sie liegt im Buchdruck für 1/1 bis 1/25 ST zwischen Stufe 7 und Stufe 6-7. Die Drucke sind beständig gegen das Lösemittelgemisch nach DIN 16 524, sowie gegen Paraffin, Butter, Seifen und Säuren, jedoch nicht ganz beständig gegen Alkali. Sie sind silberlackbeständig und sterilisierecht. Die Drucke sind bei 240 °C bis 10 Minuten, bei 220 °C bis 30 Minuten thermostabil. Das Pigment ist daher auch sehr gut für den Blechdruck geeignet. Auch in Druckfarben für PVC wird es oft eingesetzt.

P.Br.25 wird außerdem in vielen speziellen Medien verwendet, so beispielsweise in Ölkünstler- und Aquarellfarben. Auch für Holzbeizen auf Lösemittelbasis ist dieses Braunpigment sehr interessant. Es ergibt sehr lichtechte Färbungen (Stufe 7), die überlackierecht sind.

Literatur zu 2.8

[1] E. Dietz und O. Fuchs, Farbe + Lack 79 (1973) 1058–1063.
[2] R.P. Schunck, K. Hunger in P.A. Lewis (ed.), Pigment Handbook, Vol. I, 523–533. Wiley, New York, 1988.
[3] E.F. Paulus und K. Hunger, Farbe + Lack 86 (1980) 116–120.
[4] K. Hunger, E.F. Paulus und D. Weber, Farbe + Lack 88 (1982) 453–458.
[5] E.F. Paulus, Z. f. Kristallogr. 160 (1982) 235–243.

2.9 Disazokondensations-Pigmente

Um im Vergleich mit Naphthol AS-Pigmenten zu lösemittelstabileren und migrationsechteren Pigmenten zu gelangen, sind verschiedene Methoden geeignet:

1. Die Herstellung von Salzen, d.h. verlackten Pigmenten (s. 2.7).
2. Die Einführung von zusätzlichen Carbonamidgruppen in das Pigmentmolekül (s. 2.8).
3. Die Vergrößerung des Pigmentmoleküls.

Arbeiten bei Ciba führten Anfang der fünfziger Jahre zunächst zu solchen roten Disazoverbindungen mit relativ hohen Molekulargewichten, den Disazokondensations-Pigmenten [1, 2]. Prinzipiell handelt es sich bei dieser Gruppe um Disazopigmente, die formal aus zwei Monoazoverbindungen aufgebaut sind, die wiederum über eine aromatische Diaminocarbonamid-Brücke verknüpft sind:

$$D-N=N-K-CONH-Ar-HNOC-K-N=N-D$$

D : Rest der Diazokomponente
K : Rest der Kupplungskomponente
Ar: bifunktioneller aromatischer Rest

Durch dieses Bauprinzip ist auch die Zahl der Carbonamidgruppen gegenüber einem Monoazopigment verdoppelt. Es ist naheliegend, daß sich dieses Bauprinzip sowohl für gelbe als auch für rote Disazopigmente anwenden läßt.

Im ersteren Fall besteht die Monoazoverbindung aus einem Monoazogelbpigment vom Acetessigsäurearylidtyp (s. 2.3), im letzteren Falle aus einem β-Naphthol-Derivat (s. 2.5) oder, unter Einbeziehung der Carboxylgruppe, einem BONS-Pigment. Zur Gelbreihe sind eigentlich auch Bisacetessigsäurearylid-Pigmente (s. 2.4.2) zu rechnen, aber die hier beschriebenen Disazokondensations-Pigmente zeichnen sich wegen weiterer Carbonamidgruppen in der Diazokomponente gegenüber diesen einfachen Disazopigmenten durch bessere Lösemittel- und Migrationsechtheiten aus. Die Herstellung der Disazokondensations-Pigmente läßt sich nicht in der üblichen Weise durchführen. Es war das Verdienst von M. Schmid bei Ciba, der mit dem von ihm gefundenen Syntheseweg die Voraussetzungen für die technische Herstellung dieser Pigmente schuf.

2.9.1 Chemie, Herstellung

Das formale Bauprinzip soll am Beispiel der roten Disazokondensations-Pigmente gezeigt werden: Zwei Monoazopigmente vom Naphthol AS-Typ sind gleichsam verdoppelt:

Naphthol AS-Typ   Typ der roten Disazokondensations-Pigmente

Die allgemeine Formel roter Disazokondensations-Pigmente lautet daher:

R_D entspricht den üblichen Substituenten für Diazokomponenten (s. z. B. 2.6.1), kann aber auch weitere über Phenylreste gebundene Carbonamidgruppen enthalten und A ist für technisch wichtige Pigmente vorwiegend ein Phenylen- oder Di-

2.9 Disazokondensations-Pigmente

phenylenrest, n ist eine Zahl zwischen 1 und 3. Dieses Bauprinzip schließt orange und braune Pigmente mit ein.

Bei den gelben Disazokondensations-Pigmenten gibt es zwei Bauprinzipien. Auch hier kann die Verbindung der beiden Monoazopigmente an der Seite der Kupplungskomponente erfolgen (Typ 1), daneben gibt es aber auch die Möglichkeit der Verknüpfung an der Seite der Diazokomponente (Typ 2).

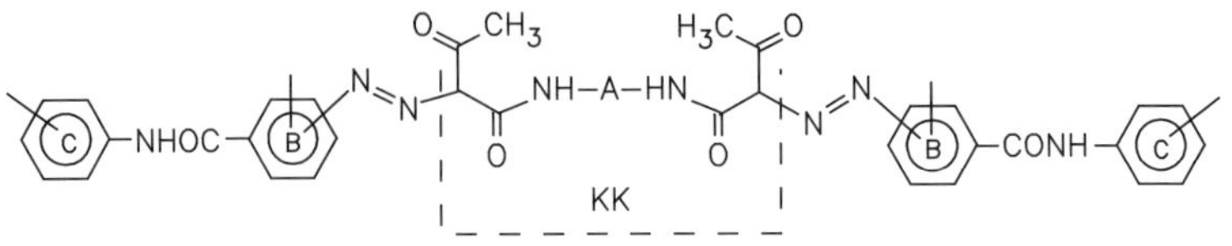

KK: Rest der Kupplungskomponente

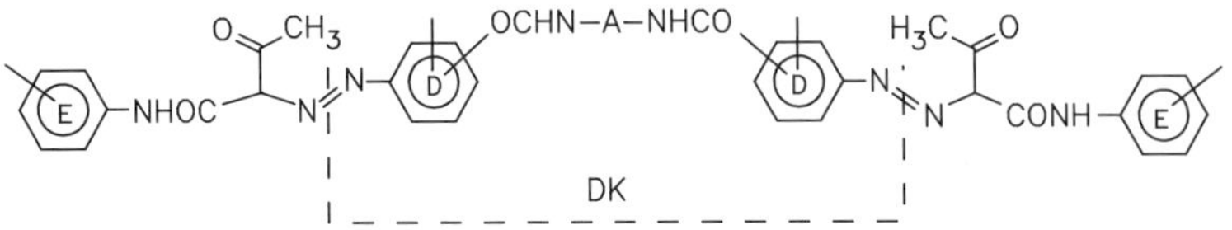

DK: Rest der Diazokomponente

Die Ringe B bis E in den beiden Formeltypen 1 und 2 können ebenfalls Substituenten, z. B. CH_3, OCH_3, OC_2H_5, Cl, NO_2, $COOCH_3$, CF_3, OC_6H_5, tragen.

Die Herstellung der Disazokondensations-Pigmente ist prinzipiell nach zwei Wegen möglich. Das soll an der Gruppe der roten Pigmente veranschaulicht werden.

Aus den Bestandteilen Amin, 2-Hydroxynaphthoesäure und aromatischem Diamin lassen sich die Pigmente auf den Wegen I und II herstellen:

Der naheliegende Weg I, d. h. Kondensation zum Dinaphthol mit anschließender Kupplung versagt hier meist, weil bei der Kupplung von zwei Äquivalenten diazotiertem Amin mit der bifunktionellen Kupplungskomponente uneinheitliche Produkte entstehen. Aufgrund der Schwerlöslichkeit fällt oft bereits die Monoazoverbindung aus und wird damit einer Weiterreaktion entzogen.

Es gibt zwar Wege, die diese Schwierigkeiten umgehen sollen, doch sind die dazu notwendigen Verfahren relativ aufwendig. So läßt sich durch physikalische Hilfsmittel, z. B. gründliches Vermahlen der Ausgangsprodukte, durch intensives Rühren der Reaktionskomponenten oder durch Reaktion in einer Mischdüse mit einem gewissen Überschuß an Dinaphthol diese Synthese durchführen. Man kann auch von einer Mischung aus Amin und Dinaphthol im organischen Lösemittel ausgehen und mit einem Alkylnitrit diazotieren oder von der Diazoaminoverbindung des zu kuppelnden Amins, das dann im organischen Lösemittel in Gegenwart von Eisessig mit dem Dinaphthol umgesetzt wird. Diese Verfahren sind

2.9.1 Chemie, Herstellung

DK: Rest der Diazokomponente

nicht generell anwendbar und führen nur teilweise zu einheitlichen Disazopigmenten.

Der entscheidende Schritt für eine technisch praktikable Synthese war die Durchführung der Reaktion nach dem umgekehrt ablaufenden Weg II: erst Kupplung, dann Kondensation.

Aus diazotiertem Amin und 2-Hydroxy-3-naphthoesäure wird zunächst im alkalischen Milieu die Monoazofarbstoff-Carbonsäure gebildet, die nach (azeotroper) Trocknung in organischen Lösemitteln, z.B. Mono- oder Dichlorbenzol, mit Phosphorhalogeniden oder Thionylchlorid zum Säurechlorid umgesetzt wird. Diese Reaktion verläuft nur in Gegenwart von katalytischen Mengen N,N′-Dimethylformamid einheitlich und unter sehr milden Bedingungen. Die anschließende Kondensation zweier Äquivalente des Monoazofarbstoff-Säurechlorids mit einem Äquivalent Diamin $H_2N-A-NH_2$ – nach diesem Schritt haben die Pigmente ihren Namen erhalten – erfolgt im organischen Lösemittel, wobei auch teilweise die Gegenwart eines säurebindenden Mittels (Natriumacetat, tertiäre organische Basen) beschrieben wird. Wegen der Reaktion in organischen Lösemitteln isoliert man diese Pigmente vorzugsweise in geschlossenen Filterapparaturen, vor allem in Drucknutschen.

Das Prinzip der Kupplung mit anschließender Kondensation wird auch auf die beiden Typen der Gelbreihe angewendet. Beim Typ 1 (s. S. 378) erfolgt Kupplung von zwei Äquivalenten diazotierter Aminobenzoesäure auf bisacetoacetyliertes aromatisches Diamin, vor allem Diaminobenzol, anschließende Säurechloridbildung zum Disazosäurechlorid und Kondensation mit 2 Äquivalenten eines meist carbonamidgruppen-tragenden Amins.

Beim Typ 2 (s. S. 378) verläuft die Synthese durch Kupplung von diazotierter Aminobenzoesäure auf Acetessigsäurearylid, Umwandlung der Säure in das Säurechlorid und Kondensation mit einem aromatischen Diamin (s. Formelschema im Anhang).

Durch das Kondensationsprinzip ist eine große Variationsmöglichkeit gegeben und damit eine sehr große Anzahl von Disazokondensations-Pigmenten herstellbar.

2.9.2 Eigenschaften

Disazokondensations-Pigmente sind im Farbtonbereich vom sehr grünstichigen Gelb über Orange bis zum blaustichigen Rot und Violett herstellbar. Auf dem Markt sind auch braune Pigmente dieser Klasse. Die Farbstärke der Handelsmarken ist als gut bis mittel zu bezeichnen; obwohl Disazopigmente, sind besonders Gelbmarken recht farbschwach.

Durch die Molekülverdoppelung und bei manchen Marken auch durch gröbere Teilchengrößen wird vor allem die Beständigkeit gegen viele organische Lösemittel verbessert. So sind die Pigmente der Gelbreihe beständig gegen Alkohole, aliphatische und aromatische Kohlenwasserstoffe, bluten aber etwas in Ketonen und Estern je nach den Substituenten im Molekül aus. Disazokondensations-Pigmente vom Naphthol AS-Typ weisen z. T. graduell etwas schlechtere Lösemittelbeständigkeiten auf. Sie sind nach den üblichen Testmethoden (s. 1.6.2.1) beispielsweise auch gegen Alkohole und aromatische Kohlenwasserstoffe nicht ganz beständig. Entsprechend der insgesamt aber guten Lösemittelechtheiten sind die Disazokondensations-Pigmente dieser Klasse meistens gut migrationsbeständig. Sie blühen nicht, viele von ihnen sind gut bis sehr gut ausblutbeständig bzw. überlackierecht, auch sind sie säure- und alkalibeständig. In vielen Medien, besonders in Kunststoffen erweisen sich die Disazokondensations-Pigmente oftmals als leicht dispergierbar; dies wird auf die in organischen Lösemitteln erfolgende Synthese zurückgeführt. Vielen dieser Pigmente ist hohe Lichtechtheit, zum Teil gute bis sehr gute Wetterechtheit eigen. Sie weisen vielfach auch vorzügliche Hitzestabilität auf.

2.9.3 Anwendung

Die im Vergleich mit Diarylgelb- und Naphthol AS-Pigmenten aufwendige Herstellung der Disazokondensations-Pigmente schlägt sich in einem entsprechenden Marktpreis nieder.

Sie werden daher besonders für hochwertige Medien und Artikel verwendet. Ihr Einsatzbereich erstreckt sich von Kunststoffen der verschiedensten Art über die Spinnfärbung und das Druckfarbengebiet bis zu Lacken und Anstrichfarben sowie speziellen Medien aus anderen Gebieten.

Für viele Pigmente dieser Klasse ist die PVC- und PO-Färbung der Schwerpunkt des Einsatzes auf dem Kunststoffgebiet. Aufgrund ihrer Molekülgrößen sind sie in Weich-PVC meist sehr gut migrationsbeständig; die Gelbmarken sind dabei insgesamt besser ausblutbeständig als die Rotmarken. Die Hitzebeständigkeit der Disazokondensations-Pigmente genügt voll den hier gestellten Forderungen für Weich- und Hart-PVC. Einige Marken der Gelbreihe sind recht farbschwach. Beispielsweise zum Einfärben von Weich-PVC in 1/3 ST unter Verwendung von 5% TiO_2 auf dem Mischwalzwerk sind zwischen ca. 0,7 und 2% bei gelben Disazokondensations-Pigmenten erforderlich, von Diarylgelbpigmenten, die allerdings ein niedrigeres allgemeines Echtheitsniveau aufweisen, im gleichen Farbtonbereich zum Vergleich nur zwischen ca. 0,3 und 1,0% Pigment. Bei Disazokondensations-Pigmenten der Rotreihe liegt der entsprechende Bereich zwischen ca. 0,5 und 1,4% Pigment. Die Lichtechtheit der Vertreter dieser Klasse genügt nahezu allen Anforderungen in diesem Medium. Für die Wetterbeständigkeit trifft das allerdings nicht ganz zu. So entspricht die Wetterechtheit in Hart-PVC – abgesehen von Pigment Brown 23 – im allgemeinen nicht den Anforderungen, die hier an Pigmente für Langzeitbewetterungen gestellt werden.

Einige Marken dieser Klasse finden auch in Polyolefinen breiteren Einsatz. Die verschiedenen Pigmente unterscheiden sich auch hier in ihrer Farbstärke zum Teil erheblich voneinander. Die zum Einfärben von HDPE in 1/3 ST bei Verwendung von 1% TiO_2 erforderliche Pigmentkonzentration beträgt je nach Vertreter dieser Pigmentklasse 0,18 bis 0,44%, d. h. sie variiert zwischen farbschwachem und farbstarkem Pigment um den Faktor 2,5. Die Hitzebeständigkeit der Disazokondensations-Pigmente liegt in 1/3 ST je nach Pigment zwischen 250 und 300 °C. Mehrere Disazokondensations-Pigmente beeinflussen die Schwindung von Polyethylen (s. 1.8.3.2) in stärkerem Maße. Bei größeren rotationssymmetrischen Teilen aus Polyolefinen und anderen teilkristallinen Kunststoffen kann es daher zu Verzugserscheinungen kommen. Auch andere Einsatzmedien, wie Elastomere, Polystyrol oder PUR, sind hier anzuführen.

Verschiedene Disazokondensations-Pigmente sind aufgrund ihrer guten Hitzebeständigkeit auch für die Spinnfärbung von Polypropylen gut geeignet. Sie werden dabei – ähnlich Pigmenten anderer Klassen – meist in Form von Präparationen, in denen die Pigmente bereits in dispergierter Form vorliegen, verwendet. Auch bei der Spinnfärbung von Polyacrylnitril werden verschiedene Marken verbreitet eingesetzt. Sie weisen dabei gute textile Echtheiten auf.

Auf dem Lackgebiet kommen einzelne Pigmente dieser Klasse, wie P.Y.128, für so hochwertige Lacke wie Autoserien- und -reparaturlacke in Betracht. Weitere Pigmente werden in allgemeinen Industrielacken eingesetzt. Sie sind dabei gut, einige von ihnen unter praktischen Bedingungen sogar einwandfrei überlackierecht. Weiterhin werden die Pigmente für Bautenlacke, vereinzelt auch für Dispersionsanstrichfarben verwendet.

Im Druckfarbenbereich sind Disazokondensations-Pigmente für alle Druckverfahren geeignet. Bevorzugt werden sie aber für hochwertige Verpackungsdruckfarben verwendet. Aufgrund guter Lösemittel- und Migrationsechtheiten sind die Pigmente für Spezialtiefdruckfarben auf Keton-Esterbasis zum Bedrucken z. B. von PVC-Folien, aber auch für Druckfarben für andere Bedruckstoffe gut geeignet. Pigmentpräparationen werden für diesen Einsatz angeboten.

Die Drucke der meisten Pigmente sind dabei einwandfrei beständig gegen viele im Verpackungssektor wichtige Produkte, wie Butter, Käse, Seife. Sie sind ebenso säure- und alkalibeständig, überlackier-, kalandrier- und sterilisierecht. Die Pigmente sind im Druck bis 60 Min. bei 160°C einwandfrei hitzebeständig; bei 200°C und einer Hitzebelastung von 15 Minuten zeigen sie nur geringe Farbänderungen. Sie sind damit auch für Blechdruckfarben gut geeignet. Ihre Lichtechtheit im Druck ist meistens sehr gut.

Verschiedene Pigmente dieser Klasse finden im Dekordruck für Schichtpreßstoff-Platten Verwendung. Auch in einer ganzen Reihe von Medien, die nicht in die genannten Anwendungsgebiete einzuordnen sind, wie Ölkünstlerfarben und Wachsmalkreiden, sind sie anzutreffen.

2.9.4 Im Handel befindliche Pigmente

Allgemein

Bei den gelben Disazokondensations-Pigmenten sind insbesondere solche vom Formel-Typ 1 von technischer Bedeutung. Hier reichen die Farbtöne vom stark grünstichigen bis zum rotstichigen Gelb. In der Naphthol-Reihe werden Farbtöne von Orange bis Rot und Violett sowie im Braunbereich angetroffen.

In den Sortimentslisten der Hersteller sind eine Anzahl technisch interessanter Disazokondensations-Pigmente genannt. Das sind in der Gelbreihe vor allem Pigment Yellow 93, 94, 95 und 128, in der Orange-, Rot- und Braunreihe Pigment Orange 31, Pigment Red 144, 166, 214, 220, 221, 242, 248 und Pigment Brown 23.

In Tabelle 24 werden im Handel befindliche Disazokondensations-Pigmente aufgeführt.

Einzelne Pigmente

Gelbreihe

Pigment Yellow 93

Das Pigment weist einen hellen grünstichigen bis mittleren Gelbton auf. Er entspricht naheliegend dem von P.Y.16.

Tab. 24: Im Handel befindliche Disazokondensations-Pigmente

Formel A	Formel B	Nuance	C.I. Name	Formel-Nr.	Patent, Literatur
Gelbreihe					
4-Cl-2-CH₃-phenyl	2-Cl-6-CH₃-phenyl	gelb	P.Y.93	20710	[3, 4]
2,5-Cl₂-phenyl	2-Cl-5-CH₃-phenyl	grünstichig-gelb	P.Y.94	20038	[5]
2,5-(CH₃)₂-phenyl	2-Cl-5-CH₃-phenyl	rotstichig-gelb	P.Y.95	20034	[3, 6]
4-CH₃-2-Cl-phenyl	2-CF₃-4-(4-Cl-phenoxy)-phenyl	grünstichig-gelb	P.Y.128	20037	
2,5-Cl₂-phenyl	2-Cl-6-CH₃-phenyl	gelb	P.Y.166	20035	
Orange-, Rot- und Braunreihe					
2-Cl-phenyl	[2-Cl-phenyl]₂	orange	P.O.31	20050	[3]

Tab. 24 (Fortsetzung)

Formel A	Formel B	Nuance	C.I. Name	Formel-Nr.	Patent, Literatur
2,5-Cl₂-C₆H₃-	2,5-Cl₂-C₆H₃-	blaustichig-rot	P.R.144	20735	[3, 7]
2,5-Cl₂-C₆H₃-	C₆H₄-	gelbstichig-rot	P.R.166	20730	[3]
2,5-Cl₂-C₆H₃-	2,5-Cl₂-C₆H₃-	blaustichig-rot	P.R.214	–	[8]
2-CH₃-5-COOCH₂CH₂Cl-C₆H₃-	2,5-(CH₃)₂-C₆H₃-	blaustichig-rot	P.R.220	20055	
2-Cl-5-COOCH(CH₃)₂-C₆H₃-	2,5-Cl₂-C₆H₃-	blaustichig-rot	P.R.221	20065	
2-Cl-5-CF₃-C₆H₃-	2,5-Cl₂-C₆H₃-	rotstichig-orange (scharlach)	P.R.242	20067	[8, 9]
2,5-[COOCH(CH₃)₂]₂-C₆H₃-	2,5-(CH₃)₂-C₆H₃-	blaustichig-rot	P.R.248	–	
–	–	blaustichig-rot	P.R.262	–	–
2-CH₃-5-COOCH₂CH₂CH₃-C₆H₃-	2,5-(CH₃)₂-C₆H₃-	rotstichig-braun	P.Br.23	20060	
2-NO₂-5-Cl-C₆H₃-	2-Cl-C₆H₄-	gelbstichig-braun	P.Br.42	–	[10]

Wesentliche Einsatzgebiete sind die Pigmentierung von Kunststoffen und die PP-Spinnfärbung. Bei guter Ausblutechtheit zeigt es in Weich-PVC gute bis mittlere Farbstärke. Zur Einstellung von Färbungen in 1/3 ST mit 5% TiO$_2$ sind ca. 0,85% Pigment erforderlich. Seine Lichtechtheit ist sehr gut. Sie entspricht in PVC der von P.Y.94 und ist sogar noch etwas besser als die von P.Y.95, erreicht aber nicht die des grüneren P.Y.128.

Die Wetterechtheit in Hart-PVC und in PVC-Plastisolen für Coil Coating nimmt bei Färbungen in 1/3 ST mit zunehmendem TiO$_2$-Gehalt deutlich rascher ab als die von P.Y.94 und P.Y.128. So entsprechen Färbungen der Pigmente mit 1% TiO$_2$ einander in der Wetterechtheit, während mit 5% TiO$_2$ die Färbungen von P.Y.93 merklich weniger wetterecht sind.

In HDPE ist das Pigment bei Färbungen in 1/3 ST (1% TiO$_2$) 1 Minute bis 290°C und 5 Minuten bis 270°C thermostabil. Es bewirkt bei Verarbeitungstemperaturen zwischen 220°C und 280°C einen Verzug, der oft tolerierbar ist, so daß die Beeinflussung der Schwindung selten eine Einschränkung seiner Anwendung erfordert. Die Lichtechtheit beträgt in 1/3 bis 1/25 ST (1% TiO$_2$) Stufe 7 der Blauskala. Entsprechend seiner sehr guten Hitzebeständigkeit wird das Pigment bei der Schmelzspinnfärbung von Polypropylen verwendet. Es ist auch hier sehr lichtecht. Die textilen Echtheiten – auch im Textildruck – sind sehr gut oder nahezu einwandfrei.

Für das Lackgebiet ist P.Y.93 ohne Bedeutung.

Ein Einsatz in graphischen Druckfarben kommt nur bei höheren Anforderungen, besonders für hochwertige Verpackungs- und Blechdruckfarben in Betracht.

Pigment Yellow 94

Das Pigment stellt das grünstichigste aller gelben Disazokondensations-Pigmente auf dem Markt dar. Es ist bei annähernd gleicher Farbtonreinheit etwas grüner als das zur gleichen Pigmentklasse zählende P.Y.128, aber nur etwa halb so farbstark. So benötigt man beispielsweise zum Einfärben von HDPE in 1/3 ST unter Verwendung von 1% TiO$_2$ 0,44%, aber nur 0,22% P.Y.128 oder 0,2% des etwas röteren P.Y.93.

P.Y.94 ist hervorragend thermostabil; seine Hitzebeständigkeit in HDPE reicht für Färbungen in 1/3 bis 1/25 ST (1% TiO$_2$) bis 300°C. Es zeigt hierbei eine erhebliche Schwindungsbeeinflussung des Kunststoffes. In PVC ist es ebenfalls sehr farbschwach. Zur Einstellung von Färbungen in 1/3 ST (5% TiO$_2$) sind 2,1% Pigment erforderlich. Das Pigment weist sehr gute Licht- und Wetterechtheit auf, auch in PVC-Plastisolen für Coil Coating. Die Migrationsechtheit ist auch in stark weichgestelltem PVC einwandfrei. Aufgrund seiner ausgezeichneten Thermostabilität kommt P.Y.94 auch für die PP-Spinnfärbung in Betracht. Daneben wird es in der Polyacrylnitril-Spinnfärbung verwendet.

Im Druckfarbenbereich kommt P.Y.94, ähnlich anderen Disazokondensations-Pigmenten, nur für hochwertige Druckerzeugnisse, besonders im Blechdruck, in

Frage. Die Wirtschaftlichkeit wird hier zusätzlich durch die geringe Farbstärke beeinträchtigt. Das im Handel befindliche Pigment weist in Übereinstimmung mit der vergleichsweise niedrigen spezifischen Oberfläche von ca. 35 m^2/g eine geringere Transparenz auf als andere Marken dieser Klasse. Seine Lichtechtheit ist im Vergleich mit dem feinteiligeren P.Y.128 merklich schlechter (ca. 1 Stufe) und entspricht darin etwa dem Diarylgelbpigment P.Y.113, das bei etwas grünerem Farbton wesentlich farbstärker ist. Im Dekordruck, d.h. bei Laminatpapieren für Schichtpreßplatten, zeigt P.Y.94 Plate-out auf den Metallplatten (s. 1.6.4.1).

Pigment Yellow 95

Das Pigment ergibt rotstichige Gelbtöne. Der Farbton liegt bei 1/3 ST zwischen denen der Diarylgelbpigmente P.Y.13 und P.Y.83.

Die Kunststoffeinfärbung und die Spinnfärbung sind ähnlich wie bei anderen Vertretern dieser Klasse als Haupteinsatzgebiete anzusehen. P.Y.95 ist farbstark; von den gelben Disazokondensations-Pigmenten ist es das farbstärkste. Zur Pigmentierung von Weich-PVC in 1/3 ST mit 5% TiO$_2$ sind 0,7% erforderlich, von dem grüneren P.Y.93 0,8%, von dem bei 1/3 ST noch grüneren P.Y.94 sogar 2,1%.

Vom farbtonähnlichen P.Y.13, das aber insgesamt ein deutlich niedrigeres Echtheitsniveau aufweist, sind hierzu 0,35% nötig. Die Lichtechtheit von P.Y.95 ist sehr gut. Sie erreicht in Weich- und Hart-PVC allerdings nicht die von P.Y.93.

In Polyolefinen ist die Hitzebeständigkeit des Pigmentes sehr gut; sie beträgt bei 1/3 ST 290, bei 1/25 ST (1% TiO$_2$) 270 °C. Auch hier ist P.Y.95 zum Teil erheblich farbstärker als andere Gelbmarken dieser Klasse. Es beeinträchtigt – geprüft in HDPE – im Spritzguß die Schwindung des Kunststoffes praktisch nicht. Die Lichtechtheit ist in 1/3 ST (1% TiO$_2$) mit Stufe 6 der Blauskala anzugeben. Als weiteres wichtiges Anwendungsgebiet ist die PUR-Einfärbung zu nennen. Auch in der Polypropylen-Spinnfärbung wird P.Y.95 aufgrund seiner guten Hitzebeständigkeit und Farbstärke eingesetzt. Bei Verwendung in der Polyacrylnitril-Spinnfärbung reichen allerdings Licht- bzw. Wetterechtheit für den Einsatz in Markisen u.ä. nicht aus (s. 1.8.3.8). Das Pigment wird auch im Textildruck eingesetzt.

Ähnlich wie bei anderen Vertretern dieser Klasse ist die Bedeutung von P.Y.95 in graphischen Druckverfahren gering. Sie beschränkt sich auf Spezialdruckfarben für hochwertige Druckartikel. Die Lichtechtheit entspricht in Buchdruck und Blechdruck etwa der von P.Y.93. Die Hitzebeständigkeit ist gut. Die Drucke sind u.a. beständig gegen Überlackieren und Sterilisieren und zeigen meist einwandfreie spezielle Gebrauchsechtheiten (s. 1.6.2). P.Y.95 kommt dementsprechend für Blechdruck und Verpackungstiefdruckfarben, wie Nitrocellulose-, Polyamid- oder Vinylchloridmischpolymerisat-Druckfarben, in Betracht.

Pigment Yellow 128

Das Pigment ist bei mittlerer Farbtiefe nach P.Y.94 das grünstichigste dieser Klasse im Handel und weist sehr gute allgemeine Echtheiten auf. Es ist gegen nahezu alle in färberisch wichtigen Medien verwendeten organischen Lösemittel ganz oder fast beständig. Seine Licht- und Wetterechtheit ist sehr gut, die Überlackierechtheit einwandfrei. Daher kommt es auch für Autolacke, selbst Autoserienlacke, in Betracht. Das Handelspigment ist entsprechend einer relativ hohen spezifischen Oberfläche von ca. 70 m^2/g ziemlich transparent und wird besonders in hochwertigen Industrielacken eingesetzt, wo es gute Farbstärke und hohen Glanz bringt, oder auch in Bautenlacken, u.a. für Grüntöne. Es kommt aber grundsätzlich auch für Dispersionsanstrichfarben in Betracht.

Auf dem Kunststoffgebiet wird der Einsatz von P.Y.128 im wesentlichen für PVC empfohlen. Es zeigt hierin mittlere Farbstärke. So sind für Färbungen in 1/3 ST mit 5% TiO$_2$ 1,35% Pigment erforderlich. Die Lichtechtheit ist sehr gut und beträgt in 1/3 ST Stufe 7-8 der Blauskala; auch die Wetterechtheit in diesem Medium und auch in PVC-Plastisolen für Coil Coating ist sehr gut. Das Pigment wird ebenfalls in Elastomeren eingesetzt. In HDPE erreicht seine Hitzebeständigkeit (5 Minuten) in 1/3 bis 1/25 ST (1% TiO$_2$) 250°C. Es beeinflußt dabei die Schwindung von Polyethylen nur in geringem Maße. Es ist auch für die Polyacrylnitril-Spinnfärbung geeignet und weist hier sehr gute Lichtechtheit und einwandfreie wichtige textile Echtheiten auf. Seine Wetterechtheit genügt aber nicht den Anforderungen für einen Außeneinsatz. P.Y.128 kommt daher besonders für Heimtextilien, wie Möbelstoffe, in Frage.

Auf dem Druckfarbengebiet kommt das Pigment für hochwertige Druckerzeugnisse in Betracht und ist wie andere Disazokondensations-Pigmente kalandrier- und sterilisierecht. Blechdruckfarben sind in diesem Industriezweig daher bevorzugtes Einsatzgebiet. Die Lichtechtheit von P.Y.128 ist gut und unter vergleichbaren Bedingungen um ca. 1 Stufe besser als die des zur gleichen Klasse zählenden grüneren P.Y.94 und des etwas röteren P.Y.93.

Pigment Yellow 166

Das Pigment wird auf dem japanischen Markt angeboten, hat aber bisher keine Bedeutung erlangen können.

Orange-, Rot- und Braunreihe

Pigment Orange 31

Das Pigment ergibt ein rötliches, etwas trübes Orange; es wird besonders für Brauntöne empfohlen.

P.O.31 wird zum Einfärben von Kunststoffen, besonders aber für die Polypropylen-Spinnfärbung eingesetzt und zählt innerhalb seiner Klasse zu den Pigmenten mit guter bis mittlerer Farbstärke.

In Weich-PVC ist P.O.31 nicht ganz ausblutbeständig. Die Lichtechtheit ist hier nur bei höheren Pigmentkonzentrationen zufriedenstellend, aber es ist ausgezeichnet hitzebeständig. In HDPE ist P.O.31 in 1/3 ST (1% TiO_2) bis 300 °C thermostabil, dabei zeigt es im Spritzguß eine starke Beeinflussung der Schwindung dieses Polyolefins (s. 1.8.3.2). In 1/3 ST ist die Lichtechtheit mit Stufe 6 der Blauskala zu bewerten. Das Pigment wird aufgrund seiner guten Hitzebeständigkeit besonders in der Polypropylen-Spinnfärbung, vor allem für Braun- und Beigetöne verwendet. Auch für den Textildruck kommt es in Frage. Wichtige textile Echtheiten sind sehr gut.

Pigment Red 144

P.R.144 ist ein mittleres bis schwach blaustichiges Rotpigment, dem wohl die größte technische Bedeutung innerhalb dieser Klasse zukommt. Es findet vielseitige Verwendung, wobei seine Haupteinsatzgebiete die Kunststoffeinfärbung und die Spinnfärbung sind. Die Handelsmarken des nadelförmigen Pigmentes unterscheiden sich merklich in ihren Teilchengrößen und damit in ihren coloristischen Eigenschaften, besonders ihrer Farbstärke. Die Beständigkeit gegen eine Reihe organischer Lösemittel ist geringer als die anderer Disazokondensations-Pigmente dieser Klasse, zum Beispiel von P.R.166.

Die Migrationsechtheit in Weich-PVC ist praktisch einwandfrei. P.R.144 ist eines der farbstärksten Disazokondensations-Pigmente. Zum Einfärben von PVC in 1/3 ST unter Verwendung von 5% TiO_2 sind ca. 0,7% Pigment nötig. Vergleichswerte sind bei anderen Pigmenten dieser und anderer Pigmentklassen angegeben. Das Pigment ist sehr lichtecht. Seine Wetterechtheit in Hart-PVC ist geringer, sie genügt nicht den Anforderungen einer Langzeitbewetterung.

P.R.144 ist in PE nach P.R. 221 das farbstärkste Pigment dieser Klasse, für Färbungen in 1/3 ST (1% TiO_2) sind 0,13% Pigment nötig. Es ist in HDPE in 1/3 bis 1/25 ST mit und ohne TiO_2 bis 300 °C thermostabil. Bei Verarbeitungstemperaturen zwischen 220 und 280 °C beeinflußt es die Schwindung des Kunststoffes in starkem Maße, was beim Einsatz im Spritzguß beachtet werden muß. Die Lichtechtheit ist ausgezeichnet und beträgt in HDPE für 1/3 ST-Färbungen (1% TiO_2) Stufe 7-8, in transparenten Färbungen sogar Stufe 8 der Blauskala.

P.R.144 ist auch geeignet für die Pigmentierung anderer Kunststoffe, wie Polystyrol, Polyurethan, Elastomere oder auch von Gießharzen, beispielsweise solchen aus ungesättigtem Polyester.

Das Pigment wird entsprechend seiner guten Hitzebeständigkeit und Lichtechtheit vor allem bei der Polypropylen-Spinnfärbung eingesetzt. In der Polyacrylnitril-Spinnfärbung wird es ebenfalls verwendet, genügt aber nicht den an Pigmente für den Markisensektor gestellten Anforderungen. Wichtige textile Eigenschaften sind sehr gut, Trocken- und Naßreibechtheit allerdings nicht einwandfrei (Stufe 4 der 5stufigen Grauskala).

Auf dem Druckfarbengebiet wird das Pigment – ähnlich anderen Marken der Klasse – für hochwertige Druckerzeugnisse verwendet. Die im Handel befindlichen Marken haben spezifische Oberflächen zwischen ca. 50 und 90 m^2/g und ergeben mehr oder weniger transparente Drucke. Eine Vielzahl im Verpackungssektor wichtiger spezieller Gebrauchsechtheiten (s. 1.6.2), wie Seifen-, Butter-, Käse- Paraffin-, Säure- und Alkaliechtheit, sind einwandfrei. Das Pigment ist silberlackbeständig und sterilisierecht und deshalb für den Blechdruck geeignet. Die Lichtechtheit ist sehr gut, sie liegt im Buchdruck je nach Pigmentflächenkonzentration zwischen Stufe 6 und 7 der Blauskala und ist – besonders bei niedriger Pigmentflächenkonzentration (1/25 ST) – etwas geringer als die von P.R.166.

Auf dem Lackgebiet wird P.R.144 für allgemeine Industrielacke, Autolacke und Bautenlacke empfohlen.

Pigment Red 166

Das Pigment ergibt reine, gelbstichige Rottöne. Es ist ebenso vielseitig einsetzbar wie das etwas blaustichigere Disazokondensations-Pigment P.R.144. Haupteinsatzgebiete aber sind die Kunststoff- und die Spinnfärbung.

Bei der Kunststoffeinfärbung sind in erster Linie PVC und Polyolefine zu nennen. In Weich-PVC ist P.R.166 praktisch ausblutecht. Farbtonähnliche Pigmente anderer Klasse verhalten sich hinsichtlich Migrations- und Lichtechtheit oder auch Hitzestabilität zum Teil erheblich schlechter, d.h. sie kommen als preiswertere Alternative nur in Frage, wenn für die Anwendung geringere Anforderungen bestehen.

P.R.166 zeigt für ein Pigment dieses Farbtonbereiches mittlere bis gute Farbstärke. So werden zur Einfärbung von PVC in 1/3 ST bei Einsatz von 5% TiO$_2$ je nach Handelsmarke zwischen 0,9 und 1,2% Pigment benötigt. Die im Handel befindlichen Marken dieses Typs besitzen mittlere bis hohe Deckfähigkeit. Die Lichtechtheit in PVC ist sehr gut, ebenfalls die Wetterechtheit. Sie genügt aber oft nicht den Anforderungen längerer Außenbewetterung.

In Polyolefinen ist P.R.166 hervorragend thermostabil, z.B. in HDPE (1/3 ST; 1% TiO$_2$) bis 300°C. In diesem Medium bewirkt es allerdings bei allen Verarbeitungstemperaturen starke Verzugserscheinungen. Seine Lichtechtheit entspricht in transparenten Färbungen von HDPE Stufe 8, in Polypropylen Stufe 7 der Blauskala, in 1/3 ST mit 1% TiO$_2$ Stufe 6-7 bzw. 7. Das Pigment wird wegen dieser Eigenschaften auch in der Polypropylen-Spinnfärbung verwendet, ebenso in der Polyacrylnitril-Spinnfärbung, genügt aber in letzterem Falle nicht den beispielsweise an Markisen gestellten hohen Anforderungen an Licht- bzw. Wetterechtheit. Auch hier sind die textilen Eigenschaften ganz oder nahezu einwandfrei. P.R.166 kommt weiterhin zur Einfärbung von Polystyrol, Gummi und anderen Elastomeren, von Polyurethan, beispielsweise für Beschichtungen, und von Gießharzen aus ungesättigtem Polyester oder von Aminoplasten in Betracht.

Auf dem Lackgebiet wird das Pigment für hochwertige Industrielacke, auch für Automobilserien- und -reparaturlacke, sowie für Bautenlacke und Dispersionsanstrichfarben empfohlen. In Einbrennlacken zeigt es in tiefen (1:1 TiO_2) und aufgehellten (1:20 TiO_2) Farbtönen eine gute Wetterechtheit, die aber nicht die des etwas gelberen – und wesentlich reineren – Anthanthron-Pigmentes P.R.168 (s. 3.6.4.2) erreicht. In diesen Systemen ist es z. B. bei 120°C Einbrenntemperatur in einem Alkyd-Melaminharzlack praktisch überlackierecht.

P.R.166 wird auf dem Druckfarbensektor wie andere Vertreter dieser Klasse für hochwertige Druckerzeugnisse, besonders im Verpackungsdruck, verwendet. Grundsätzlich kann es in allen Druckverfahren eingesetzt werden. Das Pigment ist überlackier- und sterilisierecht, und wird daher besonders für den Blechdruck empfohlen. Es liefert sehr lichtechte Drucke. Im Buchdruck sind diese in 1/1 bis 1/3 ST mit Stufe 7 der Blauskala zu bewerten. Damit ist es lichtechter als das etwas blauere Disazokondensations-Pigment P.R.144. Im Verpackungsdruck häufig geforderte Gebrauchsechtheiten, wie Beständigkeit gegen Alkali, Säuren, Seifen, Fette, Paraffin usw., sind einwandfrei. Als weiteres Einsatzgebiet ist der Textildruck zu nennen.

Pigment Red 214

Der Farbton des Pigmentes liegt im mittleren bis blaustichigen Rotbereich. Die Beständigkeit gegen organische Lösemittel ist mittelmäßig; sie entspricht der anderer Pigmente dieser Klasse. Überlackierechtheit und Lichtechtheit sind sehr gut. Die Wetterechtheit erreicht dagegen nicht ganz die Werte verschiedener anderer Typen dieser Pigmentklasse, beispielsweise von P.R.242.

Auf dem Lackgebiet kommt ein Einsatz von P.R.214 besonders in Industrielakken verschiedener Art in Frage. Im Kunststoffbereich zeigt es sehr gute Farbstärke. In HDPE beispielsweise sind für Färbungen in 1/3 ST (1% TiO_2) 0,13% Pigment erforderlich. Der Farbton ist bei etwas größerer Reinheit dem des zur gleichen Pigmentklasse zählenden P.R.144 sehr naheliegend. Diesem gleicht es auch in der Farbstärke. Wegen der starken Beeinflussung des Schwindungsverhaltens ist der Einsatz des Pigmentes im Spritzguß ebenfalls Einschränkungen unterworfen. Bemerkenswert ist die ausgezeichnete Hitzestabilität, die beispielsweise in HDPE für Färbungen in 1/3 bis 1/25 ST mit 1% TiO_2, sowie auch in transparenten Färbungen des gleichen Farbtiefebereiches, bis 300°C reicht. Auch für die PP-Spinnfärbung ist P.R.214 von Bedeutung. Es weist gute textile Echtheiten auf. In Weich-PVC ist es farbstark, aber nicht ganz ausblutecht. Für Polystyrol und eine Reihe technischer Kunststoffe kommt P.R.214 ebenfalls in Betracht.

Wie andere Pigmente dieser Klasse steht P.R.214 besonders für hochwertige Druckfarben, beispielsweise für den Plakatdruck, Spezialtiefdruck auf PVC-Folien und den Blechdruck, zur Verfügung. Die Drucke weisen gute Gebrauchsechtheiten, wie Seifen-, Alkali- und Säureechtheit auf und sind bis 200°C thermostabil, silberlack- und kalandrierecht.

Pigment Red 220

Das Pigment ergibt ein gelbstichiges Rot, das im Vergleich mit P.R. 166 blaustichiger, mit P.R.144 etwas gelbstichiger ist. Gegenüber letzterem ist es wesentlich farbschwächer. Für HDPE-Färbungen in 1/3 ST (1% TiO_2) sind 0,31% Pigment notwendig. Das Schwindungsverhalten dieses Kunststoffes im Spritzguß wird bei Verarbeitungstemperaturen von 220°C durch P.R.220 in einem Maße beeinflußt, das häufig noch akzeptiert wird; bei 260°C ist der Einfluß des Pigmentes nur noch gering. Die Hitzebeständigkeit des Pigmentes liegt bei Färbungen in 1/3 ST bei 300°C, seine Lichtechtheit bei Stufe 7 der Blauskala. Es ist daher für die Polypropylen-Spinnfärbung gut geeignet und wird auch in der Polyacrylnitril-Spinnfärbung eingesetzt.

Pigment Red 221

Der Farbton dieses Pigmentes ist ein schwach blaustichiges Rot. Auch sein Haupteinsatzgebiet ist der Kunststoffsektor, und zwar besonders die PVC- und PUR-Einfärbung. Die Migrationsechtheit in Weich-PVC genügt den meisten Anforderungen. Das Pigment ist hier sehr farbstark und in volleren Tönen der farbstärkste Vertreter seiner Klasse. Zum Einfärben von PVC in 1/3 ST bei einem TiO_2-Gehalt von 5% sind nur 0,58% Pigment notwendig; in stärkeren Aufhellungen entspricht die Farbstärke der anderer Disazokondensations-Pigmente des Rotbereiches. Die Lichtechtheit ist dagegen geringer als die vieler anderer Typen. P.R.221 zeigt bei der Verarbeitung in PVC kein Plate-out.

Ein Einsatz in Polyolefinen wird nicht empfohlen, es verursacht hier auch starke Verzugserscheinungen. Dagegen kommt das Pigment für hochwertige Druckfarben, besonders für den Blechdruck, in Betracht.

Pigment Red 242

Der Farbton dieses Pigmentes ist gelbstichig-rot und als Scharlach zu bezeichnen. Es weist gute bis sehr gute Beständigkeit gegen organische Lösemittel wie Alkohole, Ester, Ketone und aliphatische Kohlenwasserstoffe auf; gegen aromatische Kohlenwasserstoffe ist es weniger beständig. Es ist wie die anderen Vertreter dieser Pigmentklasse alkali- und säureecht.

Im Kunststoffbereich ist P.R.242 für PVC ebenso geeignet wie für Polyolefine, Polystyrol und andere technische Kunststoffe. Es weist mittlere Farbstärke auf. Zur Einstellung von HDPE-Färbungen in 1/3 ST (1% TiO_2) sind 0,2% Pigment erforderlich. Dabei ist es bis 300°C thermostabil.

Färbungen in 1/25 ST (1% TiO_2) sowie transparente Färbungen in 1/3 bis 1/25 ST sind noch bis 280°C stabil. Das Pigment beeinflußt das Schwindungsverhalten des Kunststoffes in starkem Maße. Es ist auch für die PP-Spinnfärbung interessant und steht hierfür als Präparation zur Verfügung. In Weich-PVC weist das

Pigment gute Ausblutechtheit auf und zeigt mittlere Farbstärke. Für Färbungen in 1/3 ST (5% TiO_2) sind 1,1% Pigment erforderlich. Aufgrund seiner guten Hitzestabilität kommt das Pigment auch für die Einfärbung von Polystyrol, ABS, PMMA und Polyester in Frage.

P.R.242 wird auch im Lackgebiet verwendet, und zwar in Industrielacken verschiedener Art; es wird auch für Automobillacke empfohlen. Licht- und Wetterechtheit sind sehr gut, erreichen allerdings nicht annähernd die des merklich gelberen Anthanthron-Pigmentes P.R.168. Das Pigment ist überlackierecht und bis über 180 °C thermostabil. Auch für Dispersionsanstrichfarben auf Kunstharzbasis wird es verwendet.

Im Druckfarbenbereich wird P.R.242 in hochwertigen Systemen, beispielsweise in Druckfarben für PVC-Folien oder Blechdruck, eingesetzt. Es zeigt dabei gute Gebrauchsechtheiten. In Monostyrol blutet es aus, so daß es für den Dekordruck für Schichtpreßstoff-Platten auf Styrol/Polyesterbasis nicht in Betracht kommt.

Pigment Red 248

Es handelt sich um ein seit wenigen Jahren auf dem Markt befindliches Pigment für die Kunststoff-, besonders die Polyolefin- und Polystyroleinfärbung, das blaustichige Rotnuancen liefert. Es wird z. Zt. vom Markt zurückgezogen.

In HDPE ist es in 1/3 ST mit 1% TiO_2 bis 290 °C hitzestabil. Mit steigender Verarbeitungstemperatur verursacht es beim Spritzguß in diesem Kunststoff in zunehmendem Maße Verzugserscheinungen. Während diese bei 220 °C noch im tolerierbaren Grenzbereich liegen, tritt ab 250 °C eine deutliche Beeinflussung der Schwindung ein. P.R.248 zählt zu den Pigmenten dieser Klasse mit guter Farbstärke und ist in dieser Hinsicht mit P.R.166 vergleichbar. Für Färbungen in 1/3 ST (1% TiO_2) sind 0,16% Pigment erforderlich. Seine Lichtechtheit ist in HDPE bei 1/3 ST mit Stufe 7 der Blauskala zu bewerten. Für die Polypropylen-Spinnfärbung wird es nicht empfohlen.

P.R.248 ist in Weich-PVC sehr gut ausblutbeständig. In transparenten Färbungen liegt die Lichtechtheit hier bei Stufe 8, in 1/3 ST bei Stufe 7 der Blauskala. Die Wetterechtheit, beispielsweise in PVC-Plastisolen für Coil Coating, erreicht nicht ähnlich gute Bewertungen. Der Einsatz dieses Pigmentes wird auch für Elastomere, Polyurethan und ungesättigten Polyester empfohlen.

Pigment Red 262

Das vor kurzem in den Handel gebrachte Pigment ergibt blaustichige Rotnuancen. Es wird besonders für die Polypropylenspinnfärbung, generell aber auch für die anderen Einsatzgebiete, die dem Eigenschaftsprofil der Disazokondensations-Pigmente entsprechen, empfohlen.

Pigment Brown 23

Das Pigment ergibt in Anwendungsmedien rötliche Braunnuancen. In vielen seiner Einsatzgebiete konkurriert es mit dem coloristisch ähnlichen, etwas röteren und transparenteren P.Br.25.

Die Beständigkeit von P.Br.23 gegen organische Lösemittel ist ähnlich der der Rotmarken dieser Klasse, d.h. etwas schlechter als die der Gelb-Marken. Sie beträgt gegen verschiedene Ketone, Ester und Alkohole sowie gegen Dioctylphthalat und Dibutylphthalat Stufe 3-4 bzw. 4 der 5stufigen Bewertungsskala.

P.Br.23 wird auf vielen Gebieten verwendet, aber bedeutendstes Einsatzgebiet ist auch hier die Kunststoffeinfärbung.

In Weich-PVC zeigt es eine mittlere bis gute Farbstärke. Für Färbungen in 1/3 ST (5% TiO_2) wird 0,75% Pigment benötigt. Es ist nicht ganz ausblutecht (Stufe 4), aber vorzüglich lichtecht und sehr gut wetterecht. So kommt es in Hart-PVC auch für Langzeitbewetterung in Betracht. Wichtiges Einsatzgebiet ist dabei die Einfärbung von Fensterprofilen und ähnlichen Teilen.

In Polyolefinen ist die Hitzestabilität sehr gut; für Färbungen in 1/3 ST mit 1% TiO_2 sowie in transparenten Färbungen in 1/3 ST (5 Minuten Hitzeeinwirkung) ist sie in HDPE mit 300°C anzugeben. Im Spritzguß beeinflußt das Pigment die Schwindung des Kunststoffes bei 220°C stark, mit steigender Temperatur aber immer weniger (s.1.8.3.2).

P.Br.23 ist ähnlich wie die anderen Vertreter dieser Reihe auch für Elastomere geeignet. In Anbetracht der geringen Echtheiten von Gummi selbst, kommt sein Einsatz aber nur in hochwertigen Elastomeren in Frage. Auch für Polystyrol, in dem es in transparenter Färbung 5 Minuten bis 280°C, in starken Aufhellungen mit TiO_2 (0,01% Pigment + 0,5% TiO_2) bis 240°C stabil ist und eine Lichtechtheit von Stufe 7 bzw. 5 der Blauskala hat, wird es empfohlen. Aufgrund seiner guten Echtheiten wird P.Br.23 auch bei der Polyacrylnitril-Spinnfärbung eingesetzt, wobei seine Licht- und Wetterechtheit nicht den hohen, z.B. für Markisen gestellten Anforderungen entspricht.

Auf dem Lackgebiet kommt P.Br.23 besonders für Industrielacke in Frage. In Übereinstimmung mit seinen Lösemittelechtheiten ist P.Br.23 in ofentrocknenden Lacken bei einer Einbrenntemperatur von 120°C nicht ganz überlackierecht. Es ist hier sehr licht- und wetterecht. In tiefen Farbtönen (1:1 TiO_2) erreicht es Stufe 8, in hellen (1:20 TiO_2) Stufe 7-8 der Blauskala; seine Wetterechtheit wurde in diesem Medium nach 2 Jahren Exposition mit Stufe 4-5 bzw. 3-4 der Grauskala (s. 1.6.6) bestimmt. Im Autolacksektor wird es für Reparatur- und Autobandlacke empfohlen. Dispersionsanstrichfarben und hochwertige Bautenlacke sind weitere Anwendungsgebiete. Auch in Holzbeizen verschiedener Art und anderen speziellen Medien wird es eingesetzt.

Im Druckfarbenbereich kann P.Br.23 in allen Druckverfahren verwendet werden. Aufgrund seines Farbtones und seiner Echtheitseigenschaften ist es dabei besonders für den Druck von Holzimitationen, z.B. auf PVC, geeignet. Die Drucke sind gut silberlackbeständig. Beim Sterilisieren tritt eine gewisse Farbänderung des Druckes nach Gelb auf. Die Lichtechtheit ist gut und beträgt für

Buchdruck-Andrucke in 1/1 bis 1/25 ST unter standardisierten Bedingungen bezüglich Bedruckstoff Stufe 6-7 bzw. 6 der Blauskala.

Pigment Brown 41

Das erst vor wenigen Jahren in den Handel gebrachte Disazokondensations-Pigment ergibt sehr gelbstichige Brauntöne, die im Farbtonbereich des vom Markt verschwundenen Benzimidazolon-Pigmentes P.Br.32 liegen. In seinen Echtheiten und anwendungstechnischen Eigenschaften entspricht P.Br.41 weitgehend anderen Vertretern dieser Pigmentklasse.

In PVC weist es mittlere Farbstärke auf, wobei es gutes Deckvermögen zeigt. Die Ausblutechtheit in weichgestelltem PVC ist nicht einwandfrei. Auch in Polyolefinen zeigt es mittlere Farbstärke. Für Färbungen von HDPE in 1/3 ST mit 1% TiO_2 sind 0,21% Pigment erforderlich. Die Hitzestabilität dieser Färbungen reicht bis 300°C.

P.Br.41 zeigt auch in Lacken hohes Deckvermögen, sodaß es für Metallic-Lackierungen nicht attraktiv ist. Seine Farbstärke ist hier vergleichsweise gering. Es ist einwandfrei überlackierecht. Die Handelsmarke zeigt in verschiedenen Lacksystemen Flockung.

Pigment Brown 42

Auch dieses Braunpigment ist erst vor wenigen Jahren auf den Markt gekommen. Es ergibt gelbstichige Brauntöne, die noch gelber sind als die des P.Br.41. Es wird besonders für Hart-PVC empfohlen, in dem es mittlere Farbstärke aufweist. Für Färbungen in 1/3 ST (5% TiO_2) werden 0,85% Pigment benötigt. Es ist sehr gut licht- und wetterecht, weshalb es auch für Langzeitbewetterung in Betracht kommt. In Weich-PVC ist es wie die anderen Braunmarken dieser Pigmentklasse nicht ganz ausblutbeständig (Stufe 3-4). In HDPE erreicht seine Hitzebeständigkeit (5 Minuten) in 1/3 ST mit 1% TiO_2 280°C; sie ist somit sehr gut. Für solche Färbungen in 1/3 ST sind 0,22% Pigment nötig.

Literatur zu 2.9

[1] Max Schmid, DEFAZET Dtsch. Farben Z. 9 (1955) 252–255.
[2] H. Gaertner, J. Oil and Colour Chem. Assoc. 46 (1963) 13–46.
[3] NPIRI (National Printing Ink Research Institute) Raw Materials Data Handbook, Vol. 4 Pigments; National Print. Ink. Res. Inst., Bethlehem, Penn. USA, 1983.
[4] Ciba, DE-PS 1150165 (1957); DE-PS 1544453 (1964).
[5] Dainichi Seika, DE-OS 2312421 (1972).
[6] Ciba, DE-PS 1150165 (1957).
[7] Ciba, DE-OS 1644117 (1966).
[8] P.A. Lewis (ed.), Pigment Handbook, Bd. 1, S. 724, J. Wiley, New York, 1988.
[9] B.L. Kaul, J. Col. Chem. 12 (1987) 349–354; B.L. Kaul, Soc. Plastics Eng. 1989, 213–226.
[10] B.L. Kaul, Rev. Prog. Coloration 23 (1993) 19–35.

2.10 Metallkomplex-Pigmente

Neben der großen Gruppe der Kupferphthalocyanin-Pigmente (3.1) haben, von wenigen Ausnahmen abgesehen, andere Metallkomplexe als Pigmente mit technisch interessanten Eigenschaften erst in jüngerer Zeit eine gewisse Bedeutung erlangt [1,2]. Wasserlösliche Metallkomplexe, besonders der Azoreihe, spielen als Farbstoffe in der Textilfärberei schon lange eine große Rolle. Neben wenigen Azometallkomplexen als Pigmente werden jetzt auch Azomethinmetallkomplexe angetroffen.

Wenn man vom Alizarin-„Lack" absieht, der in neuerer Zeit als Aluminium-Calcium-Komplex formuliert wird [3] (s. 3.6.2), ist das älteste bekannte Metallkomplex-Pigment ein Eisenkomplex. 1885 wurde durch O.Hoffmann der Eisenkomplex des 1-Nitroso-2-naphthols beschrieben, der seit 1921 durch die BASF, damals als Pigmentgrün B (Pigment Green 8, 10006), technisch genutzt wurde.

Das Pigment ist heute neben Kupferphthalocyaningrün-Pigmenten technisch nur noch von geringem Interesse.

1946 wurde von Du Pont ein Nickel-Azokomplex-Pigment beschrieben und 1947 als „Green Gold" (Pigment Green 10, 12775) auf den Markt gebracht. Es war lange Zeit das licht- und wetterechteste Azopigment im grünstichig-gelben Farbtonbereich.

Die Entwicklung zu noch echteren Metallkomplex-Pigmenten der Azo- und Azomethinreihe wurde dann erst Anfang der siebziger Jahre mit der Ausgabe von Pigmenten chemisch neuer Strukturen fortgesetzt.

Die Gruppe dieser Metallkomplex-Pigmente hat wegen ihrer wirtschaftlich günstigen Herstellung und ihrer guten Echtheitseigenschaften heute einen zwar begrenzten, aber festen Platz in den Sortimenten organischer Pigmente gefunden.

2.10.1 Chemie, Herstellung

Technisch interessante Metallkomplex-Pigmente sind in der Azoreihe die aus aromatischen o,o'-Dihydroxyazoverbindungen, in der Azomethinreihe die aus aromatischen o,o'-Dihydroxyazomethin-Verbindungen herstellbaren Nickel- oder Kupferkomplexe.

Azoreihe:

Azomethinreihe:

Die aromatischen Reste sind gegebenenfalls substituierte Benzol- oder Naphthalinringe. Bei den Azomethin-Pigmenten kann nur eine Form des Metallkomplexes bestehen, im Unterschied zu den Azometallkomplexen, bei denen die Formen **31** und **32** vorliegen können:

31   32

Es dient immer dasjenige Stickstoffatom als Ligand, das am weniger nukleophilen aromatischen Rest hängt. Ähnlich wie bei den bisher durch dreidimensionale Röntgen-Strukturanalyse aufgeklärten gelben und roten Monoazopigmenten (s. 2.3.1.1; 2.5.1) liegen offenbar auch die Chelat-6-Ringe der Azometallkomplexe in der Chinonhydrazon- und nicht in der Hydroxyazo-Form vor [4].

Die technisch interessanten Metallkomplex-Pigmente enthalten meist die koordinativ vierwertigen $Cu^{\oplus\oplus}$- oder $Ni^{\oplus\oplus}$-Ionen, seltener $Co^{\oplus\oplus}$-Ionen. Die vierte Koordinationsstelle ist dabei meist durch ein Lösemittelmolekül (mit freiem Elektronenpaar) besetzt. Sie kann, z. B. bei Azokomplexen, aber auch durch das zweite Stickstoffatom eines weiteren Farbstoffmoleküls besetzt sein. Im letzteren Falle erhält man Schichtkomplexe [5]. Die Kupfer- und Nickelkomplexe sind meist planar gebaut.

Eine wichtige Voraussetzung für den Pigmentcharakter aller Metallkomplexe ist natürlich die Abwesenheit löslichmachender Gruppen im Molekül.

2.10.1.1 Azo-Metallkomplexe

Das bereits erwähnte Pigment Green 10 ist der 1:2-Nickelkomplex des Azopigmentes aus p-Chloranilin und 2,4-Dihydroxy-chinolin (**33**):

33

Seine Herstellung erfolgt durch übliche Kupplung von diazotiertem 4-Chloranilin auf 2,4-Dihydroxy-chinolin mit nachfolgendem Umsatz mit einem Nickel-II-Salz.

Da bei der Komplexbildung Protonen freiwerden, können in manchen Fällen Zusätze basischer Mittel (z. B. von Natriumacetat) einen günstigeren Reaktionsverlauf und höhere Ausbeuten erwirken.

Ein interessantes Azometallkomplex-Pigment stellt der Nickelkomplex der Azobarbitursäure (**34**) dar [6]:

34

Hierbei handelt es sich vermutlich um einen 1:1-Schichtkomplex [5].

Aus Barbitursäure und p-Toluolsulfonylazid erhält man durch eine sogenannte Diazogruppenübertragungsreaktion Diazobarbitursäure, aus der mit weiterer Barbitursäure Azobarbitursäure gebildet wird [7]. Dann erfolgt die Komplexierung mit einem Nickel-II-Salz zu einem grünstichig-gelben Pigment.

Andere Komplexierungsmethoden

Neben dem Umsatz der o,o'-Dihydroxyazoverbindung mit einem Metallsalz sollen hier noch zwei Varianten erwähnt werden, obwohl diese hauptsächlich bei Azometallkomplex-Farbstoffen angewendet werden.

402   *2.10 Metallkomplex-Pigmente*

Die entmethylierende Kupferung muß unter energischeren Bedingungen, d.h. bei Temperaturen über 100 °C (oft unter Druck) ausgeführt werden. Ausgangsmaterial dafür sind o-Hydroxy-o'-methoxyazoverbindungen.

Bei der oxidativen Kupferung wird eine o-Hydroxyazoverbindung mit einem Kupfer-II-Salz in Gegenwart von Hydrogenperoxid umgesetzt. Beide Verfahren erweitern durch die vergrößerte Auswahl von Diazokomponenten die Synthesemöglichkeit von Metallkomplex-Verbindungen [8, 9].

2.10.1.2 Azomethin-Metallkomplexe

An technisch interessanten Pigmenten sind Kupfer-, Nickel- und Kobaltkomplexe bekannt. Die Herstellung dieser Komplexe geschieht durch Kondensation von aromatischen o-Hydroxyaldehyden mit aromatischen o-Hydroxyaminen, das sind vorwiegend o-Aminophenole, im wäßrigen Milieu oder in organischen Lösemitteln bei Temperaturen von 60 bis 120 °C. Die entstehenden, meist orange bis roten Azomethine werden entweder zwischenisoliert oder direkt durch Zugabe eines Cu-, Ni- oder Co-II-Salzes, wiederum bei erhöhten Temperaturen, aber in jedem Fall in Gegenwart eines Lösemittels, zu den weitgehend unlöslichen Azomethinmetallkomplexen umgesetzt. Auch hier kann die Gegenwart einer basischen Verbindung die Reaktion manchmal günstig beeinflussen.

Ein anderes Strukturprinzip, das allerdings keine typischen Azomethin-Verbindungen verkörpert, sind Nickelkomplexe von Diiminobuttersäureaniliden (**35**):

$R^2, R^4, R^5 : H, CH_3, OCH_3$

Ihre Herstellung geht von den entsprechend substituierten Acetessigsäureaniliden aus, die zunächst mit Natriumnitrit in Essigsäure nitrosiert und anschließend im selben Reaktionsgefäß durch Hydroxylamin in das Oxim überführt werden. Anschließend erfolgt mit einem Ni-(II)-Salz die Metallkomplexbildung:

Ein wiederum anderes Strukturprinzip wird in Metallkomplex-Pigmenten auf der Basis von Isoindolinon verwirklicht. So erhält man durch Kondensation von Amino-iminoisoindolinon (Iminophthalimid) mit 2-Aminobenzimidazol in hochsiedenden Lösemitteln ein Azomethin (**36**), das mit Salzen zweiwertiger Metalle wie Co, Cu, Ni zu gelben Azomethin-Metallkomplex-Pigmenten reagiert [10].

Der Kobaltkomplex ist als P.Y.179, 48125 im Handel (Tab. 25). Bei der Herstellung von Pigment Yellow 177, 48120, wird anstelle von 2-Aminobenzimidazol 2-Cyanmethylenbenzimidazol mit Iminophthalimid umgesetzt.

Näheres über Co-Komplexe siehe [11].

2.10.2 Eigenschaften

Der Farbtonbereich der im Handel befindlichen Azo- und Azomethin-Metallkomplex-Pigmente reicht vom stark grünstichigen bis zum rotstichigen Gelb und gelbstichigen Orange. Sie weisen gegenüber ihren Grundkörpern, den entsprechenden Azo- bzw. Azomethin-Verbindungen, oft deutlich trübere Nuancen auf, wobei der Farbton gelber Grundkörper in Richtung Grün-Gelb verschoben wird.

404   *2.10 Metallkomplex-Pigmente*

Durch die Komplexbildung werden Licht- und Wetterechtheit sowie die Lösemittel- und Migrationsechtheiten im Vergleich mit den metallfreien Grundkörpern beträchtlich verbessert.

Eine Reihe der im Handel befindlichen Pigmente dieser Klasse zeichnet sich durch hohe Transparenz aus. Ihre Farbstärke läßt allerdings zum Teil zu wünschen übrig. Die Licht- und Wetterechtheit ist im allgemeinen als sehr gut zu bezeichnen; von einigen ist sie ausgezeichnet. Während Überlackierechtheit bei einigen Pigmenten unter praxisüblichen Verarbeitungsbedingungen, beispielsweise bis zu Temperaturen von 160 °C gegeben ist, bluten andere bereits unterhalb von 120 °C mehr oder weniger stark aus. Auch die Hitzebeständigkeit dieser Pigmentklasse variiert in einem weiten Bereich.

2.10.3   Anwendung

Wesentliches Einsatzgebiet der Metallkomplex-Pigmente ist der Lacksektor. Die Pigmente finden entsprechend ihren Echtheiten dabei besonders im Industrielackbereich Verwendung. Einige, vor allem Azomethin-Kupferkomplex-Pigmente, kommen aufgrund sehr guter Wetterechtheit auch für Autolacke in Betracht. Hohe Transparenz, verbunden mit der guten Wetterechtheit, macht sie für Metallic-Lackierungen geeignet. In Weißaufhellungen erfolgt bei verschiedenen Vertretern eine starke Abtrübung des Farbtones. Auch für den Bautenlacksektor, besonders für Dispersionsanstrichfarben, werden einige dieser Metallkomplex-Pigmente empfohlen.

Die Pigmente werden daneben vereinzelt auch im Druckfarbenbereich oder in anderen Anwendungsgebieten eingesetzt.

2.10.4   Im Handel befindliche Pigmente

Allgemein

Von den in den Sortimenten der Hersteller aufgeführten Metallkomplex-Pigmenten ist die genaue chemische Konstitution in manchen Fällen noch nicht veröffentlicht. Im Handel werden P.Gr.8 und 10, Pigment Yellow 117, 129, 150, 153, 177, 179 und Pigment Orange 59, 65 und 68 angetroffen.

In Tabelle 25 sind Beispiele von im Handel befindlichen Metallkomplex-Pigmenten der beschriebenen Art genannt.

2.10.4 Im Handel befindliche Pigmente   405

Tab. 25: Im Handel befindliche Azo- und Azomethin-Metallkomplex-Pigmente

Formel	Nuance	C.I. Name	Formel-Nr.	Patent/Literatur

Azoreihe

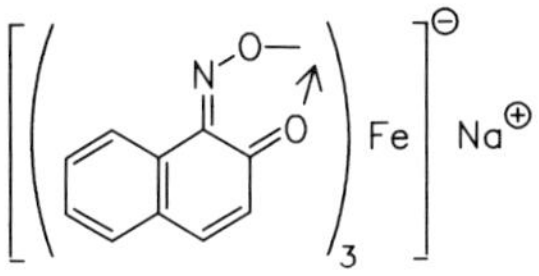	grün	P.Gr.8	10006	
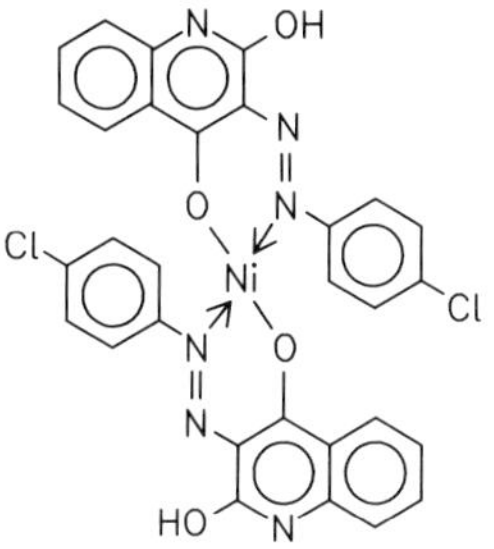	stark grünstichig-gelb	P.Gr.10	12775	
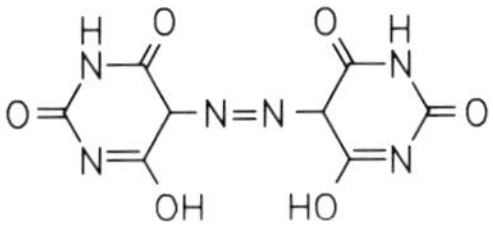 Ni-Komplex	grünstichig-gelb	P.Y.150	12764	[6, 12]

Azomethinreihe

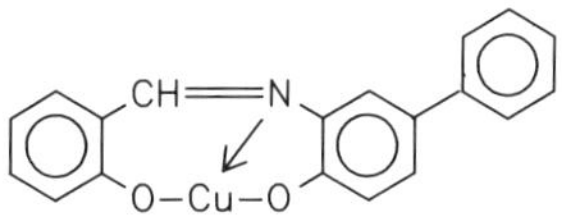	grünstichig-gelb	P.Y.117	48043	[12, 13]
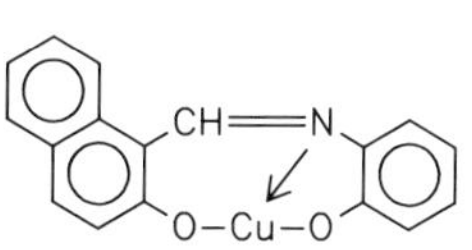	stark grünstichig-gelb	P.Y.129	48042	[14]

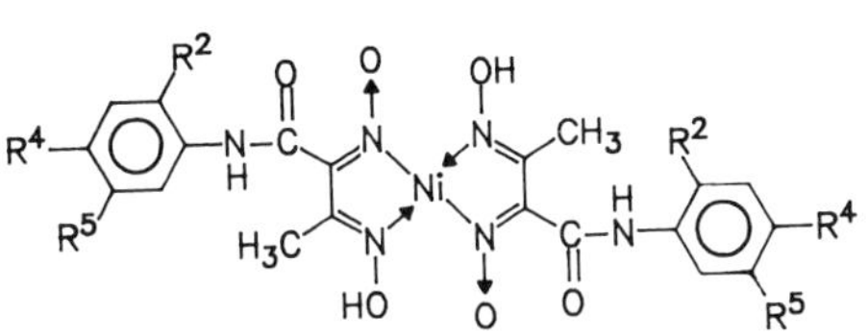

$R^2, R^4, R^5 : H$ — grünstichig-gelb — P.Y.153 — 48545 — [12, 14, 15]
$R^2 : OCH_3, R^4, R^5 : H$ — orange
$R^2, R^4 : CH_3, R^5 : H$ — rot

2.10 Metallkomplex-Pigmente

Tab. 25 (Fortsetzung)

Formel	Nuance	C.I. Name	Formel-Nr.	Patent/Literatur
	gelb	P.Y.177	48120	
	rotstichig-gelb	P.Y.179	48125	
	rotstichig-orange	P.O.65	48053	
	orange	P.O.68		[16]
	rot-violett	P.R.257		[16]

Einzelne Pigmente

Pigment Green 8

P.Gr.8, für das der Trivialname Pigmentgrün B geläufig ist, ergibt trübe gelbstichige Grün- bzw. grünstichige Gelbtöne bis hin zu Olivtönen. Die Marktbedeutung des Pigmentes hat zugunsten der farbtonreinen Phthalocyaningrün-Pigmente in den vergangenen Jahrzehnten abgenommen.
   Die Beständigkeit von P.Gr.8 gegen organische Lösemittel ist als gut zu bezeichnen, sehr schlecht ist sie allerdings gegen Ester, wie Ethylacetat, Ketone, wie Methylethylketon, und Ethylglykol (Ethylenglykolmonoethylether). Die Beständigkeit gegen Säuren ist im Gegensatz zur einwandfreien Alkali- und Kalkechtheit ungenügend. Die Lichtechtheit von P.Gr.8 ist gut, jedoch deutlich schlechter als die der Kupferphthalocyanin-Pigmente. So ist sie in Dispersionsfarben in 1/3 ST mit Stufe 7, in stärkeren Aufhellungen bis 1/200 mit Stufe 6-7 der Blauskala anzugeben; die entsprechenden Werte für die Phthalogrün-Pigmente liegen bei Stufe 8.
   Das preisgünstige Pigment wird in Dispersionsanstrichfarben, aber auch für Zementeinfärbung in der Masse eingesetzt. Hier zählt es – wie P.Gr.7 – zu den wenigen organischen Pigmenten mit guter Beständigkeit gegen viele Zementmischungen. P.Gr.8 kommt aufgrund nicht ausreichender Licht- und Wetterechtheit im allgemeinen nur für eine Innenanwendung in Betracht. Für solchen Einsatz ist sein sehr trüber Farbton ohne Belang; gegenüber Chromoxidgrün ist der Farbton reiner. Wie stets bei diesem Einsatzgebiet sind Vorversuche anzuraten.
   Ein weiterer Schwerpunkt der Anwendung ist die Gummieinfärbung. Hier ist das Pigment jedoch nicht für Mischungen mit höheren Anteilen an basischen Füllstoffen geeignet. Gegen Kaltvulkanisation ist es etwas empfindlich. Die eingefärbten Artikel zeigen meist gute Gebrauchsechtheiten, sie sind aber nicht ganz gegen aromatische Kohlenwasserstoffe, gegen manche Fette sowie gegen Säuren und Schwefeldioxid beständig. P.Gr.8 kommt auch für einige Kunststoffe, besonders LDPE und Polystyrol, in Frage und zeigt bei einer Hitzestabilität bis 220°C eine Lichtechtheit entsprechend Stufe 2-3 der Blauskala. Das Pigment wird ferner beispielsweise für Tapeten sowie für Künstlerfarben verwendet.

Pigment Green 10

Bei diesem seit 1947 bekannten Nickel-Azokomplex handelt es sich um ein trübes, sehr grünstichiges Gelb oder wie die Einordnung im Colour Index ausweist, um ein – sehr gelbstichiges – Grün (in Aufhellungen bzw. im Vollton). Es ist ziemlich farbschwach und wird in hochwertigen Industrielacken, speziell zum Nuancieren von Blau- und Grünpigmenten, eingesetzt. Das Pigment ist aufgrund der hohen Transparenz der Handelsmarken besonders für Metallic-, Transparent- und Hammerschlaglacke geeignet, wobei es allerdings nicht den für Automobillacke bestehenden Anforderungen genügt. Auch in starken Aufhellungen ist es sehr lichtecht; bis 1/200 ST ist seine Lichtechtheit mit Stufe 8 der Blauskala anzugeben. Seine Wetterechtheit ist hier ebenfalls sehr gut; sie entspricht etwa der des Azomethin-Kupferkomplex-Pigmentes P.Y.117.

Das Pigment ist bis ca. 180 °C in Lacken thermostabil. Die Überlackierechtheit ist nicht einwandfrei. P.Gr.10 ist in den meisten Lacksystemen nicht säurebeständig, es verschiebt den Farbton zu gelberen Nuancen. Ursache hierfür ist die Entmetallisierung des Pigmentes.

Pigment Yellow 117

Das Pigment, ein Azomethin-Kupferkomplex, liefert ähnlich P.Y.129 sehr grünstichige Gelbtöne. Durch Kombination mit TiO_2, beispielsweise im Verhältnis 1:50, wird der Farbton stark abgetrübt, es werden sehr trübe Nuancen, Olivtöne, erhalten. Auch dieses Pigment zeigt hohe Lasur und wird demgemäß für Metallic-Lackierungen, besonders im Autolackbereich, empfohlen. Das trifft auch für die Olivtöne zu. Auch die Kombination mit Kupferphthalocyaninblau- und -grün-Pigmenten wird für Autolacke empfohlen.

P.Y.117 zeigt für Pigmente des grünstichig-gelben Farbtonbereiches eine gute Farbstärke. Seine Beständigkeit gegen organische Lösemittel ist gut, gegen Lackbenzin beispielsweise ist sie unter Standardbedingungen einwandfrei, gegen Toluol, Alkohole oder Ester, wie Ethylacetat, entspricht sie Stufe 4, gegen Ketone, wie Methylethylketon, oder Ethylglykol Stufe 3 der 5stufigen Bewertungsskala.

Das Pigment ist auch gut säure- und alkaliecht. Bis 160 °C ist es einwandfrei überlackierecht, bis 180 °C hitzestabil. Für einen Siliconharzlack wird vom Hersteller eine Hitzebeständigkeit bis 300 °C bei einstündiger Einwirkung angegeben.

P.Y.117 ist sehr gut licht- und wetterecht. In einem Alkyd-Melaminharzlack entspricht seine Lichtechtheit in 1/3 bis 1/25 ST Stufe 8, in 1/200 ST noch Stufe 7 der Blauskala. Die Wetterechtheit im angegebenen Farbtiefenbereich und Bindemittelsystem entspricht etwa der von P.Y.153, erreicht aber nicht ganz die von P.Y.129. P.Y.117 wird auch für Dispersionsanstrichfarben empfohlen.

Wie bei P.Y.129 erfolgt in Weich-PVC bei Verwendung von organischen Zinnstabilisatoren, wie Dibutylzinnthioglykolat, ein mit einer Farbtonänderung nach Rot verbundener Umkomplexierungsprozeß, der mit starker Migration im Kunststoff verbunden ist. Mit geeigneten Stabilisatoren weist das Pigment in PVC gute Wetterechtheit auf. Es ist dabei farbstark. Für Färbungen in 1/3 ST (5% TiO_2) sind 0,65% Pigment notwendig.

Pigment Yellow 129

Das Pigment hat einen reinen, sehr grünstichig-gelben Farbton. Alleiniges Einsatzgebiet ist der Lacksektor, besonders der Auto- und Industrielackbereich. Aufgrund seiner hohen Lasur lassen sich interessante Metallic-Lackierungen erhalten.

In Weißaufhellungen erfolgt eine Abtrübung des Farbtones, man erreicht Olivtöne. Die Lackierungen sind sehr licht- und wetterecht. Die Überlackierechtheit ist bis 140°C einwandfrei. In Aufhellungen 1:50 mit TiO_2 ist es bis 150°C thermostabil. Auch für Bautenlacke wird P.Y.129 empfohlen.

In Kunststoffen wird P.Y.129 nicht eingesetzt. In PVC erfolgt je nach Art des Metalls im Stabilisator ein mit mehr oder weniger großer Farbtonänderung verbundener Austausch des Komplexmetalls im Pigment. Mit Zinnstabilisatoren erhält man entsprechende rote Komplexe, die, wie Blei- oder Zinkkomplexe, sehr schlecht licht- und wetterecht sind (s.a. 1.6.7).

Pigment Yellow 150

Dieser Azo-Nickelkomplex ergibt trübe, mittlere Gelbnuancen. Das Pigment wird für Lacke und Druckfarben empfohlen. In Lacken ist es sehr gut lichtecht; bis zu Aufhellungen in 1/25 ST entspricht die Lichtechtheit Stufe 8 der Blauskala. Die Wetterechtheit fällt demgegenüber ab. In Lackierungen in 1/3 ST ist es bis 180°C hitzestabil. P.Y.150 ist für allgemeine Industrie- und Bautenlacke, sofern keine allzu hohe Wetterechtheit gefordert wird, geeignet. Es ist gut beständig gegen organische Lösemittel, aber nicht ganz überlackierecht.

Auch in Druckfarben weist P.Y.150 sehr gute Lichtechtheit auf. Die Drucke sind weder säure- noch alkalibeständig. Sie sind auch gegen eine Reihe organischer Lösemittel, wie das Lösemittelgemisch nach DIN 16524/1, oder gegen Seife nicht ganz beständig. Bis 140°C sind sie thermostabil.

Die Sterilisierechtheit ist fast einwandfrei. P.Y.150 zeigt gute Farbstärke. Seine Eignung für Laminatpapiere wird hervorgehoben.

Eine spezielle Handelsmarke von P.Y.150 wird für die Schmelzspinnfärbung von Polypropylen- und Polyamidfasern angeboten. Das Pigment zeigt gute Hitzebeständigkeit, sowie gute Licht- und Wetterechtheit. Unter den Verarbeitungsbedingungen des Polyamidspritzgusses erfolgt eine Reaktion mit dem dort häufig eingesetzten Zinksulfid; deshalb ist es hierfür ungeeignet.

Pigment Yellow 153

Dieses Ende der 60er Jahre entwickelte Pigment, ein Nickelkomplex, liefert etwas trübe, rotstichige Gelbtöne. Es ist nicht säurebeständig, aber alkaliecht. Gegen Lackbenzin und Alkohole ist es einwandfrei beständig, gegen Aromaten, wie Xylol, oder Ester, wie Ethylacetat, nur mäßig beständig.

Das relativ farbschwache Pigment wird in mittleren bis hellen Tönen für hochwertige Industrielacke, besonders für Autodecklacke, sowie für Metallic-Töne empfohlen. Es ist bis 160°C thermostabil (30 Minuten); seine Lichtechtheit in einem Alkyd-Melaminharzlack wird im Vollton (10%) und in 1/3 ST mit Stufe 8, in 1/25 ST mit Stufe 7-8 der Blauskala angegeben. Die Wetterechtheit entspricht etwa der des Chinophthalon-Pigmentes P.Y.138. P.Y.153 ist bis 120°C überlackierecht, bei höheren Temperaturen ist Ausbluten zu beobachten.

P.Y.153 wird aufgrund seiner hohen Wetterechtheit aber bevorzugt in Dispersionsanstrichfarben, besonders für Fassadenfarben, eingesetzt. Hier ist es von Bedeutung.

Pigment Yellow 177

Das seit einigen Jahren angebotene Pigment ist als Spezialität für die Spinnfärbung von Polypropylen und Polyamid anzusehen. Dort wird ihm auch ein positiver Einfluß auf die Faserstabilisierung zugeschrieben.

In ofentrocknenden Lacksystemen erweist sich das Pigment als mäßig überlackierecht. Sein Farbton hängt sehr stark von der Farbtiefe ab; in Volltönen ist er rotstichig-braun und dem von Eisenoxidlackierungen ähnlich, in starken Aufhellungen grünstichig-gelb.

P.Y.177 wird in der neuesten Lieferliste des Herstellers nicht mehr als Handelsmarke geführt.

Pigment Yellow 179

Das Isoindolinon-Kobaltkomplex-Pigment war seit einigen Jahren auf dem Markt anzutreffen, wird aber in der neuesten Zusammenstellung der Handelsmarken des einzigen Herstellers nicht mehr aufgeführt. Es wurde für das Lackgebiet, besonders für den Automobilbereich, empfohlen. Sein Farbton ist rotstichig-gelb. Es ist sehr licht- und ausgezeichnet wetterecht und kommt deshalb auch für Pastelltöne in Betracht. Gute Transparenz ermöglicht den Einsatz in Metallic-Lackierungen. P.Y.179 erreicht dabei nicht ganz die Wetterechtheit der ebenfalls rotstichig-gelben Flavanthron-Pigmente, P.Y.24.

Pigment Orange 59

Der Nickelkomplex ergibt in Aufhellungen sehr trübe gelbstichige Orangenuancen. Das Pigment wird zur Einstellung von tiefen bis mittleren Farbtönen im Gelb- und Orangebereich für allgemeine und hochwertige Industrielacke sowie für Bautenlacke eingesetzt.

Es ist gut licht- und wetterecht. So zeigt es in einem Alkyd-Melaminharz-Einbrennlack in 10%igem Vollton Stufe 8, in 1/3 bis 1/25 ST Stufe 7 und in 1/200 ST (eingestellt mit TiO_2) Stufe 6 der Blauskala entsprechende Lichtechtheit. Die Wetterechtheit fällt mit zunehmendem Aufhellungsverhältnis stark ab. Bis 180°C ist es thermostabil und bis zu Einbrenntemperaturen von 140°C überlackierecht. Gegen Alkalien und Säuren ist es nicht beständig; durch Entmetallisierung des Pigmentes wird ein Ausbleichen bzw. eine Aufhellung des Farbtones bewirkt.

Pigment Orange 65

Das vor wenigen Jahren auf den Markt gekommene Azomethin-Nickelkomplex-Pigment ergibt trübe rotstichige Orangetöne, in Metallic-Lackierungen aber brillante Kupfernuancen. P.O.65 ist daher als Spezialität für solchen Einsatz anzusehen. Das Pigment ist nicht ganz überlackierecht. Seine Wetterechtheit ist in Metallic-Lackierungen sehr gut und genügt den an Pigmente für Automobilserienlackierungen gestellten Anforderungen. Es erreicht diesbezüglich allerdings nicht das rotstichige Dibromanthanthron-Pigment P.R.168.

Pigment Orange 68

P.O.68 kommt für den Einsatz in Industrielacken bis hin zu Automobillacken, sowie für die Kunststoffeinfärbung in Betracht. Es liefert rötliche, trübe Orangetöne. Im Handel sind zwei Versionen des Pigmentes, eine grobteilige und eine feinteilige.

Die feinteilige Type ergibt bei hoher Farbstärke gute Transparenz. Sie wird hauptsächlich für Metallic-Lackierungen im Farbtonbereich Kupfer, Gold bis Braun empfohlen. Die Überlackierechtheit ist nicht ganz einwandfrei. Die Marke zeigt gute Licht- und Wetterechtheit, wobei sie zu deutlichem Dunkeln neigt. Das ist vor allem bei tiefen Unitönen und farbintensiven Metallic-Lackierungen der Fall.

Die grobteilige Type weist bei ebenfalls hoher Farbstärke gutes Deckvermögen auf. Sie ist blaustichiger und noch etwas trüber als die feinteilige. Auch bei der deckenden Version ist die Überlackierechtheit nicht einwandfrei. Licht- und Wetterechtheit entsprechen der feinteiligen Marke. Die grobteilige Type wird für Kombinationen mit Chinacridonen, Magenta- und Violettmarken zur Einstellung trüber Rot- und Marrontöne empfohlen.

Aufgrund seiner hohen Hitzebeständigkeit kommt P.O.68 auch für Kunststoffe in Frage. In HDPE ist es in 1/3 ST mit 1% TiO_2 bis 300°C thermostabil. Sein Farbton ist als trübes Orange zu bezeichnen. Für solche Färbungen in 1/3 ST (1% TiO_2) sind 0,25% Pigment erforderlich. Die Lichtechtheit dieser Färbungen entspricht Stufe 7 der Blauskala. In einigen bei hohen Temperaturen verarbeiteten Kunststoffen, z.B. in Polycarbonat, ist es sogar bis 320°C thermostabil. P.O.68 zählt damit zu den hitzestabilsten organischen Pigmenten. Es wird auch für die Polyamideinfärbung empfohlen.

Pigment Red 257

Das vor einigen Jahren in den Handel gebrachte heterocyclische Nickelkomplex-Pigment ergibt Farbtöne im Rotviolettbereich, die deutlich gelbstichiger sind als die der Thioindigo-Pigmente vom Typ P.R.88 und als die der Marken des unsubstituierten Chinacridons, P.V.19, β-Modifikation. P.R.257 ist in Lacken farbschwächer als die genannten Vergleichspigmente und auch in Kombination mit Molybdatorange oder deckenden organischen Rotpigmenten weniger farbintensiv. Die Handelsmarke zeigt gutes Deckvermögen, gute rheologische Eigenschaften und gute Flockungsbeständigkeit. Licht- und Wetterechtheit sind ebenfalls gut und im Vollton und in Aufhellungen denen des Thioindigo-Pigmentes P.R.88 vergleichbar. P.R.257 ist in Einbrennlacken überlackierecht. Es wird in volltonnahen Einstellungen im Autoserien- und Industrielackbereich eingesetzt.

Literatur zu 2.10

[1] H. Baumann und R. Hensel, Fortschr. Chem. Forsch., 7 (1967) 4.
[2] O. Stallmann, J. Chem. Educ., 37 (1960) 220–230.
[3] E.G. Kiel und P.M.Heertjes, J. Soc. Dyers Colour. 79 (1963) 21.
[4] G. Schetty, Helv. Chim. Acta 53 (1970) 1437.
[5] G. Stephan, 6. Internat. Farbensymposium, Freudenstadt 1976.
[6] Bayer, DE-OS 2064093 (1970).
[7] M. Regitz, Angew. Chem. 79 (1967) 786–801.
[8] Houben-Weyl, Methoden der org. Chemie, 4. Aufl., Bd. X/3, 213, Stuttgart 1965.
[9] H. Pfitzner und H. Baumann, Angew. Chem. 70 (1958) 232.
[10] Ciba-Geigy, DE-OS 2546038 (1974); F. A. L'Eplattenier, C. Frey und G. Rihs, Helv. Chim. Acta 60 (1977) 697–709.
[11] C. Frey und P. Lienhard, XVII. Congr. FATIPEC Lugano 1984, Kongreßbuch 283–301.
[12] NPIRI Raw Materials Data Handbook, Vol. 4, Pigments, National Printing Ink Research Institute, Bethlehem, Penn. USA, 1983.
[13] BASF, DE-OS 1544404 (1966).
[14] H. Sakai et al., J. Jpn. Soc. Colour Mater. 55 (1982) 685.
[15] BASF, DE-OS 1252341 (1966); DE-OS 1569666 (1967).
[16] P.A. Lewis (ed.), Pigment Handbook, Bd. 1, S. 723, 725, J. Wiley, New York 1988.

2.11 Isoindolinon- und Isoindolin-Pigmente

Die Pigmente dieses Kapitels, wie auch die Azomethin-Metallkomplexpigmente (s. 2.10.1.2) sind nur aus Gründen einer vereinfachten Gliederung im Kapitel 2 enthalten. Tatsächlich handelt es sich hier um Azomethin- oder Methinpigmente, die in diesem Buch zwischen Azopigmenten und polycyclischen Pigmenten eingeordnet werden.

Gemeinsames Merkmal der Isoindolinon- und Isoindolin-Pigmente ist der Isoindolin-Ring (X^1, X^3 : H_2)

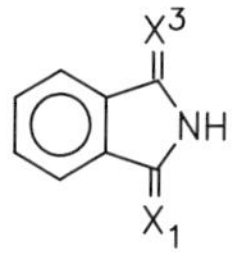

im Pigmentmolekül, bei dem die 1- und 3-Stellungen weiter substituiert sind.

Je nach Art der Substitution erhält man Azomethin-Derivate (X^1 : O oder N—, X^3 : N—) oder Methin-Derivate ($X^1 = X^3$: C$<$).

Dem **Azomethin**-Typ muß die wichtige Gruppe der Tetrachlorisoindolinon-Pigmente zugeordnet werden, die Mitte der sechziger Jahre auf dem Markt erschien.

Formal handelt es sich hierbei um Disazomethin-Pigmente, und zwar um Kondensationsprodukte primärer aromatischer Diamine mit zwei Äquivalenten Tetrachlorisoindolin-1-on:

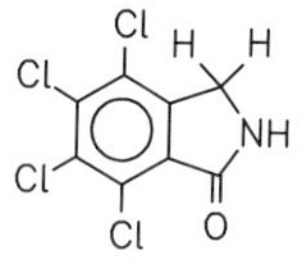

Tatsächlich sind zwei Tetrachlorphthalimid-Moleküle über eine Disazomethinbrücke miteinander verbunden (Formel s. unter 2.11.1).

1946 wurden Isoindolinon-Farbstoffe und -Pigmente erstmals von ICI in einem Patent beschrieben, 1952 und 1953 wurde die Synthese weiterer solcher Pigmente veröffentlicht (s. u. [1]).

Alle diese Arbeiten gingen vom unsubstituierten oder höchstens bis zwei Substituenten enthaltenden Phthalimid aus (**37**):

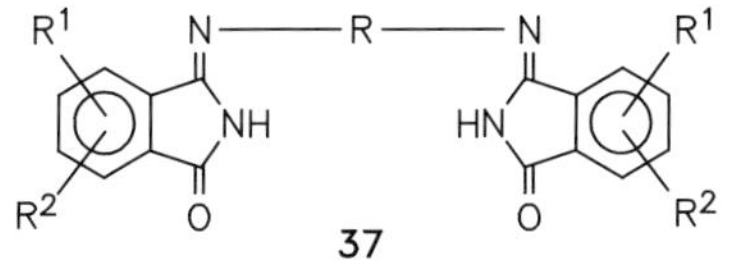

R : Rest eines aromatischen oder heterocyclischen Diamins
R^1, R^2 : H oder übliche Substituenten wie CH_3, OCH_3, NO_2, Cl

2.11 Isoindolinon- und Isoindolin-Pigmente

Die technische Anwendung dieser gelben und orangen Pigmente beschränkt sich auf wenige Produkte. In der Patentliteratur ist beispielsweise das Pigment der folgenden Formel **38** beschrieben [2]:

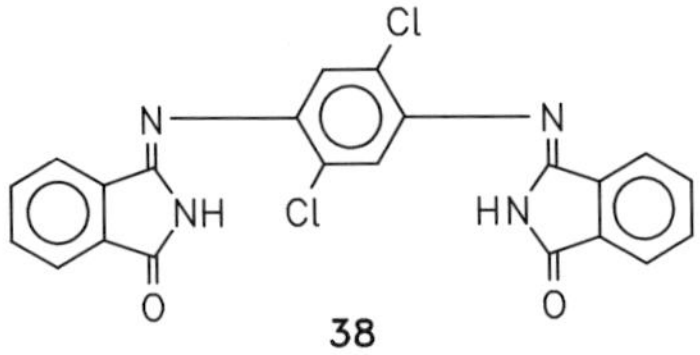

Es ist ein Gelbpigment, das durch Kondensation von 2,5-Dichlor-1,4-diaminobenzol-dihydrochlorid mit 3-Imino-isoindolinon in Chlorbenzol bei 140 °C erhalten wird:

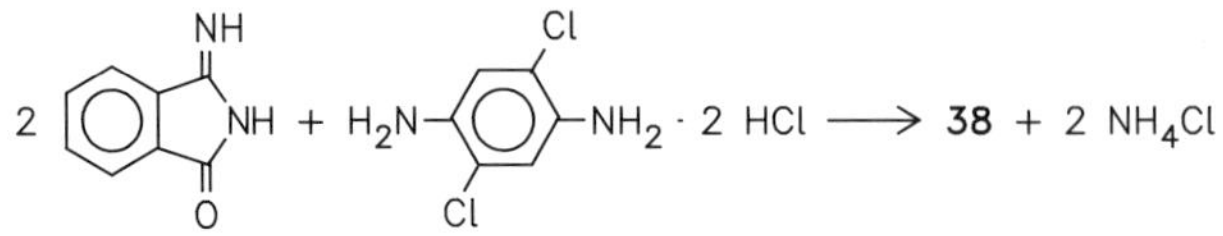

$$2 \text{ (Isoindolinon)} + H_2N-\text{(Ar)}-NH_2 \cdot 2 \text{ HCl} \longrightarrow 38 + 2 \text{ NH}_4\text{Cl}$$

Ein entscheidender Schritt für die Weiterentwicklung der Isoindolinon-Pigmente wurde durch Geigy gemacht. In Patenten, die Ende der fünfziger Jahre veröffentlicht wurden, sind Pigmente mit der Grundstruktur **37** beschrieben, die von Tetrachlorphthalimid ausgingen.

Mit dieser „Perchlorierung" der beiden aromatischen Ringe tritt überraschenderweise eine erhebliche Verbesserung von Farbstärke und Echtheiten ein. Die wahrscheinlichen Ursachen für den Qualitätszuwachs werden unter 2.11.2 näher beschrieben.

Dem **Methin**-Typ müssen Isoindolin-Abkömmlinge zugeordnet werden, die neben den Tetrachlorisoindolinon-Pigmenten in jüngster Zeit beschrieben werden. Hier sind ein, meist aber zwei Äquivalente einer methylenaktiven Verbindung mit einem Mol Isoindolin verknüpft. Als methylenaktive Verbindungen sind z. B. Cyanacetamide oder Heterocyclen wie Barbitursäure oder Tetrahydrochinolindion beschrieben.

Auffällig ist, daß diese Pigmente im aromatischen Ring keine Chlorsubstituenten enthalten.

2.11.1 Chemie, Synthese, Ausgangsprodukte

2.11.1.1 Azomethin-Typ: Tetrachlorisoindolinon-Pigmente

Die allgemeine Strukturformel für technisch genutzte Tetrachlorisoindolinon-Pigmente [1] lautet:

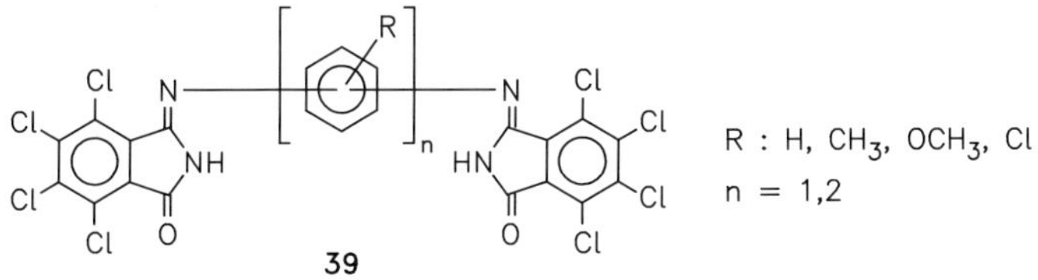

R : H, CH$_3$, OCH$_3$, Cl
n = 1,2

39

Generell verläuft die Synthese durch Kondensation von zwei Äquivalenten 4,5,6,7-Tetrachlorisoindolin-1-on-Derivaten, die in 3-Stellung entweder zwei einwertige (A) oder einen zweiwertigen Substituenten (B) enthalten, mit einem Äquivalent eines aromatischen Diamins in einem organischen Lösemittel. A kann ein Chloratom oder der CH$_3$O-Rest sein, B bedeutet vorwiegend NH.

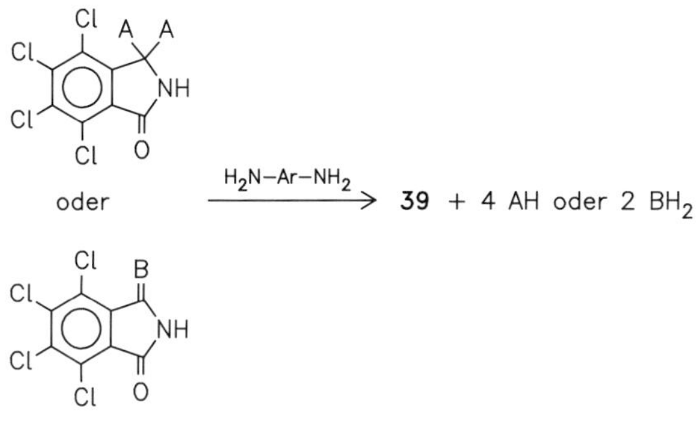

oder

$\xrightarrow{H_2N-Ar-NH_2}$ 39 + 4 AH oder 2 BH$_2$

Die wichtigsten Ausgangsverbindungen für diese Kondensation sind 3,3,4,5,6,7-Hexachlorisoindolin-1-on (**40**) und 2-Cyan-3,4,5,6-tetrachlorbenzoesäuremethylester (**41**)

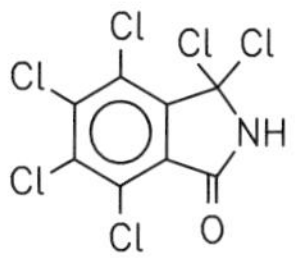

40 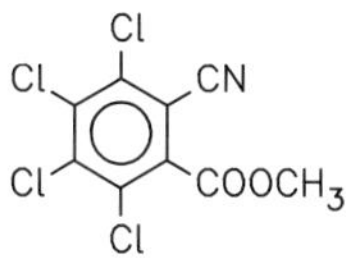   **41**

40 reagiert mit Diaminen direkt unter Bildung der Pigmente. Es läßt sich auf zwei Wegen synthetisieren; und zwar durch Chlorierung von Tetrachlorphthalimid

2.11 Isoindolinon- und Isoindolin-Pigmente

- mit einem Äquivalent Phosphorpentachlorid in Phosphoroxychlorid oder
- mit zwei Äquivalenten Phosphorpentachlorid, wobei man zunächst 1,3,3,4,5,6,7-Heptachlorisoindolenin (**42**) erhält, das mit einem Äquivalent Wasser oder Alkohol in **40** überführt wird.

Aus **41** erhält man über eine Reaktion mit Ammoniak oder Alkalialkoholat die entsprechenden aktivierten Verbindungen **43** bzw. **44**:

Die Herstellung von **41** geht von 3,3,4,5,6,7-Hexachlorphthalsäureanhydrid aus, das mit Ammoniak zum Ammoniumsalz der 2-Cyantetrachlorbenzoesäure umgesetzt wird. Nach Überführung in das Natriumsalz wird mit Methylhalogeniden oder Dimethylsulfat in den Methylester **41** umgewandelt.

Als Beispiel der Synthese eines Tetrachlorisoindolinon-Pigmentes wird ein Mol 1,4-Diaminobenzol in o-Dichlorbenzol mit einer Lösung von zwei Mol 3,3,4,5,6,7-Hexachlorisoindolin-1-on in o-Dichlorbenzol für 3 Stunden auf 160 bis 170 °C erhitzt. Dann wird heiß über eine geschlossene Filterapparatur filtriert, mit o-Dichlorbenzol und Alkohol gewaschen, getrocknet und gemahlen. Man erhält das rotstichige Gelbpigment der Formel **45**:

2.11.1 Chemie, Synthese, Ausgangsprodukte

45

Anstelle von o-Dichlorbenzol kann vorteilhaft 1,2,3-Trimethylbenzol als Lösungsmittel verwendet werden [3].

Mit den im folgenden aufgeführten Literaturbeispielen sollen einige neuere Entwicklungen bei Tetrachlorisoindolinon-Pigmenten beschrieben werden.

1976 wurde von Dainippon Ink ein neues Syntheseverfahren zum Patent angemeldet [4]. Ausgehend von dem leicht zugänglichen Tetrachlorphthalsäureanhydrid wird mit einem aromatischen Diamin im Molverhältnis 2:1, Ammoniak und Phosphorpentachlorid die Bisacylverbindung **46** hergestellt, die mit weiterem Phosphorpentachlorid in einem hochsiedenden Lösemittel, z. B. Trichlorbenzol, unter Ringschluß zum Tetrachlorisoindolinon-Pigment reagiert:

46

Auf dem Gebiet der verbesserten Finish-Verfahren ist eine Patentanmeldung von Toyo Soda zu erwähnen [5], nach der offenbar eine neue (γ-)Modifikation des Pigmentes der Formel

dadurch erhalten wird, daß das auf übliche Art hergestellte Kaliumsalz langsam in Wasser hydrolysiert wird.

418   *2.11 Isoindolinon- und Isoindolin-Pigmente*

Bereits einige Jahre vorher wurde von Dainichi Seika [6] die Herstellung desselben Pigmentes in einer β-Modifikation beschrieben, die durch Erhitzen der bekannten α-Modifikation auf Temperaturen von 200 bis 350°C in verschiedenen hochsiedenden Lösemitteln erfolgt. Vergleichende Untersuchungen der Eigenschaften der drei Modifikationen sind bisher nicht bekannt.

In anderen Arbeiten sind Mono- oder Disazomethin-Pigmente mit heterocyclischen Ringsystemen beschrieben [7]. Auch Bis-iminoisoindolenin-Pigmente werden in Patenten beansprucht [8].

Eine größere Anzahl von Arbeiten befaßt sich mit der Herstellung neuer chemischer Individuen auf Basis des Isoindolinon-Systems. Hierbei sind vor allem Patentanmeldungen zu erwähnen, die die Abwandlung des Brückengliedes (Diamins) zwischen den beiden Isoindolinon-Systemen zum Ziel haben. Als Diamine sind beispielsweise genannt:

$$H_2N-\bigcirc-O-\bigcirc-NH_2 \qquad [9]$$

$$H_2N-\bigcirc-NHCO-OCHN-\bigcirc-NH_2 \qquad [10]$$

$$H_2N-\bigcirc-CONH-HNOC-\bigcirc-NH_2 \qquad [11]$$

$$H_2N-\bigcirc-CONH-\bigcirc-HNOC-\bigcirc-NH_2 \qquad [12]$$

Auch Monoazo- und Disazopigmente, ausgehend von Verbindungen wie

als Diazokomponenten [13], oder nach entsprechender Diketenisierung als Kupplungskomponenten, sind beansprucht [14].

2.11.1.2   Methin-Typ: Isoindolin-Pigmente

Seit kurzem werden Isoindolin-Pigmente mit unterschiedlicher Struktur beschrieben, sie enthalten einen Isoindolin-Ring, verknüpft mit zwei Methinbrücken.

Die allgemeine Formel dieser Pigmente lautet:

2.11.1 Chemie, Synthese, Ausgangsprodukte

Hierbei bedeuten R^1 bis R^4 CN, CONH-Alkyl oder CONH-Aryl oder R^1 und R^2 bzw. R^3 und R^4 sind jeweils Glieder eines heterocyclischen Ringes.

Beispiele für solche Pigmente wurden von BASF und Ciba-Geigy beschrieben [15, 16], z.B. der folgende Typ **47**:

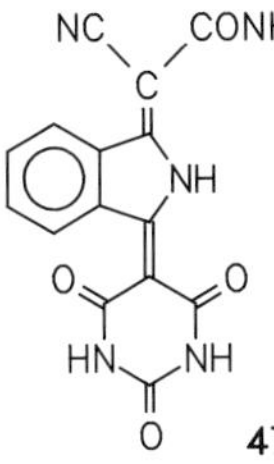

47 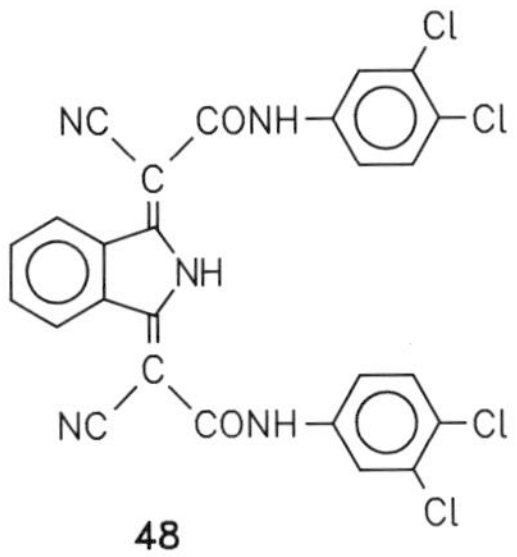 **48**

wobei R^5 insbesondere Methyl oder gegebenenfalls substituiertes Phenyl bedeutet, oder die symmetrisch substituierte Verbindung **48** [17]. Solche Pigmente weisen gelbe Nuancen auf.

Ausgangsprodukte für die Herstellung sind auch hier Iminoisoindoline, insbesondere Diiminoisoindolin (1-Amino-3-iminoisoindolenin), das mit einem Cyanacetamid $NCCH_2CONHR^5$ zu einem Halbkondensationsprodukt **49** reagiert, das durch Weiterreaktion mit einer aktiven Methylenverbindung (z. B. Cyanacetamid-Derivat, Barbitursäure) die gewünschten Pigmente **47** ergibt:

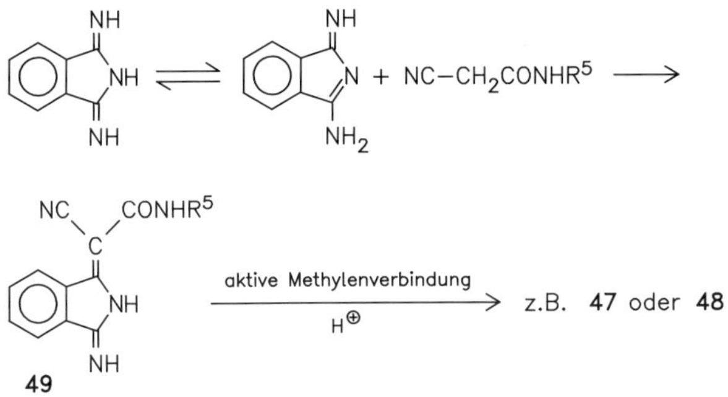

49

Die Synthese kann aber auch in einem Schritt durch Änderung des pH-Wertes (zunächst pH 8 bis 11, dann pH 1 bis 3) erfolgen.

Als Synthesebeispiel für ein Methin-Pigment sei die Herstellung von P.Y. 139, dem Kondensationsprodukt von Diiminoisoindolin mit 2 Mol Barbitursäure, beschrieben [18].

Zunächst erfolgt durch Einleiten von gasförmigem Ammoniak in o-Phthalodinitril in einer Ethylenglykolsuspension die Herstellung von Diiminoisoindolin, das zu einer Mischung von Barbitursäure in Wasser, Ameisensäure und einem oberflächenaktiven Mittel gegeben wird. Dann wird 4 Stunden zum Sieden erhitzt, heiß filtriert, neutral und hilfsmittelfrei gewaschen und getrocknet. Man erhält ein grünstichig-gelbes Pigment. Seine Herstellung kann auch aus einem Äquivalent 1-Amino-3-cyaniminoisoindolenin

$$\text{[Struktur: 1-Amino-3-cyaniminoisoindolenin mit N-CN, N, NH}_2\text{]}$$

und zwei Äquivalenten Barbitursäure in Wasser erfolgen [19]. In einem anderen Verfahren [20] wird Phthalodinitril in einem Alkohol mit einer Base umgesetzt und ohne Isolierung mit einem Gemisch von Barbitursäure, Wasser und Ameisensäure kondensiert.

Eine einstufige Synthese von Methin-Pigmenten, ausgehend von o-Phthalodinitril, wurde von BASF beschrieben [21].

Weitere Methin-Pigmente, und zwar Bismethin-Verbindungen mit ein bzw. zwei Isoindolinon-Ringsystemen, die jedoch nicht halogensubstituiert sind, wurden von Ciba-Geigy bearbeitet [22].

2.11.2 Eigenschaften

Tetrachlorisoindolinon-Pigmente lassen sich in Farbtönen von gelb und orange bis rot und braun herstellen. Technisch wichtige Pigmente sind grünstichig- bis rotstichig-gelb. Interessant ist, daß die entsprechenden unchlorierten Verbindungen gelbe Farbtöne aufweisen, die durch die Chlorsubstitution bathochrom verschoben werden. Da die Pigmentmoleküle nicht koplanar sein können, wie aus sterischen Betrachtungen hervorgeht, andererseits aber die Absorption im sichtbaren Bereich π-Elektronenkonjugation voraussetzt, wird angenommen, daß die Moleküle als Donor-Acceptor-Komplexe mit dem Aminanteil als Donor und den tetrachlorierten Kernen als Acceptor vorliegen. Der Mittelteil, d.h. der Diamin-Rest trägt zum Zusammenhang mit dem Farbton insofern bei, als stärker konjugierte π-elektronenreichere Diamine eine deutliche bathochrome Verschiebung ergeben.

Die Pigmente sind in den meisten Lösemitteln sehr wenig löslich und weisen daher gute Migrationsechtheiten auf. Die Beständigkeit gegen Säuren, Laugen, Oxidations- und Reduktionsmittel ist sehr gut. Die Pigmente sind gut hitzestabil und haben Schmelzpunkte um 400°C. Auch die Beständigkeit der Pigmente im Licht ist ausgezeichnet und die Wetterechtheit, besonders in aufgehellten Tönen, sehr gut.

Von **Isoindolin**-Pigmenten sind gelbe, orange, rote und braune Farbtöne beschrieben. Die voranstehend für Tetrachlorisoindolinon-Pigmente genannten Lösemittel- und Migrationsechtheiten, sowie Hitze- und Chemikalienbeständigkeit, sind auch hier anzutreffen. Die Pigmente weisen auch gute Licht- und Wetterechtheit auf. Auch in der Gruppe der Azomethin-Pigmente wurden verschiedene Kristallmodifikationen ein und derselben chemischen Verbindung erhalten.

2.11.3 Anwendung

Bei den zu dieser Pigmentklasse zählenden Typen handelt es sich um hochwertige Pigmente. Einsatzgebiete sind allgemeine und hochwertige Industrielacke bis hin zu Autoserien- und -reparaturlacken, die Kunststoffeinfärbung und die Spinnfärbung, sowie hochwertige Druckfarben, besonders für Blech-, Laminat- und Wertpapierdrucke.

2.11.4 Im Handel befindliche Isoindolinon- und Isoindolin-Pigmente

Allgemein

Im Handel werden vor allem Gelbpigmente, nämlich Pigment Yellow 109, 110, 139, 173 und 185, sowie Pigment Orange 61, 66 und 69 wie auch Pigment Red 260 angetroffen. Auch Pigment Brown 38 ist hier zu nennen. Pigmente anderer Farbtonbereiche konnten bisher keine größere technische Bedeutung erlangen.

Beispiele für Tetrachlorisoindolinon- und Isoindolin-Pigmente sind in der folgenden Tabelle 26 veranschaulicht (allgemeine Literatur s. a. [23]).

Einzelne Pigmente

Pigment Yellow 109

Das Pigment ergibt reine, grünstichige Gelbnuancen. Es wird für Lacke, Kunststoffe und Druckfarben empfohlen. Auf dem Lackgebiet kommt es besonders für hochwertige Industrielacke verschiedener Art in Frage. Dazu zählen beispielsweise Autodeck- und -reparaturlacke. Im erstgenannten Anwendungssektor werden damit besonders volle Töne, vor allem in Kombination mit anorganischen Pigmenten, sowie Grüntöne, beispielsweise mit Phthalocyanin-Pigmenten, eingestellt. Im Vollton bzw. volltonnahen Bereich bis zu einer Aufhellung mit TiO_2 von 1:1, dunkelt P.Y.109 beim Belichten; seine Lichtechtheit liegt hier im Vollton (5%ig) je nach Handelsmarke bei Stufe 6-7 bis 7 der Blauskala, in Aufhellungen 1:3 bis 1:25 bei Stufe 7-8. Bei stärkerem Aufhellungsgrad nehmen Licht- und Wetterechtheit rasch ab. P.Y.109 ist einwandfrei überlackierecht. Die Hitzestabilität genügt nahezu allen Anforderungen; in einem Lack auf Alkyd-Melaminharz-

2.11 Insoindolinon- und Isoindolin-Pigmente

Tab. 26: Tetrachlorisoindolinon- und Isoindolin-Pigmente

Formel	Nuance	C.I. Name	Formel-Nr.	Patent/Literatur
a) Beispiele für den Azomethin-Typ:				
	grünstichig-gelb	P.Y.109	–	[24, 25]
	rotstichig-gelb	P.Y.110	56280	[24, 25]
	grünstichig-gelb	P.Y.173*		[23]
	orange	P.O.61	11265	
	rot			[23]

* auch als Gemisch (30%) mit 70% [structure] beschrieben [29].

2.11.4 Im Handel befindliche Isoindolinon- und Isoindolin-Pigmente

Tab. 26 (Fortsetzung)

Formel	Nuance	C.I. Name	Formel-Nr.	Patent/Literatur
b) Beispiele für den Methin-Typ:				
	rotstichig-gelb	P.Y.139	56298	[25, 26, 27]
	grünstichig-gelb	P.Y.185	56280	
	gelbstichig-orange	P.O.66	48210	[17]
	gelbstichig-orange	P.O.69	56292	[28]
	gelbstichig-rot	P.R.260	56295	

basis beispielsweise ist das Pigment in Aufhellungen von 1:50 TiO_2 bis nahezu 200°C stabil. Neben Industrielacken kommt es auch für Bautenlacke und Dispersionsanstrichfarben in Betracht.

Im Kunststoffbereich ist die Polyolefineinfärbung das Haupteinsatzgebiet für das Pigment. In 1/3 ST (1% TiO_2) ist es bis 300°C, in 1/25 ST bis 250°C thermostabil, wobei es dann trüber wird. Im Spritzguß beeinflußt es das Schwindungsverhalten stark. Es ist recht farbschwach. Zur Herstellung von HDPE-Färbungen in 1/3 ST (1% TiO_2) sind 0,4% Pigment notwendig.

P.Y.109 ist in Weich-PVC migrationsbeständig und gut hitzestabil. Bis 160°C ist es auch in Aufhellungen (1/25 ST) farbstabil; bei einer Hitzebelastung von 10 Minuten bei 180°C treten merkliche Farbänderungen auf, bei 200°C auch in geringeren Aufhellungen sowie im Vollton. Die Lichtechtheit des Pigmentes entspricht im Aufhellungsbereich von 1/3 bis 1/25 ST (mit 5% TiO_2) Stufe 6-7 der Blauskala und erreicht damit nicht ganz die der rotstichigeren Disazokondensations-Pigmente P.Y.128, P.Y.94 und P.Y.93. Die Wetterechtheit in Hart-PVC ist gut. Sie genügt jedoch – besonderes in stärkeren Aufhellungen mit TiO_2 – nicht den Anforderungen einer Langzeitbewetterung. P.Y.109 wird ferner für Polystyrol und ähnliche Kunststoffe, für Gummi, Polyurethan, Aminoplaste sowie ungesättigte Polyester empfohlen. Auch für die Polypropylen-Spinnfärbung wird es propagiert.

Im Druckfarbenbereich kommt P.Y.109 für hochwertige Druckerzeugnisse in Betracht, steht hier aber mit einer größeren Anzahl farbtonähnlicher Pigmente verschiedener Klassen im Wettbewerb. Die Drucke zeigen gute Beständigkeit gegen eine Anzahl von organischen Lösemitteln, sie sind jedoch nicht einwandfrei beständig gegen das Lösemittelgemisch nach DIN 16524/1. Sie sind gut thermostabil, überlackierecht und sterilisierecht, so daß P.Y.109 prinzipiell auch für Blechdruckfarben geeignet ist. Seine Lichtechtheit ist gut.

Pigment Yellow 110

Das Pigment ergibt sehr rotstichige Gelbnuancen. Aufgrund seines hohen Echtheitsniveaus findet es vielseitige Anwendung.

Auf dem Lackgebiet spielt das relativ farbschwache P.Y.110 im Industrielacksektor, besonders in hochwertigen Lacken, eine bedeutende Rolle. Es ist sehr gut licht- und wetterecht und findet daher auch in Autolacken, z.B. in Autobandlakken, Verwendung. Aufgrund seiner guten Lasur wird es auch in Metallic-Tönen eingesetzt. In tiefen Nuancen, beispielsweise 1:1 TiO_2, zeigt es beim Belichten und Bewettern ein anfängliches Aufhellen, um bei weiterer Exposition nur noch leicht weiter aufzuhellen. In Kombination mit TiO_2 wird das Pigment röter. Es ist einwandfrei überlackierecht und bis 200°C (30 Minuten) hitzestabil. Einsatz findet es auch in Dispersionsanstrichfarben und im Bautenlacksektor.

Auf dem Kunststoffgebiet zeichnet sich P.Y.110 durch hohe Hitzebeständigkeit und ausgezeichnete Licht- und Wetterechtheit aus. In Weich-PVC ist es im Vollton und in Aufhellungen bis 1/3 ST bis 200°C thermostabil. Die Lichtechtheit ist bis zu 1/25 ST (5% TiO$_2$) mit Stufe 7-8 der Blauskala anzugeben. In Hart-PVC und schlagzähen PVC-Typen sowie in PVC-Plastisolen für Coil Coating ist auch die Wetterechtheit ausgezeichnet. P.Y.110 entspricht den Anforderungen einer Langzeitbewetterung. Es zählt hier zu den licht- und wetterechtesten organischen Gelbpigmenten. Dabei zeigt es mittlere Farbstärke; so sind zur Einstellung von Färbungen in 1/3 ST (5% TiO$_2$) je nach Handelsmarke zwischen 1,4 und 1,9% Pigment erforderlich. Vergleichswerte sind bei einer Reihe anderer Pigmente dieses Farbtonbereiches angegeben.

Das Pigment ist ausblutbeständig. Seine hohe Hitzestabilität ist in Polyolefinen von Bedeutung. Sie reicht in HDPE bei 1/3 ST bis 290°C, in 1/25 ST bis 270°C (5 Minuten Einwirkung), wobei es dann trüber wird, das Pigment sich somit zersetzt. In HDPE beeinflußt es bei Verarbeitungstemperaturen von 220 bis 280°C im Spritzguß stark die Schwindung dieses teilkristallinen Polymers. Das Pigment ist auch in Polyolefinen sehr lichtecht.

P.Y.110 wird daneben in Polystyrol und styrolhaltigen Kunststoffen verwendet, ist aber auch für ungesättigte Polyester- und andere Gießharze sowie für Polyurethan geeignet. In der Polypropylen-Spinnfärbung findet P.Y.110 größeren Einsatz; es zeigt auch hier gute Lichtechtheit. Für die Polyacrylnitril-Spinnfärbung kommt es ebenfalls in Betracht und wird mancherorts auch für die Polyamid-Färbung verwendet, doch genügen die Echtheiten, vor allem die Lichtechtheit, kaum den besonderen Anforderungen (s. 1.8.3.8).

Im Druckfarbenbereich kommt P.Y.110 bei entsprechenden Anforderungen für alle Druckverfahren in Frage. Die Drucke sind beständig gegen viele organische Lösemittel, auch gegen das Lösemittelgemisch nach DIN 16 524/1; sie sind silberlackbeständig, sterilisierecht und sehr gut thermostabil. Die Lichtechtheit von Buchdrucken entspricht im Farbtiefebereich von 1/1 bis 1/25 Stufe 7 der Blauskala.

P.Y.110 wird ferner in einer Anzahl weiterer Medien verwendet, beispielsweise in Holzbeizen auf wäßriger und auf Lösemittelbasis.

Pigment Yellow 139

Es handelt sich um ein rotstichiges Gelbpigment, das für Kunststoffe, Lacke und Druckfarben angeboten wird. Die Handelsmarken differieren hinsichtlich ihrer Korngrößenverteilung und somit auch ihrer coloristischen Eigenschaften, speziell ihres Deckvermögens, stark voneinander. Die deckende Version ist erheblich röter. Im Lack ist sie niedriger viskos, wodurch eine Erhöhung der Pigmentkonzentration ohne Glanzeinbuße möglich wird.

Das Pigment wird zum Teil in Kombination mit anorganischen Pigmenten besonders für bleifreie Lackierungen eingesetzt. Es ist bis 160°C (30 Minuten) überlackierecht, gegen Säuren ist es nicht ganz, gegen Alkali ist es ungenügend beständig. Das Pigment kommt daher beispielsweise nicht für aminhärtende Systeme oder für Dispersionsanstrichfarben auf alkalischem Untergrund in Betracht.

P.Y.139 wird im Lackbereich für allgemeine und hochwertige Industrielacke einschließlich Automobillacke bis zu einem Aufhellungsverhältnis von 1:5 TiO_2 eingesetzt. Es ist gut licht- und wetterecht, dunkelt aber im Vollton und volltonnahen Bereich beim Belichten und Bewettern deutlich. Die Lichtechtheit der dekkenden Version ist je nach Farbtiefe um 1/2 bis 1 Stufe der Blauskala besser. In einem Alkyd-Melaminharzlack beispielsweise entspricht die deckende Form in 1/3 ST Stufe 7-8, die transparente Form Stufe 6-7.

P.Y.139 zeigt auch im Kunststoffbereich mittlere Farbstärke. In Weich-PVC ist zur Einstellung von 1/3 ST (5% TiO_2) ca. 1% Pigment erforderlich, in HDPE in 1/3 ST (1% TiO_2) sind es 0,2% Pigment. Vergleichswerte sind bei verschiedenen anderen Pigmenten zu finden. In Weich-PVC ist es ausblutbeständig. P.Y.139 wird hier, aber auch in PE, oft in Kombination mit anorganischen und organischen Pigmenten verwendet. Die Lichtechtheit des Pigmentes in HDPE ist in transparenter Färbung (0,1%) und in Weißaufhellung (0,1% + 0,5% TiO_2) mit Stufe 7-8 der Blauskala anzugeben, wobei es im Vollton stark dunkelt. Die Wetterechtheit genügt keinen gehobenen Ansprüchen. Das Pigment ist in HDPE in 1/3 ST bis 250°C, in 1/25 ST bis 260°C thermostabil; bei höheren Temperaturen wird der Farbton trüber, das Pigment zersetzt sich. Auch für die PP-Spinnfärbung ist es interessant. Außerdem wird es in PUR sowie in ungesättigtem Polyester eingesetzt.

Im Druckfarbenbereich wird P.Y.139 für hochwertige Druckerzeugnisse angeboten. Im Buchdruck zeigt es in 1/3 ST eine Stufe 7 der Blauskala entsprechende Lichtechtheit.

Pigment Yellow 173

Dieses Isoindolinon-Pigment ergibt etwas trübe, grünstichig-gelbe Nuancen. Es weist gegen organische Lösemittel ein mittleres Echtheitsniveau auf, besonders gegen Alkohole, wie Ethanol, Ester, wie Ethylacetat, und Ketone, wie Methylethylketon oder Cyclohexanon, entspricht seine Lösemittelbeständigkeit Stufe 3 der 5stufigen Bewertungsskala; gegen Lackbenzin und Xylol ist es einwandfrei oder nahezu einwandfrei lösemittelbeständig.

P.Y.173 wird wegen seiner guten Wetterechtheit für hochwertige Industrielacke, einschließlich Automobillacke, und für Bautenlacke empfohlen, wobei auf seine Eignung für Metalleffektlackierungen hingewiesen wird. Besonders als Abtönpigment, beispielsweise auch in Kombination mit transparentem Eisenoxid, zur Korrektur des Farbton-Flops (s. 3.1.5 bei P.Bl.15:1) wird es empfohlen. Für ein Pigment seines Farbtonbereiches ist es farbstark.

In einem Alkyd-Melaminharzlack ist es bis 160°C (30 Minuten) überlackierecht, in 1/3 ST bis 180°C thermostabil. Das Pigment ist auch in stärkeren Aufhellungen sehr gut licht- und wetterecht.

Auf dem Kunststoffgebiet kommt P.Y.173 für verschiedene Polymere in Betracht. In Weich-PVC zählt es zu den farbschwächeren Pigmenten dieser Klasse. Für Färbungen in 1/3 ST (5% TiO_2) sind 1,8% Pigment notwendig. Es ist nahezu

ausblutbeständig. In Hart-PVC oder PVC-Plastisolen für Coil Coating zeigt es ausgezeichnete Licht- und Wetterechtheit.
Auch in PE ist das Pigment nicht farbstark. Es ist gut thermostabil; in 1/25 ST mit TiO$_2$ ist es bis 300°C farbtonstabil. Färbungen in 1/3 ST (1% TiO$_2$) werden ab ca. 260°C farbstärker und sind bei 300°C bei etwas höherer Reinheit ca. 35% farbstärker als bei 260°C, das Pigment wird zunehmend gelöst.

Pigment Yellow 185

Das vor einigen Jahren auf den Markt gekommene Isoindolin-Pigment ergibt reine grünstichige Gelbnuancen. Haupteinsatzgebiet sind Verpackungsdruckfarben. In Druckfarben auf NC-Basis bringt P.Y.185 gute Farbstärke und hohen Glanz der Drucke. Die Farbstärke übertrifft dabei die der Diaryl- und Monoazogelbpigmente dieses Farbtonbereiches, wie P.Y.17 und P.Y.98, und entspricht etwa der des farbstarken, aber röteren P.Y.74. Auch im Offsetdruck zeigt P.Y.185 gute Farbstärke. Die Beständigkeit der Drucke gegen organische Lösemittel und gegen das Lösemittelgemisch nach DIN 16524 sowie gegen Verpackungsgüter, wie Butter, ähnelt der der Monoazogelbpigmente. Ungenügend ist aber die Alkaliechtheit (Stufe 2). Die Drucke sind bis 170°C thermostabil und gut lichtecht. So entspricht die Lichtechtheit von Buchdruck-Andrucken in 1/3 ST Stufe 5-6 der Blauskala. Die im Handel anzutreffende Marke ergibt gute Transparenz.

Pigment Orange 61

Das Pigment ergibt gelbstichige Orangetöne. Es ist gegen organische Lösemittel merklich unbeständiger als die Gelbmarken dieser Klasse.
Im Lackbereich wird es wie die anderen Isoindolinon-Pigmente für hochwertige Industrielacke, auch für Autodecklacke, besonders für Metallics empfohlen. Aber auch allgemeine Industrielacke, Bautenlacke und Dispersionsanstrichfarben werden als Einsatzgebiete genannt. Licht- und Wetterechtheit sind sehr gut, erreichen aber nicht die Bewertungen der Gelbmarken dieser Pigmentklasse. In einem Alkyd-Melaminharzlack ist es bis 140°C überlackierecht.
P.O.61 ist in Weich-PVC migrationsstabil. Zur Einstellung von Färbungen in 1/3 ST (5% TiO$_2$) ist 1,4% Pigment erforderlich; es zählt somit zu den etwas farbschwächeren Pigmenten in diesem Farbtonbereich. Die Lichtechtheit ist sehr gut; sie entspricht in Weich-PVC bis 1/25 ST Stufe 7-8 der Blauskala. Auch die Wetterechtheit, beispielsweise in PVC-Plastisolen für Coil Coating, ist besonders in transparenten und geringe TiO$_2$-Anteile enthaltenden Färbungen sehr gut. In diesem Kunststoff ist es bis 200°C thermostabil. In Polyolefinen zeichnet sich das Pigment durch hohe Thermostabilität aus. So ist es in 1/3 ST-Färbungen (1% TiO$_2$) von HDPE bis 300°C stabil. Sein Farbton entspricht hier etwa dem von P.O.13, das zwar insgesamt geringeres Echtheitsniveau, dafür aber doppelte Farbstärke aufweist. In HDPE bewirkt P.O.61 eine ungewöhnlich starke Schwindung

des Kunststoffes, was im Spritzguß von Bedeutung ist. P.O.61 wird auch für Polystyrol, Polyurethan, ungesättigte Polyester und Elastomere empfohlen. Aufgrund seiner hohen Hitzebeständigkeit und guten Lichtechtheit ist es für die Polypropylen-Spinnfärbung geeignet und wird auch für die Polyacrylnitril-Spinnfärbung empfohlen.

Im Druckfarbenbereich kommt es besonders für den Druck auf PVC-Folien in Frage.

Pigment Orange 66

Das dem Methin-Typ zuzuordnende Pigment ist erst seit einigen Jahren auf dem Markt, wird aber z.Z. bereits wieder zurückgezogen. Sein Farbton ist ein gelbstichiges Orange, es erweist sich als farbstark. Wegen seiner ausgezeichneten Licht- und Wetterechtheit wurde es für hochwertige Industrielacke, vor allem für Autoband- und -reparaturlacke, empfohlen. Die Handelsmarke eignete sich wegen ihrer hohen Transparenz für Metallic-Lackierungen, wurde jedoch auch als Nuancierpigment verwendet. Bei Einbrenntemperaturen von 140°C und darüber war das Pigment nicht ganz überlackierecht.

Pigment Orange 69

Die seit einigen Jahren im Handel angetroffene Marke ist mit einer spezifischen Oberfläche von 30 m^2/g grobteilig und zeigt gutes Deckvermögen. Ihr Farbton ist ein gelbstichiges Orange. Das Pigment wird besonders in Kombination mit anderen deckenden organischen Pigmenten zur Formulierung bleichromatfreier Lackierungen im roten und braunen Farbtonbereich eingesetzt. Es ist bis 140°C überlackierecht. Licht- und Wetterechtheit sind gut, genügen aber nicht höchsten Ansprüchen. P.O.69 zeigt dabei merkliches Ausbleichen im Vollton, das mit deutlichem Glanzabfall verbunden ist. Wichtigstes Einsatzgebiet ist das der Industrielacke; hier wird es auch für Autoserienlacke empfohlen.

Pigment Red 260

Das vor wenigen Jahren auf den Markt gebrachte Isoindolinon-Pigment wird in der neuen Lieferliste des Herstellers nicht mehr als Handelsmarke aufgeführt, kann aber auf dem Markt noch angetroffen werden. Es wurde für Industrielacke verschiedener Art einschließlich Automobillacken empfohlen. Die bisherige Handelsmarke ist grobteilig und weist gutes Deckvermögen auf. Sie ist vergleichsweise farbstark, ergibt Farbtöne im gelbstichigen Rotbereich und ist bis 140°C überlackierecht.

Im Vollton und in volltonnahen Lackierungen ist – wohl aufgrund von Pigmentflockung – ein Glanzschleier zu beobachten, der sich aber durch Zusatz geeigneter Additive vermeiden läßt. Licht- und Wetterechtheit sind gut, wobei im Vollton leichtes Nachdunkeln, sowie ein Glanzabfall auftreten. In Aufhellungen erfolgt deutliches Ausbleichen.

Pigment Brown 38

Die chemische Konstitution des seit einiger Zeit auf dem Markt angebotenen Isoindolin-Pigmentes ist noch nicht veröffentlicht. Die Handelsmarke wird für die Kunststoffeinfärbung, besonders für PVC und LDPE, propagiert. Sie ergibt gelbstichige Brauntöne und ist recht farbstark. So sind in Weich-PVC für Färbungen in 1/3 ST 0,64% Pigment erforderlich. Die Migrationsbeständigkeit des Pigmentes in Weich-PVC ist gut, aber nicht einwandfrei. Die Lichtechtheit in Hart-PVC ist sehr gut und im Vollton und in Aufhellungen bis 1:10 TiO_2 mit Stufe 8 der Blauskala anzugeben. P.Br.38 ist bis 240°C thermostabil. Es kommt daher besonders für LDPE in Betracht.

Literatur zu 2.11

[1] A. Pugin und J.v.d. Crone, Farbe + Lack 72 (1966) 206–217.
[2] Sandoz, DE-OS 2 322 777 (1972).
[3] Ciba-Geigy, EP-PA 479 727 (1990).
[4] Off. Gazette of the Jap. Pat. Office., 1977. Dainippon Ink, DE-OS 2 321 511 (1973).
[5] Toyo Soda, JA-PS J 5 5 012 106 (1978).
[6] Dainichi Seika, JA-PS J 5 1 088 516 (1975); JA-PS J 5 2 005 840; J 5 2 005 841 (1975).
[7] Dainichi Seika, JA-PS J 5 5 034 268 (1978). Ciba-Geigy, DE-OS 2 438 867 (1973). Sumitomo, JA-PS 7 330 659/658 (1970). Ciba-Geigy, CH-PS 613 465 (1976). BASF, DE-OS 2 909 645 (1979).
[8] Ciba-Geigy, DE-OS 2 548 026 (1975).
[9] Ciba-Geigy, DE-OS 2 606 311 (1975).
[10] Ciba-Geigy, EP-PS 29 413 (1979).
[11] Ciba-Geigy, DE-OS 2 518 892 (1974).
[12] Ciba-Geigy, DE-OS 2 733 506 (1976).
[13] Dainichi Seika, DE-OS 2 901 121 (1978).
[14] Ciba-Geigy, EP-PS 22 076 (1979).
[15] BASF, DE-AS 2 914 086 (1979); EP-PS 35 672 (1980). Ciba-Geigy, EP 29 007 (1979).
[16] J.v.d. Crone, J. Coat. Technol. 57, 725 (1985) 67–72.
[17] Ciba-Geigy, DE-PS 2 814 526 (1977).
[18] BASF, DE-OS 2 628 409 (1976); DE-OS 2 041 999 (1970).
[19] Bayer, DE-OS 3 022 839 (1980).
[20] Bayer, DE-OS 3 935 858 (1989).
[21] BASF, DE-OS 2 757 982 (1977).
[22] Ciba-Geigy, DE-OS 2 924 142 (1978); EP-PS 19 588 (1979).
[23] P.A. Lewis (ed.), Pigment Handbook, Bd. 1, S. 713, 722, J. Wiley, New York, 1988.
[24] Geigy, DE-PS 1 098 126 (1956). Ciba-Geigy, DE-OS 2 804 062 (1977).
[25] H. Sakai et al., J. Jpn. Soc. Col. Mat. 55 (1982) 683.
[26] Bayer, DE-OS 3 022 839 (1980).
[27] W. Kurtz, Symposium Druckfarbenindustrie, BASF, Ludwigshafen, 1982, S. 31.
[28] H. Würth, Fatipec XIX. Congr., Aachen, Kongreßbuch, Bd. 4 (1988), 49–65.
[29] B.L. Kaul, Rev. Prog. Coloration 23 (1993) 19–35.

3 Polycyclische Pigmente

Polycyclische Pigmente sind nach ihrer chemischen Konstitution keine einheitliche Pigmentklasse, sondern die Zusammenfassung aller Nicht-Azopigmente. Mit diesem groben Ordnungsprinzip soll von der noch größeren Gruppe der Azopigmente unterschieden werden.

Abgesehen von den Triphenylmethan-Pigmenten weisen alle polycyclischen Pigmente anellierte aromatische und/oder heteroaromatische Ringsysteme auf, die bei technischen Produkten von Systemen aus Benzolring und heteroaromatischem Fünfring (Thionaphthenon) bei den Indigoderivaten bis zu achtgliedrigen anellierten Ringsystemen bei Flavanthron und Pyranthron reichen. Eine Sonderstellung nimmt bei dieser Einteilung der polycyclische Metallkomplex des Phthalocyanin-Systems ein.

Die ältesten technisch genutzten polycyclischen Pigmente waren die ab 1914 enwickelten Triphenylmethan-Pigmente, die aber noch als schwerlösliche Salze von Sulfonsäuren vorlagen. 1921 wurde der Eisenkomplex des Nitroso-β-Naphthols („Pigment-Grün") als eines der ersten „reinen" Nicht-Azopigmente gefunden und als billiges Grünpigment industriell genutzt (dieses Pigment wird hier nicht unter den Polycylischen Pigmenten, sondern bei Metallkomplex-Pigmenten (Kap. 2.10) aufgeführt). Mit den Phthalocyanin-Pigmenten wurde 1934 zum ersten Mal eine Pigmentklasse direkt in die Technik eingeführt, ohne bereits vorher als Farbstoff verwendet worden zu sein. Das geschah nämlich im Gegensatz dazu mit vielen Küpenfarbstoffen, die erst dann als Pigment interessant wurden, als man Methoden gefunden hatte, sie in der dafür notwendigen Qualität herzustellen. Während Azopigmente nach der Kupplungsreaktion in sehr feiner Verteilung anfallen, erhält man im Gegensatz dazu polycyclische Pigmente nach der Synthese häufig in relativ grob kristallisierter Form (bis 100 µm), soweit sie in organischen Lösemitteln hergestellt werden. Durch geeignete Zerkleinerungs- und Feinverteilungsprozesse müssen diese erst zu Pigmenten formiert werden („Finish").

Zu den als Pigmente eingesetzten Küpenfarbstoffen gehören vor allem Abkömmlinge des Anthrachinons, wie Indanthron, Flavanthron, Pyranthron und Dibromanthanthron. Andere polycyclische Pigmente, die direkt als solche eingesetzt wurden, waren die Naphthalin- und Perylentetracarbonsäure-Pigmente, Dioxazine (Carbazolviolett) und Tetrachlorthioindigo. Als jüngste Entwicklung müssen neben den Chinacridon-Pigmenten, die 1958 zum ersten Mal in den Handel kamen, die DPP-Pigmente angesehen werden.

3.1 Phthalocyanin-Pigmente

Das Phthalocyanin-System [1, 2, 3, 4] ist chemisch der Aza-[18]-Annulenreihe zugehörig, einem makrocyclischen Heterosystem mit 18 π-Elektronen in Form konjugierter Doppelbindungen. Demselben System (Porphin) gehören als Eisen-III-Komplex das Hämin und als Magnesiumkomplex das Chlorophyll an. Gemäß der (4n + 2)π-Regel von Hückel und Sondheimer liegen hier aromatische planare Systeme vor.

Kupferphthalocyaninblau ist der Cu-II-Komplex des Tetraazatetrabenzoporphins, der in den folgenden mesomeren Grenzstrukturen dargestellt wird, wobei alle Pyrrolringe gleichzeitig am aromatischen System beteiligt sind:

Das Molekül ist eben gebaut und vollständig durchkonjugiert und daher ungewöhnlich stabil. Es enthält zwei zentrosymmetrische Moleküle in der Elementarzelle.

Die zunächst nur als Pigmente angebotenen Phthalocyanine wurden erst später durch Sulfonierung, Chlorsulfonierung oder Chlormethylierung in einer für Farbstoffe verwendbaren Form hergestellt und auf den Markt gebracht.

Neben dem Kupferkomplex wurden bis heute über 40 andere Metallkomplexe synthetisiert, von denen aber als Pigment keiner technische Bedeutung erlangt hat. Dagegen sind Nickelkomplexe in Reaktivfarbstoffen, Kobaltkomplexe in Entwicklungsfarbstoffen enthalten.

Heute gehören Phthalocyaninblau- und -grün-Pigmente zu den mengenmäßig größten Gruppen organischer Pigmente.

1907 hatten A. v. Braun und J. Tscherniak bereits Phthalocyanin aus Phthalimid und Acetanhydrid hergestellt. Die blaue Substanz wurde aber nicht weiter beachtet. Beim Versuch Phthalodinitril aus o-Dibrombenzol und Kupfercyanid in Pyridin bei 200°C zu synthetisieren, erhielten de Diesbach und von der Weid 1927 einen blauen Kupferkomplex und beschrieben seine ungewöhnliche Beständigkeit gegen Säuren, Alkalien und hohe Temperaturen. Etwa ein Jahr später wurde bei Scottish Dyes Ltd. bei der Herstellung von Phthalimid aus Phthalsäureanhydrid und Ammoniak ein grünstichig-blauer Belag von einem offenbar schadhaften Emailkessel isoliert, der sich als der Eisenkomplex des Phthalocyanins erwies.

Dem Kupfer- und dem Eisenkomplex ähnlich in ihrer Stabilität sind die Durchdringungskomplexe des Zinks, Kobalts und Platins: Sie sind beständig gegen konzentrierte, nicht oxidierende Säuren und Alkalien, aber auch gegen hohe Temperaturen, lassen sie sich doch im Vakuum bei 550 bis 600°C unzersetzt sublimieren.

Die hohe Komplexbildungskonstante dieser Metallkomplexe ist im Gegensatz zu jenen ionischen des Natriums, Kaliums, Calciums, Magnesiums, Bariums und Cadmiums auch durch die Größe der Atomradien der Metalle bedingt: Sie fügen sich am besten in den Raum des ziemlich starren Phthalocyaninringes. Bei ungünstigem Volumenverhältnis Phthalocyaninring/Metall, z.B. bei Mangan, liegt nur geringe Komplexstabilität vor.

1929 erhielt Linstead von Chemikern der ICI (inzwischen Eigner von Scottish Dyes Ltd.) Muster dieses auch aus Phthalsäureanhydrid, Eisen und Ammoniak oder Phthalimid, Eisensulfid und Ammoniak erhaltenen Komplexes. 1933/34 erfolgte durch Linstead die Strukturaufklärung. Inzwischen waren auch die entsprechenden Kupfer- und Nickelphthalocyanine hergestellt worden. Bereits 1935 wurde das erste Kupferphthalocyaninblau durch ICI auf dem Markt angeboten, gefolgt von einem entsprechenden Produkt des Werkes Ludwigshafen der IG Farbenindustrie.

1938 erfolgte die erste technische Herstellung von Phthalocyaningrün, und zwar in Deutschland, 1940 dann in den USA.

Phthalocyaningrün-Pigmente sind hauptsächlich polychlorierte Kupferphthalocyanine; chlorbromierte Produkte sind gelbstichig-grün.

Kupferphthalocyaninblau kommt in mehreren Kristallmodifikationen vor, ebenso wie die metallfreie Verbindung, die eine Zeitlang in Form ihrer grünstichig-blauen Phase in stärkerem Umfang technisch genutzt wurde (s. 3.1.2.6). Nach der verbilligten Herstellung des β-Kupferphthalocyaninblaus (s. 3.1.2.3) ging die Bedeutung des metallfreien Phthalocyaninblaus stark zurück.

3.1.1 Ausgangsprodukte

Die wichtigsten organischen Ausgangsprodukte [5] für die Herstellung der Phthalocyanin-Pigmente sind Phthalsäureanhydrid und Phthalodinitril.

Phthalsäureanhydrid

Ausgangssubstanz für Phthalsäureanhydrid ist o-Xylol, das durch Gasphasenoxidation mit Vanadiumpentoxid oder durch Flüssigphasenoxidation mit gelösten Mangan-, Molybdän- oder Kobaltsalzen als Katalysatoren zu Phthalsäureanhydrid oxidiert wird:

Die Gasphasenoxidation wird heute bevorzugt angewendet.

Neben den beiden genannten Verfahren ist auch noch die Naphthalin-Oxidation in Anwendung, die auch mit Vanadiumpentoxid als Katalysator abläuft.

Phthalsäureanhydrid ist ein bedeutendes großtechnisches Produkt, das hauptsächlich im Kunstharz- und Weichmacherbereich Verwendung findet. 1991 betrug die Produktionskapazität weltweit 3,2 Mio t.

Phthalodinitril

Durch Ammonoxidation von o-Xylol, d. h. Umsatz von o-Xylol mit Ammoniak in Gegenwart eines Oxidationskatalysators bzw. von Sauerstoff und einem Katalysator bei 330 bis 340 °C erhält man Phthalodinitril:

$$\text{o-Xylol} + 2\,NH_3 + 3\,O_2 \xrightarrow{\text{Katalysator}} \text{Phthalodinitril} + 6\,H_2O$$

3.1.2 Herstellung

Nach den ersten Produktionen von Kupferphthalocyaninblau in England und Deutschland folgte 1937 Du Pont in USA. In kurzen Abständen kamen weitere Hersteller hinzu.

Wegen der Veröffentlichung von de Diesbach und von der Weid 1927 konnte Kupferphthalocyaninblau selbst nicht mehr patentiert werden, aber zahlreiche Verfahren zur Herstellung dieser wichtigen Verbindung wurden durch Patente gesichert.

Die folgenden allgemeinen Synthesen für Metall-Phthalocyanine sind zu erwähnen:

Herstellung aus

– Phthalodinitril oder substituierten Phthalodinitrilen und Metall bzw. Metallsalz
– Phthalsäureanhydrid, Phthalsäure, Phthalsäureester, Diammoniumphthalat, Phthalamid oder Phthalimid und Harnstoff, Metallsalz und Katalysator
– o-Cyanbenzamid und Metall oder Metallsalz.

Von technischer Bedeutung sind nur zwei grundsätzliche Verfahren. Es sind das der in England und Deutschland entwickelte und besonders in Deutschland betriebene **Phthalodinitril-Prozeß** und der in England und USA bevorzugt bearbeitete **Phthalsäureanhydrid-Harnstoff-Prozeß.**

Die technische Bedeutung des Phthalodinitril-Prozesses ist geringer als die des in zwei Varianten (s. 3.1.2.2) durchgeführten Phthalsäureanhydrid-Harnstoff-Verfahrens. In Europa arbeitet vor allem die BASF nach dem Phthalodinitril-Verfahren.

Als Voraussetzung für das Verständnis der im folgenden geschilderten Grundprozesse müssen hier die wichtigsten Typen von Kupferphthalocyanin-Pigmenten genannt werden. Es sind das hauptsächlich die α- und β-Modifikationen des unsubstituierten Kupferphthalocyaninblaus (s. 3.1.2.3). Die α-Modifikation liegt in einer (gegen Modifikationswechsel) nicht stabilisierten und in einer stabilisierten Form vor.

Weiter sind die halogenierten Kupferphthalocyaningrün-Pigmente von erheblicher technischer Bedeutung (s. 3.1.2.5).

3.1.2.1 Phthalodinitril-Prozeß

Das erste technische Verfahren überhaupt bestand im Erhitzen von Phthalodinitril mit Kupferbronze oder Kupfer-I-chlorid bei 200 bis 240 °C in Kupferpfannen. In Deutschland wurden vor dem zweiten Weltkrieg mehrere Phthalodinitril-Verfahren mit und ohne Lösemittel ausgearbeitet. Grundsätzlich muß man zwischen dem lösemittelfreien Back-Prozeß und dem Lösemittel-Verfahren unterscheiden. Beide Verfahren können diskontinuierlich oder kontinuierlich durchgeführt werden.

Back-Verfahren

Beim lösemittelfreien Back-Prozeß wird Phthalodinitril bevorzugt mit Kupfer-I-chlorid, aber auch mit Kupferpulver, Kupfer-II-chlorid oder dem Komplex aus Pyridin und $CuCl_2$, teilweise im Stickstoffstrom, auf 140 bis 200 °C erhitzt. Das Erhitzen geschah ursprünglich diskontinuierlich auf indirekt mit Hochdruckdampf geheizten Blechen oder kontinuierlich auf einem elektrisch geheizten laufenden Kupferband oder in einem Tunnel- oder Kanaltrockner.

Bei der Initialtemperatur von 140 bis 160 °C setzt eine stark exotherme Reaktion ein, wobei die Temperatur auf über 300 °C steigen kann. Dabei erfolgt teilweise Zersetzung mit dem Ergebnis geringerer Ausbeute und weniger guter Qualität. Eine verbesserte Temperaturführung erzielt man vor allem durch ein kontinuierliches Verfahren (s.u.) oder bereits durch Zumischen inerter anorganischer Salze, wie Natriumsulfat oder Natriumchlorid, aber auch durch Kühlung in der geeigneten Phase der Reaktion.

Moderne Verfahren des Back-Prozesses verlaufen kontinuierlich. Sie lassen sich in geheizten Misch- und Zerkleinerungsaggregaten, wie Schwingmühlen oder Schneckenknetern, bei ca. 200 °C durchführen [6]. Diese Verfahrensweise erlaubt eine deutlich bessere Kontrolle des Reaktionsablaufs als ein diskontinuierlicher Prozeß. Die Verweilzeiten im Reaktor betragen beim kontinuierlichen Back-Prozeß mit Phthalodinitril nur wenige (3 bis 20) Minuten. Es muß darauf geachtet werden, daß die Temperaturen dabei 250 °C nicht überschreiten. Dem Back-Prozeß schließt sich normalerweise eine Reinigung durch Säurebehandlung an.

436   3.1 Phthalocyanin-Pigmente

Die Ausbeuten liegen bei ca. 70 bis 80%, bei modernen kontinuierlichen Prozessen bis 85%. Wegen der relativ schwierigen Reaktionsführung und der begrenzten Ausbeute trat im Laufe der Entwicklung besserer technischer Herstellungsverfahren der Lösemittel-Prozeß stärker in den Vordergrund. Allerdings geht der Trend in jüngster Zeit wieder in Richtung Back-Prozeß; Ursache dafür dürften neben wirtschaftlichen Überlegungen vor allem ökologische und physiologische Fragen sein.

Lösemittel-Verfahren

Bei dieser Herstellungsmethode wird Phthalodinitril mit Kupfersalzen, vorwiegend Kupfer-I-chlorid, in Gegenwart von Lösemitteln, vorzugsweise solchen mit einem Siedepunkt über 180°C, wie Trichlorbenzol, Nitrobenzol, Naphthalin oder Kerosin, bei 120 bis 220°C umgesetzt [7]. Durch Zusatz von Metallkatalysatoren, bevorzugt Molybdänoxid oder Ammoniummolybdat, oder Carbonylverbindungen von Molybdän, Titan oder Eisen, werden dabei Ausbeuteerhöhungen unter gleichzeitiger Verringerung von Reaktionszeit und -temperatur erzielt. Der Zusatz von Ammoniak, Harnstoff oder tertiären organischen Basen, wie Pyridin oder Chinolin, kann der Reaktionsbeschleunigung dienen. Durch die einheitlichere Temperaturführung und übersichtlichere Reaktion lassen sich mit dem Lösemittel-Verfahren auch im technischen Maßstab Ausbeuten von 95% und mehr erzielen. Gegenüber dem Back-Verfahren werden allerdings wesentlich längere Reaktionszeiten benötigt. Das Lösemittel wird nach beendeter Reaktion abfiltriert, vorwiegend aber durch Destillation vom rohen Kupferphthalocyaninblau abgetrennt.

Auch das Lösemittel-Verfahren läßt sich diskontinuierlich oder kontinuierlich (in Kaskaden) durchführen. Besonders kontinuierliche Arbeitsweisen haben erhebliche technische Bedeutung erlangt. Hierbei wird die 120 bis 140°C heiße Phthalodinitril-Kupferchloridlösung in einem anschließenden Strömungsrohr steigend auf 180 bis 250°C weitererhitzt. Der ganze Prozeß dauert etwa 1 1/2 bis 2 Stunden. Das Pigment wird dabei in praktisch quantitativer Ausbeute und in einer solchen hohen Reinheit erhalten, daß im Gegensatz zum Back-Verfahren eine Nachreinigung mit verdünnter Säure oder Lauge vor dem Finish überflüssig wird. Trotz des hohen Aufwandes für die Abtrennung und Regenerierung der Lösemittel ist das Verfahren wegen der genannten Vorteile wirtschaftlich günstig zu gestalten.

Ein besonderer Vorteil des Phthalodinitril-Prozesses im Vergleich mit dem im folgenden abgehandelten Phthalsäureanhydrid-Verfahren ist die Bildung kernsubstituierter Chlor-Kupferphthalocyanine, und zwar erhält man beim Einsatz von Kupfer-I-chlorid das sogenannte „Semichlor"-Kupferphthalocyaninblau, ein Pigment, das durchschnittlich ca. 0,5 Atome Chlor im Kupferphthalocyanin-Molekül enthält. Mit Kupfer-II-chlorid erhält man ein Produkt mit ca. 1 Atom Chlor pro Kupferphthalocyanin-Molekül. Voraussetzung dafür ist allerdings die Abwesenheit von Ammoniak oder Harnstoff im Reaktionsgemisch.

Damit kann man auf einfache Weise in einem Reaktionsschritt das Ausgangsmaterial für das gegen Lösemittel stabilisierte α-Kupferphthalocyaninblau herstellen.

Chlorfreies Rohpigment erhält man bei Phthalodinitril-Verfahren nach dem Back- und Lösemittel-Prozeß durch Zusätze von bis zu 20% Harnstoff oder Ammoniak, die als Chlorfänger agieren.

Die Phthalodinitril-Synthese ist auch chemisch die elegantere der beiden Verfahren, erfolgt doch die Bildung des Kupferphthalocyanins ohne wesentliche Nebenprodukte, da im Phthalodinitril die Struktur des Phthalocyanins gewissermaßen schon vorgebildet ist. Es erfolgt formal eine Umlagerung von Bindungen, wobei dem System zwei Elektronen zugeführt werden müssen:

$$4 \text{ (Phthalodinitril)} + Cu^{\oplus\oplus} + 2\,e^{\ominus} \longrightarrow CuPc$$

$$z.B. \quad 4 \text{ (Phthalodinitril)} + CuCl_2 \longrightarrow CuPc + Cl_2 \longrightarrow CuPc-Cl + HCl$$

Der wesentlichste Nachteil des Phthalodinitril-Prozesses dürfte der im Vergleich mit Phthalsäureanhydrid deutlich höhere Preis und die weniger gute Verfügbarkeit von Phthalodinitril sein. Entsprechend den bisher nachgewiesenen Zwischenstufen kann man beim Phthalodinitril-Prozeß folgenden Reaktionsablauf formulieren:

Phthalodinitril reagiert mit Ammoniak zu Mono- und Diiminophthalimid. Diese Isoindolenine kondensieren miteinander zu Polyisoindoleninen bzw. deren Kupferkomplexen und bilden bei ca. 180 bis 200°C Kupferphthalocyanin:

3.1.2.2 Phthalsäureanhydrid-Harnstoff-Prozeß

Auch bei diesem Verfahren [8] muß man grundsätzlich zwischen lösemittelfreien (Back-) und Lösemittel-Verfahren unterscheiden. Obwohl das erste technische Verfahren lösemittelfrei verlief, haben Back-Prozesse des Phthalsäureanhydrid-Harnstoff-Verfahrens bis heute in der kommerziellen Produktion keine wesentliche Rolle gespielt. Allerdings zielen auch hier modernste Entwicklungen, vor allem aus ökologischen Gründen, wieder auf lösemittelfreie Synthesen.

Back-Verfahren

Beim ersten technischen Verfahren, einem Back-Prozeß, wurde Phthalsäureanhydrid mit Harnstoff bei 150°C unter Zusatz von Borsäure geschmolzen, dann wurde Kupfer-II-chlorid zugegeben und auf ca. 200°C erhitzt bis die Kupferphthalocyanin-Bildung abgeschlossen war. Nach Abkühlung wurde das Rohprodukt gemahlen, mit verdünnter Natronlauge, dann mit verdünnter Schwefelsäure gewaschen, filtriert und getrocknet. Zur Überführung in eine brauchbare Pigmentform wurde das Roh-Kupferphthalocyaninblau anschließend in konzentrierter Schwefelsäure gelöst und auf Eiswasser ausgefällt. Später wurden dann verschiedene Metallsalze anstelle der Borsäure als Katalysatoren eingesetzt. Davon haben sich Molybdäntrioxid und vor allem Ammoniummolybdat bei weitem am besten bewährt und werden heute generell verwendet. Die Ausbeuten wurden damit von ca. 50 auf über 90% der Theorie gesteigert. Anstelle von Kupfer-II-chlorid werden auch Kupfer-I-chlorid, Kupfercarbonat und vor allem Kupfersulfat verwendet.

An dem grundlegenden chemischen Prozeß hat sich auch sonst bis heute nichts wesentliches geändert. Danach läßt man Phthalsäureanhydrid oder Phthalsäure, aber auch Phthalsäurederivate, wie Phthalsäureester, Phthalsäurediamid und Phthalimid, mit einem ammoniakabgebenden Mittel, hauptsächlich Harnstoff, aber auch seinen Derivaten, wie Biuret, Guanidin oder Dicyandiamid, im Mol-Verhältnis 1:4 reagieren. Der Überschuß an Harnstoff ist wegen dessen Zersetzung unter teilweiser Bildung von Folgeprodukten notwendig. Die Mengen an Kupfersalz betragen etwa 0,2 bis 0,5, bevorzugt 0,25 Moläquivalent, die an Molybdänsalz etwa 0,1 bis 0,4 mol, bezogen auf 1 mol Phthalsäureanhydrid. Die Reaktionstemperaturen liegen im Bereich von 200 bis 300°C.

Der Back-Prozeß, besonders das diskontinuierliche Verfahren, weist einige gravierende Nachteile auf. Während der Reaktion werden neben festen Harnstoff-Zersetzungsprodukten große Mengen Ammoniak frei, und Ammoniumsalze sublimieren ab. Durch die so bedingte Schaumbildung erhält man eine poröse Reaktionsmasse, die eine gleichmäßige Wärmeübertragung verhindert. Außerdem bäckt die Reaktionsmasse leicht an Gefäßwand und Rührer an, was zum gleichen Nachteil führt.

Durch intensive kräftige Rührung oder Mahlung während der Reaktion lassen sich zumindest einige der genannten Nachteile vermeiden. Es sind auch neuere diskontinuierliche Back-Prozesse beschrieben worden, die z.B. durch Erhitzen der Reaktionspartner in dünner Schicht auf Blechen verlaufen, was aber sehr aufwendig ist. Bei diskontinuierlicher Reaktion in Kugel- oder Stiftmühlen muß die Reaktionsmasse vor dem Austragen erst abkühlen. Das erfordert bei Reaktionszeiten von 5 bis 45 Minuten Zykluszeiten bis zu 3 Stunden und ist damit ebenfalls unwirtschaftlich.

Kontinuierliche Back-Prozesse lassen sich beispielsweise in einem beheizten Zylinder durchführen, in dem sich ein Schraubenrotor befindet. Allerdings erfordert die dafür notwendige geringe Schichtdicke unwirtschaftlich große Reaktionsaggregate. Ähnliches gilt für ein Back-Verfahren in einer rotierenden, geheizten Trommel, bei dem während des Zudosierens der Ausgangsprodukte bereits eine

3.1.2 Herstellung 439

gewisse Menge – nämlich der Durchsatz von ca. zwei Stunden an ausreagiertem Reaktionsprodukt – vorliegen muß um Anbacken zu vermeiden. Aufgrund langer Verweilzeiten und ungenügender Füllmengen ergibt sich eine für großtechnische Prozesse ungünstige Raum-Zeit-Ausbeute.

In den letzten Jahren wurden aber auch wirtschaftlich realisierbare kontinuierliche Back-Prozesse beschrieben, die in selbstreinigenden Mischaggregaten, z. B. in Doppelschneckenknetern, verlaufen. Nach Angaben der neueren Patentliteratur betragen hierbei die Ausbeuten bis etwa 80%.

Immer erhält man zunächst ein Roh-Kupferphthalocyaninblau von nur mäßiger Qualität, das z. B. mit verdünnter Salzsäure oder Alkalilauge ausgekocht und mit heißem Wasser säure- oder alkalifrei gewaschen werden muß, bevor es der Formierung unterworfen werden kann.

Lösemittel-Verfahren

Eine apparativ einfachere Reaktionsdurchführung ist möglich, wenn der Phthalsäureanhydrid-Harnstoff-Prozeß in organischen Lösemitteln erfolgt. Als inerte hochsiedende Lösemittel der im Prinzip wie beim Back-Prozeß ablaufenden Synthese werden z. B. Kerosin, Trichlorbenzol oder Nitrobenzol verwendet. Damit konnten die beim Back-Verfahren auftretenden Probleme der Durchmischung und Wärmeübertragung gelöst werden. Allerdings müssen auch hier wesentlich längere Reaktionszeiten in Kauf genommen werden. Durch entsprechende Temperaturführung während der Kondensation lassen sich aber fast quantitative Ausbeuten erzielen.

Nach Abtrennen des Lösemittels durch Filtrieren oder Zentrifugieren erhält man im Gegensatz zum lösemittelfreien Prozeß ein Roh-Kupferphthalocyaninblau, das wegen seiner guten Qualität ohne Zwischenreinigung für die weitere Pigmentherstellung verwendet werden kann. Beim Abdestillieren des Lösemittels erhält man allerdings ein unreines Roh-Kupferphthalocyaninblau, das zur Reinigung ausgekocht werden muß.

Phthalsäureanhydrid und Harnstoff werden gemeinsam mit Kupfer-I-chlorid und Ammoniummolybdat in Trichlorbenzol auf 200 °C erhitzt. Die Einsatzmengen entsprechen denen beim Back-Prozeß. Unter Entweichen von Kohlendioxid und Ammoniak entsteht Kupferphthalocyaninblau. Die Reaktion ist nach ca. 2 bis 3 Stunden beendet. Man erhält dabei Ausbeuten zwischen 85 und über 95%.

Die Nachteile der Lösemittel-Synthese sind vor allem in der Lösemittel-Regenerierung zu suchen.

Neben Nitrobenzol war bis vor wenigen Jahren Trichlorbenzol das am meisten verwendete Lösemittel. Da hierbei aber die spurenweise Bildung von schwer abbaubaren polychlorierten Biphenylen nicht auszuschließen ist, werden neuerdings andere Lösemittel, wie vor allem hochsiedende Kohlenwasserstoffe (Kerosin, Naphthalin), aber auch Alkohole oder Glykole verwendet. Bei Kohlenwasserstoffen sind aber Entflammbarkeit und Explosionsgefahr bei der Anlagenplanung zu berücksichtigen.

3.1 Phthalocyanin-Pigmente

Generell fällt das Rohpigment beim Lösemittel-Prozeß reiner an. Trotzdem werden auch hier noch alkalische oder/und saure Reinigungsstufen angeschlossen, die Reinheitsgrade von bis 98% ergeben. Auf dem Markt erhältliche Roh-Kupferphthalocyaninblau-Marken haben meist über 90% Reingehalt. Diese Vorstufe wird z.T. auch von Firmen zur „Veredlung" gekauft, die selbst keine Rohware herstellen.

Beim Phthalsäureanhydrid-Harnstoff-Verfahren wird grundsätzlich chlorfreies Kupferphthalocyaninblau gebildet. Nur in Abwesenheit von Basen (NH_3) oder Harnstoff erhält man chlorhaltige Reaktionsprodukte. Die phasenstabilisierte α-Modifikation wird nach diesem Verfahren durch Mischkondensation mit chlor-substituierten Phthalsäureanhydriden (z.B. 4-Chlorphthalsäure) erhalten (s. 3.1.2.4).

Trotz der genannten Nachteile ist der Phthalsäureanhydrid-Harnstoff-Prozeß im Lösemittel aufgrund seiner hohen Ausbeute, seiner wirtschaftlich vorteilhaften Durchführbarkeit und seiner preiswerten Ausgangsprodukte heute das wichtigste großtechnische Verfahren zur Herstellung von Kupferphthalocyaninblau.

Die Bruttogleichung für das Phthalsäureanhydrid-Harnstoff-Verfahren kann folgendermaßen formuliert werden:

$$4 \text{ (Phthalsäureanhydrid)} + 4 (NH_2)_2CO + Cu^{\oplus\oplus} + 2 e^{\ominus} \longrightarrow CuPc + 8 H_2O + 4 CO_2 + 4 NH_3$$

Danach erfordert die Bildung von Kupferphthalocyanin formell zwei Reduktionsäquivalente.

Der Mechanismus wird im einzelnen entsprechend dem folgenden Schema formuliert:

$$\text{Phthalsäureanhydrid} \rightarrow \text{Phthalimid} \rightarrow \text{Monoiminophthalimid} \rightarrow \text{Diiminophthalimid} \rightleftharpoons \text{Aminoisoindolenin} \rightarrow$$

$$\left(\text{Isoindolenin} \right)_n + (n-1)NH_3 \xrightarrow{+ Cu^{\oplus\oplus} + 2 e^{\ominus}} CuPc + NH_3$$

Polyisoindolenin

Aus Phthalsäureanhydrid erhält man mit Ammoniak, das aus der Zersetzung z.B. von Harnstoff stammt, über Phthalimid und Monoiminophthalimid das Diiminophthalimid. Das kondensiert wie beim Mechanismus des Phthalodinitril-Prozesses mit sich selbst unter NH_3-Abspaltung zu den Polyisoindoleninen, die mit den Cu-Ionen Komplexe bilden. Schließlich erfolgt unter weiterer Ammoniakabspaltung Ringschluß und der reduktive Prozeß der Kupferphthalocyanin-Bildung.

Der formulierte Reaktionsablauf ist durch nachgewiesene Zwischenprodukte gesichert.

Der Harnstoff fungiert als Ammoniakspender, bildet daneben aber auch Zersetzungsprodukte, wie Biuret und höhere Kondensationsprodukte von Harnstoff. Das vom Harnstoff stammende Kohlenstoffatom wird nicht in das Phthalocyaninmolekül übertragen, wie ^{14}C-Markierungsversuche ergaben: Bei Reaktion von an einem Carbonyl-Kohlenstoff ^{14}C-markierten Phthalsäureanhydrid erhält man als radioaktive Verbindung Kupferphthalocyanin und Phthalimid (als Nebenprodukt), während das freiwerdende Kohlendioxid nicht radioaktiv ist. Radioaktives CO_2 erhält man dagegen bei entsprechenden Versuchen mit ^{14}C-markiertem Harnstoff.

3.1.2.3 Herstellung der Modifikationen

Unsubstituiertes Kupferphthalocyaninblau ist polymorph. Durch Röntgenbeugungsdiagramme sind fünf unterschiedliche Kristallmodifikationen (α, β, γ, δ, ε) nachgewiesen worden (Abb. 93). Die relative thermodynamische Stabilität der einzelnen Kristallphasen nimmt in der folgenden Reihenfolge ab: β > ε > δ > α ≈ γ [9, 10, 11, 12].

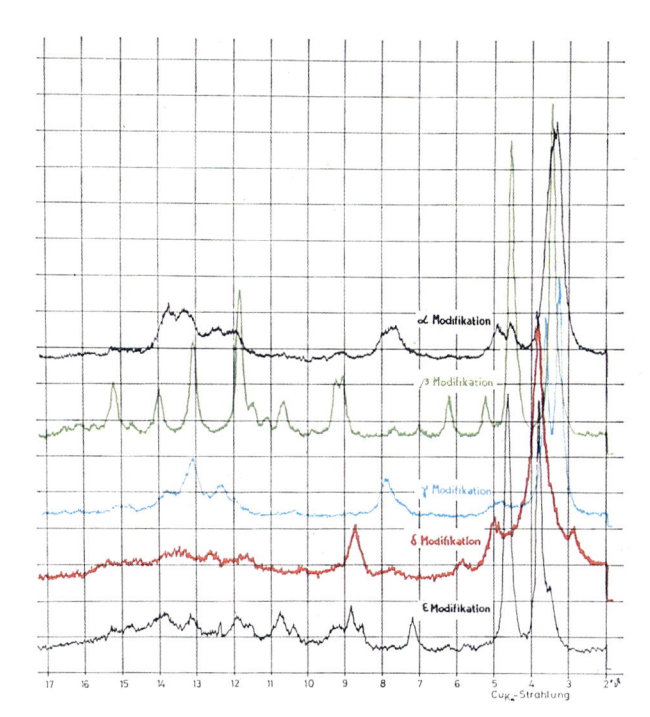

Abb. 93: Pigment Blue 15, Röntgenbeugungsdiagramme verschiedener Modifikationen.

3.1 Phthalocyanin-Pigmente

Von technischem Interesse sind vor allem die phasenstabilisierte α- und die β-Form.

Bei der Herstellung des Roh-Kupferphthalocyaninblaus nach dem Phthalodinitril- oder Harnstoff-Verfahren erhält man üblicherweise die grobkristalline β-Kristallmodifikation.

Für die Entstehung der gewünschten Modifikation sind vor allem die Konditionierungs- („Finish"-) Verfahren des Rohpigmentes entscheidend. Es gibt zwei grundsätzliche Methoden der Feinverteilung: Säurebehandlung unter Bildung von Kupferphthalocyaninsalzen und anschließendes Ausfällen in Wasser oder mechanische Behandlung (Mahlen, Kneten). Im einzelnen sind hier folgende Formierungsprozesse zu unterscheiden:

- Lösen in konzentrierter Schwefelsäure
- Anquellen in 50 bis 90%iger Schwefelsäure
- Trockene Mahlung ohne oder mit wasserlöslichen Salzen, sowie mit oder ohne Zusatz geringer Mengen organischer Lösemittel
- Mahlung in organischen Lösemitteln
- Kneten mit Salz unter Lösemittelzusatz

α-Modifikation

Durch Lösen oder Anquellen des Roh-Kupferphthalocyaninblaus in Schwefelsäure mit anschließender Ausfällung in Wasser (Hydrolyse), auch in Gegenwart von Emulgiermitteln, erhält man die feinteilige α-Modifikation. Auch durch Trockenvermahlung der rohen β-Kristallphase, z.B. in Gegenwart von Kochsalz oder Natriumsulfat, wird die α-Phase erhalten.

β-Modifikation

Die zunächst meist gröber kristallisierende β-Form kann man durch Salzvermahlung des Roh-Kupferphthalocyaninblaus in Anwesenheit von „kristallisierend" wirkenden Lösemitteln, d.h. aromatischen Kohlenwasserstoffen, Estern und Ketonen, erhalten.

Eine vorwiegend plättchenförmige β-Modifikation kann nach dem Phthalodinitril-Verfahren durch die Verwendung besonders reinen Phthalodinitrils hergestellt werden [13].

γ, δ, ε-Modifikationen

Beim Verrühren des Roh-Kupferphthalocyaninblaus in 60%iger Schwefelsäure mit anschließender Hydrolyse des Sulfats mit Wasser und Filtration erhält man die γ-Phase. Ein anderes Verfahren zur Gewinnung der γ-Phase besteht im Kneten von Roh-Kupferphthalocyaninblau mit Salz (Natriumsulfat), konzentrierter Schwefelsäure und einem Alkohol, Polyalkohol oder deren organischen Estern [14]. Auch durch Verrühren von α-Kupferphthalocyaninblau mit 30%iger Schwefelsäure und Glykolmonobutyl- oder -ethylether oder Tetrahydrofuran erhält man die γ-Modifikation [15].

Die δ-Form kann man durch Behandlung von α-Kupferphthalocyaninblau in Benzol oder Toluol mit wäßriger Schwefelsäure in Gegenwart eines Tensides herstellen [16].

Die ε-Phase erhält man durch Zerkleinern der α-, γ- oder δ-Modifikation, z.B. in Planetenkugelmühlen, und Nachbehandlung des Mahlgutes in organischen Lösemitteln bei erhöhten Temperaturen, die aber, in Abhängigkeit vom Lösemittel, unterhalb der Umwandlungstemperatur in die β-Modifikation liegen müssen (30 bis 160°C). Am leichtesten erfolgt die Bildung der ε-Modifikation aus der γ-Phase, bevorzugte Lösemittel sind Alkohole [17]. Über die technisch bisher unbedeutenden π-, X- und R-Formen von Kupferphthalocyaninen s. [1], Vol. II, 34-35.

3.1.2.4 Phasen- und flockungsstabile Kupferphthalocyaninblau-Pigmente

Zur Verhinderung von Phasenumwandlung, d.h. Modifikationswechsel, und Flockung bei der Anwendung der Pigmente können verschiedene Verfahren der „Stabilisierung" angewendet werden. Die zwei grundsätzlichen Methoden zur Vermeidung von Phasenumwandlung und Flockung sind

- die partielle chemische Modifizierung des Kupferphthalocyanin-Moleküls, z.B. durch „Anchlorierung"
- die Zumischung anderer Stoffe zum Kupferphthalocyanin-Molekül. Durch oberflächenaktive Additive erfolgt hierbei Oberflächenstabilisierung

So verhindert bereits ein geringer Anteil an chloriertem Kupferphthalocyanin (etwa 3 bis 4% Chlor, entsprechend der Formel $CuPc\text{-}Cl_{0,5}$, „Semichlor-CuPc"), besonders in der 4-Stellung des Kupferphthalocyanin-Moleküls, einen Modifikationswechsel von α nach β. Man kann beispielsweise bei der Synthese nach dem Phthalsäureanhydrid/Harnstoff-Prozeß durch Zusatz von 4-Chlorphthalsäureanhydrid oder nach dem Phthalodinitril-Verfahren mit Kupferchloriden partielle Chlorierung erreichen.

Durch partielle Sulfonierung oder Sulfamidierung läßt sich Flockung vermeiden. Die Kombination von teilweiser Sulfonierung und Chlorierung verbessert die Wirkung der beiden Einzeleffekte noch. Ähnliches ist z.B. durch die Einführung von Carbonsäuregruppen in das Pigmentmolekül zu erreichen.

Ein interessantes wirtschaftliches Verfahren zur Einführung von Carbonsäuregruppen besteht darin, daß man durch Cosynthese nach dem Phthalsäureanhydrid-Harnstoff-Verfahren eine geringe Menge Trimellithsäure oder andere Benzolpolycarbonsäuren mitreagieren läßt.

444   *3.1 Phthalocyanin-Pigmente*

Auch die partielle Einführung von Dialkylaminomethylengruppen in die aromatischen Ringe des Kupferphthalocyanin-Moleküls verhindert die Flockung. Die basischen Gruppen sind durch die Kupferphthalocyanin-Struktur fest auf der Pigmentoberfläche verankert: $\text{CuPc}-(\text{CH}_2\text{N}\langle^{R^1}_{R^2})_{1-4}$ und machen diese Moleküle teillöslich. Saure Bestandteile des Bindemittels können mit den Aminogruppen in Wechselwirkung treten.

Als Zusätze zur Stabilisierung lassen sich auch andere Metallkomplexe von Phthalocyaninen, z. B. Zinn-, Aluminium-, Magnesium-, Eisen-, Kobalt-, Titan- oder Vanadinkomplexe verwenden. Carboxy-, Carbonamido-, Sulfo- oder Phosphono-Kupferphthalocyanin können auch bei der Feinverteilung in geringen Mengen zugemischt werden.

Die Zusätze zur Stabilisierung gegen Modifikationswechsel und Flockung sind im allgemeinen in Konzentrationen von 3 bis 10% wirksam.

Die Salzvermahlung von Roh-Kupferphthalocyaninblau in Gegenwart von Xylol oder ähnlichen Kohlenwasserstoffen ergibt eine gegen Flockung stabilisierte β-Phase. Hier – und allgemein – verhindern die Verunreinigungen im Roh-Kupferphthalocyaninblau die Flockung.

Bei polyhalogenierten grünen Kupferphthalocyaninen treten die Probleme der Instabilität durch Modifikationswechsel nicht auf, da sie nur in einer Modifikation vorliegen.

3.1.2.5   Herstellung der Grüntypen

Am Beginn der Synthese grüner Kupferphthalocyanine konkurrierten zwei Verfahren miteinander: Die Herstellung von Tetraphenyl-Kupferphthalocyanin (Bayer) und die Chlorierung von Kupferphthalocyanin in Tetrachlorkohlenstoff zu Tetradeca- bis Hexadecachlor-Kupferphthalocyanin (BASF). Aus wirtschaftlichen Gründen gewann die Chlorierung für die technische Produktion schließlich die Oberhand.

Das älteste und bis heute vorrangig angewendete großtechnische Herstellungsverfahren für grüne Kupferphthalocyanin-Pigmente verläuft durch direkte Chlorierung von Kupferphthalocyanin (1935). Dabei wird in einer Natriumchlorid/ Aluminiumchlorid-Schmelze (eutektische Mischung) in Gegenwart von Metallchloriden als Katalysatoren, z. B. Eisen-III-chlorid, bei 180 bis 200 °C chloriert. Die in der Literatur generell angegebenen Grenzen der Chlorierungstemperaturen liegen zwischen 60 und 230 °C. Die Chlorierung kann aber auch in anderen Reaktionsmedien, beispielsweise Chlorsulfonsäure, Thionylchlorid, Sulfurylchlorid oder chlorierten Kohlenwasserstoffen, auch unter Druck, geführt werden. Alle diese Verfahren liefern Gemische mehrfach (mindestens 8fach, meist aber 14 bis 15,5fach) chlorierter Kupferphthalocyanine. Nach Ausfällen der in $\text{AlCl}_3/\text{NaCl}$ oder Säure perchlorierten Kupferphthalocyanine in Wasser, Absaugen und Auswaschen, vor allem der Aluminiumsalze, kann man das Pigment direkt einer thermischen Nachbehandlung in wäßrig/organischen Medien unterziehen, da es bei der Synthese bereits in äußerst feinverteilter Form anfällt. Das ist darauf zurückzuführen, daß perchloriertes Kupferphthalocyanin sowohl mit Aluminiumchlorid als auch mit starken Säuren Salze bildet, die bei der Hydrolyse zerlegt werden.

„Acid pasting", d. h. Lösen in z. B. Chlorsulfonsäure und Ausfällen in Wasser, oder Mahlung des Rohpigments sind weniger bedeutende Verfahren, die aber dann angewendet werden müssen, wenn die Chlorierung nicht in Aluminiumchlorid oder Säuren erfolgt.

Der Chlorgehalt handelsüblicher Kupferphthalocyaningrün-Typen beträgt ca. 15 Chloratome pro Molekül, gelbstichig-grüne Typen des Handels enthalten neben Chlor- noch Bromatome. Die Synthese dieser Typen erfolgt durch Mischhalogenierung. Bei der Herstellung der chlorhaltigen grünen Kupferphthalocyanine kann auch von bereits perchlorierten Vorprodukten ausgegangen werden. So läßt sich Tetrachlorphthalodinitril z. B. in Nitrobenzol mit Kupfer-II-chlorid zu Perchlor-Kupferphthalocyanin kondensieren. Das Verfahren wird wegen des hohen Preises des Ausgangsproduktes aber technisch bisher nicht genutzt. Tetrachlorphthalodinitril läßt sich aus Phthalodinitril durch eine aufwendige Gasphasenchlorierung erhalten.

Auch Tetrachlorphthalsäureanhydrid läßt sich nach dem Phthalsäureanhydrid-Harnstoff-Verfahren zum grünen Hexadecachlor-Kupferphthalocyanin kondensieren. Anstelle von Molybdänsalzen beim Phthalsäureanhydrid-Verfahren werden hierbei Titan- bzw. Zirkondioxid, besonders als hydratisiertes Gel, eingesetzt [18]. Allerdings fallen die Produkte zu trüb an und erfordern noch einen Reinigungsschritt.

Die Nuance der grünen Kupferphthalocyanine ist vom Halogenierungsgrad und der Art des Halogens (Chlor oder Brom), nicht jedoch von unterschiedlichen Kristallphasen abhängig. Bisher ist nur eine Kristallmodifikation polyhalogenierter Kupferphthalocyanine bekannt. Der Farbton verschiebt sich mit höherem Chlorierungsgrad von grünstichigem Blau nach blaustichigem Grün, und zwar wechselt der Farbton stark etwa ab Einführung des zehnten Chloratoms. Bromierung ergibt gelbstichige Grüntöne.

Als erstes gemischt halogeniertes Kupferphthalocyaningrün-Pigment wurde 1959 ein Polybromchlorkupferphthalocyanin von GAF kommerziell eingeführt. Seine Herstellung erfolgte ebenfalls in der $NaCl/AlCl_3$-Schmelze mit $CuCl_2$ als Katalysator und Brom neben Chlor zur aufeinanderfolgenden Bromierung/Chlorierung. Man erhält auf diese Weise ein Pigment mit etwa 11 Brom- und 3 Chloratomen pro Molekül. Die gelbstichigsten Pigmente enthalten 11 bis 12 Brom- und 5 bis 4 Chloratome.

Perbrom-Kupferphthalocyaningrün kann, ausgehend von Tetrabromphthalsäureanhydrid nach dem Phthalsäureanhydrid-Harnstoff-Verfahren unter Verwendung von Titan- oder Zirkonkatalysatoren hergestellt werden, doch ist dieses Verfahren in der Technik bisher nicht in Anwendung.

3.1.2.6 Metallfreies Phthalocyaninblau

Metallfreies Phthalocyaninblau kann auf verschiedenen Wegen synthetisiert werden:

- durch Herstellung gewisser instabiler ionischer Metall-, z. B. Alkali- oder Erdalkaliphthalocyanine mit anschließender Demetallisierung durch Alkohol oder Säure
- durch direkte Synthese aus Phthalodinitril oder Amino-iminoisoindolenin
- durch Verschmelzen von Phthalsäurcanhydrid mit Harnstoff

Die Herstellung des metallfreien Phthalocyaninblaus nach dem ersten Verfahren geschieht durch Reaktion von Phthalodinitril mit dem Natriumsalz eines höher siedenden Alkohols, z.B. mit Natriumamylat. Man erhält das Phthalocyanin-Dinatriumsalz, das durch anschließendes Einrühren in kaltes Methanol demetallisiert wird:

$$PcM_2 + 2\ H_3O^{\oplus} \longrightarrow PcH_2 + 2\ M^{\oplus} + 2\ H_2O$$

$$M : Na,\ \frac{Ca}{2},\ \frac{Mg}{2}$$

Auch über die entsprechenden Calcium- oder Magnesiumsalze mit anschließender saurer Hydrolyse erhält man Phthalocyanin.

Die Synthese aus Phthalodinitril hat in neuerer Zeit im Zusammenhang mit dem Bedarf für Photohalbleiter bei photoelektrischen Kopierverfahren eine gewisse Bedeutung erlangt, insbesondere wegen des auf diesem Wege zu erhaltenden reinen Phthalocyaninblaus. Durch Erhitzen von Phthalodinitril in 2-Dimethylaminoethanol unter Durchleiten von Ammoniak erhält man sehr reines Phthalocyaninblau. Erhitzen von 1,3-Diiminoisoindolenin im selben Lösemittel auf 135 °C ergibt ebenfalls reines Phthalocyaninblau in guter Ausbeute (ca. 90%). Auch Erhitzen von Phthalodinitril in einem inerten Lösemittel mit Wasserstoff unter Druck liefert metallfreies Phthalocyaninblau [19].

Das ebenfalls blaue und in 5 verschiedenen Modifikationen (α, β, γ, κ, τ) vorkommende Phthalocyanin ist chemisch etwas weniger stabil als Kupferphthalocyanin [20]. So zersetzt sich beispielsweise eine schwefelsaure Lösung allmählich. Andererseits kann es zu metallfreiem Phthalocyaningrün chloriert werden.

3.1.3 Eigenschaften

Kupferphthalocyaninblau-Pigmente überdecken den Farbtonbereich vom grünstichigen bis zum rotstichigen Blau, Kupferphthalocyaningrün-Pigmente den Bereich vom blaustichigen bis zum gelbstichigen Grün. Die ganze Pigmentklasse weist hervorragende Echtheiten auf. Das betrifft besonders die Licht- und Wetterechtheit sowie die Hitzebeständigkeit der meisten Typen. Die Pigmente sind un-

3.1.3 Eigenschaften

schmelzbar. Kupferphthalocyaninblau kann bei ca. 550°C unter Normaldruck in einer Inertgasatmosphäre sublimiert werden.

Mit Hilfe dreidimensionaler Röntgenstrukturanalyse konnte die Molekül- und Kristallstruktur des Kupferphthalocyaninblaus (β-Form) aufgeklärt werden. Die planaren und fast quadratischen Phthalocyanin-Moleküle sind bei allen Modifikationen geldrollenartig, d. h. eindimensional, zu Stapeln übereinandergeschichtet. Unterschiedlich ist für die verschiedenen Modifikationen aber die Anordnung der Stapel zueinander. So ist besonders der Winkel zwischen Stapelachse und Molekülebene verschieden. Bei der α-Phase beträgt er beispielsweise 26,5°, bei der β-Phase 45,8° [9].

Für die α- und β-Modifikationen wird dies in Abb. 94 anhand von Schnitten durch die Molekülstapel gezeigt. Die stapelförmige Schichtung führt zu Kristallnadeln. Bei solcher Anordnung der Moleküle im Kristall weisen die Prismenflächen parallel zur Längsachse der Stapel, die hauptsächlich die H-Atome und Substituenten der Benzolkerne tragen, weitgehend unpolaren Charakter auf, die Basisflächen der Stapel, an denen die π-Systeme, die Stickstoffatome und das Kup-

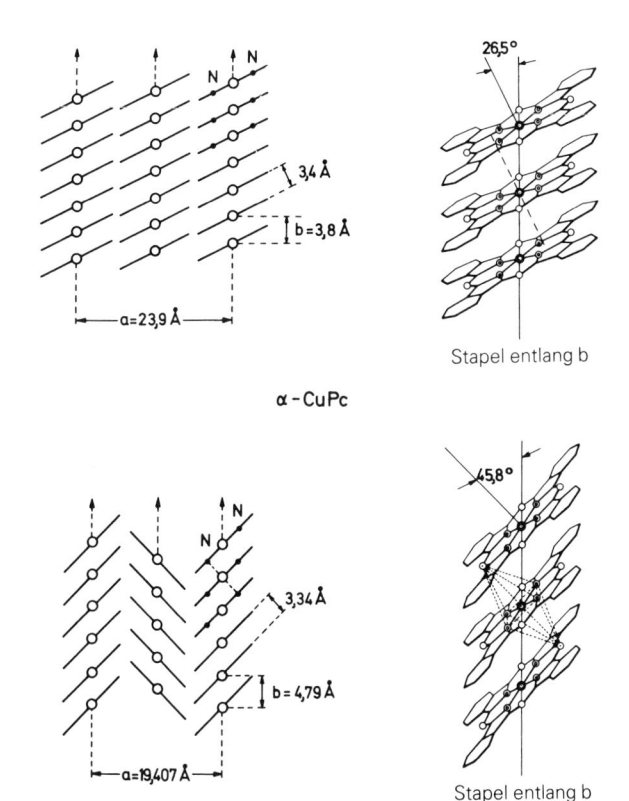

Abb. 94: Anordnung der CuPc-Moleküle bei der α- und der β-Modifikation. Die Angaben für die α-Modifikation beziehen sich auf die mit α-CuPc isomorphe Struktur von 4-Monochlor-Kupferphthalocyanin [9].

feratom hervortreten, dagegen einen relativ polaren Charakter. Insgesamt ist die Oberfläche der nadelförmigen substituierten Phthalocyanin-Pigmente – und dies trifft auf alle Modifikationen zu – sehr unpolar; es bestehen somit nur geringe Möglichkeiten zu einer spezifischen Wechselwirkung mit dem umgebenden Medium. Aus diesem Grund ist auch der Hydrophiliegrad sehr niedrig, was für die Dispergierung, speziell die Benetzung dieser Pigmente und die Stabilisierung der Dispersionen von Bedeutung ist.

Phthalocyanin-Pigmente neigen daher in starkem Maße zur Flockung. Gegen Flockung, z. B. durch Einführung polarer Gruppen, stabilisierte Marken der verschiedenen Modifikationen zeigen wesentlich verbessertes Verhalten in technisch wichtigen Medien, besonders in Tief- und Flexodruckfarben verschiedener Art und ofentrocknenden Lacken. Andererseits ist die Stabilisierung oft mit einer Beeinträchtigung der Beständigkeit gegen organische Lösemittel, der Ausblutechtheit und der Überlackierechtheit verbunden.

Kupferphthalocyanin-Pigmente zeigen insgesamt gesehen auch gute Beständigkeit gegen organische Lösemittel. In einer Reihe von Lösemitteln, vor allem in Aromaten, kann jedoch bei instabilen Typen Modifikationswechsel, bei stabilen „Über"-Kristallisation erfolgen. Der Prozeß ist wesentlich durch die Keimbildung der stabilen Phase bestimmt, wobei die Teilchengröße der entstehenden Kristalle mit zunehmender Anzahl der Keime abnimmt. β-Kupferphthalocyaninblau ist die thermodynamisch stabile Modifikation.

Von den polyhalogenierten grünen Kupferphthalocyaninen ist nur eine Modifikation bekannt; sie steht der α-Modifikation der Kupferphthalocyaninblau-Pigmente nahe. Besonders die coloristischen Eigenschaften, in geringerem Ausmaß aber auch eine Reihe von Echtheitseigenschaften, hängen vom Grad der Halogenierung und der Art des Halogens bzw. dem Verhältnis von Chlor- und Bromatomen im Molekül ab.

Phthalocyanin-Pigmente sind sehr farbstark und zeigen ein günstiges Farbstärke-Preis-Verhältnis. α-Kupferphthalocyaninblau ist am farbstärksten, gelbstichiges Kupferphthalocyaningrün am farbschwächsten.

3.1.4 Anwendung

Der bei weitem überwiegende Anteil der in der Welt produzierten Phthalocyanine wird als organisches Pigment verwendet. Das geschieht fast ausschließlich in Form des Kupferphthalocyanins und seiner Halogenderivate. Durch die Einführung löslichmachender Gruppen, wie einer oder mehrerer Sulfonsäuregruppen in das Phthalocyanin-, speziell das Kupferphthalocyanin-Molekül, und gegebenenfalls weitere chemische Modifizierung erhält man Farbstoffe, die für verschiedene Anwendungszwecke in der Textilfärbung, z. B. als direktfärbende Baumwollfarbstoffe, in der Spinnfärbung oder der Papierindustrie von Bedeutung sind.

Die bisher bekannten 5 verschiedenen Kristallmodifikationen von Kupferphthalocyaninblau unterscheiden sich in ihren coloristischen Eigenschaften. Die β-Modifikation ergibt die grünstichigsten und reinsten Blautöne, die α-Modifikation ist deutlich röter, die ε-Modifikation noch rotstichiger. Handelsmarken der beiden übrigen Formen, der γ- und δ-Modifikationen sind z.Zt. nicht bekannt.

Die thermodynamisch instabilen Modifikationen können thermisch in die stabile β-Modifikation umgewandelt werden. Auch in einem hochsiedenden inerten Lösemittel, besonders in Aromaten, kann dieser Modifikationswechsel erfolgen. Für die Anwendung nicht stabilisierter Marken, beispielsweise bei der Kunststoffeinfärbung oder in aromatenhaltigen ofentrocknenden Lacksystemen, ist das zu berücksichtigen. Die Phasenübergänge wurden eingehend untersucht [9]. Durch geringfügige Modifizierung des Kupferphthalocyanin-Moleküls, z. B. durch teilweise Chlorierung, läßt sich besonders bei der α-Modifikation die Aktivierungsenergie der Modifikationsumwandlung so weit erhöhen, daß eine für viele Anwendungszwecke gute Stabilität selbst in aromatenhaltigen Systemen oder bei der Kunststoffeinfärbung erreicht wird. In unterschiedlicher Weise kann auch die Flockungsstabilität dieser Pigmente wesentlich verbessert werden (s. 3.1.2.4). Andere Additive verbessern die mäßigen rheologischen Eigenschaften dieser Pigmente.

Zur Einstellung grüner Farbtöne sind zwar Kombinationen von Kupferphthalocyaninblau und Gelbpigmenten oftmals billiger, weisen aber meist nicht die guten Echtheiten der grünen polyhalogenierten Kupferphthalocyanine auf.

Metall-Phthalocyanine mit verschiedenen Metall-Zentralatomen, heute oft noch Objekte theoretischer Studien, könnten Bedeutung in etlichen Zukunftstechnologien erlangen, z.B. in der Kommunikation, für Katalysatoren oder in medizinischen Anwendungen. Ein Teil dieser Verbindungen wird dabei als Pigmente eingesetzt werden [22].

3.1.5 Im Handel befindliche Pigmente

Allgemein

Im Handel spielen α- und β-Kupferphthalocyaninblau-Marken die überragende Rolle, erstere in zunehmendem Maße auch in phasenstabilisierter Form. Von beiden Modifikationen sind auch gegen Flockung stabilisierte Typen verbreitet.

Die an Phthalocyaninblau-Pigmente von den verschiedenen Einsatzgebieten gestellten Anforderungen sind sehr vielfältig, so daß eine große Anzahl von Spezialmarken mit optimierten Eigenschaften für das eine oder andere Medium bekannt ist.

In letzter Zeit gewinnt die ε-Modifikation etwas an Bedeutung; auch Handelstypen von metallfreiem Phthalocyaninblau sind auf dem Markt.

Beim nicht polymorphen Kupferphthalocyaningrün-Pigment sind Marken mit 14 bis 15 Chloratomen pro Pigmentmolekül (Pigment Green 7) von Bedeutung. Verschiedene Polybromchlor-Kupferphthalocyanine mit 4 bis 9 Brom- und 8 bis 2 Chloratomen pro Molekül (Pigment Green 36) spielen als gelbstichige Grünmarken technisch eine Rolle.

3.1 Phthalocyanin-Pigmente

In Tabelle 27 sind die Typen von Kupferphthalocyanin-Pigmenten aufgeführt, die sich auf dem Markt befinden:

Tab. 27: Im Handel angetroffene Kupferphthalocyanin-Pigmente

C.I. Name	Formel-Nr.	stabilisiert gegen Phasenwechsel	Modifikation	Nuancenbereich	Zahl der Halogenatome	Bemerkungen
P.Bl. 15	74160	nein	α	rotstichig-blau	–	
P.Bl. 15:1	74160	ja	α	grünstichiger als P.Bl. 15	0,5-1 Cl	
P.Bl. 15:2	74160	ja	α	rotstichig-blau	0,5-1 Cl	nicht flockend
P.Bl. 15:3	74160	–	β	grünstichig-blau	0*	
P.Bl. 15:4	74160	–	β	wie P.Bl. 15:3	0*	nicht flockend
P.Bl. 15:6	74160	ja	ε	stark rotstichig-blau	0*	
P.Bl. 16	74100	metallfreies Phthalocyanin				
P.Gr. 7	74260	–		blaustichig-grün	14-15 Cl	
P.Gr. 36	74265	–		gelbstichig-grün	4-9 Br, 8-2 Cl	

* Abhängig von der Herstellungsweise können evtl. auch geringe Mengen Chlor enthalten sein.

Einzelne Pigmente

Pigment Blue 15

Unter der Bezeichnung Pigment Blue 15 werden im Colour Index die gegen Phasenwechsel unstabilisierten Marken des α-Kupferphthalocyaninblaus geführt. Es handelt sich, verglichen mit anderen Phthalocyaninblau-Pigmenten, um rotstichig-blaue, farbstarke Pigmente mit guter Ergiebigkeit und Wirtschaftlichkeit. Ihre Bedeutung ist gegenüber den entsprechenden stabilisierten Marken geringer und zeigt abnehmende Tendenz. Sie sind in vielen Medien röter und häufig reiner, oft aber auch farbschwächer als die stabilisierten Marken.

Nicht stabilisiertes α-Kupferphthalocyaninblau wird im Druckfarbenbereich in gewissem Maße in öligen Bindemittelsystemen, beispielsweise Offsetdruckfarben für den Verpackungs- und Blechdruck, eingesetzt. Gegen viele organische Lösemittel, z.B. Alkohole, Ester, Ketone, aliphatische Kohlenwasserstoffe oder auch Toluol, und Weichmacher, wie Dioctylphthalat, ist P.Bl.15 unter den Standardbedingungen (s. 1.6.2) beständig. Ethylglykol oder das Lösemittelgemisch nach DIN 16 524 werden allerdings geringfügig angefärbt. Die Drucke sind ebenso beständig gegen Säuren und Alkalien; auch andere Gebrauchsechtheiten, wie Seifen- und Butterechtheit oder Sterilisierechtheit, sind einwandfrei. Für Skalenfarben, d. h. für den Farbton Cyan im 3- bzw. 4-Farbendruck, kommt es nicht in Betracht; es ist zu rotstichig. In Verpackungstiefdruckfarben wird das Pigment wegen seiner ausgeprägten Tendenz zum Modifikationswechsel in Gegenwart von Aromaten kaum eingesetzt. Aus dem gleichen Grund findet es auf dem Lackgebiet nur in Ausnahmefällen Verwendung.

Für die Kunststoff-Einfärbung ist die nicht einmal 200 °C erreichende Hitzebeständigkeit dieser instabilen Typen nachteilig. Speziell in Polymermaterialien mit aromatischen Ringen, wie Polystyrol, ABS oder PETP, tritt mit steigender Temperatur in zunehmendem Maße eine Umlagerung in die β-Form auf.

Einen gewissen Einsatz finden P.Bl.15-Marken wegen ihres rotstichigen Farbtones in Polyethylen bei Verarbeitungstemperaturen unterhalb 200 °C, z. B. für Folien, oder in PVC, das üblicherweise bei geringeren Temperaturen verarbeitet wird. Hier ist die Farbstärke aber oft der stabilisierter Kupferphthalocyaninblau-Marken unterlegen.

In Weich-PVC ist P.Bl.15 ebenso wie andere Phthalocyanin-Pigmente meist einwandfrei migrationsbeständig. Auch ist es ausgezeichnet lichtecht. Daneben wird P.Bl.15 auch in PUR-Schäumen unterschiedlicher Art, sowie für die Gummieinfärbung eingesetzt. Wegen seines gegenüber entsprechenden stabilisierten Typen röteren und häufig reineren Farbtons findet es auch in einer Reihe anderer Medien, besonders solchen auf wäßriger Basis, Verwendung. Hier sind beispielsweise der Textildruck, die Papiermassefärbung, -oberflächenfärbung und -streichmassenfärbung, sowie der Büroartikelsektor mit Buntstiftminen, Schulkreiden und Aquarellfarben anzuführen.

Die Verwendung der P.Bl.15-Marken in wäßrigen Medien erfordert wegen des sehr unpolaren Charakters (s. 3.1.3) zum Teil erhebliche Mengen geeigneter Dispergiermittel, beispielsweise oxethylierte Phenole, Alkohole oder Alkylsulfonate. Da neben einer ausreichenden Pigmentbenetzung auch starke mechanische Scherkräfte zur Erzielung eines genügenden Dispergierungsgrades erforderlich sind, kommt es bei der Verarbeitung oft zu adiabatischer Wärmeentwicklung. Das kann bei den unsubstituierten α-Kupferphthalocyaninblau-Marken mit ungenügend kühlbaren Dispergiergeräten zu Phasenwechsel von der α- in die β-Form führen, der mit einer Farbtonänderung zu grünerem Blau, Abtrüben des Farbtones und Farbstärkeverlust verbunden ist. P.Bl.15 wird daher besonders in Form von möglichst hochpigmentierten wäßrigen Pasten entweder vom Pigmenthersteller selbst oder von einschlägigen Herstellern von Pigmentpräparationen in den Handel gebracht.

Durch Einführung geeigneter Substituenten in das Molekül des Kupferphthalocyaninblaus oder durch Belegen der Kristalloberfläche mit speziellen Substanzen können die Hydrophilie bzw. die Polarität des Pigmentes gezielt beeinflußt werden (s. 3.1.2.4). Das Dispergier- und Benetzungsverhalten läßt sich damit für spezielle Anwendungen, wie für wäßrige Medien verbessern bzw. optimieren.

Pigment Blue 15:1

Im Colour Index wird unter der Bezeichnung P.Bl. 15:1 ein gegen Phasenwechsel stabilisiertes α-Kupferphthalocyaninblau geführt. Es hat in nahezu allen Anwendungsbereichen große Bedeutung erlangt. Obwohl mit der Stabilisierung, beispielsweise durch partielle Chlorierung, im allgemeinen ein Farbstärkeverlust sowie eine Abtrübung und Verschiebung des Farbtones zu grünstichigerem Blau verbunden ist, sind die stabilisierten Typen in der Lack- und Anstrichfarbenindustrie, in Verpackungsdruckfarben sowie im Bereich der Kunststoffindustrie die dominierenden Produkte unter den Kupferphthalocyaninblau-Marken. Gegen organische Lösemittel sind sie gut beständig. Ihre ausgezeichnete Licht- und Wetterechtheit, ihre sehr gute Migrationsechtheit sowie ihre gute Hitzebeständigkeit und Preiswürdigkeit machen diese Pigmente ohne nennenswerte Einschränkungen für den Einsatz in den genannten Gebieten geeignet. Dabei werden die P.Bl.15:1-Typen häufig in Kombination mit anderen Pigmenten, beispielsweise mit Dioxazinviolett für Marineblau-Töne oder mit Titandioxid für deckende Färbungen, eingesetzt. Auch zum Schönen von weißen Lacken, Druckfarben und anderen Medien finden sie Verwendung.

Im Lackbereich dient P.Bl.15:1 aufgrund der ausgezeichneten Echtheiten zum Pigmentieren von Lacken und Anstrichfarben aller Art bis hin zu Autoreparatur- und Autoserienlacken in Metallic- und Uni-Tönen.

In den Metallic-Lacken ist der sogenannte Flop oder Abkippeffekt von Bedeutung. Man versteht hierunter eine je nach Lichteinfall und Betrachtungswinkel unterschiedliche Farbe und/oder Helligkeit. Der Flop spielt bei der Automobillackierung deshalb eine Rolle, weil je nach unterschiedlicher Neigung der Karosserieteile, beispielsweise zwischen Kühlerhaube und Kotflügel, bei derselben Lackierung deutliche Farbunterschiede hervorgerufen werden können. Der Flop wird durch hohes Streuvermögen des Buntpigmentes merklich verändert. Deshalb zeigen Pigmente mit hinreichender Transparenz Vorteile. Durch eine stärkere Chlorierung des α-Kupferphthalocyaninblaus lassen sich Produkte mit sehr geringem Flop erreichen. Entsprechende Spezialprodukte sind im Handel.

Die meisten Marken vom Typ P.Bl.15:1 weisen in ofentrocknenden Systemen unter Praxisbedingungen eine einwandfreie Überlackierechtheit auf. Sie sind für Pulverlacke, beispielsweise auf Acrylat- oder Polyurethanbasis, geeignet und zeigen hier auch keinen Plate-out-Effekt (s. 1.6.4.1).

Die Fließfähigkeit von Lacken unterschiedlicher Art mit P.Bl.15:1-Marken war über viele Jahre hinweg meist unbefriedigend. Durch Oberflächenbehandlung mit geeigneten Hilfsmitteln ist es aber inzwischen weitgehend gelungen, die Fließfähigkeit für bestimmte Medien so zu verbessern, daß diese Pigmente praktischen Anforderungen genügen.

Die Phasenstabilität vieler Handelsmarken vom Typ P.Bl.15:1 ist sehr gut und verursacht meist keine Anwendungsprobleme. Sie läßt sich in einfacher Weise prüfen, indem man das Pigment in Toluol oder Xylol zum Sieden erhitzt, abfiltriert, im Lacksystem dispergiert und coloristisch gegen die nicht lösemittelbehandelte und analog dispergierte Vergleichsprobe bewertet. Auch durch zweiwöchige

Lagerung des pigmentierten Lackes bei erhöhter Temperatur, beispielsweise bei 50°C, und coloristischen Vergleich dieser gegen eine frische Lackierung, erhält man guten Aufschluß über die Phasenstabilität des betreffenden Pigmentes.

Im Druckfarbenbereich kommt stabilisiertes α-Kupferphthalocyaninblau, ähnlich wie nicht stabilisierte Typen, wegen des zu roten Farbtones für Skalenfarben, d. h. im 3- bzw. 4-Farbendruck, nicht in Betracht. Vielfachen Einsatz findet es dagegen in Schmuck- und Verpackungsdruckfarben aller Art. Die Drucke sind beständig gegen die üblichen organischen Lösemittel und zeigen einwandfreie Gebrauchsechtheiten. Die Hitzebeständigkeit von Blechdrucken reicht bis 200°C (10 Minuten Einwirkung) bzw. 170 bis 180°C (30 Minuten); die Drucke sind sterilisierecht.

Viele P.Bl.15:1-Marken sind in Druckfarben sehr farbstark. Für Buchdruck-Andrucke in 1/1 ST ist unter Standardbedingungen je nach Handelsmarke eine Pigmentkonzentration der Druckfarbe von 16 bis 19%, für 1/3 ST eine Konzentration von 7,5 bis 10% erforderlich. Die Lichtechtheit dieser Drucke ist ausgezeichnet; sie liegt bei Stufe 8 bzw. 7 der Blauskala.

Einsatz findet P.B.15:1 auch in Dekordruckfarben für Schichtpreßstoff-Platten auf Melaminharzbasis. In Dekordruckfarben für Platten auf Polyesterbasis sind Pigmente dieses Typs dagegen nicht einsetzbar, weil sie mit Beschleunigern und Härtern reagieren. In Monostyrol, einem oft verwendeten Lösemittel für Polyester, sind die meisten P.Bl.15:1-Marken zudem nicht ganz beständig.

In wäßrigen Systemen liegt der Schwerpunkt des Einsatzes von stabilisiertem α-Kupferphthalocyaninblau bei Dispersionsanstrichfarben, Textildruckteigen, sowie bei wäßrigen oder wasserverdünnbaren Tief- und Flexodruckfarben für den Verpackungs- und Tapetendruck. Im Textildruck werden die stabilisierten den nicht stabilisierten α-Marken oft dann vorgezogen, wenn die Textildrucke trockenreinigungsbeständig sein müssen, d. h. Beständigkeit gegen halogenierte Kohlenwasserstoffe besitzen sollen. In den verschiedenen Anwendungsmedien auf wäßriger Basis wird auch stabilisiertes α-Kupferphthalocyaninblau meist in Form von wäßrigen Pasten, d. h. Konzentraten, die die Pigmente in vordispergierter Form enthalten, verwendet. Besondere Vorsichtsmaßnahmen bei der Dispergierung von P.Bl.15:1 in Gegenwart von Dispergier- und Netzmitteln oder auch Lösemitteln sind im Gegensatz zu nicht stabilisiertem α-Kupferphthalocyaninblau (P.Bl.15) wegen seiner Phasenstabilität nicht erforderlich.

Auch in Kunststoffen wird P.Bl.15:1 allein oder in Kombination mit anorganischen und organischen Pigmenten für Blautöne häufig verwendet. Ebenso wie unstabilisiertes α-Kupferphthalocyaninblau zeigt auch die stabilisierte Type in Polyolefinen hohe Farbstärke. So sind zur Einstellung von Färbungen in 1/3 ST (1% TiO_2) je nach Marke 0,08 bis 0,1% Pigment erforderlich. Die Hitzestabilität der meisten Marken liegt bei etwa 300°C und genügt nahezu allen Anforderungen. Problematisch ist dagegen die Dispergierbarkeit. Nur sehr wenige Handelsmarken erfüllen die besonders für die Einfärbung von Dünnfolien und ähnlichen Produkten gestellten hohen Anforderungen. Wie die anderen Kupferphthalocyaninblau-Typen beeinflussen auch die P.Bl.15:1-Marken das Schwindungsverhalten teilkristalliner Thermoplaste in starkem Maße; ihr Einsatz für nicht rotationssymmetrische Spritzgußartikel, wie Flaschenkästen, ist daher nur beschränkt möglich. In Weich-PVC sind viele P.Bl.15:1-Marken – je nach Art der Stabilisierung – mehr oder weniger gut ausblutbeständig. Licht- und Wetterechtheit sind auch in diesem Medium sehr gut. In Hart- bzw. schlagfesten PVC-Typen sind stabilisierte α-Typen bei der Langzeitbewetterung allerdings β-Kupferphthalocyaninblau-Typen oder Grün-Marken unterlegen.

Weitere Einsatzgebiete sind Polystyrol, Polyamide, Polycarbonate – wo Hitzebeständigkeit bis 340 °C gegeben ist – PUR-Schaumstoffe und Gießharze, wobei in solchen auf Basis ungesättigter Polyester die Härtung meist stark verzögert werden kann.

Bei der Einfärbung von Kautschuk stört freies Kupfer nicht nur den Vulkanisationsprozeß, sondern beeinflußt auch die Alterungsbeständigkeit des Gummis in starkem Maße, es zählt zu den sogenannten Gummigiften. Der Gehalt der Pigmente an freiem Kupfer soll daher 0,015% nicht übersteigen. Entsprechend geprüfte Handelsmarken stehen zur Verfügung.

P.Bl.15:1 findet wie die anderen Kupferphthalocyanin-Typen verbreiteten Einsatz bei der Spinnfärbung von Polypropylen, Polyester, Polyamid, 2 1/2-Acetat, Viskose-Reyon und Zellwolle. Die Lichtechtheit ist auch hier sehr gut. Die textilen Echtheiten sind ganz oder nahezu einwandfrei.

Pigment Blue 15:2

Unter der Bezeichnung Pigment Blue 15:2 sind im Colour Index die gegen Flokkung und Modifikationswechsel stabilisierten α-Kupferphthalocyaninblau-Marken registriert. Bevorzugten Einsatz finden sie im Lackbereich, wenn sich das Flockungsverhalten der P.Bl.15:1-Marken bei der Anwendung störend bemerkbar macht oder die Wirtschaftlichkeit beeinträchtigt. Entsprechend ihrem guten Flokkungsverhalten ist auch die Rub-out-Beständigkeit [20] in den gebräuchlichsten Bindemitteln gut. Eine graduelle Verbesserung des Flockungsverhaltens läßt sich durch Steuerung von Teilchengröße bzw. Teilchengrößenverteilung und Teilchenform des Pigmentes erreichen. Vorrangig sind diese Typen jedoch durch eine chemische Modifizierung oder eine Adsorption von geeigneten Substanzen flokkungsstabil gemacht. Die chemisch bewirkte Flockungsstabilität ist allerdings oft mit einer Verschlechterung der Überlackierechtheit, speziell in aromatenhaltigen Lacken, verbunden. Seit kurzem befinden sich allerdings auch flockungsstabile Marken im Handel, die diesen Nachteil kaum aufweisen.

Die anderen anwendungstechnischen Eigenschaften und Echtheiten entsprechen weitgehend denen der P.Bl.15:1-Typen. Im Druckfarbenbereich liegt die Verwendung von P.Bl.15:2 besonders in Spezialtief- und Flexodruckfarben nahe. Hier ist die verminderte Überlackierechtheit vielfach ohne Bedeutung. Wie die anderen α-Kupferphthalocyaninblau-Typen ist auch P.Bl.15:2 für den Cyan-Farbton des 3- bzw. 4-Farbendruckes wegen seines zu roten Farbtones nicht geeignet.

Pigment Blue 15:3

Das Pigment ergibt einen reinen Türkis-Farbton. Haupteinsatzgebiet für Pigmente dieser Art ist der grafische Druck, darüber hinaus werden sie in Lacken und Anstrichfarben, für die Kunststoff- und Gummifärbung, im textilen Pigmentdruck sowie für weitere Einsatzgebiete, wie Büroartikel, verwendet.

Entsprechend der Bedeutung des Pigmentes befindet sich eine Vielzahl von Marken im Handel, die in ihren coloristischen und anwendungstechnischen Eigenschaften in einem weiten Bereich variieren. Unterschiede sind besonders bei der Dispergierbarkeit, Farbstärke, Nuance und Transparenz in Abhängigkeit vom Medium zu beobachten.

P.Bl.15:3 findet in Druckfarben vor allem als Blaukomponente im 3- bzw. 4-Farbendruck nach den verschiedenen Farbskalen Verwendung. So entspricht es dem Normfarbton Cyan der Europäischen Farbskala für den Offset- und Buchdruck nach CIE 12-66 (s. 1.8.1.1).

Für den Einsatz in sogenannten öligen Bindemitteln, besonders in Offsetdruckfarben, stehen auch geharzte Marken zur Verfügung. Sie sind allerdings wesentlich weniger zahlreich als bei den P.R.57:1-Marken für den Normfarbton Rubin und den Azogelb-Marken für den Normfarbton Gelb.

β-Kupferphthalocyaninblau zählt zu den farbstarken Pigmenten, gegenüber α-Kupferphthalocyaninblau ist es aber ca. 15 bis 20% farbschwächer. So benötigt man unter Standardbedingungen für Buchdruck-Andrucke in 1/1 ST bei farbstarken P.Bl.15:1-Marken Druckfarben mit 16% Pigment, bei Druckfarben mit β-Kupferphthalocyaninblau mit ca. 21%; die entsprechenden Werte für Drucke in 1/3 ST sind 7,5 bzw. 9%. Zur Einstellung des Normfarbtones Cyan ist bei farbstarken Marken ein Pigmentgehalt der Druckfarben von ca. 14 bis 15% erforderlich.

Die Drucke zeigen ausgezeichnete Gebrauchsechtheiten. So ist die Beständigkeit gegen organische Lösemittel, gegen Seifen, Alkalien und Säuren einwandfrei. Die Drucke sind auch sterilisierecht. Im Blechdruck ist die Hitzebeständigkeit sehr gut. Die Drucke sind 10 Minuten bis 200°C, 30 Minuten bis 180°C thermostabil. Sie erreichen damit zwar nicht die Beständigkeit der halogenierten Kupferphthalocyaningrün-Marken, sind aber etwas besser als die des stabilisierten α-Kupferphthalocyaninblaus.

In den letzten Jahren hat die gute Dispergierbarkeit von P.Bl.15:3 erheblich an Bedeutung gewonnen, was mit der zunehmenden Verwendung wirtschaftlicher, aber weniger wirksamer Dispergiergeräte, wie der Rührwerkskugelmühlen für die Herstellung von Rollenoffsetdruckfarben, zu begründen ist. Wegen der ausgezeichneten Lösemittelbeständigkeit sind hohe Verarbeitungstemperaturen auf die Farbstärke und vor allem auch auf die Transparenz – im Gegensatz zu den im Dreifarbendruck verwendeten Gelbmarken – kaum von Einfluß. Die Verarbeitungstemperaturen liegen daher hier im allgemeinen höher als bei diesen Gelbmarken. Andererseits kann es in solchen mineralölreichen Systemen zu Flockungserscheinungen kommen, die Rekristallisation des Pigmentes vortäuschen.

Kupferphthalocyaninblau wird in Europa im allgemeinen in Pulverform oder als etwas staubärmeres, dafür aber etwas schwieriger zu dispergierendes Granulat verarbeitet. In den USA werden auch diese Pigmente für ölige Druckfarben noch häufig als Flushpasten verwendet. Infolge besserer Pigmentbenetzung gelangt man hier oft zu besserem Glanz und höherer Transparenz.

In aromatenreichen und harzarmen Illustrationstiefdruckfarben neigt β-Kupferphthalocyaninblau – wie in Lacken und Anstrichfarben – zur Flockung. Es werden hier deshalb in zunehmendem Maße flockungsstabile Marken vom Typ P.Bl.15:4 eingesetzt. Auch die Verwendung von vordispergierten lösemittel(toluol)-haltigen Pasten bzw. Konzentraten, Non-Aqueous-Dispersions (NAD, s. 1.8.2.2), ist wegen verbesserter Flockungsstabilität und der damit verbundenen höheren Farbstärke hin und wieder gebräuchlich.

P.Bl.15:3 wird auch für den Verpackungstiefdruck meist in Pulverform verwendet. Auch β-Kupferphthalocyaninblau wird jedoch wie andere Pigmente zur Erzielung höchster Transparenz, guter Farbtonreinheit und optimalen Glanzes häufig in Form von Nitrocellulose-Chips oder in Form anderer Präparationen, z.B. auf Basis von Vinylchlorid-Vinylacetat-Mischpolymerisat, Ethylcellulose oder Polyvinylbutyral eingesetzt.

Im Bereich der wäßrig-alkoholischen Flexodruckfarben ist allerdings der Einsatz von entsprechenden Pigmentpräparationen gebräuchlicher als in den übrigen Druckfarben, da hier die hydrophoben Phthalocyanin-Pigmente sehr schwer zu benetzen und zu dispergieren sind. In der Lack- und Anstrichfarbenindustrie dominieren die stabilisierten α-Kupferphthalocyaninblau-Marken infolge ihres röteren Farbtones. Trotzdem werden auch β-Kupferphthalocyaninblau-Typen, zum Teil allerdings in flockungsstabilisierter Form (s.u. P.Bl.15:4), verwendet. Sie dienen zur Pigmentierung von Industrielacken, Bautenlacken und Dispersionsanstrichfarben. Ähnlich wie die stabilisierte α-Modifikation ist die β-Phase auch hier hervorragend licht- und wetterecht.

Als stabile Kristallmodifikation des Kupferphthalocyaninblaus zeichnet sich P.Bl.15:3 durch ausgezeichnete Hitzebeständigkeit aus. Die meisten Handelsmarken sind deshalb für die Kunststoff-Pigmentierung ohne Probleme einsetzbar. Ähnlich wie bei den α-Kupferphthalocyaninblau-Marken bestehen jedoch speziell in Polyolefinen oft Dispergierprobleme. P.Bl.15:3 wird hier deshalb meistens in Form von Pigmentpräparationen, in denen das Pigment bereits in vordispergierter Form vorliegt, verarbeitet. Darüberhinaus neigen β-Kupferphthalocyaninblau-Marken ähnlich wie die α-Typen in Polyolefinen zur Nuklierung und können deshalb in Spritzgußteilen zu Verzugserscheinungen und Spannungskorrosion führen.

β-Kupferphthalocyaninblau ist entsprechend seiner guten Beständigkeit gegen organische Lösemittel, Weichmacher usw. auch in Weich-PVC gut ausblutecht, hierin allerdings den halogenierten Kupferphthalocyaningrün-Typen etwas unterlegen. Licht- und Wetterechtheit sind auch im Kunststoffbereich sehr gut. So zählt β-Kupferphthalocyaninblau in Hart-PVC zu den echtesten organischen Pigmenten, erreicht jedoch auch in dieser Eigenschaft nicht ganz die halogenierten Kupferphthalocyaningrün-Typen. Auch in Polystyrol, schlagfesten PS-Typen, ABS und ähnlichen Kunststoffen wird P.Bl.15:3 eingesetzt. Während es hier in transparenter Färbung, ebenso wie α-Kupferphthalocyaninblau- und Kupferphthalocyaningrün-Typen, bis 300 °C stabil ist, ist Thermostabilität in starken Weißaufhellungen (0,01% Pigment/0,5% TiO$_2$) nur bis 250 °C, bei den Grünmarken (P.Gr.7) dagegen bis 300 °C gegeben.

Auch von β-Kupferphthalocyaninblau stehen Spezialmarken mit limitiertem bzw. überprüftem freien Kupfergehalt für die Gummieinfärbung zur Verfügung (s. S. 444).

P.Bl. 15:3 beeinflußt ähnlich wie stabilisiertes α-Kupferphthalocyaninblau die Härtung von ungesättigten Polyester-Gießharzen in starkem Maße. Andere Einsatzgebiete sind PUR-Schaumstoffe, Büroartikel, wie Buntstifte und Malkreiden, Aquarellfarben, oder auch die Spinnfärbung, beispielsweise von Polypropylen, Polyacrylnitril, 2 1/2-Acetat, Polyamid, Polyester und Viskose. In der Polyester-Spinnfärbung entspricht P.Bl.15:3 auch der thermischen Beanspruchung des Kondensationsverfahrens (s. 1.8.3.8). In 1/3 und 1/25 ST-Färbungen wird eine Lichtechtheit von Stufe 7-8 der Blauskala bestimmt. Die textilen Echtheiten, wie Naß- und Trockenreibechtheit, sind einwandfrei.

Pigment Blue 15:4

Unter dieser Bezeichnung werden im Colour Index die gegen Flockung stabilisierten β-Kupferphthalocyaninblau-Marken geführt. Sie zeigen im wesentlichen gleiche coloristische Eigenschaften und Echtheiten wie P.Bl.15:3-Typen. Oftmals sind sie allerdings wesentlich besser fließfähig. Ähnlich wie bei den stabilisierten α-Kupferphthalocyaninblau-Marken bewirkt die Stabilisierung durch Oberflächenbehandlung auch bei den β-Kupferphthalocyaninblau-Marken im allgemeinen eine zum Teil deutliche Verschlechterung der Lösemittelechtheiten, z. B. gegen Aromaten, Alkohole, Ethylglykol und Ketone.

Stabilisierte β-Kupferphthalocyaninblau-Marken gewinnen für den Einsatz im Druckfarben- und Lackbereich zunehmend an Bedeutung. Infolge ihrer verbesserten Flockungsbeständigkeit und ihres günstigeren Verhaltens bei anderen Rubout-Vorgängen [21] zeigen diese Pigmente besonders in ofentrocknenden Lacken Vorteile. Auch für Tiefdruck-, speziell Illustrationstiefdruckfarben auf Toluolbasis, sowie für Flexodruckfarben verschiedener Art hat ihre Bedeutung erheblich zugenommen; sie dominieren bereits. Oftmals sind P.Bl.15:4-Marken für spezielle Medien, wie den Illustrationstiefdruck, optimiert und zeigen dort hohe Farbstärke und gute Fließfähigkeit oder sind für die Verarbeitung in bestimmten Dispergiergeräten entwickelt.

Pigment Blue 15:6

Die ε-Modifikation des Kupferphthalocyanins ergibt den rotstichigsten Blauton aller Kupferphthalocyaninblau-Pigmente. In jüngster Zeit ist es gelungen, Pigmente dieses Typs gegen Modifikationswechsel hinreichend zu stabilisieren, so daß bei der Anwendung entsprechende ungünstige coloristische Effekte weitgehend unterbunden werden konnten. In Abschnitt 1.6.5 wird am Beispiel einer ungenügend stabilisierten Marke dieses Typs die Überlagerung der verschiedenen, bei der Dispergierung ablaufenden Prozesse veranschaulicht. Der Farbton von Aromaten enthaltenden ofentrocknenden Lackierungen wird dabei mit zunehmender Dispergierzeit des Lackes aufgrund des Phasenwechsels zu β-Kupferphthalocyaninblau immer grüner. Mit dem Phasenwechsel verbundene Rekristallisationseffekte bewirken einen starken Rückgang der Farbstärke. Die ε-Modifikation ist aus coloristischer Sicht sehr interessant, doch wird sie wegen ihres Preises bisher nur in geringerem Maße eingesetzt. Entsprechend rotstichige Blautöne lassen sich auch durch Kombination von α-Kupferphthalocyaninblau-Marken mit geringen Mengen an Dioxazinviolett (P.V.23) erhalten. Der Farbton des ε-Kupferphthalocyaninblaus ist gegenüber den ebenfalls sehr rotstichigen Blautönen von P.Bl.60 deutlich reiner.

Die Echtheiten von P.Bl.15:6 entsprechen denen der anderen Modifikationen. Die Überlackierechtheit der stabilisierten Marken in ofentrocknenden Lacken ist einwandfrei, nicht jedoch die Ausblutechtheit in Weich-PVC.

Pigment Blue 16

Die Bedeutung von metallfreiem Phthalocyaninblau-Pigment ist heute gering. Während es bis in die 50er Jahre hinein als grünstichiges Blau-Pigment verbreitet im Einsatz war, wurde es später durch β-Kupferphthalocyaninblau weitgehend ersetzt. Von den verschiedenen Kristallmodifikationen ist nur noch die α-Form im Handel. Auch unterscheidet man gegen Modifikationswechsel unstabilisierte und stabilisierte Typen. Erstere verlieren in Gegenwart einer Reihe von Lösemitteln – ähnlich wie unstabilisiertes α-Kupferphthalocyaninblau – an Farbstärke und verschieben ihren Farbton zu grünstichigerem Blau. Ihre Dispergierbarkeit und Flockungsbeständigkeit bereitet in verschiedenen Systemen Probleme.

P.Bl.16 wird speziell für Metalleffekt-Lackierungen propagiert, wo es in Acrylatharz-Systemen besser wetterecht ist als die Kupferphthalocyaninblau-Marken. In den USA vorwiegend in high-solid-Systemen verwendet, wird es in Europa dagegen in konventionellen und wasserverdünnbaren Lacksystemen eingesetzt. In geringerem Maße wird es auch bei der Kunststoff-Einfärbung verwendet, seine Thermostabilität erreicht aber nicht die der stabilisierten α- oder der β-Kupferphthalocyaninblau-Marken. Das Pigment wird auch in Künstlerfarben verwendet.

Pigment Green 7

Der Farbton von Pigmenten des Typs Pigment Green 7 ist blaustichig-grün. Da P.Gr.7 nur in einer einzigen, und zwar der α-Kupferphthalocyaninblau ähnlichen Modifikation vorkommt, gibt es die mit dem Phasenwechsel verbundenen Probleme hier nicht.

Ähnlich wie die Kupferphthalocyaninblau-Pigmente zeichnet sich P.Gr.7 durch sehr gute Allgemeinechtheiten aus. Licht- und Wetterechtheit, Thermostabilität und Lösemittelbeständigkeit sind sogar noch besser als bei den Blautypen. Aus diesem Grund wird P.Gr.7 in allen Gebieten der Pigmentapplikation verwendet. Soweit grüne Nuancen nicht durch Kombination von α- oder speziell β-Kupferphthalocyaninblau mit geeigneten organischen Gelbpigmenten hergestellt werden, dominieren P.Gr.7-Marken zusammen mit den noch gelberen chlorierten/ bromierten Grünmarken des P.Gr.36. Die Einführung von Halogen in das Kupferphthalocyanin-Molekül bewirkt eine Abnahme der Farbstärke, die um so mehr sinkt, je höher der Halogengehalt und damit das Molgewicht des Pigmentes ist.

Haupteinsatzgebiet von P.Gr.7 ist das Lackgebiet. Licht- und Wetterechtheit genügen hier nahezu allen Anforderungen. Die Überlackierechtheit ist praktisch einwandfrei. Auch andere für den Einsatz in diesen Systemen wichtige Eigenschaften und Echtheiten sind sehr gut. Probleme treten manchmal, ähnlich wie bei den anderen Kupferphthalocyanin-Pigmenten, beim Dispergieren bzw. Stabilisieren der Pigmentdispersion gegen Flockung auf. Aber auch hier sind in den letzten Jahren verbesserte Versionen auf den Markt gekommen. Das Flockungsverhalten unbehandelter Grünmarken ist oft noch stärker ausgeprägt, als das der nicht gegen Flockung stabilisierten Kupferphthalocyaninblaumarken.

P.Gr.7 wird in Lacken aller Art bis hin zu hochwertigen Autoserienlacken eingesetzt. Bei Anstrichfarben ist es auch für den Außeneinsatz geeignet. In Pulverlacken ist es graduell besser als β-Kupferphthalocyaninblau; Plate-out tritt nicht auf (s. 1.6.4.1).

Im Druckfarbenbereich wird P.Gr.7 besonders im Verpackungsdruck eingesetzt. Grüne Farbtöne werden hier allerdings häufig auch durch Kombinationen des preiswerteren β-Kupferphthalocyaninblaus mit geeigneten organischen Gelbpigmenten eingestellt.

Das Pigment ist auch im Druck farbschwächer als die Kupferphthalocyaninblau-Marken. So sind unter standardisierten Bedingungen für Buchdruck-Andrucke in 1/3 ST ca. 17%, bei β-Kupferphthalocyaninblau ca. 8 bis 9% Pigment in der Druckfarbe erforderlich. Phthalocyaningrün weist ausgezeichnete Gebrauchsechtheiten auf. Bis 220 °C (10 Minuten Hitzeeinwirkung) ist es im Blechdruck thermostabil; die Blechdrucke sind silberlackbeständig und sterilisierecht. In Spezialtiefdruckfarben kann es bei manchen Marken ähnlich wie im Lackbereich zu Flockung und damit unter anderem zu Farbstärkeverlust und Glanzminderung kommen. Im Dekordruck für Schichtpreßstoff-Platten auf Polyesterbasis ist P.Gr.7, im Gegensatz zu den verschiedenen Arten Kupferphthalocyaninblau, einsetzbar, in solchen auf Melaminharzbasis dagegen erweist sich das Pigment – ebenfalls im Gegensatz zu Kupferphthalocyaninblau – im Tageslicht als phototrop. Hierunter wird eine reversible Farbänderung chemischer Verbindungen unter Einfluß von Licht verstanden. Die Phototropie ist jeweils an einen bestimmten Spektralbereich gebunden und kann durch Bestrahlung mit Licht eines anderen, meist längerwelligen Spektralbereiches wieder rückgängig gemacht werden. Beim Belichten eines Dekordruckes mit P.Gr.7 auf Melaminharzbasis unter einer Xenonhochdrucklampe erfolgt eine rasche Zerstörung des Pigmentes unter Abtrübung des Farbtones. Die Lichtechtheit entspricht hier Stufe 5 der Blauskala.

Phthalocyaningrün-Pigmente sind auch bei der Kunststoffeinfärbung erheblich farbschwächer als die Blau-Marken. So sind zur Einfärbung von HDPE in 1/3 ST

(1% TiO$_2$) mehr als 0,2% Pigment Green 7 erforderlich. Die Vergleichswerte für β-Kupferphthalocyaninblau sind weniger als 0,1%, für α-Kupferphthalocyaninblau ca. 0,08%. Die Thermostabilität reicht bis über 300°C. Bei einigen P.Gr.7-Marken ist die Beeinflussung des Schwindungsverhaltens von HDPE und anderer teilkristalliner Thermoplaste bei höheren Verarbeitungstemperaturen wesentlich geringer als bei Kupferphthalocyaninblau-Marken sowie den bromierten Typen, was für die Pigmentierung größerer Spritzgußartikel von Bedeutung ist.

Auch bei P.Gr.7 erweist sich die Dispergierung speziell in Polyolefinen als problematisch. Leicht dispergierbare Marken werden aber im Handel angetroffen. Die Ausblutechtheit in Weich-PVC und anderen Kunststoffen ist einwandfrei. Licht- und Wetterechtheit sind auch in Kunststoffen sehr gut; so zählt P.Gr.7 in Hart-PVC zu den wetterbeständigsten organischen Pigmenten und kommt auch für eine Langzeitbewetterung in Betracht. Ebenso ist es in Polystyrol, schlagfestem Polystyrol und ABS einsetzbar. Dabei reicht seine Thermostabilität in Polystyrol auch in Aufhellungen bis 300°C, während sie bei den Blau-Marken nur bis ca. 240°C gegeben ist. In Gießharzen auf Basis ungesättigter Polyesterharze beeinflußt P.Gr.7 im Gegensatz zu den Kupferphthalocyaninblau-Marken die Härtung des Harzes nicht.

Für die Gummifärbung stehen Marken mit limitiertem freiem Kupfergehalt zur Verfügung, so daß der Vulkanisationsprozeß des Kautschuks nicht gestört und die Alterungsbeständigkeit des Gummis nicht beeinträchtigt wird.

Im Bereich der Spinnfärbung kommt P.Gr.7 für alle technisch wichtigen Fasern in Betracht. Es ist dabei sehr licht- und wetterecht. So entspricht es beispielsweise in Polyacrylnitril den hohen an Freilufttextilien, wie Markisen, gestellten Anforderungen. Die textilen Eigenschaften sind ganz oder nahezu einwandfrei. Auch hier sind Kupferphthalocyaninblau-Marken mehr als doppelt so farbstark wie P.Gr.7.

P.Gr.7 wird darüber hinaus in einer Vielzahl von Medien eingesetzt, die sich nicht in die genannten Gebiete einreihen lassen, beispielsweise Lederdecklacke oder Möbellacke.

Pigment Green 36

Pigmente des Typs P.Gr.36 liefern sehr gelbstichige Grüntöne; sie sind wesentlich gelber als die der P.Gr.7-Marken. Der Farbton ist umso gelber, je mehr Chlor im Molekül durch Brom substituiert ist. In den USA werden die Marken deshalb je nach Gelbton und Bromgehalt in verschiedene Gruppen unterteilt. Der Bromgehalt reicht dabei von 25 bis 30 Gew.% bei weniger gelbstichigen, bis zu 50 bis 53 Gew.% bei stark gelbstichigen Marken. Auch hier ist jeweils nur eine Kristallmodifikation des Pigmentes bekannt.

Die verschiedenen Typen von P.Gr.36 weisen ausgezeichnete Licht- und Wetterechtheit, Thermostabilität und Lösemittelechtheiten auf. Haupteinsatzgebiet ist auch hier der Lackbereich, wo es für das ganze Spektrum bis zu hochwertigen Automobillacken verschiedener Art geeignet ist. P.Gr.36-Marken sind farbschwächer und teurer als P.Gr.7- oder Kupferphthalocyaninblau-Marken. Gelbstichige

Grüntöne werden daher auch unter Verzicht auf manche Spitzenechtheit durch Kombination der preiswerteren chlorierten Kupferphthalocyaningrün-Marken mit geeigneten organischen Gelb-Pigmenten eingestellt.

P.Gr.36 ist auch in Druckfarben farbschwächer. Zum Vergleich sei wieder der zur Herstellung von Buchdruck-Andrucken mit standardisierter Schichtdicke in 1/3 ST erforderliche Pigmentgehalt der Druckfarben genannt: er liegt bei ca. 26% (P.Gr.7: ca. 17%). Die Echtheiten entsprechen wie auf dem Lackgebiet naheliegend denen von P.Gr.7, auch das phototrope Verhalten von Dekordruckfarben in Schichtpreßstoff-Platten auf Melaminharz-Basis.

Zur Einstellung von HDPE-Färbungen in 1/3 ST (1% TiO_2) sind mehr als 0,3% Pigment erforderlich; es ist somit wesentlich farbschwächer als P.Gr.7-Typen, allerdings auch wie dieses bis über 300°C thermostabil. Wegen starker Beeinflussung des Schwindungsverhaltens von Polyethylen im Spritzguß ist es hier Einschränkungen unterworfen. Auch bei P.Gr.36 ist die Dispergierbarkeit vieler Handelsmarken im Kunststoff, speziell in Polyolefinen, problematisch.

Literatur zu 3.1

[1] F.H. Moser und A.L. Thomas, The Phthalocyanines, Vol. I und II, CRC Press, Boca Raton, Florida, 1983.
[2] F.H. Moser, A.L. Thomas, Phthalocyanine Compounds, Reinhold, New York, 1963.
[3] G. Booth in: Venkataraman, The Chemistry of Synthetic Dyes, Vol. V, S. 241, Academic Press, New York, London, 1971.
[4] P.A. Lewis (ed.), Pigment Handbook, Vol. I, S. 679, Vol. II und III, J. Wiley, New York, 1988.
[5] K. Weissermel und H.-J. Arpe, Industrielle Organische Chemie, 4. Aufl., VCH Verlagsgesellschaft, Weinheim, 1994.
[6] Du Pont, US-PS 2964532 (1957).
[7] Bayer, DE-AS 2256485 (1972). BASF, CH-PS 471865 (1966).
[8] Bayer, DE-OS 2432564 (1974). BASF, DE-AS 1569650 (1975).
[9] D. Horn und B. Honigmann, XII. Congr. FATIPEC, Garmisch 1974, Kongreßbuch, S. 181.
[10] W. Herbst und K. Merkle, DEFAZET Dtsch. Farben Z. 24 (1970) 365.
[11] B. Honigmann, H.-U. Lenné und R. Schrödel, Z. Kristallogr. 122 (1965) 185.
[12] G. Booth, Chimia 19 (1965) 201.
[13] BASF, DE-OS 3023722 (1980).
[14] BASF, DE-AS 2841244 (1978).
[15] S. Suzuki, Y. Bansho und Y. Tanabe, Kogyo Kagaku Zasshi 72 (1969) 720.
[16] ICI, GB-PS 912526 (1960); DE-PS 1161532 (1960).
[17] BASF, DE-AS 2210072 (1972).
[18] Allied, DE-AS 1172389 (1954). Geigy, CH-PS 431774 (1963).
[19] BASF, DE-PS 1234342 (1963). Xerox, US-PS 3492308 (1970); US-PS 3509146 (1970).
[20] BASF, DE-OS 4234922 (1992).
[21] U. Kaluza, Physikalisch-chemische Grundlagen der Pigmentverarbeitung für Lacke und Druckfarben, BASF 1979, 90–122.
[22] C.C. Leznoff und A.B.P. Lever (eds.), Phthalocyanines, Vol. 1 (1989), Vol. 2 und 3 (1993), VCH Verlagsgesellschaft, New York.

3.2 Chinacridon-Pigmente

Chinacridone – oder genauer Dioxo-tetrahydrochinolino-acridine – sind polycyclische Ringsysteme mit 5 Ringen, und zwar einem zentralen und zwei peripheren aromatischen Sechsringen, die durch zwei 4-Pyridonringe verbrückt sind [1]. Chinacridone können sowohl angular als auch linear vorliegen, von den vier bekannten Typen sind zwei angular (**50, 51**) und zwei linear (**52, 53**).

50 (cis)   **51** (trans)

52 (cis)   **53** (trans)

Während die Verbindungen **50** bis **52** nur schwach gelb gefärbt sind, weist **53** eine intensiv blaustichig-rote Nuance auf.

Allein die letztgenannte Konstitution **53**, das 7,14-Dioxo-5,7,12,14-tetrahydro(2,3-b)chinolinoacridin oder kurz das lineare trans-Chinacridon, ist vor allem aufgrund seiner hohen Farbstärke von praktischem Interesse, daher ist im folgenden unter „Chinacridon" – wenn nicht anders vermerkt – ausschließlich diese Struktur des Basis-Ringsystems **53** zu verstehen.

Bereits 1896 wurde ein angulares Chinacridon (Formel **51**) beschrieben, aber erst 1935 wurde das Chinacridon **53** durch H. Liebermann [2] erstmals synthetisiert.

Es dauerte weitere 20 Jahre, bis durch W.S. Struve (1955) bei Du Pont die Bedeutung des linearen Chinacridons als Pigment erkannt und eine erste technisch gangbare Herstellungsmethode ausgearbeitet wurde. 1958 erschienen die ersten drei Handelsprodukte des unsubstituierten Chinacridons in Form zweier unterschiedlicher Kristallmodifikationen auf dem Markt [3]. Seit dieser Zeit haben Chinacridon-Pigmente als eine der jüngsten Pigmentklassen eine bedeutende Entwicklung erlebt, die sich besonders in der Farbenindustrie der USA und Westeuropas abspielte.

3.2.1 Herstellung, Ausgangsprodukte

Von den verschiedenen Möglichkeiten zur Herstellung von Chinacridonen sollen hier nur solche beschrieben werden, die für eine industrielle Produktion entwikkelt wurden. Es sind dies vier Verfahren, von denen hauptsächlich die beiden zuerst geschilderten technisch genutzt werden. Überraschend ist hierbei, daß gerade diese Verfahren die Totalsynthese des zentralen aromatischen Ringes einschließen, wogegen die bereits von aromatischen Systemen ausgehenden Synthesen bisher nur von geringer technischer Bedeutung sind.

Die von Liebermann gefundene Synthese verläuft über die 2,5-Diaminoterephthalsäure, die durch Erhitzen mit Borsäure bei 200 bis 250°C unter Ringschluß zum linearen Chinacridon kondensiert wird [2]. Dieses Verfahren des sauren Ringschlusses spielt heute in abgewandelter Form (s. 3.2.1.2) eine wichtige technische Rolle.

3.2.1.1 Thermischer Ringschluß

Das erste überhaupt entwickelte technische Verfahren verläuft in einem Lösemittel über mehrere Zwischenstufen und kann auch ohne deren Isolierung in einer Eintopfreaktion durchgeführt werden [4].

Ausgangsprodukt ist der aus Maleinsäureanhydrid leicht zugängliche Bernsteinsäuredialkylester*, der mit Natriumalkoholat in einem hochsiedenden Lösemittel oder Lösemittelgemisch (z. B. Mischung aus Diphenylether und Diphenyl) zum Succinylobernsteinsäuredialkylester **54** cyclisiert wird:

R: Alkylrest mit C_1-C_4, vorwiegend C_1, C_2

Nach einem neueren, von Lonza gefundenen Weg wird der durch Chlorierung von Diketen erhaltene γ-Chloracetessigsäureethylester zum Succinylobernsteinsäurediethylester kondensiert [5].

Die weitere Synthese soll am Beispiel des unsubstituierten Chinacridons skizziert werden.

Succinylobernsteinsäuredialkylester wird mit 2 Äquivalenten Anilin zum 2,5-Dianilino-3,6-dihydroterephthalsäuredialkylester **55** umgesetzt und dieser ohne Zwischenisolierung im gleichen Reaktionsmedium **thermisch** (250°C) zum Dihydrochinacridon **56** (der α-Modifikation) ringgeschlossen [4,6]:

---

* Dabei handelt es sich um Ester oder Estergemische niederer Alkohole (C_1, C_2).

464   *3.2 Chinacridon-Pigmente*

$$\underset{55}{\text{[Struktur]}} \xrightarrow{250°C} \underset{56}{\text{[Struktur]}}$$

Nach Patentangaben verläuft diese Synthese als „Eintopf-Reaktion" z. B. mit 75% Ausbeute, ausgehend von und bezogen auf Bernsteinsäuredialkylester.

Die Kondensation mit Anilin kann auch in getrennten Reaktionsschritten verlaufen, wobei nach Zwischenisolierung des Succinylobernsteinsäureesters in siedendem Ethanol in Gegenwart von Säure (Essigsäure, Salzsäure, Phosphorsäure) kondensiert wird.

Die Oxidation des Dihydrochinacridons zum Chinacridon erfolgt z. B. mit dem Natriumsalz der m-Nitrobenzolsulfonsäure in wäßrigem Ethanol in Gegenwart von Natronlauge [7]. Dabei wird zwischen der heterogen (ca. 2% Natronlauge im Lösemittel: „Solid State Oxidation") und der homogen (ca. 30% Natronlauge, bezogen auf das Lösemittelgemisch: „Solution Oxidation") verlaufenden Oxidation unterschieden.

Durch die Art der Ringschlußmethode wird die Kristallmodifikation des Dihydrochinacridons, durch die Oxidationsmethode die Kristallphase des Chinacridons festgelegt.

„Solid State Oxidation" sowohl der α- als auch der β-Phase [8] des Dihydrochinacridons führt zu Rohchinacridon der α-Phase, anschließende Salzvermahlung in Gegenwart von Dimethylformamid ergibt γ-Pigment, in Gegenwart von Xylol β-Pigment. „Solution Oxidation" des Dihydrochinacridons, gegebenenfalls auch in Gegenwart von Luft unter Zusatz von 2-Chloranthrachinon [9], wandelt in Rohchinacridon der β-Phase um, die ebenfalls durch Vermahlung mit Xylol zum Pigment der β-Modifikation führt (s. Formelübersicht S. 616).

In weiteren Patenten von Du Pont sind Varianten dieser Verfahren beschrieben, die jedoch keine grundlegend neuen Erkenntnisse zu dem geschilderten Prozeß vermitteln.

3.2.1.2   Saurer Ringschluß

Ähnlich dem Du Pont-Verfahren wird auch hier der zentrale Benzolring des Chinacridonmoleküls total synthetisiert. Das Verfahren schließt sich eng an die Synthese nach Liebermann an [2, s. a. 1, 3]. Kondensation von Succinylobernsteinsäureester mit zwei Äquivalenten Arylamin führt zu 2,5-Diarylamino-3,6-dihydroterephthalsäurediester, der mit Oxidationsmitteln in den 2,5-Diarylaminoterephthalsäurediester **57** überführt wird. Nach Hydrolyse und Ringschluß in Polyphosphorsäure oder anderen sauren Kondensationsmitteln erhält man Roh-Chinacridon in bereits sehr fein verteilter Form [10].

Durch Wahl des Lösemittels bei der sich anschließenden thermischen Nachbehandlung kann hier die gewünschte Kristallmodifikation erhalten werden.

3.2.1 Herstellung, Ausgangsprodukte

Wird das nach diesem Verfahren erhaltene Rohchinacridon zunächst mit Alkalilauge vorbehandelt, so ergibt die anschließende Lösemittelbehandlung die β-Kristallmodifikation. Durch unmittelbare Lösemittelbehandlung erhält man die γ-Modifikation des Chinacridon-Pigmentes.

Von den bereits von aromatischen Systemen ausgehenden Synthesen ist besonders das von Sandoz entwickelte und im folgenden beschriebene Verfahren von Bedeutung, da es als einziges die Herstellung asymmetrisch substituierter Chinacridone erlaubt.

3.2.1.3 Dihalogenterephthalsäure-Verfahren

2,5-Dibrom-(oder Dichlor-)1,4-xylol, erhalten durch Bromierung (Chlorierung) von 1,4-Xylol, wird zur 2,5-Dibrom-(Dichlor-)terephthalsäure **59** oxidiert und anschließend durch Reaktion mit Arylamin, z.B. in Gegenwart von Kupferacetat, zu 2,5-Diarylaminoterephthalsäure **60** umgesetzt. Die Halogenatome sind hierbei auch stufenweise gegen die Arylaminreste austauschbar [11]. Die Cyclisierung zu linearen trans-Chinacridonen erfolgt auch hier wie beim vorstehend geschilderten Verfahren durch saure Kondensationsmittel:

Hal: Br, Cl; R,R': z.B. H, Cl, CH$_3$ (R ≠ R' oder R = R')

466   *3.2 Chinacridon-Pigmente*

Die Synthese weist zwar nur wenige Reaktionsschritte auf, jedoch verläuft die Oxidation des 1,4-Xylols zur entsprechenden Terephthalsäure wegen teilweiser Dihalogenierung nicht einheitlich. Bei der Kondensation mit Arylamin müssen von diesem zwei Äquivalente pro Halogen-Atom eingesetzt werden, wovon jeweils ein Äquivalent zur Bindung der freiwerdenden Halogenwasserstoffsäure benötigt wird und anschließend als Arylamin-Hydrohalogenid abgetrennt und wieder zurückgewonnen werden muß (als Halogenwasserstoff und Arylamin).

3.2.1.4   Hydrochinon-Verfahren

Bei dem von BASF entwickelten Verfahren [12] wird aus Hydrochinon und Kohlendioxid nach einer modifizierten Kolbe-Schmitt-Synthese Hydrochinon-2,5-dicarbonsäure hergestellt. Deren Umsatz mit Arylamin erfolgt in wäßrig-methanolischer Suspension mit wäßriger Natriumchlorat-Lösung in Gegenwart eines Vanadiumsalzes in guten Ausbeuten.

Die anschließende Ringschlußreaktion der 2,5-Diarylamino-1,4-benzochinon-3,6-dicarbonsäure (**61**) wird in conc. Schwefelsäure (oder mit Thionylchlorid/Nitrobenzol) durchgeführt. Hierbei erhält man das lineare trans-Chinacridonchinon **62**,

das auch als Bestandteil von Mischkristallphasen mit Chinacridonen beschrieben worden und im Handel anzutreffen ist (s. 3.2.4). Mit Zink- oder Aluminiumpulver in verdünnter Natronlauge, in einer Aluminiumchlorid/Harnstoff-Schmelze oder in Schwefel-/Polyphosphorsäure unter Druck wird das Chinacridonchinon zum Chinacridon reduziert. Gewisse Nachteile des Verfahrens liegen in relativ hohen Kosten für Hydrochinon, der schwierigen Reduktion des Chinacridons und in ökologischen Problemen (Abwasserbelastung).

Zusammenfassend ist festzustellen, daß die beiden letztgenannten Synthesen bisher nicht die technische Bedeutung erlangt haben, die heute den beiden Ringschlußverfahren (s. 3.2.1.1 bzw. 3.2.1.2) zukommt.

3.2.1.5 Substituierte Chinacridone

In der Praxis spielen auch gewisse disubstituierte Chinacridone eine Rolle, das sind grundsätzlich solche Verbindungen, bei denen in den beiden äußeren Ringen des Chinacridonsystems (**53**) Wasserstoff- beispielsweise durch Chloratome oder Methylgruppen ersetzt sind. Das ist in der Formelfolge **57** → **58** → **53** durch Striche in diesen Ringen angedeutet (s. auch Formelschemata im Anhang).

Entsprechend der üblichen Synthese wird Succinylobernsteinsäurediester hier mit chlor- oder methylsubstituiertem Anilin kondensiert. Man erhält aus den 2- bzw. 4-substituierten Anilinen die symmetrischen 4,11- bzw. 2,9-Disubstitutionsprodukte, die Reaktion mit 3-substituierten Anilinen ergibt dagegen ein Gemisch der beiden symmetrischen 1,8- und 3,10-, neben dem unsymmetrischen 1,10-Disubstitutionsprodukt. Die folgende Übersicht verdeutlicht das noch einmal.

$R^2 \neq H, R^4 = H : 4,11$-Disubstitution
$R^2 = H, R^4 \neq H : 2,9$-Disubstitution

m = meta-Substitution

3.2.1.6 Chinacridonchinon

Neben den Chinacridonen ist für die industrielle Anwendung der unter 3.2.1.4 bereits genannte Abkömmling, das lineare trans-Chinacridonchinon, von gewisser Bedeutung. Zu seiner Herstellung sollen neben dem Hydrochinon-Verfahren hier zwei weitere Synthesen beschrieben werden. Die ältere Synthese besteht in der Cyclisierung von 2,5-Bis-(2'-carboxyanilino-)-1,4-benzochinon **63** mit conc.

Schwefelsäure oder Polyphosphorsäure bei 150 bis 200°C. Das Ausgangsmaterial **63** erhält man durch Kondensation von 1,4-Benzochinon mit Anthranilsäure:

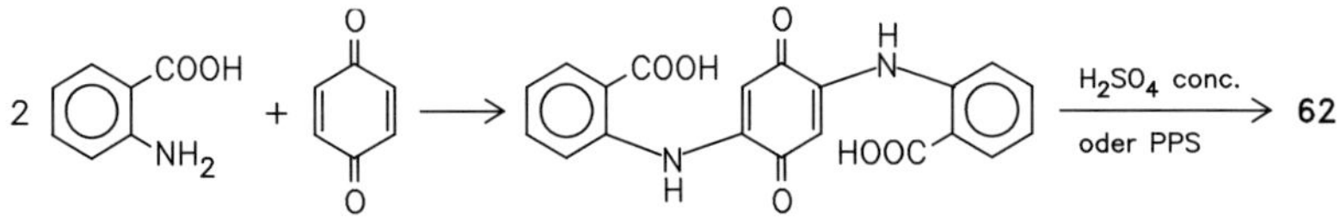

Ein neueres Verfahren geht von 2,5-Diarylamino-3,6-dicarbethoxy-1,4-hydrochinon **65** aus, das man durch Reduktion von 2,5-Diarylamino-3,6-dicarbethoxy-1,4-benzochinon **64** mit Natriumhydrogensulfit oder Natrium in Ethanol erhält:

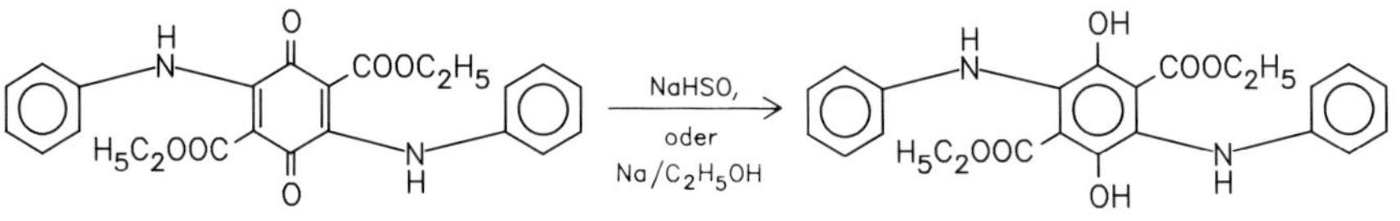

Cyclisierung dieses Hydrochinons **65** in organischen Lösemitteln bei 230 bis 270°C führt zum 6,13-Dihydroxychinacridon **66**, das mit Oxidationsmitteln (z. B. Nitrobenzol, Chromsäure, Salpetersäure) zum linearen trans-Chinacridonchinon (**62**) umgesetzt wird:

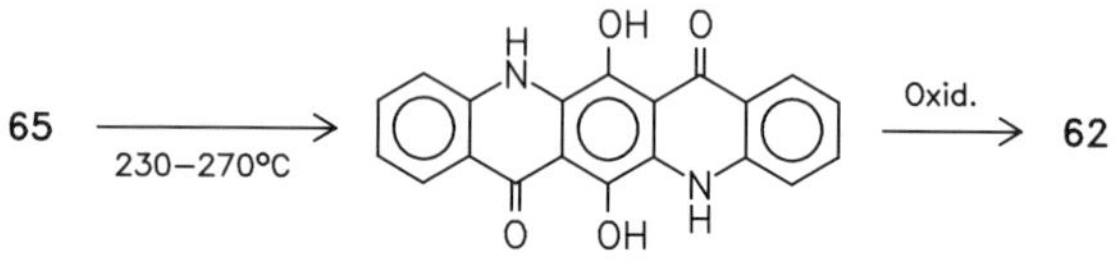

3.2.1.7 Polymorphie

Die linearen trans-Chinacridone können in verschiedenen Kristallmodifikationen vorliegen, wie durch Auftreten unterschiedlicher Glanzwinkel in den Röntgenbeugungsspektren der Pigmentpulver zu erkennen ist. Diese Polymorphie soll hier am Beispiel der unsubstituierten Chinacridone beschrieben werden. Das bei den meisten Herstellungsverfahren erhaltene Roh-Chinacridon stellt die α-Modifikation dar [13], die technisch aber nicht brauchbar ist, da Kontakte mit organischen Lösemitteln, besonders bei höheren Temperaturen, zur Umwandlung in die β- oder γ-Phase führen können. Die α-Phase weist zudem erheblich geringere Licht- und Wetterechtheit als die β- oder γ-Modifikation auf. Lösemittelbehandlung ist daher zugleich die übliche Herstellungsmethode für die β- oder γ-Phasen. Das kann einmal durch Salzvermahlung in Gegenwart von Lösemitteln, durch Lösen des Roh-Chinacridons in Lösemitteln mit anschließendem Ausfällen oder durch Erhitzen erfolgen. So ergibt Salzvermahlung in einer Kugelmühle in Gegenwart von Xylol oder o-Dichlorbenzol die β-Modifikation [14], die noch stabilere γ-Modifikation [15] entsteht in Gegenwart von DMF [16].

Durch Auflösen des Roh-Chinacridons in verschiedenen Lösemitteln (z. B. konzentrierter Schwefelsäure/Toluol oder Methylschwefelsäure) und Ausfällen mit Wasser oder Lösen in Polyphosphorsäure und schnelles Ausfällen mit Ethanol bei 45 °C erhält man die β-Form, meist aber noch vermischt mit der α-Form.

Beim Erhitzen des Roh-Chinacridons in Ethanol (unter Druck) oder in Dimethylformamid oder Dimethylsulfoxid bei 150 °C erhält man die γ-Kristallmodifikation.

Allgemein wird durch unpolare Lösemittel die Bildung der β-Phase, durch polare Lösemittel die der γ-Phase bevorzugt.

In letzter Zeit wurden eine neue magentafarbene β-Modifikation ($β_I$) [17], sowie zwei weitere γ-Kristallmodifikationen beschrieben:

- $γ_I$ ist gelber, farbstärker und weist bessere Deckkraft als die bisher bekannte γ-Modifikation ($γ_{II}$) auf [18].
- $γ_{III}$ ist gelbstichig-rot mit ebenfalls sehr guten Pigmenteigenschaften [19].

Die neuen Modifikationen wurden durch unterschiedliche Röntgenkristallstruktur-Spektren charakterisiert. Sie sind, ebenso wie die δ-Modifikation [20], bisher ohne Bedeutung.

Abb. 95 zeigt die Glanzwinkel der α-, β- und γ-Modifikationen, die durch Pulver-Diagramme von Röntgenbeugungsspektren ermittelt wurden.

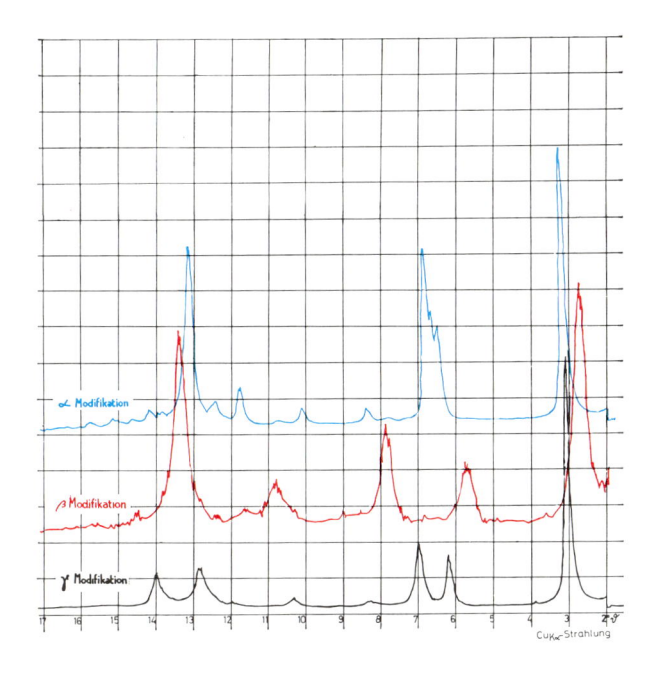

Abb. 95: Pigment Violet 19, 46500 – Pulverdiagramme von Röntgenbeugungsspektren: Glanzwinkel der α-, β- und γ-Modifikationen, gemessen mit $Cu_{Kα}$-Strahlung.

3.2.2 Eigenschaften

Alle technisch wichtigen Chinacridon-Pigmente sind unschmelzbare, d. h. bei hohen Temperaturen sich zersetzende tief farbige Verbindungen mit gelbstichig-roter bis violetter Nuance.

Farbe und Eigenschaften lassen sich beeinflussen durch:

- Änderung der Teilchengröße
- Änderung der Kristallmodifikation
- Einführung von Substituenten in das Ringsystem
- Bildung von Mischkristallphasen aus Chinacridon mit substituierten Chinacridonen oder mit Chinacridonchinon

Die Pigmente sind in den üblichen Lösemitteln praktisch unlöslich und in allen Anwendungsmedien weitgehend migrationsecht. Sie zeichnen sich durch sehr gute Licht- und Wetterechtheiten aus.

Der genaue Kristallbau der Chinacridon-Pigmente wurde kürzlich veröffentlicht. Aus Modellen konnte man bisher eine Planarität der Moleküle im Kristallgitter ableiten [21]. Tatsächlich wurde durch dreidimensionale Röntgenstrukturanalyse nachgewiesen, daß das Pigment in zwei unterschiedlichen Kristallstrukturen vorliegt [22]:

- einer Schichtstruktur, wobei ein Chinacridonmolekül je zwei Wasserstoffbrücken zu Nachbaratomen ausbildet. Die Schichten sind in Stapeln angeordnet
- einer „Jägerzaunstruktur". Hierbei bildet ein Chinacridonmolekül jeweils eine Wasserstoffbrücke zu vier Nachbarmolekülen aus. Die Molekülebenen bilden einen Winkel

Starke intermolekulare Wasserstoffbrücken zwischen CO- und NH-Gruppen, die zusätzliche Wechselwirkung der π-Orbitale und die van der Waals-Kräfte führen zu einem stabilen Gitteraufbau. Dies zusammen bildet die Ursache für die große thermische und Lösemittelstabilität dieser Pigmente. Da alle Chinacridon-Pigmente in Lösung (Lösemittel: Phenol, Dimethylformamid) nur schwach gefärbt (orange) sind, ist die Farbe eine Kristallgittereigenschaft. Solche Lösungen weisen zudem im Gegensatz zum Pigment nur mäßige Lichtechtheit auf.

Unterschiedliche Nuancen der Chinacridon-Pigmente werden nicht nur durch verschiedene Kristallmodifikationen, sondern auch durch unterschiedliche Substitutionsorte erhalten. So erfolgt allgemein Aufhellung der Nuance bei (Di-) Substitution von der 2,9- über 3,10- zur 4,11-Position. Außerdem fällt die Lichtechtheit von 4,11-substituierten Chinacridon-Pigmenten ab, vermutlich weil bei räumlicher Annäherung von Substituenten an die NH-Gruppierung keine ungestörte Ausbildung von Wasserstoffbrücken mehr möglich ist. Diese Vorstellungen werden unterstützt durch das 5,12-Dimethylchinacridon, das noch schlechtere Lichtechtheit aufweist und sogar in Ethanol löslich ist.

Neben Modifikation und unterschiedlicher Substitution spielen auch Mischkristallphasen („Solid Solutions") eine Rolle, werden doch auf diese Weise andere Farbtöne erhalten, die mit einem chemisch einheitlichen Chinacridon-Pigment nicht erreicht werden können (s. 3.2.4). In der Praxis wird hierbei neben Chinacridon vor allem Chinacridonchinon oder 4,11-Dichlorchinacridon als zweiter Bestandteil eingesetzt.

3.2.3 Anwendung

Entsprechend ihrer guten bis sehr guten Echtheiten und ihres verhältnismäßig hohen Preises werden Chinacridon-Pigmente bevorzugt zur Pigmentierung von hochwertigen Industrielacken, vorzugsweise Autoserien- und -reparaturlacken, von witterungsbeständigen Dispersionsanstrichfarben, zum Beispiel Fassadenfarben, von Kunststoffen, hochwertigen Druckfarben, z. B. Blech- und Plakatdruckfarben, und für wetterechte Pigmenttextildrucke, sowie die Spinnfärbung verwendet.

3.2.4 Im Handel befindliche Chinacridon-Pigmente

Allgemein

Bei der ersten Herstellung der Chinacridone (1935) wurden ihre Eigenschaften als wertvolle Pigmente noch nicht erkannt. Erst durch die Entdeckung der Polymorphie und die gezielte Synthese der einzelnen Kristallmodifikationen durch unterschiedliche Nachbehandlung des Roh-Chinacridons gewannen diese Produkte schnell Interesse und erhielten den Wert einer neuen Klasse von hochechten Pigmenten.

Die Zahl der bisher insgesamt beschriebenen mono- bis tetrasubstituierten Chinacridone ist beträchtlich. In einer die Literatur bis einschließlich 1965 umfassenden Veröffentlichung werden bereits über 120 solcher Verbindungen genannt, von denen etliche in verschiedenen Modifikationen vorliegen [23]. Nur eine kleine Zahl davon wird auf dem Markt angetroffen, und nur wenige dieser Pigmente sind von größerer wirtschaftlicher Bedeutung.

Es sind das vor allem zwei Kristallmodifikationen des unsubstituierten Chinacridons, Pigment Violet 19, nämlich die rotviolette β- und die rote γ-Modifikation, während die reine α-Modifikation wegen mangelhafter Licht- und Wetterechtheit und verminderter Lösemittelechtheit keine Bedeutung erlangt hat. Sie ist allerdings in geringen Anteilen in verschiedenen Handelsmarken enthalten.

Von den substituierten Chinacridonen ist vor allem das 2,9-Dimethylchinacridon (Pigment Red 122) wegen seiner sehr guten Echtheiten und seines reinen, blaustichig-roten Farbtons wichtig. Daneben werden 2,9-Dichlor-, 3,10-Dichlor-, 4,11-Dichlor-, und 4,11-Dimethylchinacridonen, zum Teil als Mischphasen mit anderen Chinacridonen in der Praxis angetroffen [24].

Aber auch Chinacridonchinon mit unsubstituiertem Chinacridon oder 4,11-Dichlorchinacridon als zweiter Komponente sind als Mischphasen-Pigmente bekannt.

3.2 Chinacridon-Pigmente

Tab. 28: Im Handel angetroffene Chinacridon-Pigmente

[Strukturformel: Chinacridon-Grundgerüst mit Substituenten R^1, R^2, R^3, R^4, R^8, R^9, R^{10}, R^{11}]

C.I. Name	Formel-Nr.	R^2	R^3	R^4	R^9	R^{10}	R^{11}	Nuancenbereich	Zahl der insgesamt bekannten Modifikationen
Chinacridon-Pigmente									
P.V.19	73900	H	H	H	H	H	H	rotviolett bis blaustichig-rot	5
P.R.122	73915	CH₃	H	H	CH₃	H	H	blaustichig-rot (magenta)	4
P.R.192	–	CH₃	H	H	H	H	H	blaustichig-rot	1 [26]
P.R.202	73907	Cl	H	H	Cl	H	H	blaustichig-rot bis violett	3
		(im Gemisch mit Chinacridon und Monochlorchinacridon)							
P.R.207	73908	H	H	Cl	H	H	Cl	gelbstichig-rot	1 (4,11-Dichlor:3)
		Mischkristalle mit unsubst. Chinacridon							
P.R.209	73905	H	Cl	H	H	Cl	H	rot	1
		(im Gemisch mit 1,8- und 1,10-Dichlorchinacridon)							
Chinacridonchinon-Pigmente (Chinacridonchinon, C.I. 73920)									
P.R.206	–	H	H	H	H	H	H	marron (goldgelb)	1
		Mischkristalle mit Chinacridonchinon							
–	–	H	H	Cl	H	H	Cl	scharlach	1 (4,11-Dichlor:3)
		Mischkristalle mit Chinacridonchinon							
P.O.48	–	unsubst. Chinacridon + Chinacridonchinon						marron (goldgelb)	1
P.O.49	–	unsubst. Chinacridon + Chinacridonchinon						marron (goldgelb)	1
P.V.42	–							marron	1

Chinacridonchinon selbst (s. 3.2.1.6) ist eine relativ farbschwache gelbe Verbindung mit unbefriedigender Lichtechtheit. Eine Verbesserung von Licht- und Wetterechtheit läßt sich durch Mischkristallphasen-Bildung mit anderen Chinacridonen (s. 3.2.2), aber auch durch Behandlung mit verschiedenen Metallsalzen erzielen [25]. Durch Oxidation von Dihydrochinacridon mit weniger als der molaren Menge Chromat erhält man eine Chinacridon-Chinacridonchinon-Mischphase mit interessantem Goldton.

3.2.4 Im Handel befindliche Chinacridon-Pigmente

In Tab. 28 sind die Chinacridon-Pigmente aufgeführt; es befindet sich jeweils nur eine Modifikation auf dem Markt. Nur beim unsubstituierten Chinacridon werden zwei Kristallphasen wirtschaftlich genutzt.

Einzelne Pigmente

Pigment Violet 19, β-Modifikation

Der Farbton von Pigmenten der β-Modifikation ist rotviolett. Sie werden häufig in Kombination mit anorganischen Pigmenten, speziell Eisenoxidrot – oder in abnehmendem Maße mit Molybdatrot-Pigmenten zur Pigmentierung von Industrielacken verwendet. Mit solchen Pigmentkombinationen werden verhältnismäßig stumpfe Rot- bis Bordotöne erzielt. Wegen ihres Gehaltes an stark streuenden anorganischen Pigmenten mit höheren Brechungsindices zeichnen sich diese Lakkierungen durch sehr gutes Deckvermögen aus. Auch Kombinationen mit deckenden organischen Pigmenten, besonders solchen des Typs P.O.36, sind verbreitet. Die Farbtöne kommen überwiegend für Automobilserien- und -reparaturlackierungen in Frage. Der Farbton von P.V.19, β-Modifikation, ist dem von P.R.88, Tetrachlorthioindigo, naheliegend. Die rotvioletten Chinacridon-Marken zeigen aber in Überfärbungen von anorganischen Pigmenten, speziell den Molybdatrot-Typen, eine wesentlich höhere Farbstärke, d. h. besseres Überfärbevermögen, und geben reinere Farbtöne als die Thioindigo-Marken. Trotz höheren Preises lassen sich mit dem Chinacridon-Pigment daher preiswertere Farbtoneinstellungen erreichen. P.V.19, β-Modifikation, ist auch das licht- und wetterechtere der verglichenen Pigmenttypen. Die Färbungen und Überfärbungen beider Pigmente sind allerdings metamer und somit nicht direkt austauschbar. In Weißaufhellungen sind die Farbstärkevorteile des Chinacridon-Pigmentes weniger ausgeprägt; Licht- und Wetterechtheit sind jedoch auch hier erheblich besser. In Volltönen dunkelt es. P.V.19, β-Modifikation, ist ähnlich wie andere Chinacridone gegen die üblichen organischen Lösemittel gut beständig; die Überlackierechtheit in Einbrennlackierungen ist dementsprechend sehr gut, bis etwa 140°C ist sie einwandfrei, bei 160°C ist leichtes Ausbluten zu beobachten. Gegen die γ-Modifikation ist es in dieser Hinsicht unterlegen. Die Lackierungen sind säure- und alkaliecht.

Ähnlich wie bei einer Reihe anderer Chinacridone kann es auch bei der Dispergierung von Pigmenten der β-Modifikation zu Problemen in Lacksystemen, besonders hinsichtlich der Flockung des Pigments, kommen.

Die einzelnen Handelsmarken liegen in unterschiedlicher Korngrößenverteilung vor, wobei – wie bei anderen Pigmenten auch – mit abnehmender mittlerer Teilchengröße die Transparenz im Vollton und die Farbstärke in der Weißaufhellung zunimmt und sich der Farbton noch stärker zum Rotviolett hin verschiebt. Eine besonders bemerkenswerte Beeinflussung der Licht- und Wetterechtheit durch Veränderung der Korngrößenverteilung ist hier nicht zu beobachten. Die transparenten Marken kommen auch für Metallic-Lackierungen in Betracht. Daneben werden sie in vielen anderen zum Lackgebiet zählenden Medien eingesetzt, nämlich wenn hohe Licht- und Wetterechtheit, chemische Beständigkeit oder Thermostabilität gefordert werden. Zu diesen Einsatzgebieten zählen Coil Coating und Pulverlacke der verschiedenen Art, wobei vor dem Einsatz in Pulverlacken eine Abstimmung mit dem Härtersystem erfolgen sollte. In den meisten Pulverlacksystemen ist kein Plate-out zu beobachten.

P.V.19, β-Modifikation, findet auch bei der Kunststoffeinfärbung Verwendung. Für die Pigmentierung von PVC- und PUR-Beschichtungen wird es dabei ebenfalls oft in Kombination mit anorganischen Eisenoxid- und Molybdatrot-Pigmenten verwendet, und zwar besonders dann, wenn neben hohem Deckvermögen gute Licht- und Wetterechtheit verlangt werden, wie das z. B. für Automobilinnenauskleidungen, Täschnerwaren und Planen der Fall ist. Hierbei ist wichtig, daß Licht- und Wetterechtheit in Kombinationen mit Eisenoxid- oder Molybdatrot-Pigmenten deutlich besser sind als in Kombinationen mit TiO_2.

P.V.19, β-Modifikation, ist in Weich-PVC sehr ausblutbeständig. Seine Lichtechtheit ist auch hier ausgezeichnet. Die Wetterechtheit genügt den Anforderungen einer Langzeitbewetterung, sofern nicht allerhöchste Ansprüche gestellt werden. In Polyolefinen ist das Pigment bis 300°C thermostabil. Es zeigt hier – wie in anderen Medien – mittlere Farbstärke. Für HDPE-Färbungen in 1/3 ST (1% TiO_2) sind bei farbstarken Marken mit hoher spezifischer Oberfläche ca. 0,2% Pigment erforderlich, wobei allerdings das Schwindungsverhalten von PE und anderen teilkristallinen Kunststoffen in merklichem Maße beeinflußt wird. Die hohe Thermostabilität gestattet auch den Einsatz in Polystyrol und anderen technischen Kunststoffen. Ebenso ist das Pigment für die Spinnfärbung, beispielsweise von PP, geeignet.

Auf dem Druckfarbengebiet wird der Pigmenttyp nur dann verwendet, wenn hohe Lichtechtheit oder spezielle andere Echtheiten gefordert werden, beispielsweise beim Druck auf PVC oder im Plakatdruck.

Die Hitzebeständigkeit im Blechdruck reicht bis 180°C (10 Minuten Einwirkungsdauer) bzw. 170°C (30 Minuten); die Drucke sind sterilisier- und kalandrierecht und weisen auch sonst sehr gute Gebrauchsechtheiten, wie Beständigkeit gegen spezielle organische Lösemittel, auf.

Pigment Violet 19, γ-Modifikation

Die Pigmente der γ-Modifikation ergeben blaustichig-rote Färbungen, die wesentlich gelber als die der β-Modifikation sind. Die Handelsmarken der γ-Modifikation unterscheiden sich oft deutlich in ihrer Korngrößenverteilung. Dementsprechend variieren die spezifischen Oberflächen dieser Marken in einem Bereich von ca. 30 bis 70 m²/g.

Im Vergleich mit der β-Modifikation ist hier durch die Korngrößenverteilung eine stärkere Beeinflussung der Licht- und Wetterechtheit zu beobachten. Die feinteiligen Marken sind, abgesehen von der geringeren Licht- und Wetterechtheit, transparenter, farbstärker und blaustichiger.

Wegen der hohen Licht- und Wetterechtheit wird P.V.19, γ-Modifikation, in vielen Teilen des Lack- und Anstrichfarbenbereiches bis hin zu hochwertigen Industrielacken, einschließlich der Autolacke, verwendet. Es ist dabei für Unitöne und als Nuancierpigment geeignet. In Kombination mit Molybdatrot werden verhältnismäßig brillante deckende Farbtöne erhalten, wie man sie mit anderen Chinacridonen nicht erreicht. Das Pigment wird ferner in Kombination mit anderen deckenden Pigmenten eingesetzt. Im Vollton oder in volltonnahen Lackierungen dunkelt es beim Belichten und Bewettern etwas. Insgesamt gesehen erreichen die feinteiligen Marken dieses Typs nicht die Wetterechtheit der β-Modifikation und verschiedener anderer Chinacridone, beispielsweise P.R.122. Die grobteiligen Marken der γ-Modifikation dagegen übertreffen oft die genannten anderen Chinacridon-Pigmente. Wegen ihrer ausgezeichneten Wetterechtheit werden sie auch für Fassadenfarben bevorzugt, allerdings ist ihre Verwendung hierfür eingeschränkt, da durch längere Alkalieinwirkung, z.B. auf frischem Putzuntergrund, eine zum Teil erhebliche Verminderung der Licht- und Wetterechtheit sowie ein starker Farbstärkeabfall erfolgt.

Die farbstärkeren und wirtschaftlicheren, feinteiligeren Marken werden auch in Transparentlacken eingesetzt, wobei jedoch die Wetterechtheit bei Zweischicht-Metallic-Lackierungen meist nur unter Verwendung von UV-Absorbern im Decklack für PKW-Serienlackierungen ausreicht.

Die feinteiligen Marken werden oft im Druckfarbenbereich vorgezogen. Dort finden sie für hochwertige Druckerzeugnisse Verwendung, beispielsweise im Blech- und Plakatdruck. Durch Kombination mit 2,9-Dimethylchinacridon (P.R.122) läßt sich ein blaustichiges Rot einstellen, das dem Farbton Magenta des 3- bzw. 4-Farbendruckes nahekommt. Gegenüber Pigmenten anderer Klassen mit naheliegendem Farbton sind Marken des Typs P.V.19, γ-Modifikation, sehr farbschwach. So sind zur Herstellung von Buchdruck-Andrucken in 1/3 ST unter Standardbedingungen Druckfarben mit einem Pigmentgehalt von nahezu 20% erforderlich. Die γ-Modifikation wird daher vor allem dann eingesetzt, wenn die Echtheiten der anderen Pigmente nicht ausreichen. Die Lichtechtheit solcher Drucke in 1/3 ST beträgt Stufe 6-7 der Blauskala. Die Hitzebeständigkeit im Blechdruck reicht bis 190 °C (10 Minuten Hitzeeinwirkung) bzw. 170 °C (30 Minuten); die Drucke sind sterilisier- und kalandrierecht. Wegen seiner ausgezeichneten Echtheiten kann P.V.19, γ-Modifikation, auch in Dekordruckfarben für Schichtpreßstoffplatten auf Melamin- und Polyesterbasis verwendet werden. Die Lichtechtheit entspricht hier Stufe 8 der Blauskala.

Für die lichtechte Färbung thermoplastischer Kunststoffe wird die γ-Modifikation wegen ihrer gleichzeitig hohen Thermostabilität oft anstelle der weniger wirtschaftlichen blaustichigen Cadmiumrot-Pigmente (Cadmiumselenid-sulfid-Mischkristalle) verwendet. Zur Einstellung von 1/3 ST (1% TiO_2) in HDPE sind 0,2% Pigment erforderlich. Die Neigung zur Nukleierung ist bei einigen Handelsmarken gering; der Einsatz auf diesem Gebiet ist daher für die HDPE-Einfärbung nicht eingeschränkt.

Die γ-Modifikation von P.V.19 wird auf dem Kunststoffgebiet sowohl in Pulverform als auch in Form von Präparationen, in denen das Pigment bereits vordispergiert ist, verwendet, z. B. in PVC-Folien, technischen und Spielzeugartikeln aus PVC und PO, sowie für die Spinnfärbung von PP-Fasern und -Monofilamenten. Bei der Polyester-Spinnfärbung genügt es auch der hohen thermischen Belastung des Kondensations-Verfahrens mit 240 bis 290 °C über 5 bis 6 Sunden. In geringen Konzentrationen erfolgt wegen der Löslichkeit in Polyester allerdings eine Farbtonänderung, so daß es zum Nuancieren nicht verwendet werden kann. Auch auf dem Kunststoffgebiet wird das Pigment oft in Kombination mit Molybdatrot-Marken eingesetzt.

Die γ-Modifikation von P.V.19 ist auch für die Einfärbung von Polyamid für Spritzguß und Extrusion geeignet und genügt dabei nicht nur der hohen thermischen Belastung, sondern ist, ähnlich wie P.R.122 und P.R.209, auch gegen die schwach alkalische und reduzierende Kunststoffschmelze chemisch stabil.

Daneben wird das Pigment aber auch in vielen anderen Medien verwendet, wie in Pulverlacken oder in Gießharzen, z. B. auf Basis ungesättigter Polyesterharze, in denen es keine Beeinflussung der Härtung zeigt. Andere Einsatzmedien für das Pigment sind Kunststoffe mit sehr hoher Verarbeitungstemperatur, wie Polycarbonate, wo es bis 320 °C thermostabil ist, PUR-Schaumstoffe, Polyacetale, in denen es wie die anderen Chinacridone in Konzentrationen unter etwa 0,1% zur Migration neigt. Auf dem Künstlerfarbensektor wird es für Aquarellfarben verwendet.

Pigment Red 122

2,9-Dimethylchinacridon übertrifft in der Wetterechtheit die meisten unsubstituierten Typen. Migrationsechtheit und Thermostabilität des Pigmentes sind sehr gut. P.R.122 ergibt ein sehr blaustichiges reines Rot, das meist als Rosa oder Magenta bezeichnet wird. Die Haupteinsatzgebiete liegen ähnlich wie für die γ-Modifikation des unsubstituierten Chinacridons im Bereich der hochwertigen Lackierungen und Druckfarben, sowie der Kunststoff-Einfärbung.

P.R.122 kann wegen seiner höheren Wetterechtheit im Unterschied zu feinteiligem unsubstituierten Chinacridonen auch für Metallic-Lackierungen von Personenkraftwagen eingesetzt werden. Für diese wichtige Anwendung werden besonders transparente Marken angeboten, die jedoch hinsichtlich Viskosität und Verlauf des Lackes manchmal gewisse Probleme mit sich bringen. Das Pigment wird wegen seines reinen blaustichigen Farbtones im Bereich der Fahrzeuglackierung auch in Kombination mit Molybdatorange für besonders licht- und wetterechte rote Nuancen eingesetzt. Gegenüber Molybdatrot-Kombinationen mit der β-Modifikation von P.V.19 unterscheiden sich die erhaltenen Farbtöne durch deutlich höhere Reinheit, gegenüber solchen der γ-Modifikation durch höhere Wirtschaftlichkeit, aber etwas trüberen und blaueren Farbton. P.R.122 wird vorwiegend als Nuancierpigment eingesetzt. Die Beständigkeit gegen die üblichen organischen Lösemittel ist sehr gut, dementsprechend ist auch die Überlackierechtheit in ofentrocknenden Systemen ausgezeichnet; sie ist besser als die der β-Modifikation des unsubstituierten Chinacridons und bei 160 °C noch einwandfrei. Das Pigment ist daneben für das Bautenlackgebiet aufgrund seiner guten Wetterechtheit auch für Außenanstriche von Interesse. Ähnlich wie P.V.19 wird P.R.122 in Pulverlacken eingesetzt.

2,9-Dimethylchinacridon wirkt in teilkristallinen Kunststoffen, wie HDPE, etwas nukleierend, so daß der Schwerpunkt seiner Anwendung im Kunststoffbereich ähnlich wie bei der γ-Modifikation des unsubstituierten Chinacridons bei PVC-Folien und Beschichtungen aus PVC und PUR, bei technischen und Spielzeugartikeln aus PVC und Polyolefinen sowie bei PO-Folien liegt. Auch in der Spinnfärbung von PP wird das Pigment eingesetzt. P.R.122 entspricht bei der Polyester-Spinnfärbung den hohen thermischen Anforderungen des Kondensationsverfahrens (5 bis 6 Stunden/280°C). Das Pigment wird aber in geringen Konzentrationen gelöst und verändert dabei den Farbton; auch die Lichtechtheit wird beeinträchtigt. Es wird bei der Kunststoffeinfärbung in Pulverform, vielfach in vordispergierter Form als Pigmentpräparation verwendet. Die Farbstärke von Handelsmarken des Typs P.R.122 ist deutlich höher als die von P.V.19, γ-Modifikation, und etwa gleich der von P.V.19, β-Modifikation. Für HDPE-Färbungen in 1/3 ST (mit 1% TiO_2) sind 0,21% Pigment erforderlich (P.V.19, γ-Modifikation: 0,26%). P.R.122 ist aufgrund seiner ausgezeichneten Thermostabilität für Polystyrol ebenso geeignet wie für schlagfestes Polystyrol, ABS oder Polycarbonat. Daneben wird es in einer ganzen Anzahl weiterer Medien eingesetzt, wenn hohe Licht- und Wetterechtheit, gute Thermostabilität und andere spezielle Echtheiten gefordert werden, beispielsweise in ungesättigten Polyesterharzen, PUR-Schaumstoffen etc.

Das Pigment zeigt wie die anderen Chinacridone in hochwertigen Druckfarben ausgezeichnete Gebrauchsechtheiten, wie Sterilisier- und Kalandrierechtheit. Seine Farbstärke ist hier jedoch geringer als die der P.V.19-Typen. Für Buchdruck-Andrucke in 1/3 ST unter Standardbedingungen bezüglich Schichtdicke sind Druckfarben mit einem Pigmentgehalt von ca. 25% nötig (P.V.19, β-Modifikation: ca. 13%; P.V.19, γ-Modifikation: ca. 19%). Durch Kombination von P.R.122 mit Pigmenten des Typs P.V.19, γ-Modifikation, wird in Blechdruck-, Plakatdruck- und Verpackungsdruckfarben naheliegend der Farbton Magenta des 3- bzw. 4-Farbendruckes erreicht. P.R.122 wird auch in Dekordruckfarben für Schichtpreßstoffplatten verwendet. Aufgrund seiner einwandfreien Beständigkeit gegen die hier üblichen Lösemittel, wie Monostyrol und Aceton, ist es sowohl für Platten auf Basis von Polyester als auch Melaminharz geeignet. Die Lichtechtheit entspricht hier Stufe 8 der Blauskala.

Pigment Red 192

Das Chinacridon-Pigment wird seit einiger Zeit nicht mehr auf dem Markt angeboten, es hatte keine größere Bedeutung erlangen können. Sein Farbton liegt zwischen den Nuancen der Chinacridon-Typen P.R.122 und P.V.19, γ-Modifikation. Die im Handel befindliche Marke zeigte gute Transparenz, aber unbefriedigendes Fließverhalten. Ihre Wetterechtheit erreichte in manchen Systemen nahezu die von P.R.122. Empfohlen wurde das Pigment für hochwertige Industrielacke, besonders Autolacke, für Kunststoffe und Spezialdruckfarben.

Pigment Red 202

Das sehr licht- und wetterechte Chinacridon ist blauer und wesentlich trüber als 2,9-Dimethylchinacridon. (Das im Colour Index unter Pigment Violet 30 registrierte 2,9-Dichlorchinacridon selbst ist nicht mehr im Handel). Wesentliches Einsatzgebiet von P.R.202 ist die Autolackierung. Hier lassen sich selbst mit besonders transparenten, feinteiligen Marken Lacke für PKW-Zweischicht-Metallic-Lackierungen mit sehr guten rheologischen Eigenschaften erhalten. Das Pigment weist entsprechende Vorteile gegen 2,9-Dimethylchinacridon (P.R.122) auf; die Metallic-Lackierungen von P.R.202 sind jedoch trüber und blauer. P.R.202-Marken zeigen einen stärkeren Abkippeffekt (s. 2.3.1.5 unter P.Bl.15:1) als P.R.122-Marken. Die Wetterechtheit des Mischphasenpigments ist bei ähnlicher Transparenz besser als die der Einzelkomponenten, besonders als die des unsubstituierten Chinacridons und entspricht der des 2,9-Dimethylchinacridons. Sie ist in Zweischichtlackierungen allerdings oftmals geringer als in Einschichtlackierungen. Die Überlackierechtheit und andere Echtheiten und Eigenschaften entsprechen weitgehend denen von P.R.122.

Pigment Red 207

Bei P.R.207 handelt es sich um ein Mischphasenpigment aus unsubstituiertem und 4,11-Dichlorchinacridon. 4,11-Dichlorchinacridon ist nicht im Handel. Der Farbton von P.R.207 ist ein für nicht oxidierte Chinacridone sehr gelbstichiges Rot; er ist noch etwas gelber, gleichzeitig allerdings trüber als der von P.R.209. Die Handelsmarke von P.R.207 ist sehr deckend; sie ist wesentlich deckender und in der Weißaufhellung wesentlich farbschwächer als die im Handel angebotene Version von 3,10-Dichlorchinacridon. Die Wetterechtheit von P.R.207 ist sehr gut und entspricht etwa der von P.R.209. Dies trifft auch für die Beständigkeit gegen organische Lösemittel, für Überlackierechtheit, Flockungsverhalten sowie andere Eigenschaften und Echtheiten zu. Das Pigment wird besonders im Automobillackbereich eingesetzt. Andere Einsatzgebiete sind die Kunststoffeinfärbung und Künstlerfarben.

Pigment Red 209

Das Pigment stellt eine Spezialität dar, die in ihrer Marktbedeutung nicht an die der unsubstituierten Chinacridone der β- und γ-Modifikation oder an die des 2,9-Dimethylchinacridons heranreicht. P.R.209 ist deshalb von gewissem Interesse, weil es neben ausgezeichneter Licht- und Wetterechtheit, Migrationsbeständigkeit und Thermostabilität, die mit denen von P.R.122 vergleichbar sind, eine für Chinacridone sehr gelbstichige Rotnuance besitzt.

Das Pigment kommt im Lackbereich vor allem für Autolacke verschiedener Art in Frage. In Kombination mit Molybdatorange werden besonders reine Rotfarbtöne erhalten. In solchen Kombinationen müssen aber relativ große Anteile an Chinacridon-Pigment verwendet werden, weshalb ihre Wirtschaftlichkeit deutlich hinter der von Kombinationen mit anderen Chinacridonen zurückbleibt. Auch für Metallic-Lackierungen, beispielsweise in Kombination mit transparenten Eisenoxid-Pigmenten, wird das Pigment im Fahrzeuglackbereich verwendet. Infolge seiner relativ geringen Farbstärke wird es aber auch hier nur dann eingesetzt, wenn der entsprechende Farbton mit Pigmenten auf Basis 2,9-Dimethyl- oder 2,9-Dichlorchinacridonen nicht erhalten werden kann.

Weiter wird P.R.209 in einer Reihe von Kunststoffen verwendet, die bei hoher Temperatur verarbeitet werden. Hier seien genannt: Polyolefine, in denen es nur einen geringen Einfluß auf das Schwindungsverhalten zeigt, ABS, Polyacetalharze und andere technische Kunststoffe.

Chinacridonchinon-Pigmente

Im Vergleich mit den meisten Chinacridon-Pigmenten ergeben die Handelsprodukte auf Basis Chinacridonchinon relativ trübe rote und rot- bis gelbstichige Orangetöne mit etwas geringerer Wetterechtheit. Sie stellen Spezialitäten für Metalleffektlackierungen dar. Hierbei werden besonders in Kombination mit transparenten Eisenoxidgelb-Pigmenten interessante Goldtöne für modische Automobillackierungen erhalten, die aber einen stärkeren Abkippeffekt als transparente Chinacridon-Marken zeigen. Diese Mischphasen-Pigmente werden besonders in den USA verwendet.

Pigment Red 206

Das Pigment zählt zu den Mischkristalltypen und besteht aus unsubstituiertem Chinacridon und Chinacridonchinon. Über das Verhältnis der beiden Komponenten zueinander sowie die vorliegende Kristallmodifikation ist nichts bekannt. P.R.206 ergibt ein sehr trübes, gelbstichiges Rot, ein Marron. Verglichen mit Persäure-Pigmenten ist die Farbstärke wesentlich geringer. Die im Handel angebotenen Marken von P.R.206 sind mehr oder weniger transparent und werden vorzugsweise in Metallic-Lacken für den Automobilbereich eingesetzt, wo sie rotstichige Kupfertöne ergeben. Sie erweisen sich oft als schlecht dispergierbar. Besonders bei höheren Pigmentkonzentrationen ergeben sich mitunter rheologische Probleme im Lack.

Pigment Orange 48

Bei P.O.48 handelt es sich wie bei P.R.206 um eine Mischphasentype aus unsubstituiertem Chinacridon und Chinacridonchinon. Über das Verhältnis der beiden Komponenten im Pigmentkristall sowie über die Modifikation der Handelsmarken ist nichts bekannt. Der Farbton von Volltonlackierungen ist ein tiefes Marron, von Weißaufhellungen, beispielsweise mit 1:5 TiO$_2$, ein gelbstichiges Braun. In Metallic-Lackierungen, dem wesentlichen Einsatzgebiet des Pigmentes, werden interessante Nuancen im Bereich der Kupfer- und Goldtöne erhalten. Verglichen mit dem zur gleichen Pigmentgruppe zählenden P.O.49 sind diese Farbtöne wesentlich röter. Die mit dem Benzimidazolon-Pigment P.O.60 unter gleichen Bedingungen erreichten Nuancen liegen zwischen denen der beiden Chinacridonchinon-Pigmente. Kürzlich auf den Markt gekommene Typen von P.O.48 – wie auch von P.O.49 – zeigen deutlich verbesserte Wetterechtheit. Diese entspricht nun den anderen in Autoserienlacken verwendeten Vertretern dieser Klasse. Auch im Fließverhalten sind die neuen Marken verbessert. P.O.48 wird außerdem im Kunststoffbereich und in der Spinnfärbung eingesetzt. In Polyamid und verschiedenen Kunststoffen wird es gelöst.

Pigment Orange 49

Die physikalische Beschaffenheit des Pigments, d.h. die Art der Kristallmodifikation des Chinacridon/Chinacridonchinon-Pigmentes ist bisher ebenfalls nicht beschrieben. Auch bei P.O.49 handelt es sich um eine Spezialität für Metallic-Lackierungen. Es lassen sich damit Farbtöne im Goldbereich erhalten. Sie sind wesentlich gelbstichiger als die von P.O.48.

Pigment Violet 42

Die chemische Konstitution dieses Mischphasen-Pigmentes ist nicht bekannt. P.V.42 zählt zu den Typen mit geringerer Marktbedeutung. Sein Farbton ist als Marron zu bezeichnen. Es wird in überwiegendem Maße in Autoserienlacken, und zwar für Metallic-Töne eingesetzt.

Weitere Chinacridon-Pigmente

Im Handel sind ferner eine Reihe weiterer Typen dieser Pigmentklasse, die bisher im Colour Index nicht verzeichnet sind; ihre genaue chemische und physikalische Beschaffenheit ist noch nicht veröffentlicht worden. Zu ihnen zählen u.a. Mischphasen-Pigmente von unsubstituiertem Chinacridon mit Dimethylchinacridon bzw. anderen substituierten Chinacridonen. Auch Mischphasenpigmente zweier substituierter Chinacridone wurden kürzlich beschrieben [27]. Es handelt sich um Spezialitäten für den Autolackbereich, besonders für Metallic-Lackierungen.

Literatur zu 3.2

[1] S.S. Labana und L.L. Labana, Chem. Rev. 67 (1967) 1–18. W.F. Spengeman, Paint Varn. Prod. 60 (1970) 37–42.
[2] H. Liebermann, Ann. 518 (1935) 245–259.

[3] T.B. Reeve und E.C. Botti, Official Digest 31 (1958) 991–1002.
[4] Du Pont, US-PS 2 821 529 (1958).
[5] P. Pollak, Chimia 30 (1977) 357–361 und Progr. Org. Coatings 5 (1977) 245. Lonza, DE-OS 2 313 329 (1972).
[6] Du Pont, US-PS 2 821 541 (1958); US-PS 3 009 916 (1961).
[7] Du Pont, US-PS 2 969 366 (1961).
[8] Du Pont, US-PS 3 007 930 (1961).
[9] Du Pont, US-PS 3 475 436 (1969).
[10] Allied Chem., US-PS 3 342 823 (1967).
[11] F. Kehrer, Chimia 20 (1974) 174–176. Sandoz, DE-PS 1 200 457 (1958); DE-PS 1 250 033 (1962).
[12] BASF, DE-AS 1 195 425 (1963).
[13] Du Pont, US-PS 2 844 484 (1958).
[14] Du Pont, US-PS 2 844 485 (1958).
[15] F. Jones, N. Okui und D. Patterson, J. Soc. Dyers Col. 91 (1975) 361–365.
[16] Du Pont, US-PS 2 844 581 (1958).
[17] Ciba-Geigy, US-PS 4 857 646 (1987).
[18] Ciba-Geigy, US-PS 3 074 950 (1986).
[19] Ciba-Geigy, US-PA 748 473 (1991).
[20] Eastman Kodak, US-PS 3 272 821 (1966).
[21] G. Lincke, Farbe + Lack 86 (1980) 966–972.
[22] E. Dietz, 11th Intern. Farbensymp., Montreux, 1991.
[23] S.S. Labana und L.L. Labana, Chem. Rev. 67 (1967) 1–18.
[24] Du Pont, US-PS 3 160 510 (1964); US-PS 3 148 075 (1964).
[25] Ciba-Geigy, US-PA 407 644 (1982).
[26] J.D. Sanders, Pigments for Inkmakers, SITA Technology, London, 1989.
[27] Miles, US-PA 799 453 (1991).

3.3 Küpenfarbstoffe als Pigmente

In den folgenden Kapiteln wird eine Reihe von polycyclischen Pigmenten beschrieben, die seit langer Zeit als Küpenfarbstoffe zur Färbung von Textilfasern bekannt sind. Es sind das vor allem Perylen-, Perinon-, Thioindigo- und vom Anthrachinon abgeleitete Pigmente.

Ursprüngliche Versuche, diese Küpenfarbstoffe als Pigmente zu verwenden, ergaben meist nur trübe Farbtöne und ungenügende Farbstärken. Mit fortschreitender Erfahrung auf dem Pigmentgebiet, die die Erzielung besserer Eigenschaften durch chemische und physikalische Methoden beinhaltete, wurden diese Küpenfarbstoffe auch als Pigmente interessant. Dazu waren die gezielte Verbesserung der chemischen Reinheit, optimale Teilchengröße und -verteilung und auch bestimmte Kristallmodifikationen notwendig.

Die hier zu besprechenden polycyclischen Farbmittel – das gilt auch für Kupferphthalocyanin- und Chinacridon-Pigmente – fallen bei der Synthese in der Regel grobkristallin an. Azopigmente verhalten sich dagegen anders (s. 2.2.3).

Durch Mahlung werden die grobkristallinen Rohpigmente zwar zerkleinert, sind aber wegen der oft erhaltenen breiten Korngrößenverteilung (ca. 0,5 bis 200 µm) für den Einsatz als Pigmente noch ungeeignet. Es schließt sich daher in der Regel eine Behandlung in organischen Lösemitteln oder in Wasser in Gegenwart von Tensiden an, wodurch bessere Kristallinität und weitgehende Desagglomeration erreicht wird. Diese Nachbehandlung wird als Formierung oder Finish bezeichnet.

Durch verschiedene Nachbehandlungsmethoden der Küpenfarbstoffe gelang deren Formierung zu gut dispergierbaren Pigmenten. Als wichtigste Verfahren dazu sollen hier zusammenfassend erwähnt werden:

- Reduktion zum Leukofarbstoff, Abtrennung von Verunreinigungen und anschließende Reoxidation.
- Lösen des Rohmaterials, beispielsweise in Schwefelsäure, Ausfällen in Wasser oder/und organischen Lösemitteln, gegebenenfalls unter Zusatz von Tensiden unter genau gewählten Bedingungen.
- Herstellung eines Pigment-Sulfats mit 70 bis 100%iger Schwefelsäure, Zwischenisolierung und anschließende Überführung in das reine Pigment durch Behandeln mit Wasser, gegebenenfalls in Gegenwart oberflächenaktiver Hilfsmittel in der Hitze.
- Thermische Nachbehandlung in Wasser oder/und organischen Lösemitteln.
- Dispergier- und Mahlprozesse verschiedenster Art, z.B. Feinverteilung in Knetern, schnellaufenden Rührwerken mit Mahlwirkung oder in Mahlaggregaten, deren Prinzip auf der Aufprallwirkung oder gegenseitigen Reibung von Mahlkörpern durch Rotation oder Schwingung beruht, z.B. Schwing-, Roll- oder Perlmühlen. Diesen Dispergierprozessen geht meist eine Vorreinigung des Rohpigmentes, z.B. durch Umfällen voraus.
- Vermahlung in Gegenwart von Salzen oder Lösemitteln, auch unter Zuhilfenahme von Tensiden, oder in Gegenwart starker (pK < 2,5) nichtoxidierender Säuren.

Oft sind Kombinationen der einzelnen Prozesse zur Erzielung optimaler Ergebnisse erforderlich.

In den einzelnen Kapiteln wird auf die Methoden eingegangen, die entsprechende Küpenfarbstoffe für den Pigmenteinsatz verwendungsfähig machen.

Trotz der inzwischen angesammelten umfangreichen Erfahrungen sind von der großen Zahl der Küpenfarbstoffe nur ganz wenige übriggeblieben, die den an Pigmente gestellten Anforderungen genügen. Ein wichtiger Grund für diese enge Auswahl ist bei den relativ komplizierten Verbindungen auch das Preis-Eigenschaftsverhältnis. Nur einzelne dieser in der Herstellung verhältnismäßig aufwendigen Pigmente erreichen das Echtheitsniveau der Phthalocyanin-Pigmente.

3.4 Perylen- und Perinon-Pigmente

Unter dieser Überschrift werden chemisch ähnliche Pigmente zusammengefaßt. Die Gruppe der Perylen-Pigmente leitet sich von der Perylen-3,4,9,10-tetracarbonsäure **67**, die Gruppe der Perinonpigmente von der Naphthalin-1,4,5,8-tetracarbonsäure **68** als Grundkörper ab:

[Structures of 67 (perylene tetracarboxylic acid) and 68 (naphthalene-1,4,5,8-tetracarboxylic acid)]

Die Herstellung beider Gruppen von Pigmenten erfolgt durch Reaktionen der Anhydride von **67** bzw. **68** mit Aminen bzw. Diaminen zu Bisimido- bzw. Bisimidazol-Verbindungen, die als Farbstoffe für die Küpenfärberei schon seit 1913 (Perylen) bzw. 1924 (Perinon) bekannt waren.

3.4.1 Perylen-Pigmente

Bereits 1912 wurde die erste Perylen-Verbindung beschrieben, nämlich das Perylentetracarbonsäurediimid, das allerdings nie als Küpenfarbstoff in Verwendung war. Die in den folgenden Jahren erstmals hergestellten Perylentetracarbonsäurediimid-Abkömmlinge (Dimethylimid 1913) fanden zunächst nur als Küpenfarbstoffe Verwendung. Eine erste Einführung der Gruppe als Pigmente erfolgte erst 1950 nach entscheidenden Vorarbeiten durch Harmon Colors, bei denen die Überführung von Küpenfarbstoffen in Pigmente maßgeblich untersucht wurde. Inzwischen werden von dieser Pigment-Reihe mehrere Vertreter im technischen Maßstab produziert.

Die allgemeine Synthese nimmt ihren Ausgang von Perylentetracarbonsäuredianhydrid, das mit primären aliphatischen oder aromatischen Aminen in hochsiedenden Lösemitteln umgesetzt wird. Das Dianhydrid seinerseits wird bereits selbst als Pigment eingesetzt. Dimethylperylimid kann auch aus dem Diimid mit Methylchlorid oder Dimethylsulfat hergestellt werden.

3.4.1.1 Herstellung der Ausgangsprodukte

Das wichtigste Ausgangsprodukt für Perylentetracarbonsäure-Pigmente ist das Dianhydrid **71**. Man erhält es aus 1,8-Naphthalindicarbonsäureimid (Naphthalsäureimid) (**69**) durch Ätzalkalischmelze, z.B. in Natrium-/Kaliumhydroxid/Natriumacetat bei 190 bis 220°C, anschließende Luftoxidation der Schmelze oder des wäßrigen Hydrolysats. Dabei bildet sich zunächst das Bisimid (Peryldiimid) **70**, das mit konzentrierter Schwefelsäure bei 220°C zum Dianhydrid hydrolysiert wird:

[Reaction scheme: 69 (naphthalimide) →(KOH, Luftoxidation) 70 (peryldiimid) →(H_2SO_4 conc., 220 °C) 71 (dianhydride)]

484 *3.4 Perylen- und Perinon-Pigmente*

Naphthalsäureimid **69** seinerseits gewinnt man durch Luftoxidation von Acenaphthen **72**, mit Vanadiumpentoxid als Katalysator, die zum Naphthalsäureanhydrid **73** führt, und dessen Reaktion mit Ammoniak:

$$72 \xrightarrow[\text{(V}_2\text{O}_5)]{\text{Oxidation}} 73 \xrightarrow{\text{NH}_3} 69$$

3.4.1.2   Chemie, Herstellung der Pigmente

Die allgemeine Formel der Perylen-Pigmente entspricht **74**,

74

wobei für technisch interessante Pigmente X : O oder NR und R : H, CH_3 oder gegebenenfalls substituiertes Phenyl bedeutet. Der Phenylring kann durch Methyl, Methoxy, Ethoxy oder −N=N−⟨Ph⟩ substituiert sein.

Durch Erhitzen des unter 3.4.1.1 beschriebenen Perylentetracarbonsäuredianhydrids **71**, vor allem in hochsiedenden Lösemitteln auf 150 bis 250°C mit primären aliphatischen oder aromatischen Aminen, erhält man die gewünschten Pigmente in ihrer Rohform. Die Reaktion kann auch in Gegenwart von Reaktionsbeschleunigern, wie Schwefelsäure, Phosphorsäure oder Zinksalzen durchgeführt werden [1]. Auch die Kondensation im wäßrigen Medium ist beschrieben.

Eine andere Möglichkeit der Herstellung besteht in der Alkalischmelze des entsprechend substituierten Naphthalsäureimids, gemäß der Synthese des Perylentetracarbonsäurediimids **70** (s. 3.4.1.1). Das Verfahren wird insbesondere bei aliphatischen Aminen angewendet.

Es wurden auch unsymmetrisch substituierte Perylenpigmente beschrieben. Durch selektive Protonierung des Perylentetracarbonsäure-tetranatriumsalzes erhält man in hoher Ausbeute das Perylentetracarbonsäure-monoanhydrid-monokaliumsalz, dessen stufenweiser Umsatz mit Aminen zu den unsymmetrisch substituierten Perylen-Pigmenten führt [2].

Als Nachbehandlung zur Überführung in eine technisch anwendbare Pigmentform sind verschiedene Verfahren bekannt, vor allem Umfällen aus Schwefelsäure, Mahlprozesse und Rekristallisation aus Lösemitteln, oft auch Kombinationen dieser Verfahren [3].

Bei der Herstellung der Pigmentform von Perylentetracarbonsäuredianhydrid stellt man zunächst ein Alkalisalz her und fällt mit einer Säure aus. Die Umwandlung in das Dianhydrid erfolgt gegebenenfalls nach Isolierung der Säure durch eine thermische Nachbehandlung bei 100 bis 200 °C, evtl. unter Druck, mit einem organischen Lösemittel. Es werden dafür Alkohole, Ketone, Carbonsäureester, Kohlenwasserstoffe oder dipolar aprotische Lösemittel eingesetzt.

Deckende Formen der Perylen-Pigmente werden nach Mahlen in Kugelmühlen mit oder ohne Mahlhilfsmittel durch Erhitzen in Lösemitteln wie Methylethylketon, Isobutanol, Diethylenglykol, N-Methylpyrrolidon, evtl. in Gegenwart von Wasser, auf Temperaturen von 80 bis 150 °C erhalten.

Das Perylentetracarbonsäuredimethylimid läßt sich auch aus dem Diimid durch Methylierung herstellen.

3.4.1.3 Eigenschaften

Perylen-Pigmente lassen sich in roten, bordofarbenen, violetten, braunen und schwarzen Farbtönen herstellen. Die Pigmente zeichnen sich vor allem durch einwandfreie Lösemitteleechtheit, gute bis sehr gute Migrationsechtheit in Kunststoffen und Überlackierechtheit in Lacken, hohe Beständigkeit gegen Chemikalien, sowie hohe Hitzebeständigkeit aus. Nur der Grundkörper – das Perylentetracarbonsäuredianhydrid – ist naturgemäß gegen Alkalien nicht beständig.

Perylen-Pigmente weisen im allgemeinen eine hohe Farbstärke auf, die die der Chinacridon-Pigmente zum Teil bei weitem übertrifft. Licht- und Wetterechtheit sind sehr gut und etwa dem Niveau der Chinacridon-Pigmente vergleichbar.

Vor einigen Jahren wurde über schwarze Perylen-Pigmente berichtet [4], die sich chemisch nur durch geringfügige Substitutionsunterschiede des nicht mit dem Chromophor konjugierten Restes X (s. Formel 74) von entsprechenden roten Pigmenten auszeichnen.

So ist das Perylen-Pigment mit X : $>$N-CH$_2$-CH$_2$-O-CH$_2$-CH$_3$ rot, das mit X : $>$N-CH$_2$-CH$_2$-CH$_2$-OCH$_3$ dagegen schwarz. Die unterschiedliche Farbe der Pigmentformen wird durch eine strukturell bedingte spezielle Anordnung der Pigmentmoleküle im Kristallgitter erklärt. Auch durch unsymmetrische Substitution lassen sich schwarze Pigmente herstellen [5].

3.4.1.4 Anwendung

Bei den meisten Vertretern dieser Klasse dominiert, ähnlich wie bei den Chinacridon-Pigmenten, der Einsatz in hochwertigen Industrielacken, speziell in Autoserien- und -reparaturlacken. Einige der Pigmente werden in unterschiedlichen Handelsformen angeboten, einerseits in sehr feinteiliger Form und andererseits in einer grobteiligen. Die feinteilige Form, mit hoher spezifischer Oberfläche und somit hoher Transparenz, ist speziell für den Einsatz in Metallic- und Transparent-Lackierungen vorgesehen. Die grobteilige Form mit niedriger spezifischer Oberfläche und hohem Deckvermögen für Volltöne, wird oftmals auch in Kombination mit anorganischen und anderen organischen Pigmenten eingesetzt. Einige Typen finden besonders für die Kunststoff- und Spinnfärbung Verwendung, wo sie sehr gute Hitzebeständigkeit zeigen. Zum Einfärben von mit sterischen Aminen (HALS) sta-

3.4 Perylen- und Perinon-Pigmente

bilisierten Polyolefinen kommen allerdings Perylen-Pigmente in mittleren und hohen Konzentrationen meist nicht in Betracht; diese Stabilisatoren werden beim Belichten in Gegenwart solcher Pigmente rasch unwirksam bzw. zerstört, was zu einer schnellen Versprödung des Polyolefins führt.

3.4.1.5 Im Handel befindliche Perylen-Pigmente

Allgemein

In der folgenden Tabelle 29 sind die technisch verwendeten Perylen-Pigmente aufgeführt.

Tab. 29: Im Handel befindliche Perylen-Pigmente

C.I. Name	Formel-Nr.	X	Nuance
P.R.123	71145	$H_5C_2O-\langle\bigcirc\rangle-N$	scharlach bis rot
P.R.149	71137	2,6-$(H_3C)_2$-$\langle\bigcirc\rangle$-N	rot
P.R.178	71155	$\langle\bigcirc\rangle-N=N-\langle\bigcirc\rangle-N$	rot
P.R.179	71130	H_3C-N	rot bis marron
P.R.190	71140	$H_3CO-\langle\bigcirc\rangle-N$	blaustichig-rot
P.R.224	71127	O	blaustichig rot
P.V.29	71129	HN	rot bis bordo
P.Bl.31	71132	$\langle\bigcirc\rangle-CH_2CH_2-N$	schwarz
P.Bl.32	71133	$H_3CO-\langle\bigcirc\rangle-CH_2-N$	schwarz

Einzelne Pigmente

Pigment Red 123

P.R.123 übertrifft das chemisch sehr ähnliche P.R.190 in seiner Marktbedeutung, doch zählt es nicht zu den mengenmäßig größeren Pigmenten dieser Klasse. P.R.123 wird hauptsächlich auf dem Lackgebiet verwendet. Sein Farbton ist als mittleres Rot zu bezeichnen und im Vergleich mit P.R.190 wesentlich reiner. Gegenüber P.R.178 ist es etwas trüber und geringfügig gelbstichiger. Transparente Typen werden besonders in Abtönsystemen für Dispersionsanstrichfarben eingesetzt. Die Wetterechtheit von P.R.123 ist gut. Bei den meisten Handelsmarken erfolgt im Vollton und volltonnahen Bereich beim Bewettern ein Dunkeln; in diesem Bereich werden bevorzugt deckende Typen des hier wetterechteren P.R.178 verwendet. Deckende Marken von P.R.123 werden meist in Kombination mit anderen organischen und anorganischen Pigmenten, auch TiO_2, eingesetzt, wo dieses Nachdunkeln nicht zur Geltung kommt bzw. unterdrückt wird.

P.R.123 ist gut beständig gegen organische Lösemittel, jedoch bei den üblichen Einbrenntemperaturen in ofentrocknenden Lacksystemen nicht ganz überlackierecht. Deckende Typen von P.R.123 finden außer in Industrielacken, einschließlich Autolacken, in Dispersionsanstrichfarben, und hier aufgrund ihrer guten Wetterechtheit auch in Fassadenfarben, Verwendung. Das Pigment ist alkalibeständig.

Bei der Kunststoffeinfärbung erfolgt bei etwa 220 °C eine Farbtonänderung zu blaueren, trüberen Nuancen. Bei Temperaturen zwischen 240 und 300 °C bleibt der Farbton dann jedoch konstant. In Polyolefinen zeigt das Pigment eine starke Beeinflussung des Schwindungsverhaltens im Spritzguß; es ist hierfür nicht zu empfehlen. Die Ausblutechtheit in Weich-PVC ist nicht ganz einwandfrei. Eine gewisse Verwendung findet das Pigment für die PVC-Beschichtung. Hier ist es wie in anderen Bereichen der Kunststoffeinfärbung dem etwas gelberen und wesentlich farbstärkeren, hitzestabileren und lichtechteren P.R.149, das zur gleichen Pigmentklasse zählt, deutlich unterlegen. In der Spinnfärbung findet P.R.123 ebenfalls Verwendung. In der Polyester-Spinnfärbung hält es selbst der starken Hitzebelastung des Kondensationsverfahrens stand (s. 1.8.3.8). Das Pigment ist auch für die PUR-Schaumeinfärbung geeignet.

Pigment Red 149

Dieses reine, mittlere bis etwas blaustichige Rotpigment hat den Schwerpunkt seines Einsatzes in der Kunststoffeinfärbung. Es ist ungewöhnlich gut hitzestabil; sein Schmelzpunkt liegt oberhalb von 450 °C. In Polyolefinen ist es bis zu Verarbeitungstemperaturen von 300 °C stabil. Hier beeinflußt es wie die anderen Typen dieser Pigmentklasse das Schwindungsverhalten des Kunststoffes im Spritzguß. Der Einfluß nimmt allerdings mit zunehmender Verarbeitungstemperatur ab. Es ist sehr farbstark. Zur Einstellung von 1/3 ST (1% TiO_2) in HDPE ist weniger als

0,15% Pigment erforderlich. Von dem etwas blaueren P.R.123 sind hierzu bei etwa gleicher mittlerer Teilchengröße etwa 20% mehr Pigment notwendig. Wie andere Vertreter dieser Pigmentklasse zerstört das Pigment im Kunststoff enthaltene HALS-Stabilisatoren beim Belichten. Für Polystyrol, schlagfestes Polystyrol, ABS und ähnliche bei sehr hohen Temperaturen verarbeitete Kunststoffe ist P.R.149 aufgrund seiner guten Hitzestabilität geeignet, wo es, besonders in Aufhellungen mit TiO_2, die Thermostabilität der meisten Chinacridon-Pigmente übertrifft.

In Weich-PVC zeigt das Pigment sehr gute Migrationsbeständigkeit. Es ist sehr farbstark. Zur Einfärbung von Weich-PVC in 1/3 ST (5% TiO_2) sind nur 0,63% Pigment erforderlich; zum Vergleich seien hier angeführt P.R.123: 0,75%, sowie die Chinacridon-Pigmente P.V.19, γ-Modifikation: 1,2% und P.R.122: 1,0% Pigment.

P.R.149 zeigt gute Lichtechtheit. Sie erreicht in transparenten Färbungen in 1/25 ST und in deckenden Färbungen von 1/3 bis 1/25 ST Stufe 8 der Blauskala entsprechende Werte. Seine Wetterechtheit genügt nicht den Anforderungen einer Langzeitbewetterung. Die im Handel befindlichen P.R.149-Marken weisen sehr hohe Transparenz auf, was für verschiedene Einsatzzwecke von Vorteil ist.

Das Pigment wird ferner in Gießharzen z. B. aus ungesättigtem Polyester oder Methacrylsäuremethylester verwendet, die mit Peroxid-Katalysatoren polymerisiert werden. In diesen Gießharzen zeigt das Pigment ebenfalls hohe Lichtechtheit. Auch in Polycarbonat, dessen Verarbeitung wegen seiner hohen Schmelzviskosität bei Temperaturen bis zu 340°C erfolgt, ist P.R.149 bis mehr als 320°C stabil. Hier sind noch andere Medien des Kunststoffbereichs anzuführen, zu deren Einfärbung P.R.149 wegen seiner guten Hitzestabilität und seiner coloristischen Eigenschaften verwendet wird, z. B. PUR-Schaumstoffe und Elastomere.

P.R.149 wird in größerem Maße auch für die Spinnfärbung, speziell für die Polyacrylnitril- und die Polypropylen-Spinnfärbung verwendet. Es zeigt hier hohe Lichtechtheit, und zwar im Konzentrations-Bereich von 0,1 bis 3% entsprechend Stufe 7 bis 7-8 der Blauskala. Bei Gegenwart von HALS-Stabilisatoren sollte das Pigment allerdings nur in geringen Konzentrationen verwendet werden. Auch die wichtigen textilen Eigenschaften, wie Schweißechtheit, Trocken- und Naßreibechtheit und Beständigkeit gegen Perchlorethylen und ähnliche Lösemittel sind einwandfrei. Verbreitet ist ebenfalls sein Einsatz in Polyamid. Hierbei kann zunächst eine teilweise Reduktion des Pigmentes erfolgen. Diese Reaktion ist mit einer Farbänderung zum trüben Braun verbunden. In der Faser stellt sich der Farbton des Pigmentes infolge Oxidation bald wieder ein. Auch für die Polyester-Spinnfärbung ist das Pigment sehr interessant, wobei es in geringer Konzentration teilweise gelöst wird, was sich in einer Farbtonverschiebung nach Orange niederschlägt. Es widersteht hier aufgrund seiner hohen thermischen Stabilität selbst der Belastung des Kondensationsverfahrens (s. 1.8.3.8).

Gegenüber der Kunststoffeinfärbung wird P.R.149 im Lack- und Druckfarbenbereich in untergeordnetem Maße verwendet. So wird es in Industrielacken eingesetzt, wo es wegen der hohen Transparenz der Handelsmarken besonders für Transparent- und Metalleffektlacke von Interesse ist. Es weist neben hoher Farbstärke einen reinen Farbton und mittlere Licht- und Wetterechtheit auf. In Volltönen dunkelt es beim Bewettern und Belichten nach. Die Überlackierechtheit in Einbrennlacksystemen ist nicht einwandfrei. In Druckfarben wird das Pigment wegen seiner Beständigkeit gegen organische Lösemittel und verpackte Materialien und seiner sehr guten Thermostabilität bis 220 °C (10 Minuten Hitzeeinwirkung) und Sterilisierechtheit in Spezial-Druckfarben, beispielsweise für PVC-Folien, und in Blechdruckfarben, eingesetzt.

Pigment Red 178

Das Pigment ist in der Lackindustrie seit längerer Zeit eingeführt und wird dort besonders im Industrielackbereich bis hin zu Automobillacken verschiedener Art eingesetzt. Von dem Pigment sind zwei Kristallmodifikationen bekannt, von denen aber nur noch eine technisch genützt wird. Im Handel befindet sich davon nur eine Version mit hohem Deckvermögen. Sie zeigt im Vollton und volltonnahen Bereich gute Licht- und Wetterechtheit, wobei allerdings ein gewisses Dunkeln auftritt. In Aufhellungen mit TiO_2 sinkt die Wetterechtheit aber rasch ab. Die Nuance des Pigmentes liegt im gleichen Farbtonbereich wie die von P.R.123, das nur wenig gelber und etwas trüber ist. Im Vergleich mit diesem ist P.R.178 im Vollton besser, mit zunehmendem Aufhellungsverhältnis deutlich schlechter wetterbeständig. Die Beständigkeit gegen Lösemittel, die in ofentrocknenden Systemen enthalten sind, ist gut und entspricht etwa der anderer Typen dieser Pigmentklasse; die Überlackierechtheit ist nicht ganz einwandfrei. Thermostabilität ist bis zu Einbrenntemperaturen von über 200 °C gegeben.

P.R.178 ist bei der Kunststoffeinfärbung gut hitzebeständig. Es zeigt in Polyolefinen im Spritzguß einen besonders starken Einfluß auf das Schwindungsverhalten des Kunststoffs. Gegenüber dem in diesem Bereich gut eingeführten P.R.149, das etwas gelber und farbstärker ist, weist es geringere Lichtechtheit auf und ist wie andere Perylentetracarbonsäure-Pigmente für HALS-stabilisierte Polyolefine nicht geeignet. Die Ausblutechtheit von P.R.178 in Weich-PVC ist sehr gut und entspricht der von P.R.149. Die im Handel befindliche Version von P.R.178 führt zu sehr deckenden Färbungen, die mit anderen Pigmenten dieses roten Farbtonbereiches nicht erreicht werden können.

Pigment Red 179

Das Dimethylperylimid-Pigment hat wohl die größte Bedeutung dieser Klasse. P.R.179 wird hauptsächlich für Industrielacke, besonders für hochwertige Autoband- und -reparaturlacke eingesetzt. Es lassen sich zwei coloristische Schwerpunkte erkennen, wovon der eine bei reinen Rotnuancen, die bei den neusten Typen bis in einen vergleichsweise gelbstichigen Bereich hineinreichen, der andere bei Marron- und Bordotönen liegt. Transparente Marken dienen zur Einstellung von Metallic-Lackierungen, zum Teil auch in Kombination mit anderen organischen und anorganischen Pigmenten in einem Farbtonbereich, der sich an den durch Chinacridone einstellbaren Bereich nach der gelbstichigen Seite hin anschließt.

Die Pigmente weisen ausgezeichnete Wetterechtheit auf, die der substituierter Chinacridone entspricht bzw. sie sogar noch übertrifft. Sie unterscheiden sich zum Teil deutlich in ihrem Abkippeffekt (s. 3.1.5.2 unter P.Bl.15:1) voneinander. Einigen Handelsmarken ist hohes Deckvermögen eigen; sie sind besonders in Kombination mit Molybdatrot-Pigmenten zur Herstellung deckender, dunkelroter Farbtöne mit gutem Glanz und sehr guter Wetterechtheit interessant. Die Pigmente sind im Lack bis 180°C, z.T. bis 200°C thermostabil und zeichnen sich durch gute Beständigkeit gegen die üblicherweise in ofentrocknenden Bindemitteln enthaltenen organischen Lösemittel und damit sehr gute Überlackierechtheit aus. Ihre Alkalibeständigkeit ist im Gegensatz zu der von P.R.224-Marken einwandfrei. Die Dispergierbarkeit sowie das Rub-out-Verhalten, besonders die Flockungsbeständigkeit, sind bei vielen Handelsmarken verbesserungswürdig.

Gegenüber der Verwendung auf dem Lackgebiet ist ein Einsatz bei der Kunststoffeinfärbung von untergeordneter Bedeutung. Es wird hier für PVC bzw. PVC-Plastisole, sowie aufgrund der guten Hitzebeständigkeit für Polyolefine verwendet. Wie bei P.R.149 und anderen Pigmenten dieser Klasse erfolgt bei der Polyamid-Spinnfärbung infolge Reduktion in der Schmelze starke Farbänderung. In der Faser stellt sich der Farbton des Pigmentes aber bald wieder ein.

Pigment Red 190

Das Pigment ist von geringerer Marktbedeutung. Es stellt eine Spezialität für Industrielacke, besonders für Autolacke, dar. Gegenüber anderen Typen dieser Pigmentklasse weist es keine Vorteile auf. Sein Farbton ist trüb und als Scharlach einzustufen; in Weißaufhellungen ist die im Handel befindliche Type sehr blaustichig und ebenfalls trüb. Für Metallic-Lackierungen ist die Handelsmarke zu grobteilig. Die Wetterbeständigkeit ist sehr gut, ebenso die Beständigkeit gegen organische Lösemittel und Migration. Bis zu Einbrenntemperaturen von 200°C ist es thermostabil. Das Pigment ist farbschwach. Auch im Kunststoffbereich ist es trotz seiner guten Hitzebeständigkeit nur von geringer Bedeutung.

Pigment Red 224

Von Perylentetracarbonsäuredianhydrid sind Handelsformen auf dem Markt, die sich in ihren coloristischen Eigenschaften wesentlich voneinander unterscheiden. Es sind das einerseits sehr transparente, andererseits besonders deckende Typen. Dominierendes Einsatzgebiet beider Versionen ist der Industrielacksektor, speziell der Kraftfahrzeuglack-Bereich. Die transparenten Typen sind dabei besonders für Metallic-Lackierungen von Interesse. Da das Pigment aufgrund seiner chemischen Konstitution keine einwandfreie Alkaliechtheit besitzt, wie die einschlägigen scharfen Tests zeigen (s. 1.6.2.2), ist es für Einschichtmetallics weniger geeignet; es findet bevorzugt in Zweischichtmetallic-Lackierungen Verwendung. Hier ist der pigmentierte Basislack, in Europa bisher üblicherweise ein Polyesterlack, durch einen Klarlack – auf Acrylharzbasis – vor der Einwirkung von Alkalien, beispielsweise aus Autowaschanlagen, geschützt.

Die Handelsmarken unterscheiden sich in ihren Farbtönen in einem unerwartet starken Maße. Es ist eine Version im Handel, die bei gleichen übrigen Eigenschaften, wie Wetterechtheit, Lösemittel- und Überlackierechtheit, ganz bedeutend gelber und reiner ist als vorher bekannte Typen. Mit deckendem Pigment werden ebenfalls brillante Rottöne erhalten. P.R.224 wird vorzugsweise in Volltönen, auch in Kombination mit anderen organischen und anorganischen Rotpigmenten, wie Molybdatrot, eingesetzt.

Auch für andere hochwertige Industrielacke werden Pigmente des Typs P.R.224 verwendet. Sie sind sehr farbstark und daher als Nuancierpigmente zum Überfärben anorganischer Pigmente geeignet. Die damit erreichten brillanten Rottöne sind im Vergleich mit denen von Chinacridon-Pigmenten wesentlich gelber. Für aminhärtende Bindemittel ist das Pigment wegen der chemischen Wechselwirkung nicht zu empfehlen. Das gleiche gilt für Fassadenfarben auf Putzuntergrund. Die Beständigkeit von P.R.224 gegen organische Lösemittel ist dagegen sehr gut, ebenso die Überlackierechtheit; Thermostabilität ist bis zu Einbrenntemperaturen von 200 °C gegeben.

Außer für das Lackgebiet kommt P.R.224 für die Polyacrylnitril-Spinnfärbung in Betracht. Auch für die Polypropylen-Spinnfärbung wird es empfohlen, wobei aber auch hier bei Einsatz mittlerer oder hoher Pigmentkonzentrationen auf die Zerstörung der HALS-Stabilisatoren und deren Folgen hinzuweisen ist (s. 3.4.1.4).

Pigment Violet 29

Die unter dieser Bezeichnung geführten Pigmente zeigen eine hervorragende Wetterechtheit, die die der anderen Perylen-Pigmente übertrifft. Ihre Marktbedeutung ist aber wegen ihres sehr trüben Marrontones relativ gering. In Volltönen werden tiefbraune, nahezu schwarze Nuancen erreicht. Die Beständigkeit gegen organische Lösemittel und die Überlackierechtheit sind sehr gut. Die auf dem Markt befindlichen Typen werden besonders in Metallic-Lackierungen eingesetzt. Vollton-Lackierungen führen beim Bewettern häufig zum Bronzieren.

Das Pigment zeichnet sich außerdem durch hohe Hitzebeständigkeit aus, die es auch für die Einfärbung von Kunststoffen, die bei hoher Temperatur verarbeitet werden müssen, geeignet macht. Aber auch hier steht die trübe Nuance einem stärkeren Einsatz entgegen.

P.V.29 kommt auch für die Spinnfärbung, und zwar von Polyester in Betracht. Es entspricht dabei auch der hohen thermischen Belastung des Kondensationsverfahrens (5 bis 6 Stunden/290 °C). Die Lichtechtheit der Färbungen ist in 1/3 und 1/9 ST mit Stufe 7 bis 8 der Blauskala zu bewerten. Wichtige textile Echtheiten, wie Trocken- und Naßreibechtheit, sind einwandfrei.

Verschiedene andere Perylentetracarbonsäure-Pigmente

Im Handel sind eine Reihe weiterer Pigmente dieser Klasse anzutreffen. Hierzu zählen Pigmente mit Schwarz- oder sehr dunklen Oliv- und Violettnuancen im Vollton, die bestimmten spektralen Anforderungen im IR-Bereich genügen, z. B. Pigment Black 31, 71132 und 32, 71133. Diese Pigmente müssen außerdem gegen bestimmten Chemikalien beständig und gut wetterecht sein.

3.4.2 Perinon-Pigmente

Auch für die Perinon-Pigmente gilt das in der Vorbemerkung unter 3.3 Gesagte. Zunächst befand sich ein gelbstichig-roter Küpenfarbstoff dieser chemischen Zusammensetzung auf dem Markt. Er war bereits durch Eckert und Greune (Hoechst AG) 1924 entdeckt worden und stellt ein Isomerengemisch dar. Dieses konnte in späteren Arbeiten in einen reinen orangen und einen trüben roten Küpenfarbstoff getrennt werden. Beide waren lange Zeit allein als Küpen-Farbstoffe zur Färbung von Baumwolle im Handel. Ihre Verwendung als Pigmente erfolgte erst ab etwa 1950.

3.4.2.1 Herstellung der Ausgangsprodukte

Naphthalin-1,4,5,8-tetracarbonsäure bzw. deren Monoanhydrid ist das Ausgangsprodukt für die Perinon-Pigmente.

Man stellt diese sogenannte „Tetrasäure" folgendermaßen her:

Acenaphthen **72** wird mit Malodinitril und Aluminiumchlorid nach Friedel-Crafts umgesetzt. Das dabei entstehende Kondensationsprodukt **75** wird mit Natriumchlorat/Salzsäure zum Dichloracenaphthindandion **76** oxidiert. Durch Oxidation mit Chlorlauge/Kaliumpermanganat erhält man daraus Naphthalintetracarbonsäure **68,** die im wesentlichen als Monoanhydrid **68a** vorliegt. Das Dianhydrid bildet sich dagegen erst beim Trocknen bei ca. 150 °C.

Ein anderes Verfahren geht von Pyren **77** aus, das durch Halogenierung (Bromierung, Chlorierung) in die Tetrahalogenverbindung überführt wird. Durch Oxi-

3.4.2 Perinon-Pigmente 493

dation mit Schwefelsäure zu einem Diperinaphthindandion mit anschließender erneuter Oxidation im natronalkalischen Medium [6] erhält man das Tetranatriumsalz der Naphthalintetracarbonsäure **78**:

$$\text{77} \xrightarrow{\text{Hal}_2} \text{[Hal-substituted intermediate]} \longrightarrow \text{78}$$

3.4.2.2 Chemie, Herstellung der Pigmente

Die Herstellung der Perinon-Pigmente geht ähnlich der der Perylen-Pigmente von einem Anhydrid aus, hier vom Monoanhydrid der Naphthalintetracarbonsäure.
 Aromatische o-Diamine bilden damit das Perinon- Ringsystem. Die Umsetzung von o-Phenylendiamin mit dem Monoanhydrid wird beispielsweise in Eisessig bei 120 °C durchgeführt. Man erhält dabei das folgende cis/trans-Isomeren-Gemisch in Form von Mischkristallen:

[Reaktionsschema: Naphthalintetracarbonsäure-Monoanhydrid + 2 o-Phenylendiamin → cis + trans Perinon-Isomere, − 5 H₂O]

cis   trans

Die Auftrennung geschieht durch Erwärmen in Ethanol/Kaliumhydroxid, wobei die trans-Verbindung als schwerlösliche farblose Kaliumhydroxid-Additionsverbindung ausfällt. Auch eine fraktionierte Trennung mit konzentrierter Schwefelsäure ist möglich. Danach schließen sich übliche Behandlungen zur Überführung in eine anwendungstechnisch verwendbare Pigmentform an, wie Mahlen, Säurebehandeln oder Lösemitteleinwirkung bei erhöhter Temperatur.

3.4.2.3 Eigenschaften

Perinon-Pigmente sind in ihren Eigenschaften den Perylen-Pigmenten vergleichbar. Es sind orange bis bordofarbene Töne herstellbar, von Bedeutung sind jedoch nur zwei Vertreter. Diese Pigmente zeichnen sich durch gute Hitzestabilität aus, aber auch ihre Licht- und Wetterechtheit sind gut.

3.4.2.4 Im Handel befindliche Perinon-Pigmente und ihre Anwendung

Derzeit werden nur die beiden aus dem ursprünglichen Isomerengemisch (Vat Red 14) isolierten cis- und trans-Verbindungen, sowie in geringem Umfang auch das Gemisch selbst als Pigmente technisch genutzt.

Tab. 30: Perinon-Pigmente des Handels

C.I. Name	Formel-Nr.	Struktur (s. S. 493)	Nuance
P.O.43	71105	trans-Isomer	rotstichig-orange
P.R.194	71100	cis-Isomer	blaustichig-rot
Vat Red 14		Isomerengemisch von P.O. 43 und P.R. 194	scharlach

Pigment Orange 43

Dieses trans-Isomere ergibt einen reinen rotstichigen Orange-Farbton. Es hat von beiden Isomeren für die Verwendung als Pigment die größere Bedeutung. Aufgrund seines hohen Preises beschränkt sich sein Einsatz auf Gebiete mit hohen Echtheitsanforderungen. Das ist in besonderem Maße bei der Spinn- und Kunststoffeinfärbung der Fall, wo der Schwerpunkt seiner Verwendung zu sehen ist. Seine hohe Licht- und Wetterechtheit ist besonders bei der Polyacrylnitril-Spinnfärbung für den Markisensektor, für Zelte, Planen usw. von Bedeutung. Die Lichtechtheit entspricht hier bei Konzentrationen von 0,3 bis 3% Stufe 7-8, von 0,1% Stufe 7 der Blauskala. Auch andere hierfür maßgebende Echtheiten, wie die Trocken- und Naßreibechtheit, sowie die Beständigkeit gegen chlorierte Kohlenwasserstoffe, sind einwandfrei. Bei der Polyester-Spinnfärbung kommt es auch für das Kondensationsverfahren in Betracht (s. 1.8.3.8). Für die Spinnfärbung von Celluloseacetat- oder Polypropylenfasern und -fäden wird es ebenfalls verwendet. Daneben wird es im Textildruck eingesetzt.

P.O.43 zeigt in Weich-PVC eine gute Ausblutechtheit. Zu beachten ist bei seinem Einsatz aber, daß es bei extrem niedrigen Pigmentkonzentrationen und hohem Weichmachergehalt nicht ganz ausblühecht ist. Das Pigment weist zwar ausgezeichnete Beständigkeit gegen organische Lösemittel und Weichmacher auf, besonders bei hohen Verarbeitungstemperaturen und niedrigen Pigmentkonzentrationen werden aber die für Ausblühen maßgebenden Kriterien erfüllt (s. 1.6.3.1). P.O.43 zeigt in Weich-PVC ähnlich wie in anderen Medien mittlere Farbstärke. So sind zum Einfärben in 1/3 ST (5% TiO_2) ca. 0,9% Pigment erforderlich. Es zeigt ausgezeichnete Lichtechtheit, die noch in stärkeren Aufhellungen Stufe 8 der Blauskala entspricht, jedoch in tiefen Tönen durch Dunkeln des Farbtones beeinträchtigt wird. In transparenten Färbungen ist in diesem Medium kein Nachdunkeln zu beobachten. Auch die Wetterechtheit des Pigmentes ist sehr gut. Sie genügt aber nicht den Anforderungen für eine Langzeitbewitterung.

Die Hitzestabilität in Polyolefinen erreicht in transparenten und aufgehellten Färbungen bis 1/3 ST Temperaturen zwischen 300 und 320°C. Zur Einstellung von HDPE-Färbungen in 1/3 ST (1% TiO_2) sind 0,25% Pigment nötig. Das Pigment beeinflußt im Spritzguß bei teilkristallinen Kunststoffen, wie HDPE, deren Schwindungsverhalten, weshalb es für großteilige nicht rotationssymmetrische Spritzgußartikel nicht geeignet ist (s. 1.6.4.3).

Die Lichtechtheit ist hier in transparenten Färbungen je nach Kunststofftype und Pigmentkonzentration mit Stufe 7 bis 8 der Blauskala, in Weißaufhellungen in 1/3 bis 1/100 ST zwischen Stufe 8 und 6 anzugeben.

P.O.43 ist in Polystyrol für transparente Färbungen geeignet. In thermoplastischem Polyester löst sich das Pigment in geringen Konzentrationen, und zwar unter etwa 0,1%, mit gelber Farbe; es zeigt dabei auch in gelöster Form hohe Lichtechtheit. Das Pigment ist gegen die zur Polymerisation von Gießharzen auf Basis von Methacrylsäuremethylestern oder ungesättigten Polyestern verwendeten Peroxide beständig und beeinflußt nicht die Härtung.

Auf dem Lackgebiet wird P.O.43 in erster Linie zum Nuancieren oder für starke Aufhellungen mit TiO_2 verwendet, findet aber auch in Kombination mit Molybdatrot-Pigmenten Einsatz. In vollen Tönen oder bei geringerem Aufhellungsverhältnis, beispielsweise 1:10 mit TiO_2, dunkelt das Pigment beim Belichten. In starken Aufhellungen dagegen weist es eine hervorragende Lichtechtheit auf. Beim Bewettern ist auch noch in starken Aufhellungen ein gewisses Nachdunkeln festzustellen, das seinen Einsatz aber kaum beeinträchtigt.

Das Pigment wird besonders im Industrielacksektor, auch für Automobilserien- und -reparaturlacke, eingesetzt, wobei seine Bedeutung allerdings etwas rückläufig ist. In Metalleffektlacken ist es besonders zur Einstellung von Kupfertönen durch Kombination mit Aluminium interessant. Aber selbst in Kombination mit UV-Absorbern dunkelt es beim Bewettern hierbei etwas nach. Seine Hitzebeständigkeit genügt allen auf dem Lackgebiet gestellten Anforderungen. Es weist sehr gute Überlackierechtheit auf und ist säure-, alkali- und kalkecht. Das Pigment wird auch in Dispersionsanstrichfarben eingesetzt, wobei es aufgrund seiner ausgezeichneten Wetterechtheit für Fassadenanstriche auf Kunstharzdispersionsbasis geeignet ist. Auch hier wird es überwiegend in stärkeren Aufhellungen verwendet.

P.O.43 wird im Druckfarbenbereich für Spezialdruckfarben der verschiedenen Art eingesetzt. Es weist gute Thermostabilität (220°C / 30 Minuten Hitzeeinwirkung) auf; die Drucke sind sterilisierecht und gegen viele organische Lösemittel und Chemikalien, sowie verpackte Materialien, beständig. In 1/3 ST entsprechen Buchdruck-Andrucke Stufe 6 der Blauskala, wobei der Farbton auch hier beim Belichten geringfügig abtrübt.

Daneben wird P.O.43 in vielen weiteren Medien, wie Holzbeizen, in denen es beispielsweise auch in Kombination mit Gelbpigmenten, wie P.Y.83, und Ruß, zur Einstellung von Brauntönen geeignet ist, und in Lederdeckfarben verwendet.

3.4 Perylen- und Perinon-Pigmente

Pigment Red 194

Das cis-Isomere ist als Pigment von wesentlich geringerer Bedeutung als das trans-Isomere. Sein Farbton ist ein sehr trübes, blaustichiges Rot. Das Pigment wird besonders im Lackbereich, und hier vor allem in Bautenlacken, verwendet. Seine Licht- und Wetterechtheit ist sehr gut. Im Gegensatz zu dem trans-Isomeren P.O.43 dunkelt es nicht beim Belichten und beim Bewettern, auch nicht im volltonnahen Bereich. Die Beständigkeit gegen organische Lösemittel ist zwar gut, es ist jedoch nicht überlackierecht, was seinen Einsatz in bestimmten Bereichen, beispielsweise bei Autolacken, einschränkt. Das Pigment wird auch in Dispersionsanstrichfarben verwendet, wobei es wegen seiner ausgezeichneten Wetterechtheit auch für Außenanstriche in Betracht kommt. Es ist säure-, alkali- und kalkecht.

P.R.194 findet im Textildruck, z.T. in Kombination mit Ruß als Braun, ebenfalls Verwendung. Licht- und Wetterechtheit sind hier sehr gut. Letztere entspricht dabei Stufe 7 der hier 8-stufigen Bewertungsskala [7].

Im Kunststoffbereich ist der Einsatz von P.R.194 von untergeordneter Bedeutung. Das Pigment blutet in Weich-PVC und geht vielfach, auch in Hart-PVC, mit steigender Temperatur in Lösung, was zu einer temperaturabhängigen Farbtonverschiebung führt. Das Pigment löst sich auch in Polystyrol mit orangem Farbton, was in bestimmten Konzentrations-Temperatur-Bereichen mit Problemen bei der Farbeinstellung verbunden ist. In Polyolefinen ist es bis 270 °C thermostabil. In manchen Ländern stellt es auch ein wichtiges Pigment für die Polypropylen-Spinnfärbung dar. Bei der Polyester-Spinnfärbung wird das Pigment zunächst gelöst, kristallisiert jedoch beim Thermofixieren der Faser stark aus, was sich in einer deutlichen Farbtonverschiebung niederschlägt.

Vat Red 14

Das Isomerengemisch von P.O.43 und P.R.194, das eine Mischphase darstellt, wird als Pigment in gewissem Umfang vor allem bei der Spinnfärbung, speziell von Polypropylen, verwendet. Seine Echtheiten entsprechen hier annähernd denen von P.O.43, sein Farbton ist als Scharlach zu bezeichnen. Es ist bis 300 °C thermostabil.

Literatur zu 3.4

[1] Sandoz, DE-AS 1 071 280 (1957).
[2] Hoechst, DE-OS 3 008 420 (1980); H. Tröster, Dyes and Pigments 4 (1983) 171–177.
[3] BASF, DE-OS 2 545 701 (1975); DE-OS 2 546 266 (1975).
[4] G. Graser und E. Hädicke, Liebigs Ann. Chem. 1980, 1994–2011.
[5] Hoechst, DE-OS 4 035 009 (1990).
[6] IG Farben, DE-PS 602 445 (1932); Friedländer XX, 1433.
[7] DIN 54071: Bestimmung der Wetterechtheit von Färbungen und Drucken in Apparaten (künstliche Bewetterung, Xenonbogenlicht).

3.5 Thioindigo-Pigmente

Diese Gruppe von Pigmenten geht auf den ältesten aller Küpenfarbstoffe, den Indigo, als Grundkörper zurück, der aber selbst nur für begrenzte Zeit als Pigment, insbesondere für die Einfärbung von Gummi, verwendet wurde. Mit seiner Strukturaufklärung (A. v. Bayer, 1883) und der ersten technischen Synthese wurde die Entdeckung weiterer indigoider Farbmittel ermöglicht.

Thioindigo-Pigmente leiten sich vom unsubstituierten Thioindigo (Friedländer, 1905) ab, der von geringer technischer Bedeutung ist. Wichtiger wurden die durch Chlor oder/und Methylgruppen substituierten Thioindigo-Abkömmlinge, die in den folgenden Jahren entwickelt wurden. In den fünfziger Jahren erlangten mehrere Thioindigo-Derivate als Pigmente Bedeutung, nämlich als man gelernt hatte, die Rohprodukte einer geeigneten Nachbehandlung zu unterziehen (s. 3.3). Heute sind die meisten dieser Pigmente wieder vom Markt verschwunden.

3.5.1 Chemie, Herstellung

Die allgemeine Formel für Thioindigo-Pigmente lautet:

Für technische Produkte ist R ein Chloratom oder eine Methylgruppe und n ist 2 oder 3. Die Verbindungen liegen in der trans-Form vor.

Die generelle Herstellung verläuft in zwei Schritten [1]:

- Angliederung des Fünfringes an den Benzolring und
- oxidative Verknüpfung zweier Moleküle des im ersten Schritt erhaltenen Thionaphthenons-3

Der wichtigste Weg zur Bildung des Heterocyclus erfolgt durch Ringschluß entsprechend substituierter Phenylthioglykolsäuren,

z. B. mit Chlorsulfonsäure, Monohydrat oder konzentrierter Schwefelsäure. Andere Verfahren verlaufen über die Phenylthioglykolsäurechloride, die, hergestellt mit Thionylchlorid oder Phosphortrichlorid, mit Aluminiumchlorid und teilweise

3.5 Thioindigo-Pigmente

in Gegenwart von Schwefeldioxid/Natriumchlorid nach Friedel-Crafts umgesetzt werden.

Es gibt noch weitere Abwandlungen der Ringschluß-Reaktion. Anstelle der Phenylmercaptoessigsäure kann auch deren o-Carboxy- oder o-Aminoderivat zum Thionaphthenon-3 cyclisiert werden. Im ersteren Fall cyclisiert man in einer Alkalischmelze, im letzteren Fall durch Diazotierung, Sandmeyer-Reaktion mit Natrium-/Kupfercyanid, alkalische Hydrolyse und Behandlung mit Säure.

Die Oxidation kann mit Sauerstoff oder Luft oder einem anderen Oxidationsmittel, wie Schwefel, Natriumpolysulfid, Eisen-III-chlorid, Kaliumcyanoferrat-III oder Kaliumdichromat oder mit Peroxydisulfat sowie mit Salzen von aromatischen Nitrosulfonsäuren, gegebenenfalls in Gegenwart hochsiedender, mit Wasser nicht oder nur wenig mischbarer organischer Lösemittel, in wäßrig-alkalischer Lösung durchgeführt werden. Nach Ringschluß mit Chlorsulfonsäure kann direkt mit Brom ohne Zwischenisolierung zum Thioindigo-System oxidiert werden.

Am Beispiel der Synthese von Tetrachlorthioindigo soll ein technisches Verfahren beschrieben werden: Ausgangsverbindung ist 2,5-Dichlorthiophenol, das sich durch Reduktion von 2,5-Dichlorbenzolsulfochlorid oder durch Umsetzung des 2,5-Dichlorbenzoldiazoniumsalzes mit Kalium-O-ethyldithiocarbonat und Hydrolyse oder mit Dinatriumdisulfid und anschließende Reduktion herstellen läßt:

2,5-Dichlorthiophenol wird mit Chloressigsäure zu 2,5-Dichlorphenylmercaptoessigsäure umgesetzt, mit Chlorsulfonsäure bei 35 °C zum 4,7-Dichlorthionaphthenon-3 cyclisiert und oxidiert und dieses unter Zugabe von Brom direkt ohne Zwischenisolierung in Chlorsulfonsäure zum 4,4',7,7'-Tetrachlorthioindigo-Derivat oxidativ dimerisiert. Der Monoheterocyclus kann auch zwischenisoliert und dann mit Sauerstoff im alkalischen Milieu oxidiert werden.

Nachbehandlung

Exemplarisch wird hier über das mit Abstand wichtigste Pigment der Reihe, den Tetrachlorthioindigo berichtet.

Obwohl in einem Verfahren [2] die direkte Herstellung der Pigmentform des Tetrachlorthioindigos durch Oxidation des 3-Hydroxy-4,7-dichlorthionaphthenons in alkalisch-wäßrigem Milieu mit Sauerstoff beschrieben wird, müssen in den meisten Fällen die nach der Synthese angefallenen Roh-Thioindigo-Derivate durch eine geeignete Nachbehandlung in die gewünschte Pigmentform überführt werden.

Das geschieht durch Vermahlen mit Salz oder Dispergiermitteln oder durch Umfällen aus Schwefelsäure oder Chlorsulfonsäure und Nachbehandeln mit organischen Lösemitteln [3]. Transparente Pigmentformen mit hoher Farbstärke erhält man beispielsweise durch Vermahlen der wäßrigen Suspension des Rohpigments in Gegenwart einer wäßrigen Base [4] oder durch Oxidation der Leukoverbindung des Tetrachlorthioindigos in Gegenwart von Natriumdithionit mit Luft unter gleichzeitiger Einwirkung von Scherkräften (z. B. durch Perlmahlung) [5].

3.5.2 Eigenschaften

Thioindigo-Pigmente haben rotviolette, marronfarbene und braune Farbtöne. Art und Stellung der Substituenten beeinflussen den Farbton in folgender Weise:

Donorsubstituenten (Methylgruppen) in 5-Stellung bewirken die größte bathochrome Verschiebung, weniger stark dann in der Reihenfolge 4 > 7 > 6-Stellung. Umgekehrt erfolgt bei Acceptor-Substitution (z. B. Chloratom) in 6-Stellung stärkere bathochrome Verschiebung als in 5-Stellung.

Die Pigmente haben gute bis sehr gute Licht- und Wetterechtheit, sowie Lösemittel- und Migrationsechtheit. 4,4',7,7'-substituierte Derivate zeigen die besten Echtheiten gegen Lösemittel, Chlor als Substituent ist günstiger als Methylgruppen. Verschiebt man beispielsweise nur einen Substituenten von 4,4',7,7'-Tetrachlorthioindigo in eine andere Position, wird die Migrationsechtheit (Ausblutechtheit) bereits deutlich verschlechtert.

3.5.3 Im Handel befindliche Typen und ihre Anwendung

Allgemein

Von den beiden auf dem Markt verbliebenen Thioindigo-Pigmenten hat nur Pigment Red 88, der 4,4',7,7'-Tetrachlorthioindigo, größere Bedeutung erreichen und behalten können. Er findet vielfältigen Einsatz. Die andere Type, Pigment Red 181, ist als Spezialmarke für begrenzte Einsatzgebiete anzusehen. Die chemische Konstitution der beiden Pigmente geht aus Tabelle 31 hervor.

Tab. 31: Auf dem Markt befindliche Thioindigo-Pigmente

C.I. Name	Formel-Nr.	R^4	R^5	R^6	R^7	Farbton
P.R.88	73312	Cl	H	H	Cl	rotviolett
P.R.181	73360	CH_3	H	Cl	H	blaustichig-rot

Der unsubstituierte Thioindigo, Vat Red 41, 73 300, wird in Hart-PVC, Polystyrol und einigen weiteren Kunststoffen eingesetzt, wo er fluoreszierende, blaustichig-rote Farbtöne aufweist und in gelöster Form vorliegt.

Hier ist auch der unsubstituierte Indigo, Pigment Blue 66, 73 000, anzuführen; er wird bei der Spinnfärbung von Viskosekunstseide und -Zellwolle verwendet und ergibt marineblaue Nuancen. Er zeigt gute Lichtechtheit; je nach ST zwischen Stufe 5-6 und 7; eine Reihe textiler Echtheiten, besonders die Chloritbleichechtheit und die Küpenbeständigkeit, sind aber schlecht.

Einzelne Pigmente

Pigment Red 88

Dieses Pigment wird in starkem Umfang auf dem Lackgebiet, speziell in Industrielacken bis hin zu Automobilneu- und -reparaturlacken, eingesetzt. Mit seinem rotvioletten Farbton dient es vor allem zur Einstellung von deckenden dunklen Rot-, Bordo- und Marrontönen, wozu meist Kombinationen mit anorganischen Pigmenten, und zwar Eisenoxidrot oder Molybdatrot, benutzt werden. Licht- und Wetterechtheit sind sehr gut, sie erreichen in Aufhellungen und Überfärbungen aber nicht die Werte der farbtonähnlichen β-Modifikation des unsubstituierten Chinacridons, P.V.19, das außerdem ein wesentlich höheres Überfärbevermögen zeigt und reinere Farbtöne bei solchen Pigmentkombinationen ergibt.

In tiefen Marrontönen kann es in bestimmten Bindemittelsystemen, besonders auf Acrylharzbasis, zu sogenannter Wasserfleckenbildung kommen. Hierunter versteht man das Auftreten mehr oder weniger ausgeprägter heller Flecken auf der Lackierung. Die Vorgänge, die dies bewirken, sind weitgehend ungeklärt; vermutet werden Reduktionsprozesse und Solvatationsvorgänge, die nach längerer Bewetterungszeit bei erhöhter Temperatur und unter UV-Einwirkung mit salzfreiem Wasser in der Lackschicht ablaufen. Handelsmarken mit diesbezüglich wesentlich verbessertem Verhalten sind auf dem Markt. Rub-out-Effekte, speziell Flockung, können in verschiedenen Bindemitteln ebenfalls Probleme bereiten. Auch hinsichtlich des Flockungsverhaltens optimierte Marken sind im Handel.

P.R.88 ist gegen organische Lösemittel gut beständig, die Überlackierechtheit ist gut, bei Einbrenntemperaturen oberhalb 140 °C aber nicht einwandfrei. Die Lackierungen sind säure- und alkalibeständig.

Andere Systeme des Lackgebietes, in denen P.R.88 eingesetzt wird, sind lufttrocknende Lacke und Pulverlacke unterschiedlicher Art.

Auch auf dem Kunststoffgebiet stellt P.R.88 eines der Standardpigmente im rotvioletten Farbtonbereich dar. Es wird hier besonders bei der PVC-Färbung, auch für PVC-Plastisole und PUR-Beschichtungen, verwendet. Je nach Handelsmarke ist dabei mehr oder weniger Migration zu beobachten. Seit einigen Jahren sind aber Typen auf dem Markt, deren Ausblutechtheit wesentlich verbessert ist. In diesem Einsatzgebiet konkurriert das Pigment mit Pigment Violet 32, das bei sehr ähnlichem Farbton und wesentlich höherer Farbstärke in Weich-PVC ausblutecht, in stärkeren Aufhellungen allerdings etwas weniger lichtecht ist. Die Lichtechtheit von P.R.88 ist sehr gut, sie liegt je nach Stabilisierung des Kunststoffes in transparenten und aufgehellten Färbungen bei 1/1 bis 1/25 ST bei Werten zwischen Stufe 8 und Stufe 6 der Blauskala. Auch die Wetterechtheit ist gut, genügt aber nicht den Ansprüchen einer Langzeitbewetterung.

Die Hitzebeständigkeit in Polyolefinen ist in transparenten Färbungen je nach Typ und Pigmentkonzentration mit 260 bis 300 °C, in Weißaufhellungen in 1/3 ST mit etwa 240 bis 260 °C anzugeben. Manche Typen sind nur in LDPE bei niederen Verarbeitungstemperaturen zu empfehlen. Die Lichtechtheit liegt hier zwischen Stufe 6 und 7 der Blauskala. Im Spritzguß beeinflußt es die Schwindung des Kunststoffes in starkem Maße und ist daher Einschränkungen beim Einsatz unterworfen.

Das Pigment ist für die PP-Spinnfärbung geeignet, spezielle Marken werden in der Polyacrylnitril-Spinnfärbung eingesetzt. Die Echtheiten, wie Schweißechtheit, Trocken- und Naßreibechtheit, Beständigkeit gegen Perchlorethylen und andere wichtige Lösemittel und die Trockenhitzefixierung sind einwandfrei. Die Lichtechtheit ist im Konzentrationsbereich von 0,1 bis 3,0% mit Stufe 7 bzw. 7-8 der Blauskala anzugeben. Das Pigment entspricht den Forderungen für Markisen, Zelte und ähnliche Anwendungen. Bei der Polyester-Spinnfärbung wird das Pigment in der Faser gelöst. Die Sublimations- bzw. Migrationsechtheit ist dabei einwandfrei. Für Polystyrol kommt P.R.88 nur bedingt in Betracht. Es löst sich in Abhängigkeit von der Temperatur in diesem Kunststoff und verändert dabei Farbton und Echtheiten in mehr oder weniger starkem Maße. Dadurch gestaltet sich die Einstellung eines bestimmten Farbtones im Normalfall sehr schwierig.

In Methacrylat- und ungesättigten Polyester-Gießharzen erweist sich P.R.88 gegen die mehrstündige Hitzeeinwirkung bei der Verarbeitung und die dort als Katalysatoren verwendeten Peroxide als beständig, wobei manche Handelsmarken die Geschwindigkeit der Polymerisation, d.h. der Härtung, beschleunigen.

P.R.88 kommt auf dem Druckfarbengebiet wegen seines rotvioletten Farbtones speziell für Verpackungs-, Plakat- und andere Sonderdruckfarben in Betracht. Die Drucke zeigen ausgezeichnete Beständigkeit gegen organische Lösemittel, Weichmacher und Verpackungsgut unterschiedlicher Art, wie Butter und Seifen, sie sind alkali- und säureecht, thermostabil bis 200°C und auch sterilisierecht.

P.R.88 wird ferner in Dekordruckfarben für Schichtpreßstoffplatten auf Melamin- und Polyesterharzbasis verwendet. Die hier vorliegenden Echtheiten und Eigenschaften sind als sehr gut zu bezeichnen, so ist keine Anfärbung der Preßbleche festzustellen. Die Lichtechtheit 8%iger Tiefdrucke (20 µm-Raster) entspricht Stufe 8 der Blauskala.

Auch in Holzbeizen, z.T. in Brauntönen in Kombination mit Gelbpigmenten, wie P.Y.83, und Ruß, ist P.R.88 oft enthalten.

Pigment Red 181

Das Pigment ist als Spezialität für die Einfärbung von Polystyrol und ähnlichen Kunststoffen (s. 1.8.3.3) zu bezeichnen. Unter den Bedingungen der bei hohen Temperaturen verarbeiteten Kunststoffe wird P.R.181 weitgehend gelöst und liefert brillante, blaustichige Rotnuancen. Die Lichtechtheit ist hier sehr gut und genügt den Anforderungen.

Als weiterer Einsatzschwerpunkt ist die Verwendung in Zahnpasten zu nennen, wofür es weltweit zugelassen ist. Auch für Lippenstiftmassen und andere dekorative Kosmetika ist es zugelassen. In den USA ist es hierfür unter der FDA-Bezeichnung D&C Red 30, in der Bundesrepublik Deutschland im DFG-Ringbuch – Kosmetische Färbemittel unter C-Rot 28 registriert.

Literatur zu 3.5

[1] H. Zollinger, Color Chemistry, 2. Aufl., VCH Verlagsgesellschaft, Weinheim, 1991.
[2] Bayer, DE-OS 2457703 (1974).
[3] Hoechst, DE-OS 2504962 (1975).
[4] Hoechst, DE-OS 2043820 (1975).
[5] BASF, DE-OS 2916400 (1979).

3.6 Verschiedene polycyclische Pigmente

Unter dieser Bezeichnung sollen Pigmente verstanden werden, die sich vom Anthrachinon entweder aufgrund ähnlicher Struktur oder Herstellung ableiten. So sind die hier beschriebenen höher kondensierten Ringsysteme alle mit Anthrachinon – wenn auch zum Teil nur lose – verwandt.

Die Einteilung dieses Kapitels erfolgt in Aminoanthrachinon-Pigmente, Hydroxyanthrachinon-Pigmente, heterocyclische und polycarbocyclische Anthrachinon-Pigmente.

Abgesehen von den Anthrachinon-Azopigmenten und den Salzen der Hydroxyanthrachinonsulfonsäuren sind alle anderen in diesem Abschnitt aufgeführten Verbindungen schon lange Zeit als Küpenfarbstoffe bekannt gewesen, ehe sie eine Bedeutung als Pigmente erlangten (s. 3.3).

3.6.1 Aminoanthrachinon-Pigmente

In dieser Gruppe werden Pigmente zusammengefaßt, die sich vom 1-Aminoanthrachinon ableiten. Nur dieses Anthrachinonderivat als Basiskomponente hat in der Pigmentchemie Bedeutung. Während die Herstellung der Pigmentabkömmlinge bei den einzelnen Pigmenten beschrieben wird, soll die Synthese von 1-Aminoanthrachinon im folgenden dargestellt werden:

1-Aminoanthrachinon

Die bisher wichtigste Methode der Herstellung von 1-Aminoanthrachinon [1] verläuft über die nukleophile Austauschreaktion von Anthrachinon-1-sulfonsäure bzw. 1-Chloranthrachinon mit Ammoniak. Setzt man an dessen Stelle Amine ein, erhält man entsprechende Alkyl- oder Arylaminoanthrachinone.

Die Sulfierung von Anthrachinon zur 1-Sulfonsäure verläuft bei ca. 120°C mit 20%igem Oleum in Gegenwart von Quecksilber oder einem Quecksilbersalz als Katalysator [2]. Ohne diesen Katalysator erhält man die 2-Sulfonsäure. Durch Austausch mit wäßrigem (30%igem) Ammoniak bei etwa 175°C unter Druck erhält man aus dem Kaliumsalz der 1-Sulfonsäure 1-Aminoanthrachinon in 70 bis 80%iger Ausbeute. Zur Verhinderung von Sulfitierungen wird die Reaktion in Gegenwart von Oxidationsmitteln, z.B. m-Nitrobenzolsulfonsäure, durchgeführt, wobei Sulfit zerstört wird.

Weniger wichtig zur Herstellung von 1-Aminoanthrachinon ist der Austausch von Chlor gegen die Aminogruppe aus 1-Chloranthrachinon mit überschüssigem wäßrigen Ammoniak bei ca. 200 bis 250°C und in Gegenwart säurebindender Mittel.

Durch Nitrierung von Anthrachinon mit der berechneten Menge Salpetersäure in Schwefelsäure erhält man 1-Nitroanthrachinon.

3.6 Verschiedene polycyclische Pigmente

Diese schon seit etwa 100 Jahren bekannte Reaktion wurde in letzter Zeit wieder intensiv untersucht, um zu einem reineren Reaktionsprodukt mit verbesserter Ausbeute zu gelangen. Der Abbruch der Nitrierung bei ca. 80% Umsatz durch Abdestillieren des 1-Nitroanthrachinons erlaubt die Möglichkeit der Abtrennung der Nebenprodukte, die im Destillationssumpf verbleiben.

Die anschließende Umsetzung des reinen 1-Nitroanthrachinons zu 1-Aminoanthrachinon erfolgte früher vorwiegend durch Reduktion mit Natriumsulfiden im alkalischen Milieu und verläuft heute durch nukleophilen Austausch der Nitrogruppe mit Ammoniak in organischen Lösemitteln in bis zu 98% Ausbeute. Die Gesamtreaktion liefert ca. 70% Ausbeute, im Vergleich mit ca. 50% der „klassischen" Methode über die 1-Sulfonsäure und ist auch durch Recyclisierung des Lösemittels der älteren Synthese ökologisch überlegen.

3.6.1.1 Anthrachinon-Azopigmente

Nur geringe Bedeutung hat 1-Aminoanthrachinon als Diazokomponente für entsprechende Azopigmente. Die Diazotierung von 1-Aminoanthrachinon mit nachfolgender Kupplung auf verschiedene Kupplungskomponenten, die insbesondere durch heterocyclische Gruppierungen mit zusätzlichen Carbonamidgruppen zu möglichst unlöslichen migrationsechten Pigmenten führt, ist in mehreren Patenten beschrieben. Man erhält auf diese Weise gelbe bis rote Monoazopigmente, die vor allem für die Verwendung im Kunststoffsektor empfohlen werden.

Die Diazotierung von 1-Aminoanthrachinon erfolgt vorzugsweise nach Lösen in Schwefelsäure mit Nitrosylschwefelsäure. Durch Kuppeln der Diazoverbindung auf Barbitursäure erhält man z. B. ein gelbes Pigment [3] der Formel **79**:

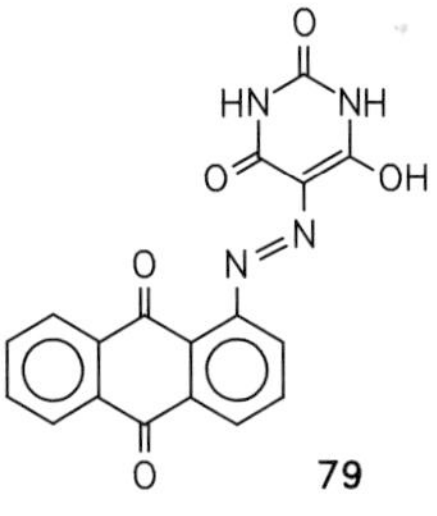

Kupplungsprodukte von 1-Aminoanthrachinon mit bestimmten Naphthol AS-Abkömmlingen stellen rote, für die Einfärbung von Kunststoffen geeignete Pigmente [4] der allgemeinen Formel **80** dar.

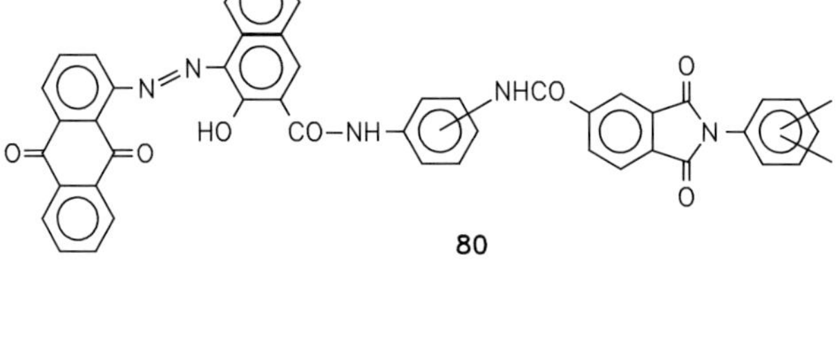

3.6.1 Aminoanthrachinon-Pigmente

Die Synthese erfolgt durch Kupplung des diazotierten 1-Aminoanthrachinons auf 2-Hydroxy-3-naphthoesäure, Isolierung, Trocknung, Umwandlung in das Azofarbstoffsäurechlorid und Kondensation mit den Aminen der Formel **81**

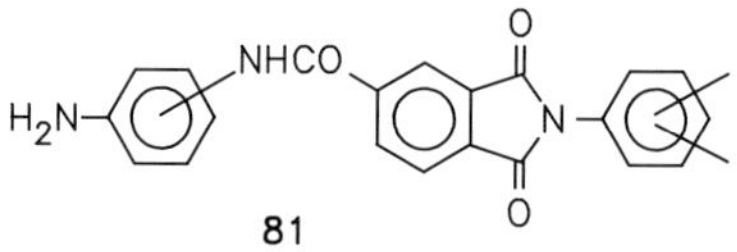

in aprotischen organischen Lösemitteln.

Durch Kupplung von 1-Aminoanthrachinon auf Pyrazolo-(5,1b)-chinazolone der allgemeinen Formel

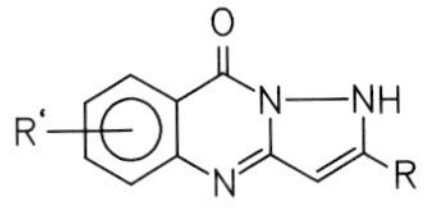

in der R Methyl oder Phenyl ist und R' verschiedene Substituenten beinhaltet, vorwiegend aber Wasserstoff, Chlor oder Brom, erhält man vor allem rote Pigmente mit guten Echtheiten. Als Beispiel sei Pigment Red 251, 12925 der folgenden Formel genannt (s. S. 582):

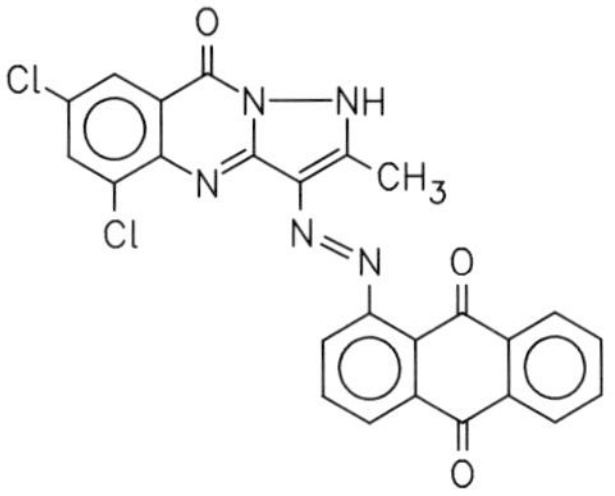

Andere Anthrachinon-Azopigmente werden durch Kupplung von 1-Aminoanthrachinon-Derivaten auf Bis-chinazolinonmethane der Formel **82**

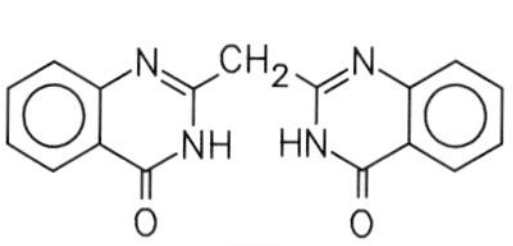

hergestellt. **82** wird durch Kondensation von ggf. substituierten Anthranilsäureamiden mit Malonsäurediethylestern in Gegenwart von Pyridin erhalten. So ergibt die

506   *3.6 Verschiedene polycyclische Pigmente*

Diazotierung von 1-Amino-5-benzoylaminoanthrachinon und anschließende Kupplung auf **82** das orangefarbene Pigment der Formel **83** [5]

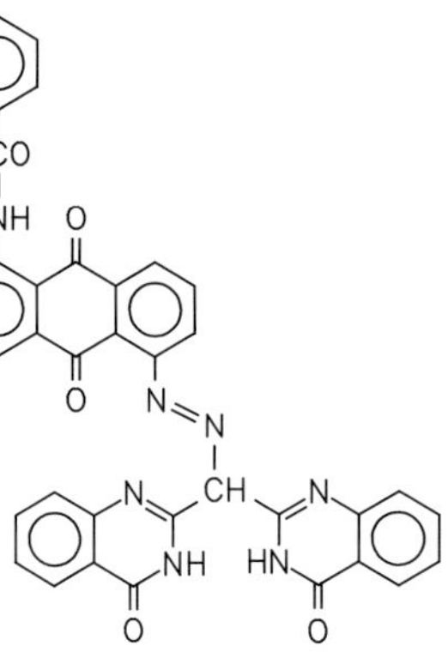

83

3.6.1.2 Andere Aminoanthrachinon-Pigmente

Hierunter werden 1-Aminoanthrachinon-Verbindungen mit freien Aminogruppen und solche, bei denen die primäre Aminogruppe durch einen Aroyl- oder Heteroaryl-Rest substituiert ist, verstanden. Auch in dieser Reihe sind nur wenige Vertreter mit technischer Bedeutung enthalten.

C-C-Verknüpfungen am Anthrachinonmolekül, insbesondere Arylsubstitutionen, verlaufen allgemein über die Cu-katalysierte nukleophile Austauschreaktion von Halogenanthrachinon-Verbindungen. Hierzu muß auch die Dimerisierung von 1-Aminoanthrachinon gerechnet werden.

Pigment Red 177, das rote Pigment der Formel-Nr. 65300 hat die Struktur **84** des 4,4-Diamino-1,1'-dianthrachinonyls [6]:

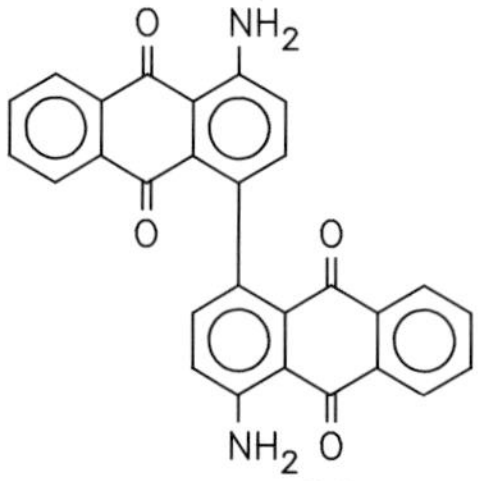

84

Die Verbindung wurde bereits 1909 – im Jahre der Erfindung von Hansa-Gelb G – durch die Farbenfabriken Bayer beschrieben. Seine Synthese geht von 1-Amino-4-bromanthrachinon-2-sulfonsäure (Bromaminsäure) **85** aus, die durch eine Ullmann-Reaktion, d.h. Behandeln mit feinem Kupferpulver in verdünnter

Schwefelsäure bei 75 °C, dimerisiert wird. Anschließend werden vom zwischenisolierten Natriumsalz der 4,4'-Diamino-1,1'-dianthrachinonyl-3,3'-disulfonsäure **86** die Sulfogruppen durch Erhitzen mit 80%iger Schwefelsäure bei 135 bis 140 °C abgespalten [7]:

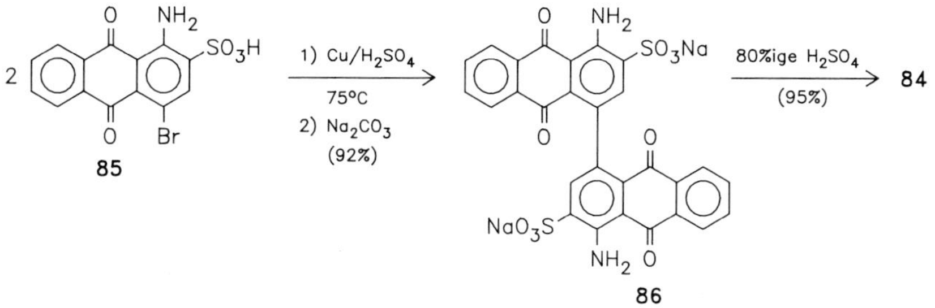

Man erhält ein blaustichig-rotes Pigment, das als einziges im Handel befindliches freie Aminogruppen aufweist. Die Röntgenstrukturanalyse von P.R.177 ergab eine Verdrehung der beiden Anthrachinon-Einheiten um 75°, nur so ist eine optimale Wasserstoffbrückenbildung möglich [8].

Die durch Acylierung von 1-Aminoanthrachinon erhältlichen 1-Acylaminoanthrachinone zeigen durch die Carbonamidgruppe eine gute Migrationsechtheit.

Weitere Verbesserungen können durch Einführung zusätzlicher Carbonamidgruppen enthaltender Substituenten oder auch durch Molekülverdopplung mit Hilfe von aromatischen Dichloriden erhalten werden.

Die wichtigste Methode zur Synthese von 1-Acylaminoanthrachinonen ist der Umsatz von 1-Aminoanthrachinon mit Säurechloriden in organischen Lösemitteln. Durch Reaktion von 1-Aminoanthrachinon mit Benzoylchlorid in Nitrobenzol bei 100 bis 150 °C und gegebenenfalls unter Zusatz eines tertiären Amins als Protonenakzeptor erhält man 1-Benzoylaminoanthrachinon, ein gelbes Pigment der Formel-Nr. 60515:

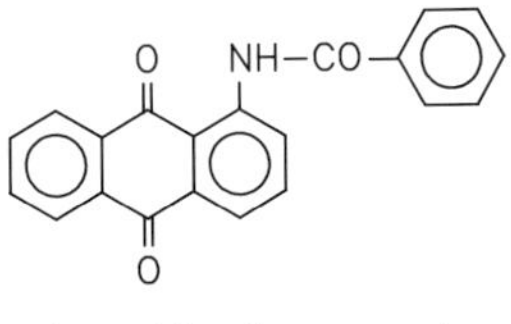

Die Benzoylierung von 1-Amino-4-hydroxyanthrachinon ergibt ein blaustichig-rotes Pigment, nämlich Pigment Red 89, 60745:

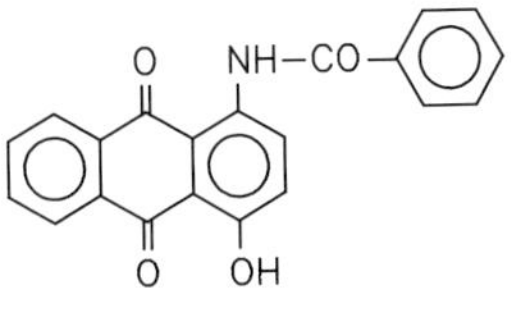

1-Amino-4-hydroxyanthrachinon kann aus 1-Nitro-4-hydroxyanthrachinon durch Reduktion mit Natriumsulfid gewonnen werden.

508   *3.6 Verschiedene polycyclische Pigmente*

Durch Kondensation von 1-Aminoanthrachinon mit Phthalsäurechlorid in o-Dichlorbenzol bei 145 °C erhält man ebenfalls ein gelbes Pigment, Pigment Yellow 123, 65049 [9]:

Zu nennen ist hier auch Pigment Yellow 193, 65412, ein Strukturisomeres von P.Y.123.

Die drei zuletzt genannten Pigmente sind derzeit aber kaum auf dem Markt anzutreffen.

Bei den heterocyclisch substituierten 1-Aminoanthrachinonen sei Pigment Yellow 147, 60645, das 2:1-Umsetzungsprodukt mit 1-Phenyl-2,4,6-triazin als Beispiel genannt [10]. Es ist ein rotstichig-gelbes Pigment der Formel **87**:

87

Seine Herstellung erfolgt durch Kondensation von zwei Äquivalenten 1-Aminoanthrachinon mit 1-Phenyl-3,5-dichlor-2,4,6-triazin in Gegenwart von Basen in organischen Lösemitteln oder bevorzugt aus einem Äquivalent Phenylguanamin mit zwei Äquivalenten 1-Halogenanthrachinon in Gegenwart einer Additionsverbindung einer tertiären Base mit Kupfer-I-jodid als Katalysator. Im Gegensatz zu

Kupferjodid selbst sind die Additionsverbindungen in organischen Lösemitteln gut löslich und lassen sich daher leicht abtrennen.

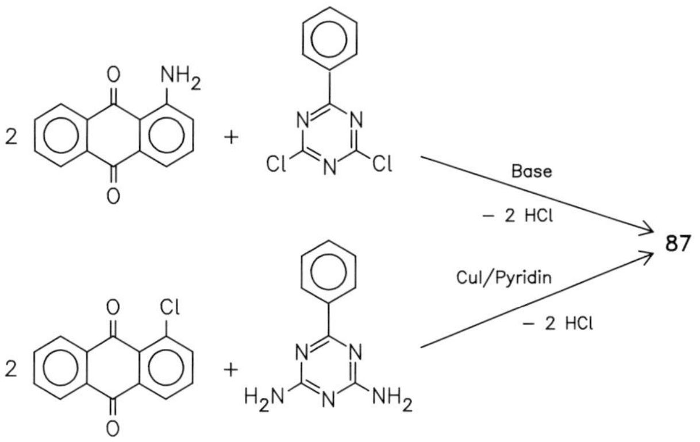

Phenylguanamin (2,4-Diamino-6-phenyl-1,3,5-triazin) seinerseits wird aus Benzonitril und Dicyanamid hergestellt:

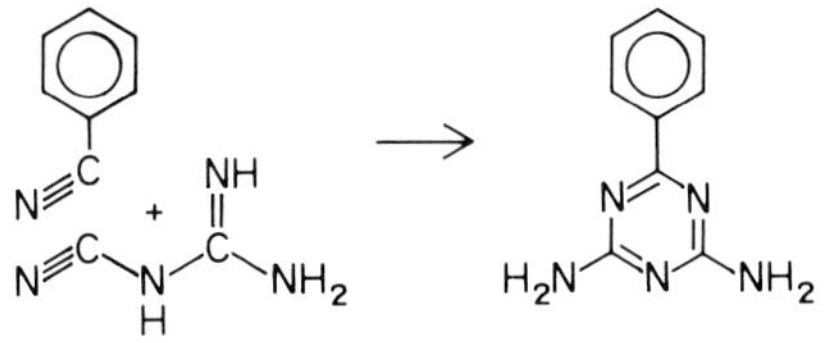

3.6.1.3 Eigenschaften und Anwendung

Pigment Yellow 147

Der Farbton ist ein mittleres bis rotstichiges Gelb. P.Y.147 stellt eine Spezialität für die Polystyrol-Einfärbung dar. Es ist hier in 1/3 ST bis 300°C thermostabil. Die Lichtechtheit solcher Färbungen ist mit Stufe 7 der Blauskala anzugeben. Auch in Polyolefinen reicht die Hitzestabilität bis 300°C. Es ist recht farbschwach; für Färbungen in 1/3 ST (1% TiO_2) in HDPE sind 0,35% Pigment erforderlich.

Pigment Yellow 193

Dieses Anthrachinon-Pigment wurde bisher nur vereinzelt im Markt angetroffen. Seine bevorzugten Einsatzmedien sind gemäß Herstellerangaben graphische Druckfarben und Kunststoffe.

P.Y.193 ergibt rotstichig-gelbe, trübe Farbtöne. In Druckfarben erweist es sich als extrem farbschwach. So zeigt es in Offsetfarben im Vergleich mit dem ebenfalls farbschwachen P.Y.191 bei deutlich röterem Farbton nur etwa die halbe Farbstärke, im Vergleich mit dem Diarylgelbpigment P.Y.83 nur etwa ein Sechstel der Farbstärke dieses Pigmentes.

Auch in Kunststoffen ist es farbschwach. Zur Einstellung von HDPE-Färbungen in 1/3 ST mit 1% TiO_2 sind 0,34% Pigment erforderlich. Die Hitzebeständigkeit reicht dabei in diesem Medium allerdings bis 300°C. Seine Lichtechtheit ist gut. In Weich-PVC ist es deutlich farbschwächer als P.Y.191.

Pigment Red 89

Der Farbton dieses Anthrachinon-Pigmentes ist ein sehr blaustichiges Rot, ein Rosa. Es zeigt hohe Farbstärke und gute Lichtechtheit, die beispielsweise im Vollton in einem Nitrokombilack mit Stufe 7-8 der Blauskala anzugeben ist. Entsprechend seinem allgemeinen Echtheitsniveau ist seine Marktbedeutung begrenzt. Das Pigment ist als Spezialität für Künstlerfarben anzusehen. Zeitweilig fand es auch in der Viskose-Spinnfärbung Verwendung.

Pigment Red 177

Schwerpunkte des Einsatzes von P.R.177 sind das Gebiet der Industrielacke, die Spinnfärbung, sowie die Polyolefin- und PVC-Einfärbung.

Das Pigment wird auf dem Lackgebiet bevorzugt in Kombination mit anorganischen, speziell Molybdatrot-Pigmenten, verwendet. Solche „Überfärbungen" zeichnen sich durch Brillanz und Reinheit aus und lassen sich mit anderen organischen Pigmenten praktisch nicht erreichen. In diesen Kombinationen weist das Pigment hohe Licht- und Wetterechtheit auf. Molybdatrot-Überfärbungen werden auch im Autolackbereich für PKW-Serien- und -reparaturlacke eingesetzt. Die bisherigen Handelsmarken von P.R.177 sind sehr transparent und daher für Transparentlacke gut geeignet. In Metalleffekt-Lackierungen genügt die Wetterechtheit keinen gehobenen Anforderungen. Das Pigment reagiert hier bei ungeeigneter Lackformulierung mit Aluminium und anderen reduzierenden Substanzen. Auch in Weißaufhellungen sinkt die Wetterechtheit rasch ab. Die Überlackierechtheit ist bei den üblichen Verarbeitungstemperaturen von ofentrocknenden Lacksystemen einwandfrei.

Vor einiger Zeit wurde das Pigment in den USA auch in einer sehr deckenden Form in den Handel gebracht, die aber z.Zt. wohl wieder zurückgezogen wird. Diese Type ist gelbstichiger und weist neben einem sehr guten rheologischen Verhalten eine gute Flockungsbeständigkeit und damit guten Glanz auf. Die Wetterbeständigkeit ist im Vergleich mit den transparenteren Typen etwas besser. Haupteinsatzgebiet dieser deckenden Form ist das der bleifreien Autolacke im Volltonbereich.

In Kunststoffen zeigt P.R.177 ausgezeichnete Hitzebeständigkeit, die beispielsweise in HDPE in 1/3 ST-Färbungen mit 1% TiO_2 bis 300°C reicht. Das Pigment nukleiert dabei nicht, d.h. es beinflußt nicht die Schwindung des Polymeren im

Spritzguß. Es ist hier ziemlich farbschwach, für Färbungen in 1/3 ST (1% TiO$_2$) sind 0,3% Pigment erforderlich. Die Lichtechtheit erreicht dabei nicht die anderer Pigmente dieser Klasse. Die Ausblutechtheit in Weich-PVC ist nicht einwandfrei.

Die im Handel befindlichen feinteiligen Marken werden aufgrund ihrer guten Transparenz auch für Transparent-Folien eingesetzt. Die Lichtechtheit ist hier als sehr gut zu bezeichnen. Auf diesem Gebiet zeigt P.R.177 in Kombination mit Molybdatrot-Pigmenten coloristische Vorteile gegenüber anderen organischen Rotpigmenten. Einsatz findet es – auch in solchen Überfärbungen – in PUR- und PVC-Beschichtungen. P.R.177 ist auch für die Spinnfärbung von Polypropylen, Polyacrylnitril und Polyamid geeignet.

Auf dem Druckfarbengebiet wird das Pigment für den Wertpapierdruck, besonders für den Banknotendruck, verwendet.

3.6.2 Hydroxyanthrachinon-Pigmente

Es sind zwei Gruppen von Hydroxyanthrachinon-Pigmenten bekannt: Metallsalze von Hydroxyanthrachinonen und von Hydroxyanthrachinonsulfonsäuren. Das Metall ist dabei zum Teil komplex gebunden.

Zur ersten Gruppe zählen 1,2-Dihydroxyanthrachinon (Alizarin), 1,4-Dihydroxyanthrachinon (Chinizarin) und 1,2,4-Trihydroxyanthrachinon (Purpurin). Besonders Alizarin ist schon seit Jahrtausenden in Form seines „Lackes", das ist das Aluminium-Calciumkomplexsalz des 1,2-Hydroxyanthrachinons **88** bekannt („Krapplack", Türkischrot).

Die Struktur von **88** wurde 1963 [11] aufgeklärt. Auch bei den anderen Hydroxyanthrachinonen spielen Aluminium und Calcium, gelegentlich noch Eisen, als Metallsalze die Hauptrolle.

Der Ca-Lack von 1,2-Dihydroxyanthrachinon wird als Pigment Red 83:1, 58000:1 auf dem Markt angetroffen. Seine Herstellung erfolgt durch Behandlung einer schwach alkalischen Alizarinlösung mit einer Lösung von Calciumchlorid.

Ursprünglich lagen alle diese Verbindungen noch an Aluminiumoxidhydrat als Träger adsorbiert vor. Das für die neutralen Verbindungen Gesagte gilt auch für die Hydroxyanthrachinonsulfonsäuren.

88

512   *3.6 Verschiedene polycyclische Pigmente*

Beide Verbindungsgruppen haben heute als Pigmente nur noch geringe Bedeutung.

Auf dem Markt ist gelegentlich ein Abkömmling der Hydroxyanthrachinonsulfonsäure anzutreffen, nämlich das rotstichig-violette Pigment Violet 5:1, 58055:1 mit folgender Basisstruktur **89**:

89

Seine Darstellung erfolgt aus Phthalsäureanhydrid und p-Chlorphenol mit Schwefelsäure und Zusatz von Borsäure. Man erhält zunächst Chinizarin, das durch Sulfierung in Oleum oder mit Natriumhydrogensulfit und Oxidationsmitteln in **89** umgewandelt wird.

Pigment Violet 5:1 liegt als Aluminiumkomplex von **89** vor.

Eigenschaften und Anwendung

Pigment Red 83:1

Das Pigment der Formel-Nr. 58000:1 wird nur noch in den USA angeboten. 1983 wurden nach Angaben der US International Trade Commission 150 t, 1988 nur noch 19 t des Pigmentes produziert. Es ergibt leuchtende blaustichige Rotnuancen. Geringe Verunreinigungen mit Eisen führen im Vollton zu starker Abtrübung und Blauverschiebung des Farbtones. Die Beständigkeit gegen wichtige organische Lösemittel, besonders Ester und Ketone, ist mäßig. Überlackierechtheit ist daher nicht gegeben. Die Lichtechtheit ist, besonders in Aufhellungen, schlecht. P.R.83 wird in Spielzeuglacken, in Verpackungsdruckfarben, besonders für Seifen- und Butterverpackungen, sowie in Künstlerfarben verwendet.

Pigment Violet 5:1

Die Marktbedeutung von P.V.5:1, 58055:1 ist im Laufe der Zeit stark zurückgegangen. Heute ist das Pigment, besonders in den USA, noch im Industrielackbereich anzutreffen. Laut US International Trade Commission wurden 1988 nur noch 28 t P.V.5:1 in den USA produziert. Seine Nuance ist im Vollton als leuchtendes, tiefes blaustichiges Marron zu bezeichnen; in Weißaufhellungen ergibt es einen reinen rotvioletten Grundton. Es ist farbschwach, die Lackierungen sind weder säure- noch alkalibeständig. Die Lichtechtheit genügt keinen gehobenen Anforderungen. Für Außenanwendung kommt es, besonders in Weißaufhellungen, kaum in Frage.

Auch in PVC findet P.V.5:1 einen gewissen Einsatz. In Weich-PVC ist es ausblutecht, die Lichtechtheit ist im volltonnahen Bereich gut, fällt aber mit zunehmendem Aufhellungsgrad mit TiO_2 sehr stark ab. Bis 170 °C ist es thermostabil.

3.6.3 Heterocyclische Anthrachinon-Pigmente

Unter dieser Überschrift werden Pigmente zusammengefaßt, bei denen sich das heterocyclische System formal von Anthrachinon als Grundgerüst ableitet.

3.6.3.1 Anthrapyrimidin-Pigmente

Von 1,9-Anthrapyrimidin **90**, das selbst keine technische Bedeutung hat, leitet sich ein wichtiges gelbes Pigment ab.

Anthrapyrimidin oder seine substituierten Derivate werden durch Kondensation von 1-Aminoanthrachinon (oder seinen Derivaten) mit Formamid oder wäßrigem Formaldehyd/Ammoniak unter Zusatz eines Oxidationsmittels wie Ammoniumvanadat oder m-Nitrobenzolsulfonsäure hergestellt. Ein anderes, neues und einfacheres Verfahren geht auch von 1-Aminoanthrachinon aus, das hierbei mit Dimethylformamid und Thionylchlorid oder Phosphoroxychlorid zu Formamidiniumchlorid reagiert, dessen Ringschluß in einem Lösemittel in Gegenwart von Ammoniumacetat erfolgt.

Der schon lange bekannte und 1935 patentierte gelbe Küpenfarbstoff Vat Yellow 20 auf Basis Anthrapyrimidin weist folgende Konstitution auf:

Die Verbindung hat inzwischen hauptsächlich als organisches Pigment (Pigment Yellow 108, 68420) Bedeutung erlangt.

Zu seiner Herstellung wird 1-Aminoanthrachinon mit 1,9-Anthrapyrimidin-2-carbonsäure und einem Chlorierungsmittel oder direkt mit 1,9-Anthrapyrimidin-2-carbonsäurechlorid in organischen Lösemitteln unter Zusatz säurebindender Mittel kondensiert.

So wird bei der technischen Synthese 1,9-Anthrapyrimidin-2-carbonsäure, 1-Aminoanthrachinon und Thionylchlorid in einem hochsiedenden Lösemittel wie o-Dichlorbenzol oder Nitrobenzol auf 140 bis 160 °C erhitzt. Das Reaktionsprodukt wird abgetrennt, mit Methanol gewaschen und durch Wasserdampfdestillation vom restlichen Lösemittel befreit. Die wäßrige Suspension wird dann mit Chlorlauge verkocht.

Feinteiliger erhält man das Pigment, wenn man das 1,9-Anthrapyrimidin-2-carbonsäurechlorid in dipolar aprotischen Lösemitteln (z. B. N-Methylpyrrolidon) bei Temperaturen zwischen 70 und 110 °C mit 1-Aminoanthrachinon kondensiert und die Reaktion durch Protonenacceptoren, z. B. Triethylamin, oder durch einen Zusatz von tert-Butanol, das mit der Salzsäure reagiert, beschleunigt. Eine besonders günstige Variante besteht im Umsatz von Anthrapyrimidincarbonsäure mit Thionylchlorid bei 40 °C zum Säurechlorid mit anschließender Kondensation ohne Zwischenisolierung [12].

Eigenschaften und Anwendung von Pigment Yellow 108

Anthrapyrimidingelb wird vorzugsweise im Lackbereich eingesetzt. In starken Aufhellungen ist hier sein Farbton als mittleres, trübes Gelb zu bezeichnen, in mittleren Aufhellungen und im volltonnahen Bereich wird der Farbton zu deutlich röteren Nuancen verschoben und wird noch trüber. Die Beständigkeit des Pigmentes gegen die in Lacksystemen üblichen organischen Lösemittel ist nicht einwandfrei, Lösemittel, wie aromatische und aliphatische Kohlenwasserstoffe, Alkohole, Ketone und Ester, werden mehr oder weniger angefärbt (s. 1.6.2.1). Dementsprechend ist auch die Überlackierechtheit nicht ganz einwandfrei. Bis 160 °C ist das Pigment im Lack thermostabil. In starken Aufhellungen sind Licht- und Wetterechtheit ausgezeichnet, werden aber mit abnehmendem Aufhellungsgrad rasch schlechter, das Pigment dunkelt nach. Es wird daher hauptsächlich in starken bis mittleren Aufhellungen, zum Nuancieren und für Cremetöne verwendet. Viele Jahre lang galt es in solchen Aufhellungen als das wetterbeständigste Pigment im mittleren Gelbbereich.

P.Y.108 wird in Industrielacken verschiedener Art, besonders in Automobilserien- und -reparaturlacken eingesetzt. Auch für Metalliclackierungen wird es empfohlen; dort ist die Wetterechtheit allerdings merklich schlechter. Das Pigment neigt in solchen Systemen zum „Seeding", d. h. einer Stippenbildung beim Lagern des Lackes, deren Ursachen im vorliegenden Fall nicht bekannt sind. Das Pigment wird daneben in Dispersionsanstrichfarben verwendet, wo es aufgrund seiner sehr guten Wetterbeständigkeit auch für Außenanstriche auf Kunstharzdispersionsbasis geeignet ist. Es ist auch säure-, alkali- und kalkbeständig.

Im Druckfarbenbereich kommt P.Y.108 nur für ganz spezielle Zwecke in Betracht, und zwar im Verpackungs-, Blech-, Plakatdruck und ähnlichem. Es besitzt auch hier eine ziemlich trübe Nuance und ist sehr lichtecht. Die Drucke sind sterilisierecht.

3.6.3.2 Indanthron- und Flavanthron-Pigmente

1901 synthetisierte R. Bohn Indanthron und Flavanthron. Beide Verbindungen zählen damit zu den ältesten synthetisch hergestellten Küpenfarbstoffen.

Indanthron

Die blaue Verbindung des Indanthrons hat unter ihrem ursprünglichen Namen „Indanthren" später den Küpenfarbstoffen der höchsten Güteklasse ihren Namen verliehen. Die Verbindung wird aber auch schon lange als Pigment verwendet und ist im Colour Index als Pigment Blue 60, 69800 (**91**) registriert.

Nach dem wichtigsten Herstellungsverfahren erfolgt oxidative Dimerisierung von 2-Aminoanthrachinon in Gegenwart von Alkalihydroxiden. So erhitzt man beispielsweise 2-Aminoanthrachinon bei 220 bis 225 °C in einer Kalium-/Natriumhydroxid-Schmelze mit Natriumnitrat als Oxidationsmittel. Neuere Verfahren verlaufen durch Luftoxidation von 1-Aminoanthrachinon bei 210 bis 220 °C in einer Kaliumphenolat-/Natriumacetat-Schmelze oder unter Zusatz geringer Mengen Dimethylsulfoxid und evtl. unter Abdestillieren von Reaktionswasser, wodurch Durchsatz und Ausbeute erhöht werden.

3.6 Verschiedene polycyclische Pigmente

Einer von mehreren möglichen Reaktionsmechanismen für die Indanthron-Darstellung aus 2-Aminoanthrachinon ist im folgenden Schema aufgeführt:

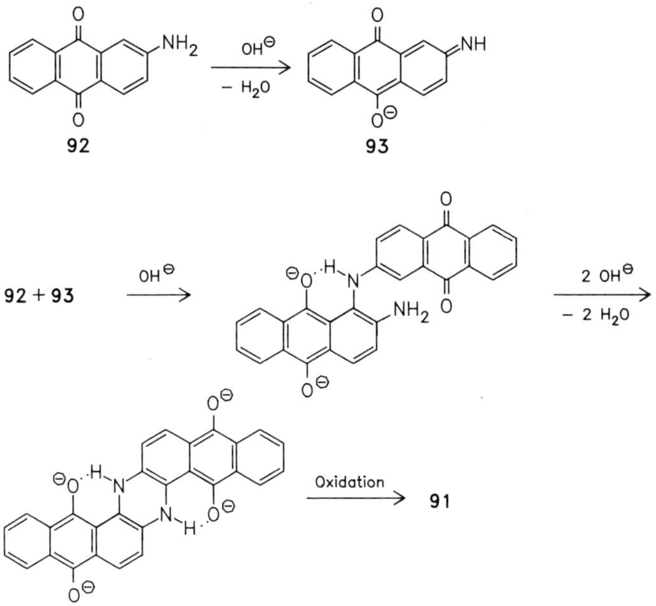

Die Reaktionen laufen mit einer Vielzahl vorgelagerter Gleichgewichte ab. Daraus ergeben sich verschiedene Reaktionsmöglichkeiten, weshalb die Synthesebedingungen für Indanthron ganz besonders genau eingehalten werden müssen [13, 14].

Die eigentliche Pigmentform [15] gewinnt man z. B. aus der Leukoform, die nach Oxidation der Alkalischmelze und anschließender Behandlung mit Natriumhydrogensulfitlösung oder Natriumdithionit (Verküpung) erhalten wird.

So ergibt das Erhitzen der im alkalischen Medium befindlichen Leukoform in Wasser unter Luftzutritt, gegebenenfalls auch in Gegenwart von oberflächenaktiven Mitteln, die Pigmentform. Die Oxidation kann auch mit Natrium-m-nitrobenzolsulfonat ausgeführt werden. Auch durch Ausfällen der Küpensäure aus dem Salz der Leukoform und anschließende Oxidation erhält man eine als Pigment brauchbare Form. Auch kann die Suspension der Leukoverbindung in Natronlauge/Natriumdithionit unter Luftzutritt einer Perlmahlung unterzogen werden.

Andere Wege gehen vom Roh-Indanthron aus, das zunächst in Schwefelsäure oder Oleum (z. T. auch im Gemisch mit organischen Lösemitteln) gelöst wird. Dann kann Ausfällung mit Wasser erfolgen. Verbesserungen werden durch Zwischenisolierung des ausgefällten Rohpigments, erneutes Anteigen in Wasser und Erhitzen dieser wäßrigen Suspension in Gegenwart kationischer Tenside erhalten. Nachfolgende Behandlung der Schwefelsäure-Lösung mit Salpetersäure, Mangandioxid oder Chromtrioxid und anschließendes Eintragen in eine Natriumsulfit oder Eisen-II-sulfat enthaltende Lösung ergibt ebenfalls Indanthron-Pigment.

3.6.3 Heterocyclische Anthrachinon-Pigmente

Ausgehend vom Roh-Indanthron gelangt man auch durch Kneten oder Mahlen in Gegenwart von Formierungsmitteln wie Polyolen oder durch reine Salzvermahlung zu brauchbaren Pigmentformen.

Indanthron existiert in vier Modifikationen, α- und β-Form ergeben Blaufärbungen mit grüner bzw. roter, die γ-Form solche mit rotstichiger Nuance. Die δ-Form ist coloristisch wertlos. Die α-Form ist am stabilsten und daher am besten für Pigmente geeignet. Von dieser Form gibt es wiederum rotstichig- und grünstichigblaue Typen. Man erhält die grünstichige Marke durch Ausfällen einer Roh-Indanthronlösung in Schwefelsäure oder aus der Leukoform mit Tensiden durch Luftoxidation. Die allein im Handel befindliche rotstichige Form wird auch durch Luftoxidation, unter gleichzeitiger Einwirkung von Scherkräften erhalten [16].

Neben dem unsubstituierten Indanthron waren einige Chlorderivate als Pigmente im Handel. Eine gewisse Bedeutung hatte das 3,3'-Dichlorindanthron, Pigment Blue 64, 69825

Hersteller dieses und anderer vorwiegend in α-Stellungen (4,4'-; 5,5'- oder 8,8'-) chlorierter Indanthrone als Pigmente sind derzeit aber nicht bekannt.

Flavanthron

Auch Flavanthron wurde lange Zeit nur als Küpenfarbstoff verwendet und wurde erst als Pigment interessant, als an Licht- und Wetterechtheit von Lacken immer höhere Ansprüche gestellt wurden.

Das gelbe Pigment wird im Colour Index als Pigment Yellow 24, 70600 geführt und hat folgende Formel **94**:

Seine Synthese geht von 1-Chlor-2-aminoanthrachinon aus, das durch Reaktion mit Phthalsäureanhydrid (PSA) zunächst zu 1-Chlor-2-phthalimidoanthrachinon **95** umgesetzt wird. Letzteres wird in einer Ullmann-Reaktion mit Kupferpulver in

3.6 Verschiedene polycyclische Pigmente

siedendem Trichlorbenzol oder Nitrobenzol zu 2,2'-Diphthalimido-1,1'-dianthrachinonyl **96** dimerisiert. Anschließend erfolgt mit 5%iger Natronlauge bei 100 °C unter Abspaltung der Phthalsäurereste Ringschluß zu **94**.

Dieses dreistufige Verfahren läßt sich auf eine Stufe reduzieren, wenn man 1-Halogen-2-aminoanthrachinon mit Kupfer in einem stark polaren aprotischen Lösemittel erhitzt [17].

Nach einer älteren technisch interessanten Synthese wird die Kondensation von 2-Aminoanthrachinon in Nitrobenzol in Gegenwart von Antimonpentachlorid oder Titantetrachlorid durchgeführt. Hierbei wird durch Komplexbildung **97** die Entstehung von Anthrimid (**98**) verhindert.

3.6.3 Heterocyclische Anthrachinon-Pigmente 519

Wegen der relativ geringen Ausbeute und dem hohen Preis von Antimonpentachlorid ist das Verfahren heute unwirtschaftlich.

Ein neueres Verfahren geht von 2,2'-Diacetylamino-1,1'-dianthrachinonyl aus, das in Chlorbenzol in Gegenwart von Tetrabutylammoniumbromid und einer 30%igen wäßrigen Natriumhydroxidlösung in einer Phasentransferreaktion zum Ring geschlossen wird [18].

Auch bei Flavanthron ist für die Verwendung als Pigment ein hochreines Produkt notwendig, das dann in einem nachfolgenden Konditionierungsschritt in die für den Einsatz in Lack oder Kunststoff geeignete Form gebracht werden muß.

Zur Reinigung des Rohpigmentes sind vor allem folgende Verfahren beschrieben:

- Lösen in konzentrierter Schwefelsäure bei 50 bis 70 °C und Hydrolyse des erhaltenen Sulfats mit Wasser.
- Überführen des Rohproduktes in die Leukoform, Zwischenisolierung und anschließende Reoxidation zum reinen Flavanthron.
- Extraktion des Rohproduktes mit dipolar aprotischen Lösemitteln wie Dimethylformamid oder Dimethylsulfoxid.

Die Formierung zum Pigment erfolgt dann durch verschiedene Mahlprozesse in wäßriger Suspension oder in Gegenwart organischer Lösemittel oder Mahlhilfsmittel. Man erhält das Pigment in einer meist deckenden rotstichig-gelben Form.

Dieselbe Nuance, aber in lasierender Form, wird erhalten durch Überführen des Roh-Flavanthrons in die Leukoverbindung (z. B. mit Natriumdithionit/Natronlauge) und deren Zwischenisolierung. Nach dem Herstellen einer wäßrigen Suspension erfolgt dann die Reoxidation zur Pigmentform unter Einwirkung von Scherkräften und/oder in Gegenwart von oberflächenaktiven Mitteln [19].

Durch Behandeln des Rohpigments in Schwefelsäure mit aromatischen Sulfonsäuren (z. B. Toluol-, Xylolsulfonsäuren, m-Nitrobenzolsulfonsäure) oder Salpetersäure bei 80 °C kann Flavanthron auch in einer noch etwas rotstichigeren gelben und transparenten Modifikation erhalten werden [20].

Eigenschaften und Anwendung von Pigment Blue 60

Indanthronblau zeichnet sich durch hohe Wetterechtheit aus. Ebenso wie viele andere Handelsmarken von Küpenpigmenten weisen die meisten Marken von

P.Bl.60 gute Transparenz auf. Sie sind für den Autolackbereich, speziell für Metallic-Lackierungen, von Interesse. Hier übertreffen sie besonders in stark aufgehellten Farbtönen sogar Kupferphthalocyaninblau-Pigmente in der Wetterechtheit. Sie werden deshalb vorzugsweise dann eingesetzt, wenn die Wetterechtheit von Kupferphthalocyanin-Pigmenten nicht ausreicht. Auch in starken Weißaufhellungen ist ihre Wetterechtheit vorzüglich. Ihr Farbton ist merklich röter als der von α-Kupferphthalocyaninblau, gleichzeitig ist er trüber. Auch gegenüber dem gleichfalls röteren ε-Kupferphthalocyaninblau ist der Farbton trüber. P.Bl.60 zeigt gute Farbstärke, ist aber farbschwächer als α-Kupferphthalocyaninblau-Marken. Das Pigment weist sehr gute Beständigkeit gegen organische Lösemittel, wie Alkohole, Ester und Ketone, aromatische und aliphatische Kohlenwasserstoffe oder Weichmacher unterschiedlicher Art auf. Die Überlackierechtheit in Einbrennlacken ist einwandfrei. Auch ist es säure- und alkaliecht und bis 180 °C thermostabil. Außer für den Autolackbereich findet P.Bl.60 im allgemeinen Industrielackbereich Verwendung, wenn das durch spezielle Anforderungen nötig oder der rötere Farbton gewünscht wird. Der Farbtonbereich dieses Pigmentes läßt sich allerdings naheliegend auch durch Überfärbungen des brillanteren α-Kupferphthalocyaninblaus mit Dioxazinviolett und gegebenenfalls durch Abtrüben einstellen; verschiedene Echtheiten dieser Mischung, wie Wetterechtheit in stärkeren Aufhellungen, speziell in Metallic-Lackierungen, erreichen aber nicht die des Indanthronblaus. Die Verwendung von geeigneten UV-Absorbern läßt jedoch die Unterschiede in der Wetterechtheit verschwinden.

Auch im Bereich der Kunststoffeinfärbung wird P.Bl.60 verwendet, wenn sein Farbton gewünscht bzw. seine sehr guten Eigenschaften benötigt werden. So hat das Pigment eine ausgezeichnete Hitzestabilität, beispielsweise in Polyolefinen, eine Hitzeeinwirkung von 300 °C während 5 Minuten bewirkt in tiefen Tönen und in 1/3 ST in HDPE nur eine Farbänderung von etwa 1,5 CIELAB-Einheiten gegenüber der Färbung bei 200 °C. Bei Färbungen in 1/25 ST ist das Pigment bis 280 °C thermostabil. Indanthronblau zeigt mittlere Farbstärke. Zur Einstellung von Färbungen in 1/3 ST (1% TiO_2) sind 0,15% Pigment erforderlich; zum Vergleich: bei α-Kupferphthalocyaninblau sind das ca. 0,08% Pigment. P.Bl.60 nukleiert nicht, d.h. es beeinflußt die Schwindung des Kunststoffes im Spritzguß praktisch nicht. Häufig wird es auch hier wie für PVC-Einfärbungen wegen seines gegenüber Phthalocyaninblau-Pigmenten röteren Farbtones eingesetzt. In Weich-PVC ist die Ausblutechtheit nahezu einwandfrei. Die Lichtechtheit ist sehr gut und für Färbungen in 1/3 ST mit Stufe 8 der Blauskala zu bewerten. Auch die Wetterechtheit von P.Bl.60 ist vorzüglich; so kommt das Pigment auch für Langzeitbewetterung in Betracht. Sein Einsatz in einer ganzen Anzahl weiterer zum Kunststoffgebiet zählender Medien ist möglich. So weist beispielsweise die PP-Spinnfärbung im Vergleich mit Kupferphthalocyaninblau-Pigmenten ebenfalls bessere Echtheiten auf. Auch die Einfärbung von Gummi und anderen Elastomeren ist zu nennen. Für Polyamid ist es ungeeignet.

Im Druckfarbenbereich wird es für Banknoten verwendet.

Eigenschaften und Anwendung von Pigment Yellow 24

Das im Colour Index mit seiner chemischen Formel unter der Nummer 70600 angegebene Flavanthrongelb wurde außer unter Pigment Yellow 24 zeitweise auch als Pigment Yellow 112 geführt, doch diese Bezeichnung ist gestrichen. Die Hersteller von P.Y.24 propagieren das Pigment derzeit nicht mehr und nehmen es wohl vom Markt; in ihren Lieferlisten werden keine derartigen Handelsmarken mehr geführt, doch werden sie in der Praxis noch verwendet.

Die im Handel befindlichen Marken sind rotstichig-gelb. Sie sind als eine Spezialität für das Lackgebiet zu betrachten. Daneben ist die Spinnfärbung von Polyacrylnitril ein weiteres Einsatzgebiet. Die Beständigkeit des Pigmentes gegen organische Lösemittel und Chemikalien entspricht etwa der des wesentlich grünstichigeren und bedeutend farbschwächeren Anthrapyrimidingelbs. Die Überlackierechtheit von P.Y.24 ist fast einwandfrei. Es dunkelt im Vollton und in volltonnahen Lackierungen beim Belichten und Bewettern stark nach. In stärkeren Aufhellungen dagegen ist dieser Effekt nicht festzustellen, hier zeigt es gute Licht- und Wetterechtheit, erreicht allerdings nicht ganz die Wetterechtheit der Anthrapyrimidingelb-Pigmente vom Typ P.Y.108.

Vorzugsweise wird das Pigment aufgrund seiner hohen Transparenz für Metallic-Töne verwendet, wo es in ebenfalls relativ hellen Tönen, z.B. bei einem Verhältnis von einem Teil Buntpigment zu 3 Teilen Aluminium-Pigment, ausgezeichnete Wetterechtheit aufweist. Ähnlich wie P.Y.108 neigt Flavanthrongelb zum Seeding (s. 3.6.3.1). Das Pigment ist bis über 200°C thermostabil und genügt damit allen Anforderungen dieses Anwendungsgebietes. Flavanthrongelb findet in Industrielacken verschiedener Art, speziell in Automobilserien- und -reparaturlacken Verwendung.

P.Y.24 zeichnet sich auch im Kunststoffbereich durch hohe Lichtechtheit in starken Aufhellungen aus. Trotzdem ist es hier nur von geringer Bedeutung. Es zeigt mittlere Farbstärke. In HDPE beispielsweise sind für Färbungen in 1/3 ST (1% TiO_2) ca. 0,25% Pigment erforderlich. Diese Färbungen sind bis 270°C thermostabil, in stärkeren Aufhellungen (1/25 ST) ist Thermostabilität bis 230°C gegeben. Bei höheren Temperaturen steigt die Farbstärke an, der Farbton wird grüner, das bedeutet, daß das Pigment in Lösung geht. Die Licht- und Wetterechtheit von Polyacrylnitril-Spinnfärbungen genügt auch gehobenen Anforderungen, beispielsweise für die Verwendung in Markisen. P.Y.24 nimmt damit hier unter den organischen Gelbpigmenten eine Sonderstellung ein.

Daneben wird es in Medien, für die hohe Lichtechtheit gefordert wird, eingesetzt, beispielsweise in Holzbeizen auf Lösemittelbasis oder Künstlerfarben.

3.6.4 Polycarbocyclische Anthrachinon-Pigmente

Unter dieser Überschrift werden polycarbocyclische Pigmente erfaßt, die sich zumindest formal vom Anthrachinonmolekül ableiten. Die Verbindungen zählen zu den höherkondensierten carbocyclischen Chinonen, die bereits ohne zusätzliche

522   *3.6 Verschiedene polycyclische Pigmente*

Substituenten gelbe bis rote Farbtöne aufweisen. Durch Halogenierung werden oft Produkte mit reineren Nuancen erhalten, die zugleich verbesserte Echtheiten aufweisen. Im wesentlichen handelt es sich um Pyranthron-, Anthanthron- und Isoviolanthron-Pigmente.

3.6.4.1   Pyranthron-Pigmente

Das Grundgerüst für diese Pigmente ist das Pyranthron (**99**), das formal mit dem Flavanthron (s. 3.6.3.2) verwandt ist, nur sind hier die Stickstoffatome durch CH-Gruppen ersetzt.

Die unsubstituierte Verbindung **99** (Pigment Orange 40, 59700) war bis vor einiger Zeit im Handel. Andere Pyranthron-Pigmente des Handels sind durch Brom, Chlor oder durch Brom und Chlor halogenierte Abkömmlinge des Grundgerüsts.

Pyranthron wird, ausgehend von 1-Chlor-2-methylanthrachinon (**100**) durch Ullmann-Reaktion mit anschließendem doppelseitigen Ringschluß hergestellt.

Im einzelnen setzt man 1-Chlor-2-methylanthrachinon in o-Dichlorbenzol mit Kupferpulver, Pyridin und wasserfreiem Natriumcarbonat bei 150 bis 180°C zu 2,2'-Dimethyl-1,1'-dianthrachinonyl (**101**) um. Die anschließende Kondensation erfolgt durch mehrstündiges Kochen mit natronalkalischem Isobutanol bei 105°C zur Leukoverbindung, die dann durch Einblasen von Luft zum Pyranthron oxidiert wird.

Durch Erhitzen von **101** mit Natronlauge in Diethylenglykolmonomethylether oder mit Alkaliacetaten, auch in anderen polaren organischen Lösemitteln wie Dimethylformamid, N-Methylpyrrolidon oder Dimethylacetamid bei 150 bis 210°C erhält man ebenfalls Pyranthron. Die Cyclisierung von **101** zu Pyranthron

3.6.4 Polycarbocyclische Anthrachinon-Pigmente

kann auch in einem zweiphasigen System wäßrig-organischer Lösemittel unter Verwendung quartärer Ammoniumsalze (Phasentransfer-Reaktion) ausgeführt werden [18].

Halogenierte Pyranthrone lassen sich auf zwei Wegen herstellen, entweder durch Ringschluß des bereits durch Halogen substituierten 2,2'-Dialkyl-1,1'-dianthrachinonyls entsprechend der Pyranthronsynthese oder durch nachträgliche Halogenierung des unsubstituierten Pyranthrons.

So kann man **101** in o-Dichlorbenzol chlorieren und dann im selben Lösemittel mit Wasser/Natronlauge durch Phasentransfer-Reaktion Ringschluß bewirken. 3,3'-Dichlor-2,2'-dimethyl-1,1'-dianthrachinonyl läßt sich auch durch die übliche alkalische Kondensation oder durch polare Lösemittel in Gegenwart von Natriumacetat bei 110 bis 150°C ringschließen [21].

3,3'-Dichlor-2,2'-dimethyl-1,1'-dianthrachinonyl selbst wird auch aus Phthalsäureanhydrid und 2,6-Dichlortoluol durch Friedel-Crafts-Reaktion und anschließenden Ringschluß der erhaltenen substituierten Benzoylbenzoesäure **102** in Schwefelsäure zum entsprechenden Anthrachinonderivat **103** und folgender Ullmann-Reaktion erhalten:

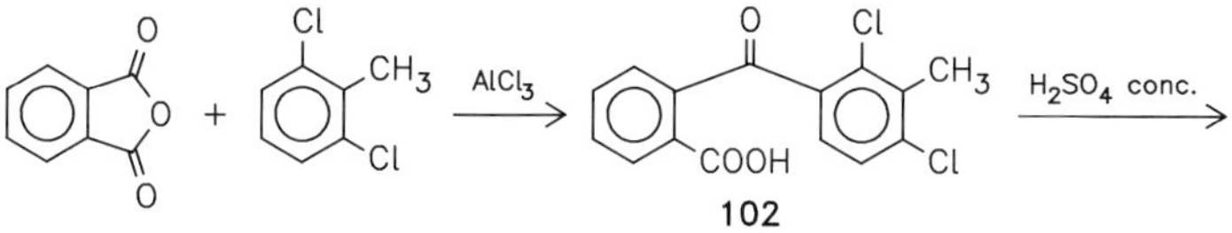

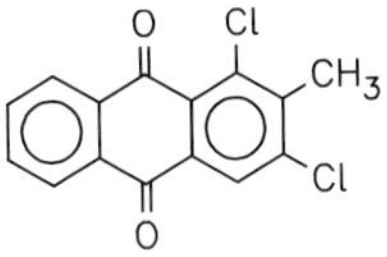

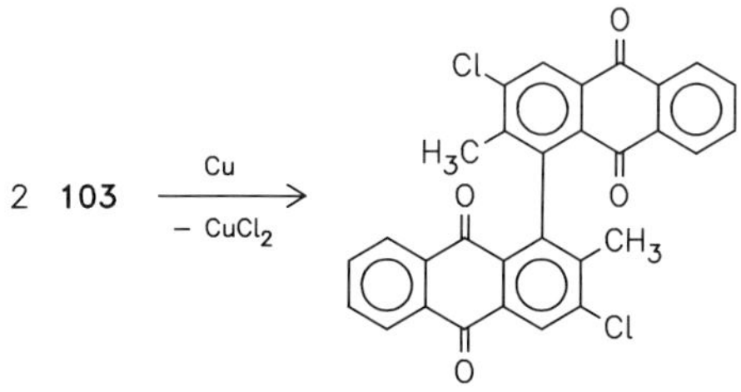

Die Halogenierung von Pyranthron verläuft beispielsweise in Chlorsulfonsäure in Gegenwart von etwas Schwefel, Jod oder Antimon als Katalysator. Für dieses Verfahren muß aber Pyranthron nach seiner Herstellung zwischenisoliert und nachgereinigt werden, da die Verbindungen ungereinigt keine für Pigmente ausreichenden Lösemittelechtheiten aufweisen.

Während man, ausgehend von 3,3'-Dichlor-2,2'-dimethyl-1,1'-dianthrachinonyl, 6,14-Dichlorpyranthron wohldefiniert erhält, werden bei der direkten Halogenierung wechselnde Mengen Chlor- bzw. Bromatome in nicht genau bekannten Positionen des Pyranthronringes eingeführt. Je nach Halogenmenge erhält man Pyranthrone mit etwa zwei bis vier Halogenatomen pro Molekül.

Durch Bromierung von 6,14-Dichlorpyranthron in Chlorsulfonsäure/Katalysator erhält man je nach Reaktionsführung 0,1 bis 2,2 Atome Brom pro Molekül. Hierbei sind außer der Art des Lösemittels und des Katalysators die angewendete Menge Brom sowie Reaktionszeit und -temperatur ausschlaggebend.

Zur Isolierung werden die in Chlorsulfonsäure gelösten halogenierten Pyranthrone auf Eiswasser ausgefällt und säurefrei gewaschen. Sie bedürfen bei der Bromierung, z. B. von 6,14-Dichlorpyranthron, keiner weiteren Nachbearbeitung.

Wird das Rohpigment zunächst in Schwefelsäure gelöst und mit Eis/Wasser wieder ausgefällt und isoliert, so können durch anschließende Behandlung des wäßrigen Preßkuchens mit C_4-C_{10}-Alkanolen oder -Alkanonen oder C_6-C_8-Cycloalkanolen oder -alkanonen bei 6,14-Dichlorpyranthron eine deckende, bei Chlorbrompyranthronen transparente Pigmentformen erhalten werden [22].

Eine deckende Form von Pyranthronen wird auch durch Behandeln des entsprechenden Pigmentes in polaren organischen Lösemitteln (z. B. Isobutanol) bei höheren Temperaturen in Gegenwart von einigen (0,5 bis 10) Prozent eines Halogenanthrachinons oder eines anderen Anthrachinonderivates erhalten.

Während 7,15- und 3,11-Dichlorpyranthron wegen ihrer schlechten Lösemittelechtheit als Pigmente ausscheiden, weist 6,14-Dichlorpyranthron sehr gute Echtheiten auf.

Neben 6,14-Dibrompyranthron gibt es noch einige gemischt halogensubstituierte Pyranthrone als Pigmente.

Im Handel befindliche Pyranthron-Pigmente und ihre Anwendung

Auf dem Markt wurden zuletzt nur noch wenige halogenierte Typen angeboten. Der Hersteller propagiert sie aber seit kurzem nicht mehr und stellt ihre Produktion wohl ein. In den neuesten Lieferlisten werden sie nicht mehr angeboten. Da sie in der Praxis jedoch noch anzutreffen sind, werden sie im folgenden hinsichtlich ihrer anwendungstechnischen Eigenschaften und Echtheiten beschrieben.

Pigment Orange 40

Das unsubstituierte Pyranthron-Pigment der Formel-Nr. 59700 wird seit einigen Jahren nicht mehr auf dem Markt angeboten. Es wurde besonders für die Spinnfärbung von Viskose-Reyon und -Zellwolle eingesetzt. Die Lichtechtheit solcher Färbungen ist gut; sie ist im Bereich von 1/1 bis 1/12 ST mit Stufe 6-7 bis 6 anzugeben. Es zeigt dabei mittlere Farbstärke. Die textilen Echtheiten des Pigmentes sind einwandfrei. Entsprechend der chemischen Konstitution ist allerdings die Küpenbeständigkeit, d. h. die Beständigkeit z. B. gegen alkalische Natriumdithionitlösung (30 Minuten/60 °C) nur mäßig. Spinnfärbungen verändern den

Farbton unter solchen Bedingungen merklich, sie bluten und färben weiße Zellwolle und Baumwolle deutlich.

Pigment Orange 51

Das 2,10-Dichlorpyranthron-Pigment hat einen mittleren Orangeton. Gegenüber dem halogenfreien Typ ist es etwas röter und reiner und in Aufhellungen farbstärker. Das Pigment wird besonders zur Einstellung rotstichiger Gelbtöne verwendet. Es zeigt gute Beständigkeit gegen organische Lösemittel, in ofentrocknenden Lacksystemen ist es unter den üblichen Bedingungen überlackierecht. Seine Thermostabilität bis über 200°C genügt praktisch allen auf diesem Einsatzgebiet gestellten Forderungen. Licht- und Wetterechtheit sind im Volltonbereich sowie in aufgehellten Tönen bis etwa 1/9 ST als sehr gut zu bezeichnen. Die im Handel befindliche Version zeigt trotz hoher spezifischer Oberfläche von ca. 60 m^2/g nur geringe Transparenz. Diese Marke wird auch für Metallictöne empfohlen und in Zweischichtmetallic-Lackierungen eingesetzt. Sie zeigt gute Wetterechtheit, die in mittleren Farbtönen allerdings nicht ganz die der anderen halogenierten, röteren Pyranthron-Pigmente erreicht.

Pigment Red 216

Das Tribrompyranthron-Pigment der Formel-Nr. 59710 ist deutlich blauer als P.R.226, sein Farbton ist vergleichsweise trüb. Die im Handel befindliche Version ist entsprechend ihrer hohen spezifischen Oberfläche von etwa 80 m^2/g sehr transparent. Sie wird besonders für Metalleffektlackierungen empfohlen. P.R.216 wird dabei ähnlich wie P.R.226 besonders in Zweischichtmetallic-Lackierungen auf dem PKW-Sektor, vor allem bei geringerem Buntpigmentanteil auch in Kombination mit UV-Absorbern im Decklack, eingesetzt. Auch in mittleren Weißaufhellungen, beispielsweise in 1/3 ST, wird gute Wetterechtheit erreicht. Mit steigendem Aufhellungsgrad nimmt die Wetterechtheit aber rascher ab als bei P.R.226. P.R.216 ist auch zum Überfärben von anorganischen Buntpigmenten, besonders von Molybdatrot-Pigmenten, gut geeignet. Die Lösemittelechtheit ist gut und graduell besser als die von P.R.226, ebenso wie die Überlackierechtheit, aber auch sie ist bei Einbrenntemperaturen über 140°C nicht einwandfrei.

P.R.216 findet in Industrielacken aller Art Verwendung, es ist bis 200°C thermostabil. Wie die anderen Pyranthron-Pigmente kommt es dabei auch für ungesättigte Polyestersysteme in Betracht, wo es gegen Peroxide beständig ist.

P.R.216 zeichnet sich auf dem Kunststoffsektor durch sehr gute Lichtechtheit in PVC aus. Färbungen von Weich-PVC in 1/3 ST (5% TiO$_2$) zeigen eine Lichtechtheit von Stufe 8 der Blauskala. Auch die Wetterechtheit ist sehr gut, genügt aber nicht den Anforderungen einer Langzeit-Bewetterung. Das Pigment ist nicht ganz ausblutecht. Es ist von mäßiger Farbstärke. Für Färbungen in 1/3 ST (5% TiO$_2$) sind 1,85% Pigment notwendig. Thermostabilität ist in HDPE (1/3 ST / 1% TiO$_2$)

526   *3.6 Verschiedene polycyclische Pigmente*

bis 250°C gegeben; die Lichtechtheit dieser Färbungen entspricht Stufe 6 der Blauskala.

Pigment Red 226

Das Dibrom-4,6-dichlorpyranthron-Pigment ergibt ein mittleres, etwas trübes Rot, das wesentlich blaustichiger als P.O.51 ist. Der Farbton entspricht dem der weniger echten Toluidinrot-Pigmente, ist jedoch merklich trüber. Gegenüber dem Pyranthron-Pigment P.R.216 ist P.R.226 deutlich gelbstichiger. Das Pigment zeigt gute Lösemittelechtheiten, die aber merklich schlechter sind als die anderer Pigmente dieser Gruppe. Stark abfallend ist allerdings die Beständigkeit gegen Toluol und Xylol. Es ist säure- und alkaliecht. Auch P.R.226 ist bis über 200°C thermostabil. Das trifft auch für längere Hitzeeinwirkung von einigen Wochen zu. Die im Handel befindliche Marke ist im Vergleich mit P.O.51 transparenter. Licht- und Wetterechtheit sind sehr gut. Das Pigment stellt eine Spezialmarke für Metalleffektlackierungen dar und kommt dabei auch für den Automobillacksektor, besonders für Zweischichtmetallic-Lackierungen für den PKW-Bereich, ggf. in Kombination mit UV-Absorbern im Klarlack, in Frage.

3.6.4.2   Anthanthron-Pigmente

Pigmente dieser Gruppe weisen das folgende Grundgerüst **104** auf:

104

Das unsubstituierte Ringsystem ist orange, hat aber selbst, u. a. wegen mangelnder Farbstärke, keine technische Bedeutung. Nur halogenierte Derivate sind als Pigmente interessant. Die Herstellung von Anthanthron geht vom Naphthostyril (**105**) aus, das durch Verseifung in 1-Aminonaphthalin-8-carbonsäure (**106**) überführt wird. Naphthostyril selbst erhält man aus 1-Naphthylamin mit Phosgen in Gegenwart von wasserfreiem Aluminiumchlorid.

Durch Diazotierung und Verkochen in Gegenwart von Kupferpulver entsteht aus **106** 1,1'-Dinaphthyl-8,8'-dicarbonsäure (**107**), die mit Aluminiumchlorid, vorwiegend aber mit konzentrierter Schwefelsäure bei 30 bis 40°C zu Anthanthron cyclisiert wird.

3.6.4 Polycarbocyclische Anthrachinon-Pigmente 527

Der hier als Friedel-Crafts-Reaktion ablaufende Mechanismus einer elektrophilen aromatischen Substitution entsprechend dem folgenden Formelschema ist in den meisten anderen Fällen der Synthese polycyclischer Anthrachinon-Pigmente ohne technische Bedeutung, dort ist eine nucleophile Ringschlußreaktion bevorzugt (s. Formelschema im Anhang).

Unter den halogenierten Anthanthron-Derivaten ist für Pigmente das schon 1913 als Küpenfarbstoff erstmals synthetisierte 4,10-Dibromanthanthron (**108**) als Handelsprodukt interessant: Pigment Red 168, 59300:

Die Verbindung **108** kann direkt ohne Zwischenisolierung von **104** aus der Dicarbonsäure **107** mit Monohydrat oder konzentrierter Schwefelsäure bei 35 °C und anschließender Bromierung mit Jod als Katalysator erhalten werden.

Neben diesem rotstichigen Orange (Scharlach) hat das gelbstichigere 4,10-Dichloranthanthron als Pigment keine Bedeutung; es ist nicht im Handel.

Eigenschaften und Anwendung von Pigment Red 168

Bei Dibromanthanthron handelt es sich um ein Küpenpigment mit hervorragenden Echtheiten, das auf dem Gebiet hochwertiger Lacke von Bedeutung ist. Sein

528   *3.6 Verschiedene polycyclische Pigmente*

Farbton ist ein reiner gelbstichiger Scharlach. Er liegt zwischen den mit dem Naphthalintetracarbonsäure-Pigment P.O.43 und gelbstichigen Perylentetracarbonsäure-Pigmenten einstellbaren Nuancen.

Das Pigment ist gegen die meisten in den üblichen Bindemittelsystemen enthaltenen organischen Lösemittel ganz oder nahezu beständig. Ähnlich wie bei anderen Küpenpigmenten ist die Überlackierechtheit in ofentrocknenden Lacken bei Einbrenntemperaturen von 120 bis 160°C je nach System nicht ganz einwandfrei. Thermostabilität ist bis 180°C gegeben. P.R.168 zählt zu den licht- und wetterechtesten organischen Pigmenten. Diese Echtheiten sind die Voraussetzung für seine Verwendung auch in sehr niedrigen Konzentrationen für alle Arten von Lackierungen und Anstrichen zur Nuancierung sowie in Mischsystemen. Das Pigment ist recht farbschwach. Wie andere Küpenpigmente weisen die Handelsmarken von P.R.168 mehr oder weniger große Transparenz auf, was ihren Einsatz in Metalleffektlackierungen – beispielsweise für Ein- und Zweischicht-Lackierungen von Automobilen ermöglicht; ihre ausgezeichnete Wetterechtheit gestattet dabei auch hier die Verwendung in geringen Konzentrationen. Für solche Lackierungen dient es auch in Kombination mit hochechten, meist rotstichigen Gelbpigmenten zur Erzielung von Bronze- und Kupfertönen. In Kombination mit röteren organischen Pigmenten, z.B. Perylentetracarbonsäure-Pigmenten, wird es ebenfalls eingesetzt. Aufgrund der hohen Wetterechtheit erfüllt es in Bautenlacken und in Dispersionsanstrichfarben auch an Außenanstriche gestellte Anforderungen. Da es auf diesen Gebieten nur für sehr starke Aufhellungen Verwendung findet, wird sein vergleichsweise hoher Preis akzeptiert. Es steht für diesen Einsatz auch in Form von Pigmentpräparationen zur Verfügung. Es ist alkali- und kalkecht. Für den Einsatz im Coil Coating – auch mit PVC-Beschichtung (s. 1.8.2.2) – ist es geeignet.

Der Einsatz von P.R.168 auf dem Druckfarben- und Kunststoffgebiet ist demgegenüber von untergeordneter Bedeutung. Auf dem Druckfarbengebiet wird es in Spezialdruckfarben, beispielsweise für den Plakat- oder Blechdruck, verwendet. Seine Echtheiten sind auch hier überragend. Seine Lichtechtheit in 1/1 ST ist mit Stufe 8, in 1/3 bis 1/25 ST mit Stufe 7 der Blauskala anzugeben. Die Drucke sind beständig gegen wichtige organische Lösemittel und Chemikalien. Bis 220°C ist es thermostabil (10 Minuten Einwirkung), die Drucke sind sterilisierecht.

3.6.4.3   Isoviolanthron-Pigmente

Das Isoviolanthron (**109**), ein hochanelliertes polycyclisches Chinon, hat die Struktur eines Isodibenzanthrons (formal aus der unsymmetrischen Kondensation zweier Moleküle Benzanthron zu denken) und besitzt selbst eine intensiv blaue Eigenfarbe.

3.6.4 Polycarbocyclische Anthrachinon-Pigmente

109

Seine Herstellung erfolgt heute durch Kochen von 3,3'-Dibenzanthronylsulfid (**110**) mit Kaliumhydroxid in Alkohol (Ethanol oder Isobutanol):

110 wird aus 3-Chlor- oder 3-Brombenzanthron (**111**) mit Natriumdisulfid bei 135 bis 150 °C unter Druck gewonnen.

111   Hal: Cl, Br

Diese Synthese ergibt das Isoviolanthron – im Gegensatz zur früheren Herstellung aus 3-Chlorbenzanthron durch alkoholische Kalischmelze – in isomerenfreier Reinheit.

Benzanthron selbst wird aus Anthrachinon durch Reaktion mit Glycerin und Schwefelsäure in Gegenwart eines Reduktionsmittels (Eisen) gewonnen. Dabei wird Anthrachinon zunächst zu Anthron reduziert, das mit Acrolein, intermediär aus Glycerin und Schwefelsäure gebildet, kondensiert und durch Schwefelsäure oxidativ cyclisiert wird. Halogenierung von Benzanthron in Schwefelsäure oder Chlorsulfonsäure in Gegenwart eines Katalysators (Schwefel, Jod oder Eisen) liefert 3-Chlor- oder 3-Brombenzanthron.

Isoviolanthron wurde 1907 erstmals synthetisiert und ist schon seit langem als Küpenfarbstoff bekannt, hat aber als Pigment im Gegensatz zu seinen halogenierten Derivaten keine technische Bedeutung.

Im Handel anzutreffen ist Pigment Violet 31, 60010, ein Dichlorisoviolanthron (**112**).

Dichlorisoviolanthron erhält man durch Chlorierung von Isoviolanthron mit Sulfurylchlorid in Nitrobenzol, Chlor tritt in die Positionen 6 und 15 ein.

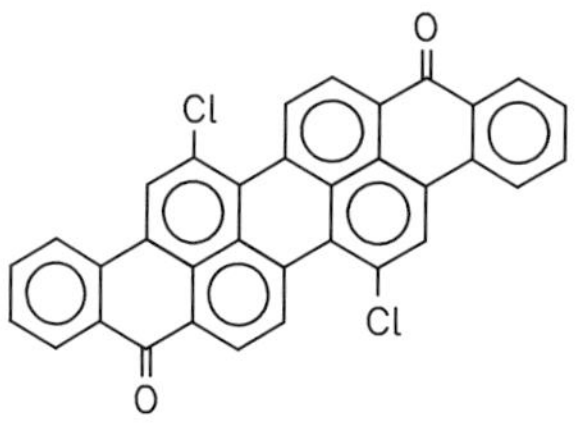

530 *3.6 Verschiedene polycyclische Pigmente*

112

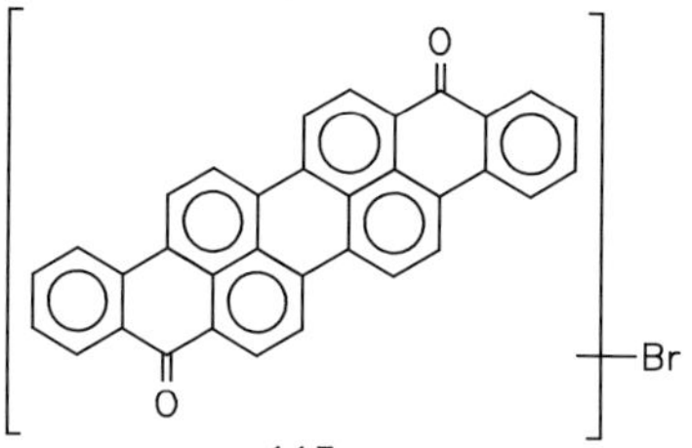

113

Als Bromisoviolanthron werden Verbindungen mit 12 bis 17% Brom (und bis zu 1% Chlor) bezeichnet. Bromisoviolanthron (**113**), das bis vor kurzem in den USA angeboten wurde, erhält man durch Bromierung von Isoviolanthron bei 80°C in Chlorsulfonsäure mit Jod als Katalysator. Es liegt in zwei Kristallmodifikationen vor: die α-Modifikation gewinnt man durch Quellen des Roh-Isoviolanthrons in 90%iger Schwefelsäure und Austragen in wäßrige Dispergierlösung, die β-Modifikation erhält man durch Erhitzen des wäßrigen Teiges der α-Modifikation in Gegenwart von N-Methylpyrrolidon und oberflächenaktiven Mitteln, allgemein durch Anrühren der α-Modifikation mit organischen Lösemitteln [23].

Eine Methode zur Gewinnung der α-Phase mit verbesserten Eigenschaften hinsichtlich Farbstärke und Transparenz geht vom Leukobromisoviolanthron aus. Dieses wird durch Verküpung von Roh-Bromisoviolanthron mit Natriumdithionit/Natronlauge hergestellt und isoliert. Seine Oxidation in wäßrig-alkalischem Medium in Gegenwart von oberflächenaktiven Mitteln und unter Einwirkung von Scherkräften (z. B. mittels Sand- oder Perlmühlen) bei 50°C führt zu der verbesserten Pigmentqualität [24].

Eigenschaften und Anwendung von Pigment Violet 31

Dichlorisoviolanthron wird als Pigment auf dem Markt in Form einer Präparation als Spezialität für die Spinnfärbung von Viskosefasern angeboten. Sein Farbton ist ein rotstichiges Violett; das im Vergleich mit der bekannten Nuance von P.V.23 deutlich röter ist. Die Echtheiten sind sehr gut. Die Lichtechtheit liegt je nach Farbtiefe zwischen Stufe 7 und 8 der Blauskala. Die für die Anwendung wichtigen Gebrauchsechtheiten, wie Schweißechtheit, Trockenreinigungsechtheit oder Reibechtheit, sind einwandfrei. Allerdings ist die Küpenbeständigkeit mäßig. In alkalischer Natriumdithionitlösung (60°C / 30 Minuten) wird der Farbton der Spinnfärbung zwar nur geringfügig verändert, weiße Zellwolle und Baumwolle aber deutlich gefärbt.

Literatur zu 3.6

[1] N.N. Woroshzow, Grundlagen der Synthese von Zwischenprodukten und Farbstoffen, Akademie Verlag, Berlin, 1966. FIAT Final Report 13/3 II, S. 22.
[2] Ullmann's Encycl. of Ind. Chemistry, 5. Aufl., Vol. A2, VCH Verlagsgesellschaft, Weinheim, 1985, S. 355–417.
[3] BASF, DE-AS 1544372 (1965); DE-OS 1544374 (1965).
[4] BASF, DE-OS 2059677 (1970).
[5] Bayer, DE-OS 2644265 (1976).
[6] B.K. Manukian und A. Mangini, Helv. Chim. Acta 54 (1971) 2093–2097.
[7] Ciba, CH-PS 396264 (1960).
[8] K. Ogawa, H.J. Scheel und F. Laves, Naturwissenschaften 53 (24) (1966) 700–701.
[9] Interchemical, US-PS 2727044 (1953).
[10] Ciba, DE-PS 1283542 (1962); DE-AS 1795102 (1967).
[11] E.G. Kiel und P.M. Heertjes, J. Soc. Dyers Col. 79 (1983) 21–27.
[12] BASF, DE-OS 2300019 (1973).
[13] P. Rys und H. Zollinger, Farbstoffchemie, 3. Aufl., Verlag Chemie, Weinheim, 1982, S. 146ff. H. Zollinger, Color Chemistry, 2. Aufl., VCH Verlagsgesellschaft, Weinheim, 1991.
[14] K. Venkataraman, The Chemistry of Synthetic Dyes, Bd. V, Academic Press, New York, 1971, S. 182ff.
[15] BASF, DE-AS 2854190 (1978).
[16] BASF, DE-AS 2705107 (1977).
[17] Ciba-Geigy, DE-OS 2105286 (1970).
[18] Ciba-Geigy, DE-OS 2812192 (1977).
[19] BASF, DE-AS 2748860 (1977).
[20] Allied Chem. Corp., DE-OS 2428121 (1973).
[21] BASF, DE-AS 2007848 (1970).
[22] BASF, DE-AS 2702596 (1977).
[23] BASF, DE-AS 1284092 (1961).
[24] BASF, DE-AS 2909568 (1979).

3.7 Dioxazin-Pigmente

Pigmente, die sich vom orangefarbenen Triphendioxazin-Gerüst (**114**) ableiten,

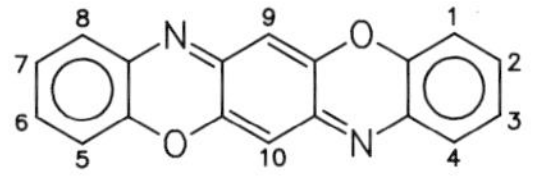

114

das selbst keine Bedeutung als Farbmittel hat, sind seit 1928 bekannt. In diesem Jahr entdeckten Kränzlein und Mitarbeiter (Farbwerke Hoechst) sulfonsäuregruppentragende Farbstoffe dieser Grundstruktur, die zum Direktfärben von Baumwolle verwendet wurden. Die Sulfonierung wird hierbei der eigentlichen Synthese des heterocyclischen Ringsystems angeschlossen.

532   3.7 Dioxazin-Pigmente

Es sollten fast noch 25 Jahre vergehen, ehe es 1952 gelang, durch entsprechende Formierung eines wasserunlöslichen 9,10-Dichlortriphendioxazin-Derivates ein farbstarkes violettes Pigment herzustellen [1].

Dioxazine haben als Farbstoffe heute keine Bedeutung mehr und neben dem genannten Violett sind andere substituierte Derivate als Pigmente kaum noch von technischem Interesse.

3.7.1 Herstellung der Ausgangsprodukte

Für die Synthese aller Pigmente dieser Gruppe ist Chloranil (Tetrachlor-p-benzochinon) ein zentrales Vorprodukt. Seine Herstellung geschieht heute durch oxidierende Chlorierung von Hydrochinon.

So wird eine Mischung aus Hydrochinon und konzentrierter Salzsäure zunächst bei 10 °C, dann nach Wasserzusatz und Erwärmung chloriert. Ähnliche Verfahren verwenden Salzsäure/H_2O_2 oder Cl_2/H_2O, anstelle Hydrochinon kann auch Benzochinon eingesetzt werden [2].

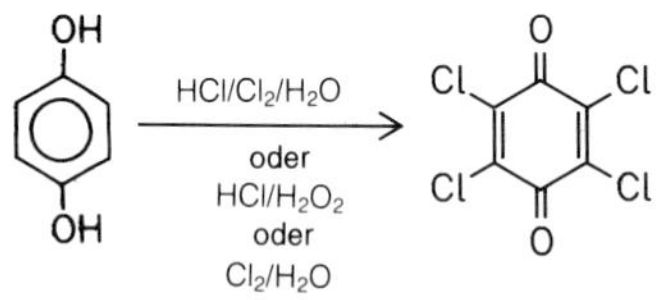

Ein anderes wichtiges Vorprodukt ist 3-Amino-N-ethylcarbazol. Carbazol wird aus Steinkohlenteer gewonnen, seine Ethylierung erfolgt vorwiegend mit Ethylbromid oder -chlorid. Anschließende Nitrierung und Reduktion liefert die gewünschte Ausgangsverbindung.

3.7.2 Chemie, Herstellung der Pigmente

Dioxazin-Pigmente weisen die folgende allgemeine Struktur **115** auf:

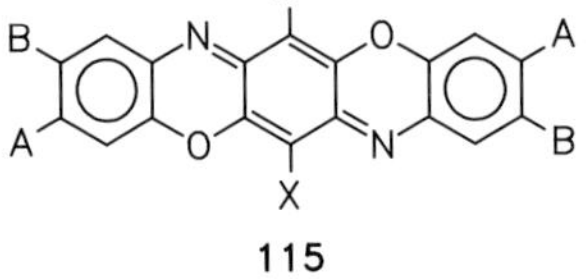

115

Für technisch verwendete Pigmente ist A der Ethoxyrest, B die Acetylamino- oder Benzoylaminogruppe und X ist ein Chloratom oder der Rest $NHCOCH_3$.

3.7.2 Chemie, Herstellung der Pigmente

Die wichtigste Verbindung **115** aber enthält anstelle A und B den heterocyclischen Rest [Struktur], wodurch sich formal folgende zwei Strukturen ergeben können:

[Strukturen **117** und **117a**]

Für die wichtigste Verbindung dieser Reihe, Pigment Violet 23 (**117**, X = Cl) wurde durch dreidimensionale Röntgenstrukturanalyse die gewinkelte Struktur **117** nachgewiesen. Die bis vor kurzem angenommene lineare Struktur **117a** weist tatsächlich einen blauen Farbton auf und ist ohne wirtschaftliche Bedeutung [3].

Die Herstellung der Pigmente geschieht generell in zwei Stufen:

- Verknüpfung des mittleren Ringes über NH-Brücken mit aromatischen Resten, d.h. Darstellung der 2,5-Diarylamino-1,4-benzochinone (**116**);
- Cyclisierung von **116** zum Triphenoxazin-Ringsystem.

Für die erste Stufe kann von in o-Stellung unsubstituierten Anilinen oder von o-Alkoxyanilinen ausgegangen werden. Die Reaktion erfolgt generell in organischen Lösemitteln, z.B. in siedendem Ethanol, bei Temperaturen unter 100°C und in Gegenwart eines säurebindenden Mittels, beispielsweise Natriumacetat:

[Reaktionsschema zu **116**]

D : Wasserstoff oder Alkoxyrest (OC$_2$H$_5$)

Die Cyclisierung verläuft für Verbindungen **116** mit D : Wasserstoff als oxidative Kondensation bei ziemlich drastischen Bedingungen, nämlich bei 180 bis 260°C in hochsiedenden organischen Lösemitteln, z.B. in Chlornaphthalin und in Gegenwart eines Kondensationshilfsmittels in Form eines sauren Katalysators, wie Benzolsulfochlorid, p-Tosylchlorid, m-Nitrobenzolsulfochlorid oder Aluminiumchlorid.

Bei Verbindungen **116** mit D : Ethoxy- oder Methoxy-Rest, d.h. ausgehend von o-Alkoxyanilinen, findet die Cyclisierung als Kondensation schon bei 170 bis 175°C und schneller als mit D : H statt. Auch hier wird eines der genannten Hilfs-

mittel verwendet, als organisches Lösemittel ist z. B. o-Dichlorbenzol in Gebrauch.
Andere Lösemittel bei der Kondensation und Cyclisierung können Trichlorbenzol oder Nitrobenzol sein. Die Reaktionsbedingungen werden durch die Substituenten A und B nicht sehr stark beeinflußt.
Das aromatische Amin kann 3-Amino-N-ethylcarbazol oder 1,4-Diethoxy-2-amino-5-benzoylaminobenzol sein. Anstelle von Chloranil kann auch 2,5-Dichlor-3,6-bisacetylamino-1,4-benzochinon mit dem entsprechend substituierten o-Alkoxyanilin umgesetzt werden.
Am Beispiel von Pigment Violet 23 soll die allgemeine Synthese von Dioxazin-Pigmenten, die sich seit ihrer Entdeckung nicht grundlegend geändert hat, veranschaulicht werden [4]:
Tetrachlor-p-benzochinon (Chloranil) wird im Überschuß mit 2 Mol 3-Amino-N-ethylcarbazol und wasserfreiem Natriumacetat als Säurefänger in o-Dichlorbenzol bei 60°C innerhalb von 6 Stunden verrührt, dann wird innerhalb von 5 Stunden im Vakuum auf 115°C geheizt und bei dieser Temperatur mit Benzolsulfochlorid versetzt. Zur Cyclisierung wird dann auf 175 bis 180°C erwärmt und so lange gerührt bis keine Essigsäure mehr abdestilliert (4 bis 8 Stunden). Es wird abgesaugt, das anhaftende o-Dichlorbenzol durch Einleiten von Wasserdampf abdestilliert, gewaschen und getrocknet.
In einer 1980 erschienenen Patentanmeldung wird eine erhebliche Ausbeuteverbesserung unter Einsatz eines geringeren Überschusses an Chloranil beansprucht, wenn man der Reaktionsmischung 0,15 bis 1,8 Gew.% Wasser zusetzt [5].
Der Rohpigment-Herstellung schließt sich eine Konditionierung (Finish) an. Das kann Salzvermahlung in einer Kugelmühle in Gegenwart von organischen Lösemitteln oder entsprechende Behandlung in einem Kneter sein, aber auch Aufschlämmungen in 60 bis 90%iger Schwefelsäure oder unter Verwendung aromatischer Sulfonsäuren sind beschrieben.

3.7.3 Eigenschaften

Technisch interessante Dioxazin-Pigmente weisen reine violette (stark blaustichig-rote) Farbtöne mit sehr guter Licht- und Wetterechtheit, auch in aufgehellten Tönen, auf. Eine gewisse Schwäche zeigen die Pigmente, insbesondere das wichtigste unter ihnen, in der Ausblutechtheit im Kunststoffbereich. Häufig kommen Dioxazin-Pigmente in mehreren Kristallmodifikationen vor [6].
Die dreidimensionale Kristallstruktur zeigt bei Pigment Violet 23 (**117**) eine Stapelung von Molekülen, wobei die Stapel der einzelnen Molekülebenen nahezu senkrecht zueinander stehen. Der Zusammenhalt erfolgt über die Wechselwirkung der π-Orbitale und van der Waals-Kräfte. Dabei ist der Überlappungsgrad der π-Orbitale vor allem im Dioxazinteil sehr hoch [3].

3.7.4 Im Handel befindliche Dioxazin-Pigmente und ihre Anwendung

Allgemein

Außer Pigment Violet 23 (**117**) ist von den Pigmenten dieser Klasse nur noch P.V.37

[Strukturformel: Dioxazin-Pigment mit Substituenten H$_5$C$_6$OCHN, H$_5$C$_2$O, NHCOCH$_3$, OC$_2$H$_5$, NHCOC$_6$H$_5$, NHCOCH$_3$]

auf dem Markt.

Während P.V.23 große Bedeutung erlangt hat, stellt P.V.37 eine Spezialität dar. Marken des Typs P.V.34 und P.V.35, die als Nachteil geringere Farbstärke und teilweise schlechtere Migrationsechtheit, speziell in Kunststoffen, aufweisen, sind seit einigen Jahren vom Markt verschwunden. Sie enthielten anstelle des Carbazol-Restes von P.V.23 Ethoxyaniline mit Acetylamino- oder Benzoylamino-Gruppen als Substituenten [7, 8, 9].

Einzelne Pigmente

Pigment Violet 23

Dieses auch unter der Bezeichnung Carbazolviolett bekannte Pigment ist universell einsetzbar und in seinem Farbtonbereich, einem blaustichigen Violett, nicht ersetzbar. Es wird in nahezu allen Medien, die mit Pigmenten als Farbmittel gefärbt werden, eingesetzt, im Lack- und Anstrichfarbenbereich ebenso wie in der Kunststoff-Einfärbung, für die Pigmentierung von Druckfarben und andere hier nicht einzuordnende Medien. Die Beständigkeit des Pigmentes gegen organische Lösemittel ist sehr gut, so ist es unter standardisierten Bedingungen (s. 1.6.2.1) gegen Alkohole und Ester, aliphatische Kohlenwasserstoffe und Weichmacher, wie Dibutyl- und Dioctylphthalat, einwandfrei beständig. Andere Lösemittel, beispielsweise Ketone, werden geringfügig angefärbt (Stufe 4).

Das Pigment zeichnet sich durch eine außerordentlich hohe Farbstärke aus, die in praktisch allen Medien voll zur Wirkung kommt. Es wird daher häufig, auch in sehr geringen Anteilen, zum Nuancieren verwendet. So dient es in Lacken und Anstrichfarben in großem Umfang zum Röterstellen der Kupferphthalocyaninblau-Pigmente. Die hervorragende Licht- und Wetterechtheit der Phthalocyaninblau-Pigmente wird von P.V.23 zwar nicht ganz erreicht, genügt jedoch den meisten, auch gehobenen Anforderungen. Auch zum Schönen bzw. Bläuen von Weißlacken, vor allem solchen mit TiO$_2$-Rutil, das einen gelblichen Unterton besitzt, wird das Pigment eingesetzt. Zum Bläuen sind dabei nur geringste Mengen an Pigment erforderlich, und zwar auf 100 Teile TiO_2 nur zwischen etwa 0,0005 und 0,05 Teile P.V.23. Zum Schönen von Weißlacken verwendet man auch Mischungen dieses Pigmentes mit α-Kupferphthalocyaninblau. Licht- und Wetterechtheit sind dabei selbst in sehr starken Aufhellungen, beispielsweise 1:3000 TiO_2, noch ausgezeichnet. Wegen dieser sehr guten Echtheiten, ergänzt durch einwandfreie Überlackierechtheit, wird P.V.23 in allen Bereichen des Lack- und Anstrichfarbengebietes eingesetzt. Die Verwendung reicht von lufttrocknenden Bauten-, d. h. Malerlacken, bis zu allgemeinen und hochwertigen Industrielacken, wie Autoserien- und -reparaturlacken. Dabei findet das Pigment sowohl für Uni- als auch für Metalliclacke Verwendung. Bis 160°C ist es in ofentrocknenden Systemen thermostabil.

Die meisten im Handel befindlichen Marken besitzen eine hohe spezifische Oberfläche, die Werte von mehr als 100 m^2/g erreicht, und benötigen deshalb zum Dispergieren und vor allem zur Stabilisierung gegen Flockung ein ausreichendes Pigment-Bindemittel-Verhältnis; der erforderliche Bindemittelanteil ist dabei höher als bei der überwiegenden Anzahl der anderen organischen Pigmente.

In Dispersionsanstrichfarben, wo es ebenfalls häufig zum Röterstellen der Phthalocyaninblau-Nuancen verwendet wird, kommt das Pigment wegen seiner ausgezeichneten Wetterechtheit auch für Außenanstriche auf Kunstharzdispersionsbasis in Betracht. Es ist alkali- und kalkecht.

In Pulverlacken ist in den meisten Systemen, beispielsweise auf Epoxidharzbasis, mit verschiedenartigen Härtern Plate-out (s. 1.6.4.1) festzustellen. Da P.V.23 hier aber ebenfalls vielfach zum Bläuen von Weißlacken dient und daher nur geringste Mengen Pigment benötigt werden, ist der Effekt für diesen Einsatz ohne Bedeutung.

Das Pigment findet auch in einer großen Anzahl von speziellen Systemen Verwendung, in denen neben hoher Licht- und besonders Wetterechtheit, hohe Thermostabilität oder andere einwandfreie Echtheiten Voraussetzung sind. Das ist beispielsweise für die Lackierung von Aluminium-Bändern für Jalousien der Fall. Die doppelseitig meist in Pastelltönen lackierten Aluminium-Bänder werden einige Minuten bei Temperaturen bis zu 250°C eingebrannt und anschließend noch starker mechanischer Beanspruchung unterzogen.

Auch bei der Kunststoffeinfärbung wird P.V.23 in großem Maße verwendet. In Weich-PVC läßt seine Migrationsbeständigkeit zu wünschen übrig, aber auch hier ist seine Farbstärke ungewöhnlich hoch. Für Färbungen in 1/3 ST (5% TiO_2) sind beispielsweise weniger als 0,3% Pigment erforderlich. Die Lichtechtheit ist ausgezeichnet; Färbungen in 1/3 ST entsprechen Stufe 8, solche in 1/25 ST Stufe 7-8 der Blauskala. Auch die Wetterechtheit in PVC ist als ausgezeichnet anzusehen; das Pigment kommt hier auch für Langzeit-Bewetterungen in Frage. Häufig findet es in PVC- oder auch PUR-Plastisolen Verwendung.

In Polyolefinen erreicht die Thermostabilität von P.V.23 in 1/3 ST 280°C. In stärkeren Aufhellungen liegt dieser Wert deutlich niedriger (in 1/25 ST unter 200°C), da sich hier aufgrund von Lösevorgängen der Farbton zu wesentlich röteren Nuancen verschiebt; bei höheren Temperaturen bleibt er dann konstant. Die

3.7.4 Im Handel befindliche Dioxazin-Pigmente und ihre Anwendung

Farbstärke des Pigmentes ist hier ebenfalls sehr hoch; zur Einstellung von HDPE-Färbungen in 1/3 ST (1% TiO_2) sind weniger als 0,07% Pigment nötig. Ähnlich wie viele andere polycyclische Pigmente beeinflußt P.V.23 hier und in anderen teilkristallinen Kunststoffen das Schwindungsverhalten des Polymers im Spritzguß und ist deshalb bei dieser Verarbeitung gewissen Einschränkungen unterworfen. In transparenten Färbungen von P.V.23 in HDPE sollte die Pigmentkonzentration 0,05% nicht unterschreiten. Die Lichtechtheit des Pigmentes nimmt hier mit zunehmendem Aufhellungsgrad stark ab; während Färbungen in 1/3 ST eine der Stufe 8 entsprechende Echtheit zeigen, erreichen Färbungen in 1/25 ST nur noch Stufe 2 der Blauskala.

In Polystyrol kommt Carbazolviolett für transparente Färbungen in Betracht. Wegen seiner Löslichkeit in diesem Kunststoff bei höheren Temperaturen ist die Thermostabilität nur mit ca. 220 °C anzugeben. Zu den anderen Gebieten, in denen P.V.23 eingesetzt wird, zählt z. B. der Polyesterspritzguß, für den sehr hohe Temperaturen erforderlich sind. Ebenso ist das Pigment für die Polyester-Spinnfärbung, auch nach dem Kondensationsverfahren, geeignet, wo die Hitzebelastung mit 240 bis 280 °C während 5 bis 6 Stunden sehr hoch ist. Auch hier erfolgt in geringen Konzentrationen eine Farbtonverschiebung zu röteren Nuancen infolge von Lösevorgängen. Das Pigment zeigt hohe Lichtechtheit. Trocken- und Naßreibechtheit sind bei diesem Verfahren im Gegensatz zu vielen anderen textilen Echtheiten nicht einwandfrei. P.V.23 entspricht auch den thermischen und anderen Anforderungen bei der Polyacrylnitril-Spinnfärbung. So sind beispielsweise Trocken- und Naßreibechtheit hier einwandfrei. In der PP-Spinnfärbung sollte wegen seiner Löslichkeit das Pigment nicht in geringen Konzentrationen eingesetzt werden. In mittleren und tiefen Tönen zeigt es sehr gute Lichtechtheit. Auch bei der Viskose-Spinnfärbung wird es verwendet und zeigt hier gute Lichtechtheit und meist einwandfreie Gebrauchsechtheiten.

P.V.23 erweist sich in Gießharzen auf Methacrylat- oder ungesättigter Polyesterharz-Basis gegen Peroxide beständig, die hier als Katalysatoren verwendet werden. Die Lichtechtheit in den Gießharzen liegt in transparenten und deckenden Färbungen zwischen Stufe 7 und 8 der Blauskala.

Im Druckfarbenbereich wird P.V.23 ebenfalls häufig, oft in Kombination mit Kupferphthalocyaninblau-Pigmenten, zur Einstellung rotstichiger Blautöne verwendet. Das Pigment ist auch in diesen Medien sehr farbstark; für Buchdruck-Andrucke in 1/1 ST bei standardisierter Schichtdicke sind Druckfarben mit einem Pigmentgehalt von nur 8,7%, für Andrucke in 1/3 ST Farben mit 5,6% nötig. Die Lichtechtheit dieser Drucke entspricht Stufe 6 bis 7 der Blauskala. Die Drucke sind sehr beständig gegen organische Lösemittel und weisen auch ausgezeichnete Gebrauchsechtheiten, wie Seifen-, Alkali- oder Fettechtheit, auf. Hitzebeständigkeit ist bis 220 °C (10 Minuten Hitzeeinwirkung) bzw. 200 °C (30 Minuten) gegeben; die Drucke sind kalandrier- und sterilisierecht. P.V.23 wird auch für den textilen Druck eingesetzt. Licht- und Wetterechtheit sowie viele für diese Verwendung wichtige Echtheiten sind sehr gut.

P.V.23 wird daneben in vielen anderen Medien eingesetzt. Hier sind Büroartikel und Künstlerfarben, wie Zeichentuschen oder Faserschreibertinten, Wachsmalkreiden, Ölkünstlerfarben oder qualitativ hochwertige Aquarellfarben, pigmentierte Holzbeizen auf wäßriger oder Lösemittelbasis, Putzmittel und Papiermassefärbung zu nennen.

Pigment Violet 37

Das Dioxazinviolett-Pigment weist im Vergleich mit P.V.23 einen wesentlich röteren Farbton auf. Die Beständigkeit des Pigmentes gegen organische Lösemittel entspricht der von P.V.23.

Das Pigment wird für eine ganze Reihe von Einsatzgebieten propagiert, doch ist es in verschiedenen davon im Vergleich mit P.V.23 farbschwach. Eine Ausnahme stellen Druckfarben auf Nitrocellulosebasis dar, in denen das Pigment gute Farbstärke und einen vorzüglichen Glanz aufweist, gleichzeitig allerdings ziemlich deckend ist. In öligen Druckfarben, beispielsweise in Offsetdruckfarben, ist die Farbstärke geringer als die von P.V.23, dabei wird aber ebenfalls guter Glanz und gutes Fließverhalten erreicht. Ein Schwerpunkt des Einsatzes auf dem Druckfarbengebiet ist der Blechdruck. Die Gebrauchsechtheiten entsprechen denen von P.V.23.

Auch im Lackbereich ist der wesentlich rötere Farbton des Pigmentes mit verminderter Farbstärke verbunden. Ähnlich sind seine coloristischen Eigenschaften bei der Kunststoffeinfärbung zu beurteilen. Die Migrationsechtheit in Weich-PVC ist aber deutlich besser als die von P.V.23 und nahezu einwandfrei. Die Hitzebeständigkeit – durch eine gewisse Löslichkeit des Pigmentes bedingt – fällt, ähnlich wie bei P.V.23, mit zunehmendem Aufhellungsgrad stark ab. In Polyolefinen liegen die Verhältnisse ähnlich: Bei erheblich geringerer Farbstärke ist der Farbton deutlich röter. So sind zur Einstellung von 1/3 ST (1% TiO_2) in HDPE 0,09% Pigment erforderlich. Hitzestabilität dieser Färbungen ist bis 290 °C gegeben, sie sinkt – auch hier ähnlich wie bei P.V.23 – in bestimmten Konzentrationsbereichen rasch ab. Auch dieses Pigment beeinflußt das Schwindungsverhalten von HDPE und anderen teilkristallinen Kunststoffen im Spritzguß in starkem Maße. Das Pigment kommt auch für die PP-Spinnfärbung in Betracht. Ähnlich wie bei P.V.23 erfolgt bei geringen Konzentrationen infolge von Lösevorgängen eine Farbtonverschiebung.

Literatur zu 3.7

[1] Hoechst, DE-PS 946560 (1952).
[2] Hoechst, DE-OS 3707148 (1988). Rhône-Poulenc, E-PS 326456 (1988).
[3] E. Dietz, 11. Internationales Farbensymposium, Montreux 1991.
[4] BIOS Final Report No. 960, S. 75.
[5] Cassella, DE-OS 3010949 (1980).
[6] A. Pugin, Offic. Dig. Fed. Soc. Paint Technol. 37 (1965) 782–802.
[7] Ciba, DE-AS 1243303 (1962).
[8] Ciba, DE-AS 1142212 (1959).
[9] Ciba, DE-AS 1174927 (1959); DE-AS 1185005 (1961).

3.8 Triarylcarbonium-Pigmente

Gemeinsames Merkmal dieser Klasse ist die Triarylcarboniumstruktur, bei der mindestens zwei der Arylreste Elektronendonoren in Form von Aminogruppen als Substituenten enthalten.

Es handelt sich also hierbei um basische Verbindungen, die mit Säuren wasserunlösliche Salze bilden und in dieser Form als Pigmente eingesetzt werden können.

Triarylcarbonium-Verbindungen können durch mehrere mesomere Grenzstrukturen beschrieben werden, entweder in chinoider Formulierung mit einem Ammoniumion oder in benzenoider Formulierung mit einem Carboniumion.

Aus Gründen der Molekülsymmetrie wird im folgenden ausschließlich die Carboniumschreibweise vorgezogen.

Zwei Typen von unlöslichen Triarylcarbonium-Verbindungen sind als Pigmente von technischer Bedeutung. In beiden Fällen handelt es sich um Salze dieser basischen Farbstoffe; bei den Triphenylmethan-Pigmenten des sogenannten Alkaliblau-Typs um innere Salze von Sulfonsäuren, bei der zweiten Gruppe um Salze mit komplexen anorganischen Anionen von Heteropolysäuren.

Triarylcarbonium-Verbindungen wurden lange Zeit nur als Farbstoffe für die Textilfärberei eingesetzt, Wolle wurde dabei mit sauren, d. h. mehrere Sulfonsäuregruppen enthaltenden, Seide mit basischen Verbindungen gefärbt. Baumwolle wurde durch „Beizen" des Gewebes mit Amin/Brechweinstein der Einfärbung zugänglich gemacht, der Farbstoff wurde in Form einer unlöslichen Verbindung fixiert. Daneben wurden „Lacke" hergestellt durch Fällung wäßriger Lösungen basischer Farbstoffe mit Tannin/Brechweinstein auf ein mineralisches Trägermaterial (Aluminiumoxid, Barium-, Calciumsulfat). Die so erhaltenen „Pigmente" zeigten zwar brillante Nuancen, aber nur völlig unzureichende Lichtechtheiten und spielen heute praktisch keine Rolle mehr.

540   *3.8 Triarylcarbonium-Pigmente*

3.8.1 Innere Salze von Sulfonsäuren (Alkaliblau-Typen)

Hierbei handelt es sich um Triphenylmethan-Pigmente, oder genauer um Triaminophenylmethan-Abkömmlinge. Das Grundgerüst liegt im rotvioletten Parafuchsin (**118**) bzw. seiner Anhydrobase Pararosanilin (**119**) vor. Es kann noch durch ein bis drei Methylgruppen kernsubstituiert sein (Fuchsin, Neufuchsin).

                    118   119

Die ganze Gruppe von Verbindungen geht auf die Anfänge der Chemie organischer Farbmittel zurück. 1858 oxidierte der Franzose E. Verguin „Anilin", das tatsächlich ein Gemisch aus Anilin, o- und p-Toluidin darstellte, mit Nitrobenzol in Gegenwart von Zinn-IV- oder Eisen-III-chlorid zu dem blaustichig-roten Fuchsin (**120**). Das Verfahren wurde seit 1859 industriell verwertet. Das zentrale C-Atom entstammt hierbei der CH_3-Gruppe des p-Toluidins, die zunächst zum Aldehyd oxidiert wird.

                    120

Kurz darauf wurde auch die Basis zur Gruppe der sauren Triphenylmethan-Verbindungen, der Alkaliblau-Typen, gelegt.
1860 erhielten Girard und de Laire durch Erhitzen von Fuchsin mit Anilin Triphenylfuchsin, das sog. Lyoner Blau. Um diesen Farbstoff wasserlöslich zu machen, führte Nicholson 1862 durch dessen Sulfierung freie Sulfonsäuregruppen ein.
Die sulfierte Verbindung war aber keineswegs leicht wasserlöslich, sondern als inneres Salz einer Sulfonsäure unlöslich. Erst beim Überführen in das Natriumsalz, d.h. durch Applikation im schwach alkalischen Medium (= Alkaliblau) erhielt man eine für die Textilfärberei geeignete Form.

3.8.1 Innere Salze von Sulfonsäuren (Alkaliblau-Typen)

Damit war das Prinzip der wichtigen inneren Salze von Sulfonsäuren der Triphenylmethan-Verbindungen entdeckt. Alle wichtigen Produkte dieser Gruppe leiten sich vom phenylierten Rosanilin gemäß Formel **121** ab.

3.8.1.1 Chemie, Herstellung

Die allgemeine Struktur für Pigmente des Alkaliblau-Typs kann folgendermaßen formuliert werden:

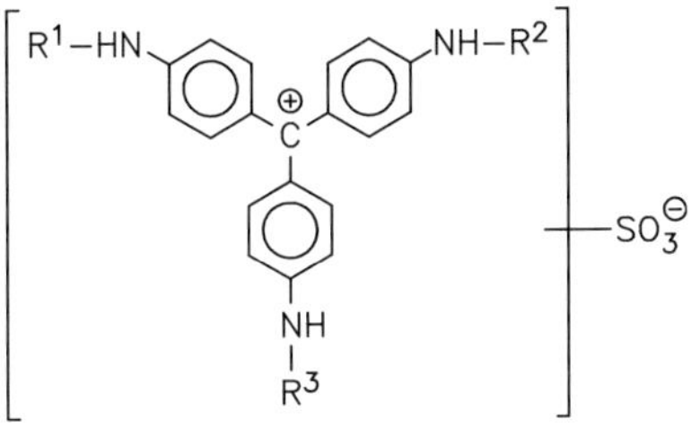

121

Unterschiede ergeben sich vor allem durch die Zahl der Phenylreste R^1 bis R^3 am Rosanilin-System und deren eventuelle Substituenten. Heute sind hauptsächlich Verbindungen mit zwei (R^1, R^2 : $C_6H_4CH_3/C_6H_5$, R^3 : H) und vor allem drei Phenyl- und/oder Tolylresten (R^1, R^2, R^3 : $C_6H_5/C_6H_4CH_3$) von technischer Bedeutung. Die CH_3-Gruppen befinden sich dabei bevorzugt in m-Stellung zur sekundären Aminogruppe.

Es muß hier erwähnt werden, daß alle Strukturformeln der Triarylcarbonium-Pigmente idealisiert sind; in Wirklichkeit liegen Gemische verschiedener Verbindungen mit der angegebenen Formel als Hauptkomponente vor, die bei den komplexen Reaktionen entstehen.

Für die Darstellung des substituierten Tritylsystems gemäß Formel **121** sind grundsätzlich zwei Wege vorstellbar, die auch beide technisch begangen werden:
Weg A: Herstellung von Triaminotriarylmethanen und deren sauer katalysierte Reaktion mit aromatischen Aminen.
Weg B: Synthese von Trihalogentriarylmethanen und deren Umsatz mit aromatischen Aminen.

Das Verfahren nach Weg A geht insbesondere von 4,4',4''-Triaminotriphenylmethan, dem Pararosanilin (**119**) oder Parafuchsin (**118**), aus. Aus Anilin und Formaldehyd bei 170 °C erhält man über einige Formaldehyd-Anilinverbindungen als Zwischenstufe (mit 1,3,5-Triphenylhexahydrotriazin als Hauptkomponente) und anschließender Behandlung mit einem sauren Katalysator, z. B. Salzsäure, in überschüssigem Anilin als Lösemittel zunächst 4,4'-Diaminodiphenylmethan, das schließlich durch Oxidation in Parafuchsin (**118**) umgewandelt wird. Als Oxidationsmittel wurden früher Eisen-III-chlorid oder Nitrobenzol verwendet, heute er-

3.8 Triarylcarbonium-Pigmente

folgt vorwiegend Luftoxidation in Gegenwart von Vanadiumpentoxid als Katalysator.

Als Zwischenprodukte entstehen daneben [1]:

Parafuchsin wird nach Überführung in Pararosanilin durch Alkalilauge mit Anilin und/oder m-Toluidin, z. B. in Gegenwart von katalytischen Mengen Benzoesäure, bei 175 °C verschmolzen und dadurch aryliert.

Es schließt sich eine Vakuumdestillation bei 150 °C zur Entfernung des in der Schmelze enthaltenen Anilins oder Toluidins an. Die Schmelze wird nach dem Erkalten gebrochen.

Je nach Schmelzzeit und Menge an Benzoesäure erhält man unterschiedliche Arylierungsgrade: Längere Schmelzdauer ergibt grünere Alkaliblau-Typen entsprechend einem höheren Anteil an phenyliertem Triarylprodukt und wegen der Abnahme der stärker rotstichigen Di- und Monoaryl-Pararosaniline. Durch sorgfältig kontrollierte Sulfonierung mit konzentrierter Schwefelsäure erfolgt schließlich Überführung in die wasserunlöslichen Monosulfonate:

3.8.1 Innere Salze von Sulfonsäuren (Alkaliblau-Typen) 543

$$R^1-N=\underset{}{\bigcirc}=\underset{\underset{\underset{R^3}{|}}{\underset{NH}{\bigcirc}}}{\overset{\bigcirc-NH-R^2}{C}} \xrightarrow{H_2SO_4 \text{ conc.}} 121$$

R^1, R^2, R^3: C_6H_5 und/oder $C_6H_4CH_3$ oder/und H

Das Rohpigment hat nur geringe Farbstärke. Es wird daher folgendermaßen nachbehandelt: Lösen als Natriumsalz, Ausfällen mit Mineralsäure, gegebenenfalls unter Zusatz von Präparationsmitteln, und dann entweder Trocknen oder durch Flushen aus der wäßrigen in eine ölige Phase (Mineralöl, Leinöl) überführen.

Beim Flushprozeß wird der wäßrige Pigmentpreßkuchen in Knetern solange mit Firnis durchgearbeitet, bis ein vollständiger Austausch der zwei flüssigen Phasen stattgefunden hat. Die wäßrige Phase wird abgetrennt und das restliche Wasser im Vakuum bei erhöhter Temperatur abgezogen. Die durch Flushen erhaltene Ware kann direkt für Druckfarben verwendet werden (s. 1.6.5.8).

Weg A ist benachteiligt durch ungenügende Ausbeuten bei der Parafuchsin-Herstellung (früher bis 35%, heute ca. 60%), während die Arylierungsstufe mit guten Ausbeuten erfolgt. Durch die Bildung von relativ viel Nebenprodukten werden vor der Weiterverarbeitung daher aufwendige Reinigungsoperationen notwendig.

Bei Weg B wird zunächst aus p-Chlorbenzotrichlorid und Chlorbenzol nach Friedel-Crafts der Tetrachloraluminiumkomplex des Trichlortritylchlorids (**122**) hergestellt. Dessen Reaktion mit aromatischen Aminen gelingt nur, wenn zunächst mindestens mit einem m-(oder p-)substituierten Anilin kondensiert wird; Anilin selbst führt nicht zu Arylierungsprodukten, da es den Aluminiumkomplex desaktiviert. m- oder p-substituierte Aniline liefern dagegen nahezu theoretische Ausbeuten an arylierten Pararosanilinen.

Durch anschließende Alkalibehandlung erhält man eine Lösung der freien Base in überschüssigem Amin, die von der wäßrig-alkalischen Aluminatschicht abgetrennt werden kann. Dann wird mit Säure gefällt, gegebenenfalls mit Alkalilauge in die freie Base überführt und isoliert. Die getrocknete Base oder ihr Salz wird dann mit konzentrierter Schwefelsäure zur Monosulfonsäure **121** sulfiert.

Eine wesentliche Verbesserung des Verfahrens nach Weg B hinsichtlich Ausbeute und Qualität (Reinheit) der erhaltenen Triarylaminoarylcarbonium-Pigmente wird dadurch erzielt, daß man die Lösung der freien Farbbase in Lösemitteln, wie Chlorbenzol und aromatischem Amin, mit überschüssiger wäßriger 20 bis 40%iger Schwefelsäure behandelt. Dabei entsteht das in diesem Medium unlösliche Farbbasensulfat neben den löslichen und daher abtrennbaren Sulfaten der primären aromatischen Amine. Das isolierte Farbbasensulfat wird gewaschen, dann in feuchter oder getrockneter Form der Monosulfonierung mit 85 bis

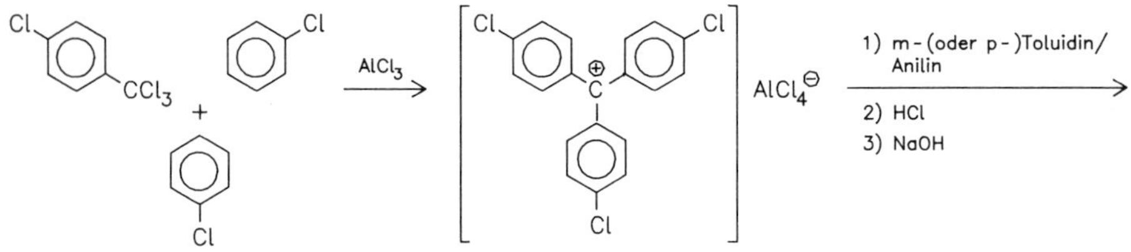

544   3.8 Triarylcarbonium-Pigmente

122

R : H oder (m- oder p-)CH₃

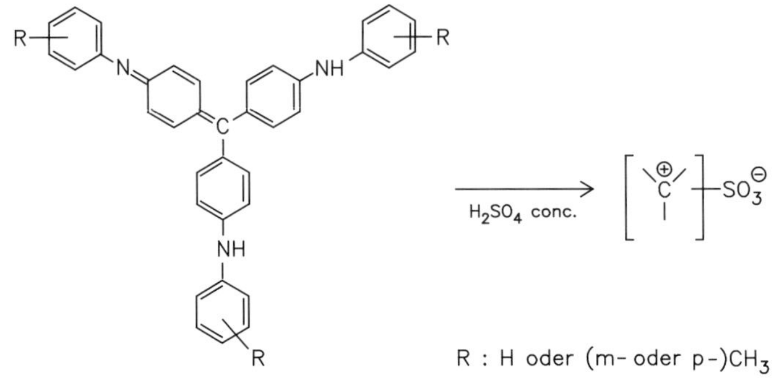

100%iger Schwefelsäure unterzogen. Dieser Reaktionsschritt liefert, ausgehend vom Farbbasensulfat 96 bis 98% Ausbeute, verglichen mit 83 bis 89% bei dem vorher geschilderten Verfahren. Der gesamte Prozeß – auch über die Zwischenisolierung des Triarylaminoarylmethan-Sulfates – kann ebenso kontinuierlich durchgeführt werden [2].

Ein weiterer Vorteil von Weg B ist die Möglichkeit des stufenweisen Umsatzes von Trichlorphenylmethyl-tetrachloraluminat **122** (d. h. der Komplexverbindung aus Trichlortritylchlorid und AlCl₃) mit unterschiedlichen Aminen, wodurch man gezielt Triphenylmethan-Pigmente mit drei oder zwei verschieden substituierten Arylaminoresten herstellen kann.

3.8.1.2 Eigenschaften

Wegen der nicht einheitlich verlaufenden Reaktionen sind alle Handelsprodukte der Alkaliblau-Reihe Mischungen verschiedener Produkte, wobei die Colour Index-Formel nur die Hauptkomponente des unterschiedlich arylierten Gemisches wiedergibt. Außerdem liegen nicht nur an den aromatischen Resten unterschiedlich substituierte Verbindungen, sondern auch Gemische verschiedener Sulfonierungsgrade vor.

Technisch werden für die verschiedenen Anwendungsgebiete oft sogar „maßgeschneiderte" Triphenylmethyan-Pigmente hergestellt.

Die Alkaliblau-Marken überstreichen einen breiten Abschnitt des rotstichigen Blaubereiches bis hin zum Violett. Die Farbtöne sind umso grüner, je mehr Phenylgruppen im Molekül vorhanden sind. Die Farbstärke und Löslichkeit der Pig-

3.8.1 Innere Salze von Sulfonsäuren (Alkaliblau-Typen) 545

mente läßt sich mit dem Sulfonierungsgrad steuern: etwa eine Sulfonsäuregruppe pro Molekül ergibt optimale Farbstärke, bei höherem Sulfonierungsgrad sinkt die Farbstärke und gleichzeitig erhöht sich die Wasserlöslichkeit. Aus diesem Grund sind Verbindungen mit zwei bis drei Sulfonsäuregruppen (z. B. „Wasserblau" zum Färben von Papier) nur beschränkt (unlöslicher Aluminium-Lack durch Alaunzusatz), solche mit vier bis fünf Sulfonsäureresten (z. B. „Tintenblau" für Tinten) nicht mehr als Pigmente geeignet.

3.8.1.3 Im Handel befindliche Marken und ihre Anwendung

Wichtige Triarylcarbonium-Pigmente vom Alkaliblau-Typ stammen von di- und triarylierten Rosanilinen ab. In Tabelle 32 sind die im Color Index angegebenen Triarylcarbonium-Pigmente aufgeführt.

Tab. 32: Triarylcarbonium-Pigmente

C.I. Pigmente	Formel-Nr.	R	R'	R^1	R^2	R^3
P.Bl.18	42 770:1	C$_6$H$_5$NH	H	H	H	H*
P.Bl.19	42 750	NH$_2$	CH$_3$	H	H	H
P.Bl.56	42 800	H$_3$C-C$_6$H$_4$-NH	H	CH$_3$	CH$_3$	H
P.Bl.61	42 765:1	C$_6$H$_5$NH	H	H	H	H

* Die im Colour Index angegebene Konstitution enthält fälschlicherweise im R^2- und R^3-tragenden Ring eine weitere SO$_3$H-Gruppe, tatsächlich sind P.Bl.18 und P.Bl.61 chemisch identisch.

Echtheiten und Eigenschaften sowie Einzelheiten der Anwendung der verschiedenen Typen werden im folgenden anhand der gesamten Pigmentklasse und nicht einzeln dargelegt. Alkaliblau-Pigmente werden in Europa entsprechend dem Markennamen des dortigen Herstellers auch als Reflex-Blaupigmente bezeichnet.

Dominierend ist für diese Pigmente der Einsatz in Druckfarben, und zwar ganz speziell in Buch- und Offsetdruckfarben, sowie in geringerem Maße in wäßrigen

Flexodruckfarben, dagegen ist die Verwendung im Büroartikelsektor von vergleichsweise untergeordneter Bedeutung. In Druckfarben werden die Pigmente in überwiegendem Maße nicht als Eigenfarbe, d. h. als Blaufarbe, verdruckt, sondern dienen zum Schönen von Schwarzfarben. In geringen Konzentrationen korrigieren sie dabei den Braunstich des Rußes und ergeben ein farbtonneutrales, besonders tiefes Schwarz.

Die Farbtöne der Alkaliblau-Marken liegen im rotstichigen Blaubereich; die grünstichigsten sind immer noch wesentlich röter als α- oder ε-Kupferphthalocyaninblau. Alkaliblau-Pigmente sind ungewöhnlich farbstark. So sind zur Herstellung von Buchdruck-Andrucken in 1/3 ST unter standardisierten Bedingungen bezüglich der Schichtdicke Druckfarben mit einem Pigmentgehalt von nur ca. 3,5% erforderlich. Von α-Kupferphthalocyaninblau ist hierzu mehr als doppelt so viel Pigment nötig.

Aufgrund ihrer Polarität neigen Triarylcarbonium-Pigmente zu starker Agglomeration; sie sind für organische Pigmente ungewöhnlich schlecht dispergierbar. In der Praxis sind daher normale Pulvermarken kaum im Einsatz, das Pigment wird in überwiegendem Maße in Form von Flushpasten verwendet, in denen es bereits vordispergiert ist (s. 1.6.5.8). Die Bindemittel, in die das Pigment beim Flushprozeß eingebracht wird, sind sehr unterschiedlicher Art und für bestimmte Druckfarbensysteme, beispielsweise Heat-set-Farben, optimiert. Da das Pigment in Flushpasten bereits dispergiert vorliegt, besteht generell die Möglichkeit, diese einer fertigen Rußdispersion in jeder dem Verwendungszweck angepaßten Menge zuzusetzen.

Die Flushpasten differieren – zum Teil aufgrund eines unterschiedlichen Pigmentgehaltes – häufig auch in rheologischer und coloristischer Hinsicht. Für die Verwendung als Schönungskomponente ist allerdings unterschiedliche Farbstärke von untergeordneter Bedeutung; maßgebend ist hier vor allem das Schönungsverhalten. Dieses wird zum einen von der Art des Rußes, beispielsweise dem Farbstich, zum anderen von der Farbnuance des Alkaliblaus bestimmt. Oft spielt zusätzlich das Bronzieren von Alkaliblau enthaltenden Schwarzdrucken eine wichtige Rolle. Es gibt verschiedene Ursachen dieses schwierig zu bewertenden und meßtechnisch zu erfassenden Effektes. Untersuchungen ergaben [3], daß praktisch alle Blaupigmente in gewissem Umfang und abhängig von der eingesetzten Pigmentkonzentration bronzieren. Die untere Grenze der Bronze wird dabei durch die optischen Konstanten der Pigmente festgelegt. Darüber hinausgehendes stärkeres Bronzieren ist auf Ausschwimmen des Blaupigmentes oder starkes Wegschlagen des Bindemittels und, damit zusammenhängend, eine Erhöhung der Pigmentkonzentration an der Oberfläche des trockenen Druckfarbenfilmes zurückzuführen, wodurch die Lichtreflexion an der Oberfläche wellenlängenabhängig wird.

Der Pigmentgehalt handelsüblicher Flushpasten beträgt etwa 40%, jedoch sind diese nicht bezüglich ihrer Pigmentkonzentration, sondern ihrer Farbstärke standardisiert. Das Verhältnis von Ruß zu Alkaliblau liegt in geschönten Farben je nach Ruß- und Buntpigmenttype sowie dem gewünschten Schönungseffekt zwischen etwa 2:1 und 4:1.

3.8.1 Innere Salze von Sulfonsäuren (Alkaliblau-Typen)

Seit wenigen Jahren sind auch sogenannte leichtdispergierbare Alkaliblau-Pigmente in Pulverform auf dem Markt. Es handelt sich dabei um Pigmente, die bereits im Verlauf ihrer Herstellung mit geeigneten Harzen oder anderen Substanzen präpariert werden, um die Agglomeration des Pigmentes während des Trocknens und Mahlens zu vermindern bzw. die Zerlegung der gebildeten Agglomerate in der Druckfarbe zu begünstigen und zu erleichtern. Diese Typen erreichen in ihrem Dispergierverhalten aber nicht die leichtdispergierbaren organischen Pigmente anderer Klassen, beispielsweise die Diarylgelbpigmente.

Pulvermarken werden besonders in Rührwerkskugelmühlen oftmals direkt zusammen mit dem Ruß dispergiert. Gerade bei der Verarbeitung von Ruß in Buch- und Offsetdruckfarben mit Hilfe dieser modernen Dispergiertechnologie wäre aber wegen der dabei auftretenden hohen Temperaturen mit Lösen bzw. mehr oder minder ausgeprägter Rekristallisation zu rechnen. In der Praxis sind aber aufgrund der Coloristik keinerlei Anzeichen für solche Vorgänge erkennbar. In den betreffenden öligen Bindemitteln, d. h. in Offset- und Buchdruckfarben, sind vor allem weitgehend aromatenarme Mineralöle sowie Leinöl und ähnliche Lösemittel enthalten. Die Alkaliblau-Pigmente sind unter den üblichen Prüfbedingungen (Raumtemperatur) zur Bestimmung der Lösemittelechtheiten von Pulverpigmenten (s. 1.6.2) einwandfrei gegen diese Lösemittel beständig, nicht jedoch gegen Alkohole und Ketone. Die Unbeständigkeit gegen Alkohole ist ein wesentlicher Grund, warum Alkaliblau für Nitrocellulose-Druckfarben ungeeignet ist; die Druckfarbe verliert infolge der Rekristallisation des Pigmentes häufig und unkontrollierbar an Farbstärke und Glanz.

Die Beständigkeit der Alkaliblau-Pigmente gegen aromatische Kohlenwasserstoffe ist zwar wesentlich besser als gegen Alkohole und Ketone, aber nicht einwandfrei. In Illustrationstiefdruckfarben auf Toluolbasis wird Alkaliblau nicht eingesetzt. Zum Schönen solcher Schwarzfarben wird allgemein Miloriblau, manchmal allerdings auch in Kombination mit Alkaliblau, verwendet. Es erzeugt einen anderen Schönungscharakter als Alkaliblau-Marken. Im Gegensatz zu Alkaliblau beeinträchtigt die für ausreichende Schönung von Ruß erforderliche Konzentration an anorganischem Pigment in Toluoltiefdruckfarben nicht die rheologischen Eigenschaften der Schwarzfarben.

Alkaliblau enthaltende Drucke sind sehr unbeständig gegen das Lösemittelgemisch nach DIN 16 524, jedoch u.a. säure-, paraffin- und butterecht. Erfolgt die Prüfung gemäß den in der Norm (s. 1.6.2.2) festgelegten Bedingungen, so sind sie wider Erwarten auch gegen Alkali einwandfrei beständig. Bei etwas höherer Alkalikonzentration verlieren sie jedoch an Farbstärke und werden wesentlich trüber; das Pigment reagiert mit Alkali.

Alkaliblau-Pigmente werden trotz schwach alkalisch eingestellter pH-Werte in größerem Umfang in wäßrigen Flexodruckfarben verwendet. Hier kann es allerdings zu einem Viskositätsanstieg der Druckfarben kommen. Für solche Farben werden Pulvermarken verwendet, da die in den Flushpasten enthaltenen Bindemittel für wäßrige Druckfarben ungeeignet sind. Auch spezielle Pigmentpräparationen sind seit kurzem für diesen Einsatz auf dem Markt.

Alkaliblau-Pigmente sind bis zu Temperaturen von 140 bis 160°C thermostabil (30 Minuten Hitzeeinwirkung), sie sind nicht silberlackbeständig und sterilisierecht. Das Pigment ist somit für den Blechdruck normalerweise nicht geeignet, wird aber trotzdem in Ausnahmefällen, z. B. für blaue Cremedosen, die nicht dem Sonnenlicht ausgesetzt werden, verwendet. Zum Schönen von schwarzen Blech- oder anderen überlackierechten Schwarzdruckfarben werden vielfach Kombinationen von Kupferphthalocyaninblau und Pigment Red 57:1 herangezogen.

Die Lichtechtheit von Alkaliblau ist als mäßig zu bezeichnen. Buchdruck-Andrucke in 1/1 ST entsprechen Stufe 3, solche in 1/3 bis 1/25 ST Stufe 2 der Blauskala. Als Schönungskomponente in schwarzen Druckfarben ist die Lichtechtheit jedoch ausgezeichnet; sie genügt praktisch allen Anforderungen. Das ist darauf zurückzuführen, daß Licht in der geschönten schwarzen Druckfarbe in überwiegendem Maße vom Ruß absorbiert wird.

Auf dem Büroartikel-Sektor finden Alkaliblau-Pigmente verbreiteten Einsatz in Farbbändern für Schreibmaschinen und Computer sowie in blauen Kopierpapieren. Für andere Einsatzgebiete, beispielsweise für die Kunststoffeinfärbung, sind Pigmente dieser Klasse aufgrund ihrer schlechten Echtheiten ungeeignet.

3.8.2 Farbstoff-Salze mit komplexen Anionen

Bei dieser Gruppe von Pigmenten sind komplexe anorganische Säureanionen mit Farbstoff- (hauptsächlich Triarylcarbonium-)Kationen salzartig verbunden.

Bereits 1913 war durch BASF die Fällung kationischer („basischer") Farbstoffe mit einer Heteropolysäure, nämlich der Phosphorwolframsäure – damals noch auf Aluminiumoxidhydrat als Träger – patentiert worden. Nachdem man einerseits die herausragenden Wirkungen dieser und weiterer Heteropolysäuren auf die Lichtechtheit und andererseits durch Weglassen der mineralischen Träger die hohe Farbstärke der Farbsalze erkannt hatte, erlangte diese Klasse von Pigmenten zwischen den beiden Weltkriegen erhebliche Bedeutung. Als weitere Heteropolysäuren neben der Phosphorwolframsäure gewannen vor allem Phosphormolybdänsäure und schließlich kombiniert Phosphorwolframmolybdänsäure an erheblichem Interesse.

Wegen des Mangels an Wolfram und Molybdän wurden in Deutschland in den dreißiger Jahren auch Kupferferrocyanide als Anionen eingesetzt. Bis heute haben sich einige dieser Salze erhalten. Auch Siliciummolybdate werden für diese Gruppe von Pigmenten angetroffen.

3.8.2.1 Chemie, Herstellung

Als Farbstoffkationen solcher komplexen Salze werden vor allem zwei Arten von Triarylcarbonium-Verbindungen eingesetzt, nämlich

- Triphenyl- oder Diphenylnaphthylderivate der Formel **123** und
- Phenylxanthenderivate der Formel **124**

3.8.2 Farbstoff-Salze mit komplexen Anionen

Die wichtigste Gruppe dieser Pigmentklasse wird von Verbindungen der Formel **123** ($S^\ominus$ = Säureanion)

$$
\underset{\mathbf{123}}{R_2N{-}C_6H_4{-}\overset{\oplus}{C}(Ar){-}C_6H_4{-}NR_2 \quad S^\ominus}
$$

mit R : Methyl, Ethyl und Ar : Phenyl, 4-Dimethylaminophenyl und 4-Ethylaminonaphthyl gebildet und umfaßt je nach Substitutionsmuster violette, blaue und grüne Farbtöne.

Verbindungen der Formel **124**

[Structure 124: Xanthene with $(C_2H_5)_2N$ groups, X substituents, phenyl with COOY, $S^\ominus$]

mit X : Wasserstoff oder Methyl und Y : Wasserstoff oder Ethyl weisen hauptsächlich blaustichig-rote („rosa") Farbtöne auf.

Als weitere Verbindung muß ein Benzthiazolium-System (**125**), das einem gelbstichigen Grün zugrundeliegt, erwähnt werden:

[Structure 125: Benzthiazolium with CH_3, H_3C, linked to phenyl-$N(CH_3)_2$, $S^\ominus$]

125 wird in Form seiner Komplexsalze mit Heteropolysäuren zusammen mit Pigment Green 1 verwendet.

Als Säureanionen $S^\ominus$ fungieren vorwiegend komplexe Phosphorsäuren, vor allem mit $Mo_3O_{10}{}^{3\ominus}$- oder $W_3O_{10}{}^{3\ominus}$-Liganden. Formal basieren diese Säuren auf der Phosphorsäure H_3PO_4, in der jedes Sauerstoffatom durch die Molybdat- oder/und Wolframatreste ersetzt ist, was zu folgender Formulierung für die Heteropolysäuren führt:

$$H_3[P(W_3O_{10})_4] \cdot aq \qquad H_3[P(Mo_3O_{10})_4] \cdot aq$$

Nach einer anderen Darstellung ergeben sich die Formeln $H_3H_4[P(W_2O_7)_6] \cdot aq$ bzw. $H_3H_4[P(Mo_2O_7)_6] \cdot aq$.

Anstelle des Phosphoratoms kann auch Silicium treten, wobei besonders Siliciummolybdänsäure $H_4[Si(W_3O_{10})_4] \cdot aq$ bzw. $H_4H_4[Si(Mo_2O_7)_6] \cdot aq$ eine gewisse

550   *3.8 Triarylcarbonium-Pigmente*

Bedeutung hat. Die zweite Art der Formulierung soll herausheben, daß von 7 (bzw. 8) Wasserstoffatomen nur 3 (bzw. 4) substituierbar sind.
 Die Farbstoffsalze stellen sich somit folgendermaßen dar (F : Farbstoffrest):

$$F_3[P(Mo_3O_{10})_4], \quad F_3[P(Mo_3O_{10})_3(W_3O_{10})] \quad \text{oder} \quad F_4[Si(Mo_3O_{10})_4].$$

Allerdings sind die stöchiometrischen Verhältnisse, wie sie in den Formeln zum Ausdruck kommen, idealisiert, tatsächlich können die Zusammensetzungen in Abhängigkeit von den pH-Bedingungen und der Temperatur bei der Fällung in weiten Bereichen schwanken.
 Durch Reduktionsmittel, wie Zinkstaub oder Natriumdithionit verwandeln sich die Heteropolysäuren in tief(blau) gefärbte Verbindungen, die aus Heteropolysäuren mit vier substituierbaren Wasserstoffatomen bestehen. Man kann also mit der gleichen Heteropolysäure mehr Farbstoff zum unlöslichen Pigment ausfällen.
 Bei den gelegentlich angetroffenen Kupferferrocyanidkomplexsalzen – die zugrundeliegende Säure ist hier Kupfer-1-hexacyanoeisen-2-säure HCu₃[Fe(CN)₆] werden pro Ferrocyanideinheit 3 Moleküle Kupfer benötigt, daraus ergibt sich für die Pigmente die allgemeine Formel

$$FCu_3[Fe(CN)_6].$$

Herstellung der Farbstoffe

Im folgenden werden kurz die Syntheseverfahren der wichtigsten den Pigmenten der Gruppe zugrundeliegenden kationischen Farbstoffe beschrieben.
 Grundsätzlich werden Verbindungen mit einem zentralen C-Atom als elektrophilem Reaktionszentrum mit einer nukleophilen aromatischen Verbindung umgesetzt und durch Oxidation in die gewünschte Carboniumverbindung überführt:

X : OH, SH; R¹,R² : Arylreste
Y : N(CH₃)₂, N(C₂H₅)₂

Farbstoffe nach Formel 123

Basis für Pigment Violet 3 ist Methylviolett (**126**)
 Es wird durch Oxidation von Dimethylanilin mit Luft in Gegenwart von Phenol und Kupfersalzen sowie Natriumchlorid erhalten. Das Reaktionsprodukt besteht aus tetra- bis hexamethyliertem Pararosanilin (s. **119**, S. 529):

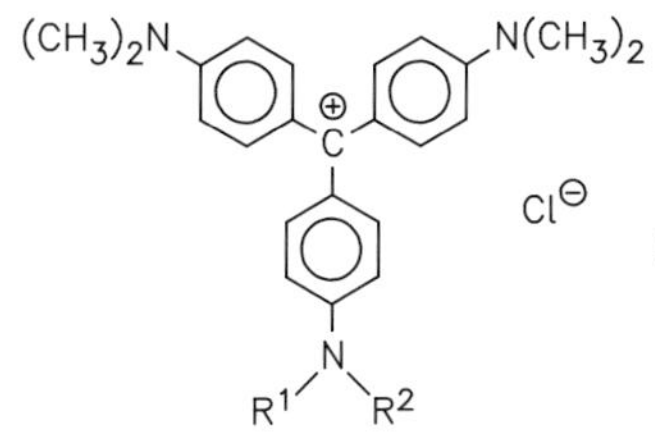

3.8.2 Farbstoff-Salze mit komplexen Anionen

[Struktur **126** mit Cl⊖, R¹, R²: H und CH₃]

Kristallviolett (**127**), der in Pigment Violet 39 enthaltene Farbstoff und im Gegensatz zu Methylviolett eine einheitliche Verbindung,

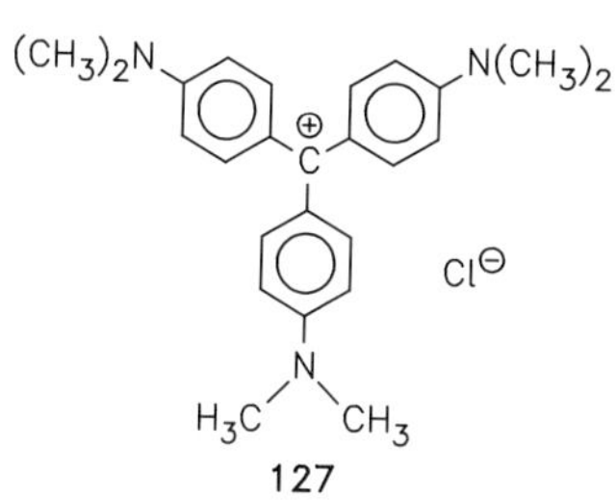

[Struktur **127**]

erhält man aus „Michlers Keton" (**128**) und Dimethylanilin in Gegenwart von POCl₃. Michlers Keton wiederum wird aus Dimethylanilin (DMA) und Phosgen mit Zinkchlorid hergestellt:

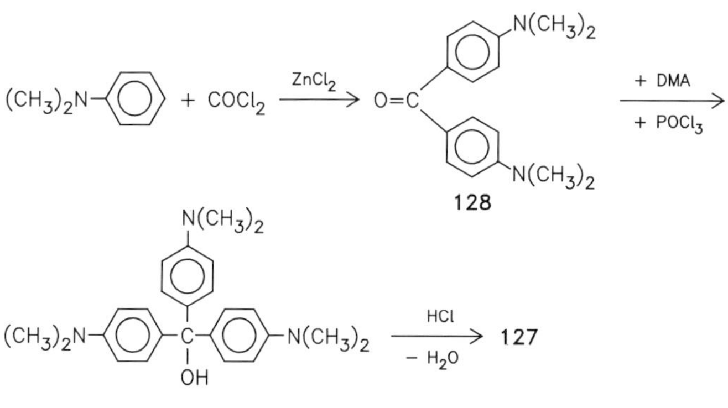

[Reaktionsschema: $(CH_3)_2N\text{-Ph} + COCl_2 \xrightarrow{ZnCl_2}$ **128** $\xrightarrow[+POCl_3]{+DMA}$ Leukobase $\xrightarrow[-H_2O]{HCl}$ **127**]

Eine andere Synthese verläuft, ausgehend von Dimethylanilin und Formaldehyd, zu Bis(dimethylaminophenyl)methan, dessen Oxidation zum Hydrol, erneuter Reaktion mit Dimethylanilin zur Leukobase und Oxidation zu **127**:

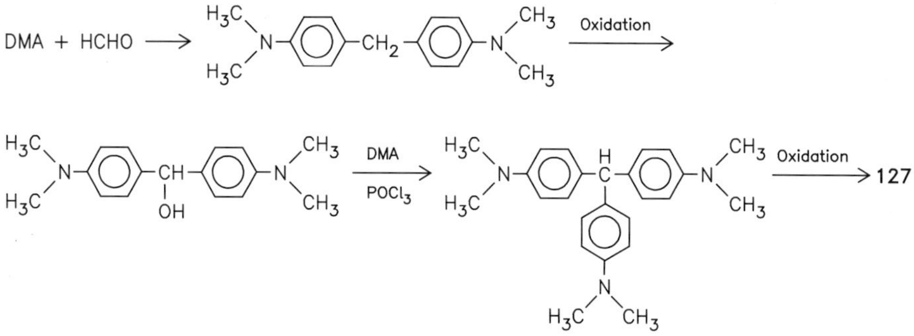

3.8 Triarylcarbonium-Pigmente

DMA + HCHO ⟶ (H₃C)₂N–C₆H₄–CH₂–C₆H₄–N(CH₃)₂ —Oxidation→

(H₃C)₂N–C₆H₄–CH(OH)–C₆H₄–N(CH₃)₂ —DMA/POCl₃→ [(H₃C)₂N–C₆H₄]₂CH–C₆H₄–N(CH₃)₂ mit zusätzlichem p-N(CH₃)₂-C₆H₄– Rest —Oxidation→ **127**

Ersatz des Phenylringes Ar in Formel **123** durch den Naphthylring ergibt eine Verschiebung des violetten Farbtons nach Blau. Man erhält das sogenannte „Victoriablau" (**129**),

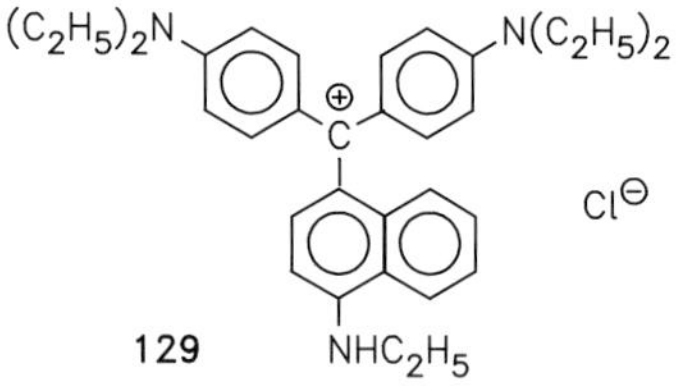

[Struktur **129**: Triarylcarbenium-Kation mit zwei p-(C₂H₅)₂N–C₆H₄– Resten und einem 4-NHC₂H₅-Naphthyl-Rest, Cl⁻ Gegenion]

beispielsweise aus Tetraethyldiaminobenzophenon und N-Ethylnaphthylamin mit Phosphoroxychlorid oder Phosphortrichlorid entsprechend der Synthese von Kristallviolett. Dieser Farbstoff liegt Pigment Blue 1 zugrunde.

Wenn Ar in Formel **123** einen von Alkylaminogruppen freien Phenylrest darstellt, erhält man Farbstoffe mit grünen Farbtönen, beispielsweise das „Brillantgrün" (**130**), den Grundkörper für Pigment Green 1 und zugleich das Homologe des Malachitgrüns (N(CH₃)₂ anstelle N(C₂H₅)₂):

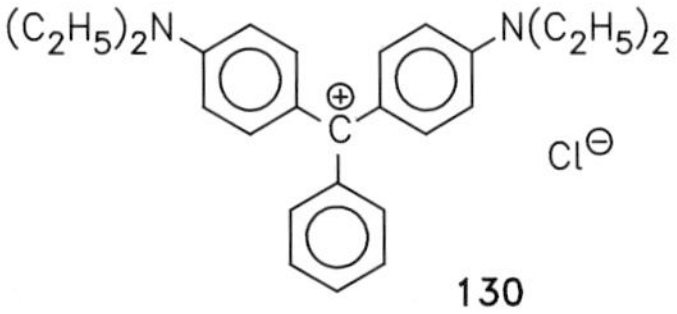

[Struktur **130**: Triarylcarbenium-Kation mit zwei p-(C₂H₅)₂N–C₆H₄– Resten und einem Phenyl-Rest, Cl⁻ Gegenion]

Die Synthese von **130** erfolgt durch Kondensation von einem Äquivalent Benzaldehyd mit 2 Äquivalenten Diethylanilin in Gegenwart von Zinkchlorid oder Salzsäure. Man erhält über das Carbinol die Leukobase, die durch Oxidation, z.B. mit PbO₂, den Farbstoff liefert:

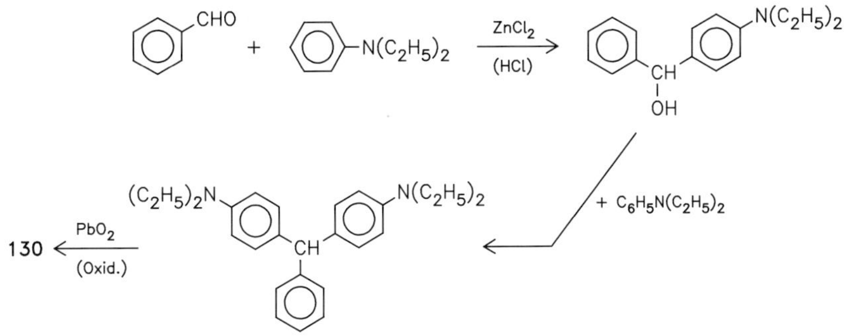

3.8.2 Farbstoff-Salze mit komplexen Anionen 553

[Reaktionsschema: Benzaldehyd + C₆H₅-N(C₂H₅)₂ →(ZnCl₂, -HCl) Zwischenprodukt mit CH(OH) → (C₂H₅)₂N-C₆H₄-CH(C₆H₅)-C₆H₄-N(C₂H₅)₂ + C₆H₅N(C₂H₅)₂ →(PbO₂, Oxid.) **130**]

Farbstoffe nach Formel **124**

Die Grundstruktur dieser Gruppe von rosafarbenen Verbindungen stellt das Xanthen (**131**) dar.

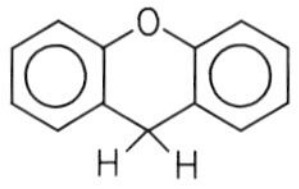

131

Durch Kondensation von m-Dialkylaminophenolen mit einem Äquivalent eines Aldehyds in Gegenwart von Schwefelsäure oder Zinkchlorid und anschließender Oxidation (z. B. mit FeCl₃) erhält man die den Farbstoffen der Formel **124** zugrundeliegende Struktur der Bis(dialkylamino)-phenylxanthenium-Verbindungen.

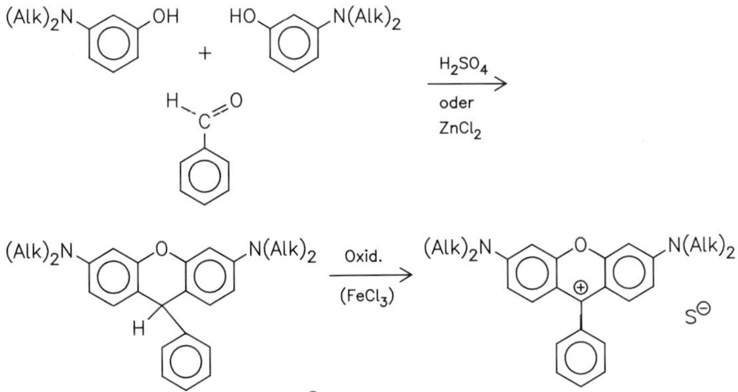

[Reaktionsschema: 2 (Alk)₂N-C₆H₃(OH) + PhCHO →(H₂SO₄ oder ZnCl₂) Dihydroxanthen-Zwischenstufe →(Oxid., FeCl₃) Xanthenium-Kation mit S⁻]

S⁻: Säureanion

Ersetzt man den Aldehyd im obigen Reaktionsschema durch Phthalsäureanhydrid, so ergibt der Umsatz mit m-Diethylaminophenol bei 180 °C in Gegenwart von Schwefelsäure oder Zinkchlorid und anschließender Oxidation mit Eisen-III-

3.8 Triarylcarbonium-Pigmente

chlorid den für diese Gruppe von Pigmenten wichtigsten Grundkörper, das sogenannte „Rhodamin B" (**132**), das die Basis für Pigment Violet 1 bildet.

Der Ethylester von **132** ist die Farbstoffkomponente von Pigment Violet 2.

Geht man von 3-Ethylamino-4-methylphenol aus, so erhält man mit Phthalsäureanhydrid, auf demselben Weg wie vorstehend beschrieben, nach Überführung in den Ethylester, das Farbstoff-Kation (**133**), das Pigment Red 81 zugrundeliegt.

Die Herstellung der Farbstoffkomponente der Formel **125** erfolgt in der sogenannten Primulinschmelze: p-Toluidin wird mit Schwefel auf 200 bis 280 °C erhitzt. Durch anschließende Destillation erhält man neben der „Primulinbase"

das sogenannte „Dehydrothio-p-toluidin", 2-(4′-Aminophenyl)-5-methylbenzthiazol (**134**), das z. B. mit Methanol und Salzsäure an den Stickstoffatomen permethyliert und zugleich zum Thiazoliumsalz **135** quartärniert wird:

134 muß erst durch Destillation von der Primulinbase abgetrennt werden.

$$134 \xrightarrow{CH_3OH/HCl} \underset{\underset{CH_3}{|}}{H_3C-\text{[Benzothiazolium]}}-\text{C}_6\text{H}_4-N(CH_3)_2 \; Cl^{\ominus} \quad 135$$

Herstellung der Heteropolysäuren und der Pigmente

Durch Mischen wäßriger Lösungen von Dinatriumhydrogenphosphat mit Natriummolybdat und/oder Natriumwolframat und anschließendes Ansäuern mit Mineralsäuren erhält man die gewünschten Heteropolysäuren. Während Phosphorwolframsäure kaum Bedeutung hat, spielen Phosphormolybdän- und Phosphorwolframmolybdänsäuren eine wichtige Rolle für technisch hergestellte Pigmente dieser Gruppe. Der Zusatz von Molybdat zu Phosphorwolframsäuren führt bei den Pigmentkomplexen zu deutlich brillanteren und lichtechteren Produkten.

Die Synthese der Pigmente erfolgt im einzelnen durch Herstellen einer wäßrigen Lösung von Dinatriumhydrogenphosphat und Zusatz einer Natriummolybdatlösung aus Molybdäntrioxid und Natronlauge, anschließend wird mit Salz- oder Schwefelsäure angesäuert und bei 65 °C zu einer wäßrigen Lösung des kationischen Farbstoffs gegeben.

Es folgt Nachbehandlung bei Siedetemperatur, gegebenenfalls in Gegenwart von Tensiden. Die Pigmente werden durch Filtration isoliert, gewaschen, getrocknet und gemahlen. Anstelle der Trocknung und Mahlung kann auch ein Flushprozeß des wäßrigen Pigmentpreßkuchens treten.

Entsprechende Kupferferrocyanidsalze basischer Farbstoffe gewinnt man aus Kaliumferrocyanid $K_4[Fe(CN)_6]$ mit Natriumsulfit, die, zusammen gelöst, zu einer Lösung des kationischen Farbstoffs, gefolgt von Kupfersulfatlösung bei 70 °C, gegeben werden.

3.8.2.2 Eigenschaften

Pigmente dieser Klasse zeichnen sich durch eine ungewöhnliche Farbtonreinheit und Brillanz aus. Verschiedene, besonders Rot- und Violett-Marken, werden diesbezüglich von organischen Pigmenten anderer Klassen nicht erreicht und lassen sich mit ihnen coloristisch nicht nachstellen. Ihr Echtheitsniveau genügt keinen gehobenen Anforderungen. Gegen polare Lösemittel, beispielsweise gegen Alkohole und Ketone oder auch Ethylglykol, sind sie sehr unbeständig. Auch Alkalien zerlegen die Komplexe.

Aus Preisgründen verlieren diese Pigmente trotz ihrer unübertroffenen coloristischen Eigenschaften an Bedeutung. Es hat daher nicht an Versuchen gefehlt, teure Typen, wie Phosphorwolframmolybdänsäure-Marken durch preiswertere zu ersetzen. Deren Eigenschaften konnten dabei im Laufe des vergangenen Jahrzehnts noch erheblich verbessert werden. In besonderem Maße trifft dies für die Farbstärke und die Lichtechtheit zu. Die Pigmente zeigen insgesamt mittlere Lichtechtheit, die durch die im Pigment enthaltene Heteropolysäure und durch die Farbtiefe deutlich bestimmt wird. So liegt die Lichtechtheit der Kupferferrocyanid-Typen um durchschnittlich 2 Stufen der Blauskala schlechter als die der Phosphormolybdänsäure-, Phosphorwolframmolybdänsäure- und Siliciummolybdänsäure-Typen.

3.8.2.3 Anwendung

Die Pigmente werden nahezu ausschließlich im Druckfarbenbereich eingesetzt, viele besonders in Verpackungs- und Schmuckfarben.

Aus der großen Anzahl von Vertretern dieser Pigmentklasse werden im folgenden nur die wesentlichen erläutert. Dabei sind im Einzelfall keine näheren Angaben über den genauen Aufbau, insbesondere das Verhältnis von Farbstoff zu Heteropolysäure bekannt.

3.8.2.4 Wichtige Vertreter

Allgemein

Den Pigmenten werden nach ihrem Colour Index-Namen oft noch die Heteropolysäuren in Form von Kurzzeichen angefügt. Es bedeuten:

PM oder PMA Phosphormolybdänsäure (**Phosphomolybdic acid**)
PT oder PTA Phosphorwolframsäure (**Phosphotungstic acid**)
PTM oder PTMA Phosphorwolframmolybdänsäure
SM oder SMA Siliciummolybdänsäure (**Silicomolybdic acid**)
CF Kupferferrocyanid (Kupfer-1-hexacyanoeisen-II-säure)

In Tabelle 33 werden die wichtigsten Pigmente (Farbstoffe mit komplexen Anionen) aufgeführt.

3.8.2 Farbstoff-Salze mit komplexen Anionen

Tab. 33: Handelsprodukte von kationischen Farbstoffen mit anorganischen Heteropolysäuren

Pigmente der allgemeinen Formel 123:

$$R_2N-C_6H_4-\overset{\oplus}{C}(Ar)-C_6H_4-NR_2 \quad S^{\ominus}$$

C.I. Name	Formel-Nr.	$S^{\ominus}$	Ar	R	Trivialname des zugehörigen Farbstoffs
P.V.3	42535:2	PTM PM	–C$_6$H$_4$–N(CH$_3$)(H(CH$_3$))	CH$_3$	Methylviolett
P.V.27	42535:3	CF	–C$_6$H$_4$–N(CH$_3$)(H(CH$_3$))	CH$_3$	Methylviolett
P.V.39	42555:2	PM PTM	–C$_6$H$_4$–N(CH$_3$)$_2$	CH$_3$	Kristallviolett
P.Bl.1	42595:2	PTM PM	Naphthyl-HNC$_2$H$_5$	C$_2$H$_5$	Victoriareinblau B
P.Bl.2	44045:2	PTM PM	Naphthyl-HNC$_6$H$_5$	CH$_3$	Victoriablau 4R
P.Bl.9	42025:1	PTM PM	–C$_6$H$_4$–Cl	CH$_3$	–
P.Bl.10	44040:2	PTM PM PT	Naphthyl-HNC$_2$H$_5$	CH$_3$	–
P.Bl.14	42600:1	PTM PM	–C$_6$H$_4$–N(C$_2$H$_5$)$_2$	C$_2$H$_5$	Ethylviolett
P.Bl.62	44084	CF	Naphthyl-HNC$_2$H$_5$	C$_2$H$_5$	Victoriablau R
P.Gr.1	42040:1	PTM PM	–C$_6$H$_5$	C$_2$H$_5$	Diamantgrün G
P.Gr.4	42000:2	PTM PM	–C$_6$H$_5$	CH$_3$	Malachitgrün
P.Gr.45	–	Kationen von P.Gr.2 (s. S. 558) mit CF$^{\ominus}$ [4]			

3.8 Triarylcarbonium-Pigmente

Tab. 33 (Fortsetzung)

Pigmente der allgemeinen Formel 124:

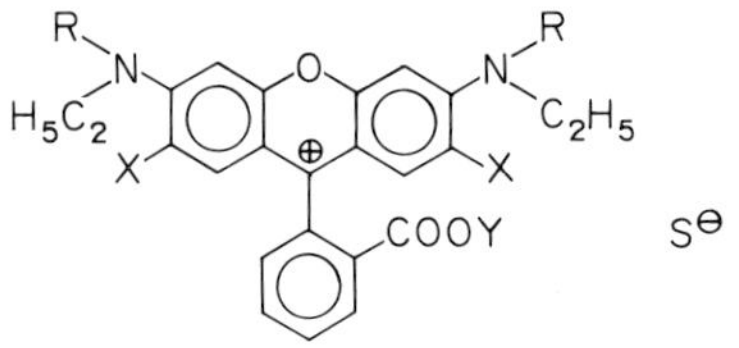

$$\text{[Structure: xanthene-based cation with } R_2N\text{-groups, } H_5C_2, X, \text{COOY substituents, } S^{\ominus} \text{ counterion]}$$

C.I. Name	Formel-Nr.	$S^{\ominus}$	R	X	Y	Trivialname des zugehörigen Farbstoffs
P.R.81	45160:1	PTM	H	CH_3	C_2H_5	Rhodamin 6G (Basic Red 1)
P.R.81:1	45160:3	STM	H	CH_3	C_2H_5	Rhodamin 6G
P.R.81:x	45160:x	PM	H	CH_3	C_2H_5	Rhodamin 6G
P.R.81:y	45160:y	SM	H	CH_3	C_2H_5	Rhodamin 6G
P.R.169	45160:2	CF	H	CH_3	C_2H_5	Rhodamin 6G
P.V.1	45170:2	PTM	C_2H_5	H	H	Rhodamin B (Basic Violet 10)
P.V.2	45175:1	PTM	C_2H_5	H	C_2H_5	Rhodamin 3B-Ethylester

Pigment der Formel 125:

P. Gr. 2 ist ein Gemisch von

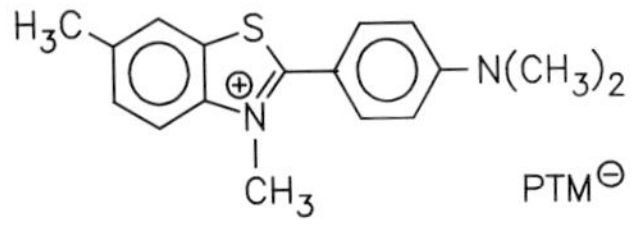

[Struktur: Benzothiazolium-Kation mit H_3C, $N(CH_3)_2$ Substituenten, $PTM^{\ominus}$]   und P.Gr.1, 42040:1

P.Y.18, 49005:1 („Thioflavin")

Einzelne Pigmente

Pigmente der allgemeinen Formel 123

Pigment Violet 3

Der Farbton des Pigmentes ist ein sehr blaustichiges Violett, das wesentlich blauer als das von P.V.1 und P.V.2 ist. Im Vergleich mit P.V.27 sind viele Echtheiten besser, beispielsweise die Lichtechtheit, die bei Buchdruck-Andrucken in 1/3 ST um nahezu 1 1/2 Stufen der Blauskala höher ist. Haupteinsatzgebiet ist auch für dieses Pigment der Druckfarbenbereich, wo es besonders im Flexo- und Verpakkungstiefdruck verwendet wird. Auch in öligen Bindemitteln wird P.V.3 eingesetzt. Die bei der Verarbeitung möglichen Probleme sind bei P.V.2 dargelegt. In den USA (lt. US International Trade Commission wurden 1983 dort von P.V.3 190 t PM-Typ und 10 t PTM-Typ produziert) werden auch Flushpasten von P.V.3, beispielsweise in Buchdruckfirnissen oder Mineralöl, angeboten.

Pigment Violet 27

Das in Europa von verschiedenen Herstellern angebotene Pigment ist im Farbton P.V.39 ähnlich, d.h. es handelt sich ebenfalls um ein sehr blaustichiges, reines Violett. Es ist farbstärker und damit wirtschaftlicher einzusetzen. Die Echtheiten sind, mitbedingt durch die enthaltene Komplexsäure, zum Teil wesentlich schlechter. So ist die Beständigkeit gegen viele organische Lösemittel um wenigstens eine Stufe der 5stufigen Bewertungsskala geringer (s. 1.6.2.1). Ähnliche Ergebnisse liegen für die Beständigkeit von Drucken vor, die auch im Vergleich mit den wesentlich röteren Violettmarken des Typs P.V.1 und P.V.2 wesentlich schlechter sind. Während beispielsweise Drucke mit P.V.1 oder P.V.2 gegen Wasser einwandfrei beständig sind, färben solche mit P.V.27 angefeuchtetes Filterpapier deutlich an (s.1.6.2.2) und sind im Gegensatz zu P.V.1 auch nicht säurebeständig. P.V.27 zeigt sehr gute Echtheiten gegen aliphatische und aromatische Kohlenwasserstoffe. Das Pigment ist zum Nuancieren und Schönen von Schwarzfarben geeignet. Aufgrund seiner Echtheiten kommt P.V.27 dagegen für den Verpakkungstief- oder Flexodruck auf NC-Basis nicht in Betracht. In wäßrigen Flexodruckfarben wird es verwendet. Kupferferrocyanid als Komplexsäure bewirkt in öligen Bindemitteln, wie Buch- und Offsetdruckfarben, eine katalytische Beschleunigung der Trocknung, die zu Hautbildung und Eindicken der Druckfarben oder auch zur Vergilbung der Drucke führt, weshalb es für diese Druckfarben nur bedingt geeignet ist.

Pigment Violet 39

Im Handel sind hiervon Typen mit Phosphorwolframmolybdänsäure und mit Phosphormolybdänsäure. Die PM-Version stellt dabei wegen etwas höherer Farbstärke eine wirtschaftlichere Alternative dar. Beide Typen sind im Farbton gleich. Es ist ein sehr reines, blaustichiges Violett, das mit Pigmenten anderer Klassen nicht einzustellen ist. Gegenüber dem Standardpigment für diesen Farbtonbereich, nämlich Dioxazinviolett, ist es noch wesentlich blaustichiger und merklich reiner. Beim Belichten dunkelt das Pigment. Die Lichtechtheit von Buchdruck-Andrucken in 1/3 ST ist mit Stufe 3-4 anzugeben.

P.V.39 findet bevorzugt in Schmuckfarben Verwendung, ist aber auch als Nuancierkomponente in anderen Farben von Interesse. Die bei der Verarbeitung in verschiedenen Bindemitteln möglichen Störungen sind bei P.V.2 erwähnt. In NC-Druckfarben tritt bei Lagerung keine Farbtonänderung auf.

Pigment Blue 1

Das von mehreren Herstellern angebotene Pigment ergibt reine rotstichige Blaunuancen, die im Farbton zwar mit Pigmenten anderer chemischer Klassen, wie einer Kombination von α- oder ε-Phthalocyaninblau und Dioxazinviolett nachgestellt werden können, diese aber nicht in der Brillanz erreichen. Im Handel sind PM-, PT-, PTM- und SM-Typen des Pigmentes. PM- und SM-Typen sind farbstärker, aber nicht so farbtonrein wie PT- und PTM-Marken. Je höher der PT-Gehalt der Pigmente steigt, desto reiner wird der Farbton, um so geringer aber wird die Farbstärke. Das Echtheitsniveau von P.Bl.1 entspricht weitgehend dem der anderen Typen dieser Pigmentklasse; so sind sie sehr unbeständig gegen polare Lösemittel, wie Alkohole, Ketone und Ester. Die Lichtechtheit ist vergleichsweise gut. In Buchdruck-Andrucken in 1/3 ST entspricht sie etwa Stufe 4 der Blauskala, wobei es deutlich nachdunkelt.

Das Pigment findet aufgrund seiner coloristischen Eigenschaften in großem Maße in Schmuckfarben Verwendung. In öligen Bindemitteln, d. h. in Buch- und Offsetdruckfarben, ist dabei nicht mit Problemen zu rechnen. Auch im Illustrationstiefdruck auf Toluolbasis für Zeitschriften oder im Verpackungsdruck auf NC-Basis wird es vielfach eingesetzt. Die bei der Verwendung in diesem Bindemittel möglichen Störungen wurden bei P.V.2 erwähnt. Daneben wird P.Bl.1 in Papier, Tapeten, Schreibmaschinenbändern usw. eingesetzt. Die Dispergierbarkeit läßt dabei oft zu wünschen übrig.

Pigment Blue 2

Das Pigment wird z.Z. nur in den USA produziert. Auf dem Markt sind PM- und PT-Typen. Sie sind grünstichiger als P.Bl.1-Marken. Ihre Marktbedeutung ist wesentlich geringer als die von P.Bl.1.

Pigment Blue 9

Auch dieses Pigment wird nur noch auf dem nordamerikanischen Markt, und zwar in Form der PM- und PTM-Typen angeboten. Die PM-Typen sind dabei stärker als die PTM-Marken, zeigen aber keine so hohe Farbtonreinheit.

Die Nuance von P.Bl.9 entspricht dem Farbton Cyan des 3- bzw. 4-Farbendrucks (s. 1.8.1.1). Die Bedeutung des Pigmentes nimmt weiter ab, da die im Farbton naheliegende β-Modifikation des Kupferphthalocyaninblaus anwendungstechnische und wirtschaftliche Vorteile bietet. P.Bl.9 wird noch bei der Papierfärbung, im Textildruck und in Zeichenstiften eingesetzt.

Pigment Blue 10

Das Pigment wird nur in Ostasien lokal angetroffen und ist technisch ohne Bedeutung.

Pigment Blue 14

Das Pigment wird ebenso wie P.Bl.2 und P.Bl.9 nur in den USA produziert. Auch dort konnte es nur geringe Bedeutung erlangen. Auf dem Markt sind PM- und PTM-Typen. Sie ergeben sehr rotstichige Blaunuancen.

Pigment Blue 62

Das Pigment entspricht im Farbton den unter P.Bl.1 geführten PTM- und PM-Typen. Auch P.Bl.62 zeigt hohe Farbstärke. Es ist nicht so farbtonrein wie die anderen Salze, aber wirtschaftlicher in der Anwendung. Die Lichtechtheit von P.Bl.62 ist schlechter; bei Buchdruck-Andrucken in 1/3 ST erreicht sie nicht ganz Stufe 3 der Blauskala, beim Belichten ist auch hier ein Nachdunkeln festzustellen. Die Beständigkeit gegen verschiedene organische Lösemittel ist meistens etwas schlechter. Das gleiche trifft für die Drucke zu. P.Bl.62 dient hauptsächlich zum Nuancieren von Illustrationstiefdruckfarben sowie im wäßrigen Flexodruck. Für NC-Druckfarben ist es nicht zu empfehlen. In öligen Druckfarben, beispielsweise Offsetdruckfarben, ist es wegen seiner Neigung zur katalytischen Beschleunigung der Trocknung nur bedingt geeignet. Auch im Büroartikelsektor wird es eingesetzt.

Pigment Green 1

Im Vergleich mit anderen Triarylcarbonium-Pigmenten mangelt es P.Gr.1 an Brillanz. Der Farbton läßt sich durch verschiedene Kombinationen von Pigmenten anderer chemischer Klassen, wie solchen aus Kupferphthalocyaninblau- oder -grünmarken mit Monoazogelbpigmenten, nachstellen, wobei sogar noch brillantere Farbtöne erhalten werden. Vorteil ist die hohe Farbstärke von P.Gr.1, zugleich auch der Grund für die Verwendung anstelle solcher Pigmentkombinationen.

Die Lichtechtheit von P.Gr.1 entspricht etwa der der Blau-Typen. Belichtete Buchdruck-Andrucke in 1/3 ST sind mit Stufe 3 der Blauskala zu bewerten, wobei der Farbton beim Belichten stark nachdunkelt. Geeignet ist P.Gr.1 für ölige Bindemittel, Illustrationstiefdruck und für NC-Druckfarben. Die beim Einsatz des PM-Typs möglichen Störungen sind bei P.V.2 genannt.

Pigment Green 4

Das Pigment wird in den USA hergestellt, hat aber nur geringe Bedeutung. Auf dem Markt sind PM- und PTM-Typen. Ihr Farbtonbereich liegt zwischen denen von P.Gr.1 und P.Gr.2. P.Gr.4 entspricht hinsichtlich seiner Echtheiten den anderen Grünpigmenten dieser Klasse.

Pigment Green 45

Die chemische Konstitution des basischen Farbstoffes und der Komplexsäure von P.Gr.45 sind bisher nicht veröffentlicht. Das Pigment ergibt gelbstichige Grünnuancen, die im Farbtonbereich von P.Gr.36, dem bromierten Kupferphthalocyanin-Pigment, liegen. Der Farbton läßt sich auch durch Kombinationen von Pigmenten anderer Klassen, z.B. den grünstichigen Monoazogelbpigmenten des Typs P.Y.98 oder P.Y.74 und der β-Modifikation des Kupferphthalocyaninblaus, einstellen. Der Farbton solcher Kombinationen ist dabei von ähnlicher Brillanz wie bei P.Gr.45. Vorteil des Pigmentes ist seine hohe Farbstärke. Auch guter Glanz und hohe Transparenz sind den Drucken mit P.Gr.45 eigen. Das Pigment wird besonders für Offset- und wäßrige Druckfarben empfohlen, jedoch auch in lösemittelhaltigen, beispielsweise NC-Druckfarben eingesetzt.

Pigmente der allgemeinen Formel 124

Pigment Red 81/81:1/81:x/81:y

P.R.81 ergibt eine sehr reine blaustichige Rotnuance. Sie entspricht dem Farbton Purpurrot der Farbskala für den Buchdruck nach DIN 16508 und für Offset nach DIN 16509; der Farbton läßt sich durch andere Pigmente nicht erzielen (s. 1.8.1.1). Im Farbton nahestehende Pigmente, wie P.R.147, erreichen nicht annähernd die Farbtonreinheit. Der Farbton Magenta der europäischen Farbskala für den Buchdruck (DIN 16538) bzw. den Offsetdruck (DIN 16539) ist etwas gelbstichiger. Für solche Druckfarben werden außerdem bestimmte Lösemittelechtheiten als Voraussetzung für die Lackierbarkeit gefordert, die bei P.R.81 nicht gegeben sind. Besonders die Beständigkeit gegen polare Lösemittel, wie Alkohole, Ketone und Ester oder auch gegen das Lösemittelgemisch nach DIN 16524 ist als mangelhaft zu bezeichnen. Gegen aliphatische und aromatische Kohlenwasserstoffe sind Drucke mit P.R.81 allerdings sehr gut beständig, auch gegen Paraffin, Butter und viele andere Fette, sie sind aber nicht ganz sterilisierecht. Wie bei anderen Vertretern dieser Klasse sind die Drucke auch nicht gegen Alkali und Seife beständig, aber nahezu säureecht.

P.R.81 ist farbstark, wobei sich die PTM-Typen – wie in anderen Fällen – am günstigsten erweisen. Beim Belichten dunkelt das Pigment im allgemeinen deutlich nach. Die Lichtechtheit von Buchdruck-Andrucken in 1/3 ST entspricht Stufe

4 der Blauskala. Sie kann erheblich beeinträchtigt werden, wenn das Pigment an der Oberfläche durch polare Lösemittel, wie Ester, Ketone, niedermolekulare Alkohole oder Glykolether, angelöst wird. Alkali wirkt ähnlich.

Das Pigment wird besonderes im 3- bzw. 4-Farbendruck nach verschiedenen Druckverfahren verwendet. In den USA werden Pigmente dieses Typs daher als „Process Reds", d. h. Skalenrots, bezeichnet (lt. US International Trade Commission wurden 1988 165 t Handelsmarken davon in den USA produziert). In NC-Druckfarben kann es bei der Dispergierung der SM-Typen mit Stahlkugeln oder auch bei Lagerung der Farbe in Stahlbehältern sowie durch höhere Temperatur zu katalytischer Bindemittelzersetzung und Pigmentschädigung kommen, die ihren Niederschlag in Farbtonverschiebung und Viskositätsanstieg findet.

Pigment Red 169

Das Pigment ist in Farbton und Echtheiten den P.R.81-Typen recht ähnlich. P.R.169-Marken werden daher ebenso im Buch- und Offsetdruck für den Farbton Purpurrot im 3- bzw. 4-Farbendruck nach der sogenannten DIN-Skala (s.1.8.1.1) verwendet. Auch im Illustrationstiefdruck auf Toluolbasis wird P.R.169, z.T. in Kombination mit P.R.57:1 in größerem Maße eingesetzt. Die Beständigkeit gegen Toluol ist bei einer Reihe von Handelsmarken allerdings schlechter als die von P.R.81. P.R.169 wird auch besonders in wäßrigen Flexodruckfarben verwendet.

Aufgrund des salzartigen Aufbaus dieser Pigmente kann es in verschiedenen Systemen zu Schwierigkeiten bei der Verarbeitung in der Druckfarbe oder im fertigen Druck kommen. Die meisten Schwierigkeiten sind bei P.R.169 und CF-Typen anderer basischer Farbstoffe im wesentlichen auf das als Komplexsäure enthaltene Kupferferrocyanid zurückzuführen. Dieses kann in Offset- und anderen oxidativ trocknenden Druckfarben eine katalytische Beschleunigung der Trocknung bewirken, die zum Eindicken der Farbe, zur Hautbildung und zum Vergilben der Drucke führt. In Polyamid-Firnissen verursacht P.R.169 infolge katalytischer Zersetzung des Harzes Kleben der Drucke und starke Geruchsbildung. Eine ungeeignete Einstellung des pH-Wertes bzw. dessen Verschiebung in wäßrigen Systemen führen oftmals zum Eindicken der Druckfarben und zu coloristischen Veränderungen. Stark saure Bindemittel vermögen mit dem Pigment bzw. der Farbstoffkomponente chemisch zu reagieren und ebenfalls zu Farbveränderungen zu führen. Meist ist hiermit starke Flockung verbunden. Häufig kommt es auch in NC-Druckfarben zu Störungen, und zwar infolge Nitrosierung des Farbstoffes durch die Bildung nitroser Gase; dies führt zu Gasentwicklung und teilweise zu erheblicher Farbtonverschiebung verbunden mit Farbstärkerückgang. Die Hersteller der Pigmente geben im Einzelfall Hinweise zur Vermeidung der Störungen.

Pigment Violet 1

P.V.1 ist weit verbreitet, es steht coloristisch und in den Echtheiten P.V.2 sehr nahe. Bei sehr ähnlichem Farbton ist es allerdings meist farbstärker und noch brillanter, farbtonreiner. Die Lichtechtheit ist im Vergleich mit P.V.2-Marken aber um ca. 1/2 Stufe der Blauskala geringer. Auch die Beständigkeit gegen organische Lösemittel oder die Gebrauchsechtheiten, wie Seifen- und Butterechtheit der Drucke, fallen bei P.V.1-Handelsmarken mehr oder weniger stark ab. Die Einsatzmöglichkeiten für dieses Pigment entsprechen dem der anderen Violett-Marke.

Pigment Violet 2

Marken dieses Typs zeichnen sich durch eine vergleichsweise hohe Lichtechtheit aus, die in Buchdruck-Andrucken in 1/3 ST unter standardisierten Bedingungen bezüglich Schichtdicke und Bedruckstoff Stufe 5 der Blauskala entspricht. Wie bei anderen Typen dieser Pigmentklasse kann diese Lichtechtheit besonders durch polare Lösemittel, wie niedere Alkohole, Ester und Ketone, stark beeinträchtigt werden. Auch Alkali wirkt in ähnlicher Weise. Lösemittel und Alkalien vermindern darüber hinaus die Migrations- bzw. Überlackierechtheit. Die Beständigkeit der PTM-Typen gegen polare Lösemittel ist dabei noch merklich schlechter als die von Pigmenten anderer Komplexsäuren. Das Pigment ist unter den in der Norm festgelegten Prüfbedingungen säureecht (s. 1.6.2.2).

Der Farbton ist ein sehr blaustichiges Rot, ein Violett, von sehr hoher Reinheit. Mit Pigmenten anderer chemischer Konstitution läßt sich die hohe Brillanz von P.V.2 nicht erreichen. Es ist besonders farbstark.

P.V.2 wird in der Druckfarbenindustrie für Schmuckfarben und zum Nuancieren verwendet, für Skalenfarben ist es viel zu blaustichig.

Bei der Anwendung des Pigmentes kann es ähnlich wie bei anderen PTM-Typen oder auch bei Phosphormolybdän- oder Siliciummolybdänsäure enthaltenden Pigmenten in verschiedenen Bindemitteln zu Störungen bei der Verarbeitung bzw. im fertigen Druck kommen. So kann bei Polyamid enthaltenden Drucken auf Polyolefin-Folien Migration des Farbstoffes durch die Folie erfolgen, was auf geringe Anteile von unverlacktem Farbstoff im Pigment zurückzuführen ist. In NC-Druckfarben kann Kontakt der Druckfarbe mit Stahl, beispielsweise durch die Verwendung von Stahlkugeln bei Herstellung oder Transport der Farbe in Stahlbehältern, katalytische Zersetzung der Nitrocellulose und Beeinträchtigung des Pigmentes bewirken. Daraus können neben einem Viskositätsanstieg der Druckfarbe coloristische Veränderungen in Transparenz, Farbstärke und Farbton resultieren. Höhere Temperatur vermag ähnliche Wirkung auszulösen bzw. die Wirkung von Stahl zu unterstützen. Zu starke Alkalität in wäßrigen Systemen kann die Zerstörung der Pigmente nach sich ziehen, die ebenfalls mit coloristischen und rheologischen Änderungen verbunden ist. Die Wechselwirkung solcher Pigmente mit polaren Lösemitteln hat oftmals auch Änderungen des Farbtones und der rheologischen Eigenschaften zur Folge, die bis zum Eindicken führen oder sich in einem Absetzen äußern können. Schließlich sind bei Verwendung von Mischungen dieser Pigmente in flüssigen Druckfarben Wechselwirkungen der verschiedenen Typen bekannt, die zur Bildung von Bodensatz führen und auch coloristische Änderungen hervorrufen. Für solche Störungen werden von den Pigmentherstellern Vorschläge zur Behebung gemacht.

Pigment der allgemeinen Formel 125

Pigment Green 2

Das Pigment ergibt gelbstichige Grünnuancen; sie sind wesentlich gelber als die von P.Gr.1. Ähnlich P.Gr.1 mangelt es auch P.Gr.2 an Brillanz, dem wesentlichen coloristischen Merkmal der anderen Vertreter dieser Pigmentklasse. Der Farbton läßt sich ebenfalls durch Mischungen anderer organischer Pigmente, beispielsweise Phthalocyaningrün- und Monoazo- oder Diarylgelbpigmente, nachstellen. Hervorzuheben ist aber die hohe Farbstärke. P.Gr.2 hat in den letzten Jahren erheblich an Bedeutung verloren und wird z.Z. noch in den USA angeboten. Im Handel befinden sich dort Marken des PTM- und des PM-Typs. Die Echtheiten entsprechen denen anderer Vertreter dieser Typen, die Lichtechtheit ist gut; der Farbton dunkelt beim Belichten.

Literatur zu 3.8

[1] Kh. Ringel et al., Zh. Org. Chim. 18 (1982) 1018–1022.
[2] Hoechst, DE-AS 1 919 724 (1969).
[3] H. Schmelzer, XIII. Congr. FATIPEC, Juan les Pins 1976, Kongreßbuch, S. 572–574.
[4] J.D. Sanders, Pigments for Inkmakers, SITA Technology, London, 1989.

4 Verschiedene Pigmente

In diesem Abschnitt sind organische Pigmente aufgeführt, die sich entweder aufgrund ihrer unterschiedlichen chemischen Struktur nicht in andere Kapitel dieses Buches eingliedern lassen oder deren unbekannte chemische Konstitution keine Einordnung an anderer Stelle zuläßt.

4.1 Chinophthalon-Pigmente

4.1.1 Chemie und Herstellung

1882 verschmolz E. Jacobsen Phthalsäureanhydrid mit Chinolinbasen aus Steinkohlenteer, die auch Chinaldin (**136**) enthielten und gewann Chinophthalon (**137**). Chinophthalone spielen, mit Sulfon- oder Carbonsäuregruppen substituiert, als anionische, mit basischen, quartären Stickstoff enthaltenden Seitenketten als kationische Farbstoffe, insbesondere aber als Dispersionsfarbstoffe eine Rolle [1].

Auch heute noch wird **137**, der Grundkörper der hier beschriebenen Pigmentgruppe, durch Verschmelzen oder besser durch die Reaktion von Chinaldin mit Phthalsäureanhydrid in inerten hochsiedenden organischen Lösemitteln bei 200 bis 220 °C gewonnen.

4.1 Chinophthalon-Pigmente

Die Aufklärung der Struktur erfolgte durch Eibner 1904 bis 1906, aber erst durch IR- und kernmagnetische Resonanz-(NMR-)Spektroskopie konnte die Ursache für die Farbigkeit der Moleküle mit dem Beweis der Keto-Enol-Tautomerie unter gleichzeitiger Wasserstoffbrückenbildung gesichert werden (Formeln 137a ⇌ 137b) [2].

Für den üblichen Einsatz sind die Chinophthalonmoleküle zu löslich in den verschiedenen Medien. Eine Verbesserung der Lösemittel- und Migrationsechtheit kann durch Vergrößerung des Moleküls erreicht werden. Möglichkeiten dafür sind:
– Einführen von geeigneten Substituenten
– Kondensation von Chinaldinen mit Pyromellithsäuredianhydrid anstelle von Phthalsäureanhydrid
– Verdopplung des Moleküls über Diamidbrücken

Auf diese Weise erhält man gelbe bis rote Verbindungen, die nunmehr als Pigmente Verwendung finden können.

Geeignete Substituenten sind Acylaminogruppen, vor allem aber Halogenatome wie Chlor oder Brom. Die Herstellung halogensubstituierter Verbindungen geht vorwiegend vom tetrahalogensubstituierten Phthalsäure- oder Naphthalin-2,3-dicarbonsäureanhydrid und dessen Umsatz mit Chinaldin (oder Derivaten) aus. In einer Patentschrift wird der Umsatz von 8-Aminochinaldin mit der doppelt molaren Menge von Tetrahalogenphthalsäureanhydrid in inerten Lösemitteln in Gegenwart von Zinkchlorid beschrieben [3]. Auf diese Weise führt man acht Halogenatome in das Molekül ein (**138**). Man erhält grünstichig-gelbe Pigmente:

Pigment Yellow 138, 56300 weist Formel **138** mit X:Cl auf [4].

Eine andere Arbeit beansprucht den Umsatz von 8-Chlor-5-aminochinaldin mit gegebenenfalls halogeniertem Phthalsäureanhydrid [5]. Berücksichtigt wird bei diesen Arbeiten, daß Halogensubstitution im Phthalimidring die Lichtechtheit verbessert, im Benzolring des Chinaldinsystems dagegen verschlechtert. Neben der OH-Gruppe in 3'-Stellung dient auch die 4'-OH- oder die 4'-Acylaminogruppe der Steigerung der Lichtechtheit. Bei Kondensation von 3-Hydroxychinaldin oder Derivaten mit Pyromellithsäuredianhydrid erhält man Bis-chinophthalone (**139**), die als sehr gut lichtechte Pigmente mit gelben, roten oder braunen Farbtönen verwendbar sind.

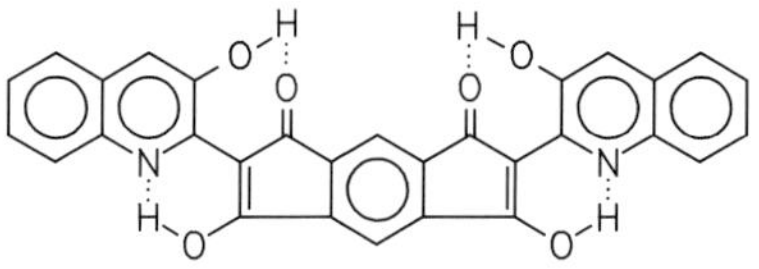

4.1.2 Eigenschaften, Anwendung 569

139

Die Verdopplung des Chinophthalonmoleküls kann auch durch Kondensation von zwei Äquivalenten 3-Hydroxy-chinophthaloncarbonsäurechlorid mit aromatischen Diaminen erfolgen [6]. Man erhält orangefarbene Pigmente (**140**). Das Säurechlorid gewinnt man aus 3-Hydroxychinaldin-4-carbonsäure und Benzol-1,2,4-tricarbonsäure.

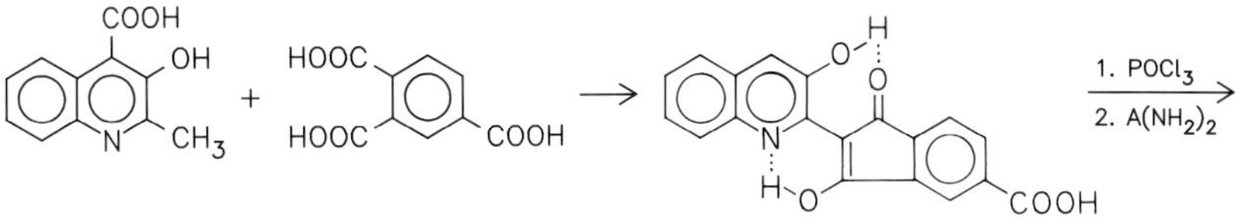

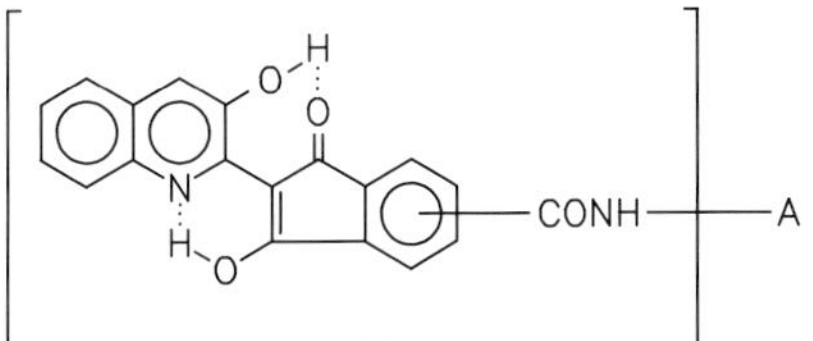

140

A: bifunktioneller aromatischer Rest

4.1.2 Eigenschaften, Anwendung

Im Handel werden von Chinophthalonen bisher nur wenige Pigmentmarken angetroffen. Die Pigmente haben gelbe bis rote Farbtöne und werden vor allem zur Pigmentierung von Lacken und Kunststoffen verwendet.

Pigment Yellow 138

Bei Chinophthalon-Pigmenten dieses Typs (**138**) handelt es sich um grünstichige Gelbmarken mit sehr guter Licht- und Wetterechtheit sowie guter Hitzestabilität. Einsatz finden sie hauptsächlich im Lackbereich und in der Kunststoffeinfärbung.
Die meisten Handelsmarken zeigen entsprechend ihrer niedrigen spezifischen Oberfläche von ca. 25 m^2/g gutes Deckvermögen und kommen dementsprechend besonders für deckende Färbungen in Frage. Sie konkurrieren hier mit deckenden

Gelbpigmenten anderer Pigmentklassen, die zwar farbschwächer, dafür teilweise noch deckender und farbtonreiner sind. Die Fließfähigkeit bei erhöhter Pigmentkonzentration im Lack ist gut. Das Pigment ist gegen viele organische Lösemittel, wie Alkohole, Ester, Ketone oder aliphatische und aromatische Kohlenwasserstoffe, ganz oder nahezu beständig. Die Überlackierechtheit in ofentrocknenden Systemen ist bei praxisüblichen Einbrenntemperaturen einwandfrei, bis 200°C ist es dabei thermostabil.

Die Wetterechtheit von P.Y.138 ist im Vollton und volltonnahen Bereich sehr gut, fällt aber mit zunehmendem Aufhellungsgrad rasch ab. Der Farbton wird in vollen Tönen beim Bewettern deutlich reiner. In bestimmten Bindemitteln neigt das Pigment bei höherer Pigmentkonzentration zum Kreiden.

P.Y.138 wird bevorzugt im Industrielackbereich bis hin zu Nutzfahrzeuglacken, sowie in Autoreparatur- und -serienlacken eingesetzt. In diesen Lacken ist es säure- und alkalibeständig. In Fassadenfarben auf alkalischem Untergrund ist es aber alkaliempfindlich.

Handelsmarken mit etwas höherer spezifischer Oberfläche sind transparenter; ihre coloristischen Eigenschaften sind graduell verändert. Sie sind farbstärker und noch etwas grüner, Fließverhalten sowie Licht- und Wetterechtheit sind etwas ungünstiger.

Im Kunststoffbereich liegt ein weiterer Schwerpunkt des Einsatzes von P.Y.138. Es zeigt hier gute bis mittlere Farbstärke. Zur Einfärbung von HDPE in 1/3 ST (1% TiO_2) sind etwa 0,2% Pigment erforderlich. In solchen Färbungen, aber auch im Vollton, ist das Pigment bis 290°C thermostabil. Bei Färbungen in 1/25 ST sinkt die Hitzestabilität auf 250°C ab. In diesem und anderen teilkristallinen Kunststoffen nukleiert das Pigment, d.h. es beeinflußt das Schwindungsverhalten des Polymers im Spritzguß. Der Einfluß geht allerdings mit zunehmender Verarbeitungstemperatur deutlich zurück. Die Lichtechtheit erreicht im Vollton Werte von 7-8, in Aufhellungen von 1/3 ST Stufe 6-7 der Blauskala. P.Y.138 kommt auch für die Einfärbung von Polystyrol, ABS und verschiedenen anderen Kunststoffen, wie Polyurethanschaum, in Betracht. Es werden eine ganze Anzahl von Pigmentpräparationen für die verschiedenen Einsatzgebiete des Lack- und Kunststoffbereiches angeboten, in denen das Pigment bereits in vordispergierter Form vorliegt.

4.2 Diketo-pyrrolo-pyrrol-(DPP)-Pigmente

4.2.1 Chemie und Herstellung

In den frühen achtziger Jahren wurde bei Ciba-Geigy ein neuer Typ heterocyclischer Pigmente entdeckt, der auf einem symmetrischen Chromophor, dem 1,4-Diketo-pyrrolo-(3,4c)-pyrrol-System (**141**) beruht:

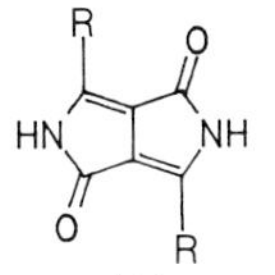

4.2.1 Chemie und Herstellung 571

141

1974 wurde an anderer Stelle [7] beim Versuch, ein 2-Azetinon durch Reaktion von Benzonitril mit Bromessigsäure in Gegenwart von Zinkstaub zu erhalten, in geringer Ausbeute **141** (R = C$_6$H$_5$) gebildet:

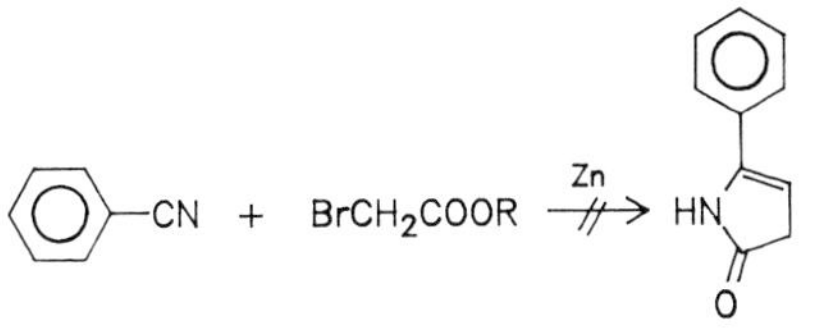

Diese Untersuchungen wurden von Ciba-Geigy aufgegriffen und systematisch zu einer Gruppe hochechter roter Pigmente, den Diketo-pyrrolo-pyrrol-Pigmenten (DPP-Pigmenten) ausgearbeitet [8, 9], nachdem man für **141** eine extreme Unlöslichkeit festgestellt hatte.

Zur Herstellung der DPP-Pigmente wird Bernsteinsäureester in Gegenwart von Natriummethylat in Methanol mit Benzonitrilen umgesetzt:

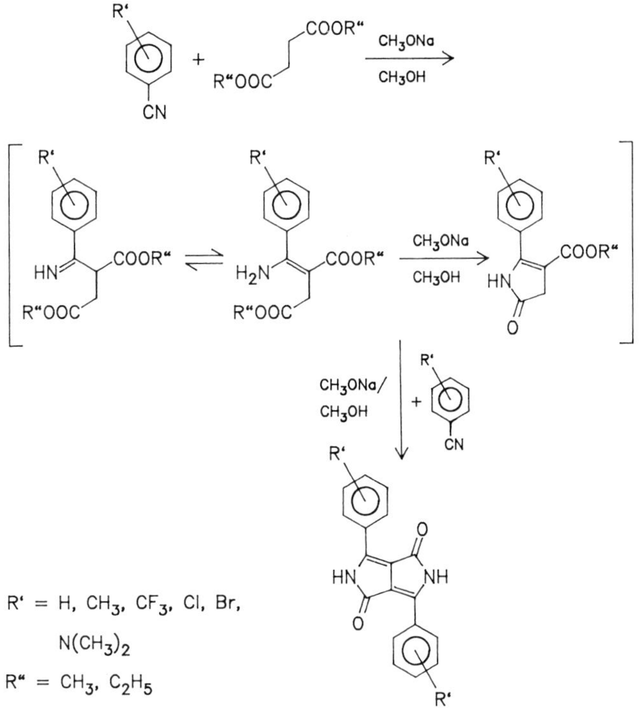

R' = H, CH$_3$, CF$_3$, Cl, Br, N(CH$_3$)$_2$
R" = CH$_3$, C$_2$H$_5$

Ohne Isolierung der im Reaktionsablauf gebildeten Zwischenstufen verläuft die Synthese als Einstufenprozeß in sehr guten Ausbeuten.

Man erhält je nach Bedeutung von R (CH_3, CF_3, Cl, Br, $N(CH_3)_2$) rotstichiggelbe bis blaustichig-violette Pigmente mit hervorragender Licht- und Wetterechtheit und sehr guter Migrationsechtheit. Bei Einsatz zweier unterschiedlich substituierter Benzonitrile erhält man eine Mischung des symmetrischen mit den beiden unsymmetrisch substituierten Diphenyl-DPP-Pigmenten (Mischsynthese).

Durch Kontrolle der Teilchengröße während oder nach der Synthese lassen sich Pigmente in transparenter oder deckender Form herstellen. Feinteiliges Pigment läßt sich z.B. durch Zusatz geringer Mengen von m-Phthalonitril erreichen. Andere Möglichkeiten der Beeinflussung der Teilchengröße bestehen bei der thermischen Nachbehandlung nach der Hydrolyse, wobei Lösemittel und pH variiert werden können.

4.2.2 Eigenschaften, Anwendung

Auf dem Markt wurden bis vor kurzem nur Vertreter dieser neuen Pigmentklasse mit der chemischen Konstitution von P.R.254 angetroffen. Neue Typen werden z.Z. in den Handel gebracht.

Pigment Red 254, 56110

Das vor einigen Jahren auf den Markt gekommene Pigment hat aufgrund seiner guten coloristischen und anwendungstechnischen Eigenschaften, sowie vor allem seiner Echtheiten in kurzer Zeit breiten Einsatz in hochwertigen Industrielacken, besonders in Autoserien- und Autoreparaturlacken gefunden. Die wichtigste Handelsmarke ergibt im Volltonbereich mittlere, in Aufhellungen etwas blaustichige Rottöne und weist gutes Deckvermögen auf; sie wird bevorzugt in Unilackierungen verwendet, wenn bleichromatfreie Lackformulierungen angestrebt werden. Häufig wird es dabei aus wirtschaftlichen Gründen gemeinsam mit der coloristisch ähnlichen, hinsichtlich der Wetterechtheit jedoch etwas unterlegenen deckenden Version von P.R.170 eingesetzt. Kombinationen beispielsweise mit Chinacridonen dienen zur Einstellung blaustichiger Rottöne.

P.R.254 zeigt eine sehr gute Beständigkeit gegen organische Lösemittel. Es ist daher in ofentrocknenden Lackierungen ausblüh- und ausblutbeständig. Die Lichtechtheit erreicht im Vollton und volltonnahen Bereich Stufe 8 der Blauskala. Auch die Wetterechtheit ist sehr gut – eine Voraussetzung für den bevorzugten Einsatz in Autolacken. Die Flockungsbeständigkeit läßt sich durch den Zusatz geeigneter Additive verbessern. Eine diesbezüglich verbesserte Marke von P.R.254 ist seit kurzem auf dem Markt.

P.R.254 kommt auch für die Einfärbung von Kunststoffen, die bei hoher Temperatur verarbeitet werden, in Frage. Hierfür wird eine Spezialmarke angeboten. Sie ist in HDPE in 1/3 ST bei einer Verweilzeit von 5 Minuten bis 300 °C stabil. Sie ist dabei farbstark, der Farbton wesentlich gelber und reiner als der der Lackmarke. Zur Einstellung von Färbungen in 1/3 ST mit 1% TiO_2 sind 0,16% der Spezialmarke erforderlich. Das Pigment beeinflußt die Schwindung des Kunststoffes nur in geringem Maße und kann somit auch für nichtrotationssymmetrische Spritzgußteile, wie Flaschenkästen, verwendet werden. Die Lichtechtheit entspricht in 1/3 ST (1% TiO_2 und transparent) und im Vollton Stufe 7-8 der Blauskala. Auch in Weich-PVC erreicht P.R.254 hinsichtlich der Lichtechtheit Stufe 8 der Blauskala. Es ist farbstark und ausblutecht.

Pigment Red 255

Das Pigment wird z. Zt. in den Handel gebracht. Sein Farbton ist wesentlich gelbstichiger als der von P.R.254. Nach Angaben des Herstellers weist die Handelsmarke entsprechend ihrer spezifischen Oberfläche von 15 m^2/g gutes Deckvermögen auf. Echtheiten und anwendungstechnische Eigenschaften sind sehr gut, die Wetterechtheit von P.R.255 wird sogar besser bewertet als die von P.R.254. Es wird daher ebenfalls für hochwertige Industrie- und Autolacke empfohlen.

Pigment Orange 71

Die Ausgabe dieses DPP-Pigmentes wurde vor kurzem vom Hersteller angekündigt. Nach dessen Angaben handelt es sich um eine Marke mit hoher Farbstärke und guter Transparenz, die speziell für Druckfarben und Abtönpasten empfohlen wird.

Pigment Orange 73

Es ist ein erst jüngst vorgestelltes reines und deckendes Orangepigment, dessen Farbton zwischen dem von P.O.36 und von P.O.62 liegt.

P.O.73 wird vom Hersteller besonders für den Einsatz im Lackbereich empfohlen. Fließverhalten und Überlackierechtheit sind nicht ganz einwandfrei.

DPP-Chinacridon-Mischpigment

Im Handel befindet sich seit kurzem auch eine Marke, die gewissermaßen eine Mischphase von P.R.254 und P.V.19, Gamma-Modifikation, darstellt. Es handelt sich somit nicht um eine mechanische Mischung der beiden Bestandteile. Der Farbton dieser Marke ist wesentlich blauer als der von P.R.254.

Das Mischpigment wird für die Kunststoffeinfärbung empfohlen. Zur Einstellung von HDPE-Färbungen in 1/3 ST (1% TiO_2) sind 0,22% Pigment nötig. Diese Färbungen sind bis 300°C hitzestabil. Transparente Färbungen in 1/3 ST erreichen in diesem Medium eine Thermostabilität bis 250°C. Die Marke ist auch für hochwertige Druckfarben, speziell für Verpackungsdruckfarben von Interesse.

4.3 Aluminiumverlackte Pigmente

Unter dieser Überschrift werden die Aluminiumsalze einiger Carbon- bzw. Sulfonsäuren polycyclischer Farbstoffe beschrieben.

Pigment Red 172, 45430:1

ist das Aluminiumsalz von Tetrajodfluoreszein (**141**):

$$\left[\text{141} \right]_3 \quad 2\,Al^{3\oplus}$$

Die Herstellung des Fluoreszeins (**144**) ist bei Pigment Red 90, S. 562 beschrieben. Die Jodierung erfolgt mit Jod und Kaliumjodat im sauren Milieu, wobei Jodsäure den entstehenden Jodwasserstoff wieder zu Jod reoxidiert:

$$5\,(\mathbf{144}) + 8\,I_2 + 4\,HIO_3 \rightarrow 5\,(\mathbf{141}) + 12\,H_2O$$

Tetrajodfluoreszein, auch Erythrosin genannt, wird mit Aluminiumchlorid in das verlackte P.R.172 überführt.

Das Pigment ist bei Einhaltung bestimmter Reinheitsgebote in der EG als E 127 und in den USA als FD&C Red No. 3 für Lebensmittel, Arzneien und Kosmetika zugelassen. Das blaustichige Rotpigment ist farbschwach. Die anwendungstechnischen Eigenschaften und Echtheiten, wie die Beständigkeit gegen organische Lösemittel, gegen Alkali und Säuren, sowie Lichtechtheit und Hitzestabilität, sind meist ungenügend. Sie verhindern eine technische Anwendung.

Pigment Blue 24:x, 42090:2 (Al) bzw. Pigment Blue 24:1, 42090:1 (Ba)

Das Pigment hat einen trisulfonierten Triphenylmethanfarbstoff als Basis (**142**):

Seine Herstellung erfolgt durch Kondensation von Benzaldehyd-o-sulfonsäure mit 2 Mol N-Ethylbenzylanilin, anschließende Sulfonierung, Oxidation und Überführung in das Ammoniumsalz. Der gelöste Farbstoff wird in einer Suspension von Aluminiumhydroxid mit Aluminiumchlorid- bzw. Bariumchloridlösung in das entsprechende Salz überführt:

$$[142]_3 \cdot 2\ Al^{3\oplus} \quad \text{bzw.} \quad [142]\ Ba$$

Beide verlackte Typen werden in den USA auf dem Markt angeboten.

Pigment Blue 24:x

Das grünstichige Blaupigment ist bei Erfüllung bestimmter Reinheitsanforderungen in den USA als FD&C Blue 1 für Lebensmittel, Arzneimittel und Kosmetika zugelassen. Die Lichtechtheit ist schlecht. Auch Farbstärke und Beständigkeit gegen organische Lösemittel unterscheiden sich nur geringfügig von P.Bl.24:1.

Pigment Blue 24:1

Das Pigment ergibt brillante, grünstichige Blaunuancen. Es ist sehr farbstark. Seine Bedeutung ist zugunsten von Kupferphthalocyaninblau sehr stark gesunken. Es fand früher in großem Umfang als Skalenblau im Drei- bzw. Vierfarbendruck Verwendung. Es ist nicht säure-, alkali- und seifenecht. Die Lichtechtheit ist schlecht. Das Pigment wird für billige Buchdruckfarben sowie im Büroartikelsektor, besonders für Zeichenstifte und billigere Qualitäten von Aquarellfarben verwendet.

Pigment Blue 63, 73015:x

Dieses ebenfalls aluminiumverlackte Pigment hat Indigo als Grundstruktur, das durch Sulfonierung in die Indigo-5,5'-disulfonsäure verwandelt wird. Über Indigo-Synthesen s. z.B. [10].
Durch Umsatz mit Aluminiumtrichlorid erhält man das unlösliche Pigment:

$$\left[{}^{\ominus}O_3S \underset{H}{\overset{O}{\diagup}} \underset{O}{\overset{H}{\diagdown}} SO_3^{\ominus} \right]_3 2 \, Al^{3\oplus}$$

Der Aluminiumlack ist bei Einhaltung bestimmter Reinheitsgebote in der EG als E 132, in den USA als FD&C Blue 2 für Lebensmittel und Medikamente zugelassen. Sein Farbton ist ein blaustichiges Rot. Die Beständigkeit gegen Chemikalien ist mäßig. Auch Überlackierechtheit ist nicht gegeben. Die Lichtechtheit ist schlecht. Das Pigment ist farbschwach.

4.4 Pigmente mit bekannter chemischer Struktur, nicht einzuordnen in andere Kapitel

Die Pigmente dieses Abschnitts werden, nach Farbtönen geordnet, aufgeführt.

Pigment Yellow 101, 48052

Das Pigment hat die Struktur einer Disazomethinverbindung (**143**):

$$\underset{\text{143}}{\text{OH} \quad \text{HO}}$$
CH=N−N=HC

Es ist bereits seit 1899 bekannt und wurde zunächst als fluoreszierender Farbstoff patentiert, später dann für die Massefärbung von Viskose als Pigment eingesetzt.

4.4 Pigmente mit bekannter chemischer Struktur 577

Seine Herstellung geschieht durch Kondensation von 2 Mol 2-Hydroxy-1-naphthaldehyd mit einem Mol Hydrazin:

$$2 \text{ (2-Hydroxy-naphthyl)-CHO} + H_2N-NH_2 \rightarrow 143 + 2 H_2O$$

Das Pigment ergibt grünstichig-gelbe Farbtöne mit ungewöhnlich hoher Brillanz; es ist als Tagesleucht- oder Fluoreszenzpigment zu bezeichnen. P.Y.101 ist in dieser Hinsicht zur Zeit praktisch einmalig unter den auf dem Markt angebotenen organischen Pigmenten. Alle anderen technischen – in diesem Buch nicht beschriebenen – Tagesleuchtpigmente bestehen aus in geeigneten Substraten (Harzen) gelösten Fluoreszenzfarbstoffen, von denen manche durch chemische Reaktion zwischen Farbstoff und Harz gute Migrationsbeständigkeit erreichen. P.Y.101 ist dagegen ein kristallines Farbmittel, das allerdings im Vergleich mit den Farbmitteln auf Harz-Basis geringere Fluoreszenz zeigt. Die optische Wirkung von P.Y.101 und anderen Fluoreszenzfarbmitteln beruht auf selektiver Lichtabsorption und einer zusätzlichen Lumineszenz ohne zeitliche Verzögerung, angeregt durch energiereiche, d. h. UV-Strahlung und/oder kurzwelliges Licht.

P.Y. 101 ist weder säure- noch alkaliecht und auch gegen wichtige organische Lösemittel nicht ganz beständig. Die Lichtechtheit ist mäßig.

Die im Handel befindliche Marke ist sehr transparent und stellt eine Spezialität besonders für Druckfarben dar. Optimale Intensität wird auf hellem, am besten weißem Untergrund erreicht. P.Y.101 wird oft in Kombination mit nicht deckenden Füllstoffen, wie Bariumsulfat, besonders aber in Kombination mit anderen gelben, sowie mit grünen oder roten Pigmenten eingesetzt. Bereits geringe Zusätze von P.Y.101 bewirken eine deutliche Erhöhung der Brillanz von Drucken mit nichtfluoreszierenden Pigmenten.

Weitere Einsatzgebiete sind der Büroartikel- und Künstlerfarbensektor mit Farbstiften, Kreiden, Malfarben u.ä., sowie fluoreszierende Markierungen.

Pigment Yellow 148

Die chemische Struktur des grünstichig-gelben Pigmentes ist im Colour Index unter der Constitution Number 59020 angegeben:

Das Pigment stellt eine Spezialmarke für die Polyamid-Spinnfärbung dar. In der neuesten Lieferliste der Hersteller wird sie nicht mehr genannt und ist somit wohl vom Markt genommen.

Pigment Yellow 182

Diazotierung von Terephthalsäuredimethylester und Kupplung der Diazokomponente auf **146** führt zu P.Y.182 [11]:

Zur Synthese von P.Y.182 wird s-Trichlortriazin im alkalischen Medium mit Acetessigarylamiden behandelt. Die resultierende Verbindung **145** spaltet nach Zusatz von Schwefelsäure bei Raumtemperatur den Acetylrest ab und hydrolysiert zur Kupplungskomponente **146**. Die Ausbeute liegt dabei über 90% [12, 13].

Das erst seit einigen Jahren auf dem Markt befindliche Pigment ergibt etwas rotstichige Gelbnuancen und zeigt meist gute Farbstärke. Die Beständigkeit gegen verschiedene organische Lösemittel, besonders Ketone, wie Methylethylketon und Cyclohexanon, oder Aromaten, wie Toluol und Xylol, ist ungenügend und mit Stufe 2 der 5-stufigen Bewertungsskala (s. 1.6.2.1) zu bewerten. Angestrebte Einsatzgebiete sind das Lackgebiet und die Kunststoffeinfärbung.

P.Y.182 kommt auf dem Lackgebiet besonders für Industrielacke unterschiedlicher Art in Frage, sofern keine allzu hohen Anforderungen hinsichtlich der Wetterechtheit gestellt werden. Licht- und Wetterechtheit nehmen dabei mit zunehmendem TiO_2-Gehalt rasch ab. Das Pigment ist bei üblichen Einbrenntemperaturen, beispielsweise 150°C, nicht ganz überlackierecht. Es wird auch für Dispersionsanstrichfarben empfohlen, kann wegen seiner mangelnden Beständigkeit gegen Alkalien aber nicht auf alkalischen Substraten, wie frischem Putzuntergrund, angewandt werden.

Das Pigment zeigt in Kunststoffen mittlere bis gute Farbstärke. In PVC sind für Färbungen in 1/3 ST mit 5% TiO_2 0,8% Pigment notwendig. In geringen Konzen-

4.4 Pigmente mit bekannter chemischer Struktur 579

trationen blüht es aus, in allen Konzentrationen ist Ausbluten zu beobachten. Es ist nur für Hart-PVC zu empfehlen.

In HDPE ist es in 1/3 ST (1% TiO$_2$) bis 250°C, in 1/25 ST bis 280°C thermostabil. Es zeigt dabei keinen Einfluß auf das Schwindungsverhalten des Kunststoffes. Hier sind für Färbungen in 1/3 ST 0,37% Pigment notwendig. In Polypropylen ist es nicht in Kombination mit Nickel-Stabilisatoren geeignet. In Polystyrol wird es bereits ab 200°C unter starker Farbtonänderung gelöst. Für ABS ist es nicht geeignet.

Pigment Yellow 192

Die Herstellung des Pigmentes erfolgt durch Kondensation von 5,6-Diaminobenzimidazolon mit Naphthalsäureanhydrid in hochsiedendem Lösemittel [12]:

Das Pigment wird erst seit wenigen Jahren auf dem Markt angeboten. Es stellt eine Spezialität für die Polyamid-Spinnfärbung dar. Dort ist es in 1/3 ST mit und ohne TiO$_2$ bis 300°C thermostabil. Dabei ändert es selbst bei sehr geringen Pigmentkonzentrationen den Farbton nicht. Die für den textilen Einsatz relevanten Echtheiten, wie Trockenreinigungs- und Trockenhitze-Fixierechtheit bei 200°C (s. 1.6.2.4) sind einwandfrei. P.Y.192 wird aber auch für andere bei hohen Temperaturen verarbeitete Polymere empfohlen, beispielsweise Polyester, wobei nach Angaben des Herstellers coloristische Veränderungen auch während des Kondensationsprozesses (s. 1.8.3) nicht feststellbar sind. Es ergibt rotstichige Gelbfarbtöne.

Pigment Orange 64

Die chemische Struktur des Pigmentes ist im Colour Index unter der Constitution Number 12760 veröffentlicht:

P.O.64 wird durch Diazotierung von 5-Amino-6-methylbenzimidazolon und anschließende Kupplung der Diazonium-Komponente auf Barbitursäure hergestellt.

580 *4.4 Pigmente mit bekannter chemischer Struktur*

Der Farbton des vor wenigen Jahren auf den Markt gekommenen Pigmentes ist ein gelbstichiges Orange.

Wesentliches Einsatzgebiet ist die Kunststoffeinfärbung. In HDPE ist es in transparenter und deckender Färbung in 1/3 ST bis 300 °C (5 Minuten), in 1/25 ST bis 250 °C thermostabil. Bei höheren Temperaturen wird der Farbton zunehmend gelber. Das Pigment ist nicht nukleierend, d. h. es beeinflußt das Schwindungsverhalten teilkristalliner Polymeren im Spritzguß nicht.

In Weich-PVC ist P.O.64 gut migrationsbeständig; auch hier zeigt es mittlere Farbstärke. Ebenso wird das Pigment in Polystyrol und ähnlichen Kunststoffen eingesetzt und ist auch für die Gummieinfärbung geeignet.

Auf dem Druckfarbengebiet kommt P.O.64 für den Blechdruck in Betracht. Bis 200 °C ist es thermostabil. Die Drucke sind überlackierecht.

Pigment Orange 67

Das Pigment gehört zur Gruppe der Pyrazolochinazolon-Pigmente. Seine chemische Struktur ist im Colour Index unter der Nummer 12915 angegeben; Kupplungskomponente ist der auf S. 505 gezeigte Heterocyclus. Als Diazokomponente dient 2-Nitro-4-chloranilin, die Verbindung liegt in der Hydrazonform vor:

Das Pigment ist erst vor kurzem auf den Markt gekommen. Die im Handel befindliche Marke ist sehr deckend. Haupteinsatzbereich ist die Vollton- oder volltonnahe Lackierung, und zwar besonders, wenn auf die Verwendung von Molybdatorange-Pigmenten verzichtet werden soll. Das Pigment ergibt brillante gelbstichige Orangetöne, die dem RAL-Ton 2004 naheliegen. Die Beständigkeit gegen wichtige organische Lösemittel ist nicht zufriedenstellend, dementsprechend ist in ofentrocknenden Systemen bei praxisüblichen Einbrenntemperaturen, beispielsweise 140 °C, keine Überlackierechtheit gegeben. Es ist aber in „Niedrigtemperatursystemen", die bei ca. 80 bis 100 °C eingebrannt werden, überlackierecht. P.O.67 kommt besonders für lang- und mittelölige Alkydharzsysteme, vor allem Malerlacke und Dispersionsanstrichfarben in Frage. Licht- und Wetterechtheit sind dabei sehr gut. Für Epoxidharzlacke ist es ungeeignet.

P.O.67 wird auch für Druckfarben, besonders für Nl-Flexodruckfarben, empfohlen. Spezialmarken bzw. Pigmentpräparationen hierfür werden angeboten.

Pigment Red 90, 45380:1

Grundlage dieses Pigmentes ist Fluoreszein (**144**), ein gelber Farbstoff mit intensiv grüner Fluoreszenz, 1871 von A.v.Baeyer entdeckt. Es wird durch gemeinsames Erhitzen von Resorcin und Phthalsäureanhydrid in Gegenwart von Zinkchlorid oder konzentrierter Schwefelsäure hergestellt:

144

Durch Bromierung von Fluoreszein in Gegenwart von Natriumchlorat erhält man die rote Tetrabromverbindung, deren Natriumsalz als Eosin bezeichnet wird (Caro 1871). Das Natriumchlorat oxidiert hierbei den entstehenden Bromwasserstoff zu Brom, das wiederum reagieren kann:

$$3\ (\mathbf{144}) + 6\ Br_2 + 2\ NaClO_3 \longrightarrow 3\ [\text{Tetrabromfluoreszein}] + 2\ NaCl + 6\ H_2O$$

Tatsächlich enthält das Bromierungsprodukt auch einige Prozente an Mono- bis Tribromverbindung als Verunreinigung, die aber offenbar für die gute Farbstärke von P.R.90 notwendig ist, da reines Eosin nur ein farbschwaches Pigment ergibt.

Durch Umsetzung der wäßrigen Eosin-Lösung mit Bleinitrat oder Bleiacetat erhält man das blaustichig-rote P.R.90, das sogenannte Phloxin:

582   *4.4 Pigmente mit bekannter chemischer Struktur*

Das bleiverlackte Pigment wird in Japan und den USA hergestellt, die Bedeutung nimmt wegen des Bleigehaltes aber auch dort rasch ab. Sein Farbton ist ein brillantes, mittleres Rot. Es ist farbstark. P.R.90 wird in billigen Buch- und Offsetdruckfarben verwendet. Hierfür standen zeitweise auch Flushpasten des Pigmentes zur Verfügung. Die Drucke zeigen schlechte Beständigkeit gegen organische Lösemittel, besonders gegen Alkohole, Ester und Ketone, und verschiedene Chemikalien, beispielsweise gegen Alkali, Säure und Seifen. Auch Lichtechtheit und Hitzebeständigkeit sind mäßig.

Pigment Red 251

Die chemische Konstitution des zur Klasse der Pyrazolochinazolone zählenden Pigments ist im Colour Index unter der Constitution Number 12925 veröffentlicht [14] (s. auch S. 505).

Das Pigment im gelbstichigen Rotbereich ist seit einigen Jahren auf dem Markt anzutreffen. Im Handel ist eine sehr grobteilige Marke, die gutes Deckvermögen zeigt und besonders für molybdatrotfreie Lackierungen in Frage kommt. Es ist nur bis etwa 80 bis 100°C überlackierecht. P.R.251 kommt besonders für langölige Alkydharzlacke (Malerlacke), für mittelölige Alkydharzsysteme (lufttrocknende Industrielacke, auch solche mit erhöhten Trocknungstemperaturen bis ca. 80°C, beispielsweise Autoreparaturlacke), sowie für Dispersionsanstrichfarben in Frage. Das Pigment ist sehr gut licht- und wetterecht.

Pigment Red 252

Das Pigment gehört ebenfalls zur Klasse der Pyrazolochinazolone und unterscheidet sich von Pigment Red 251 nur durch Substituenten.

Das Pigment ist erst seit wenigen Jahren auf dem Markt, wird aber in der neuesten Lieferliste des Herstellers nicht mehr aufgeführt und ist somit wohl zurückgezogen. Es ergibt gelbstichige bis mittlere Rottöne und wird besonders für Malerlacke empfohlen. P.R.252 weist gegen eine Reihe auf dem Lackgebiet wichtiger organischer Lösemittel sehr mäßige Echtheiten auf und ist daher für ofentrocknende Systeme wenig geeignet. Licht- und Wetterechtheit der auf dem Markt anzutreffenden grobteiligen, d.h. deckenden Type sind etwas besser als die des deutlich gelberen P.O.5.

Pigment Brown 22

Das Braunpigment hat entsprechend der im Colour Index mitgeteilten Constitution Number 10407 folgende chemische Struktur:

4.4 Pigmente mit bekannter chemischer Struktur

[Strukturformel: O_2N-C$_6$H$_3$(NO$_2$)-NH-C$_6$H$_3$(OCH$_3$)-C$_6$H$_3$(OCH$_3$)-NH-C$_6$H$_3$(NO$_2$)-NO$_2$]

Das Pigment ergibt mittlere bis etwas rotstichige Farbtöne. Es wird für die Spinnfärbung, speziell von Polyacrylnitril und Viskose, verwendet.

Hierfür wird es in Form von Pigmentpräparationen angeboten. Es zeigt gute Echtheiten, wie Schweißechtheit, Trockenreinigungsechtheit in Perchlorethylen und Trockenhitzefixierechtheit. Die Lichtechtheit entspricht je nach Farbtiefe Stufe 5 bis Stufe 7 der Blauskala.

P.Br.22 wird in Form von unterschiedlichen Präparationen auch für Industrielacke, Spezialtiefdruckfarben sowie Möbelbeizen angeboten. Es befindet sich nicht in Pulverform im Handel.

Pigment Black 1, 50440

Diesem Pigment, dem sog. Anilinschwarz, liegt eine Indazinstruktur zugrunde:

[Strukturformel des Anilinschwarz-Polymers mit $Cl^{\ominus}$-Gegenion] n: etwa 3

1860 bis 1863 wurde durch Lightfoot der Anilinschwarz-Prozeß auf der Faser ausgearbeitet: Gewebe wird mit Anilin, Anilin-Hydrochlorid und Natriumchlorat in Gegenwart eines Oxidationskatalysators (z. B. Ammoniumvanadat, Kaliumhexacyanoferrat-II) getränkt. Die „Entwicklung" erfolgt bei 60 bis 100°C. Dann muß mit Natriumchromat nachoxidiert werden. Die schwarze Substanz Anilinschwarz war jedoch bereits 1856 durch Perkin hergestellt worden, als er (toluidinhaltiges) Anilin mit Kaliumdichromat oxidierte und aus der schwarzen Masse (Anilinschwarz) Anilinviolett isolierte.

Heute erhält man das wahrscheinlich älteste synthetisch hergestellte organische Pigment durch Auflösen von Anilin in starker Schwefelsäure und anschließende Oxidation mit Natriumdichromat in Gegenwart von Cu-Salzen oder den bereits genannten Oxidationskatalysatoren. Bei der Oxidation mit Natriumchlorat erhält man zunächst ein polymeres Indamin (Pernigranilin),

[Strukturformel des Pernigranilins]

erst durch Weiteroxidation entsteht daraus das Azin-Pigment (Green, Willstätter, 1907 bis 1909).

Anilinschwarz ergibt einen tiefen, neutralen Schwarzton. Starke Absorption und geringe Streuung bedingen hohes Deckvermögen. Auf dem Markt sind Typen mit sehr unterschiedlichen Teilchengrößen, wobei besonders die feinteiligen Marken charakteristische matte, samtartige Effekte in Lackierungen und Drucken ergeben. Selbst feinteilige Handelsmarken weisen nur geringe Agglomerationsneigung auf und sind daher problemlos zu dispergieren. Das Pigment ist elektrisch nicht leitend.

P.Bl.1 wird in vielen Medien verwendet. Es weist auf dem Lackgebiet in Volltönen sehr gute Licht- und Wetterechtheit auf, die bei Grautönen mit zunehmendem Aufhellungsgrad rasch abfallen. Die Farbstärke ist im Vergleich mit Rußen gering. Die Überlackierechtheit ist bei einigen Handelsmarken nicht ganz einwandfrei, ebenso wie die Beständigkeit gegen Säure und Alkali, Oxidations- und Reduktionsmittel. Das Pigment wird auf dem Lack- und Druckfarbengebiet vor allem dann eingesetzt, wenn Rußpigmente zu Schwierigkeiten bei der Verarbeitung führen, oder wenn matte und samtartige Lackierungen und Drucke gefordert werden. Bekannt ist der Einsatz besonders in Möbellacken aus ungesättigtem Polyester. Im Kunststoffbereich wird P.Bl.1 vor allem dann verwendet, wenn Ruß zu Problemen beim Verschweißen führt.

4.5 Pigmente mit bisher nicht bekannter Struktur

Da oft selbst die Zugehörigkeit zu einer bestimmten Klasse bei diesen Pigmenten bisher nicht veröffentlicht ist, erfolgt eine Rangfolge nach Farbtönen mit aufsteigender Colour Index-Nummer.

Pigment Yellow 99

Das Pigment auf Anthrachinonbasis wird in Japan hergestellt. Pigment Yellow 99 ergibt sehr rotstichige Gelbnuancen, die noch röter als die von P.Y.83 sind. Gleichzeitig sind die Farbtöne im Vergleich mit P.Y.83 deutlich trüber. Das Pigment wird besonders für den Textildruck empfohlen. Auch für die Kunststoffeinfärbung kommt es in Frage. So ist es in HDPE bis 300°C thermostabil, gleichzeitig aber auch sehr farbschwach. Für Färbungen dieses Kunststoffes in 1/3 ST mit 1% TiO_2 sind 0,53% Pigment erforderlich.

Pigment Yellow 187

Bei dem vor wenigen Jahren auf den Markt gekommenen Farbmittel handelt es sich um eine Spezialität für die Polyamideinfärbung. In diesem Kunststoff ist es bis

320 °C stabil und ergibt grünstichig-gelbe Farbtöne. Die Lichtechtheit erreicht in 1/1 ST aber nur Werte der Blauskala von 4.

In Weich-PVC weist P.Y.187 mäßige Ausblutechtheit auf. Bei einer Verarbeitungstemperatur von 130 °C ergibt es einen grünstichigen Gelbton, bei 160 °C ein Orange.

Pigment Orange 74

Hierbei handelt es sich um ein Azopigment, dessen genaue Struktur bisher nicht veröffentlicht wurde. P.O.74 ist deutlich gelber und transparenter im Vollton und wesentlich röter in der Aufhellung als P.O.43.

Es wird gleichermaßen für die Pigmentierung von Druckfarben, Lacken und Kunststoffen empfohlen.

Pigment Red 204

Die genaue chemische Konstitution des polycyclischen Pigments wurde bisher nicht bekannt gegeben. Der Farbton des Pigmentes ist im Vollton als trübes, mittleres Rot zu bezeichnen; in Weißaufhellungen ist er stark blaustichig und vergleichsweise rein. Das Pigment zeigt sehr gute Echtheiten. So entspricht seine Lichtechtheit in unterschiedlichen Lacksystemen im Vollton (5%ig) und in Weißaufhellungen bis 1/25 ST Stufe 7-8 der Blauskala. Auch die Wetterechtheit ist sehr gut. Die im Handel befindliche Marke zeigt gutes Deckvermögen und gutes rheologisches Verhalten. Verwendet wird es daher besonders im Vollton und volltonnahen Bereich, oft in Kombination mit anorganischen Rotpigmenten, und zwar vor allem in Industrielacken verschiedener Art bis hin zu Autolacken. Es ist gut überlackierecht und bis 180 °C (30 Minuten) thermostabil. Bei höheren Einbrenntemperaturen wird der Farbton zu blaueren Nuancen verschoben.

Auch in Druckfarben, in denen es nur in geringem Maße verwendet wird, ist es sehr lichtecht. So sind Buchdruck-Andrucke in 1/1 bis 1/25 ST mit Stufe 7 der Blauskala zu bewerten. Die Drucke zeigen sehr gute Gebrauchsechtheiten. Sie sind allerdings nicht ganz paraffinecht, auch sind sie nicht sterilisierecht.

Pigment Red 211

Das Pigment ist auf dem japanischen Markt anzutreffen. Es handelt sich um ein calciumverlacktes Monoazopigment, das Scharlachtöne ergibt, die im Bereich der Lackrot C (P.R.53:1)-Farbtöne liegen. Als Einsatzmedien kommen Kunststoffe und Druckfarben in Betracht. In diesen Medien sind auch die anwendungstechnischen Eigenschaften und Echtheiten denen von P.R.53:1 ähnlich. So ist es in HDPE wie P.R.53:1 bis ca. 260 °C thermostabil, in Weich-PVC ebenfalls ausblutbeständig. Die Farbstärke der im Handel befindlichen Marke erreicht auch im Druck

586 *4.5 Pigmente mit bisher nicht bekannter Struktur*

die von farbtonähnlichen Lackrot C-Pigmenten dagegen nicht; sie ist, je nach Anwendungsmedium um 5 bis 50% farbschwächer.

Pigment Black 20

Die genaue Konstitution des Anthrachinon-Pigmentes ist nicht bekannt. Es handelt sich um eine Spezialität zur Herstellung von Tarnfarben. Das Pigment erfüllt gewisse Spezifikationen bezüglich der Infrarotreflektion. Es wird in Lacken eingesetzt. Seine Lichtechtheit ist in 1/3 ST mit Stufe 6 der Blauskala anzugeben. Bis 200 °C ist es thermostabil. Überlackierechtheit ist auch bei vergleichsweise niedrigen Einbrenntemperaturen, beispielsweise 120 °C, nicht gegeben. Das Pigment ist alkaliecht, aber nicht ganz säurebeständig. Die Beständigkeit gegen wichtige organische Lösemittel, wie Ester oder aromatische Kohlenwasserstoffe, ist unbefriedigend; sie entspricht Stufe 2 der 5-stufigen Bewertungsskala.

Literatur zu 4

[1] B.K. Manukian und A. Mangini, Chimia 24 (1970) 328–339.
[2] A. Patil, G. Patkar und T. Vaidyanathan, Bombay Technol. 24 (1974) 26–33.
[3] BASF, DE-AS 1 770 960 (1968).
[4] H. Sakai et al., J. Japan Soc. Colour Mat. 55 (1982) 685.
[5] Teijin Ltd., DE-AS 2 706 872 (1976).
[6] Ciba, CH-OS 438 542 (1964).
[7] D.G. Farnum et al., Tetrahedron Letters 29 (1974) 2549.
[8] A. Iqubal et al., J. Coatings Technology 60 (1988) 37–45.
[9] Ciba-Geigy, US-PS 4 415 685 (1983).
[10] P. Rys und H. Zollinger, Farbstoffchemie, 3. Aufl., Verlag Chemie, Weinheim, 1982.
 H. Zollinger, Color Chemistry, VCH Verlagsgesellschaft, Weinheim, 1991, S. 194.
[11] P.A. Lewis (ed.), Pigment Handbook Vol. 1, John Wiley, New York, 1988, S. 723.
[12] B.L. Kaul, Soc. of Plastics Eng., Huron (Ohio) (1989) 213–226.
[13] B.L. Kaul, XVIII. Fatipec-Kongreß, Venedig 1986, Kongreßbuch, Bd. 3, 73–93.
[14] H. Kanter, B. Ort, XVIII. Fatipec-Kongreß, Venedig 1986, Kongreßbuch, Bd. 3, 95–111.

5 Ökologie, Toxikologie, Gesetzgebung

5.1 Allgemeines

Als Vorbemerkung zu diesem Kapitel, das sich ausschließlich organischen Pigmenten widmet, soll hervorgehoben werden, daß Pigmente infolge ihrer spezifischen physikochemischen, toxikologischen und ökologischen Eigenschaften ein besonders geringes Risikopotential aufweisen.

Neben den technischen und applikatorischen Eigenschaften sind heute Kenntnisse über die Umwelteigenschaften zum integrierenden Bestandteil des Wissens über eine Substanz bzw. ein Produkt geworden. Auch in der Pigmentindustrie stellt sich heute immer wieder die Frage, ob mit der Produktion oder Verwendung eines gegebenen Produktes ein unzulässiges toxikologisches oder ökologisches Risiko verbunden sein könnte, und welches gegebenenfalls die nötigen Maßnahmen sind, dieses auf ein möglichst geringes und aus gesetzlicher Sicht zulässiges Risiko zu reduzieren. Der Bereich der Zulässigkeit muß einmal in eigener Verantwortung, dann aber auch unter Berücksichtigung der gesetzlichen Bestimmungen von Fall zu Fall ermittelt werden.

Zur Abschätzung der Umweltbeeinflussung bzw. eines Umweltrisikos bedarf es der Kenntnis von physikalisch-chemischen, toxikologischen und ökologischen Eigenschaften des Pigmentes [1]. Wichtige mitbestimmende Faktoren sind dabei die Art der Handhabung und Verwendung, die Exposition des Menschen und die involvierten Mengen. Die Beurteilung jeder Chemikalie muß sich meistens auf einen limitierten Umfang an Daten stützen und bleibt in der Regel dem Spezialisten vorbehalten, in komplexen Fällen wird es sogar Sache einer multidisziplinären Expertengruppe sein.

Bei der Herstellung und Verwendung eines Pigmentes – wie auch ganz generell jeder Chemikalie – kommt der Sicherheit des Personals, der Reinheit der Abluft und der Abwässer sowie der sachgemäßen Abfallbeseitigung erstrangige Bedeutung zu. Die Basisinformation liefert der Hersteller des Pigmentes, während der Verarbeiter für die sachgemäße Handhabung und Verwendung, sowie die in seinem Betrieb anfallenden Probleme verantwortlich ist.

Angaben für eine sichere Handhabung der Pigmente werden heute in konzentrierter Form auf Sicherheitsdatenblättern gemacht, die neben physikalisch-chemischen Daten, Angaben über Sicherheits- und Schutzmaßnahmen, Feuer- und Branddaten, Maßnahmen bei Kontamination und Unfällen, auch toxikologische und ökologische Daten enthalten.

Bei der Betrachtung des „Lebenslaufs" eines Pigmentes sind folgende Stufen zu berücksichtigen:

- Herstellung (Ausgangsstoffe, Verunreinigungen, Nebenprodukte)
- Einarbeitung des Pigmentes in das Anwendungsmedium
- Gebrauch des Fertigartikels
- Vernichtung bzw. Beseitigung des Gebrauchsgegenstandes

Die für die Bewertung des toxikologischen und ökologischen Verhaltens wichtigste Eigenschaft organischer Pigmente ist ihre extrem geringe Löslichkeit in Wasser und in den Anwendungsmedien.

Daher bleiben die Pigmente während der Verarbeitung weitgehend im festen, kristallinen und damit physiologisch inerten Zustand.

Die meisten organischen Pigmente liegen im Anwendungsprodukt in Mischungen mit anderen Stoffen vor, in denen der Pigmentgehalt meist nur wenige Prozente beträgt. Natürlich können die anderen Bestandteile, z. B. Bindemittel, Lösemittel, Hilfsmittel, die ökologischen und toxikologischen Eigenschaften des Anwendungsproduktes oft stärker beeinflussen.

5.2 Ökologie

Obwohl Pigmente aufgrund ihrer Schwerlöslichkeit in Wasser und in den meisten üblichen Lösemitteln im wesentlichen biologisch inert sind, müssen trotzdem beim Hersteller und Verarbeiter die für Chemikalien vorgeschriebenen Gesetze beachtet werden.

Unter ökologischen Gesichtspunkten sind hier Abluft und Abwasser zu betrachten.

Abluft: Organische Pigmente sind praktisch als inerte Stäube anzusehen, für die ein allgemeiner Staubgrenzwert entsprechend einer Feinstaubkonzentration von 6 mg/m^3 festgelegt ist [2]. Obwohl keine gesundheitlichen Beeinträchtigungen durch organische Pigmentstäube bekannt sind, muß die Abluft bei der Herstellung durch geeignete Abscheidungsmaßnahmen (Staubfilter, Adsorption) weitgehend frei von Pigmenten sein. Möglicher Exposition durch Pigmentstäube muß bei der Herstellung auch durch zusätzlichen (Körper-)Schutz der Beschäftigten (Atemmaske) vorgebeugt werden.

Abwasser: Die Verunreinigung der Gewässer durch organische Pigmente kann durch Filterung, Sedimentation, Adsorption oder evtl. biologische Abwasserreinigung ebenfalls praktisch vermieden werden. Fischtoxizität ist aufgrund der Schwerlöslichkeit organischer Pigmente sehr unwahrscheinlich und bisher auch nicht beschrieben. Eine Schädigung von Fisch wäre nur durch Kiemenverstopfung wegen hoher Konzentration an Pigmentdispersion im Abwasser denkbar.

Organische Pigmente sind biologisch praktisch nicht abbaubar, aber unter anaeroben Bedingungen ist ein langsamer Abbau wahrscheinlich.

Gemäß einer gesetzlichen Forderung in Japan, einen Fisch-Akkumulationstest für alle neuen, nicht biologisch abbaubaren Chemikalien durchzuführen, wurden entsprechende Untersuchungen auch für Pigmente veranlaßt [3]. Der Verteilungskoeffizient P_{ow} zwischen n-Octanol und Wasser kann dabei zur Aussage über die Bioakkumulationstendenz von Chemikalien herangezogen werden [4].

Eine empirische Regel, die auch auf Farbstoffe angewendet werden kann, läßt für einen $P_{ow} < 1000$ einen Bioakkumulationsfaktor in Fisch von < 100 erwarten. Diese Regel ist für organische Pigmente wegen ihrer extrem geringen Löslichkeit in Wasser und Lipiden, bzw. im Lipid-Simulans n-Octanol und ihrer Molekulargröße nicht anwendbar. Trotz sehr hoher berechneter log P_{ow}-Werte (bis zu 10) reichern sich Pigmente nicht in Fisch an.

5.3 Toxikologie

Toxikologische Untersuchungen gliedern sich in mehrere Katergorien, vor allem in
- Akute orale Toxizität
- Haut- und Schleimhautreizung
- Subakute/-chronische Toxizität
- Mutagenität
- Chronische Toxizität, und hier ist besonders
  - Cancerogenität wichtig

5.3.1 Akute orale Toxizität

Diese Prüfung an Tieren ist der erste Schritt zur Information über die Auswirkung einer eventuellen Kurzzeiteinwirkung beim Menschen. Man versteht darunter die Gifteinwirkung einer Substanz nach einmaliger Verabreichung durch den Mund. LD_{50} bedeutet die Menge Substanz pro kg Körpergewicht des Versuchstieres, die bei einmaliger Verabreichung per os bei 50% der Tiere den Tod verursacht. Mit solchen Versuchen wird auch die Toxizität einer Substanz relativ zu anderen bekannten Verbindungen ermittelt.

Von über 4000 Farbmitteln liegt eine Zusammenfassung vor, die aus Untersuchungen, veröffentlicht in Sicherheitsdatenblättern, durch die Mitgliedsfirmen der ETAD* resultiert [5].

---

* Ecological and Toxicological Association of the Dyes and Organic Pigments Manufacturers, Sitz Basel/Schweiz

Nach einer anderen Zusammenstellung [6] sind 108 organische Pigmente hinsichtlich ihrer akuten letalen Dosis an der Ratte untersucht worden. Hierbei weist kein Pigment einen LD_{50}-Wert <5000 mg/kg Körpergewicht auf.

In einer weiteren Übersicht von 194 organischen Pigmenten der wichtigsten chemischen Typen [7] lagen alle LD_{50}-Werte, mit Ausnahme von 4 Werten im Bereich von 2000–5000 mg/kg, über 5000 mg/kg. Bekanntlich müssen gemäß EG-Chemikaliengesetz Substanzen mit LD_{50}-Werten unter 2000 mg/kg als gesundheitsschädlich gekennzeichnet werden (Vergleich NaCl : LD_{50} = 3000 mg/kg).

Die Pigmente werden wegen ihrer Unlöslichkeit über den Magen-Darmtrakt und nicht über die Harnwege ausgeschieden. Organische Pigmente sind nach diesen Untersuchungen akut praktisch ungiftig.

5.3.2 Haut- und Schleimhautreizung

Ähnliche Ergebnisse wie bei der LD_{50}-Bestimmung liefern Übersichten von Untersuchungen auf Haut- und Schleimhautreizungen beim Kaninchen. Tabelle 34 liefert eine solche Zusammenstellung für Pigmente, die als Handelsware gelten.

Tab. 34: Reizwirkung durch organische Pigmente

Einstufung	Zahl der Pigmente	
	Haut	Schleimhaut (Bindehaut der Augen)
nicht reizend	186	168
schwach reizend	5	20
mäßig reizend	1	1
stark reizend	0	3

Insgesamt läßt sich aus den Kapiteln 5.3.1 und 5.3.2 zur akuten Toxizität sagen, daß sich organische Pigmente durch sehr hohe LD_{50}-Werte auszeichnen und nur in Ausnahmefällen Haut- bzw. Schleimhautreizungen erzeugen.

5.3.3 Subakute/-chronische Toxizität

Hierunter werden alle Einwirkungen der zu prüfenden Substanz auf Tiere verstanden, die wiederholt erfolgen, zeitlich also zwischen der akuten und der chronischen Toxizität einzuordnen sind. Typische subakute toxikologische Untersuchungen verlaufen z.B. über 30 subchronische Studien z.B. über 90 Tage. Wichtige subchronische Verabreichungsarten sind Fütterung oder Inhalation.

Zahlreiche entsprechende Untersuchungen von organischen Pigmenten ergaben keine Hinweise auf irreversible toxische Wirkungen. In Fütterungsversuchen über

30 Tage an Ratten zeigten z. B. Pigment Yellow 1 und Pigment Red 57:1 keine toxische Wirkung [8].

5.3.4 Mutagenität

Es gibt zahlreiche Methoden zur Prüfung von Chemikalien auf Mutagenität, d. h. der Veränderung des Erbmaterials. Davon haben sich aber nur wenige in größerem Maße durchgesetzt. Am wichtigsten ist heute der Test nach Ames [9]. Es ist ein Test an Bakterien, der sich relativ kurzfristig und mit begrenztem Aufwand durchführen läßt. Seine Korrelation mit Warmblütermutagenität oder gar mit einer cancerogenen Wirkung beim Säugetier oder Mensch wird in mehreren Untersuchungen geprüft [5] und ist umstritten.

Aus einer Reihe von 25 nach Ames geprüften organischen Pigmenten ergeben nur zwei ein positives Resultat [6] (s. Tab. 35).

Tab. 35: Mutagenitätsprüfung organischer Pigmente

Pigment	Formel-Nr.	Prüfergebnis
P.Y.1	11680	negativ
P.Y.12	21090	negativ
P.Y.74	11741	negativ
P.O.5	12075	positiv
P.O.13	21110	negativ
P.R.1	12070	schwach positiv
P.R.4	12085	negativ
P.R.22	12315	negativ
P.R.23	12355	negativ
P.R.48:1	15865:1	negativ
P.R.48:2	15865:2	negativ
P.R.49	15630	negativ
P.R.49:1	15630:1	negativ
P.R.49:2	15630:2	negativ
P.R.53:1	15585:1	negativ
P.R.57:1	15850:1	negativ
P.R.63:1	15880:1	negativ
P.Bl.15	74160	negativ
P.Bl.15:1	74160	negativ
P.Bl.15:2	74160	negativ
P.Bl.15:3	74160	negativ
P.Bl.15:4	74160	negativ
P.Gr.7	74260	negativ
P.Gr.36	74265	negativ
P.V.19	73900	negativ

5.3.5 Chronische Toxizität – Cancerogenität

Ebenso wichtig wie die Fragen nach der akuten und der subchronischen Toxizität sind die nach den Folgen chronischer Einwirkungen. Hier liegen vor allem Untersuchungen über Cancerogenität vor.

Auskunft über eine mögliche chronische Gefährdung geben epidemiologische Untersuchungen. Fehlen solche, müssen Verabreichungen an Tieren über deren Lebenszeit herangezogen werden. Die Art der Verabreichung der Prüfsubstanz richtet sich dabei nach der Art der Exposition (peroral, dermal, per inhalationem).

Interessant sind insbesondere Studien an Dichlorbenzidin-Pigmenten: Obwohl eine reduktive Spaltung im Tierversuch zum cancerogenen 3.3'-Dichlorbenzidin ausgeschlossen werden kann und alle epidemiologischen Untersuchungen keine toxischen Befunde für den Menschen ergaben [10], wurden Langzeituntersuchungen mit diesen Pigmenten durchgeführt. So wurde bei Pigment Yellow 12, 16 und 83 nach 2 Jahren bei täglichen Dosen von bis zu 2 g/kg Körpergewicht/Tag bei der Maus bzw. 0,6 g/kg bei der Ratte kein cancerogener Effekt gefunden [11]. Bei Pigment Yellow 12 wurden diese Ergebnisse in zwei weiteren unabhängigen Untersuchungen [12, 13] bestätigt.

Zwar war bei P.Y.13 in einer falsch angelegten Studie über eine Metabolisierung (zu 3,3'-Dichlorbenzidin im Urin) bei Kaninchen berichtet worden [14], die Arbeit wurde aber in späteren gründlichen Untersuchungen an Ratten, Mäusen [11] und Ratten, Kaninchen und Affen [15] widerlegt.

1990 durchgeführte Untersuchungen zur Bioverfügbarkeit von P.Y.17 in Ratten, und zwar nach oraler und inhalativer Applikation ergaben in keinem Fall Spaltprodukte des Pigmentes (z.B. 3,3'-Dichlorbenzidin oder Metaboliten) im Urin oder Blut der Tiere [16]. Ähnliche Studien wurden mit gleichem Ergebnis an P.Y.13 und P.Y.174 durchgeführt [17].

Tab. 36: Chronische Toxizität von organischen Pigmenten (Langzeit-Fütterungstests)

C.I. Name	Formel-Nr.	Testtier	Ergebnis	Literatur
P.Y.12	21090	Maus, Ratte	negativ	[11, 12, 13]
P.Y.16	20040	Maus, Ratte	negativ	[11]
P.Y.83	21108	Maus, Ratte	negativ	[11]
P.O.5	12075	Maus, Ratte	zweifelhaft	[18]
P.R.3	12120	Maus, Ratte	zweifelhaft	[19]
P.R.4	12085	Maus, Ratte	in Arbeit	[18]
P.R.23	12355	Maus, Ratte	zweifelhaft	[20]
P.R.49	15630	Ratte	negativ	[21]
P.R.53:1	15585:1	Maus, Ratte	negativ	[22]
P.R.57:1	15850:1	Ratte	negativ	
P.Bl.60	69800	Ratte	negativ	

Tabelle 36 zeigt eine Zusammenstellung der bisher hinsichtlich Cancerogenität untersuchten oder in Prüfung befindlichen Pigmente [6].
Verlackte organische Pigmente, deren freie Säuren mindestens teilweise wasserlöslich sind, wurden in Form ihrer löslichen Natriumsalze getestet (Tabelle 37) [23].

Tab. 37: Langzeit-Fütterungstests von wasserlöslichen Na-Salzen verlackter Pigmente

C.I. Name	Formel-Nr.	getestet als	Testtier	Ergebnis
P.Y.100	(Al),19140	Acid Yellow 23 (Na)	Maus, Ratte, Hund	negativ
P.Y.104	(Al),15985	Food Yellow 3 (Na)	Maus, Ratte	negativ
P.R.172	(Al),45430	Food Red 4 (Na)	Ratte, Hund	negativ
P.Bl.24	(Ba),42090	Food Blue 9 (Na)	Maus, Ratte	negativ
P.Bl.63	(Al),73015	Food Blue 1 (Na)	Ratte u.a.	negativ

5.3.6 Verunreinigungen in Pigmenten

Bei allen Untersuchungen sind die Verunreinigungen der Pigmente zu berücksichtigen, so können vor allem

- Spuren von aromatischen Aminen
- Schwermetallspuren
- Polychlorbiphenyle
- Polychlorierte Dibenzodioxine/-furane („Dioxine")

Ergebnisse von toxikologischen Studien beeinflussen.

Aromatische Amine

Die bei der Herstellung von Azopigmenten eingesetzten aromatischen Amine sind nur in Spuren in den Pigmenten enthalten. Für bestimmte Anwendungsgebiete wurden für diese Amine Grenzwerte festgelegt, z.B. in Pigmenten für Lebensmittelverpackungsmaterialien 500 ppm. Von ETAD wurde eine Prüfmethode auf aromatische Amine ausgearbeitet [24].

Schwermetalle

1973 wurde in einer umfassenden amerikanischen Arbeit [25] durch die DCMA* gezeigt, daß die in organischen Pigmenten enthaltenen Schwermetallspuren deut-

---

* Dry Color Manufacturers Association, jetzt CPMA (Color Pigments Manufacturers Association).

lich unter den vorgeschriebenen Grenzwerten [26] liegen. Für die Anwendung in Bedarfsgegenständen, einschließlich Spielzeug, sind die behördlichen Grenzwerte (z. B. 100 ppm in 0,1 N Salzsäure aus dem pigmentierten Material lösliches Barium) einzuhalten, obwohl die Kriterien in den verschiedenen Ländern nicht einheitlich sind [27].

Polychlorbiphenyle (PCB)

Wegen der Persistenz und der weiten Verbreitung dieser Gruppe von Verbindungen sind hier in einigen Ländern (z. B. in den USA, aber auch in der EG) strenge Auflagen vorgeschrieben worden. Diese Vorschriften sind vor allem zum Schutz der Umwelt – weniger wegen eines unmittelbaren Risikos für die Menschen – erlassen worden.

Spuren von PCB können sich vornehmlich bei zwei Gruppen organischer Pigmente bilden, nämlich bei

- Azopigmenten auf Basis von Chloranilinen, Dichlor- und Tetrachlordiaminobiphenyl, bei denen durch verschiedene Nebenreaktionen Spuren von PCB entstehen können.
- Pigmenten, bei deren Herstellung z. B. Di- oder Trichlorbenzole als Lösemittel verwendet werden. Hier kann PCB beispielsweise durch radikalische Reaktionen gebildet werden.

Polychlorierte Dibenzodioxine/-furane („Dioxine")

Für die spurenweise Bildung von polychlorierten Dibenzodioxinen/-furanen gelten ähnliche Bedingungen wie für die Entstehung von PCB's. Eine deutsche Verordnung verbietet Herstellung und Inverkehrbringen von solchen Stoffen, die die sehr niedrigen Grenzwerte für die 17 regulierten „Dioxine" überschreiten [28].

5.4 Gesetzgebung

In den letzten Jahren ist die Zahl der Gesetze zur sicheren Herstellung, Verwendung und Lagerung von Chemikalien weltweit erheblich gestiegen. Das trifft gleichermaßen für Vorschriften zur Abfallbeseitigung (Abluft, Abwasser, feste Abfallstoffe) zu. Hier kann nur an einigen Beispielen die Situation bei der Gesetzgebung geschildert werden, von der auch organische Pigmente betroffen sein können [29].

Wichtige gesetzliche Regelungen für Pigmente beziehen sich insbesondere auf Lebensmittelverpackungen, Bedarfsgegenstände und Spielzeug.

5.4 Gesetzgebung

Tab. 38: Wichtige Umweltschutzgesetze und -verordnungen

Gesetze	Land*	Hersteller	Betrifft Verarbeiter	Öffentlichkeit
Richtlinie für die Einstufung, Verpackung und Kennzeichnung gefährlicher Stoffe (67/548 EWG) und Ergänzungen, z.B. 79/83/EWG; 92/32/EWG	EU	x	x	x
Richtlinie für die Einstufung, Verpackung und Kennzeichnung gefährlicher Zubereitungen (88/379/EWG)	EU	x	x	x
Richtlinie: Sicherheit von Spielzeug (88/378/EWG)	EU	x	x	x
Sicherheit von Spielzeugen (EN 71, Teil 3: Chemische Eigenschaften) (1990)	EU	x	x	x
Kosmetik-Richtlinie (76/768 EWG, 82/368 EWG)	EU	x	x	x
Giftgesetz (1969)	CH	x	x	x
Verordnung über umweltgefährdende Stoffe (1984)	CH	x	x	x
Chemikalien-Gesetz (1980) / 2. Novelle (1994)	D	x	x	x
Gefahrstoffverordnung (1986) / Novelle (1993)	D	x	x	x
178. Mitteilung (Empfehlung IX) des BGA (1988)	D	x	x	
Gesetz über die Kontrolle der chemischen Produkte (1977)	F	x	x	
Sicherheit von Spielzeugen (AFNOR NF-S51-204) (1984)	F	x	x	
Circulaire No. 176 (Positivliste von Farbmitteln f. Lebensmittelverpackungen (1959/90)	F	x	x	
Health and Safety at Work Act (1974)	GB	x		
Classification, Packaging and Labelling Regulations (1984)	GB	x	x	x
Chemicals Hazard Information and Packaging Regulations (1993/1995)	GB	x	x	x
Control of Substances Hazardous to Health Regulation (COSHH) (1988)	GB	x	x	x
Carcinogenic Substances Regulations (1967)	GB	x		
Toys (Safety) Regulation (1974)	GB		x	
Chemical Substances Control Law (1973)	J	x	x	x
Industrial Safety and Health Law (1972)	J	x	x	x
Toxic Substances Control Act (TSCA) (1976)	USA	x	x	x
OSHA Hazard Communication Standard (1985)	USA	x	x	x
Colorants for Polymers, Final Rule, Federal Register 1991 (21 CFR Parts 175, 176, 177, 178)	USA			x
Food Packaging Materials: CFR 21, 178.3297	USA	x	x	x
Canadian Environmental Protection Act (1994)	CND	x	x	x
National Industrial Chemicals Notification and Assessment Scheme (1990)	AUS	x	x	x

* CH = Schweiz; CND = Kanada; D = Deutschland; EU = Europäische Union; F = Frankreich; J = Japan; GB = Großbritannien; AUS = Australien

Zwei allgemeine Grundsätze sind hierbei zu beachten [30]:

- Der Pigmenthersteller muß die physiologische Unbedenklichkeit seiner Pigmente für die vorgenannten Einsätze bestätigen.
- Der Verarbeiter muß sicherstellen, daß beim bestimmungsgemäßen Gebrauch Pigmente auch nicht in Spuren auf Lebensmittel übergehen oder von Bedarfsgegenständen oder Spielzeug migrieren.

Tabelle 38 führt wichtige Gesetze Europas, der USA, Japans und Australiens auf.

Grundlegende Gesetze in den westlichen Industrieländern sind das Chemikaliengesetz der Bundesrepublik Deutschland (1980/1994), bei dem weitgehende Harmonisierung mit einer entsprechenden Gesetzgebung der Europäischen Gemeinschaft (6th Amendment to Directive 67/548/EEC of the Control Directive of June 1967 on the approximation of laws, regulations and administrative provisions relating to the classification, packaging and labelling of dangerous substances, Sept. 18, 1979 und weiteren Ergänzungen) erfolgt ist, Toxic Substances Control Act in USA (1976), Canadian Environmental Protection Act (1994), Chemical Substances Control Law in Japan (1973) und Australisches Chemikaliengesetz (1990). Diese Gesetze, unter die auch Pigmente fallen, fordern für neue Produkte eine Anmeldung, wobei, abhängig vom Land, zahlreiche physikalisch-chemische, ökologische und toxikologische Prüfergebnisse vorgelegt werden müssen. Daneben gibt es zahlreiche weitere mehr oder weniger spezifische Umweltschutzgesetze in den genannten und praktisch allen anderen Industrieländern.

Bei den speziell Pigmente betreffenden Vorschriften wird in den einzelnen Ländern das Augenmerk insbesondere darauf gerichtet, daß Grenzwerte an den unter 5.3.6 genannten Verunreinigungen nicht überschritten werden. Das gilt beispielsweise bei Pigmentanwendungen, die eine besonders hohe potentielle Exposition aufweisen, z. B. in Künstler- oder Fingermalfarben. Gleiches gilt bei niedriger Exposition (Pigmente sind in Lacke oder Kunststoffe eingebettet und damit vor der Exposition weitgehend abgeschirmt), von der aber ein großer Personenkreis betroffen ist, wie bei Pigmenten in Spielsachen oder Lebensmittelverpackungen. In der Bundesrepublik Deutschland ist der Einsatz von Farbmitteln für Bedarfsgegenstände durch Empfehlung IX des Bundesgesundheitsamtes geregelt, die u.a. grundsätzlich fordert, daß die Farbmittel auch nicht in Spuren auf Lebensmitteln übergehen [31].

Ähnliche Regelungen gelten in vielen anderen Staaten, beispielsweise Belgien, Frankreich, Großbritannien, Holland, Italien, Spanien und der Schweiz.

Für Spielwaren gibt es eine Europa-Norm 71 „Sicherheit von Spielzeug" [32]. Diese Norm wird bereits seit ihrer Ausgabe als Entwurf 1976 weltweit mit gutem Erfolg von Pigment-Herstellern und -Verarbeitern praktiziert. Der Geltungsbereich betrifft insbesondere Anstrichstoffe und Lacke, Schreibutensilien, Kunststoffe, Papiere und Pappe.

Aufgrund der Unlöslichkeit und Migrationsechtheit der meisten organischen Pigmente treten keine besonderen Probleme auf, doch müssen zum Schutze der Verbraucher und zur Einhaltung der gesetzlichen Vorschriften regelmäßig Untersuchungen an den gefärbten Materialien und auch an den Pigmenten selbst durchgeführt werden, um sicherzustellen, daß keine Pigmentspuren aus der bedruckten oder eingefärbten Verpackung in Lebensmittel migrieren und die hohen Reinheitsanforderungen, insbesondere hinsichtlich Verunreinigungen an Spuren von Schwermetallen, aromatischen Aminen und PCB, eingehalten werden [33].

Literatur zu 5

[1] A.C.D. Cowley, Polymers Paint Colour J. (1985) August 7/21.
[2] Maximale Arbeitsplatzkonzentrationen und Biologische Arbeitsstofftoleranzwerte 1994 – Mitteilung 30 der Senatskommission zur Prüfung gesundheitsschädlicher Arbeitsstoffe, VCH Verlagsgesellschaft, Weinheim, 1994.
[3] R. Anliker und P. Moser, Chemosphere Vol. 17, No. 8 (1983) 1631–1644.
[4] R. Anliker, E.A. Clarke und P. Moser, Chemosphere 10 (1981) 263–274.
[5] E.A. Clarke und R. Anliker, Organic Dyes and Pigments in: The Handbook of Environmental Chemistry, Vol. 3/Part A, edited by O. Hutzinger, Springer-Verlag, Berlin, 1980.
[6] NPIRI Raw Materials Data Handbook, Vol. 4, Pigments, Francis Mac Donald Sinclair Memorial Laboratory 7, Lehigh University Bethlehem, PA 18015, 1983.
[7] K.H. Leist, Toxicity of Pigments, Vortrag beim Nifab-Symposium in Stockholm, Mai 1980.
[8] K.H. Leist, Ecotoxicol. and Environm. Safety 6 (1982) 457–463.
[9] B.N. Ames, J. McCann and E. Yamasaki, Mut. Res. 31 (1975) 347–364.
[10] H.W. Gerarde and D.F. Gerarde, J. Occup. Med. 16 (1974) 322–324. T. Gadian, Chem. Ind. 19 (1975) 821–830. I. MacIntyre, J. Occup. Med. 17 (1975) 23–26.
[11] F. Leuschner, Toxicology Letters 2 (1978) 253–260.
[12] H. MacD. Smith, Am. Ink Maker 55 (6), (1977) 17–21.
[13] NCI/NIH Report: Bioassay of Diarylide Yellow for possible carcinogenicity, DHEW Publication No. (NIH) 77-830, 1977.
[14] T. Akiyama, Ikei Med. J. 17 (1970) 1–9.
[15] A. Mondino et al., La Medicina del Lavoro 69 (6) (1978) 693–697.
[16] Th. Hofmann, D. Schmidt, Arch. Toxicology 67 (1993) 141–144.
[17] P. Sagelsdorff et al., Intern. Cancer Congreß, Hamburg 1990.
[18] Tox Tips Oct. 1978, June 1981. Toxicology Information Program, National Library of Medicine, Bethesda, MD 20014.
[19] NTP Technical Report TR 407, NIH Publication No. 92-3138, March 1992.
[20] NTP Technical Report TR 411, NIH Publication No. 91-3142, March 1991.
[21] K.J. Davis and O.G. Fitzhugh, Toxicol. Appl. Pharmacol. 5 (1963) 728-34.
[22] K.J. Davis and O.G. Fitzhugh, Toxicol. Appl. Pharmacol. 4 (1962) 200, IARC Monographs on the Evaluation of Carcinogenic Risk to Humans, Vol. 57, 203 (1993).
[23] R. Anliker and E.A. Clarke, Chemosphere Vol. 9 (1980) 595–609.
[24] ETAD Analytical Method No. 212 (ETAD s. Fußnote S. 593).
[25] Dry Color Manufacturers' Association. Trace metals in organic pigments, Am. Ink Maker 51 (10), (1973) 31–35.
[26] Trace Metals in Organic Pigments, National Association of Printing Ink Manufacturers, Am. Ink Maker 1973 (DCMA Annual Meeting White Sulphur Springs W.Va., June 18–20, 1973).

5.4 Gesetzgebung

[27] Council of Europe Resolution AP (89) I v. 13. 9. 1990.
[28] Erste Verordnung zur Änderung der Chemikalien-Verbotsverordnung der Bundesrepublik Deutschland (1994).
[29] K. Hunger, American Ink Maker, Vol. 71, No. II, (1993) 22–31, 75–76.
[30] Lebensmittel- und Bedarfsgegenständegesetz der Bundesrepublik Deutschland (1974).
[31] Empfehlung IX und XLVII des Bundesgesundheitsamtes (1989).
[32] EN 71.3 Sicherheit von Spielzeug, Teil 3: Migration gewisser Elemente (1988); Richtlinie 88/378/EWG.
[33] R. Anliker, D. Steinle, Verhütung von Risiken beim Gebrauch und bei der Handhabung von Farbmitteln, Textilveredlung 25 (1990) 2, 42–49; Safe handling of colorants, CIA (Great Britain) 1989; Colorants and the Environment, Guidance for user, ETAD, June 1992; Safe Handling of Color Pigments, CPMA (1993).

Formelübersichten

2.1 Ausgangsprodukte

1   3,3'- oder 3,3',5,5'-subst. 4,4'-Diaminobiphenyle

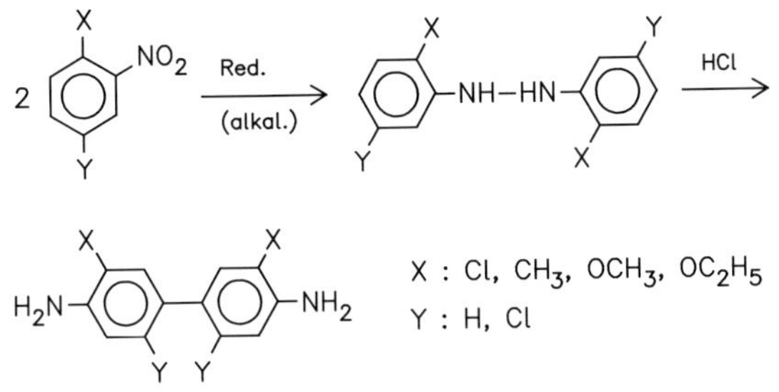

X : Cl, CH_3, OCH_3, OC_2H_5
Y : H, Cl

2   Acetessigsäurearylide

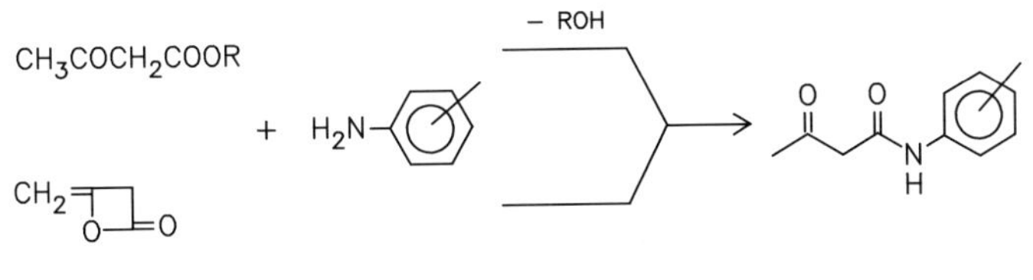

CH_3COCH_2COOR

3   2-Naphthol / 2-Hydroxy-3-naphthoesäure / Naphtol AS

[Reaktionsschema: Naphthalin → 2-Naphthalinsulfonsäure (H$_2$SO$_4$) → Natriumsalz (NaOH) → (NaOH, −Na$_2$SO$_3$, 200°–300°C)]

[2-Naphthol-ONa $\xrightarrow{H_2SO_4}$ 2-Naphthol-OH]

[2-Naphthol-ONa $\xrightarrow[240-250°C]{CO_2}$ 3-Hydroxy-2-naphthoat-Na $\xrightarrow{H_2SO_4}$ 2-Hydroxy-3-naphthoesäure]

$$2\;\text{Naphthol-COOH} + 2\;\text{Ar-NH}_2 \xrightarrow[0.8-1\;\text{Mol}]{PCl_3} \left[2\;\text{Naphthol-COOH} + P(\text{N-Ar})(\text{NH-Ar}) + 3\;HCl \right] \rightarrow$$

$$2\;\text{Naphthol-CO-NH-Ar} + HPO_2$$

2.2   Herstellung von Azopigmenten

1   Diazotierung

Vorgelagerte Gleichgewichte zur Bildung von XNO (X = Cl, Br, NO$_2$, HSO$_4$):

$$NaNO_2 + H^\oplus \longrightarrow HNO_2$$
$$HNO_2 + H^\oplus \rightleftharpoons H_2NO_2^\oplus$$
$$H_2NO_2^\oplus + X^\ominus \rightleftharpoons XNO + H_2O$$

Diazotierung: (Ar: aromatischer Rest)

$$ArNH_2 + XNO \longrightarrow Ar-NH-NO + HX$$
$$Ar-NH-NO \longrightarrow Ar-N{\underset{N-OH}{\diagdown}} \quad \text{Diazohydroxid}$$

$$Ar-N{\underset{N-OH}{\diagdown}} + H^\oplus \longrightarrow ArN\equiv N^\oplus + H_2O \quad \text{Diazonium-Salz}$$

Nebenreaktion bei OH$^\ominus$ - Überschuß:

$$Ar-N\overset{\oplus}{\equiv}N + OH^\ominus \longrightarrow Ar-N\underset{N-OH}{\overset{}{=}}$$

$$Ar-N\underset{N-OH}{\overset{}{=}} + OH^\ominus \rightleftarrows Ar-N\underset{\underset{O^\ominus}{|}}{\overset{}{=}}N \rightleftarrows ArN\underset{N-O^\ominus}{\overset{}{=}}$$

cis-("syn-")   trans-("anti-")
Diazotat

Zersetzung (thermisch):

$$Ar-N\overset{\oplus}{\equiv}N \; Y^\ominus + H_2O \longrightarrow ArOH + N_2 + HY$$

2   Kupplung (RH = Kupplungskomponente):

$$ArN\overset{\oplus}{\equiv}N \; Y^\ominus + RH \longrightarrow Ar-N\underset{N-R}{\overset{}{=}} + HY$$

Nebenreaktion bei Säureunterschuß (bes. bei schwachen Aminen):

$$Ar-N\overset{\oplus}{\equiv}N \; Y^\ominus + H_2NAr' \longrightarrow ArN\underset{N-NHAr'}{\overset{}{=}}$$

Diazoamino-Verbindung

2.3   Monoazogelb- und -orangepigmente

1   Unverlackte Monoazogelb- und -orangepigmente

R : CH_3, $COOCH_3$, $COOC_2H_5$
R' : H, CH_3

2 Verlackte Monoazogelb- und -orangepigmente

R_D: Substituent der Diazokomponente
R_K: Substituent der Kupplungskomponente
m: 1 bis 3; n: 1 bis 3
M: Ca, Ba; X: Cl, NO_3

2.4 Disazopigmente

1 Diarylgelbpigmente

2 Bisacetessigsäurearylidpigmente

3 Disazopyrazolonpigmente

R_D : Substituent der Diazokomponente
R_K : Substituent der Kupplungskomponente
X : H, Cl, CH_3, OCH_3
Y : Cl, CH_3, OCH_3
m : 1 bis 3
n : 1 oder 2

R = CH_3, $COOCH_3$, $COOC_2H_5$
R' = H, CH_3

2.5 / 2.6 β-Naphthol-/ Naphthol AS-Pigmente

2.5 β-Naphthol-Pigmente

2.6 Naphthol AS-Pigmente

R_D : Substituent der Diazokomponente
R_K : Substituent der Kupplungskomponente
m : 0 bis 3
n : 0 bis 3

2.7 Verlackte rote Azopigmente

1   Verlackte β-Naphthol-Pigmente

Ar : Phenyl oder Naphthyl
M: 2 Na, Ca, Ba, Sr, $\frac{2}{3}$ Al

2 Verlackte BONS-Pigmente

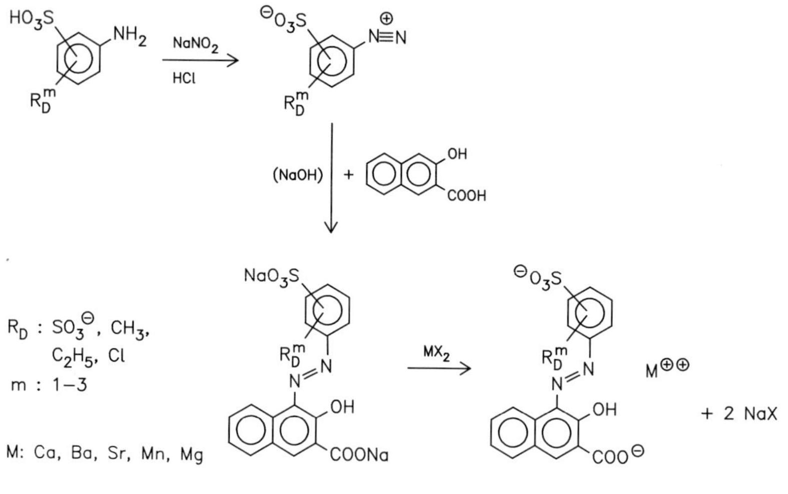

R_D : $SO_3^\ominus$, CH_3, C_2H_5, Cl
m : 1–3

M: Ca, Ba, Sr, Mn, Mg

3 Verlackte Naphthol AS-Pigmente

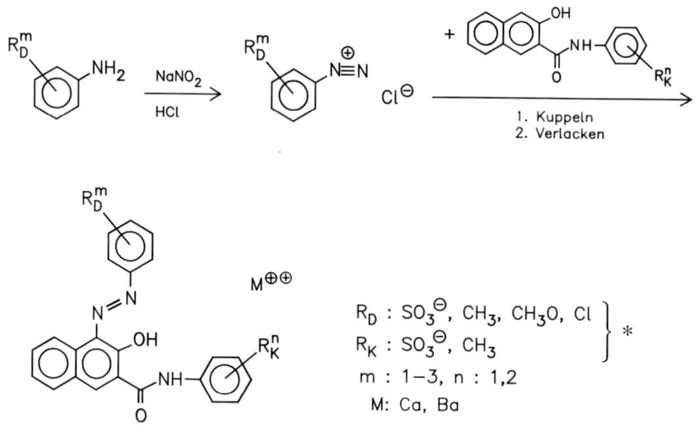

1. Kuppeln
2. Verlacken

R_D : $SO_3^\ominus$, CH_3, CH_3O, Cl
R_K : $SO_3^\ominus$, CH_3 } *
m : 1–3, n : 1,2
M: Ca, Ba

4 Verlackte Naphthalinsulfonsäure-Pigmente

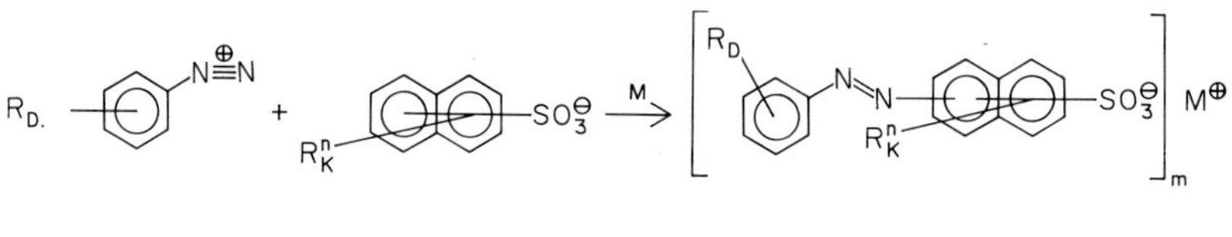

R_D : Cl, CH_3, CH_3O, $COO^\ominus$ oder $SO_3^\ominus$
R_K^n : OH, HNCO–⟨O⟩, $SO_3^\ominus$ } *

n, m : 0 bis 3
M : Ba, Al, Na

---

* Mindestens eine $SO_3^\ominus$-Gruppe im Molekül enthalten

2.8 Benzimidazolon-Pigmente

gelb, orange   rot, carmin, braun

R_D z.B. Cl, Br, F, CF_3, CH_3, NO_2, OCH_3, OC_2H_5, COOH, COOAlkyl, $CONH_2$, $CONHC_6H_5$, $SO_2NHAlkyl$, $SONHC_6H_5$; m = 1 bis 3; Alkyl: C_1-C_4

2.9 Disazokondensations-Pigmente

1 Rote Pigmente

2 Gelbe Pigmente

Typ 1

Typ 2

R_D: Substituent am Rest der Diazokomponente
R_K: Substituent am Rest der Kupplungskomponente
m: 0 bis 3; n: 0 bis 3
A: Phenylen- oder Diphenylenrest
Ar: (subst.) Phenyl
B: Base

2.10 Metallkomplex-Pigmente

1 Azo-Metallkomplexe

Pigment Green 10

Komplexe aus Azobarbitursäure

Ni–Komplex

2 Azomethin-Metallkomplexe

aus aromatischen o-Hydroxyaldehyden:

aus Diiminobuttersäureaniliden:

H3C
HNO2
(CH3COOH)
NH2OH
Ni⊕⊕
R2, R4, R5 = H, CH3, OCH3

aus Isoindolinonen:

− NH3
M⊕⊕
M = Co, Ni, Cu

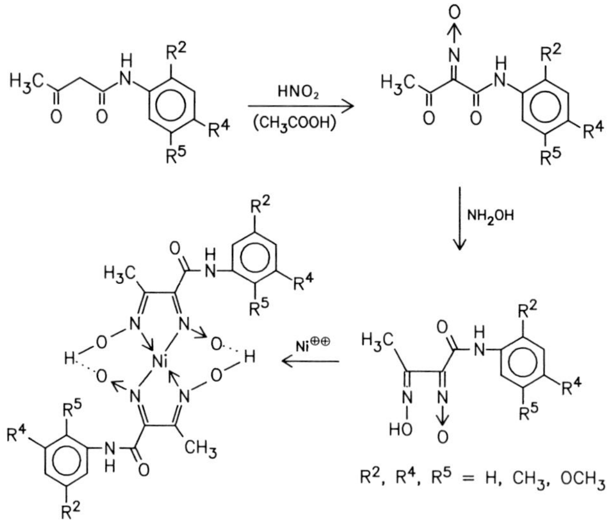

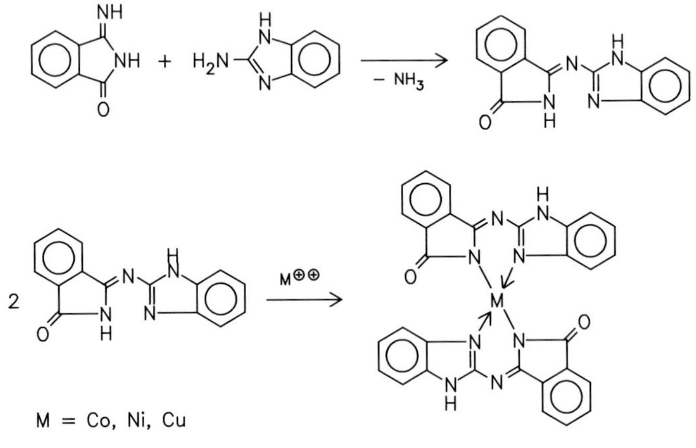

2.11 Isoindolinon- und Isoindolin-Pigmente

1   Azomethin-Typ: Tetrachlorisoindolinon-Pigmente

A: Cl, OCH$_3$

Verfahren von Dainippon Ink:

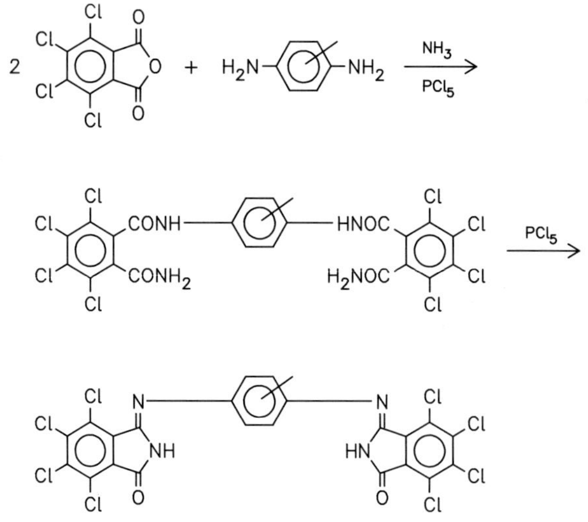

2 Methin-Typ: Isoindolin-Pigmente

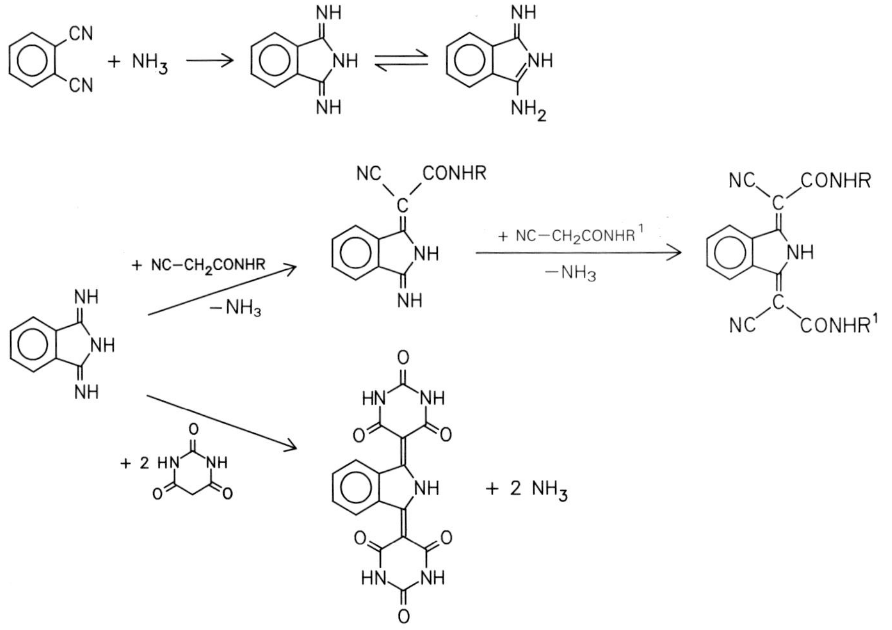

R, R^1 = Alkyl- oder Arylreste

3.1 Phthalocyanin-Pigmente

1 Phthalodinitril-Prozeß Ⓐ

2 Phthalsäureanhydrid-Harnstoff-Prozeß Ⓑ

3.2 Chinacridon-Pigmente

1 Thermischer Ringschluß

2 Saurer Ringschluß

R: CH_3, C_2H_5; Ar: (subst.) Phenyl

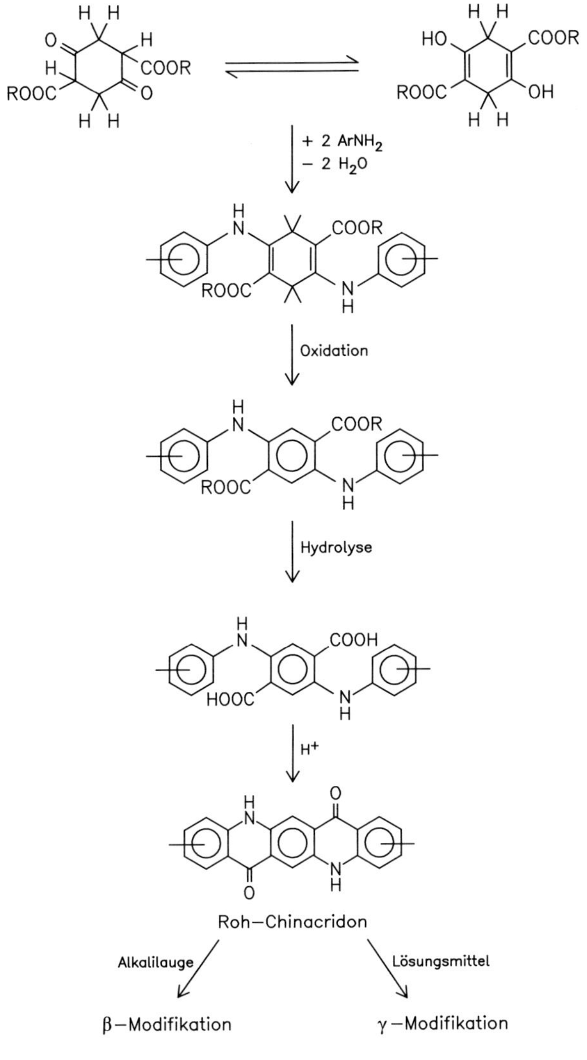

[Reaction scheme:]

Cyclohexane-1,3-dione-2,5-dicarboxylate (keto form) ⇌ enol form (dihydroxy)

↓ + 2 $ArNH_2$
↓ − 2 H_2O

2,5-Bis(arylamino)cyclohexadiene-dicarboxylate

↓ Oxidation

2,5-Bis(arylamino)benzene-1,4-dicarboxylate

↓ Hydrolyse

2,5-Bis(arylamino)terephthalic acid

↓ H^+

Roh–Chinacridon

Alkalilauge ↙   ↘ Lösungsmittel

β–Modifikation   γ–Modifikation

3 Dihalogenterephthalsäure-Verfahren

Hal = Br, Cl

R', R" = H, Hal, CH$_3$, OCH$_3$

4 Hydrochinon-Verfahren

5 Substituierte Chinacridon-Pigmente

$R^2 \neq H, R^4 = H: 4,11$-Disubstitution
$R^2 = H, R^4 \neq H: 2,9$-Disubstitution

(symm.) 1,8–Disubstitution

(symm.) 3,10–Disubstitution

(unsymm.) 1,10–Disubstitution

6 Chinacridonchinon-Synthese

← über Hydrochinon-Verfahren (s. S. 619)

PPS: Polyphosphorsäure

3.4 Perylen- und Perinon-Pigmente

1 Perylen-Pigmente

R : CH_3, subst. Phenyl

2 Perinon-Pigmente

Naphthalintetracarbonsäuredianhydrid

Bei Weg 2: Oxidation im alkalischen Medium führt zum Tetranatriumsalz

Perinon-Pigment

trans + cis

3.5 Thioindigo-Pigmente

3.6 Verschiedene polycyclische Pigmente

Heterocyclische Anthrachinon-Pigmente

1 Anthrapyrimidin

2 Indanthron- und Flavanthronpigmente

Indanthron

Flavanthron

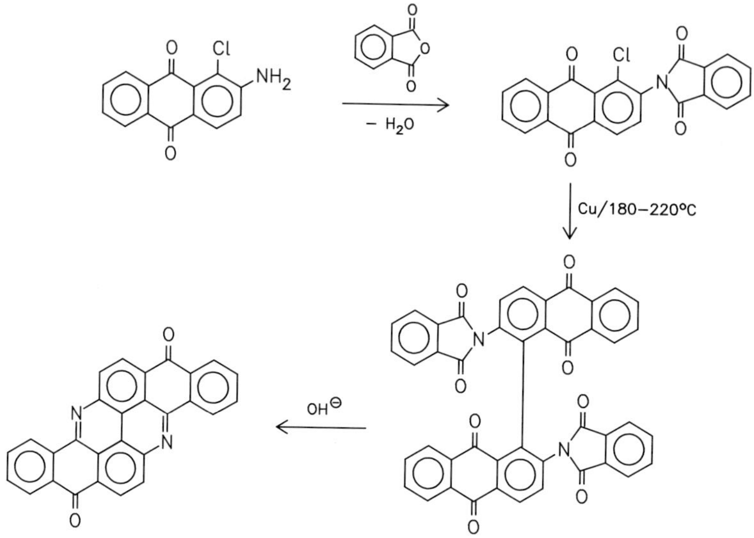

Polycarbocyclische Anthrachinon-Pigmente

1 Pyranthron-Pigmente

X: H, Cl

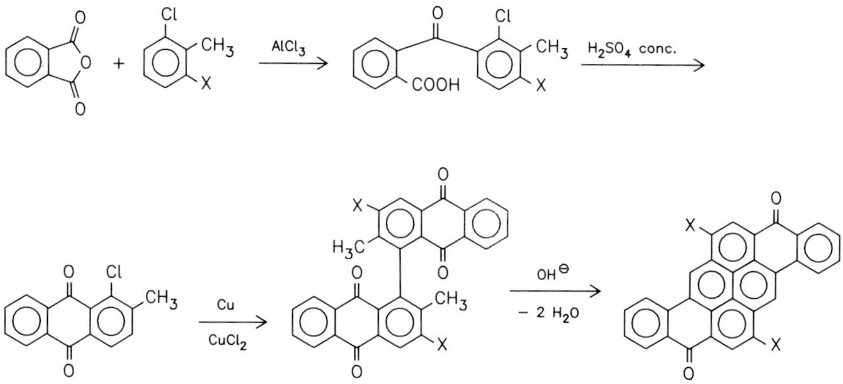

2 Anthanthron-Pigmente

Mechanismus:

3 Isoviolanthron-Pigmente

3.7 Dioxazin-Pigmente

Kondensation

D : H | D : OC$_2$H$_5$ (oder OCH$_3$)
— 2 C$_2$H$_5$OH (oder — 2 CH$_3$OH)
(Oxidation) | 180–260°C

3.8 Triarylcarbonium-Pigmente

1 Innere Salze von Sulfonsäuren

Weg A:

Weg B:

2 Farbstoffsalz mit komplexen Anionen

Farbstoffkomponente der Formel **123**

Ersetzt man im obigen Schema DMA durch 1-N-Ethylnaphthylamin, erhält man Victoriablau-Typen:

Farbstoffkomponente der Formel 124 (Xanthenfarbstoffe)

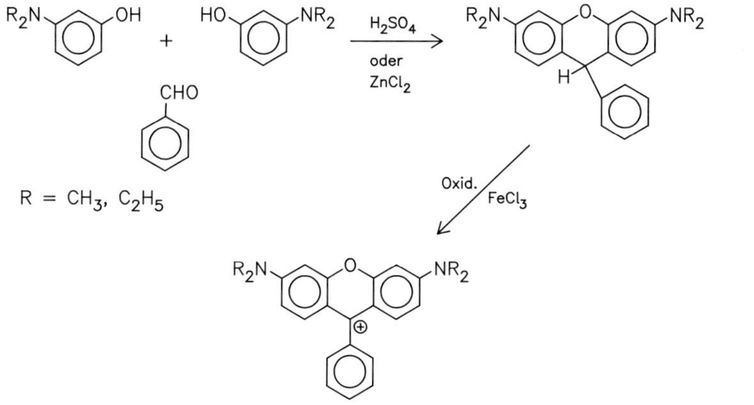

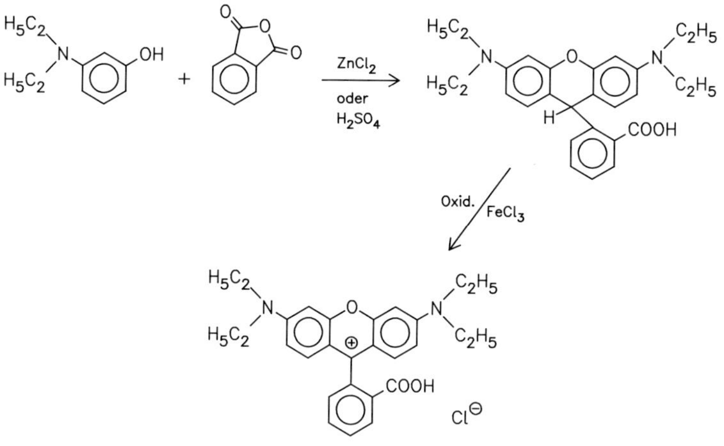

R = CH$_3$, C$_2$H$_5$

Rhodamin B

Farbstoffkomponente der Formel 125

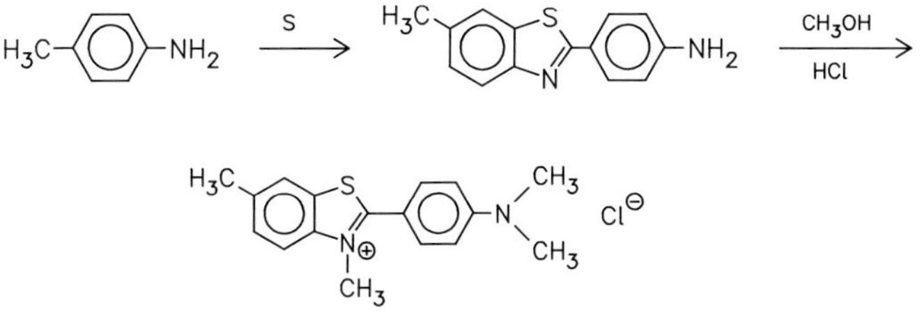

4.2 Diketo-pyrrolo-pyrrol-(DPP)-Pigmente

R' = H, CH₃, CF₃, Cl, Br, N(CH₃)₂
R" = CH₃, C₂H₅

Tabelle der beschriebenen Pigmente

Colour Index-Name	Formel-Nr.	CAS-Nr.	Pigmentklasse	Kap.	Tab.	Seite
Gelb						
P.Y. 1	11680	2512-29-0	Monoazogelb	2.3	11	228
P.Y. 2	11730	6486-26-6	Monoazogelb	2.3	11	228
P.Y. 3	11710	6486-23-3	Monoazogelb	2.3	11	228
P.Y. 5	11660	4106-67-6	Monoazogelb	2.3	11	228
P.Y. 6	11670	4106-76-7	Monoazogelb	2.3	11	228
P.Y. 10	12710	6407-75-6	Monoazogelb	2.3	12	229
P.Y. 12	21090	6358-85-6	Diarylgelb	2.4	14	252
P.Y. 13	21100	5102-83-0	Diarylgelb	2.4	14	252
P.Y. 14	21095	5468-75-7	Diarylgelb	2.4	14	252
P.Y. 16	20040	5979-28-2	Bisacetessigarylid	2.4	–	269
P.Y. 17	21105	4531-49-1	Diarylgelb	2.4	14	252
P.Y. 24	70600	475-71-8	Flavanthron	3.6	–	517
P.Y. 49	11765	2904-04-3	Monoazogelb	2.3	11	228
P.Y. 55	21096	6358-37-8	Diarylgelb	2.4	14	252
P.Y. 60	12705	6407-74-5	Monoazogelb	2.3	12	229
P.Y. 61	13880	12286-65-6	Monoazogelb, Ca	2.3	13	230
P.Y. 62:1	13940:1	12286-66-7	Monoazogelb, Ca	2.3	13	230
P.Y. 63	21091	14569-54-1	Diarylgelb	2.4	14	252
P.Y. 65	11740	6528-34-3	Monoazogelb	2.3	11	228
P.Y. 73	11738	13515-40-7	Monoazogelb	2.3	11	228
P.Y. 74	11741	6358-31-2	Monoazogelb	2.3	11	228
P.Y. 75	11770	52320-66-8	Monoazogelb	2.3	11	228
P.Y. 81	21127	22094-93-5	Diarylgelb	2.4	14	252
P.Y. 83	21108	5567-15-7	Diarylgelb	2.4	14	252
P.Y. 87	21107:1	15110-84-6	Diarylgelb	2.4	14	252
P.Y. 90	–	–	Diarylgelb	2.4	14	252
P.Y. 93	20710	5580-57-4	Disazokondensation	2.9	24	387
P.Y. 94	20038	5580-58-5	Disazokondensation	2.9	24	387
P.Y. 95	20034	5280-80-8	Disazokondensation	2.9	24	387

Tabelle der beschriebenen Pigmente

Colour Index-Name	Formel-Nr.	CAS-Nr.	Pigmentklasse	Kap.	Tab.	Seite
P.Y. 97	11767	12225-18-2	Monoazogelb	2.3	11	228
P.Y. 98	11727	12225-19-3	Monoazogelb	2.3	11	228
P.Y. 99	–	12225-20-6	Anthrachinon	4.5	–	584
P.Y. 100	19140:1	12225-21-7	Monoazopyrazolon, Al	2.3	13	230
P.Y. 101	48052	2387-03-3	Aldazin	4.4	–	576
P.Y. 104	15985:1	15790-07-5	Naphth.-sulfonsäure, Al	2.7	22	352
P.Y. 106	–	12225-23-9	Diarylgelb	2.4	14	252
P.Y. 108	68420	4216-01-7	Anthrapyrimidin	3.6	–	514
P.Y. 109	56284	12769-01-6	Isoindolinon	2.11	26	421
P.Y. 110	56280	5590-18-1	Isoindolinon	2.11	26	422
P.Y. 111	11745	15993-42-7	Monoazogelb	2.3	11	228
P.Y. 113	21126	14359-20-7	Diarylgelb	2.4	14	252
P.Y. 114	21092	71872-66-7	Diarylgelb	2.4	14	252
P.Y. 116	11790	30191-02-7	Monoazogelb	2.3	11	228
P.Y. 117	48043	21405-81-2	Metallkomplex	2.10	25	405
P.Y. 120	11783	29929-31-8	Benzimidazolon	2.8	23	364
P.Y. 121	–	61968-85-2	Diarylgelb	2.4	14	252
P.Y. 123	65049	4028-94-8	Anthrachinon	3.6	–	508
P.Y. 124	21107	67828-22-2	Diarylgelb	2.4	14	252
P.Y. 126	21101	90268-23-8	Diarylgelb	2.4	14	252
P.Y. 127	21102	71872-67-8	Diarylgelb	2.4	14	252
P.Y. 128	20037	57971-97-8	Disazokondensation	2.9	24	387
P.Y. 129	48042	68859-61-0	Metallkomplex	2.10	25	405
P.Y. 130	–	–	Monoazogelb	2.3	11	228
P.Y. 133	–	132821-92-2	Monoazogelb, Sr	2.3	13	230
P.Y. 136	–	–	Diarylgelb	2.4	14	252
P.Y. 138	56300	56731-19-2	Chinophthalon	4.1	–	568
P.Y. 139	56298	36888-99-0	Isoindolin	2.11	26	423
P.Y. 147	60645	76168-75-7	Anthrachinon	3.6	–	508
P.Y. 148	59020	20572-37-6	–	4.4	–	577
P.Y. 150	12764	68511-62-6	Metallkomplex	2.10	25	405
P.Y. 151	13980	61036-28-0	Benzimidazolon	2.8	23	364
P.Y. 152	21111	20139-66-6	Diarylgelb	2.4	14	252
P.Y. 153	48545	68859-51-8	Metallkomplex	2.10	25	405
P.Y. 154	11781	68134-22-5	Benzimidazolon	2.8	23	364
P.Y. 155	–	68516-73-4	Bisacetessigarylid	2.4	–	269
P.Y. 165	–	–	Monoazogelb	2.3	12	229
P.Y. 166	20035	76233-82-4	Disazokondensation	2.9	24	387
P.Y. 167	11737	38489-24-6	Monoazogelb	2.3	12	229
P.Y. 168	13960	71832-85-4	Monoazogelb, Ca	2.3	13	230
P.Y. 169	13955	73385-03-2	Monoazogelb, Ca	2.3	13	230
P.Y. 170	21104	31775-16-3	Diarylgelb	2.4	14	252
P.Y. 171	21106	53815-04-6	Diarylgelb	2.4	14	252
P.Y. 172	21109	76233-80-2	Diarylgelb	2.4	14	252
P.Y. 173	–	51016-63-8	Isoindolinon	2.11	26	422
P.Y. 174	21098	78952-72-4	Diarylgelb	2.4	14	252

Colour Index-Name	Formel-Nr.	CAS-Nr.	Pigmentklasse	Kap.	Tab.	Seite
P.Y. 175	11784	35636-63-6	Benzimidazolon	2.8	23	364
P.Y. 176	21103	90268-24-9	Diarylgelb	2.4	14	252
P.Y. 177	48120	60109-88-8	Metallkomplex	2.10	25	405
P.Y. 179	48125	63287-28-5	Metallkomplex	2.10	25	405
P.Y. 180	21290	77804-81-0	Benzimidazolon	2.8	23	364
P.Y. 181	11777	74441-05-7	Benzimidazolon	2.8	23	364
P.Y. 182	–	67906-31-4	Polycycl.Pigment	4.4	–	578
P.Y. 183	18792	65212-77-3	Monoazogelb, Ca	2.3	13	230
P.Y. 185	56290	76199-85-4	Isoindolin	2.11	26	423
P.Y. 187	–	131439-24-2	Polycycl.Pigment	4.5	–	584
P.Y. 188	21094	23792-68-9	Diarylgelb	2.4	14	252
P.Y. 190	–	141489-68-1	Monoazogelb, Ca	2.3	13	230
P.Y. 191	18795	129423-54-7	Monoazopyrazolon, Ca	2.3	13	230
P.Y. 192	–	–	Heterocyclus	4.4	–	579
P.Y. 193	65412	–	Anthrachinon	3.6	–	508
P.Y. 194	–	82199-12-0	Benzimidazolon	2.8	23	364
P.Y. 198	–	–	Bisacetessigarylid	2.4	–	269
Orange						
P.O. 1	11725	6371-96-6	Monoazoorange	2.3	11	228
P.O. 2	12060	6410-09-9	β-Naphthol	2.5	16	285
P.O. 5	12075	3468-63-1	β-Naphthol	2.5	16	285
P.O. 6	12730	6407-77-8	Monoazoorange	2.3	12	229
P.O. 13	21110	3520-72-7	Disazopyrazolon	2.4	15	275
P.O. 15	21130	6358-88-9	Diarylgelb	2.4	14	252
P.O. 16	21160	6505-28-8	Diarylgelb	2.4	14	252
P.O. 17	15510:1	15782-04-4	β-Naphthol, Ba	2.7	19	327
P.O. 17:1	15510:2	15876-51-4	β-Naphthol, Al	2.7	19	327
P.O. 19	15990	5858-88-8	Naphth.sulfonsäure, Ba	2.7	22	352
P.O. 22	12470	6358-48-1	Naphthol AS	2.6	18	297
P.O. 24	12305	6410-27-1	Naphthol AS	2.6	18	297
P.O. 31	20050	12286-58-7	Disazokondensation	2.9	24	388
P.O. 34	21115	15793-73-4	Disazopyrazolon	2.4	15	275
P.O. 36	11780	12236-62-3	Benzimidazolon	2.8	23	364
P.O. 38	12367	12236-64-5	Naphthol AS	2.6	18	297
P.O. 40	59700	128-70-1	Pyranthron	3.6	–	524
P.O. 43	71105	4424-06-0	Perinon	3.4	30	494
P.O. 44	21162	17457-73-5	Diarylorange	2.4	14	252
P.O. 46	15602	67801-01-8	β-Naphthol, Ba	2.7	19	327
P.O. 48 }	73900	1047-16-1	Chinacridon/-chinon	3.2	28	472
	73920	1503-48-6	–	–	–	–
P.O. 49	–	71819-75-5	Chinacridon/-chinon	3.2	28	472
P.O. 51	–	73309-48-5	Pyranthron	3.6	–	525
P.O. 59	–	–	Metallkomplex	2.10	–	410
P.O. 60	11782	68399-99-5	Benzimidazolon	2.8	23	364
P.O. 61	11265	40716-47-0	Isoindoline	2.11	26	422

Colour Index-Name	Formel-Nr.	CAS-Nr.	Pigmentklasse	Kap.	Tab.	Seite
P.O. 62	11775	52846-56-7	Benzimidazolone	2.8	23	364
P.O. 64	12760	72102-84-2	Azoheterocyclus	4.4	–	579
P.O. 65	48053	20437-10-9	Metallkomplex	2.10	25	405
P.O. 66	48210	68808-69-5	Isoindolin	2.11	26	423
P.O. 67	12915	74336-59-7	Pyrazolochinazolon	4.4	–	580
P.O. 68	–	42844-93-9	Metallkomplex	2.10	25	405
P.O. 69	56292	85959-60-0	Isoindolin	2.11	26	423
P.O. 71	–	–	DPP-Pigment	4.2	–	573
P.O. 72	–	–	Benzimidazolon	2.8	23	373
P.O. 73	–	–	DPP-Pigment	4.2	–	573
P.O. 74	–	–	Azopigment	4.5	–	585
Rot						
P.R. 1	12070	6410-10-2	β-Naphthol	2.5	16	285
P.R. 2	12310	6041-94-7	Naphthol AS	2.6	18	297
P.R. 3	12120	2425-85-6	β-Naphthol	2.5	16	285
P.R. 4	12085	2814-77-9	β-Naphthol	2.5	16	285
P.R. 5	12490	6410-41-9	Naphthol AS	2.6	18	297
P.R. 6	12090	6410-13-5	β-Naphthol	2.5	16	285
P.R. 7	12420	6471-51-8	Naphthol AS	2.6	18	297
P.R. 8	12335	6410-30-6	Naphthol AS	2.6	18	297
P.R. 9	12460	6410-38-4	Naphthol AS	2.6	18	297
P.R. 10	12440	6410-35-1	Naphthol AS	2.6	18	297
P.R. 11	12430	6535-48-4	Naphthol AS	2.6	18	297
P.R. 12	12385	6410-32-8	Naphthol AS	2.6	18	297
P.R. 13	12395	6535-47-3	Naphthol AS	2.6	18	297
P.R. 14	12380	6471-50-7	Naphthol AS	2.6	18	297
P.R. 15	12465	6410-39-5	Naphthol AS	2.6	18	297
P.R. 16	12500	6407-71-2	Naphthol AS	2.6	18	297
P.R. 17	12390	6655-84-1	Naphthol AS	2.6	18	297
P.R. 18	12350	3564-22-5	Naphthol AS	2.6	18	297
P.R. 21	12300	6410-26-0	Naphthol AS	2.6	18	297
P.R. 22	12315	6448-95-9	Naphthol AS	2.6	18	297
P.R. 23	12355	6471-49-4	Naphthol AS	2.6	18	297
P.R. 31	12360	6448-96-0	Naphthol AS	2.6	18	297
P.R. 32	12320	6410-29-3	Naphthol AS	2.6	18	297
P.R. 37	21205	6883-91-6	Disazopyrazolon	2.4	15	275
P.R. 38	21120	6358-87-8	Disazopyrazolon	2.4	15	275
P.R. 41	21200	6505-29-9	Disazopyrazolon	2.4	15	275
P.R. 48:1	15865:1	7585-41-3	BONS, Ba	2.7	20	336
P.R. 48:2	15865:2	7023-61-2	BONS, Ca	2.7	20	336
P.R. 48:3	15865:3	15782-05-5	BONS, Sr	2.7	20	336
P.R. 48:4	15865:4	5280-66-0	BONS, Mn	2.7	20	336
P.R. 48:5	15865:5	–	BONS, Mg	2.7	20	336
P.R. 49	15630	1248-18-6	β-Naphthol, Na	2.7	19	327
P.R. 49:1	15630:1	1103-38-4	β-Naphthol, Ba	2.7	19	327

Colour Index-Name	Formel-Nr.	CAS-Nr.	Pigmentklasse	Kap.	Tab.	Seite
P.R. 49:2	15630:2	1103-39-5	β-Naphthol, Ca	2.7	19	327
P.R. 49:3	15630:3	6371-67-1	β-Naphthol, Sr	2.7	19	327
P.R. 50:1	15500:1	6372-81-2	β-Naphthol, Ba	2.7	19	327
P.R. 51	15580	5850-87-3	β-Naphthol, Ba	2.7	19	327
P.R. 52:1	15860:1	17852-99-2	BONS, Ca	2.7	20	336
P.R. 52:2	15860:2	12238-31-2	BONS, Mn	2.7	20	336
P.R. 53	15585	2092-56-0	β-Naphthol, Na	2.7	19	327
P.R. 53:1	15585:1	5160-02-1	β-Naphthol, Ba	2.7	19	327
P.R. 53:	15585:	–	β-Naphthol, Sr	2.7	19	327
P.R. 57:1	15850:1	5281-04-9	BONS, Ca	2.7	20	336
P.R. 58:2	15825:2	7538-59-2	BONS, Ca	2.7	20	336
P.R. 58:4	15825:4	52233-00-8	BONS, Mn	2.7	20	336
P.R. 60:1	16105:1	15782-06-6	Naphth.sulfonsäure, Ba	2.7	22	352
P.R. 63:1	15880:1	6417-83-0	BONS, Ca	2.7	20	336
P.R. 63:2	15880:2	35355-77-2	BONS, Mn	2.7	20	336
P.R. 64	15800	16508-79-5	BONS, Ba	2.7	20	336
P.R. 64:1	15800:1	6371-76-2	BONS, Ca	2.7	20	336
P.R. 66	18000:1	68929-13-5	Naphth.sulfonsäure, Ba	2.7	22	352
P.R. 67	18025:1	68929-14-6	Naphth.sulfonsäure, Ba	2.7	22	352
P.R. 68	15525	5850-80-6	β-Naphthol, Ca	2.7	19	327
P.R. 81	45160:1	12224-98-5	Triarylcarbonium	3.8	33	558
P.R. 81:3	45160:3	–	Triarylcarbonium	3.8	33	558
P.R. 81:x	45160:x	–	Triarylcarbonium	3.8	33	558
P.R. 81:y	45160:y	–	Triarylcarbonium	3.8	33	558
P.R. 83:1	58000:1	104074-25-1	Anthrachinon, Ca	3.6	–	512
P.R. 88	73312	14295-43-3	Thioindigo	3.5	31	500
P.R. 89	60745	6409-74-1	Anthrachinon	3.6	–	510
P.R. 90	45380:1	1326-05-2	Phloxin, Blei-Salz	4.4	–	581
P.R. 95	15897	72639-39-5	Naphthol AS	2.6	18	297
P.R. 111	–	12224-99-6	Disazopyrazolon	2.4	15	275
P.R. 112	12370	6535-46-2	Naphthol AS	2.6	18	297
P.R. 114	12351	6358-47-0	Naphthol AS	2.6	18	297
P.R. 119	12469	72066-77-4	Naphthol AS	2.6	18	297
P.R. 122	73915	980-26-7	Chinacridon	3.2	28	472
P.R. 123	71145	24108-89-2	Perylen	3.4	29	486
P.R. 136	–	–	Naphthol AS	2.6	18	297
P.R. 144	20735	5280-78-4	Disazokondensation	2.9	24	388
P.R. 146	12485	5280-68-2	Naphthol AS	2.6	18	297
P.R. 147	12433	68227-78-1	Naphthol AS	2.6	18	297
P.R. 148	12369	94276-08-1	Naphthol AS	2.6	18	297
P.R. 149	71137	4948-15-6	Perylen	3.4	29	486
P.R. 150	12290	56396-10-2	Naphthol AS	2.6	18	297
P.R. 151	15890	61013-97-6	Naphthol AS	2.7	21	348
P.R. 164	–	12216-95-4	Naphthol AS	2.6	18	297
P.R. 166	20730	12225-04-6	Disazokondensation	2.9	24	388
P.R. 168	59300	4378-61-4	Anthanthron	3.6	–	527

Tabelle der beschriebenen Pigmente

Colour Index-Name	Formel-Nr.	CAS-Nr.	Pigmentklasse	Kap.	Tab.	Seite
P.R. 169	45160:2	12224-98-5	Triarylcarbonium	3.8	33	558
P.R. 170	12475	2786-76-7	Naphthol AS	2.6	18	297
P.R. 171	12512	6985-95-1	Benzimidazolon	2.8	23	364
P.R. 172	45430:1	12227-78-0	Tetrajodfluoreszein, Al	4.2	–	574
P.R. 175	12513	6985-92-8	Benzimidazolon	2.8	23	364
P.R. 176	12515	12225-06-8	Benzimidazolon	2.8	23	364
P.R. 177	65300	4051-63-2	Anthrachinon	3.6	–	510
P.R. 178	71155	3049-71-6	Perylen	3.4	29	486
P.R. 179	71130	5521-31-3	Perylen	3.4	29	486
P.R. 181	73360	2379-74-0	Thioindigo	3.5	31	500
P.R. 184	12487	99402-80-9	Naphthol AS	2.6	18	297
P.R. 185	12516	51920-12-8	Benzimidazolon	2.8	23	364
P.R. 187	12486	59487-23-9	Naphthol AS	2.6	18	297
P.R. 188	12467	61847-48-1	Naphthol AS	2.6	18	297
P.R. 190	71140	6424-77-7	Perylen	3.4	29	486
P.R. 192	–	61968-81-8	Chinacridon	3.2	28	472
P.R. 194	71100	4216-02-8	Perinon	3.4	30	494
P.R. 200	15867	58067-05-3	BONS, Ca	2.7	20	336
P.R. 202	73907	68859-50-7	Chinacridon	3.2	28	472
P.R. 204	–		Polycycl.Pigment	4.5	–	585
P.R. 206	–	1047-16-1	Chinacridon	3.2	28	472
		1503-48-6	–	–	–	–
P.R. 207	73900	1047-16-1	Chinacridon	3.2	28	472
	73906	3089-16-5	–	–	–	–
P.R. 208	12514	31778-10-6	Benzimidazolon	2.8	23	364
P.R. 209	73905	3089-17-6	Chinacridon	3.2	28	472
P.R. 210	12474	36968-27-1	Naphthol AS			297
	12477	61932-63-6	Naphthol AS	2.6	18	–
P.R. 211	–	107397-16-0	Monoazo, Ca	4.5	–	585
P.R. 212	–	6448-96-0	Naphthol AS	2.6	18	297
P.R. 213	–		Naphthol AS	2.6	18	297
P.R. 214	–	40618-31-3	Disazokondensation	2.9	24	388
P.R. 216	59710	1324-33-0	Pyranthron	3.6	–	525
P.R. 220	20055	57971-99-0	Disazokondensation	2.9	24	388
P.R. 221	20065	61815-09-6	Disazokondensation	2.9	24	388
P.R. 222	–	71872-63-4	Naphthol AS	2.6	18	297
P.R. 223	–	82784-96-1	Naphthol AS	2.6	18	297
P.R. 224	71127	128-69-8	Perylen	3.4	29	486
P.R. 226		63589-04-8	Pyranthron	3.6	–	526
P.R. 237			Naphthol AS	2.7	21	348
P.R. 238			Naphthol AS	2.6	18	298
P.R. 239	–		verl. Naphthol AS	2.7	21	348
P.R. 240	–		verl. Naphthol AS	2.7	21	348
P.R. 242	20067	118440-67-8	Diazokondensation	2.9	24	388
P.R. 243	15910	50326-33-5	Naphthol AS, Ba	2.7	21	348
P.R. 245	12317	68016-05-7	Naphthol AS	2.6	18	298

Tabelle der beschriebenen Pigmente

Colour Index-Name	Formel-Nr.	CAS-Nr.	Pigmentklasse	Kap.	Tab.	Seite
P.R. 247	15915	43035-18-3	Naphthol AS, Ca	2.7	21	348
P.R. 247:1	15915	43035-18-3	Naphthol AS, Ca	2.7	21	348
P.R. 248	–		Disazokondensation	2.9	–	396
P.R. 251	12925	74336-60-0	Pyrazolochinazolon	4.4	–	582
P.R. 252	–		Pyrazolochinazolon	4.4	–	582
P.R. 253	12375		Naphtol AS	2.6	18	298
P.R. 254	56110	122390-98-1	DPP-Pigment	4.2	–	572
P.R. 255	–	120500-90-5	DPP-Pigment	4.2	–	573
P.R. 256	–		Naphthol AS	2.6	–	321
P.R. 257	–	70833-37-3	Metallkomplex	2.10	25	405
P.R. 258	12318	57301-22-1	Naphthol AS	2.6	18	298
P.R. 260	56295	71552-60-8	Isoindolin	2.11	26	423
P.R. 261	12468	16195-23-6	Naphthol AS	2.6	18	298
P.R. 262	–		Disazokondensation	2.9	–	396
Vat R. 14	–	–	Perinon	3.4	30	496
Violett						
P.V. 1	45170:2	1326-03-0	Triarylcarbonium	3.8	33	558
P.V. 2	45175:1	1326-04-1	Triarylcarbonium	3.8	33	558
P.V. 3	42535:2	1325-82-2	Triarylcarbonium	3.8	33	557
	–	67989-22-4	–	–	–	–
P.V. 5:1	58055:1	1328-04-7	Anthrachinon	3.6	–	512
P.V. 13	–		Naphthol AS	2.6	18	297
P.V. 19	73900	1047-16-1	Chinacridon	3.2	28	472
P.V. 23	51319	6358-30-1	Dioxazin	3.7	–	535
P.V. 25	12321	6358-46-9	Naphthol AS	2.6	18	298
P.V. 27	42535:3	12237-62-6	Triarylcarbonium	3.8	33	557
P.V. 29	71129	12236-71-4	Perylen	3.4	29	486
P.V. 31	60010	1324-55-6	Isoviolanthron	3.6	–	530
P.V. 32	12517	12225-08-0	Benzimidazolon	2.8	23	364
P.V. 37	51345	57971-98-9	Dioxazin	3.7	–	538
P.V. 39	42555:2	64070-98-0	Triarylcarbonium	3.8	33	557
P.V. 42	–	71819-79-9	Chinacridon	3.2	28	472
P.V. 44	–	87209-55-0	Naphthol AS	2.6	18	298
P.V. 50	12322	76233-81-3	Naphthol AS	2.6	18	298
Blau						
P.B. 1	42595:2	1325-87-7	Triarylcarbonium	3.8	33	557
P.B. 2	44045:2	1325-94-6	Triarylcarbonium	3.8	33	557
P.B. 9	42025:1	596-42-9	Triarylcarbonium	3.8	33	557
P.B. 10	44040:2	1325-93-5	Triarylcarbonium	3.8	33	557
P.B. 14	42600:1	1325-88-8	Triarylcarbonium	3.8	33	557
P.B. 15	74160	147-14-8	Cu-Phthaloblau, nichtstab.	3.1	27	450
P.B. 15:1	74160	147-14-8	Cu-Phthaloblau, α-Mod.	3.1	27	450
P.B. 15:2	74160	147-14-8	Cu-Phthaloblau, α-Mod.	3.1	27	450
P.B. 15:3	74160	147-14-8	Cu-Phthaloblau, β-Mod.	3.1	27	450

Tabelle der beschriebenen Pigmente

Colour Index-Name	Formel-Nr.	CAS-Nr.	Pigmentklasse	Kap.	Tab.	Seite
P.B. 15:4	74160	147-14-8	Cu-Phthaloblau, β-Mod.	3.1	27	450
P.B. 15:6	74160	147-14-8	Cu-Phthaloblau, ε-Mod.	3.1	27	450
P.B. 16	74100	574-93-6	metallfreies Phthaloblau	3.1	27	450
P.B. 18	42770:	1324-77-2	Triarylcarbonium	3.8	32	545
P.B. 19	42750	58569-23-6	Triarylcarbonium	3.8	32	545
P.B. 24:1	42090:1	6548-12-5	Triphenylmethan, Ba	4.2	–	575
P.B. 24:x	42090:2	15792-67-3	Triphenylmethan, Al	4.2	–	575
P.B. 25	21180	10127-03-4	Dianisidin/Naphthol AS	2.6	18	298
P.B. 56	42800	6417-46-5	Triarylcarbonium	3.8	32	545
P.B. 60	69800	81-77-6	Indanthron	3.6	–	519
P.B. 61	42765:1	1324-76-1	Triarylcarbonium	3.8	32	545
P.B. 62	44084	57485-98-0	Triarylcarbonium	3.8	33	557
P.B. 63	73015:x	16521-38-3	Indigo.sulfonsäure, Al	4.2	–	576
P.B. 64	69825	130-20-1	Indanthron	3.6	–	517
P.B. 66	73000	482-89-3	Indigo, unsubst.	3.5	–	500
Braun						
P.Br. 1	12480	6410-40-8	Naphthol AS	2.6	18	297
P.Br. 5	15800:2	16521-34-9	BONS, Cu	2.7	20	336
P.Br. 22	10407	12236-95-2	Nitro-Pigment	4.4	–	582
P.Br. 23	20060	57972-00-6	Disazokondensation	2.9	24	388
P.Br. 25	12510	6992-11-6	Benzimidazolon	2.8	23	364
P.Br. 38	–	126338-72-5	Isoindolin	2.11	–	429
P.Br. 41	–		Disazokondensation	2.9	–	398
P.Br. 42	–		Disazokondensation	2.9	–	398
Grün						
P.G. 1	42040:1	1325-75-3	Triarylcarbonium	3.8	33	557
P.G. 2	42040:1	1325-75-3	Triarylcarbonium	3.8	33	557
	49005:1	1326-11-0	–	–	–	–
P.G. 4	42000:2	61725-50-6	Triarylcarbonium	3.8	33	557
P.G. 7	74260	1328-53-6	Cu-Phthalogrün	3.1	27	450
P.G. 8	10006	16143-80-9	Metallkomplex	2.10	25	405
P.G. 10	12775	51931-46-5	Metallkomplex	2.10	25	405
P.G. 36	74265	14302-13-7	Cu-Phthalogrün	3.1	27	450
P.G. 45	–		Triarylcarbonium	3.8	33	557
Schwarz						
P.Bl. 1	50440	13007-86-6	Anilinschwarz	4.4		583
P.Bl. 20	–	12216-93-2	Anthrachinon	4.4		586
P.Bl. 31	71132	67075-37-0	Perylen	3.4		492
P.Bl. 32	71133	83524-75-8	Perylen	3.4	–	492

Sachregister

A

Abkippeffekt 452
Abklatschverhalten 159
Abrasionsverhalten 156
Absorption 12, 53–55, 57, 124
Absorptionskoeffizient 55–56, 131
Absorptionskonstante 55
ABS-Polymerisate 181
Acetessigsäurearylide 13, 198–199
5-Acetoacetylaminobenzimidazolon 356, 358
Acidiätszahl 60
Acylaminoanthrachinone 507
Agglomerate
–, Bildung 91
–, Definition 26
–, Dispergierung 76–80, 87, 139, 151
–, Spinnfärbung 187–189
Aggregate 26
Alizarin 511
Alkaliblau-Pigmente 91, 540–548
–, Chemie, Herstellung 541–544
–, Eigenschaften 544–545
–, Anwendung 545–548
Alkaliechtheit 59–62, 64
Alkalische Zinkstaub-Reduktion 197–198
Alkalitätszahl 60
Aluminiumverlackte Pigmente 574–576
1-Aminoanthrachinon 493–494
Aminoanthrachinon-Pigmente 503–511
Aminoplaste 185
Aminpräparierung 156–157
Anilinschwarz 583
Anisotropie 131
Anorganische Pigmente 2

Anthanthron-Pigmente 10, 526–528
Anthrachinon-Azopigmente 504–506
Anthrachinon-Pigmente 9
–, heterocyclische 513–521
–, polycarbocyclische 521–530
Anthrapyrimidin-Pigmente 9, 513–514
Ansumpfen 81
Anwendungsgebiete 149–191
Anwendungstechnische Eigenschaften und Begriffe, wichtige 49–123
Anzahlverteilung 41–42
Apparatur zur Azopigment-Synthese 217–219
Äquivalentdurchmesser 40–41
Ausblühen 66–69
–, Grenzkonzentrationen 66–67
–, – in Elastomeren 185
–, – in LDPE 179
Ausbluten 64–65, 70–73
Ausschwimmen 140
Autolacke 162
Autoreparaturlacke 160
Azo-Metallkomplexe 401–402
Azomethin-Metallkomplexe 402–403
Azomethinmetallkomplex-Pigmente 106, 177
Azopigmente 5–7, 193–429
–, Apparatur zur Synthese 217–219
–, Ausgangsprodukte 195–203
–, Diazokomponenten 195–198
–, Herstellung 203–219
–, kontinuierliche Synthese 213–217
–, Kupplungskomponenten 198–202
–, Nomenklatur 194
–, verlackte 6, 223–225, 230, 324–355

B

Barbitursäure 13
bathochrome Verschiebung 12–13
Benetzung
– Geschwindigkeit 79
– Spannung 79
– Volumen 32, 86
– von Pigmentoberflächen 78–83
Benzimidazolon-Gruppierung 22
Benzimidazolon-Pigmente 6–7, 355–380
–, Anwendung 361–362
–, Chemie, Herstellung 356–360
–, Eigenschaften 360–361
–, Handelspigmente 363–380
–, Kristallstrukturen 358–360
–, Löslichkeit 23
1-Benzoylaminoanthrachinon 507
Bestrahlung (Messung) 94
Bewitterung (Bewettern), Kreiden 74–75
s. a. Wetterechtheit
Bindemittelabbau 74
Bisacetessigsäurearylid-Pigmente 5, 245, 269–273
Blauskala 93–95
Blechdruck 154–155
BONS 6, 200
– -Pigmente, verlackte 223–224, 240–243, 324–354
Brechungsindices 132
Brillantgrün 552
Bronzieren 546
Buchdruck 150–155
Büroartikel 190
2B-Toner 337
4B-Toner 342

C

Carbazolviolett 535–538
Carbonamidgruppen
– Einführung von 22
Casson, Beziehung von 109–110
Cellulosederivate 184
–, Spinnfärbung 187, 190
chemische Charakterisierung 11–24
Chinacridonchinon 467–468, 471
– -Pigmente 479–480
Chinacridon-Pigmente 8, 462–481
–, Anwendung 471
–, Eigenschaften 470–471

–, Handelspigmente 471–480
–, Herstellung, Ausgangsprodukte 463–468
–, Lösungsfarbe 15, 470
–, Polymorphie 468–469
–, substituierte 467
Chinizarin 511
o-Chinon-Hydrazonform 18, 282
Chinophthalon-Pigmente 11, 567–570
Chloranil 532
Chromophore Systeme 12
CIELAB
–, Anwendung bei Belichtungen 95
–, Formel 95
– -System 52–53
Coil Coating 165, 374
coloristische Eigenschaften 49–58
–, Bewertung 49
–, Definition 49

D

Debye-Scherrer-Aufnahmen 16
Deckvermögen 57, 131–136, 146–147
–, Bestimmung 132
Definition: Pigmente-Farbstoffe 1–2
Dehydrothio-p-toluidin 554
Dekordruck 158–159
Diallylphthalat-Verfahren 159
Diarylgelbpigmente 5, 245–269
–, Aminpräparierung 246, 248
–, Anwendung 249–251
–, Chemie, Herstellung 245–247
–, Eigenschaften 247–249
–, Flushen 91
–, Handelspigmente 251–269
–, Harzung 246, 248, 255
–, Mischkupplungen 247
Diazokomponenten 195–198
Diazoniumverbindung 203, 204–207, 214
Diazotierung 204–207
–, aprotische 206
–, kontinuierliche 213–215
–, Mechanismus 205
–, Verfahren 205–207
Dichteverteilung 40–41
Differentialthermoanalyse 103
Dihalogenterephthalsäure-Verfahren 465–466
2,4-Dihydroxychinolin 13

Sachregister

Diketo-pyrrolo-pyrrol-(DPP)-Pigmente 11, 570–574
–, Chemie und Herstellung 570–572
–, Eigenschaften, Anwendung 572–574
Dilatanz 112
DIN-Farbenkarte 52, 131
DIN-Farbskala 154, 235
Dinitranilinorange 5, 284–287
Dioxazin-Pigmente 10, 531–538
Disazokondensations-Pigmente 7, 380–398
–, Anwendung 384–386
–, Chemie, Herstellung 381–384
–, Eigenschaften 384
–, Handelspigmente 386–398
Disazopigmente 5, 244–280
–, Bisacetessigsäurearylid-Pigmente 269–273
–, Diarylgelbpigmente 245–269
–, Disazokondensations-Pigmente 380–398
–, Disazopyrazolon-Pigmente 273–279
–, Einteilung 5
–, Nomenklatur 194
Disazopyrazolon-Pigmente 245, 273–279
Dispergiergeräte, Wirkungsweise 81–83, 113
Dispergierhärte 88
Dispergierung/Dispergierbarkeit
–, Änderung anwendungstechnischer Eigenschaften 77
–, allgemeine Betrachtung 76–84
–, Bestimmung der Teilchengrößenverteilung 32–40
–, Definition 25
–, Einflußfaktoren 77, 80–81
–, Einfluß der Teilchengröße 138–140
– in Industrielacken 164
– und kritische Pigmentvolumenkonzentration 84–86
– in Kunststoffen 167–168
– in Offsetdruckfarben 150–153
– in PO 180
–, Prüfmedien 87
–, Prüfmethoden 86–91
– in PVC 173–176
Dispergierungsgrad 77, 83
Dispergierverhalten 76–92
Dispersionsfarben 165–166
DLVO-Theorie 84
DPP-Chinacridon-Mischpigment 574

Druck auf Textilien 190
Druckfarbengebiet 150–159
Durchschlagen 157, 255
Duroplaste/Duromere 185–186

E

Einbrennlacke 160–165
Eisenreduktion 197
Elastomere 184–185
Elektronenacceptoren 12, 21, 197
Elektronendonoren 12, 21
Elektronenmikroskopie 34–40
elektronenstrahltrocknende Lacksysteme 161
Elektronenübergänge 13
Elementarzelle 44
Endfarbstärke 87
Endviskosität 109–111, 147
Eosin 581
Erythrosin 574
Europa-Norm 154, 253, 255
Extinktion, maximale 19–20
Extinktionskoeffizient, maximaler molarer 18

F

Fallstabviskosimeter 115–116
Farbabstand 95, 133
Farbdifferenz 53
Farbe 50–52
–, unbunte 50
–, Wellenlängenabhängigkeit 50
Farbkonzentrate 169, 180
Farblässigkeit von Bedarfsgegenständen 63
Farbmetrik 50–52
Farbmittel, programmierte 169
Farbskalen 153–154
Farbstärke 18–20
–, coloristische Eigenschaften 56–57
–, Entwicklungskurven 86–89
–, Korngrößenverteilung und 124–128
Farbstoffe
– Definition 1
– Migration in Kunststoffen 67
Farbstoff-Salze mit komplexen Anionen 548–565
–, Chemie, Herstellung 548–555
Farbtiefe 52–53

Farbton 12–18
–, Korngrößenverteilung 128–131
–, Substituenteneinfluß 14
Farbtonflop 452
Fassadenfarben 166
FD & C Blue 1 575
FD & C Blue 2 576
FD & C Red 3 574
FD & C Red 38 304
FD & C Yellow 5 241
Filtration 212–213
Finish s. Nachbehandlung
Flavanthron, -gelb, -Pigmente 9, 15, 517–519, 521
Flexodruckfarben 159
Fließgrenze, scheinbare 110–111, 147
Fließverhalten pigmentierter Medien 109–118, 147–148
–, Einflüsse auf das 113
– und rheologische Größen 114–115
Fließvorgänge in Illustrationstiefdruckfarben 115
Flockulate 26, 140
Flockung 84, 139–140
– von CuPc-Pigmenten 443–444
Flockungsstabilität 449
Flop (Abkippeffekt) 452
Fluoreszein 574, 581
Fluoreszenzpigmente 577
Flushpasten 91–92, 546
Flushprozess 91, 543, 546
Fuchsin 540

G

Gebrauchsechtheiten, spezielle 58–59
Gelbnaphtole 199
Gelfirnisse 153
Gelstruktur 111
Gesetzgebung 587, 594
Gießharze 186
Glanz 141–143
– -Entwicklungskurven 88–89
– bei Offsetdrucken 150–153
– schleier 141–145, 287
Globalstrahlung 94–95
Graumaßstab 64, 93, 147
Grenzflächenspannung 79
Grenzkonzentrationen
– beim Ausblühen 66–67

Grindometer 86
Gummi 184
Gummigiftfreiheit 184

H

Hämin 432
Hagen-Poiseuille-Gleichung 79
HALS-Stabilisatoren 180, 485
Harzung 211, 246, 248, 255
HDPE (High Density Polyethylen) 178–179
Heißextraktionsverfahren 60
Heißsiegelbeständigkeit 63
Heißsiegelfähigkeit 63
Heizkörperlacke 165
Helligkeit 50
heterocyclische Anthrachinon-Pigmente 513–521
–, Anthrapyrimidin-Pigmente 513–515
–, Flavanthron-Pigmente 517–519
–, Indanthron-Pigmente 515–517
Heteropolysäuren 549–550
–, Herstellung 555
High Solids-Systeme 161
Historisches 3
Hitzebeständigkeit 103–109
– im Blechdruck 154–155
– in Elastomeren 185
– in Kunststoffen 170
–, Meßmethoden 108–109
– und Phasenumwandlung 108
– in PO 180
– in PS 181–182
– in PVC 176–177
– in der Spinnfärbung 187–189
Holzfärbung 190
Hydrochinon-Verfahren 466
Hydrolysebeständigkeit von PUR-Beschichtungen 62
Hydroxyanthrachinon-Pigmente 511–513
o-Hydroxyazoform 18, 282
2-Hydroxynaphthalin (β-Naphthol) 199–200
2-Hydroxy-3-naphthoesäure (BONS) 6, 200, 290–291
2-Hydroxy-3-naphthoesäurearylide 6, 200–201, 290–291
5-(2′-Hydroxy-3′-naphthoylamino)-benzimidazolon 7, 356, 358
hypsochrome Verschiebung 12–15

I

IBB-Toner 341
Illustrationstiefdruckfarben 115, 155–157
Indanthron 515–517
Indanthronblau 9, 520
Indigo 490, 497, 500
Industrielacke 160–165
Isoindolinon- und Isoindolin-Pigmente 7, 413–429
–, Azomethin-Typ 415–418
–, Chemie, Synthese, Ausgangsprodukte 415–421
–, Methin-Typ 418–421
Isomorphie 44
Isoviolanthron-Pigmente 528–530

K

Kabelisolierungen 178
Kalkechtheit 61, 166
Kaltextraktionsverfahren 60
Karman-Kozeny-Gleichung 31
Kaschieren 63
Katalytische Hydrierung 197
Kautschuk 184–185
Kodak-Skala 153–154, 253, 255
Körnigkeit 86
Kokosfett-Test 63
kontinuierliche Azopigment-Synthese 213–219
Konstitution
– und Ausblühen 69
–, Einfluß auf den Farbton 12–15
–, Einfluß auf die Farbstärke 18–20
–, Einfluß auf Licht- und Wetterechtheit 20–21
–, Einfluß auf Lösemittel- und Migrationsechtheit 21–24
Korngrößenverteilung, s.a. Teilchengrößenverteilung 124–148
Kosmetika 190
Krapplack 511
Kreiden 74–75, 177
Kristallbau 16–18
Kristallformen 26
Kristallgüte 46
Kristallinität 46–47
Kristallmodifikationen 16–18, 43–45, 301
–, Herstellung 45, 247, 441–443, 468–469
–, Stabilisierung bei CuPc 443–444
–, Umwandlung 89, 108
Kristallphase s. bei Kristallmodifikation
Kristallstrukturuntersuchungen 16–18
Kristallstruktur 16–18
Kristallviolett 551
Kubelka-Munk-Theorie 55, 88
Künstlerfarben 190
Küpenbeständigkeit 64
Küpenfarbstoffe als Pigmente 481–482
Kürze (nach Zettlmoyer) 114
Kunststoff(einfärbung) 166–190
–, additive 167
–, Dispergierbarkeit 167, 180
–, Dünnfolien 168
–, Granulateinfärbung 169
–, Hitzebeständigkeit 103, 170
–, Kristallinität 171
–, Lichtechtheit 95, 170
–, Mischungen 167
–, Nukleierung 179
–, Pulvereinfärbung 169
–, Verarbeitungsmaschinen 167
–, Verarbeitungsverfahren 167
–, Vergilbung 171
–, Versprödung 180
–, Verzugserscheinungen 179
Kupferferrocyanidkomplexsalze 550, 556
Kupferphthalocyaninblau 8, 432–461
Kupplung 207–210
–, kontinuierliche 216
Kupplungskomponenten 198–202
Kupplungsverfahren 208–210
Kurzbelichtungs- und -bewetterungsgeräte 94–95
K/S-Werte 55, 88

L

Lackgebiet 159–166
Lackrot C 6, 325, 328–330
Lasur s. Transparenz
LDPE (Low Density Polyethylen) 178–179
Leitfähigkeit wäßriger Pigmentextrakte 60
Lichtechtheit 92
–, Einflüsse auf die 96–103, 135–136
– und Konstitution 20–21
– in Kunststoffen 170, 180
–, Prüfmethoden und -geräte 93–96
Licht- und Wetterechtheit 20–21, 92–103

–, Definition 92–93
Lösemittelechtheit 58–59
– bedruckter Textilien 64
–, Bestimmung 59
– von Drucken 59
–, Einfluß der Teilchengröße 146–147
– in Kunststoffen 170
– und Migrationsechtheit 21–24, 143–147
– in Polystyrol 182
– in Polyurethan 183
Lösemittelgemisch, Prüfung in 59
Lösen im Anwendungsmedium 106
Löslichkeit 58–59
–, Abhängigkeit von der Temperatur 58, 66–67
Lyoner Blau 540

M

Mahlung 212–213
Malachitgrün, analoges 552
Marshal-Methode 33
Medianwert 42
Medium-Solids-Systeme 161
Mehrfarbendruck 153–154, 248
Mehrzweckabtönpasten 166
Melaminharzplatten 159
mesomeriefähiges System 18
Metallic-Lackierungen 163
Metallkomplex-Bildung 23
Metallkomplex-Pigmente 7, 399–412
–, Anwendung 404
–, Azo- 401–402
–, Azomethin- 402–403
–, Chemie, Herstellung 400–403
–, Eigenschaften 403–404
–, Handelspigmente 404–412
Metamerie 51
Methacrylat-Gießharze 186
Methylviolett 550–551
Michlers Keton 551
Migration 64–73
– im Druck auf PVC 158
– in Elastomeren 185
–, Grundlagen 65
– in PE 179
–, Prüfmethoden 70–73
– in PS 181
– in PUR 183
– in PVC 176

– und Teilchengröße 143–146
Migrationsechtheit s. a. Migration 143–147
Mischkristallbildung 47, 466, 493
Mischkupplung 247
Modifikationen s. Kristallmodifikationen
Monoazogelb- und -orangepigmente 5, 219–243
–, Definition 219
–, Farbstärke 18
–, unverlackte 221–223, 224–243
–, –, Anwendung 225–227
–, –, Eigenschaften 224–225
–, –, Handelspigmente 227–243
–, –, Kristallstruktur 222–223, 228–229
–, verlackte 223–224, 225, 228, 230

N

$n \rightarrow \pi^*$-Übergang 13
Nachbehandlung (Finish)
–, Azopigmente 210–212
–, polycyclische Pigmente 431, 481
Naphthalinsulfonsäure-Pigmente
–, verlackte 6, 14, 351–354
Naphthalin-1,4,5,8-tetracarbonsäure 483, 492
β-Naphthol 199–200
– als Kupplungskomponente 199–200
– -Pigmente 5–6, 280–289
–, –, chemische Struktur 281–282
–, –, verlackte 325–333
Naphthol AS 290–291
– -Derivate 200–201
Naphthol AS-Pigmente 6, 290–324
–, Anwendung 295–296
–, Chemie, Herstellung 291–293
–, chemische Konstitution und Löslichkeit 24
–, Eigenschaften 293–295
–, Handelspigmente 296–324
–, Polymorphie 293
–, Röntgenstrukturanalyse 292–293
–, verlackte 6, 23, 347–351
Naphtol AS 199
Naßspinnen 187–188
Newtonsches Fließverhalten 109
Nitrolacke 159
Nitrokombinationslacke 159
Non-Aqueous-Dispersions (NAD) 161, 456

N

Normfarbtöne 154
Normfarbwerte 52, 133
Nukleierung bei Kunststoffen 75–76, 179

O

Oberflächenspannung 79
Oberflächenverteilung 41
Ökologie 587–589
Ölzahl 32
ofentrocknende Lacksysteme 160–165
Offsetdruck/Buchdruck 150–153
optisches Verhalten pigmentierter Schichten 53–56
organische Lösemittel 58–59
organische Pigmente
–, Einteilung 4–11
–, Vergleich mit anorganischen Pigmenten 2–3
Orthonitranilinorange (P.O.2) 280, 284–285
Ostwald, Löslichkeit kristalliner Substanzen 143
Oszillatorenstärke 18
oxidativ trocknende Lacke und Farben 160

P

Papierfärbung 190
Parachlorrot (P.R.6) 284–285, 289
Pararot (Paratoner) (P.R.1) 280, 285, 287
–, chloriertes (P.R.4) 285, 288–289
Parafuchsin 540–543
Pararosanilin 540–542
Perinon-Pigmente 9, 482–483, 492–496
Persian Orange (P.O.17) 333
Perylen-Pigmente 9, 482–492
Phenoplaste 185
Phloxin 581
Photosedimentometrie 33–34
Phosphormolybdänsäure 548–550, 556
Phosphorwolframmolybdänsäure 548–550, 556
Phosphorwolframsäure 548, 556
Phototropie 451, 459, 461
Phthalocyaninblau, metallfrei 446
Phthalocyanin-Pigmente 8, 431–461
–, Anwendung 448–449
–, Ausgangsprodukte 433–434
–, Eigenschaften 446–448

–, Grüntypen 444–446
–, Handelspigmente 449–461
–, Herstellung 434–446
–, Modifikationen 441–443
–, phasen- und flockungsstabile 443–444
Phthalodinitril 434
– -Prozeß 435–437
Phthalsäureanhydrid 433–434
– -Harnstoff-Prozeß 437–441
pH-Wert wäßriger Pigmentextrakte 60
physikalische Charakterisierung 24–48
$\pi \to \pi^*$-Übergang 13
Pigmentabbau durch Licht 100
Pigment Black 1 **583–584**
Pigment Black 20 586
Pigment Black 31 492
Pigment Black 32 492
Pigment Blue 1 552, 557, **560**
Pigment Blue 2 557, **560**
Pigment Blue 9 557, **560**
Pigment Blue 10 557, **561**
Pigment Blue 14 557, **561**
Pigment Blue 15 450–451
Pigment Blue 15:1 450, **452–454**
Pigment Blue 15:2 450, **454**
Pigment Blue 15:3 450, 455–457
Pigment Blue 15:4 450, **457**
Pigment Blue 15:6 89–91, 450, **457–458**
Pigment Blue 16 450, **458**
Pigment Blue 18 545–548
Pigment Blue 19 545–548
Pigment Blue 24:1 575
Pigment Blue 24:x 575
Pigment Blue 25 296, 298, **324**
Pigment Blue 56 545–548
Pigment Blue 60 9, 515–517, **519–520**
Pigment Blue 61 545–548
Pigment Blue 62 557, **561**
Pigment Blue 63 576
Pigment Blue 64 517
Pigment Blue 66 500
Pigment Brown 1 297, 309–310
Pigment Brown 5 336, **347**
Pigment Brown 22 582
Pigment Brown 23 388, **397–398**
Pigment Brown 25 364, **378–380**
Pigment Brown 38 429
Pigment Brown 41 388, **398**
Pigment Brown 42 388, **398**

Pigmenteinkristalle 15, 16, 44
Pigment Green 1 549, 552, 557, **561**
Pigment Green 2 558, **565**
Pigment Green 4 557, **562**
Pigment Green 7 450, **458–460**
Pigment Green 8 399, 405, **407**
Pigment Green 10 399, 401, 405, **407–408**
Pigment Green 36 450, **460–461**
Pigment Green 45 55, **562**
Pigmentgrün B 399
Pigment Orange 1 228, **240**
Pigment Orange 2 285
Pigment Orange 5 136–137, **285–287**
Pigment Orange 6 229, **240**
Pigment Orange 13 275–276
Pigment Orange 15 252, **268**
Pigment Orange 16 252, **268–269**
Pigment Orange 17 327, **333**
Pigment Orange 17:1 327, **333**
Pigment Orange 19 352, **353**
Pigment Orange 22 279, **309**
Pigment Orange 24 297, **309**
Pigment Orange 31 387, **391–392**
Pigment Orange 34 133–135, 274, **276–278**
Pigment Orange 36 364, **370–371**
Pigment Orange 38 294, 298, **322–323**
Pigment Orange 40 522–523, **524–525**
Pigment Orange 43 493, **494–495**
Pigment Orange 44 252, **269**
Pigment Orange 46 327, **334**
Pigment Orange 48 472, **479–480**
Pigment Orange 49 472, **480**
Pigment Orange 51 525
Pigment Orange 59 410
Pigment Orange 60 364, **371–372**
Pigment Orange 61 422, **427–428**
Pigment Orange 62 364, **372–373**
Pigment Orange 64 505, **579–580**
Pigment Orange 65 406, **411**
Pigment Orange 66 423, **428**
Pigment Orange 67 580
Pigment Orange 68 406, **411**
Pigment Orange 69 423, **428**
Pigment Orange 71 573
Pigment Orange 72 364, **373**
Pigment Orange 73 573
Pigment Orange 74 585
Pigmentpräparationen 93, 168–169, 180
Pigment Red 1 44, 284–285, **287**

Pigment Red 2 294, 297, **298–299**
Pigment Red 3 141–145, **285–286**
–, Farbton, Korngrößenverteilung 130–131
–, Konstitution 22, 282, 294
–, Löslichkeit in Dibutylphthalat 59
–, Toluidinrot-Schleier 141–145
Pigment Red 4 281, 285, **288–289**
Pigment Red 5 297, **310–311,** 315
Pigment Red 6 282, 285, **289**
Pigment Red 7 297, **299**
Pigment Red 8 297, **299–300,** 310
Pigment Red 9 293, 297, **300,** 330
Pigment Red 10 297, **301,** 330
Pigment Red 11 297, **301**
Pigment Red 12 293, 297, **301–302,** 306
Pigment Red 13 297, **302**
Pigment Red 14 297, **302–303**
Pigment Red 15 297, **303**
Pigment Red 16 297, **303**
Pigment Red 17 297, **303–304**
Pigment Red 18 297, **304,** 307
Pigment Red 21 297, **304**
Pigment Red 22 297, **304,** 307
Pigment Red 23 297, 305
Pigment Red 31 **297, 311**
Pigment Red 32 297, **312**
Pigment Red 37 275, **278,** 331
Pigment Red 38 275, **278–279,** 331
Pigment Red 41 275, **279**
Pigment Red 48-Typen 337
Pigment Red 48:1 336, **337–338**
Pigment Red 48:2 336, **338–339**
Pigment Red 48:3 336, **339**
Pigment Red 48:4 101–102, 336, **340–341**
Pigment Red 48:5 336, **341**
Pigment Red 49 327, **328**
Pigment Red 49-Typen 328
Pigment Red 49:1 327, **329**
Pigment Red 49:2 327, **329**
Pigment Red 49:3 327, **328**
Pigment Red 50:1 327, 328, **329**
Pigment Red 51 327, 329
Pigment Red 52-Typen 341
Pigment Red 52:1 336, **341–342**
Pigment Red 52:2 336, **342**
Pigment Red 53 327, **330**
–, strontiumverlackt 327, **332**
– -Typen 330
Pigment Red 53:1 153, 327, **330–332**

–, Dispergierung 83
–, Lichtechtheit 98
–, Lösemittelechtheit 146
Pigment Red 57:1 96, 154, 336, **342–344**
Pigment Red 58-Typen 344
Pigment Red 58:2 336, **345**
Pigment Red 58:4 336, **345**
Pigment Red 60:1 352, **353**
Pigment Red 63-Typen 345
Pigment Red 63:1 336, **345–346**
Pigment Red 63:2 336, **346**
Pigment Red 64 336, 346
– -Typen 346
Pigment Red 64:1 336, **346**
Pigment Red 66 352, **354**
Pigment Red 67 352, **354**
Pigment Red 68 327, 332–333, 349
Pigment Red 81 554, 558, **562**
Pigment Red 81:1/81:x/81:y 558, **562–563**
Pigment Red 83:1 511, **512**
Pigment Red 88 378, **500–502**
Pigment Red 89 507, **510**
Pigment Red 90 581–582
Pigment Red 95 297, **305–306**
Pigment Red 111 275, **279**
Pigment Red 112 297, 298, **306–307**
Pigment Red 114 297, 304, **307**
Pigment Red 119 297, **307–308**
Pigment Red 122 108, 319, 472, **476–477**
Pigment Red 123 108, 486, **487**
Pigment Red 136 297, **308**
Pigment Red 144 388, **392–393**
Pigment Red 146 293, 297, **312–313**, 316
Pigment Red 147 297, **313**
Pigment Red 148 297, **308**
Pigment Red 149 108, 486, **487–489**
Pigment Red 150 297, **313–314**
Pigment Red 151 348–349
Pigment Red 164 297, **314**
Pigment Red 166 388, 393–394
Pigment Red 168 29, 105, **527–528**
Pigment Red 169 558, **563**
Pigment Red 170 294, 297, **314–316**, 319
–, Ausblühen in PVC 66–69
–, Hitzebeständigkeit 170–171
–, Löslichkeit in PVC 66–67
Pigment Red 171 364, **373–374**
Pigment Red 172 574

Pigment Red 175 364, **374–375**
Pigment Red 176 364, **375**
Pigment Red 177 506–507, **510–511**
Pigment Red 178 486, **489**
Pigment Red 179 486, **489–490**
Pigment Red 181 500, **502**
Pigment Red 184 154, 297, 313, **316–317**, 341, 343
Pigment Red 185 312, 364, **375–376**
Pigment Red 187 22, 294, 297, **316–318**
Pigment Red 188 297, **318–319**
Pigment Red 190 486, **490**
Pigment Red 192 472, **477**
Pigment Red 194 493–494, **496**
Pigment Red 200 336, 346–347
Pigment Red 202 472, **478**
Pigment Red 204 585
Pigment Red 206 472, **479**
Pigment Red 207 472, **478**
Pigment Red 208 317, 364, **376–377**
Pigment Red 209 472, **478–479**
Pigment Red 210 297, **319**
Pigment Red 211 585
Pigment Red 212 297, **319**
Pigment Red 213 297, **320**
Pigment Red 214 388, **394**
Pigment Red 216 525–526
Pigment Red 220 388, **395**
Pigment Red 221 38, 395
Pigment Red 222 297, **320**
Pigment Red 223 297, **309**
Pigment Red 224 486, **490–491**
Pigment Red 226 526
Pigment Red 237 348, **349**
Pigment Red 238 298, **320**
Pigment Red 239 348, **349**
Pigment Red 240 348, **349–350**
Pigment Red 242 388, **395–396**
Pigment Red 243 348, **350**
Pigment Red 245 298, **321**
Pigment Red 247 348, 349, **350**
Pigment Red 247:1 348, **350–351**
Pigment Red 248 388, **396**
Pigment Red 251 505, **582**
Pigment Red 252 582
Pigment Red 253 298, **321**
Pigment Red 254 572–573
Pigment Red 255 573
Pigment Red 256 298, **321**

Pigment Red 257   406, **411–412**
Pigment Red 258   298, **321**
Pigment Red 260   423, **428**
Pigment Red 261   298, **322**
Pigment Red 262   388, **396**
Pigment Violet 1   554, 558, 559, **564**
Pigment Violet 2   554, 558, 559, **564–565**
Pigment Violet 3   557, **558**
Pigment Violet 5:1   **512–513**
Pigment Violet 13   297, **310**
Pigment Violet 19, β-Modifikation 173–174, 472, **473–474**, 501
Pigment Violet 19, γ-Modifikation   147, 173–174, 472, **474–476**
Pigment Violet 23   10, 458, 533–534, **535–538**
Pigment Violet 25   298, **323**
Pigment Violet 27   557, **559**
Pigment Violet 29   486, **491–492**
Pigment Violet 31   529–530, **530**
Pigment Violet 32   364, **377–378**, 501
Pigment Violet 37   538
Pigment Violet 39   551, 557, **559**
Pigment Violet 42   472, **480**
Pigment Violet 44   298, **323**
Pigment Violet 50   298, **323**
Pigmentvolumenkonzentration   84
–, Einfluß auf Lichtechtheit   98
–, kritische (KPVK)   84–85, 112
Pigment Yellow 1   19, **229–231**
–, Anwendung   225, **229–231**
–, Ausblühen   67–69
–, Farbstärke/Korngröße   125–126
–, Lösemittelechtheit   142
–, Löslichkeit in Dibutylphthalat   59
Pigment Yellow 2   228, **232**
Pigment Yellow 3   19, 228, **232**
–, Anwendung   225, **232–233**
Pigment Yellow 5   228, **233**
Pigment Yellow 6   223, 228, **233**
Pigment Yellow 10   227, 229, **233**
Pigment Yellow 12   19, 252, 266
–, Aminpräparierung   254–255
–, Anwendung, Eigenschaften   151, 249–251, **253–255**
–, Extinktion   20
–, Lichtechtheit   98–101
–, Lösemittelechtheit   146–147
Pigment Yellow 13   19, 252

–, Anwendung   151, 154, 249–251, 252–254, **255–257**
–, Extinktion   20
–, Lichtechtheit   96–97, 126–128
Pigment Yellow 14   231, 252, **257–258**, 266
Pigment Yellow 16   270, **271–272**, 382, 386
Pigment Yellow 17   252
–, Anwendung   250, **258–259**, 261–262, 263
–, Lichtechtheit   96
Pigment Yellow 24   517–519, **521**
Pigment Yellow 49   228, **234**
Pigment Yellow 55   252, **259–260**
Pigment Yellow 60   229, **234**
Pigment Yellow 61   230, **240**, 242
Pigment Yellow 62:1   230, **241**, 242
Pigment Yellow 63   252, **260**
Pigment Yellow 65   228, **234**
Pigment Yellow 73   111, 229, **234–235**
Pigment Yellow 74   228, **235–236**
Pigment Yellow 75   228, **236**
Pigment Yellow 81   245, 249, 252, **260–261**
Pigment Yellow 83   248–250, 252, **261–263**
–, Farbton/Korngröße   128–129, 130
Pigment Yellow 87   252, **263**
Pigment Yellow 90   252, **263**
Pigment Yellow 93   **386**, 387, **389**
Pigment Yellow 94   387, **389–390**
Pigment Yellow 95   387, **390**
Pigment Yellow 97   228, **236–237**
Pigment Yellow 98   228, **237–238**
Pigment Yellow 99   584
Pigment Yellow 100   224, 230, **241**
Pigment Yellow 101   576–577
Pigment Yellow 104   352, **353**
Pigment Yellow 106   252, **263–264**
Pigment Yellow 108   514–515
Pigment Yellow 109   **421**, 422, **424**
Pigment Yellow 110   422, **424–425**
Pigment Yellow 111   228, **238**
Pigment Yellow 112 s. Pigment Yellow 24
Pigment Yellow 113   252, **264**
Pigment Yellow 114   252, 259, **264**
Pigment Yellow 116   228, **238–239**
Pigment Yellow 117   405, **408**
Pigment Yellow 120   323, **363–365**
Pigment Yellow 121   252, **264–265**
Pigment Yellow 123   508
Pigment Yellow 124   252, **265**
Pigment Yellow 126   252, 255–256, 265

Pigment Yellow 127 249, 255, **265–266**
Pigment Yellow 128 387, **391**
Pigment Yellow 129 405, **408–409**
Pigment Yellow 130 228, **239**
Pigment Yellow 133 230, **241**
Pigment Yellow 136 252, **266**
Pigment Yellow 137 s. Pigment Yellow 110
Pigment Yellow 138 568, **569–570**
Pigment Yellow 139 423, **425–426**
Pigment Yellow 147 508, **509**
Pigment Yellow 148 577
Pigment Yellow 150 405, **409**
Pigment Yellow 151 360, 364, **365–366**
Pigment Yellow 152 252, **266**
Pigment Yellow 153 405, **409–410**
Pigment Yellow 154 364, **366–367**
Pigment Yellow 155 270, **272**
Pigment Yellow 165 229, **239**
Pigment Yellow 166 387, **391**
Pigment Yellow 167 229, **239**
Pigment Yellow 168 230, **242**
Pigment Yellow 169 230, **242**
Pigment Yellow 170 252, **267**
Pigment Yellow 171 252, **267**
Pigment Yellow 172 252, **267**
Pigment Yellow 173 422, **426–427**
Pigment Yellow 174 252, **267**
Pigment Yellow 175 364, **367–368**
Pigment Yellow 176 252, 256, **267–268**
Pigment Yellow 177 406, **410**
Pigment Yellow 179 406, **410**
Pigment Yellow 180 364, **368–369**
Pigment Yellow 181 364, **369**
Pigment Yellow 182 578–579
Pigment Yellow 183 230, **242**
Pigment Yellow 185 423, **427**
Pigment Yellow 187 584
Pigment Yellow 188 252, **268**
Pigment Yellow 190 230, **242–243**
Pigment Yellow 191 230, **243**
Pigment Yellow 192 579
Pigment Yellow 193 508, **509–510**
Pigment Yellow 194 364, **370**
Pigment Yellow 198 272–273
planare Anordnung der Pigmentmoleküle 15, 17–18, 20, 223, 359
Plate-out **74**, 162, 177
Platte-Kegel-Viskosimeter 115–116

Polyacrylnitril-Spinnfärbung 187, **188**
Polyamid (PA) 184
–, Druckfarben, Zersetzung 341
–, Schmelzspinnfärbung 103, 187–188, **189**
polycarbocyclische Anthrachinon-Pigmente 521–531
–, Anthanthron-Pigmente 526–528
–, Isoviolanthron-Pigmente 528–530
–, Pyranthron-Pigmente 522–526
Polycarbonat (PC) 184, 188
polycyclische Pigmente 8, 103, **431–566**
–, Einteilung 8–11
Polyester (Polyethylenterephthalat) (PETP) 65, 103, 184
–, plastifizierende Wirkung 65
–, Schichtpreßstoff-Platten 159
–, Schmelzspinnfärbung 187, **189**
–, ungesättigter für Gießharze 186
Polyethylen (PE) 103, 178–181
Polymethylmethacrylat (PMMA) 181–182
Polymorphie 43–45
–, Chinacridonpigmente 468–469
–, Nachweis 16, 44
–, Phthalocyaninpigmente 441–443
–, Pigment Red 1 282
Polyolefine (PO) 178–181
–, Schmelzspinnfärbung 187, 188–189
Polyoxymethylen 184
Polypropylen (PP) 178–181
–, Schmelzspinnfärbung 187, 188–189
Polystyrol (PS) 181–182
Polyurethan (PUR) 183–184
Polyvinylacetat-Spinnfärbung 187
Polyvinylchlorid (PVC) 172–178
Präparierung von Pigmenten 211
–, Einfluß auf KPVK 85
–, – – Dispergierung 153
Primärteilchen 25–26
Primulin 290
Primulinbase 554
Pulverlacke 105, **162**
–, Plate-out bei der Verarbeitung 74
Pyranthron-Pigmente 10, 15, 522–526
Pyrazolochinazolon-Pigmente 505, 580, 582
Pyrazolon **202,** 220–221
Pyrazolon-Pigmente 221–222
Pyrazolonsulfonsäure-Pigmente 220

R
Reagglomeration 84, 117, 139
Reduktionsverfahren für Nitroaromaten 197–198
Rekristallisation 58–59, 90–91, 151
- in Illustrationstiefdruckfarben 156
- in Kunststoffen 170
- und Teilchengrößen 147
- in Verpackungstiefdruckfarben 158
- in Weichmacherpasten 175
rheologische Eigenschaften 109–113
- und Fließverhalten 114–115
-, Meßverfahren 115–118
Rheopexie 112–113
Rhodamin B 554
Rollenoffsetdruck 150
Röntgenbeugungsspektrum 44, 46–47
Röntgen-Strukturanalyse 16–18, 44
- von Benzimidazolon-Pigmenten 358–360
- von Monoazogelbpigmenten 222–223
- von Naphthol AS-Pigmenten 292–293
- von β-Naphthol-Pigmenten 282
- von Phthalocyanin-Pigmenten 447–448
Rotationsviskosimeter 115
Rub-out-Effekt 36, 87, 139, 164
Rührwerkskugelmühlen 151

S
Sandwich-Methode (Ausbluttest) 72
Scherkräfte beim Dispergieren 81
Säureechtheit 59–62, 64, 162
Schichtpreßstoff-Platten 158–159
Schiffsche Basen 157
Schmelzspinnfärbung 103, 187–190
Schwarztafelthermometer 95
Schubspannung 109
Seeding 515
Seife, Einfärben von 190
Seifenechtheit **59–62**
Semichlor-Cu-Phthalocyanin 433
Siebdruckfarben 159
Silberlackbeständigkeit 59, 154
„Solid Solutions" bei Chinacridonen 470–471
Spanplatten-Beschichtung 159
spezifische Oberfläche 27–32
-, Bestimmung durch Adsorption 28–29
-, - - Durchströmung 31
-, - - Sorptionsverfahren 28

-, - nach BET 29
spezifischer Widerstand 60
Spinnfärbung 187–190
Spritz-Gieß-Test 164
Stabilisieren dispergierter Teilchen 84
Standardfarbtiefe (ST) 53
Sterilisierechtheit 63, 154
Störungen bei der Verarbeitung pigmentierter Systeme 73–76
Streaming-Effekt 33
Streukoeffizient 55, 131
Streuung (von Licht) 53–56, 57, 131–136
strukturviskoses Verhalten 109–113
Styrol-Copolymerisate 181–182
Substituenteneinfluß
- auf Farbton 14
- - Licht- und Wetterechtheit 21
Substituentenregeln 13
Summenverteilung 41

T
Tack-Meßgeräte, Tackmeter 114
Tagesleuchtpigmente 577
Tartrazin 220
Teilchenform 26, 131
Teilchengrößenverteilung 25, **32–40**
-, Bestimmung 32–40
-, - durch Elektronenmikroskopie 34–40
- von präparierten Pigmenten 38–40
-, - durch Ultrasedimentation 33–34
-, Darstellungsformen 40–43
- und anwendungstechnische Eigenschaften 124–148
- - Deckvermögen/Transparenz 131–136
- - Dispergierbarkeit 138–140
- - Farbstärke 124–128
- - Farbton 128–131
- - Fließverhalten 147–148
- - Glanz 140–143
- - Licht- und Wetterechtheit 136–138
- - Lösemittel- und Migrationsechtheit 143–147
Teilchenzählgeräte 34
Tetrachlorisoindolinon-Pigmente 415–418
Tetrasäure 492
Textildruck 190
textile Echtheiten 63–64
thermische Zersetzung von Pigmenten 103–104

Thioindigo-Pigmente 9, 497–502
–, Chemie, Herstellung 497–499
–, Eigenschaften 499
–, im Handel befindliche Typen 500–502
Thixotropie 111–112, 116–117
Tiefdruck 155–159
–, Illustrations- 155–157
–, Verpackungs- 157–158
Tintenblau 545
Toluidinrot 280, 284, 285, 287–288
–, Schleierbildung 141–154, 287
Tonen 153
Totmahlen von Pigmenten 30, 213
Toxikologie 587
–, akute orale Toxizität 589
–, chronische Toxizität – Cancerogenität 592
–, Haut- und Schleimhautreizung 590
–, Mutagenität 591
–, subakute/-chronische Toxizität 590
–, Verunreinigungen in Pigmenten 593
Transfer-Hydrierung mit Hydrazin 198
Transparenz 58, 131–136, 151
– in Druckfarben 248
– in Kunststoffen 167
– in Lacken 163
Transparenzzahl 133–135
Triacetat-Spinnfärbung 188
Triarylcarbonium-Pigmente 10, 538–565
–, Farbstoff-Salze mit komplexen Anionen 548–565
–, innere Salze von Sulfonsäuren 540–548
Triphenylmethan-Pigmente 10, 540–548
–, Farbstoff-Salze mit komplexen Anionen 548–565
–, innere Salze von Sulfonsäuren 540–548
Trockenhitze-Fixierechtheit 64
Trockenspinnen 188
Trocknung von Azopigmenten 212–213
Tropentest bei PUR-Beschichtungen 62
Türkischrot 511

U

Überlackierechtheit 59, 70–73, 154
Überpigmentierung 74–75
Ultralasur (Ultratransparenz) 132
Ultrasedimentation 32–34
Umkomplexierung 106, 408
Umverlackung 326, 329, 331, 343

UV-Absorber 100, 180, 182
UV-trocknende Druckfarben 155
UV-trocknende Lacksysteme 161

V

Vat Red 14 494, **496**
Vat Red 41 494, **496**
Vat Yellow 20 514
Verdruckbarkeit von Offsetfarben 114
Verlackung 23, 222
verlackte rote Pigmente 324–354
–, BONS-Pigmente 334–347
–, Naphthalinsulfonsäure-Pigmente 351–354
–, β-Naphthol-Pigmente 325–334
–, Naphthol AS-Pigmente 347–351
verlackte Azopigmente 6, 14, 23
– in Emulsions-PVC 177
–, Monoazogelbpigmente 223–224, 225, 230, 240–243
–, Monoazopyrazolonpigmente 224, 230
– in PUR-Kunstleder 183
–, rote 324–354
–, Säure-, Alkaliechtheit 61
–, Wärmealterung von PE und PS 179
Verpackungstiefdruck 157–158
Verteilen von dispergiertem Pigment 83
Verzugserscheinungen bei Kunststoffen 75–76, 170
Victoriablau 552
viskoelastische Eigenschaften 113
Viskose 190
– -Reyon 64
– -Spinnfärbung 190
– -Zellwolle 64
Viskosität 109
–, Meßverfahren 115–118
Volumen- oder Massenverteilung 41
Vorprodukte für Azopigmente, wichtige 202–203

W

Wachsmalkreiden 190
Waschmittelechtheit 62, 64
Washburn-Gleichung 79
Wasserblau 545
Wasserbeständigkeit bei Drucken 61
Wasserechtheit **59–62**, 64, 153

Wasser-Farbe-Gleichgewicht im Offsetdruck 153
Wasserfleckenbildung bei Thioindigo-Pigmenten 501
Wasserstoffbrücken 15, 18, 20–21, 23, 359
–, gegabelte 223, 282
Wasserverdünnbare Systeme 161
– für Coil Coating 165
Weber H. H., Regel für maximale Teilchengröße 132
Weichmacher
– gehalt 80–81
– pasten 174–176
Weich-PVC
– und Dispergierung in PVC 80–81
–, Migration in 64–73
–, Prüfung des Ausblutens 72
–, Störungen durch Plate-out 74
Wetterechtheit 92–103
– und Konstitution 21
– und Molekulargewicht 21
– und PAC-Spinnfärbung 188
–, Prüfmethoden und -geräte 93–96
– und Teilchengröße 136–137
Wickel 185
Wittsche Farbregeln 13

X

Xenonbogenstrahlung 94–96
Xenontest 94

Z

Zementechtheit 61, 166
Zersetzung von Pigmenten
– durch Licht 100
–, thermische 103–104
Zerteilen von Pigmenten 77, 78
Zügigkeit von Druckfarben 114
Zusätze in Kunststoffen 167
Zweikomponentenlacke 160
Zwischenlagedruck von Verbundfolien 158

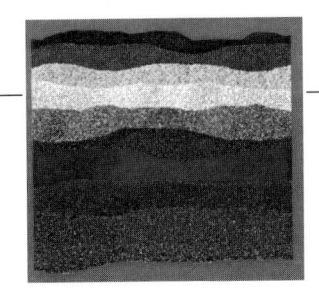

Buxbaum, G. (ed.)

Industrial Inorganic Pigments

1993. XIII, 281 pages with 92 figures and 56 tables.
Hardcover. DM 188.00. ISBN 3-527-28624-1

The authors, who are renowned experts in their field, ensure a concise, up-to-date presentation of the chemistry, production, properties, applications and economic importance of industrial inorganic pigments.

This book is neither a list of commercially available products nor a compilation of company product specifications but instead provides the knowledge required for the optimal selection and use of inorganic pigments. It will prove to be an indispensable guide to all chemists, material scientists and practitioners in pigment-related fields.

Date of Information:
May 1995

VCH, P.O. Box 10 11 61,
D-69451 Weinheim,
Fax 0 62 01 - 60 61 84

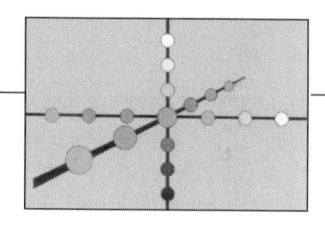

Hans G. Völz

Industrial Color Testing
Fundamentals and Techniques

1994. XIII, 377 pages with 135 figures and 38 tables. Hardcover.
DM 198.00. ISBN 3-527-28643-8

This book is the first complete treatment focusing on theoretical and practical aspects of testing pigments, dyes, and pigmented and dyed coatings. It provides basic knowledge for newcomers in the field and serves as a reference work for experts.

Part 1 explains the dependence of color on spectra, of spectra on scattering and absorption, and of scattering and absorption on the content of coloring materials.

Part 2 deals with the significance of color measurement and the acceptability of color differences. It describes the determination of hiding power and transparency, tinting strength and lightening power.

The book provides the answers to questions arising in the production, processing, and application of coloring materials in binders. It is a fundamental resource for engineers in industry, scientists in research and development, educators, and students.

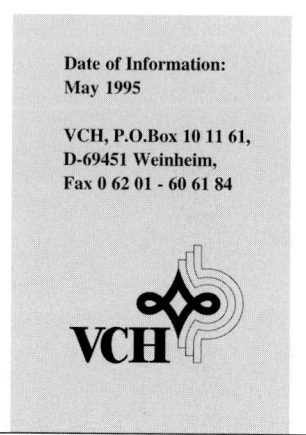

Date of Information:
May 1995

VCH, P.O.Box 10 11 61,
D-69451 Weinheim,
Fax 0 62 01 - 60 61 84